绿色混凝土场地

室外花岗石板地面

室内花岗石地面

室外花岗石板地面

室外地砖地面

室外彩色地砖地面

室外防滑地砖地面

卫生间瓷砖地面

木地板地面

塑料板地面

本色竹地板

碳化竹地板

栗褐色竹地板

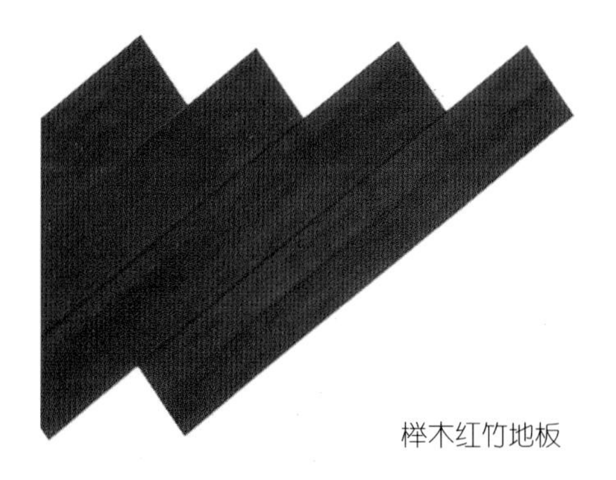

榉木红竹地板

竹地板铺装效果

竹地板地面

青石板与水刷卵石相间地面

花岗石板与水刷卵石相间地面

花岗石板地面

花岗石与水刷卵石地面

不规则片石与水刷卵石相间地面

简单的石块也能铺出有韵味的地面

室内块石地面（某艺术展览厅）

某山区用块石铺的地面

块石铺设的住宅区地面

用块石铺设的艺术地面

碎拼花岗石地面

碎拼花岗石地面

碎拼大理石地面

碎拼花岗石地面

用青砖、卵石铺设的路面

用卵石铺设的艺术路面

用卵石铺设的艺术地面

地毯地面

地毯地面的艺术效果

地毯铺设的楼梯

用花岗石、大理石铺设的楼梯

大理石铺设的楼梯

木楼梯

踏级与斜坡共存

建筑装饰装修技术系列手册

建筑地面与楼面手册

邓学才　主编

中国建筑工业出版社

图书在版编目（CIP）数据

建筑地面与楼面手册/邓学才主编．—北京：中国建筑工业出版社，2005
（建筑装饰装修技术系列手册）
ISBN 7-112-07757-5

Ⅰ．建…　Ⅱ．邓…　Ⅲ．地面工程—工程施工—技术手册　Ⅳ．TU767-62

中国版本图书馆CIP数据核字（2005）第100075号

建筑装饰装修技术系列手册
建筑地面与楼面手册
邓学才　主编
*
中国建筑工业出版社出版、发行（北京西郊百万庄）
新 华 书 店 经 销
北京嘉泰利德公司制版
北京中科印刷有限公司印刷
*
开本：787×1092毫米　1/16　印张：43　插页：8　字数：1070千字
2005年11月第一版　2005年11月第一次印刷
印数：1—3,500册　定价：**85.00**元
ISBN 7-112-07757-5
（13711）

（邮政编码100037）
本社网址：http：//www.cabp.com.cn
网上书店：http：//www.china-building.com.cn

本书全面、系统地总结了各种类型楼面、地面设计和施工的丰富实践经验。全书共11章内容，主要内容包括：概述；基土；垫层、构造层；面层；特种地面工程；地面涂料；楼梯、台阶、坡道、散水及明沟；地面镶边和变形缝；住宅区及庭院的道路和地面；地面工程安全施工。书中介绍了各种地面，如水泥砂浆地面、水泥混凝土地面、现制水磨石地面、菱苦土地面、砖地面、板块地面（大理石、花岗石、水磨石等）、条石、块石地面、塑料板地面、实木地板和实木复合地板地面、强化复合木地板地面、硬质纤维板和三夹板地面、竹地板地面、彩色橡胶地砖和彩色软木地板地面、地毯地面等。特种地面包括了防水地面、防油渗地面、不发火（防爆）地面、耐磨地面、保温地面、低温热水地板辐射采暖地面、低温发热电缆地板辐射采暖地面、防（导）静电地面、隔声地面、体育运动场地地面、洁净地面、防汞污染地面、防腐蚀地面、工业厂房特种地面、古建筑地面等。对每种地面都从地面构造类型和设计要点、使用材料和质量要求、施工准备和施工工艺、施工要点和技术措施、质量标准和检验方法、质量通病和防治措施这几方面进行阐述。

本书特点是按照最新国家标准、规范以地面分部、子分部分项工程为主线进行编写；技术内容丰富、全面、系统；简明、可操作性强、实用性强；反映了目前地面工程的最新技术和成果及丰富的实践经验。

本书可供建筑施工企业、装饰装修行业设计、施工、管理、监理工程技术人员使用，也可供广大用户、业主参考。

* * *

责任编辑：余永祯
责任设计：刘向阳
责任校对：李志瑛　关　健

前　言

建筑地面——是建筑地面与楼面的总称，是建筑空间六面体中最重要的一个面，也是建筑空间六面体中使用功能最多、使用材料种类最多和施工工艺最复杂的一个面，它与其他五个面构成了协调、和谐的建筑空间。

建筑地面与人们的日常生活和生产活动有着密切的联系。随着科学技术的不断发展和人们生活水平的不断提高，对建筑地面的要求也越来越高。地面除了能承受其上部荷载外，还需相应具有耐磨、防水、防潮、防滑、防爆、防油渗、防静电、防腐蚀以及保温、隔热、节能、屏蔽、绝缘、洁净等诸多功能要求。

本手册向广大读者全面系统地介绍了各类建筑地面的构造类型、设计要点、材料使用、施工工艺、技术措施、质量标准、检验方法以及有关质量通病的产生和防治等内容。本手册编写力求通俗易懂、图文并茂，使它成为建设领域广大工程技术人员的一本实用的工具书。

本手册由邓学才同志主编，常州市虞仲兴同志编写了“防（导）静电地面”部分内容；北京市赵庭元同志、祝汝强同志编写了“地面涂料”部分内容以及“低温热水地面辐射采暖地面”的部分内容；镇江市邓萍同志编写了“地面工程安全生产”以及“住宅区及庭院的道路和地面”部分内容；江苏省工程造价管理处郎桂林同志编写了“地面工程工程量计价”部分内容。由于编写时间较仓促，加之编写人员自身对建筑地面工程知识的局限，书中肯定会有不妥和错误之处，恳请广大读者批评指正。

本手册编写过程中，参考了很多单位和个人的技术资料，得到了有关单位和个人的支持和帮助，常州真乐软木制品有限公司两次寄送资料，广东邹泓荣同志、新疆孙勤梧同志也提供了有关资料，在此，谨向这些单位和个人表示衷心感谢。

编者

2005 年 9 月

目　录

1　概　述

2　基　土

3　垫　层

4　构造层

5 面 层

6　特种地面工程

7 地面涂料

8　楼梯、台阶、坡道、散水及明沟

9　地面镶边和变形缝

10　住宅区及庭院的道路和地面

11 地面工程安全施工

附 录

1 概 述

地面是建筑空间六面体中的一个重要组成部分，与空间的其他五面相辅相成，构成协调、和谐、完美的建筑空间。本手册所述地面工程，包括底层地面和楼层地面。

在房屋建筑中，按照《建筑工程施工质量验收统一标准》GB 50300—2001 的划分规定，地面工程属于装饰装修分部工程的一个子分部工程。在使用功能上，地面与其他装饰装修分部工程有着较大的差异，它不仅对地面、楼面工程的结构层起着保护和加强作用，而且在使用过程中，除承受家具、堆物等静荷载外，还将承受人的活动等动荷载和物体的撞击、摩擦等外力作用以及各种液体的浸蚀作用。因此，地面各层之间应结合良好。地面的面层必须具有一定的强 3 度、密实度和相应的平整度，应坚固耐磨，不应有裂缝、起壳、松动、脱皮、起砂等现象。对需要排除液体的地面，面层应做成一定的坡度和有排水沟等构造措施。

1.1 地 面 的 组 成

地面一般有面层、垫层和基土三大部分。楼层地面则由面层和结构层两大部分。

面层：直接承受各种物理和化学作用的地面表面层，面层应具有一定的强度和耐磨性能。

垫层：是承受并传递地面荷载于基土上的构造层。按材料的构造特性，垫层分为刚性垫层（如混凝土）和柔性垫层（如砂石及由砂石等材料级配的）两种。刚性垫层的传力效果较好，能将地面荷载有效的扩散开来，传至基土上，使地面形成一块刚性板体。

基土：是底层地面的地基土层，包括地基加强层及软土地基表面加固处理层。基土承受上部地面传来的荷载。坚硬的基土，能减少上部结构（面层和垫层等）在荷载作用下的变形值，因而能提高地面的承载力。

当地面有各种特殊要求时，还常常设有各种附加构造层，如找平层、隔离层、填充层、结合层、防冻胀层以及地基加固层等。

找平层：常用于垫层上、楼板上或填充层（轻质和松散材料）上起整平、找坡或加强作用的构造层。找平层常用水泥砂浆（配合比为 1∶2.5～1∶3）和细（豆）石混凝土（强度等级为 C15～C20）铺设，也有采用级配砂石、碎（卵）石作找平层的。

隔离层：又称防水（防潮）隔离层，是防止地面上各种液体或地面下的地下水、地下潮湿气透过地面的构造层。仅用来防止地下潮湿气透过地面的亦称防潮层。隔离层应用不透气、无毛细管现象的材料，一般常用防水砂浆、沥青砂浆、沥青油毡和热沥青涂层等，其位置常设于垫层或找平层之上。

填充层：在楼面上起隔声、保温、找坡或暗敷管线等作用的构造层，常用于表观密度值较小的轻质材料铺设而成，如水泥石灰炉渣，加气混凝土，膨胀珍珠岩块等材料。

结合层：是面层与下一构造层之间起联结作用的中间层。各种板块面层在铺设（贴）时都要有结合层。结合层常用的材料有水泥砂浆、沥青及其他各类胶泥、砂浆、各种胶粘剂以及砂、炉渣等。

防冻胀层：是防止因地基土冻胀后破坏地面上部结构的构造层。对于季节性冰冻地区非采暖房间的地面，当土壤标准冻深大于600mm，且在冻深范围内为冻胀或强冻胀土时，应在混凝土垫层下加设防冻胀层。防冻胀层通常选用中粗砂、砂卵石、炉渣或炉渣石灰等非冻胀材料、其厚度根据当地土壤的标准冻深而定，但最小厚度为100～150mm。

地基加固层：主要用于软弱地基土层的表面加固。常用碎石、卵石或碎砖等材料，将其铺设一层后夯入土中。当地面地基土呈弹簧状（又称橡皮土）时，则可掺入干石灰粉末或用小石块（又称狗头石）依次夯入土中一定深度作地面加固处理。

有些工厂的车间，地面的荷重很大，原有的地基土已承受不了时，将采用打入钢筋混凝土桩，并在其上面浇筑钢筋混凝土梁板结构，以满足地面重荷载的要求。

1.2 地面各层的构造

地面各层的构造组成图见图1－1。

1.3 地面的名称和分类

1.3.1 地面的名称

地面的名称系按面层所用材料的名称而定。例如，用水泥砂浆铺设地面面层的，称为水泥砂浆地面；用水磨石铺设地面面层的，称为水磨石地面；用花岗石板块铺设的地面称为花岗石地面等。

1.3.2 地面的分类

地面种类繁多，按现行国家标准《建筑地面工程施工质量验收规范》GB 50209—2002的规定，建筑地面可分为三大类，即整体面层、板块面层和木竹面层，其内容为：

整体面层：包括水泥砂浆面层、水泥混凝土面层、现制水磨石面层、水泥钢（铁）屑面层、防油渗面层、不发火（防爆的）面层、菱苦土面层、沥青砂浆面层、沥青混凝土面层等。

板块面层：包括砖面层（陶瓷锦砖、缸砖、陶瓷地砖、水泥花砖和烧结普通砖等）、大理石面层、花岗石面层、预制板块面层（预制水泥混凝土板、水磨石板）、料石面层（条材、块材面层）、塑料板面层、活动地板面层、硬质纤维板面层、彩色橡胶地板面层、彩色软木地板面层和地毯面层等。

木竹面层：包括实木地板面层（条材、块材面层）、实木复合地板面层（条材、块材面层）、中密度（强化）复合地板面层（条材面层）和竹地板面层等。

此外，还有土面层、三合土面层、碎石或矿渣面层以及涂刷面层等。

建筑地面的分类见图1－2。

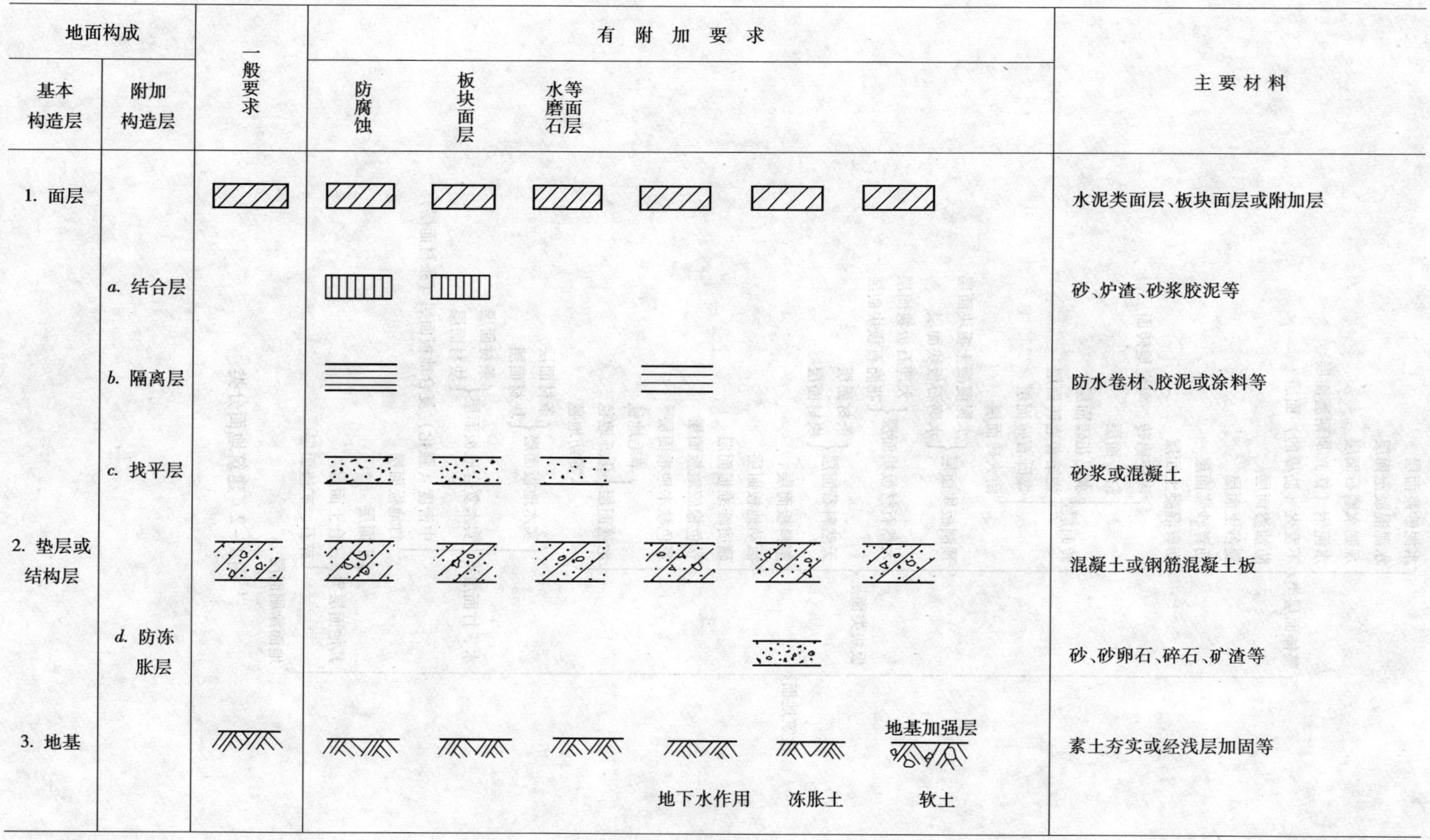

地面构成		一般要求	有附加要求							主要材料
基本构造层	附加构造层		防腐蚀	板块面层	水等磨面石层					
1. 面层										水泥类面层、板块面层或附加层
	a. 结合层									砂、炉渣、砂浆胶泥等
	b. 隔离层									防水卷材、胶泥或涂料等
	c. 找平层									砂浆或混凝土
2. 垫层或结构层										混凝土或钢筋混凝土板
	d. 防冻胀层									砂、砂卵石、碎石、矿渣等
3. 地基							地下水作用	冻胀土	地基加强层 软土	素土夯实或经浅层加固等

图1－1 地面各层构造示意图

注：填充层一般在钢筋混凝土楼板上起隔声、保温等作用，常用水泥石灰炉渣、加气混凝土、膨胀珍珠岩块等材料。

- 建筑地面
  - 整体面层类
    - 水泥砂浆面层
    - 水泥混凝土面层
    - 现制水磨石面层
    - 水泥钢（铁）屑耐磨面层
    - 不发火（防爆的）面层
    - 防油渗面层
    - 菱苦土面层
    - 沥青砂浆面层
    - 沥青混凝土面层
  - 板块类面层
    - 砖面层
      - 陶瓷锦砖、陶瓷地砖面层
      - 缸砖面层
      - 水泥花砖面层
      - 烧结普通砖面层
      - 煤矸石砖面层
      - 耐火砖面层
    - 预制板块面层
      - 水泥混凝土板块面层
      - 水磨石板块面层
    - 天然石材板块面层
      - 大理石板块面层
      - 花岗石板块面层
    - 天然料石面层
      - 条材面层
      - 块材面层
    - 塑料板面层
    - 活动地板面层
    - 硬质纤维板面层
    - 彩色橡胶地板面层
    - 彩色软木地板面层
    - 地毯面层
      - 羊毛地毯
      - 化纤地毯
      - 混纺地毯
  - 木、竹面层类
    - 实木地板面层
      - 条材面层
      - 块材面层
    - 实木复合地板面层
      - 条材面层
      - 块材面层
    - 中密度（强化）复合地板面层（条材面层）
    - 竹地板面层
  - 其他面层类
    - 土面层
    - 三合土面层
    - 碎石、矿渣面层
  - 地面涂刷面层

图 1－2　建筑地面分类

2 基　土

2.1　基土的作用

地面的基土系地面垫层下的土层，是地面工程的一个重要组成部分。如果基土质量不好或承载力不够，将使地面产生空鼓、开裂、局部凹陷，严重的还会出现整个房间地面沿四周墙边开裂而整体下沉，影响地面的观感质量和生产、生活使用质量。

基土上所做的各种地面，特别是各种整体面层地面，如水泥砂浆地面、水磨石地面等，一般称为刚性地面。整个地面实际上由刚性的板体和柔性的地基土两部分组成，它们相互依赖，又相互制约，两者互为存在的条件，共处于一个矛盾的统一体中。

图 2－1 为混凝土地面承受荷载后的弯沉示意图。

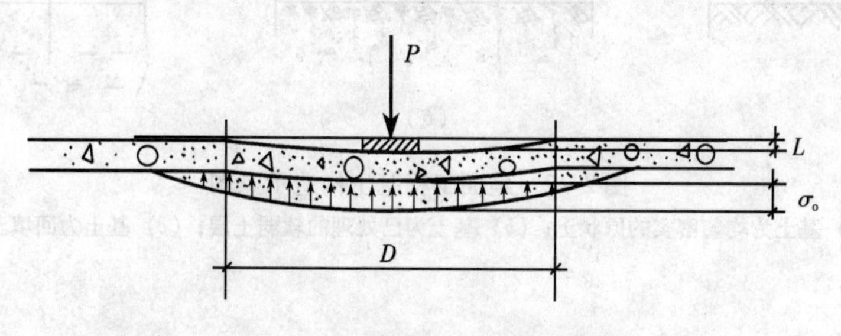

图 2－1　地面受荷后弯沉示意图

在地面荷载作用下，刚性板体和柔性地基互相连结，共同工作，作为一个整体，共同抵抗荷载的作用。刚性板体保护着柔性地基，将集中荷载均匀的扩散到大面积地基土上，使地基土变形很小，始终处于弹性变形范围内。反过来，柔性地基又承托着刚性板体，阻止和减小刚性板体的变形，使板体不致因弯沉变形过大而遭到破坏。显然，在正常情况下，整个地面的工作状况主要取决于刚性板体的刚度。但是，如果忽视了地面回填土的夯实质量，以致发生地基土沉陷等现象，则地基土就不能与刚性板体共同承受荷载，使刚性板体处于悬空受力状态，这是极为不利的，最终造成因刚性板体变形过大而遭致破裂。这时，地面回填土的夯实质量就成为主要问题。

2.2　基土的种类

1. 原状土：按设计标高开挖后的原状土层，如为碎石类土、砂土或黏性土中的老黏土和一般黏性土等，均可作为地面的基土层。

2. 软弱土层：对于淤泥、淤泥质土和杂填土、冲填土以及其他高压缩性土层均属软弱地基。由于软弱土质具有抗剪强度低、压缩性高、均匀性差和渗透性小等特点，故不应在其上面直接铺设地面垫层和面层，否则，将会造成地面沉降量大、不均匀沉降大、沉降速度快和沉降时间长等后果。因此，施工质量验收规范规定，在软弱土层上进行地面工程施工时，应按设计要求，对软弱土层进行处理，根据不同情况可采取换土、机械夯实或表面加固等措施，以保证地面工程的施工质量。

3. 填土：当土方标高低于地面设计标高时，应用回填土填至设计标高。回填土可由原地土回填和异地土回填两种。回填土经夯实或碾压至设计要求的密实度值后，即可在上面铺设地面的上部结构层。

图 2－2 为地面工程基土构造示意图。

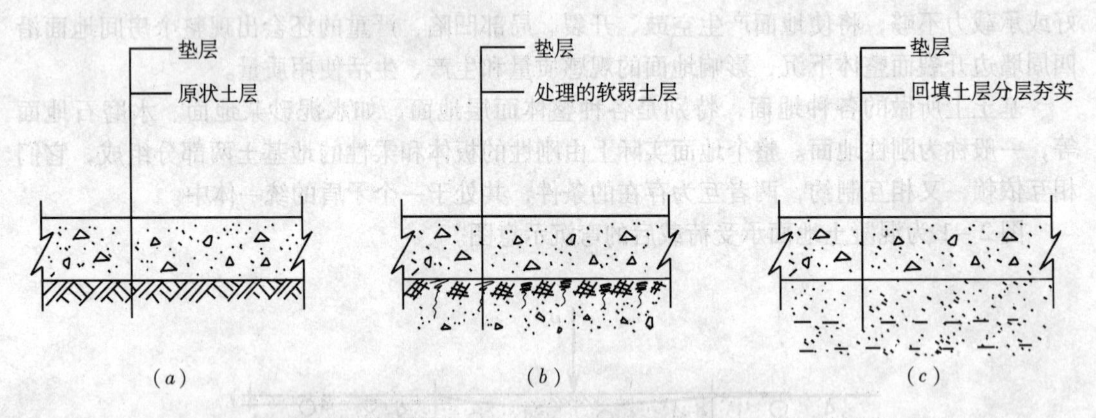

图 2－2　地面工程基土构造示意图

(*a*) 基土为均匀密实的原状土；(*b*) 基土为已处理的软弱土层；(*c*) 基土为回填土层

2.3　基土的施工要求

1. 原状土施工要求

(1) 当基土是原状土时，应根据工程地质勘测报告或用钢钎钎探方法检查土层是否均匀密实，当土层无异样时，对表面应作清底排夯后，即可进行下道工序的施工。

(2) 当原状土层遭受扰动或浸水后，不能直接进行清底排夯时，应将扰动部分的基土清除或作加强处理后，再作排夯施工，然后进行下道工序的施工。

(3) 对于含水量较大的黏性土层，如设计上用此原状土作地面基土时，则将土层挖至设计标高后，不应进行排夯。否则在外力的作用下，不仅夯不实，反而会破坏土层的天然结构，强度也将迅速下降，这时的夯击就像揉面团一样，使土层弹性颤动，并且越夯击，颤动现象越严重，土层结构也越不稳定，最终形成橡皮土（又称弹簧土）。这种土是不能作为地面基土的，必须进行技术处理后方可使用。

2. 软弱土层施工要求

对于淤泥、淤泥质土和杂填土、冲填土等高压缩性土层，或已形成橡皮土的土层，应进行必要的技术处理。根据工程量大小、工期长短以及天气情况，一般有以下几种处理方法：

（1）换土。即挖去一定深度的土，重新填上好土或级配砂石材料等。这种方法适用于工程量不大、工期较紧的工程。

（2）掺干石灰粉末。将一定深度的土层翻起并粉碎后，均匀掺入磨碎不久的干石灰粉末。干石灰粉末一方面吸收土层中的水分而熟化，一方面与土颗粒相互作用（干石灰粉末主要化学成分是氧化钙，土的主要化学成分是二氧化硅和三氧化二铝以及少量的三氧化二铁），形成强度较高的新生物质——硅酸钙，改变了原来的土层结构，夯实后就成了通常所说的灰土垫层了，它具有一定的抗压强度和水稳定性。这种方法适用于土质很差、工期又紧、气候不利的情况下使用。应注意的是干石灰粉末不能磨细过早，防止石灰中的活性氧化钙在空气中损失过多而减低与土颗粒的胶结作用，降低灰土强度。

采用这种方法时，如配合适当降低地下水位，降低土层中的含水量，效果会更好，施工操作亦更方便。

（3）打石笋（亦称石桩）。见图2-3（图中 a = 400~500mm），将300~400mm的块石依次打入土中，一直打到打不下为止，最后在上面满铺一层厚50mm左右的碎石层后再夯实。这种方法适用于工期较紧，上部地面荷载比较大的基土加固处理。

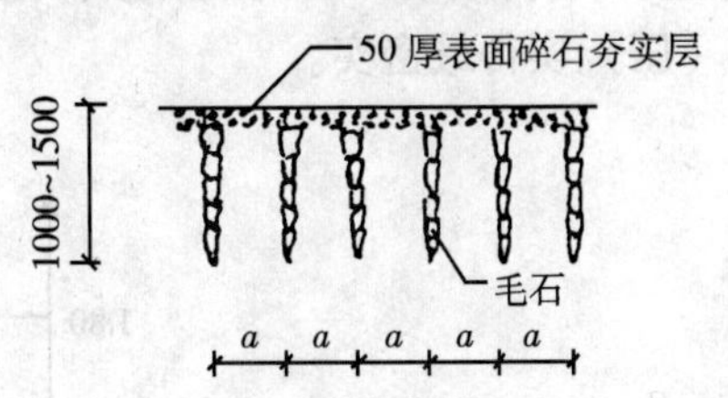

图2-3 打石笋加固软弱土层

（4）翻土晾槽。适当降低地下水位后，将一定深度的土翻起晾晒，使土内含水量逐步降低，然后进行分层夯实，或土中掺入适量的碎石或碎砖后进行夯实或碾压。这种方法适用于工期较长、天气较好的情况下使用。

3. 回填土施工要求

（1）当基土采用回填土时，首先应符合《民用建筑工程室内环境污染控制规范》GB 50325—2001中对回填土的土质质量要求，对Ⅰ类民用建筑工程，如住宅、医院、老年建筑、幼儿园、学校教室等民用建筑工程，当采用异地土作室内地面回填土时，应对土壤中的镭—226、钍—232、钾—40的放射性比活度进行测定，当内照射指数（I_{Ra}）大于1.0和外照射指数（I_r）大于1.3时，不得作回填土使用。

（2）填土前，应将基底上的碎砖、瓦砾、烂草、木屑等建筑垃圾清除干净。基底上如有坑穴、孔洞时，应先将洞内的积水、淤泥、杂物等清理干净，然后再用好土分层回填，并夯实或辗压平整。当基底为种植土或其他松土时，应先将其表面的草皮、秸秆、树根等易腐物质清除干净，然后再按有关规定进行分层夯填，待密实度符合要求后，才能开始上部结构的填筑。若基底土层属软弱土层时，应根据情况，分别采取换土、夯填块石、掺干石灰粉末或砂砾、矿渣等方法处理后，才能进行上部回填土施工。

（3）回填土施工时，应使填土处于最佳含水量（率）状态下进行。土中含水量的大小将直接影响其夯实（或压实）质量。故在夯实（碾压）前应先作试验，以得到符合密实度要求条件下的最优含水量值。

土是由固体颗粒、水和空气所组成的三相体系。土中的水按分子活动能力以及与固体颗粒相互作用的性质，一般可分为强结合水（又称吸着水）、弱结合水（又称薄膜水）和自由水三种，见图2-4。

当填土中的含水量很小时，土中的水主要是强结合水。土颗粒之间的摩阻力较大，夯

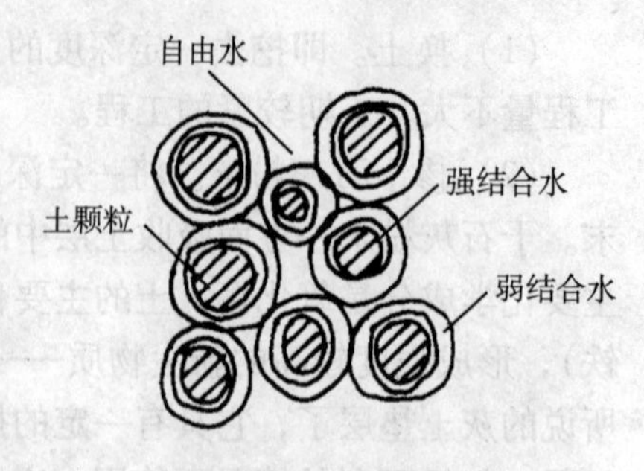

图2-4　土的构造

击时只会扬起一阵阵粉尘，而很难夯实。当填土中的含水量很大时，则土中孔隙全由自由水填满而达到饱和状态，此时的夯击力不能有效的作用于土颗粒上，夯击时会出现软弹现象，俗称“橡皮土”或“弹簧土”，影响夯实质量。含水量适中的土，土中的水仅包括强结合水和弱结合水，结合水膜变厚，土颗粒之间的粘结力减弱而使土颗粒易于移动，土体孔隙中，又没有多余的自由水，夯击效果就好，最易夯实，也最能达到最大的密实度。图2-5为某一黏性土干表观密度与含水量关系试验曲线图，图中曲线最高点的含水量是填土层夯（压）实时的最佳含水量，即采用同样的夯实功进行压实，处在这种含水量的条件下，土的干表观密度最大，夯（压）实得最密实。

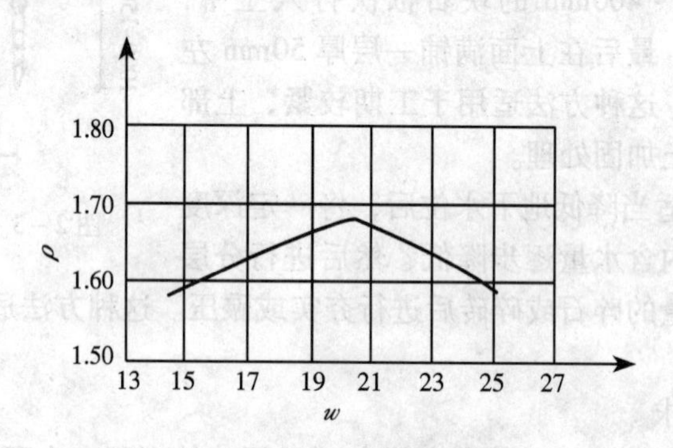

图2-5　土的干表观密度与含水量的关系

w—含水量（%）；ρ—干表观密度（g/cm³）

各种土夯（压）实时最佳含水量和最大干表观密度值，可参照表2-1选用。

各种土夯实时的最佳含水率和最大干表观密度值表　　**表2-1**

土的种类	最佳含水量（%）	压实系数 λ_c	控制干表观密度（g/cm³）
粉土	9	0.95	2.00
		0.93	1.96
		0.90	1.90
	15	0.95	1.77
		0.93	1.73
		0.90	1.68
粉质黏土	12	0.95	1.88
		0.93	1.83
		0.90	1.78
	21	0.95	1.58
		0.93	1.54
		0.90	1.49

续表

土的种类	最佳含水量（%）	压实系数 λ_c	控制干表观密度（g/cm^3）
黏土	19	0.95 0.93 0.90	1.63 1.59 1.54
	23	0.95 0.93 0.90	1.52 1.49 1.44

注：1. 当土的最佳含水量介于表列数值之间时，控制干表观密度可用插入法取值。

2. 压实系数（%）$\lambda_c = \frac{\rho_d}{\rho_{dmax}}$

式中 ρ_{dmax}——为最佳含水率时基土的最大干表观密度（g/cm^3）；

ρ_d——为基土实际压实后的干表观密度（g/cm^3）。

（4）回填土夯实时，一般常选用蛙式打夯机、辗压机以及人工夯实等方法。施工时应分层夯实，每层的虚铺厚度，应根据施工方法、土的种类及含水率等实际情况而定，亦可按表2-2选用。

填土每层的铺土厚度和压实遍数 **表2-2**

压实机具	每层土虚铺厚度（mm）	每层所需压实遍数（遍）
平辗	200~300	6~8
羊足辗	200~350	8~16
蛙式打夯机	200~250	3~4
人工打夯	不大于200	3~4

注：人工打夯时，土块粒径不应大于5cm。

当地面面积较大或地面荷载较大时，宜采用机械压实。

常用的压实机械有平碾压路机以及小型打夯机和平板式振动器等。

1）平碾压路机

又称光碾压路机，按重量等级分轻型（3~5t）、中型（6~10t）和重型（12~15t）三种；按装置形式的不同又分单轮压路机、双轮压路机及三轮压路机等几种；按作用于土层荷载的不同，分静作用压路机和振动压路机两种。

平碾压路机具有操作方便，转移灵活，碾压速度较快等优点，但碾轮与土的接触面积大，单位压力较小，碾压上层密实度大于下层。

静作用压路机适用于薄层填土或表面压实、平整场地、修筑提坝及道路工程；振动平碾适用于填料为爆破石渣、碎石类土、杂填土或粉土的大型填方工程。

常用平碾压路机的型号及技术性能见表2-3。

常用静作用压路机技术性能与规格 表2-3

项 目	型号 两轮压路机 2Y 6/8	两轮压路机 2Y 8/10	三轮压路机 3Y 10/12	三轮压路机 3Y 12/15	三轮压路机 3Y 15/18
重量（t） 不加载	6	8	10	12	15
加载后	8	10	12	15	18
压轮直径（mm） 前轮	1020	1020	1020	1120	1170
后轮	1320	1320	1500	1750	1800
压轮宽度（mm）	1270	1270	530×2	530×2	530×2
单位压力（kN/cm）					
前轮：不加载	0.192	0.259	0.332	0.346	0.402
加载后	0.259	0.393	0.445	0.470	0.481
后轮：不加载	0.290	0.385	0.632	0.801	0.503
加载后	0.385	0.481	0.724	0.930	1.150
行走速度（km/h）	2~4	2~4	1.6~5.4	2.2~7.5	2.3~7.7
最小转弯半径（m）	6.2~6.5	6.2~6.5	7.3	7.5	7.5
爬坡能力（%）	14	14	20	20	20
牵引功率（kW）	29.4	29.4	29.4	58.9	73.6
转 速（r/min）	1500	1500	1500	1500	1500
外形尺寸（mm） 长×宽×高	4440×1610×2620	4440×1610×2620	4920×2260×2115	5275×2260×2115	5300×2260×2140

注：制造单位洛阳建筑机械厂、邯郸建筑机械厂。

常用振动压路机的型号及技术性能见表2-4。

常用振动压路机技术性能与规格 表2-4

项 目	型号 YZS0.6B 手扶式	YZ2	YZJ7	YZ10P	YZJ14 拖式
重量（t）	0.75	2.0	6.53	10.8	13.0
振动轮直径（mm）	405	750	1220	1524	1800
振动轮宽度（mm）	600	895	1680	2100	2000
振动频率（Hz）	48	50	30	28/32	30
激振力（kN）	12	19	19	197/137	290
单位线压力（N/cm）					
静线压力	62.5	134	—	257	650
动线压力	100	212	—	938/652	1450
总线压力	162.5	346	—	1195/909	2100
行走速度（km/h）	2.5	2.43~5.77	9.7	4.4~22.6	—
牵引功率（kW）	3.7	13.2	50	73.5	73.5
转速（r/min）	2200	2000	2200	1500/2150	1500
最小转弯半径（m）	2.2	5.0	5.13	5.2	—
爬坡能力（%）	40	20		30	—

续表

项目	型号				
	YZS0.6B 手扶式	YZ2	YZJ7	YZ10P	YZJ14 拖式
外形尺寸（mm）长×宽×高	2400×790×1060	2635×1063×1630	4750×1850×2290	5370×2356×2410	5535×2490×1975
制造厂	洛阳建筑机械厂	邯郸建筑机械厂	三明重型机械厂	洛阳建筑机械厂	洛阳建筑机械厂

2）小型打夯机

有冲击式和振动式之分，由于体积小，重量轻，构造简单，机动灵活、实用，操纵、维修方便，夯击能量大，夯实工效较高，在建筑工程上使用很广。但劳动强度较大，常用的有蛙式打夯机、柴油打夯机、电动立夯机等，其技术性能见表2-5，适用于黏性较低的土（砂土、粉土、粉质黏土）基坑（槽）、管沟及各种零星分散、边角部位的填方的夯实，以及配合压路机对边缘或边角碾压不到之处的夯实。

蛙式打夯机、振动夯实机、内燃打夯机技术性能与规格　　　表2-5

项目	型号				
	蛙式打夯机 HW-70	蛙式打夯机 HW-201	振动压实机 Hz-280	振动压实机 Hz-400	柴油打夯机 ZH_7-120
夯板面积（cm^2）	—	450	2800	2800	550
夯击次数（次/min）	140~165	140~150	1100~1200（Hz）	1100~1200（Hz）	60~70
行走速度/（m/min）	—	8	10~16	10~16	—
夯实起落高度（mm）	—	145	300（影响深度）	300（影响深度）	300~500
生产率（m^3/h）	5~10	12.5	33.6	336（m^2/min）	18~27
外形尺寸（长×宽×高）（mm）	1180×450×905	1006×500×900	1300×560×700	1205×566×889	434×265×1180
重　量（kg）	140	125	400	400	120

3）平板式振动器

为现场常备机具，体形小，轻便、适用，操作简单，但振实深度有限。适于小面积黏性土薄层回填土振实、较大面积砂土的回填振实以及薄层砂卵石、碎石垫层的振实。

4）其他机具

对密实度要求不高的大面积填方，在缺乏碾压机械时，可采用推土机、拖拉机或铲运机结合行驶、推（运）土、平土来压实。对已回填松散的特厚土层，可根据回填厚度和设计对密实度的要求采用重锤夯实或强夯等机具方法来夯实。

（5）当填土基底面标高不一致时，应将填土面修筑成1∶2阶梯形坡，每台阶高可取500mm，宽可取1000mm。然后由低往高逐层填至上一平面后，再扩大填土面，直至整个地面填土层。

（6）冬季进行填土施工时，严禁用冻土作地面填土层。当土壤温度降至0℃~-1℃时，土壤孔隙内的大部分自由水将冻结成冰块。由于水分从液体变成固体时，体积会增加

9%左右，所以将使土壤的颗粒结构也相应发生变化，使紧密的土层变得松散。

由于冻胀土的颗粒表面包裹着一层坚硬的冰屑，因而使夯击力不能直接有效的作用在土壤颗粒上，夯击力也不能使冰屑融化变成水分排除掉。所以用冰冻土作地面回填土是不可能夯（压）实的。即使表面上看上去夯（压）得密实了，一旦气温回升，冰屑融化变成水分，在上层荷载作用下，基土层必将产生一定量的沉降，这种沉降常常导致地面面层开裂、脱壳等质量事故。因此，在冬季或严寒地区施工地面回填土时，是严禁使用冰冻土的。

如果地面填土层是在冬季前施工的，与冬季遭受冰冻后，也不能直接在基土层上施工上部结构，应采取适当措施后再行施工，以确保工程质量。

（7）室内地面回填土也不得采用冻胀性土。冻胀性土的特点就是一经冰冻，土体将发生体积膨胀，这对建筑地面是极其有害的。有些建筑，如冷库，室内温度长期处于零下；还有些季节性冰冻地区的非采暖房屋，如仓库等，在季节性冰冻期间，室内温度也长期处于零度以下。为此，上述地区的有关建筑地面，在进行室内回填土时，应设置一层一定厚度的防冻胀层，即铺设一层水稳定性和冰冻稳定性好的材料，如砂、砂卵石、煤（矿）渣或炉渣石灰土等，以防止低温下基土产生冻胀，影响地面质量。防冻胀层的厚度由设计确定，如设计无要求时，可参照表2－6选用。

防冻胀层厚度表　　**表2－6**

序号	土的标准冻深（mm）	防冻胀层厚度（mm）	
		土为冻胀土	土为强冻胀土
1	600～800	100	150
2	1200	200	300
3	1800	350	450
4	2200	500	600

注：1. 土的标准冻深和土的冻胀性分类，应按现行《建筑地基基础设计规范》（GB 50007—2002）的规定确定。
2. 防冻材料可选用砂、砂卵石、炉（矿）渣或炉渣石灰土等具有较好水稳定性和冰冻稳定性的材料。
3. 采用炉渣石灰土作防冻胀层时，重量配合比一般为炉渣：素土：熟化石灰＝7:2:1，压实系数不宜小于0.95，而且冻前龄期应大于1个月。

（8）地面回填土深度较大时，禁止采用一次性填满后，浇水至饱和状态让其自然沉实的施工方法，造成填土层及其下层土中含水量增大，既降低基土层的承载力，又增大基土层的沉降量。当遇湿陷性土层时，还将危及整个建筑物的安全使用。

如基土下为非湿陷性土层，在用砂类土质作回填时，可浇水至饱和后加以夯实或振实，但应分层铺设，每层虚铺厚度以200mm为宜。

（9）地面回填土施工中，如遇有上、下水管、煤气管等管道处，应先用人工将管道周围填土夯实，在填至管顶以上500mm时，不会损坏管道的情况下，方可用蛙式打夯机夯实，填夯时应注意保护管道不受伤害。

（10）当采用人工夯实回填土时，夯锤重量不应小于40kg，提夯高度不应小于400mm，落锤时要平稳，一夯压半夯，夯夯相连，行行相接，每遍纵横交叉，处处夯到，特别是沿墙边和柱边，每层至少夯三遍，夯至规定的干密度值为止，并达到表面规定的平整度值。

2.4　基土的质量标准和检验方法

基土的质量标准和检验方法见表2－7。

基土质量标准和检验方法　表2－7

项	序	检验项目	质量要求和允许偏差（mm）	检验方法
主控项目	1	基土土质	基土严禁用淤泥、腐植土、冻土、耕植土、膨胀土和含有有机物质大于8%的土作为填土	观察检查和检查土质记录
	2	基土压实情况	基土应均匀密实、压实系数应符合设计要求，设计无要求时，不应小于0.90	观察检查和检查试验记录
一般项目	3	表面平整度	15	用2m靠尺和楔形塞尺检查
	4	标　高	0～－50	用水准仪检查
	5	坡　度	不大于房间相应尺寸的2/1000，且不大于30	用坡度尺检查
	6	厚　度	在个别地方不大于设计厚度的1/10	用钢尺检查

2.5　基土施工质量通病和防治措施

1. 回填土下沉

（1）现象

局部或大面积填方区域出现下陷现象。

（2）原因分析

1）填土时，基底上的草皮、淤泥、杂物和积水等未清除或清除不干净，含有机物过多，腐朽后造成填土下沉。

2）填土部分受地表水、地下水浸泡而下沉。

3）冬期施工填土时，用冰冻土回填，温度上升后冰屑融化而使填土层下沉。

4）未作分层夯填，而是采用一次性填土到位后浇水至饱和状态，使其自然沉实的施工方法。填土层中含水量大、承载力低、沉实时间长。

（3）预防措施

1）回填土方前，应将基底上的草皮、淤泥、杂物和积水清除干净，表面的耕植土、松土应先经夯实处理后，再进行回填土施工。

2）填土场地周围应做好排水措施，防止地表滞水或雨水流入基底，浸泡填土层。

3）冬期施工回填土时，严禁采用冰冻土回填。当施工基底的土体受冻胀后，应先解冻，夯实处理后，再作新土回填施工。

4）禁止采用填土一次性到位，浇水至饱和状态，使其自然沉实的施工方法。

(4) 治理方法

1) 对下沉已稳定的填方，可仅在表面作平整夯实处理。

2) 对下沉尚未稳定的填方，应会同设计单位针对实际情况采取加固措施。

2. 回填土夯实时出现橡皮土

(1) 现象

夯实填土时，土层出现弹性颤动，像揉面团一样夯不实，并且越夯越不密实。

(2) 原因分析

1) 填土层是含水量大的黏性土，例如淤泥或淤泥质土以及冲填土等。

2) 填土前基底受水浸泡，填土时积水未排除，使填土层含水量增大。当填土为黏性土时，一旦夯击极易出现橡皮土现象。

3) 填土前的基底土层本身是含水量较大的软弱土层，错误的进行排夯密实，结果事与愿违成了橡皮土。如不作认真处理，在上面继续填土夯击，则上面的填土层亦将出现橡皮土现象。

(3) 预防措施

1) 填土施工前，应对填土土质的含水量进行测定，特别是对黏性土，避免盲目夯打。当含水量较大时，应作晾晒或采取其他措施后方可回填夯打。

2) 填土施工前，应排除基底积水，并将表面浮泥清除干净。当填土层较厚，地下水位又较高时，应采取临时降低地下水位的措施，避免填土层在夯（压）实前被水浸泡。

3) 熟悉填方区域土层的土质情况，不盲目夯打。

(4) 治理办法

对已经形成橡皮土的填土层，可参照 2.3 节中对软弱土层的施工要求进行处理。

3 垫层

地面垫层是承受并传递地面荷载于基土上的构造层。垫层材料，在一般情况下，应与面层材料相适应。如采用刚性整体式的面层，以及用砂浆或胶泥做结合层的板、块状面层，其下部应采用混凝土刚性垫层；其他类型的面层，则可以铺在粒料、灰土、三合土等柔性垫层上，必要时，亦可采用刚性垫层。当地面上承受较大冲击荷载，剧烈振动或贮存笨重材料时，为了适应变形和更换修复，一般应选用柔性垫层。

垫层的种类较多，常用的有混凝土垫层、灰土垫层、砂和砂石垫层、碎石和碎砖垫层、三合土垫层和石灰炉渣垫层等。

垫层的厚度，主要根据作用在地面上的荷载情况确定，其所需厚度应按有关规定计算确定。按构造要求的最小厚度和最低强度等级、配合比，可参考表 3 – 1 选用。

垫层最小厚度、最低强度等级和配合比 **表 3 – 1**

序　号	名　　称	最小厚度（mm）	最低强度等级和配合比
1	混凝土垫层	60	C10
2	灰土垫层	100	2∶8（石灰∶素土）
3	砂垫层	60	
4	砂石垫层	100	级配应合理
5	碎石和碎砖垫层	100	
6	三合土垫层	100	1∶3∶6（石灰∶砂∶粒料）
7	炉渣垫层	80	2∶8 ~ 3∶7（石灰∶炉渣）

当垫层受到地面上部的高温、高湿或地面下部的水浸、冻胀影响时，应根据不同的情况，采取不同的措施。

当地面上有高温直接作用时，且面层较薄，垫层宜选用耐高温的松散材料或耐热混凝土。

建在寒冷地区的建筑，当混凝土垫层较长时期处于零度以下，且在土壤冻深范围内为冻胀土时，应在垫层下面加设粗砂、炉渣、灰土等防冻胀层。

对于经常处于潮湿、地面水或地下水影响范围内的建筑地面，垫层应选用耐潮湿、抗渗的垫层。当需防止地下毛细水和潮湿气渗透，影响室内正常生产、生活时，应在面层与垫层之间采用不透水、无毛细作用的隔离层，或在垫层下设置隔离层或防止毛细水上升的构造层。如果地下水的水质有腐蚀作用，在垫层下部尚应考虑用沥青碎石作隔离层。

3.1 灰土垫层

3.1.1 适用范围与构造做法

1. 灰土垫层应采用熟化石灰与黏土（或粉质黏土、粉土）的拌合料铺设，其厚度不应小于100mm。灰土垫层应铺设在不受地下水浸泡的基土上，施工后应有防止水浸泡的措施。

灰土垫层具有取材容易、施工简便、费用较低等优点。灰土垫层在我国北方地区使用较多。北方地区雨水少、地下水位偏低，有利于施工和保证灰土垫层的工程质量。南方多雨地区，较少使用。

2. 灰土垫层的配合比应按设计要求配制，一般常用体积比，如3∶7或2∶8（熟化石灰∶黏土），亦有采用1∶9或4∶6的。灰土体积比与重量比的换算可参考表3－2选用。

灰土体积比与重量比换算参考表 **表3－2**

体积比（熟化石灰∶黏土）	重量比（熟化石灰∶干土）
1∶9	6∶94
2∶8	12∶88
3∶7	20∶80

3. 灰土垫层的构造做法见图3－1。厚度应符合设计要求，但不应小于100mm。

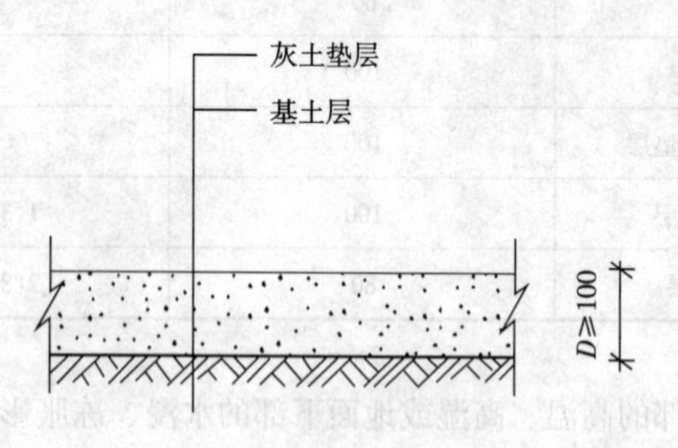

图3－1 灰土垫层的构造做法

3.1.2 使用材料和质量要求

1. 熟化石灰：用于灰土垫层的熟化石灰，应采用氧化钙和氧化镁含量不小于75%的生石灰块，在使用前3～4天用清水予以熟化，使其消解成粉末状，并加以过筛。其最大粒径不得大于5mm，不得夹有未熟化的生灰块。熟化石灰亦可用粉煤灰或电石渣代替，但有效氧化钙含量不宜低于40%。其最大粒径亦不得大于5mm。拌合料的配合比按设计要求或通过试验确定。

灰土垫层主要是靠石灰中的活性氧化钙（CaO）激发土中的活性氧化物，生成强度较高的新物质硅酸钙，因此，它与石灰中活性氧化钙的含量多少有密切关系。而石灰中活性氧化钙的含量又与石灰消解熟化的时间长短有很大关系。

根据有关测定资料可知：当石灰消解熟化后暴露于大气中一星期时，活性氧化钙含量可达70%左右；28天后，即降到50%左右；12个月时，则仅为0.74%。

图3-2为在大气中（未经雨淋）的石灰，其活性氧化钙含量与时间的关系曲线图。

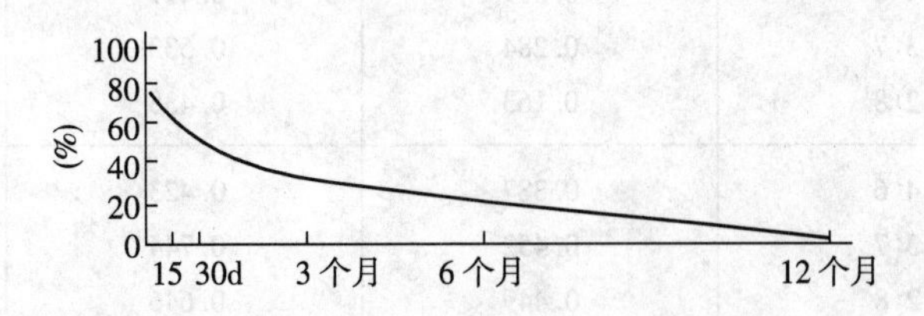

图3-2 在大气中的石灰活性氧化钙含量降低曲线图

用活性氧化钙含量不同的消解石灰制成的灰土，质量差异很大，其抗压强度的高低是很明显的。活性氧化钙含量高的石灰，制成的灰土抗压强度高，反之则抗压强度就低。例如，按同样重量的配合比，当灰土中石灰含量为12%，而用石灰中活性氧化钙的含量，分别为69.5%和82%来制成两种灰土试件，测得的抗压强度，前者仅为后者的60%。因此，在地面工程施工质量验收规范中，明确规定用于灰土垫层的石灰，其消解熟化的时间，应在使用前3~4d为宜，以保证石灰中有一定含量的活性氧化钙，确保灰土垫层的施工质量。

2. 黏土：灰土垫层的土料，应尽量采用黏性土，不宜用砂性土。土中不得含有有机杂质，也不宜使用地面耕植土。冬期施工时，不得采用冻土或夹有冻土的土料。

黏土是一种天然的硅酸盐，主要化学成分是二氧化硅、三氧化二铝和少量的三氧化二铁。它与石灰（粉末）拌合均匀后，二氧化硅将和石灰中的氧化钙即发生物理化学反应，逐渐变成强度较高的新物质——硅酸钙（不溶于水的水化硅酸钙和水化铝酸钙），改变了土壤原来的组织结构，使原来细颗粒的土壤相互团聚成粗大颗粒的骨架，具有一定的内聚力。并且随着土的黏性越好，颗粒越细，物理化学反应也越好。

对于砂类土，由于颗粒较粗，又比较坚硬，与石灰混合后，反应效果较差。土壤中含砂量越多，则与石灰的胶结作用也越差，强度也越低。纯粹的砂土，则成为一种惰性材料。表3-3为不同土体类别和不同灰土比的灰土抗压强度值。由表3-3可知，黏土类灰土的抗压强度值大大高于粉质黏土和粉土类灰土的抗压强度值，所以一般都用黏土类土壤做灰土垫层，而较少用砂类土做灰土垫层。但当黏土的塑性指数①大于20时，则破碎较为困难，施工中如处理不当，反而会影响灰土垫层的质量。根据施工现场的实践经验，选用

① 塑性指数 $I_P = W_L - W_P$

式中 W_P 为土壤的塑限，表示土由固体状态变为塑性状态时的分界含水量；W_L 为土壤的液限，表示土由塑性状态变为流动状态时的分界含水量。塑性指数 I_P 是以百分率的绝对数字来表示，其值越大，表示土内所含黏土颗粒愈多，土处于塑性状态的含水量范围也越大。因此，工程上常以塑性指数来划分很细的砂土和黏性土的界限和确定黏性土的名称。当 $3 < I_P \leq 10$ 时为粉土；当 $10 < I_P \leq 17$ 时为粉质黏土；当 $I_P > 17$ 时为黏土。

粉质黏土拌和灰土是比较适当的。

灰土的抗压强度（MPa） 表3-3

龄期（d）	灰土比	土的种类		
		粉 土	粉质黏土	黏 土
7	4:6	0.311	0.411	0.507
	3:7	0.284	0.533	0.667
	2:8	0.163	0.438	0.526
28	4:6	0.387	0.423	0.608
	3:7	0.452	0.744	0.930
	2:8	0.449	0.646	0.840
90	4:6	0.696	0.908	1.265
	3:7	0.969	1.070	1.599
	2:8	0.816	0.833	1.191

灰土垫层的早期性能接近于柔性垫层，而后期则接近于刚性垫层。灰土垫层这种良好的板体性，对于扩散荷载、减轻地基土的压力和变形是十分有利的。

3.1.3 工艺流程和施工要点

1. 灰土垫层的施工工艺流程（图3-3）

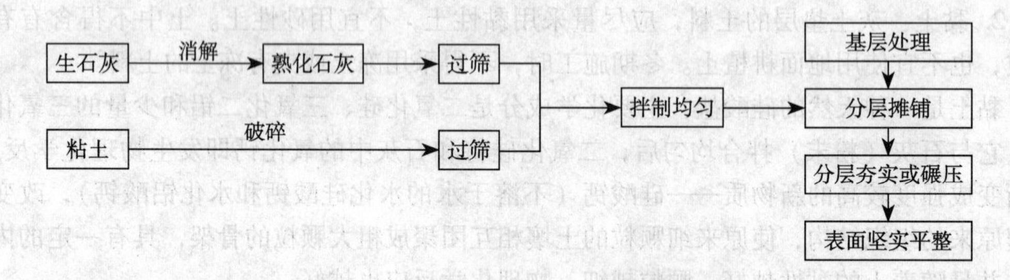

图3-3 灰土垫层施工工艺流程简图

2. 灰土垫层的施工要点

（1）熟化石灰和黏土均应过筛后，按规定比例（体积比或相当于重量比）拌合均匀，色泽一致。当灰土量较大，又有机械搅拌条件时，宜采用机械搅拌，搅拌时间以30s为宜。拌合时应适量加水，加水量控制在灰土总重量的16%左右较为适宜。现场简易测定的方法，可用手紧握灰土成团，落地即散为度。

（2）拌合好的灰土宜随拌随用，分层铺平夯实。夯实时，如拌合料水分过多，应稍作晾干，如水分过少，应予适当洒水湿润后再行夯实。

每层虚铺厚度根据夯实后的厚度要求确定，一般虚铺厚度为200～250mm，夯实后为120～150mm。夯实遍数以灰土达到设计规定的干密度值为准。

（3）室外地面施工灰土垫层后应防止受雨淋。

（4）夯实后的灰土表面应作洒水湿润养护，在常温下作逐渐晾干。室外地面的灰土垫层夯实后，不得在太阳光下暴晒，以避免失水过快而产生干缩裂缝。

（5）铺设灰土垫层前，应认真清理基层，表面不得有积水，平整度应符合规定要求。

（6）灰土垫层分段施工时，不得在墙角、柱墩处留槎。上下两层的接槎处不应在同一位置，距离不应小于500mm，见图3－4。

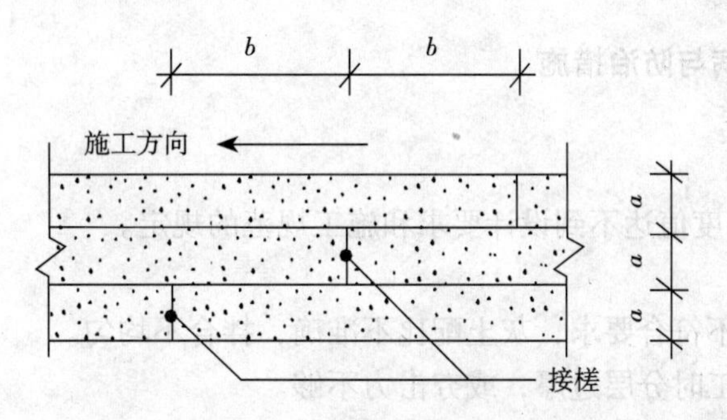

图3－4 灰土垫层各层接槎应错开

$a=120\sim150\text{mm}$ $b>500\text{mm}$

施工间歇后继续铺设前，在接缝处应清扫干净，并作湿润后方可铺设灰土拌合料。接槎处的灰土应重叠夯实。

3.1.4 质量标准和检验方法

灰土垫层的质量标准和检验方法见表3－4。

灰土质量标准和检验方法 **表3－4**

项	序	检验项目	允许偏差或允许值（mm）	检验方法
主控项目	1	灰土配合比	应符合设计要求	观察检查和检查配合比通知单
	2	压实后的干密度	用环刀取样（取样体积不小于200cm^3）测定其干密度，其值应符合表3－5规定	检查测试记录
一般项目	3	拌合料颗粒粒径	熟化石灰颗粒粒径不得大于5mm；黏土（或粉质黏土、粉土）内不得含有有机物质，颗粒粒径不得大于15mm	观察检查和检查材质合格记录
	4	表面平整度	10	用2m靠尺和楔形塞尺检查
	5	标 高	±10	用水准仪检查
	6	坡 度	不大于房间相应尺寸的2/1000，且不大于30	用坡度尺检查
	7	厚 度	在个别地方不大于设计厚度的1/10	用钢尺检查

灰土垫层的干密度要求见表3－5。

灰土的干密度标准　　表3-5

项　次	土料种类	灰土最小干密度（g/cm³）
1	粉　土	1.55
2	粉质黏土	1.50
3	黏　土	1.45

注：用环刀取样（取样体积不小于200cm³）测定其干密度。

3.1.5　质量通病与防治措施

1. 灰土密实度差

（1）现象

灰土垫层的干密度值达不到设计要求和施工规范的规定。

（2）原因分析

1）原材料质量不符合要求，灰土配比不准确，拌合不均匀。

2）灰土垫层施工时分层过厚，或夯击力不够。

3）灰土拌合料的含水率控制不当，无法夯（压）实。

（3）预防措施

1）重视原材料质量。土料宜用黏性土及塑性指数大于4的粉土，不得含有松软杂质，并应过筛，最大颗粒直径不得大于15mm。石灰应用新鲜的消石灰，其颗粒不得大于5mm。

2）灰土垫层配比应正确，拌合料应拌合均匀，颜色一致，控制适当含水量，施工中常用的检验方法，是用手将灰土拌合料紧握成团，落地即散为宜。当拌合料含水量过大时，应作晾干处理；反之含水量过小时，应洒水湿润。

3）铺设时应分层铺设，每层铺设厚度根据夯实或碾压机具而定，亦可参考表2-2确定。

（4）治理办法

对达不到干密度规定值的灰土垫层，应增加夯击（或碾压）遍数，或加大夯击锤力（或碾压机吨位）。

2. 灰土垫层遭受浸水

（1）现象

灰土垫层铺设后，或夯（压）实后，遭受浸水或雨淋（室外地面），便难以夯（压）实。夯（压）实后的灰土垫层，也将降低其强度和承载力。

（2）原因分析

1）室外地面施工时，或灰土材料堆放于室外时，不重视天气报告，又无防雨措施，一旦下雨，材料就遭受雨淋。

2）当灰土铺设位置在地下水位以下时，排水或降低地下水位的措施不力或不当，使灰土垫层铺设后遭受浸水。

（3）预防措施

1）重视收听天气报告，特别是施工室外地面灰土垫层时。同时应准备必要的防雨遮盖设施。

2）当灰土垫层铺设在地下水位以下时，应有可靠的排水及降低地下水位的措施。铺设并夯实后的灰土垫层，在3天内不得受水浸泡。

（4）治理办法

受雨淋或浸泡的灰土，应在晾晒后补夯密实。必要时，翻起掺加石灰粉末后重新进行夯（压）实。

3.2 砂垫层和砂石垫层

3.2.1 适用范围和构造做法

砂垫层和砂石垫层分别采用天然砂和天然砂石铺设在地面的基土层上而成。适用于处理软土、透水性又强的黏性基土层上，不适用于湿陷性黄土和透水性小的黏性基土层上。

砂垫层的厚度不应小于60mm；砂石垫层的厚度不应小于100mm。砂垫层和砂石垫层的构造做法见图3-5。

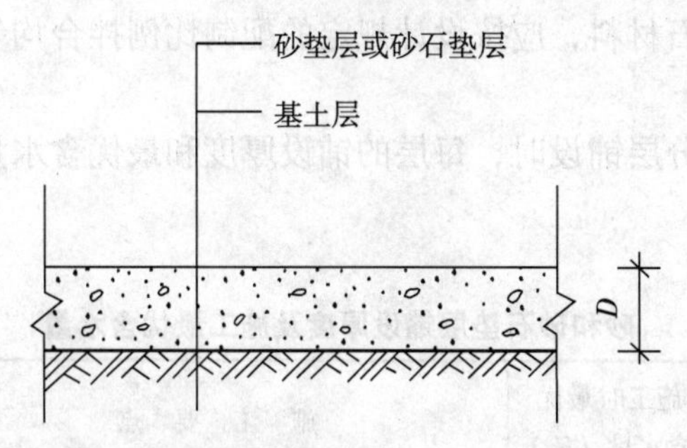

图3-5 砂垫层和砂石垫层的构造做法

D 砂垫层≥60mm
砂石垫层≥100mm

3.2.2 使用材料和质量要求

1. 砂：宜采用颗粒级配良好、质地坚硬的中砂、中粗砂或砾砂。在缺少中粗砂和砾砂的地区，亦可采用细砂，但宜同时掺入一定数量的碎石或卵石，其掺量不应大于50%，或按设计要求配制。

2. 砂石：应采用级配良好的天然砂石材料，石子的最大粒径不得大于垫层厚度的2/3。也可采用砂或碎石、石屑以及其他工业废粒料按设计要求的比例配制。砂石材料铺设时，不得有粗细颗粒分离的现象。

3. 砂和砂石材料中不得含有草根、垃圾等有机杂质，含泥量不应超过5%。冬期施工时，其材料中不得含有冰冻块。

3.2.3 工艺流程和施工要点

1. 砂和砂石垫层的施工工艺流程见图3-6。

2. 砂和砂石垫层的施工要点

（1）垫层铺设前，应对基土层表面进行清理干净，清除浮土、积水，并作适当的夯实

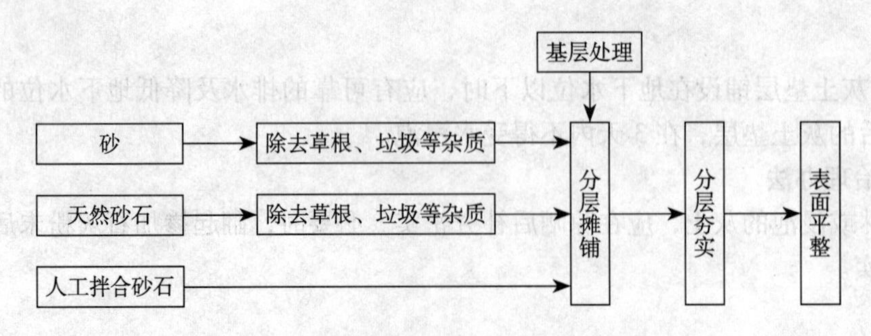

图3－6 砂和砂石垫层施工工艺流程简图

或碾压。

（2）垫层宜铺设在同一标高层上，当深度不同时，应将基土层开挖成1:2的阶梯形坡（每一台阶高500mm，宽1000mm），然后按先深后浅的施工顺序逐层填至上一平面后再扩大铺设面。

分层铺设时，每层接头应错开0.5～1.0m，并注意充分夯实。

（3）人工级配的砂石材料，应按设计规定的配制比例拌合均匀后铺设，拌合时应适当洒水湿润。

（4）砂和砂石垫层分层铺设时，每层的铺设厚度和最优含水量，根据不同的捣实方法确定，可参见表3－6。

砂和砂石垫层铺设厚度及施工最优含水量 **表3－6**

捣实方法	每层铺设厚度（mm）	施工时最优含水量（%）	施 工 要 点	附 注
平振法	200～250	15～20	1. 用平板式振捣器往复振捣，往复次数可用简易测定密实度的方法①，以密实度合格为准 2. 振捣器移动时，每行应搭接三分之一，以防搭接处振捣不密实	不宜使用于细砂或含泥量较大的砂铺筑的砂垫层
插振法	振捣器插入深度	饱和	1. 用插入式振捣器振捣 2. 插入间距可根据振捣器振幅大小决定 3. 不应插至下面的基土层内 4. 插入振捣完毕后所留的孔洞，应用砂填实 5. 应有控制地注水和排水	不宜使用于细砂或含泥量较大的砂铺筑的砂垫层，也不宜用于湿陷性黄土、膨胀土土层上铺设
夯实法	150～200	8～12	1. 用蛙式打夯机或其他夯实机械夯实 2. 用木夯夯实时，木夯重量不宜小于40kg，落距400～500mm 3. 一夯压半夯，全面夯实，特别边角处	适用于砂石垫层
碾压法	150～350	8～12	用6～10t辗压机往复碾压，碾压遍数以达到要求密实度为准，一般不少于4遍，用振动压实机械时，以振动3～5min为宜	适用于大面积砂石垫层，但不宜用于地下水位以下的砂垫层

续表

捣实方法	每层铺设厚度（mm）	施工时最优含水量（%）	施工要点	附注
水撼法	250	饱和	1. 注水高度略超过铺设面层 2. 用钢叉插撼捣实，插入点间距100mm左右。钢叉宜为四齿，齿距30mm，长300mm 3. 应有控制地注水和排水	湿陷性黄土、膨胀土、细砂地基土上不得使用

①简易测定密实度的方法是：将直径20mm，长1250mm的平头钢筋，举离砂面700mm自由下落，插入深度不大于根据该砂的控制干密度测定的深度为合格。

（5）砂垫层每层夯实后的干密度值应不小于1.55～1.60g/cm^3。测定方法采用容积不小于200cm^{3}的环刀取样。如系砂石垫层，则可在砂石垫层中，局部设置纯砂检验点，在同样条件下用环刀取样鉴定。亦可采用上述密实度简易测定方法进行检测。

（6）在地下水位高于铺设底面，或在饱和水的软弱基土层上铺设砂或砂石垫层时，应采取排水或降低地下水位的措施，使铺设面保持无水状态。如采用水撼法和插振法施工时，亦应有控制地进行注水和排水。

（7）采用碾压法施工时，局部边缘处、转角处等部位，应采用人工夯实法辅助，以达到全面密实的要求。

3.2.4 质量标准和检验方法

砂和砂石垫层的质量标准和检验方法见表3－7。

砂和砂石垫层质量标准和检验方法 表3－7

项	序	检验项目	允许偏差或允许值（mm）	检验方法
主控项目	1	砂及砂石质量	1. 砂和砂石内不得含有草根等有机杂质 2. 砂应用中砂 3. 石子最大粒径不得大于垫层厚度的2/3	观察检查和检查材质合格证明文件及检测报告
	2	干密度（或贯入度）值	应符合设计要求，中砂在中密状态的干密度值应不小于1.55～1.60g/cm^3	观察检查和检查试验记录
一般项目	3	表面质量情况	不应有砂窝、石堆等质量缺陷	观察检查
	4	表面平整度	15	用2m靠尺和楔形塞尺检查
	5	标高	±20	用水准仪检查
	6	坡度	不大于房间相应尺寸的2/1000，且不大于30	用坡度尺检查
	7	厚度	在个别地方不大于设计厚度的1/10	用钢尺检查

3.2.5 质量通病和防治措施

1. 砂或砂石垫层的密实度差

（1）现象

垫层的干密度（或贯入度）达不到设计要求和施工规范的规定。

（2）原因分析

1）砂石原材料质量不符合要求，砂石垫层拌合不均匀。

2）铺设时不分层或分层过厚，导致无法压实。

3）压实时夯击力过轻或辗压机吨位不够，难以压实。

4）拌合料的含水量控制不当，不是在含水量最优状态下进行压实。

（3）防治措施

1）重视原材料质量。砂石垫层应级配良好，不含植物残体、垃圾等杂质。当使用粉细砂时，应掺入25%～30%的碎石或卵石。最大粒径不宜大于50mm。对湿陷性黄土地基，不得使用砂石等渗水性强的材料。

2）砂和砂石垫层应分层铺设、分层夯实。根据不同的压实方法，确定不同的分层铺设厚度和控制其拌合料的含水量，详见表3－6。

3）当用机械压实时，对局部边缘、转角处等部位应采用人工辅助夯实的方法，使之达到全面密实的要求。

（4）治理办法

对达不到干密度要求的砂或砂石垫层，应增加夯击（或碾压）遍数，或加大夯击锤力（或碾压机吨位）。还可采用水泥灌浆、化学灌浆等方法进行补强处理，但需经设计、监理等各方面协商一致后，方宜采用。

2. 砂石垫层表面质量差

（1）现象

表面有明显的砂窝、石堆等质量缺陷。

（2）原因分析

1）当采用天然砂石时，级配不良。

2）当采用人工拌合砂时，级配不良或石料用量过大，或拌合不匀。

（3）预防措施

1）应采用级配良好的砂石材。

2）用人工拌合砂石材料时，石料用量不应过大，拌合应均匀，并按表3－6中的捣实方法，拌合时适当洒水，使其达到最优含水量为准。

（4）治理办法

明显石堆处应补铺砂料，并夯实平整。

3.3 碎石垫层和碎砖垫层

3.3.1 适用范围和构造做法

碎石垫层和碎砖垫层是分别用碎石和碎砖铺设于基土层上，经夯（压）实而成，有时亦作为地面基土层的加强层，适用于承载荷重较轻的地面垫层。民用建筑中应用较多。

碎石垫层和碎砖垫层的最小厚度不应小于60mm和100mm。其构造做法见图3－7。

3.3.2 使用材料和质量要求

1. 碎石：应选用质地坚硬、强度均匀、级配适当和未风化的石料，粒径宜为5～

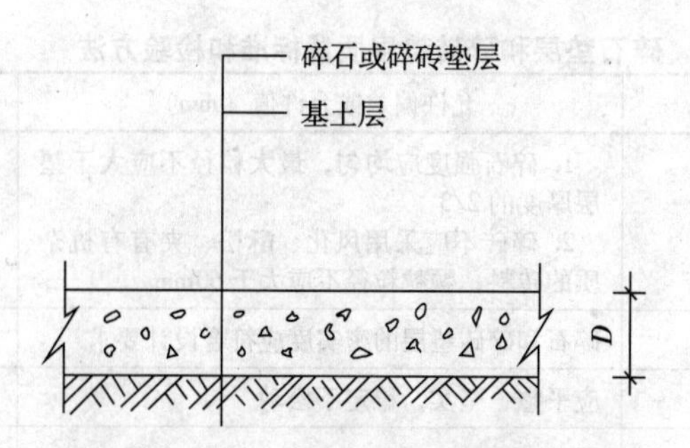

图3－7 碎石垫层和碎砖垫层的构造做法

D 碎石垫层≥60mm
碎砖垫层≥100mm

40mm，最大粒径不应大于垫层厚度的2/3，软硬不同的石料不宜掺合作用。

2. 碎砖：一般采用粒径为20～60mm的碎砖，其中不得夹有已风化、酥松、瓦片及有机杂质。如利用工地断砖时，应将砖块敲碎，使粒径符合要求。

3.3.3 工艺流程和施工要点

1. 碎石垫层和碎砖垫层的施工工艺见图3－8。

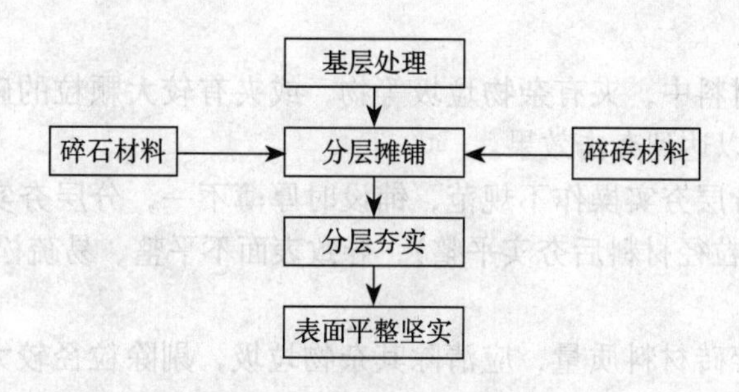

图3－8 碎石垫层和碎砖垫层施工工艺流程简图

2. 碎石垫层和碎砖垫层的施工要点

（1）铺设前，应对基土层表面进行清理、平整，并视基土表层情况作适当夯实或碾压。

（2）碎石垫层和碎砖垫层铺设时均应分层铺设，每层的虚铺厚度以200mm为宜，夯（压）实后的厚度约为150mm，是虚铺厚度的3/4。

（3）碎石垫层和碎砖垫层夯（压）时，表面均应适当洒水湿润，采用人工夯实或机械碾压时，均不少于3遍。表面较大的孔隙，应用粒径较小的细粒料撒嵌，使夯（压）实后的表面达到平整、坚实、稳定不松动。

（4）当用机械压实时，对局部边缘、转角处等部位，应用人工夯实辅助，使之达到全面密实为佳。

3.3.4 质量标准和检验方法

碎石垫层和碎砖垫层的质量标准和检验方法见表3－8。

碎石垫层和碎砖垫层质量标准和检验方法　表 3-8

项	序	检验项目	允许偏差或允许值（mm）	检验方法
主控项目	1	垫层材料质量	1. 碎石强度应均匀，最大粒径不应大于垫层厚度的2/3 2. 碎砖不应采用风化、酥松、夹有有机杂质的砖料，颗粒粒径不应大于60mm	观察检查和检查材质合格证明文件及检测报告
	2	垫层密实度	碎石和碎砖垫层的密实度应符合设计要求	观察检查和检查试验记录
一般项目	3	表面质量情况	应平整、坚实，稳定不松动	观察检查
	4	表面平整度	15	用2m 靠尺和楔形塞尺检查
	5	标　　高	±20	用水准仪检查
	6	坡　　度	不大于房间相应尺寸的2/1000，且不大于30	用坡度尺检查
	7	厚　　度	在个别地方不大于设计厚度的1/10	用钢尺检查

3.3.5　质量通病和防治措施

碎石垫层和碎砖垫层常见质量通病是表面不密实、不平整。

（1）现象

垫层表面不坚实，有松动的碎石或碎砖料，碎石或碎砖间孔隙较多较大，表面不平整。

（2）原因分析

1）碎石或碎砖材料中，夹有杂物垃圾等物，或夹有较大颗粒的碎石或碎砖，致使表面孔隙增多增大，难以达到夯击效果。

2）分层摊铺、分层夯实操作不规范，铺设时厚薄不一，分层夯实后未作最后一遍整平夯实工作（撒嵌细粒径材料后夯实平整），导致表面不平整、易疏松。

（3）预防措施

1）重视碎石和碎砖材料质量，应清除其杂物垃圾，剔除粒径较大的碎石，较大碎砖块应予敲碎。

2）分层摊铺厚度、分层夯实施工操作应规范，夯（压）实时应作适当洒水湿润，最后一遍夯实时，应用细粒料撒嵌表面层的孔隙，使夯（压）实后达到表面平整、坚实、稳定而不松动。

（4）治理办法

对表面不平整、不密实的，应继续进行夯（压），并均匀撒嵌细粒径材料，同时适当洒水湿润，直至表面夯（压）密实、平整为止。

3.4　三合土垫层

3.4.1　适用范围与构造做法

三合土垫层是用石灰膏、砂（可掺适量的黏土）和碎砖（或碎石）按一定的体积比加水拌合后铺设在经夯（压）实的基土层上而成的地面垫层，也有先铺设碎砖（石）料，后灌石灰（泥）砂浆，再经夯（压）实而成的垫层做法。由于石灰的凝结硬化时期较长，故在拌合铺设后的硬化期间，应避免受水浸泡。三合土垫层适用于承载荷重较轻的地面，民用建筑工程中应用较多。

三合土垫层的最小厚度不应小于100mm，其构造做法见图3－9。

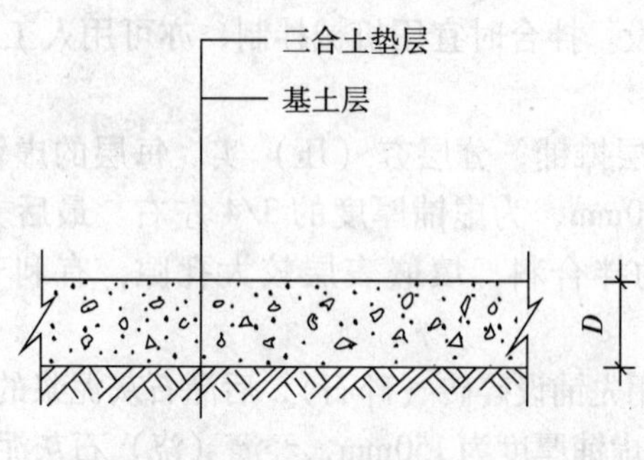

图3－9 三合土垫层的构造做法

$D \geqslant 100$mm

3.4.2 使用材料和质量要求

1. 石灰膏：用于三合土垫层的石灰应为淋水熟化石灰膏，其熟化时间不宜少于15天，使用时应将石灰膏调制成石灰浆，过筛后再与砂、碎砖（碎石）等拌合使用。石灰膏的未熟化颗粒粒径不得大于5mm。

2. 砂：宜用中粗砂，砂中不得含有草根等有机杂质。也可用细炉渣（经过筛）代替。

3. 泥：宜用黏性土。使用前与石灰膏调制成石灰泥浆后与碎砖（或碎石）拌制或作灌浆使用。

4. 碎砖（碎石）：不应采用风化、酥松和夹有有机杂质的砖（石）料，颗粒粒径不应大于60mm，且不应大于垫层厚度的2/3。

3.4.3 工艺流程和施工要点

1. 三合土垫层的施工工艺流程（图3－10）

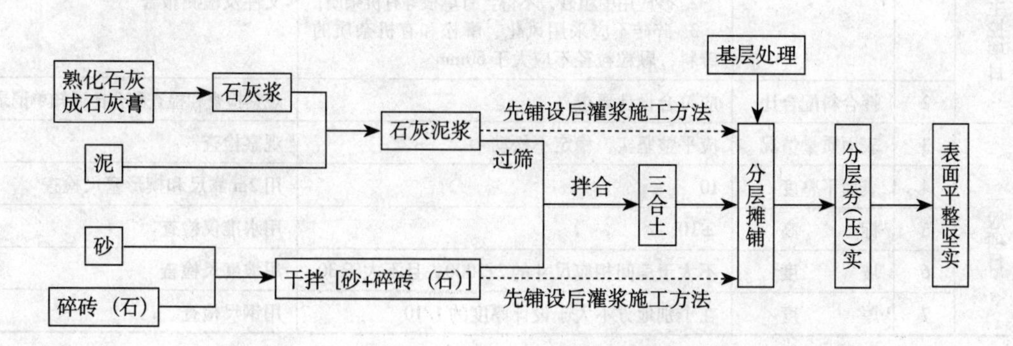

图3－10 三合土垫层施工工艺流程简图

2. 三合土垫层施工要点

（1）垫层铺设前，应对基土层表面进行清理干净、清除浮土、积水，并作适当夯实或碾压。

（2）三合土垫层的拌合料应按设计要求配制，设计无要求时，可采用体积配合比1:3:6（熟化石灰膏:砂或泥:碎砖或碎石）。拌合时，应先将熟化石灰膏调制成石灰浆水，并加入适量泥或砂后配制成石灰泥浆水。与此同时，将碎砖（碎石）和砂干拌后加入石灰泥浆水，最后拌制成三合土进行铺设。拌合时宜用机械拌制，亦可用人工拌制，以拌合均匀、颜色一致为好。

（3）三合土垫层应分层摊铺，分层夯（压）实。每层的虚铺厚度一般为150mm，经夯（压）实后，厚度约120mm，为虚铺厚度的3/4左右。最后一层夯（压）实时，应撒一薄层干砂或干砂和泥的拌合料，填嵌表层较大孔隙，有利于表层夯（压）得平整、坚实。

（4）三合土垫层若采用先铺设碎砖（碎石），后灌石灰泥浆的施工方法时，应先将碎砖（碎石）料摊铺均匀，每层虚铺厚度为150mm，经灌（浇）石灰泥浆（体积比1:2～1:4，石灰膏:泥）后进行夯（压）实。夯（压）最后一层时，表面亦应撒一薄层干砂或干砂和泥的拌合料，以利于表面层平整、坚实。

（5）三合土垫层采用机械压实时，局部边缘及转角等部位，宜用人工辅助夯实，以达到全面平整密实之要求。

（6）当三合土铺设位置在地下水位以下时，应采取排水和降低地下水位的措施，防止垫层铺设后遭受水泡，影响垫层强度。

（7）室外铺设三合土垫层时，应注意收听天气预报，并应备有防雨遮挡设施，防止遭受雨淋，影响垫层质量。

3.4.4 质量标准和检验方法

三合土垫层的质量标准和检验方法见表3－9。

三合土垫层质量标准和检验方法 表3－9

项	序	检验项目	允许偏差或允许值（mm）	检验方法
主控项目	1	垫层材料质量	1. 熟化石灰颗粒粒径不得大于5mm； 2. 砂应用中粗砂，不得含有草根等有机杂质； 3. 碎砖不应采用风化、酥松和有机杂质的砖料，颗粒粒径不应大于60mm	观察检查和检查材质合格证明文件及检测报告
	2	拌合料配合比	应符合设计要求	观察检查和检查配合比通知单记录
一般项目	3	表面质量情况	应平整坚实，稳定不松动	观察检查
	4	表面平整度	10	用2m靠尺和楔形塞尺检查
	5	标　　高	±10	用水准仪检查
	6	坡　　度	不大于房间相应尺寸的2/1000，且不大于30	用坡度尺检查
	7	厚　　度	在个别地方不大于设计厚度的1/10	用钢尺检查

3.4.5 质量通病和防治措施

1. 表面不密实

（1）现象

三合土表层呈松散不密实，孔隙多，夯实效果差。

（2）原因分析

1）碎砖粒径大小悬殊过大，或夹有杂物垃圾。

2）拌合不均匀，灰浆浓度不一或浆水离析。

3）分层铺设未按规范规定，或超过所用夯实机具的有效影响深度。

（3）预防措施

1）碎砖粒径不宜过大，最大粒径不应超过60mm，并不得夹有杂物；砂或黏土（或砂泥）中亦不得有草根、贝壳等有机杂物；石灰应消化成熟石灰膏。

2）灰浆浓度适当，拌合料拌合均匀。

3）铺设时应分层摊铺，第一层虚铺220mm，以后每层虚铺200mm，用四齿耙拉平后夯打或辗压。夯打或碾压时，若发现三合土太干，应作补浆后再行夯打或碾压。

（4）治理办法

当发现三合土表层松散不密实时，应作再次夯打或碾压，必要时补浇灰浆后再行施工。

2. 表面平整度差

（1）现象

表面平整度差，超过规范规定限值，影响下一工序施工。

（2）原因分析

1）基土层表面平整度差，铺设三合土垫层前未作紧土夯实。

2）分层铺设工作马虎，又未设置标高控制小木（竹）桩，使虚铺层高低不一。

3）未作最后一层整平夯实工作。

（3）预防措施

1）重视基土层的平整夯实工作。铺设三合土垫层前，应对基土层进行平整夯实。铺设三合土垫层时，基土层上不应有松散土，不应有积水等。

2）应设置分层铺设时的标高控制小木（竹）桩，每层铺设后用四齿耙拉平后再夯实或压实。

3）重视最后一层的整平夯实工作，灰浆量应浇足。必要时，表层可撒一薄层砂、泥细粒料后再进行整平夯实工作。

（4）治理办法

当发现表面不平整时，应将凹处适当耙松后，补上拌合料，重新进行夯实或碾压，直至表面达到平整、坚实为止。

3.5 炉 渣 垫 层

3.5.1 适用范围与构造做法

1. 炉渣垫层适用于承载荷重较轻的地面工程中面层下的垫层，或因敷设管道以及有保温隔热要求的地面工程中面层下的垫层。炉渣垫层在民用建筑工程中使用较多。

2. 炉渣垫层根据所配制材料的不同，有以下四种做法：

（1）用纯炉渣铺设的炉渣垫层，常用于有保温隔热要求的地面工程垫层；

（2）用石灰浆与炉渣拌合铺设的石灰炉渣垫层；

（3）用水泥与炉渣拌合铺设的水泥炉渣垫层；

(4) 用水泥、石灰和炉渣拌合铺设的水泥石灰炉渣垫层。

3. 炉渣垫层的厚度不应小于80mm，其构造做法见图3-11。

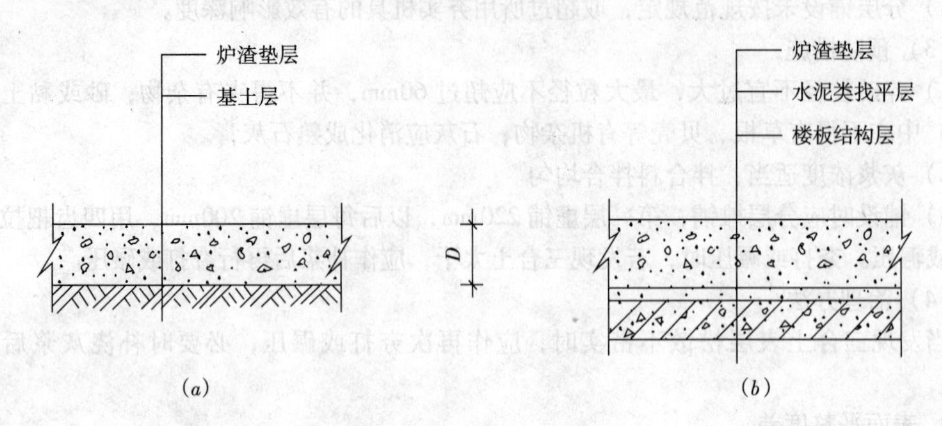

图3-11 炉渣垫层构造做法
(a) 地面做法；(b) 楼面做法
$D \geqslant 80$mm

3.5.2 使用材料和质量要求

1. 炉渣：炉渣宜采用软质烟煤炉渣，其表观密度为800kg/m³。炉渣垫层不应使用刚从锅炉燃烧后排出不久的“新渣”。这种炉渣除有一定数量的未燃煤块外，还含有一定量的石灰质（即氧化钙）和硫化物等有害物质。如果用这种炉渣来拌制水泥炉渣或水泥石灰炉渣垫层，则石灰质与硫化物将会反应结合成新的物质硫酸钙（石膏）。这种物质极易溶于水，它又能与水泥水化作用后生成含水铝酸钙（由铝酸三钙成分水化而得的）起化学反应，生成含水硫铝酸钙，这就是通常所讲的“水泥杆菌”，是一种极其有害的东西，它结晶时吸收大量的水，体积增大2~2.5倍，使已经硬化的炉渣垫层出现严重溃裂，及至面层裂缝、起壳等，因而发生质量事故。

为了防止上述情况的发生，施工中应禁止使用新渣，而应用“陈渣”。所谓“陈渣”，就是用石灰浆或清水闷透的炉渣，或者是从锅炉中排出后，在露天存放一段时间的炉渣。采用闷渣措施，主要是使石灰质与水反应使之熟化成氢氧化钙。而在露天存放一段时间，则炉渣与雨水、空气接触后，一部分石灰质吸水后熟化成氢氧化钙，一部分石灰质与二氧化碳结合成碳酸钙，这是一种比较稳定的物质。这两种措施都能有效的减少和消除硫酸钙的生成物，故“陈渣”的性质要比“新渣”稳定，更能确保质量。

2. 炉渣垫层宜用粗细兼有的统货（级配）炉渣。炉渣的主要化学成分是二氧化硅、三氧化二铝以及少量的三氧化二铁和氧化钙等。

石灰炉渣垫层拌合料，由于炉渣与石灰都具有活性，经相互作用后形成一定的强度。因此，不同的炉渣颗粒，就有不同的反应效果。粒径细的炉渣，比面积①大，有利于炉渣与石灰的相互作用。但细炉渣加工费用大，含水量也大，而石灰炉渣垫层对含水量是极其

① 比面积就是总表面积。

敏感的，一旦水分较多，则在辗压过程中（或夯打过程中）容易发软起拱，也不易成型。而粗炉渣的效果则刚好相反。如在细炉渣中适当掺加一些粗粒径的炉渣，则能兼收到粗、细炉渣的优点，有利于结构层的成型和提高早期强度。

试验表明，石灰炉渣垫层的抗压强度，与拌合料成型时的含水量和干表观密度有较大的关系，而抗压强度是随着干表观密度的增加而提高。一般成型时含水量大者，则干表观密度值小。在一定的压实功能下，由于细炉渣拌合料有较大的含水量，所以必然会影响到拌合料的密实度和干表观密度，这对提高石灰炉渣垫层的抗压强度是不利的。至于粗炉渣拌合料含水量虽然较小，但由于孔隙率较大，其干表观密度值也不大，因而也影响抗压强度值的提高。

以上情况说明，如施工中单纯用细炉渣或粗炉渣来做石灰炉渣垫层，都不理想。而如果用粗细粒径兼有的统货（级配）炉渣，则对确保石灰炉渣的相互作用、促进基层的成型和早期强度的提高较为有利；同时，对提高密实程度和干表观密度值以及减少加工费用、降低工程成本等方面也是比较有利的。

根据地面工程施工规范的规定，用于石灰炉渣垫层的炉渣最大粒径不应大于40mm，且不得大于垫层厚度的二分之一。粒径小于5mm者，不得超过总体积的40%。

炉渣中未燃尽的煤块，将影响炉渣与石灰的相互作用，其本身又是混合料中的薄弱环节，因此应予以剔除。

3. 石灰：石灰应为熟化石灰，使用时应调制成石灰浆，经5mm的筛孔过筛后使用。

4. 水泥：水泥采用强度等级32.5以上的普通硅酸盐水泥或矿渣硅酸盐水泥，也可用火山灰质硅酸盐水泥或粉煤灰硅酸盐水泥。

3.5.3 工艺流程和施工要点

1. 炉渣垫层的施工工艺流程（图3-12）

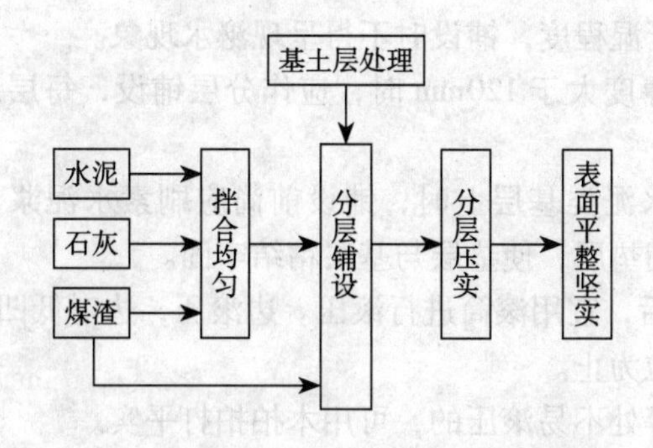

图3-12 炉渣垫层施工工艺流程简图

2. 炉渣垫层施工要点

（1）重视基层处理。炉渣垫层铺设前，基土表面应作清理并夯实平整。

（2）敷设在炉渣垫层内的有关电气管线、设备管线及埋件等均应事先安装完毕，并用水泥砂浆或混凝土固定牢固。

（3）炉渣应采用石灰浆或清水闷透的“陈渣”，闷渣时间不得少于5天。

（4）炉渣垫层拌合料常采用体积配合比，其配比应符合设计要求。石灰炉渣垫层常用的配比为2∶8或3∶7（石灰∶炉渣）；水泥炉渣垫层常用的配比为1∶6（水泥∶炉渣）；水泥石灰炉渣垫层常用的配比为1∶1∶8（水泥∶石灰∶炉渣）。

为使石灰炉渣或水泥石灰炉渣拌合料得到最充分的反应效果，石灰与炉渣之间就得有个恰当的比例。实践证明，如果石灰含量过少，石灰与炉渣之间的反应就不够充分；反之如果石灰含量过多，由于石灰本身强度较低，相互作用后多余的石灰又会形成拌合料中的薄弱结构，也会影响其强度，还会降低垫层的水稳定性。试验资料表明，对于粒径较粗的炉渣，石灰∶炉渣以2∶8较好；对于粒径较细的炉渣，石灰∶炉渣以3∶7为好（体积比）。图3-13和图3-14分别为粗、细炉渣不同配合比在湿治养护下的抗压强度曲线图。

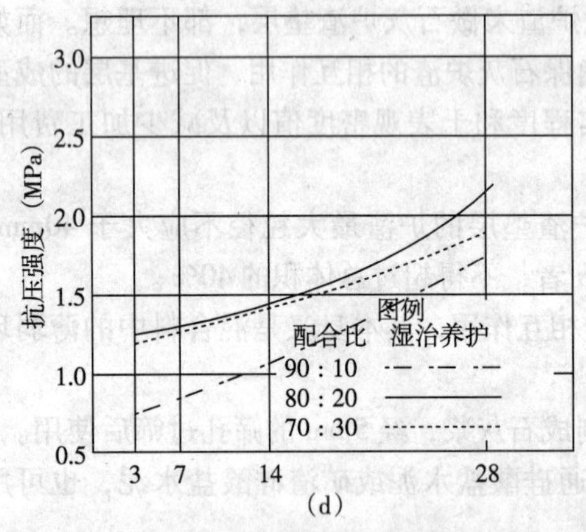

图3-13 粗炉渣配合比与抗压强度的关系

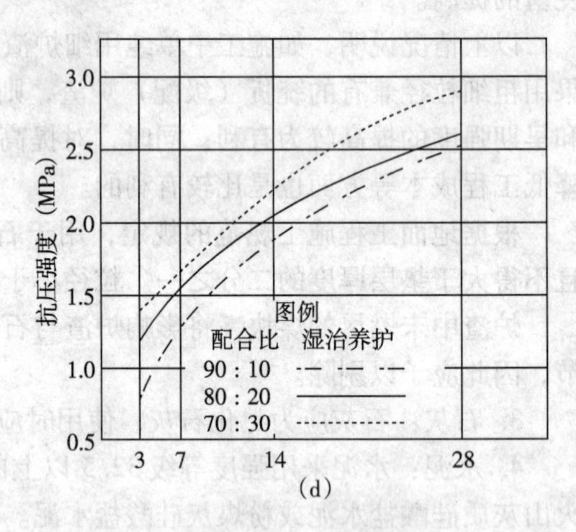

图3-14 细炉渣配合比与抗压强度的关系

（5）炉渣垫层应拌合均匀。石灰应将熟化石灰膏先调制成石灰浆后，再与炉渣搅拌均匀。严格控制拌合料的干湿程度，铺设时不得呈现泌水现象。

（6）当炉渣垫层的厚度大于120mm时，应作分层铺设，每层压实后的厚度不应大于虚铺厚度的3/4。

当炉渣垫层铺设在水泥类基层上时，铺设前尚应刷素水泥浆（水灰比为0.4～0.5）一度，并随刷水泥浆随铺垫层，使垫层与基层粘结牢固。

（7）炉渣垫层铺设后，宜用滚筒进行滚压。边滚压，边对低凹不平处进行补平，直至表面平整泛浆无松动颗粒为止。

在墙根、管洞周围等处不易滚压的，可用木拍拍打平实。

如炉渣垫层较厚时，也可采用平板振捣器振实、拍平。发现过大松动的颗粒时应予拣出，再补平后振实。

水泥炉渣垫层应采用随拌、随铺、随压实的“三随”施工方法，全部操作过程应在2小时内完成，表面应平整、坚实、无松动颗粒，其标高、泛水应符合要求。

（8）施工缝设置：一般房间不应留施工缝，如房间面积较大，或室内与走道交接的门口处，必须留施工缝时，应用木板挡好留成直槎，继续施工时，在接槎处应刷一道素水泥浆，以使新旧垫层结合良好。

（9）做好养护工作。做好的炉渣垫层，应保持湿润，但应避免受水浸泡。常温下养护

3 天后，待其抗压强度达到 1.2MPa 后，方可进行下道工序施工。

养护期间禁止上人走动，防止对垫层进行骚动破坏。养护期间亦应防止过大的穿堂风劲吹。冬期施工采用炉火时，应避免局部温度过高而造成垫层裂缝。

3.5.4 质量标准和检验方法

炉渣垫层的质量标准和检验方法见表 3－10。

炉渣垫层质量标准和检验方法 **表 3－10**

项	序	检验项目	允许偏差或允许值（mm）	检验方法
主控项目	1	垫层材料质量	1. 炉渣内不应含有有机杂质和未燃尽的煤块，颗粒粒径不应大于 40mm，且颗粒粒径在 5mm 及其以下的颗粒，不得超过总体积的 40%； 2. 熟化石灰颗粒粒径不得大于 5mm	观察检查和检查材质合格证明文件及检测报告
	2	垫层配合比	应符合设计要求	观察检查和检查配合比通知单
一般项目	3	表层质量情况	上下层应结合牢固，不得有空鼓和松散炉渣颗粒	观察检查和用小锤轻击检查
	4	表面平整度	10	用 2m 靠尺和楔形塞尺检查
	5	标 高	±10	用水准仪检查
	6	坡 度	不大于房间相应尺寸的 2/1000，且不大于 30	用坡度尺检查
	7	厚 度	在个别地方不大于设计厚度的 1/10	用钢尺检查

3.5.5 质量通病和防治措施

1. 石灰炉渣垫层强度偏低

（1）现象

石灰炉渣垫层强度偏低，达不到设计要求。

（2）原因分析

1）配合比掌握不准确，特别是石灰掺量偏多或偏少。石灰炉渣垫层中，石灰和炉渣都具有活性，并相互作用后形成一定的强度，因此，为了使石灰炉渣拌合料得到最充分的反应效果，石灰与炉渣之间就得有个恰当的配合比例。石灰掺量过少，相互反应不充分；反之，石灰掺量过多，相互反应后多余的石灰又成为拌合料中的薄弱结构，使强度降低。

2）炉渣粒径过细，拌合时用水量过大。石灰炉渣垫层对含水量是极其敏感的。一旦水分较多，则在压（夯）实过程中容易发软起拱，也不易成型，最终使强度降低。

（3）预防措施

1）根据炉渣颗粒的大小，采用恰当的配合比。如炉渣颗粒粒径偏大，宜用石灰∶炉渣＝2∶8 的配比；如炉渣颗粒粒径偏小，宜用石灰∶炉渣＝3∶7 的配比。

2）宜采用统货炉渣。统货炉渣能兼收到粗、细炉渣的优点，有利于结构层成型和提高早期强度。

3）拌合时控制用水量。石灰炉渣垫层的抗压强度与干表观密度值成正比例关系，即干表观密度值大，抗压强度亦高。试验资料表明：当干表观密度值相差 2% 时，其早期强度相差约 5%；当干表观密度值相差 5% 时，其早期强度相差可达 20%。由于干表观密度值与含水量大小是成反比例的，所以拌合时控制用水量，就相应的控制了干表观密度值，也确保了强度。

（4）治理办法

1）如若因拌合料中含水量过大而难以压（夯）实、影响强度时，可将拌合料晾晒散发水分或适量掺入含水量较少的拌合料后，重新搅拌均匀后再予压（夯）实。

2）如因拌合料配合比不准确，影响强度时，应调整配合比，重新搅拌均匀后再予压（夯）实。

2. 炉渣垫层表层裂缝、起壳

（1）现象

炉渣垫层养护结束后发现表层出现裂缝和起壳现象。

（2）原因分析

1）使用的炉渣没有用石灰浆或清水闷透，基本属“新渣”，含有一定量的石灰质（即氧化钙）和硫化物等有害物质，用这种炉渣拌制水泥炉渣或水泥石灰炉渣垫层，则石灰质与硫化物将会反应结合成新的物质硫酸钙（石膏），进而与水泥水化后生成的含水铝酸钙（由铝酸三钙成分水化而得）起反应，生成含水硫铝酸钙，成了通常所讲的“水泥杆菌”，是一种极其有害的物质，结晶时会吸收大量水分，体积增大2~2.5倍，使已经硬化的炉渣垫层出现严重溃裂，及至面层裂缝、起壳。

2）垫层内埋设的有关管线，没有用水泥砂浆或细石混凝土埋设牢固，炉渣垫层厚度较薄、强度又较低，极易在管线周围形成裂缝或松动起壳。

3）养护期间，门窗敞开，受到穿堂风劲吹，或冬期施工期间用炉火保温时，局部温度过高而引起裂缝及起壳。

（3）预防措施

1）炉渣垫层使用的炉渣，使用前应用石灰浆或清水闷透，即所谓“陈渣”，严禁用“新渣”。

2）垫层内埋设各类管线时，管线周围应用细石混凝土或水泥砂浆埋设牢固。当管径较大时，应适当增加炉渣垫层的厚度，最薄处不应小于60mm。

3）炉渣垫层养护期间，禁止上人活动或进行下道工序施工。同时应防止穿堂风劲吹。冬期施工用炉火保温时，应防止局部区域温度过高，并应控制升温速度。

（4）治理办法

1）裂缝可用稀水泥浆灌嵌处理。

2）空鼓面积在400cm^2以内，且每自然间（标准间）不多于2处时，可不作处理。大于上述数量时，应作翻修处理。翻修时，应用水泥浆涂刷新旧垫层结合处，使其结合牢固。翻修后，应加强养护。

3.6 水泥混凝土垫层

3.6.1 适用范围和构造做法

水泥混凝土垫层是建筑地面中常见的刚性垫层。是由石子、砂等粗、细骨料和以水泥为胶结材料按一定比例加水拌制而成的水泥拌合物，铺设于地面基土层上或楼面结构层上而成的垫层。

水泥混凝土垫层适用范围较广，室内外各种地面工程和室外散水、明沟、台阶、坡道等附属工程都适用。

水泥混凝土垫层的厚度不应小于60mm，强度等级应按设计要求配制，但不应小于C10。

水泥混凝土垫层的构造做法见图3－15。

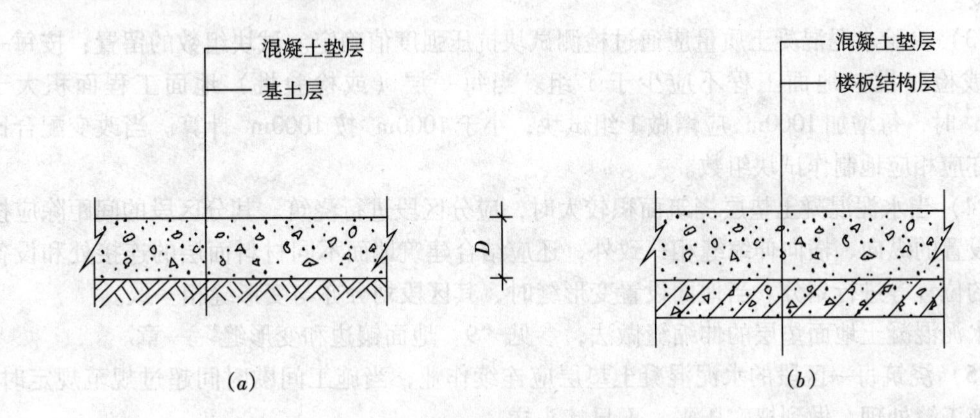

图3－15　水泥混凝土垫层的构造做法

(a) 地面做法；(b) 楼面做法

D≥60mm

3.6.2　使用材料和质量要求

1. 水泥：水泥宜采用强度等级不低于32.5的普通硅酸盐水泥或矿渣硅酸盐水泥。不得采用过期水泥或受潮结块的水泥。

2. 砂：砂宜采用中砂或粗砂，含泥量不大于5%。其质量应符合现行行业标准《普通混凝土用砂质量标准及检验方法》的规定。

3. 石子：石子宜选用0.5～3.2mm粒径的碎石或卵石，其最大粒径不应超过50mm，并不得大于垫层厚度的2/3。含泥量不应大于2%。其质量应符合现行行业标准《普通混凝土用碎石或卵石质量标准及检验方法》的规定。

4. 水：水宜用饮用水。

3.6.3　工艺流程和施工要点

1. 水泥混凝土垫层的施工工艺流程见图3－16。

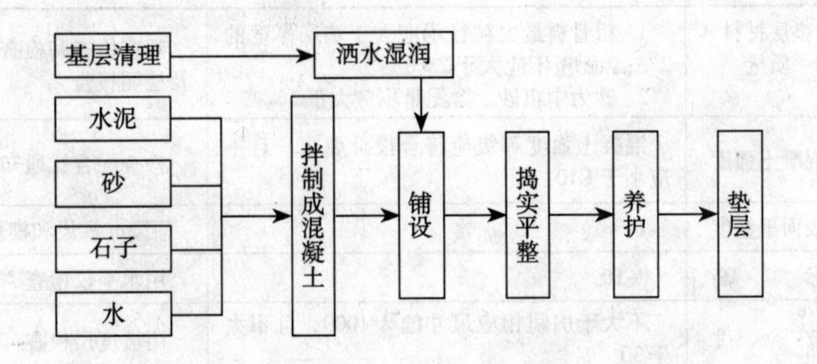

图3－16　水泥混凝土垫层施工工艺流程简图

2. 水泥混凝土垫层施工要点

(1) 重视基层清理。铺设水泥混凝土前，对基土层及楼面结构层应进行认真清理，清除表面杂物。临铺设水泥混凝土前，应洒水湿润，但表面不应有积水。

(2) 混凝土配合比，应按设计要求的强度等级通过计算和试配确定。浇筑时应控制好坍落度。

(3) 检验水泥混凝土质量应通过检测试块抗压强度值确定。试块组数的留置：按每一层（或检验批）地面工程不应少于1组。当每一层（或检验批）地面工程面积大于$1000m^2$时，每增加$1000m^2$应增做1组试块；小于$1000m^2$按$1000m^2$计算。当改变配合比时，亦应相应地制作试块组数。

(4) 当水泥混凝土垫层浇筑面积较大时，应分区段进行浇筑。其分区段的间距除应按规定设置的纵向、横向伸缩缝相一致外，还应结合建筑地面不同材料面层的连接处和设备基础的位置等进行划分。当地面设置变形缝时，其区段划分亦与变形缝相一致。

水泥混凝土地面垫层的伸缩缝做法，参见“9 地面镶边和变形缝”一章。

(5) 浇筑每一区段的水泥混凝土垫层应连续作业，当施工间歇时间超过规范规定时，应按施工缝处理，做到捣实压平，不显接头槎。

(6) 水泥混凝土垫层铺设后，应振捣密实。当垫层厚度超过200mm时，宜用插入式振捣器振实。振捣密实后，宜用木抹子将表面搓打平整，但不需压光。

(7) 当水泥混凝土垫层内需要预留孔洞，或留置安装固定连接件所用的锚栓、木砖等部件时，应在混凝土浇筑前留置好，并经相关人员验收合格。

(8) 有泛水要求的垫层，浇筑混凝土前，应设置好坡度标志，确保浇筑后的坡度要求。

(9) 水泥混凝土垫层浇筑完毕后，应重视养护工作。宜在12小时内用草帘或塑料纸加以覆盖。浇水次数应能使混凝土表面保持足够的湿润状态。常温下养护5~7天。冬期施工时，要覆盖防冻保温材料。

(10) 水泥混凝土强度等级达到1.2MPa后，方可上人及进行下道工序施工。

3.6.4 质量标准和检验方法

水泥混凝土垫层质量标准和检验方法见表3-11。

水泥混凝土垫层质量标准和检验方法 **表3-11**

项	序	检验项目	允许偏差或允许值（mm）	检验方法
主控项目	1	垫层材料质量	1. 粗骨料最大粒径不应大于垫层厚度的2/3；含泥量不应大于2%； 2. 砂为中粗砂，含泥量不应大于3%	观察检查和检查材质合格证明文件及检测报告
	2	混凝土强度	混凝土强度等级应符合设计要求，且不应小于C10	检查配合比通知单及检测报告
一般项目	3	表面平整度	10	用2m靠尺和楔形塞尺检查
	4	标高	±10	用水平仪检查
	5	坡度	不大于房间相应尺寸的2/1000，且不大于30	用坡度尺检查
	6	厚度	在个别地方不大于设计厚度的1/10	用钢尺检查

3.6.5 质量通病和防治措施

1. 混凝土不密实

(1) 现象

混凝土垫层孔隙多，不密实，观察检查表层质量较差。试块强度值达不到设计要求。

(2) 原因分析

1) 思想上不够重视，误认为垫层不是结构层，施工操作不够重视、认真。

2) 混凝土垫层设计强度等级偏低，水泥用量较少，铺设厚度又较薄，如果搅拌时再不够均匀，则拌合物质量就差，铺设后就出现孔隙多、表层松散现象，试块强度也难以达到要求。

3) 垫层铺设前，基层上洒水不够或不洒水湿润，使混凝土垫层铺设后，失水较快，影响垫层的密实度和强度。

(3) 预防措施

1) 思想上重视。垫层质量的好坏、强度的高低，将影响整个地面的承载力，绝不仅仅是垫层本身的问题。

2) 水泥混凝土垫层粗细骨料配合比应正确，搅拌应均匀。

3) 在基土层上浇筑混凝土时，基土层表面事先应洒水湿润。在楼面结构层上浇筑混凝土垫层时，宜在结构上涂刷一道纯水泥浆（水灰比为0.4~0.5），并随涂刷水泥浆随铺筑混凝土、并及时振捣密实。

(4) 治理办法

当混凝土垫层表面呈现孔隙多、不密实松散状态时，可及时补浇一薄层纯水泥浆或稀水泥砂浆，然后进行振捣，使表面泛浆，最后用木抹子搓打平整。

2. 垫层表面不平整，标高不准

(1) 现象

混凝土垫层表面明显不平整，超出规范允许偏差值。

(2) 原因分析

1) 垫层铺设前未设置水平标志，施工管理马虎。

2) 垫层铺设时又未用刮杠刮平，施工操作马虎。

(3) 预防措施

混凝土垫层铺设前应设置水平标志，当垫层有坡度要求时，水平标志应符合坡度要求。混凝土垫层铺设时，应用刮杠按水平标志刮平后再予振实。

(4) 治理办法

当平整度误差较大，影响到下道工序施工操作和施工质量时，应用水平仪操平后用水泥砂浆予以补抹平整。

3. 垫层表面有不规则裂缝

(1) 现象

混凝土垫层养护结束后发现表层有不规则裂缝。

(2) 原因分析

1) 面积较大的混凝土地面垫层未分块施工，或分块面积过大，混凝土凝结硬化过程中产生收缩裂缝。

2）混凝土垫层铺设后，未及时覆盖养护，又遭受大风或穿堂风劲吹，使混凝土失水过快，产生失水收缩裂缝。

3）冬期施工混凝土垫层时，为防冻用炉火保温，局部区域温度过高也会造成裂缝。

（3）预防措施

1）大面积混凝土地面垫层应分区域（块）施工，通常情况下，不宜超过6m，并应和地面变形缝相一致。

2）混凝土垫层铺设完成后，应重视覆盖养护工作，防止大风和穿堂风劲吹。冬期施工用炉火保温时，也要防止局部温度过高，并防止升温速度过快。

（4）治理办法

1）如仅有裂缝而不空鼓时，可用纯水泥浆灌（嵌）缝使其密实。

2）如不仅有裂缝并伴有空鼓且空鼓面积较大时，应作翻修处理。翻修时应注意做好新、老混凝土的衔接结合工作。

4 构造层

4.1 找平层

4.1.1 适用范围和构造做法

1. 找平层是在垫层上、楼面结构层上或填充层（轻质、松散材料起隔声、保温作用）上起整平、找坡或加强作用的构造层。

2. 找平层材料根据地面使用功能由设计确定，通常采用水泥砂浆、水泥混凝土、沥青砂浆和沥青混凝土拌合料铺设而成。

3. 找平层采用水泥砂浆时，其体积比不宜小于 1:3（水泥:砂）；找平层采用水泥混凝土时，其强度等级不应小于 C15；找平层采用沥青砂浆时，其配合比宜为 1:8（沥青:砂和粉料）；找平层采用沥青混凝土时，其配合比应由计算经试验确定，或按设计要求配制。

4. 找平层厚度由设计确定，但水泥砂浆和沥青砂浆不应小于 20mm；水泥混凝土和沥青混凝土不应小于 30mm。

5. 找平层的构造做法见图 4－1

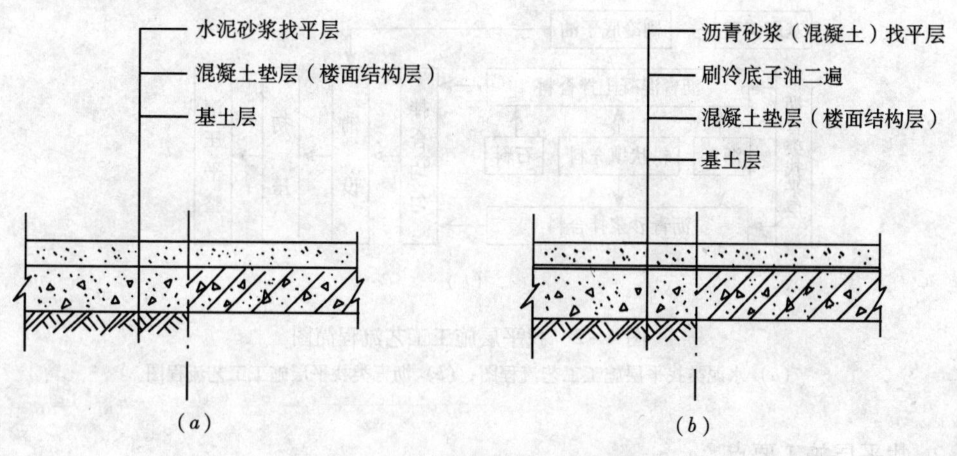

图 4－1 找平层的构造做法

(a) 水泥类找平层；(b) 沥青类找平层

4.1.2 使用材料和质量要求

1. 水泥：水泥宜采用硅酸盐水泥或普通硅酸盐水泥，亦可采用矿渣硅酸盐水泥，其强度等级不宜小于 32.5。

2. 砂：砂宜采用中粗砂，含泥量不大于 3%，其质量应符合现行行业标准《普通混凝土用砂质量标准及检验方法》的规定。

3. 石子：石子宜选用粒径为0.5～3.2mm的碎石或卵石，最大粒径不应超过50mm，并不得大于找平层厚度的2/3，含泥量不应大于2%。石子的质量应符合现行行业标准《普通混凝土用碎石或卵石质量标准及检验方法》的规定。

4. 沥青：沥青应采用石油沥青，其质量应符合现行国家标准《建筑石油沥青》或《道路石油沥青》的规定，软化点按“环球法”试验时宜为50～60℃，不得大于70℃。

5. 粉状填充料：粉状填充料应采用磨细的石料、砂或炉灰、粉煤灰、页岩灰和其他粉状的矿物质材料。不得采用石灰、石膏、泥岩灰或黏土作为粉状填充料。粉状填充料中小于0.08的细颗粒含量不应小于85%。采用振动法使粉状填充料密实时，其空隙率不应大于45%。粉状填充料的含泥量不应大于3%。

6. 水：水宜用饮用水。

4.1.3 工艺流程和施工要点

1. 找平层施工工艺流程见图4－2。

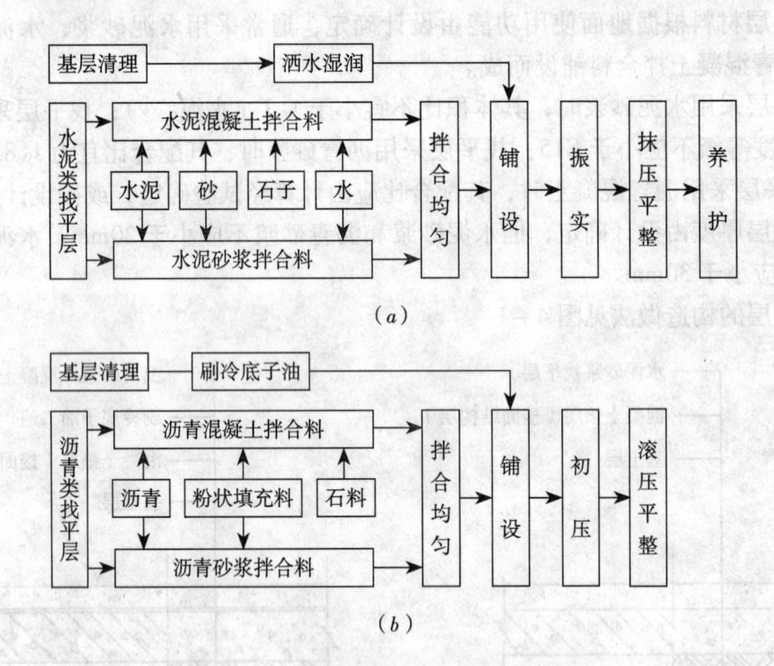

图4－2　找平层施工工艺流程简图

(*a*) 水泥类找平层施工工艺流程图；(*b*) 沥青类找平层施工工艺流程图

2. 找平层施工要点

(1) 铺设找平层前，应对基层（即下一基层表面）进行清理。当找平层下有松散填充料时，应予铺平压实。

(2) 水泥砂浆、水泥混凝土和沥青砂浆、沥青混凝土拌合料的拌制、铺设、振实、抹平、压光（或初压、滚压、加工烫平）等均应按同类面层的相应规定进行施工。

(3) 采用水泥砂浆、水泥混凝土铺设找平层，当其下一层为水泥类垫层时，铺设前其表面应予湿润；如表面光滑时，尚应进行划毛或凿毛，以利于上下层结合好。铺设时先刷一遍水灰比为0.4～0.5的水泥浆，要求随刷随铺设水泥砂浆或水泥混凝土拌合料。

(4) 采用沥青砂浆、沥青混凝土铺设找平层，当下一层为水泥类垫层时，表面要求应予清洁、干燥，在已清理好的基层表面涂刷沥青冷底子油，以增强与水泥垫层的粘结力。

如在沥青砂浆和沥青混凝土找平层上面铺设水泥类（或掺有水泥的拌合物）面层或结合层，则在找平层表面应刷同类沥青胶泥一度，厚度为1.5~2.0mm。当沥青胶泥温度在160℃左右时，随即将筛洗干净、晾干并预热至50~60℃、粒径为2.5~5mm的绿豆砂均匀撒入沥青胶泥内，压入1~1.5mm，使绿豆砂粘结牢固。等沥青胶泥冷却后，扫去多余的绿豆砂。该工序完成后，应注意保护，不得弄脏、损坏，以免影响找平层与面层的粘结质量。

(5) 当在预制钢筋混凝土板（如空心楼板、槽形板等）上铺设水泥类找平层前，必须认真做好板缝填嵌工作，这对防止地面面层出现沿板缝纵向裂缝有重要作用。

由预制钢筋混凝土楼板铺设的楼面，是由嵌缝将一块块单块的预制楼板连接成一个整体结构，当一块板面上受到荷载时，通过板缝将传递至相邻的预制楼板上，使之协同工作，整体性强。图4-3为荷载作用于槽形板主肋时，相邻边肋的传递系数。

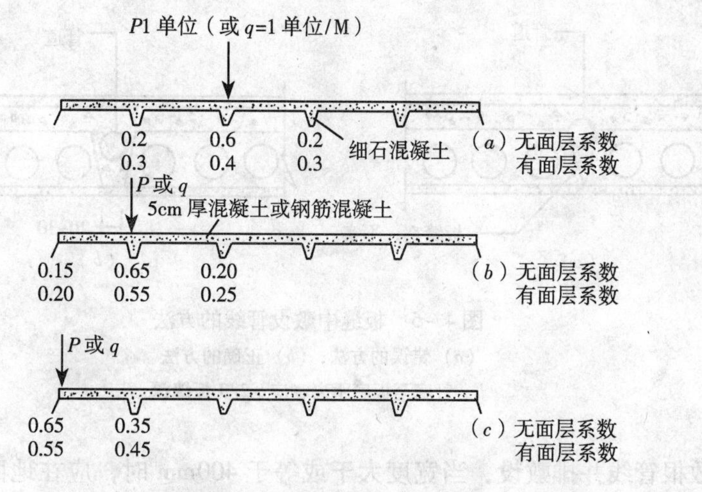

图4-3 荷载作用于槽形板主肋时相邻边肋的传递系数

由图4-3可知，预制楼板通过嵌缝，其协同工作的作用是十分显著的。板组在荷载作用下，其受力状态好似一根以嵌缝为支座的连续梁，相邻两板能负担总荷载的35%~60%，使楼面变成了一个坚固的整体结构。但反之，如若嵌缝粗糙马虎，则将明显降低板组之间的协同工作效果，相邻两板形成“独立”的工作状况，当一块板上受到较大荷载时，在有一定挠度的情况下，就会使地面面层出现沿预制板拼缝方向的通长裂缝。同时，还将增加预制板的弹性变形以及支座处（即搁置点）的负弯矩值，促使沿支座处横向裂缝的产生与开展。所以预制楼板的嵌缝质量一定要十分重视。

预制板楼面在施工中应注意以下几点：

1) 预制钢筋混凝土板安装时，必须虚缝铺放，其缝隙宽度不应小于20mm，不得出现死缝或瞎缝。预制楼板安装前，在砌体或梁上先用1:2.5水泥砂浆找平，安装时采取坐浆安装，砂浆要座满垫实，使板与支座间粘结牢固。

2) 嵌缝前，应认真清理板缝内杂物，并浇水清洗干净，保持湿润。

3）嵌缝材料宜用1:2～1:2.5水泥砂浆（体积比）或细石混凝土，石子粒径不应大于10mm，强度等级不应小于C20。

4）当板缝宽度大于40mm时，板缝内应增设钢筋（钢筋由设计确定，或配1根$\phi6\sim\phi8$钢筋），板缝底应支模后浇筑混凝土。严禁使用图4-4所示的错误嵌缝方法，即较宽板缝不支模板，而是用碎砖、石子或水泥袋纸先嵌塞板缝底，然后在上面浇筑混凝土，形成上实下空的状态，大大降低了板缝的有效断面，降低了嵌缝质量。

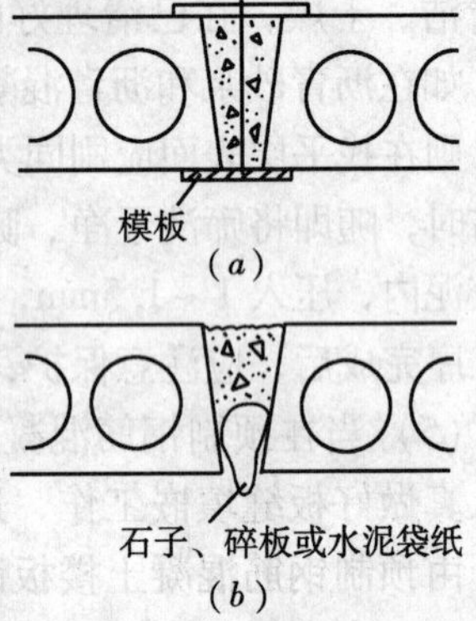

图4-4 预制板嵌缝方法

（a）正确的方法；（b）错误的方法

5）当在预制楼板板缝内敷设管线时，应适当加宽板缝，使管线包裹于板缝混凝土之中，见图4-5（b）。严禁采用图4-5（a）那样，由于板缝中敷设管线后，影响板缝嵌缝质量，最终使地面沿板缝方向产生通长裂缝。

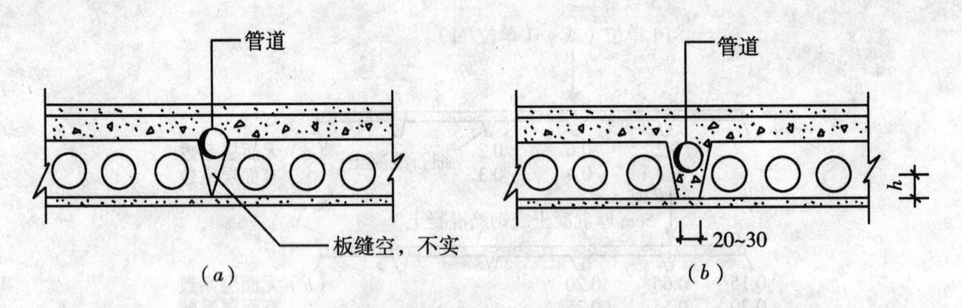

图4-5 板缝中敷设管线的方法

（a）错误的方法；（b）正确的方法

h—管底至板底距离，应>2/3板缝深

如果有数根管线并排敷设，当宽度大于或等于400mm时，应在地面面层与找平层之间设置一层钢筋（丝）网片，其宽度比管边大出150mm，见图4-6。以防止面层开裂。

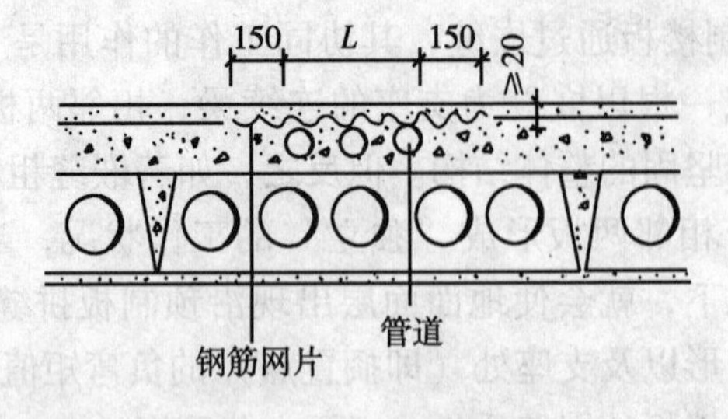

图4-6 在管道上方设置防裂钢筋（丝）网片

6）合理安排板缝浇筑时间。若板缝混凝土浇筑后，立即在楼面上进行下道工序施工活动，则往往使刚浇筑的板缝混凝土受到损伤，将影响板缝的传力效果。有的工地采取隔层浇筑板缝混凝土的施工方法，即下一层楼板板缝混凝土的浇筑，安排在上一层预制楼板安装完成后进行，防止板缝中混凝土过早承受施工荷载的影响。这样既保证了施工进度，又保证了板缝的粘结强度。需注意的是浇筑混凝土前，板缝应清理干净。

7）板缝混凝土浇筑完成后，应及时覆盖并浇水养护 7～10 天，待混凝土强度等级达到 C15 时，方可继续在楼面上进行施工操作。

（6）在预制钢筋混凝土楼板上铺设找平层时，对楼层两间以上的大开间房，在其支座搁置处（即下面是承重墙或钢筋混凝土梁），尚应采取构造措施，防止地面面层在该处沿预制楼板搁置方向可能出现的裂缝。构造措施应由设计确定，当设计无要求时，可按图 4－7设置防裂钢筋网片。

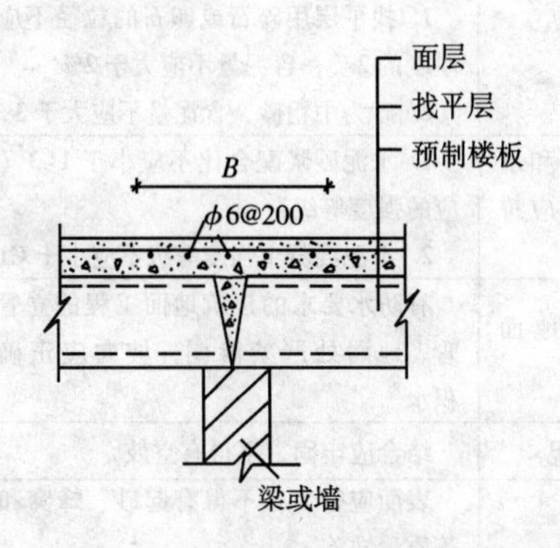

图 4－7　在梁或墙的楼面位置配置的防裂钢筋网片

$B=1000\sim1500$mm

（7）对有防水要求的楼面工程，如厕所、厨房、卫生间、盥洗室等，在铺设找平层前，首先应检查地漏标高是否正确；其次对立管、套管和地漏等管道穿过楼板节点处周围进行密封处理，沿管道周边留出 8～10mm 沟槽，用防水类卷材或防水涂料、油膏握裹住立管、套管和地漏的管口，以防止楼面的水有可能顺管道接缝处出现渗漏现象。管道和楼面节点间的防水构造做法见图 4－8。

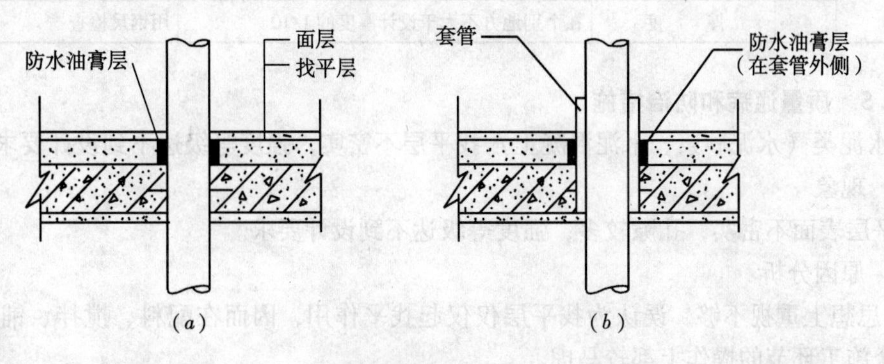

图 4－8　管道和楼面节点间防水构造做法

（*a*）无套管做法；（*b*）有套管做法

（8）对在水泥砂浆或水泥混凝土找平层上铺设（或铺涂）防水类卷材或防水类涂料

隔离层的，找平层表面应平整、洁净、光滑，不应粗糙，以增强防水层与找平层之间的粘结力。

4.1.4　质量标准和检验方法

找平层质量标准和检验方法见表4－1。

找平层质量标准和检验方法　**表4－1**

项	序	检验项目	允许偏差或允许值（mm）				检验方法
主控项目	1	找平层材料质量	1. 找平层用碎石或卵石的粒径不应大于厚度的2/3，含泥量不应大于2% 2. 砂为中粗砂，含泥量不应大于3%				观察检查和检查材质合格证明文件及检测报告
	2	水泥砂浆配合比和水泥混凝土强度等级应符合设计要求	1. 水泥砂浆配合比不应小于1∶3（或相应的强度等级） 2. 水泥混凝土强度等级不应小于C15				观察检查和检查配合比通知单及检测报告
	3	有防水要求的地面质量	有防水要求的建筑地面工程的立管、套管、地漏处严禁渗漏，坡向应正确，无积水				观察检查及用坡度尺检查
一般项目	4	与下一层结合情况	结合应牢固，不得有空鼓				用小锤轻击检查
	5	表面质量情况	表面应密实，不得有起砂、蜂窝和裂缝等质量缺陷				观察检查
	6	项次	用水泥砂浆做结合层铺设板块面层	用沥青胶泥做结合层铺设拼花木板、板块面层	用胶粘剂做结合层铺设拼花木板、塑料板、强化复合地板、竹地板面层	其他种类面层	
		1　表面平整	5	3	2	5	用2m靠尺和楔形塞尺检查
		2　标　高	±8	±5	±4	±8	用水准仪检查
		3　坡　度	不大于房间相应尺寸的2/1000，且不大于30				用坡度尺检查
		4　厚　度	在个别地方不大于设计厚度的1/10				用钢尺检查

4.1.5　质量通病和防治措施

1. 水泥类（水泥砂浆、水泥混凝土）找平层不密实，强度等级达不到设计要求。

（1）现象

找平层表面不密实，孔隙较多，强度等级达不到设计要求。

（2）原因分析

1）思想上重视不够，误认为找平层仅仅起找平作用，因而在配料、搅拌、铺设、振捣等各个施工环节的操作上都较马虎。

2）因找平层厚度较薄，设计强度等级又偏低（通常为C20），施工操作有一定难度。

3）铺设找平层前，基层表面湿润不够；铺设找平层时，又未认真刷水泥浆。铺设后，拌合料失水过快，影响找平层的密实度和强度。

（3）预防措施

1）思想上重视，找平层是建筑地面结构中的一个重要构造层，施工质量的好坏，将直接影响到面层和地面整体结构的质量。

2）重视施工交底和检查督促工作，使找平层施工在配料、搅拌、铺设、振捣和平整等各个施工环节都能认真重视，确保施工质量。

3）重视基层清洗湿润工作，铺设前，应刷水灰比为0.4~0.5的纯水泥浆一度，加强找平层与基层的粘结力。振捣结束时若发现表面不密实、孔隙较多的情况下，应适当补足水泥浆，使表面层达到平整、密实的要求。

（4）治理办法

一般情况下，表面可补抹一层水泥净浆，清除表面层孔隙，增强表面层强度。当质量差距较大时，应作返工处理。

2. 沥青砂浆和沥青混凝土脱层、表面松散、裂缝或发软。

（1）现象

与基层粘结不牢，用手摁或用脚踏有弹性感，表面粗糙、松散、骨料之间粘结不牢，表面有明显裂缝，或表面发软。

（2）原因分析

1）基层质量差。如基层水泥砂浆或混凝土强度不够，表面有起砂、脱皮现象，含水率偏高。

2）未涂刷沥青冷底子油或涂刷不均匀。

3）材料配合比不当。如骨料级配不好。沥青用量过少时，使面层粗糙、松散、粘结不牢，沥青用量过多时，易使面层发软。

4）拌合料铺设和滚压时温度偏低，不易压实、烫平。烫平温度过高时，面层沥青易老化脱落。

5）拌合料铺设太厚，不易压实。施工缝处接槎处理不当，使面层开裂。

（3）预防措施

1）施工前认真检查基层质量，发现基层不合格时，应作修补处理后再行施工。

2）按规定均匀涂刷沥青冷底子油。

3）沥青砂浆和沥青混凝土配合比应经试验确定。沥青用量、骨料及粉料用量应正确，搅拌均匀。

4）正确掌握施工温度。摊铺完毕时的温度不应低于150℃，压实完毕时的温度不宜低于110℃。拌合料铺平后，先用木抹搓揉拍平，再用热滚或辗压机压实。表面如用烙铁烫平时，应掌握适当温度，防止温度过高使沥青碳化产生麻面或表面呈缺油状态。

5）掌握好每层的铺设厚度。沥青砂浆和细粒式沥青混凝土，每层摊铺厚度不宜大于30mm，中粒式沥青混凝土不宜超过60mm。

6）对铺设面积较大，易产生温度裂缝的工程，可采取预留变形缝的作法。同时，应做好施工缝的接槎质量。

（4）治理办法

将缺陷部分挖除后，清理干净，重新铺设拌合料。铺设时，应将重铺部分周围先预热处理，并涂刷热沥青一道，铺设拌合料后，及时礅实、烫平。

4.2 隔离层

4.2.1 适用范围和构造做法

1. 隔离层适用于建筑地面上有水、油或其他液体经常作用（或浸蚀）时，为防止楼层地面（有时底层地面也用）出现向下渗漏现象而在面层下设置的构造层。

当底层地面为防止地下水、潮湿气向上渗透到地面时，在面层下亦常设置隔离层。仅防止地下潮气透过地面时，可称作防潮层。

2. 隔离层常采用防水类卷材、防水类涂料或沥青砂浆等铺设而成。防潮要求较低时，亦可采用沥青胶泥涂覆式隔离层。

3. 隔离层的构造做法见图4-9。

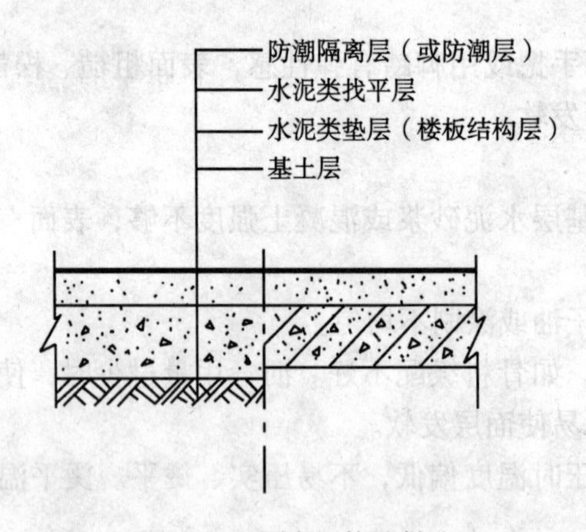

图4-9　隔离层构造做法

4.2.2 使用材料和质量要求

隔离层常用材料和做法要求见表4-2。

隔离层常用材料和做法要求　　**表4-2**

隔离层材料	做法要求	隔离层材料	做法要求
石油沥青油毡	一~二层	防水涂膜（聚氨酯类涂料）	二~三道
沥青玻璃布油毡	一层	热沥青	二道
再生胶油毡	一层	防油渗胶泥玻璃纤维布	一布二胶
软聚氯乙烯卷材	一层	沥青砂浆	10~20mm
防水冷胶料	一布三胶	防水薄膜（农用薄膜）	0.4~0.6mm

注：1. 石油沥青油毡不应低于350号（即原纸重量不低于350g/m²）；

2. 防水涂膜总厚度一般为1.5~2mm；

3. 防油渗胶泥玻璃纤维布隔离层一布二胶总厚度宜为4mm，宜采用无碱玻璃纤维网格布。

1. 沥青：沥青应采用石油沥青，其质量应符合现行国家标准《建筑石油沥青》和《道路石油沥青》的规定，软化点按“环球法”试验时宜为50~60℃，不得大于70℃。

2. 防水类卷材：采用沥青防水卷材的，应符合现行国家标准《石油沥青纸胎油毡》的规定；采用高聚物改性沥青防水卷材和合成高分子防水卷材的，应符合现行国家产品标准的规定，同时应符合现行国家标准《屋面工程技术规范》中材料质量要求的规定。

3. 粉状填充料：粉状填充料应符合本章“4.1 找平层”一节中材料质量要求的规定，其最大粒径不应大于0.3mm。

4. 纤维填充料：纤维填充料宜采用6级石棉和锯木屑，使用前应通过2.5mm筛孔的筛子。石棉的含水率不应大于7%；锯木屑的含水率不应大于12%。

5. 防水类涂料：防水类涂料应符合现行的产品标准的规定，并应经国家法定的检测单位检测认可。采用沥青基防水涂料、高聚物改性沥青防水涂料和合成高分子防水涂料时，其质量应符合现行国家标准《屋面工程技术规范》中材料质量要求的规定。

6. 水泥、砂、石子：参照本章“4.1 找平层”一节中材料质量要求的规定。

4.2.3 工艺流程和施工要点

1. 隔离层施工工艺流程见图4-10。

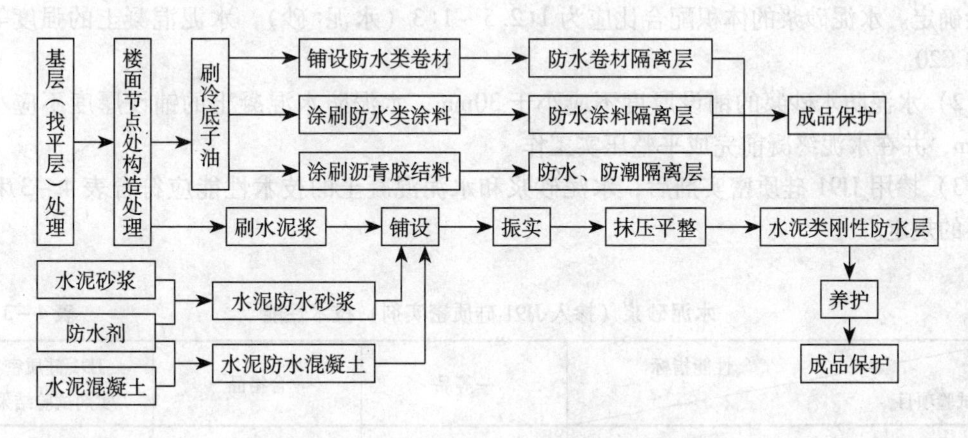

图4-10 隔离层施工工艺流程简图

2. 隔离层施工要点

（1）铺设隔离层前，应对基层（或找平层）进行认真处理，表面不得有空鼓、裂缝和起砂现象。当隔离层为沥青防水卷材类材料时，其表面应平整、洁净、干燥。当隔离层为水泥类刚性防水层时，其表面应平整、洁净、湿润。

在进行基层处理的同时，应做好楼面节点处的构造处理，对穿过楼层面的管道四周，对靠近墙面处、柱根部及有关阴、阳角部位，应增加卷材附加层及涂刷附加层，以防止接点处产生渗漏现象。

（2）在水泥类基层（或找平层）上涂刷冷底子油时，要涂刷均匀，厚度以0.5mm为宜，不应露底和有麻点。

（3）隔离层采用沥青胶泥铺设时，应采用同类沥青与纤维、粉状或纤维和粉状混合的填充料配制，以增强沥青的抗老化性能，并改善其耐热度、柔韧性和粘结力。沥青胶泥的技术性能，应符合现行国家标准《屋面工程技术规范》的有关规定，并应符合设计要求。

（4）对防水卷材类隔离层，铺设时应展平压实，挤出的沥青胶结料要趁热刮去。已铺贴好的卷材面不得有皱折、空鼓、翘边和封口不严等缺陷。卷材的搭接长度，长边不小于100mm，短边不小于150mm。搭接接缝处应用沥青胶泥封严。

（5）采用防水涂料隔离层时，涂刷一般不少于两遍，其上下层涂刷方向宜相互垂直，并须待先涂布的涂层干燥成膜后，方可进行上一层施工操作。防水涂料隔离层每层厚度宜为1.5～2mm。

在涂刷层干燥前，不得在防水层上进行其他施工作业，亦不得在其上面直接堆放物品。

（6）沥青胶结料防水层涂刷温度不宜低于20℃，冬季温度过低时，应采取保温措施。夏季高温季节施工时，应采取遮阳措施，防止沥青流淌。

（7）当采用水泥防水砂浆和水泥防水混凝土铺设刚性防水隔离层时，通常在水泥砂浆和水泥混凝土中掺入JJ91硅质密实剂，施工中应注意以下几点：

1）在水泥砂浆和水泥混凝土中，JJ91硅质密实剂的掺量，宜为水泥重量的10%或由试验确定。水泥砂浆的体积配合比应为1:2.5～1:3（水泥:砂），水泥混凝土的强度等级宜为C20。

2）水泥防水砂浆的铺设厚度不应小于30mm，水泥防水混凝土的铺设厚度不应小于50mm，并在水泥终凝前完成平整压实工作。

3）掺用JJ91硅质密实剂后，水泥砂浆和水泥混凝土的技术性能应符合表4－3和表4－4的规定。

水泥砂浆（掺入JJ91硅质密实剂）技术性能　　**表4－3**

试验项目 \ 性能指标		一等品	合格品	JJ91硅质密实剂试验结果
安定性		合格	合格	合格
凝结时间	初凝不早于（min）	45	45	123
	终凝不迟于（h）	10	10	5.17
抗压强度比（%）	7d	≥100	≥95	≥95.1
	28d	≥90	≥85	≥127.4
	90d	≥85	≥80	≥100.1
透水压力比（%）		≥300	≥200	≥300
48h吸水量比（%）		≤65	≤75	≤72.8
90d收缩率比（%）		≤110	≤120	≤98.2

注：本表除凝结时间和安定性为受检净浆的试验结果以外，其他数据均为受检砂浆与基准砂浆的比值。

水泥混凝土（掺入JJ91硅质密实剂）技术性能 **表4-4**

性能指标 试验项目			一等品	合 格	JJ91硅质密实剂试验结果
净浆安定性			合 格	合 格	合 格
凝结时间差（min）	初 凝		-90～+120	-90～+120	+33
	终 凝		-120～+120	-90～+120	+66
泌水率比（%）			≤80	≤90	≤0
抗压强度比（%）	7d		≥110	≥100	≥127
	28d		≥100	≥95	≥104
	90d		≥100	≥90	≥95.6
渗透高度比（%）			≤30	≤40	≤38
48h吸水量比（%）			≤65	≤75	≤72.4
90d收缩率比（%）			≤110	≤120	≤93
抗冻性能（50次冻触循环）（%）	慢冻法	抗压强度损失率比	≤100	≤100	≤86.5
		质量损失率比	≤100	≤100	≤7.3
	快冻法	相对动弹性模量比	≥100	≥100	—
		质量损失率比	≤100	≤100	—
对钢筋的锈蚀作用					无锈蚀危害

（8）在沥青类（即掺有沥青的拌合料，以下同）隔离层上铺设水泥类面层或结合层前，其隔离层的表面应洁净、干燥，并应涂刷同类的沥青胶结料，其厚度宜为1.5～2.0mm，以提高粘结性能。涂刷沥青胶结料时的温度不应低于160℃，并应随即将经过预热至50～60℃的粒径为2.5～5.0mm的绿豆砂均匀撒入沥青胶结料内，要求压入1～1.5mm。对表面过多的绿豆砂，在胶结料冷却后扫去。绿豆砂应采用清洁、干燥的砂，必要时，在使用前应进行筛洗和晒干。

（9）防水隔离层铺设完毕后，必须作蓄水检验。蓄水深度应为20～30mm，在24小时内无渗漏为合格，并应做好验收记录后，方可进行下道工序的施工。

4.2.4 质量标准和检验方法

隔离层质量标准和检验方法见表4-5。

4.2.5 质量通病和防治措施

1. 卷材隔离层与基层结合不牢

（1）现象

卷材隔离层铺贴后，发现边角有起翘现象，用力向上撕揭时，卷材隔离层即与基层（或找平层）剥离，有时还会带起基层（或找平层）上的浮灰。

（2）原因分析

1）铺贴卷材隔离层前，对基层（或找平层）表面清理不干净，有浮灰等污物。

2）基层（或找平层）质量较差，有起皮或起砂现象。

3）基层（或找平层）含水量较大，影响卷材隔离层与其粘结牢固。

隔离层质量标准和检验方法 表4-5

项	序	检验项目	允许偏差或允许值（mm）	检验方法
主控项目	1	隔离层材料质量	1. 必须符合设计要求； 2. 必须符合国家产品标准规定	观察检查和检查材质合格证明文件及检测报告
	2	厕浴间和有防水要求的建筑地面的结构层	1. 必须设置防水隔离层； 2. 楼面结构层必须采用现浇混凝土或整块预制混凝土板，混凝土强度等级不应小于C20； 3. 楼板四周除门洞外，应做混凝土翻边，高度不应小于120mm； 4. 标高和预留孔洞位置应准确，严禁乱凿洞	观察和钢尺检查
	3	水泥类防水隔离层	防水性能和强度等级必须符合设计要求	观察检查和检查检测报告
	4	防水隔离层要求	严禁渗漏，坡向应正确，排水应通畅	观察检查和蓄水、泼水检验或坡度尺检查及检查检验记录
一般项目	5	隔离层厚度	应符合设计要求	观察和用钢尺检查
	6	表面质量情况	应平整、均匀，无脱皮、起壳、裂缝、鼓泡等缺陷	观察检查
	7	与下一层结合情况	结合应牢固，不得有空鼓	用小锤轻击检查
	8	表面平整度	3	用2m靠尺和楔形塞尺检查
	9	标高	±4	用水准仪检查
	10	坡度	不大于房间相应尺寸的2/1000，且不大于30	用坡度尺检查
	11	厚度	在个别地方不大于设计厚度的1/10	用钢尺检查

4）冷底子油涂刷粗糙，有露底和麻点现象。

5）铺贴卷材时，热沥青（或沥青胶泥）温度偏低，使卷材与基层（或找平层）粘结不牢。

（3）预防措施

1）重视基层（或找平层）的清理工作。铺贴卷材前1~2天，清扫干净后，可用潮拖把将表面的浮灰等污物清除干净。

2）基层（或找平层）含水量应适当、视气候情况，拟在表层呈现白色干燥状态时施工为宜。

3）当基层（或找平层）表面质量存在起皮、起砂等质量缺陷时，应作认真处理后，再进行卷材隔离层的铺设。

4）涂刷冷底子油应均匀，不得有露底或麻点现象。冷底子油拟涂刷两遍，第一遍的作用是使冷底子油渗入水泥砂浆、混凝土表面的细微孔洞内，生根结牢；第二遍的作用则要在第一遍冷底子油的油层上生成一层均匀而又粘得很牢的薄膜，增加冷底子油的厚度，以便与其上的卷材隔离层和其下的基层粘结牢固。

5）铺贴卷材时，热沥青（或沥青胶泥）的温度不应过低。采用建筑石油沥青时，不宜低于180℃；建筑石油沥青与普通石油沥青混用时，不宜低于200℃；采用普通石油沥青时，不宜低于220℃。

（4）治理办法

1）若卷材隔离层与基层（或找平层）剥离不严重，可重点在四周边角处将卷材层揭起后补浇热沥青，使其粘结牢固。局部鼓泡时，可将戳破放气后补浇热沥青，并补贴一层卷材。

2）若卷材隔离层与基层（或找平层）剥离严重或迸发其他较严重的质量缺陷，应予翻修或返工，弄清质量问题产生的原因后再予施工。

2. 楼层地面渗漏水

（1）现象

主要在隔离层进行蓄水试验时，在立管、套管及地漏等处出现渗漏水现象。

（2）原因分析

1）浇筑楼面混凝土时，预留的管道口位置不对，安装管道时，临时凿洞穿管，造成洞口周围混凝土损伤较大，严重时产生裂缝、松动。

2）在立管、套管、地漏等处周围进行嵌补混凝土时，施工操作不细致，捣固不实，压光不及时，养护不重视，存在细微裂缝。

3）做防水隔离层时，在立管、套管、地漏等处薄弱部位，没有增设防水附加层。

（3）预防措施

1）浇筑楼面混凝土时，各种管道位置预留应正确，尽量避免斩凿楼面混凝土。

2）在管道周围孔隙处，宜先用防水油膏作封闭处理，然后浇筑混凝土嵌补。

3）在管道周围嵌补混凝土时，应精心操作，对洞口处原楼面混凝土应作充分湿润。浇混凝土前，刷一度纯水泥浆，后随即用细石混凝土浇筑，捣固要密实，压光要及时，完成后要认真养护。

4）做防水隔离层时，在穿越楼面的管道周围以及墙和地面的阴角等部位，应增设一层防水附加层，以加强防水效果。

（4）治理办法

对产生渗漏的部位，应作翻修处理。可将管道周围的隔离层、找平层及至基层凿除后，重新按上述预防措施要求进行施工。

4.3 填充层

4.3.1 适用范围和构造做法

1. 填充层是在建筑地面中起隔声、保温、找坡和暗敷管线等作用的构造层，通常铺设在楼面的基层（或找平层）上。

2. 填充层应采用松散、板块状或整体的轻质材料铺设而成，其材料的密度、导热系数、强度等级或配合比等均应符合设计要求。

3. 填充层材料的密度不应大于0.9t/m^3，其铺设厚度应按设计要求，或按表4－6选用。

常用填充层材料和厚度参考表 表4-6

填充层材料		强度等级或配合比	厚度（mm）
松散材料	炉渣		50~80
	膨胀蛭石		30~50
	膨胀珍珠岩		30~50
整体材料	水泥炉渣	1:6	30~80
	水泥石灰炉渣	1:1:8	30~80
	轻骨料混凝土	C7.5	30~80
	沥青膨胀蛭石		≥50
	沥青膨胀珍珠岩		≥50
	水泥膨胀蛭石		≥50
	水泥膨胀珍珠岩	1:8；1:10；1:12	≥50
板块材料	泡沫混凝土板		≥50
	泡沫塑料板		30~50
	膨胀蛭石板		30~50
	膨胀珍珠岩板		30~50
	矿棉板		30~50

4. 填充层的构造做法见图4-11。

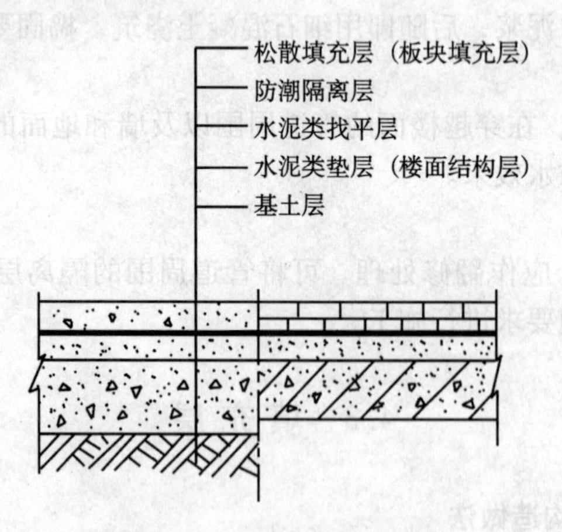

图4-11 填充层的构造做法

4.3.2 使用材料和质量要求

1. 炉渣：炉渣应经过筛选，粒径应控制在5~40mm，不得含有有机杂物、石块、土块和未燃尽的煤块。

2. 膨胀蛭石：膨胀蛭石的粒径一般为3~15mm，其技术性能应符合表4-7的要求。

膨胀蛭石的技术性能 表 4－7

项目	技术指标		
	优等品	一等品	合格品
密度（kg/m^3）	≤100	≤200	≤300
导热系数［（25±5）℃］（W/m·K）	≤0.062	≤0.078	≤0.095
含水率（%）	≤3	≤3	≤3

3. 膨胀珍珠岩：膨胀珍珠岩粒径小于 0.15mm 的含量不应大于 8%，其技术性能应符合表 4－8 的要求。

膨胀珍珠岩的技术性能 表 4－8

标号	堆积密度（kg/m^3）	重量含水率（%）	粒度（%）				导热系数（W/m·K）（kcal/m·h·℃）		
			5mm 筛孔筛余量	0.15mm 筛孔通过量			平均温度 298±5K 温度梯度 5～10K/cm		
	最大值	最大值	最大值	最大值			最大值		
				优等品	一等品	合格品	优等品	一等品	合格品
70 号	70	2	2	2	4	6	0.047（0.040）	0.049（0.042）	0.051（0.044）
100 号	100						0.052（0.045）	0.054（0.046）	0.056（0.048）
150 号	150	2	2	2	4	6	0.058（0.050）	0.060（0.052）	0.062（0.053）
200 号	200	2	2	2	4	6	0.064（0.055）	0.066（0.057）	0.068（0.058）
250 号	250						0.070（0.060）	0.072（0.062）	0.074（0.064）

4. 沥青：沥青质量要求和技术性能参见“4.1 找平层”一节中的质量要求。

5. 水泥：水泥的强度等级不应低于 32.5。

6. 泡沫塑料板：通常采用聚苯乙烯泡沫塑料，它是以聚苯乙烯树脂为基料，加入发泡剂等辅助材料，经加热发泡而成的轻质材料。聚苯乙烯泡沫塑料主要技术性能见表 4－9。

聚苯乙烯泡沫塑料主要技术指标 表 4－9

项目		板材		包装材料
		PT（普通型）	ZX（自熄型）	
密度（g/cm^3）	不大于	0.030	0.035	0.040
吸水性（kg/m^3）	不大于	0.080	0.080	
含水量（%）	不大于			4

续表

项目			板材 PT（普通型）	板材 ZX（自熄型）	包装材料
压缩强度（压缩50%）（MPa）	密度：<0.02g/cm³	不小于	0.15	0.15	0.15
	密度：0.02～0.035g/cm³	不小于	0.2	0.2	0.2
弯曲强度（MPa）	密度<0.02g/cm³	不小于	0.18	0.18	
	密度：0.02～0.035g/cm³	不小于	0.22	0.22	
尺寸稳定性（%）	70℃		±0.5	±0.5	±0.5
	-40℃		±0.5	±0.5	±0.5
导热系数（W/m·K）		不大于	0.035	0.035	0.035
自熄性				2s内自熄	
耐低温性（℃）			-200	-200	-200

7. 加气混凝土板：加气混凝土板块的技术性能应符合表4-10的要求。

加气混凝土块的技术性能　　**表4-10**

项目		指标						
强度级别		A1.0	A2.0	A2.5	A3.5	A5.0	A7.5	A10.0
立方体抗压强度（MPa）	平均值	≥1.0	≥2.0	≥2.5	≥3.5	≥5.0	≥7.5	≥10.0
	最小值	≥0.8	≥1.6	≥2.0	≥2.8	≥4.0	≥6.0	≥8.0
干体积密度（kg/m³）		300～350	400～450	400～550	500～650	600～750	700～850	800～830
干燥收缩值（mm/m）	温度50±1℃，相对湿度28%～32%条件下测定	≤0.8						
	温度20±2℃，相对湿度41%～45%条件下测定（特殊要求时采用）	≤0.5						
抗冻性	重量损失（%）	≤5						
	冻后强度，（MPa）	≥0.8	≥1.6	≥2.0	≥2.4	≥2.8	≥4.0	≥6.0

注：立方体抗压强度是采用100mm×100mm×100mm立方体试件，含水率为25%～45%时测定的抗压强度。

4.3.3　工艺流程和施工要点

1. 填充层的施工工艺流程见图4-12。

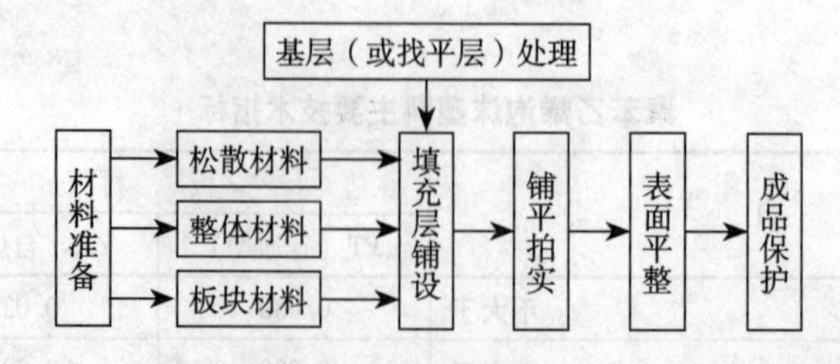

图4-12　填充层施工工艺流程简图

2. 填充层施工要点：

（1）认真做好基层清理工作，铺设填充层的基层应平整、洁净、干燥。

（2）铺设松散材料填充层应分层铺平拍实，每层虚铺厚度不应大于150mm，拍实后不得直接在填充层上行车或堆放重物，施工人员宜穿软底鞋进行操作。

（3）铺设板块状材料填充层时，上下层板块应错缝铺设（或铺贴）。每层应采用同一厚度的板块，总铺设厚度应符合设计要求。

1）板块材料填充层干铺的，应紧靠基层表面铺平垫稳，板块缝隙间用同类材料嵌填密实。

2）板块材料填充层采用粘贴方式铺设的，宜用散点粘贴法进行铺贴。

3）用沥青胶结料粘贴板状填充层时，应边刷、边贴、边压实。应使板状材料相互之间及与基层之间粘结牢固，防止板块翘曲。

4）用水泥砂浆粘贴板状材料填充层时，板间缝隙应用轻质保温灰浆填实并勾缝。轻质保温灰浆的配比一般为1:1:10（水泥:石灰膏:同类保温材料的碎粒，体积比）。

（4）铺设整体材料填充层时应分层铺平拍实。

1）水泥膨胀蛭石、水泥膨胀珍珠岩填充层宜用机械拌制，拌合均匀，随拌随铺设，每层虚铺厚度应根据试验确定，拍实抹平并待有一定强度后，宜立即在上面铺设找平层。水泥膨胀珍珠岩的常用配合比为1:8、1:10、1:12（水泥:膨胀珍珠岩，体积比），其相应的抗压强度等级为1.6MPa、1.1MPa、1MPa。

2）沥青膨胀蛭石，沥青膨胀珍珠岩填充层宜用机械拌制，色泽一致，无沥青团。沥青加热温度不应高于240℃，使用温度不宜低于190℃。膨胀蛭石或膨胀珍珠岩的加热温度为100~120℃。压实程度应根据试验确定，压实后表面应平整。

（5）当填充层起保温、隔音作用时，其所用材料一般为轻质、疏松、多孔、纤维的材料，且强度较低，因此，在贮运和保管过程中应切实防止吸水、雨淋、受潮、受冻等。要轻搬轻堆轻放，避免压实而降低保温、吸声性能。同时对板块状材料应防止磕碰、缺楞掉角、损块裂缝等，保持外形完整。

（6）当填充层上面设有找平层时，填充层铺设完成并经验收合格后，应及时铺设找平层。铺设找平层时，应防止对填充层造成损坏。

4.3.4 质量标准和检验方法

填充层质量标准和检验方法见表4-11。

填充层质量标准和检验方法 **表4-11**

项	序	检验项目	允许偏差或允许值（mm）	检验方法
主控项目	1	材料质量	1. 必须符合设计要求 2. 密度和导热系数应符合国家有关产品标准的规定	观察检查和检查材质合格证明文件、检测报告
	2	拌合料配合比	必须符合设计要求	观察检查和检查配合比通知单

续表

项	序	检验项目	允许偏差或允许值（mm）	检验方法
一般项目	3	铺设质量	1. 松散材料填充层铺设应密实 2. 板块状材料填充层应错缝铺设（贴），无翘曲	观察检查
	4	表面平整度	松散材料 7；板块材料 5	用2m 靠尺和楔形塞尺检查
	5	标　高	±4	用水准仪检查
	6	坡　度	不大于房间相应尺寸的 2/1000，且不大于 30	用坡度尺检查
	7	厚　度	在个别地方不大于设计厚度的 1/10	用钢尺检查

4.3.5　质量通病和防治措施

1. 泡沫混凝土板质量差

（1）现象

肉眼观察可见有明显的沉陷和坍陷现象，其表观密度和导热系数均大于正常值，绝热性能差。

（2）原因分析

1）水泥和泡沫剂使用比例不当，水泥用量偏少，泡沫剂用量过多。

2）泡沫剂质量（坚韧性）差，泌水性大。

3）未进行试验配制，凭资料或经验就施工生产。

（3）防治措施

1）重视原材料质量，特别是用于配制泡沫剂的骨胶（或皮胶）、松香和碱的质量应符合要求。骨胶（或皮胶）应透明，不应有杂质，不应有坏臭味。松香应洁净透明，软化温度不低于65℃，干燥状态时不应有发粘现象。碱的纯度符合标准（应在85%以上）要求。

2）施工前应通过试配确定水泥和泡沫剂的合理用量。水泥用量一般不宜少于 250 kg/m^3。

3）施工中严格计量工作，泡沫剂的称量误差不应大于±2%。

4）施工中一旦发现泡沫混凝土出现泡沫沉陷和坍陷现象时，立即停止施工，查清原因后，再继续施工，防止造成过大损失。

（4）治理办法

对保温或隔音要求较高的填充层，当发现泡沫混凝土板质量达不到要求时，应予以返工重做。

2. 有保温或隔音要求的，用松散材料铺设的填充层，材料粒径过大或过小。

（1）现象

松散材料的粒径过大，或粉末过多，超过规定的限值，导致保温性能下降。

（2）原因分析

1）松散材料使用前，未经认真的筛选处理。

2）松散材料中混入较多的石块、土块，炉渣中有未燃尽的煤块杂质。

(3) 预防措施

1) 当填充层有保温要求时，应选用具有最佳热阻值的粒级。膨胀珍珠岩粒径小于0.15mm的含量不应大于8%；膨胀蛭石粒径一般为3~15mm；炉渣或水渣的粒径一般应控制在5~40mm。

2) 松散填充层材料使用前应经过筛选，分别将过大或粉末筛去。

(4) 治理办法

对保温和隔声要求较高的填充层，若质量指标达不到要求时，应予以返工重做。

3. 有保温或隔声要求的填充层压得过实

(1) 现象

用松散材料铺设的填充层压得过实，加大了表观密度，降低了保温效果。

(2) 原因分析

1) 施工操作人员不了解保温层的技术要求，错误认为压得愈结实愈好，造成起保温或隔声作用的填充层压得过实。

2) 选用的压实工具不当，重量过重，造成压实过密。

3) 操作人员及运输车辆在已铺设的保温填充层上来回走动、辗压。

(3) 预防措施

1) 施工技术交底应清楚，压实程度和厚度，应经试验确定压缩比（即虚实比）值，并在施工中认真加以控制。

2) 选用恰当的压实工具。

3) 在已压实好的填充层上，禁止直接行车或堆放重物。

(4) 治理办法

对压实过度的填充层，应作适当翻松后，按经试验确定的压缩比进行压实。

4. 有保温或隔声要求的填充层含水率过大

(1) 现象

填充层材料含有大量水分，大大降低了保温和隔声效果。

(2) 原因分析

1) 材料进入施工现场后保管不当，露天堆放，雨淋受潮。

2) 水渣等松散材料本身含水量很大，未经晒干、烘干处理就用到工程上了。

(3) 预防措施

1) 材料进场后应妥然保管，防止下雨受潮。

2) 当材料本身含水量过大时，使用前应进行晒干或烘干。

(4) 治理办法

当发现填充层含水量过大时，应待其充分晾晒干燥后，再进行上部结构——找平层等构造层的施工。防止水分滞留在填充层内。

4.4 结合层

结合层是面层与下一构造层相联结的中间层，通常用于板、块材面层的建筑地面。由于板、块材面层的材料品种较多，因此，所用结合层的材料品种也各不相同。

4.4.1 常用结合层材料的品种和厚度

常用结合层材料的品种和厚度参见表4-12。

常用结合层材料名称和厚度　　表4-12

面层名称	结合层材料	厚度（mm）
预制混凝土板	1:2 水泥砂浆 或砂、炉渣	20~30 20~30
预制水磨石板	1:2 水泥砂浆	20~30
大理石、花岗石板	1:2 水泥砂浆	20~30
地面陶瓷砖（板）	1:2 水泥砂浆	15~20
陶瓷锦砖（马赛克）	1:1 水泥砂浆	5
水泥花砖	1:2 水泥砂浆 或1:4 干硬性水泥砂浆	15~20 20~30
普通黏土砖、煤矸石砖、耐火砖	砂或炉渣	20~30
块石	砂或炉渣	20~50
花岗岩条石	1:2 水泥砂浆	20~30
铸铁板	1:2 水泥砂浆 或砂、炉渣	45 ≥60
橡胶、软木、聚氯乙烯塑料板材等	胶粘剂	
木地板、拼花木地板、竹地板	沥青、粘结剂、木板用钉	
强化木地板	聚苯乙烯塑料软垫	
导静电塑料板	配套导静电胶粘剂	

4.4.2 结合层施工要点

1. 当采用水泥砂浆作结合层时，应符合下列有关规定：

（1）配制水泥砂浆应采用硅酸盐水泥、普通硅酸盐水泥或矿渣硅酸盐水泥，水泥的强度等级不宜小于32.5。

（2）水泥砂浆所用的砂，应符合国家现行行业标准《普通混凝土用砂质量标准及检验方法》的规定。

（3）配制水泥砂浆的体积比（或强度等级）应符合设计要求。

（4）用水泥砂浆作结合层的，面层铺设前，基层应洒水湿润，但不得有积水。铺设面层时，应涂刷一层水灰比为0.4的纯水泥浆，并随刷随铺设面层。

（5）用水泥砂浆作结合层以及面层用水泥砂浆填缝的，面层铺设后，表面应覆盖，保持湿润，其养护时间不应少于7天。待水泥砂浆结合层的抗压强度达到设计要求后，方可正常使用。

2. 当用砂作结合层时，宜用中粗砂，砂中不应含有有机杂质，含泥量不宜大于2%。应作适当拍实。

3. 当用炉渣作结合层时，应剔除直径大于40mm的大粒径炉渣以及未燃尽的煤块，结合层应作适当拍实。

4. 当结合层采用沥青胶结料时，应符合下列规定：

(1) 沥青应采用石油沥青，其质量应符合现行国家标准《建筑石油沥青》和《道路石油沥青》的规定，软化点按“环球法”试验时宜为50～60℃，不得大于70℃。沥青的熬制温度不应过低，建筑石油沥青温度不宜低于180℃；普通石油沥青温度不宜低于220℃。

(2) 基层表面应清洁、干燥、光滑。平整度用2m靠尺检查，其偏差不得大于2mm。

(3) 面层铺设前，应先在基层上涂刷2遍冷底子油，以增强面层与基层的粘结牢度。

5. 当用胶粘剂做结合层时，基层表面应平整、清洁、干燥、光滑。含水率不应大于8%；平整度用2m靠尺检查，其偏差不应大于2mm。表面不应粗糙，否则既增加胶粘剂用量，又影响粘结质量。

6. 当铸铁板接触温度大于800℃时，不宜采用1∶2水泥砂浆作结合层，应改用轻质隔热材料作结合层。

7. 以水泥为胶结料的结合层材料，拌合时可掺入适量化学胶（浆）材料，以增强粘结强度。

4.5 防冻胀层

4.5.1 防冻胀层的设置要求和构造做法

1. 当地面下基土为冻胀性土时，地面构造中须设置防冻胀构造层（参见图1-1）。冻胀性土的特点是土层一经冰冻，土体将发生体积膨胀。作为建筑地面下的基土，这种现象对地面结构是极其有害的。常导致地面面层开裂、脱壳等质量问题。

2. 有些建筑，如冷库，室内温度长期处于零度以下；还有些季节性冰冻地区的非采暖建筑，如仓库等，在季节性冰冻期间，室内温度也长期处于零度以下。还有室外的散水、明沟、踏步、台阶等地面设施，亦是长期处于零度以下。上述这些建筑地面下的基土，一旦产生冰冻，由于土壤中所含水分冻结成冰块后，将产生体积膨胀（水分从液体变成固体时，体积将增大9%左右），基土将伴随着膨胀，最终会殃及到地面质量。土壤中含水量越大，这种冻胀现象越严重。因此，这些建筑的地面构造中，也应设置防冻胀层，以缓冲和减少因土壤冻胀而对地面产生的伤害。

3. 我国地基土的冻胀性分类见表4-13。

我国地基土的冻胀性分类 **表4-13**

土的名称	冻前天然含水量 w（%）	冻结期间地下水位距冻结面的最小距离 h_w（m）	平均冻胀率 η（%）	冻胀等级	冻胀类别
碎（卵）石，砾、粗、中砂（粒径小于0.075mm颗粒含量大于15%），细砂（粒径小于0.075mm颗粒含量大于10%）	$w \leq 12$	>1.0	$\eta \leq 1$	Ⅰ	不冻胀
		≤1.0	$1 < \eta \leq 3.5$	Ⅱ	弱冻胀
	$12 < w \leq 18$	>1.0			
		≤1.0	$3.5 < \eta \leq 6$	Ⅲ	冻胀
	$w > 18$	>0.5			
		≤0.5	$6 < \eta \leq 12$	Ⅳ	强冻胀

续表

土的名称	冻前天然含水量 w（%）	冻结期间地下水位距冻结面是最小距离 h_w（m）	平均冻胀率 η（%）	冻胀等级	冻胀类别
粉 砂	$w \leqslant 14$	>1.0	$\eta \leqslant 1$	Ⅰ	不冻胀
		≤1.0	$1 < \eta \leqslant 3.5$	Ⅱ	弱冻胀
	$14 < w \leqslant 19$	>1.0			
		≤1.0	$3.5 < \eta \leqslant 6$	Ⅲ	冻 胀
	$19 < w \leqslant 23$	>1.0			
		≤1.0	$6 < \eta \leqslant 12$	Ⅳ	强冻胀
	$w > 23$	不考虑	$\eta > 12$	Ⅴ	特强冻胀
粉 土	$w \leqslant 19$	>1.5	$\eta \leqslant 1$	Ⅰ	不冻胀
		≤1.5	$1 < \eta \leqslant 3.5$	Ⅱ	弱冻胀
	$19 < w \leqslant 22$	>1.5			
		≤1.5	$3.5 < \eta \leqslant 6$	Ⅲ	冻 胀
	$22 < w \leqslant 26$	>1.5			
		≤1.5	$6 < \eta \leqslant 12$	Ⅳ	强冻胀
	$26 < w \leqslant 30$	>1.5			
		≤1.5	$\eta \leqslant 12$	Ⅴ	特强冻胀
	$w > 30$	不考虑			
黏性土	$w \leqslant w_p + 2$	>2.0	$\eta \leqslant 1$	Ⅰ	不冻胀
		≤2.0	$1 < \eta \leqslant 3.5$	Ⅱ	弱冻胀
	$w_p + 2 < w \leqslant w_p + 5$	>2.0			
		≤2.0	$3.5 < \eta \leqslant 6$	Ⅲ	冻 胀
	$w_p + 5 < w \leqslant w_p + 9$	>2.0			
		≤2.0	$6 < \eta \leqslant 12$	Ⅳ	强冻胀
	$w_p + 9 < w \leqslant w_p + 15$	>2.0			
		≤2.0	$\eta > 12$	Ⅴ	特强冻胀
	$w > w_p + 15$	不考虑			

注：1. w_p——塑限含水量（%）；
w——在冻土层内冻前天然含水量的平均值；
2. 盐渍化冻土不在表列；
3. 塑性指数大于22时，冻胀性降低一级；
4. 粒径小于0.005mm的颗粒含量大于60%时，为不冻胀土；
5. 碎石类土当充填物大于全部质量的40%时，其冻胀性按充填物土的类别判断；
6. 碎石土、砾砂、粗砂、中砂（粒径小于0.075mm颗粒含量不大于15%）、细砂（粒径小于0.075mm颗粒含量不大于10%）均按不冻胀考虑。

4. 设置防冻胀层，就是在地面垫层下设置一层用防冻胀材料铺设的构造层，其地面构造见图4－13。防冻胀材料的特点是具有良好的水稳定性和冰冻稳定性。如砂、砂卵石、碎石、炉（砂）渣、灰土、炉渣石灰等。其铺设厚度，应根据土壤的标准冻深和土壤的冻胀性能而定，通常由设计确定，如设计无具体要求时，可参照表4－14选用。

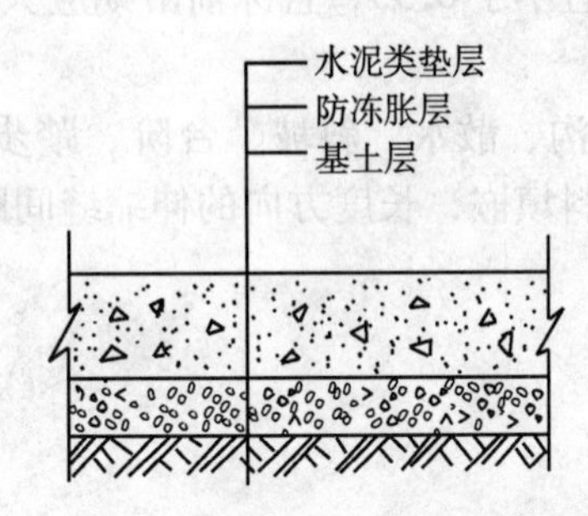

图4－13 设置防冻胀层地面的构造

防冻胀层厚度选择表 表4－14

土壤标准冻深（mm）	防冻胀层厚度（mm）	
	土壤为冻胀土	土壤为强冻胀土
600～800	100	150
1200	200	300
1800	350	450
2200	500	600

5. 土壤的标准冻深，系采用当地多年实测最大冻深的平均值。在无实测资料时，可按现行《建筑地基基础设计规范》中所列的中国季节性冻土标准冻深线图采用，或按当地经验确定。

6. 不同的地面类型，防冻胀层的设置也有不同，表4－15为几种防冻胀层的设计做法。

防冻胀层的类型选择 表4－15

地面类型	地面使用情况	防冻胀层做法
1	堆放钢锭、铁块、铸造砂箱等笨重物料及有坚硬重物经常冲击的地面	在基土层上做碎石、矿渣等面层（亦是防冻胀层）
2	堆放笨重物料，使用时有一定清洁、平整要求的地面	可在碎石、矿渣垫层上铺设混凝土预制板、块材面层
3	需要设置防冻胀层的各种地面	在混凝土垫层下增加防冻胀层

4.5.2 防冻胀层的施工要点

1. 防冻胀层应在地面基土非冻胀时期施工。不得在已冰冻的基土层上施工防冻胀层。

2. 防冻胀材料应尽量选用多孔材料，特别有封闭孔隙的材料防冻胀效果将更好。

3. 当在防冻胀层上面铺设预制混凝土板、块材作面层时，应做好板、块材缝隙间的填嵌工作。

4. 当采用炉渣、石灰土作防冻胀层时，其配合比一般可为炉渣∶素土∶熟化石灰 = 7∶2∶1（重量比）。压实系数不宜小于 0.95，且冻前龄期应大于 30 天。炉渣颗粒粒径小于 2mm 的不宜大于 30%。

5. 设置防冻胀层的室外明沟、散水、斜坡、台阶、踏步等地面设施，应与主体结构脱开，缝隙中用柔（弹）性材料填嵌，长度方向的伸缩缝间距不应超过 10m。

5 面 层

面层系建筑地面的表面层，它直接承受各种物理和化学作用，应有一定的强度和耐磨性能。地面的名称系按面层所用材料的名称而定，如用水泥砂浆铺设地面面层的，称为水泥砂浆地面；用花岗石板块铺设的地面称为花岗石地面等。

根据地面的使用功能，选择合适的地面面层材料，对满足地面使用功能要求和地面的耐久性，将起着重要的作用。地面面层材料、强度等级和厚度应由设计确定，也可按表5－1、表5－2选用。

表5－1为地面面层材料选择参考表。

地面面层材料选择参考表 **表5－1**

序号	地面使用要求		适宜的面层	举　例	备　注
1	人流较多的场所		水泥砂浆、混凝土、地面砖、花岗石、大理石、水磨石等	公共建筑的门厅、居室的客厅、一般会议室、学校教室、医院门诊室	
2	人流较少的场所		水泥砂浆、水磨石、木、竹地板、塑料地板、地毯	办公室、居室的卧室、图书阅览室、会议室、医院病房	
3	有防水要求的地面		水泥砂浆、水磨石、陶瓷地砖、陶瓷锦砖、缸砖等	厨房、卫生间、浴室、化验室	
4	要求较安静的场所		木地板、塑料地板、地毯、软木地板等	办公室、会议室、接待室、阅览室	
5	有防静电要求的地面		导静电地板、导静电水磨石	计算机房、总机房、医院手术室	
6	一般生产操作及手推胶轮车行驶地面：面层应不滑、不起灰和便于清扫		混凝土、水泥砂浆、三合土、四合土	一般车间及附属房屋	经常有水冲洗者不宜选用三合土、四合土
7	行驶车辆或坚硬物体磨损的地段：面层应耐磨耐压	中等磨损：如汽车或电瓶车行驶	混凝土、沥青碎石、碎石、块石	车行道及库房等	一般车间的内部行车道宜用混凝土
		强烈磨损：如拖拉尖锐金属物件及履带或车轮行驶	铁屑水泥、块石、混凝土、铸铁板	电缆、钢绳等车间，履带式拖拉机装配车间	混凝土宜制成方块，并用高强度等级
8	坚硬物体经常冲击地段：面层应具有抗冲击能力		素土、三合土、块石、混凝土、碎石、矿渣	铸造、锻压、冲压、金属结构，钢铁厂的配料、冷轧，废钢铁处理，落锤等车间	
9	高温作业地段：面层应耐热，不软化、不开裂		素土、混凝土、水泥砂浆、黏土砖、废耐火砖、矿渣、铸铁板	铸造车间的熔炼、浇注，热处理、锻压、轧钢、热钢坯工段、玻璃熔炼工段	经常有高温熔液跌落者，不宜采用水泥砂浆及黏土砖

续表

序号	地面使用要求	适宜的面层	举 例	备 注
10	有水和中性液体地段：面层受潮湿后应不膨胀、不溶解、易清扫	水泥砂浆、混凝土、石屑水泥、水磨石、沥青砂浆	选矿车间、水力冲洗车间、水泵房、车轮冲洗场、造纸车间	应注意防滑，必要时做防滑设施
11	有防爆要求的地段：面层应不发火花	水泥砂浆、混凝土、石油沥青砂浆、石油沥青混凝土、菱苦土、木地面	精苯、氢气、钠钾加工和人造丝工厂的化学车间、爆破器材及火药库	骨粒均采用经试验确定不发火花的石灰石、大理石等。采用木地板时，铁钉不得外露
12	有中性植物油、矿物油或其他乳浊液作用地段：面层应不溶解、不滑、易于清扫	混凝土、水磨石、水泥砂浆、石屑水泥、陶（瓷）板、黏土砖	油料库、油压机工段、润滑油站、沥青制造车间、制蜡车间、榨油车间等	必要时做防滑措施
13	清洁要求较高的地段：面层应不起尘，平整光滑，易清扫	水磨石、石屑水泥、菱苦土、水泥砖、陶（瓷）板、木板、水泥抹光刷涂料、塑料板、过氯乙烯漆	电磁操纵室、计量室、纺纱车间、织布车间、光学精密器械、仪表仪器装配车间、恒温室	经常有水冲洗者，不宜选用菱苦土、木地板
14	要求防止精致物件因坠落或摩擦而损伤的地段：面层应具有弹性	菱苦土、塑料地面（聚氯乙烯）木板、石油沥青砂浆	精密仪表、仪器装配车间，量具刃具车间，电线拉细工段等	
15	贮存笨重材料库	素土、碎石、矿渣、块石	生铁块库、钢坯库、重型设备库、贮木场	
16	贮存块状或散状材料	素土、灰土、三合土、四合土、混凝土、普通黏土砖	煤库、矿石库、铁合金库、水泥联合仓库	
17	贮存不受潮湿材料	混凝土、水泥砂浆、木板、沥青砂浆	耐火材料库、棉、丝织品库，电器电讯器材库、水泥库、电石库、火柴库、卷烟成品库	处在毛细管上升极限高度内之地面，如构造一般满足防潮要求时，可不另设防潮层；如生产上有较高要求时，应做防潮层

注：1. 表中所列适宜的面层，系一般情况下常用之类型，是根据地面使用和生产特征拟定的。由于具体要求各有不同，因而并不是每一种面层都能完全适应于举例中的所有房间和车间，设计时必须根据具体情况进行选择。如有特殊要求时，应在表列面层类型范围以外，另行选择其他面层。
2. 有几种因素同时作用的地面，应先按主要因素选择，再结合次要因素考虑。
3. 采用铸铁板面层时，在需要防滑的地段，应选用网纹铸铁板或焊防滑点，在有轮径小于200mm的小车行驶的通道上，应选用光面铸铁板。
4. 表中所列的混凝土、水磨石、菱苦土等面层，均包括捣制和预制两种做法。

表5－2为地面面层材料强度等级和厚度参考表。

面层的材料强度等级与厚度参考表　　表5－2

面 层 名 称	材料强度等级	厚 度（mm）
混凝土（垫层兼面层）	≥C15	按垫层确定
细石混凝土	≥C20	30～40

续表

面 层 名 称	材料强度等级	厚 度（mm）
聚合物水泥砂浆	≥M20	5～10
水泥砂浆①	≥M15	20
铁屑水泥	M40	30～35（含结合层）
水泥石屑	≥M30	20
防油渗混凝土⑦⑧	≥C30	60～70
防油渗涂料⑨		5～7
耐热混凝土	≥C20	≥60
沥青混凝土⑥		30～50
沥青砂浆		20～30
菱苦土（单层）		10～15
（双层）		20～25
矿渣、碎石（兼垫层）		80～150
三合土（兼垫层）④		100～150
灰 土		100～150
预制混凝土板（边长≤500mm）	≥C20	≤100
普通黏土砖（平铺）	≥MU7.5	53
（侧铺）		115
煤矸石砖、耐火砖（平铺）	≥MU10	53
（侧铺）		115
水泥花砖	≥MU15	20
现浇水磨石⑤	≥C20	25～30（含结合层）
预制水磨石板	≥C15	25
陶瓷锦砖（马赛克）		5～8
地面陶瓷砖（板）		8～20
花岗岩条石	≥MU60	80～120
大理石、花岗石		20
块 石②	≥MU30	100～150
铸铁板①		7
木 板（单层）		18～22
（双层）③		12～18
薄型木地板		8～12
格栅式通风地板		高300～400
软聚氯乙烯板		2～3
塑料地板（地毡）		1～2
导静电塑料板		1～2
导静电涂料⑩		10

续表

面 层 名 称	材料强度等级	厚 度（mm）
地面涂料⑩		10
聚氨酯自流平		3~4
树脂砂浆		5~10
地 毯		5~12

①水泥砂浆面层配合比宜为1:2，水泥强度等级不宜低于32.5级。

②块石为有规则的截锥体，顶面部分应粗琢平整，底面积不应小于顶面积的60%。

③双层木地板面层厚度不包括毛地板厚，其面层用硬木制作时，板的净厚度宜为12~18mm。

④三合土配合比宜为熟化石灰:砂:碎砖=1:2:4，灰土配合比宜为：熟化石灰:黏性土=2:8或3:7。

⑤水磨石面层水泥强度等级不低于32.5级，石子粒径宜为6~15mm，分格不宜大于1m。

⑥本手册中沥青类材料均指石油沥青。

⑦防油渗混凝土配合比和复合添加剂的使用需经试验确定。

⑧防油渗混凝土的设计抗渗等级为P15，系参照现行《普通混凝土长期性能和耐久性能试验方法》进行检测，用10号机油为介质，以试件不出现渗油现象的最大不透油压力1.5MPa。

⑨防油渗涂料粘结抗拉强度为≥0.3MPa。

⑩涂料的涂刷或喷涂，不得少于三遍，其配合比和制备及施工，必须严格按各种涂料的要求进行。

⑪铸铁板厚度系指面层厚度。

5.1 水泥砂浆地面

水泥砂浆地面在房屋建筑中是使用最广泛的一种地面类型，约占总竣工面积的70%~80%，在住宅建筑中几乎是100%。水泥砂浆地面具有材料来源广泛、施工方便、构造简单、造价不高等优点。

5.1.1 地面构造类型和设计要点

1. 水泥砂浆地面的构造类型见图5-1。

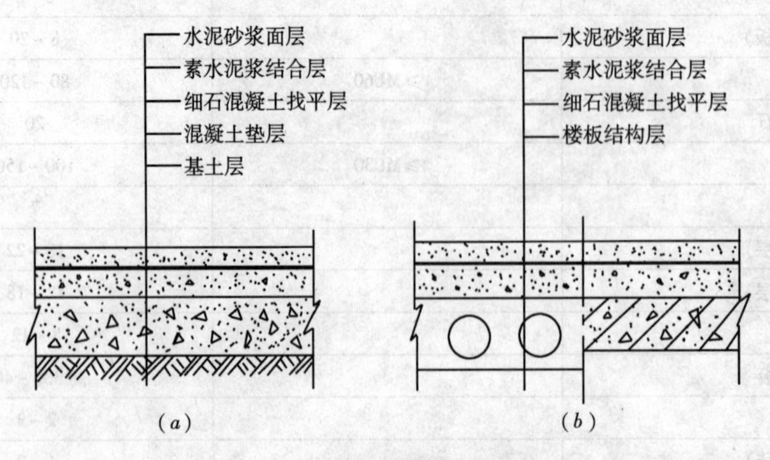

图5-1 水泥砂浆地面构造图

(a) 水泥砂浆地面构造图；(b) 水泥砂浆楼面构造图

2. 水泥砂浆地面的设计要点

(1) 水泥砂浆面层厚度不应小于20mm，水泥砂浆的体积配合比宜为1∶2（水泥∶砂），强度等级不应小于M15。缺砂地区，亦可采用开山采石的副产品——石屑代替砂使用。

(2) 楼面基层为预制楼板（多孔楼板、槽形板等）的水泥砂浆地面，宜在面层内设置防裂钢筋网片，钢筋直径宜细（$\phi3\sim\phi5$），间距宜小（@150～200mm）。

(3) 面积较大的水泥砂浆楼地面，在大梁或砖墙部位，应设置防裂钢筋网片，见图4－7。图5－2为用多孔楼板铺设的楼面，地面面层铺设前后楼板不同的受力情况。

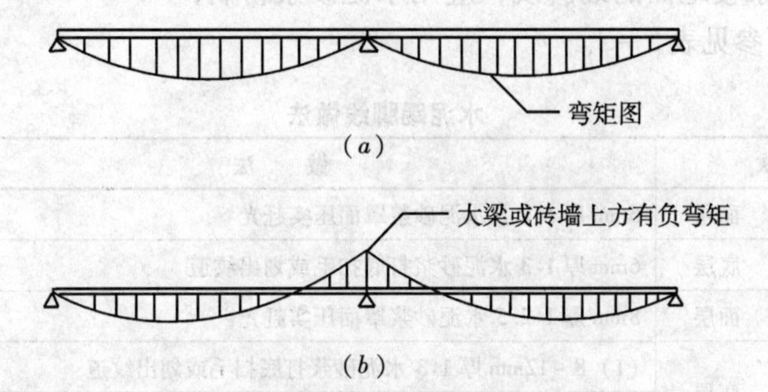

图5－2 多孔楼板楼面在面层铺设前后不同的受力情况

(a) 面层铺设前多孔板为简支板；(b) 面层铺设后多孔板为连续板，大梁或砖墙上方出现负弯矩，使面层产生裂缝

(4) 当楼面结构层上局部部位敷设并排管线，其宽度大于或等于400mm时，应在管线上方局部位置设置防裂钢筋网片，其宽度比管边大于150mm，见图4－6，以防面层产生裂缝。

(5) 当管线敷设于底层地面内时，则可采用局部加厚混凝土垫层的做法，以防地面出现裂缝，见图5－3。

(6) 当管线敷设于预制楼板板缝中时，应提出对板缝的宽度要求，或做局部现浇板带，以保证面层施工质量，防止面层裂缝，见图5－4。

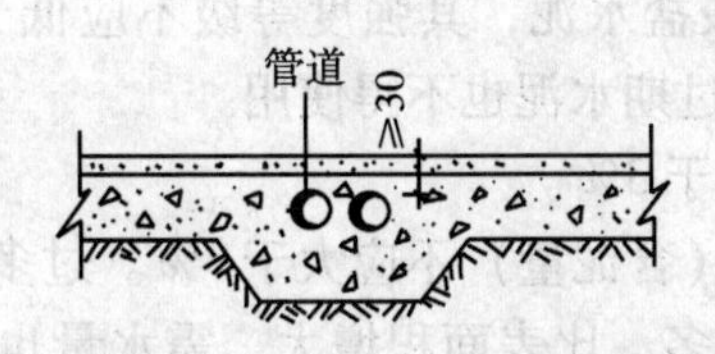

图5－3 底层地面内敷设管线，局部加厚混凝土垫层

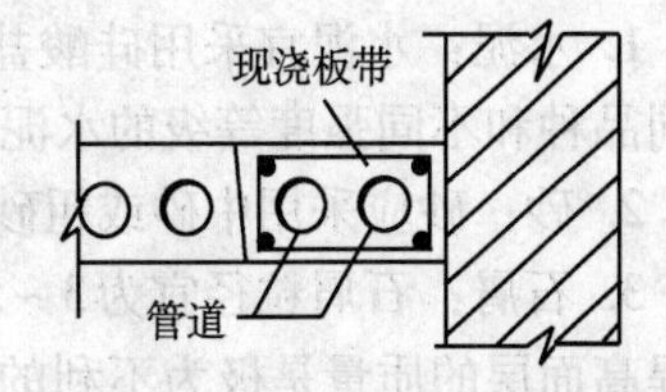

图5－4 管道敷设在现浇板带内

(7) 当管道穿越预制楼板时，不应随便在预制楼板上凿洞，应设置局部现浇钢筋混凝土板带，见图5－5。

(8) 面积较大的水泥砂浆楼地面，应设置伸缩缝，伸缩缝做法详见“9 地面镶边和变形缝”一章。

(9) 底层地面设计中，应对填土的夯实质量提出相应密实度要求，以防止地面因填土不实下沉过大，避免面层出现裂缝。

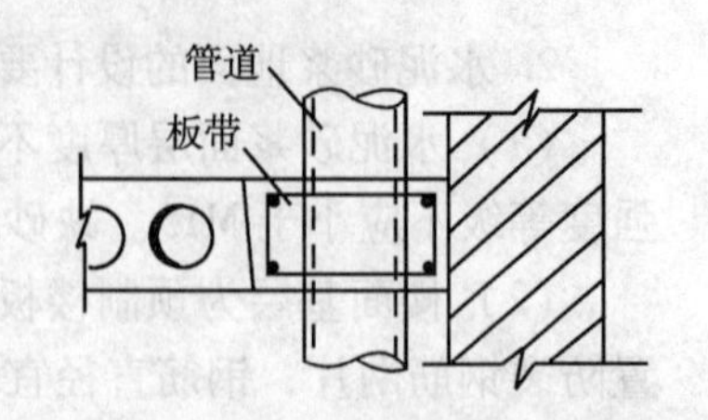

图5-5 管道穿越多孔预制楼板楼面的处理方法

(10) 对经常接触水的水泥砂浆楼地面，如浴室、厕所、盥洗室等处，应在找平层下设置一道防水隔离层。隔离层施工结束后，应进行泼水或蓄水试验，蓄水深度不应小于20mm，以24h不漏水为合格。

(11) 对经常接触水或其他液体的水泥砂浆楼地面，应设置一定的坡度，视液体的流量、稠度等情况而定，一般为1%~3%。

(12) 水泥砂浆楼地面的踢脚线，应用水泥砂浆粉刷，不同墙体的做法可参见表5-3。

水泥踢脚线做法 表5-3

<table>
<tr><th>类别</th><th colspan="2">层次</th><th>做 法</th><th>附 注</th></tr>
<tr><td rowspan="5">砖
墙
面</td><td rowspan="2">清水
砖墙</td><td>面层</td><td>6mm厚1∶2.5水泥砂浆罩面压实赶光</td><td rowspan="11">踢脚线高度为80、100、120mm</td></tr>
<tr><td>底层</td><td>6mm厚1∶3水泥砂浆打底扫毛或划出纹道</td></tr>
<tr><td rowspan="3">抹灰
墙面</td><td>面层</td><td>8mm厚1∶2.5水泥砂浆罩面压实赶光</td></tr>
<tr><td rowspan="2">底层</td><td>(1) 8~12mm厚1∶3水泥砂浆打底扫毛或划出纹道</td></tr>
<tr><td>(2) 7~12mm厚1∶3水泥砂浆打底扫毛或划出纹道</td></tr>
<tr><td rowspan="2">混凝土
墙面</td><td colspan="2">面层</td><td>8~10mm厚1∶2.5水泥砂浆罩面压实赶光</td></tr>
<tr><td colspan="2">底层</td><td>8~12mm厚1∶3水泥砂浆找平扫毛或划出纹道
刷素水泥浆一道（内掺水重3%~5%的108胶）</td></tr>
<tr><td rowspan="3">加气混凝
土墙面</td><td colspan="2">面层</td><td>6mm厚1∶2.5水泥砂浆罩面压实赶光</td></tr>
<tr><td colspan="2" rowspan="2">底层</td><td>(1) 6mm厚2∶1∶8水泥石灰膏砂浆打底扫毛或划出纹道
刷（喷）一道108胶水溶液，配比：108胶∶水=1∶4</td></tr>
<tr><td>(2) 6mm厚1∶1∶6或2∶1∶8水泥石灰膏砂浆打底扫毛或划出纹道
刷（喷）一道108胶水溶液，配比：108胶∶水=1∶4</td></tr>
</table>

注：表中加气混凝土墙面的底层 (1) 适用于条板、底层；(2) 适用于砌块。

5.1.2 使用材料和质量要求

1. 水泥：水泥宜采用硅酸盐水泥、普通硅酸盐水泥，其强度等级不应低于32.5级，不同品种和不同强度等级的水泥不得混合使用，过期水泥也不得使用。

2. 砂：砂应采用中砂或粗砂，含泥量不应大于3%。

3. 石屑：石屑粒径宜为3~5mm，其含粉量（含泥量）不应大于3%。过多的含粉量，对提高面层的质量是极为不利的，因为含粉量过多，比表面积增大，需水量也随之增加。而水灰比增大，强度必然下降，且还容易引起面层起灰、裂缝等质量通病。当含泥量超过要求时，应采取淘洗、筛等办法处理。

4. 水：采用饮用水。

5.1.3 施工准备和施工工艺流程

1. 施工准备

施工准备包括现场准备、材料准备、机具准备和劳动力准备等，具体分述如下：

(1) 现场准备

1) 施工层主体结构合格验收手续及有关隐蔽验收手续已办理完毕。

2）屋面防水层已施工完成。

3）室内门框已安装，地面上有关预埋件等项目均已施工完毕并验收合格。

4）室内已弹好 +500mm 水平线，浴、厕、盥洗室等需防水试验的已经结束并合格。

5）地面上各种立管、孔洞已做好保护措施，地漏、出水口等部位安放的临时堵头亦已做好。

6）基层表面已清洗干净。

（2）材料准备

施工材料和保养材料已到现场。一个楼层或一个检验批应使用同一品种的材料，防止因收缩不匀而产生裂缝以及色差变异等质量弊病。

（3）机具准备

1）砂浆搅拌机，井架或塔吊垂直运输设备，地面压光机、手推车等已落实或到现场。

2）长短木杠、水桶、水壶、钢筋錾子、锤子、木抹子、铁抹子等。

3）冬期施工时，需准备取暖设备。晚间施工时，需准备照明设备。

（4）劳动力准备

已落实相应的施工队组及配合施工的电工机械维修工等。

2. 施工工艺

水泥砂浆楼地面的施工工艺见图 5－6。

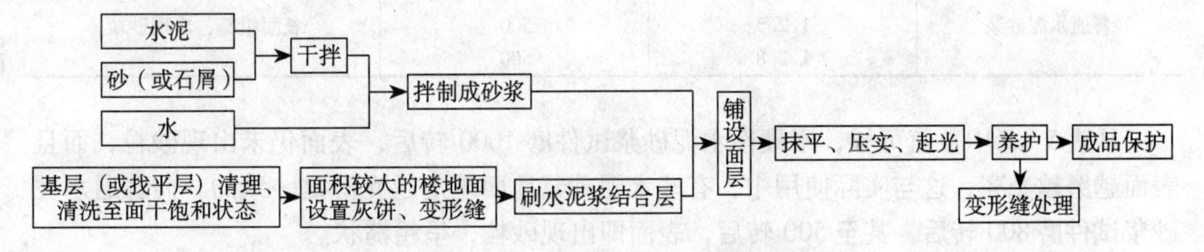

图 5－6 水泥砂浆地面施工工艺流程简图

5.1.4 施工要点和技术措施

1. 基层清理：对基层（或找平层）上散落的砂浆、混凝土等进行清理，凸出基层（或找平层）的应予凿除，油污应用火碱溶液清除干净。在铺设面层前 1～2 天，应用水清洗湿润，但不应有积水，至铺设面层时达到面干饱和状态为佳。

2. 对面积较大的楼地面，为保证面层平整度或坡度要求，应设置一定数量的灰饼和冲筋。（有坡度要求的楼地面应在找平层施工时，就应设有一定的坡度）。

3. 水泥砂浆拌制时应控制用水量、砂浆稠度（以标准圆锥体沉入度计）不应大于 35mm，搅拌时间不应小于 2min。有条件时应使用干硬性水泥砂浆铺设面层，以增强面层的抗压强度。铺设面层前，应在基层表面涂刷一层水泥浆粘结层，水灰比为 0.4～0.5，涂刷均匀，随刷浆，随铺设面层。

表 5－4 为相同体积配合比、不同水灰比的普通水泥砂浆和干硬性水泥砂浆所做试块的抗压强度对比值。从表中数值可知，干硬性水泥砂浆比普通水泥砂浆的强度值提高 100% 以上。

普通水泥砂浆和干硬性水泥砂浆强度对比　　表 5-4

体积配合比	R_7（MPa）		R_{28}（MPa）	
	普通水泥砂浆	干硬性水泥砂浆	普通水泥砂浆	干硬性水泥砂浆
1:2	18.9		30.6	
1:2.5	15.1	35.7	17.5	48.8
1:2.8	12.8	31.2	17.0	36.4
1:3.0	9.7	21.4	13.1	32.7
1:3.2		20.2		29.0

此外，干硬性水泥砂浆由于密实度较好，对提高水泥砂浆面层的耐磨性能也很显著。表 5-5 为用相同的原材料、相同的养护条件下制作的几组不同配合比的圆柱体耐磨试验试件，用道瑞式耐磨硬度机进行耐磨试验，在相同的荷载压力条件下，以表面见砂粒为准。耐磨转数越多，即说明在使用中表面越不易起砂。

干硬性水泥砂浆和普通水泥砂浆耐磨性能比较表　　表 5-5

砂浆品种	砂浆配合比	耐磨转数	表面现象
干硬性水泥砂浆	1:2.5 1:2.8 1:3.0	1000 1000 1000	表面光亮，未出现砂粒
普通水泥砂浆	1:2.0 1:2.5 1:2.8	800 500 500	表面粗糙，出现砂粒

从表 5-5 中数值可知，干硬性水泥砂浆试件磨 1000 转后，表面仍未出现砂粒，而且表面越磨越光亮，这与实际使用中，有些水泥砂浆地面越走越光滑是一致的。而普通水泥砂浆试件磨 800 转后，甚至 500 转后，表面即出现砂粒，呈粗糙状。

控制水泥砂浆的用水量，除了能提高地面面层强度和耐磨性能外，还能有效地控制和减少水泥砂浆在凝结硬化过程中的收缩变形值。这对防止地面裂缝和起壳是极为有利的。

图 5-7 为水泥砂浆干缩与水灰比的关系曲线图。在其他条件相同的情况下，水灰比越大，水泥砂浆的干缩值也越大。

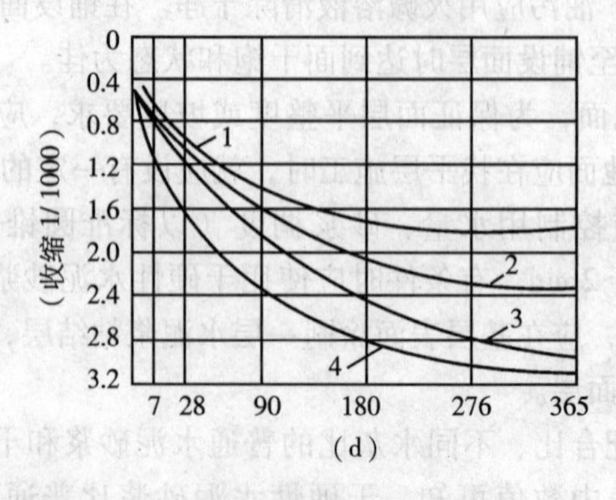

图 5-7　水泥砂浆的干缩与水灰比的关系

1—水灰比 0.26；2—水灰比 0.45；3—水灰比 0.55；4—水灰比 0.65

4. 不得使用刚出厂的水泥铺设水泥砂浆楼地面。这是因为通过煅烧后的水泥熟料，由于受生产条件的限制，特别是一些小水泥厂因生产工艺上或设备条件的某些限制，熟料中或多或少地总存在一些残留的氧化钙。这种游离氧化钙是一种极其有害的物质，是影响水泥安定性的主要因素之一。由于经过高温煅烧，这种游离氧化钙结构比较致密，性质不够活泼，在常温下与水反应的速度慢，当水泥已硬化，而游离氧化钙则还在缓慢地与水作用生成氢氧化钙，同时伴随着体积膨胀，致使硬化了的水泥石体积变化不均匀，发生扭曲或裂纹，严重时还会崩裂。这对厚度较薄的水泥砂浆楼地面将产生严重的质量事故。

有的水泥刚出窑就包装出厂，运往工地，使用时温度还比较高，甚至用手摸时还发烫。如果使用这种热的水泥做楼地面，将更加容易造成楼地面的裂纹、起鼓等质量事故。因此，刚制成的水泥须贮存一段时间后才能出厂，使部分游离氧化钙在贮存过程中与空气中的水汽作用，消除其对水泥的不利影响，使水泥的安定性变好。当然贮存的时间也不能过长，同时要避免贮存过程中水泥受潮，否则，强度将会显著下降。

5. 水泥砂浆楼地面施工中，不同品种、不同强度等级的水泥不得混合使用。这是由于不同品种、不同强度等级的水泥，其水泥熟料中，掺合料用量、石膏数量的不同，使各化学成分含量也不相同，最终使水化热的释放量、释放速度、以及凝结硬化的速度都不同。可以想象，两种不同水化热、不同凝结硬化速度的水泥混合拌和后，致使水泥砂浆面层在凝结硬化过程中步调不一致，容易造成分子结构分离，甚至起到破坏作用。

6. 水泥砂浆楼地面铺设后，应严格控制压光时间。水泥从加水拌合到水泥浆开始失去可塑性的时间，一般是 1~3h，这个时间称为初凝，至拌合后 5~8h，水泥浆完全失去可塑性并开始产生强度，这个时间称为终凝。从初凝到终凝，这个时间的凝胶体虽然还处于软塑状态中，但它的流动性已逐渐消失，开始形成凝结结构，这段时间内进行压光操作，凝结的胶体虽受扰动，但还是能够闭合。终凝以后，凝胶体逐渐进入结晶硬化阶段。终凝虽然不是水泥水化作用和硬化的终结，但它表示水泥浆从塑态进入固态，开始具有机械强度。因此，如果终凝后再进行抹压工作，则对水泥凝胶体的凝结结构会遭到损伤和破坏，很难再进行闭合。这不仅会影响强度的增长，也容易引起面层起灰、脱皮和裂缝等一些质量缺陷。因此，面层的压光工作一定要控制在终凝以前完成。一般不应超过 3~5h。压光工作应精心操作，一般不少于三遍，最后一遍“定光”施工操作是关键，对提高面层的密实度、光洁度以及减少微裂缝具有重要作用。

当采用地面抹光机压光时，在第二、三遍操作时，水泥砂浆的干硬度应比手工压光时要稍干一些。

还要说明一点的是，水泥地面的压光时间，既要防止过迟，也要防止过早地进行。因为压光时间过早，水泥颗粒的水化作用刚刚开始或正在进行，凝胶体正逐步增多，这时游离水分还比较多，虽经抹压，表面还会出现水光，即压光后面层表面浮游一薄层水，这对面层砂浆的抗压强度和抗磨性能是极为不利的，同样会造成起灰、脱皮等质量缺陷。

如果水泥砂浆面层铺设后，一旦面层水分太大，在终凝前不能完成压光任务时，可采用下面的补救办法，用同面层相同配合比的干拌的水泥砂拌合物，均匀的在面层上薄薄的铺洒一层，待吸水后，先用木抹子抹压紧密，然后用铁抹子进行压光。也可用清洁的干砖铺在面层上，吸去一部分水分后再进行抹平压光。这样做，容易保证面层施工质量。需注意的是不能直接撒干水泥面，更不能撒干水泥面后不用木抹子搓打直接用铁抹子压光，这样容易造成局部面层裂缝和脱皮等质量弊病。

7. 冬季施工水泥砂浆楼地面时，应严格防止水泥砂浆面层受冻。

由于水泥砂浆楼地面厚度较薄、表面积大和进行湿作业施工，因此，在冬季低温季节施工时容易受冻。而普通硅酸盐水泥，特别是矿渣硅酸盐水泥和火山灰质硅酸盐水泥调制的水泥砂浆和混凝土，其耐冻性能是较差的。所以在冬季或严寒地区施工水泥楼地面时，应采取必要的防寒保暖措施，严格防止发生冻害，尤其是要防止早期受冻。

水泥砂浆或混凝土的受冻主要是其内部的自由水结冰而引起的。当温度降至0℃时，砂浆或混凝土除表层一部分水结冰外，其内部水尚处于液态。但低温对于水硬性胶结材料的凝结和硬化速度，具有显著的减缓作用。当温度继续下降时，砂浆或混凝土内的自由水将渐渐完全结冰，水泥的水化作用停止，砂浆或混凝土即遭受冻。

图5-8为普通硅酸盐水泥制备的混凝土试件在负温度下的结冰量（即以结冰量与化合水重量之比%）的曲线图。曲线1表示试件制作后立即遭受冰冻，在-5℃时，将有90%的水分变成了冰；曲线2为预养24h后受冻；曲线3和曲线4分别为达到50%和70%的强度后受冻。

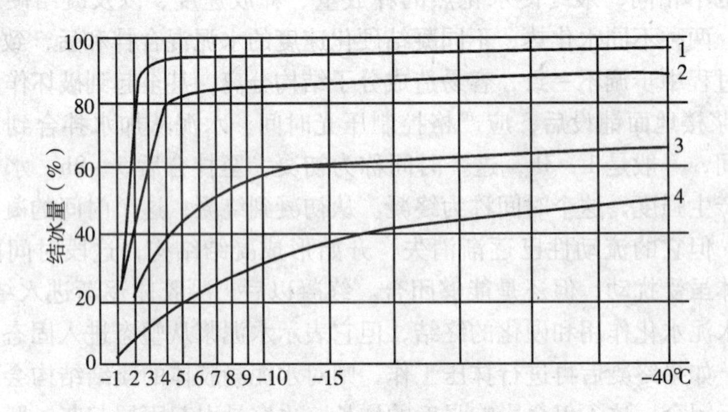

图5-8 负温下混凝土中结冰量的增长情况

曲线1：试件制作后立即遭受冰冻； 曲线2：试件预养24小时后受冻；
曲线3：强度达到50%后受冻； 曲线4：强度达到70%后受冻

水泥砂浆或混凝土早期受冻，会使强度降低40%～50%。强度大幅度降低的原因是：（1）水结冰时，体积膨胀9%左右，解冻后，不复收缩，使孔隙率增加，使面层结构受到永久损害；（2）骨料周围的一层水泥浆膜，在冰冻后其粘结力被破坏。

对于水泥砂浆楼地面，由于面层早期受冻而使强度降低，将造成不可弥补的质量缺陷，这是形成地面起砂、起灰、脱皮、裂缝等质量事故的原因之一。因此，在冬季或严寒地区施工水泥楼地面时，应切实做好防寒保暖工作，特别是要防止水泥地面的早期受冻。

在北方寒冷地区冬期施工时，常采用煤炉加温保暖措施，如果忽视了炉火燃烧时的烟气排放，则同样会造成地面起砂等质量事故。这主要是煤炉燃烧时，放出的二氧化碳气所致。二氧化碳气的特点是：密度为1.977g/L，比普通空气的密度1.293g/L大得多；扩散慢，常处于空气中的下层；能溶解于冷水中，在通常情况下，一体积的水能溶解一体积的二氧化碳气。

当煤炉燃烧时产生的二氧化碳气和刚做好的水泥砂浆或混凝土表面层接触后，将与水泥水化后在地面面层生成的、但尚未结晶硬化的氢氧化钙起作用，生成白色的粉末状的新物质碳酸钙，这是一种十分有害的物质，它能阻碍水泥砂浆或混凝土内的水泥水化作用的正常进行，在面层形成一层厚度不等的疏松层（最多可达8mm），结果将显著降低面层的强度。这种情况，对温度在-1~10℃之间和24h内新铺设的水泥楼地面，破坏作用尤为明显。空气中的二氧化碳气浓度越高，对地面质量的损害也越大。

因此，冬期施工水泥楼地面时，如果必须采取煤炉加温保暖的话，一定要设置烟囱，进行有组织的向室外排放烟气。同时应控制加温速度和室内温度，避免室内温度过高，地面面层水分蒸发过快而产生塑性收缩裂缝。

8. 对在软土地基上施工的建筑物，不宜在主体结构施工阶段就进行水泥砂浆楼地面施工。

为了加快工程进度，很多工程在施工中采用立体交叉，平行流水等施工方法。楼地面分项工程常常在结构施工尚未完成的情况下穿插施工。但当工程竣工时，有的甚至在施工过程中，就发现楼地面产生裂缝、空鼓等质量问题。这种情况主要是由于建筑物地基土发生不均匀沉降变形所引起的。

大家知道，建筑物的全部荷载是通过基础传给地基土的。在荷载作用下，土层就要压缩，建筑物也要产生沉降变形。但不同的建筑物，不同的地基土的沉降量和沉降速度是不同的。即使同一幢建筑物，由于结构形式以及地基土类别和荷载大小的不同，各个部位的沉降量和沉降速度也大有差异。这种沉降差异，必然影响到建筑物的楼地面的质量。

根据有关试验测定，一般房屋的最终沉降量，在施工期间，对于砂土层，可以认为已基本完成；对于低压缩性土层，可以认为已完成50%~80%；对于中压缩性土层，可认为已完成20%~50%；而对于高压缩性土层，则仅完成5%~20%。因此，对于在中压缩性及高压缩性土层上施工的建筑物，以及在土质变化较大的土层上施工的建筑物，除在结构设计上应考虑有较强的整体性和较均匀的沉降量、沉降速度外，楼地面分项工程应尽可能放在工程后期施工，而不宜在结构施工阶段先行施工，否则，容易影响楼地面的质量。

9. 认真做好地面面层铺设并压光后的养护和保护工作。

养护工作一般在压光后24小时即应进行，通常采用铺设湿润材料覆盖或浇（洒）水养护。有条件时可在门口用石灰膏或黄泥作坎后蓄水养护（蓄水深度20mm），效果会更好。冬季和春季可在压光后48小时开始养护，养护时间不少于7天（矿渣水泥应适当延长养护时间）。养护期间，禁止在上面进行其他施工操作活动。

养护要适时，众所周知，水泥砂浆面层终凝后进入硬化阶段。水泥开始硬化，并不表示水化作用的结束，而是继续向水泥颗粒内部深入，但水泥的水化作用必须在潮湿的环境中才能进行，如果在干燥空气中，由于水分的不断蒸发，水化作用就会受到影响，减缓硬化速度，甚至停止硬化，从而降低面层强度。由于水泥的水化作用初期进行比较快，后期渐渐缓慢，因此，早期养护显得特别重要。

表5-6为相同材料、相同配合比的水泥砂浆试件，养护与不养护强度等级对比值。

水泥砂浆养护与不养护强度值对比表　　表 5－6

体积配合比	养　护	不养护	不养护/养护（%）
1:1	60.0MPa	50.2MPa	83.6
1:1.5	51.3MPa	44.0MPa	85.76
1:2	45.7MPa	38.6MPa	84.5

注：1. 水泥：强度等级为42.5矿渣硅酸盐水泥。
　　2. 养护时间28天。

加强早期养护，对防止面层砂浆的"失水收缩"具有重要意义。水分的不断蒸发，也将促使体积发生收缩变化，并且越是干燥，收缩值越大。水泥在硬化初期的强度是很低的，因此容易引起表面干缩裂缝。而水泥在水中或潮湿环境中进行硬化时，则能使水泥颗粒充分水化，不仅能加快硬化速度，而且能提高面层强度，有效地防止干缩裂缝。试验证明，水泥在水中或潮湿环境中进行硬化，体积不但不收缩，反而会稍有极微量的膨胀。因此，水泥地面施工完成后，养护工作的好坏对地面质量的影响是很大的，必须重视，切实做好。一般以手指划不动表面时即可开始养护。

国外有关研究资料也指出，水泥砂浆地面的水灰比过大和养护不良，是造成楼地面起砂、脱皮和裂缝等质量问题的根本原因。

10. 当水泥砂浆面层铺设面积较大，需设置分格缝时，其一部分位置应与水泥混凝土垫层的缩缝相应对齐。

11. 对地漏、出水口等部位，铺设面层前应安放好临时堵口，并有相应保护措施，以免掉入杂物，造成堵塞。

5.1.5　质量标准和检验方法

水泥砂浆地面面层的质量标准和检验方法见表5－7。

水泥砂浆地面面层质量标准和检验方法　　表 5－7

项	序	检验项目	允许偏差或允许值（mm）	检验方法
主控项目	1	面层材料	1. 水泥采用硅酸盐水泥、普通硅酸盐水泥，强度等级不应小于32.5级； 2. 不同品种、不同强度等级的水泥严禁混用； 3. 砂应用中粗砂。当采用石屑时，其粒径应为1～5mm，含泥量不应大于3%	观察检查和检查材质合格证明文件及检测报告
	2	面层强度、配合比	1. 面层的强度等级（体积比）必须符合设计要求； 2. 体积比应为1:2； 3. 强度等级不应小M15	检查配合比通知单和检测报告
	3	面层与基层结合	应牢固，无空鼓、裂纹［注：空鼓面积不应大于400cm²，且每自然间（标准间）不多于2处可不计］	用小锤轻击检查

续表

项	序	检验项目	允许偏差或允许值（mm）	检验方法
一般项目	4	有坡度要求的面层	坡度应符合设计要求，不得有倒泛水和积水现象	观察和采用泼水或坡度尺检查
	5	面层外观，质量	表面应洁净，无裂纹、脱皮、麻面、起砂等缺陷	观察检查
	6	踢脚板与墙面贴合	贴合应紧密，高度一致，出墙厚度均匀［注：局部空鼓长度不应大于300mm，且每自然间（标准间）不多于2处可不计］	用小锤轻击、钢尺和观察检查
	7	楼梯踏步	1. 宽度和高度应符合设计要求； 2. 楼层梯段相邻踏步高度差不应大于10mm，每踏步两端宽度差不应大于10mm； 3. 旋转楼梯梯段的每踏步两端宽度的允许偏差为5mm； 4. 楼梯踏步的齿角应整齐，防滑条应顺直	观察和钢尺检查
	8	表面平整度	4	用2m靠尺和楔形塞尺检查
	9	踢踢板上口平直	4	拉5m线和钢尺检查，不足5m拉通线检查
	10	缝格平直	3	拉5m线和钢尺检查，不足5m拉通线检查

5.1.6 质量通病和防治措施

1. 地面起砂

(1) 现象

地面表面粗糙，光洁度差，颜色发白，不坚实。走动后，表面先有松散的水泥灰，用手摸时像干水泥面。随着走动次数的增多，砂粒逐步松动或有成片水泥硬壳剥落，露出松散的水泥和砂子。

(2) 原因分析

1）水泥砂浆拌合物的水灰比过大，即砂浆稠度过大。根据试验证明，水泥水化作用所需的水分约为水泥重量的20%~25%，即水灰比为0.2~0.25。这样小的水灰比，施工操作是有困难的，所以实际施工时，水灰比都大于0.25。但水灰比和水泥砂浆强度两者成反比，水灰比增大，砂浆强度降低。如施工时用水量过多，将会大大降低面层砂浆的强度；同时，施工中还将造成砂浆泌水，进一步降低地面的表面强度，完工后一经走动磨损，就会起灰。

2）不了解水泥硬化的基本原理，压光工序安排不适当，以及底层过干或过湿等，造成地面压光时间过早或过迟。压光过早，水泥的水化作用刚刚开始，凝胶尚未全部形成，游离水分还比较多，虽经压光，表面还会出现水光（即压光后表面游浮一层水），对面层砂浆的强度和抗磨能力很不利；压光过迟，水泥已终凝硬化，不但操作困难，无法消除面层表面的毛细孔及抹痕，而且会扰动已经硬结的表面，也将大大降低面层砂浆的强度和抗磨能力。

3）养护不适当。水泥加水拌合后，经过初凝和终凝进入硬化阶段。但水泥开始硬化并不是水化作用的结束，而是继续向水泥颗粒内部深入进行。随着水化作用的不断深入，水泥砂浆强度也不断提高。水泥的水化作用必须在潮湿环境下才能进行。水泥地面完成后，如果不养护或养护天数不够，在干燥环境中面层水分迅速蒸发，水泥的水化作用就会受到影响，减缓硬化速度，严重时甚至停止硬化，致使水泥砂浆脱水而影响强度和抗磨能力。此外，如果地面抹好后不到24h就浇水养护，由于地面表面较“嫩”，也会导致大面积脱皮，砂粒外露，使用后起砂。

4）水泥地面在尚未达到足够的强度就上人走动或进行下道工序施工，使地表面遭受摩擦等作用，容易导致地面起砂。这种情况在气温低时尤为显著。

5）水泥地面在冬季低温施工时，若门窗未封闭或无供暖设备，就容易受冻。水泥砂浆受冻后，强度将大幅度下降，这主要是水在低温下结冰时，体积将增加9%，解冻后，不再收缩，因而使面层砂浆的孔隙率增大；同时，骨料周围的一层水泥浆膜，在冰冻后其粘结力也被破坏，形成松散颗粒，一经人走动也会起砂。

6）冬期施工时在新做的水泥地面房间内生炭火升温，而又不组织排放烟气，燃烧时产生的二氧化碳是有害气体，它的密度比空气大，扩散慢，常处于空气中的下层，又能溶解于水中，它和水泥砂浆（或混凝土）表面层接触后，与水泥水化后生成的、但尚未结晶硬化的氢氧化钙反应，生成白色粉末状的新物质——碳酸钙。这是一种十分有害的物质，本身强度不高，还能阻碍水泥砂浆（或混凝土）内水泥水化作用的正常进行，从而显著降低地面面层的强度，常常造成地面凝结硬化后起砂。

7）原材料不合要求：

①水泥强度等级低，或用过期结块水泥、受潮结块水泥，这种水泥活性差，影响地面面层强度和耐磨性能；

②砂子粒度过细，拌合时需水量大，水灰比加大，强度降低。试验说明，用同样配合比做成的砂浆试块，细砂拌制的砂浆强度比用粗、中砂拌制的砂浆强度约低25%～35%；砂子含泥量过大，也会影响水泥与砂子的粘结力，容易造成地面起砂。

（3）预防措施

1）严格控制水灰比。用于地面面层的水泥砂浆的稠度不应大于35mm（以标准圆锥体沉入度计），垫层事前要充分湿润，水泥浆要涂刷均匀，冲筋间距不宜太大，最好控制在1.2m左右，随铺灰随用短杠刮平。或用木抹子拍打，使表面泛浆，以保证面层的强度和密实度。

2）掌握好面层的压光时间。水泥地面的压光一般不应少于三遍。第一遍应在面层铺设后随即进行。先用木抹子均匀搓打一遍，使面层材料均匀、紧密，抹压平整，以表面不出现水层为宜。第二遍压光应在水泥初凝后、终凝前完成（一般以上人时有轻微脚印但又不明显下陷为宜），将表面压实、压平整。第三遍压光主要是消除抹痕和闭塞细毛孔，进一步将表面压实、压光滑（时间应掌握在上人不出现脚印或有不明显的脚印为宜），但切忌在水泥终凝后压光。

3）水泥地面压光后，应视气温情况，一般在一昼夜后进行洒水养护，或用草帘、锯末覆盖后洒水养护。有条件的可用黄泥或石灰膏在门口做坎后进行蓄水养护。使用普通硅酸盐水泥的水泥地面，连续养护的时间不应少于7昼夜；用矿渣硅酸盐水泥的水泥地面，连续养护的时间不应少于10昼夜。

4）合理安排施工流向，避免上人过早。水泥地面应尽量安排在墙面、顶棚的粉刷等装饰工程完工后进行，避免对面层产生污染和损坏。如必须安排在其他装饰工程之前施工，应采取有效地保护措施，如铺设芦席、草帘、油毡等，并应确保7~10昼夜的养护期。严禁在已做好的水泥地面上拌合砂浆，或倾倒砂浆于水泥地面上。

5）在低温条件下抹水泥地面，应防止早期受冻。抹地面前，应将门窗玻璃安装好，或增加供暖设备，以保证施工环境温度在+5℃以上。采用炉火烤火时，应设有烟囱，有组织地向室外排放烟气。温度不宜过高，并应保持室内有一定的湿度。

6）水泥宜采用早期强度较高的硅酸盐水泥、普通硅酸盐水泥，强度等级不应低于32.5级，安定性要好。过期结块或受潮结块的水泥不得使用。砂子宜采用粗、中砂，含泥量不应大于3%。用于面层的豆石和碎石粒径不应大于15mm，也不应大于面层厚度的2/3，含泥量不应大于2%。

7）采用无砂水泥地面，面层拌合物内不用砂，用粒径为2~5mm的米石（有的地方称“瓜米石”）拌制，配合比宜采用水泥:米石=1:2（体积比），稠度亦应控制在35mm以内。这种地面压光后，一般不起砂，必要时还可以磨光。

（4）治理方法

1）小面积起砂且不严重时，可用磨石将起砂部分水磨，直至露出坚硬的表面。也可以用纯水泥浆罩面的方法进行修补，其操作顺序是：清理基层→充分冲洗湿润→铺设纯水泥浆（或撒干水泥面）1~2mm→压光2~3遍→养护。如表面不光滑，还可水磨一遍。

2）大面积起砂，可用108胶水泥浆修补，具体操作方法和注意事项如下：

①用钢丝刷将起砂部分的浮砂清除掉，并用清水冲洗干净。地面如有裂缝或明显的凹痕时，先用水泥拌合少量的108胶制成的腻子嵌补。

②用108胶加水（约一倍水）搅拌均匀后，涂刷地面表面，以增强108胶水泥浆与面层的粘结力。

③108胶水泥浆应分层涂抹，每层涂抹约0.5mm厚为宜，一般应涂抹3~4遍，总厚度为2mm左右。底层胶浆的配合比可用水泥:108胶:水=1:0.25:0.35（如掺入水泥用量的3%~4%的矿物颜料，则可做成彩色108胶水泥浆地面），搅拌均匀后涂抹于经过处理的地面上。操作时可用刮板刮平，底层一般涂抹1~2遍。面层胶浆的配合比可用水泥:108胶:水=1:0.2:0.45（如做彩色108胶水泥浆地面时，颜色掺量同上），一般涂抹2~3遍。

④当室内气温低于+10℃时，108胶将变稠甚至会结冻。施工时应提高室温，使其自然融化后再行配制，不宜直接用火烤加温或加热水的方法解冻。108胶水泥浆不宜在低温下施工。

⑤108胶掺入水泥（砂）浆后，有缓凝和降低强度的作用。试验证明，随着108胶掺量的增多，水泥（砂）浆的粘结力也增加，但强度则逐渐下降。108胶的合理掺量应控制在水泥重量的20%左右。另外，结块的水泥和颜料不得使用。

⑥涂抹后按照水泥地面的养护方法进行养护，2~3d后，用细砂轮或油石轻轻将抹痕磨去，然后上蜡一遍，即可使用。

3）对于严重起砂的水泥地面，应作翻修处理，将面层全部剔除掉，清除浮砂，用清水冲洗干净。铺设面层前，凿毛的表面应保持湿润，并刷一道水灰比为0.4~0.5的素水泥浆（可掺入适量的108胶），以增强其粘结力，然后用1:2水泥砂浆另铺设一层面层，严格做到随刷浆随铺设面层。面层铺设后，应认真做好压光和养护工作。

2. 地面空鼓

（1）现象

地面空鼓多发生于面层和垫层之间，或垫层与基层之间，用小锤敲击有空敲声。使用一段时间后，容易开裂。严重时大片剥落，破坏地面使用功能。

（2）原因分析

1）垫层（或基层）表面清理不干净，有浮灰、浆膜或其他污物。特别是室内粉刷的白灰砂浆沾污在楼板上，极不容易清理干净，严重影响垫层与面层的结合。

2）面层施工时，垫层（或基层）表面不浇水湿润或浇水不足，过于干燥。铺设砂浆后，由于垫层迅速吸收水分，致使砂浆失水过快而强度不高，面层与垫层粘结不牢；另外，干燥的垫层（或基层）未经冲洗，表面的粉尘难于扫除，对面层砂浆起到一定的隔离作用。

3）垫层（或基层）表面有积水，在铺设面层后，积水部分水灰比突然增大，影响面层与垫层之间的粘结，易使面层空鼓。

4）为了增强面层与垫层（或垫层与基层）之间的粘结力，需涂刷水泥浆结合层。操作中存在的问题是，如刷浆过早，铺设面层时，所刷的水泥浆已风干硬结，不但没有粘结力，反而起了隔离层的作用。或采用先撒干水泥面后浇水（或先浇水后撒干水泥面）的扫浆方法。由于干水泥面不易撒匀，浇水也有多有少，容易造成干灰层、积水坑，成为日后面层空鼓的潜在隐患。

5）炉渣垫层质量不好。

①使用未经过筛和未用水焖透的炉渣拌制水泥炉渣垫层（或水泥石灰炉渣垫层）。这种粉末过多的炉渣垫层，本身强度低，容易开裂，造成地面空鼓。另外，炉渣内常含有煅烧过的煤石，变成石灰，若未经水焖透，遇水后消解而体积膨胀，造成地面空鼓。

②使用的石灰熟化不透，未过筛，含有未熟化的生石灰颗粒，拌合物铺设后，生石灰颗粒慢慢吸水熟化，体积膨胀，使水泥砂浆面层拱起，也将造成地面空鼓、裂缝等缺陷。

③设置于炉渣垫层内的管道没有用细石混凝土固定牢，产生松动，致使面层开裂、空鼓。

6）门口处砖层过高或砖层湿润不够，使面层砂浆过薄以及干燥过快，造成局部面层裂缝和空鼓。

7）在高压缩性的软土地基上不经技术处理，直接施工地面，由于软土地基的缓慢沉降，造成地面整体下沉，并往往伴随整个地面层空鼓。

（3）预防措施

1）严格处理底层（垫层或基层）

①认真清理表面的浮灰、浆膜以及其他污物，并冲洗干净。如底层表面过于光滑，则应凿毛。门口处砖层过高时应予剔凿。

②控制基层平整度，用 2m 直尺检查，其凹凸度不应大于 10mm，以保证面层厚度均匀一致，防止厚薄悬殊过大，造成凝结硬化时收缩不均而产生裂缝、空鼓。

③面层施工前 1～2d，应对基层认真进行浇水湿润，使基层具有清洁、湿润、粗糙的表面。

2）注意结合层施工质量

①素水泥浆结合层在调浆后应均匀涂刷，不宜采用先撒干水泥面后浇水的扫浆方法。素水泥浆水灰比以0.4～0.5为宜。

②刷素水泥浆应与铺设面层紧密配合，严格做到随刷随铺。铺设面层时，如果素水泥浆已风干硬结，则应铲去后重新涂刷。

③在水泥炉渣或水泥石灰炉渣垫层上涂刷结合层时，宜加砂子，其配合比可为水泥:砂子=1:1（体积比）。刷浆前，应将表面松动的颗粒扫除干净。

3）保证炉渣垫层和混凝土垫层的施工质量

①拌制水泥炉渣或水泥石灰炉渣垫层应用“陈渣”，严禁用“新渣”。所谓“陈渣”，就是从锅炉排出后，在露天堆放，经雨水或清水、石灰浆焖透的炉渣。“陈渣”经水焖透，石灰质颗粒消解熟化，性能稳定，有利于地面质量。

②炉渣使用前应过筛，其最大粒径不应大于40mm，且不得超过垫层厚度的1/2。粒径在5mm以下者，不得超过总体积的40%。炉渣内不应含有机物和未燃尽的煤块。炉渣采用“焖渣”时，其焖透时间不应少于5d。

③石灰应在使用前3～4d用清水熟化，并加以过筛。其最大粒径不得大于5mm。

④水泥炉渣配合比宜采用水泥:炉渣=1:6（体积比）；水泥石灰炉渣配合比宜采用水泥:石灰:炉渣=1:1:8（体积比），拌合应均匀，严格控制用水量。铺设后，宜用辊子滚压至表面泛浆，并用木抹子搓打平，表面不应有松动的颗粒。铺设厚度不应小于80mm。当铺设厚度超过120mm时，应分层进行铺设。

⑤在炉渣垫层内埋设管道时，管道周围应用细石混凝土通长稳固好。

⑥炉渣垫层铺设在混凝土基层上时，铺设前应先在基层上涂刷水灰比为0.4～0.5的素水泥浆一遍，随涂随铺，铺设后及时拍平压实。

⑦炉渣垫层铺设后，应认真做好养护工作，养护期间应避免受水侵蚀，待其抗压强度达到1.2MPa后，方可进行下道工序的施工。

⑧混凝土垫层应用平板振捣器振实，高低不平处，应用水泥砂浆或细石混凝土找平。

4）冬期施工如使用火炉采暖养护时，炉子下面要架高，上面要吊铁板，避免局部温度过高而使砂浆或混凝土失水过快，造成空鼓。

5）在高压缩性软土地基上施工地面前，应先进行地面加固处理。对局部设备荷载较大的部位，可采用桩基承台支承，以免除沉降后患。

（4）治理方法

1）对于房间的边、角处，以及空鼓面积不大于400cm^{2}且无裂缝、每自然间（标准间）不多于2处者，一般可不作修补。

2）对人员活动频繁的部位，如房间的门口、中部等处，以及空鼓面积大于400cm^{2}或虽面积不大，但裂缝显著者，应予返修。

3）局部翻修应将空鼓部分凿去，四周宜凿成方块形或圆形，并凿进结合良好处30～50mm，边缘应凿成斜坡形，见图5－9。底层表面应适当凿毛。凿好后，将修补周围100mm范围内清理干净。修补前1～2d，用清水冲洗，使其充分湿润，修补时，先在底面及四周刷水灰比为0.4～0.5的素水泥浆一遍，然后用面层相同材料的拌合物填补。如原有面层较厚，修补时应分次进行，每次厚度不宜大于20mm。终凝后，应立即用湿砂或湿草袋等覆盖养护，严防早期产生收缩裂缝。

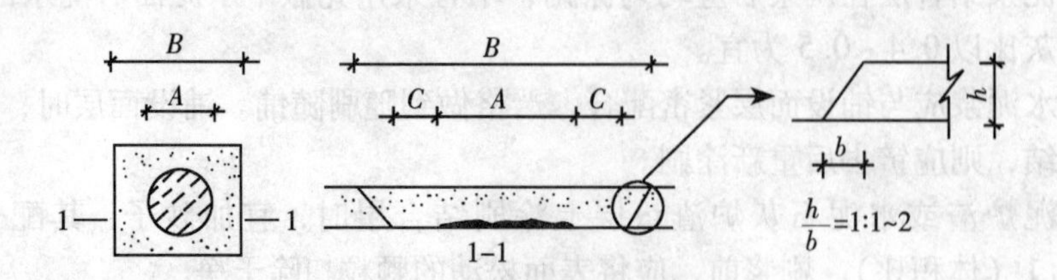

图 5-9　局部空鼓修补示意图

A—空鼓范围；B—凿除范围；C—30～50mm

4）大面积空鼓，应将整个面层凿去，并将底面凿毛，重新铺设新面层。有关清理、冲洗、刷浆、铺设和养护等操作要求同上。

3. 预制楼板地面顺板缝方向裂缝

（1）现象

有规则的顺预制楼板的拼缝方向通长裂缝。这种裂缝有时在工程竣工前就出现，一般上下裂通，严重时水能通过裂缝往下渗漏。

（2）原因分析

1）板缝嵌缝质量粗糙低劣：预制楼板地面是由预制楼板拼接而成，依靠嵌缝将单块预制楼板连接成一个整体，在荷载作用下，各板可以协同工作，如图 4-3 所示。粗糙低劣的嵌缝将大大降低甚至丧失板缝协同工作的效果，成为楼面的一个薄弱部位，当某一板面上受到较大的荷载时，在有一定的挠曲变形情况下，就会出现顺板缝方向的通长裂缝。

造成板缝嵌缝质量粗糙低劣的原因，一般有以下几个方面：

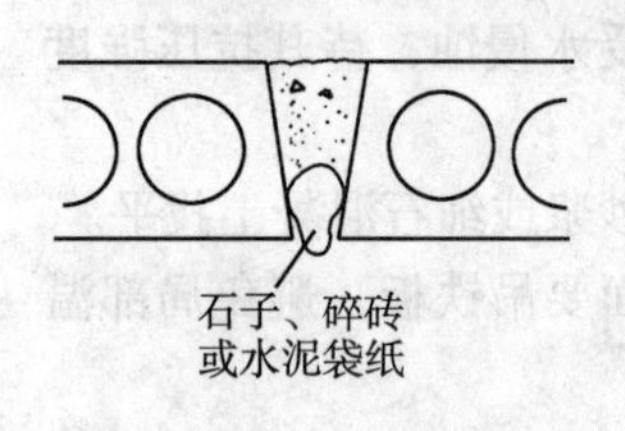

图 5-10　错误的嵌缝方法

①对嵌缝作用认识不足，对嵌缝施工的时间安排、用料规格、质量要求、技术措施等不作明确交底，也不重视检查验收。甚至采用如图 5-10 所示的错误作法，用石子、碎砖、水泥袋纸等杂物先嵌塞缝底，再在上面浇筑混凝土，嵌缝上实下空，大大降低了板缝的有效断面，影响了嵌缝质量。

②嵌缝操作时间安排不恰当，未把嵌缝作为一道单独的操作工序，预制楼板安装后也未立即进行嵌缝，而是在浇筑圈梁或楼地面现浇混凝土结构时顺带进行，有的甚至到浇捣地面找平层或施工面层时才进行嵌缝。这样，上面各道工序的杂物、垃圾不断掉落缝中，灌缝时又不做认真的清理，结果嵌缝往往是外实内空。

③嵌缝材料选用不当，不是根据板缝断面较小的特点选用水泥砂浆或细石混凝土嵌缝，而是用浇捣梁、板的普通混凝土进行嵌缝，往往大石子灌入小缝中，形成上实下空的现象。

④预制构件侧壁几何尺寸不正确，有的预制楼板侧壁倾斜角度太小，难于进行嵌缝。

2）嵌缝养护不认真，嵌缝前板缝不浇水湿润，嵌缝后又不及时进行养护，致使嵌缝砂浆或混凝土强度达不到质量要求。

3）嵌缝后下道工序安排过急，特别是一些砖混宿舍工程，常常在嵌缝完成后立即上砖上料准备砌墙，楼板受荷载后产生挠曲变形，而嵌缝混凝土强度尚低，致使嵌缝混凝土与楼板之间产生缝隙，失去了嵌缝的传力效果。

4）在预制楼板上暗敷电线管，一般沿板缝走线，如处理不当，将影响嵌缝质量。图5－11所示是一种错误的敷设方法，管子嵌在板缝中，使嵌缝砂浆或混凝土只能嵌固于管子上面，管子下面部分形成空隙。楼面一旦负荷，嵌缝错动而发生裂缝。

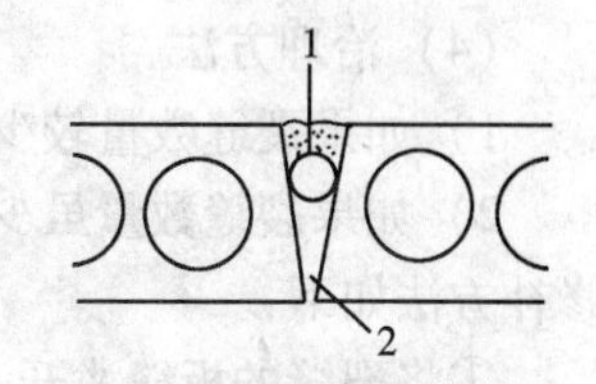

图5－11　板缝敷管的错误做法

1—管道；2—浇灌不实的板缝

5）预制构件刚度差，荷载作用下的弹性变形大；或是构件预应力钢筋保护层及预应力值大小不一，使同批构件的刚度有差别，刚度小的构件两侧易出现裂缝。

6）局部地面集中堆荷过大，也容易造成顺板缝裂缝。

7）预制楼板安装时，两块楼板紧靠在一起，形成“瞎缝”。此外，由于安装时坐浆不实或不坐浆，在上部荷载作用下，预制楼板往往发生下沉、错位，均可引起地面顺板缝方向裂缝。

（3）预防措施

1）必须重视和提高嵌缝质量，预制楼板搁置完成后，应及时进行嵌缝，并根据拼缝的宽窄情况，采用不同的用料和操作方法。一般拼缝的嵌缝操作程序为：清水冲洗板缝，略干后刷0.4～0.5水灰比的纯水泥浆，用水灰比约0.5的1∶2～1∶25水泥砂浆灌2～3cm，捣实后再用C20细石混凝土浇捣至离板面1cm，捣实压平，但不要光，然后进行养护。做面层时，缝内垃圾应认真清洗。嵌缝时留缝深1cm，以增强找平层与预制楼板的粘结力。

宽的板缝浇筑混凝土前，应在板底支模，过窄的板缝应适当放宽，严禁出现“瞎缝”。

2）严格控制楼面施工荷载，砖块等各种材料应分批上料，防止荷载过于集中。必要时，可在砖块下铺设模板，扩大和均布承压面。在用塔吊作垂直运输上料时，施工荷载往往超过楼板的使用荷载，因此，必须在楼板下加设临时支撑，以保证楼板质量和安全生产。

3）板缝中暗敷电线管时，应将板缝适当放大，如图5－12所示。板底托起模板，使电线管道包裹于嵌缝砂浆及混凝土中，以确保嵌缝质量。

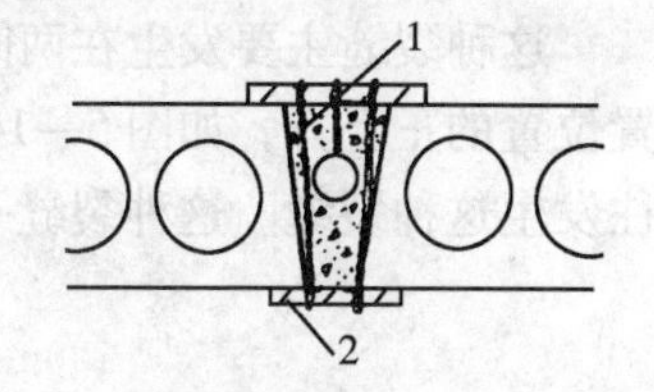

图5－12　板缝敷管的正确做法

1—钢丝；2—模板

4）改进预制楼板侧边的构造，如采用键槽形式，则能有效地提高嵌缝质量和传力效果。

5）如预制楼板质量较差，刚度不够，楼板安装后，相邻板间出现高差，可在面层下做一层厚约3cm的细石混凝土找平层，既可使面层厚薄一致，又能增强地面的整体作用，防止裂缝出现。

对于面积较大或是楼面荷载分布不均匀的房间，在找平层中宜设置一层双向钢筋网片（ϕ5～ϕ6，@150～200mm），这对防止地面裂缝会有显著效果。

6）预制楼板安装时应坐浆，搁平、安实，地面面层宜在主体结构工程完成后施工。特别是在软弱地基上施工的房屋，由于基础沉降量较大且沉降时间较长，如果在主体结构工程施工阶段就穿插做地面面层，则往往因基础沉降而引起楼、地面裂缝。这种裂缝，往往沿质量较差的板缝方向开裂，并形成面层不规则裂缝。

7）使用时应严格防止局部地面集中荷载过大，这不仅使地面容易出现裂缝，还容易造成意外的安全事故。

（4）治理方法

1）如果裂缝数量较少，且裂缝较细，楼面又无水或其他液体流淌时，可不作修补。

2）如果裂缝数量虽少，且裂缝较细，但经常有水或其他液体流淌时，则应进行修补。修补方法如下：

①将裂缝的板缝凿开，并凿进板边 30～50mm，接合面呈斜坡形，坡度 h/b = 1∶1～2，如图 5－13 所示。预制楼板面和板侧适当凿毛，并清理干净。

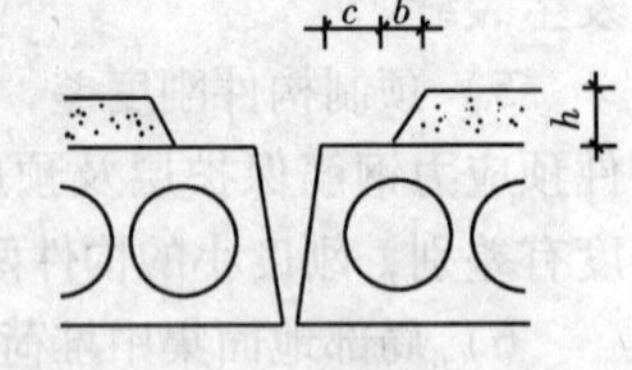

图 5－13　板缝修补示意图

②修补前 1～2d，用清水冲洗，使其充分湿润，修补时达到面干饱和状态。

③补缝时，先在板缝内刷水灰比为 0.4～0.5 的纯水泥浆一遍，然后随即浇筑细石混凝土，第一次浇筑板缝深度的 1/2，稍等吸水，进行第二次浇筑。如板缝较窄，应先用 1∶2～1∶2.5 水泥砂浆（水灰比为 0.5 左右）浇 2～3cm，捣实后再浇 C20 细石混凝土捣至离板面 1cm 处，捣实压平，可不要光，养护 2～3d。养护期间，严禁上人。

④修补面层时，先在板面和接合处涂刷纯水泥浆，再用与面层相同材料的拌合物填补，高度略高于原来地面，待收水后压光，并压得与原地面平。压光时，注意将两边接合处赶压密实，终凝后用湿砂或湿草袋等进行覆盖养护。养护期间禁止上人活动。

3）如房间内裂缝较多，应将面层全部凿掉，并凿进板缝深 1～2cm，在上面满浇一层厚度不小于 3cm 的钢筋混凝土整浇层，内配一层双向钢筋网片（$\phi5$～$\phi6$，@150～200mm），浇筑不低于 C20 的细石混凝土，随捣随抹（表面略加适量的 1∶1.5 水泥砂浆）。有关清洗、刷浆、养护等要求同前。

4. 预制楼板地面顺楼板搁置方向裂缝

（1）现象

这种裂缝主要发生在两间以上的大房间，裂缝位置较固定，一般均在预制楼板支座搁置位置的正上方，如图 5－14 所示。当走廊用小块楼板作横向搁置时，房间的门口处也往往发生这种裂缝。这种裂缝一般出现较早，上宽下窄，上口宽度有的达 3mm 以上。

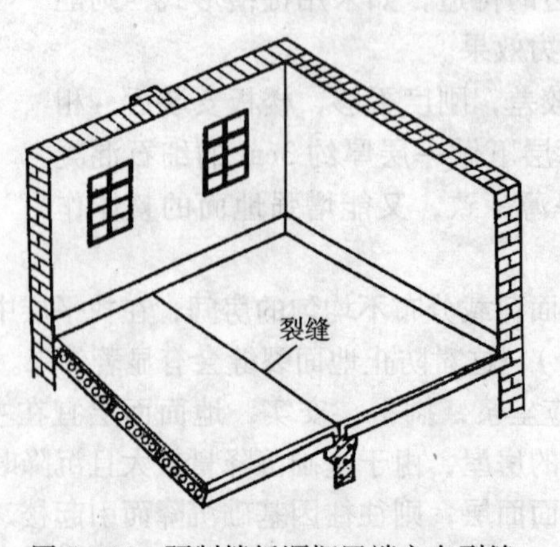

图 5－14　预制楼板顺搁置端方向裂缝

(2) 原因分析

1) 预制楼板在地面面层做好后具有连续性质，当地面受荷后，跨中产生正弯矩，向下挠曲，而板端（搁置端）则产生负弯矩而上翘，使面层出现拉应力，造成沿板端方向裂缝。

2) 由于横隔墙承受荷载较大，所以横隔墙基础的沉降量也较大。如果地面面层施工较早，一旦横隔墙受荷后出现沉降，使楼板在搁置端自由转动（即图5-14中的墙或梁处），则表面就会有较大的拉应力而产生裂缝。

3) 预制楼板安装时坐浆不实或不坐浆，顶端接缝处嵌缝质量差，地面易出现顺板端方向的裂缝。

(3) 预防措施

1) 在支座搁置处设置能承受负弯矩的钢筋网片，构造配筋如图5-15所示。钢筋网片的位置应离面层上表面15~20mm为宜，并切实注意施工中不被踩到下面。

2) 设计上应尽量使房屋基础均匀沉降，特别应避免支承楼板的横隔墙沉降量过大而引起地面开裂。

3) 安装预制楼板时应坐浆，搁置要平、实，嵌缝要密实。

(4) 治理方法

1) 如裂缝较细，楼面又无水或其他液体流淌时，一般可不作修补。

2) 如裂缝较粗，或虽裂缝较细，但楼面经常有水或其他液体流淌时，则应进行修补。

①当房间外观质量要求不高时，可用无齿锯锯成一条浅槽后，用环氧树脂或屋面用胶泥（或油膏）嵌补。锯槽应整齐，宽约10mm，深约20mm，如图5-16所示。嵌缝前应将缝清理干净，胶泥应填补平、实。

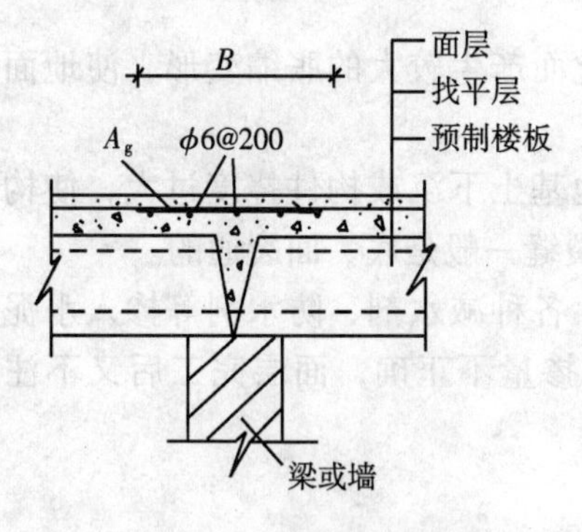

图5-15 预制楼板搁置端设置防裂钢筋网片

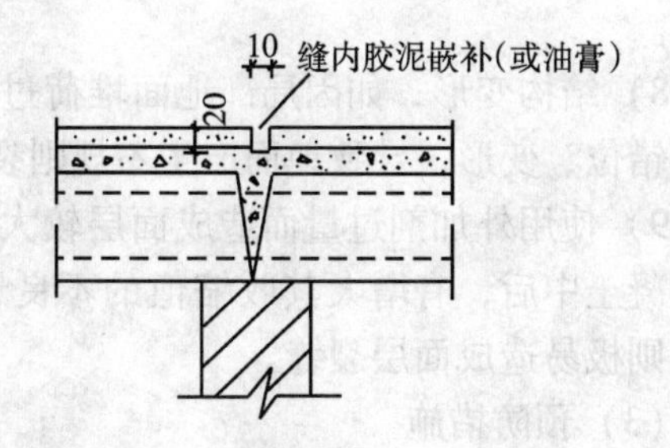

图5-16 用胶泥（或油膏）修补裂缝

②如房间外观质量要求较高，则可顺裂缝方向凿除部分面层（有找平层时一起凿除，底面适量凿毛），宽度1000~1500mm。用不低于C20的细石混凝土填补，并增设钢筋网片，构造配筋见图5-15所示。

5. 地面面层不规则裂缝

(1) 现象

这种不规则裂缝部位不固定，形状也不一，预制板楼地面或现浇板楼地面上都会出现，有表面裂缝，也有连底裂缝。

（2）原因分析

1）水泥安定性差或用刚出窑的热水泥，凝结硬化时的收缩量大。或采用不同品种、或不同强度等级的水泥混杂使用，凝结硬化的时间以及凝结硬化时的收缩量不同而造成面层裂缝。

砂子粒径过细，或含泥量过大，使拌合物的强度低，也容易引起面层收缩裂缝。

2）面层养护不及时或不养护，产生收缩裂缝。这对水泥用量大的地面，或用矿渣硅酸盐水泥做的地面尤为显著。在温度高、空气干燥和有风的季节，若养护不及时，地面更易产生干缩裂缝。

3）水泥砂浆过稀或搅拌不均匀，则砂浆的抗拉强度降低，影响砂浆与基层的粘结，也容易导致地面出现裂缝。

4）首层地面填土质量差。

①回填土的土质差或夯填不实，地面完成以后回填土沉陷，使地面产生裂缝，甚至空鼓脱壳。

②回填土中夹有冻土块或冰块，当气温回升后，冻土融化，回填土沉陷，使地面面层裂缝、空鼓。

5）配合比不准确，垫层质量差；混凝土振捣不实，接槎不严；地面填土局部标高不够或是过高，这些都将削弱垫层的承载力而引起面层裂缝。

6）面层因收缩不均匀产生裂缝，如底层不平整，或预制楼板未找平，使面层厚薄不匀；埋设管道、预埋件或地沟盖板偏高偏低等，也会使面层厚薄不匀；新旧混凝土交接处因吸水率及垫层用料不同，也将造成面层收缩不匀；面层压光时撒干水泥面撒不均匀，会使面层产生不等量的收缩。

7）面积较大的楼地面未留伸缩缝，因温度变化而产生较大的胀缩变形，使地面产生裂缝。

8）结构变形，如因局部地面堆荷过大而造成地基土下沉或构件挠度过大，使构件下沉、错位、变形，导致地面产生不规则裂缝。这些裂缝一般是底、面裂通的。

9）使用外加剂过量而造成面层较大的收缩值。各种减水剂、防水剂等掺入水泥砂浆或混凝土中后，有增大其收缩值的不良影响，如果掺量不正确，面层完工后又不注意养护，则极易造成面层裂缝。

（3）预防措施

1）重视原材料质量。用于水泥砂浆地面的原材料，其质量要求同“1. 地面起砂”预防措施的相应部分。

2）保证垫层厚度和配合比的准确性，振捣要密实，表面要平整，接槎要严密。混凝土垫层的最小厚度不应小于60mm；水泥炉渣（或水泥石灰炉渣）垫层的最小厚度不应小于80mm；三合土垫层和灰土垫层的最小厚度不应小于100mm。

3）面层的水泥拌合物应严格控制用水量，水泥砂浆的稠度不应大于35mm；混凝土坍落度不应大于30mm。表面压光时，不宜撒干水泥面。如因水分大难以压光，可适量撒一些1:1干拌水泥砂拌合物，撒布应均匀，待吸水后，先用木抹子均匀搓打一遍，然后再用铁抹压光。

水泥砂浆终凝后，应及时用湿砂或湿草袋覆盖养护，防止产生早期收缩裂缝。刮风天施工水泥地面时，应遮挡门窗，避免直接受风吹，防止因表面水分迅速蒸发而产生收缩裂缝。

4）回填土应夯填密实，如地面以下回填土较深时，还应注意做好房屋四周的地面排水，以免雨水灌入造成室内回填土沉陷。

5）水泥砂浆面层铺设前，应认真检查基层表面的平整度，尽量使面层的铺设厚度厚薄一致，垫层或预制楼板表面高低不平时，应用水泥砂浆或细石混凝土先找平。松动的地沟盖板应垫实，预制楼板板缝嵌得不实的应作翻修处理。如因局部需要埋设管道或铁件而影响面层厚度时，则管道或铁件顶面至地面上表面的最小距离一般不小于10mm，并须设防裂钢丝网片，当L大于400时，宜用钢丝（板）网，如图4－6所示。

6）面积较大的水泥砂浆（或混凝土）楼地面，应从垫层开始设置变形缝。室内一般设置纵、横向缩缝，其间距和形式应符合设计要求。

7）结构设计上应尽量避免基础沉降量过大，特别要避免不均匀沉降。预制构件应有足够的刚度，避免挠度过大。

8）使用上应防止局部地面集中堆荷过大。

9）水泥砂浆（或混凝土）面层中掺用外加剂时，严格按规定控制掺用量，并加强养护。

（4）治理方法

对楼地面产生的不规则裂缝，由于造成原因比较复杂，所以在修补前，应先进行调查研究，分析产生裂缝的原因，然后再进行处理。

对于尚在继续开展的“活裂缝”，如为了避免水或其他液体渗过楼板而造成危害，可采用柔性材料（如沥青胶泥、嵌缝油膏等）作裂缝封闭处理。对于已经稳定的裂缝，则应根据裂缝的严重程度作如下处理：

1）裂缝细微，无空鼓现象，且地面无液体流淌时，一般可不作处理。

2）裂缝宽度在0.5mm以上时，可作水泥浆封闭处理，先将裂缝内的灰尘冲洗干净，晾干后，用纯水泥浆（可适量掺些108胶）嵌缝。嵌缝后加强养护，常温下养护3d，然后用细砂轮在裂缝处轻轻磨平。

3）裂缝涉及结构受力时，则应根据使用情况，结合结构加固一并进行处理。

4）如裂缝与空鼓同时产生时，则可参照“2. 地面空鼓”的治理方法进行处理。

6. 带坡度地面倒泛水

（1）现象

地漏处地面偏高，地面倒泛水、积水。

（2）原因分析

1）阳台（外走廊）、浴厕间的地面一般应比室内地面低20～50mm，但有时因图纸设计成一样平，施工时又疏忽，造成地面积水外流。

2）施工前，地面标高抄平弹线不准确，施工中未按规定的泛水坡度冲筋、刮平。

3）浴厕间地漏安装过高，以致形成地漏四周积水。

4）土建施工与管道安装施工不协调，或中途变更管线走向，使土建施工时预留的地漏位置不合安装要求，管道安装时另行凿洞，造成泛水方向不对。

（3）预防措施

1）阳台、浴厕间的地面标高设计应比室内地面低20～50mm。

2）施工中首先应保证楼地面基层标高准确，抹地面前，以地漏为中心向四周辐射冲筋，找好坡度，用刮尺刮平。抹面时，注意不留洼坑。

3）水暖工安装地漏时，应注意标高准确，宁可稍低，也不要超高。

4）加强土建施工和管道安装施工的配合，控制施工中途变更，认真进行施工交底，做到一次留置正确。

(4) 治理方法

1）对于倒泛水的浴厕间，应将面层全部凿除，重抹水泥砂浆面层，并找好泛水坡度。具体作法参见“1. 地面起砂”治理方法的相应部分。

2）当浴厕间地面标高与室内地面标高相同时，可在浴厕间门口处作一道宽200mm、高30～50mm的水泥砂浆挡水坎，以确保浴厕间地面有一定的泛水坡度。

7. 水泥踢脚板空鼓

(1) 现象

这种空鼓多发生在面层与底层之间，也有底层与基层之间的，用小锤敲击时有空鼓声，并常伴有裂缝，严重时会剥落。

(2) 原因分析

1）抹面前基层不浇水湿润，基层表面过于干燥。由于面层底层一般抹得较薄，所以砂浆中的水分很快被基层所吸掉，既降低了粉抹层的强度，又降低了与基层的粘结能力，造成日后空鼓、裂缝。抹面层时，若底层过于干燥，就容易使面层发生空鼓。

2）抹面前，基层表面未清理干净，粘结在基层表面的各种浮灰成了底层与基层之间的隔离剂，致使粉抹层空鼓。特别是水磨石地面在打磨过程中，浆水溅到墙面（或底糙灰面）上，当抹踢脚板砂浆时，若不清理干净，极易造成踢脚板空鼓。

3）用石灰砂浆打底，由于与面层水泥砂浆材质、性能不同，粉抹后，极易造成裂缝、空鼓，甚至剥落。

4）抹墙面罩面灰时，一直抹至水泥踢脚板部位，抹踢脚板时（不管面层或底糙），若不注意清理，将水泥砂浆抹于白灰层上，也容易产生裂缝、空鼓。

5）水泥砂浆过稀，或是一次抹的太厚，使砂浆向下滑坠，大大削弱了与基层（或底层）的粘结力，造成空鼓、裂缝以至剥落。

(3) 预防措施

1）基层应清理干净，粉抹前一天应充分浇水湿润。

2）粉抹时应先在基层上（当抹面时，应在底糙上）刷一度素水泥浆，水灰比控制在0.4左右，并注意随刷随抹。

3）严禁用石灰砂浆或混合砂浆打底糙。

4）当先抹墙面白灰、后抹踢脚板时，应严格防止将白灰抹至踢脚板部位。

5）水泥砂浆不应过稀，稠度应控制在35mm左右，一次粉抹厚度以1cm为宜，粉抹层过厚，应分层操作。

6）磨石机应有罩板，避免打磨时浆水四溅，玷污墙面。如有玷污，应随时用清水冲洗干净。

(4) 治理方法

对于局部和轻微的裂缝、空鼓，长度不大于300mm，每自然间（标准间）不多于2

处，不影响使用和外观时，一般可不做翻修处理。当裂缝、空鼓严重，或产生剥落等情况，应做翻修处理。

5.2　水泥混凝土地面

水泥混凝土地面在工业与民用建筑中应用较多，特别是在承受较大机械磨损和冲击作用较多的工业厂房以及一般辅助生产车间、仓库等建筑。此类地面大多采用混凝土面层原浆随手抹光的施工方法，并大多采用细（豆）石混凝土面层。

5.2.1　地面构造类型和设计要点

1. 水泥混凝土地面常用的地面构造类型见图5－17。

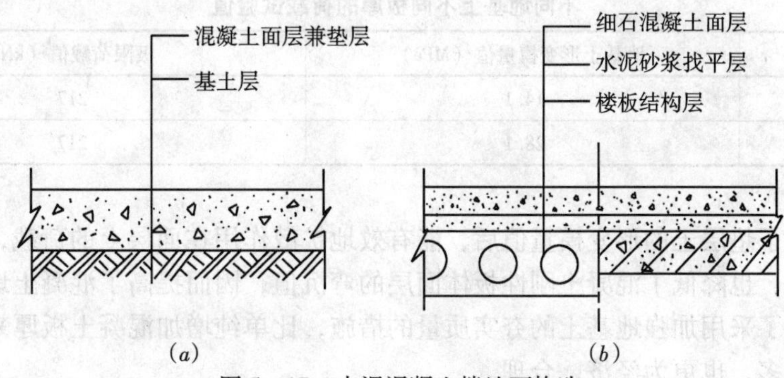

图5－17　水泥混凝土楼地面构造

(a) 底层地面；(b) 楼层地面

2. 水泥混凝土地面设计要点

(1) 面层混凝土的强度等级应符合设计要求，并不应小于C20。水泥混凝土垫层兼面层的强度等级不应小于C15。

(2) 由于底层的水泥混凝土地面大多直接铺设于夯实的土层上，故应充分考虑地基土的夯实质量对混凝土地面承载力的影响（即地面设计中应提出明确的地基土的夯实质量指标）。

试验资料表明，地基土的夯实质量，对水泥混凝土地面承载力的影响是很明显的。特别是对混凝土板厚为50～100mm的地面，影响更为明显。表5－8为同样70mm厚的混凝土板在不同形变模量的地基土上测得的极限荷载值。

不同地基上相同板厚的荷载试验值　　**表5－8**

板厚（cm）	地基形变模量 E（MPa）	板的极限荷载 P_k（kN）	P_k/E 为4.7MPa的 P_k
7	4.7	114.5	1
7	18.3	185.5	1.62
7	28.1	217.0	1.90

由表5－8可知，混凝土地面的承载能力随着地基土强度（用形变模量 E 值表示）的提高而提高，其效果是比较显著的。

表5－9的试验资料说明，当地基垫层土的形变模量值从14.1MPa提高到28.1MPa，混凝土板厚从10cm减薄到7cm，通过静载试验，测得两者极限承载力相等，见图5－18。

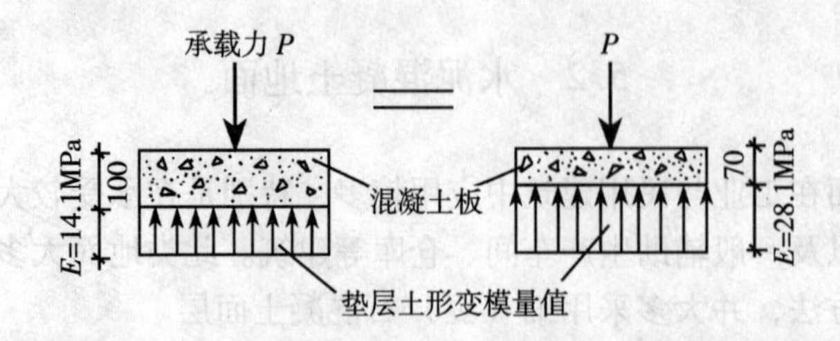

图5－18　减薄混凝土板厚，提高地基土形变模量值，不降低地面承载力

不同地基上不同板厚的荷载试验值　　表5－9

板厚（cm）	地基土形变模量值（MPa）	极限荷载值（kN）
10	14.1	217
7	28.1	217

因为提高了垫层土的形变模量值后，能有效地扩散作用在面层上的荷载，减少了垫层土的压缩变形，也降低了混凝土刚性板体面层的弯沉值，因而提高了混凝土地面的承载能力。这也说明了采用加强地基土的夯实质量的措施，比单纯增加混凝土板厚来提高地面承载力要有效得多，也更为经济、合理。

（3）面积较大的水泥混凝土地面应设置伸缩缝，以给混凝土地面在收缩或膨胀时有一定的规律和一定的范围。可以从降低面层应力和增强面层强度两方面采取措施，成功的经验是采用“抗放结合、有放有抗、大放小抗、适时释放”的措施，即大面积上“放”（设缝释放应力），小面积上“抗”（提高面层强度、增设防裂钢筋），从整体上采取“放”，在小块上采取“抗”，从而能有效的消除面层裂缝的产生。

混凝土地面伸缩缝的设置见图5－19。

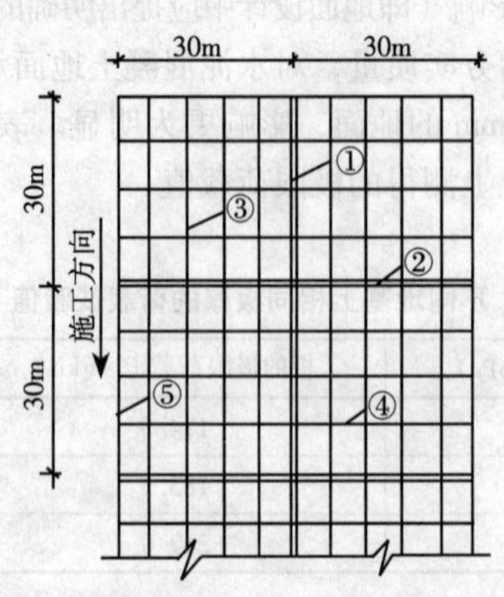

图5－19　混凝土地面伸缩缝设置示意图

①—纵向伸缝@30m；②—横向伸缝@30m；③—纵向缩缝@3～6m；
④—横向缩缝（假缝）@6～12m；⑤—边角加肋及加筋，做法由设计定

1）伸缩：为防止混凝土地面在气温升高时由于材料的膨胀性产生挤碎或隆起而设置的伸胀缝。平行于施工方向的伸胀缝称为纵向伸缩，垂直于施工方向的伸胀缝称为横向伸缩。伸缝间距一般为30m，缝宽20～30mm，上下贯通，缝内填嵌沥青类材料。沿伸缝两侧的混凝土地面常采用加肋或加强措施。伸缩的构造形式见图5－20。

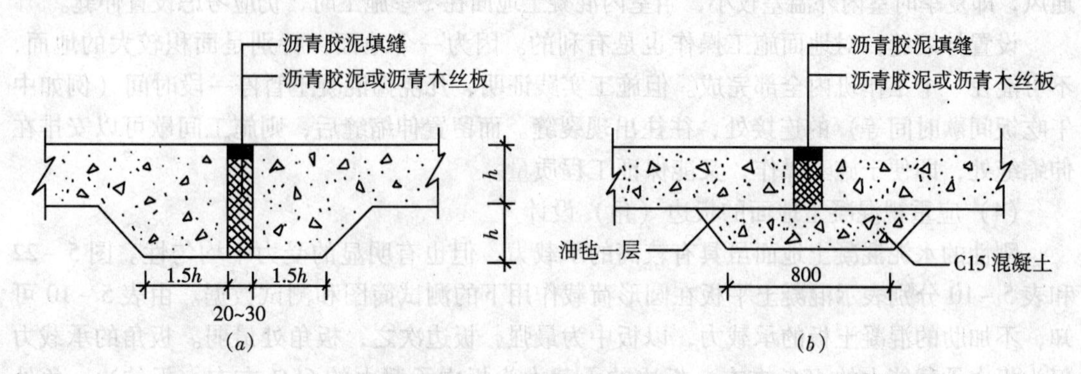

图5－20 伸缝的构造形式

（a）纵向伸缝——缝两侧采用加肋的形式；（b）横向伸缝——缝两侧采用加强的形式

2）缩缝：为防止混凝土地面在气温降低时因收缩产生不规则裂缝而设置的收缩缝。平行于施工方向的收缩缝称为纵向缩缝，垂直于施工方向的收缩缝称为横向缩缝。纵向缩缝的间距一般为3～6m，施工气温较高时，宜采用3m。纵向缩缝一般采用平头缝或企口缝，施工时缝隙要求紧贴，中间不放置任何隔离材料。横向缩缝的间距一般为6～12m，施工气温较高时，宜采用6m。横向缩缝一般采用假缝，假缝内填水泥砂浆。缩缝的平面设置见图5－19，缩缝的构造形式见图5－21。

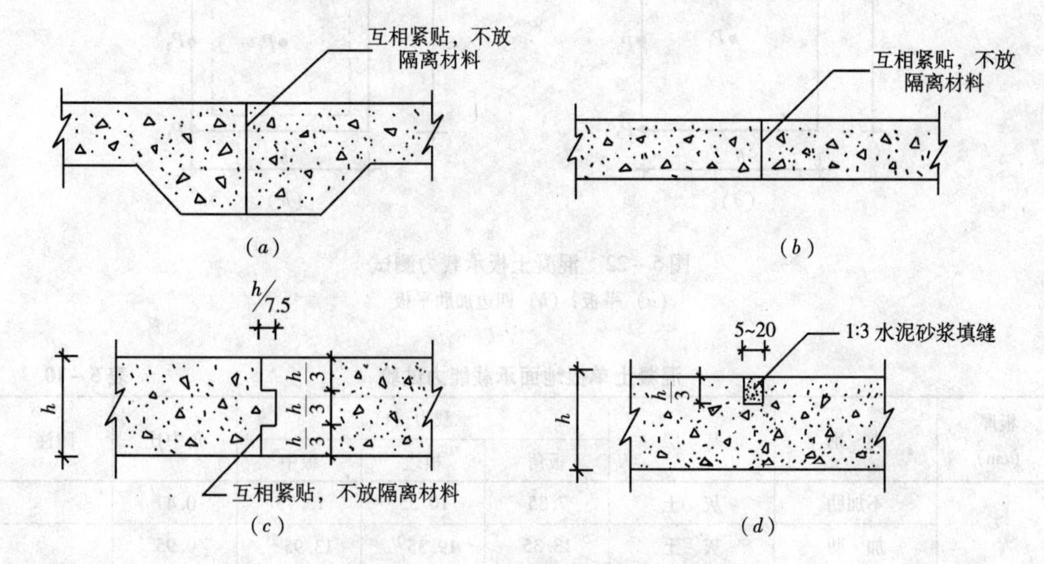

图5－21 缩缝的构造形式

（a）加肋平头缝；（b）平头缝；（c）企口缝；（d）假缝

室内水泥砂浆和混凝土地面一般以缩缝为主，不设伸缝。通常沿柱子轴线方向和开间方向设置，分块面积常采用3m×6m或6m×6m、6m×12m等几种。

有些车间地面，因地面荷载和使用情况不同，为防止产生不均匀沉降影响地面质量，常分区段设置伸缝（实为沉降缝），避免因沉降不匀而造成地面裂缝。有些车间夏季采用自然通风，即夏季时室内外温差较小，当室内混凝土地面在冬季施工时，仍应考虑设置伸缝。

设置伸缩缝，对地面施工操作也是有利的。因为一个地面，特别是面积较大的地面，不可能在一个工作班内全部完成。但施工实践证明，凡浇捣混凝土暂停一段时间（例如中午吃饭间歇时间等）的连接处，往往出现裂缝。而留置伸缩缝后，则施工间歇可以安排在伸缩缝处，即便于施工操作，又能保证工程质量。

（4）应重视混凝土地面的板边（角）设计

刚性的水泥混凝土地面虽具有较高的承载力，但也有明显的受力不均匀性。图5－22和表5－10分别表示混凝土平板在圆形荷载作用下的测试简图和测试数据。由表5－10可知，不加肋的混凝土板的承载力，以板中为最强，板边次之，板角处最弱。板角的承载力仅为板中承载能力的45%左右，板边的承载力为板中承载力的65%左右。板的边、角处是地面受力的薄弱部位，受力后，容易发生翘曲变形和损坏。地面设计厚度愈薄，受荷后板边（角）处的翘曲现象愈严重。

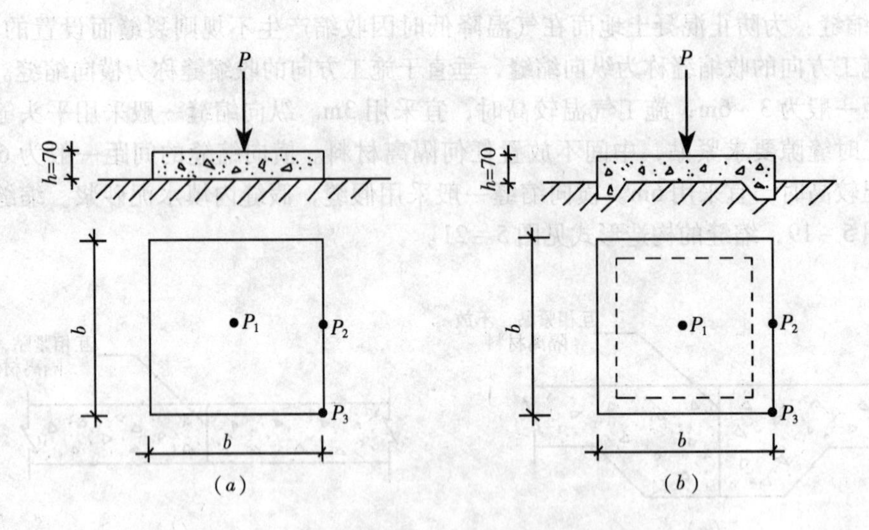

图5－22 混凝土板承载力测试

（a）平板；（b）四边加肋平板

混凝土单板地面承载能力试验 **表5－10**

板厚（cm）	类别	基层	承载力（t）			角中比	附注
			板角	板边	板中		
7	不加肋	灰土	7.35	10.35	15.75	0.47	
	加肋	灰土	13.35	19.35①	13.95②	0.95	

①由于加荷配重不够，未继续加荷；

②边角加强后，板中强度会略有下降。

在混凝土地面的设计中，地面的厚度往往是根据板边或板角的承载能力来确定的。如果能有效地提高板边和板角的承载能力，缩小板中和板边（板角）的差距，则可大大地发挥混凝土板体的潜力，使地面各部分的承载能力趋于均衡。所以提高板边（板角）的承载能力，取得合适的地面厚度，是一个极其有效的技术措施，将会收到很好的技术经济效果。

由表5－10可知，采取板边加肋的措施后，能使板中与板角的承载力之比值可提高一倍多，因而可大大提高混凝土地面的承载力。这种板边加肋措施，增加混凝土用量不多，施工也不太麻烦，而技术经济效果则是很好的。许多车间中车道与安装车床的地面，以变形缝分隔时，车道边缘常常采用加肋的加强措施，见图5－23。车间大门口的坡道以及散水坡的边缘也常常采用加肋的加强措施，以提高其承载力，见图5－24。

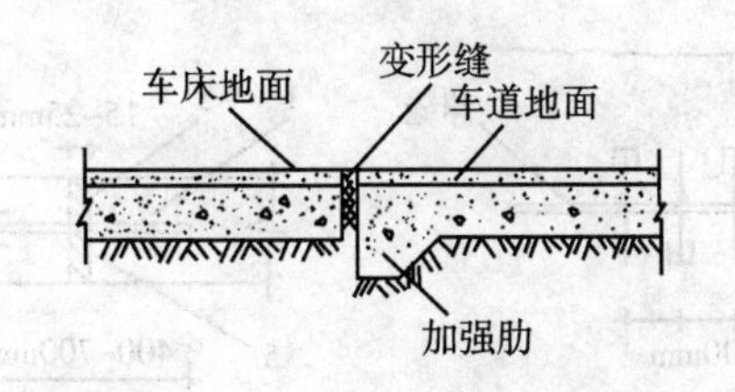

图5－23　车间内车道边缘加肋的加强措施

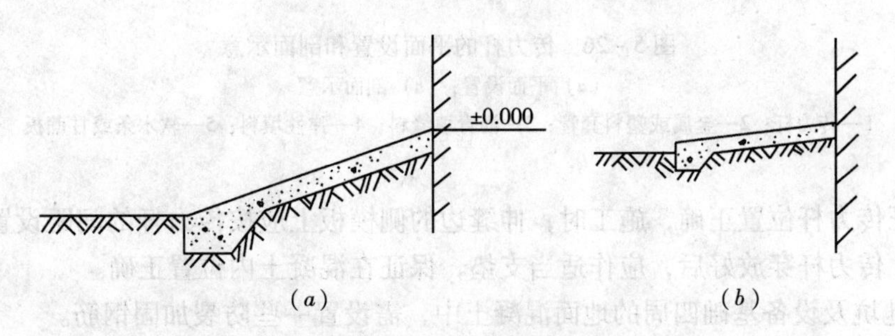

图5－24　室外工程加肋构造

(a) 斜坡；(b) 散水坡

除了加肋措施外，板边和板角还常采用加筋的措施，图5－25为在混凝土地面板边加肋、加筋和在板角布筋的示意图。

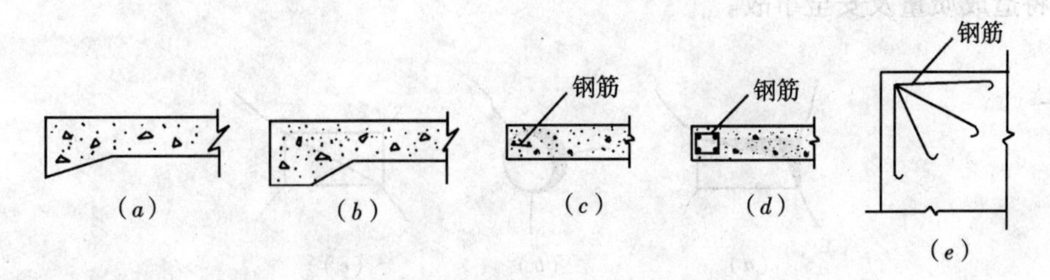

图5－25　混凝土地面板边、板角加肋及加筋示意图

(a)、(b) 板边加肋；(c)、(d) 板边加筋；(e) 板角加筋

(5) 对经常有汽车或装载车行走的室内、外混凝土地面，在伸缝处宜设置传力杆，以保证相邻的地（路）面板之间能有效的传递荷载。当车辆轮压施荷于某一板边时，通过传力杆将一部分荷载迅速传递至相邻一边的地（路）面上，促使相邻板块共同承受荷载，避免因局部轮压过大而造成破坏，保证地（路）面的正常工作。

传力杆系用圆钢筋制成，常用直径 19 ~ 25mm 的光面钢筋。长度约 400 ~ 700mm，传力杆的一端固定在混凝土内，另一端涂上沥青后套上内径较传力杆直径约大 5mm 的金属或硬质塑料的套管内。套管长 80 ~ 100mm，套管底与传力杆端部之间留出与伸缝宽度相同的空隙，其中填充弹性材料，如木屑等，使传力杆能自由伸缩。传力杆常用间距为 300 ~ 500mm，设置于地（路）面混凝土板的中心部位。在同一条伸缝上的传力杆，应两边交错设置，见图 5 - 26 为传力杆的平面设置和剖面示意图。

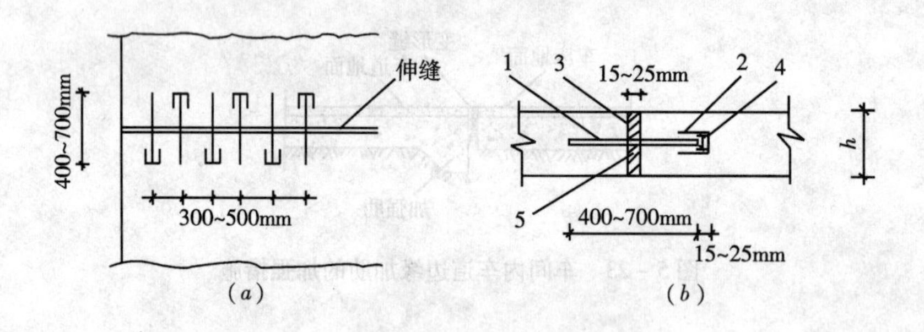

图 5 - 26　传力杆的平面设置和剖面示意

(a) 平面设置；(b) 剖面示意

1—传力杆；2—金属或塑料套管；3—沥青填缝料；4—弹性填料；5—软木条或甘蔗板

为保证传力杆位置正确，施工时，伸缝边的侧模板上应按传力杆的间距设置穿放传力杆的圆孔。传力杆穿放好后，应作适当支垫，保证在混凝土内位置正确。

(6) 地坑及设备基础四周的地面混凝土中，需设置一些防裂加固钢筋。

由于地面在地坑及设备基础等部位的平面形状突然变化，同时，地面混凝土与地坑及设备基础部分不同时施工，所以在边角处往往造成应力集中的缺陷。混凝土的硬化收缩以及周围气温的冷热变化所引起的内应力也常常在边角处造成胀缩裂缝，见图 5 - 27。这种裂缝不仅对地面的质量受到影响，对于一些液体较多的车间，特别是有腐蚀性溶液的车间，会造成腐蚀性溶液侵入地下而使地坑、设备基础甚至建筑物的地基基础等受到侵蚀，严重者将造成质量及安全事故。

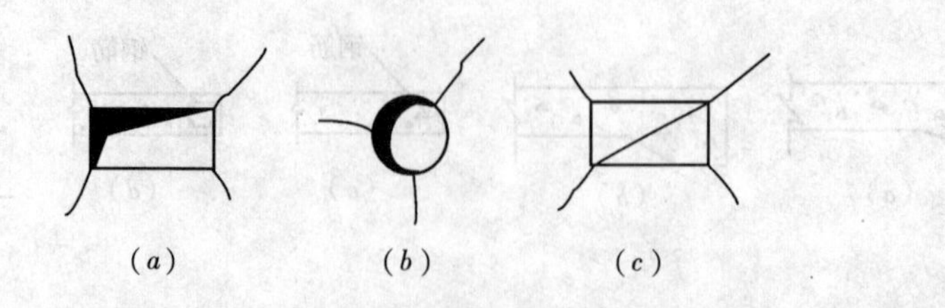

图 5 - 27　地面在地坑及设备基础四周裂缝的情况

(a)、(b) 地坑；(c) 设备基础

为了确保地面及地坑、设备基础等的工程质量，减少和避免裂缝的产生，一般在地坑及设备基础四周的地面混凝土中，设置一些防裂的构造钢筋，或将地坑或设备基础上口部分钢筋伸入地面混凝土垫层（面层）内，将会收到较好的效果，见图5-28。

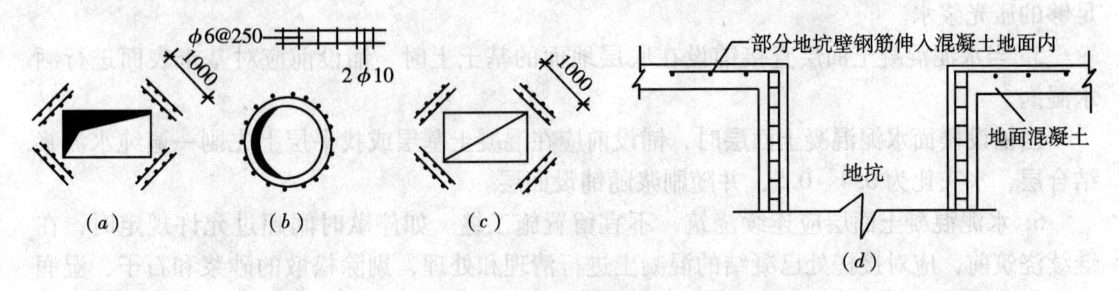

图5-28 地坑、设备基础四周设置的防裂构造钢筋

(a)、(b) 地坑；(c) 设备基础；(d) 部分地坑壁钢筋伸入混凝土地面内

5.2.2 使用材料和质量要求

1. 水泥：同“5.1 水泥砂浆地面”要求。

2. 砂：同“5.1 水泥砂浆地面”要求。

3. 石子：采用碎石或卵石，级配应适当。底层地面因厚度较厚，石子粒径可采用30~40mm，但最大粒径不应大于面层厚度的2/3。楼层地面因厚度较薄，石子粒径宜采用15mm左右的豆石或瓜子片。石子的含泥量不应大于2%。

4. 水：应用饮用水。

5.2.3 施工准备和施工工艺

1. 施工准备：参见“5.1 水泥砂浆地面”一节内容。

2. 施工工艺：水泥混凝土地面的施工工艺见图5-29。

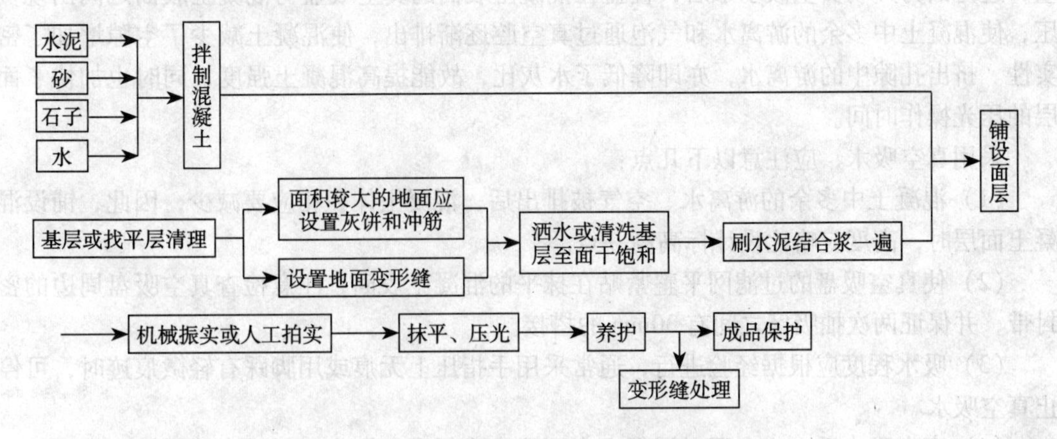

图5-29 水泥混凝土地面施工工艺流程简图

5.2.4 施工要点和技术措施

1. 认真清理基层，其做法和要求参见“5.1 水泥砂浆地面”一节。

2. 对面积较大的水泥混凝土楼地面，为保证面层铺设后达到平整度（或坡度）要求，应设置一定数量的灰饼或冲筋（灰饼和冲筋在面层铺设平整后应予凿除）。

3. 混凝土拌制应用机械搅拌，材料计量应正确，搅拌时间不应少于1min。

4. 混凝土拌制应严格控制用水量，坍落度不应大于30mm，振捣必须密实，表面应有足够的压光浆水。

5. 当水泥混凝土面层直接铺设在底层地面的基土上时，铺设前应对基土表面进行洒水湿润。

当铺设楼面水泥混凝土面层时，铺设前应在混凝土基层或找平层上先刷一遍纯水泥浆结合层，水灰比为0.4～0.5，并随刷浆随铺设面层。

6. 水泥混凝土面层应连续浇筑，不宜留置施工缝。如停歇时间超过允许规定时，在继续浇筑前，应对接槎处已凝结的混凝土进行清理和处理，剔除松散的砂浆和石子，湿润并铺设与混凝土同级配比的水泥浆后再浇筑混凝土，振捣时应注意动作不能过猛，保证接槎处衔接密实。

7. 水泥混凝土地面铺设振实后，宜采用随手抹平压光的施工方法，使面层表面达到平整、光洁、无砂眼、无抹纹痕迹。抹平压光操作的具体做法和要求，参见“5.1 水泥砂浆地面”一节。

若面层混凝土铺设振捣后浆水不足，应适当补放一点与面层混凝土同级配比的水泥砂浆后再进行抹平压光工作。

若面层混凝土铺设振捣后浆水过多，表面出现泌水现象，使抹平压光工作难以控制时，可采用铺撒一层与面层混凝土同级配比的干拌水泥砂（一般用体积比1∶2～1∶2.5，水泥∶砂），待被水吸收后，应先用木抹子搓打平整，再用铁抹子压平压光，以防止面层出现起砂、脱壳和龟裂等质量缺陷。

若在面层混凝土铺设、振捣后出现浆水过多，或是用流动性较大的塑性混凝土浇筑面层时，如有条件，可采用真空吸水技术措施，既可以加快施工进度，又可以确保地面质量，这是因为开动真空吸水泵后，覆盖在混凝土表面的真空吸盘与混凝土表面之间出现负压，使混凝土中多余的游离水和气泡通过真空腔逐渐排出，使混凝土减少了空隙增加了密实性。挤出孔隙中的游离水，亦即降低了水灰比，故能提高混凝土强度，同时也加快了面层的压光操作时间。

采用真空吸水，应注意以下几点：

（1）混凝土中多余的游离水、空气被排出后，混凝土体积相应要减少，因此，铺设混凝土面层时，高度应略比设计标高高一点。

（2）使真空吸盘的过滤网平整紧贴在抹平的混凝土表面，注意检查真空吸盘周边的密封带，并保证两次抽吸区之间有30mm的搭接。

（3）吸水程度应根据经验进行，通常采用手指压上无痕或用脚踩有轻微痕迹时，可停止真空吸水。

（4）真空吸水后，应立即对混凝土表面再次进行压实压光，保证表面平整、光洁。

8. 认真掌握好面层的压光时间。应在水泥初凝前完成抹平，搓打均匀，终凝前完成压光工作。

9. 重视做好养护工作。面层混凝土浇筑后24h，一般即应加以覆盖并浇（洒）水养护，使其在湿润条件下凝结硬化，在常温下连续养护不少于7d。有条件，可采用分间、分块蓄水养护。养护期间，禁止上人走动，也不得在其上面进行其他施工操作。

10. 为提高水泥混凝土地面的耐磨性能，有的在水泥混凝土地面振实抹平后，表面撒一层高强矿物掺合料或人造烧结材料、天然硬质材料等，使表面形成一层高强度的整体面层，厚度通常在10~15mm，施工中应注意布料均匀，布料后，应用木抹子搓打均匀，并正确掌握压光时间。

在地面变形缝两侧100~150mm范围内，应对其耐磨层作加强处理。

11. 当在面层混凝土内设置防裂钢筋网片时（一般采用ϕ4~ϕ5@150~200mm双向网格），应切实注意网片位置正确，离地面表面不应大于20mm。

12. 在注意重视养护的同时，应做好成品保护工作，对面层上铺设的电线管、暖卫立管等应有保护措施，地漏、出水口等部位应安置好临时堵头，以防灌入杂物，造成堵塞。对已做好的面层，不得在其上面拌制砂浆，以防污损地面。

5.2.5 质量标准和检验方法

水泥混凝土地面的质量标准和检验方法见表5-11。

水泥混凝土地面面层质量标准和检验方法　　表5-11

项	序	检验项目	允许偏差或允许值（mm）	检验方法
主控项目	1	面层材料	1. 水泥采用硅酸盐、普通硅酸盐水泥，强度等级不应小于32.5级； 2. 不同品种、不同强度等级的水泥严禁混用； 3. 砂应用中粗砂，粒径应为1~5mm，含泥量不应大于3%； 4. 粗骨料最大粒径不应大于面层厚度的2/3，细石混凝土面层石子粒径不应大于15mm	观察检查，检查材质合格证明文件及检测报告
	2	面层强度	1. 面层强度等级应符合设计要求，且不应小于C20； 2. 水泥混凝土垫层兼面层的强度等级不应小于C15	检查配合比通知单及检测报告
	3	面层与基层结合	应牢固，无空鼓、裂纹［注：空鼓面积不应大于400cm^2，且每自然间（标准间）不多于2处可不计］	用小锤轻击检查
一般项目	4	面层外观质量	面层表面不应有裂纹、脱皮、麻面、起砂等缺陷	观察检查
	5	有坡度要求的面层	面层坡度应符合设计要求，不得有倒泛水和积水现象	观察和采用泼水或用坡度尺检查
	6	踢脚板与墙面贴合	贴合应紧密，高度一致，击墙厚度均匀 ［注：局部空鼓长度不应大于300mm，且每自然间（标准间）不多于2处可不计］	用小锤轻击、钢尺和观察检查
	7	楼梯踏步	1. 踏步的宽度和高度应符合设计要求； 2. 楼层梯段相邻踏步高度差不应大于10mm，每踏步两端宽度差不应大于10mm； 3. 旋转楼梯梯段的每踏步两端宽度的允许偏差为5mm； 4. 踏步的齿角应整齐，防滑条应顺直	观察和钢尺检查
	8	表面平整度	5	用2m靠尺和楔形塞尺检查
	9	踢脚板上口平直	4	拉5m线和钢尺检查，不足5m拉通线检查
	10	缝格平直	3	拉5m线和钢尺检查，不足5m拉通线检查

5.2.6　质量通病和防治措施

1. 地面边角处损坏

（1）现象

混凝土地面，特别是室外混凝土地面的边、角处，常出现翘曲、裂缝等现象，随着使用时间增长，逐步扩大损坏面。

（2）原因分析

1）混凝土地面虽有较大的承载力，但也有受力不均匀性的弱点。由混凝土地面（平板）在荷载作用下的测试资料可知，板中承载力最高，板边次之，板角处最弱，如图5-22（*a*）所示。板边的承载力为板中承载力的65%左右，板角的承载力为板中承载力的45%左右。混凝土地面边角处是地面受力的薄弱部位，在地面受荷作用下，常发生翘曲变形和损坏。

2）室外混凝土地面施工完成后，除承受使用荷载外，还将承受昼夜寒暑的温度差变化，这对混凝土板的边角处也是最不利的，裂缝首先从混凝土地面的边角处产生。

3）寒冷地区在冻胀性土层上铺设室外地面（包括台阶、斜坡、散水等）时，未设置防冻胀层，土层冻胀使地面冻裂，地面的边角处又是最易冻裂的部位。

（3）预防措施

1）混凝土地面，特别是室外混凝土地面，在设计上应采取必要的加强措施，以提高地面板角处的承载能力，使地面各部位的承载力趋于均衡，达到最佳的使用效果和经济效益。如图5-22（*b*）所示，当混凝土板的边角采取加强措施后，边角处的承载力将显著提高，使板中、板边和板角处的承载力趋于平衡，能有效地防止板边和板角处翘曲和损坏。

常用的加强措施有以下几种形式：

①加肋：这是最简单的加强措施，如图5-24、图5-25所示。

②加筋：地面边角处加筋也是一种简单而有效的加强措施。加筋后，能将局部的集中荷载向周围扩散，因而能防止边角处因瞬间荷载过大而遭受损坏。加筋有单层筋和双层筋，视地面厚度而定，如图5-25所示。

③肋、筋同时加：当混凝土地面本身厚度较薄时，边角处往往采用既加肋又加筋的加强措施。

2）室外混凝土地面应按施工验收规范要求，设置伸缩缝。

3）寒冷地区室外混凝土地面下应按设计要求设置防冻胀层。当设计无明确规定时，可按表2-6选用。

（4）治理方法

对裂缝和损坏较严重，影响使用的，应作翻修处理。翻修处理时，边角处应作加强处理。

2. 地面伸缩缝留置不规范

（1）现象

地面伸缩缝未按规范要求设置，或间距过大，或缝的构造形式错误，或与结构变形缝不对应设置。

（2）原因分析

1）对水泥混凝土地面伸缩缝的设置要求不熟悉，不了解，凭经验施工；

2）未进行施工交底或施工交底不清；

3）施工操作比较随意。

（3）预防措施

1）认真学习地面规范，熟悉伸缩缝设置的具体要求。

2）熟悉施工图纸，将地面伸缩缝与结构变形缝置于对应位置。

3）认真做好施工交底工作，施工中加强检查验收工作。

（4）治理办法

1）对没有上下贯通的伸缝，应用无齿锯切割断开，保证缝宽20~30mm，缝内用沥青类材料填嵌。

2）在结构变形缝处未设置伸缩缝的，亦应用无齿锯切割断开，保证地面缝与结构变形缝协调一致。

3. 水泥混凝土地面的其他质量通病，参见“5.1.6节水泥砂浆地面质量通病和防治措施”。

5.3 现制水磨石地面

现制水磨石地面具有表面平整、光滑、无缝，观感好，施工方便，造价经济等特点，在工业与民用建筑中被广泛采用，是属于较高档的建筑地面之一。

水磨石地面适用于有一定防水（防潮）要求的地段和较高防尘、清洁等要求的建筑地面工程，如民用建筑中机场、车站的候机（车）厅，宾馆饭店的门厅，医院、办公室的走道、会议室等地面。工业建筑中的一般装配车间、恒温恒湿车间等。

水磨石地面根据设计和使用要求，可做成单一色彩的普通水磨石地面和做成各种彩色图案的高级水磨石地面。

5.3.1 地面构造类型和设计要点

1. 常用水磨石地面的地面构造类型见图5-30。

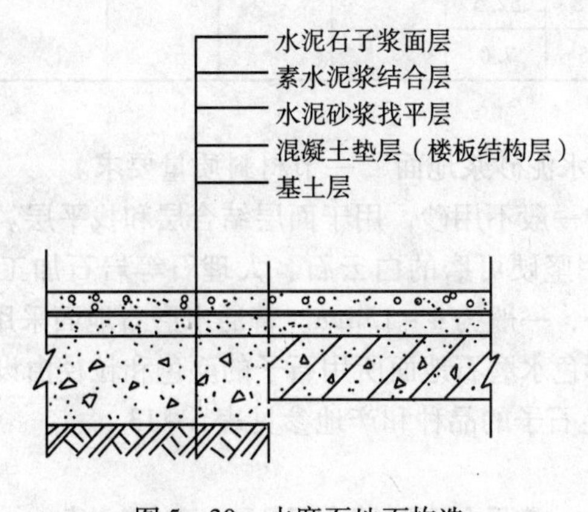

图5-30 水磨石地面构造

2. 水磨石地面设计要点：

（1）现制水磨石地面的质量与石子粒径、铺设厚度、分格块的形式和大小以及色彩配置等有一定的关系，施工设计图纸上应予以说明。重要建筑应先做样品，经业主、设计、监理等多方面会同认可后再行施工。

（2）对于防裂要求较高的水磨石地面，在水泥砂浆找平层内应设置防裂钢筋网片，直径宜细，间距宜小，通常采用 $\phi3 \sim \phi4@150 \sim 250$mm，位置应在找平层上表面。

（3）对位于大梁或砖墙上面的部分，应按图 4－7，在找平层上表面宽 1～1.5m 范围内设置防裂钢筋网片。

（4）现制水磨石地面应根据使用要求，恰当选择分格条材料和分格形式。对经常接触硬质物体的现制水磨石地面，如水磨石溜冰场，不应选用玻璃条作分格条，分格形式也不应选用通常采用的方块或长方块形式，以防分格条损坏，影响使用功能。

（5）彩色水磨石地面所用颜料应明确使用耐碱、耐光的矿物颜料，不得使用酸性颜料和染料。

5.3.2　使用材料和质量要求

1. 水泥：白色或彩色水磨石地面面层，应采用白水泥；普通深色水磨石地面，宜采用硅酸盐、普通硅酸盐水泥或矿渣硅酸盐水泥，水泥强度等级不应小于 32.5 级。同颜色的面层应使用同一批水泥。

白色硅酸盐水泥的主要质量指标参见表 5－12。

白色硅酸盐水泥主要质量指标　　表 5－12

强度等级	强度值（MPa）				三氧化硫（%）	氧化镁（%）	安定性	细度比表面积（%）	凝结时间	
	类别	3d	7d	28d					初凝（min）	终凝（h）
32.5	抗压	14.0	20.5	32.5	<3.5	<4.5	沸煮法合格	0.08mm 方孔筛筛余 <10	>45	<12
	抗折	2.5	3.5	5.5						
42.5	抗压	18.0	26.5	42.5						
	抗折	3.5	4.5	6.5						
52.5	抗压	23.0	33.5	52.5						
	抗折	4.0	5.5	7.0						

2. 砂：参照“5.1　水泥砂浆地面”一节材料质量要求。

水磨石地面拌合料中一般不用砂，用于面层结合层和找平层。

3. 石子：石子应采用坚硬可磨的白云石、大理石等岩石加工而成，石粒应洁净无杂物，其粒径除特殊要求外，一般为 4～15mm。普通水磨石地面采用本色石子，彩色水磨石地面用彩色石子。高级彩色水磨石地面所用石子的颜色和粒径由设计确定。

（1）常用水磨石彩色石子的品种和产地参见表 5－13。

常用水磨石彩色石子品种、产地参考表　　表 5－13

名　称	颜　色	产　地	名　称	颜　色	产　地
汉白玉	洁白	北京房山	湖北黄	地板黄	湖北铁山
雪　云	灰白	广东云浮	黄花玉	淡黄	湖北黄石

续表

名 称	颜 色	产 地	名 称	颜 色	产 地
桂林白	白色，有晶粒	广西桂林	晚 霞	磺间土黄	北京顺义
户县白	白色	陕西户县	蟹 青	灰黄	河北
曲阳白	玉白色	河北曲阳	松香黄	丛黄	湖北
墨 玉	黑色	河北获鹿	粉 荷	紫褐	湖北
大连黑	黑色	辽宁大连	青奶油	青紫	江苏丹徒
桂林黑	黑色	广西桂林	东北绿	淡绿	辽宁凤凰城
湖北黑	黑色	湖北铁山	丹东绿	深绿间微黄	辽宁丹东
芝麻黑	黑绿相间	陕西潼关	莱阳绿	深绿	山东莱阳
东北红	紫红	辽宁金县	潼关绿	浅绿	陕西潼关
桃 红	桃红色	河北曲阳	银 河	浅灰	湖北下陆
曲阳红	粉红	山东曲阳	铁 灰	深灰	北京
南京红	灰红	江苏南京	齐 灰	灰色	山东青岛
岭 红	紫红间白	辽宁铁岭	锦 灰	浅黑灰底	湖北大冶

（2）常用石子的号数规格见表5－14。

常用石子号数与规格对照表 表5－14

石子号数			1号	2号	3号	4号
习惯称呼	大二分	一分半	大八厘	中八厘	小八厘	米厘石
相当粒径（mm）	20	15	10	8	6	4～2

（3）水磨石面层厚度和石子最大粒径参见表5－15。

水磨石面层厚度和石子最大粒径对照表 表5－15

水磨石面层厚度（mm）	10	15	20	25	30
石子最大粒径（mm）	9	14	18	23	28

4. 分格条：常用的分格条有铜条和玻璃条。有的地方也使用铝条或彩色塑料条。铜条常用规格为长×宽×厚＝1200×面层厚度×1～2（mm），铜条易弯曲，适用于做各种彩色图案的地面。玻璃条的常用规格为长×宽×厚＝1200～1500×面层厚度×3（mm），玻璃条不能弯曲，一般用于方形或长方形等不作弯曲分格的地面。铝分格条和彩色塑料分格条具有重量轻、易成型等优点，也常被采用。但因为铝是一种活泼金属，不耐酸碱，易与水泥遇水后产生的游离氢氧根（OH）产生化学反应，生成氢氧化铝，对铝条有腐蚀作用。所以当采用铝条作分格条时，应事先刷一道白色调和漆，这对铝条有较好的保护作用。

5. 颜料：颜料应采用耐光、耐碱的矿物无机颜料，同一彩色面层应使用同厂、同批的颜料，其掺入量为水泥重量的3%～6%，或由试验确定。

掺入水泥中的颜料，应具有下列性能：

（1）耐碱性：颜料的耐碱性一般分为七个等级，掺入水泥中的颜料，其耐碱性能应为第一级，即最优级。耐碱性差的颜料，容易使地面产生变色、褪色现象。

（2）耐光性：颜料在阳光紫外线的照射下，其色光稳定的性能称为颜料的耐光性。耐光性一般分为八个等级，掺入水泥中颜料的耐光性应在七级以上。耐光性差的颜料，经日光长期照射后，极易褪色。

（3）着（染）色力：着（染）色力系颜料与水泥或其他胶凝材料混合后所显现颜色深浅的能力。着色力的大小，将影响到颜料的用量和粉刷体的色彩以及成本的价格。颜料的着色力又决定于颜料本身色饱和度的高低，而高者着色效果好，低者着色效果差。

（4）氧化还原作用：凡在空气中易被氧化还原的颜料，均不能用于水泥拌合物中，因这种颜料在空气中易被氧化而变色。

（5）实际密度[①]：掺入水泥浆中的颜料实际密度的大小，对水泥浆的色泽均匀与否有一定的影响。一般要求颜料的实际密度应与水泥实际密度相近似。因为颜料实际密度轻了，加水拌合时，将出现漂浮现象，与水泥颗粒混合后不易拌匀。

（6）pH 值：掺入水泥拌合物中的颜料的 pH 值不应低于 6，以 7 ~ 9 为宜。如低于 6 时易产生早期褪色现象。

染衣服用的染料一般为酸性，不耐碱，遇到碱液后会中和而失去作用。故不可使用染料作为彩色水磨石地面的配色用料。

由于颜料的品种、名称、产地较多，因此，在采购和使用时，应加以注明，以免用错，影响质量。

6. 磨石：系作面层磨光之用，应根据不同的磨光顺序，选用不同的磨石号数，常用的磨石号数为 60 ~ 200 号。

7. 草酸：系面层打磨结束后，对面层起除污、抛光作用，呈乳白色块状或粉状。保管和使用过程中，应注意做好防毒工作，严禁接触食物。使用前用热水溶化成浓度为 10% ~ 25% 的溶液，待冷却后使用。

8. 蜡：宜用成品地板蜡。

5.3.3　施工准备和施工工艺

1. 施工准备

（1）地面找平层已铺设，分格条也已设置完毕。

（2）石子已洗净备足。若用多种彩色石子的，已按掺合比例掺合干拌均匀后装袋待用。

（3）面层磨光施工用的磨光机、磨石（砂轮）已到现场。

（4）其余准备内容参见“5.1　水泥砂浆地面”一节。

2. 施工工艺

现制水磨石地面施工工艺见图 5 – 31。

---

① 实际密度（简称密度）是指物体在密实状态下单位体积的重量。过去称为比重。

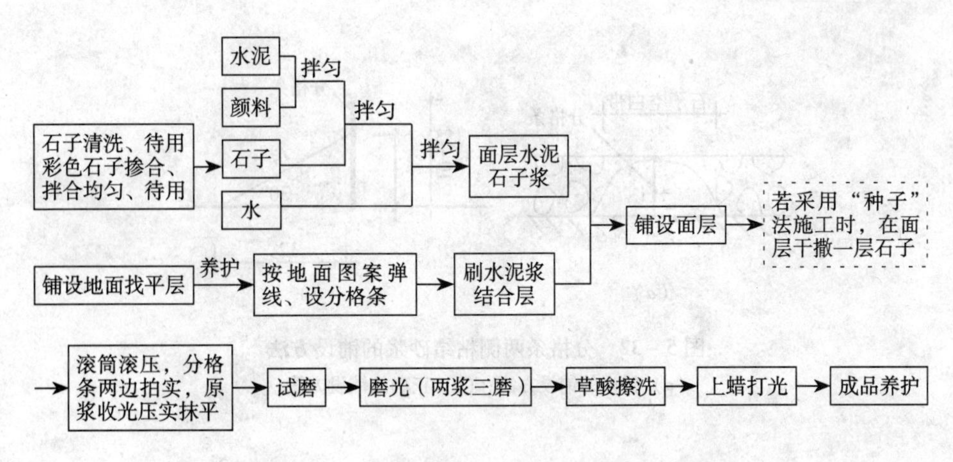

图5－31　现制水磨石地面施工工艺流程简图

5.3.4　施工要点和技术措施

1. 水磨石面层的配合比和各种彩色图案，应先经试配做出样板，经设计、业主、监理等各方认可后作为施工和验收的依据，亦按此进行备料。

2. 水磨石面层的分格间距以1m为宜，不宜设统长的分格带，以避免面层产生裂缝。面层分格的一部分分格位置，应与基层（混凝土垫层、找平层等）的缩缝对齐，以适应上下同步收缩。

3. 应根据普通水磨石地面和高级水磨石地面不同的技术要求，制订相应的质量标准和技术措施。普通水磨石地面和高级水磨石地面的主要区别见表5－16。

普通水磨石地面和高级水磨石地面区别　　表5－16

	普通水磨石地面	高级水磨石地面
使用水泥	采用强度等级不低于32.5的普通硅酸盐水泥或矿渣硅酸盐水泥	采用白水泥
掺用颜料	不掺用	掺用耐光、耐碱的矿物颜料
使用石子	普通白石子	彩色石子
石子粒径	4～12mm	根据设计要求定
面层厚度	10～15mm	根据设计要求定
磨光遍数	两浆三磨（即磨光三次，补浆两次）	根据设计要求定，但不少于三次
磨石号数	60～200号	根据设计要求定
2m直尺检查表面平整度	3mm	2mm

4. 设置分格条时，两边的粘结砂浆不应过高，以避免造成分格条两边石子空白带，影响观感质量，见图5－32。同时，在分格条的十字交叉处，粘结砂浆亦不应满设，应留出10～15mm的空白位置，以避免造成分格条十字交叉处出现石子空白点，见图5－33。

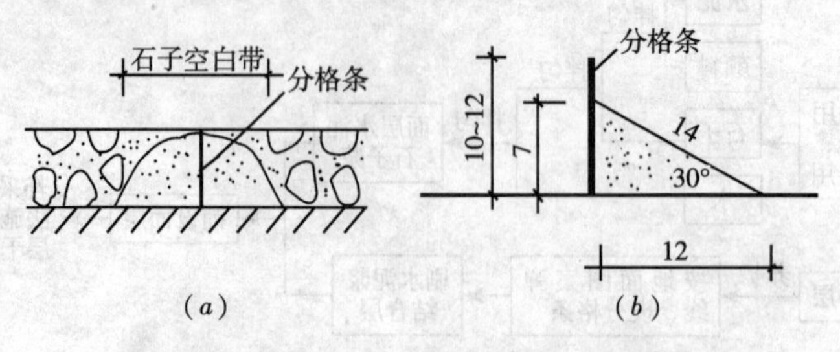

图5-32　分格条两侧粘结砂浆的铺设方法

(a) 错误的铺设方法；(b) 正确的铺设方法

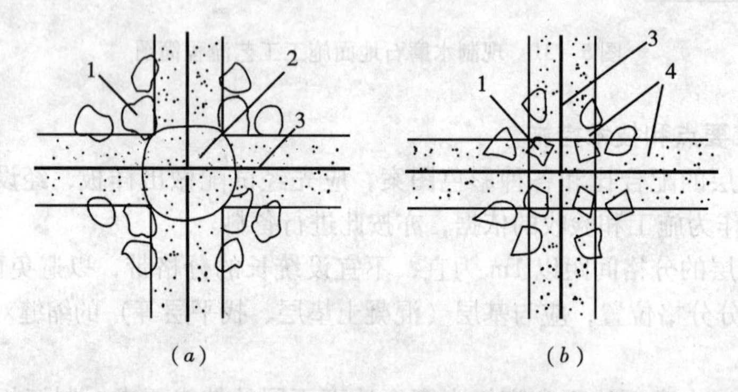

图5-33　分格条十字交叉处粘结砂浆的铺设方法

(a) 错误的铺设方法；(b) 正确的铺设方法

1—石子；2—无石子区；3—分格条；4—粘结砂浆

5. 水泥与颜料与石子的拌合配制工作必须计量正确、拌合均匀。先将水泥和颜料干拌后过筛，使其均匀一致，然后加入石子和水充分拌合。拌合料的稠度不应大于60mm。拌合工作宜采用机械搅拌。采用多种颜料、多种规格、多种色彩的石子铺设面层时，必须事先拌合均匀后计量装袋备用，不得临时配制使用，以免造成面层色泽和石子分布不一致的现象。

6. 在同一面层上采用几种颜色的图案时，应先做深色，后做浅色；先做大面，后做镶边；待前一种水泥石子浆凝结后，再铺设后一种水泥石子浆。不能几种颜色同时铺设，以防串色，影响观感效果。

7. 水磨石地面面层拌合料铺设前，应在基层（找平层）上涂刷一遍与面层颜色配料相同的、水灰比为0.4~0.5的水泥浆粘结层，并随刷浆随铺设水磨石面层拌合料，以增强面层与基层的粘结力。

8. 掌握好水磨石面层的铺设厚度。由于面层拌合料铺设处于松散状态，因此铺设一般应比分格条高出3~5mm（采用“种子”方法施工，面层拌合料宜同分格条齐平，待撒上一层干石子后，比分格条高出3~5mm）。

9. 铺设水磨石地面面层拌合料时，施工操作人员应穿平跟胶鞋，不应穿底楞凹凸较明显的胶鞋进行操作。否则，面层易出现一块块凹痕水泥浆塘（即鞋楞印），磨光后即成为一块块石子不显现的水泥斑痕，观感效果极差。

此外，铺设面层拌合料，也不宜直接用刮尺刮平。这是因为用刮尺刮平操作，则高处部分表面的大部分石子会被刮尺刮走，而留下水泥浆，造成磨光后，将呈现局部石子少浆多的不均匀现象，也影响观感质量。如局部地面铺设过高，应用铁铲或铁抹子将其挖去一部分，然后再将周围的拌合料用铁铲或铁抹子慢慢拍挤拍平，这样能保证面层石子均匀一致，操作顺序见图5－34。

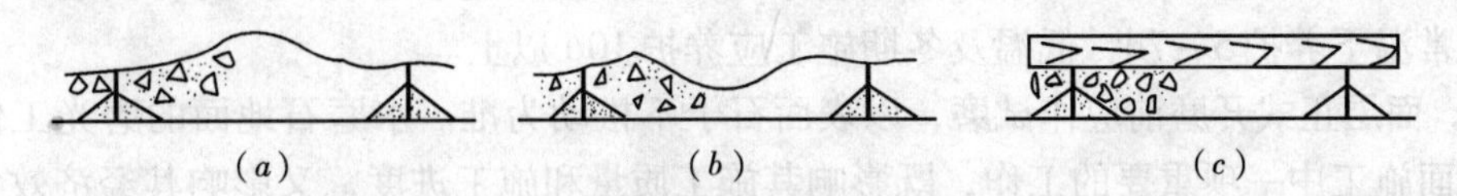

图5－34 水泥石子浆铺设过高的抹平操作方法

(a) 局部面层铺设过高；(b) 将高处挖去一部分后的情况；(c) 用铁抹拍平，直尺靠平

10. 有条件时，宜采用"种子"施工方法铺设面层。所谓"种子"施工方法，就是在面层水泥石子浆铺好后，在上面再均匀的撒上一层干石子。有的地区称坐浆干撒水磨石地面。采用这种方法做水磨石地面的主要优点是，表面层石子密集，增加美观。施工操作也较简单。特别对于彩色水磨石地面，不仅能清楚地观察彩色石子分布是否均匀，而且能节约彩色石子。由于彩色石子的价格一般都较高，所以用"种子"的施工方法还能降低造价。图5－35是采用"种子"方法施工的彩色水磨石地面横断面示意图。先用普通白石子水泥浆垫底，用彩色干石子均匀的撒在表面，然后进行拍平、滚压、直至水泥浆反上浸没石子为止。如局部水泥浆不足，应于适当添补，这种施工方法既能达到设计上的美观要求，又能节约彩色石子。

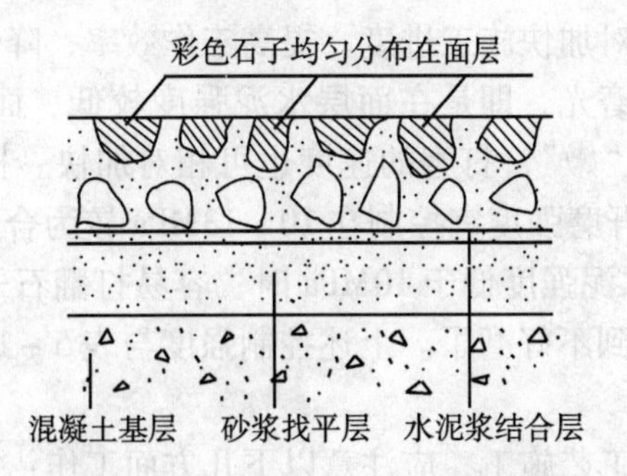

图5－35 用"种子"方法施工的彩色水磨石地面断面图

11. 面层拌合料铺设后，应用滚筒滚压密实。滚筒应纵横两个方向滚压。在滚筒滚压前，一般应先用铁抹子或木抹子在分格条两边宽约10cm的范围内轻轻拍实。由于石子在滚压过程中相互挤紧而密实。如果面层铺设后，直接用滚筒来回滚压，则石子很容易相互挤紧而挤坏分格条。而滚压前，先将分格条两边的石子轻轻拍实，这样既可检查面层的铺设厚度是否恰当，又能防止石子在滚压过程中挤坏分格条，是一个确保质量的有效措施。

滚压过程中，应用扫帚随时扫掉粘在滚筒上和分格条上的石子，防止滚筒和分格条之间存有石子而把分格条压坏。

12. 彩色水磨石地面面层拌合料中，颜料用量应根据试验确定，最大不宜超过水泥重量的6%。颜料掺量过多，会降低面层水泥石子浆的强度。这是因为面层拌合料中掺入颜料后，为保持拌合料有一定的工作度（即操作和易程度），用水量必然要增加，即增大水灰比。增大水灰比会降低强度，这是众所周知的。其下降幅度大致如下：当颜料掺量为5%时，强度值下降约10%；掺量为10%时，强度值下降约20%；掺量为15%，强度值下降约30%。

13. 面层拌合物铺设24h后，应加强养护，严禁上人随意走动，以防将面层石子踩得松动。常温下养护5~7d，低温及冬期施工应养护10d以上。

14. 面层正式开磨前应作试磨，以表面石子不松动为准。水磨石地面的磨光工作是水磨石地面施工中一项重要的工作，既影响其施工质量和施工进度，又影响其经济效益。而关键是如何掌握好开磨时间，因为开磨时间过早，水泥强度过低，俗称地面太“嫩”，一旦开磨容易打翻石子、松动分格条，造成返工损失。如果开磨时间过迟，水泥强度过高，地面又太“老”，使打磨工作很费劲，磨光进度慢，工料费用高。目前普遍采用的开磨时间如表5-17所示。这是多年施工经验积累的总结，此时的水泥强度约为12~15MPa。

现制水磨石面层开磨时间表 **表5-17**

平均温度（℃）	开磨时间（d）	
	机 磨	人工磨
20~30	3~4	1~2
10~20	4~5	1.5~2.5
5~10	6~7	2~3

近几年来，不少地区对水磨石地面的开磨时间与强度要求等进行了研究和试验，提出了“软磨法”磨光工艺，对加快施工进度、提高工作效率、降低工程成本等都收到了较好的效果。所谓“软磨法”磨光，即是在面层水泥强度较低、面层较“嫩”的情况下就开始磨光工作。由于面层较“嫩”，打磨的速度也可相对加快。根据有关试验资料，水磨石面层采用软磨法施工时的开磨强度宜控制在10~13MPa较为合适。此时的磨损量每小时大约1.5~2.0mm。当面层水泥强度低于10MPa时，容易打翻石子，松动分格条；而强度高于15MPa时，则明显的感到不好磨了。上述控制强度与表5-17中所列开磨时间的强度相比，要低2~3MPa。

采用“软磨法”磨光工艺施工，应注意以下几方面工作：

第一，水磨石地面施工前，根据所用水泥、石子等原材料性能，以及当时气温情况，由试验室做出试验，掌握好水泥石子浆的强度增长情况。在强度试验中，也可配以回弹仪测试，掌握强度增长值与回弹仪回弹值之间的关系，更便于现场施工应用。

第二，软磨法开磨前，要调整好磨机重量（对地面的压力）和磨机转速。对地面压力不宜过大，磨机转速不宜过快，视磨损情况逐步加大压力和增加转速。

第三，水磨石地面的铺放速度和磨机数量能力应相协调一致。

15. 水磨石地面磨光，应根据不同的打磨特点和要求，正确选用磨石号数。普通水磨石地面磨光遍数不应少于三遍（俗称两浆三磨，即磨光三次，补浆两次），高级水磨石地面的磨光遍数根据具体使用要求或按设计要求确定。

普通水磨石各次的磨石型号和操作要求见表5－18。

现制水磨石面层磨光要求　表5－18

遍数	选用的磨石	要　　求
1	60～90号 粗金刚石	1. 磨平磨匀，石子和分格条显露清晰； 2. 磨后将水泥浆冲洗干净，稍干后涂擦一道同色水泥浆，填补砂眼等，个别石子掉落的要补好； 3. 不同颜色的磨面，先涂擦深色浆，后涂擦浅色浆； 4. 涂擦色浆后，养护2～3d
2	90～120号 金刚石	将表面磨光，其他同第一遍的2、3、4
3	200号以上 金刚石	1. 磨至表面光滑，无砂眼孔； 2. 清水冲洗晾干后，涂刷草酸溶液； 3. 整个面层满打磨一遍，然后冲洗、晾干、上蜡
4	木块加布	将蜡满打一遍至面层光亮

第一次应用60～90号的粗金刚砂轮打磨，其要求是大致磨平，使石子和分格条显露清晰。由于粗砂轮表面很粗糙，所以磨光时对表面的磨损作用很强，这样能很快把粗糙的表面磨平，加快施工进度。第一次的磨损量最大，一般须磨去1～2mm。但第一次磨过后，由于砂轮粗，所以也给地面表面留下较为明显的凹痕。

第二次应用90～120号的中号砂轮磨光，这次磨光的主要作用有二个，其一是将第一遍磨光后，留下的凹痕磨平；其二是将第一遍磨光后，对面层的小孔洞等缺陷作补浆后进行磨光。第二次的磨损厚度不大，一般为0.2～0.5mm。第二次磨光后，地面表面应是平整无凹痕。

第三次应用200号以上的细砂轮或用油石进行磨光，这次磨光的作用也有两个，一是将第二遍磨光后，对面层还存在的细小孔洞等再作一次补浆后的磨光，二是将地面表面磨平滑。这一次的磨损量极小，磨过后，地面表面应十分光滑，有一定的光亮度，上蜡后，效果更好。

很显然，如果施工中只用一种或两种砂轮进行磨光，是达不到水磨石地面的质量要求的，也是不符合施工操作规程和施工验收规范的要求的。如果只用粗砂轮磨，虽然施工进度快，也能使地面平整，但表面凹凸度大，因此光洁度就很差，即使上蜡，也无光亮度。如果只用细砂轮磨，不仅不易磨平，施工进度也很慢，由于细砂轮价格高，所以成本也大，只能事倍功半。

16. 当水磨石面层拌合料铺设后，一旦来不及打磨，造成面层强度过高（有的地方俗称地面过“老”），或是面层铺设厚度超过分格条，不能完全磨出分格条，可采用在磨机砂轮底下加砂的打磨方法，增大砂轮与地面的摩擦力，加大其表面磨损作用，因而能有效的提高打磨工效。这种带砂打磨法仅适用于第一遍粗砂轮的打磨工序中，不适用于第二遍、第三遍的打磨工序中，因为它在增大地面磨损量的同时，也增大了地面表面的凹凸度，造成光线的漫反射①，影响其表面光亮度。

带砂打磨的砂宜用中粗砂，施工中应注意往砂轮下浇水的速度不能太快，浇水量也不能太多，防止将砂冲走，应尽量保持砂轮下有一定浓度的浆水，以提高打磨效果。

17. 涂擦草酸溶液应在最后一遍打磨结束，并冲洗干净晾干后进行。草酸溶液应涂刷均匀，涂刷后，可在磨机砂轮处包上粗布后进行轻轻擦拭一遍，对其表面进行一次极其轻微的酸洗和去污清理，以提高下一道打蜡工序的效果。

18. 面层打蜡工作应在涂擦草酸溶液，并经冲洗晾干（应干透）后进行。晾干期间应禁止上人，防止踩脏地面。

打蜡工作应避免在地面未干透的情况下进行，地面潮气容易使蜡膜失去光泽，甚至使地面成为“花脸”，影响观感质量和使用效果。

打蜡时，蜡膜宜涂得薄而匀，尽量用机械（如磨石机）出光，打至地面光亮为止。打蜡应打两遍，不能一次成活。待第一遍蜡膜干后再打第二遍，否则，蜡膜亮度差，保持时间也短。

19. 水磨石地面打磨工作中应注意安全生产。磨石机在使用时，应有防止漏电、触电事故的措施，电线应架空设置，不应在水中拖拉，电动机应有接零或接地措施，施工操作人员应穿胶鞋，戴胶手套。

草酸有毒，对皮肤有一定的腐蚀性，不能直接触及皮肤。也不能接触食物。操作人员要注意穿戴好防护用品。

20. 水磨石地上蜡后，应做好成品保护工作，防止硬物碰撞和摩擦面层。

21. 作为溜冰场使用的室外水磨石地面，施工中应采取如下措施：

（1）水磨石面层应与建筑物（如房屋、构筑物等）四周设缝断开，以防止因室外温差大而产生温度应力，导致水磨石面层出现裂缝。

（2）水磨石面层及其下面的结构层内均应配置双向防裂钢筋网片，以提高整个地面的整体性和抗裂性，防止因地基土不均匀或填土不实造成面层出现裂缝。钢筋网片直径宜细，间距宜小，一般以 $\phi4 \sim \phi6@150 \sim 250mm$ 为宜。

（3）分格条应选用铜条，不应选用玻璃条。分格条的嵌制不应采用普通地面方形或长方形的方法，而应顺应溜冰活动圆周运动的方式作环向设置。分格条除采用水泥浆嵌固牢外，还可以钻孔用铁丝浇入水磨石面层内予以锚固，见图 5－36。分格条间距不宜过小，以 1500～2000mm 为宜。

（4）水磨石面层铺设应采用环向铺设，先外圈后内圈，铺设不留施工缝。一圈内可设置数道斜向的横分格条。

（5）应避免在烈日下或雨天、大风天气候铺设面层，防止面层失水过快引起产生塑性裂缝。面层铺设后应及时遮盖养护。

（6）面层磨光宜采用“老磨”（即在常温下铺设后，比一般水磨石面层开磨时间推迟 2～3d）的磨光方法，以增强面层的硬度，增强面层的抗磨性能。

---

① 光线照到物体表面时，由于表面粗糙，光线不规则的向四面八方反射，称为漫反射。漫反射的物体表面光亮度较差。当地面表面的凹凸度小于光波波长时（光波的长度为 0.4～0.7μm），则照射到地表面的光线，将有规则的向一定方向反射足够数量的光线，因而提高了光亮度。

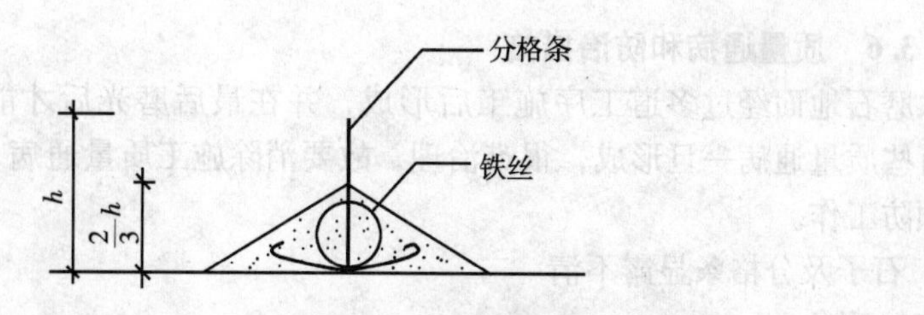

图5－36 用铁丝嵌固分格条示意图

（7）适当延长头遍粗磨石号的磨光时间，必要时在砂轮下撒砂采用带砂打磨的施工方法。

（8）面层石子宜采用硬度较高的花岗岩石料加工的石子。

5.3.5 质量标准和检验方法

水磨石地面面层的质量标准和检验方法见表5－19。

水磨石地面面层质量标准和检验方法 表5－19

项	序	检验项目		允许偏差或允许值（mm）	检验方法
主控项目	1	面层材料		1. 面层石粒应采用坚硬可磨的白云石、大理石等岩石加工而成，石粒应洁净无杂物，其粒径除特殊要求外，为6～15mm； 2. 水泥强度等级不应小于32.5级； 3. 颜料应采用耐光耐碱的矿物颜料，不得使用酸性颜料	观察检查和检查材质合格证明文件
	2	面层配合比		面层拌合料配合比应符合设计要求，且为1∶1.5～1∶2.5（水泥∶石子，体积比）	检查配合比通知单和检测报告
	3	面层与基层结合		应牢固，无空鼓、无裂纹［注：空鼓面积不大于400cm²，且每自然间（标准间）不多于2处可不计］	用小锤轻击检查
一般项目	4	面层外观质量		1. 面层表面应光滑； 2. 无明显裂纹、砂眼和磨纹； 3. 石粒密集，显露均匀； 4. 颜色图案一致，不混色； 5. 分格条牢固、顺直和清晰	观察检查
	5	踢脚板与墙面结合		结合紧密，高度一致，出墙厚度均匀 ［注：局部空鼓长度不大于300mm，且每自然间（标准间）不多于2处可不计］	用小锤轻击、钢尺和观察检查
	6	楼梯踏步		1. 踏步的宽度和高度应符合设计要求； 2. 楼层梯段相邻踏步高度差不应大于10mm； 3. 每踏步两端宽度差不应大于10mm； 4. 旋转楼梯梯段每踏步两端宽度的允许偏差为5mm； 5. 踏步齿角应整齐，防滑条应顺直	观察和钢尺检查
	7	表面平整	普通水磨石	3	用2m靠尺和楔形塞尺检查
			高级水磨石	2	
	8	缝格平直	普通水磨石	3	拉5m线和用钢尺检查，不足5m拉通线检查
			高级水磨石	2	
	9	踢脚线上口平直		3	拉5m线和用钢尺检查，不足5m拉通线检查

5.3.6 质量通病和防治措施

水磨石地面经过多道工序施工后形成，并在最后磨光后才能较清晰地显现出质量情况。有些质量通病一旦形成，很难治理，故要消除施工质量通病，应重视和加强施工过程中的预防工作。

1. 石子及分格条显露不清

（1）现象

地面石子及分格条显露不清，分格条处呈一条纯水泥斑带，外形不美观。

（2）原因分析

1）面层水泥石子浆铺设厚度过高，超过分格条较多，使分格条难以磨出。

2）铺好面层后，磨光不及时，水泥石子面层强度过高（亦称“过老”），使分格条难以磨出。

3）第一遍磨光时，所用的磨石号数过大，磨损量过小，不易磨出分格条。

4）磨光时用水量过大，磨石机的磨石在水中呈飘浮状态，故磨损量极小。

5）面层铺设厚度过厚，石子粒径较小，滚压时石子被压到下层，表面水泥浆加厚，石子难以磨出。

（3）预防措施

1）控制面层水泥石子浆的铺设厚度，虚铺高度一般比分格条高出5mm为宜，待用滚筒压实后，则比分格条高出约1mm，第一遍磨完后，分格条就能全部清晰外露。

2）水磨石地面施工前，应准备好一定数量的磨石机。面层施工时，铺设速度应与磨光速度（指第一遍磨光速度）相协调，避免开磨时间过迟。

3）第一遍磨光应用60~90号的粗金刚砂磨石，以加大其磨损量。同时磨光时应控制浇水速度，浇水量不应过大，使面层保持一定浓度的磨浆水。

4）面层铺设厚度应与石子粒径相一致：小八厘为10~12mm，中八厘为12~15mm，掺有一定数量大八厘的为15~18mm，掺有一定数量一分半的为18~20mm。

5）掌握好水泥石子浆的配合比，如采用滚压工艺，当不再干撒石子时，水泥:石子为1:2.8~3（体积比）；当采用干撒滚压工艺时，水泥:石子为1:1.5，干撒石子数量控制在9.5~10.5kg/m^2。

（4）治理方法

如因磨光时间过迟，或铺设厚度较厚而难以磨出分格条时，可在第一遍磨光时在砂轮下撒些粗砂，以加大其磨损量，既可加快磨光速度，又容易磨出分格条。

2. 分格条压弯（铜条、铝条）或压碎（玻璃条）

（1）现象

铜条或铝条弯曲，玻璃条断裂，分格条歪斜不直。这种现象大多发生在滚筒滚压过程中。

（2）原因分析

1）面层水泥石子浆虚铺厚度不够，用滚筒滚压后，表面同分格条平，有的甚至低于分格条，滚筒直接在分格条上碾压，致使分格条被压弯或压碎。

2）滚筒滚压过程中，有时石子粘在滚筒上或分格条上，滚压时就容易将分格条压弯或压碎。

3）分格条粘贴不牢，在面层滚压过程中，往往因石子相互挤紧而挤弯或挤坏分格条。

（3）防治措施

1）控制面层的虚铺厚度，具体要求见通病1“石子及分格条显露不清”的预防措施相应部分。

2）滚筒滚压前，应先用铁抹子或木抹子在分格条两边约10cm的范围内轻轻拍实，并应将抹子顺分格条处往里稍倾斜压出一个小八字。这既可检查面层虚铺厚度是否恰当，又能防止石子在滚压过程中挤坏分格条。

3）滚筒滚压过程中，应用扫帚随时扫掉粘在滚筒上或分格条上的石子，防止滚筒和分格条之间存在石子而压坏分格条。

4）分格条应粘贴牢固。铺设面层前，应仔细检查一遍，发现粘贴不牢而松动或弯曲的，应及时更换。

5）滚压结束后，应再检查一次，压弯的应及时校直，压碎的玻璃条应及时更换，清理后，用水泥与水玻璃做成的快凝水泥浆重新粘贴分格条。

3. 分格条两边或分格条十字交叉处石子显露不清或不匀

（1）现象

分格条两边10mm左右范围内的石子显露极少，形成一条明显的纯水泥斑带。十字交叉处周围也出现同样的一圈纯水泥斑痕。

（2）原因分析

1）分格条粘贴操作方法不正确。水磨石地面厚度一般为12～15mm，常用石子粒径为6～8mm。因此，在粘贴分格条时，应特别注意砂浆的粘贴高度和水平方向的角度。图5－32（*a*）所示是一种错误的粘贴方法，砂浆粘贴高度太高，有的甚至把分格条埋在砂浆里，在铺设面层的水泥石子浆时，石子就不能靠近分格条，磨光后，分格条两边就没有石子，出现一条纯水泥斑带，俗称“癞子头”，影响美观。

2）分格条在十字交叉处粘贴方法不正确，嵌满砂浆，不留空隙，如图5－33（*a*）所示。在铺设面层水泥石子浆时，石子不能靠近分格条的十字交叉处，结果周围形成一圈没有石子的纯水泥斑痕。

3）滚筒的滚压方法不妥，仅在一个方向来回碾压，与滚筒碾压方向平行的分格条两边不易压实，容易造成浆多石子少的现象。

4）面层水泥石子浆太稀，石子比例太少。

（3）防治措施

1）正确掌握分格条两边砂浆的粘贴高度和水平方向的角度，正确的粘贴方法应按图5－32（*b*）所示，并应粘贴牢固。

2）分格条在十字交叉处的粘贴砂浆，应留出15～20mm左右的空隙，如图5－33（*b*）所示。这在铺设面层水泥石子浆时，石子就能靠近十字交叉处，磨光后，石子显露清晰，外形也较美观。

3）滚筒滚压时，应在两个方向（最好采用“米”字形三个方向）反复碾压。如碾压后发现分格条两侧或十字交叉处浆多石子少时，应立即补撒石子，尽量使石子密集。

4）以采用干硬性水泥石子浆为宜，水泥石子浆的配合比应正确。

4. 面层有明显的水泥斑痕

（1）现象

一般有两种情况：一种是脚印斑痕，面积约与脚跟差不多大；另一种是水泥斑痕，面积则大小不一。这种部位的石子明显偏少，使面层的外观质量大为逊色。

（2）原因分析

1）水泥石子浆在铺设时是很松软的，如果穿高跟胶鞋或鞋底凹凸不平较明显的胶鞋进行操作，必将踩出很多较深的脚印。在滚筒滚压过程中，脚印部分往往由水泥浆填补，不易发现这一缺陷，磨光后，则会立即发现脚印部分出现一块块水泥斑痕，造成无法弥补的质量缺陷。水泥石子浆越稀软，这种现象越显著。

2）铺设水泥砂浆地面面层，一般常用刮尺刮平，但铺设水磨石地面面层时，由于水泥石子浆中石子成分较多，如果用刮尺刮平，则高出部分的石子大部分给刮尺刮走，留下的部分出现浆多石子少的现象，磨光后，出现一块块水泥斑痕，影响美观。

（3）防治措施

1）水泥石子浆拌制不能过稀，以采用干硬性的水泥石子浆为宜。

2）铺设水泥石子浆时，应穿平底或底楞凹凸不明显的胶鞋进行操作。

3）面层铺设后，出现局部过高时，不得用刮尺刮平，应用铁抹子或铁铲将高出部分挖去一部分，然后再将周围的水泥石子浆拍挤抹平，具体操作步骤见图5－34。

4）滚筒滚压过程中，应随时认真观察面层泛浆情况，如发现局部泛浆过多时，应及时增补石子，并滚压密实。

5. 地面裂缝

（1）现象

大面积现制水磨石地面，一般都用在大厅、餐厅、休息厅、候车室等地面，施工后过一段时间，会出现裂缝。

（2）原因分析

1）现制水磨石地面产生裂缝，主要是地面回填土不实、高低不平或基层过冬时受冻；沟盖板水平标高不一致，灌缝不严；门口或门洞下部基础砖墙砌得太高，造成垫层厚薄不均或太薄，引起地面裂缝。

2）水磨石楼地面产生裂缝，主要是工期较紧，结构沉降不稳定；垫层与面层工序跟得过紧，垫层材料收缩不稳定，暗敷电线管线过高，周围砂浆固定不好，造成面层裂缝。

3）基层清理不干净，预制混凝土楼板板缝及端头缝浇灌不密实，影响楼板的整体性和刚度，地面荷载过于集中引起裂缝。

4）分格不当，形成狭长的分格带，容易在狭长的分格带上出现裂缝。如图5－37所示。

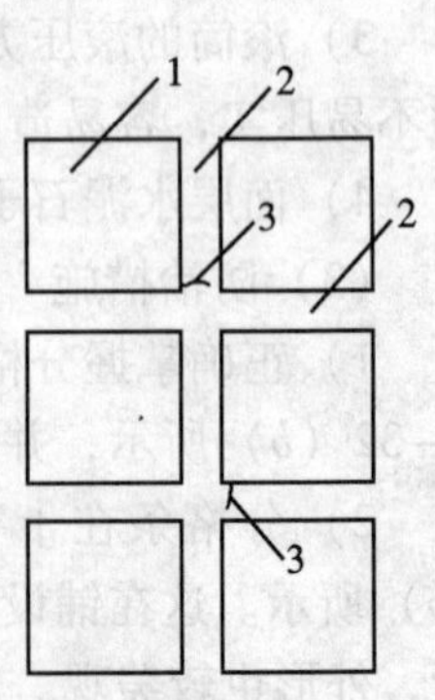

图5－37　水磨石地面的狭长分格带

1—方形分格块；2—纵横向狭长分格带；3—裂缝

（3）防治措施

1）首层地面房心回填土应分层夯实，不得含有杂物和较大冻块，冬期施工中的回填土要采取保温措施，防止受冻。大厅等较大面积混凝土垫层应分块断开，也可采取适当的配筋措施，以减弱地面沉降和垫层混凝土收缩引起的面层裂缝。

门口或门洞处基础砖墙最高不超过混凝土垫层下皮，保持混凝土垫层有一定厚度；门口或门洞处做水磨石面层时，宜在门口两边镶贴分格条，对解决该处裂缝有一定作用。

2）现制水磨石地面的混凝土垫层浇筑后应有一定的养护期，使垫层基本收缩后再做面层；较大的或荷载分布不均匀的房间，混凝土垫层中最好加配钢筋（双向 $\phi 6$ 间距 150～200mm）以增加垫层的整体性。板缝和端头缝必须用细石混凝土浇筑严实。

暗敷电线管不应太集中，管线上面至少应有 2cm 混凝土保护层，电线管集中或较大的部位，垫层内可采用加配钢筋网做法。

3）做好基层表面清扫处理，保证上下层粘结牢固。

4）尽可能使用干硬性混凝土和砂浆。混凝土坍落度和砂浆稠度过大，必然增加产生收缩裂缝的机会，并降低强度，引起水磨石地面空鼓裂缝。

5）分格设计时，避免产生狭长的分格带，防止因面层收缩而产生裂缝。

6. 表面光亮度差，细洞眼多

（1）现象

表面粗糙，有明显的磨石凹痕，细洞眼多，光亮度差。

（2）原因分析

1）磨光时磨石规格不齐，使用不当。水磨石地面的磨光遍数一般不应少于 3 遍（俗称“两浆三磨”）。第一遍应用粗金刚石砂轮磨，这一遍的作用是磨平磨匀，使分格条和石子清晰外露，但也留下明显的磨石凹痕。第二遍应用细金刚石砂轮磨，主要作用是磨去第一遍磨光后留下的磨石凹痕，将表面磨光。第三遍应用更细的金刚石砂轮或油石磨，进一步将表面磨光滑。但在施工中，金刚石砂轮的规格往往不齐，对第二遍、第三遍的磨石要求重视不够，只要求石子、分格条显露清晰，而忽视了对表面光亮度的要求。

2）打蜡之前未涂擦草酸溶液，或将粉状草酸直接撒于地面表面后进行干擦。

打蜡的目的是使地面光滑、洁亮美观，因此，要求蜡与地面表面层有一定的粘附力和耐久性。涂擦草酸溶液能除去地面表面的杂物污垢，洁净表面，增强打蜡效果。如果直接将粉状草酸撒于地面后进行干擦，则难以保证草酸擦得均匀。擦洗后，面层表面的洁净程度不一，擦不净的地方就会出现片片斑痕，直接影响打蜡效果。

3）补浆时不用擦浆法，而用刷浆法。水磨石地面在磨光过程中需进行两次补浆，这是消除面层洞眼孔隙的有效措施。如果用刷浆法，则往往一刷而过，仅在洞眼上口有一薄层浆膜，一经打磨，仍是洞眼。

（3）预防措施

1）打磨时，磨石规格应齐全，对外观要求较高的水磨石地面，应适当提高第三遍的油石号数，并增加磨光遍数。

2）打蜡之前应涂擦草酸溶液。溶液的配合比可用热水∶草酸＝1∶0.35（重量比），溶化冷却后用。溶液洒于地面，并用油石打磨一遍后，用清水冲洗干净。禁止用撒粉状草酸后干擦的施工方法。

3）补浆应用擦浆法，用干布蘸上较浓的水泥浆将洞眼擦严擦实。擦浆时，洞眼中不得有积水、杂物，擦浆后应进行养护，使水泥浆有个良好的凝结硬化条件。

4）打蜡工序应在地面干燥后进行，应避免在地面潮湿状态下打蜡，也不应在地面被弄脏后打蜡。打蜡时，蜡层应薄而匀，操作者应穿干净的拖鞋。

(4) 治理方法

1) 对于表面粗糙、光亮度差的，或者出现片片斑痕的水磨石地面，应重新用细金刚石砂轮或油石打磨一遍，打磨后重新擦草酸溶液，再用清水冲洗晾干后，再行打蜡。直至表面光亮为止。

2) 洞眼较多者，应重新用擦浆法补浆一遍，直至打磨后消除洞眼为止。

7. 彩色水磨石地面颜色深浅不一，彩色石子分布不匀

(1) 现象

色泽深浅不一，石子混合和显露不匀，外观质量差。

(2) 原因分析

1) 施工准备不充分，材料使用不严格，进多少，用多少，或是进什么材料，用什么材料。由于不同厂、不同批号的材料性能有差异，结果就出现颜色深浅不同的现象。

2) 每天所用的面层材料没有专人负责配置，往往随用随拌，随拌随配。操作马虎，检查不严，造成配合比不正确。

(3) 防治措施

1) 严格用料要求。对同一部位、同一类型的地面所需的材料（如水泥、石子、颜料等)，应使用同一厂、同一批号的材料，一次进场，以确保面层色泽一致。

2) 认真做好配料工作。施工前，应根据整个地面所需的用量，事先一次配足。配料时应注意计量正确，拌合均匀，不能只用铁铲拌合，还要用筛子筛匀。水泥和颜料拌合均匀后，仍用水泥袋每包按一定重量装起来，待日后使用，以免水泥暴露在空气中受潮变质。石子拌合筛匀后，应集中贮存待用。这样在施工时，不仅速度快，也容易保证地面颜色深浅一致，彩色石子分布均匀。

如果面层材料用量较少，采用现配现用时，则应注意加料顺序。人工拌料时，应先将颜料加于水泥上，拌均匀后再加石子拌合均匀；用机械搅拌时，则应先把石子倒在料斗内，然后再加水泥和颜料，防止石子直接着色，产生色泽不匀的现象。

3) 固定专人配料，加强岗位责任制，认真操作，严格检查。

4) 外观质量要求较高的彩色水磨石地面，施工前应先做若干小样，经建设单位、设计单位、监理单位和施工单位等商定其最佳的式样后再行施工。

8. 不同颜色的水泥石子浆色彩污染

(1) 现象

色彩污染现象大多发生在不同颜色地面的分界处（即分格条边缘处），成点滴状或细条状，有时分格块中间也有点滴异色。

(2) 原因分析

1) 铺设水泥石子浆时，先铺的面层在靠近分格条处有空隙，局部低于分格条。后铺另一色水泥石子浆时，又不注意认真控制边缘，致使水泥浆漫过分格条而填补了先铺设的空隙和局部低洼处，磨光后，分格条边缘就出现异色的水泥浆斑。

2) 先铺设的水泥石子浆厚度过厚，水泥浆漫过分格条，涂挂于分格条的另一侧，铺设后未注意对分格条进行清理，给后铺另一色水泥石子浆留下隐患，造成沿分格条边缘的异色污染斑痕。

3) 补浆工作不慎，特别是第一遍磨光后的补浆，由于洞眼孔隙较多，极易造成点滴

状污染。

4）彩色水磨石地面，在铺设面层水泥石子浆前，涂刷的素水泥浆结合层，其色彩与面层不同，在面层滚压过程中，素水泥浆泛至表面，造成表面颜色不一。

（3）防治措施

1）对于掺有颜料的水磨石地面，应特别注意铺设顺序。一般应先铺设掺有颜料的部分，后铺设不掺颜料的部分，或先铺设深色部分，后铺设浅色部分。

2）掌握好面层的铺设厚度，特别是在分格条处，不能过高，也不能过低。沿分格条两边应认真细致的拍实，避免空隙和低洼，当一种颜色的面层铺设完成后，应对分格条作一次认真的清理，后铺另一色水泥石子浆时，应再次检查一遍。

3）补浆工作应认真细致，先补不掺颜料或浅色的部位，后补掺有颜料或深色的部位。

4）对于彩色水磨石地面，铺设面层前所刷的素水泥浆结合层，其色彩（及配合比成分）应与面层相同。

9. 面层褪色

（1）现象

面层刚做好时，色泽较鲜艳，但时间不长就逐步褪色，室外地面褪色更快。影响美观。

（2）原因分析

1）水泥在水化过程中会析出氢氧化钙［$Ca(OH)_2$］，它是一种碱性物质。因此，如果掺入面层中颜料的耐碱性能差，则容易发生褪色或变色现象。如果地面经常处于阳光照射，则会因颜料的耐光性能差而造成褪色或变色。

2）颜料本身质量差。

（3）防治措施

采用耐碱性能（有太阳光照射的地面还应有耐光性能）好的矿物颜料。由于颜料的品种、名称较多，因此在采购和使用时，应加以注明，避免差错。如氧化铁黄（又名铁黄，学名叫含水三氧化二铁，分子式为 $Fe_2O_3xH_2O$）的耐碱、耐光性能都非常强，是比较理想的黄色系颜料。而铬黄（又名铅铬黄、黄粉等，学名叫铬酸铅，分子式为 $PbCrO_4$）耐碱和耐光性能都较差，因此在地面施工中不宜采用。

10. 地面接槎处不严密

（1）现象

室内水磨石地面与阳台、楼梯、卫生间等处地面接槎部位不严丝合缝，往往需要进行二次整修补抹，形成明显的施工缝，影响观感。

（2）原因分析

很多建筑物（如宾馆、医院、办公楼等）室内常采用现浇水磨石地面，而楼梯间、走廊、阳台、卫生间等处地面常采用板块铺贴地面。按照常规做法，先做现浇水磨石地面，然后铺贴板块地面。由于施工现浇水磨石地面时，对板块地面的几何尺寸（主要是宽度和厚度等）未作详细了解，没有留出较宽余的接槎余量，最终造成接槎处平面上不合缝或标高上不一致，成为观感较差的质量弊病。

（3）防治措施

1）施工现浇水磨石地面前，应对相邻接部位地面的做法进行详细了解，事先制订一个较完善的接槎措施。

2）摊铺现浇水磨石地面的水泥石子浆时，在接槎处应多铺出30～50mm的接槎余量，端部甩槎处用带坡度的挡板留成反槎，如图5－38、图5－39所示。到铺贴相邻部位板块地面时，用无齿锯锯掉多余的接槎余量，这样拼接的缝就能严丝合缝。

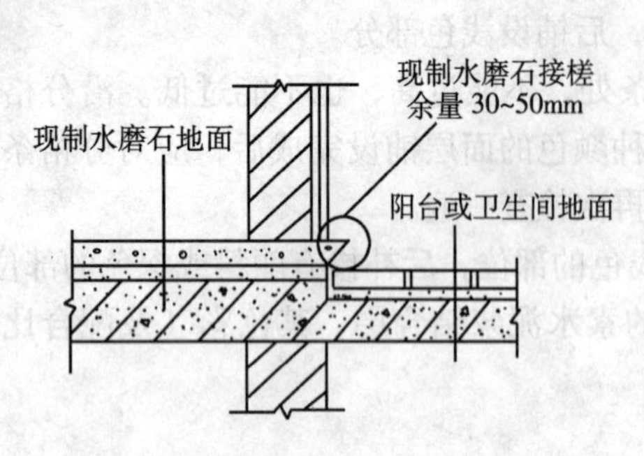

图5－38　现制水磨石地面与阳台或卫生间地面邻接时接槎做法

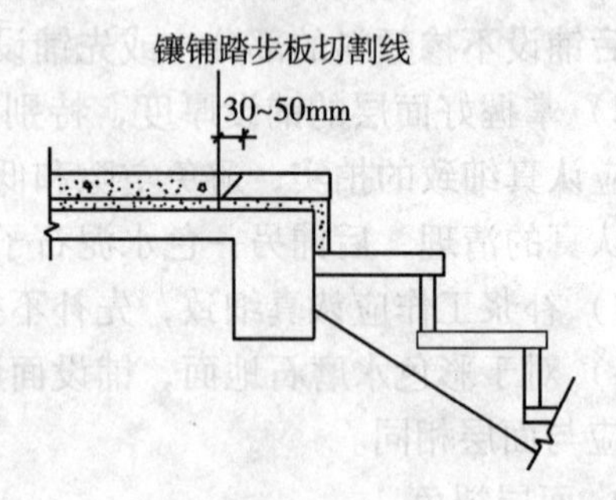

图5－39　现制水磨石地面与楼梯踏步邻接处接槎做法

3）无齿锯锯割时，动作要轻、细，切忌猛干，防止石子崩裂，造成豁口等缺陷。锯割完成后，应用200号以上的细砂轮将棱角处及切割面蘸水磨光、磨亮。

4）铺设相邻接处的板块地面时，应将接合处清理干净，并充分洒水湿润，涂刷水泥浆，以使结合牢固。铺设后，应做好成品保护、防止过早踩踏，造成松动等质量缺陷。

5.4　菱苦土地面

菱苦土地面具有保温、隔声、绝缘、防火、防爆、洁净等特点，脚感舒适，质地坚硬且又有弹性，属暖性地面。掺入颜料后，可做成不同色彩的菱苦土地面，色泽较美观。缺点是不耐水，在水的作用下会降低强度，甚至遭到破坏。

菱苦土地面适用于行人走动较频繁的地段，如纺织厂的一些车间走道地面；民用建筑中办公室、阅览室、教学楼、医院病房、住宅以及贮存室等地面工程。不适用于经常受潮湿、或有热源（经常处于35℃以上）影响的房间、地段的地面。

对于有天然菱镁矿或天然白云岩矿的地区，推广使用菱苦土地面具有一定的技术经济效益。

菱苦土地面拌合物的主要材料是菱苦土（亦称苦土粉），其主要成分是氧化镁（MgO），是一种镁质胶凝材料，亦称镁质水泥。但它与一般胶凝材料有两个显著的不同之点：第一是它不是用水拌和，而是用氯化镁溶液（$MgCl_2$）拌合。用氯化镁溶液拌合的拌合物比用水拌合的拌合物凝结硬化速度快、结晶物的强度高；第二是菱苦土拌合物在干燥的空气中凝结硬化，属气硬性胶结材料。主要硬化结晶物（复盐）能溶解于水而降低强度，因此不能在水中或潮湿环境中凝结硬化，并防止水及其他液体的浸蚀。

5.4.1　地面构造类型和设计要点

1. 菱苦土地面的构造类型见图5－40。

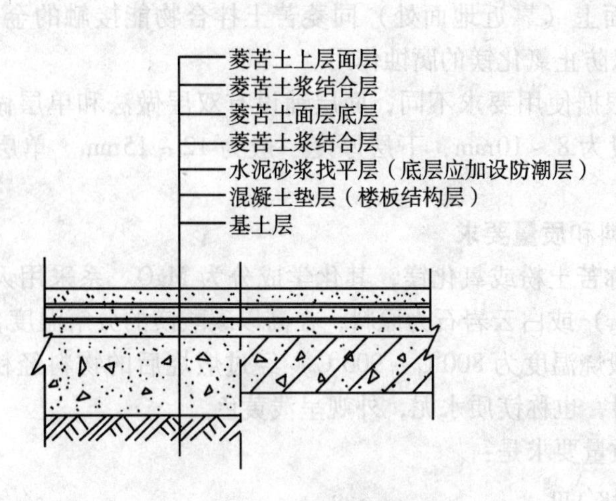

图 5-40 菱苦土地面构造

2. 菱苦土地面设计要点

（1）菱苦土地面按使用要求，可分为硬性面层和软性面层两种。硬性面层适用于行人密度较大，特别容易磨损的地段，如主要通道、楼梯平台等部位，因其表面要求坚硬耐磨，故拌合料中锯木屑含量较少，需掺适量的砂粒或石屑。软性面层适用于行人密度不大，活动量较少的场所，如办公室、住宅等建筑地面。因其表面要求有一定弹性，故拌合料中锯木屑含量相对较多，并不掺砂粒或石屑。

（2）设置水泥砂浆找平层。菱苦土面层因厚度较薄，在底层地面的混凝土垫层或楼面结构层上施工时，宜加设一道水泥砂浆找平层，使菱苦土面层施工厚度能均匀一致，避免因面层厚度不匀而产生裂缝等质量弊病。同时对底层地面来说，也增加了一道防水层（底层水泥砂浆找平层中应掺入防水材料）。铺设水泥砂浆找平层，应先在混凝土垫层（基层）上刷一道水灰比为 0.4～0.5 的水泥净浆，以闭塞垫层（基层）上的毛细孔隙，增强防水效果。水泥找平层在搓压紧密后，表面应轻微划毛，以增强与菱苦土面层的粘结能力。划毛可用带钉子的木板，见图 5-41。

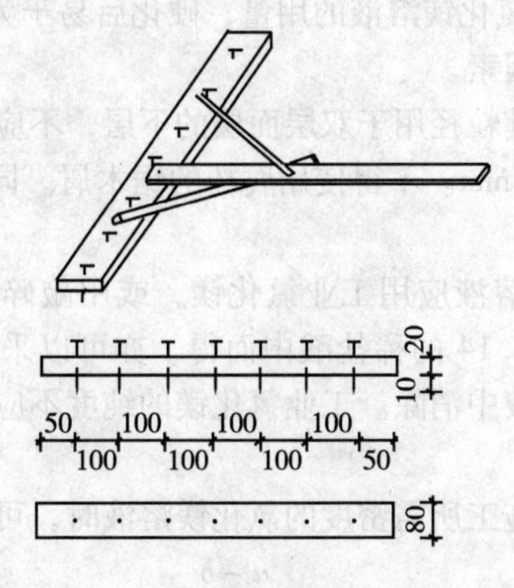

图 5-41 划毛用的带钉木板

3. 对地面或墙面上（靠近地面处）同菱苦土拌合物能接触的金属管道、金属构件，应采取防护措施，以防止氯化镁的腐蚀作用。

4. 菱苦土地面根据使用要求不同，面层铺设有双层做法和单层做法两种方法。双层面层的上层厚度一般为 8 ~ 10mm，下层厚度一般为 12 ~ 15mm。单层面层的厚度一般为 12 ~ 15mm。

5.4.2　使用材料和质量要求

1. 菱苦土：亦称苦土粉或氧化镁，其化学成分为 MgO。系采用天然菱镁矿石（化学成分为碳酸镁 $MgCO_3$）或白云岩石为原料，在高以碳酸镁的分解温度，但又低于氧化镁的烧结温度下（一般煅烧温度为 800℃ ~ 900℃）经过煅烧后的物料经粉碎磨细而得的一种气硬性镁质胶结材料，也称镁质水泥，外观呈浅黄色。

菱苦土的主要质量要求是：

密度：3.1 ~ 3.4g/cm³

氧化镁含量：≥75%

氧化钙和二氧化钙含量：均≤2.5%

含湿量：≤1.5%

粒径大于 0.08mm 的：≤25%；大于 0.3mm 的：≤5%

凝结时间：当加入密度为 1.2 的氯化镁溶液后，在标准温度下体积变化均匀，初凝不得早于 20min，终凝不得迟于 6h。

对于因受潮或出厂时间长而结块的菱苦土，胶凝活性有所降低，故不应采用敲碎过筛后直接使用的做法，而应采用烘炒的方法，使其恢复活性。具体做法是先将结块的菱苦土打碎，并用 3mm 筛孔的筛子进行过筛，然后将其放入大铁锅内架火烘炒，要求达到并保持 400℃，炒 2h 即可出锅，冷却后，称好重量分袋包装待用。对复活的菱苦土，在使用前，应再做一次初凝、终凝时间测定以及抗压、抗拉强度试验，切忌盲目使用，以免造成事故损失。

2. 锯木屑：锯木屑应选用针叶类木材的锯木屑（锯末），因为这种锯木屑质地比较松软，耐腐蚀性较强，铺设好的菱苦土面层富有弹性和耐久性。锯木屑的含水率不应大于 20%。如超过 20% 会冲淡氯化镁溶液的浓度，降低面层的强度。含水率也不宜小于 15%，如小于 15%，拌合时将增加氯化镁溶液的用量，硬化后易于为潮湿空气所潮解，导致日后菱苦土面层返潮的一个重要因素。

锯木屑的纤维应较短，其粒径用于双层面层的下层，不应大于 5mm，用于双层面层的上层和单层面层，不应大于 2mm。不得使用腐朽的锯木屑。同一面层应使用同一树种的锯木屑，有利于面层颜色一致。

3. 氯化镁溶液：氯化镁溶液应用工业氯化镁，或用敲碎的卤块溶解于水而得，或用苛性菱镁矿加入相对密度为 1.14 的稀盐酸中而得，亦可以采用盐场盐卤提炼的液态氯化镁。不溶解的沉淀物应自溶液中消除。工业氯化镁的纯度不应小于 45%，即氯化镁的含量应不少于 45%。

当用液态氯化镁来调制施工所需密度的氯化镁溶液时，可按下列公式计算加水量：

$$x = \frac{a - b}{b - 1}$$

式中 a——液态氯化镁密度，可用波美度比重计测得；

b——氯化镁加水后要求的密度；

x——单位体积的氯化镁应加水的体积。

〔例〕设1L液态氯化镁的密度为1.29，要使其密度成为1.22，求需要的加水量。

解：$x=\frac{1.29-1.22}{1.22-1}=0.32$（L）

4. 砂：宜用中粗砂，应洁净，含泥量应小于3%。砂内不得含有石灰颗粒。如用石屑代替砂应符合砂相应的要求，石屑应取自坚硬的岩石，含粉量不应大于3%。

5. 滑石粉：滑石粉应颜色浅淡，使用前，应过2.5mm筛孔的筛子，除去杂质。其掺入量宜为菱苦土和填充料总体积的6%。

6. 颜料：颜料应选用无机矿物颜料，具有耐光、耐碱性能。常用的如氧化铁红、氧化铁黄等。其掺入量宜为菱苦土和填充料总体积的3%～5%，或由试验确定。

5.4.3 施工准备和施工工艺

1. 施工准备

（1）一层（或一个施工段、一个检验批）的所用材料，应一次到场备足。

（2）如做样板间的，其材料配比、施工方法及工程质量应经有关方面认可签字。

（3）对地面上及墙面上（靠近地面处）的金属管道、金属构件的防护措施已完成。

（4）收听天气预报，选择较好的天气施工。应避开雨天或黄梅季节多雨天气施工。

（5）其余准备工作参见“5.1 水泥砂浆地面”一节内容。

2. 菱苦土地面的施工工艺（图5－42）

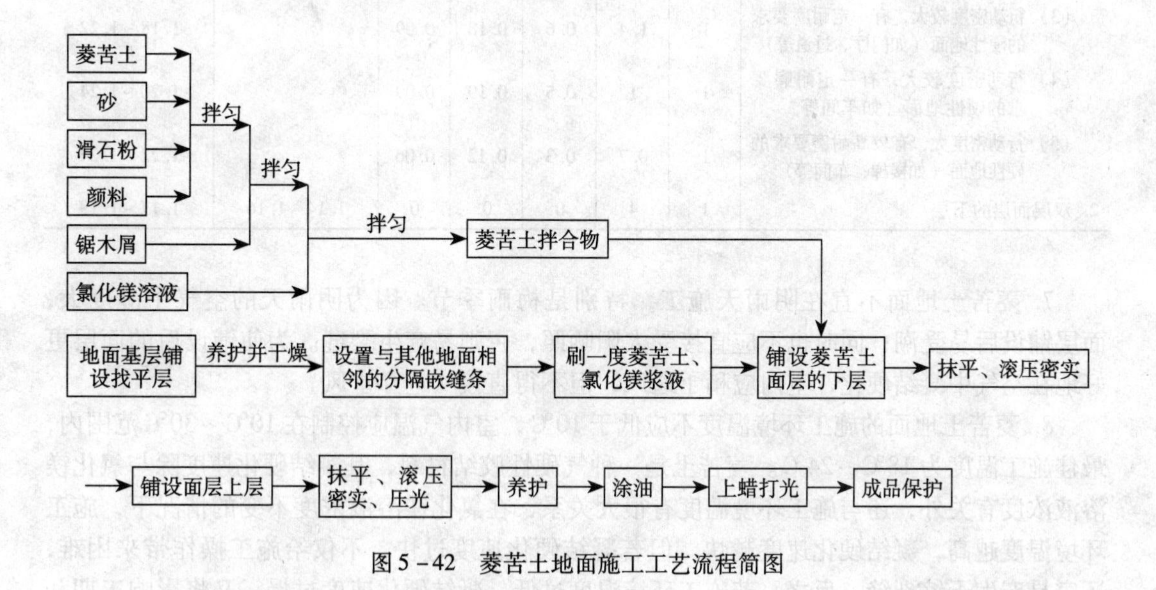

图5－42 菱苦土地面施工工艺流程简图

5.4.4 施工要点和技术措施

1. 水泥类基层的表面，要求坚实、平整、干燥、粗糙、洁净、无起砂起皮现象，如有油垢、油漆等污物的，应用碱水或3%～5%浓度的硫酸溶液清洗干净。

2. 凡做样板间的菱苦土地面，其地面的颜色、材料配比、施工方法、工程质量等情况应经有关部门认可后才能开始正式施工。

3. 菱苦土地面应在室内墙面、顶棚粉刷及门窗油漆、玻璃全部完成后才能施工，以防阳光、雨水及大风等天气因素影响地面施工质量。

4. 凡能与菱苦土拌合料接触的金属管道、金属构件应涂刷沥青漆，或抹一层厚度不小于30mm的硅酸盐水泥或普通硅酸盐水泥拌制的水泥砂浆，以防氯化镁的腐蚀作用。

施工过程中，应对生产设备加以覆盖保护。

5. 菱苦土地面不宜直接铺设在含有多孔、易受潮以及能和氯化镁起化学作用的材料上面，如石灰、石膏、炉渣、矿渣硅酸盐水泥、硫化物等。如需铺设，应采取相应防潮和隔绝措施，如设置一水泥砂浆找平层（应用硅酸盐水泥或普通硅酸盐水泥配制，并宜掺加防水材料，以增强防水效果）等。

6. 菱苦土地面的施工配合比可参见表5-20。

菱苦土地面施工配合比选择参考表　　表5-20

面层的种类与地面使用要求	菱苦土拌合物的成分（体积比）					菱苦土拌合物所用氯化镁溶液密度	
	菱苦土	锯木屑	砂	滑石粉	颜料	软性面层	硬性面层
1. 单层或双层面层的上层							
（1）行动密度不大，需有弹性的软性地面（如民用建筑等）	1	2	0	0.18	0.09	1.18~1.22	
（2）行动密度较大的地面（如过道等）	1	1.5	0	0.15	0.08	1.20~1.24	
（3）行动密度较大，有一定耐磨要求的硬性地面（如门厅、过道等）	1	1.4	0.6	0.18	0.09		1.18~1.22
（4）行动密度较大，有一定耐磨要求的硬性地面（如车间等）	1	1	0.5	0.19	0.09		1.20~1.24
（5）行动密度大，有较高耐磨要求的硬性地面（如楼梯、车间等）	1	0.7	0.3	0.12	0.06		1.22~1.24
2. 双层面层的下层	1	4	0	0	0	1.14~1.16	1.17~1.19

7. 菱苦土地面不宜在阴雨天施工，特别是梅雨季节。因为阴雨天的空气中湿度大，面层铺设后易受潮；同时也不应直接受太阳晒照，否则易产生裂缝。为使铺设后的面层更好地在空气中凝结硬化，室内应稍予通风，但不得直接吹进穿堂风。

8. 菱苦土地面的施工环境温度不应低于10℃，室内气温应控制在10℃~30℃范围内，最佳施工温度为18℃~24℃。菱苦土是一种气硬性胶结材料，其凝结硬化速度除与氯化镁溶液浓度有关外，还与施工环境温度有很大关系，在氯化镁溶液浓度不变的情况下，施工环境温度越高，凝结硬化速度越快。但若凝结硬化速度过快，不仅给施工操作带来困难，还容易产生干缩裂缝。反之，若施工环境温度过低，凝结硬化速度过慢，又将影响工期和工效。

9. 氯化镁溶液的浓度（密度）应随施工环境温度的变化而作适当调整，调整的幅度不宜过大，可参见表5-21。常用密度在1.13~1.30之间。如密度小于1.13，会降低菱苦土面层的强度，并伴有体积收缩而容易产生裂缝；如密度大于1.30时，则凝结速度快，不仅施工操作困难，还会发生体积膨胀，易造成面层破坏。

地面温度与氯化镁浓度关系表 **表 5-21**

温度与浓度	室内地面温度（℃）											
	10		15		20		25		30		35	
	波美度	密度	波美度	密度	波美度	密度	波美度	密度	波美度	密度	波美度	密度
面层使用的氯化镁溶液	23	1.19	22	1.18	21	1.17	20	1.16	19	1.15	18	1.14
底层使用的氯化镁溶液	24	1.20	23	1.19	22	1.18	21	1.17	20	1.16	19	1.15

10. 菱苦土拌合料采用人工拌制时，应在木槽内或有镀锌铁槽内进行，不得在水泥类基层上进行拌制。人工拌制投料的顺序应按图 5-42 的流程图进行。如在专用的砂浆搅拌机内拌制，则投料顺序应为：先投入 4/5 左右的氯化镁溶液，然后分别投入菱苦土、滑石粉、颜料搅拌，再投入锯木屑、砂子搅拌，最后倒入余下的 1/5 氯化镁溶液，直至搅拌均匀为止。用于底层的菱苦土拌合料搅拌时间不宜小于 3min，用于上层的搅拌时间不宜小于 5min，使拌合物拌至色泽一致为宜。

11. 拌制菱苦土地面拌合料时，应严格掌握配合比，控制施工稠度。双层面层的上层和单层面层拌合料的稠度宜为 5.5~6.5cm，下层拌合料的稠度宜为 7~8cm（均以 500 克圆锥体沉入度计，测定方法同水泥砂浆测定法），菱苦土拌合料应在 45min 内用完。

12. 铺设菱苦土底层拌合料，应在基层（水泥砂浆找平层）上先涂刷一度菱苦土：氯化镁（1∶3）稀浆结合层，以增强面层与基层的粘结能力。氯化镁溶液的密度为 1.06~1.13，随刷浆随铺设面层。

双层面层的底层铺设到边缘时，应留出 80~100mm 的空隙，待铺设面层一起铺设，以增强地面边缘处的强度和整体性，见图 5-43。接槎处应留成斜槎，有暖气片时尚应留出 60~100mm 宽抹水泥砂浆。底层铺设高度宜比规定低 1~2mm，因为锯木屑拌制氯化镁溶液后略有膨胀。

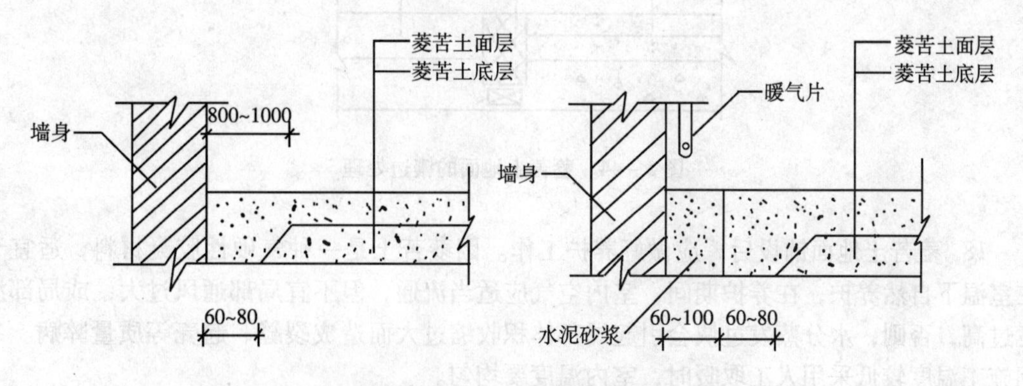

图 5-43 菱苦土地面边缘处做法

13. 铺设双层地面的上层时，应先对下层质量进行检查，对粘结不牢的、起鼓等松散处应作处理。上层的铺设时间，应在下层硬化后进行。或根据施工环境温度，参见表 5-22 进行。

上层与下层相隔时间表 表 5-22

室内地面温度（℃）	10	15	20	25	30	35
相隔时间（h）	48	40	36	32	28	24

在上层拌合料铺设前 20～30min 时间，应在底层面上刷一度菱苦土：氯化镁（1:3）稀浆结合层，氯化镁相对密度宜为 1.06～1.13，以增强上下层间的结合性能。随刷随铺放上层拌合料。

14. 面层拌合料铺设刮平后，宜用滚筒（做水磨石地面的滚筒，重约 3～5kg）来回压实至表面泛浆为止，滚筒滚压应纵横两个方向进行，然后用铁抹子（或玻璃抹子）赶压至密实、光洁。表面若有不平处，应用拌合料补平。当滚压后表面浆水过多，影响压光时间时，可干撒一薄层菱苦土干拌合料，然后先用木抹子搓打平整均匀后，再用铁抹子压光，这样既不影响面层施工质量，又有利于加快压光时间。

15. 菱苦土地面铺设后，正确掌握压光时间至关重要。菱苦土地面拌合料的初凝时间一般为 0.5～2h，终凝时间一般为 2～6h。压光时间过早，表面光洁度较差；压光时间过迟，表面易起毛、不密实。抹平压光工作宜用铁抹子或玻璃抹子进行，效果较好。

16. 菱苦土地面宜连续施工不留槎，如面积较大非留槎不可时，应留成斜槎。继续施工在接槎处应涂刷菱苦土氯化镁溶液结合浆水后，再行施工。接槎处的抹平压光工作应精心细致，不应有明显的接槎痕迹。

有的菱苦土地面亦可设置铜条或玻璃分格条，以有利于地面分区段施工。同时，对地面防止产生胀缩裂缝也有好处。

17. 菱苦土地面与其他材料的面层相邻接时，应设置镶边，镶边材料可用硬木条、玻璃条、铜条等，见图 5-44。

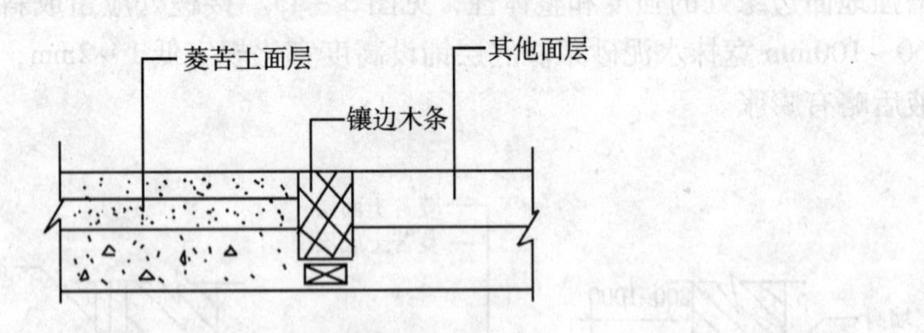

图 5-44 菱苦土地面的镶边处理

18. 菱苦土地面铺设后，应做好养护工作。因菱苦土是一种气硬性胶凝材料，适宜于在室温下自然养护，在养护期间，室内空气应适当流通，但不宜局部通风过大，或局部温度过高，否则，水分蒸发过快会引起局部体积收缩过大而造成裂缝、起壳等质量弊病。冬期施工温度较低采用人工取暖时，室内温度要均匀。

菱苦土地面养护过程中，应保持清洁，严禁行人踩踏，避免水浸和受潮，养护期一般为 7～14d。

19. 施工中对伸缩缝、施工缝和沟道边等处应作认真处理好。当采用分格条施工，应将分格条两边的面层抹平，保证缝两侧的面层平整一致。

20. 对面层边角或局部不平处，在凝结硬化后，应作磨光工作。磨光工作应在面层达到设计强度后进行，以免锯木屑脱落。磨光前，应用面层相同的材料——菱苦土、颜料和密度为1.06~1.13的氯化镁溶液配置的菱苦土浆液对表面稍加湿润，磨光不应用粗砂轮，应用200号以上的油石轻轻擦拭。

21. 为增强菱苦土地面的防潮耐水能力，在地面磨光并充分干燥后（当温度为15~20℃时，约在面层做完后15d进行；当温度为20~25℃时，约在面层做完后10d进行）刷一度底油。清油：松节油=1:1，混合后加热至80~90℃，使用温度60℃左右。用刷子均匀涂刷一遍，不得漏刷。

22. 待底油全部干燥后进行上蜡。打蜡前，应将地面灰尘擦拭干净，然后把地板蜡均匀涂刷在地面上，不宜过多过厚，待蜡稍干，用软布用力擦拭，或用磨石机，在砂轮处包上软布后擦拭至地面光亮为止。打蜡材料的配方参见表5-25。

23. 打蜡之后的菱苦土地面应加强产品保护，交工前禁止有重物堆压，或有尖锐物品拖拉摩擦，以避免损伤地面面层。

5.4.5 质量标准和检验方法

菱苦土地面面层的质量标准和检验方法见表5-23。

菱苦土地面质量标准及检验方法 表5-23

项	序	检验项目		允许偏差或允许值（mm）	检验方法
主控项目	1	面层材料质量		材料品种、规格等应符合设计要求和国家标准规定	观察检查和检查材质合格证明文件、检测报告
	2	面层配合比和强度		面层配合比和强度等级应符合设计要求	检查配合比通知单和检测报告
	3	面层与基层结合		结合牢固，不应有起鼓和翘边现象	用小锤轻击和观察检查
一般项目	4	表面外观质量		表面应光滑，色泽一致，不应有深浅明显的抹痕印	观察检查
	5	地面镶边		用料符合设计要求，边角整齐、光滑，拼缝严密、顺直	观察及用钢尺检查
	6	踢脚板与墙面结合		结合紧密，高度一致，出墙面厚度均匀 注：局部空鼓长度不大于300mm，且每自然间（标准间）不多于2处可不计	用小锤轻击、钢尺和观察检查
	7	楼梯踏步		1. 踏步的宽度和高度应符合设计要求； 2. 楼层梯段相邻踏步高度差不应大于10mm； 3. 每踏步两端宽度差不应大于10mm； 4. 旋转楼梯梯段每踏步两端宽度的允许偏差为5mm； 5. 踏步齿角应整齐，防滑条应顺直	观察和用钢尺检查
	8	表面平整	整体面层	4	用2m靠尺和楔形塞尺检查
			板块面层	3	
	9	缝格平直		3	拉5m线和用钢尺检查，不足5m拉通线检查
	10	相邻板块接缝高低差		1	用2m靠尺和楔形塞尺检查

注：序3中，当空鼓面积不大于400cm²，且每自然间（标准间）不多于2处可不计。

5.4.6 质量通病和防治措施

1. 强度增长慢，强度低

(1) 现象

在正常情况下，菱苦土地面的面层与底层经6h左右能凝固硬化，在常温15~25℃时经过7d养护，底层的抗压强度应达到2MPa，面层的抗压强度达到8MPa，抗拉强度2MPa。但有时会出现反常现象，例如凝固缓慢，超过12h，或7d内达不到上述强度。

(2) 原因分析

1) 室内地面温度低。菱苦土地面是由氧化镁和氯化镁溶液以及锯木屑、少量砂等材料拌合而成的一种气硬性胶凝材料，在干燥的空气中凝结硬化，它的正常的施工环境温度是10~30℃，最佳温度为18~24℃。如果温度过低，则凝结硬化速度就慢。

2) 配制菱苦土拌合料的氯化镁浓度低。氯化镁溶液的浓度通常用波美度和密度两个指标控制，随着施工环境温度的变化，溶液浓度应相应调整，见表5-21。当气温较低时，如不相应调整氯化镁溶液的浓度，则拌合物的强度增长就会很慢。

3) 使用了腐朽霉烂的木屑（锯末）。

4) 菱苦土粉贮藏期过长而失效。菱苦土系采用天然菱镁矿石（化学成分为碳酸镁 $MgCO_3$）经高温（800~900℃）煅烧后粉碎磨细而成。碳酸镁经高温分解成氯化镁 MgO和二氧化碳 CO_2。氧化镁在空气中若贮存时间过久，则它吸收空气中的二氧化碳气后，会重新化合成坚硬的菱镁矿块体而失去活性，所以氧化镁不宜贮存时间过久，更不能长期暴露于空气中，存放时间一般不超过3个月。

存放期间也要防止受潮，氧化镁将会与水发生化学反应，生成氢氧化镁 $Mg(OH)_2$，结块后也将大大降低其活性，并降低凝结体强度。

5) 菱苦土原材料质量差，有时因天然菱镁矿煅烧温度过高而使氧化镁产生烧结现象，成为金属镁，拌水后，水化反应和凝结硬化速度很慢。

这五种情况对菱苦土地面强度增长都有直接影响，其中第1)、2) 两点因素是密切关联的，而第4) 点原因是最主要的。

(3) 预防措施

1) 针对地面温度低，可按表5-21选择氯化镁溶液的浓度。在我国北方及东北地区，菱苦土地面施工有季节性，地面温度在+10℃以下时不宜施工，低于+5℃时，因菱苦土不再凝固，强度不再增长，应停止施工，否则，应采取提高室温的措施。当采用炭火升温时，应有组织地排放烟气。

2) 使用腐朽、霉烂木屑引起菱苦土地面强度低时，应更换新鲜的木屑。木屑树种以针叶松较好，但阔叶木及硬杂木的木屑也可使用。木屑鉴定方法可用鼻子嗅，如发出新鲜的木材清香味，即属佳材。

3) 菱苦土粉似水泥一样，属于活性材料，存放期过长，或在潮湿环境下贮存，或堆积太高，或堆底贴地，都易使菱苦土凝结成块，失去活性，因此堆底必须架空垫起，铺上油纸或塑料薄膜隔潮。堆积高度不应超过10袋，贮存时间不超过3个月，并应放在防雨仓库内，如果菱苦土粉已经结块，或虽不结块但已过期失去活性时，可采取以下一些复活措施。

①将结块砸碎，用3mm筛子过筛。

②将筛好的菱苦土粉放入大铁锅内，架火烘炒，温度要求达到并保持400℃，炒2h即可，待出锅冷却后称好重量装袋，以供使用。

③为谨慎起见，复活后的菱苦土在使用之前应再做一次初凝、终凝时间测定及抗压抗拉强度试验，合格后再使用。

4）采购菱苦土原材料，应认真了解其性能，施工前，应由材料试验部门进行质量检验，切忌盲目使用。

（4）治理方法

达不到设计强度等级的菱苦土地面应分析原因，并铲除重做。重做时，应注意做好基层的清理工作。

2. 菱苦土地面起鼓、翘边

（1）现象

1）室内中央或某一部分起鼓，敲击时发出空鼓声，起鼓面积及高度逐渐增长。

2）室内周边翘起并逐渐发展。

起鼓、翘边是菱苦土地面的常发病，且属于恶性症状，一旦产生，难以制止，往往发展到整间地面。

（2）原因分析

菱苦土地面的特性是在凝固及强度增长过程中，伴有体积膨胀，尤以最初3～7d内膨胀率为最大，这时如遇下述情况就会发生起鼓、翘边的现象：

1）地面混凝土垫层强度不够。

2）木基层过于光滑。

3）混凝土垫层的水灰比过大，表面泌出一层水浆，干燥后结成一层强度极低的水泥浆膜。

4）垫层表面有油迹或污泥、鞋印、车轮印或沾污石灰浆等。

5）在垫层上铺设面层拌合料前，没有刷透菱苦土和氯化镁溶液稀浆，影响面层与垫层之间的粘结。

6）菱苦土底层抹完后，间隔时间过短（即抹菱苦土面层时底层强度不够），面层膨胀造成起鼓；或因时间间隔过长引起结合不好而起鼓翘边。

7）氯化镁溶液浓度过高，密度过大，使菱苦土拌合料内部结晶应力增大，造成体积膨胀甚至崩溃。

8）拌合料在凝结硬化过程中，直接受穿堂风吹或高温季节施工，地面拌合物经高温烘烤后，造成急剧地收缩和体积变化不均匀而导致裂缝和起壳。

（3）预防措施

1）混凝土垫层应使用硅酸盐水泥或普通硅酸盐水泥，表面应使之洁净干燥。菱苦土面层施工时，垫层强度不应小于设计要求的50%，且不得小于5MPa。

2）如果是木基层，木板不得刨光，板宽不得大于120mm，上面需钉40mm镀锌铁钉，间距15cm，钉帽露出板面5～10mm。

3）垫层应为低流动性混凝土，坍落度最好小于20mm。待终凝后用竹帚将表面水泥浆刷去，使石子表面露出（如果混凝土已有强度，可用钢丝刷刷毛；强度高时，可用剁斧将表面凿毛）。

4）用清水洗净垫层表面的污垢。有油渍的地方用汽油刷净，再用碱水洗刷后用清水冲洗。有石灰浆点的地方用3%盐酸溶液洗涤，再用清水冲干净并晾干。待垫层干燥后即可进行面层施工。

5）在混凝土垫层上铺设菱苦土底层和在菱苦土底层上抹面层之前，应用密度为1.06～1.13的氯化镁溶液和菱苦土的拌合料（4∶1～3∶1重量比）涂刷（可用钢丝刷或马兰根刷，南方用棕刷刷），使混凝土孔眼吃透浆，并趁湿铺抹菱苦土拌合料。

6）正确掌握菱苦土底层与面层之间铺设相隔的时间，可参照表5－22。

7）氯化镁溶液浓度不应过高或过低，应按表5－21采用。

8）菱苦土面层铺设后，应避免直接受穿堂风吹和高温烘烤。

（4）治理方法

对已鼓起及翘边的面层，在未扩展前应凿开，将已脱壳部分凿去，如果垫层强度很好（超过5MPa），就在上面清洗污迹、凿毛、刷透稀浆后补抹面层，如果属于垫层强度不足时应彻底凿掉，从垫层开始处理。

3. 菱苦土地面表面不光滑，施工缝不平整

（1）现象

1）整体菱苦土地面表面不平整或有成片发黑色的抹子印。

2）表面不光滑，呈桔皮状的粗毛孔。

3）施工接缝处不平整。

（2）原因分析

1）面层拌合料抹平后，二次压光时间过迟或过早，或压光的遍数不够。

2）处理施工缝的工艺不当。

（3）防治措施

1）菱苦土地面面层用玻璃抹子荡平。到初凝时（一般为0.5～2h之间，视当时室内温度和湿度而定）再用玻璃抹子抹平出浆。到终凝时（一般为2～5h），先用大铁抹子压实压平，再用小铁抹子压实压光。压光时用力要均匀，一般压两次即可（来回各一遍为一次），光滑细致的地面需压光3～4次。菱苦土地面终凝时间参照表5－24。

菱苦土地面终凝时间 **表5－24**

室内地面温度（℃）	10	15	20	25	30	35
终凝时间（h）	5	4	3.5	3.0	2.5	2.0

如果第二次压光与第一次压光时间相隔过长，表面会产生成片发黑色的抹子印。

如果第二次压光与第一次压光时间相隔过短，则表面在干燥后呈桔皮状。

2）由于木屑太粗，出现毛孔时应更换细木屑（用3mm筛孔过筛），在水灰比不变的情况下，适当增加菱苦土的比例。

3）要求施工缝处平整光滑时，应按下面方法处理：

混凝土基层上设置的温度缝及其他设计上所必须的伸缩缝等处，铺抹底层拌合料时应留出宽度相同的缝隙。铺设面层拌合料应和底层的缝设在同一位置上。

施工接缝处应将已铺抹好的底层边缘直线割去一部分，清除剩余的渣滓，再涂刷菱苦土和氯化镁溶液稀浆，然后继续铺拌合料，在接缝处用力压紧、压实，再抹光，直至分辨不出接缝时为止。面层与底层处理方法相同。

4. 地面打蜡缺陷

（1）现象

1）打蜡厚薄不均。

2）色泽深浅不一，蜡未渗透到菱苦土面层内形成蜡膜。

（2）原因分析

1）没有正确掌握打蜡工艺，仅将生蜡用喷灯烤化熔滴在菱苦土地面上，造成生蜡层厚薄不均，同时喷灯的油烟污染了地面。

2）地面完成后相隔时间太久才打蜡。

（3）预防措施

菱苦土地面养护期内禁止受潮湿，待面层终凝全部干燥且已有强度（温度在20℃时经过72h）后即可打蜡，时间最长不宜超过7d。菱苦土地面使用的蜡应按表5－25配方一配制。

打蜡材料配方表 **表5－25**

材料名称	单　位	配方一	配方二
石蜡	kg	1	1
煤油	kg	0.5	3
松节油	kg	0.5	1
鱼油（清油）	kg	0.5	1

打蜡方法：用毛刷蘸蜡均匀地刷在菱苦土表面上，注意不可过多，过厚。待蜡渗入菱苦土地面内，第二天薄薄地撒上一层滑石粉，再用毛布或麻布擦光，或用磨光机擦光。以后每次打蜡的配合比按表5－25配方二配制。

打蜡材料的配制法：先将石蜡、煤油和鱼油熬到95℃，待冷却到40℃以下，加松节油调合均匀，第二天即可使用。

（4）治理方法

对于未渗透到菱苦土面层内的蜡膜应轻轻铲除干净，然后按上面预防措施中所述的打蜡方法重新打蜡。

5. 地面泛潮

（1）现象

菱苦土地面在雨季很容易泛潮，强度降低。

（2）原因分析

氯化镁溶液与菱苦土调合后由于化学变化产生氢氧化镁 $Mg(OH)_2$ 和镁的氧氯化合物（$3MgO \cdot MgCl_2 \cdot 6H_2O$ 复盐），这是含有多量吸附水的小晶体的胶泥，它在干燥空气中蒸发后，胶泥便逐渐硬化成为强度很高的固体，但在雨季潮湿空气中，氧氯化合物能吸收水分而泛潮，使菱苦土地面强度降低。

在低温（施工温度低于10℃）下施工时，为了操作方便，盲目提高氯化镁溶液的浓度和增加其用量，不仅使地面容易返潮，还容易加大收缩变形，造成地面裂缝。

（3）防治措施

1）在雨季前打蜡一次，以后在雨季中再打蜡一次，使菱苦土面层保持一层蜡膜，便不易泛潮。平常使用期间每隔4～6个月打蜡一次，保持地面干燥，可延长菱苦土面层的使用寿命。

2）氯化镁溶液的用量和浓度应严格按照施工配合比施工，切忌盲目加大。

3）避免在阴雨天施工菱苦土地面。

6. 预制菱苦土块铺贴层疵病

（1）现象

1）预制菱苦土块铺贴数天后便发生空鼓或翘边脱落。

2）预制块铺贴不平，四角灰缝空隙不饱满。

3）块体周边灰缝宽窄不均。

4）色泽不匀。

（2）原因分析

1）菱苦土预制块空鼓翘边脱落的原因有：

①基层混凝土强度不够；

②基层表面不清洁，有油迹或石灰浆点，当预制块铺后数天，因膨胀变形与基层脱开；

③不了解铺贴工艺，使用水泥砂浆作粘贴胶泥，预制块受潮变形，砂浆强度增长缓慢受拉力而脱开，有的用沥青作粘贴剂，也是不适宜的；

④铺贴时在基层表面及预制块的铺贴面未刷透菱苦土稀浆，使预制块与垫层结合不好；

⑤配制菱苦土粘结胶泥时所用氯化镁溶液的密度没有按照地面温度来调整。

2）铺贴时在基层上大面积铺胶泥，致使某些底灰较薄的预制块，因上表面找平而不敢下按，产生底灰空隙，周边灰缝不满等现象。

3）由于预制块尺寸大小不均，造成周边灰缝宽窄不均匀。

4）预制块配料没有严格按重量比，特别是色料掺得不匀，使预制块的色泽深浅不一。

（3）防治措施

1）菱苦土预制块与基层结合应采取以下措施：

①基层混凝土强度应不小于设计强度的50%，且不得小于5MPa；

②严格保持基层上表面清洁，如有油污及石灰浆点时，应采取本节所述的清洗措施；

③粘结层必须用菱苦土胶泥，而氯化镁的浓度应根据地面温度按本节表5－21选用；

④基层表面及预制块的铺贴面必须刷透稀菱苦土胶泥。

2）铺贴时，应铺一块胶泥随即贴一块，铺浆饱满，将预制块按平，同时周边应挤出浆，随即刮去余浆，擦净表面。

3）预制块规格尺寸须经挑选，误差应控制在1mm以内，不同规格的预制块应分别堆放使用。

4）制作预制块时的配料应严格按重量比过秤，每批用的原材料必须相同，以免色泽不均匀。在铺贴前应将色泽深浅不同的预制块分别堆放使用，使在同一区域内的预制块颜色一致。

5.5 砖 地 面

砖地面在建筑地面工程中应用极广，种类也繁多，使用跨度也大，从普通的机制黏土砖到陶瓷地砖、陶瓷锦砖、水泥地面砖、劈离砖、缸砖及地面道路专用砖等，从民间建筑到工业建筑以及到古建筑、市政道路工程等都普遍得到采用。砖地面具有结构致密、平整光洁、抗腐耐磨、色调均匀、施工方便等诸多优点。此外，由于地砖形式多样，可拼成各种式样的彩色图案，具有较好的装饰效果。

5.5.1 地面构造类型和设计要点

1. 地面构造类型

常用砖地面的构造类型见图 5－45。

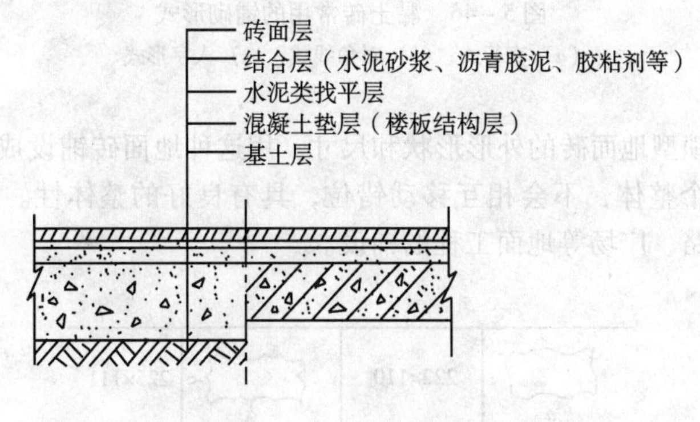

图 5－45 砖地面构造

多种砖地面的铺设形式见文前彩色插图。

2. 设计要点：

（1）砖面层材料品种繁多，质量差异也较大，应根据地面不同的使用功能要求，选择合适的品种进行铺设。

（2）砖面层常采用的结合层有砂、水泥砂浆、沥青胶结料以及胶粘剂等。砂结合层的厚度为 20～30mm；水泥砂浆结合层的厚度为 10～15mm；沥青胶结料结合层厚度为 2～5mm；胶粘剂结合层厚度为 2～3mm。

（3）陶瓷锦砖、陶瓷地砖、缸砖、水泥花砖等大部分地面砖厚度较薄，耐压和耐冲击性能较差，因此，不宜铺设在有冲击、有重压的地段。

有的地面砖，如道路、广场砖，具有较高的耐压、耐冲击性，可以通行汽车，其下面的垫层厚度及基土的夯实质量应经力学计算确定。

（4）有防滑要求的楼地面，如浴室、厨房间等，面层砖应选用防滑的地面砖。

（5）有防水要求的砖地面，应设置防水隔离层。

（6）有防腐要求的砖地面，面层砖应选用具有防腐蚀性能的地面砖。

（7）砖地面的铺设缝隙，应根据不同的使用环境，采用不同的缝隙尺寸。露天砖地面或室内面积较大的砖地面宜用宽缝（缝宽 8～10mm），或每隔 1.5～2.0m 设置一条宽缝，缝内用弹性材料填嵌，以有利于温度变化时的应力释放。

（8）有拼花图案的砖地面，应明确拼花图案式样，或施工前先作样板，经有关设计、业主、监理等单位认可后，作为正式地面施工图案。

普通黏土砖的铺砌形式，一般采用“直行”、“对角线”或“人字形”等铺法，见图 5－46。相邻两行的错缝应为砖长度的 1/3～1/2。大多用于农用建筑和附属次要建筑的地面工程以及室外庭院等道路、地面工程。

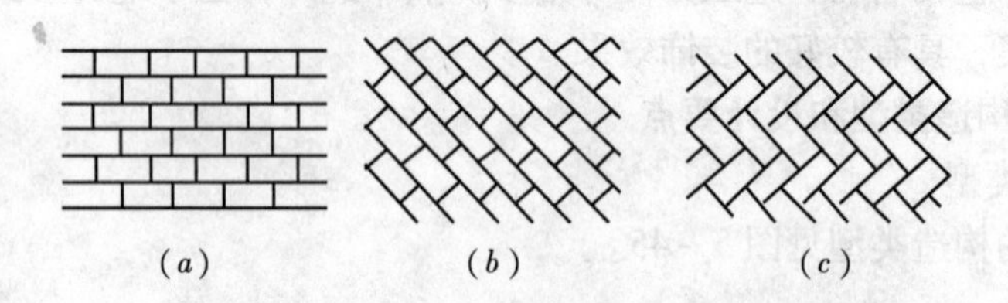

图 5－46　黏土砖常用的铺砌形式

（*a*）直行式；（*b*）对角线式；（*c*）人字形式

图 5－47 为连锁型地面砖的外形形状和尺寸。用这种地面砖铺设成的地面，砖块之间相互咬合连锁成一个整体，不会相互移动错位，具有良好的整体性。同时也易于维修更换。适用于室外道路、广场等地面工程的铺设。

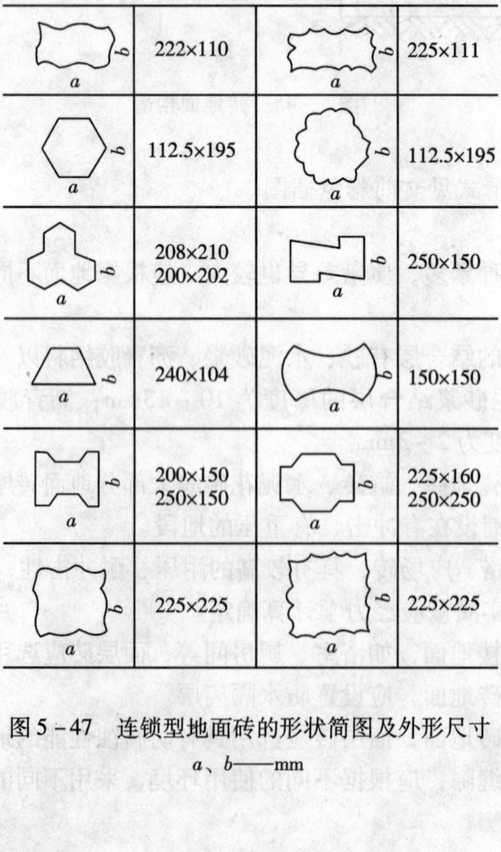

形状	尺寸	形状	尺寸
a、*b*	222×110	*a*、*b*	225×111
a、*b*	112.5×195	*a*、*b*	112.5×195
a、*b*	208×210 200×202	*a*、*b*	250×150
a、*b*	240×104	*a*、*b*	150×150
a、*b*	200×150 250×150	*a*、*b*	225×160 250×250
a、*b*	225×225	*a*、*b*	225×225

图 5－47　连锁型地面砖的形状简图及外形尺寸

a、*b*——mm

图 5－48 为陶瓷锦砖的几种基本拼花图案。

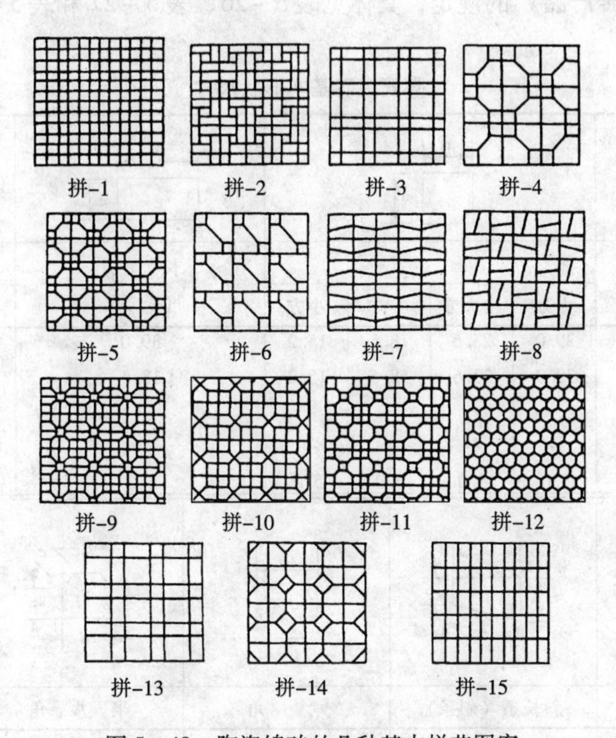

图 5－48　陶瓷锦砖的几种基本拼花图案

拼－1——各种正方形与正方形相拼；
拼－2——正方与长条相拼；
拼－3——大方、中方及长条相拼；
拼－4——中方及大对角相拼；
拼－5——小方及小对角相拼；
拼－6——中方及大对角相拼；小方及小对角相拼；
拼－7——斜长条与斜长条相拼；
拼－8——斜长条与斜长条相拼；
拼－9——长条对角与小方相拼；
拼－10——正方与五角相拼；
拼－11——半八角与正方相拼；
拼－12——各种六角相拼；
拼－13——大方、中方、长条相拼；
拼－14——小对角、中大方相拼；
拼－15——各种长条相拼

（9）踢脚板一般使用与地面砖同品种、同规格、同颜色的材料做成（机制黏土砖除外），板材的立缝应与地面缝对齐。

5.5.2　使用材料和质量要求

1. 机制黏土砖：用于铺设楼地面的机制黏土砖应使用一等品，外形尺寸偏差值小，色泽一致。缺角、裂纹的砖不得使用。砖的抗压强度等级不应低于 MU10。

2. 陶瓷锦砖：陶瓷锦砖的基本形状尺寸、外观质量、物理性能指标应符合现行国家标准《建筑陶瓷锦砖产品》的规定，具体见表5－26、表5－27和表5－28。

陶瓷锦砖基本形状尺寸　　表5－26

基本形状		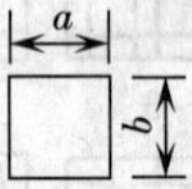				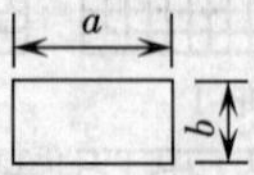	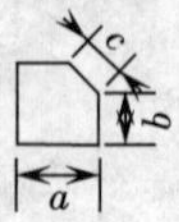	
名称		正方				长方（长条）	对角	
		大方	中大方	中方	小方		大对角	小对角
规格（mm）	*a*	39.0	23.6	18.5	15.2	39.0	39.0	32.1
	b	39.0	23.6	18.5	15.2	18.5	19.2	15.9
	c	—	—	—	—	—	27.9	22.8
	d	—	—	—	—	—	—	—
	厚度	5.0	5.0	5.0	5.0	5.0	5.0	5.0

基本形状		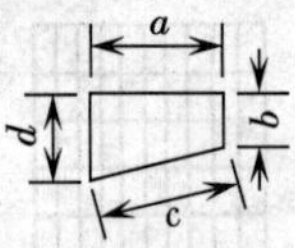	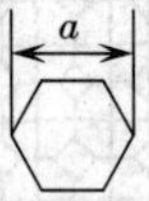	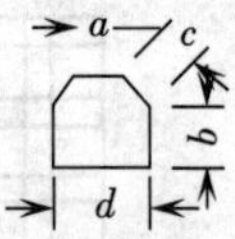	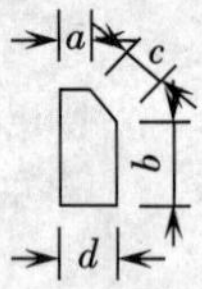
名称		斜长条（斜条）	六角	半八角	长条对角
规格（mm）	*a*	36.4	25	15	7.5
	b	11.9	—	15	15
	c	37.9	—	18	18
	d	22.7	—	40	20
	厚度	5.0	5.0	5.0	5.0

注：1. 本表只列了陶瓷锦砖的几种基本形状，其他形状均未列入；

2. 表列规格主要系辽宁省海城陶瓷厂陶瓷锦砖的产品规格，其他生产单位的产品规格大致相同，但具体尺寸略有出入。

陶瓷锦砖的外观质量要求　　表5－27

缺陷名称		缺陷允许范围							
		锦砖最大边长不大于25mm				锦砖最大边长大于25mm			
		优等品		合格品		优等品		合格品	
		正面	背面	正面	背面	正面	背面	正面	背面
夹层、釉裂、开裂		不允许				不允许			
斑点、粘疤、起泡、坯粉、麻面、波纹、缺釉、桔釉、棕眼、落脏、熔洞		不明显		不严重		不明显		不严重	
缺角	斜边长（mm）	1.5～2.3	3.5～4.3	2.3～3.5	4.3～5.6	1.5～2.8	3.5～4.9	2.8～4.3	4.9～6.4
	深度（mm）	不大于厚砖的2/3				不大于厚砖的2/3			

续表

缺陷名称		缺陷允许范围							
		锦砖最大边长不大于25mm				锦砖最大边长大于25mm			
		优等品		合格品		优等品		合格品	
		正面	背面	正面	背面	正面	背面	正面	背面
缺边	长度（mm）	2.0~3.0	5.0~6.0	3.0~5.0	6.0~8.0	3.0~5.0	6.0~9.0	5.0~8.0	9.0~13.0
	宽度（mm）	1.5	2.5	2.0	3.0	1.5	3.0	2.0	3.5
	深度（mm）	1.5	2.5	2.0	3.0	1.5	2.5	2.0	3.5
变形	翘曲（%）	不明显				0.3		0.5	
	大小头（mm）	0.2		0.4		0.6		1.0	

注：1. 斜边长小于1.5mm的缺角允许存在；正背面缺角不允许出现在同一角；正面只允许缺角一处。
2. 正背面缺边不允许出现在同一侧面；同一侧面边不允许在2处缺边；正面只允许2处缺边。
3. 锦砖与铺贴衬材的粘结按标准规定试验后，不允许有锦砖脱落。
4. 正面贴纸锦砖的脱纸时间不大于40min。

陶瓷锦砖的物理性能指标 **表5-28**

项目	性能指标	
	无釉锦砖	有釉锦砖
吸水率（%）	≤0.2	≤1.0
耐急冷急热性	不要求	经急冷急热试验不裂

3. 陶瓷地砖：陶瓷地砖的外观质量和物理性能指标应符合表5-29、表5-30和表5-31的要求。

陶瓷地砖尺寸的允许偏差 **表5-29**

基本尺寸（mm）		允许偏差（mm）	基本尺寸（mm）		允许偏差（mm）
边长（L）	$L<100$	±1.5	边长（L）	$L>300$	±3.0
	$100\leq L\leq 200$	±2.0	厚度（H）	$H\leq 10$	±1.0
	$200<L\leq 300$	±2.5		$H>10$	±1.5

陶瓷地砖的外观质量要求 **表5-30**

缺陷名称	质量标准		
	优等品	一级品	合格品
斑点、起泡、熔洞磕碰、坯粉、麻面、疵火、图案模糊	距离砖面1m处目测，缺陷不明显	距离砖面2m处目测，缺陷不明显	距离砖面3m处目测，缺陷不明显
裂纹	不允许		总长不超过对应边长的6%
开裂			正面，不大于5mm
色差	距砖面1.5m处目测不明显		距砖面1.5m处目测不严重

续表

缺陷名称	质量标准		
	优等品	一级品	合格品
平整度（mm）	±0.5	±0.6	±0.8
边直度（mm）	±0.5	±0.6	
直角度（mm）	±0.6	±0.7	
背　纹	凸背纹的高度和凹背纹的深度均不得小于0.5mm		
夹　层	任一级别的无釉砖均不允许有夹层		

注：产品背面和侧面不允许有影响使用的缺陷。

陶瓷地砖的物理性能指标　　表5-31

项　目	吸水率（%）	耐急冷急热性	抗冻性能	弯曲强度（MPa）	耐磨性（mm^3）
性能指标	3~6	经3次急冷急热循环，不出现炸裂或裂纹	经20次冻融循环，不出现破裂或裂纹	平均值≥25	磨损量平均值≤345

4. 陶瓷墙地砖：陶瓷墙地砖的外观质量和物理性能指标应符合表5-32、表5-33和表5-34的要求。

陶瓷墙地砖尺寸的允许偏差　　表5-32

基本尺寸（mm）		允许偏差（mm）
边　长	<150	±1.5
	150~250	±2.0
	>250	±2.5
厚　度	<12	±1.0

陶瓷墙地砖的外观质量要求　　表5-33

缺陷名称		质量要求		
		优等品	一级品	合格品
缺釉、斑点、裂纹、落脏、棕眼、熔洞、釉缕、釉泡、烟熏、开裂、磕碰、波纹、剥边、坯粉		距离砖面1m处目测，有可见缺陷的砖数不超过5%	距离砖面2m处目测，有可见缺陷的砖数不超过5%	距离砖面3m处目测，缺陷不明显
色　差		距离砖面3m目测不明显		
最大允许变形（%）	中心弯曲度	±0.50	±0.60	+0.80 -0.60
	翘曲度	±0.50	±0.60	±0.70
	边直度	±0.50	±0.60	±0.70
	直角度	±0.60	±0.70	±0.80

续表

缺陷名称	质量要求		
	优等品	一级品	合格品
分　层	不得有结构分层缺陷存在		
背　纹（mm）	凸背纹的高度和凹背纹的深度均不小于0.5		
其　他	在产品的侧面和背面，不准许有妨碍粘结的明显附着釉及其他影响使用的缺陷		

注：坯体里有夹层或有上下分离现象称为分层。

陶瓷墙地砖的理化性能指标　　表5－34

项　目	吸水率（%）	耐急冷急热性	抗冻性能	弯曲强度（MPa）	耐磨性	耐化学腐蚀性
性能指标	≤10	经3次急冷急热循环不出现炸裂或裂纹	经20次冻融循环不出现破裂、剥落或裂纹	平均值≥24.5	根据耐磨试验，将砖分为四类	耐酸、耐碱性能各分为AA、A、B、C、D五个等级

5. 水泥花砖：水泥花砖系以白水泥或普通水泥为主要原料，掺以颜料、砂等有关材料后，经拌合挤压成型，充分养护而制成的水泥制品，面层可带有各种图案，质地光洁坚硬，经久耐用，适用于建筑物室内的墙面和地面用砖。其主要型号尺寸、外观质量和物理性能指标应分别符合表5－35、表5－36、表5－37和表5－38。

水泥花砖的型号及外形尺寸（mm）　　表5－35

型　号	长	宽	厚
面　砖（F）	200	200	12
边　砖（E）	200	200	
	200	150	15
角　砖（C）	200	200	
	150	150	18
墙　砖（W）	200	200	12
	200	150	15

水泥花砖外观质量及尺寸允许误差　　表5－36

缺陷种类		优质品	合格品	说　明
外形尺寸误差不大于（mm）	长	－1.0	－2.0	
	宽	－1.0	－2.0	
	厚	±0.5	±0.8	

续表

缺陷种类		优质品	合格品	说明
面层最小厚度（mm）不小于		2.0	1.6	W型不作规定
表面平整度 不大于（mm）	平度	0.3	0.5	用于F、E、C型
		0.5	1.0	用于W型
	角度	0.3	0.5	用于F、E、C型
		0.5	1.0	用于W型
缺棱	正面	长×宽≤5×2，不多于二处	长×宽≤10×2，不多于二处	
	反面	长×宽≤10×2，不多于二处，其深度不大于厚度的四分之一	长×宽≤20×3，不多于二处，其深度不大于厚度的三分之一	
掉角	正面	长×宽≤3×2，不多于一处	长×宽≤4×3，不多于二处	
	反面	长×宽≤6×2，不多于一处	长×宽≤10×3，不多于一处	
裂缝和砖面露底		不允许	不允许	
麻面、污迹、越线、色差和图案偏差		应符合现行国标《水泥花砖》有关规定		

水泥花砖的抗折荷载（N） **表5-37**

品种	厚（mm）	优质品		合格品	
		平均值	单块最小值	平均值	单块最小值
F E C	12，15，18	1000	850	850	700
W	12，15	800	700	600	500

水泥花砖的抗折强度（MPa） **表5-38**

品种	厚度（mm）	优质品		合格品	
		平均值	单块最小值	平均值	单块最小值
F，E，C	12	8.5	7.1	7.1	5.8
	15	5.5	4.5	4.5	3.7
	18	3.3	3.2	3.2	2.6
W	12	6.7	5.8	5.0	4.2
	15	4.3	3.7	3.2	2.7

6. 缸砖、防潮砖（红地砖）：系由质地优良的黏土胶泥压制成型，干燥后经焙烧而成，耐压强度较高，耐磨性能良好，具有防水、防潮性能。适用于铺设厨房、浴室、厕所等房间的楼地面，其质量应符合国家建材标准和相应的产品技术指标。

7. 水泥：水泥应采用硅酸盐水泥、普通硅酸盐水泥或矿渣硅酸盐水泥，强度等级不应低于32.5级。

8. 砂：应采用洁净、无有机杂质的粗砂或中砂，含泥量不大于3%。

9. 水泥砂浆：铺设缸砖、陶瓷锦砖、陶瓷地砖等面层砖时，水泥砂浆体积比宜为1:2，稠度宜为25~35mm；铺设机制黏土砖、水泥花砖等面层砖时，水泥砂浆体积比宜为1:3，其稠度宜为30~35mm。

10. 沥青胶结料：沥青胶结料宜用石油沥青与纤维、粉料或纤维与粉料混合的填充料配制而成，具体参见“4.1 找平层”一节中材料质量要求的规定。

11. 胶粘剂：胶粘剂应为防霉、防菌，并应符合现行国家标准《民用建筑工程室内环境污染控制规范》GB 50325—2001的相应规定。

12. 颜料：应选用耐碱、耐光的矿物颜料。

5.5.3 施工准备和施工工艺

1. 施工准备

施工准备包括现场准备、材料准备、机具准备和劳动力准备等内容，具体参见“5.1 水泥砂浆地面”一节内容。

2. 施工工艺

砖地面面层的施工工艺见图5-49。

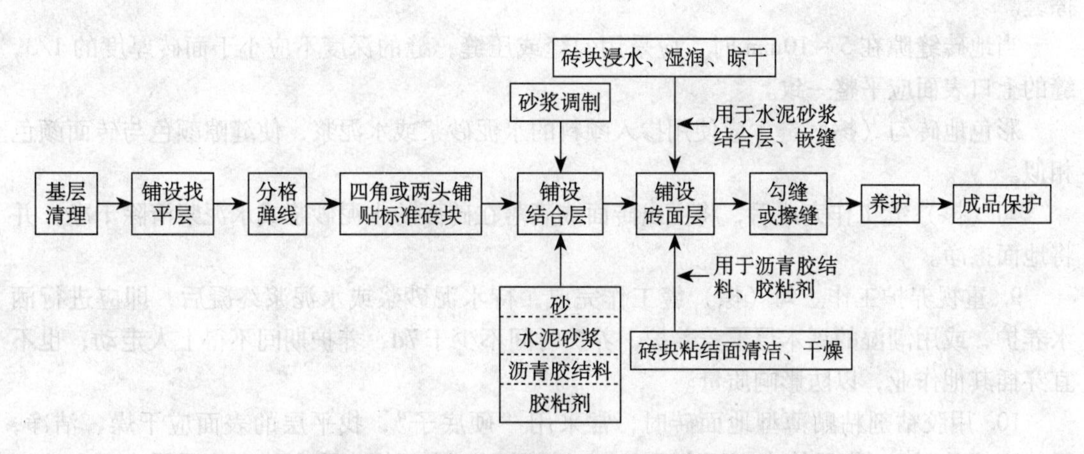

图5-49 砖地面面层的施工工艺流程简图

5.5.4 施工要点和技术措施

1. 重视基层处理，基层表面清洗干净后，洒（浇）水湿润，做找平层前达到面干饱和状态。

2. 水泥砂浆找平层应平整、坚实。面积较大的应冲筋或做灰饼。做找平层前，应刷一道水灰比为0.4~0.5的素水泥浆，并随刷浆随铺设找平层。

3. 有图案的砖铺地面，施工前应先做样板间或样板段，经设计、业主、监理等单位检查确认后，方可正式开始施工。

4. 铺贴地砖前，应做好排砖、弹线（控制线）工作。在房间纵横（或对角）两个方向先排好尺寸，当尺寸不合整块砖的倍数时，可调整接缝宽度，或裁半砖用于边角处。根据确定后的砖数和缝宽，先用方尺找方，然后在找平层上每隔3~5块砖弹一根控制线，并引至墙底部。

砖缝与伸（缩）缝应一致。弹线时应注意，垫层设有伸（缩）缝的部位，地面砖的接缝应重迭在垫层的伸（缩）缝上。

室内与过道相邻处铺砖，应拉通线，注意对缝和对花。

5. 面积较大的地面，常根据分格控制线先铺贴好一条或数条定位带，即纵、横相隔10~15块砖先铺贴一行砖，形成定位控制带，然后再铺设控制带内的地砖。房间不大的可在房间四角先铺贴定位标准砖块，然后再由内向外带线铺贴，操作人员不得踩踏在已铺贴好的地面砖上，以保证铺贴面层的平整度。

6. 用水泥砂浆铺贴的地面砖，在铺贴前一天，应将地面砖浸水湿润，第二天铺贴时，达到面干饱和状态，以增强粘结效果。

7. 用水泥砂浆铺贴地面砖，宜采用干硬性水泥砂浆，即先用木锤（或橡皮锤）将地面砖按标高轻砸平整后，再掀起浇一薄层纯水泥浆，最后进行砸平密实，并及时调整砖缝间尺寸。如用稠度较大的水泥砂浆一次铺贴到位，则平整度往往难以控制。

8. 勾（擦）缝工作应在地面砖铺贴后2d即可进行。勾（擦）缝前，应先清理缝口，刷水湿润，用1:1水泥砂浆勾（擦），使缝达到密实、平整、光滑。

当地砖缝隙不大于1mm时，在清理缝口后应用粥状水泥浆灌缝，然后用棉纱蘸浆擦缝。

当地砖缝隙在5~10mm时，应采用勾缝或压缝，缝的深度不应小于面砖厚度的1/3，缝的上口表面应平整一致。

彩色地砖勾（擦）缝，应使用掺入颜料的水泥砂浆或水泥浆，使缝隙颜色与砖面颜色相似。

勾（擦）缝工作完成后，将溢出砖面或滴落在砖面的水泥砂浆或水泥浆清除干净，并将地面擦净。

9. 重视养护工作。勾（擦）缝工作完成，待水泥砂浆或水泥浆终凝后，即应进行洒水养护，或用潮湿的锯木屑覆盖养护，养护时间不少于7d，养护期间不得上人走动，也不宜穿插其他作业，以防影响质量。

10. 用胶粘剂粘贴薄型地面砖时，常采用"硬底子"，找平层的表面应干燥、洁净，平整度偏差用2m直尺检查应不大于2mm。铺贴时，宜用锯齿形刮板在找平层表面和地面砖铺贴面涂刮胶粘剂，厚度2mm左右，待胶粘剂内的挥发性溶剂适当挥发后（视气候温度情况，一般5~20min）再进行铺贴，位置摆正后，用木锤或橡皮锤轻轻敲击至密实，板缝中溢出的余胶，应及时擦净。铺贴完成后，应加强成品保护。

胶粘剂的选用，应采用有质量合格证的产品，并符合现行国家规范《民用建筑工程室内环境污染控制规范》GB 50325的相应规定。

5.5.5　质量标准和检验方法

砖地面的质量标准和检验方法见表5-39。

砖地面的质量标准和检验方法 **表5-39**

<table>
<tr><th>项</th><th>序</th><th colspan="2">检验项目</th><th colspan="5">质量要求及允许偏差（mm）</th><th>检验方法</th></tr>
<tr><td rowspan="3">主控项目</td><td>1</td><td colspan="2">面层材料</td><td colspan="5">1. 所用地面砖的品种、规格、质量必须符合设计要求；
2. 选用的胶粘剂必须符合《民用建筑工程室内环境污染控制规范》的规定</td><td>观察检查、检查材质合格证明文件及检测报告</td></tr>
<tr><td>2</td><td colspan="2">面层与下一层的结合</td><td colspan="5">应牢固、无空鼓。
注：凡单块砖边角有局部空鼓，且每自然间（标准间）不超过总数的5%可不计</td><td>用小锤轻击检查</td></tr>
<tr><td>3</td><td colspan="2">砖面层外观质量</td><td colspan="5">表面应洁净、图案清晰、色泽一致，接缝平整，深浅一致，周边顺直。砖块无裂纹、掉角和缺楞</td><td>观察检查</td></tr>
<tr><td rowspan="12">一般项目</td><td>4</td><td colspan="2">镶边用料及尺寸</td><td colspan="5">用料应符合设计要求，边角整齐、光滑</td><td>观察和用钢尺检查</td></tr>
<tr><td>5</td><td colspan="2">踢脚线</td><td colspan="5">表面应洁净、高度一致、结合牢固、出墙厚度一致</td><td>观察和用小锤轻击及钢尺检查</td></tr>
<tr><td>6</td><td colspan="2">楼梯踏步和台阶</td><td colspan="5">砖块的缝隙宽度应一致，齿角整齐，楼层梯段相邻踏步高度差不应大于10mm，防滑条顺直、牢固</td><td>观察和用钢尺检查</td></tr>
<tr><td>7</td><td colspan="2">有坡度要求的面层</td><td colspan="5">1. 坡度应符合设计要求，不倒泛水、无积水；
2. 与地漏、管道结合处应严密牢固、无渗漏</td><td>观察、泼水或坡度尺及蓄水检验</td></tr>
<tr><td rowspan="8">8</td><td rowspan="3">项次</td><td rowspan="3">项目</td><td colspan="5">面层材料</td><td rowspan="3"></td></tr>
<tr><td rowspan="2">陶瓷锦砖、陶瓷地砖</td><td rowspan="2">缸砖</td><td rowspan="2">水泥花砖</td><td colspan="2">普通黏土砖</td></tr>
<tr><td>砂结合层</td><td>水泥砂浆结合层</td></tr>
<tr><td>1</td><td>表面平整度</td><td>2</td><td>4</td><td>3</td><td>8</td><td>6</td><td>用2m靠尺和楔形塞尺检查</td></tr>
<tr><td>2</td><td>缝格平直</td><td>3</td><td>3</td><td>3</td><td colspan="2">8</td><td>拉5m线和用钢尺检查</td></tr>
<tr><td>3</td><td>接缝高低差</td><td>0.5</td><td>1.5</td><td>0.5</td><td colspan="2">1.5</td><td>用钢尺和楔形塞尺检查</td></tr>
<tr><td>4</td><td>踢脚线上口平直</td><td>3</td><td>4</td><td>—</td><td colspan="2">—</td><td>拉5m线和用钢尺检查</td></tr>
<tr><td>5</td><td>砖块间隙宽度</td><td>2</td><td>2</td><td>2</td><td colspan="2">—</td><td>用钢尺检查</td></tr>
</table>

5.5.6 质量通病和防治措施

1. 地砖地面爆裂拱起

(1) 现象

地砖地面在季节交替、温度变化时，出现爆裂拱起，影响地面外观质量和使用效果。

(2) 原因分析

1) 地面砖块与结合层水泥砂浆、基层混凝土的线膨胀系数不同所致。水泥砂浆、混凝土的线膨胀系数值为 $10\sim14\times10^{-6}/℃$，而地面砖的线膨胀系数值一般为 $3\times10^{-6}/℃$，两者相差3~5倍。在温度变化时，两者的胀、缩值相差较大，胀缩值小的地面砖往往被胀缩值大的水泥砂浆或混凝土所拱起或崩裂。且水泥砂浆或混凝土中水泥含量越大，地面砖的密度越大，两者的线膨胀系数值相差亦越大。冬天铺设的地面砖，到夏季温度升高时，地面砖易被水泥砂浆层及基层混凝土胀裂而拱起；夏季施工的地面砖，到冬季温度下降时，又易被水泥砂浆层及基层混凝土的收缩而爆裂拱起。

2）地面砖铺贴，采用密缝铺贴，靠墙处又抵紧砖墙，当温度升、降时，地面砖没有胀缩的余地，当胀缩值达到一定程度时，就易被崩裂拱起。

（3）预防措施

1）铺设地面砖的水泥砂浆配合比宜为1:2.5～1:3，水泥掺量不宜过大。砂浆中适量掺加白灰为宜。

2）地面砖铺设时不宜拼缝过紧，宜留缝1～2mm，擦缝不宜用纯水泥浆，水泥砂浆中宜掺适量的白灰。

3）地面砖铺设时，四周与砖墙间宜留2～3mm空隙。

表5－40为部分公共建筑砖地面使用情况调查资料。

（4）治理办法

将破裂拱起的地面砖换掉。铺贴新地面砖时，砂浆强度不宜过高，砂浆中可适量掺些白灰，并适当加大缝隙。

部分公共建筑砖地面使用情况调查　　表5－40

工程名称	柱网尺寸（m）	面层地面砖材料尺寸（mm）	铺贴板缝	面层伸缩缝纵横间距（m）	面层伸缩缝的分格尺寸（m）	使用情况
广州白云机场台胞厅	6.4×9.5	有釉地砖 200×200	密缝铺贴	不设缝	不设缝	砖块局部脱层隆起，并沿柱网开裂
珠海机场大厅	12×12	抛光砖 400×400	离缝铺贴	12×12	按柱网轴线 12×12	使用正常
上海外滩广场		有釉地砖 300×300	密缝铺贴	约11.5×21	约11.5×21	局部脱层隆起
新加坡机场大厅	12×40	陶瓷地砖 400×400	离缝铺贴	12×12 12×14	按柱网轴线 12×40	使用正常
曼谷机场大厅	10×20	有釉地砖 200×200	密缝铺贴	不设缝	不设缝	面层沿柱网开裂
布里斯本机场大厅	21×21	陶瓷地砖 100×100 200×200	离缝铺贴	3.5×3.5	按柱网轴线 21×21	使用正常

2. 地面表面平整度差

（1）现象

地面砖铺设后，表面平整度差，缝格顺直差，虽不超过规范允许偏差值，但观感效果较差。

（2）原因分析

1）地面砖本身质量差，几何尺寸不一，外形尺寸偏差较大，存在厚薄、宽狭、翘曲等缺陷。

2）地面砖铺设前，不做找平层，或找平层施工粗糙，表面平整度偏差较大。如果铺贴地砖面层时，又采用稠度较大的水泥砂浆一次成活，则砂浆结合层厚薄不匀，凝结硬化时，收缩值也不同，最终造成面层的平整度就差，缝格也难以顺直。

3）铺贴地面砖，带线操作马虎，几行砖一带，又不注意及时自查、校正。

4）地面砖铺贴完成后，成品保护不好，在结合砂浆凝结硬化期间就过早上人踩踏或进行下道工序操作。

（3）预防措施

1）地砖地面基层上应做水泥砂浆找平层，要求达到相应平整度，并认真作好分格（块）弹线。面积较大的房间，应在中间部位先铺一块或一路标准地面砖，作为平面标高和缝格走向的铺贴依据。

2）重视地面砖的原材料质量，铺贴前应作一次挑选工作，凡平面翘曲、尺寸误差较大的应剔出，裁割后用于地面四周边框部位，或用于次要房间及次要部位。

3）铺贴时认真带线，并宜采用干硬性水泥砂浆（1:3～1:4，体积比）。砂浆抹平后，用木锤或橡皮锤将地面砖轻击砸平，然后掀起浇一薄层纯水泥浆，并检查有无空隙部位，如有局部空隙，应及时补足砂浆。再次轻击砸平地面砖，及时用靠尺在纵横两个方向找准，同时注意缝格顺直，发现误差，及时拨正。

4）铺贴地面砖，应从房间里面向外面进行，操作人员不应站在已铺贴好的地面砖上进行操作活动。

5）面层铺贴完成后，应认真做好养护工作，在结合砂浆凝结硬化期间，禁止行人上前踩踏，也不应过早安排下道工序进行施工操作。

（4）治理方法

1）对表面平整度差，又伴有空鼓的地面砖，应予以返工换掉。

2）对明显大小不一的或明显不直的接缝，可在结合层砂浆达到一定强度后，用手提切割机对接缝进行切割处理，使接缝尽量大小一致，并顺直。切割操作时，手提切割机应用靠尺顺直，切割动作要轻细，防止动作过猛造成掉角、裂缝和豁口等弊病。

切割后，勾缝材料中可适当掺入颜料，使接缝颜色与地面砖颜色基本一致。

5.6 板块地面

板块地面系在工厂预先加工制成板块成品材料，运到工地铺贴而成的地面，在建筑地面中使用极广，它具有施工方便、施工期较短、湿作业量少以及易于清洁和良好的地面装饰效果。板块地面有天然石材板块，如大理石、花岗石板块，也有人工制作的，如预制水磨石板块和预制混凝土板块。大理石、花岗石板块地面常使用于装饰效果要求较高的公共建筑地面，如车站、机场的候车（机）大厅，会堂、剧场、展览馆、医院、高级写字楼的门厅、过道，住宅建筑中的客厅等。大理石板材大多为磨光板材，光滑明亮、柔和典雅、纹理清晰、色泽美观大方。花岗石板材用于室内地面时大多为磨光板材，表面光亮，色泽鲜明、晶体裸露、华丽富贵。花岗石板材用于室外地面时则大多采用剁斧板材、机刨板材和粗磨板材等多个品种，表面平整粗糙、防滑效果较好，视不同场合选用之。预制水磨石板块地面具有表面光滑美观，花色品种多等优点，在工业与民用建筑中亦为普遍使用。混凝土预制板块造价便宜、可做成各种形状，大多使用于厂区、住宅区道路、庭园道路、广场以及停车场等处，掺入颜料后，可做成各种色彩的混凝土预制块。

碎拼大理石和碎拼花岗石地面（又称冰裂纹地面）是近十多年来发展起来的一种板块型地面，开始在我国南方采用较多，现已普及到全国，它是采用大理石板或花岗石板的碎块，不规则的铺贴在水泥砂浆结合层上，用素水泥石子浆或彩色水泥石子浆填补其缝隙，缝隙宽度一般为20～30mm，待水泥石子浆有一定强度后，再用细磨石磨光而成，也可用水洗的办法，使石子露出表面。

5.6.1 地面构造类型和设计要点

1. 板块地面的构造类型见图5－50和图5－51。

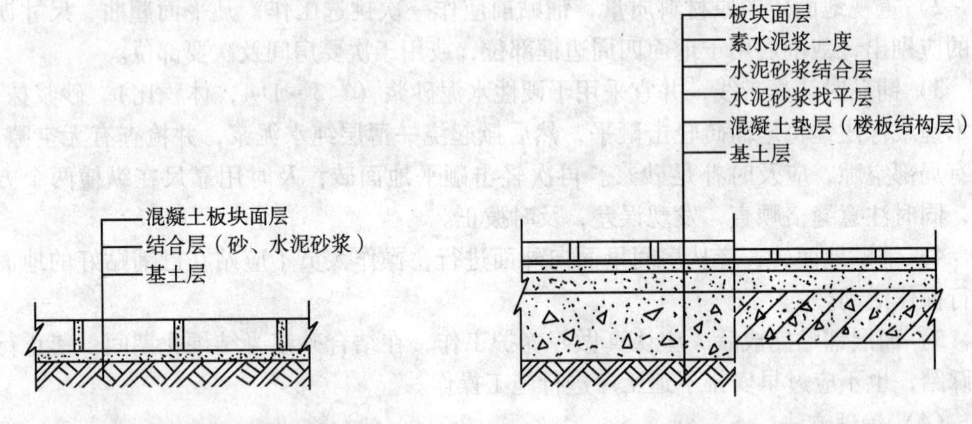

图5－50　混凝土预制板块地面构造　　图5－51　花岗石、大理石板块地面构造

2. 板块地面的设计要点

（1）应重视天然石材的放射性问题，设计上应选择合适的地面板材。

天然大理石、花岗石板材取自矿山，常有金属矿石伴生，因而常常具有一定的放射性物质，特别是颜色较深的花岗石石材，放射性物质含量较高。根据我国《天然石材产品放射防护分类控制标准》，根据放射性物质的种类和含量划分为A、B、C三类。A类产品放射性物质含量极低，不会对人体健康产生危害，可在建筑物的任何部位使用；B类产品有一定的放射性物质含量，不可用于居室的卧室地面；C类产品有一定量的放射性物质，可用于建筑物的外墙面或室外地面。

（2）天然大理石、花岗石板材由于结构致密，质地坚硬，自重较重，铺设时，水泥砂浆结合层又较厚（约30～40mm），特别是对楼面，增加荷重较多，必要时应对建筑结构的承载力进行复核，以确保建筑结构安全。

（3）花岗石板材铺设于室外地面、露天广场时，应重视温度变化所引起的胀缩影响，不宜采用狭缝铺设，应用宽缝（缝宽6～10mm）铺设，或隔3～6m设一道较宽的缝，缝内填嵌弹性材料，以利于温度变化时的应力释放。

（4）大理石板材不适用室外地面、露天广场等地面工程。大理石主要化学成分是碳酸钙（$CaCO_3$），在酸性物质作用下，易于腐蚀、失色，直至破坏。室外的大气环境较差，经常遭受风、霜、雨、雪等的侵入作用，特别是当空气中含有二氧化硫成分时，对大理石的质量影响更大，使光洁发亮的大理石板材很快失去光泽，并逐渐剥蚀而终至破损。

（5）大理石、花岗石地面应有明确的图案设计，特别是对于大厅中央、柱脚处等主要醒目地段，应精心设计。有的地面图案还与顶棚彩灯图案相呼应，与室内环境相衬托，充分反映房间的使用功能，达到浑然一体的装饰效果。

5.6.2 使用材料和质量要求

1. 天然花岗石板材：天然花岗石板材，由各类岩浆岩（花岗岩、安山岩、辉绿岩、片麻岩等）开采后经加工而成，磨光的花岗石板材石材质感强，光洁明亮，有高雅名贵之感。花岗石的主要矿物质成分为长石、石英石、云母等，主要化学成分为二氧化硅（SiO_2）和三氧化二铝（Al_2O_3）。二氧化硅（SiO_2）含量占67%～75%的花岗岩，属酸性岩石，极耐酸性腐蚀，对碱类侵蚀也有较强的抵抗力。花岗石的花纹一般小而均匀，常有均匀分布的小黑点，磨光面光亮如镜。

花岗石板材除有自重大，质地脆等弱点外，它的耐火性亦差，当受热温度达到800℃以上时，其中SO_2晶型转变而造成体积膨胀，导致石材爆裂，丧失强度。

花岗石和大理石表面上有很多相似之处，都是天然石材，且质地坚硬，经久耐用，花纹美观，但两者也有很多区别，主要区别见表5－41。

花岗石与大理石的区别 **表5－41**

名　称	花岗石	大理石
别　称	麻石	云石
岩石类别	岩浆岩（也称火成岩）	变质岩
主要矿物质成分	石英、长石、云母	方解石、白云石
主要化学成分	SiO_2、Al_2O_3	CaO、MgO、$CaCO_3$
外　观	花纹小而均匀，常有均匀分布的小黑点，磨光面光亮如镜	花纹大而无规则，磨光面光亮度不如花岗石
莫氏硬度	6～7	3～4
强度（MPa）	120～300	50～190
抗风化性	强	弱，主要由空气中SO_2引起
耐腐蚀性	强，耐酸碱	弱，遇酸分解
耐磨性	好	一般
放射性	高，少数不合格	低，极少数不合格
主要装饰部位	用于室内外柱、墙面、地面、台面均可	除汉白玉、艾叶青可用于室外，其他品种一般用于室内柱、墙面、地面
执行标准	JC 205－92《天然花岗石建筑板材》	JC 79－92《天然大理石建筑板材》

续表

标准中的主要规定	镜面光泽度	≥75	≥40
	干燥压缩强度（MPa）	≥60	≥20
	弯曲强度（MPa）	≥8	≥7
	密度（g/cm^3）	≥2.5	≥2.6
	吸水率（%）	≤1.0	≤0.75

我国部分花岗石结构特征、物理力学性能和主要化学成分，分别参见表5－42、表5－43、表5－44。

普型花岗石建筑板材的质量标准和要求，分别见表5－45、表5－46和表5－47。

国内部分花岗石结构特征参考表 **表5－42**

花岗石品种名称	岩石名称	颜色	产地
白虎涧	黑云母花岗岩	粉红色	北京昌平
花岗石	花岗岩	浅灰、条纹状	山东日照
花岗石	花岗岩	红灰色	山东崂山
花岗石	花岗岩	灰白色	山东牟平
花岗石	花岗岩	粉红色	广东汕头
笔山石	花岗岩	浅灰色	福建惠安
日中石	花岗岩	灰白色	福建惠安
峰白石	黑云母花岗岩	灰色	福建惠安
厦门白石	花岗岩	灰白色	福建厦门
砻石	黑云母花岗岩	浅红色	福建南安
石山红	黑云母花岗岩	暗红色	福建惠安
大黑白点	闪长花岗岩	灰白色	福建冈安

注：表列花岗石结构特征均为花岗结构。

国内部分花岗石物理力学性能参考表 **表5－43**

花岗石品种名称	密度（g/cm^3）	抗压强度（MPa）	抗折强度（MPa）	肖氏硬度（HS）	磨损量（cm^3）
白虎涧	2.58	137.3	9.2	86.5	2.62
花岗石	2.67	202.1	15.7	90.0	8.02
花岗石	2.61	212.4	18.4	99.7	2.36
花岗石	2.67	140.2	14.4	94.6	7.41
花岗石	2.58	119.2	8.9	89.5	6.38
笔山石	2.73	180.4	21.6	97.3	12.18
日中石	2.62	171.3	17.1	97.8	4.80
峰白石	2.62	195.6	23.3	103.0	7.83
厦门白石	2.61	169.8	17.1	91.2	0.31
砻石	2.61	214.2	21.5	94.1	2.93
石山红	2.68	167.0	19.2	101.5	6.57
大黑白点	2.62	103.6	16.2	87.4	7.53

国内部分花岗石主要化学成分参考表（%）　表5-44

花岗石品种名称	SiO_2	Al_2O_3	CaO	MgO	Fe_2O_3
白虎涧	72.44	13.99	0.43	1.14	0.52
花岗石	70.54	14.34	1.53	1.14	0.88
花岗石	71.88	13.46	0.58	0.87	1.57
花岗石	66.42	17.24	2.73	1.16	0.19
花岗石	75.62	12.92	0.50	0.53	0.30
笔山石	73.12	13.69	0.95	1.01	0.62
日中石	72.62	14.05	0.20	1.20	0.37
峰白石	70.25	15.01	1.63	1.63	0.89
厦门白石	74.60	12.75	—	1.49	0.34
砻石	76.22	12.43	0.10	0.90	0.06
石山红	73.68	13.23	1.05	0.58	1.34
大黑白点	67.86	15.96	0.93	3.15	0.90

普型花岗石建筑板材尺寸的允许偏差　表5-45

项目		细面和镜面板材			粗面板材		
		优等品	一等品	合格品	优等品	一等品	合格品
长、宽度（mm）		0 -1.0	0 -1.5	0 -1.5	0 -1.0	0 -2.0	0 -3.0
厚度（mm）	厚≤15mm	±0.5	±1.0	+1.0 -2.0	—	—	—
	厚>15mm	±1.0	±2.0	+2.0 -3.0	+1.0 -2.0	+2.0 -3.0	+2.0 -4.0

普型花岗石建筑板材平面度和角度的允许极限公差　表5-46

项目	板材长度范围（mm）	细面和镜面板材（mm）			粗面板材（mm）		
		优等品	一等品	合格品	优等品	一等品	合格品
平面度	≤400	0.20	0.40	0.60	0.80	1.00	1.20
	>400～<1000	0.50	0.70	0.90	1.50	2.00	2.20
	≥1000	0.80	1.00	1.20	2.00	2.50	2.80
角度	≤400	0.40	0.60	0.80	0.60	0.80	1.00
	>400			1.00		1.00	1.20

注：拼缝板材正面与侧面的夹角不得大于90°。

普型花岗石建筑板材正面的外观质量要求　　表5－47

<table>
<tr><th>缺陷名称</th><th>规定内容</th><th>优等品</th><th>一等品</th><th>合格品</th></tr>
<tr><td>缺棱</td><td>长度不超过10mm（长度小于5mm者不计），周边每m长（个）</td><td rowspan="6">不允许</td><td rowspan="4">1</td><td rowspan="4">2</td></tr>
<tr><td>缺角</td><td>面积不超过5mm×2mm（面积小于2mm×2mm者不计），每块板（个）</td></tr>
<tr><td>裂纹</td><td>长度不超过两端顺延至板边总长度的1/10（长度小于20mm者不计），每块板（条）</td></tr>
<tr><td>色斑</td><td>面积不超过20mm×30mm（面积小于15mm×15mm者不计），每块板（个）</td></tr>
<tr><td>色线</td><td>长度不超过两端顺延至板边总长度的1/10（长度小于40mm者不计），每块板（条）</td><td>2</td><td>3</td></tr>
<tr><td>坑窝</td><td>粗面板材的正面出现坑窝</td><td>不明显</td><td>出现，但不影响使用</td></tr>
</table>

花岗石建筑石材的品种和用途如下：

（1）剁斧板材：经剁斧加工，表面粗糙，具有规则的条状斧纹，有较好的防滑效果，主要用于室外地面、台阶、基座等处。

（2）机刨板材：经机械加工，表面平整，有相互平行的机械刨纹，具有较好的防滑效果，主要用于室外地面、台阶、踏步、基座等处。

（3）粗磨板材：经粗磨，表面平整光滑，但无光泽，常用于墙面、柱面、台阶、基座、纪念碑、墓碑、铭牌等处。

（4）磨光板材：经磨细加工和抛光，表面光亮，晶体裸露，具有鲜明的色彩和绚丽的花纹，多用于室内外墙、地面立柱等装饰以及纪念性碑牌等。

花岗石粗磨和磨光板材常用的规格尺寸见表5－48。

花岗石粗磨和磨光板材常用的规格尺寸（mm）　　表5－48

长　度	宽　度	厚　度	长　度	宽　度	厚　度
300	300	20	305	305	20
400	400	20	610	305	20
600	300	20	610	610	20
600	600	20	915	610	20
900	600	20	1067	762	20
1070	750	20			

2. 天然大理石板材：大理石板材由大理石荒料经过锯、磨、切等工序加工而成，主要矿物质成分为方解石、白云石等，其花样大而规则，磨光后的大理石板材具有优美的天然石纹，铺贴后色泽协调、纹理清晰通顺、柔和典雅，既能衬托出室内装饰富丽堂皇的气派，又能给人以洁净雅致、稳重大方的感受。

大理石板材的质量标准和技术要求应符合国家现行行业标准《天然大理石建筑板材》的规定，具体参见表5－49、表5－50、表5－51和表5－52。

普型天然大理石建筑板材的规格尺寸允许偏差 **表 5-49**

部位		优等品	一等品	合格品
长、宽度（mm）		0，-1.0	0，-1.0	0，-1.5
厚度（mm）	≤15	±0.5	±0.8	±1.0
	>15	+0.5，-1.5	+1.0，-2.0	±2.0

天然大理石建筑板材直线度和角度的允许极限公差 **表 5-50**

项目	板材长度范围（mm）	允许极限公差值（mm）		
		优等品	一等品	合格品
直线度	≤800	0.60	0.80	1.00
	>800	0.80	1.00	1.20
线轮廓度		0.80	1.00	1.20
角度	≤400	0.30	0.40	0.50
	>400	0.40	0.50	0.70

注：拼缝板材，正面与侧面的夹角不得大于90°。

天然大理石建筑板材正面外观质量要求 **表 5-51**

名称	规定内容	优等品	一等品	合格品
裂纹	长度超过10mm的允许条数	0		
缺棱	长度不超过8mm，宽度不超过1.5mm（长度≤4mm，宽度≤1mm不计），每米长允许个数（个）	0	1	2
缺角	沿板材边长顺延方向，长度≤3mm，宽度≤3mm（长度≤2mm，宽度≤2mm不计），每块板允许个数（个）			
色斑	面积不超过20mm×30mm（面积小于4mm×5mm者不计），每块板允许个数（个）		2	3
砂眼	直径在2mm以下		不明显	有，不影响装饰效果

天然大理石建筑板材的物理性能指标 **表 5-52**

项目	镜面光泽度	体积密度（g/cm³）	吸水率（%）	干燥压缩强度（MPa）	弯曲强度（MPa）
性能指标	板材的抛光面应具有镜面光泽，镜面光泽度应不低于70光泽单位或由供需双方商定	不小于 2.60	不大于 0.50	不小于 50.00	不小于 7.0

大理石地面板材常用的规格为400mm×400mm×20mm、600mm×600mm×20mm（长×宽×厚），亦可按设计要求进行加工。各个品种以其磨光后所显示的花色、特征及原产地而命名，如常用的品种有汉白玉、艾叶青、莱阳绿、雪花、晶黑、铁岭红等名称。

大理石板材应重视包装、贮存、装卸和运输中的各个环节，特别是浅色大理石板材，不宜用草绳、草帘等捆绑，以防污染。板材应贮放室内，如贮放在室外时，必须有遮盖。直立码放时，宜光面相对，并防止倾倒。搬运时应轻拿轻放。

3. 预制水磨石板：由专业加工厂制作，分本色和彩色两种，板的规格尺寸可按设计要求进行制作加工，常用尺寸边长为250～500mm，厚20～25mm。与现制水磨石地面相比，湿作业量小、施工速度快，在建筑地面中被广泛应用。

预制水磨石板的质量标准和技术要求见表5-53、表5-54。

水磨石尺寸允许偏差及平面度、角度允许极限公差　　表5-53

类　别	等　级	长度、宽度（mm）	厚度（mm）	平面度（mm）	角度（mm）
墙面、柱面	优等品	0，-1	±1	0.6	0.6
	一等品	0，-1	+1，-2	0.8	0.8
	合格品	0，-2	+1，-3	1.0	1.0
楼地面	优等品	0，-1	+1，-2	0.6	0.6
	一等品	0，-1	±2	0.8	0.8
	合格品	0，-2	±3	1.0	1.0
立板、踢脚板	优等品	±1	+1，-2	1.0	0.8
	一等品	±2	±2	1.5	1.0
	合格品	±3	±3	2.0	1.5
隔断板、窗台板、台面板	优等品	±2	+1，-2	1.5	1.0
	一等品	±3	±2	2.0	1.5
	合格品	±4	±3	3.0	2.0

注：1. 厚度≤15mm的单面磨光水磨石，同块水磨石上的厚度极差不得大于2mm。

2. 侧面不磨光的拼缝水磨石，正面与侧面的夹角不得大于90°。

水磨石制品的外观质量及物理性能指标　　表5-54

缺陷名称	优等品	一等品	合格品
返浆、杂质（mm）	不允许	不允许	长×宽<10×10者不超过2处
色差、划痕、杂石、漏沙、气孔	不允许	不明显	不明显
缺口（mm）	不允许	不允许	长×宽>5×3者不应有 长×宽≤5×3者，周边上不得超过4处，但同一条棱上不得超过2处
图案偏差（mm）	≤2	≤3	≤4
图案越线（mm）	不允许	越线距离≤2，长度≤10，允许2处	越线距离≤3，长度≤20，允许2处
光泽度	抛光水磨石的光泽度，优等品不得低于45.0光泽单位；一等品不得低于35.0光泽单位；合格品不得低于25.0光泽单位		
吸水率	不得大于8.0%		
抗折强度	抗折强度平均值不得低于5.0MPa，且单块最小值不得低于4.0MPa		

注：1. 一个缺角应计为相邻两棱边各有缺口1处。

2. 同批水磨石磨光面上的石渣级配和颜色应基本一致。

3. 磨光面的石渣分布应均匀。石渣粒径≥3mm的水磨石，出石率应不小于55%。

4. 预制混凝土板：由工厂加工制作而成，表面平整密实，边角整齐，无扭曲、缺角等缺陷。当掺入颜料后，可制成彩色混凝土板。当表面刻上各种花纹图案后，可做成各种拼花混凝土板块地面。

预制混凝土板块地面具有制作方便、价格低廉、花色品种多、施工方便等优点，广泛用于建筑室内、外地面、场地、庭园道路及临时性地面工程等。

预制混凝土板块的质量要求见表5－55。

预制混凝土板材质量要求 **表5－55**

名　称	允许偏差（mm）			外观要求
	长度和宽度	厚度	平面度最大偏差值	
预制混凝土板材	±2.5	±2.5	长度≥400　1.0 ≥800　2.0	表面要求密实，无麻面、裂纹和脱皮，边角方正，无扭曲缺角掉边

5. 花岗石、大理石碎片：系由花岗石和大理石的边角料及碎料而得，其碎料尺寸应大致一致，不应或大或小，视铺设地面的平面尺寸大小而定。花岗石碎片可用于室内外地面及庭园道路，大理石碎片不宜用于室外地面。

6. 水泥：采用硅酸盐水泥、普通硅酸盐水泥或矿渣硅酸盐水泥，强度等级不应小于32.5级。

7. 砂：采用混凝土用砂，含泥量不应大于3%，过筛除去有机杂质，填缝用砂需过孔径3mm筛。

8. 颜料：选用耐光、耐碱的矿物颜料。

5.6.3 施工准备和施工工艺

1. 施工准备

（1）室内墙面、天棚的粉刷工作已经结束。

（2）根据房间尺寸，大面积地面根据施工缝、变形缝位置，已进行弹线工作。

（3）一层地面或一个检验批地面的板块及其他相应材料应一次进场，尽可能保持质量、色泽一致。板块应存放于室内，不应受日晒雨淋。

（4）其他施工准备工作参见“5.1　水泥砂浆地面”一节。

2. 施工工艺

板块地面面层的施工工艺见图5－52。

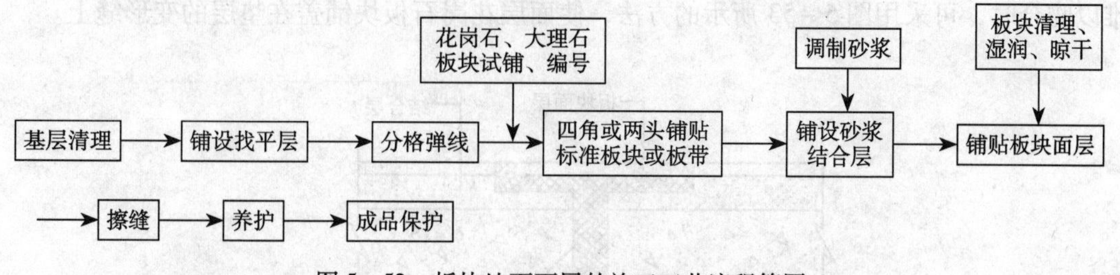

图5－52　板块地面面层的施工工艺流程简图

5.6.4 施工要点和技术措施

1. 认真进行基层清理。为使结合层厚度一致，宜在基层上铺设一层1∶2.5～1∶3水泥砂浆找平层。为保证找平层与基层结合牢固，铺设前应在基层表面刷一度水灰比为0.4～

0.5 的素水泥浆。

若基层为隔离层时，除将表面清扫干净外，还应注意保护隔离层防止损坏。操作人员应穿胶底鞋，手推车的腿下要包胶皮或软布等保护措施。

2. 认真进行弹线工作。根据房间尺寸，对于面积较大的地面应根据施工缝、变形缝设置位置进行分格弹线，尽量保持板块整块铺贴，减少锯割工作量。

3. 认真做好选板工作。对所用板块应逐一进行挑选、检查，凡有缺边、掉角、不方正、拱背等质量问题的，应剔出用于次要部位，或切割后用于镶边、踢脚板等部位。

4. 正式铺贴前，对花岗石、大理石板块应按弹线分格情况进行试铺，板块间缝隙不应大于1mm，将色泽相近、纹理一致的板块铺贴在主要部位，花色和纹理较差的铺贴于较次要或较隐蔽的部位，尽可能使楼地面的整体色调和谐统一，充分体现花岗石、大理石地面的高档艺术效果。试铺后，应将板块编号堆放待用。试铺工作应在平整的房间地面上或操作台上进行。

5. 板块铺贴前，应提前1~2天进行清理湿润，晾干后堆放整齐待用（应注意试铺时的编号不要错乱）。

6. 板块地面铺贴宜采用干硬性水泥砂浆，其铺贴顺序为：在找平层上刷一度水灰比为0.4~0.5的素水泥浆→随即铺设30mm厚1∶3~1∶4干硬性水泥砂浆结合层（干硬程度以手捏成团，落地即散为宜）并刮平→铺放板块后用木锤或橡皮锤轻轻砸平至设定标高→掀起板块检查砂浆平整、密实情况，浇一层水灰比为0.4~0.5的素水泥浆，厚2~3mm→重新铺放板块，再度将板块轻轻砸平砸实至设定标高。

砸平板块时，不应将木锤或橡皮锤直接在板块上面锤击，应采用木垫。木垫的长度不应超过板块长度，也不应搭在已铺贴好的板块上进行锤击。锤击时，不宜砸板块的边和角，以防板块裂缝。边锤击，边用直尺在纵横两个方向检查其平整度。锤击过程中，如发现平整度偏差过大，应随即用砂浆调整，严禁向板下垫塞砖块或石子。

大面积铺贴板块地面时，应在找平层上设置灰饼，以便铺设砂浆时易于用直尺刮平。

板块地面的铺贴应由里向外，铺贴后的板块上禁止上人踩踏。

7. 铺贴室外的花岗石板块地面，不应采用狭缝铺贴，应采用宽缝铺贴（缝宽6~10mm），或每隔3~6m设一道宽缝（缝宽10mm），缝内用弹性材料填嵌，以利于温度变化时的应力释放。所设宽缝应尽可能与地面垫层的变形缝相吻合，如因模数不相符，两缝难以吻合时，可采用图5-53所示的方法，使面层花岗石板块铺盖在垫层的变形缝上。

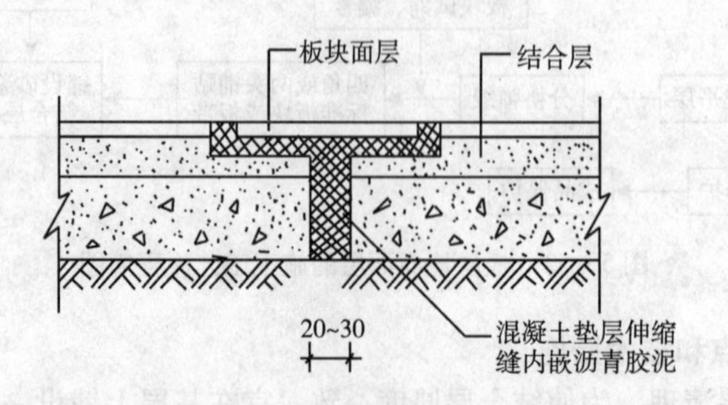

图5-53　花岗石板块铺盖在地面变形缝上示意图

铺贴于室内的板块地面面层，板缝间隙不宜大于1mm，但当室内面积较大时（一个方向的长度大于10m时），应按设计要求设置一定数量的宽缝，缝内应填嵌弹性材料。

8. 面层铺贴1～2天后进行灌浆擦缝，根据板材颜色选择相同颜色的矿物颜料调制成稀水泥浆灌入板缝。灌浆后1～2h，用棉丝团蘸原水泥浆擦缝，与板面擦平，同时将滴落在板面上的残浆擦净。

对于需填嵌弹性材料的宽缝，填嵌前，应将缝内的杂物清理干净，使弹性材料填嵌密实。

9. 碎拼大理石、花岗石地面应选择厚薄一致、颜色协调、大小相近、不带尖角的碎块板材铺设。碎块间隙20～30mm，用水泥砂浆或水泥石粒浆抹平。当碎块间隙采用水磨石面时，石粒粒径宜小（8～15mm）；当碎块间隙采用水刷石面时，石粒粒径宜大，应采用鹅卵石铺设。石粒露出表面应均匀一致，高度宜为石粒直径的1/3～1/2。也可先铺设水泥砂浆，后“种”石粒的方法进行铺设。须注意的是石粒上表面应与碎块板材面齐平，以满足观感和使用功能要求。

为了使碎拼板材地面边线整齐顺直，靠边一块的板材应直边铺设，见图5－54。

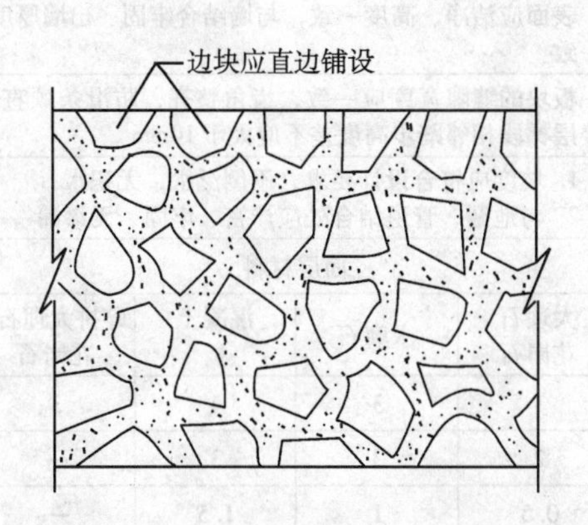

图5－54　碎拼板材地面边块铺设

10. 踢脚板设置。板块地面的踢脚板，通常采用与地面板材色调一致的板块粘贴，有灌浆法和粘贴法两种。铺贴时，宜在墙下脚两端先各镶贴一块踢脚板，作为标准板，然后拉线铺贴中间各块，这样使踢脚板上口平直，出墙面厚度一致。

铺贴踢脚板板块，应注意其接缝应与地面的板块接缝协调对应，在墙面和附墙柱的阳角处，应采用切割成45°斜面碰角连接的方法，阴角处可采用直角相盖的连接方法。

11. 板块地面的打蜡工作应在地面和踢脚板均铺设完成后进行。打蜡前，应将表面清理干净，并用草酸溶液清洗，再用清水冲洗干净后充分晾干。打蜡工作参见“5.3　水磨石地面”一节内容。

12. 板块地面打蜡后，应加强产品保护，不应随便上人踩踏，也不应在其上面进行其他工序操作。如必须进行其他工序操作，应做好覆盖保护措施，以防损伤地面。

5.6.5　质量标准和检验方法

板块地面的质量标准和检验方法见表5－56。

板块地面质量标准和检验方法　　　　表 5-56

<table>
<tr><th>项</th><th>序</th><th colspan="2">检验项目</th><th colspan="4">允许偏差或允许值（mm）</th><th>检验方法</th></tr>
<tr><td rowspan="2">主控项目</td><td>1</td><td colspan="2">面层材料</td><td colspan="4">1. 板块品种、质量、强度等级必须符合设计要求；
2. 大理石板块、花岗石板块和水磨石板块应分别符合国家现行行业标准《天然大理石建筑板材》JC 79、《天然花岗石建筑板材》JC 205 和《建筑水磨石制品》JC 507 的规定；
3. 胶粘剂应符合国家标准《民用建筑工程室内环境污染控制规范》（GB 50325—2001）的规定</td><td>观察检查和检查材质合格证明文件及检测报告</td></tr>
<tr><td>2</td><td colspan="2">面层与基层结合情况</td><td colspan="4">结合（粘结）应牢固，无空鼓
注：凡单块板块边角有局部空鼓且每自然间（标准间）不超过总数的 5% 可不计</td><td>用小锤轻击检查</td></tr>
<tr><td rowspan="12">一般项目</td><td>3</td><td colspan="2">面层外观质量</td><td colspan="4">1. 表面应洁净，图案清晰，色泽一致。大理石、花岗石板无磨痕，接缝均匀平整，深浅一致，周边顺直；
2. 板块无裂纹、掉角、翘曲和缺楞等明显缺陷</td><td>观察检查</td></tr>
<tr><td>4</td><td colspan="2">邻接处镶边</td><td colspan="4">用料应符合设计要求，边角整齐、光滑，拼缝严密、顺直</td><td>观察及用钢尺检查</td></tr>
<tr><td>5</td><td colspan="2">踢脚板</td><td colspan="4">表面应洁净、高度一致，与墙结合牢固、出墙厚度一致</td><td>观察和用小锤轻击及钢尺检查</td></tr>
<tr><td>6</td><td colspan="2">楼梯踏步和台阶</td><td colspan="4">板块的缝隙宽度应一致，齿角整齐，防滑条顺直，楼层梯段相邻踏步高度差不应大于 10mm</td><td>观察和用钢尺检查</td></tr>
<tr><td>7</td><td colspan="2">有坡度要求的面层</td><td colspan="4">1. 坡度应符合设计要求，不倒泛水，无积水；
2. 与地漏、管道结合处应严密、牢固、无渗漏</td><td>观察、泼水或坡度尺及蓄水检验</td></tr>
<tr><td rowspan="7">8</td><td rowspan="2">项次</td><td rowspan="2">项　目</td><td colspan="4">面层材料</td><td rowspan="2"></td></tr>
<tr><td>大理石花岗石</td><td>水磨石</td><td>混凝土板</td><td>碎拼大理石、花岗石</td></tr>
<tr><td>1</td><td>表面平整度</td><td>1</td><td>3</td><td>4</td><td>3</td><td>用 2m 靠尺和楔形塞尺检查</td></tr>
<tr><td>2</td><td>缝格平直</td><td>2</td><td>3</td><td>3</td><td>—</td><td>拉 5m 线和用钢尺检查</td></tr>
<tr><td>3</td><td>接缝高低差</td><td>0.5</td><td>1</td><td>1.5</td><td>—</td><td>用钢尺和楔形塞尺检查</td></tr>
<tr><td>4</td><td>踢脚线上口平直</td><td>1</td><td>4</td><td>4</td><td>1</td><td>拉 5m 线和用钢尺检查</td></tr>
<tr><td>5</td><td>板块间隙宽度</td><td>1</td><td>2</td><td>6</td><td>—</td><td>用钢尺检查</td></tr>
</table>

5.6.6　质量通病和防治措施

1. 天然石材地面色泽纹理不协调

（1）现象

铺好后的地面板块面层色泽、纹理不协调一致。一个空间的板块地面中，有的色泽较深或较浅，纹理各异，观感较差。

（2）原因分析

1）不同产地的天然石材混杂使用，色泽、纹理不一致。

2）对同一产地的天然石材，铺设前没有进行色泽、纹理的挑选工作，来料就用。

3）同一间地面正式铺贴前，没有进行试铺，铺贴结束后，才发现色泽、纹理不协调。

（3）防治措施

1）不同产地的天然石材不应混杂使用。由于天然石材的形成过程比较复杂，所以色泽、纹理的变化较大，往往难以协调一致。在进料、贮存、使用中应予区别，避免混杂使用。

2）同一产地的天然石材，铺设前也应进行色泽、纹理的挑选工作，将色泽、纹理一致或大致接近的，用于同一间地面，铺设后容易协调一致。

3）同一间地面正式铺贴前，应进行试铺。将整个房间的板块安放地上，察看色泽和纹理情况，对不协调部分进行调整，如将局部色泽过深的板块调至周边或墙角处，使中间部位或常走人的部位达到协调和谐，然后按序叠起后待正式铺贴，这样整个地面的色泽和纹理能平缓延伸、过渡，达到整体和谐协调。

2. 地面空鼓

（1）现象

水磨石、大理石、花岗石等板块铺设的地面粘结不牢，人走动时有空鼓声或板块松动，有的板块断裂。

（2）原因分析

1）基层清理不干净或浇水湿润不够，水泥素浆结合层涂刷不均匀或涂刷时间过长，致使风干硬结，造成面层和垫层一起空鼓。

2）垫层砂浆应为干硬性砂浆，如果加水较多或一次铺得太厚，砸不密实，容易造成面层空鼓。

3）板块背面浮灰没有刷净和用水湿润，有的进口石材背面贴有塑料网络，铺贴前没有撕掉，影响粘结效果；操作质量差，锤击不当。

（3）预防措施

1）地面基层清理必须认真，并充分湿润，以保证垫层与基层结合良好，垫层与基层的纯水泥浆结合层应涂刷均匀，不能用撒干水泥面后，再洒水扫浆的做法，这种方法由于纯水泥浆拌合不均匀，水灰比不准确，会影响粘结效果而造成局部空鼓。

2）石板背面的浮土杂物必须清扫干净，对于背面贴有塑料网络的，铺贴前必须将其撕掉，并事先用水湿润，等表面稍晾干后进行铺设。

3）垫层砂浆应用1:3～1:4干硬性水泥砂浆，铺设厚度以2.5～3cm为宜，如果遇有基层较低或过凹的情况，应事先抹砂浆或细石混凝土找平。铺放板块时比地面线高出3～4mm为宜。如果砂浆一次铺得过厚，放上板块后，砂浆底部不易砸实，往往会引起局部空鼓。

4）板块铺贴宜二次成活，第一次试铺放后，用橡皮锤敲击，既要达到铺设高度，也要使垫层砂浆平整密实，根据锤击的空实声，搬起板块，增减砂浆，浇一层水灰比为0.5左右的素水泥浆，再安铺板块，四角平稳落地，锤击时不要砸边角，垫木方锤击时，木方长度不得超过单块板块的长度，也不要搭在另一块已铺设的板块上敲击，以免引起空鼓。

5）板块铺设24h后，应洒水养护，以补充水泥砂浆在硬化过程中所需的水分，保证板块与砂浆粘结牢固。

6）灌缝前应将地面清扫干净，把板块上和缝子内松散砂浆用开刀清除掉，灌缝应分几次进行，用长把刮板往缝内刮浆，务使水泥浆填满缝子和部分边角不实的空隙内。灌缝后粘滴在板块上的砂浆应用软布擦洗干净。灌缝后24h再浇水养护，然后覆盖锯末等保护成品进行养护。养护期间禁止上人走动。

（4）治理方法

1）局部空鼓可用电钻钻几个小孔，注入纯水泥浆（掺入10%～20%108胶）或环氧树脂浆加以处理。孔洞表面用原地面同色水泥浆堵抹后磨光即可。

2）对于松动的板块，搬起后，将底板砂浆和基层表面清理干净，用水湿润后，再刷浆铺设。

3）断裂的板块和边角有损坏的板块应作更换。

3. 接缝不平，缝子不匀

（1）现象

铺好的板块地面往往会在门口与楼道相接处出现接缝不平，或纵横方向缝子不均情况，观感质量差。

（2）原因分析

1）板块本身几何尺寸不一，有厚薄、宽窄、窜角、翘曲等缺陷，事先挑选不严，铺设后在接缝处易产生不平和缝子不匀现象。

2）各房间内水平标高线不统一，使与楼道相接的门口处出现地面高低偏差。

3）分格弹线马虎，分格线本身存在尺寸误差。

4）铺贴时，粘结层砂浆稠度较大，又不进行试铺，一次成活，造成板块铺贴后走线较大，容易造成接缝不平，缝子不匀。

5）地面铺设后，成品保护不好，在养护期内上人过早，板缝也易出现高低差。

（3）预防措施

1）必须由专人负责从楼道统一往各房间内引进标高线，房间内应四边取中，在地面上弹出十字线（或在地面标高处拉好十字线）。分格弹线应正确。铺设时，应先安好十字线交叉处最中间的1块，作为标准块；如以十字线为中缝时，可在十字线交叉点对角安设2块标准块。标准块为整个房间的水平标准及经纬标准，应用90°角尺及水平尺细致校正。

2）安设标准块后应向两侧和后退方向顺序铺设，粘结层砂浆稠度不应过大，宜采用干硬性砂浆。铺贴操作宜二次成活，随时用水平尺和直尺找准，缝子必须通长拉线，不能有偏差。铺设时分段分块尺寸要事先排好定死，以免产生游缝、缝子不匀和最后一块铺不上或缝子过大的现象。

3）板块本身几何尺寸应符合规范要求，凡有翘曲、拱背、宽窄不方正等缺陷时，应事先套尺检查，挑出不用，或分档次后分别使用。尺寸误差较大的，裁割后可用在边角等适当部位。

4）地面铺设后，在养护期内禁止上人活动，做好成品保护工作。

（4）治理方法

1）对明显大小不一的接缝，可在砂浆达到一定强度后，用手提切割机对接缝进行切割处理。切割时，手提切割机应用靠尺顺直，切割动作要轻细，防止动作过猛造成掉角、裂缝和豁口等弊病。切割后，接缝应达到宽窄均匀，平直美观。

2）根据板块颜色，勾缝材料中可掺入适当颜料，使接缝与板块的颜色基本一致。

5.7 条石和块石地面

条石和块石地面系采用天然岩石经琢制加工而成，常用的石料有玄武岩、辉绿岩及花岗岩等。条石和块石地面具有抗压强度高、坚固耐用、使用寿命长、养护和维修较方便等特点，同时，石材的质感很强，有一定的粗犷和自然美感。

条石和块石的适用范围主要有以下二方面：

民用建筑方面：大多用于纪念性、艺术性以及休闲等处建筑的地面和路面等，详见文前彩图。

工业建筑方面：一是用于经常行驶车辆或有坚硬物件接触磨损以及有重压的地段，如电缆车间、钢丝绳车间、履带式拖拉机装配车间以及生铁块库、钢坯库等，这些车间、地段的地面要求面层耐压、耐磨。二是用于防腐蚀地面。因为天然石材具有良好的防腐蚀性能，根据其矿物组成和致密程度，可分为耐酸和耐碱两种，其二氧化硅含量越高，则耐酸性能越好，如花岗岩、石英岩、安山岩、玄武岩、文石等均为耐酸石材；而氧化钙、氧化镁含量越高，则耐碱性能越好，如石灰岩、白云岩、大理岩等均为耐碱石材。有些耐酸石材如花岗岩、玄武岩等，由于材质结晶致密、孔隙率小，耐碱性能亦较好。

5.7.1 地面构造类型和设计要点

1. 常用条石和块石地面的构造类型见图5－55。

采用条石做面层时，常用的结合层有砂、水泥砂浆或沥青胶结料；采用块石做面层时，则往往直接铺设在夯（压）实的基土层上或砂垫层上。

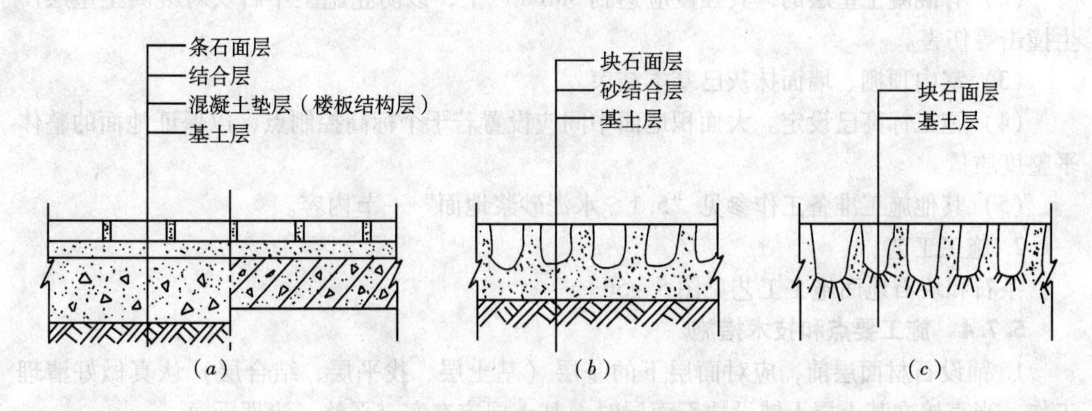

图5－55 条石和块石地面构造

(*a*) 用水泥砂浆或沥青胶泥作结合层铺设的条石面层；(*b*) 用砂做结合层铺设的块石面层；

(*c*) 直接铺设于夯土层上的块石面层

2. 条石和块石地面的设计要点

(1) 对用于室内的条石和块石地面，应根据石材的放射性分类，选用A类或B类石料，不得采用C类石料，具体可参照“5.6 板块地面”一节内容。

(2) 条石和块石面层的结合层厚度可采用：

条石面层结合层的厚度：砂结合层为15～20mm，水泥砂浆结合层为15～20mm；沥青胶结料为 3~5mm。

块石面层下砂垫层的厚度，在夯实后不应小于 60mm。

（3）用于耐腐蚀地面的条石和块石地面，应根据地面耐腐蚀的种类和要求，应分别选用具有耐酸或耐碱性能的石料铺设。

5.7.2　使用材料和质量要求

1. 条石：条石应采用质地均匀、强度等级不应小于 MU60 的岩石加工而成。其形状应接近矩形六面体，厚度通常为 80~120mm。用在严寒地区（气候低于 -15℃）者，应作抗冻试验。

2. 块石：块石应采用强度等级不小于 MU30 的岩石加工而成。其形状接近直棱柱体，或有规则的四边形或多边形，其底面为截锥体，顶面粗琢平整，底面积不应小于顶面积的 60%，厚度一般为 100~150mm。

3. 水泥：水泥应采用硅酸盐水泥、普通硅酸盐水泥或矿渣硅酸盐水泥，其强度等级不应低于 32.5 级。

4. 砂：砂应采用粗砂或中砂，含泥量不应大于 3%，应过筛除去有机杂质。

5. 沥青胶结料：沥青胶结料应采用建筑石油沥青或道路石油沥青与纤维、粉状或纤维和粉状混合的填充料配制。

6. 水：应采用饮用水。

5.7.3　施工准备和施工工艺

1. 施工准备

（1）基土已进行夯实或压实。

（2）有混凝土垫层的，其强度应达到 5MPa 以上，以防止施工中石块对混凝土垫层产生撞击等伤害。

（3）室内顶棚、墙面抹灰已基本结束。

（4）施工标高已设定。大面积地面中间应设置若干个标高控制点，以保证地面的整体平整度质量。

（5）其他施工准备工作参见“5.1　水泥砂浆地面”一节内容。

2. 施工工艺

条石和块石地面施工工艺见图 5-56。

5.7.4　施工要点和技术措施

1. 铺设石材面层前，应对面层下的基层（基土层、找平层、结合层）认真做好清理工作。当直接在基土层上铺设块石面层时，基土层应夯实、平整、清理干净。

2. 用水泥砂浆作结合层铺设的条石或块石面层，宜在混凝土基层上设置水泥砂浆找平层。铺设面层石材时，石材结合面应清理干净并湿润，找平层表面应湿润，并宜先刷一度水灰比为 0.4~0.5 的素水泥浆粘结层后再随即铺放水泥砂浆结合层。

3. 铺设面层石材前，应按地面控制标高，先在四角或两头铺贴标准石块。正式铺贴时，按地面分块要求拉线进行铺贴。条石应顺着行走方向拉线铺贴，相邻两行应作错缝，错缝长度应为条石长度的 1/3~1/2。条石面层石料间的缝隙宽度通长采用 5~10mm，用同类水泥砂浆填嵌抹平。

4. 铺设在砂垫层上的块石面层，石料的大面应朝上，缝隙要相互错开，通缝不应超

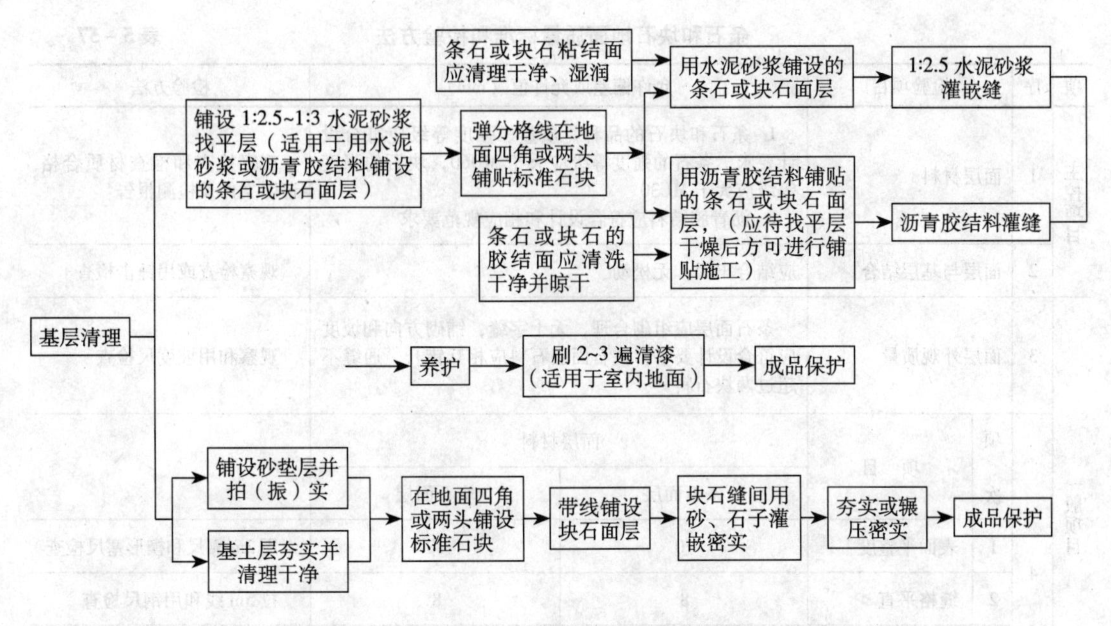

图 5－56　条石和块石地面施工工艺流程简图

过两块石料。块石嵌入砂垫层的深度不应小于石料厚度的 1/3。石料间的缝隙宽度宜为 10～25mm。

块石面层铺设后，先以粒径 10～20mm 的碎石嵌缝，然后进行夯实，或用 6～8 吨碾压机碾压密实，至面层石料不松动为止。地面边缘碾压不到的地方，用夯夯实。夯击或碾压后，局部沉陷不平的，应作及时补平。

5. 在砂垫层上铺设条石面层，石料间的缝隙宽度宜为 5～8mm。当采用水泥砂浆或沥青胶结料嵌缝时，应先用砂填缝至 1/2 高度，然后用水泥砂浆或沥青胶结料填满缝并抹平。用水泥砂浆填缝，应先将缝隙用清水湿润，填缝后应做好养护工作。用沥青胶结料填缝，缝隙内应保持干燥状态。

6. 用沥青胶结料铺设条石或块石面层，应待水泥砂浆找平层充分干燥后进行。铺设，应先在找平层上刷一度冷底子油，以增强粘结效果。面层石料的粘结面应洁净、干燥。石料间铺设缝隙宜为 3～5mm。铺设应采用挤压方法使沥青胶结料嵌满石料底部。

在沥青胶结料结合层凝固后，再用沥青胶结料填缝。填缝前，缝内应清理干净，沥青胶结料应填至面层表面齐平。

7. 不导电石材面层的石料，应选用辉绿岩石加工而成。填缝材料亦应采用辉绿岩石加工的砂料进行填嵌。

8. 耐高温石材面层的石料，应按设计要求选用。

5.7.5　质量标准和检验方法

条石和块石地面的质量标准和检验方法见表 5－57。

条石和块石地面质量标准和检验方法　　表 5－57

<table>
<tr><th>项</th><th>序</th><th colspan="2">检验项目</th><th colspan="2">允许偏差或允许值（mm）</th><th>检验方法</th></tr>
<tr><td rowspan="2">主控项目</td><td>1</td><td colspan="2">面层材料</td><td colspan="2">1. 条石和块石的品种、质量、强度等级应符合设计要求。条石的强度等级应大于 MU60，块石的强度等级应大于 MU30
2. 沥青胶结料应符合设计和相应规范要求</td><td>观察检查和检查材质合格证明文件及检测报告</td></tr>
<tr><td>2</td><td colspan="2">面层与基层结合</td><td colspan="2">应结合牢固，无松动</td><td>观察检查或用锤击检查</td></tr>
<tr><td rowspan="7">一般项目</td><td>3</td><td colspan="2">面层外观质量</td><td colspan="2">条石面层应组砌合理，无十字缝，铺砌方向和坡度应符合设计要求；块石面层石料应相互错开，通缝不超过两块石料</td><td>观察和用坡度尺检查</td></tr>
<tr><td rowspan="6">4</td><td rowspan="2">项次</td><td rowspan="2">项　目</td><td colspan="2">面层材料</td><td rowspan="2"></td></tr>
<tr><td>条石面层</td><td>块石面层</td></tr>
<tr><td>1</td><td>表面平整度</td><td>10</td><td>10</td><td>用 2m 靠尺和楔形塞尺检查</td></tr>
<tr><td>2</td><td>缝格平直</td><td>8</td><td>8</td><td>拉 5m 线和用钢尺检查</td></tr>
<tr><td>3</td><td>接缝高低差</td><td>2</td><td>—</td><td>用钢尺和楔形塞尺检查</td></tr>
<tr><td>4</td><td>石料间隙宽度</td><td>5</td><td>—</td><td>用钢尺检查</td></tr>
</table>

5.7.6　质量通病和防治措施

1. 面层表面平整度差

（1）现象

石料面层铺设后，表面平整度明显较差，虽不超过允许偏差值，但影响观感质量。

（2）原因分析

1）石料质量差，几何尺寸偏差较大，特别是石料的厚薄尺寸偏差较多。同时，表面琢制加工较粗，观感质量较差。

2）用水泥砂浆或沥青胶结料铺设的石料面层，未设水泥砂浆找平层，直接在基层上铺设。由于石料重量较重，水泥砂浆或沥青胶结料较厚的部位容易出现下凹现象，最终影响表面平整度。

3）块石面层夯实或碾压后，对不平部位没有及时采取补平措施。

（3）预防措施

1）石料的几何尺寸不应偏差较大，特别是厚度尺寸。对偏差较大的应剔出另行处理。

2）用水泥砂浆或沥青胶结料铺贴条石或块石面层时，宜先在基层上铺设一层水泥砂浆找平层。铺贴面层石料时，水泥砂浆或沥青胶结料的厚度不应过厚，水泥砂浆的稠度不应过大，宜采用干硬性砂浆，并参照“5.6　板块地面”一节中，板块的铺贴方法。

3）块石面层经夯实或碾压后，若发现局部面层下凹时，应作及时补平措施。

（4）治理方法

对局部表面平整度偏差较大，影响使用功能的，应作翻修处理。翻修平整后，应认真做好四周嵌缝工作，防止面层石块产生松动。

2. 面层石料出现松动

(1) 现象

石料面层铺设后，局部出现松动现象，影响使用功能。

(2) 原因分析

1) 砂结合层厚度较薄，石料埋入砂结合层的深度不足石料厚度的1/3。

2) 嵌缝材料填嵌不密实。

3) 夯击或碾压力较小，使石料坐落不稳。

(3) 预防措施

1) 砂结合层的厚度应根据设计要求选用，面层石料埋入砂结合层的深度不应小于石料厚度的1/3。

2) 嵌缝材料应填嵌密实。填缝材料粒径不应过大。

3) 夯击或碾压应有相应的压力。碾压机碾压时，应在纵横两个方向来回碾压，边碾压边补充嵌缝材料，直至面层石料坐落平稳为止。碾压时，还应同时检测表面平整情况，一旦发现局部下凹不平，及时给予补平。

5.8 塑料板地面

用塑料板材铺贴的楼地面面层，具有重量轻、成本低、耐磨、防火、隔声、弹性好、脚感舒适、绝缘性能好以及施工方便、便于用水冲等诸多优点，同时，它的色彩繁多，既有单色，也可以根据人们的需要，制作成各种彩色图案，外形极为美观，能适应人们对建筑地面越来越高的要求，因此，被广泛使用于办公室、学校、图书馆、展览馆、医院、食堂、会议室、试验室、住宅以及车辆、船舶等地面工程。塑料地板也有较好的防腐蚀性能，因此也常用于有防腐蚀要求的楼地面工作。

常用的塑料板地面有塑料板块、塑料卷材用胶粘剂粘贴或直接干铺于水泥基层上而成，也可采用现场浇注的无缝整体塑料地板于水泥基层上而成。因此，塑料板地面对楼地面的适应性较强。

塑料地板、卷材是用聚氯乙烯树脂、聚乙烯树脂或聚丙烯树脂为基料，加入增塑剂、稳定剂、润滑剂、填料和颜料等，经混合、搅拌、热熔、压延、切割等工序而成的一种热塑性塑料。填料主要为粉状矿物，也有掺入少量石棉纤维的。可根据不同地面的使用要求，调整其材料配比。

现场浇注整体塑料地板面层可采用环氧树脂涂布面层、不饱和聚脂涂布面层和聚醋酸乙烯塑料面层等。

塑料地板的种类较多，按外形分，有块材、卷材和整体浇注地板；按材性分，有软质、半硬质和弹性地板；按使用树脂来分，有聚氯乙烯树脂塑料地板、氯乙烯——醋酸乙烯塑料地板和聚乙烯、聚丙烯树脂塑料地板等。

表5-58为塑料地板分类表。

塑料地板分类表　　　　表 5－58

地板结构			主要组成材料		生产工艺
			树　脂	助　剂	
块材	软　质	单　层	聚氯乙烯或氯化聚乙烯	增塑剂、稳定剂、少量填料、颜料	压延或热压
	半硬质	单　层	聚氯乙烯、氯乙烯－醋酸乙烯共聚物	增塑剂、稳定剂、大量填料、颜料	压延或热压
		多层复合	聚氯乙烯、氯乙烯－醋酸乙烯共聚物	增塑剂、稳定剂、填料、颜料	压延或热压
卷材	无底衬	单　层	聚氯乙烯或氯化聚乙烯	增塑剂、稳定剂、少量填料、颜料	压延
		复合多层	聚氯乙烯	增塑剂、稳定剂、少量填料、颜料	压延
	有底衬	不发泡	聚氯乙烯	增塑剂、稳定剂、少量填料、颜料	压延或涂布
		低发泡	聚氯乙烯	增塑剂、稳定剂、发泡剂	压延或涂布
		高发泡	聚氯乙烯	增塑剂、稳定剂、发泡剂	涂布

20 世纪 80 年代后，塑料地板逐渐应用于体育运动场地，这种塑料地板系由塑胶和橡胶构成，具有弹性大、耐磨、耐久等特点，适用于各种运动跑道、篮、排球场、练习馆、体育馆地面及室内外地面，其类型和用途见表 5－59。

运动场塑胶地板的类型、用途　　　　表 5－59

类　型	构　成	适用范围	地板厚度（mm）	应用场地
QS 型	全塑性，由胶层及防滑面层构成，全部为塑胶弹性体	高能量运动场地	9～25 2～10	跑道 篮、排球场
HH 型	混合型，由胶层及防滑面层构成。胶层含 10%～50% 橡胶颗粒	高能量运动场地	9～25 4～10	跑道 篮、排球场
KL 型	颗粒型，由塑胶粘合橡胶颗粒构成，表面涂有一层橡胶	一般球场	9～25 8～10	跑道 篮、排球场
FH 型	复合型，由颗粒型的底胶层、全塑型的中胶层及防滑面层构成	田径跑道	9～25 8～10	跑道 篮、排球场

注：保定合成橡胶厂生产。

5.8.1　地面构造类型和设计要点

1. 地面构造类型

塑料地面常用的构造类型见图 5－57。

2. 塑料板地面的设计要点

（1）塑料板地面应根据使用场所、不同的使用功能要求，选用合适的厚度、硬度、耐火等级、烟带反应、耐光色牢度、耐低温柔性等相关技术性能指标的塑料板块或塑料卷材。

（2）用于有防腐要求楼地面的塑料板地面，其墙角、柱角等处应用水泥砂浆抹成半径不小于 40mm 的圆弧，以利于板材的铺贴。

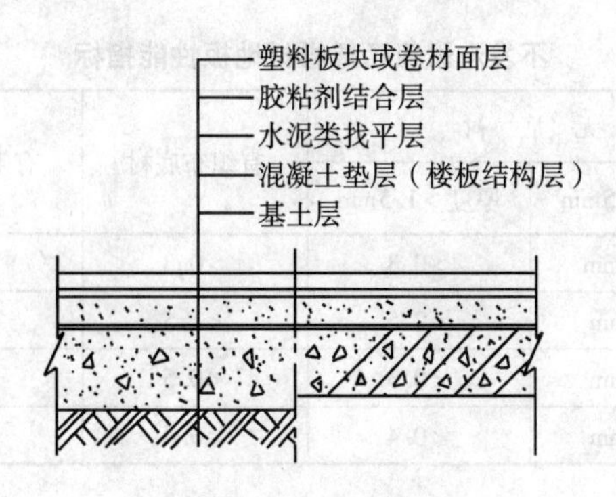

图5－57 塑料板地面构造

（3）塑料地板的色彩、图案、铺贴形式等，应在设计图纸上予以明确。

（4）铺贴后需焊缝的塑料地板，其焊条应选择与面层板材相同成分的材料，以保证焊缝的质量。

（5）铺贴于水泥砂浆找平层上的塑料地板或卷材，应对水泥砂浆找平层的表面平整度和铺设时的含水率提出相应的要求。

5.8.2 使用材料和质量要求

1. 塑料板块：塑料板块的板面应平整、光洁、无裂纹，板块应色泽均匀，厚薄一致，边缘平直，密实无孔，无皱纹，板内不允许有杂质和气泡，其质量应符合相应产品各项技术指标。建筑地面通常采用软质塑料地板，呈方块形，平面尺寸一般为300～700mm，厚度为2～6mm。颜色有黑、白、棕、蓝、灰色等多种。板块在运输时不应曝晒、雨淋、撞击和重压，贮存时应堆放在干燥、洁净的仓库内，并距热源3m以外，温度不宜超过32℃。

块状塑料地板的性能指标应符合表5－60的要求。

块状塑料地板性能指标 **表5－60**

项目	单位	单层地板	同质复合地板
热膨胀系数	1/℃	$\leqslant 1.0\times10^{-4}$	$\leqslant 1.2\times10^{-4}$
加热重量损失率	%	≤0.5	≤0.5
加热长度变化率	%	≤0.20	≤0.25
吸收长度变化率	%	≤0.15	≤0.17
23℃凹陷度	mm	≤0.30	≤0.30
45℃凹陷度	mm	≤0.60	≤1.00
残余凹陷度	mm	≤0.15	≤0.15
磨耗量	g/cm^2	≤0.020	≤0.015

卷材塑料地板的性能指标应符合表5－61、表5－62的要求。卷材进场应直立排放，不应堆积平放。

不发泡聚氯乙烯卷材地板性能指标 **表 5－61**

构造形式 项目		无底衬		有织布底衬	有毛毡底衬	有非纤维底衬
		厚度＜1.5mm	厚度＞1.5mm			
凹陷度	20℃	＞0.15mm	＞0.3	＞0.3	＞0.3	＞0.3
	45℃	＜2.5mm	＜2.5	＜1.5	＜1.5	＜1.5
残余凹陷度		＜0.3mm	＜0.3	＜0.5	＜0.6	＜0.5
尺寸变化量		＜0.4mm	＜0.4	＜0.4	＜0.4	＜0.4

发泡聚氯乙烯卷材地板性能指标 **表 5－62**

试验项目	单位	指标	试验项目	单位	指标
残余凹陷度	mm	≤0.60	褪色性	级	≥3（灰卡）
加热长度变化率	%	≤0.30	底衬剥离力	N	≥50
翘曲度	mm	≤15.0	降低冲击声	dB	≥9
磨耗量	g/cm^2	≤0.0040			

2. 胶粘剂：胶粘剂的选应根据基层铺设材料与面层的使用要求，通过试验确定。胶粘剂主要有聚醋酸乙烯类、丙烯酸类、氯丁橡胶类、沥青类等，926 多功能建筑胶也常采用。胶粘剂应存放在阴凉通风、干燥的室内。胶的稠度应均匀，颜色一致，无胶团和其他杂质，超过生产期三个月或保质期的产品，要取样检验，合格后方可使用。

塑料地板用胶粘剂的选择，可参见表 5－63、表 5－64。

塑料地板胶粘剂的选择 **表 5－63**

地板名称	选用胶粘剂	备注
半硬质块状塑料地板	沥青类、聚醋酸乙烯类、丙烯酸类、氯丁橡胶类胶结剂	有耐水要求的场合时应选用环氧树脂类胶粘剂
卷材塑料地板	可选用丙烯酸类、氯丁橡胶类胶粘剂	住宅用卷材地板时也可用双面胶带固定

常用塑料地板胶粘剂的名称和优缺点 **表 5－64**

名称	主要优缺点
氯丁胶	需双面涂胶、速干、初凝力大。有刺激性挥发气体，施工现场要防毒、防燃
202 胶	速干、粘结强度大、可用于一般耐水、耐酸碱工程。使用时，双组分要混合均匀，价格较贵
JY－7 胶	需双面涂胶、速干、初粘力大，低毒、价格相对较低
水乳型氯丁胶	不燃、无味、无毒、初粘力大、耐水性好，对较潮湿的基层也能施工、价格较低
聚醋酸乙烯胶	使用方便、速干、粘结强度好、价格较低、有刺激性、须防燃、附水性较差
405 聚氨酯胶	固化后有良好的粘结力，可用于防水、耐酸碱等工程。初粘力差，粘贴时须防止位移
6101 环氧胶	有很强的粘结力，一般用于地下室、地下水位高或人流量大的场合。粘贴时要预防胺类固化剂对皮肤的刺激。价格较高

3. 焊条：塑料焊条通常采用等边三角形或圆形截面，表面应平整、光洁、无孔眼、节瘤、皱纹，颜色均匀一致。焊条成分和性能应与被焊板块相同，在15℃以上进行弯曲180°不断裂。

4. 乳胶腻子：当铺贴基层（找平层）表面有麻面、起砂、裂缝等质量缺陷时，可先采用乳液腻子处理。第一道大多采用石膏乳液腻子嵌补找平，其配合比（体积比）为：

石膏∶土粉∶聚醋酸乙烯乳液∶水＝2∶2∶1∶适量

第二道修补可采用滑石粉乳液腻子，其配合比（重量比）为：

滑石粉∶聚醋酸乙烯乳液∶水∶羧甲基纤维素溶液＝1∶0.2～0.5∶适量∶0.1

5. 底胶：底胶按原胶粘剂（非水溶性）的重量，加10%的65号汽油与10%醋酸乙脂（或乙酸乙脂）搅拌均匀即可。如用水溶性胶粘剂时，可用原胶粘剂加适量的水搅拌均匀即成。

5.8.3 施工准备和施工工艺

1. 施工准备

（1）墙面和顶棚的装饰工程以及水电设备安装已经结束，减少和避免其他工种的交叉施工作业。

（2）铺贴塑料板面层的基层（找平层）表面应干燥，表面不平处或有裂缝处已用乳胶腻子修补刮平，地面含水率应不大于8%。可用水分计测定，亦可将一张A3规格的吸水纸置于地面，四周用胶带封闭，24h后取出吸水纸点燃，易燃者含水率合格；断续可燃者，表示较潮；难燃者则不宜施工。

（3）地面的色彩、图案已经确定，样板间（或样板地段）已经有关部门验收认可。

（4）主要材料数量满足使用要求，塑料板块已进行预热和除蜡处理。

（5）施工环境温度应控制在15～30℃，相对湿度不高于80%。

（6）其他准备工作参见“5.1 水泥砂浆地面”一节内容。

2. 施工工艺流程

塑料板地面施工工艺见图5－58。

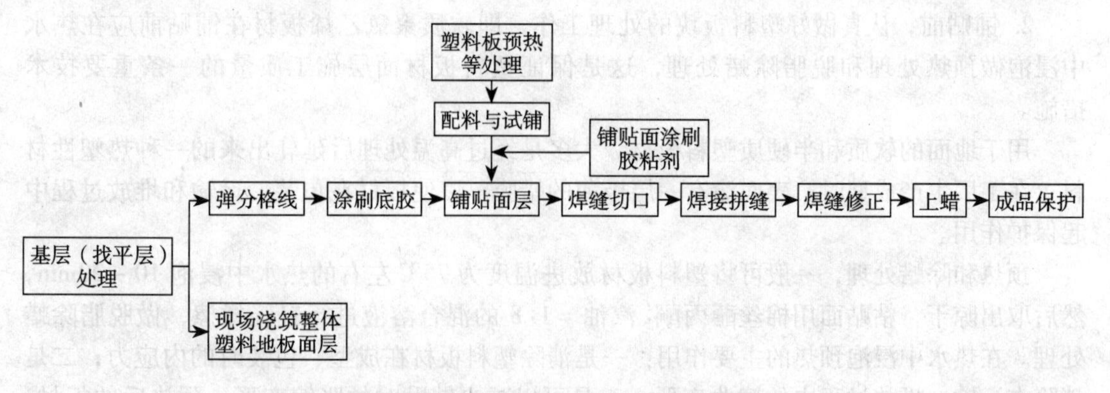

图5－58 塑料板地面施工工艺流程简图

5.8.4 施工要点和技术措施

1. 认真重视基层（找平层）的施工质量，由于塑料板的厚度较薄，所以塑料板面层的施工质量，与基层的施工质量关系很大。塑料板面层对基层的要求，可归纳为：平、干、洁、滑四点。

（1）平：即表面应平整，用2m直尺检查，其表面凹凸度不应大于2mm。如基层表面有较大的凹痕或是麻面时，应采用乳液腻子加以修补平整，再用水稀释的乳液涂刷一遍，以增加基层的整体性和粘结力。

基层不平，易使面层铺贴后成波浪形。胶粘剂中有杂质小颗粒，也会使面层局部拱起造成表面不平。

（2）干：即表面应干燥。按规范要求，铺贴时，基层表面的含水率不应大于8%。因此，用水泥拌合物铺设的基层，施工结束后按规定进行养护，并应加强通风干燥。根据有关资料介绍，当基层表面含水率大于8%时，铺贴的塑料板面层容易空鼓，这是因为闷在基层内的水分，日后逐渐积聚，当达到一定程度后，在面层的薄弱部位就会拱起，实质上是粘结不牢而脱层，从而造成面层空鼓。目前含水率的测定尚无直接的测定仪器，往往凭经验。据了解，有的用烧纸办法进行试验（即在楼面、地面上烧一团纸，看烧后的这块楼面、地面与周围的楼面、地面是否有明显的干湿变化）。有的将塑料板或其他纸板铺放于楼面、地面上，一昼夜后看其板面是否有水汽或吸湿情况。一般楼层地面干燥快，底层地面干燥较慢。

（3）洁：即表面应清洁。由于基层施工日期与塑料板面层的铺贴总要相差一段时间，中间难免上人踩踏，或其他物品堆放、散落，因此面层铺贴前，应认真进行清洗（不应用水冲洗，宜用湿拖把拖抹），如有油脂等杂质，应用碱水洗擦干净，以免影响粘结效果。

（4）滑：即基层表面应适当抹压，不应粗糙。粘贴塑料板，如同在水泥基层上粘贴油毡防水层一样，长期以来，普遍误认为基层表面以粗糙为好，其实不然，试验资料表明，基层表面光滑的粘结力比粗糙的粘结力要大。这是因为粗糙的表面形成很多细孔隙，涂刷胶粘剂时，不但增加胶粘剂的用量，而且厚薄也不易均匀，粘贴后，由于细孔隙内胶粘剂较多，其中挥发性气体继续挥发，当积聚到一定程度后，就会在粘贴的薄弱部位形成板面起鼓或边角起翘的现象。有的孔隙内有积灰，这样也会减少板与基层的粘贴接触面，影响粘贴质量。所以基层施工时，不仅要用木抹子搓打密实，还应用铁抹子抹压光滑。

2. 铺贴前，认真做好塑料板块的处理工作，即软质聚氯乙烯板材在铺贴前应在热水中浸泡做预热处理和脱脂除蜡处理，这是保证塑料板材面层施工质量的一条重要技术措施。

用于地面的软质和半硬质塑料板材，大多是经过高温处理后延轧出来的一种热塑性材料，在工厂生产成型时，表面涂有一层极薄的蜡膜，以使板材在包装、运输和堆放过程中起保护作用。

预热和除蜡处理，一般可将塑料板材放进温度为75℃左右的热水中浸泡10～20min，然后取出晾干，粘贴面用棉丝蘸丙酮∶汽油＝1∶8的混合溶液进行轻轻揉擦，做脱脂除蜡处理。在热水中浸泡预热的主要作用：一是消除塑料板材在成型、包装时的内应力；二是消除在运输、堆放过程中的翘曲变形；三是可以减少铺贴时的胀缩变形。预热后的板材、舒展平服、比较柔软，有利于施工操作和保证地面质量。

塑料板材在热水中浸泡预热，虽是一道简单的操作工序，但也是一道要求较高的施工操作工序。因为在热水中浸泡后，将促使塑料板材加速老化而增加硬度。如果浸泡时，热水温度高低不一，或是浸泡时间长短不一，都将造成塑料板材老化程序的差异，最终造成铺贴后塑料板材地面的颜色和软硬程度的不同，这样不但影响外型美观和使用效果，对于需要焊接的塑料地板，还将增加焊接工作的难度和影响焊接质量。因此，塑料板材的热水浸泡预热工作，应由专人负责，认真做好技术交底，严格控制热水温度和浸泡时间。为了掌握最佳的浸泡时间，施工前，应先做小块试验，切忌盲目施工。

预热不得采用炉火或电热炉。因为温度难以控制，也不易均匀，预热效果也差，甚至影响板材质量。

经过预热处理和脱脂除蜡后的塑料板材，应平放在待铺贴的房间内至少24h，以适应铺贴环境温度。不然，如温差相差较大，容易引起板材铺贴后的胀缩变形而影响粘贴效果。

3. 涂刷底胶：为提高基层（找平层）与塑料板块面层的粘级效果，铺贴前，应刷一层底胶。

4. 按面层板块尺寸或按设计图案要求，在基层（找平层）表面进行弹线分格，放出中心线、定位线，见图5－59。靠墙边处应留出200～300mm作为镶边处理，使塑料板保持整块铺贴，增加地面美观。施工操作人员应穿干净无尘的鞋子进行工作，以防玷污表面。

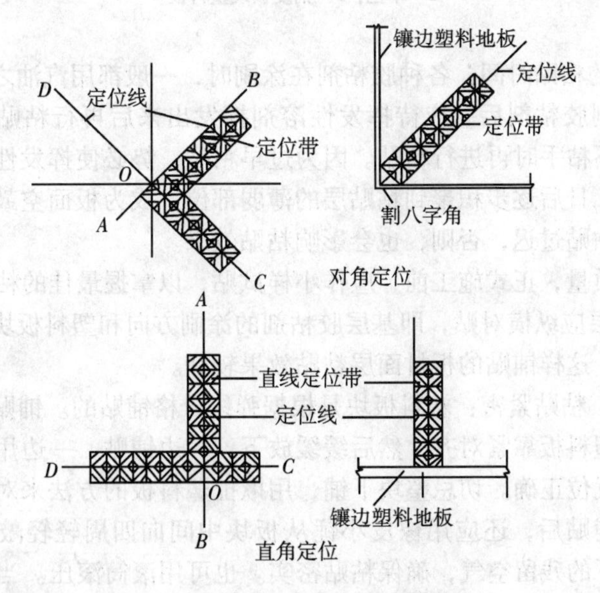

图5－59 铺贴塑料地板面层定位方法

5. 正式铺贴塑料板块，尚需注意以下几个问题：

（1）注意涂刷的先后顺序：基层表面和塑料板的粘贴面都应涂刷胶粘剂，但应先涂刷塑料板的粘贴面，后涂刷基层表面。这是因为水泥拌合物铺设的基层，尽管要求抹平、压光，但毕竟还是个多孔材料，吸湿性较强。所以涂刷胶粘剂时，先涂刷塑料板的粘贴面，后涂刷基层表面，这样两者的干燥程度，即胶粘剂中的水分及挥发性气体的挥发程度，容易协调一致，确保粘贴质量。

（2）涂刷胶粘层应薄而匀：厚度应控制在1mm以内。厚薄不匀的胶粘层，会使面层板材铺贴后呈现波浪形，外形观感和行走时脚感都不舒服。这主要是因为胶粘层涂刷后，不能立即铺贴面层板材，而是要待挥发性气体挥发后，胶粘层不粘手时才能铺贴。这时，胶粘层的流动性已经基本消失，所以胶粘层的厚薄将最终影响面层的平整。

涂刷胶粘层不应使用长毛刷子，宜采用图5－60所示的齿形刮板或短而硬的棕刷进行涂刷。

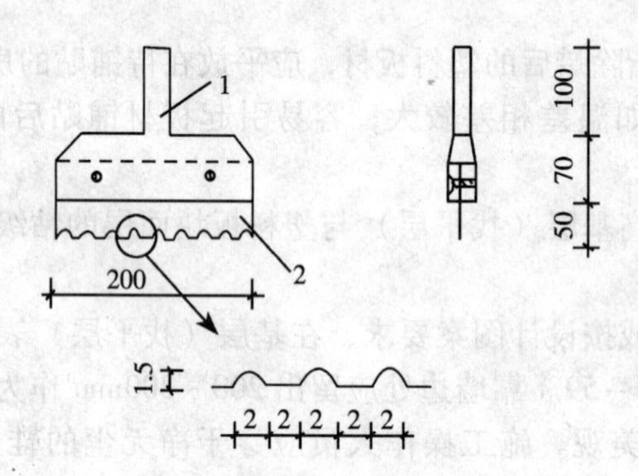

图5－60　涂刷胶粘剂的齿形刮板

1—木把；2—钢皮板或塑料板

（3）掌握恰当的粘贴时间：各种胶粘剂在涂刷时，一般都用汽油之类的挥发性溶剂进行稀释。因此，涂刷胶粘剂后，应待挥发性溶剂挥发出来后再行粘贴，视气候情况，经10～20min，用手摸不粘手时再进行粘贴。因为过早粘贴，势必使挥发性气体长时间闷在粘结层内，不得挥发，日后逐步积聚到粘贴层的薄弱部位，成为板面空鼓或翘边、翘角的隐患。当然，也不能粘贴过迟，否则，也会影响粘贴效果。

为了确保施工质量，正式施工前，应作小样试贴，以掌握最佳的粘贴时间。

（4）上下胶粘层应纵横对贴，即基层胶粘剂的涂刷方向和塑料板块粘贴面胶粘剂的涂刷方向应纵横交叉，这样铺贴的板材面层粘贴效果较好。

（5）一次就会，粘贴紧密：塑料板块是根据弹线分格铺贴的。铺贴时，应将塑料板块的一边与已贴好的塑料板靠紧对齐，然后缓缓放下，一边铺贴，一边用手抹压，以挤走板下空气，做到一次就位正确。切忌整块下铺，用揪扯塑料板的方法来对齐就位，这样，板下容易残留空气。铺贴后，还应用橡皮小锤从板块中间向四周轻轻敲击，既增强粘结效果，又再次排挤板下的残留空气，确保粘贴密实。也可用滚筒滚压。当局部残留空气排挤不掉时，可用注射器进行抽气后再压实。

（6）塑料板块铺贴时，本身宜采用纵横纹间隔粘贴的方法。塑料地板大多是经过高温处理后延轧出来的一种热塑性材料，在温度作用下，有显著的胀缩性。由于是延伸生产，所以一般纵向的收缩值较大，而横向不但不收缩，反而稍有膨胀。表5－65为石棉塑胶板的试验资料。

施工时若全用纵向或全用横向进行粘贴，则在温度影响下，容易沿板的纵向产生收缩，将接缝撕裂；而沿板的横向则产生膨胀，把板缝胀裂，这对塑料地板的使用和外形美观都将产生不良的影响。采用纵横间隔粘贴的施工方法，则能较好的弥补材料胀缩所造成的影响，这是保证塑料地板施工质量的一个重要措施。此外，由于大多塑料板材是延伸生产成型的，表面形成横纹和直纹之分，铺贴时如横纹和直纹间隔排列，外观效果将会更好。

石棉塑胶板胀缩性能试验资料　　表 5-65

规格（cm）	22.5×22.5		30×30	
	烘箱 80℃×6h 尺寸变化（mm）	水中 25℃×120h 尺寸变化（mm）	烘箱 80℃×6h 尺寸变化（mm）	水中 25℃×120h 尺寸变化（mm）
纵向	-1.0	0	-1.3	+0.01
横向	+0.2	+0.2	+0.4	+0.25

6. 塑料地板拼缝焊接施工，是一项重要而又细致的工作，应注意以下几个问题：

（1）掌握施焊时间。塑料板面层铺贴好后，不应过早地进行施焊，否则在胶粘剂尚未充分凝结硬化时就受热膨胀，易使焊缝两侧的塑料板造成空鼓。规范规定，在一般情况下，须经 48h 后方可施焊。

（2）重视 V 形槽的切割工作。拼缝的坡口切割工作宜在铺贴后、焊接前进行。切割工作过早，焊缝易被脏物沾污，影响焊接质量。切割工作应在焊接前，先做小样试验。根据焊条规格确定合理的坡口尺寸（角度），将相邻的塑料板边缘切成 V 形槽。切割时应做到平直、宽窄和深浅一致。由于焊接时，焊枪是等速前进的，如果坡口切割马虎草率，不平直，宽窄、深浅不一，则会造成大、深缝填不满，呈下凹状，小、浅缝又填不下，呈凸起状，弯曲或凹凸不平的拼缝将对使用和外形美观影响极大。

V 形槽的切割工作可采用图 5-61 的 V 形缝切口刀进行。V 形缝切口刀由三片钢板组成，其中两片组成“V”形刀架，刀架下方为水平底板，底板上开有两小段缝隙，用两张刮脸刀片作切刀，分别固定在刀架的两个斜面上，刀片的一角从底板的缝隙穿出形成切刀。

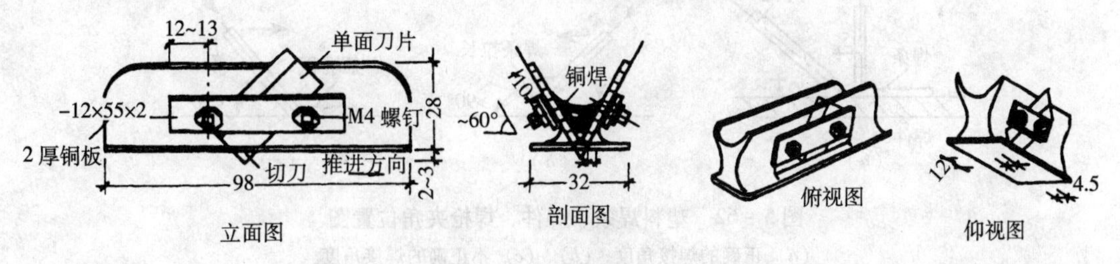

图 5-61　V 形缝切口刀

（3）严格控制空气表压和焊接温度，是保证塑料板焊接质量的两个重要因素。

控制一定的空气表压，主要是使焊枪喷嘴喷出的气流能保持一定的流速。因为空气压力过大，焊条熔化物易被吹到两边，而不能正确落入焊缝中，影响焊接质量；反之，若空气压力过小，则又将使焊条与塑料板不能充分熔化和粘结，也会影响焊接质量。规范规定了空气压力应控制在 0.08~0.1MPa。

关于焊接温度，宜控制在180～250℃之间，视施工环境温度而定。聚氯乙烯在180℃以上就处于粘流状态，稍加用力即可彼此粘结。热空气从喷嘴喷向焊缝及焊条，若温度过高，会引起塑料分解，导致塑料本身的增塑剂（此是增加塑料柔软性的材料）迅速挥发而影响塑料板块的柔软性，促进塑料板块面层发黄，甚至烧焦；若温度过低，又将使焊条和塑料板不能充分受热而影响焊接质量。

由于塑料板材品种较多，质量情况也不一样，为了保证焊接质量，应在正式施焊前先进行试焊，获得正确的数据后，再行正式焊接施工，切忌盲目施工，以免造成不必要的返工损失。

施焊前，还应检查压缩空气是否纯洁，若空气中含有油质或水分，也会影响焊接质量。施焊前，可将压缩空气向白纸上喷20～30s（此时可不接通电路，即不需加热压缩空气），若纸上无任何痕迹，即可认为压缩空气是纯洁的。

（4）正确选择焊条。目前常用的聚氯乙烯焊条品种较多，从成分上分，有含增塑剂的普通硬焊条和不含增塑剂的硬焊条两种；从外形上分，又有圆形和等边三角形两种。含增塑剂的普通硬焊条可降低塑化温度，有利于提高焊接速度，但耐腐蚀性和耐热性则有所降低。因此，对用于耐腐蚀楼面、地面的塑料板面层，应用不含增塑剂的硬焊条进行焊接。

施焊结束后的焊缝，应突出面层1.5～2mm，使焊缝呈圆弧形。这种焊缝强度高、质量好，经切削后就成为平整光滑整体无缝的楼、地面。

（5）掌握好焊枪的倾角和移动速度。焊接时，焊枪喷嘴、焊条与焊缝三者应成一平面，并垂直于塑料板面。焊枪喷嘴与地面的夹角不应小于25°，以30°为宜。喷嘴与焊条及焊缝表面一般应距5mm左右为好，如图5－62所示。焊枪的移动速度一般为0.3～0.5m/min，这要根据焊接温度和施焊操作者的熟练程度来定。如施焊温度较高，而焊接操作较熟练，则可适当加快速度。反之，则不宜太快。该快不快，容易造成烧焦，使塑料板面发黄，甚至发黑；若移动过快，则又将使焊条与塑料板不能充分受热而影响焊接质量。

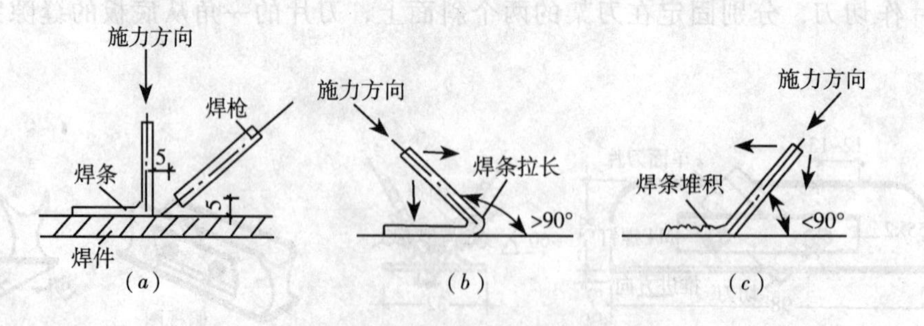

图5－62　塑料焊条、焊件、焊枪夹角位置图
（a）正确的焊接角度；（b）、（c）不正确的焊接角度

塑料地板焊接设备布置和施焊工艺见图5－63。

（6）精心切削修正。切削修正是拼缝焊接的最后一道工序。常用刨刀切削，操作虽较简单，但亦应精心进行。切削修正工作，应在焊缝冷却至室内常温后再予进行。严格防止“热切”（即焊缝尚未完全冷却的情况下就进行切削），否则冷却后往往收缩成凹形，影响美观。切削时，应保持深浅一致，防止焊缝两边的塑料板切削得过多。

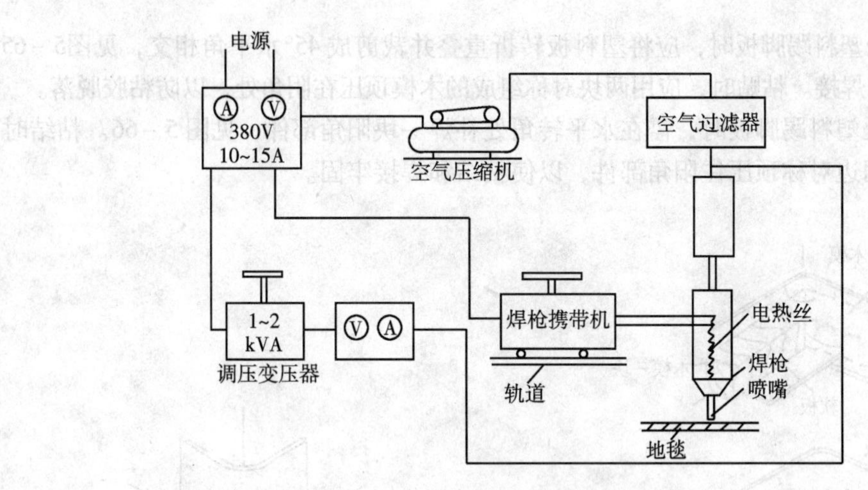

图 5-63 焊接设备布置及焊接工艺

烧焦或焊接不牢的焊缝，应切除后重新补焊。

7. 铺贴塑料卷材地面，宜顺房间的纵长方向铺设，以减少拼缝。若房间为正方形，则应顺进门方向铺设。铺设时，可先将卷材反卷，然后将一边紧铺在靠墙处（有镶边的紧靠镶边线），再慢慢将卷材展开向前铺设。

铺贴卷材用的胶粘剂，应首先选用塑料卷材厂配套供应的粘结剂。使用时，严格按使用说明进行操作。使用其他胶粘剂时，应经相应的技术鉴定和小样试验后方可采用。

塑料卷材铺贴后，应用橡胶滚筒从中间向四边滚压、赶平、压实。挤出的粘结剂应及时清除干净。

当塑料卷材需要两幅或两幅以上拼接时，其拼缝应使卷材侧边平接，不要搭接。拼缝处应尽量利用卷材原有的光边，拼接时，应注意将花纹对齐。

对采用干铺的塑料卷材，可用粘结剂将卷材四边粘贴于基层上，以防止卷材铺设后产生移位和翘边现象。在门口处的卷材，应全部粘贴牢。

8. 塑料踢脚板铺贴时，应先将塑料条钉在墙内预留的木砖上，钉距约 400~500mm，然后用焊枪喷烤塑料条与踢脚板上口，使两者粘结牢固，见图 5-64。

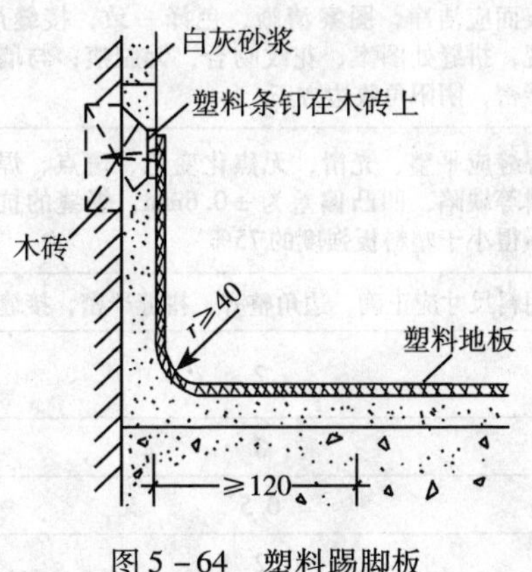

图 5-64 塑料踢脚板

铺贴阴角处塑料踢脚板时，应将塑料板转折重叠并裁剪成45°水平角相交，见图5－65，然后进行粘贴和焊接。粘贴时，应用两块对称组成的木模顶压在阴角处，以防粘胶脱落。

铺贴阳角处塑料踢脚板时，需在水平转角处补焊一块阳角部件，见图5－66。粘结时，也应用木模在两边对称顶压住阳角部件，以使粘结和焊接牢固。

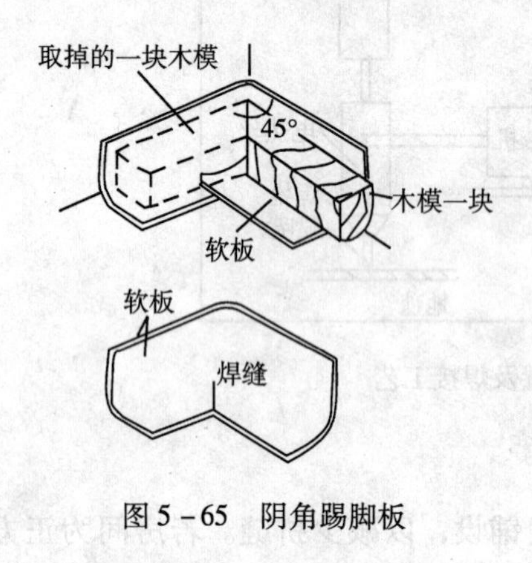

图5－65　阴角踢脚板

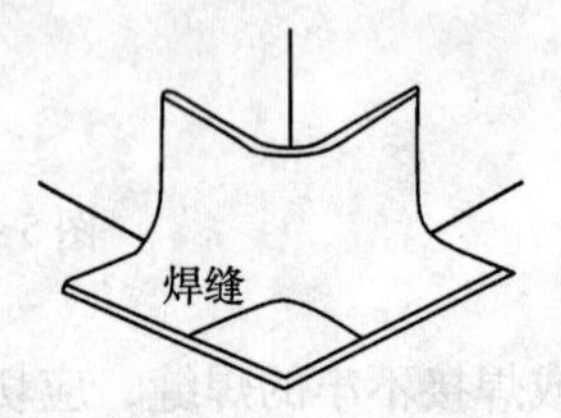

图5－66　阳角踢脚板

5.8.5　质量标准和检验方法

塑料板地面的质量标准和检验方法见表5－66。

塑料板地面质量标准及检验方法　　表5－66

项	序	检验项目	允许偏差或允许值（mm）	检验方法
主控项目	1	面层材料	塑料板块和卷材品种、规格、颜色、等级应符合设计要求和国家标准规定	观察检查和检查材质合格证明文件及检测报告
	2	胶粘剂质量	应符合国家标准《民用建筑工程室内环境污染控制规范》（GB 50325—2001）规定，其产品应按基层材料和面层材料使用的相容性要求，通过试验确定	检查材质合格证明文件和试验报告
	3	面层与基层结合	粘结应牢固、不翘边、不脱胶、无溢胶 ［注：卷材局部脱胶处面积不应大于20cm²，且相隔间距不小于50cm可不计；凡单块板块料边角局部脱胶处且每自然间（标准间）不超过总数的5%者可不计］	观察检查和用敲击及钢尺检查
一般项目	4	面层质量	表面应洁净，图案清晰，色泽一致，接缝严密、美观，拼缝处图案、花纹吻合，无胶痕；与墙边交接严密，阴阳角收边方正	观察检查
	5	板缝焊接质量	焊缝应平整、光滑，无焦化变色、斑点、焊瘤和起鳞等缺陷，凹凸偏差为±0.6mm，焊缝的抗拉强度不得小于塑料板强度的75%	观察检查和检查检测报告
	6	镶边质量	用料尺寸应正确，边角整齐，拼缝严密，接缝顺直	观察和用钢尺检查
	7	表面平整度	2	用2m靠尺和楔形塞尺检查
	8	缝格平直	3	拉5m线和用钢尺检查
	9	接缝高低差	0.5	用钢尺和楔形塞尺检查
	10	踢脚板上口平直	2	拉5m线和用钢尺检查

5.8.6 质量通病和防治措施

1. 面层空鼓

(1) 现象

面层起鼓，手揿有气泡或边角起翘。

(2) 原因分析

1) 基层表面粗糙，或有凹陷孔隙。粗糙的表面形成很多细孔隙，涂刷胶粘剂时，不但增加胶粘剂的用量，而且厚薄不均匀。粘贴后，由于细孔隙内胶粘剂多，其中的挥发性气体将继续挥发，当积聚到一定程度后，就会在粘贴的薄弱部位形成板面起鼓或板边起翘现象。

2) 基层含水率大，面层粘贴后，基层内的水分继续向外蒸发，在粘贴的薄弱部位积聚鼓起，当基层表面粗糙时尤为显著。

3) 基层表面不清洁，有浮尘、油脂等，降低了胶粘剂的胶结效果。

4) 涂刷胶粘剂后，面层粘贴过早或过迟。为了便于胶粘剂涂刷，需掺一定量的稀释剂，如丙酮、甲苯、汽油等，当涂刷到基层表面和塑料板粘贴面后，应稍等片刻，待稀释剂挥发后，用手摸胶层表面感到不粘手时再行粘贴。如果粘贴过早，稀释剂闷于其中，当积聚到一定程度后，就会在面层粘贴的薄弱部位起鼓。面层粘贴过迟，则黏性减弱，最后也易造成面层起鼓。

5) 塑料板在工厂生产成型时，表面涂有一层极薄的蜡膜，粘贴前，未作除蜡处理，影响粘贴效果，也会造成面层起鼓。

6) 面层粘贴好后就进行拼缝焊接施工，胶粘剂尚未充分凝固硬化，受热膨胀，致使焊缝两侧的塑料板空鼓。

7) 粘贴方法不当，粘贴时整块下贴，使面层板块与基层间存有空气，影响粘贴效果，也易使面层空鼓。

8) 施工环境温度过低，粘结层厚度增加，既浪费胶粘剂，又降低粘结效果，有时会冻结，引起面层空鼓。

9) 胶粘剂质量差或已变质，影响粘结效果。

(3) 预防措施

1) 基层表面应坚硬、平整、光滑、无油脂及其他杂物，不得有起砂、起壳现象。水泥砂浆找平层宜用1:1.5~1:2配合比，并用铁抹子压光，尽量减少表面细孔隙。如有麻面或凹陷孔隙，应用乳液腻子修补平整后再行粘贴面层塑料板。

2) 除用108胶粘剂外，当使用其他胶粘剂时，基层含水率应控制在6%~8%范围内，也可视地面发白色为宜。

3) 涂刷胶粘剂，应待稀释剂挥发后（即用手摸不粘手时）再进行粘贴。由于胶粘剂的硬化速度与施工环境温度的高低有关，所以当施工温度不同时，粘贴时间也不同，施工前应作小量试贴，待取得经验后再行铺贴。

铺贴中还应注意涂刷胶粘剂的先后顺序。基层含水率虽小，但毕竟是多孔材料，吸湿性强，因而涂刷在基层上的胶粘剂比涂刷在塑料板上的胶粘剂容易干燥，故施工中一般应先涂刷塑料板粘贴面，后涂刷基层表面，这样两方面的干燥程度容易协调一致，否则会影响粘贴效果，造成面层空鼓。

塑料板粘贴面上胶粘剂应满涂，四边不漏涂，确保边角粘贴密实。

4）塑料板在粘贴前应作除蜡处理，一般将塑料板放进75℃左右的热水中浸泡10～20min，然后取出晾干。胶粘面可用棉丝蘸上丙酮∶汽油＝1∶8的混合溶液擦洗，以除去表面蜡膜。

5）施工环境温度应控制在15～30℃，相对湿度应不高于70%（保持至施工后10d内）。温度过低，影响胶粘剂的粘贴效果；温度过高，则胶粘剂干燥、硬化过快，也会影响粘贴效果。

6）拼缝焊接应待胶粘剂完全干燥硬化后进行。施工前可由小样试验确定。一般应在粘贴1～2d后进行焊接。

7）粘贴方法应从一角或一边开始，边粘贴，边用手抹压，将粘结层中的空气全部挤出。板边挤溢出的胶粘剂应随即用棉丝擦掉。粘贴过程中，切忌用力拉伸或揪扯塑料板，当粘贴好一块后，还应用橡皮锤自中心向四周轻轻拍打，排除气泡，以增加粘贴效果。

8）粘结层厚度应控制在1mm左右为宜，可用图5－60所示带齿的钢皮刮板或塑料刮板进行涂刮。

9）严禁使用变质的胶粘剂。

（4）治理方法

起鼓的面层应沿四周焊缝切开后予以更换，基层应作认真清理，用铲子铲平，四边缝应切割整齐。新贴的塑料板在材质、厚薄、色彩等方面应与原来的塑料板一致。待胶粘剂干燥硬化后再行切割拼缝，并进行拼缝焊接施工。

局部小块空鼓处，可用医用针头注入胶粘剂，最后用重物压平压实。

2. 塑料板颜色、软硬不一

（1）现象

外观颜色深浅不一，行走时脚下感觉软硬不同。

（2）原因分析

1）铺贴前在温水中的浸泡时间掌握不当，热水温度高低相差较大，造成塑料板软化程度不同，颜色和软硬程度也不一样，不但影响美观和使用效果，而且还会影响拼缝的焊接质量。

2）塑料板不是同一品种、同一批号，颜色和软硬程度往往不一。

（3）预防措施

1）同一房间、同一部位应采用同一品种、同一批号的塑料板。严格防止不同品种、不同批号的塑料板混杂使用。由于目前塑料板品种较多，原料配方有差异，所以在采购、堆放和使用时应加强管理，避免弄错。

2）在热水中浸泡应由专人负责。一般在75℃的热水中浸泡10～20min，尽量控制恒温，并严格掌握时间一致。为掌握最佳浸泡时间，施工前应作小块试验。

3）浸泡后取出晾干时的环境温度应与铺贴温度相同，不能过高或过低。最好堆放在待铺的房间内备用。

（4）治理方法

对于一般建筑中不影响使用或不发生空鼓等现象的，一般可不作修理。但对外观及使用质量要求较高的，以及产生起鼓、影响拼缝焊接质量的，应予修补。修理方法见“面层空鼓”的治理方法。

3. 塑料板铺贴后表面呈波浪形

(1) 现象

目测表面平整度差，有明显的波浪形。

(2) 原因分析

1) 基层表面平整度差，呈波浪形等现象。

2) 涂刮胶粘剂的刮板，齿的间距过大或深度较深，使涂刮的胶粘剂具有明显的波浪形。由于塑料板粘贴时，胶粘剂内的稀释剂已挥发，胶体流动性差，粘贴时不易抹平，使面层呈现波浪形。

3) 胶粘剂在低温下施工，不易涂刮均匀，流动性和粘结性能较差，胶粘层厚薄不匀。由于塑料板本身很薄（一般为2~6mm），铺贴后就会出现明显的波浪形。

(3) 预防措施

1) 严格控制粘贴基层的表面平整度，用2m直尺检验时，其凹凸度不应大于2mm。当基层表面有抹灰、油腻、砂粒等污迹时，可用磨石机轻磨一遍。

2) 使用齿形恰当的刮板涂刮胶粘剂，使胶层的厚度薄而匀，并控制在1mm左右。刮板齿形可参照图5-60所示。涂刮时，注意基层与塑料板粘贴面上的涂刮方向应成纵横相交，以使面层铺贴时，粘贴面的胶层均匀。

不宜使用毛刷子涂刷胶粘剂。

3) 控制施工温度，具体要求参见“面层空鼓”的预防措施的相应部分。

(4) 治理方法

可参照“面层空鼓”治理方法进行。

4. 拼缝焊接未焊透

(1) 现象

焊缝两边有焊瘤，焊条熔化物与塑料板粘结不牢，有裂缝、脱落等现象。

(2) 原因分析

1) 焊枪出口气流温度过低。

2) 焊枪出口气流速度过小，空气压力过低。

3) 焊枪喷嘴离焊条和板缝距离较远。

4) 焊枪移动速度过快。

以上四种情况中的任何一种情况，都会使焊条与板缝不能充分熔化，焊条与塑料板难为一体，因而结合不好。

5) 焊枪喷嘴与焊条、焊缝三者不成一直线，或喷嘴与地面的夹角太小，使焊条熔化物不能正确落入缝中，致使结合不牢。

6) 压缩空气不纯，有油质或水分混入熔化物内，影响相互粘结质量。

7) 焊缝坡口切割过早，被脏物玷污，影响粘结质量。

8) 焊缝两边塑料板质量不同，熔化程度不一样，影响粘结质量。

9) 焊条选用不当，或因焊条本身质量差（或不洁净）而影响焊接质量。

(3) 预防措施

1) 采用同一品种、同一批号的塑料板铺贴面层，防止不同品种、不同批号的塑料板混杂使用。

2）拼缝的坡口切割时间不宜过早，切割后应严格防止脏物玷污。

3）焊接施工前，应先检查压缩空气是否纯洁。可将压缩空气向白纸上喷射 20 ~ 30s（此时不接通电路），若纸上无任何痕迹，即可认为压缩空气是纯洁的。

4）掌握好焊枪气流温度和空气压力值，一般温度控制在 180 ~ 250℃ 为宜；空气压力值控制在 80 ~ 100kPa 为宜。

5）掌握好焊枪喷嘴的角度和距离，喷嘴与地面夹角不应小于 25°，以 25° ~ 30° 为宜；距离焊条与板缝以 5 ~ 6mm 为宜。

6）控制焊枪的移动速度，一般控制在 30 ~ 50cm/min 为宜。

7）正式焊接前，应先做试验，掌握其温度、速度、角度、气压、距离等最佳参数后，再行正式施焊。施焊时，应使喷嘴、焊条、焊缝三者保持一直线。若发现焊接质量不符合要求时，应立即停止施焊，查找原因，作出改进措施后再行施焊。

（4）治理方法

对焊接不牢（或不透）的焊缝应返工，并按上述各条要求重新施焊。

5. 焊缝发黄、烧焦，有黑色斑点

（1）现象

用肉眼观察有明显的黄斑、焦斑。

（2）原因分析

1）焊枪出口气流温度过高。

2）焊枪移动速度过慢。

3）焊枪喷嘴距离焊条与板缝过近。

以上三种情况中任何一种情况，都会引起塑料板受热过久而分解，导致塑料板内部的增塑剂（增加塑料柔软性的材料）迅速挥发而影响塑料的柔软性，起了一定的催化作用，造成塑料板表面发黄，甚至烧焦、变黑等现象。

（3）预防措施

正确掌握各项焊接参数，详见“拼缝焊接未焊透”中预防措施各点要求。

（4）治理方法

对于不影响使用或不发生空鼓、裂缝等现象者，一般可不作返修处理。但对外观质量要求较高的高级装修，或有空鼓、裂缝者，应予返修处理。返修的焊接应按“拼缝焊接未焊透”预防措施中各点要求进行施焊。

6. 焊缝凹凸不平，宽窄不一

（1）现象

焊缝表面高低不平，宽窄不一致，外观质量较差。

（2）原因分析

1）塑料板坡口切割宽窄、深浅不一致。由于焊接时焊枪的行进速度一般是等速的，所以焊好后，不仅造成焊缝宽窄不一致，还将造成大（深）缝处填不满，呈下凹状；小（浅）缝处又填不下，呈凸起状，切平后还会出现高低不平的现象。

2）焊接后，在焊缝熔化物尚未完全冷却的情况下就进行切平工作，俗称“热切”，冷却后往往收缩成凹形，如图 5 - 67 所示。

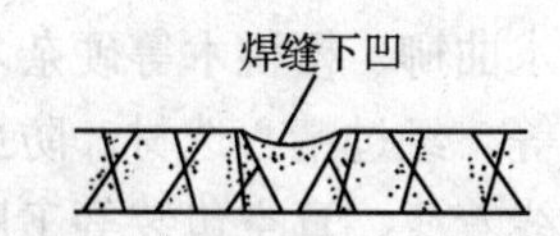

图 5－67 “热切”造成焊缝下凹

3）拼缝坡口大而焊条体积小，焊好后，也会使焊缝成凹形。

4）焊枪的空气压力过高，将焊缝处的熔化物吹成波浪形状。

5）切平工作马虎粗糙，切平后焊缝深浅不一。

（3）预防措施

1）拼缝坡口切割应正确，边缘应整齐、平滑，角度不能过大过小，如图 5－68 所示。

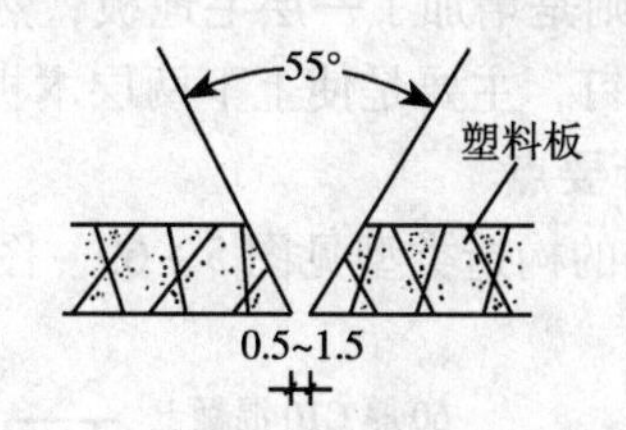

图 5－68 塑料板坡口示意图

2）焊缝的切平工作，应待焊缝温度冷却到室内常温后再行操作。切平工作应认真、细致。

3）拼缝的坡口尺寸应与焊条尺寸协调一致，使熔化物冷却后略高于塑料板面，经切平后即成为一条平整的焊缝。

4）焊枪的空气压力应适宜，以 80～100kPa 为宜。

5）拼缝坡口切割和焊接施工前，应先做小样试验，以便确定合理的坡口角度和焊条尺寸。

（4）治理方法

同“5. 焊缝发黄、烧焦，有黑色斑点”的治理方法。

5.9 实木地板和实木复合地板地面

实木地板楼地面具有重量轻、弹性好、干燥、导热系数小、绝缘性能好、木质自然、纹理美观、施工方便等特点，常用于高级民用建筑和有较高要求的工业建筑楼地面，如宾馆、住宅的卧室、托儿所、健身房、舞台、体操赛场、精密计量室等建筑地面。

实木复合地板是最近几年从实木地板家族中衍生发展起来的一种木质复合地板材料，它是将木材切割成薄片后垂直叠放胶合层压而成的实木地板材料，它克服了原木地板纵横向收缩变形差异大的缺点，同时又保持了原木地板原有的一些优点，因此具有广阔的发展前景，被称为实木地板的换代产品。

实木复合地板有多层和三层实木复合而成。居室装修中大多使用三层实木复合地板。就三层实木复合地板而言，它由表层板、中层板和背层板复合而成，其表层板选用优质的橡木、桦木、枫木、榉木、柞木、水曲柳、樱桃木等硬杂木，中层板选用白松木，背层板选用优质旋边单板，如桦木、杨木等，经过精心选材、防虫防霉处理、自然晾干和严密的干燥工艺、拼接层压、磨光和紫外线着漆、真空包装等工序制作而成。实木复合地板具有坚固耐用、光亮持久、防潮阻燃、保温吸音、干缩湿胀率小、尺寸稳定、弹性适中、表面平整光洁、纹理清新自然、安装施工方便等特点，是比较理想的木地板材料。

实木地板和实木复合地板面层有条材、块材和拼花三种形式。铺设方法有空铺式、实铺式和粘贴式三种。空铺式主要用于底层地面，与基土之间有一定的敷设空间；实铺式主要铺设于楼层或底层混凝土垫层上，通过搁栅将木地板固定在层面上；粘贴式不用搁栅，直接用胶粘剂将木地板粘结在基层面上。

实木地板和实木复合地板铺设构造有单层和双层之分，单层是将木地板直接固定于搁栅上或直接粘贴于基层上；双层则是增加了一层毛地板，然后将面层木板固定在其上。毛地板通常与搁栅成30°~45°角铺钉，主要是使上下两层木板不产生同缝。

5.9.1　地面构造类型和设计要点

1. 实木地板和实木复合地板的构造类型见图5-69~图5-71。

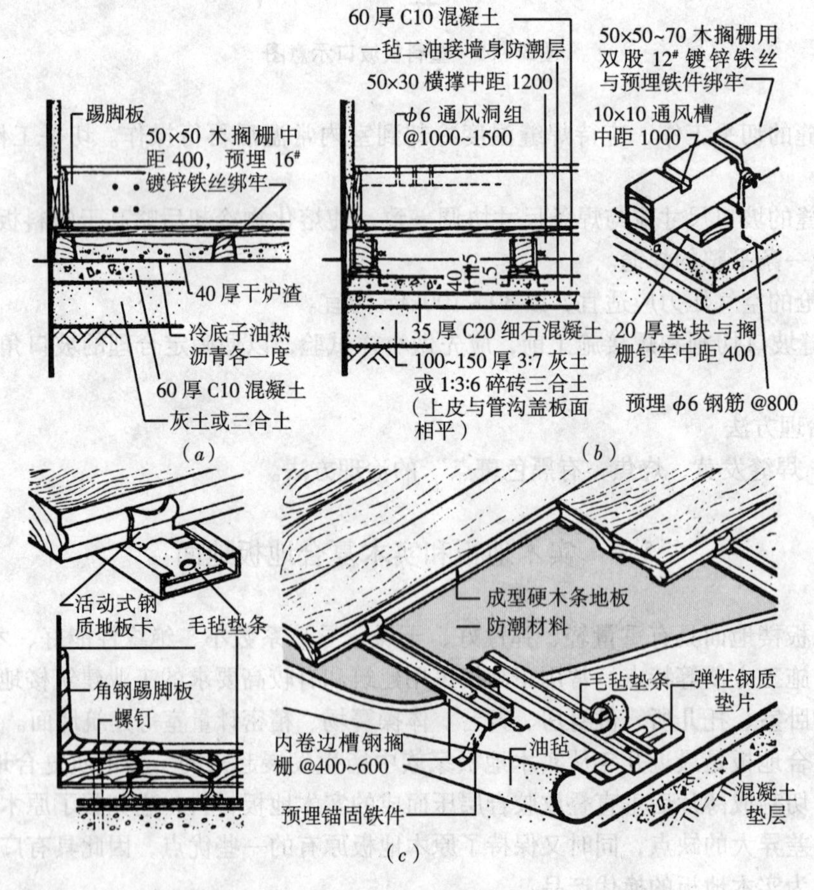

图5-69　实铺式木地板地面构造

(a) 实铺式作法一；(b) 实铺式作法二；(c) 实铺式作法三

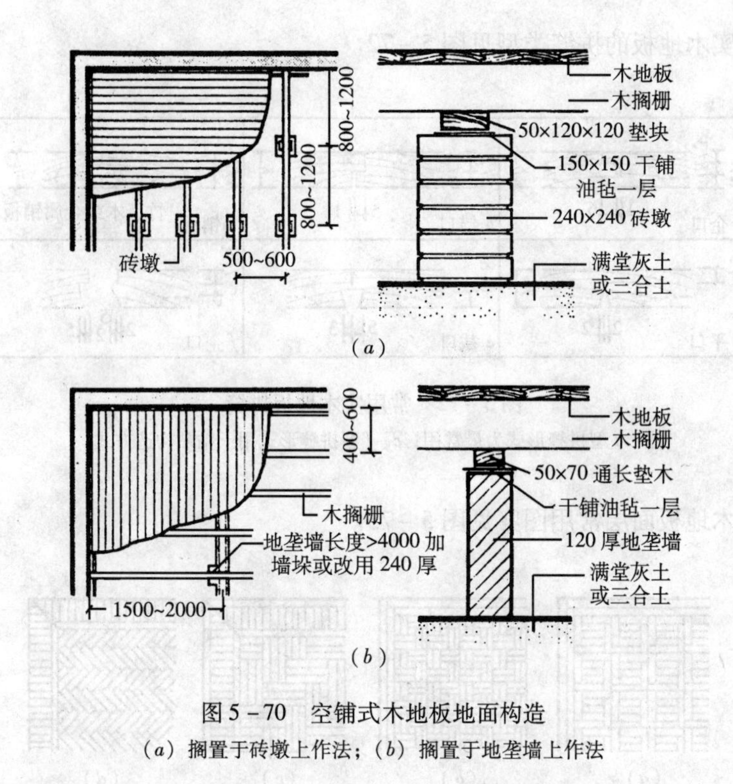

图 5-70 空铺式木地板地面构造

(a) 搁置于砖墩上作法；(b) 搁置于地垄墙上作法

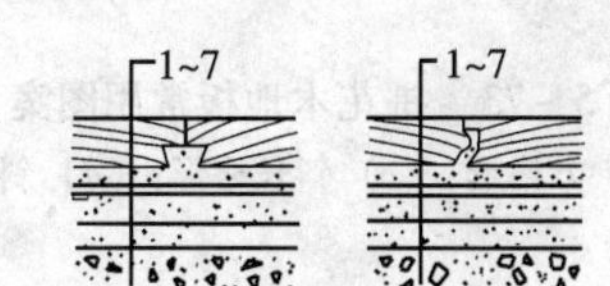

图 5-71 粘贴式木地板地面构造

1—18~23 厚企口木地板；2—1.5~3.0 厚沥青结合层；3—热沥青一度；4—冷底子油 1~2 度；5—20~30 厚沥青砂浆层；6—15~25 厚水泥砂浆；7—混凝土地面或楼板

2. 设计要点

(1) 常用实木地板的规格、层数和选用树种见表 5-67。

常用实木地板的规格、层数和选用树种 表 5-67

地板名称	规格 (mm)			层数	选用树种
	长	宽	厚		
普通木地板	≥800	75 100 125 150	18~23	单层	红松、杉木、樟子松、铁山、华山松、四川红杉、柏木、落叶松
硬木条地板	≥800	50	18~23	单层 双层	柞木、色木、水曲柳、榆木、核桃木、桦木、黄菠萝、槐木、楸木、青岗栎、槠栎、麻栎、胡桃楸、花榈木、红桧柚、柳安、橡木
拼花木地板	250 300	30 37.5 42 50	18~23	单层 双层	

注：1. 单层拼花木地板只用于粘贴式。

2. 东北、内蒙地区所产落叶松，粗纹多，易开裂翘曲，不宜用于高温低湿的场合。

（2）常用实木地板的拼缝类型见图5－72。

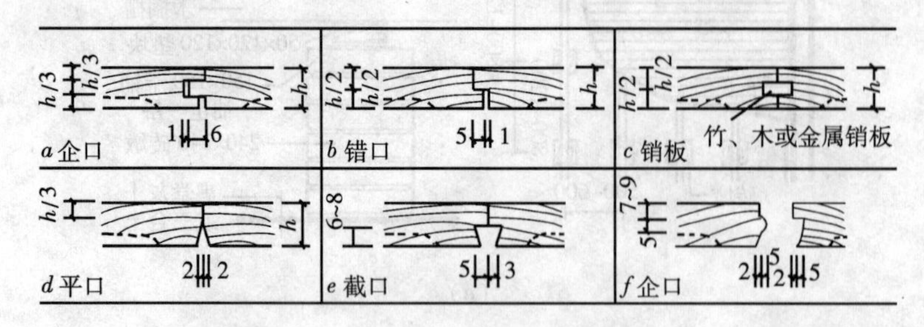

图5－72　常用实木地板拼缝

注：a型拼缝形式为最常用；c、f型拼缝形式用于粘贴构造方式。

（3）拼花木地板面层常用图案见图5－73。

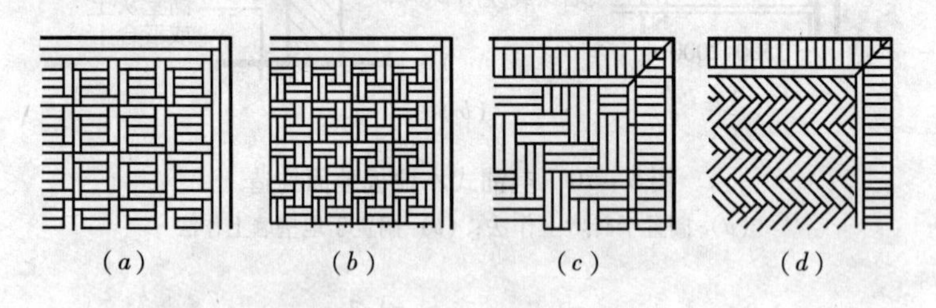

图5－73　拼花木地板常用图案

(a)、(b)方格形；(c)斜长格形；(d)斜人字形

（4）空铺式木地板下的搁栅断面、砖垛或地垄墙的截面尺寸，应按相应规范由计算确定。

（5）空铺式木地板下应留有一定的空间高度，空间下面宜用灰土或混凝土覆盖，避免地层中潮湿气上升聚集，对木地板及搁栅造成腐蚀影响。木搁栅及木地板的底面，应刷一度防潮（腐）剂。

（6）空铺式木地板下的内、外墙上，应留置一定数量的通风洞，并应内外墙上的洞口对直，以利于板下空间的通风换气。外墙通风洞应设置铁栅格子，防止老鼠或其他小动物进入室内空间。寒冷地区的外墙通风洞上应设置小门，便于冬季关闭，防止冷空气进入板下空间。

图5－74为有外走廊的木地板房间通风洞的设置方法。图5－75为木踢脚板上和木地板面上设置通风洞的情况。

（7）北方寒冷地区木地板外墙上的木搁栅不应直接搁入墙内，宜搁置于外挑的砖或混凝土牛腿上，见图5－76。防止局部削弱砖墙面积后产生结露现象，使搁栅端部出现凝结水腐烂。

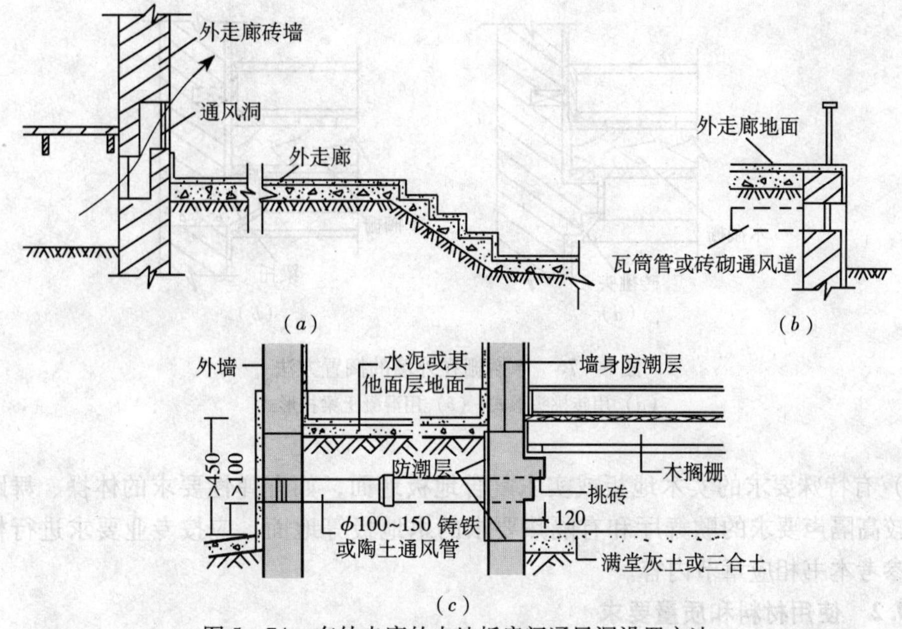

图5－74 有外走廊的木地板房间通风洞设置方法

(a) 走廊墙上设通风洞；(b) 外走廊地面下用瓦筒管或砖砌通风道；(c) 外走廊地面下用铸铁管或陶土通风管

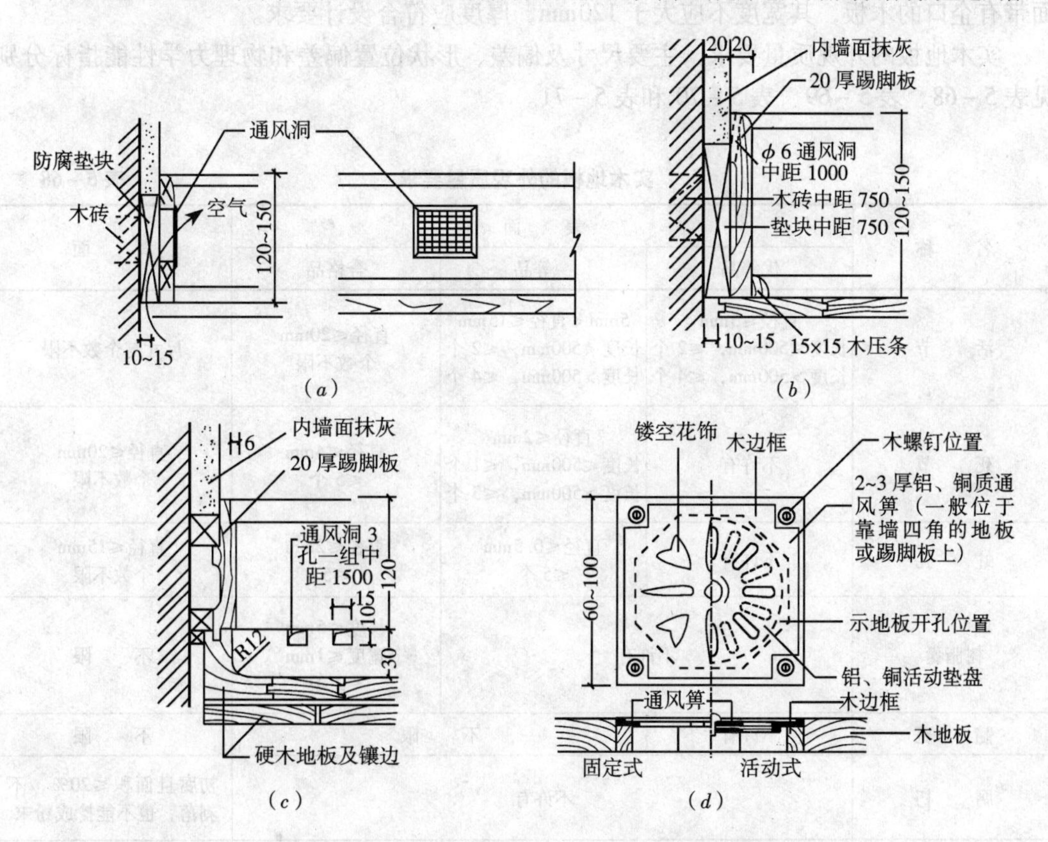

图5－75 木踢脚板上和木地板面上通风洞设置情况

(a)、(b)、(c) 木踢脚板上通风洞设置情况；(d) 木地板面上通风洞设置情况

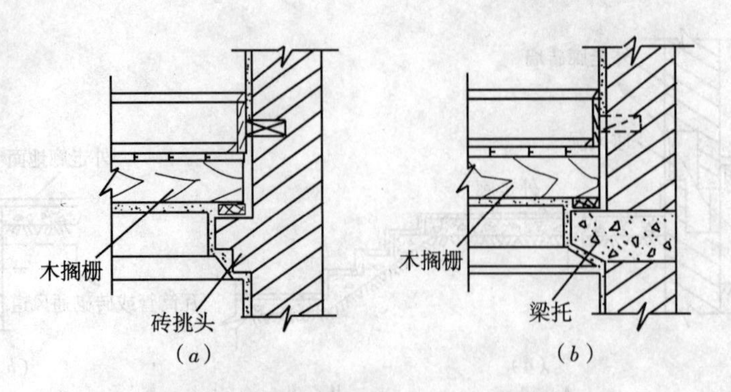

图 5－76　木搁栅在外墙的搁置方法
(a) 用砖挑头形式；(b) 用混凝土梁托形式

(8) 有特殊要求的实木地板或实木复合地板地面，如有弹性要求的体操、舞蹈练功房、有较高隔声要求的歌舞厅和有隔热要求的木地板等地面，应按专业要求进行构造设计，或参考本书相应章节内容。

5.9.2　使用材料和质量要求

1. 企口木板：企口木板应采用不易腐朽、不易变形开裂的木材制成，顶面刨平，侧面带有企口的木板，其宽度不应大于 120mm，厚度应符合设计要求。

实木地板的外观质量要求、主要尺寸及偏差、形状位置偏差和物理力学性能指标分别见表 5－68、表 5－69、表 5－70 和表 5－71。

实木地板的外观质量要求　　表 5－68

名　称	表　面			背　面
	优等品	一等品	合格品	
活　节	直径≤5mm 长度≤500mm，≤2 个 长度＞500mm，≤4 个	5mm＜直径≤15mm 长度＜500mm，≤2 个 长度＞500mm，≤4 个	直径≤20mm 个数不限	尺寸与个数不限
死　节	不许有	直径≤2mm 长度≤500mm，≤1 个 长度＞500mm，≤3 个	直径≤4mm ≤5 个	直径≤20mm 个数不限
蛀　孔	不许有	直径≤0.5mm ≤5 个	直径≤2mm ≤5	直径≤15mm 个数不限
树脂囊	不许有		长度≤5mm 宽度≤1mm ≤2 条	不　限
髓　斑	不许有	不　限		不　限
腐　朽	不许有			初腐且面积≤20%，不剥落，也不能捻成粉末
缺　棱	不许有			长度≤板长的 30% 宽度≤板宽的 20%

续表

名称	表面			背面
	优等品	一等品	合格品	
裂纹	不许有		宽≤0.1mm 长≤15mm，≤2条	宽≤0.3mm 长≤50mm，条数不限
加工波纹	不许有		不明显	不限
漆膜划痕	不许有	轻微		—
漆膜鼓泡	不许有			—
漏漆	不许有			—
漆膜上针孔	不许有	直径≤0.5mm，≤3个		—
漆膜皱皮	不许有	<板面积5%		—
漆膜粒子	长≤500mm，≤2个 长>500mm，≤4个	长≤500mm，≤4个 长>500mm，≤8个		—

注：1. 凡在外观质量检验环境条件下，不能清晰地观察到的缺陷即为不明显。
2. 倒角上漆膜粒子不计。
3. 本表摘自《实木地板》GB/T 15036.1—2001。

实木地板的主要尺寸及偏差（mm）　　表5-69

名称	偏差
长　长	长度≤500时，公称长度与每个测量值之差绝对值≤0.5 长度>500时，公称长度与每测量值之差绝对值≤1.0
宽　长	公称宽度与平均宽度之差绝对值≤0.3，宽度最大值与最小值之差≤0.3
厚　度	公称厚度与平均厚度之差绝对值≤0.3 厚度最大值与最小值之差≤0.4

注：1. 实木地板长度和宽度是指不包括榫舌的长度和宽度。
2. 镶嵌地板只测量方形单元的外形尺寸。
3. 榫接地板的榫舌宽度应≥4.0mm，槽最大高度与榫最大厚度之差应为0~0.4mm。
4. 本表摘自《实木地板》GB/T 15036.1—2001。

实木地板形状位置偏差　　表5-70

名称		偏差
翘曲度	横　弯	长度≤500mm，允许≤0.02%；长度>500mm时，允许≤0.03%
	翘　弯	宽度方向：凸翘曲度≤0.2%，凹翘曲度≤0.15%
	顺　弯	长度方向：≤0.3%
拼装离缝		平均值≤0.3mm；最大值≤0.4mm
拼装高度差		平均值≤0.25mm；最大值≤0.3mm

注：本表摘自《实木地板》GB/T 15036.1—2001。

实木地板的物理力学性能指标 表5-71

名 称	单 位	优 等	一 等	合 格
含水率	%	7≤含水率≤我国各地区的平衡含水率		
漆板表面耐磨	g/100r	≤0.08 且漆膜未磨透	≤0.10 且漆膜未磨透	≤0.15 且漆膜未磨透
漆膜附着力	—	0~1	2	3
漆膜硬度	—	≥H		

注：含水率是指地板在未拆封和使用前的含水率，我国各地区的平衡含水率见（GB/T 6491—1999）的附录A。本表摘自《实木地板》GB/T 15036.1—2001。

2. 拼花木板：拼花木板大多采用质地优良、不易腐朽、开裂的硬杂木材做成，由于多种短狭条相拼，故不易翘曲变形和开裂。常用的木材有水曲柳、核桃木、柞木等木材。拼花木材的常用尺寸为：长250~300mm，宽30~50mm，厚18~23mm。其接缝可采用企口接缝、截口接缝或平口接缝等多种形式，参见图5-72。

3. 毛地板：材质同面层木板，可采用钝棱料，其宽度不宜大于120mm。

4. 木搁栅应采用不易翘曲、开裂和腐朽的树种制作。木搁栅间距应根据面层木板质量而定，通常为200~300mm。

5. 空铺式单层木地板的底面和双层木地板中毛地板的底面以及搁栅、垫木等应涂刷防腐剂处理。

6. 其他材料，如防潮油纸、镀锌钢丝、圆丁、镀锌木螺丝、预埋锚固件、隔热、隔声材料、金属箅子等。

5.9.3 施工准备和施工工艺

1. 施工准备

（1）木地板面层的铺设，应待室内墙面、顶棚等湿作业工序完成，冷、热水、供热等管道铺设完成并经试压合格后方可进行。

（2）有关面层板材、搁栅、垫木等防腐处理已经完成。

（3）如用成品实木地板产品，应在拆包后放置施工房间内1~2天，以适应施工环境（温、湿度）。并进行认真挑选，对色泽差异较大的，应剔出另行使用，对有明显节疤、劈裂的以及腐朽的应予剔除或裁割后用于靠墙等边角部位。

成品地板拆包后，应及时测试其含水率，了解木板的干燥程度，以便正式铺钉。根据含水率大小调正拼缝的宽度。木地板铺设时的含水率，应接近或符合当地当时季节的平衡含水率值。不同地区对木材含水率的要求见表5-72。

木地板含水率限值 表5-72

地区类别	包括地区	面层板含水率（%）	毛地板含水率（%）
Ⅰ	包头、兰州以西的西北地区和西藏自治区	10	12
Ⅱ	徐州、郑州、西安及其以北的华北地区和西北地区	12	15
Ⅲ	徐州、郑州、西安以南的中南、华东和西南地区	15	18

（4）铺设木地板前，宜先安装好外墙门窗并安上玻璃，使室内空气温、湿度保持稳定，防止下雨天气雨水打入室内和增大室内空气的湿度。

2. 施工工艺流程

木地板地面铺设施工工艺流程见图5－77。

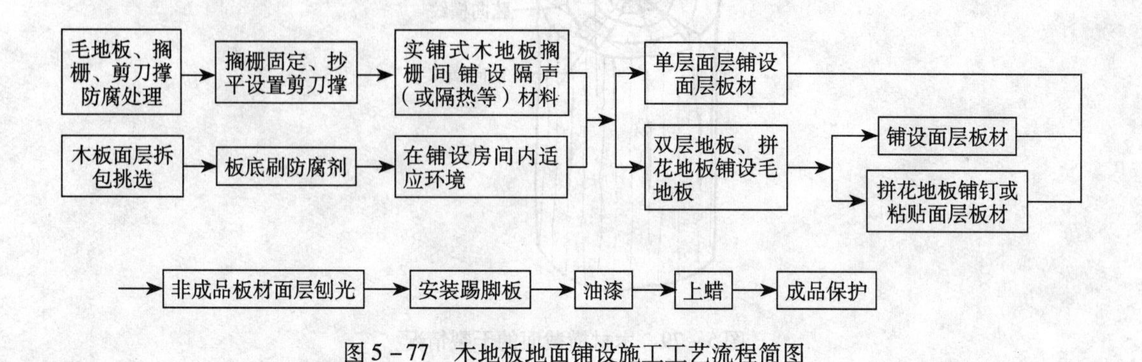

图5－77　木地板地面铺设施工工艺流程简图

5.9.4 施工要点和技术措施

1. 木材具有较显著的湿涨干缩性，因此，控制面层木材的含水率，是确保地板工程质量的一个重要问题。

可以借助显微镜观察到木材的微观构造。图5－78为木材的微观构造图。木材组织原来都是由细胞为基本组成单位。细胞都呈长的管状，横断面为四角略圆的正方形，每个细胞都有细胞壁和细胞腔。木材内部所含的水，主要是细胞壁和细胞腔内所含的水。细胞壁内所含的水称为吸附水，细胞腔中所含的水称为自由水，它是在细胞壁吸饱水分的情况下进入木材的。

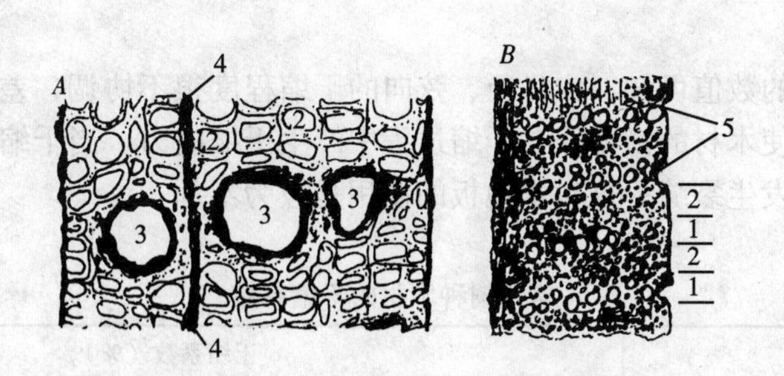

图5－78　显微镜下木材的横切片

A—松树；*B*—槲树

1—春材木质细胞；2—夏材木质细胞；3—树脂流出孔；4—木髓线；5—胞子

含水量大的木材，能在较干燥的空气中失去水分，先蒸发自由水，后蒸发吸附水。自由水的大小对木材细胞的胀缩和强度变化影响甚微，而吸附水的大小则影响较为明显。随着吸附水的逐步蒸发，细胞壁也逐渐变薄，木材即开始收缩。由于木材构造的不均质性，各方向的收缩和膨胀（即干缩系数）值也大不相同，其中顺细胞纵方向的收缩值最小，径向的收缩值较大，弦向的收缩值最大。图5－79是常见的木材横截面的干裂情况。图

5－80则为松木的膨胀与收缩值图。表5－73为几种常用树种的木材横纹向的干缩系数。

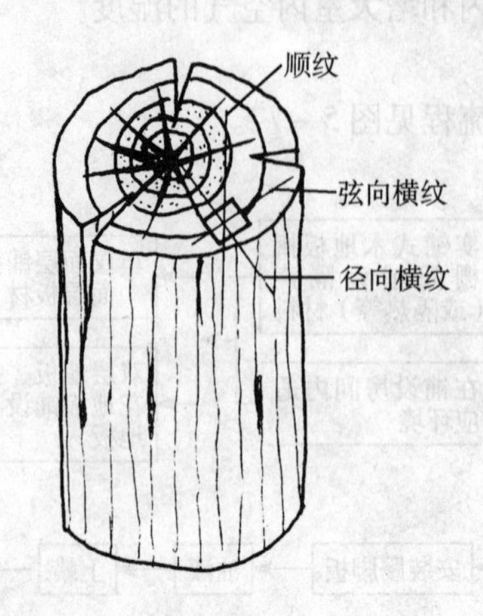

图5－79　木材横截面的干裂情况

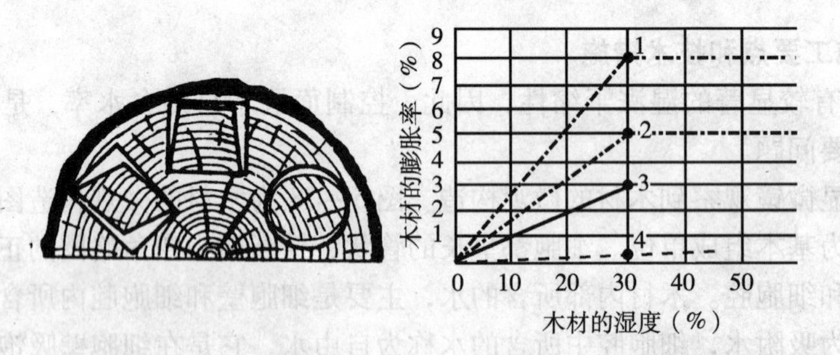

图5－80　松木的膨胀与收缩

1—体积变化；2—弦向；3—径向；4—顺纹

从表5－73中的数值可知，木材径、弦向的干缩程度很不协调，差值在一倍以上，这种情况不可避免地使木材的横截面在干缩过程中产生干缩应力。当干缩内应力超过木材横纹受拉极限时，即发生裂缝。这对木地板的使用是极为不利。

常用树种木材的干缩系数　　　　**表5－73**

树　种	干缩系数（%）	
	径　向	弦　向
杉　木	0.11	0.24
红　松	0.12	0.32
马尾松	0.15	0.30
鱼鳞云松	0.17	0.35
落叶松	0.17	0.40
云南松	0.18	0.34

注：干缩系数：含水量每降低1%所引起的单位长度的干缩量。

面层木地板应经烘干处理的木板材，但并不要求其含水率值为0。铺设时的木地板含水率应达到或接近实际施工环境的平衡含水率值，故铺设前1~2天，应将铺设木板放置于铺设房间内适应环境（成品木地板应拆包后让其适应环境）。同时，铺设前应对面层木板取样作含水率值的检测，了解木地板的实际含水率值，以便铺设时掌握好面层板缝的缝隙宽度。由于我国地域辽阔，各地木地板的含水率限值参见表5-72。

2. 同一房间或同一检验批的木地板，应采用同一批品种的材料，使花纹、色泽尽可能协调一致。成品免漆木地板铺钉前应作适当挑选，将有节疤、劈裂、翘曲、腐朽等弊病的木板剔出另作它用。

3. 为防止木搁栅、毛地板及面层木地板从墙体中吸收潮湿气，施工中应使木搁栅与墙之间留出不小于30mm的空隙，毛地板和面层木地板与墙体之间应留出8~12mm的空隙。毛地板铺钉时，板间缝隙不应大于3mm。毛地板在每根搁栅上应至少用2枚钉子作固定。毛地板应与搁栅成30°或45°斜向铺设，以避免上下板材产生同缝现象，增强木地板的整体性能。

4. 为防止木地板面层在使用中发出响声和潮湿气侵蚀，铺设双层地板的面层地板时，可在毛地板上干铺一层沥青油纸或泡沫塑料垫毡，或按设计要求采用其他材料。

5. 铺设面层木地板，应使心材朝上。心材，即靠近树木髓心处颜色较深的木材，由于心材生长年代较久，含水量相对较小，木质坚硬、强度亦较高，不易发生翘曲变形。此外，心材细胞已大多枯死，内部储存有较多的树脂、胶质和色素等物质，其他溶液不易浸透，所以抗腐能力、耐磨能力都相对较强。而处于树木外围的边材，则和心材相反，它是树木有生命的部分，含水量较高，容易产生收缩、翘曲变形，强度和抗腐蚀性能都较心材差。因此，铺钉木地板时，规定心材朝上，对保证木地板面层的平整度、提高耐久性、抗磨性等都有显著的效果。

铺设时，心材朝上和心材朝下木地板的翘曲变形情况见图5-81。木板心材朝上若发生翘曲变形，乃是中部凸起，对板缝和相邻板的影响较小，在使用过程中，在人体及其他外力作用下，容易抵制木地板的翘曲变形。如木板心材朝下铺设，则翘曲情况刚好相反，两边凸起，对板缝和相邻两板的影响较大，在使用过程中，人体和其他外力也不易制止翘曲变形。

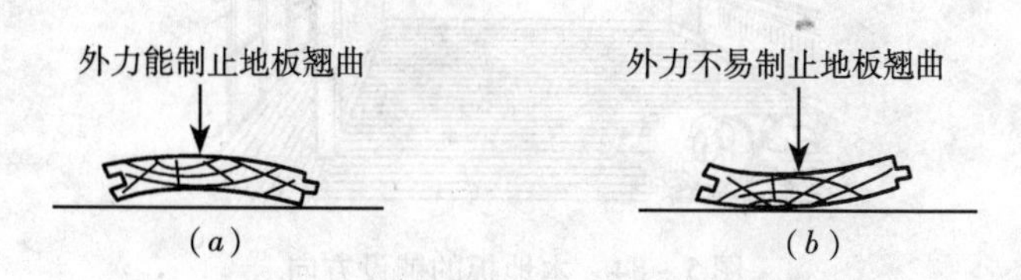

图5-81 木板的翘曲变形

(a) 心材朝上翘曲情况；(b) 心材朝下翘曲情况

6. 铺钉面层木地板的钉子，应从企口处斜向钉入，一般采用45°或60°角钉入，钉头砸扁，并用送钉器将钉头冲入木板内。钉子的长度应为板厚的2.5倍。铺钉情况见图5-82。

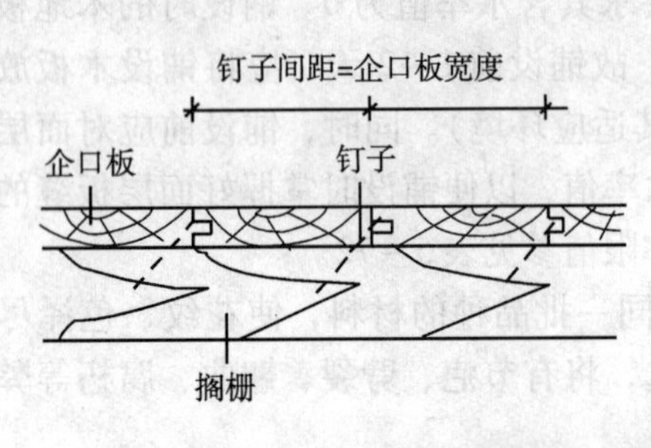

图5－82　企口木地板的铺钉情况

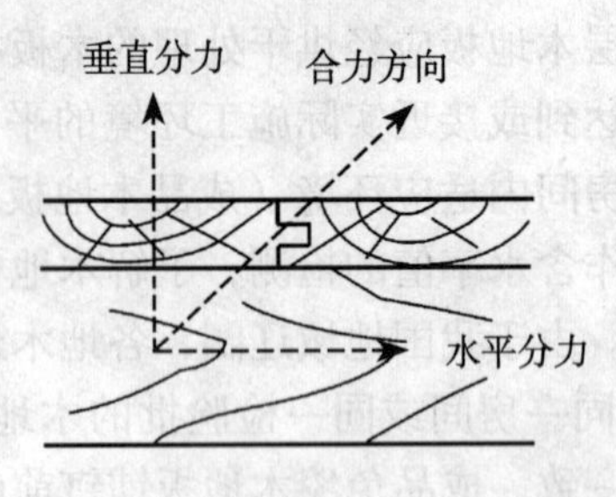

图5－83　钉向入木的钉子受力分析

钉子从企口处斜向入木，不但使木地板表面无钉痕，拼缝紧密，很重要的一条是使用中钉子不容易从木板中拔出，从而使地板坚固耐用。图5－83为斜向入木钉子的受力分析图，由图5－83可知，要将斜向入木的钉子拔出，必须要有一个与钉子入木方向相反的一个力，其大小应能克服钉子拔出时的摩阻力。这个力可分解为一个垂直向上的力和一个水平方向的力，而木地板在使用过程中，不可能两个方向的力同时发生，一般以垂直向上的力为多，而单独向上的力，对于直向入木的钉子往往容易拔起，而对于斜向入木的钉子就难于拔起。因此，钉子斜向入木，是有一定的科学道理的，也是保证木地板质量的一个有效的措施。在有关铺钉木地板的施工操作规程和施工验收规范中，都有钉子斜向入木的明确要求。

7. 木地板的铺走方向，对于走道，应顺行走方向；对于室内房间，应顺光线方向，见图5－84。木地板顺行走方向铺钉，使行人走动时的鞋底与地面摩擦方向和木材的纤维方向一致，因而能有效的减少对木材纤维的摩擦损伤，同时也便于清洁卫生时的打扫拖抹工作。至于室内木地板顺光线方向铺设，对大多数房间来说，是同行走方向一致的。顺光线铺钉，能使木纹明显清晰，增加视觉上的舒适感和习惯感，增加木地板的外形美观，同时又不易发现地板表面（特别是接缝处）微小的凹凸不平的质量缺陷。

图5－84　木地板的铺设方向

注：房间宜顺光线方向铺设，走道则沿行走方向铺设，以免显露凹凸不平，并可减少磨损及方便清扫；南方潮湿地区，沿墙四周应考虑预留伸缩缝隙。

8. 铺设企口木板（长条木板），应从靠门口较近的一边开始铺钉，每钉600～800mm宽要拉线找直修整。铺设应与搁栅成垂直方向钉牢，板的顶端缝应间隔错开，并应有规律的在一条直线上。板与板之间的缝隙宽度应视木地板含水率的大小和铺设时环境温度、湿度情况而定，最大不应大于1mm，如用硬木企口板不得大于0.5mm。每块企口板在每根搁栅上都应用钉钉牢，硬木企口板钉钉前，应先用木钻钻孔，然后再用钉钉入，以免直接敲钉时将木板钉裂。

企口板与墙之间留出的 8~12mm 缝隙（横向和纵向均应留），用踢脚板封盖。

9. 木踢脚板常用规格为 150mm×20~25mm，背面开槽，以防翘曲。踢脚板背面应作防腐处理，踢脚板用钉钉牢在墙内防腐木砖上，钉头砸扁冲入板内。踢脚板连接应在木砖处作 45°斜角相接。踢脚板与木板面层转角处宜钉设木压条。踢脚板要求与墙面紧贴，上口平直。踢脚板的构造做法见图 5-85。

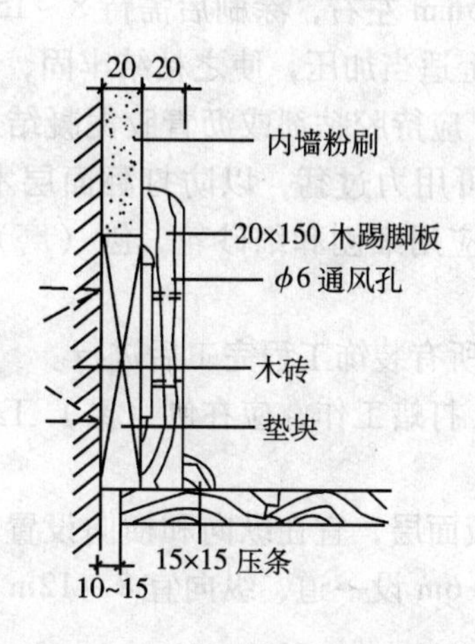

图 5-85 踢脚板的构造做法

10. 大面积木地板下的通风构造层，其高度、室内通风沟、室外通风窗、地面通风洞等均应符合设计要求。

11. 拼花木板面应根据设计图案，或按图 5-73 选用的图案，在粘贴层上（毛地板或水泥砂浆找平层上）进行弹线，四周留出 200~300mm 的直条镶边。

拼花木板面层铺贴前，应进行预拼、找方、钻孔。拼花木板的长度不大于 300mm 时，每边应钉两枚钉；长度大于 300mm 时，每 300mm 应增钉一枚钉，顶端亦应钉一枚钉。钉子长度应为木板厚度的 2~2.5 倍，钉帽砸扁冲入板内。为了防止地板走动时发出响声，在面层板和毛地板之间铺设一层油纸，其构造见图 5-86。

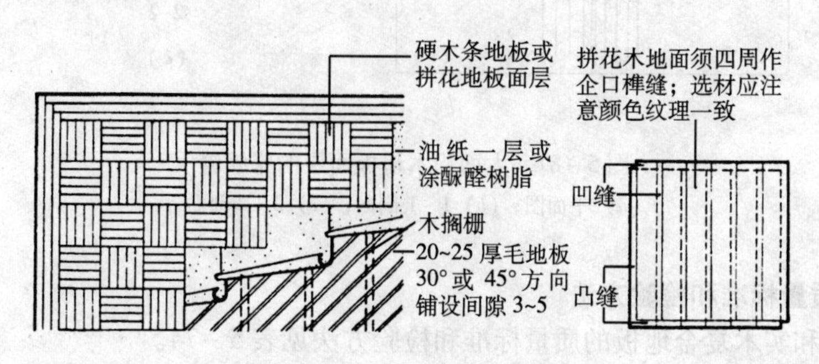

图 5-86 拼花双层木板地面构造

12. 拼花木地板用胶粘剂粘贴时，粘贴材料应选用具有耐老化、防水、防菌、无毒性能的材料，并符合《民用建筑工程室内环境污染控制规范》GB 50325—2001 相应指标的要求。

13. 用沥青胶泥铺贴拼花木板时，要求基层表面平整、干燥、洁净，并预先涂刷一层冷底子油，然后用沥青胶泥均匀涂刷于基层面上，厚度一般为2mm。在拼花木板背面也涂刷一薄层沥青胶泥，随涂刷随铺贴，要求一次就位准确。

14. 用胶粘剂铺贴拼花木板面层时，其胶粘剂的涂刷厚度：基层表面宜控制在1mm左右，拼花木板背面宜控制在0.5mm左右，涂刷后需待8~15min（视气温情况）后即可铺贴，并应及时在粘贴好的板面上适当加压，使之粘结牢固，防止鼓翘。

15. 铺贴的拼花木板面层，应待胶粘剂或沥青胶泥凝结后，方可进行刨（磨）光。刨（磨）光工作应细心操作，不可用力过猛，以防打翻面层木板。刨（磨）厚度不应大于1.5mm，要求无刨（磨）痕，应用细刨和细砂轮，刨（磨）结束后，再用细砂纸打磨一遍，使面层达到光平。

刨（磨）工作应在房间内所有装饰工程完工后进行。

16. 拼花木板面层的油漆、打蜡工作，应在刨（磨）工序结束后随即进行，以防行人踩踏弄脏面层，影响油漆质量。

17. 铺设面积较大的木地板面层，宜在纵向和横向设置一定数量的胀缩缝，以适应木板面层的胀缩性能。横向宜4~6m设一道，纵向宜8~12m设一道。胀缩缝处用特殊的铜条镶盖，见图5-87。

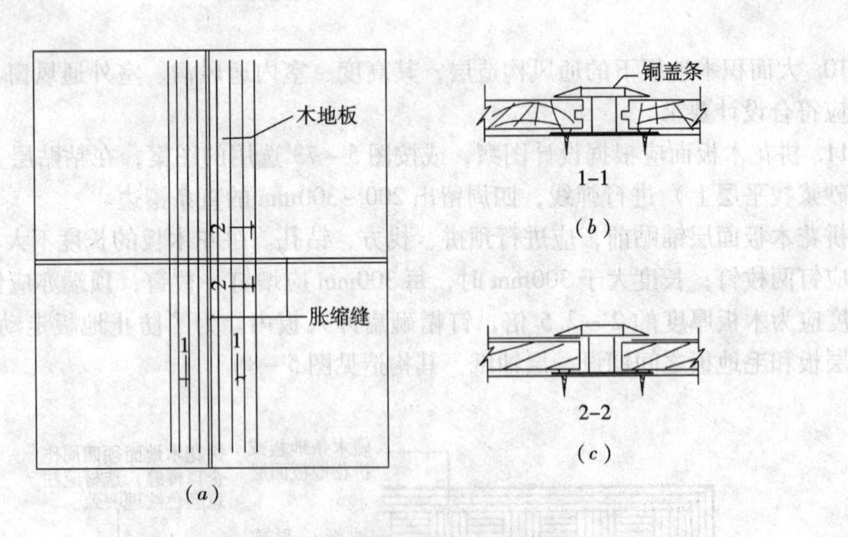

图5-87　大面积木地板面层的胀缩缝
(a) 平面图；(b) 1-1剖面；(c) 2-2剖面

5.9.5　质量标准和检验方法

实木地板和实木复合地板的质量标准和检验方法见表5-74。

实木地板和实木复合地板地面质量标准和检验方法 表5-74

<table>
<tr><th>项</th><th>序</th><th>检验项目</th><th colspan="4">允许偏差或允许值（mm）</th><th>检验方法</th></tr>
<tr><td rowspan="3">主控项目</td><td>1</td><td>面层材料</td><td colspan="4">1. 实木地板面层所用材质和铺设时的含水率、实木复合地板面层所用材料，其技术等级和质量要求应符合设计要求；
2. 木搁栅、毛地板、垫木等必须做防腐、防蛀处理</td><td>观察检查和检查材质合格证明文件及检测报告</td></tr>
<tr><td>2</td><td>木搁栅安装</td><td colspan="4">应牢固、平直</td><td>观察、脚踩检查</td></tr>
<tr><td>3</td><td>面层铺设</td><td colspan="4">应牢固，粘结无空鼓</td><td>观察、脚踩或用小锤轻击检查</td></tr>
<tr><td rowspan="13">一般项目</td><td>4</td><td>面层质量</td><td colspan="4">1. 实木地板面层应刨平、磨光，无明显刨痕和毛刺现象，图案清晰、颜色均匀一致；
2. 实木复合地板面层图案和颜色应符合设计要求，图案清晰，颜色一致，板面无翘曲</td><td>观察、用2m靠尺和楔形塞尺检查</td></tr>
<tr><td>5</td><td>板块拼接质量</td><td colspan="4">面层缝隙应严密，接头位置应错开，表面洁净</td><td>观察检查</td></tr>
<tr><td>6</td><td>拼花地板面层</td><td colspan="4">接缝应对齐，粘、钉严密，缝隙宽度均匀一致，表面洁净，无溢胶</td><td>观察检查</td></tr>
<tr><td>7</td><td>踢脚板质量</td><td colspan="4">表面光滑，接缝严密，高度一致</td><td>观察和钢尺检查</td></tr>
<tr><td rowspan="3"></td><td rowspan="3"></td><td colspan="4">面层材料</td><td rowspan="3"></td></tr>
<tr><td colspan="3">实木地板面层</td><td rowspan="2">实木复合地板</td></tr>
<tr><td>松木地板</td><td>硬木地板</td><td>拼花地板</td></tr>
<tr><td>8</td><td>板面缝隙宽度</td><td>1</td><td>0.5</td><td>0.2</td><td>0.5</td><td>用钢尺检查</td></tr>
<tr><td>9</td><td>表面平整度</td><td>3</td><td>2</td><td>2</td><td>2</td><td>用2m直尺和楔形塞尺检查</td></tr>
<tr><td>10</td><td>踢脚板上口平直</td><td>3</td><td>3</td><td>3</td><td>3</td><td rowspan="2">拉5m线和用钢尺检查，不足5m拉通线检查</td></tr>
<tr><td>11</td><td>板面拼缝平直</td><td>3</td><td>3</td><td>3</td><td>3</td></tr>
<tr><td>12</td><td>相邻板材高差</td><td>0.5</td><td>0.5</td><td>0.5</td><td>0.5</td><td>用钢尺和楔形塞尺检查</td></tr>
<tr><td>13</td><td>踢脚板与面层间接缝</td><td colspan="4">1</td><td>用楔形塞尺检查</td></tr>
</table>

5.9.6 质量通病和防治措施

1. 踩踏时有响声

（1）现象

人行走时，地板发出响声。轻度的响声只在较安静的情况才能发现，施工中往往被忽略。

（2）原因分析

1）木搁栅采用预埋铁丝法（图5-88）锚固时，施工过程中铁丝容易被踩断或清理基层时铲断，造成木搁栅固定不牢。

2）木搁栅本身含水率大或施工时周围环境湿度大（室内湿作业刚完或仍在交叉进行的情况下铺设木搁栅），填充的保温隔声材料（如焦渣、泡沫混凝土碎块）潮湿等原因，使木搁栅受潮膨胀，导致在施工过程中以及完工后各结合部分因木搁栅干缩而产生松动，受荷时滑动变形发出响声。

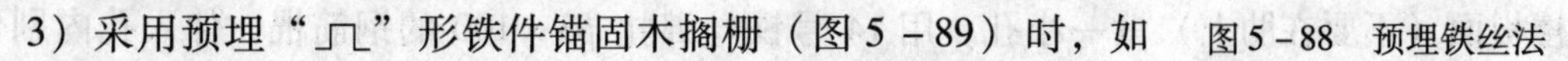

图5-88 预埋铁丝法

3）采用预埋“⎍”形铁件锚固木搁栅（图5-89）时，如锚固铁顶部呈弧形，木搁栅锚固不稳（图5－90（a））；或锚固铁间距过大，木搁栅受力后弯曲变形；或木垫块不平有坡度（图5－90（b）），木搁栅容易滑动；或铁丝绑扎不紧，结合不牢等，木搁栅也会松动。

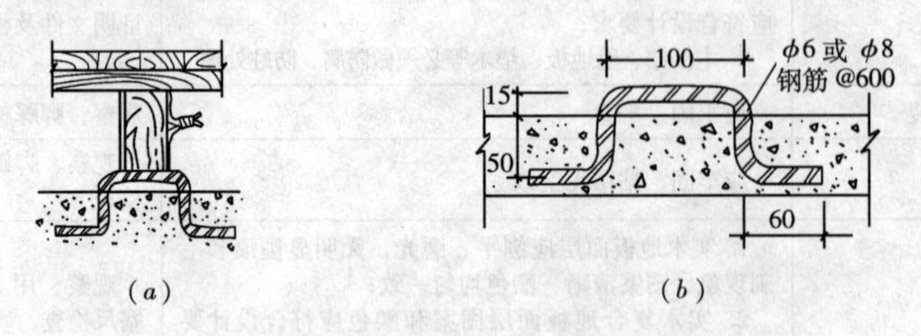

图5－89　采用预埋“⏌⎿”形铁件法固定木搁栅

（a）预埋“⏌⎿”形铁件；（b）“⏌⎿”形铁做法

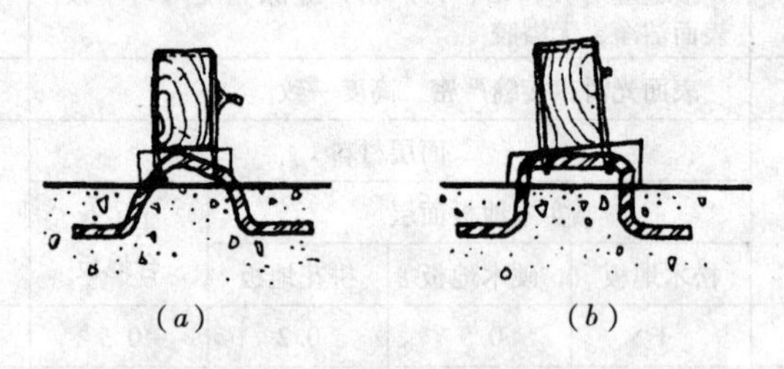

图5－90　木搁栅不正确的锚固方法

（a）锚固铁顶部呈弧形；（b）木垫块不平

4）对空铺木地板，当木搁栅设计断面偏小，间距偏大时，面层木板条的跨度就增大，人行走时因地板的弹性变形而出现响声。

（3）预防措施

1）采用预埋铁丝法锚固木搁栅，施工时要注意保护铁丝，不要将铁丝弄断。

2）木搁栅及毛地板必须用干燥料。毛地板的含水率不大于15%，木搁栅的含水率不大于20%。材料进场后最好入库保存，如码放在室外，底部应架空，并铺一层油毡，上面再用苫布加以覆盖，避免日晒雨淋。

3）木搁栅应在室内环境比较干燥的情况下铺设。室内湿作业完成后，应将地面清理干净，晾放7～10d，雨季晾放10～15d。保温隔音材料如焦渣、泡沫混凝土块等要晾干或烘干。

4）锚固铁的间距顺搁栅一般不大于800mm，锚固铁顶面宽度不小于100mm，而且要弯成直角（图5－89（b）），用双股14号铁丝与木搁栅绑扎牢固，搁栅上要刻3mm左右的槽，铁丝要形成两个固定点。然后用撬棍将木搁栅撬起，垫好木垫块。木垫块的表面要平，宽度不小于40mm，两头伸出木搁栅不小于20mm，并用钉子与木搁栅钉牢。

5）楼层为预制楼板的，其锚固铁应设于叠合层。如无叠合层时，可设于板缝内，埋铁中距400mm。如板宽超过900mm时，应在板中间增加锚固点。增加锚固点的方法：在楼板面（不要在肋上）凿一小孔，用14号铁丝绑扎$\phi6\times100$的钢筋棍，伸入孔内别住，再与木搁栅绑牢，垫好木垫块。

6）横撑或剪刀撑间距800mm，与搁栅钉牢，但横撑表面应低于搁栅面10mm左右。

7）搁栅铺钉完，要认真检查有无响声，不合要求不得进行下道工序。

8）对空铺木地板，木搁栅的强度和挠度应经计算，间距不宜大于400mm，面板厚度（刨光后的净尺寸）不宜小于20mm，人行走过程中，地面板弹性变形不应过大。

（4）治理方法

检查木地板响声，最好在木搁栅铺钉后先检查一次，铺钉毛地板后再检查一次，如有响声，针对产生响声的原因进行修理。

1）垫木不实或有斜面，可在原垫木附近增加一、二块厚度适当的木垫块，用钉子在侧面钉牢。

2）铁丝松动时，应重新绑紧或加绑一道铁丝。

3）锚固铁顶部呈弧形造成木搁栅不稳定时，可在该处用混凝土将其筑牢。

4）锚固铁间距过大时，应增加锚固点。方法是凿眼绑钢筋棍或用射钉枪在木搁栅两边射入螺栓，再加铁板将木搁栅固定。

2. 地板缝不严

（1）现象

木地板面层板缝不严，板缝宽度大于0.3mm。

（2）原因分析

1）地板条规格不合要求：地板条不直（尤其是长条地板条有顺弯或死弯）、宽窄不一、企口榫太松等。

2）拼装企口地板条时缝太虚，表面上看结合严密，经刨平后即显出缝隙，或拼装时敲打过猛，地板条回弹，钉粘后造成缝隙。

3）面层板铺设至接近收尾时，剩余的宽度与地板条的宽度不成倍数，为了凑整块，加大板缝；或者将一部分地板条宽度加以调整，经手工加工后地板条不很规矩，即产生缝隙。

4）地板条受潮，在铺设阶段含水率过大，铺设后经风干收缩而产生大面积“拔缝”。

5）木地板铺钉完毕后（上油前），由于门窗未安装玻璃，地板又未及时苫盖，受风吹后“拔缝”。

6）用硬杂木作长条地板，硬杂木的横向变形值较大，易造成横向变形而稀缝。

（3）预防措施

1）制造地板条的木材应经过蒸煮和脱脂处理，含水率限值应符合规范要求，一般北方不大于10%，南方不大于15%，其他地区不大于12%。材料进场后必须存放在干燥通风的室内。

2）地板条拼装前，须经严格挑选，有腐朽、疖疤、劈裂、翘曲等疵病者应剔除，宽窄不一、企口不合要求的应经修理后再用。长条地板条有顺弯者应刨直，有死弯者应从死弯处截断，适当修整后使用。

3）为使地板面层铺设严密，铺设前房间应弹线找方，并弹出地板周边线。踢脚板根部有凹形槽的，周圈先钉凹形槽。

4）长条地板与木搁栅垂直铺钉，当地板条为松木或为宽度大于70mm的硬木条时，其接头必须在搁栅上。接头应互相错开，并在接头的两端各钉一枚钉子。为使拼缝严密，钉长条地板时要用扒锔加木楔楔紧（图5-91）。

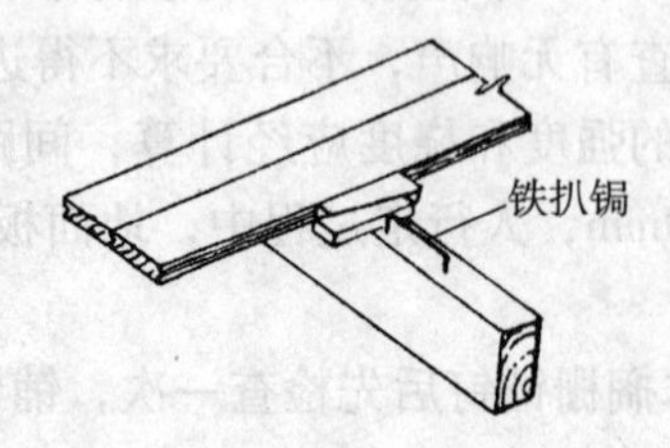

图5-91　地板木楔

5）长条地板铺至接近收尾时，要先计算一下差几块到边，以便将该部分地板条修成合适的宽度。严禁用加大缝隙来调整剩余宽度。装最后一块地板条不容易严密，可将地板条刨成略有斜度的大小头，以小头插入并楔紧。

6）先完成室内湿作业并安装好门窗玻璃后再铺设木地板。木地板铺完应及时苫盖，刨平磨光后立即上油或烫蜡，以免“拔缝”。

7）慎用硬杂木材种作长条木地板的面层板条。

8）对用于高级建筑的木地板面层板条，制作好后六面应涂上清漆，使之免受温度变化的影响。

(4) 治理方法

缝隙小于1mm时，用同种木料的锯末加树脂胶和腻子嵌缝。缝隙大于1mm时，用相同材料刨成薄片（成刀背形），蘸胶后嵌入缝内刨平。如修补的面积较大，影响美观，可将烫蜡改为油漆，并加深地板的颜色。

3. 表面不平整

(1) 现象

走廊与房间、相邻两房间或两种不同材料的地面相交处高低不平，以及整个房间不水平等。

(2) 原因分析

1）房间内水平线弹得不准，如抄平时线杆不直、画点不准、墨线太粗等因素，造成累积误差大，使每一房间实际标高不一；或者木搁栅不平、粘贴的水泥类楼地面基层不平等。

2）先后施工的地面，或不同房间同时施工的地面，操作时互不照应，结果面层不交圈。如施工中先做水磨石、大理石地面，后铺木地板，而后施工的木地板标高未按先做的地面找齐，造成交接处高低不平。

3）房间中间部分的木板面层一般用电刨刨光，周边用手工找刨，由于电刨吃刀深，故房间中间刨得较深，周边手工找刨处刨得较浅，使整个房间地面不平。另外，由于操作电刨不稳，行走速度快慢不均，或有时停顿，也会使面层刨成高低不平。在电刨换刀片的交接处，因刀片的利钝变化使刨削的深度不一，也能使房间地面不平。

(3) 预防措施

1）木搁栅铺设后，应经隐蔽验收，合格后方可铺设毛地板或面层。粘贴拼花地板的基层平整度应符合要求。

2）施工前校正一下水平线（室内 +50cm），有误差要先调整。

3）地面与墙面的施工顺序除了遵守先湿作业后干作业的原则外，最好先施工走廊的地面。如走廊不能先施工时，应先将走廊面层标高线弹好，各房间由走廊的面层标高往里找（即木搁栅从门口开始往里铺），以达到里外交圈一致。相邻房间的地面标高应以先施工的为准。

4）使用电刨刨地板时，刨刀要细要快，转速不宜过低（最好在 5000r/min 以上），行走速度要均匀，中途不要停顿。

5）人工修边要尽量找平。

（4）治理方法

1）两种不同材料的地面如高差在 3mm 以内，可将高处刨平或磨平，但必须在一定范围内顺平，不得有明显痕迹。拼花木地板面层刨去的厚度不宜大于 1.5mm。

2）门口处高差较大时，可加过门石处理（图 5－92）。

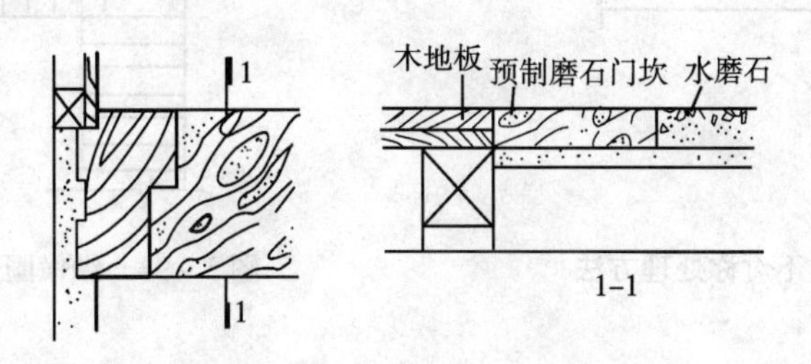

图 5－92　过门石示意图

3）木地板表层高差在 5mm 以上，须将木地板拆开调整木搁栅高度（砍或垫），并在 2m 以内顺平。

4. 拼花不规矩

（1）现象

拼花地板对角不方、错牙、端头不齐、圈边宽窄不对称。

（2）原因分析

1）有的地板条规格不合要求，宽窄长短不一，施工前又未严格挑选，安装时没有套方，致使拼花犬牙交错。

2）铺设时没有弹设施工线或弹线不准，排档不匀；操作人员互不照应，造成混乱，以致不能保证拼花图案匀称、角度一致。

（3）预防措施

1）拼花地板条应经挑选，规格整齐一致。经挑选的地板条应分规格、颜色装箱编号，同一规格、颜色铺设在同一房间，铺设时也要逐一套方。不合要求的地板要经修理后再用。

2）房间应先弹线后施工，席纹地板弹十字线，人字地板弹分档线。各对称边留空一致，以便圈边。但圈边的宽度最多不大于 10 块地板条。

3）铺设拼花地板时，宜从中间开始，每一房间的操作人员不要过多，以免头多不交圈。铺设第一趟或第一方后应经检查，合格后方可继续从中央向四周铺钉，以后每铺一趟或一方，均须及时修整，保证其规格符合要求。

(4) 治理方法

1) 局部错牙：端头不齐在2mm以内者，用小刀锯将该处锯一小缝，按2. 地板缝不严的治理方法补好。

2) 一块或一方地板条偏差过大时，应将此方（块）挖掉，换上合格的地板条并胶结牢固。

3) 错牙不齐面积较大不易修补的，可以加深地板油漆的颜色进行处理。

4) 纵横方向圈边宽窄相差小于一块、大于半块时，按图5－93的方法处理。

5) 对称的两边圈边宽窄不一致，可将圈边加宽或作横圈边处理（图5－94）。

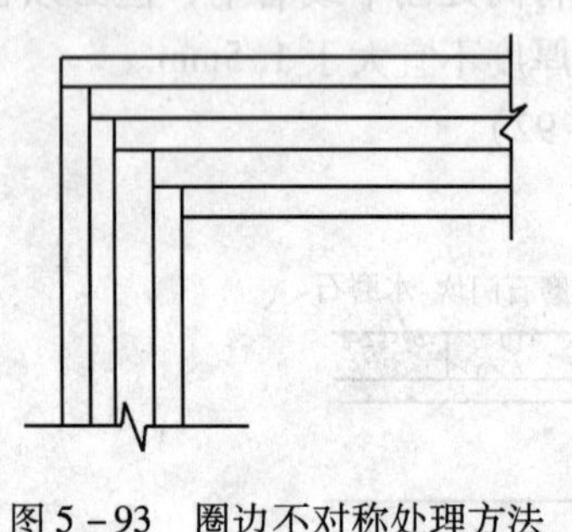

图5－93　圈边不对称处理方法

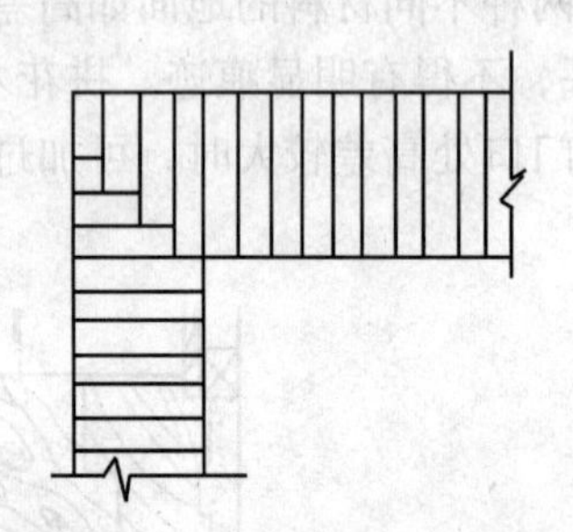

图5－94　纵横圈边不一处理方法

5. 地板颜色不一致

(1) 现象

木地板所用材料树种不完全相同，即使树种相同颜色也不尽一致，如将不同颜色的地板条混用，势必影响木地板的美观。

(2) 原因分析

1) 树种颜色的差异是客观现象，而思想上不重视观感的效果，是造成“大花脸”的主要原因。

2) 粘贴地板条时，胶粘剂溢出地板表面造成污染。

(3) 防治措施

1) 施工前对地板条应先挑选，按规格、颜色分类编号，一个房间最好用一个号。

2) 如一个号的地板条不足一个房间时，可调配使用，颜色由浅入深或由深入浅逐渐过渡，并注意将颜色深的用在光线强的部位，颜色浅的用于光线弱的部位，使色调得到调整。

3) 对颜色过分混杂的，应适当加深木地板的油漆颜色予以掩盖。

4) 采用沥青胶结料或其他胶粘剂粘贴地板条时，涂胶不宜过厚，溢出表面的胶结料应随即刮去擦净。

6. 地板表面戗槎

(1) 现象

木地板戗槎，出现成片的毛刺，或呈现异常粗糙的表面。尤其在地板上油烫蜡后更为明显。

（2）原因分析

1）电刨刨刃太粗，吃刀太深，刨刃太钝，或电刨转速太慢，都容易将地板啃成戗槎。

2）电刨的刨刃宽，能同时刨几根地板条，而地板条的木纹有顺有倒，倒纹就容易戗槎。

3）机械磨光时砂纸太粗，或砂纸绷得不紧有皱褶，就会将地板打出沟槽。

（3）预防措施

1）使用电刨时刨口要细，吃刀要浅，要分层刨平，先横纹粗刨，再顺纹细刨。

2）电刨的转速应不少于5000r/min，行走时速度要均匀。

3）机器磨光时砂纸要先粗后细，要绷紧绷平，顺序进行，不要乱磨，不要随意停留，必须停留时先要停转。

4）人工净面要用细刨认真刨平，再用砂纸打光。

（4）治理方法

1）有戗槎的部位应仔细用细刨手工刨平。

2）如局部戗槎较深，细刨也不能刨平时，可用扁铲将该处剔掉，再用相同的材料涂胶镶补。

7. 地板起鼓

（1）现象

地板局部隆起，轻则影响美观，重则影响使用。

（2）原因分析

1）室内湿作业刚完，或在交叉作业的情况下铺设木地板，湿度太大；空心楼板孔内积水（雨水或冬期施工时积水），保温隔音材料（焦渣、泡沫混凝土块、珍珠岩等）含水率大等，均可使木地板受潮而起鼓。

2）未铺防潮层或地板未开通气孔，铺设面层后内部潮气不能及时排出。

3）毛地板未拉开缝隙或拉的缝隙太小，受潮后鼓胀严重，引起面层起鼓。

4）房间内上水、暖气试水时漏水泡湿木地板。

5）门厅或设有阳台房间的木地板雨天进水，使木地板受潮起鼓。

6）木地板条过宽，铺钉时仅两侧边钉钉，时间一长，中间易起鼓。

（3）预防措施

1）木地板施工必须合理安排工序，首先应将外窗玻璃安好，然后按先施工湿作业后施工木地板的顺序进行，湿作业完成后至少隔7～10d，待室内基本干燥后进行作业，雨季更应适当延长。

2）门厅或带阳台房间的木地板，门口处可采取图5－95作法，以免雨水倒流。

3）毛地板条之间拉开3～5mm的缝。

4）地板面层留通气孔，每间不少于2处，踢脚板上通气孔每边不少于2处，通气孔一般为$\phi 12\times 3$或设通风箅子。

5）室内上水或暖气片试水，应在木地板刷油或烫蜡后进行。试水时要有专人看管，采用有效措施，使木地板免遭浸泡。

6）当采用长条木地板时，宽度不应大于12cm。

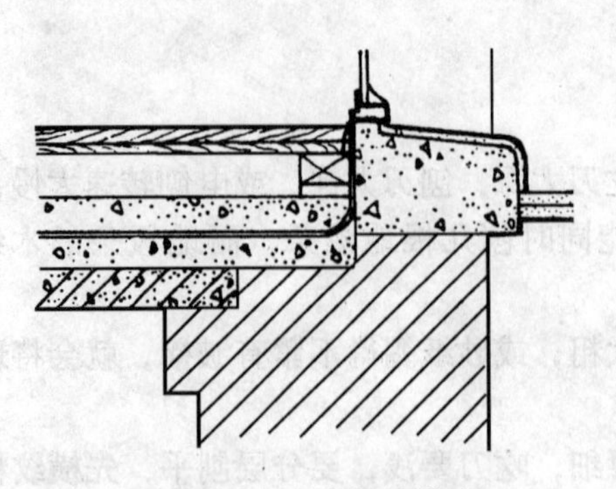

图5-95 阳台门处做法

(4) 治理方法

将起鼓的木地板面层拆开，在毛地板上钻若干通气孔，晾一星期左右，待木搁栅、毛地板干燥后再重新封上面层。此法返工面积大，修复席纹地板铺至最后两档时，要两档同时交叉向前铺钉，顺序见图5-96。最后收尾的一方块地板，一头有榫另一头无榫，应互相交叉并用胶粘牢。

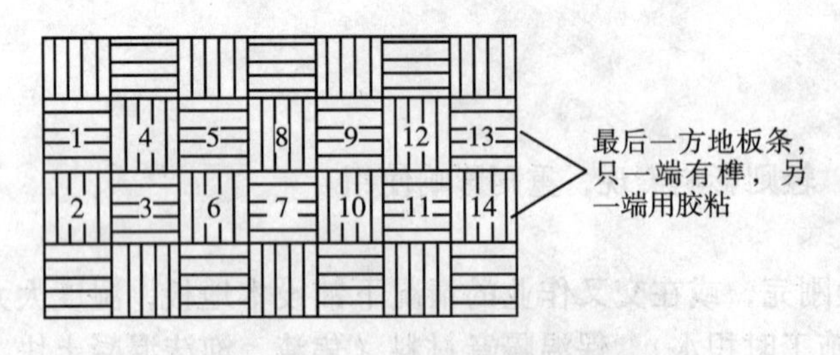

图5-96 两档地板条交叉钉

8. 粘贴的拼花地板空鼓脱落

(1) 现象

拼花木板与基层（水泥类基层或其他硬质块材基层上）局部未粘牢或脱离，小锤敲击有空鼓声，脚踩有变形感，严重的则整条（方）木板脱落。

(2) 原因分析

1）基层表面清理不干净，有浮灰、油污等，尤其是粉刷工程污染的基层，不认真清理，危害更大。

另外水泥类基层起砂、起皮、表面强度过低等均易造成基层与粘结胶隔离，严重影响粘结效果。

2）基层表面不平整、有大小不等的凹坑，使粘结的接触面减少，或使胶结料分布不匀，造成粘结牢固度差。或凹坑处胶料过多，挥发过程中将木板拱起。

3）基层含水率大，面层粘贴后，一方面木板遇潮膨胀起鼓，一方面基层水分蒸发时拱顶面层，造成局部粘结不牢处木板空鼓或脱落。

4）胶粘剂质量差或保管不当、超过保质期等。

5）操作不当，如沥青粘结料熬制和铺贴的温度不符合要求，基层未涂刷底子油；涂刷胶粘剂后木板条粘贴过早或过迟，影响粘结效果。

6）施工环境温度过高或过低，造成胶粘剂过快干硬或受冻，降低粘结力。

7）木板粘贴后上人或上刨刨光等工序过早，扰动粘结层，致使粘结失效。

8）木板粘结后遭雨水或施工用水浸泡，破坏了粘结效果。

（3）预防措施

1）基层必须清理干净，必要时用水冲洗（冲洗后应充分晾干），如有油污应用10%火碱水刷净。对起砂起皮或空裂的基层应采用乳胶腻子处理。处理时每次涂刷的厚度不大于0.8mm。

2）基层表面平整度用2m直尺检查，超过2mm时，应采取措施剔凿或修补（方法同上）。

3）铺贴木板面层时，基层含水率不大于8%。

4）胶粘剂可采用乙烯类、氯丁橡胶型、聚氨酯、环氧树脂、合成橡胶溶液型、沥青类和926多功能建筑胶等。胶粘剂应存放在阴凉通风、干燥的室内，超过生产期3个月的产品，应取样检验，合格后方可使用，超过保质期的产品，不得使用。

5）沥青粘结料铺设时的温度应≥160℃，采用胶粘剂粘贴时，应待胶干至不粘手（约10～20min）后进行（或按胶粘剂产品说明书操作）。贴实后的木板不要来回移动。

6）施工时的环境温度宜控制在15～32℃，相对湿度不高于80%。

7）地板条粘贴后应硬结2～4d以后才能上人或进行刨光等其他工序，气温低时则应适当延长。

8）粘贴木地板前应先安好外门窗玻璃并根据天气情况及时开关，防止雨水侵入，且保持通风。水暖管线打压试水时应设专人看管，防止漏水浸泡木地板。

（4）治理方法

粘贴的木板空鼓面积不大于单块板块面积的1/8，且每间不超过抽查总数的5%者，可不进行处理。对超过验收标准的，应拆除重铺。拆除时应细心，不得损坏相邻板块；基层应认真清理，用小铲刀铲平。新粘结的木板条应与原有面层板树种、色泽、厚度一致，按工艺要求重新铺贴。

9. 木踢脚板安装缺陷

（1）现象

木踢脚板表面不平，与地面不垂直，接槎高低不平、不严密。

（2）原因分析

1）木砖间距过大，垫木表面不在同一平面上，踢脚板钉完后呈波浪形。

2）踢脚板变形翘曲，与墙面接触不严。

3）踢脚板与地面不垂直，垫木不平或铺钉时未经套方。

4）踢脚板上边不水平，铺钉时未拉通线。

（3）防治措施

1）墙体内应预留木砖，中距不得大于400mm，木砖要上下错位设置或立放，转角处或最端头必须设木砖。

2）加气混凝土墙或其他轻质隔墙，踢脚板范围内要砌普通黏土砖墙，以便埋设木砖。

3）钉木踢脚板前先在木砖上钉垫木，垫木要平整，并拉通线找平，然后再钉踢脚板。

4）为防止木踢脚板翘曲，应在其靠墙的一面设两道变形槽，槽深3～5mm，宽度不少于10mm。

5）木踢脚板上口的平线要从基本平线（50线）往下量，而且要拉通线。

6）墙面抹灰要用大杠横向刮平，特别是墙面下部与踢脚板结合处。安装踢脚板时要贴严，踢脚板上边压抹灰墙不小于10mm，钉子尽量靠上部钉。

7）踢脚板与木地板交接处有缝隙时，可加钉三角形或半圆形木压条。

8）踢脚板应在木地板面层刨平磨光后再安装。

10. 搁栅、地板条腐烂

（1）现象

木地板使用年限不长，地板条就因腐烂而损坏，特别是四周墙角处。如撬开观察，地板条背面往往有凝结水和长有白色的霉菇物。此种现象大多发生在空铺木地板工程。

（2）原因分析

1）铺设木地板时，板下填土层的含水量偏大，铺设木地板后，土层中的水分逐渐蒸发积聚于板下空间，板底因长期吸收水分而产生腐烂。

2）四周墙上通风洞数量太少或设置不合理，使板下空间的空气难于形成对流，见图5-97，造成通风不良，水分难以向外排出，当板下空间高度较低时，尤为突出。

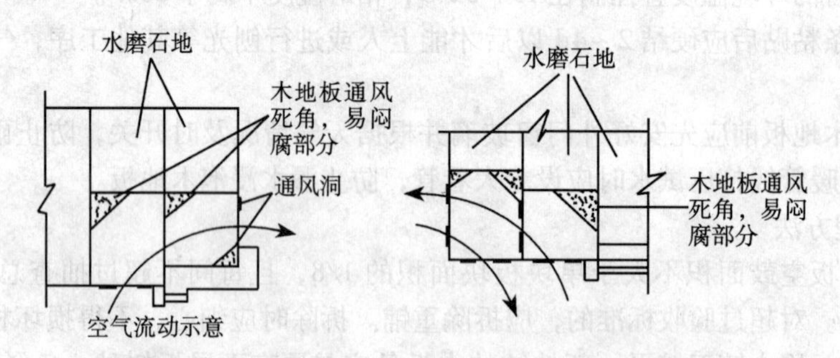

图5-97　通风不良的木地板易闷腐的部位（平面）

3）木地板材质松软，吸湿性较强。

4）寒冷地区，木搁栅顶端直接伸入外墙内，由于室内外温差影响，端部容易产生凝结水而引起腐烂。

5）室外地面比室内填土面高，下部墙面的防潮处理又差，下雨后，雨水渗透到地板下的填土层中，增大填土层的含水量。

（3）预防措施

1）空铺木地板下的地面填土应予夯实，达到平整干燥。铺钉面层地板条时，板下杂物应清理干净。

2）板下应留有一定空间，高度视房间大小而定，但最小不少于5cm。

3）四周墙上应留有通风洞。通风洞应前后、左右对齐，使空气形成良好的对流条件。外墙上通风洞应设有格栅，防止老鼠等小动物钻入其内。寒冷地区的通风洞，应设置能关闭的小门，冬季时关闭，避免寒冷空气进入板下空间，造成上下温差过大对地板不利。

4）木搁栅和木地板的背面，铺钉前应刷一道水柏油或清漆，以减少日后的汲湿量。木搁栅与墙之间应留出30mm缝隙，地面面板与墙之间应留出8~12mm缝隙。

5）室外地面应做好散水或明沟，进行有组织排水，墙脚处应做好防潮层处理，避免室外雨水、潮湿气渗透到板下空间中去。

（4）治理方法

如腐烂现象不严重，不会造成塌落事故时，可采用改进通风条件，进行局部修理等办法。

如腐烂现象严重，有塌落可能时，则应进行彻底更换，并应采取改进通风、防潮、更换面层木板材种等综合措施，进行彻底治理。

11. 实木复合地板翘曲变形

（1）现象

实木复合地板铺设后，出现翘曲变形现象。

（2）原因分析

1）三层实木复合地板表层和底层的材质、厚度、不对称，易产生翘曲变形。

2）实木复合地板表层和底层的厚度均应在2.5mm左右，尺寸不能相差太大，否则，其稳定性会出现问题。有的表层厚度仅0.2～0.4mm，仅适合于做家俱，若用作木地板，则极易产生翘曲。

（3）预防措施

选购实木复合地板时，应明确用于地板铺设，防止选错。施工中应加强材料品种管理，防止用错材料。

（4）治理办法

翘曲变形严重的地面应作返工处理。

5.10 强化复合木地板地面

强化复合木地板（学名：浸渍纸饰面层压木质地板）是近年来在市场上较流行的一种新型复合木地板，目前我国已有一百多个品牌。它是以中密度纤维板、高密度纤维板和刨花板为基材的浸渍纸胶膜贴面层压而成的复合木地板。这种地板由表层、基材层（芯层）和底层三层构成。表层由耐磨层和装饰层组成，或由耐磨层、装饰层和底层纸组成，前者厚度一般为0.2～0.3mm，后者厚度一般为0.6～0.8mm。耐磨层为最表层的透明层，为一层三氧化二铝（Al_2O_3），层面坚硬、耐磨、阻燃；装饰层为可看见的木纹装饰层，系采用电脑印花仿制各种名贵木材的纹理和质感，用特种加工纸经三聚氢氨溶液浸泡，具有防水、防潮、阻燃等功能。基材层由天然原木材粉碎后，经纤维结构重组及高温、高压后成型的中密度纤维板、高密度纤维板和刨花板，具有耐冲击、弹性好的特点。底层亦称背面防潮层，由平衡纸或低成本的层压板，用高分子树脂材料，胶合于基材底面，起稳定和防潮作用，厚度一般为0.2～0.8mm。

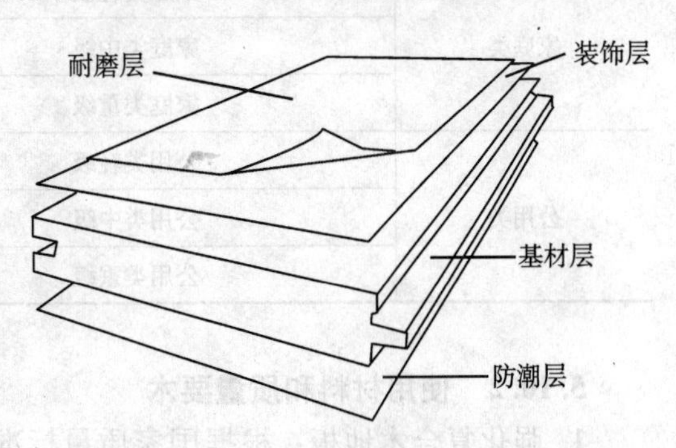

图5－98 强化复合木地板的面层结构

强化复合木地板的面层结构见图5－98。

强化复合木地板是当代高科技和先进工艺的产物，它顺应了正在世界范围内兴起的崇尚自然、注重资源与环境保护的潮流。

与实木地板相比，强化复合木地板具有耐磨性能强（耐磨程度以“转”为指标，一般原木地板漆面耐磨度为400~800转，而强化复合木地板可高达30000转以上，一般耐磨转数在5000转以上）、表面装饰花纹整齐、木纹清晰、色泽均匀、防腐、防蛀、防潮、阻燃以及抗压性强、价格便宜、便于安装、易于清洁护理等特点。

5.10.1　地面构造类型和设计要点

1. 地面构造类型

强化复合木地板大多采用实铺方式，直接铺设在混凝土垫层或楼面钢筋混凝土结构层上，也有用于双层木地板的上层，铺设于底层的毛地板上面，地面构造类型见图5-99。

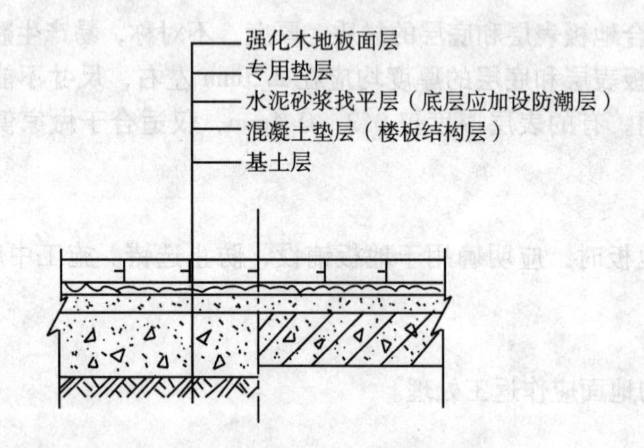

图5-99　强化复合木地板地面构造

2. 设计要点

应根据不同的使用场合，选用不同等级的强化复合木地板。强化复合木地板的等级和适用场合见表5-75。

强化复合木地板等级和适用场合　　表5-75

类别	等级	适用场合
家庭类	家庭类轻级	卧室等不经常活动的场合
	家庭类中级	非频繁活动区
	家庭类重级	客厅、门厅或儿童活动区
公用类	公用类轻级	非开放式办公室
	公用类中级	教室、开放式办公室、图书馆等
	公用类重级	商场、运动场所等

5.10.2　使用材料和质量要术

1. 强化复合木地板：根据国家质量标准（GB/T 18102—2000）规定的主要质量指标见表5-76。

强化复合木地板质量指标 表5-76

检验项目	单位	标准
吸水厚度膨胀率	%	≤10
表面耐磨	转	≥6000
甲醛释放量	mg/100g	≤40
密度	g/cm^3	≥0.8
含水率	%	3.0~10.0
静曲强度	MPa	≥30
表面耐香烟灼烧	—	无黑斑、裂纹、鼓泡
表面耐污染腐蚀	—	无污染、腐蚀
表面耐划痕	N	≥2.0无整圈划痕

2. 专用泡沫塑料垫毡：应是环保、防腐、防蛀、阻燃和富有弹性的，厚度2~5mm。

强化复合木地板还有采用聚苯乙烯泡沫塑料板块（阻燃型）作为板下垫层的（亦称地垫室），其厚度按设计规定采用，常用厚度为10~25mm。

5.10.3 施工准备和施工工艺

1. 施工准备

（1）混凝土基层上应铺设水泥砂浆找平层，其表面要求应达到“5.8 塑料板地面”一节的质量要求。

（2）强化复合木地板拆包后应经挑选，并提前1~2天堆放在待铺房间适应施工环境。

（3）铺设房间应在找平层上弹线找方。

（4）其他有关施工准备内容见“5.9 实木地板和实木复合地板地面”一节要求。

2. 施工工艺流程

强化复合木地板地面施工工艺流程见图5-100。

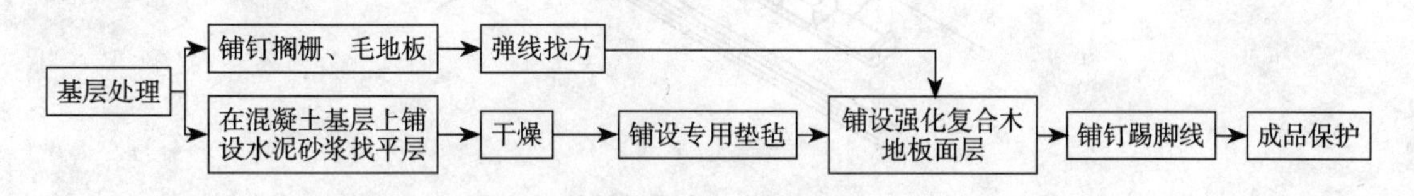

图5-100 强化复合木地板地面施工工艺流程简图

5.10.4 施工要点和技术措施

1. 基层清理：铺设强化复合木地板前，应将基层（找平层）面上杂物清理干净，表面平整度用2m直尺检查，误差不应大于2mm。对表面不平处可用乳液腻子批刮平整（乳液腻子配比见5.8.2节内容）。基层清理干净后应晾干。对底层地面，可加设防潮隔离层，亦可采用简易的防潮隔离措施，如铺设1~2层塑料薄膜纸做防潮层等。

2. 在干燥的基层上用浮铺方式铺设塑料泡沫垫毡，铺设方向应与地板条铺设方向相垂直。塑料泡沫垫毡按房间尺寸事先裁好，尽量减少中间接头。

当用聚苯乙烯泡沫塑料板块作板下垫层时，其厚度应事先设计好，并与其他部位地面标高协调一致。

不论是用塑料泡沫垫毡或是用聚苯乙烯泡沫塑料板块，在房间的进门处，由于行人使用频率较高，应在局部作适当加强处理。

3. 铺设地板前，应对基层弹线找方。铺设应从靠门口较近的一边开始，木板纹路顺直进门方向。第一块板宜凹槽靠墙，并与墙之间留出不小于 10mm 的缝隙（每块板用两个木楔与墙塞紧，待铺好后再将木楔拆除）。从第二块板开始依次凹槽拼凸槽，直至墙边，并注意带线找方。当靠墙不足一块整板时，应细心锯割，使最后一块板与墙之间留有 10mm 左右的缝隙。

4. 强化复合木地板的铺设有两种方法，一种是干缝相拼，即使两板的凹凸缝之间挤紧即行，不作任何胶接；一种是用胶粘剂胶接。涂胶时，应将凸榫上端面（纵横两边）连续满涂，不允许出现漏涂。随后将后一块的凹槽与前一块的凸榫相拼，并用铁锤与专用木块轻轻敲击挤紧，挤出的胶液应随手用刮刀和软布擦拭干净。拼紧时应带线操作。

铺设木地板时，板的顶端接缝应间隔错开（以半块板长为宜），并应有规律的在一条直线上。铺设最后一块木板时，应用专用拉钩，用铁锤轻轻敲击拉钩上的凸块，使其顶头缝挤紧。强化木地板的铺设情况见图 5 – 101。

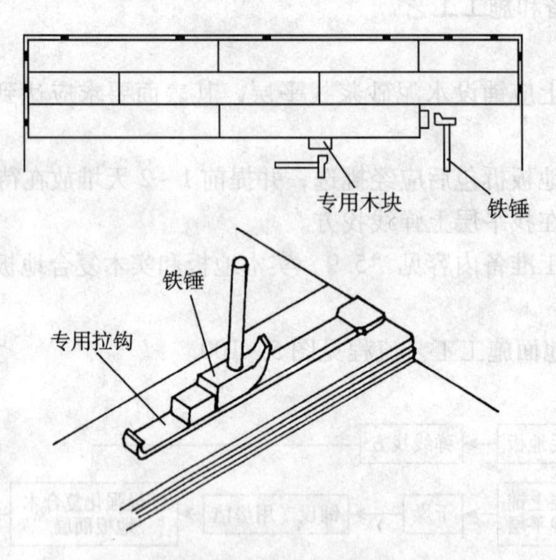

图 5 – 101　强化复合木地板铺设情况

5. 铺设强化复合木地板时，纵横拼缝的紧密程度应视铺设时施工环境的温度、湿度情况而定，既不能过紧，也不宜过松。

铺（粘）至地板的收口处，应用黄铜压条或专用压条封边，既对地板条边角进行保护，又能增加美观。地板条在金属压条内也应有 10mm 的间隙。相通房间若地板铺设方向相互垂直，则在交接处也应设置加压条。加压条的使用情况见图 5 – 102。

6. 整个房间铺（粘）完工 8 ~ 24h，待胶粘剂干固后，拔除四周与墙之间的木楔，使整个房间的木地板地面与四周墙面间留有 10mm 的间隙，注意间隙中不得填塞任何物体，间隙用踢脚板遮盖，踢脚板下口也不得与地板粘连，以使地板能自由伸缩，见图 5 – 102。

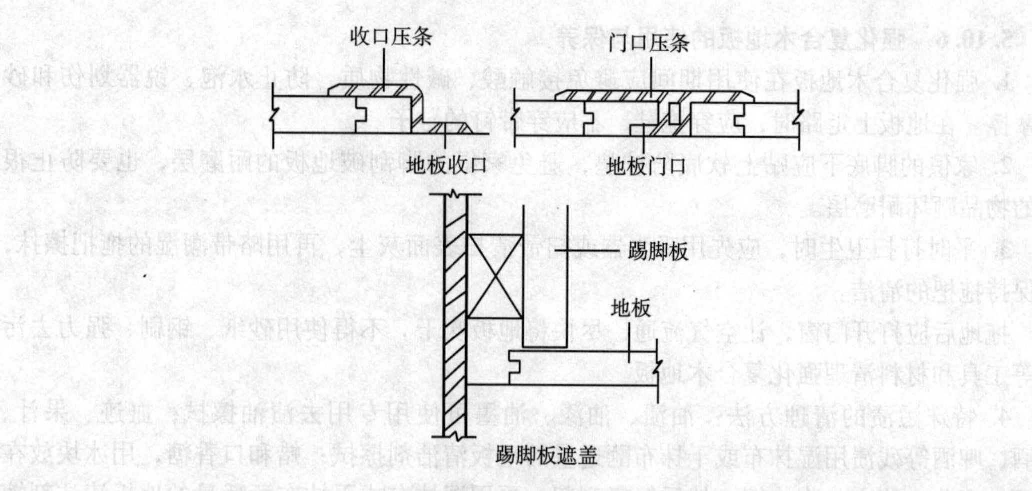

图 5-102 地板收口处加压条使用情况

7. 强化复合木地板的铺设有一定的专业要求，不少生产厂家都有一支经专门培训的施工队伍，选购时宜选包施工的品牌厂家。

5.10.5 质量标准和检验方法

强化复合木地板质量标准和检验方法见表5-77。

强化复合木地板地面质量标准和检验方法 表5-77

项	序	检验项目	质量要求及允许偏差（mm）	检验方法
主控项目	1	面层材料	1. 强化复合木地板面层所采用的材料，其技术等级及质量要求，应符合设计要求； 2. 木搁栅、垫木和毛地板等应做防腐、防蛀处理	观察检查和检查材质合格证明文件和检测报告
	2	木搁栅安装	应牢固、平直	观察、脚踩检查
	3	面层铺设	应牢固	观察、脚踩检查
一般项目	4	面层质量	面层图案和颜色应符合设计要求，图案清晰，颜色一致，板面无翘曲	观察、用2m靠尺和楔形塞尺检查
	5	板块拼接质量	面层的接头应错开、缝隙严密、表面洁净	观察检查
	6	踢脚板质量	表面应光滑，接缝严密，高度一致	观察和钢尺检查
	7	板面缝隙宽度	0.5	用钢尺检查
	8	表面平整度	2.0	用2m靠尺和楔形塞尺检查
	9	踢脚线上口平齐	3.0	拉5m通线，不足5m拉通线和用钢尺检查
	10	板面拼缝平直	3.0	
	11	相邻板材高差	0.5	用钢尺和楔形塞尺检查
	12	踢脚线与面层间的接缝	1.0	用楔形塞尺检查

5.10.6　强化复合木地板的使用与保养

1. 强化复合木地板在使用期间应避免接触酸、碱性物质，防止水泡、锐器划伤和砂粒摩擦。在地板上走路时，应穿拖鞋，不应穿带钉的鞋子。

2. 家俱的脚底下应贴上软底防护垫，避免家俱的脚刮破地板的耐磨层，也要防止很重的物品砸坏耐磨层。

3. 平时打扫卫生时，应先用吸尘器或扫帚清扫表面灰尘，再用略带潮湿的拖把擦抹，并保持拖把的清洁。

拖地后应打开门窗，让空气流通，尽快将地板吹干。不得使用砂纸、钢刷、强力去污粉等工具和材料清理强化复合木地板。

4. 特殊污渍的清理方法：油渍、油漆、油墨可使用专用去渍油擦拭；血迹、果汁、红酒、啤酒等残渍用湿抹布或干抹布蘸适量的地板清洁剂擦拭；蜡和口香糖，用冰块放在上面一会儿，使之冷冻收缩，然后轻轻刮起，再用湿抹布或干抹布蘸适量的地板清洁剂擦拭。不可用强力的酸、碱液体清理强化复合木地板。

5.11　硬质纤维板地面和三夹板地面

硬质纤维板地面和三夹板地面，系由硬质纤维板（整张或切割成小块状）和三夹板（锯割成100~150mm宽条状）用沥青胶结料或胶粘剂铺贴于水泥类（含水泥木屑砂浆）基层上而成，也可用钉铺钉于毛地板上而成。

硬质纤维板地面和三夹板地面具有洁净清爽、柔和舒适、保暖和有一定弹性等特点，价格便宜、施工方便，适用于行人不多的卧室及居室辅助房间地面等，硬质纤维板地面和三夹板地面属于简易地面类型。

5.11.1　地面构造类型和设计要点

1. 地面构造类型

硬质纤维板地面和三夹板地面的构造类型见图5-103，有直接铺设于水泥类基层上和铺设于毛地板上两种做法。

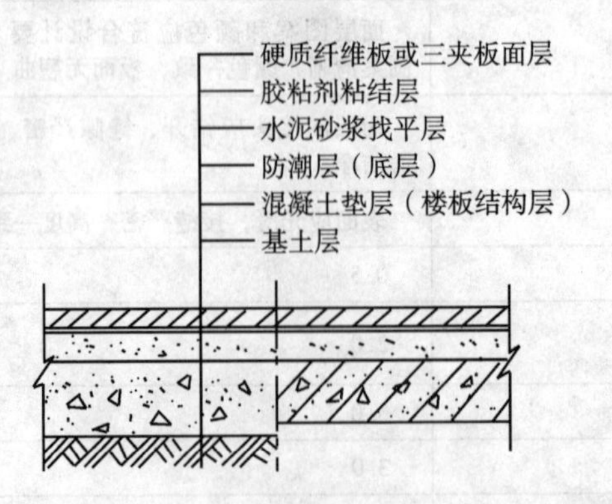

图5-103　硬质纤维板地面和三夹板地面构造

2. 设计要点

（1）采用直接铺设于底层水泥砂浆找平层上的做法时，宜在找平层下设置一层防潮隔离层，或采用沥青胶结料作胶结层，以增强地面的防潮效果，增加使用耐久性。

（2）硬质纤维板地面宜采用混合调和油漆；三夹板地面宜采用清漆油漆。

5.11.2 作用材料和质量要求

1. 纤维板：纤维板应符合现行的国家标准《硬质纤维板》的规定，并按需要预先加工成型，每块尺寸大小以不出现半块型板块为准。铺设前应在冷水中浸泡（时间以24h为宜），并晾干备用。

2. 沥青胶结料：宜采用10号或30号建筑石油沥青，掺入适量机油，其配合比应通过试验确定。沥青的软化点应为60~80℃，针入度以20~40为宜。

3. 胶粘剂：参照5.8 塑料板地面一节中对胶粘剂的质量要求。如采用脲醛树脂与水泥拌合成的胶粘剂，其配合比应通过试验确定，或参照表5-78配制。

脲醛树脂水泥胶粘剂配合比（重量比） **表5-78**

材料名称	脲醛树脂（5011）	水泥（42.5）	20%浓度氯化胺溶液 氯化胺：水=1:4	水（洁净水）
配合比	100	160~170	7~9	14~16

4. 三夹板：宜采用表面洁净，木质纹理清晰、色泽一致的板材。

5. 水泥木屑砂浆：采用水泥木屑砂浆作基层，主要是为了增加硬质纤维板地面和三夹板地面的保暖性和弹性，其配合比应通过试验确定，或参照表5-79配制，其抗压强度等级不应低于10MPa。铺设于水泥木屑砂浆基层上的硬质纤维板地面和三夹板地面，通常用铁钉固定。

水泥木屑砂浆配合比（重量比） **表5-79**

材料名称	水泥（32.5）	砂（中砂）	木屑	工业氯化钙（无水）	水（洁净水）
配合比	100	100	12~14	2	60

5.11.3 施工准备和施工工艺

1. 施工准备

（1）当采用水泥砂浆找平层或水泥木屑砂浆层作基层时，其表面要求应达到“5.8 塑料板地面”一节的质量要求。

（2）硬质纤维板加工成型后，使用前应在冷水中浸泡24h左右，然后晾干后备用。铺设前应提前1~2天堆放在待铺房间内适应施工环境。

（3）铺设房间应在水泥砂浆找平层、水泥木屑砂浆层或毛地板上弹线找方。

（4）其他有关施工准备内容见“5.9 实木地板和实木复合地板地面”一节要求。

2. 施工工艺

硬质纤维板地面和三夹板地面的施工工艺流程见图5-104。

5.11.4 施工要点和技术措施

1. 重视基层质量，是保证硬质纤维板地面和三夹板地面质量的重要之点。当基层采

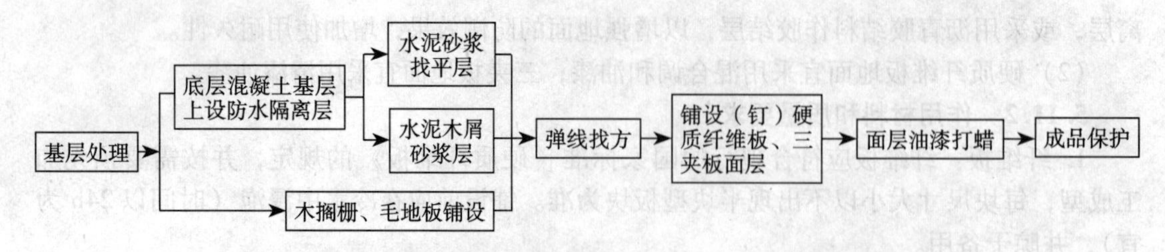

图5-104　硬质纤维板地面和三夹板地面施工工艺流程简图

用水泥砂浆找平层或水泥木屑砂浆层时，其表面应平整、光滑、洁净、干燥，含水率不应大于9%，平整度用2m直尺检查，允许空隙不应大于2mm。

2. 铺设前，应根据设计图案，在基层表面进行弹线，合理铺设面层板块，避免出现半块及另头板块。硬质纤维板在铺设前应在冷水中浸泡约24h后晾干待用，并于铺设前1~2d在铺设房间内适应施工环境。

3. 用胶粘剂铺贴面层板材时，应先刷硬质纤维板或三夹板粘贴面，厚度控制在0.5mm左右，后刷基层表面，厚度控制在1mm左右，视施工环境温度情况，一般为5~8min待挥发性气体适当挥发后即可进行铺贴。铺贴好后随时在板块四角（边）加压，使粘结牢固防止翘鼓。涂刷胶粘剂时，可采用图5-60的齿形刮板。

4. 用沥青胶结料铺贴时，应在基层面上先涂刷一层冷底子油，然后在板材粘贴面和基层面上分别涂刷沥青胶结料，涂刷厚度亦应分别控制在0.5mm和1mm，随涂随铺贴，总厚度不应超过2mm。对拼缝处和边角处溢出的沥青胶结料，应随即刮去，对滴落在板面上的污迹，随时用棉纱蘸上少量汽油揩擦干净。

5. 对于整张铺设的纤维板，应根据整块尺寸定出方格尺寸后，进行弹线刨缝。对于块状纤维板，可在铺设前预先刨好，亦可在铺贴后再刨缝。刨缝应用特殊的V形刨刀（图5-61）沿线紧靠直尺进行，使刨出的缝深浅、宽狭一致。一般缝的宽、深以3mm为宜，刨刀应锋利，刨出的缝应平滑，局部毛糙处，可用细砂纸轻轻打磨光滑。

6. 当硬质纤维板铺贴在水泥木屑砂浆层上或毛地板上时，应沿板边及V形槽内用适量的钉子钉牢。钉子的长度宜为20mm，直径为1.8mm，钉子间距为80~100mm，钉头砸扁后应嵌入板内，钉眼在油漆前应用腻子批补。为加强板面与基层的结合牢固，也可在板块中间适当加钉钉子。

7. 当采用长条形三夹板面层时，纵向接头应错开，并设置在一条直线上。

8. 硬质纤维板和三夹板面层板块间的缝隙宽度以1mm为宜。相邻板块的高差不应超过+1.5mm、-1mm，过高或过低的应予重新铺贴。

9. 铺贴好的硬质纤维板地面和三夹板地面，应在完成2d后（结合层已凝结硬化）即应进行表面处理，防止板面表面损伤和污染。表面进行油漆后，应打蜡一遍，并加强成品保护。

10. 地面踢脚板应在地面油漆前铺钉好，并与地面面层同时油漆。

5.11.5　质量标准和检验方法

硬质纤维板地面和三夹板地面因属于简易地面类型，国家无明确的质量标准和检验方法，施工中有关质量标准和检验方法，可参照“5.8　塑料板地面”一节内容要求。

5.11.6 使用和保养

硬质纤维板地面与三夹板地面的使用年限与保养关系极大，具体可参照“5.10 强化复合木地板”一节使用与保养内容要求。

5.12 竹地板地面

用竹材做地面面层的历史不长，是近几年才开始进入建筑地面材料市场的。竹子具有轻、坚、韧、柔、直、抗压、抗拉、抗弯、抗折、抗腐等多方面的特点。竹材的收缩量很小，而弹性和韧性却很高。经力学测定，顺纹抗压强度是杉木的1.5倍，顺纹抗拉强度为杉木的2.5倍。用竹材铺设的地面面层，具有纹理通直、质朴大方、色调高雅、结构稳定、坚固耐用等特点，因而具有良好的市场潜力和应用前景。

竹材地板通常选用竹龄5~6年的优质毛竹（车筒竹、茶杆竹、硬头黄竹、粉单竹、麻竹等）制作而成。这些竹材的竹杆外形粗大而顺直，竹质坚硬强韧，富有弹性，易于劈削，经加工成竹片，并经碳化、防蛀、防霉、防变形等现代化科学手段处理后，就可制作成绿色、环保的竹地板产品，通常为免漆成品地板，适用于写字楼、宾馆、住宅、别墅、会议厅以及各种休育、娱乐场所等的地面材料。

5.12.1 地面构造类型和设计要点

1. 地面构造类型

竹地板地面的构造类型和木板地面及实木复合地板地面的构造类型基本相似，其铺设方式也有空铺式、实铺式和粘贴式三种，构造层次有双层（下有毛地板）和单层之分，构造图见图5-105。

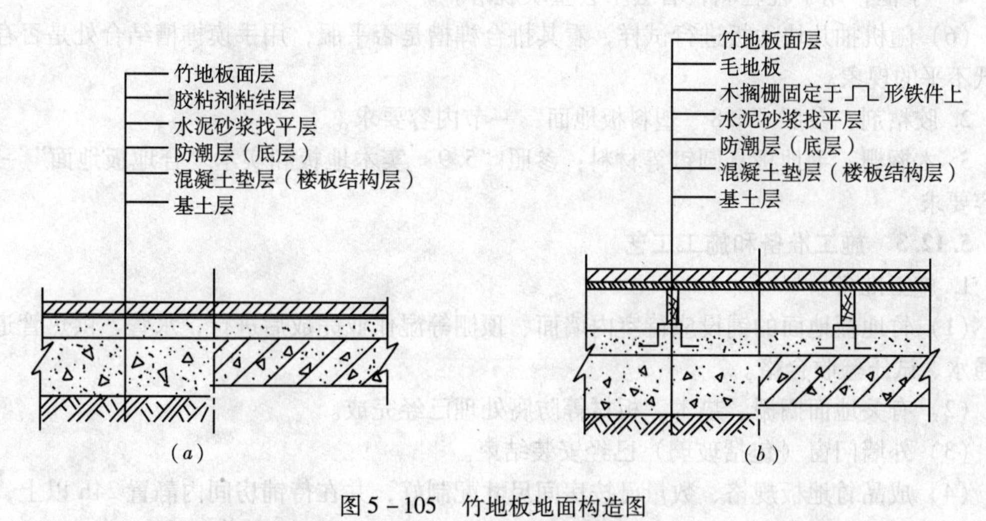

图5-105 竹地板地面构造图

(*a*) 采用粘贴式单层竹地板构造图；(*b*) 采用铺钉式双层竹地板构造图

2. 设计要点

(1) 直接铺设于底层混凝土基层（水泥砂浆找平层）上的竹地板面层，宜在找平层下增设防潮隔离层，或用沥青胶结料粘贴。

（2）采用架空式单层构造类型的竹地板，底面宜涂刷沥青防潮层。

（3）应对竹材地板的抗折强度提出相应要求，通常情况下不应小于1200kg/cm^2。

5.12.2　使用材料和质量要求

1. 竹地板：用于竹地板的竹龄应生长5～6年的新鲜毛竹制作而成，并经过碳化、防蛀、防霉、防变形处理，其技术等级及质量要求均应符合国家现行行业标准《竹地板》LY/T 1573的规定。成品竹地板常用尺寸为：长度950～1000mm，宽度：100～140mm，厚度：10～18mm。

竹地板的质量可从以下几个方面进行检查：

（1）色泽：质量好的竹地板表面颜色基本一致，清新而具有活力。本色竹地板的标准色大多是金黄色，碳化竹地板的标准色大多是古铜色或褐红色，颜色均匀而有光泽感。不论是本色还是碳化色，其表层应有多而致密的维管束分布，纹理清晰。

如果竹地板色泽呈呆板苍白状，竹面的维管分布稀少，重量较轻，有可能是使用过的旧竹材。

如果竹地板色泽呈灰暗色，纹理模糊不清，斑点分布明显，则有可能使用的是不新鲜的竹材。此外，如果蒸煮、漂白不到位，也会出现上述情况。

（2）看竹地板的侧面和背面，是否有明显的缺陷，看层与层之间的胶合是否紧密。

（3）看竹地板结构是否对称平衡，可通过地板两端的断面观察出来，符合对称平衡原则的竹地板结构较稳定。

（4）看油漆质量：将竹地板拿到光线能直接照射到板面的地方作仔细观察，看有没有气泡、麻点及桔皮现象，漆面是否丰厚、饱满和平整。

（5）用手指甲在漆面上用力划，看有没有划痕。或用小刀在漆膜上划30～50mm见方的“#”字框，用手轻轻剥，看会不会整块脱落。

（6）随机抽几块地板进行试样，看其拼合榫槽是否平服，用手摸榫槽结合处是否存在高低不平的现象。

2. 胶粘剂：参照“5.8　塑料板地面”一节内容要求。

3. 木搁栅、毛地板、圆钉等材料：参照“5.9　实木地板和实木复合地板地面”一节内容要求。

5.12.3　施工准备和施工工艺

1. 施工准备

（1）竹地板地面的铺设应待室内墙面、顶棚等湿作业完成后进行，水管、供热管道应经通水、试压验收合格。

（2）有关地面搁栅、垫木、板材等防腐处理已经完成。

（3）外墙门窗（包括玻璃）已经安装结束。

（4）成品竹地板规格、数量已按房间尺寸配制好，并在待铺房间内静置24h以上，作适应性处理。

（5）需要铺设于地板下的管线（仅用于空铺式和实铺式地板）安装已经结束，并经隐蔽验收合格。

2. 施工工艺流程

竹地板地面的施工工艺流程见图5－106。

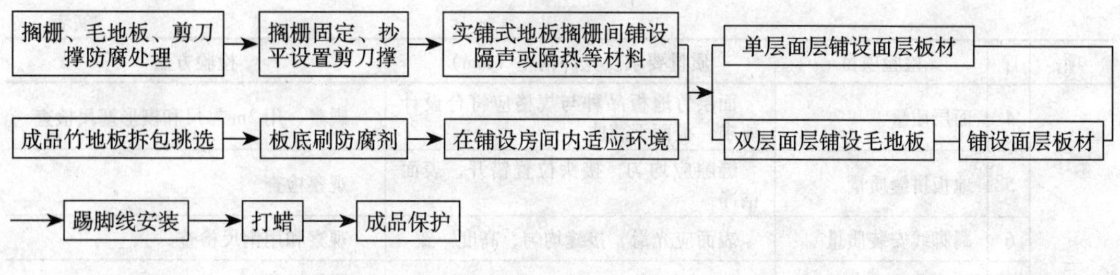

图 5－106 竹地板地面施工工艺流程简图

5.12.4 施工要点和技术措施

1. 竹材地板属天然植物产品，色泽纹理必然会有些差异。一个工程或一个房间地面所用的竹地板应选用同一品种毛竹原料制成的成品，不应采用不同品种毛竹原料制成的成品混杂使用。对同一毛竹品种原料制成的竹地板成品，铺设前亦应作适当分选，将色泽一致、纹理相近的铺设在一起，以突出质朴、原始、协调的风格。

2. 地板下的木材龙骨应干燥，含水率不宜大于10%，用铁钉或螺栓固定于混凝土基层上。不应用铁丝固定或水泥圈抱。木材龙骨常用尺寸为20mm×30mm和25mm×40mm。用于底层地面的木材龙骨，铺设前应作防腐处理。

3. 竹地板与四周墙壁之间应留出10mm的空隙。地板之间的拼缝不宜过紧，应留出一纸厚的缝隙（约20丝为宜）。

4. 用铁钉固定竹地板时，应先在竹地板的公榫处钻45°方向的斜孔，然后用铁钉将竹地板固定于木材龙骨上。直接钉钉易使竹地板开裂，影响铺设质量。

5. 竹地板铺设的长度方向应和进门方向一致，在走廊铺设时，应与行人的行走方向一致，以保证良好的视觉效果。

6. 竹地板地面的标高应比阳台、浴室、厨房等经常有水的地面高20～30mm，防止有水浸湿竹地板。

7. 采用胶粘剂铺设竹地板时，拼缝中溢出的胶粘剂应及时擦拭干净。铺贴后面层上宜适当加压重物，以加强地板与基层的粘结效果。

8. 竹地板铺设完成后，应及时打蜡，并加强成品保护。

5.12.5 质量标准和检验方法

竹地板的质量标准和检验方法见表5－80。

竹地板地面质量标准和检验方法 表5－80

项	序	检验项目	质量要求及允许偏差（mm）	检验方法
主控项目	1	面层材料	1. 竹地板面层所用的材料，其技术等级和质量要求应符合设计要求； 2. 木搁栅、毛地板和垫木应做防腐、防蛀处理	观察检查和检查材质合格证明文件及检测报告
	2	木搁栅安装	应牢固、平直	观察、脚踩检查
	3	面层铺设	应牢固，粘结无空鼓	观察、脚踩或用小锤轻击检查

续表

项	序	检验项目	质量要求及允许偏差（mm）	检验方法
一般项目	4	面层质量	面层竹地板品种与规格应符合设计要求，板面无翘曲	观察、用2m靠尺和楔形塞尺检查
	5	地板拼缝质量	缝隙应均匀，接头位置错开，表面洁净	观察检查
	6	踢脚线安装质量	表面应光滑，接缝均匀，高度一致	观察和用钢尺检查
	7	板面缝隙宽度	0.5	用钢尺检查
	8	表面平整度	2.0	用2m靠尺和楔形塞尺检查
	9	踢脚线上口平齐	3.0	拉5m通线，不足5m拉通线和用钢尺检查
	10	板面拼缝平直	3.0	
	11	相邻板材高低	0.5	用钢尺和楔形塞尺检查
	12	踢脚线与面层的接缝	1.0	用楔形塞尺检查

5.12.6　竹地板的使用和保养

正确的使用和保养，对保持竹材地板的美观耐用非常重要。

1. 保持室内通风干燥的环境

经常保持室内通风，即可以使地板中的化学物质尽快挥发，排向室外，又可以使室内的潮湿空气与室外交换。特别是在长期没有人居住、保养的情况下，室内的通风换气更为重要。

2. 避免阳光暴晒和雨水淋湿

有些房屋阳光或雨水能直接从窗户进入室内的局部范围，这将对竹地板产生一定的危害。阳光会加速漆面和胶的老化，还会引起地板的干缩和开裂。雨水淋湿后，竹材吸收水分会引起膨胀变形，严重的还会使地板发生霉烂。

3. 避免损坏地板表面

竹材地板的漆面既是地板的装饰层，又是地板的保护层，因此，使用中应避免硬物击打、利器划伤、金属摩擦等。化学物品也不能存放在铺有竹材地板的室内。另外，家具在搬动、移位时应小心轻放，最好家具的脚下底面贴上橡皮胶垫。

4. 正确的清洁打理

在日常使用过程中，应经常性的清洁地板，保持地面的干净卫生。清洁时，应先用干净的扫帚把灰尘和杂物扫净，然后再用拧干水的抹布人工擦拭。如面积较大时，可用拧干水的湿拖把擦拭净地面。切不能用水洗，也不能用湿漉漉的抹布或拖把清理。平时如果有含水物质泼洒在地面时，应及时用干抹布抹干。

竹地板应在间隔一段时间（3~6个月，视具体情况定）后打一次地板蜡，以加强对地板的保护。油漆面如有损坏，可以用普通漆补上或请生产厂家来修补。

5.13　彩色橡胶地砖和彩色软木地板地面

5.13.1　彩色橡胶地砖地面

1. 彩色橡胶地砖地面是最近几年开发流行的新型环保产品，它主要利用废旧橡胶胶粒（废旧橡胶约占80%以上）与专用粘合剂、颜料、催化剂、防老化剂、紫外线吸收剂等混合搅拌后再模压成型。它具有色彩鲜艳、无毒无味、防滑、减振、耐磨、不返光、抗静电、疏水性、耐候性、抗老化、使用寿命长以及有一定弹性等特点，能让使用者在行走和活动时始终处于舒适的生理和心理状态，脚感舒适，身心放松，克服了各种硬质地面和地砖的缺点，适用于运动场地以及老年和少儿活动场所的地面铺设。运动场所铺设橡胶地砖地面后，不仅能更好地发挥竞技者的技能，还能将跳跃和器械运动等可能对人体造成的伤害降到最低限度。老年和少儿活动场所铺设后，能对老人和儿童起到良好的保护作用。

2. 彩色橡胶地砖是由两层不同密度的材料构成的，彩色面层采用细胶粉或细胶丝并经过特殊工艺着色，底层则采用粗胶粉或粗胶粒、粗胶丝制成，根据不同的使用要求，可制成不同规格的平面尺寸和厚度以及不同弹性要求的橡胶地砖。

3. 彩色橡胶地砖地面的构造类型见图5－107。

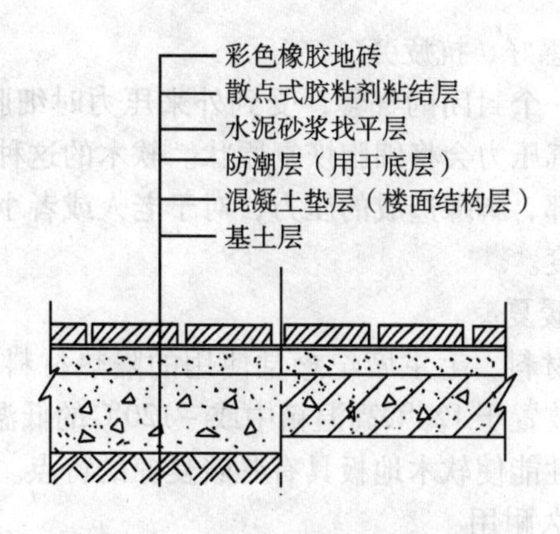

图5－107　彩色橡胶地砖地面构造

4. 彩色橡胶地砖地面施工要点

（1）铺设彩色橡胶地砖地面时，水泥砂浆找平层应平整、洁净、干燥，表面含水率不应大于9%；用2m直尺检查时，最大空隙不应大于2mm。

（2）当彩色橡胶地砖铺设于室内底层地面时，宜在水泥砂浆找平层下设置防潮隔离层，以防止地下潮湿气上升，通过地砖缝隙散发室内，恶化室内空气环境。

（3）铺贴彩色橡胶地砖地面时，可在地砖四周及中央用散点式涂刷胶粘剂粘贴，不必满涂胶粘剂。

（4）室内铺设彩色橡胶地砖地面时，应在室内墙面、顶棚等湿作业施工完成后以及采暖设备调试结束后进行。铺设前应在找平层上弹线找方，铺贴时由里向外，带线铺贴，使拼缝顺直。铺贴后应在板面适当加压重物，使粘结牢固，防止边角起翘。

5.13.2　软木地板地面

1. 软木地板是以栓皮栎树（国外称橡皮树）的树皮为原料，应用高科技手段，经过多道特殊工艺处理，既保持了软木的自然本色，又具有独特高雅的软木自然花纹。

软木并非实际的木材，软木是由许多充满空气的木栓质细胞组成，细胞壁上有许多纤维素质的骨架，其上覆盖木栓质和软木蜡，使其成为一种不透水的物质，因而不会腐朽，也没有明显的老化迹象。

软木地板具有良好的防滑、吸声、防震、防潮、无毒、阻燃、不产生静电等性能，且弹性适宜，行走舒适，是有益于人体健康的绿色环保产品。

现在人们认识比较多的是软木葡萄瓶塞，其实软木地板在西方已有上百年的历史，软木地板适合于家庭、医院、幼儿园、老年公寓、计算机房、图书馆、化验室、播音室、演播厅、高级宾馆、会议室等众多不同的场所，特别适合于安静、防滑、耐水和防潮的地面使用。

常州真乐软木制品有限公司生产的真乐软木，以国内软木资源为原料，利用高科技手段，经过多道特殊工艺处理加工而成，在国内享有一定声誉，得到较为广泛的应用。

2. 软木地板根据不同的使用场所和不同的使用要求，可做成不同规格尺寸（平面尺寸一般多为方形）、不同厚度和不同色彩、不同弹性要求的产品，如厚度有 3mm、4mm、6mm、10mm、15mm 等等，适应性强。

3. 软木地板的特性：

（1）柔软、舒适、脚感好、抗疲劳

每一个软木细胞就是一个封闭的气囊，受到外来压力时细胞会缩小，内部压力升高。失去压力时，细胞内的空气压力会将细胞恢复原状。软木的这种回弹性，可大大降低由于长期站立对人体背部、腿部、脚踝造成的压力，对于老人或者小孩的意外摔倒可起缓冲作用，可降低人体的损害程度。

（2）保温、绝缘、冬暖夏凉

软木本身是一种绝缘材料，毛主席纪念堂使用的隔热材料就是使用软木生产的软木砖。实验表明，徒手可将放置于 120℃高温箱中或 −120℃的低温箱中的软木块拿出而不会烫伤或冻伤。软木的这一性能使软木地板具有冬暖夏凉的特点。

（3）耐磨、防滑、经久耐用

显微镜下，软木地板表面是由无数个被切开的木栓细胞形成的小吸盘，减小了脚步与地板的相对移动，减少了摩擦，增大了摩擦系数，达到了防滑、耐磨的目的。即使地板上有水或油，也不致滑倒。此外，还有不会开裂、拔缝、变形，因而经久耐用。

（4）吸声、隔声、降低噪声

由于软木良好的声传播和声阻尼特性，使软木地板成为优异的减声、降噪铺地材料，在地板上走动不会有声音。特别适宜于铺装在录音棚、阅览室、会议室、电教室和高层建筑中。

（5）防蛀、防霉、隔水、防潮

软木特殊的细胞物质，使它具有不怕虫蛀，不怕霉变的特性，其封闭的细胞结构使其具有不透液性，因此，在空气潮湿的沿海地区铺装软木地板将是最优的选择，即使直接睡在软木地板上，也不用担心会得关节炎病。

（6）环保、绝缘、有益健康

软木地板取材于栓皮栎，合理采剥树木不会受到任何损害，软木材料取自自然，本身无毒无害，制造时使用的胶粘剂不含甲醛等有害物质，符合环保要求，软木地板是真正的绿色环保产品。

4. 软木地板的施工要点

（1）铺设软木地板应在室内顶棚、墙面等湿作业施工完成后以及采暖设备调试结束后进行。

(2) 软木地板应铺设于水泥砂浆找平层上，找平层应平整、干燥、洁净，平整度用2m直尺检查，最大空隙不应超过2mm。铺设软木地板时，表面含水率不应大于9%。

(3) 软木地板铺设前，应在找平层上弹线找方，铺设时应带线操作，由里向外，接缝应平服、顺直。

(4) 软木地板铺设时，通常用胶粘剂以散点方式，即在板块四周边角及中间涂上胶粘剂后进行铺贴，铺贴后，在板块上面适当压上重物，以保证粘结牢固。

(5) 室内底层地面宜在水泥砂浆找平层下设置防水（潮）隔离层，防止地面下水分及潮湿气通过板缝散发室内，恶化室内空气环境。

5. 软木地板地面

软木地板地面的构造类型见图5-108。

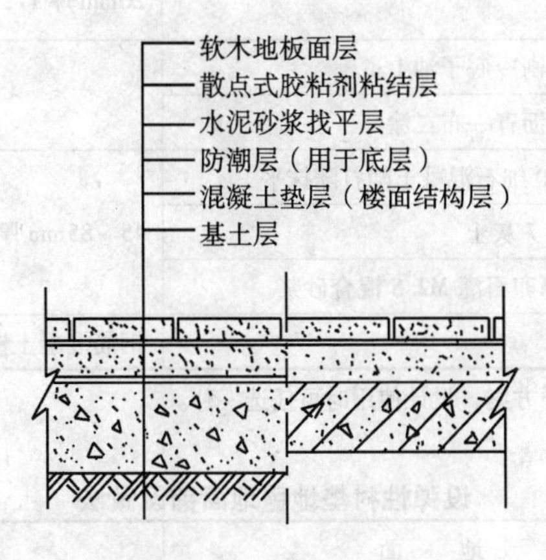

图5-108 软木地板地面构造

5.14 地毯地面

地毯是一种高级地面装饰品，具有色彩鲜艳、图案丰富、质地柔软、富有弹性、脚感舒适、防止滑倒、减轻碰撞等诸多优点，此外，还具有隔热、保温、吸音等特点。铺设后，可使室内显出高贵、华丽、美观、悦目等气氛，新型地毯还能满足使用中的特殊要求，如防霉、防蛀、防盗、防静电等功能，因此，地毯被广泛用于现代建筑和居民住宅。

地毯的使用在世界上已经有悠久的历史了，最早是以动物毛编织而成，可铺地、御寒湿及坐卧之用，随着社会的发展和进步，逐渐采用棉麻、丝和合成纤维为制造地毯的原料。地毯现已成为现代建筑室内地面的重要装饰材料之一，它不仅具有实用价值，而且具有欣赏价值。

我国是制造地毯最早的国家之一，中国地毯做工精细，图案配色优雅大方，具有独特的风格。

5.14.1 地面构造类型和设计要点

1. 地毯地面构造类型

地毯地面按铺设方法可分为固定式和不固定式两种。固定式铺设又有两种固定方法，一种是设置弹性衬垫用木（或金属）卡条固定；另一种是无衬垫用胶粘剂粘结固定。为防止行人走动后，使地毯变形或卷曲，影响使用和美观，因此铺设地毯采用固定式较多。不固定式又称活动式，是指地毯明摆浮搁在基层上，铺设方法简单，更换容易。装饰性的工艺地毯一般采用活动式铺设。再有如方块地毯，一般平放在基层上，也不加固定。

表5－81为单层地毯楼地面的构造做法，表5－82为设有弹性衬垫地毯楼地面的构造做法。

单层地毯地面铺设做法 **表5－81**

构造层	地面	楼面
地毯	5～8mm厚单层地毯	5～8mm厚单层地毯
表面砂浆压光	50mm厚C30细石混凝土撒1:1水泥砂子压实赶光	20mm厚1:2.5水泥砂浆压实赶光
防潮层	一毡二油，刷冷底子油1道	
	水乳型橡胶沥青一布二涂	
垫层	40mm厚C20细石混凝土随打随抹平	45～85mm厚1:6水泥炉渣垫层
	150mm厚3:7灰土	
	或150mm厚卵石灌M2.5混合砂浆	
基土、楼板	素土夯实	钢筋混凝土楼板

注：防潮层和垫层均考虑了两种方案，设计使用时可任选一种。

设弹性衬垫地毯地面铺设做法 **表5－82**

构造层	地面	楼面
地毯	8～10mm厚浮铺地毯	8～10mm厚浮铺地毯
衬垫	5mm厚橡胶海绵地毯衬垫	5mm厚橡胶海绵地毯衬垫
表面砂浆压光	50mm厚C30细石混凝土撒1:1水泥砂子压实赶光	20mm厚1:2.5水泥砂浆压实赶光
防潮层	一毡二油，刷冷底子油1道	
	水乳型橡胶沥青一布二涂	
垫层	40mm厚C20细石混凝土随打随抹平	45～85mm厚1:6水泥炉渣垫层
	150mm厚3:7灰土	
	或150mm厚卵石灌M2.5混合砂浆	
基土、楼板	素土夯实	钢筋混凝土楼板

注：防潮层和垫层均考虑了两种方案，设计使用时可任选一种。

2. 设计要点

（1）地面铺设地毯是室内装饰的重要因素之一。地毯的尺度、颜色和花式、质地等应与建筑物的内部空间环境（如顶棚、墙面以及窗帘等的装饰情况，室内家具的陈设情况等）气氛相协调，以求得最佳的整体效果。同时，地毯的颜色和质感对人们心理、情绪有较大的影响，又因用户不同的年龄、职业、民族、地区、风俗习惯等，对地毯颜色的欣赏和忌讳也有很大区别，所以设计使用地毯地面前，应充分了解和尊重用户意见。

（2）地毯地面设计，应反映房间的使用功能。

由于人们的实践经验常把颜色和事物加以联想，便对颜色产生共同的心理反映。所以房间的使用功能不同，选择地毯的颜色也有所差别，比如卧室的地毯应使人感到安静；病房的地毯让人感觉除肃静外，还得清洁；冷食餐厅地毯使人感到凉爽；而游艺室地毯使人感到欢快。

（3）地面地毯设计，应注意地毯的持久性。

地毯的颜色应为多数人能接受，尤其是公共场所更是如此，短时间使用令人欣赏，长时间使用也不厌烦，适合一年四季使用。因此，要注意地毯的持久性使用效果。

（4）有特殊要求的地段，地毯纤维应分别能满足防霉、防蛀、防盗和防静电等要求。

（5）卧室、起居室地面宜用长绒、绒毛密度适中和材质柔软的地毯。

（6）经常有人员走动或有小型推车行驶的地段，宜采用耐压、耐磨性能较好、绒毛密度较高的尼龙类地毯。

（7）面积较大的地毯地面，应先做样板间或样板段，经有关方面对样板间或样板段验收认定后，再作设计和施工。

5.14.2 使用材料和质量要求

1. 地毯

（1）地毯的分类

1）地毯按其所使用场所的不同，可分为六个等级，其表示方法见表5-83。

地毯的等级 **表5-83**

序号	等级	所用场所
1	轻度家用级	铺设在不常使用的房间或部位
2	中度家用级（或轻度专业使用级）	用于主卧室或家庭餐厅等
3	一般家用级（或中度专业使用级）	用于起居室及楼梯、走廊等行走频繁的部位
4	重度家用级（或一般专业使用级）	用于家中重度磨损的场所
5	重度专业使用级	用于特殊要求场合，价格较贵，家庭一般不用
6	豪华级	地毯品质好，绒毛纤维长，具有豪华气派，用于高级装饰的场合

2）按地毯材质分，主要可分为纯毛地毯、化纤地毯、混纺地毯、塑料地毯、植物纤维地毯五大类。其性能和用途见表5-84。

地毯按材质分类表 **表5-84**

序号	名称	性能特点		适用场所
1	纯毛地毯（羊毛地毯）	手织	图案优美，色彩鲜艳，质地厚实，经久耐用，柔软舒适，富丽堂皇 其重量约1.6~2.6kg/m^2	宾馆、会堂、舞台及其他公共建筑物的楼地面
		机织	纯羊毛无纺织地毯，新品种，具质地优良、物美价廉、消音抑尘、使用方便等特点	宾馆、体育馆、剧院及其他公共建筑等处

续表

序号	名　称	性能特点	适用场所
2	混纺地毯	品种很多。常以毛纤维和各种合成纤维混纺。如加20%的尼龙纤维，耐磨性可提高5倍	
3	合成纤维地毯	也叫化纤地毯。品种极多，如十分漂亮的长毛多元醇酯地毯、防污的聚丙烯地毡等。感触像羊毛耐磨而富弹性	可在宾馆、饭店等公共建筑中代替羊毛地毯使用
4	塑料地毯	用聚氯乙烯树脂、增塑剂等多种辅助材料，经均匀混炼、塑制而成的一种新型轻质地毯材料柔软、鲜艳、耐用、自熄、不燃、污染后可用水洗刷	宾馆、商场、舞台、浴室、高层建筑等公共场所
5	植物纤维地毯	如用凉麻纤维等、可做门毡、地毡	

3）按装饰花纹图案分类：

我国高级纯毛地毯按图案类型不同可分为以下几种：

①北京式地毯，简称“京式地毯”

它图案工整对称，色调典雅，庄重古朴，常取材于中国古老艺术，如古代绘画、宗教纹样等，且所有图案均具有独特的寓意和象征性。

②美术式地毯

其特点是有主调颜色，其他颜色和图案都是衬托主调颜色的。图案色彩华丽，富有层次感，具有富丽堂皇的艺术风格，它借鉴了西欧装饰艺术的特点，常以盛开的玫瑰花、郁金香、苞蕾卷叶等组成花团锦簇，给人以繁花似锦之感。

③仿古式地毯

它以古代的古纹图案、风景、花鸟为题材，给人以古色古香、古朴典雅的感觉。

④素凸式地毯

色调较为清淡，图案为单色凸花织作，纹样剪片后清晰美观，犹如浮雕，富有幽静、雅致的情趣。

⑤彩花式地毯

图案突出清新活泼的艺术格调，以深黑色作主色，配以小花图案，如同工笔花鸟画，浮现出百花争艳的情调，色彩绚丽，名贵大方。

4）按编织工艺分类：

①手工编织地毯，专指纯毛地毯

它是采用双经双纬，通过人工打结栽绒，将绒毛层与基底一起织做而成，做工精细，图案千变万化，是地毯中的高档品，但成本高，价格贵。

②簇绒地毯

簇绒地毯，又称栽绒地毯，是目前生产化纤地毯的主要工艺。它是通过往复式穿针的纺机，生产出厚实的圈绒地毯，再用刀片横向切割毛圈顶部而成的，故又称“割绒地毯”或“切绒地毯”。

③无纺地毯

无纺地毯，是指无经纬编织的短毛地毯，是用于生产化纤地毯的方法之一。这种地毯工艺简单，价格低，但弹性和耐磨性较差。为提高其强度和弹性，可在毯底加贴一层麻布底衬。

5）按规格尺寸分类：

地毯按其规格尺寸可分为以下两类：

①块状地毯

不同材质的地毯均可成块供应，形状多为方形及长方形，通用规格尺寸从610mm×(610mm~3660mm~6710mm)，共计56种，另外还有椭圆型、圆型等。厚度则随质量等级而有所不同。纯毛块状地毯可成套供应，每套由若干规格和形状不同的地毯组成。花式方块地毯是由花色各不相同的500mm×500mm的方块地毯组成一箱，铺设时可组成不同的图案。

②卷状地毯

化纤地毯、剑麻地毯及无纺纯毛地毯等常按整幅成卷供货，其幅宽有1~4m等多种，每卷长度一般为20~50m，也可按要求加工，这种地毯一般适合于室内满铺固定式铺设，可使室内具有宽敞感、整洁感。楼梯及走廊用地毯为窄幅，属专用地毯，幅宽有900、700mm两种，也可按要求加工，整卷长度一般为20m。

（2）地毯的技术性能指标

地毯的技术性能要求是鉴别地毯质量的标准，也是选用地毯的主要依据。

1）耐磨性

地毯的耐磨性是衡量其使用耐久性的重要指标，表5-85是几种常用地毯的耐磨性能指标。表5-86是上海产化纤地毯的耐磨性能指标。从表中可看出，地毯的耐磨性优劣与所用绒毛长度、面层材质有关，即化纤地毯比羊毛地毯耐磨，地毯越厚越耐磨。

地毯耐磨性 **表5-85**

面层织造工艺及材料	绒毛高度（mm）	耐磨次数（次）
机织法羊毛	8	2500
机织法丙纶	10	>10000
机织法腈纶	10	7000
机织法涤纶	6	>10000
簇绒法丙、腈纶	7	5800
日本簇绒法丙、腈纶	7	5100

注：地毯耐磨性是用在固定压力下磨损露出底材所磨次数表示，表列为实测结果。

上海产化纤地毯耐磨性 **表5-86**

面层织造工艺及材料	绒毛高度（mm）	耐磨性（次）	备注
机织法丙纶	10	>10000	耐磨次数是指地毯在固定的压力下磨损后露出背衬所需要的次数
机织法腈纶	10	7000	
机织法腈纶	8	6400	

续表

面层织造工艺及材料	绒毛高度（mm）	耐磨性（次）	备　注
机织法腈纶	6	6000	耐磨次数是指地毯在固定的压力下磨损后露出背衬所需要的次数
机织法涤纶	6	>10000	
机织法羊毛	8	2500	
簇绒法丙纶、腈纶	7	5800	
日本簇绒法丙纶、锦纶	10	5400	
日本簇绒法丙纶、锦纶	7	5100	

2）剥离强度

地毯的剥离强度反映地毯面层与背衬间复合强度的大小，也反映地毯复合之后的耐水能力，通常以背衬剥离强力表示，即指采用一定的仪器设备，在规定速度下，将50mm宽的地毯试样，使之面层与背衬剥离至50mm长时所需的最大力。表5－87为几种地毯的实测剥离强度值。

地毯剥离强度　　表5－87

面层织造工艺及材料	剥离强度（N/cm）	面层织造工艺及材料	剥离强度（N/cm）
针刺法纯羊毛	>9.8	机织法丙纶（横向）	11.3
簇绒法丙纶（横向）	11.1	日本簇绒法丙纶（横向）	10.8
簇绒法腈纶（横向）	11.2	日本簇绒法锦纶（横向）	10.8

注：剥离强度是衡量地毯面层与底衬的结合牢固性，表列为实测结果。

3）弹性

弹性是反映地毯受压力后，其厚度产生压缩变形程度，这是地毯脚感是否舒适的重要性能。地毯的弹性是指地毯经一定次数的碰撞（一定动荷载）后，厚度减少的百分率。化纤地毯的弹性不及纯毛地毯，丙纶地毯可及腈纶地毯，几种常用地毯的弹性指标见表5－88。

化纤地毯弹性　　表5－88

地毯面层材料	厚度损失百分率（%）			
	500次碰撞后	1000次碰撞后	1500次碰撞后	2000次碰撞后
腈纶地毯	23	25	27	28
丙纶地毯	37	43	43	44
羊毛地毯	20	22	24	26
香港羊毛地毯	12	13	13	14
日本丙纶、锦纶地毯	13	23	23	25
英国“先驱者”腈纶地毯	—	14	—	—

注：地毯回弹性用地毯面层在动力荷载下厚度减少百分率表示的实测结果。

4）耐燃性

凡燃烧在12min之内，燃烧面积的直径在17.96cm以内者则认为耐燃性合格。表5－89为几种地毯燃烧性能的实测值。

地毯燃烧性　表5－89

地毯名称	续燃时间（min－s）	燃烧面积及形状
机织法丙纶地毯	2－23	直径2.4cm的圆
机织法腈纶地毯	1－48	3.0cm×2.0cm的椭圆
机织法涤纶地毯	1－44	3.1cm×2.4cm的椭圆
簇绒法丙纶地毯	10－26	直径3.6cm的圆
日本簇绒法丙、腈地毯	2－20	直径2.8cm的圆

注：地毯燃烧性指移去火源后续燃时间及面积，表列系实测结果。

5）抗静电性

当和有机高分子材料摩擦时，将会有静电产生，而高分子材料具有绝缘性，静电不容易放出，这就使得化纤地毯易吸尘、难清扫，严重时，在上边走动的行人，有触电感觉。因此在生产合成纤维时，常掺入适量具有导电能力的抗静电剂，常以表面电阻和静电压来反映抗静电能力的大小。表5－90为几种地毯抗静电性能的实测值。

地毯静电性能　表5－90

地毯面层材料	表面电阻（Ω）	静电压（V）	地毯面层材料	表面电阻（Ω）	静电压（V）
丙纶地毯	5.80×10^{11}	+60	日本丙纶地毯	5.60×10^{9}	+3
腈纶地毯	5.45×10^{9}	+16↓+4放电	日本腈纶地毯	1.59×10^{9}	+3
丙、腈纶地毯	8.50×10^{9}	－15	日本涤纶地毯	1.15×10^{10}	
涤纶地毯	1.41×10^{11}	－8↓－6放电			

注：衡量地毯带电和放电情况。静电大小与纤维本身导电性有关，静电越大，越易吸尘，除尘越难。表列为实测结果。

6）绒毛粘合力

绒毛粘合力是指地毯绒毛在背衬上粘接的牢固程度。化纤簇绒地毯的粘合力以簇绒拔出力来表示，要求圈绒毯拔出力大于20N，平绒毯簇绒拔出力大于12N。我国上海产簇绒丙纶地毯，粘合力达63.7N，高于日本产同类产品51.5N的指标。

7）抗老化性

抗老化性主要是对化纤地毯而言。这是因为化学合成纤维在光照、空气等因素作用下会发生氧化，性能指标明显下降。通常是用经紫外线照射一定时间后，化纤地毯的耐磨次数、弹性以及色泽的变化情况来加以评定的。

8）耐菌性

地毯作为地面覆盖物，在使用过程中，较易被虫、菌侵蚀，引起霉变，凡能经受八种常见霉菌和五种常见细菌的侵蚀，而不长菌和霉变者，认为合格。化纤地毯的抗菌性优于纯毛地毯。

9）防盗性

据报纸报导，我国研究人员已研制成功一种“智能地毯”，它看起来和普通地毯并无二致，却能出其不意地使入室图谋不轨者暴露无遗。

铺设在普通地毯下表面的若干传感器和光纤、放置在隐蔽处的微型摄像机和可存储人像信息的微处理器，以及一个语音芯片，是这种“智能地毯”的几个关键部件。

无论不速之客踩到它的哪个部位，它都能立即通知警卫人员“有人非法进入”，它甚至还能自动拨通电话向公安局报警，并记录下非法入室者的体貌，以帮助警察缉拿。

“智能地毯”的工作方式是，当有人踏到它时，下面的传感器就会通过光纤向检测仪传送异常信号，经过检测确认有人进入时，就向摄像机发出工作指令，摄像机再将拍摄到的人的影像信息传送给微机处理器，后者将之与事先存储的“合法者”影像信息进行比较，如果异常，就指示语音芯片向保安人员喊话抓贼，或自动拨通报警电话。

“智能地毯”的优点在于它极强的隐蔽性，适合于保密要求极高的资料室、档案室以及家庭等地面使用。

(3) 纯毛地毯

纯毛地毯即羊毛地毯，是以粗绵羊毛为主要原料而制成的。纯毛地毯分手工编织和机织编织。

1）手工编织纯毛地毯

手工编织的纯毛地毯是采用中国特产的优质绵羊毛纺纱，用现代的科学染色技术染出牢固的颜色，用高超和精湛的技巧纺织成瑰丽的图案后，再以专用机械平整毯面或剪凹花整周边，最后用化学方法洗出丝光。

羊毛地毯的耐磨性，一般是由羊毛的质地和用量来决定。用量以每平方厘米羊毛量来衡量，即绒毛密度。对于手工纺织的地毯，一般以“道”的数量来决定其密度，即指垒织方向（自下而上）上1英尺内垒织的纬线的层数（每一层又称一道）。地毯的档次亦与道数成正比关系，一般用地毯为90~150道，高级装修用的地毯均在250道以上，目前最精制的为400道地毯。手工地毯具有色泽鲜艳、图案优美、富丽堂皇、柔软舒适、质地厚实、富有弹性、经久耐用等特点，其铺地装饰效果极佳，纯毛地毯的质量多为1.6~2.6kg/m^2。手工地毯由于做工精细，产品名贵，故售价高，所以一般用于国际性、国家级的大会堂、迎宾馆、高级饭店和高级住宅、会客厅、舞台以及其他重要的、装饰性要求较高的场所。

2）机织纯毛地毯

机织纯毛地毯具有毯面平整、光泽好、富有弹性、抗磨耐用、脚感柔软等特点，与化纤地毯相比，其回弹性、抗静电、抗老化、耐燃性都优于化纤地毯。与纯毛手工地毯相比，其性能相似，但价格低于手工地毯。因此，机织纯毛地毯是介于化纤地毯和纯毛手工地毯之间的中档地面装饰材料。

机织纯毛地毯最适合用于宾馆、饭店的客房、楼梯、楼道、会议室、会客室、宴会厅及体育馆、家庭等满铺使用。

近年来我国还发展生产了纯羊毛无纺地毯，它是不用纺织或编织方法而制成的纯毛地毯，它具有质地优良、消声抑尘，使用方便等特点，这种地毯工艺简单，价格低，但其弹性和耐久性稍差。

我国纯毛地毯的主要规格和性能详见表5-91和表5-92。

纯毛机织地毯的品种和规格 **表5-91**

品　种	毛纱股数	厚度（英分）	规　格
A型纯毛机织地毯	3	2.5	宽5.5m以下，长度不限
B型纯毛机织地毯	2	2.5	宽5.5m以下，长度不限
纯毛机织麻背地毯	2	3.0	宽3.1m以下，长度不限
纯毛机织楼梯道地毯	3	3.0	宽3.1m以下，长度不限
纯毛机织提花美术地毯	4	3.0	4英尺×6英尺；6英尺×9英尺；9英尺×12英尺
A型纯毛机织阻燃地毯	3	2.5	宽5.5m以下，长度不限
B型纯毛机织阻燃地毯	2	2.0	宽5.5m以下，长度不限

纯毛地毯的主要规格和性能 **表5-92**

品　名	规　格（mm）	性能特点	生产厂
90道手工打结羊毛地毯 素式羊毛地毯 艺术挂毯	610×910～3050×4270等各种规格	以优质羊毛加工而成，图案华丽、柔软舒适、牢固耐用	上海地毯总厂
90道羊毛地毯 120道羊毛艺术挂毯	厚度：6～15 宽度：按要求加工 长度：按要求加工	用上等纯羊毛手工编制而成。经化学处理、防潮、防蛀、图案美观、柔软耐用	武汉地毯厂
90道机拉洗高级羊毛手工地毯 120、140道高级艺术挂毯	任何尺寸与形状	产品有：北京式、美术式、彩花式、素凸式以及风景式、京彩式、京美式等	青岛地毯厂
高级羊毛手工栽绒地毯 （飞天牌）	各种形状规格	以上等羊毛加工而成，有北京式、美术式、彩花式、素凸式、敦煌式、佛古式等	兰州地毯总厂
羊毛满铺地毯 电针锈枪地毯 艺术壁毯 （工美牌）	各种规格	以优质羊毛加工而成。电绣地毯可仿制传统手工地毯图案，古色古香，现代图案富有时代气息，壁毯图案粗犷朴实，风格多样价格仅为手工编织壁毯的1/5～1/10	北京市地毯二厂
全羊毛手工地毯 （松鹤牌）	各种规格	以优质国产羊毛和新西兰羊毛加工而成，具有弹性好、抗静电、阻燃、隔声、防潮、保暖等优良特点	杭州地毯厂
90道手工栽绒地毯 提花地毯 艺术挂毯 （风船牌）	各种规格	以西宁优质羊毛加工而成。产品有：北京式、美术式、彩花式、素凸式，以及东方式和古典式。古典式图案分：青铜画像、蔓草、花鸟、锦绣五大类	天津地毯工艺公司
机织纯毛地毯	幅宽：<5000 长度：按需要加工	以上等纯毛机织而成，图案优美，质地优良	天津市地毯八厂
90道手工栽绒纯毛地毯	尺寸规格按需要加工	产品有：北京式、美术式、彩花式和素凸式	西安地毯厂
120道艺术挂毯		图案有：秦始皇陵铜车马、大雁塔、半坡纹样、昭陵六骏等	

(4) 化纤地毯

化纤地毯以化学纤维为主要原料制成，化学纤维原料有丙纶、腈纶、涤纶、锦纶等。按其织法不同，化纤地毯可分为簇绒地毯、针刺地毯、机织地毯、粘结地毯、编织地毯、静电植绒地毯等多种，其中，以簇绒地毯产销量最大。它们的产品标准分别为《簇绒地毯》(GB 11746—89)、《针刺地毯》(QB 1082—91) 和《机织地毯》(GB/T 14252—93)。

1) 簇绒地毯的等级及分等规定

根据 GB 11746—89 规定，簇绒地毯按其技术要求评定等级，其技术要求分内在质量和外观质量两个方面，具体要求见表 5－93 和表 5－94 的规定。按内在质量评定分合格品和不合格品两等，全部达到技术指标为合格，当有一项不达标时即为不合格品，并不再进行外观质量评定。按外观质量分为优等品、一等品、合格品三个等级。簇绒地毯的最终等级是在内在质量各项指标全部达到的情况下，以外观质量所定的品等作为该产品的等级。

簇绒地毯内在质量指标 (GB 11746—89)　　表 5－93

序 号	项 目		单 位	技 术 指 标	
				平割绒	平圈绒
1	动态负载下厚度减少（绒高 7mm）		mm	≤3.5	≤2.2
2	中等静负载后厚度减少		mm	≤3	≤2
3	绒簇拔出力		N	≥12	≥20
4	绒头单位质量		g/cm²	≥375	≥250
5	耐光色牢度（氙弧）		级	≥4	
6	耐摩擦色牢度（干摩擦）		级	纵向、横向均≥3～4	
7	耐燃性（水平法）		mm	试样中心至损毁边缘的最大距离≤75	
8	尺寸偏差	宽度	%	在幅宽的 ±0.5 内	
		长度		卷装：卷长不小于公称尺寸 块状：在长度的 ±0.5 以内	
9	背衬剥离强力		N	纵向、横向均≥25	

簇绒地毯外观质量评等规定 (GB 11746—89)　　表 5－94

序 号	外 观 疵 点	优 等 品	一 等 品	合 格 品
1	破损（破洞、撕裂、割伤）	不允许	不允许	不允许
2	污渍（油污、色渍、胶渍）	无	不明显	不明显
3	毯面折皱	不允许	不允许	不允许

续表

序 号	外观疵点	优等品	一等品	合格品
4	修补痕迹	不明显	不明显	较明显
5	脱衬（背衬粘接不良）	无	不明显	不明显
6	纵、横向条痕	不明显	不明显	较明显
7	色条	不明显	较明显	较明显
8	毯边不平齐	无	不明显	较明显
9	渗胶过量	无	不明显	较明显

2）化纤地毯的特点与应用

化纤地毯具有的共同特性是不霉、不蛀、耐腐蚀、耐磨、质轻、富有弹性、脚感舒适、步履轻便、吸湿性小、易于清洗、铺设简便、价格较低等，它适用于宾馆、饭店、招待所、餐厅、住宅居室、活动室及船舶、车辆、飞机等地面的装饰铺设。对于高绒头、高密度、流行色、格调新颖、图案美丽的化纤地毯，还可用于三星级以上的宾馆，机织提花工艺地毯属高档产品，其外观可与手工纯毛地毯媲美。化纤地毯的缺点是：与纯毛地毯相比，存在着易变形、易产生静电以及吸附性和粘附性污染，遇火易局部熔化等问题。我国部分化纤地毯的规格和性能见表5－95。

我国部分化纤地毯的主要规格和性能　　表5－95

产品名称	规格	技术性能	生产厂
丙纶簇绒地毯 丙纶机织地毯 （燕山牌）	（1）簇绒地毯 幅宽：4m，长度：15m/卷、25m/卷；花色：平绒、圈绒、高低圈绒。圈绒采用双色或三色合股的变色绒线 （2）提花满铺地毯 幅宽3mm （3）提花工艺美术地毯 1.25m×1.66m，1.50m×1.90m 1.70m×2.35m，2.00m×2.86m 2.50m×3.31m，3.00m×3.86m	（1）簇绒地毯绒毛粘合力；圈绒25N；平绒，10N 圈绒头单位质量：800g/cm²；干断裂强度：经向，＞500N 纬向，＞300N；日晒色牢度：≥4级 （2）提花地毯；干断裂强度：经向，≥400N 纬向，≥300N；日晒色牢度：＞4级	北京燕山石油化工公司化纤地毯厂
丙纶针刺地毯	卷装： 幅宽：1m 长度：10～20m/卷 方块：500mm×500mm 花色：素色、印花 颜色：6种标准色	断裂强力（N/5cm） 经面：≥800 纬向：≥300 耐燃性：难燃，不扩大 水浸：全防水 酸碱腐蚀：无变形	湖北沙市无纺地毯厂
丙纶、腈纶 簇绒地毯	绒高：7～10mm 幅度：1.4m、1.6m、1.8m、2.0m 长度：20m/卷 单位质量：丙纶1450g/cm² 腈纶：1850g/cm² 颜色：丙纶地毯，绿腈纶地毯，绿墨绿、果绿、紫红、棕黑	绒毛粘合力（N） 丙纶地毯：38 腈纶地毯：37 横向耐磨（次） 丙纶地毯：2690 腈纶地毯：2500 耐燃性燃烧时间：2min 燃烧面积：直径2cm圆孔	上海床罩厂

续表

产品名称	规 格	技术性能	生产厂
涤纶机织地毯（环球牌）	花色：提花、素色 提花地毯： 厚：12～13mm 幅宽：4m 素色地毯： 厚：9～10mm 幅宽：1.3m	纺织牢度： 经上百万次脚踏，不易损坏 耐热温度：－25～48℃ 收缩率：0.5%～0.8% 背衬剥离强度：0.05MPa	江苏常州市地毯厂

化纤地毯可以摊铺，也可以粘铺在木地板、陶瓷锦砖地面、水泥混凝土及水磨石地面上。

地毯是比较高级的装饰材料（特别是纯毛地毯）因此应正确、合理地选用、搬运、贮存和使用，以免造成损失和浪费。首先，在订购地毯时，应说明所购地毯的品种，包括图案型，材质、颜色、规格尺寸等。如是高级羊毛手工编织地毯，还应说明经纬线的道数、厚度。如有特殊需要，还可自行提出图样颜色及尺寸。如地毯暂时不用，应卷起来，用塑料薄膜包裹，分类贮存在通风、干燥的室内，距热源不得小于1m，温度不超过40℃，并避免阳光直接照射。大批量地毯的存放不可码垛过高，以防毯面出现压痕，对于纯毛地毯，应定期撒放防虫药物。地毯在使用过程中不得沾染油污、碱性物质、咖啡、茶渍等，如有沾污，应立即清除。对于那些经常行走、践踏或磨损严重的部分，应采取一定的保护措施，或把地毯位置作适当调换使用。在地毯上放置家具时，其接触毯面的部分，最好放置面积稍大的垫片或定期移动家具的位置，以减轻对毯面的压力，以免地毯变形受损。

2. 弹性衬垫

又称海绵衬垫，具有隔热防潮，增强地面弹性等作用，常用幅宽1.3m，幅长20m，厚度3～5mm。

3. 烫带

又称接缝胶带，用于地毯拼缝粘合用。

4. 纸胶带

用作衬垫接缝粘合用。

5. 木（或金属）卡条

又称倒刺板，用作固定地毯用，常用规格为：宽25mm，厚3～5mm，长1500～1800mm。木卡条上钉2～3排朝天小钉，小钉与水平面约成60°左右倾角，见图5－109。

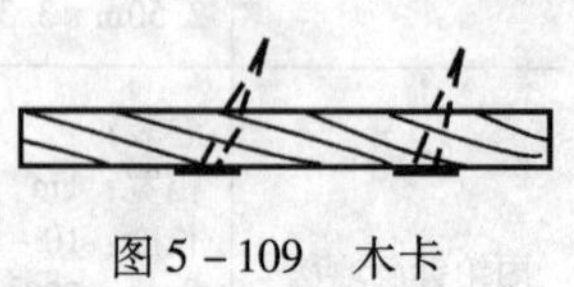

图5－109 木卡条示意

6. 收口条

用在不同材质地面相接部位，起地毯收口和固定毯边作用，见图5－110。

7. 胶粘剂

应使用无毒（应符合现行国家标准《民用建筑工程室内环境污染控制规范》GB 50325的规定）、无味、无霉、快干，粘结能力以粘贴的地毯揭下时，基层不留痕迹而地毯又不被扯破为度。

8. 其他材料，如钢钉、楼梯防滑条、铜或不锈钢的镶边条等。

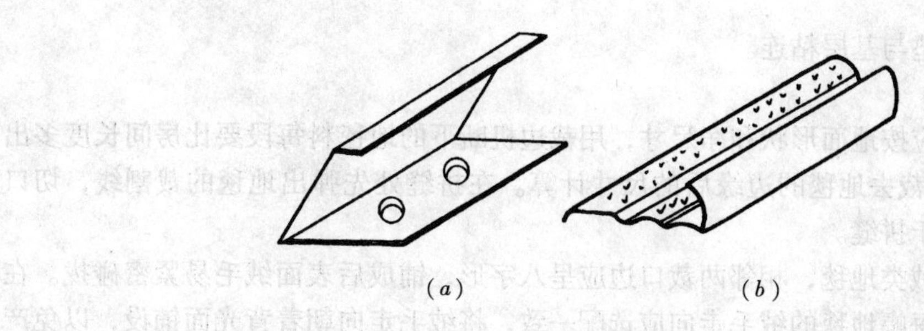

图5-110 收口条

5.14.3 施工准备和施工工艺

1. 施工准备

（1）基层表面所做细石混凝土或水泥砂浆找平层应干燥，表面平整、洁净，其质量应达到相应地面质量标准。

（2）地毯材质、图案等设计方案或样板间已经业主、监理等验收认定。

（3）室内其他湿作业已全部完成，门窗（含破璃）已安装好。

（4）主要地面材料、操作使用工具已到场，施工技术交底工作已完成。

2. 施工工艺

铺设地毯的施工工艺程序见图5-111。

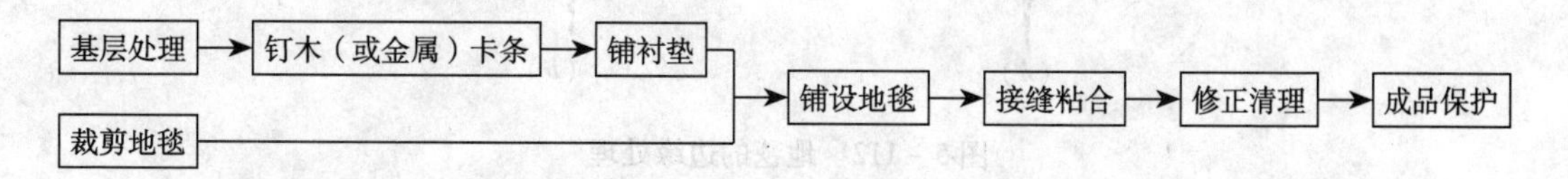

图5-111 地毯地面施工工艺流程简图

5.14.4 施工要点和技术措施

1. 固定式地毯铺设：

固定式地毯的铺设施工工艺程序为：基层清理、钉木（或金属）卡条、铺衬垫、裁剪地毯、铺设地毯、毯边收口和修整清理。

（1）基层处理

铺设地毯的基层表面应平整、干燥、洁净。平整度用2m靠尺检查，最大空隙不应大于4mm。表层含水率不大于9%。有落地灰等杂物的应铲除并打扫干净，有油迹等污染的，应用丙酮或松节油擦净。

（2）钉木（或金属）卡条：

木（或金属）卡条应沿地面四周和柱脚的四周嵌钉，板上的小钉倾角应向墙面，板与墙面留有适当空隙，便于地毯掩边。在混凝土、水泥地面上固定，采用钢钉，钉距宜300mm左右，如地毯面积较大，宜用双排木（或金属）卡条，便于地毯张紧和固定。

（3）铺衬垫：

铺设弹性衬垫应将胶粒或波形面朝下，四周与木（或金属）卡条相接处宜离开10mm左右，拼缝处用纸胶带全部或局部粘合，防止衬垫滑移。经常移动的地毯在基层上先铺一层纸毡以免造成衬垫与基层粘连。

（4）裁剪地毯：

地毯裁剪时，应按地面形状和净尺寸，用裁边机断下的地毯料每段要比房间长度多出20～30mm，宽度以裁去地毯的边缘后的尺寸计算。在拼缝处先弹出地毯的裁割线，切口应顺直整齐，以便于拼缝。

裁剪栽绒或植绒类地毯，相邻两裁口边应呈八字形，铺成后表面绒毛易紧密碰拢。在同一房间或区段内每幅地毯的绒毛走向应选配一致，将绒毛走向朝着背光面铺设，以免产生色泽差异。

裁剪带有花纹、条格的地毯时，必须将缝口处的花纹、条格对准吻合。

（5）铺设地毯：

将选配、裁剪好的地毯铺平，一端固定在木（或金属）卡条上，用压毯铲将毯边塞入卡条与踢脚之间的缝隙内。常用两种方法，一种是将地毯的边缘掖到卡条的下端，见图5－112（*a*）；另一种方法是将地毯毛边掖到卡条与踢脚的缝隙内，见图5－112（*b*）所示，避免毛边外露，影响美观。

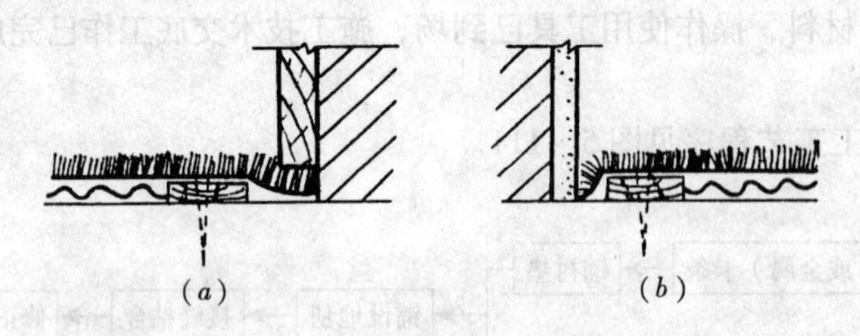

图5－112　地毯的边缘处理

（*a*）掖到卡条下端；（*b*）掖到卡条与踢脚的缝隙内

铺设地毯时，还应使用张紧器（俗称地毯撑子）将地毯从固定一端向另一端推移张紧，用力应适度，防止用力过大扯破地毯，每张紧一段（约1m左右），使用钢钉临时固定，推到终端时，将地毯边固定在卡条上。

地毯的接缝，一般采用对缝拼接。当铺完一幅地毯后，在拼缝一侧弹通线，作为第二幅地毯铺设张紧的标准线。第二幅经张紧后，在拼缝处花纹、条格达到对齐、吻合、自然后，用钢钉临时固定。

薄型地毯可搭接裁割，在头一幅地毯铺设张紧后，后一幅搭盖头幅30～40mm，在接缝处弹线，将直尺靠线用刀同时裁割两层地毯，扯去多余的边条后，合拢严密，不显拼缝。

接缝粘合：将已经铺设的地毯侧边掀起，在接缝中间放烫带（接缝胶带），其两端用木（或金属）卡条固定，用电熨斗将烫带的胶质熔化后，趁热用压毯铲将接缝辗平压实，使相邻的两幅连成整体。应掌握好电熨斗烫胶的温度，如温度过低，会使粘结不牢，如温度过高，易损伤烫带。

此外，地毯接缝也可采用缝合的方法，把两幅的边缘缝合连成整体。

（6）毯边收口：

地毯铺设后在墙和柱的根部，不同材质地面相接处以及门口等地毯边缘处应做收口固定处理。

墙和柱的根部：将地毯毛边塞进卡条与踢脚板的缝隙内，见图5-112。

不同材料地面相接：如地毯与大理石地面相接处标高近似的，应镶铜条或者用不锈钢条，起到衔接与收口的作用，见图5-113。

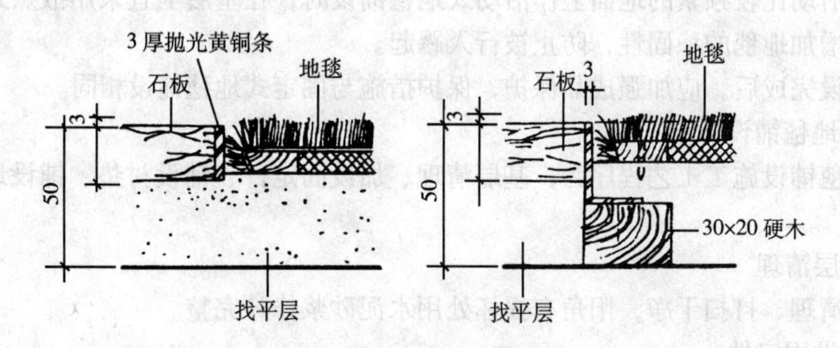

图5-113 不同材质地面相接处的收口处理

门口与出入口处：铺地毯的标高与走道、卫生间地面的标高不一致时，在门口处应设收口条（图5-110）。用收口条压住地毯边缘显得整齐美观。地毯毛边如不作收口处理容易被行人踢起，造成卷曲和损坏，有损室内装饰环境。

(7) 修整、清理：

地毯铺设完成后要全面检查一次，如有飞边现象，应用压毯铲将地毯的飞边塞进卡条与踢脚的空隙内，使毯边不得外露，接缝处有绒毛凸出的，应使用剪刀或电铲修剪平整；临时固定用的钢钉应予拔掉；用软毛扫帚清扫毯面上的杂物，用吸尘器清理毯面上的灰尘。

加强成品保护，在出入口处安放地席或地垫，准备拖鞋，以避免和减少污物、泥砂等带进室内。在人流多的通道、大厅等部位，应铺盖塑料布、苫布等加以保护，以确保施工质量。

(8) 采用粘贴方式铺设地毯时，铺设前，应在基层上进行弹线找方，房间靠进门的一边应铺设整块地毯。

铺贴时胶粘剂不需满涂，仅在地毯的四周边角和中间部位作散点状涂刷即可。

2. 活动式（方块）地毯铺设

活动式地毯铺设施工工艺程序为：基层清理、弹控制线、浮铺地毯和粘结地毯。

(1) 基层清理

基层要求同固定式地毯铺设。

(2) 弹控制线

根据房间地面的实际尺寸和地毯的实际尺寸，在基层表面弹出铺设控制线，线迹应正确清楚。进门的一侧应铺设整块地毯，不够整块的应铺设于房间的次要一边或放置家具的一边，以提高地面的装饰效果。

(3) 浮铺地毯

按控制线由中间开始向两铺设。铺设前应对地毯块进行挑选，对四周边缘棱角有缺陷的应予剔出，用于地面边角处或不明显处，或裁割后用于非整块处。铺设时应注意一块靠一块挤紧，经使用一段时间后，使块与块密合，不显拼缝。

铺放时，应注意绒毛方向，通常的做法是将一块的绒毛顺光，接着另一块的绒毛逆光，使绒毛方向交错布置，使表面呈现出一块明一块暗，明暗交叉铺设，富有艺术效果。

（4）粘结地毯

在人们活动比较频繁的地面上作活动式地毯铺设时，在基层上宜采用散点式形式涂刷胶粘剂，以增加地毯的稳固性，防止被行人踢起。

地毯铺设完成后，应加强成品保护，保护措施与固定式地毯铺设相同。

3. 楼梯地毯铺设

楼梯地毯铺设施工工艺程序为：基层清理、加设固定件、铺设衬垫、铺设地毯、钉防滑条等。

（1）基层清理

将基层清理、打扫干净，阳角有损坏处用水泥砂浆修补完整。

（2）加设固定件

楼梯上固定地毯的固定件有木（或金属）卡条和地毯棍两种形式。木（或金属）卡条固定在踏级的阴角处，卡条上的钉子要朝向阴角，两卡条之间应留 15mm 左右的空隙，见图 5－114（*a*）。

地毯棍可采用 ϕ18 无缝钢管镀铬或铜管抛光，固定在踏级阴角的踏级板上，见图 5－114（*b*）。

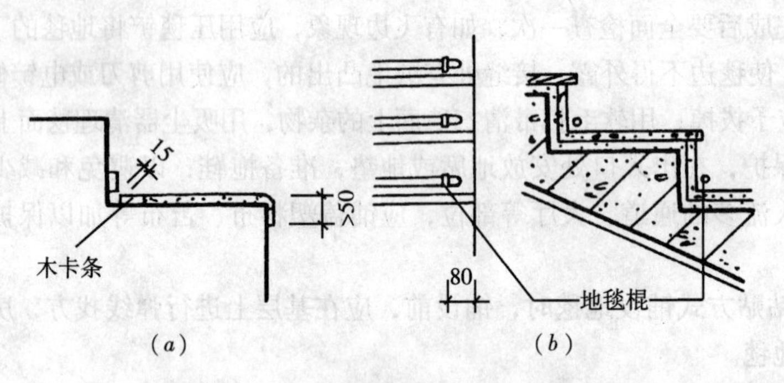

图 5－114　楼梯踏级上卡条和地毯棍

（*a*）踏级上钉的卡条；（*b*）踏级上设地毯棍

铺设地毯的楼梯踏级，在作水泥砂浆面层粉刷时，宜将踏级的踢板适当作向里倾斜，预制水泥混凝土踏级和木楼梯踏级，宜作钩脚（即踏级阳角边缘凸出一部分）处理，见图 8－6。使行人上下楼梯时，有一个较宽松的感觉。

（3）铺贴衬垫

弹性衬垫铺贴在踏脚板上，其宽度应超过踏脚板 50mm 以上做包角用，见图 5－114（*a*）。

（4）铺设地毯

地毯铺设从每个楼梯的最高一级铺起，由上而下逐级进行。起始的接头留在顶级平台适当位置钉牢，在每个梯级的阴角处将地毯绷紧与卡条嵌挂，或者穿过地毯棍。

地毯长度按照踏级的高度与宽度之和乘以楼梯级数所得尺寸，如考虑地毯使用后需转换易磨损部位时，宜再加长 300～400mm 作预留量。

待铺至最后阶梯时，将地毯的预留量向内折叠钉在底级的踢板上，以便日后转移地毯的磨损部位。

（5）钉防滑条

在踏级阳角边缘安装防滑条，防滑条宜用不锈钢膨胀螺钉固定，钉距 150～300mm，以稳固不松动为宜。

地毯如采用胶粘剂沿梯级粘贴时，在踏级的阳角上应设加压条，压条宜采用铜包角（成品），用 ϕ3.5mm 塑料胀管固定，中距不大于 300mm，见图 5－115。

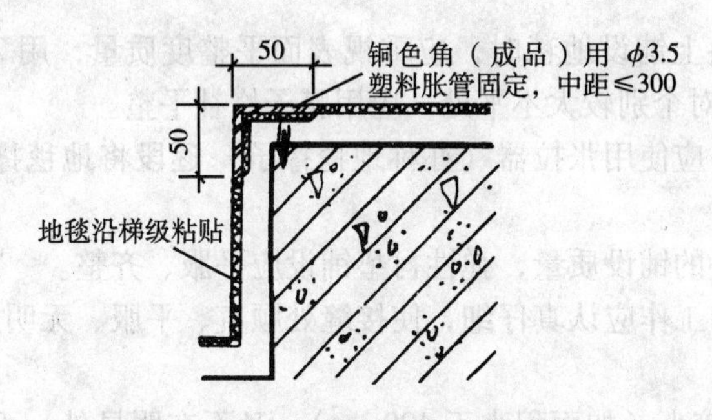

图 5－115 踏级粘贴地毯加压条

楼梯由于是上下交通的主要通道，故地毯应在工程临交工前铺设，铺设后应注意加强成品保护，防止污染和损坏。

5.14.5 质量标准和检验方法

地毯地面的质量标准和检验方法见表 5－96。

地毯地面质量标准和检验方法　　表 5－96

项	序	检 验 项 目	允许偏差或允许值（mm）	检 验 方 法
主控项目	1	面层材料	地毯的品种、规格、颜色、花色、胶料和辅料及其材质必须符合设计要求和国家现行地毯产品标准的规定	观察检查和检查材质合格记录
	2	面层铺设质量	地毯表面应平服，拼缝处粘贴牢固，严密平整，图案吻合	观察检查
一般项目	3	面层外观质量	地毯表面不应起鼓、起皱、翘边、卷边、显拼缝、露线和无毛边，绒面毛顺光一致，毯面干净，无污染和损伤	观察检查
	4	地毯周边及与相邻地面连接部位	地毯同其他面层连接处、收口处和墙边、柱子周围应顺直、压紧	观察检查

5.14.6 质量通病和防治措施

1. 地毯表面平整度差

（1）现象

地毯铺设后表面平整，局部有明显凹凸状。

（2）原因分析

1）水泥类基层表面平整度差，对直接在基层上采用粘贴方式铺设的地毯，表面平整度就会相应受到影响。

2）铺设地毯时，张拉不紧或不张拉、铺设后易产生局部隆起不平现象。

3）弹性衬垫铺设不平服，局部有隆起现象，致使地毯面层铺设后，亦影响到表面平整度质量。

4）地毯接缝处裁剪不平直，或电熨斗的温度掌握不好，使烫带与地毯粘结不好，造成局部地毯隆起。

（3）预防措施

1）在水泥类基层上铺设地毯时，应重视表面平整度质量，用2m靠尺检查时，最大空隙不应大于4mm。对个别较大不平处，应用腻子修补平整。

2）铺设地毯时，应使用张拉器（亦称地毯撑子）逐段将地毯撑紧，避免张拉不紧造成局部隆起不平。

3）注意弹性衬垫的铺设质量，弹性衬垫铺设应平服、齐整。

4）地毯接缝裁剪工作应认真仔细，使接缝处顺直、平服、无明显接痕。

（4）治理办法

局部不平处范围较小（如面积小于400cm^2），又不在明显处，可不作处理。如局部不平处范围较大（如面积大于400cm^2），又在地面的明显处，则应在基层上作修平处理。

2. 花纹、条格错缝

（1）现象

有花纹、条格的地毯，接缝处花纹、条格错缝，外观质量较差。

（2）原因分析

1）地毯铺设前裁剪工作粗糙，首先顶端处花纹、条格不甚吻合，铺设后影响到中间部位的花纹、条格出现错缝。

2）铺设地毯时，张拉地毯用力松紧不一，铺设后，易使花纹、条格造成错缝。

（3）预防措施

1）应重视地毯铺设前的裁剪工作，从顶端处开始，使花纹、条格吻合一致。

2）铺设时的张拉用力应一致，在接缝烫带粘合时，应使花纹、条格严密合缝。

（4）治理办法

当花纹、条格错缝不明显，或处于地面的次要部位，外观质量影响较小时，可不作处理。当花纹、条格错缝明显，对外观质量影响较大时，应作翻修处理，使花纹、条格达到严密合缝。

3. 地毯周边处毛糙

（1）现象

地毯在沿墙、柱等周边处毛糙不平服，观感质量较差。

（2）原因分析

1）铺设前的裁剪工作粗糙，使地毯周边裁剪后呈现凹凸不平。

2）裁剪后尺寸短缺，使地毯铺设到墙、柱周边时，踢脚板遮盖不住地毯的毛边。

3）地毯铺设后，修整工作不到位，未将毛边掖塞到卡条与踢脚板的缝隙内。

(3) 预防措施

1) 应重视地毯铺设前的裁剪工作，使裁边平直，长度方向裁剪尺寸恰当。

2) 铺设时，应先将地毯平放检查，当发现地毯铺设到边后长度有短缺现象时，应及时采取补接措施，不应马虎凑数。

3) 铺设后重视修整工作，使毛边平服的掖塞到卡条与踢脚板的缝隙内。

(4) 治理办法

当属修整工作质量时，应进行认真修整即可；当属地毯边缘长度不够时，应作局部补接加长处理。

6 特种地面工程

本章所述的特种地面工程，是相对于前面“5 常用地面工程”而言的，有相应的特殊功能要求，现分述如下。

6.1 防水地面

防水地面系指使用过程中，经常有水或其他非腐蚀性液体作用的地面，如民用建筑中的厨房间、厕浴间地面，工业建筑中的食品车间、鱼肉加工车间、屠宰车间、浆纱车间、选矿车间、造纸车间、水泵房、化验室等地面。防水地面应能防止水或液体透过楼层向下渗漏。

6.1.1 防水地面设计要点

防水地面根据地面面层上水和液体量的多少，可分为浸湿状态和流淌状态两种情况，其设计要点如下：

1. 浸湿状态下的地面面层材料，可采用水泥类，如水泥砂浆、水泥混凝土等。当采用混凝土结构自防水时，应充分考虑材料的密实性。

2. 底层地面一般不设置防水隔离层，但底层地面的基土层应采用不易透水的粘性土铺设，其夯实厚度不宜小于150mm。

3. 浸湿状态下的楼层地面，当采用装配式钢筋混凝土楼板时，面层下应设置厚度不小于40mm的钢筋混凝土整浇层，内配的钢筋，直径宜细，间距宜密。并应设置防水隔离层。当楼层采用整浇式钢筋混凝土结构时，在四周支承处除门洞外，应设置向上翻起的边梁，其高度不应小于120mm，宽度与支承体相同。并宜设置防水隔离层。

4. 流淌状态下的地面应采用不吸水、易冲洗和防滑的面层材料，有防滑要求时，不得使用水磨石面层。

流淌状态下的楼层地面，不应采用装配式钢筋混凝土楼板。当采用整浇式钢筋混凝土楼层结构时，还应设置防水隔离层。

5. 流淌状态下的地面排水坡度，整体面层和表面比较光滑的块材面层，可采用0.5%～1.5%；表面比较粗糙的块材面层，可采用1%～2%；地面排水沟的纵向坡度，不宜小于0.5%。

6. 流淌状态下的底层地面，当地面排水畅通时，可不设置防水隔离层。

7. 应重视楼面边缘部位和各种洞口边缘以及楼梯等部位的防水设计，宜设计高出于地面的挡水坎，以防液体漫流到处乱淌。

6.1.2 常用防水材料种类和性能

根据地面不同的防水功能要求，应采用不同品种、不同类型和不同档次的建筑防水材料，做成各类防水隔离层。常用的各种档次的防水隔离层材料见表6－1。

隔离层材料的分档分类表 表6-1

分类档次	材料举例	代表性材料名称
高档材料	硫化橡胶系防水卷材、非硫化橡胶系防水卷材、氯乙烯树脂系防水卷材等	三元乙丙防水卷材
	合成树脂系防水涂料	聚氨酯防水涂料
中档材料	聚氯乙烯系防水卷材、橡塑共混系防水卷材、优质改性沥青系卷材、新型沥青防水卷材	聚氯乙烯防水卷材
	无机复合型防水卷材	LHJ 无机防水毡
	氯丁胶乳沥青防水涂料、改性沥青类涂料、橡塑类涂料	氯丁胶乳沥青防水涂料
低档材料	石油沥青油毡、再生胶油毡、沥青 玻璃布油毡、塑料膜 防水冷胶料、热沥青	
其他	沥青砂浆、沥青混凝土、水泥防水砂浆、水泥防水混凝土	

1. 卷材类防水隔离层材料物理性能见表6-2～表6-4。

沥青防水卷材的物理性能 表6-2

项目		性能要求	
		350号	500号
纵向拉力（25±2℃，h）		≥340N	≥440N
耐热度（85±2℃，2h）		不流淌，无集中性气泡	
柔性（18±2℃）		绕 ϕ20mm 圆棒无裂纹	绕 ϕ25mm 圆棒无裂纹
不透水性	压力	≥0.1MPa	≥0.15MPa
	保持时间	≥30min	≥30min

高聚物改性沥青防水卷材的物理性能 表6-3

项目		性能要求		
		聚酯毡胎体卷材	玻纤毡胎体卷材	聚乙烯膜胎体卷材
拉伸性能	拉力（N/50mm）	≥800（纵横向）	≥500（纵向） ≥300（横向）	≥140（纵向） ≥120（横向）
	最大拉力时延伸率（%）	≥40（纵横向）	—	≥250（纵横向）
低温柔度（℃）		≤-15 3mm厚，$r=15$mm；4mm厚，$r=25$mm；3s，弯180°，无裂纹		
不透水性		压力0.3MPa，保持时间30min，不透水		

合成高分子防水卷材的物理性能 表6-4

项目	性能要求				
	硫化橡胶类		非硫化橡胶类	合成树脂类	纤维胎增强类
	JL_1	JL_2	JF_3	JS_1	
拉伸强度（MPa）	≥8	≥7	≥5	≥8	≥8
断裂伸长率（%）	≥450	≥400	≥200	≥200	≥10

续表

项目	性能要求				
	硫化橡胶类		非硫化橡胶类	合成树脂类	维胎增强类
	JL_1	JL_2	JF_3	JS_1	
低温弯折性（℃）	-45	-40	-20	-20	-20
不透水性	压力0.3MPa，保持时间30min，不透水				

2. 涂料类防水隔离层材料物理性能见表6-5。

防水涂料的物理性能　　表6-5

项目		质量要求			
		沥青基防水涂料	高聚物改性沥青防水涂料	合成高分子防水涂料	
				反应固化型	挥发固化型
固体含量		≥50%	≥43%	≥94%	≥65%
耐热度（80℃，5h）		无流淌、气泡和滑动	无流淌、气泡和滑动		
柔性		10±1℃，4mm厚，绕φ20mm棒，无裂纹	-10℃，3mm厚，绕φ20mm棒，无裂纹	-30℃，弯折无裂纹	-20℃，弯折无裂纹
不透水性	压力	≥0.1MPa	≥0.1MPa	≥0.3MPa	≥0.3MPa
	保持时间	≥30min不渗透	≥30min不渗透	≥30min不渗透	≥30min不渗透
延伸（20±2℃拉伸）		≥4.0mm	≥4.5mm	—	—
拉伸强度		—	—	≥1.65MPa	≥0.5MPa
断裂延伸率		—	—	≥300%	≥400%

3. 部分防水产品的技术指标、性能和规格。

（1）硫化橡胶系和氯乙烯主要技术指标见表6-6。

硫化橡胶系和氯乙烯主要技术指标　　表6-6

检验项目	单位	硫化橡胶系	氯乙烯系	备注
抗拉强度	MPa	≥7.36	≥9.81	本表选自日本标准
断裂延伸率	%	≥450	≥200	JISA6008-81
直角撕裂强度	N/cm	≥245.2	≥392.3	
不透水性		0.1MPa30min不透水	0.1MPa30min不透水	
粘结性		错动剥离长度≤5mm	错动剥离长率≤5mm	

（2）聚氯乙烯防水卷材技术指标见表6-7。

聚氯乙烯防水卷材技术指标 表6-7

检测项目	单位	技术指标
拉伸强度	MPa	≥8.0
断裂延伸率	%	≥150
直角撕裂强度	kN/m	≥30
低温柔性（-20℃时绕 ϕ20mm 棒）		无裂纹
不透水性		0.1MPa30min 不透水

（3）氯丁胶乳沥青防水涂料技术性能见表6-8。

氯丁胶乳沥青防水涂料技术性能 表6-8

检测项目		质量标准
外观		黑色或蓝褐色，搅拌棒上不粘附明显颗粒
固体含量		≥43%
延伸性	无处理	≥4.5mm
	处理后	≥3.5mm
低温柔性		-10±1℃，绕 ϕ10mm 棒，无裂纹、断裂
耐热性		80±2℃，5h后，无流淌、气泡或滑动
粘结力		≥0.20MPa
不透水性		0.1MPa，30min 不透水
粘结性		-20℃~20±10℃循环20次，无气泡、开裂和剥离

（4）新型沥青防水卷材的规格见表6-9。

新型沥青防水卷材的规格 表6-9

长度（m）	幅度（mm）	厚度（mm）	适用产品
≥10	1000	3	沥青和聚合物沥青热熔卷材
≥7.5	1000	4	沥青和聚合物沥青热熔卷材
≥5.0	1000	>3	聚酯毡基胎的各类卷材

（5）新型沥青防水卷材产品的代号见表6-10。

新型沥青防水卷材产品代号 表6-10

胎基材料		覆面材料		沥青基料	
代号	材料	代号	材料	代号	材料
R	厚纸	S	砂	SDM	普通沥青
V	玻纤毡	G	绿页岩	DYE	SBS 改性沥青
PV	聚酯毡	F	PE 膜	PYP	APP 改性沥青
G	玻纤织布	T	石粉	KSK	冷自粘卷材
J	黄麻织布				
AL	铝箔				

（6）聚合物沥青防水卷材技术指标见表6－11。

聚合物沥青防水卷材技术指标　　表6－11

检验项目＼产品名称			SBS改性沥青类			APP改性沥青类		
			防水卷材	热熔卷材	冷自粘卷材	防水卷材	热熔卷材	冷自粘卷材
基胎组成			PV200 J300 G200 — —	PV200 PV250 J300 G200 V30	V60 PV200 — — —	PV200 J300 G200 — —	PV200 J300 G200 V60 —	V60 PV300 — — —
耐热性（℃）		Ⅰ型	100	100	100	100	100	100
		Ⅱ型	95	95	95	95	95	95
		Ⅲ型	90	90	90	90	90	90
低温柔型（℃）		Ⅰ型	－25	－25	－25	－25	－25	－25
		Ⅱ型	－20	－20	－20	－20	－20	－20
		Ⅲ型	－15	－15	－15	－15	－15	－15
基胎组成			V60	—	J300	G200	—	PV250/200
抗拉强度（N）	纵向	Ⅰ型	≥400	—	≥600	≥1000	—	≥800
		Ⅱ、Ⅲ型	≥200		≥500	≥800		≥550
	横向	Ⅰ型	≥300	—	≥500	≥1000	—	≥800
		Ⅱ、Ⅲ型	≥200		≥500	≥800		≥500
断裂延伸率（%）		纵向	≥2	—	≥2	≥2	—	≥40
		横向	≥2	—	≥2	≥2	—	≥40
		对角	—	—	—	—	—	≥40
不透水性			0.2MPa，24h，不透水					

注：本表摘自北京奥克兰防水材料公司，属德国标准。

（7）沥青基防水卷材技术指标见表6－12。

沥青基防水卷材的技术指标　　表6－12

检验项目			沥青防水卷材		沥青热熔防水卷材	
基胎组成			V60 — AL01 V60	J300 G200 PV200 G200	V60 J300 G200 J300	DV200 DV250 — DV200/250
耐热性（℃）		Ⅰ型	70	70	70	70
		Ⅱ型	85	85	85	85
		Ⅲ型	85	85	85	85
低温柔性（℃）		Ⅰ型	0	0	0	0
		Ⅱ型	5	5	5	5
		Ⅲ型	10	10	10	10
抗拉强度（N）（25mm宽条）	纵向	Ⅰ型	≥400	≥1000	≥600	≥800
		Ⅱ、Ⅲ型	≥280	≥800	≥500	≥550
	横向	Ⅰ型	≥300	≥1000	≥600	≥800
		Ⅱ、Ⅲ型	≥200	≥800	≥500	≥550

续表

检验项目		沥青防水卷材		沥青热熔防水卷材	
断裂伸长率（%）	纵向	≥2	≥2	≥2	≥40
	横向	≥2	≥2	≥2	≥40
不透水性		0.1MPa，24h，不透水			

（8）LHJ金属防水毡主要技术性能见表6-13。

LHJ金属防水毡主要技术性能 **表6-13**

项目		技术指标
不透水性能	动水压，0.3MPa，1h	无渗漏
	淌水100h	不透水
耐热性能 （95℃，100h）		无变化
耐低温性 （-40℃，100h）		无变化
耐火性		不燃
柔度 （-40℃）		绕ϕ20mm圆棒无裂纹
抗拉强度（纵向）		400N/25×100mm
适应性		能适应基层和面层结构变形及温度变化
耐久性（取决于护面层材料性能）	用混凝土护面层	可与建筑等寿命
	用防水涂膜护面层	≥15年

（9）软聚氯乙烯（PVC）防水卷材：

聚氯乙烯卷材是以聚氯乙烯树脂为主要原成分，掺入适量的增塑剂、改性剂及填充料等，经塑化、混炼及压延等工序加工而成的一种防水卷材。它具有良好的防水性、耐化学腐蚀性、较高的拉力强度及延伸性。可用于各种建筑物的防水、防潮工程。其技术性能见表6-14。

聚氯乙烯防水卷材的技术性能 **表6-14**

项目	单位	指标
长度	m	10
宽度	mm	1000、1100、1200
厚度	mm	1.0、1.2、1.4、1.6、1.8、2.0
抗拉强度	MPa	>15
断裂伸长率	%	≥150
撕裂强度	MPa	≥4
低温柔性（-20℃）		冷弯合格
吸水率	%	≤0.5

（10）石油沥青油毡：

石油沥青油毡采用低软化点石油沥青浸渍原纸，然后用高软化点石油沥青涂盖油纸两面，再撒以撒布材料所制成的一种纸胎防水卷材。

350号和500号（即原纸重g/m^{2}计）粉状（或片状）撒布材料面油毡，可用作防水、防潮隔离层。

石油沥青油毡的技术指标，参见表6－15。

石油沥青油毡的技术指标　　　　表6－15

指标名称	粉毡350号	片毡350号	粉毡500号	片毡500号
每卷重量（kg）不小于	28.5	31.5	39.5	42.5
幅　宽（mm）	915或1000			
每卷总面积（m^2）	20±0.3		20±0.3	
原纸重量（g/m^2）不小于	350		500	
浸涂材料总量（g/m^2）不小于	1000		1400	
不透水性：动水压法保持30min，（MPa）不小于	0.10		0.15	
吸水性（油毡24h，油纸6h后的吸水率）（%）不大于	1.0	3.0	1.0	3.0
抗拉强度，18℃±2℃纵向，（N）不小于	440		520	
柔　度：18±2℃油毡围绕$\phi20$棒上 18±2℃油纸围绕$\phi28$棒上	无裂缝			
耐热度	85±5℃受热5h涂层应无滑动和集中性气泡			

（11）沥青玻璃布油毡：

沥青玻璃布油毡采用石油沥青涂盖材料浸涂玻璃纤维织布的两面，并撒以粉状撒布材料所制成的一种无机纤维为基料的沥青防水卷材。其特点是抗拉强度高于500号纸胎油毡，柔韧性好，耐腐蚀性强，耐久性比普通油毡高一倍以上。适用于地下水隔离层和防腐蚀地面隔离层。其技术指标见表6－16。

沥青玻璃布油毡的技术指标　　　　表6－16

项目名称	单　位	指　标
幅　度	mm	900或1000
每卷总面积	m^2	20±0.3
每卷重量	kg	≥14（包括卷芯重量0.5）
单位面积涂盖材料重量	g/m^2	≥500
玻璃纤维织布（毡）重量	g/m^2	≥103
抗剥离性剥离面积	—	≤2/3
动水压法保持15min不透水	MPa	0.3
18±2℃，浸水24h后的吸收量	$g/100cm^2$	≤0.10
抗拉强度：18±2℃纵向	$N/2.5cm^2$	≥540
柔度，0℃油毡绕$\phi20$mm棒上		无裂缝
耐热度，85℃5h涂盖		无滑动、气泡现象

（12）再生胶油毡：

再生胶油毡是一种不用原纸作基层的无胎油毡，是由废橡胶粉掺入石油沥青经高温脱硫为再生胶，再掺入填料经炼胶机混炼，以压延机压延而成的一种质地均匀的防水卷材。具有延伸性大，低温柔性好，耐腐蚀性强，耐水性及耐热稳定性良好等特点。适用于建筑地面满堂铺设的防水、防潮、防腐隔离层，尤其适用于地面变形缝处。技术指标，如表6-17。

再生胶油毡的技术指标 **表6-17**

项　　目	单位	指　　标
长　度	m	20±0.3
厚　度	mm	1.4±0.2
幅　度	mm	1000±10
每卷总面积	m^2	20±0.3
相对密度		1.55~1.72
延伸率（20±2℃横向）	%	≥100
不透水压力（20±2℃动水压法保持30min不透水）	MPa	0.3
吸水率（18±2℃浸水24h后）	%	≤0.5
抗拉强度（20±2℃横向）	MPa	≥0.8
柔度（-15℃油毡绕 ϕ1mm棒对折）		无裂缝
耐热度（120℃5h）		不发生流淌、气泡、发粘

（13）防水冷涂料和防水涂膜：

防水冷涂料和防水涂膜作为两类隔离层材料，其总的名称是防水涂料。前者强调施工方法上采用冷作业；后者强调能在不同形状需要作隔离层的部位涂覆，形成理想的整体的弹性涂膜防水隔离层，其档次要比前者为高。

防水涂料的种类很多，有乳化沥青类、再生橡胶沥青类、氯丁橡胶沥青类、聚氨酯类以及各种复合型或高效型防水涂料。根据使用要求选用相应的防水材料。材料配合比、制备及施工，应严格按各种涂料的要求进行。

（14）防水水泥砂浆配合比和防水剂的配制方法分别见表6-18~表6-21。

防水砂浆施工配合比 **表6-18**

掺防水剂砂浆名称	配合比						
	防水净浆			防水砂浆			
	水泥	水	防水剂	水泥	中粗砂	水	防水剂
氯化铁防水砂浆	1	0.55	0.03	1	2~2.5	0.55	0.03
氯化物金属盐防水砂浆	1	0.50	0.025	1	2~3	0.50	0.025
金属皂类防水砂浆	1	0.40	0.04	1	2~3	0.40~0.50	0.04~0.05
膨胀水泥防水砂浆	—	—	—	1（膨胀水泥）	2.5		—

注：1. 水泥，42.5级以上普通硅酸盐水泥或矿渣硅酸盐水泥。
2. 除氯化铁防水砂浆为重量比外，余均为体积比。
3. 膨胀水泥防水砂浆拌制时的水灰比为0.4~0.5。

氧化铁防水剂的配合比及配制方法 **表 6-19**

材料	配合比（重量比）	配制方法
氧化铁皮 铁粉 盐酸 硫酸铝	80 20 200 12 （氧化铁皮+铁粉）：盐酸=1:2	将铁粉投入陶瓷大缸中，加入所用盐酸的1/2，用风机或机械搅拌15min，使其反应充分（用人工搅拌，时间应加长1.0~1.5h），待铁粉全部溶解后再加氧化铁皮和剩余的1/2盐酸，倒入缸内，用空压机搅拌45~60min，自然反应3~4h，直至溶液变成浓稠的酱油状，即成氯化铁溶液。该溶液静置2~3h，倒出清液，放置一夜，然后放入占氯化铁溶液总重量5%的工业硫酸铝进行搅拌，待全部硫酸铝溶解后，过液即可使用

氯化物金属盐类防水剂配合比及配制方法 **表 6-20**

材料	重量配合比（%）		配制方法	备注
	(1)	(2)		
氯化铝	4	4	（1）先将水放在木制或陶制容器中静置30min，使水中氯气放尽； （2）把直径30mm氯化钙碎块放入水中，用木棍搅拌到完全溶解； （3）待溶液冷却到50~52℃时，将氯化铝加入，继续搅拌至完全溶解	固体、工业用
氯化钙（结晶体）	23	—		工业用，其中 $CaCl_2$ 含量不小于70%，结晶体可完全用固体代替
氯化钙（固体）	23	46		
水	50	30		自来水或饮用水

金属皂类防水剂配合比及配制方法 **表 6-21**

材料	重量配合比（%）		配制方法	备注
	(1)	(2)		
硬脂酸	4.13	2.63	（1）将锅内放入加入量一半的水，加热至50~60℃，将碳酸钠、氢氧化钾和氟化钠溶于水中，并保持温度； （2）将硬脂酸放入另一个锅加热熔化，然后将溶化后的硬脂酸徐徐加入，上述溶液中，拌匀成皂液； （3）待皂液冷却到30℃以下，加入定量氨水搅拌均匀，随即用0.6mm筛孔过滤，放入非金属容器中备用	工业用，凝固点54~58℃，皂化值200~220
碳酸纳	0.21	0.16		工业用，纯度约99%，含碱量约82%
氨水	3.1	2.63		工业用，相对密度0.91，NH_3 约25%
氟化钠	0.005	—		工业用
氢氧化钾	0.82	—		工业用
水	91.735	94.58		自来水或饮用水

6.1.3 防水隔离层施工要点和质量标准

详见前面“4.2 隔离层”一节内容。

6.1.4 防水地面面层施工

1. 水泥类防水面层的施工

水泥类防水面层主要系指水泥砂浆面层、水泥混凝土面层和水磨石面层，其施工操作除应符合前面已述相应面层的施工要求外，还应注意以下方面问题。

（1）面层下的防水隔离层，应经蓄水试验合格后，方可铺设面层。

（2）施工面层时，应防止对防水隔离层造成损伤。

（3）面层的坡度应事先做出标志，保证坡度设置正确。

（4）使用水泥砂浆面层时，宜采用1:2配合比，应严格控制砂浆水灰比，宜用干硬性砂浆铺设。铺设后，用平板振动器或滚子压实，以提高砂浆面层的密实度。

(5) 切实做好压光工作，掌握好压光最佳时间，以消除可能出现的细微裂缝，使面层达到平整、光洁、无裂缝。

面层施工宜在门、窗（含玻璃）安装后施工，避免穿堂风劲吹造成地面面层裂缝。

(6) 及时做好养护工作，如有可能，宜采用蓄水养护或满铺湿润材料后浇水养护，养护时间宜为10~14d。

(7) 防止过早上人，将地面踩踏粗糙。养护期到后，应做好地面保护工作，防止其他工种（工序）施工时，对地面造成损伤。

2. 防水混凝土面层的施工

(1) 防水混凝土分类

当防水地面采用水泥混凝土垫层（或结构层）兼面层做成时，大多采用防水混凝土浇筑，目前常用的防水混凝土有普通防水混凝土和外加剂防水混凝土两种。

普通防水混凝土是在普通混凝土基础上发展起来的，是通过调整配合比，提高混凝土自身的密实度和抗渗性的一种混凝土。普通防水混凝土的配制除满足强度要求外，还应满足防水抗渗的要求。其中石子骨架的作用有所减弱，水泥浆的数量相应增加，除了满足填充和起粘结作用外，还要求在石子周围形成一定数量和质量（浓度）的砂浆包裹层，以提高混凝土的抗渗性能。

外加剂防水混凝土是在混凝土拌合物中加入少量改善混凝土抗渗性能的外加剂。目前常用的外加剂种类有以下几种。

1) 加气型外加剂

如松香酸钠、松香热聚物等。它能使混凝土拌合时产生大量均匀而微小的封闭气泡，破坏混凝土内的毛细管，并能改善混凝土的和易性、泌水性和抗冻性。

2) 密实型外加剂

如氢氧化铁防水剂等。它能在混凝土拌合物内生成一种胶状悬浮颗粒，填充混凝土中的微小孔隙和毛细管通道，因而能有效地提高混凝土的密实性和不透水性。

3) 早强型外加剂

如三乙醇胺等。它是水泥胶凝体的活性激发剂，可加快水泥的水化作用，增多水化生成物，使水泥石结晶变细，结构密实，从而提高混凝土的抗渗性和不透水性。

4) 减水型外加剂

如MF型减水剂和NNO型减水剂等。它对水泥颗粒有较好的分散作用，因而可改善混凝土拌合物的和易性，减少用水量，减少由于多余水分的蒸发而留下的毛细孔体积，且使毛细孔孔径变细，结构致密，水泥的水化生成物分布均匀，因而能提高混凝土的密实性和抗渗性。

(2) 防水混凝土施工

防水混凝土施工应尽可能一次浇筑完成，不留（或少留）施工缝。同时，前后之间的衔接时间应严格控制在水泥的初凝时间内。在整个施工过程中，各个环节都要采取严密的质量措施。因此，对施工准备也相应提出了较高的要求。

由于防水混凝土要求较高的密实性，所以拌制也要求有较好的均匀性。防水混凝土应采用机械搅拌，每次搅拌从投料到出料，一般不少于120s。

当使用外加剂时，应将外加剂配制成一定浓度的溶液后加入搅拌机内（粉剂和水剂均应如此），不得将外加剂干粉或高浓度外加剂直接加入搅拌机内，防止搅拌不均匀而局部集中，既失去外加剂作用，又容易使混凝土出现质量问题。

（3）防水混凝土配合比设计

1）防水混凝土抗渗等级的确定。防水混凝土的抗渗等级根据最大作用水头和混凝土垫层厚度等参数来选择，通常根据设计图纸要求确定，也可参考有关规定。

2）防水混凝土配合比设计。防水混凝土施工前，应根据其抗渗等级和实际使用材料，由试验部门先行试配，测定其抗压强度和抗渗等级，从中选定最佳配合比作为施工配合比。

根据理论分析和实际施工经验总结，防水混凝土配合比常用参数如下。

水灰比：控制在0.6以下。

坍落度：以30~50mm为宜。

水泥用量：不小于320kg/m^3。

砂率（砂重量：砂石总重量）：不小于35%，一般以35%~40%为宜。

灰砂比（水泥重量：砂重量）：应不小于1:2.5。

粗骨料最大粒径：不大于40mm。

对于外加剂防水混凝土，其配合比设计除参照上述常用参数外，还应根据不同施工条件和气候因素选择合适的外加剂品种，并严格控制掺量。

3. 板块类防水面层的施工

板块类防水面层主要系指用各种地砖、缸砖以及聚乙烯塑料板材铺设的地面面层，其施工操作除应符合上述地面面层相应要求外，还应注意以下方面问题。

（1）铺贴前应对基层（或找平层、隔离层等）做好清洁工作，保证结合牢固，防止面层铺设后造成空鼓等质量弊病。

（2）重视接缝质量。各种地砖、缸砖，不宜采用狭缝、密缝铺设，宜采用宽缝（不小于5mm）铺缝。塑料地板板缝的焊接应由专业焊工操作，保证焊接施工质量。

（3）做好灌缝工作。灌缝前应认真清理缝隙，扫清垃圾杂物，灌缝应用1:1水泥砂浆或纯水泥浆，在水泥终凝前，用比缝隙略小的压条将缝隙内砂浆压实压光。

（4）灌缝后应做好养护工作，养护时间不应少于10d。养护期满后，应加强成品保护，不应过早上人。

4. 重视厨房、卫生间的管道施工

在厨房、卫生间里，有多种管道穿越或埋设在楼板内，如果管道安装质量粗劣，常常造成污水在管道周边和连接处发生渗漏。

在管道、设备的安装施工中，应注意以下几个方面：

（1）地漏的安装标高应恰当。地漏接口上安装地漏防水托盘后，仍应低于地面20mm，以保证满足地面排水坡度。

（2）蹲式或坐式大便器在楼板面上的排水管预留口，其位置尺寸必须准确适中，并高出楼板面10mm，切不可偏斜或低于楼板面。大便器排水口与排水管管口衔接处的缝隙要用油灰填实抹平。蹲式大便器尾部的胶软管两头应用铜丝缠紧，不得用铁丝代替铜丝。破裂的胶软管不得使用。坐式大便器的地脚镀锌螺栓，应在做地面面层时预先埋设牢固，露出地面的螺栓丝扣应加以保护。不可在地面做好面层（特别是防水层）后再行剔凿打洞。

（3）洗澡盆在楼板面上的排水预留口应高出地面10mm，澡盆的排水铜管插入排水管内不应少于50mm。缝隙内缠绕油盘根绳捻实，再用油灰封闭严密。

（4）排水横管及立管应使用吊筋或支架（托架）固定牢固。以避免由于冲水振动造成接头松动而渗漏。同时应符合设计的坡度要求，以使排水畅通。

（5）在安装过程中凡敞口的管口，应用临时堵盖随手封严，防止杂物掉进管膛内。卫生器具安装前应将管道内部清理干净。安装时，应防止砂浆等杂物跌落其中。寒冷地区在入冬结冻前对尚未供暖的工程，应将卫生器具存水弯内的积水掏放干净，或采取其他措施加以保护，避免冻裂设备或管线。

（6）管道安装好后，应及时进行注水试压或注水试验，以检查管道和零件是否有裂缝或砂眼，以及接口处是否渗漏。合格后方可进行下道工序施工。当发现渗漏时，应及时修补或更换，切不可用刷油等做法敷衍遮盖。

6.1.5 质量通病和防治措施

1. 浴厕间地面渗漏滴水

（1）现象

浴厕间地面常有积水，顶棚表面经常潮湿。沿管道边缘或管道接头处渗漏滴水，甚至渗漏到墙体内形成大片洇湿，造成室内环境恶化。

（2）原因分析

1）设计图纸要求不明确，如地面标高、地面坡度、地漏形式、防水要求等未作具体说明，对此，施工人员未认真进行图纸审查和研究，盲目凭经验施工，造成差错。

2）土建施工对浴厕间楼面混凝土浇筑质量不够重视。管道预留孔位置不正确，上下错位，致使安装管道时斩凿地面，增大预留孔洞尺寸。浇补管道四周空洞部分混凝土时，清洗不干净，浇捣不密实，浇捣后不重视养护，致使混凝土质量低劣或有干缩裂缝等。地面坡度设置不妥，防水层施工不认真等。

3）安装坐便器、浴盆等的排水口预留标高不准，方向歪斜，上下接口不严，管道内掉入异物，管道支（托）架固定不牢，地漏设置粗糙等。

（3）预防措施

1）设计方面应针对工程使用特点，在图纸上明确质量要求。

①浴厕间楼地面标高应比一般地面低20~50mm。

②浴厕间楼地面结构四周的边梁应向上翻起，高度不小于120mm，防止水从四周墙角处向外渗漏。

③浴厕间楼地面应有2%~3%的坡度坡向地漏。

④管道支（托）架应注明用料规格、间距和固定方式。

⑤横向排水管应有2%~3%的坡度，以使排水畅通，防止涌水上冒。

⑥竖向排水管每层应设置清扫口，一旦发生堵塞，便于及时清扫。

⑦地漏应设有防水托盘，防止地面污水沿地漏四周向下渗漏。地漏防水托盘见图6-1。

⑧明确管道安装好后，必须进行注水试压（上水管）和注水试验（下水管）的要求。

2）土建施工应作好以下各点。

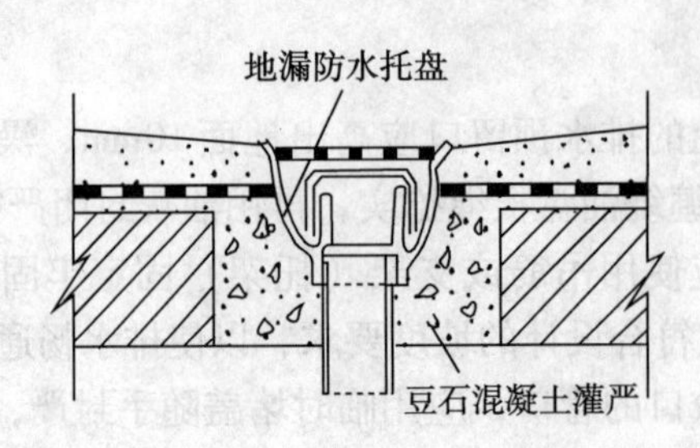

图6－1 地漏设防水托盘

①重视浴厕间楼地面结构混凝土的浇筑质量，振捣密实，认真养护。

②楼面上预留的管道孔洞上下位置应一致，防止出现较大误差。

③管道安装好后，宜用细石混凝土认真补浇管道四周洞口。混凝土强度等级应比楼面结构的混凝土提高一级，并认真做好养护。

④认真做好防水层施工，施工结束后应作蓄水试验（蓄水20～30mm，24h不渗漏为合格），合格后方可铺设地面面层。

⑤铺设地面前，应检查找坡方向和坡度是否正确，保证地面排水通畅。

3）安装施工应作好以下各点。

①坐便器在楼板上的排水预留口应高出地面（建筑标高，即地面完成后的标高）10mm，切不可歪斜或低于楼面。

②浴盆在楼板上的排水预留口应高出地面（建筑标高）10mm，浴盆的排水铜管插入排水管内不应少于50mm。

③上下管道的接口缝隙内缠绕的油盘根绳应捻实，并用油灰嵌填严密。

④排水管道应用吊筋或支（托）架固定牢固，排水横管的坡度应符合要求，使排水畅通。

⑤安装过程中凡敞口的管口，应用临时堵盖随手封严，防止杂物掉入管膛内。寒冷地区入冬结冻前，对尚未供暖的工程，应将卫生器具存水弯内的积水排除干净或采取其他措施加以保护，避免冻裂管线。

⑥管道安装后，应及时进行注水试压（用于上水管）和注水试验（用于下水管）。

⑦地漏安装标高应正确，地漏接口安装好地漏防水托盘后，仍应低于地面20mm，以保证满足地面排水坡度。

（4）治理办法

对于浴厕间楼地面的渗漏质量通病，应认真查清原因后，彻底进行根治。

2. 地漏处倒泛水

（1）现象

地漏处地面标高偏高，地面成倒泛水，地面常有积水。

（2）原因分析

1）施工前地面标高不抄平或抄平有误。

2）地漏管口和防水托盘的安装高度过高，使地面面层施工后形成倒泛水。

3）土建与管道安装协调不好，或中途变更管线走向，使土建预留的管道位置作废，另行凿洞，造成泛水方向不对。

（3）预防措施

1）有地漏的房间，地面面层施工前应认真进行抄平，保证地面坡度正确。

2）地漏下水管管口和防水托盘应在地面标高抄平后安装，使地面达到设计坡度要求。

3）管道安装应与土建施工协调配合好，管道位置如有变动，地漏标高亦作相应调整。

（4）治理办法

对有倒泛水的地面应作返工处理，凿掉地面面层，重新安装地漏标高，并以地漏为中心找好地面坡度，使地面排水通畅。

6.2 防潮地面

地面返潮现象主要发生在房屋的底层地面，地面返潮后，会使整个房间潮湿，霉菌易繁殖而污染环境，产生很多危害：人们在潮湿的环境里生活会感到烦闷不安，常住潮湿的房间会引起关节炎、肾炎和风湿病等；生活用具、被褥等霉烂厉害；墙面（包括粉刷层）潮湿、剥落，影响建筑寿命。贮存在建筑物内的粮食、食品、电器电讯器材以及仪表设备等会霉烂变质。

防潮地面就是在地面构造设计上增设防潮隔离层或采取其他防潮措施的地面。

6.2.1 地面潮湿的原因

地面返潮一般有两种原因：

一是温度较高的潮湿空气（相对湿度在90%左右）遇到温度较低而又表面光滑不吸水（或吸水性极小）的地面（如水泥地面、水磨石地面、混凝土地面以及各种地面砖等）时，易在地面表面产生凝结水。一般温差在2℃左右时即会产生。在冬季里，从室外拿一块表面光滑的铁块或钢筋到室内时，铁块或钢筋表面立即会出现细微的水珠，其道理是一样的。我国华南、西南和东南沿海一带，由于受海洋气团的影响，每年春末夏初季节的霉雨时期，由于雨水多、温度高、湿度大，常常使房屋的底层地面出现返潮现象，严重时，地面以及光滑的墙面都会淌水。一旦气候转晴干燥，返潮现象即可消除。这种返潮现象带有明显的季节性。楼层地面由于表面温度相对高于底层地面，所以一般不会产生上述所说的结露现象。

二是地面垫层下地基土壤中的水通过毛细管作用上升，以及汽态水向上渗透，使地面材料潮湿。这种情况往往常年发生，但与地层中地下水位的高低有密切关系，夏（雨）季节由于地下水位上升而潮湿比较明显，冬季有所好转。

防潮地面主要应针对上面第二种情况，采取有效的防潮措施，达到地面干燥的目的。至于第一种情况，特别在南方霉雨季节，应尽量少开启门窗，同时，室内采取通风除湿措施，这样就能有效的防止地面结露返潮现象。

6.2.2 防潮地面设计要点

1. 地面防潮应采取综合防治的原则。除地面采取防潮措施外，建筑物的地面标高、墙身防潮、外部勒脚、明沟散水等都应同时考虑，有效的切断湿源与易潮物品之间的联系，因此，地面防潮设计应从建筑设计、构造措施、材料选用、施工质量等多方面综合考虑。

2. 地面防潮设计应贯彻重在预防的原则。根据建筑物的实际情况，采取有效的技术措施，达到防潮的目的。建筑物的底层地面，是建筑物的一个重要湿源，是采取防潮措施的重点部位。

3. 地面防潮设计应贯彻区别对待的原则。防潮要求的高低，取决于贮存物品的时间、性质以及地基土的潮湿状况等制约因素，因此，地面防潮要求的高低是相对的，而不是绝对的。

表6-22为地面防潮等级与制约因素关系表。

地面防潮等级与制约因素　　表6-22

制约因素		用　途	防潮等级	备　注
贮存易受潮变质的物品		贮存茶叶、香烟、谷物、丝绸、棉纺织品，食糖、食盐、水泥、化肥，仪表、五金工具，电气、电子原件等仓库	高	某些物品带有防潮包装，大多数包装品本身也需要满足一定的防潮要求
贮存时间	贮存期长	同类物品的条件下	高	如国家一级物资贮备仓库
	贮存期较长	如电容器厂的电容器纸及铝箔仓库	高、较高	
	贮存期短	一般工厂的成品及原材料仓库	低	可采用混凝土地面
地基土的潮湿状况		地基下水位较高、地基土潮湿的地区。长期贮存易潮变质物品	高	
		黄土高原，气候干燥雨水较少，地下水位普遍较低，贮存同样物资仓库	较低、低	可用混凝土地面

表6-23为地面防潮效果与地面类型选择表。

防潮地面与地面类型的选择　　表6-23

类型号	面　层	隔离层材料	防潮效果	说　明
Ⅰ	混凝土 细石混凝土 水　磨　石 板　块　材	防水卷材类	具有较高防潮要求	1. 是一种较为可靠的防潮措施 2. 如用普通纸胎防水卷材受潮后易腐烂，损坏后不易修复 3. 卷材防水，构造复杂，增加工程造价
Ⅱ	沥青砂浆 沥青混凝土	—	具有较高防潮要求	1. 将面层和隔离层的功能相结合，简化了地面构造，造价低 2. 不会腐烂，损坏后易修复 3. 防潮性能很大程度上取决于面层压实质量 4. 沥青混凝土因沥青用量少，密实性不如沥青砂浆
Ⅲ	混　凝　土 细石混凝土 水　磨　石 板　块　材	防水涂料类	防潮效果由材料质量、施工状况而定	防水涂料的品种很多，需十分注意涂料的性能，抗渗效果涂刷厚度和均匀性

6.2.3 防潮地面常用的地面类型

根据不同的防潮要求，防潮地面也有多种类型，常用的有以下几种：

1. 混凝土地面或细石混凝土防潮地面

这是最普通的防潮地面，这种地面构造如图6-2。只要混凝土地面（或细石混凝土）有一定的厚度（一般应5cm以上）和密实性（强度等级不低于C20），本身就具有一定的防潮性能。这种地面表层有加粉水泥砂浆、水磨石面层的，也有提浆随手抹面压光的。

这种地面对防止地下水、地下汽态水向上渗透有一定作用，但对防止梅雨季节由潮湿空气造成的地面表面结露作用不大。

2. 设置隔离层的防潮地面

当地面防潮要求较高，普通混凝土地面不能满足其防潮要求时，常在混凝土垫层上增设一层防潮层。这种地面构造如图6-3。

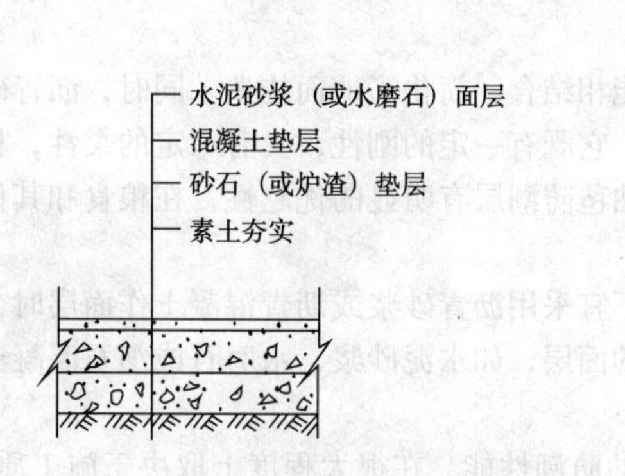

图6-2 普通混凝土防潮地面构造

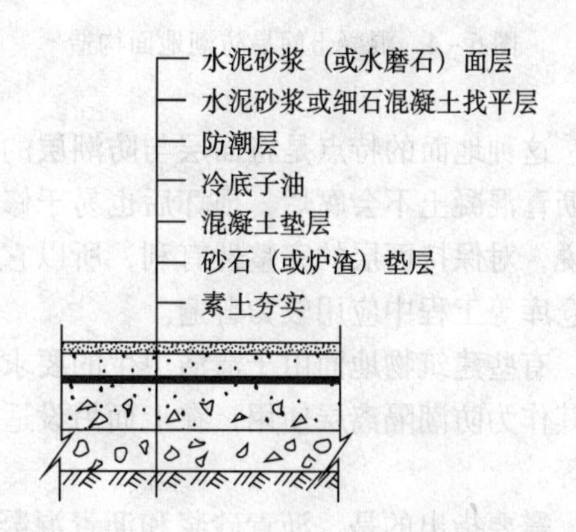

图6-3 设置防潮层的防潮地面构造

常用的防潮层是沥青油毡卷材，有一毡二油和二毡三油等形式，具体由设计确定。铺设卷材时，混凝土垫层上应刷一道冷底子油，施浇最上面一道热沥青油料时，应趁热同时撒上一层热的、粗颗粒砂（又称绿豆砂），并随撒随作轻拍，使其在沥青油料中嵌入牢固（以嵌入一半为宜），以增强防潮层与下面混凝土垫层和上面找平层的粘结力。

在农村建筑中，还有较简易的防潮地面，即直接将沥青油毡（1~2层）或塑料薄膜纸（2~3层）铺设于夯实的素土垫层上作为防潮层用的，在上面再做混凝土或细石混凝土面层，操作简单，价格便宜，也有一定的防潮效果，这种地面的构造如图6-4。铺设油毡或塑料薄膜时应注意搭接宽度不应小于10cm，当采用双层时，应作纵横双向铺设。在防潮层上施工混凝土垫层（或面层）时，应严格防止戳破和损坏防潮层。夯实的素土层表面应平整、干燥、并清扫干净。

油毡防潮层的主要缺点是普通纸胎油毡受潮后容易腐烂。当混凝土面层产生裂缝或其他原因受到损坏时，极易使油毡防潮层受到波及影响，且损坏后难以修复，因而使用年限有一定的限制。

3. 沥青砂浆和沥青混凝土防潮地面

是以沥青砂浆或沥青混凝土为面层的防潮地面，适用于有较高防潮要求的地面工程，其地面构造如图6-5。沥青砂浆的厚度一般为20~30mm；沥青混凝土的厚度一般为30~50mm。后者尚能适应机械作用强度较大的地段。

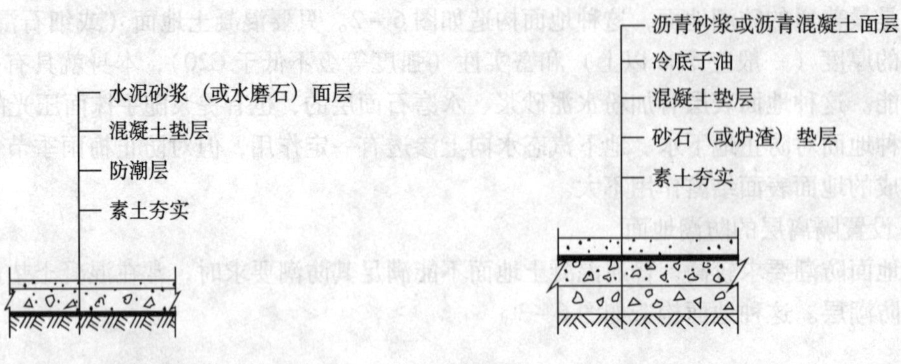

图6-4 混凝土简易防潮地面构造

图6-5 沥青砂浆、沥青混凝土防潮地面构造

这种地面的特点是将面层与防潮层的功能相结合，简化了地面构造。同时，沥青砂浆或沥青混凝土不会腐烂，损坏后也易于修复。它既有一定的刚性，又有一定的柔性，相对来说，对保持面层的完整性有利，所以它比油毡防潮层有明显的优越性，在粮食和其他储运仓库等工程中应用较为普遍。

有些建筑物地面由于清洁卫生的要求，不宜采用沥青砂浆或沥青混凝土作面层时，可将其作为防潮隔离层使用，在上面另设适宜的面层，如水泥砂浆、水磨石或细石混凝土面层等。

需要指出的是，沥青砂浆和沥青混凝土的防潮性能，在很大程度上取决于施工质量。因此，施工中一定要做到配合比正确，严格掌握沥青砂浆和沥青混凝土拌合物的拌制、开始辗压和压实完毕时的温度，如设计无规定时，可按表6-24采用。施工中还应注意摊铺均匀，辗压密实，特别是相邻边缘的衔接处，压实时应加热，使施工缝处辗压得看不出接缝为止。压实后的表面，不得出现裂缝、蜂窝、脱层等现象。如有局部上述现象出现，不得单独用热沥青作表面处理，应将其仔细挖掉后，仍用沥青砂浆或沥青混凝土拌合料修补。

沥青砂浆和沥青混凝土拌合物的拌制、开始辗压、压实完毕的温度 表6-24

项 目	拌制时		开始辗压时		压实完毕时（不低于）	
气温（℃）	5以上	5~-10	5以上	5~-10	5以上	5~-10
拌合料温度（℃）	140~170	160~180	90~100	110~130	60	40

注：当气温低于0℃时，一般不宜施工。

4. 以沥青涂复层为隔离层的防潮地面

即在混凝土垫层上表面涂刷1~2道热沥青涂层，这种沥青涂层防潮层能有效的闭塞其表面毛孔，能切断下部毛细水的上升和汽态水的渗透作用，因而有一定的防潮效果，适用于有一定防潮要求的地面。这种地面构造如图6－6。沥青涂层的做法和要求同沥青卷材防潮层。

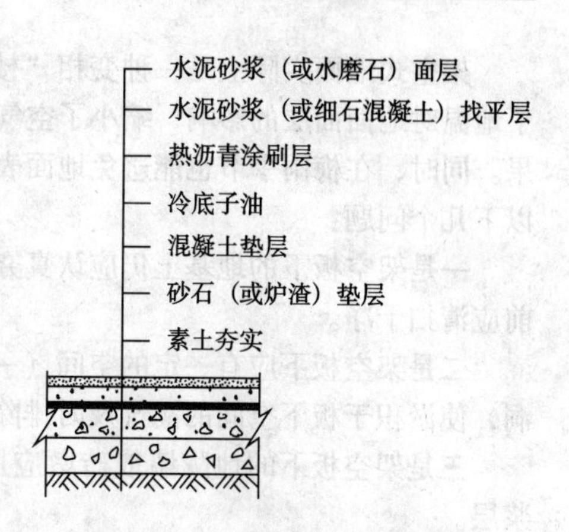

图6－6　以沥青涂复层为隔离层的防潮地面构造

有关科研单位对厚度为3cm的混凝土板进行的隔气性能试验表明，单面涂刷热沥青的混凝土板，其表面透湿量比不涂刷热沥青时要小一半或一半以上，说明涂刷热沥青确能起到良好的防潮作用。施工时应注意涂刷均匀，涂刷时，基层应干燥。

5. 架空式防潮地面

即将地面面层与地基土层脱离，面层为各种水泥预制楼板或各种陶土（黏土）方砖，铺设在地陇墙或砖墩上。为了增加防潮效果，常常在面层板底（铺设前）涂刷一道热沥青。这种地面构造如图6－7。

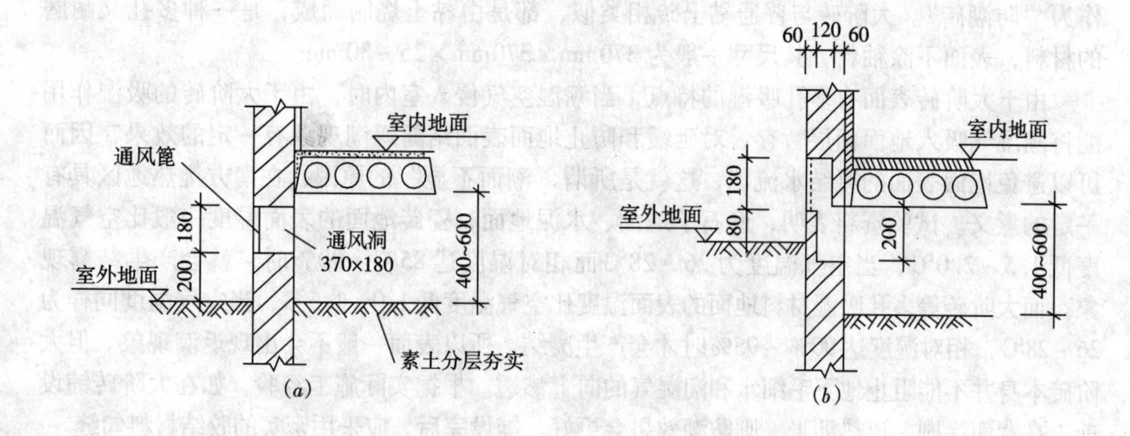

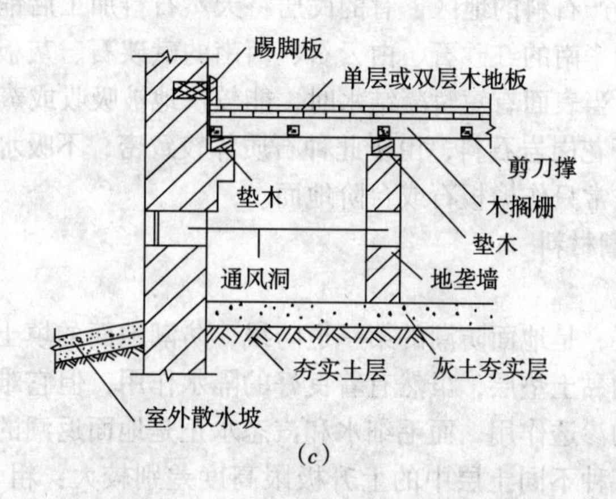

图6－7　架空式防潮地面构造

（*a*）室内外高差大于500mm；（*b*）室内外高差小于500mm；
（*c*）空铺式木地板地面构造

架空式地面实际上是一种变相“楼面”，它切断了基土中毛细水的上升，又大大减弱了地温对地面面层的影响，缩小了空气与地面表面之间的温度差。因而有着良好的防潮效果。同时，在梅雨季节也能避免地面表面结露现象。采用架空式防潮地面，施工中应注意以下几个问题：

一是架空板下的地基土仍应认真夯实，尽量减少潮气向板下空间的渗透量，铺设面层前应清扫干净。

二是架空板下应有一定的空间（一般不小于50cm），并尽量设置能使空气对流的通风洞，使淤积于板下空间的潮气及时排除，使板底保持干燥。

三是架空板下的地陇墙或砖墩应用水泥砂浆砌筑，顶层应抹一道20mm厚的防水砂浆层。

四是处理好板缝。架空板的板缝是地面防潮的薄弱部位，若处理不当，板下潮气将从此乘虚而入。因此，应重视板缝的填嵌质量，使其密实。

6. 面层铺设吸湿性较强材料的防潮地面

在我国南方广东一带地区，比较普遍使用大阶砖（又名陶土防潮砖）铺设地面，并称作为“防潮砖”。大阶砖与普通黏土砖相类似，都是由黏土烧制而成，是一种多孔又耐磨的材料，表面不涂釉料，其尺寸一般为370mm×370mm×25～30mm。

由于大阶砖表面有多孔吸湿的特点，当潮湿空气侵入室内时，由于大阶砖的吸湿作用能将潮湿气吸入地面面层暂存，对延缓和防止地面表面结露返潮现象有一定的效果，因而可以避免地面表面的凝结水流淌，这就是所谓“潮而不显”的原因，在南方湿热地区具有一定的意义。试验资料表明，磨石子地面、水泥地面、瓷砖地面的表面温度一般比空气温度低1.5～2.0℃，当空气温度为26～28℃而相对湿度达85%～90%时，就会产生结露现象。而大阶砖等多孔吸湿材料地面的表面温度比空气温度低1.0～1.5℃，当空气温度同样为26～28℃，相对湿度达90%～95%时才会产生凝结，所以表面一般不会出现返潮现象。但大阶砖本身并不能阻止地下毛细水和潮湿气的向上渗透。根据实际施工经验，如在大阶砖铺设前，在背面涂刷一道热沥青，则防潮效果会更好。铺设完后，应采用密实的胶结材料勾缝。

在我国南方有些盛产石料的地区，有的民居将天然石料加工后铺设于室内地面。这类石料主要是水成岩，如华南的红砂石、白云石、西南的碱碶石、灰板石、青石等，其石质体较柔松，具有微孔，当表面有短暂凝结水时，能较快地被吸收或蒸发，因此也有“防止返潮”的作用。而对于花岗岩石料，由于此种石质体较致密，不吸水，易返潮，所以一般不使用于室内地面，通常只作檐板石或台阶地面。

6.2.4 常用的防潮材料

1. 素黏土层

夯实后的黏土垫层，是地面防潮的第一道防线，防潮地面的填土，应采用黏性土。但需指出的是，夯实后的黏土垫层，虽然有着良好的隔水作用，但它难以阻止基土中地下毛细水的上升和汽态水的渗透作用，而毛细水和汽态水正是地面返潮的重要湿源。根据测试资料可知，毛细水在各种不同土层中的上升极限高度差别较大：粗、中砂为0.3m；细砂为0.5m；粉土为0.8m；粉质黏土为1.3m；黏土为2.0m。

2. 灰土垫层

我国北方地区习惯在夯土层上加设灰土垫层（3∶7灰土或2∶8灰土）。灰土垫层的早期性能接近于柔性垫层，而后期则接近于刚性垫层，它不仅能提高地基强度和垫层的承载能力，而且对地下毛细水的上升和汽态水的渗透有着一定的隔绝作用。灰土层的夯实厚度作为防潮层使用时，应不小于150mm。

3. 砂石或炉渣垫层

如上所述，颗粒较粗的砂石垫层或炉渣垫层，可以较好的阻止地下毛细水的上升，成为地面防潮的又一道防线。也就是说，在素土夯实层和粗砂（石）或炉渣垫层作用下，地下毛细水的上升将得到较好的抑止，余下的仅是土壤中汽态水的渗透，在地面的上层构造中，如果再采取其他防潮措施后，地面就能获得良好的防潮效果。

4. 沥青胶泥、沥青砂浆和沥青混凝土

沥青胶泥（或热沥青）常作为涂复层涂刷于地面的混凝土垫层上，用于有一定防潮要求的防潮地面，一般涂刷两道。沥青混凝土和沥青砂浆则用于有较高防潮要求的防潮地面。沥青混凝土厚度通常为30~50mm，沥青砂浆厚度通常为20~30mm。具体参见“4.2 隔离层”和“6.1 防水地面”章节内容。

5. 防水卷材类防潮材料

防水卷材类防潮材料市场品种较多，常用的有各种石油沥青类油毡和防水卷材、沥青玻璃布油毡、再生胶油毡、软聚氯乙烯防水卷材、合成高分子防水卷材等，有热涂施工，也有冷涂施工，视地面具体防潮要求而作选用。具体参见“4.2 隔离层”和“6.1 防水地面”章节内容。

6. 防水涂膜类防潮材料

防水涂膜类防潮材料使用于有一般防潮要求的防潮地面，市场品种也较多，常用的有沥青基防水涂料、高聚物改性沥青防水涂料和合成高分子防水涂料等，使用时，应注意涂料性能、涂刷厚度等指标，当采用两道以上涂刷施工时，应作纵横交叉作业。具体参见“4.2 隔离层”和“6.1 防水地面”章节内容。

7. 塑料薄膜纸

当地面防潮要求不高，其他施工条件又有困难时，用塑料薄膜纸作为地面防潮材料，也能取得一定的防潮效果。铺设塑料薄膜纸的基土层要夯实平整，铺设时搭接宽度不应小于100mm，采用两层以上铺设时，应作纵横交叉作业。

6.2.5 防潮地面的施工要点

1. 重视地面填土层的土质质量和夯实质量。

夯实的填土层是地面防潮的第一道防线，应选用粘土作为填土层的土质，不得使用建筑垃圾或杂土作填土层。对I类民用建筑工程，当采用异地土作回填土时，还应按《民用建筑工程室内环境污染控制规范》（GB 50325—2001）的规定，对土的镭-226、钍-232、钾-40的比活度测定，内照射指数 I_{Ra} 不大于1.0和外照射指数 I_r 不大于1.3的土，方可使用。

填土层应分层夯实，不得采用松填浸水法（即当填土层较厚时，填土时不夯，一次性填到位，然后用大量浇水使土自然沉实的方法）施工，以免增大地面基土层的含水量。同时由于沉实不是很均匀，易使地面产生裂缝，后患无穷。

2. 地面面层下防潮隔离层的施工应与墙基防潮层的施工作有机结合。

地面下的防潮层施工与墙基防潮层施工是在不同时间、由不同施工队组来完成的，因此，在进行地面防潮层施工时，应注意与墙基防潮层的有机衔接，不使地下湿源造成空隙之机。图6-8（*a*）所示为地面防潮层与墙基防潮层在两个标高层面上，两标高之差部位的墙基和地面就成为湿源的秘密通道，潮湿气源源不断的向室内渗透。在地面防潮层施工时，若与墙基防潮层不在一个标高层面上，应将两标高之差的部位认真衔接好，使之成为有机整体，见图6-8（*b*），以杜绝湿源的秘密通道。

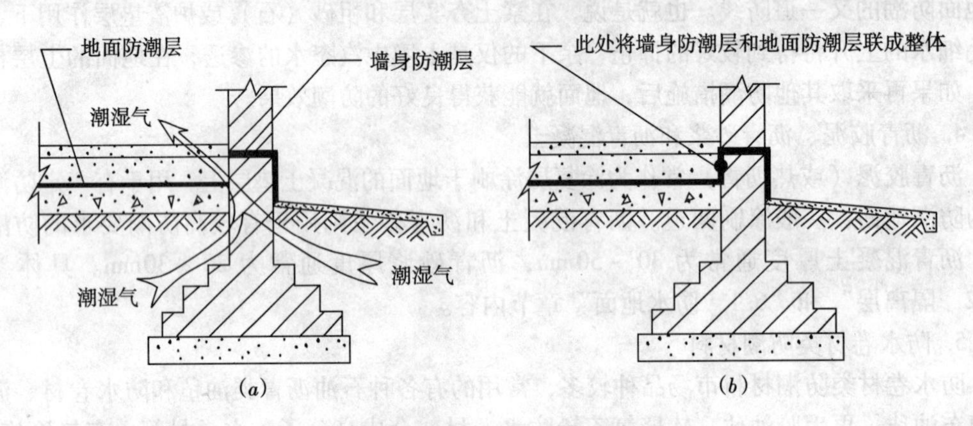

图6-8 地面防潮层与墙基防潮层关系图
（*a*）两者分离，使湿源存在秘密通道；（*b*）两者衔接，杜绝湿源秘密通道

3. 当采用普通混凝土作防潮地面时，混凝土不仅有强度要求，还有防潮要求，应主要加强其密实性，减少空隙率。其配合比可参考防水混凝土各项参数指标：

强度等级：不宜低于C30；

水泥用量：不小于320kg/m^3；

水灰比：控制在0.6以下；

坍落度：以30~50mm为宜；

砂率：（砂重量∶砂石总重量）不小于35%；

粗骨料最大粒径：不大于40mm。

4. 当采用架空式防潮地面时，架空板下应有不小于500mm的空间，板下的基土仍应作认真夯实，并清扫干净。地陇墙上及外墙上应有能使空气对流的通风洞，使淤积于板下空间的潮湿气及时排除，使板底保持干燥。

5. 关于防潮隔离层的施工要点，具体参见“4.2 隔离层”一节内容。

6.2.6 值得借鉴的我国古代建筑地面防潮技术

我国古代劳动人民在长期的工程建设实践中，逐步积累了一些建筑地面防潮经验，有些做法虽然很简单，但在古代历史条件下是可行的，是古代科技文明的反映，有些做法直至今天还可有借鉴之处。

首先是慎择基地。我国古代在城镇和村落建设时，对基地的选择极为重视，都选择在地势高爽燥垲的地段上，地面并有一定的自然排水坡度。晋代嵇康《摄生论》曾记载有：“居必爽垲，所以避湿毒之害”。在古代，城市有“相地”（即考察地形）的理论，战国时《管子》一书中就提到：“山乡左右，经水若译，内为渠落之泻，因大川而注焉。”意思是说城市选址，要考虑背山面水，整体计划排水系统，地面要开挖泄水渠道，使雨水和生活污水能迅速排入大河之中，这无疑可保持建筑地段的干爽，有利于避其湿毒之害。

其次是夯土台基。据考古发掘，我们的祖先在原始社会时期多数是居住在地下或半地下建筑中的，这种居住环境潮气大，易使人生病。正如春秋末《墨子》一书中所载：“穴而处下，润湿伤民”。直至原始社会后期，才发展成地面建筑。按《墨子》云，是为“高足以避润湿”。河南偃师二里头殷商建筑遗迹发现，当时的夯土台基离地面有一米左右高，与《史记》所描述的尧舜时建筑“堂高三尺”是相符的。显然这是一种比较简单且为直观的防潮措施，它可使地面较远离地下水位，且利于纳阳和通风，使地面保持干燥。

第三是设置渗井和散水坡。早在春秋战国时期，人们已开始运用渗井和阴沟来排除地面污水了。至今有些四合院民居还是采用渗井，把院内污水通过渗井流入地下砂质土中。北京明清故宫的地面排水处理是经过精心设计的，达到了“雨过地晴”的程度。广西西林壮族民居有的还在房内挖数口小井（直径约20cm），把潮湿地面的多余水分通过井孔流入地下。

为了减少雨水对台基或墙根的浸渍而影响地面潮湿，我国在战国时期就有散水的做法。如当时齐国临淄和赵国邯郸等处宫殿台榭建筑，台基四周铺有砖或卵石的排水散水，以保护台基免受雨水侵蚀。

第四是烘烤陶化地面土层。我国祖先很早就懂得陶化地面土层可达到防潮的目的。如郑州仰韶文化建筑地面是经过烧烤的，云南元谋大墩子新石器时代遗址的居住地面是先铺灰烬烧渣，后加细腻黄土拍打平整，再加烘烤。这些做法都能起到良好的隔水防潮作用。

第五是架空铺设地面砖。明《长物志》记载有一种“空铺”地砖法，即在地砖与土垫层之间架空形成空气层，又有称为“响地”，它有良好的防潮效果。在闽南一带还有一种防潮地面，其做法是在素土地面上密摆一层口朝下的陶瓮，瓮间空隙填布河砂，上面铺设方砖地面，或夯实灰土，这种地面难以积聚潮湿气。有的地砖表面还加刷墨煤或生桐油的。

6.2.7 质量标准和检验方法

防潮地面质量标准和检验方法：

1. 面层质量标准和检验方法，参见各相应面层的质量标准和检验方法。
2. 防潮隔离层质量标准和检验方法参见“4.2 隔离层”一章内容。

6.2.8 质量通病和防治措施

1. 地面返潮

（1）现象

地面返潮主要发生在房屋的底层地面。有的是季节性潮湿，如我国南方在梅雨季节时，很多房屋的底层地面出现返潮现象，严重时表面结露；有的是常年性潮湿。地面返潮使居住环境变坏，物品易发生霉烂变质，并影响人体健康。

（2）原因分析

1）地面季节性潮湿一般发生在我国南方的梅雨季节，雨水多，温度高，湿度大。温度较高的潮湿空气（相对湿度在90%左右）遇到温度较低的地面时，易在地表面产生冷凝水。地面表面温度越低（一般温差在2℃左右时即会发生）、地面越光滑，返潮现象越严重。有时除了地面返潮外，光滑的墙面也会结露淌水。这种返潮现象带有明显的季节性，一旦气候转晴，返潮现象即可消除。

2）地面常年性潮湿主要是地面的垫层、面层不密实，又未设置防潮层，地面下地基土中的水通过毛细管作用上升以及汽态水向上渗透，使地面面层材料受潮所致。毛细水在各种不同土层中的上升高度极限差别较大：粗、中砂为0.3m；细砂为0.5m；粉土为0.8m，粉质黏土为1.3m；黏土为2m。此种地面返潮与土层中地下水位的高低有密切关系，夏（雨）季由于地下水位上升，返潮现象比较严重，冬季地下水位下降时有所好转。

(3) 预防措施

1）季节性潮湿地面可采取以下措施。

①在梅雨季节来临时，应尽可能隔绝潮湿的热空气与室内地面的接触，如尽量少开门窗，门口设置门廊、门套及门帘等。

②室内准备适量的吸湿剂或吸湿机，将进入室内的潮湿空气中的水分吸收掉。

③采用不太光滑的地面材料（如地面砖、缸砖等）铺设地面面层。面层表面的毛细孔有较强的吸湿作用，可减轻地面表面的返潮现象。

2）常年性潮湿地面，主要应从增强面层（包括垫层）的密实性，切断毛细水上升和汽态水渗透方面采取有效措施。根据地面不同的防潮要求，通常可采用以下几种措施。

①设置碎石或煤渣、道渣垫层，对阻止地下毛细水的向上渗透有一定的作用，但对阻止汽态水的向上渗透作用较小。

②设置防潮隔离层。常用的防潮隔离层有热沥青涂刷层、沥青卷材防潮层、沥青砂浆和沥青混凝土防潮层等。这种防潮层对阻止地下毛细水的上升和汽态水的向上渗透有较好的作用，但造价较高。

在农村建筑中，还有较简易的防潮层做法，即直接用沥青油毡（1~2层）或塑料薄膜（2~3层）铺设于夯实后的素土垫层上，在其上面再做细石混凝土面层，价格较低，操作简便，也有一定的防潮效果，但使用年限较短。夯实的素土垫层上表面应平整、干燥，并清扫干净。铺设油毡或塑料薄膜时，应注意搭接宽度不小于10cm，当采用双层时，应作纵横向铺设。浇筑混凝土面层时，应严防损坏防潮层。

③采用架空式地面。即地面面层为各种预制板块或各种陶土板、方砖等，面层与地基土层脱离，架设在砖墩或地垄墙上。为了增加防潮效果，常在面层板底（铺设前）涂刷一层热沥青，这对阻止汽态水的渗透有较好的作用。架空板下的地基土应认真夯实，尽量减少土层中的潮湿气向板下空间渗透。架空空间一般不小于30cm。砖墩或地垄墙顶面应抹一层20mm厚的防水砂浆层，认真重视板缝的填嵌质量，使之密实。

(4) 治理方法

对于常年性返潮地面，如室内空间高度许可，可在原有地面上加做一层防潮层后，再做地面面层，以隔绝地下毛细水的上升和汽态水的渗透。如室内空间高度不许可，则应将地面面层凿掉后重新铺设面层，面层下设置相应的防潮层，面层浇筑应密实。

对于常年性返潮地面，还应检查四周墙身的防潮情况，若四周墙身没有设置防潮层或防潮效果较差时，在进行地面防潮治理时，应一并对四周墙身进行防潮处理，以求得防潮的整体效果。

2. 室内地面靠外墙墙角处局部返潮明显

(1) 现象

室内地面靠外墙墙角处局部返潮十分明显。

(2) 原因分析

墙基埋设于地面下，是直接承受潮湿源侵袭的部位。很多建筑虽然在±0.000下设了墙基防潮层，但因墙基防潮层与地面防潮层缺乏有机联系，见图6-8（*a*），使墙内、外的地下湿源有了一条通往室内的秘密通道。当室外勒脚、散水、明沟等设施不齐全或有质量缺陷时，湿源向室内的侵入将更为严重。

（3）预防措施

1）将墙基防潮层和地面防潮层作为一个有机整体来看待，施工中严密衔接好，见图6-8（*b*），不让地下湿源有隙可乘。

2）室外的勒脚、散水、明沟等设施应齐全。防止因墙体结构下沉而造成勒脚与散水间产生裂缝，避免雨水向墙基下渗透。

当建筑物室内、外地面标高差较小时，室外勒脚的粉刷高度应高出室内地面200~300mm，防止下雨时雨水溅湿下部墙身。

（4）治理办法

1）凡属于墙基防潮层与地面防潮层脱接的原因造成返潮的，应采取返修措施，使两者衔接成为一体。

2）对室外勒脚与明沟、散水间出现裂缝的，应作及时修补处理，尽量使墙基下保持干燥。

3. 沥青胶泥隔离层或沥青胶泥卷材隔离层产生脱层、空鼓、渗漏。

本通病产生原因、预防措施和治理方法请参见6.14 防腐蚀地面一章有关内容。

4. 沥青砂浆或沥青混凝土层脱层、表面松散、裂缝或发软。

本条通病参见6.14 防腐蚀地面有关内容。

6.3 防油渗地面

防油渗地面系指采用防油渗隔离层、防油渗混凝土铺设的楼地面或采用防油渗涂料涂刷楼地面面层的地面，它具有阻止油类介质浸蚀和渗透的功能，并具有一定耐磨性能。防油渗地面主要用于楼房厂房的楼层地面。

6.3.1 地面渗油原因及危害

1. 渗油原因

（1）混凝土楼板本身的渗透性。众所周知，混凝土是一种多孔结构，其内部存在着大量的尺寸不同的连通或非连通的孔隙，构成了外界介质渗入其内部的直接通道。

水泥完全水化需要的水量一般仅为水泥重量的1/4，而拌合时加入的水量通常为水泥重量的1/2以上，混凝土硬化后多余的水分逐渐蒸发，在其内部留下了大量的毛细孔，尺寸约为200~10000Å。此外，新拌混凝土在浇筑和振捣过程中由于未充分捣实，也会留下一些孔隙；局部离析和泌水导致的泌水通道；由粗集料和钢筋下面水囊构成的水平裂缝；在塑性阶段产生的塑性收缩裂缝；硬化过程中由于热膨胀系数不一致引起的骨料界面裂缝等等。由上可见，混凝土在承受荷载之前，内部已存在的大量孔隙，成为油料介质渗透的隐性通道。

（2）在机械加工生产车间，由于机床用油的喷射、飞溅和滴落，设备周围的地面经常沾有较多的机油，虽然有些机床都设有盛油的油盘或其他回收装置，但漏油的情况还是比较普遍的。有些生产工段使用油泵、液压设备或机械加油频繁的地段，地面也存在相同现象。此外，金属加工件及金属废屑的表面或孔洞中带有机油，在运输及堆放的过程中不断滴下，因此，车间内也往往油迹遍地。

(3) 试验资料证明，矿物油对于混凝土比水更具有亲合力，因此混凝土中油渗比水渗更易发生。不少厂房的楼层地面，在机油的经常作用下，普遍出现渗油现象，严重的还有油珠从顶棚上滴下。

(4) 楼板内埋设的设备地脚螺栓或管线引出处，由于密封措施不当，也构成了机油渗透的通道。

2. 渗油造成的危害

有关试验资料证明，普通水泥混凝土材料对机油等油品具有化学稳定性，即在常温下一般和水泥不起化学作用，不会引起水泥水化后生成的氢氧化钙溶解。但机油等油品对水泥混凝土还是存有一定的破坏作用的，主要是物理作用：

(1) 水泥混凝土结构随着浸油时间的增长，油质逐渐渗入水泥石结构内部，破坏水泥和粗、细骨料之间的粘结力，从而导致混凝土酥松，强度降低。特别对于龄期较短尚未充分硬化的混凝土，如果过早浸入油质，由于油质包裹水泥颗粒，阻碍了水泥的充分水化，将使混凝土后期强度增长缓慢甚至停止增长。如果油品中含有较高的酸质，如环烷酸（石油产品是一种碳氢化合物，主要由烷烃、芳香烃及环烷烃组成，其他硫、氮、氧的含量小于1%。其中环烷烃具有酸性）或含有一定植物油（有机酸）存在时，则对混凝土强度有一定的影响。因为油质的酸值增加，将与水泥混凝土中的氢氧化钙起作用，生成相应的盐，使混凝土分解，造成破坏。

20世纪60年代初，前苏联学者通过试验研究得出，矿物油对混凝土强度的影响规律如下：

完全浸油混凝土

$$R_t = R_0 (1 - 0.1t) \tag{6-1}$$

周期性浸油混凝土

$$R_t = R_0 (1 - 0.023t) \tag{6-2}$$

式中　R_t——浸油后混凝土的强度（MPa）；

R_0——混凝土的原始强度（MPa）；

t——时间（年）

式（6-1）适用于浸油7~8年以内的混凝土；式（6-2）适用于浸油25~30年以内的混凝土。

试验结果表明，混凝土浸油时间越长，强度下降得越多。强度下降的程度还与矿物油的种类有关，见表6-25。

矿物油对混凝土抗压强度的影响　　表6-25

R_t/ R_0 时间 / 矿物油种类	时间（月）		
	3	12	24
不浸油	1.15	1.21	1.28
皂化流	0.88	0.87	0.82
5号机油	0.84	0.82	0.75

对浸油后混凝土中的水泥石进行了岩相分析、XRD 分析和差热分析后，没有发现有任何新生物，这说明矿物油并未与混凝土内部水泥水化产物发生化学反应。矿物油不同于酸、碱、盐类物质，后者会与水泥石组分发生溶析、浸析或膨胀性破坏反应，对混凝土的侵蚀是一个物理化学力学过程。但由于矿物油对混凝土更具有润湿性，当它渗入混凝土内部占据了孔缝后，会给孔缝壁造成很大的楔开压力，尤其对骨料——水泥石界面会产生显著的破坏，严重时会使微裂纹延展，使其抗压强度降低。随着时间的推移，形成恶性循环过程，最终导致混凝土严重破坏，国外学者称这种现象为“楔开效应”。

（2）混凝土中渗油后，会显著降低钢筋握裹力。

试验资料表明，即使浸油时间较短（45 天）混凝土与钢筋的握裹力也会显著降低，尤其是 5 号机油作用最为明显，浸于 5 号机油中的试件，握裹力的降低可达 50%。

钢筋的握裹力主要由三部分组成：混凝土与钢筋之间的胶合力、摩擦力和机械咬合力。当矿物油渗透到钢筋与混凝土结合部位时，会产生以下作用：

1）由于矿物油对于混凝土水泥石中的微裂纹有“楔开作用”，使水泥石强度降低，减小了起胶凝作用的水泥石对钢筋的胶合力。

2）矿物油对于混凝土和钢筋表面都起着润滑作用，这种作用使钢筋与混凝土之间的摩擦力减弱。

3）混凝土硬化过程中，钢筋下部往往会形成积水孔隙。矿物油渗入这些孔隙后，由于“楔开效应”，减弱了钢筋与混凝土之间的机械咬合力。

（3）试验资料也表明，混凝土浸油后，能适度提高混凝土的静压受力弹性模量和增大混凝土的极限应变值，表现出较大的塑性。但比较起来，浸油对混凝土来讲总是弊多利少。

6.3.2 防油渗地面的设计要点

1. 防油渗混凝土楼板宜采用整浇钢筋混凝土结构。如采用预制楼板（多孔板、槽形板等）作楼面结构时，应十分重视板缝的嵌缝质量，并在其上面浇筑一层厚度不小于 50mm 的钢筋混凝土整浇层，以加强楼面结构的整体性。所配钢筋直径宜细、间距宜密、位置宜上，以消除和减少楼面裂缝。

2. 防油渗地面采取多层防油措施还是采取单层防油措施？是否设置防油隔离层？应根据地面油量大小、油品种类、楼板结构的刚度和整体性、设备基础振动的强弱以及面层材料性能等，进行综合考虑，达到最佳的技术经济效果。

3. 防油渗混凝土楼面宜采用抗油渗性能良好的防油渗混凝土浇筑，增强楼面结构自身的防油渗能力。楼板厚度不宜小于 70mm，混凝土强度等级不应小于 C30，抗油渗压力不应低于 0.6MPa。

4. 防油渗混凝土楼面结构中，不应穿放各种管线。对必须穿放的管线、接线盒、预埋套管等露出地面的部分，楼面混凝土应作局部高起，见图 6－9。高出部分混凝土应与楼面同时浇筑，不能事后补做。

5. 防油渗混凝土楼地面浇筑时，应设置纵横伸缩缝，缝宽 15～20mm，缝深 50～60mm。缝的下部采用耐油胶泥材料，上部采用膨胀水泥封缝。

6. 对重量不大于 10t、加工精度一般、具有刚性或中等刚性的机床，尽量不在楼板结构层内设置地脚螺栓，可将机床直接安装在混凝土楼面上，四面用混凝土围住，防止机床在使用中移动。

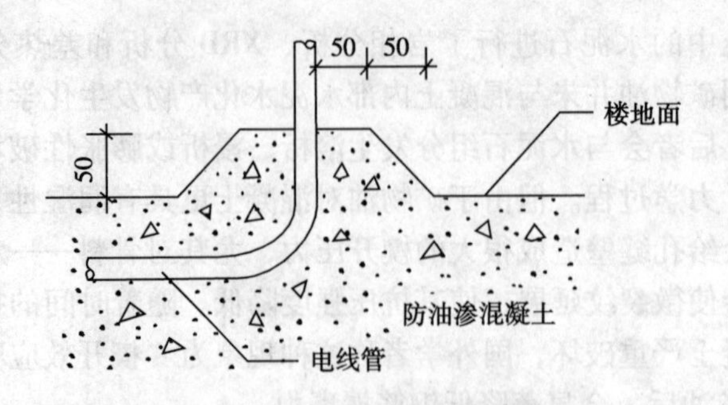

图 6－9　管线露出地面部分做法

7. 根据楼面使用要求，在防油渗混凝土结构层上，可复合耐磨混凝土面层或水磨石面层。

8. 滴油量较大的机床周围或局部地段，宜在地面面层上设置集油浅沟，既防止油料向四周漫流，又可便于油料集中回收。

6.3.3　防油渗地面常用地面类型

防油渗地面根据不同的使用要求，有多种不同的地面类型，常用的有以下几种。

1. 普通型防油渗混凝土楼地面

图 6－10 为普通型防油渗混凝土楼板构造图，楼面结构层采用整浇或预制混凝土楼板，上面铺设 40mm 厚掺防油外加剂的防油渗混凝土整浇层，面层为 20mm 1∶2 水泥砂浆抹面。该地面类型适用于有一般防油渗要求的楼层地面。

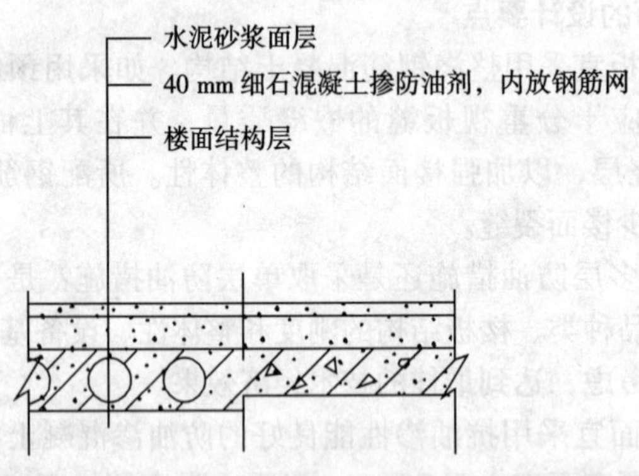

图 6－10　普通型防油渗混凝土楼地面构造图

2. 防油渗型混凝土楼地面

见图 6－11，适用于有一定防油渗要求的楼地面。楼面结构层宜为钢筋混凝土整浇结构。有两道防油渗措施。面层分格面积不宜大于 $50m^2$，用防油渗胶泥嵌缝，膨胀水泥封缝。当整浇楼板结构层表面抹平压光后有相当的平整度时，亦可取消 1∶2.5 水泥砂浆找平层。

3. 防油渗型兼耐磨型混凝土楼地面

图 6－12 为防油渗型兼耐磨型混凝土楼地面构造图，有两道防油渗措施，浇筑防油渗混凝土面层作随捣随抹光时，撒上适量的耐磨材料（厚 3～4mm），这种地面适用于防油渗要求较高且有一定耐磨要求的地面。面层分格面积应不大于 $50m^2$，用防油渗胶泥嵌缝，

膨胀水泥封缝。

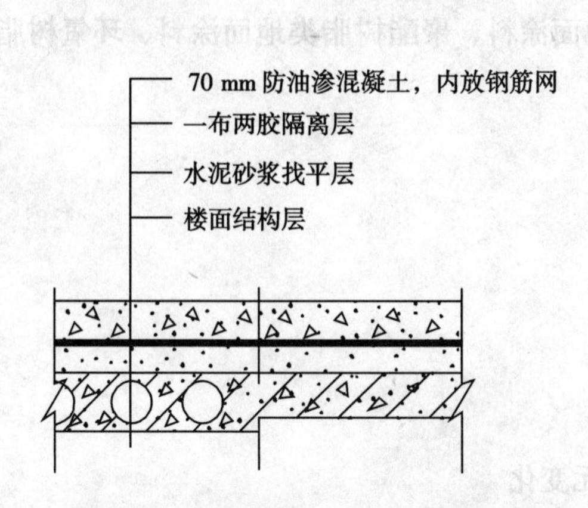

图 6－11 防油渗型混凝土楼地面构造

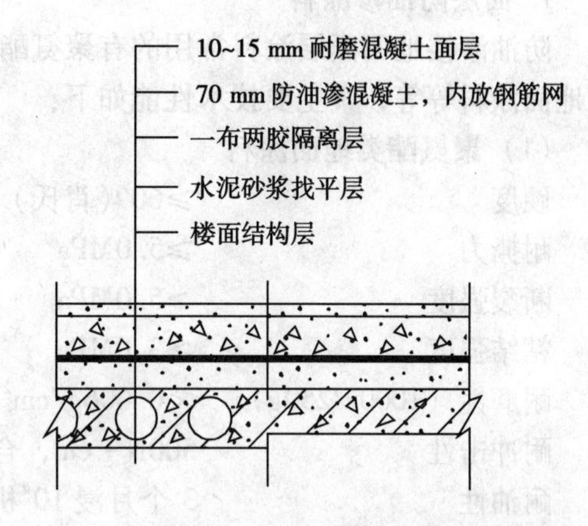

图 6－12 防油渗型兼耐磨型混凝土楼地面构造

当地面有美观要求时，面层可用彩色耐磨材料作随手抹光层。当整浇楼板结构层表面抹平压光后有相当的平整度时，亦可取消 1∶2.5 水泥砂浆找平层。

4. 水磨石防油渗型混凝土楼地面

图 6－13 为水磨石面防油渗混凝土楼地面构造图，有两道防油渗措施，适用于防油渗要求较高且有一定耐磨要求的楼地面。面层分格面积、嵌缝材料及面层色彩等与图 6－12 相同。

5. 耐油涂料型防油渗混凝土楼地面

图 6－14 为耐油涂料型防油渗混凝土楼地面构造图。本类型防油渗地面有三道防油渗措施，适用于防油渗要求很高的地面或地段。涂刷于面层的耐油涂料亦具有良好的抗磨损性能，对清除油污也较方便。

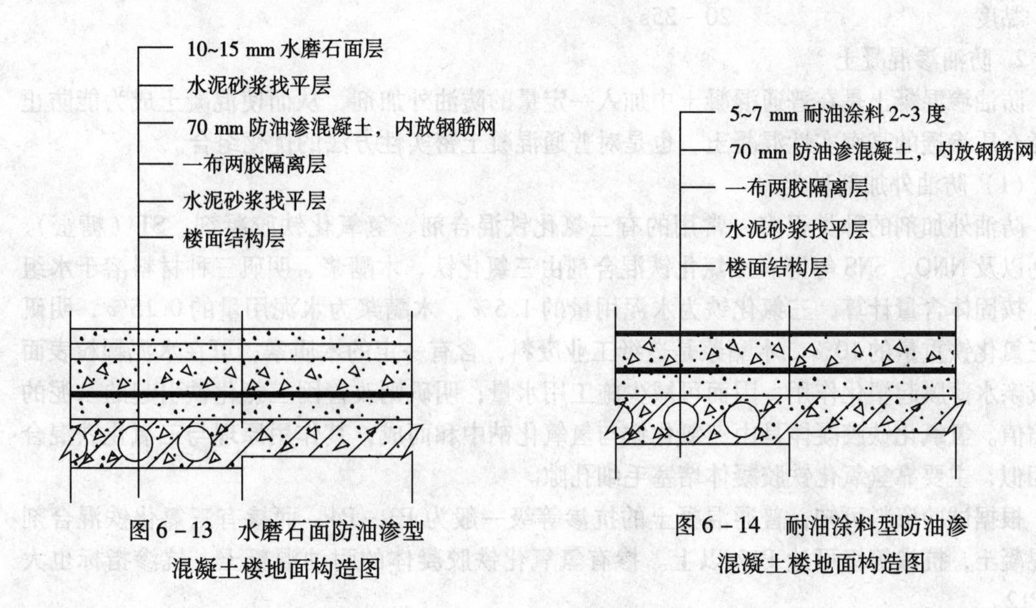

图 6－13 水磨石面防油渗型混凝土楼地面构造图

图 6－14 耐油涂料型防油渗混凝土楼地面构造图

6.3.4　常用的防油渗材料

1. 面层防油渗涂料

防油渗楼地面面层涂料常用的有聚氨酯类地面涂料、聚酯树脂类地面涂料、环氧树脂类地面涂料等等，其主要技术性能如下：

（1）聚氨酯类地面涂料

硬度	≥60（肖氏）
耐撕力	≥5.0MPa
断裂强度	≥5.0MPa
粘结强度	≥3.0MPa
耐磨性（1000r/250g）	$<0.006g/cm^2$
耐冲击性	500N·cm，合格
耐油性	3个月浸10#机油无变化

（2）聚酯树脂类地面涂料

附着力（水泥基）	二级
耐磨性（1000r/250g）	<0.01g
抗冲击性	300N·cm，合格
耐油性	10#机油24h无明显变化
干燥时间	表干≤1h 实干≤24h

（3）环氧树脂类地面涂料

耐磨性（1000r/250g）	<0.006g
干燥时间	表干2~4h 实干≤24h
耐油性	浸10#机油，3个月无明显变化
黏度	20~25s

2. 防油渗混凝土

防油渗混凝土是在普通混凝土中加入一定量的防油外加剂，从而使混凝土成为能防止油类介质渗透的高密实性混凝土，也是对普通混凝土密实性方法的优化组合。

（1）防油外加剂种类

防油外加剂的种类很多，常用的有三氯化铁混合剂、氢氧化铁胶凝剂、ST（糖蜜）、木钙以及NNO、SNS等等。三氯化铁混合剂由三氯化铁、木醣浆、明矾三种材料溶于水组成。按固体含量计算，三氯化铁为水泥用量的1.5%，木醣浆为水泥用量的0.15%，明矾为三氯化铁重量的10%。木醣浆是造纸工业废料，含有一定的木质素，可在水泥颗粒表面形成亲水薄膜起塑化作用，因而可减少施工用水量；明矾则改善因三氯化铁引起的水泥的收缩值。氢氧化铁胶凝体是由三氯化铁与氢氧化钠中和而成，其作用原理与三氯化铁混合剂相似，主要靠氢氧化铁胶凝体堵塞毛细孔隙。

根据试验资料可知，普通混凝土的抗渗等级一般为P3~P4，而掺有三氯化铁混合剂的混凝土，抗渗等级可达P12以上。掺有氢氧化铁胶凝体的耐油混凝土，抗渗指标也大于P12。

外加剂宜采用工厂生产、定量包装的产品，质量容易保证。不宜采用现场制备的方法配制。

经长期浸油试验可知（常温、常压条件、介质为轻柴油），普通混凝土试件浸油2年后，试件基本全部渗透，开放性气孔充满油质；而掺有氢氧化铁胶凝体的混凝土试件，渗油深度只有2~5cm；而掺有三氯化铁混合剂的试件，渗油深度仅1.0~3.5cm。因此，防油渗楼地面面层的水泥砂浆和混凝土中，掺入外加剂后，其抗油渗能力的提高是比较明显的，防油渗效果也是良好的。

（2）防油渗混凝土主要性能测试值

表6-26为几种掺防油外加剂的混凝土试件测试值比较表。

掺外加剂的防油渗混凝土性能测试值表 **表6-26**

外加剂		水泥		坍落度（cm）	抗油渗性		f_{28}抗压强度（MPa）
品种	掺量(%)	品种	用量(kg/m³)		压应力（MPa）	油渗高度（cm）	
—	0	原425号普通硅酸盐水泥	380	4.2	0.6	全渗	38.1
ST（糖蜜）	0.25		380	4.5	1.6	9.7	44.5
木钙	0.25		380	4.1	1.6	6.4	47.5
NNO	1.0		380	3.2	1.6	12.0	43.5
SNS	2.0		380	4.6	2.0	2.4	45.6

注：混凝土抗油渗试验油料为煤油。

（3）防油渗混凝土施工配合比

防油渗混凝土配合比应根据工程具体要求经试配调整而确定，施工参考配合比如表6-27。

防油渗混凝土施工参考配合比 **表6-27**

水泥	砂子	碎石	水	SNS	备注
380	683	1127	190	15.2	每立方米混凝土用量（kg）
1	1.797	2.966	0.5	0.04	混凝土配合比

（4）防油渗混凝土抗油渗性对比试验

混凝土抗油渗性对比试验情况参见表6-28，其试验方法如下：

1）快速抗油渗是将标养14d的抗渗试块，去掉含水率后，一次加油压为1.8MPa，保持24h，测定试块的油渗高度和吸油量。

2）慢速抗油渗试验是将标养28d的抗渗试块，每8h加油压0.1MPa（按防水混凝土标准试验方法进行），混凝土油压至1.8MPa时，测得试块的油渗高度和吸油量。

混凝土抗油渗对比试验　　**表 6-28**

加外剂名称	混凝土配合比				快速抗渗（一次加压 1.8MPa）			慢速抗渗（至 1.8MPa）		
	水泥	砂子	碎石	水灰比	烘去含水率（%）	油渗高度（cm）	24h 后吸油量（%）	烘去含水率（%）	油渗高度（cm）	144h 后吸油量（%）
空　白	1	1.871	3.000	0.536	1.32	5.38	0.557	1.32	9.0	1.32
SNS 防油剂	1	1.790	2.966	0.50	1.10	2.05	0.349	1.00	2.5	0.58

注：表中混凝土的砂率均为 38%，水泥用量均为 380kg/m³，坍落度均为 7cm。

（5）防油外加剂提高混凝土抗油渗机理

1）对水泥水化作用的影响

由水泥浆体 28d 龄期的差热分析曲线和 X 射线衍射分析曲线可见：水化产物种类基本没有变化，仅是相对含量有所变化，即氢氧化钙含量减少和水化硅酸钙含量增多较为明显。

从 28d 龄期水泥浆体的扫描电镜（1500 倍）结果可见：空白试样为氢氧化钙、水化硅酸钙和硅矾石的混合物，呈各种异形的坑状物，而掺有防油外加剂的试样中，含有长纤维状的物质，这是钙硅成分比较高的纤维状水化硅酸钙。

2）防油外加剂对水泥浆体孔结构的影响

对掺入防油外加剂的水泥浆体总孔隙率经过测定有所减少，其减少值为 0.0298mL/g，且使小于 100Å 的凝胶孔增加，100Å ~ 500Å 的孔大大减少，使原来的孔隙被分割缩小或切断，从而使混凝土的抗油渗性能得以提高。

（6）防油渗混凝土的原材料及其质量要求

1）水泥：宜采用 42.5 或 52.5 级普通硅酸盐水泥，水泥用量 370 ~ 400kg/m³，凡已过期、受潮、有结块的不得使用，水泥质量应符合现行国家水泥标准。

2）骨料：粗骨料采用 5 ~ 20mm 或 5 ~ 15mm 碎石，最大粒径需小于 25mm，含泥量不大于 1%，空隙率小于 42% 为宜，碎石本身坚实，选用花岗岩、石英岩等岩质，不得采用松散多孔和吸水率较大的石灰岩、砂岩等。细骨料采用中砂，细度模数控制在 $\mu_f = 2.2 \sim 2.5$ 之间，应通过 0.5cm 筛子筛除泥块杂质，含泥量不大于 1%。

砂、石技术要求应符合《普通混凝土用砂质量标准及检验方法》（JGJ 52—92）和《普通混凝土用碎石和卵石质量标准及检验方法》（JGJ 53—92）的规定。

3）水：取饮用水。

4）外加剂——SNS 防油外加剂：SNS 防油外加剂是含萘磺酸甲醛缩合物的高效减水剂和呈烟灰色粉状体的硅粉为主要成分组成，属非引起型混凝土外加剂，常用掺量为3% ~4%（以水泥用量计）：减水率约 10%，抗压强度可提高 20%，宜用于防油混凝土工程，防水工程亦可使用。施工时环境温度宜在 5℃ 以上，低于 5℃ 时需采取必要的技术措施。

3. 耐油胶泥

用于防油渗楼地面的耐油胶泥，不仅要有一定的耐油渗性能，而且要有一定的弹性（延伸率），以适应由于房屋不均匀沉降以及楼面构件承受荷载后的挠度等因素所产生的变形。

试验资料证明，聚氯乙烯胶泥对汽油、柴油、煤油和机油等的耐油性能良好，并有一定的耐酸、碱性能，且具有较好的耐热性、耐寒性、防水性、弹塑性和抗老化性等性能，可以在 -25℃ ~80℃的气温下正常使用，粘结牢固。同时，它的材料来源较广、配制工艺和施工操作比其他嵌缝材料（如聚硫橡胶、弹性聚氨酯等）简便，是较为理想的耐油嵌缝材料。

聚氯乙烯耐油胶泥主要性能指标如下：

相对密度：1.39

延伸率：171%

粘结强度：4.47kg/cm²

收缩率：0.75%（15d）

吸水率：0.026%（24h）

浸油60d的重量变化：

汽油——3.78%

柴油——0.72%

煤油——1.03%

10#机油——0.20%

（1）聚氯乙烯胶泥的配方和配制工艺

根据施工时胶泥必须保持高热或允许有一定的温降，分为热施工和温施工两种配方，以供施工时根据当地、当时的气候条件和施工工具等条件而选用。

1）热施工的聚氯乙烯胶泥配方如表6-29。

热施工的聚氯乙烯胶泥配方 表6-29

胶泥配方（重量比）	A	B
脱水煤焦油	100	100
聚氯乙烯树脂（XO-3）	20	25
磷苯二甲酸二丁脂（增塑剂）	20	25
三盐基硫酸铅（稳定剂）	1	1
滑石粉	15	15

配制工艺：

①将煤焦油在120℃ ~140℃温度下脱水，然后保温至40℃ ~60℃备用；

②按配比称取聚氯乙烯树脂和三盐基硫酸铅搅拌均匀，然后加入二丁脂，拌匀成糊状，即聚氯乙烯糊；

③将聚氯乙烯糊缓慢加入到40℃ ~60℃定量的脱水煤焦油中，搅拌均匀，再徐徐加入滑石粉，边加边搅拌，同时进行加热。随着温度的上升，料浆逐渐由稀变稠，待温度上升到130℃ ~140℃时，应控制温度不再上升，维持10 ~15min进行塑化，这时料浆又逐渐由稠变稀，料浆表面由无光变为黑亮，这表示胶泥塑化已经完成，就可以灌入楼面分仓缝内。

热施工聚氯乙烯胶泥加热塑化后，必须乘高温时立即浇入楼板分仓缝内。如果一批加热塑化的胶泥量较多，不能在短时间内浇灌完毕，胶泥温度会很快下降，已形成弹塑性后浇灌就有困难，即使勉强注入缝内，也不能与混凝土粘结牢固。发现此类情况，应将胶泥拉出，返工重做。

2）温施工的聚氯乙烯胶泥配方如下：

脱水煤焦油	100
聚氯乙烯树脂（XO－3）	20
磷苯二甲酸二丁脂（增塑剂）	20
三盐基硫酸铅（稳定剂）	1
滑石粉	30
环已酮	3（后加）
二甲苯	6（后加）

配制工艺：

先按配比秤取已脱水的煤焦油，倒入搅拌机内，再按配比加入聚氯乙烯树脂、磷苯二甲酸二丁脂、三盐基硫酸铅、滑石粉，搅拌均匀后，即开始点火升温，边加热边搅拌，温度达到130℃～140℃左右（不得超过140℃）时，维持10～15min进行塑化，熄火稍冷却后（温度在120℃左右）立即按配比加入环已酮及二甲苯，搅拌均匀后即可浇注施工。按温施工法配方配制的胶泥，在冷却到90℃左右时，也能顺利浇灌，仍能达到与混凝土粘结牢固的要求。因此，在气候温度较低时，采用温施工配方，较为有利。在上述配方中，如环已酮货源紧缺时，亦可用纯净的糠醛代替。

（2）配制耐油胶泥的工具与燃料

耐油胶泥的配制质量，与配制时使用的工具和燃料有很大关系。很多施工现场，由于施工条件的限制和习惯的施工方法，常采用在铁锅下烧柴火或煤炭加热，用人工搅拌的方法进行配制，其缺点有二，一是人工搅拌不易搅拌得很均匀；二是用柴火或煤炭加热，不能灵活的调节控制温度，因此，常常会影响胶泥质量。如果能采用胶泥专用的熬制锅，用电动搅拌刀搅拌，锅边插有温度计，用液态石油气作为燃料进行加热，则温度的调节控制十分方便。施工实践证明，如果胶泥的浇灌量较大，采用上述方法配制胶泥是比较理想的方法。

（3）冷底子的配方与配制工艺

冷底子的配方（重量比）如下：

	A	B
聚氯乙烯胶泥（无滑石粉）	100	100
环已酮	60	100
二甲苯	60	0

在这配方中，聚氯乙烯胶泥（无滑石粉）是按下列成分配制的：

脱水煤焦油	100
聚氯乙烯树脂（XO－3）	20
磷苯二甲酸二丁脂	20
三盐基硫酸铅	1

冷底子的配制工艺：

先按配比秤取脱水煤焦油，倒入小铁桶内，再按配比加入聚氯乙烯树脂、磷苯二甲酸二丁脂和三盐基硫酸铅（不加滑石粉），拌匀后，在炉灶上加热，同时不停的搅拌，待温度达到130℃~140℃左右时，维持10min进行塑化，然后熄火，即成为聚氯乙烯胶泥（无滑石粉）。

待胶泥冷却到100℃左右时，在不停搅拌下，按配比缓缓加入环已酮和二甲苯，继续搅拌均匀，即成为冷底子。

冷底子应当根据当时需要量现配现用，不宜贮藏时间过长，以免变质成胶冻状态。凡已成胶冻状态的冷底子不得使用。如环已酮材料缺货，可以用纯净的糠醛代替。但用糠醛配制的冷底子，更易变质成胶冻状，因此更要现配现用。

（4）胶泥与混凝土的粘结试验

楼面防油混凝土和分仓缝内的聚氯乙烯胶泥是否能牢固粘结密合，是防止楼面渗油的重要关键之一。由于各工程施工中，防油混凝土的实际用料和拌捣条件有所不同；采用的胶泥原料、配制条件及施工方法等也有所不同；再有施工时的气候条件也有不同，因此，嵌缝胶泥实际的粘结效果，也必然各不相同。为此在施工前，必须做一定的试验工作，目的为掌握以下资料：

1）检验和调整胶泥及冷底子的配方，以达到胶泥与混凝土粘结牢固的目的。

2）测定胶泥的“浇注最低温度”，也可测定胶泥从140℃降到“浇注最低温度”的时间（即在当时气候条件下的浇注允许延迟的时间）。

3）测定在当时的气候条件下涂刷冷底子到浇注胶泥的合宜时距。

试验方法：

1）在浇筑楼面防油混凝土时，随机取一些刚拌好的混凝土，浇捣一批8字模试块，与楼面同时养护备用。

如不能等待楼面浇注，则必须用与楼面防油混凝土相同的原材料、相同的配合比拌制的混凝土捣制8字模试块。否则，试验结果的数据，不能反映实际情况，并与实际分离，也失去了试验的意义。

2）取已经干透的8字模混凝土试块，先在断面上涂刷冷底子，待干透后（一般为一昼夜，应记录时间和气候温湿度），再浇注聚氯乙烯胶泥，见图6-15。每次至少浇注6对试块，分为两组，编号记录，妥善保管。

试验中所用的冷底子和胶泥的原材料和配制条件必须和今后施工中实际使用的冷底子和胶泥的原材料和配制条件完全相同，理由同前。

3）8字模混凝土试块浇注胶泥后一星期及一个月，分两次各取半数试块在拉力机上测定拉断时的拉力（计算粘结强度）和延伸长度（计算延伸率），要求达到下列指标值：

粘结强度　　　　≥30N/cm^2

延伸率　　　　　≥100%

如果不能达到上述指标，就应当分析原因，进行调整修改，重新浇筑试块进行测定，直到合格为止。

分析测试指标不合格的原因，主要依靠观察8字模试件拉断处的情况，归纳起来有三种情况：

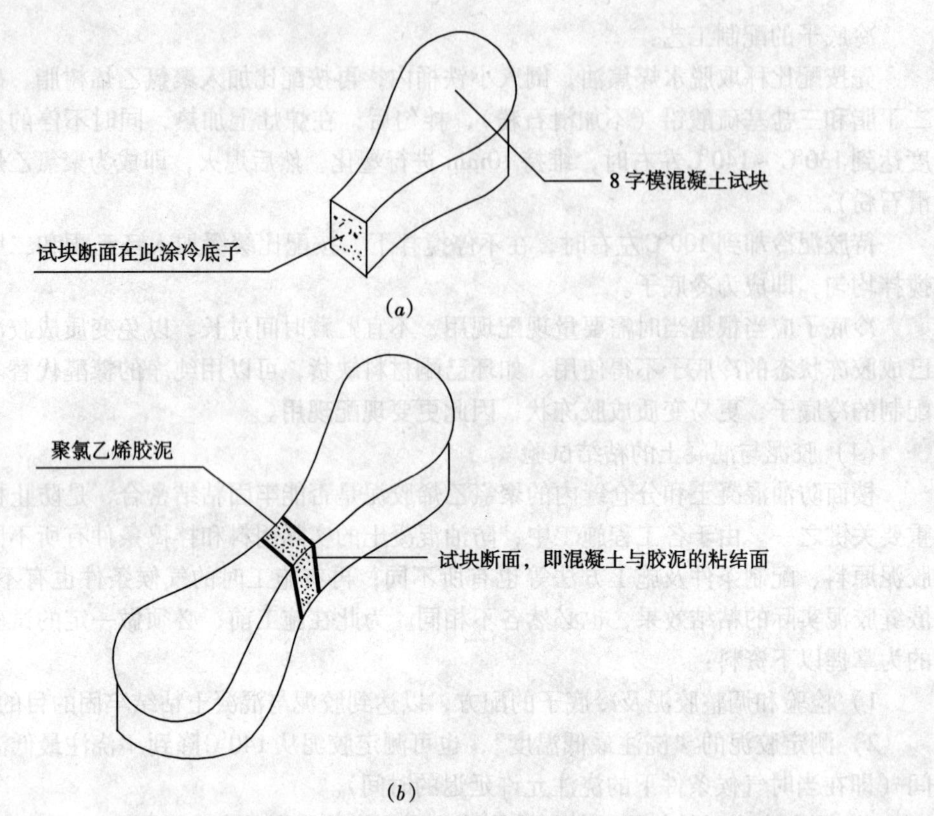

图6-15　粘结试验用的8字模试块

（a）未浇筑胶泥的试块（一半）；（b）浇筑胶泥后的试块

1）胶泥被拉断，即胶泥被拉成二段，各自仍粘牢在混凝土试块上，见图6-16。这说明胶泥质量有问题，应从胶泥原材料、胶泥配方和配制条件等方面进行检查和调整。

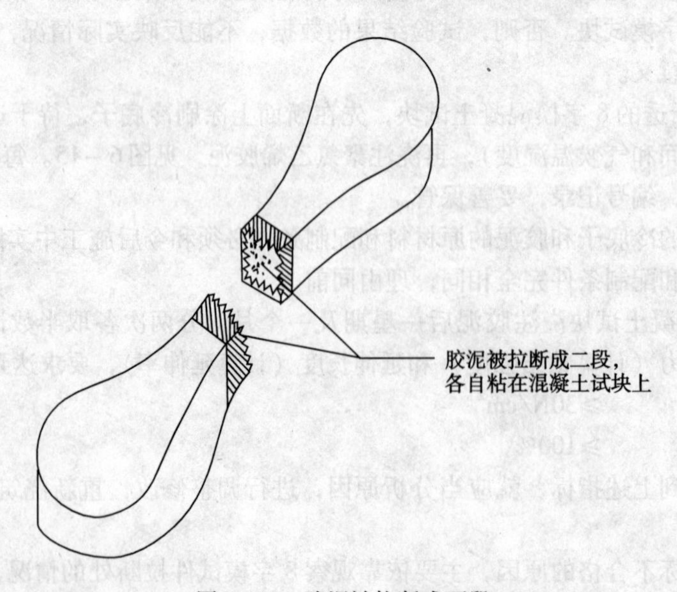

图6-16　胶泥被拉断成两段

2）胶泥与冷底子之间脱胶断开，见图6－17。首先应分析涂刷冷底子到浇筑胶泥的时距（即间隔时间）是否确当（结合当时气候条件），浇筑胶泥时的胶泥温度是否过低，或是从冷底子和胶泥的原材料、配方、配制条件等方面进行检查和调整，直至达到指标为止。

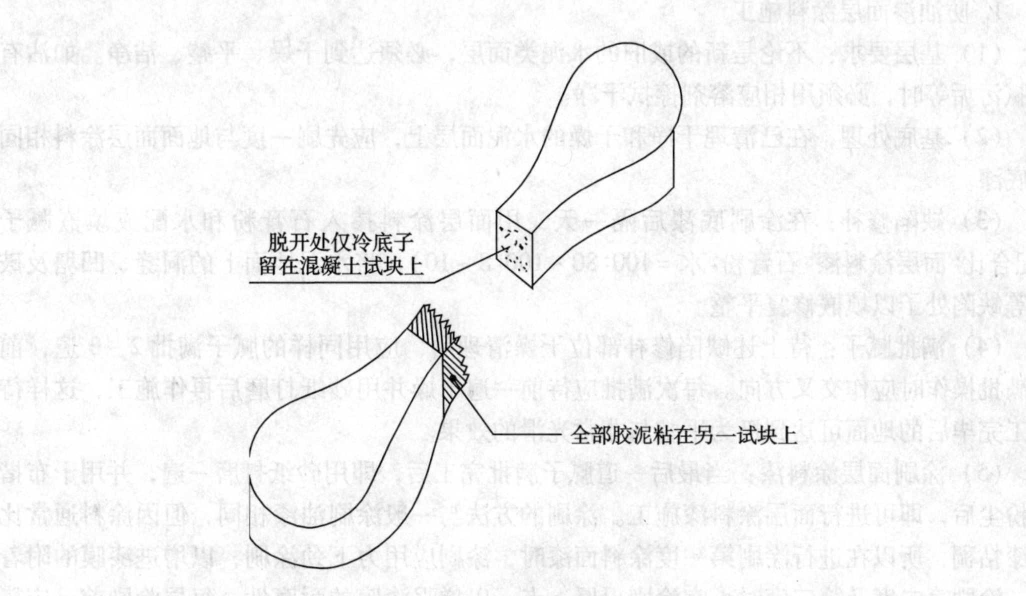

图6－17 胶泥与冷底子之间断开

3）冷底子和混凝土脱开，见图6－18。应分析涂刷冷底子到浇注胶泥的时距是否过短（结合混凝土断面的粗糙程度和当时的气候条件）。如果混凝土脱开面较平整光洁，则应分析冷底子的粘结质量是否过低和混凝土试块是否干透。如果混凝土试件断面的颗粒被冷底子和胶泥拉脱，则说明混凝土质量偏低，应调整混凝土施工配合比，以提高混凝土强度等级。

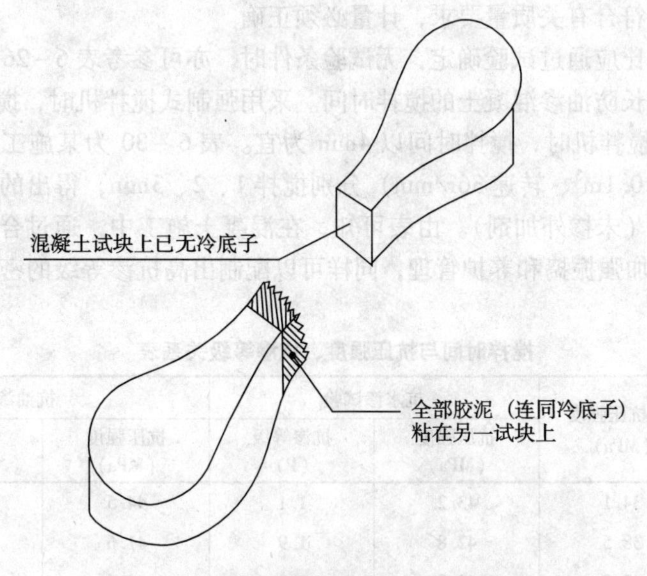

图6－18 胶泥连同冷底子和混凝土试块脱开

由于胶泥的配制和浇注等对粘结强度的影响因素是比较复杂的，所以上述分析意见仅是初步的，有待进一步的探索和总结。

6.3.5　防油渗楼地面施工要点

1. 防油渗面层涂料施工

（1）基层要求：不论是新的或旧的水泥类面层，必须达到干燥、平整、洁净。如沾有油腻污垢等时，必须用相应溶剂擦拭干净。

（2）基底处理，在已清理干净和干燥的水泥面层上，应先刷一度与地面面层涂料相同的底漆。

（3）缺陷修补：在涂刷底漆后隔一天，用面层涂料掺入石膏粉和水配成填嵌腻子（配合比：面层涂料漆：石膏粉：水＝100：80～100：8～10），将水泥地面上的洞缝、凹塘及破损等缺陷处予以填嵌修复平整。

（4）满批腻子：待上述缺陷修补部位干燥清理后，应用同样的腻子满批2～3遍，前后满批操作时应作交叉方向。每次满批应待前一遍干燥并用砂纸打磨后再作施工，这样待施工完毕后的地面可达到极为平整与非常光滑的效果。

（5）涂刷面层涂料漆：当最后一道腻子满批完工后，即用砂纸打磨一遍，并用干布揩除粉尘后，即可进行面层涂料漆施工。涂刷的方法与一般涂刷油漆相同，但因涂料通常比油漆粘稠，所以在进行涂刷第一度涂料面漆时，漆刷应用力下劲涂刷，以增进漆膜的附着力。涂刷第二度及第三度时，宜涂刷得厚一点，以增强漆膜的耐磨性。每层涂刷前，应待前一层干燥并经砂纸打磨，消除所有的腻子批痕和其他刷痕。最后一度面层涂料涂刷完毕后，应在空气通畅的情况下保护6～8天，然后进行擦蜡保养使用。

各种地面涂料在施工时都会有一定的溶剂挥发量，其气味具有一定的刺激性，故施工时一定要注意通风良好。如操作时间过长感觉有头晕现象，应及时离开操作场所到室外清醒一下，以消除不适现象。

2. 防油渗混凝土施工

（1）原材料应符合有关质量要求，计量必须正确。

（2）施工配合比应通过试验确定，无试验条件时，亦可参考表6－26和表6－27定。

（3）应适当延长防油渗混凝土的搅拌时间。采用强制式搅拌机时，搅拌时间不宜小于2min；采用自落式搅拌机时，搅拌时间以4min为宜。表6－30为某施工单位采用的强制式搅拌机（容量为0.1m^3、转速36r/min）分别搅拌1、2、3min，得出的混凝土试件抗压强度和抗渗性能表（未掺外加剂）。由表可知，在混凝土施工中，通过合理掌握配比，适当延长搅拌时间，加强振捣和养护管理，同样可以配制出高抗渗等级的密实性混凝土。

搅拌时间与抗压强度、抗渗等级关系表　　表6－30

搅拌时间(min)	R_{28}抗压强度(MPa)	抗水渗试验		抗油渗试验	
		抗压强度(MPa)	抗渗等级(P)	抗压强度(MPa)	抗渗等级(P)
1	34.1	43.2	1.1	44.5	0.6
2	38.5	42.8	1.9	41.6	1.1
3	45.2	48.7	2.8	49.3	1.4

(4) 防油渗混凝土面层分区段浇筑时，应按厂房柱网进行划分，其面积不宜大于50m²。分格缝应设置纵向和横向伸缝，纵向伸缝的间距宜为3~6m，横向伸缝的间距宜为6~9m，且应与建筑物的轴线对齐。分格缝的做法见图6-19。

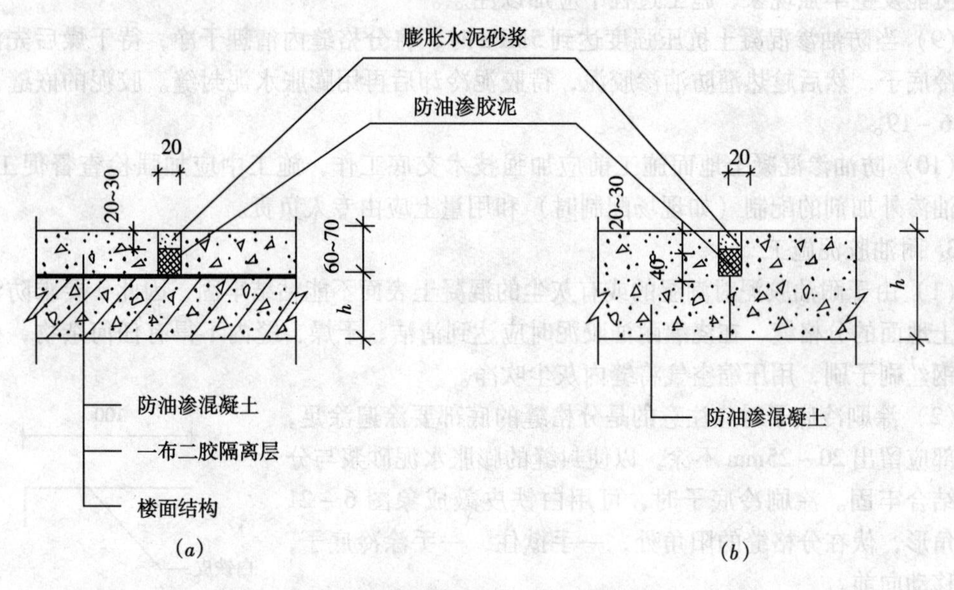

图6-19 防油渗混凝土面层分格缝做法
(a) 楼层地面；(b) 底层地面

(5) 防油渗混凝土面层内不得敷设管线。凡露出地面的电线管、接线盒、预埋套管和地脚螺栓等处，应按图6-9使防油渗混凝土局部高起，并采用耐油胶泥或环氧树脂进行处理。在靠墙、柱边处，混凝土面层应作泛水处理，防止油液从墙、柱边处向下渗漏，见图6-20。

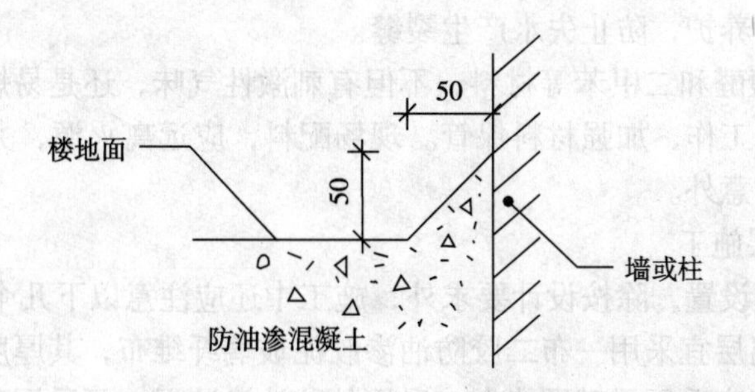

图6-20 防油渗混凝土面层在墙、柱边处的局部反高做法

(6) 在水泥类基层面上铺设防油渗混凝土前，应满刷一度防油渗水泥浆粘结层，并随刷随铺设防油渗混凝土拌合物。

防油渗水泥浆系在水泥浆中加入防油渗外加剂搅拌均匀而成，防油渗外加剂的掺量按产品质量标准和生产厂说明使用。

(7) 防油渗混凝土强度等级不应小于 C30，浇筑时，摊铺应平整，振捣应密实，不得漏振，并认真做好面层的抹平、压光工作以及养护工作。

(8) 防油渗混凝土中由于掺入了防油渗外加剂，初凝前有可能出现缓凝现象，而初凝后又可能发生早强现象，施工过程中应加以注意。

(9) 当防油渗混凝土抗压强度达到 5MPa 时，将分格缝内清理干净，待干燥后先涂刷一度冷底子，然后趁热灌防油渗胶泥，待胶泥冷却后再用膨胀水泥封缝。胶泥的嵌缝深度见图 6－19。

(10) 防油渗混凝土地面施工前应加强技术交底工作，施工中应加强检查督促工作，在防油渗外加剂的配制（如现场配制时）和用量上应由专人负责。

3. 耐油胶泥施工

(1) 由于耐油胶泥对潮湿的或有灰尘的混凝土表面不能粘结牢固，因此，要求防油渗混凝土地面的分格缝，在浇灌耐油胶泥时应达到清洁、干燥，缝内不得有任何杂物，必要时用钢丝刷子刷，用压缩空气将缝内灰尘吹净。

(2) 涂刷冷底子时应注意的是分格缝的底部要涂遍涂足，而上部应留出 20～25mm 不涂，以使封缝的膨胀水泥砂浆与分格缝结合牢固。涂刷冷底子时，可用白铁皮敲成象图 6－21 的折角形，伏在分格缝的阳角处，一手揿住，一手涂冷底子，不断移动向前。

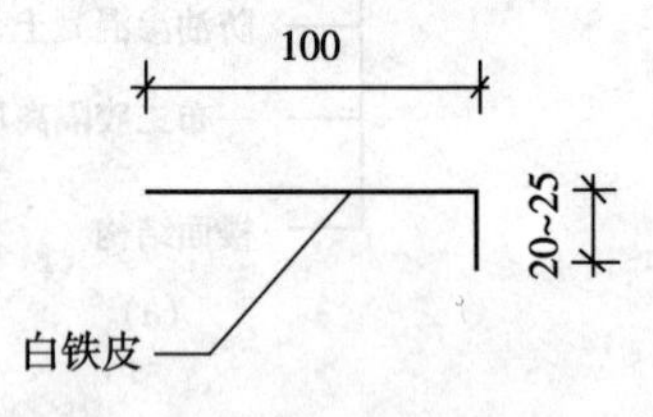

图 6－21 白铁皮折角形阳角器

(3) 涂刷冷底子后的第二天（或经测定的合宜时距），检查冷底子确已干透后，即可浇注缝内胶泥。根据施工时的气候情况，选择合适的胶泥配方。如采用热施工配方方案时，浇注时应控制好胶泥温度，当温度下降过多时，应重新加热后再行浇注。如勉强浇注入缝，胶泥与混凝土缝的粘结也不会牢固。胶泥浇注缝时，不应浇筑满缝，应留出膨胀水泥砂浆封缝的位置。

(4) 胶泥浇注缝后第二天，即可用膨胀水泥砂浆将缝口上部作封缝处理，并注意对封缝部分水泥砂浆进行养护，防止失水产生裂缝。

(5) 环已酮、糠醛和二甲苯等材料，不但有刺激性气味，还是易燃品，因此施工中应加强安全防护和防火工作，加强材料保管。现场配料，应远离火源，并禁止吸烟，配备四氯化碳灭火机，以防意外。

4. 防油渗隔离层施工

防油渗隔离层的设置，除按设计要求外，施工中还应注意以下几个方面：

(1) 防油渗隔离层宜采用一布二胶防油渗胶泥玻璃纤维布，其厚度约为 4mm。

(2) 玻璃纤维布应采用无碱网格布。采用的防油渗胶泥，可采用弹性多功能聚胺酯类涂膜材料，其厚度为 1.5～2.0mm，防油渗胶泥的配制按产品使用说明。

(3) 在水泥类基层上设置隔离层和在隔离层上铺设防油渗混凝土面层时，其下一层表面应洁净。铺设时应涂刷同类冷底子，以利粘结。冷底子的配方与配制见本节前面“耐油胶泥施工”部分内容。

(4) 隔离层施工时，在已处理好的基层上将加温的防油渗胶泥均匀涂刷一遍，随即将玻璃纤维布粘贴覆盖，其搭接宽度不应小于 100mm，与墙、柱连接处的涂抹、铺贴应向上翻边，其高度不应小于30mm。一布二胶防油渗隔离层完成后，经检查质量符合要求，方可进行下道工序的施工。

6.3.6 质量标准和检验方法

防油渗地面质量标准和检验方法见表6－31。

防油渗地面质量标准和检验方法　　表6－31

项	序	检验项目	允许偏差或允许值（mm）	检验方法
主控项目	1	面层材料	1. 水泥应采用普通硅酸盐水泥，其强度等级应不小于32.5； 2. 碎石应采用花岗岩石或石英石，严禁使用松散多孔和吸水率大的石子，粒径为5～15mm，其最大粒径不应大于20mm，含泥量不应大于1%； 3. 砂应为中砂，洁净无杂物，其细度模数应为2.3～2.6； 4. 外加剂和防油渗剂应符合产品质量标准； 5. 防油渗涂料应具有耐油、耐磨、耐火和粘结性能	观察检查和检查材质合格证明文件及检测报告
	2	面层强度	1. 防油渗混凝土的强度等级和抗渗性能必须符合设计要求，且强度等级不应小于C30； 2. 防油渗涂料抗拉粘结强度不应小于0.3MPa	检查配合比通知单和检测报告
	3	面层与下一层的粘结	应结合牢固，无空鼓	用小锤轻击检查
	4	面层涂料质量	与基层粘结应牢固，严禁有起皮、开裂和漏涂等缺陷	观察检查
一般项目	5	面层坡度	应符合设计要求，不得有倒泛水和积水现象	观察和泼水或用坡度尺检查
	6	面层质量	防油渗混凝土面层表面不应有裂纹、脱皮、麻面和起砂现象	观察检查
	7	踢脚线质量	与墙面结合应紧密，高度一致，出墙厚度均匀	用小锤轻击、钢尺和观察检查
	8	表面平整度	5	用2m靠尺和楔形塞尺检查
	9	踢脚线上口平直	4	拉5m线和用钢尺检查
	10	缝格平直	3	

6.3.7 质量通病和防治措施

1. 防油渗混凝土抗油渗性能差

（1）现象

防油渗混凝土地面铺设后，表面质量较差，试件经抗油渗性试验，抗油渗性能低下，达不到0.6MPa的基本要求。

（2）原因分析

1）防油渗外加剂质量不合要求（现场配制的混合外加剂配方有误或操作有误），或掺加量不当，致密性差，使配制的防油渗混凝土性能低下。

2）骨料级配不好，空隙率大，含泥量或泥块含量多。

3）混凝土搅拌时，用水量掌握不好，水灰比偏大，坍落度大。或砂率小，和易性和密实性较差。

4）面层铺设后，振捣工作不仔细，有漏振、过振现象，使面层密实性不均匀。

5）面层铺设后，压光工作时间掌握欠佳，养护工作不够及时，面层有较多的微细裂缝。

6）上人过早，或下道工序操作不当，使光洁的面层遭受损伤。

（3）防治措施

1）防油渗混凝土所用材料，如水泥、砂石等，应符合规定和要求，砂石的粒径和级配应符合相应要求。

2）防油渗外加剂应按产品使用说明正确使用，掺量按试验确定，使用应由专人负责。

3）防油渗混凝土施工，计量器具要合格，称量要准确，搅拌时间不应少于2min。砂石含水率每天测定不少于2次。

4）面层铺设应均匀、振捣应仔细，宜用平板振捣器振捣。

5）如防油渗混凝土层兼作面层时，面层的抹平、压光工作应切实掌握好火候，使面层压光后达到平整、密实、光洁，具体可参照"5.1　水泥砂浆面层"一节内容。

6）切实做好养护工作，保持面层湿润状态。养护时间不少于14天。

养护期间，禁止随意上人，不宜安排下道工序施工。

养护结束后，安排下道工序施工时，应有防止损伤面层的措施。

2. 防油渗涂料面层脱皮、起壳

（1）现象

防油渗涂料面层涂膜与基层粘结不牢，有脱皮、起壳现象。

（2）原因分析

1）基层表面不平整、不洁净、不光滑。水泥类基层表面抹压质量差，有起灰现象。

2）施工时，基层没有干透，含水量偏大。

3）涂料贮存时间过长或已变质，使涂层结膜不良，附着力差。

4）施工操作方法欠妥，特别是溶剂型涂料，在涂刷上一层涂料时，刷帚多次来回涂刷，极易使第一层涂膜溶解而产生脱膜（俗称"咬底"现象）及起皱纹现象。

5）工期较紧，突击施工，上下工序及二道涂层之间无技术间隔时间。

6）施工环境条件差。在温度低、湿度大的气候条件下施工，涂膜粘结差，质量不易保证。

（3）预防措施

1）重视基层质量，基层表面应干燥、平整、洁净、光滑。如表面粗糙、有洞眼、细裂纹等现象时，应先调制腻子进行批嵌（宜满批），待干燥后用砂纸打磨一遍，使表面达到平整、光滑的要求。

2）使用的涂料质量应有产品合格证明书，禁止使用劣质、变质涂料和贮存期过长的涂料。

3）涂刷第一层涂料时，应待腻子充分干燥，并经细砂纸打磨、用干布揩去粉尘后进行。涂刷时，刷帚应下劲用力，以增进涂膜与基层的附着力。

4）进行第二层涂刷时，同样应待第一层涂膜干燥并经细砂纸打磨，消除刷痕，并用干布揩去粉尘后进行。涂刷时，切忌多次来回涂刷，以一横一竖的涂刷为宜。

5）防止突击施工，上下涂层间应有合理的技术间隔时间。

6）注意施工环境的温、湿度。应选择晴好天气施工，不宜在下雨天、空气湿度较大的天气环境下施工，室内气温低于5℃时，也不宜施工。

（4）治理办法

如局部部位发生脱皮、起壳现象，应将脱皮、起壳部分铲除并清理干净后，作精心返修处理。如脱皮、起壳严重，应进行全部铲除并经清理干净后予以重做。重做时严格按上面要求进行施工。

6.4 不发火（防爆的）地面

不发生火花地面，又称防爆地面，主要用于有防爆要求的一些工厂车间和仓库，如精苯车间、氢氧车间、精镏车间、钠加工车间、钾加工车间、胶片厂棉胶工段、人造橡胶的链状聚合车间、人造丝工厂的化学车间以及生产爆破器材、爆破产品的车间和火药仓库、汽油仓库等。这些车间和仓库的地面，在生产和使用过程中，地面上由于受重物坠落、铁质工作或搬动机器、物体时的撞击、摩擦所发生的红灼火花，是发生灾害事故的原因之一。

按照《建筑设计防火规范》规定，散发较空气重的可燃气体、可燃蒸汽的甲类厂房以及有粉尘、纤维等爆炸危险的乙类厂房，都应采用不发生火花的地面。

由于各种车间和仓库的用途不同，对不发生火花地面的要求和构造也不一样。常用的地面主要有不发火花的混凝土、水泥砂浆、水磨石、菱苦土、沥青砂浆和沥青混凝土、木地板、橡胶等多种地面类型。

6.4.1 地面设计要求

1. 若不发火地面采用水泥类材料（如水泥砂浆、水泥石屑浆、水磨石及细石混凝土）或沥青类材料（如沥青砂浆、沥青混凝土）做面层时，骨料必须是石灰石、白云石和大理石等材料中不发生火花者。其材料及其制品的不发火性应经试验确定。水磨石面层的分格条亦应采用不发火性的材料制成。

2. 面层材料应能经受生产操作或长期使用的考验而不易损坏的。同时，面层材料应有适当的弹性，在冲击荷载作用下能减少振幅值，并应防止有可能因摩擦发生火花的材料粘结在面层上。

3. 绝缘材料整体面层应有防（导）静电积聚的措施。

4. 如采用木地板面层时，铁钉不得外露。

5. 地面与相邻房屋连接处，应采用非燃烧材料密封。

6. 地面下不宜设地沟，如必须设置时，其盖板应严密，并用非燃烧材料填嵌密实。

7. 地面踢脚板亦应按不发火（防爆）地面要求设计。

6.4.2 常用的地面类型

1. 不发火（防爆）地面常用地面构造见图6－22～图6－25。

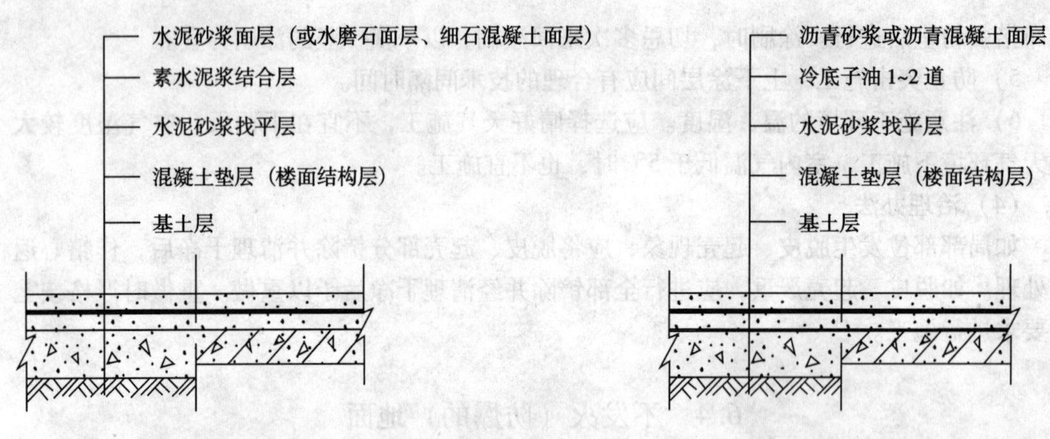

图 6－22　水泥类不发火（防爆）楼地面构造

图 6－23　沥青类不发火（防爆）楼地面构造

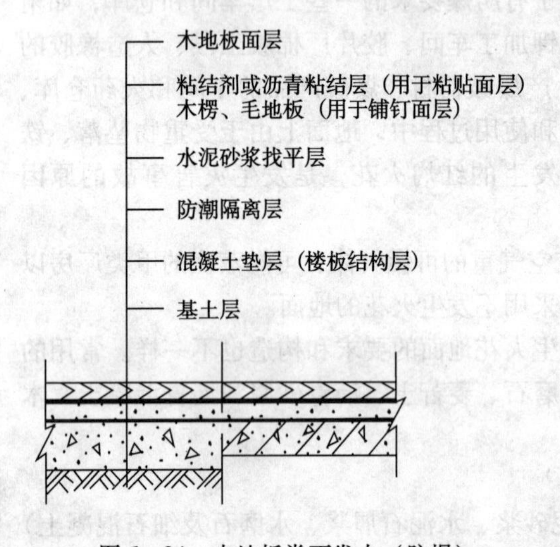

图 6－24　木地板类不发火（防爆）楼地面构造图

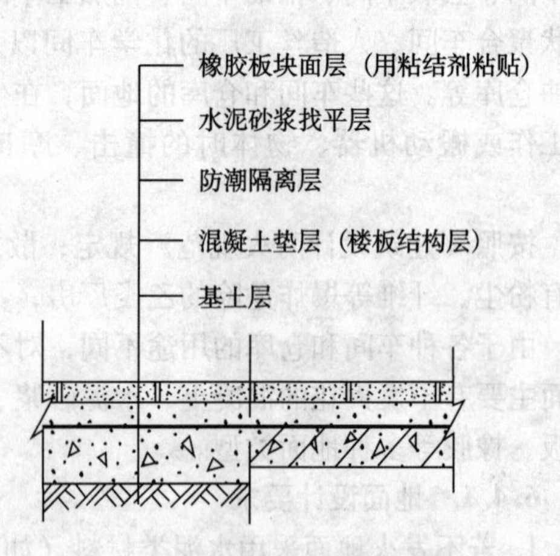

图 6－25　橡胶类不发火（防爆）楼地面构造图

2. 不发火（防爆）水泥踢脚线做法见表 6－32。

不发火（防爆）水泥踢脚线做法　　表 6－32

层次		做法	说明
砖墙	面层	7mm 厚 1∶2.5 水泥砂浆罩面压实赶光（砂子应用不含杂物的石灰石、白云石等原料）	踢脚线高度为 150、200mm
	底层	13mm 厚 1∶3 水泥砂浆打底扫毛或划出纹道	
混凝土墙	面层	7mm 厚 1∶2.5 水泥砂浆罩面压实赶光（砂子应用不含杂物的石灰石、白云石等原料）	
	底层	13mm 厚 1∶3 水泥砂浆打底扫毛或划出纹道 刷素水泥浆 1 道（内掺水重 3% ~5% 的 108 胶）	
加气混凝土墙	面层	7mm 1∶2.5 水泥砂浆罩面压实赶光（砂子应用不含杂物的石灰石、白云石等原料）	
	找平层	6mm 1∶1∶6 水泥石灰膏砂浆扫毛或划出纹道	
	底层	7mm 2∶1∶8 水泥石灰膏砂浆打底扫毛或划出纹道 刷 1 道 108 胶水溶液，配比：108 胶∶水＝1∶4	

6.4.3 使用材料和质量要求

1. 水泥：水泥应采用硅酸盐水泥或普通硅酸盐水泥，强度等级不应小于42.5。

2. 砂：砂应采用质地坚硬、多棱角、表面粗糙并有良好颗粒级配，粒径为0.15～5mm，含泥量不大于3%，有机物含量不大于0.5%。

3. 沥青：应采用石油沥青，其质量应符合现行国家标准《建筑石油沥青》和《道路石油沥青》的规定。软化点按“环球法”试验时宜为50～60℃，不得大于70℃。

4. 石料：石料应选用大理石、白云石或其他石料加工的碎石，并以金属或其他石料撞击时不发生火花为合格。

5. 粉状填充料：粉状填充料应采用磨细的石料、砂或炉灰、粉煤灰、页岩灰和其他粉状的矿物质材料。粉状填充料中小于0.08的细颗粒含量不应小于85%，采用振动法使粉状填充料密实时，其空隙率不应大于45%。粉状填充料的含泥量不应大于3%。粉状填充料应具有不发火性。

6. 纤维填充料：粗纤维填充料应采用粒径不大于5mm和含水率不大于12%的良好木材的锯木屑。细纤维填充料应采用6级石棉或木粉等，石棉含水率不应大于7%，木粉含水率不应大于12%。石棉应是短纤维的，可以增加沥青材料或沥青类拌合料的塑性，对防止面层裂缝的产生也有一定的作用。如纤维太长或结块，则会影响搅拌质量，造成胶团混在沥青类拌合料中成为质量隐患。上述粗细填充料中均不得含有杂质和金属细粒。

7. 分格嵌条：不发火花（防爆）地面的分格嵌条，应选用具有不发火性的材料制成。

8. 不发火性材料试验方法：

（1）不发火性的定义：

当所有材料与金属或石块等坚硬物体发生摩擦、冲击或冲擦等机械作用时，如不发生红灼火花（或火星）使易燃物引起发火或爆炸的危险时，即为具有不发火性。

（2）试验方法：

1）材料不发火性的鉴定，可采用砂轮来进行。试验的房间要完全黑暗，以便在试验时易于看见火花。

2）试验用的砂轮直径一般为150mm，试验时其转速应为600～1000r/min，并在暗室内检查其分离火花的能力。检查砂轮是否合格，可在砂轮旋转时用工具钢、石英岩或含有石英岩的混凝土等能发生火花的试件进行摩擦，摩擦时应加10～20N的压力，如果发生清晰的火花，则该砂轮即认为合格。

3）对粗骨料的试验，应从不少于50个试件中选出10个作不发生火花试验。被选出的试件，应是不同表面、不同颜色、不同结晶体、不同硬度的。每个试件重50～250g，准确度应达到1g。试验亦应在完全黑暗的房间内进行。每个试件在砂轮上摩擦时，应加以10～20N的压力，将试件任意部分接触砂轮后，仔细观察试件与砂轮摩擦的地方，有无火花发生。每个试件在磨掉不少于20g后，才能结束试验。在试验中没有发现任何瞬时的火花，即可认定该材料为合格。

4）对粉状骨料的试验，应将这些细粒材料用胶结料（水泥或沥青）制成块状材料后进行试验，以便于以后发现制品不符合不发火的要求时，能检查原因，同时，也可以减少制品不符合要求的可能性。其试验方法同前。

5）在试验沥青砂浆（或沥青混凝土）试件时，可能因摩擦发热而粘在砂轮上，不能再分离火花，故试验时，应注意经常检查砂轮，如果有沥青粘住之处，应予刮净后再行试验。

6.4.4　施工工艺和施工要点

1. 不发火（防爆）地面的施工工艺流程见图6－26。

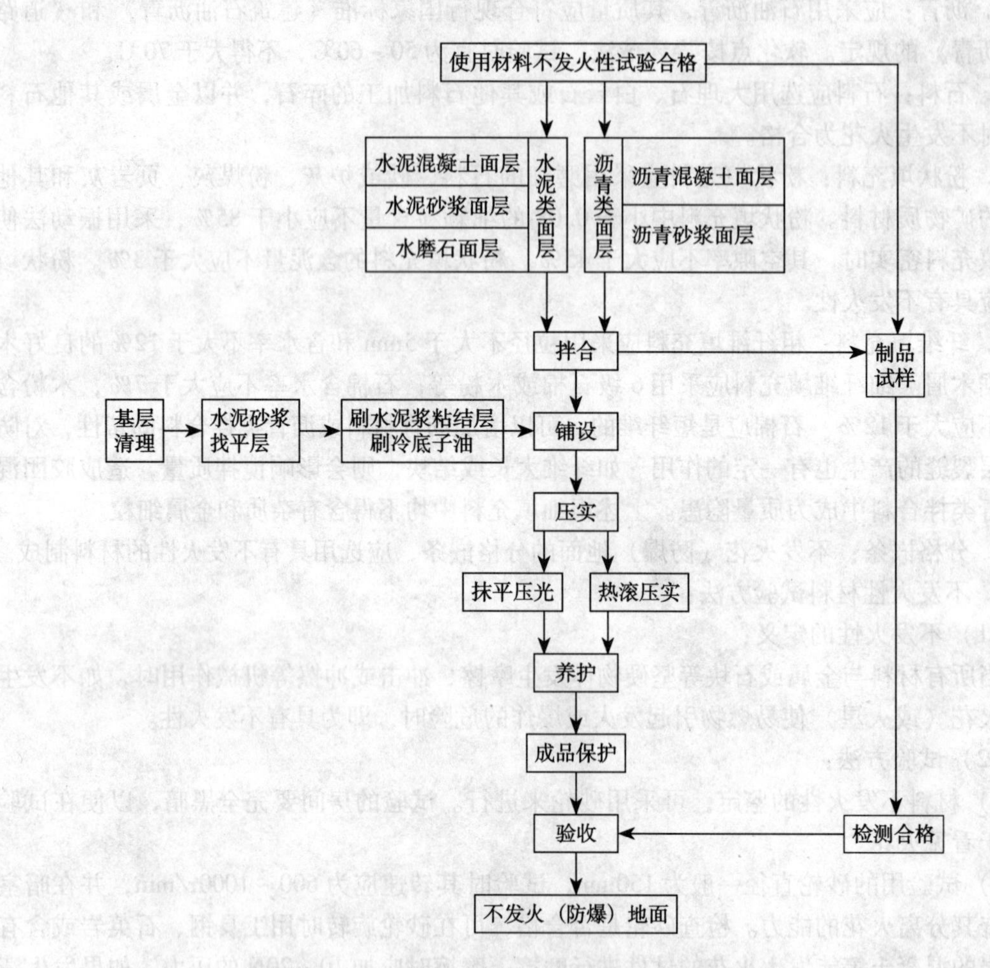

图6－26　不发火（防爆）地面施工工艺流程简图

2. 施工要点

（1）原材料加工和配制过程中，应建立严格的检查制度，不得混入金属细粒或其他易发生火花的杂质。

（2）所用材料及其制品，均应作不发火性的试验，合格后方可使用。

（3）地面踢脚板亦应采用不发火性材料制作。

（4）各类不发火（防爆的）地面面层的铺设，其施工要点和注意事项按本书上面相应章节地面内容施工。

6.4.5　质量标准和检验方法

不发火（防爆的）地面的质量标准和检验方法见表6－33。

不发火（防爆）地面质量标准和检验方法 **表 6－33**

项	序	检验项目	允许偏差和允许值（mm）	检验方法
主控项目	1	面层材料	1. 碎石应选用大理石、白云石或其他石料加工而成，并以金属或石料撞击时不发生火花为合格； 2. 砂应质地坚硬、表面粗糙，其粒径宜为 0.15～5mm，含泥量不应大于 3%，有机物含量不应大于 0.5%； 3. 水泥应采用普通硅酸盐水泥，其强度等级不应小于 32.5； 4. 面层分格的嵌条应采用不发生火花的材料配制； 5. 配制面层材料时应随时检查，不得混入金属或其他易发生火花的杂质	观察检查和检查材质合格证明文件及检测报告
	2	面层强度	面层强度等级应符合设计要求	检查配合比通知单和检测报告
	3	面层质量	面层与下一层应结合牢固，无空鼓，无裂纹 注：空鼓面积不应大于 $400cm^2$，且每自然间（标准间）不多于 2 处可不计	用小锤轻击检查
	4	面层试件质量	必须检验合格	检查检测报告
一般项目	5	面层观感质量	面层表面应密实，无裂缝、蜂窝、麻面等缺陷	观察检查
	6	踢脚线	踢脚线与墙面应紧密结合，高度一致，出墙厚度均匀	用小锤轻击、钢尺和观察检查
	7	表面平整度	5	用 2m 靠尺和楔形塞尺检查
	8	踢脚线上口平直	4	拉 5m 线和用钢尺检查
	9	缝格平直	3	

6.4.6 质量通病和防治措施

不发火性试件经检测不合格：

（1）现象

用不发火（防爆）地面面层拌合料制作的试件，经检测其不发火性不合格。

（2）原因分析

1）对原材料（如骨料）的不发火性检验不严格，或不在完全黑暗的房间内检测，或测试的方法不确当；

2）配制不发火（防爆）地面面层拌合料时，混入了其金属颗粒或其他易发生火花的杂质。

（3）预防措施

1）应严格原材料不发火性的测试工作，按照规范规定的测试方法和要求进行测试。

2）不发火（防爆）地面面层拌合料配制时，应防止混入金属颗粒或其他易发生火花的杂质。

3）加强试件的保管工作，防止与其他部位的试件混淆弄错。

（4）治理办法

当试件的不发火性检测不合格时，首先应认真分析原因，必要时，可对已完成的地面面层进行取样复测，如复测仍不合格，则应返工重做，或在其上面增设一层不发火（防爆）面层。取样复测时，数量应是原试件数量的双倍。

6.5 耐磨地面

很多工业生产厂房和辅助生产车间以及仓库建筑内，经常有汽车或电瓶车行驶，有的还经常承受坚硬物体的撞击接触或磨损，如拖拉尖锐金属物件或履带机械行驶等。这些建筑的地面要求具有相应的耐磨性能、耐压性能和耐冲击性能，并要求不易起灰尘。地面质量的好坏，直接影响着厂房的生产工作环境、生产的产品质量和设备的使用寿命。

随着现代化生产的发展，在传统的耐磨地面类型（见表6－34）基础上，经过多年的研究探索，在地面材料和施工工艺方面都有了较大发展，目前已形成普通型耐磨地面和高强型耐磨地面两大类型，其材料应用、工艺特点、耐磨性能比较见表6－35。

机械作用下传统耐磨地面类型 表6－34

类　型	机械作用的特征	可选用的地面类型
1	通行电瓶车、载重汽车、叉式装卸车、车辆上倾卸物件、地面上翻转小型零部件等	混凝土垫层兼面层、细石混凝土面层
2	通行金属轮车、滚动坚硬的圆形重物、拖运尖锐金属物件	≥C25混凝土垫层兼面层、铁屑水泥面层
3	行驶履带式或带防滑链的运输工具	块石、 ≥C30混凝土块、铸铁板、钢格栅加固的混凝土面层
4	堆放铁块、钢锭、铸造砂箱等笨重物料及有坚硬重物经常冲击者	素土 矿渣 碎石

耐磨地面分类及其特征比照表 表6－35

类型	名　称	面层厚度（mm）	耐磨骨料	技术原理	工艺特点	抗压强度（MPa）	耐磨性提高倍数（倍）
普通型耐磨地面	耐磨石英砂浆地面	20～25	石英砂	提高骨料的耐磨性	常规操作	由配比而定	1～2
	耐磨铁屑砂浆地面	30～40	金属切削屑	提高骨料的耐磨性	常规操作	30～50	2～4
	钢纤维混凝土地面	≥40	钢纤维	提高骨料耐磨性及粘结力	加强搅拌和压光	30～40	2～3
	聚合物砂浆地面	≥10	石英砂、黄砂	提高水泥水化产物与骨料的粘结力	严格的施工配比及操作	2.0	2～4
	树脂类涂料地面		微粒石英砂	环氧、硬化剂与骨料胶结作用	高水准施工涂刷	40～80（压缩强度）	≤0.2gm磨损（3±2）
高强型耐磨地面	耐磨混凝土地面	5～20	人工烧结矿物、不易生锈的金属屑、硬质天然矿物或其混合物	提高水泥石强度、改善水泥－骨料粘结力、提高骨料耐磨性和按使用要求调整骨料粒径、组份和厚度	整体浇筑、微振揉压抹光工艺	≥80	4～8

注：地面耐磨性提高倍数系与普通水泥地面耐磨性为基准相比而得。

6.5.1 普通型耐磨地面

普通型耐磨地面常用的有水泥石英砂浆面层、水泥钢（铁）屑砂浆面层、钢纤维混凝土面层和聚合物砂浆面层以及树脂类涂料面层等，现分述如下。

1. 水泥石英砂浆面层

水泥石英砂浆耐磨地面面层系由水泥和石英砂配制成水泥石英砂浆铺设的地面面层，基层通常为混凝土垫层或楼面钢筋混凝土结构层，适用于有一般耐磨要求的地面，其地面构造见图6-27。

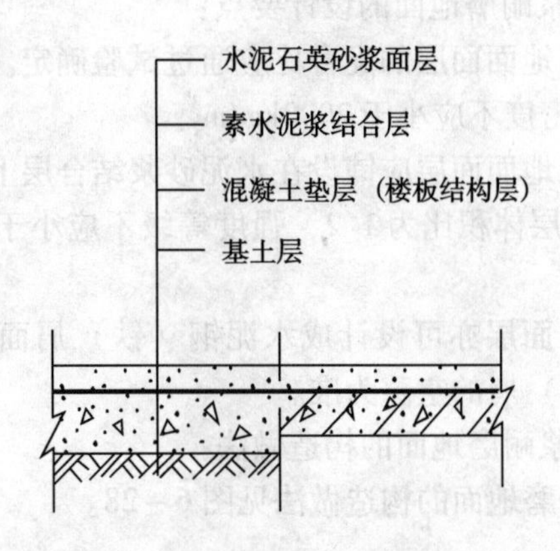

图6-27 水泥石英砂浆耐磨地面构造

（1）水泥石英砂浆配合比

水泥石英砂浆配合比见表6-36。

水泥石英砂浆配合比表 表6-36

用 途	配合比（重量比）		水泥强度等级	附 注
	水 泥	石英砂		
一般耐磨	1	1.8~2.5	42.5	1. 水泥为硅酸盐或普通硅酸盐水泥，如用耐酸水泥，可与石英砂配制成耐酸砂浆 2. 有一定抗冲击要求时，面层内可增设16号左右钢丝网
耐磨并有一定耐压	1	1.2~1.8	52.5	
耐磨并有一定抗冲击	1	1.0~1.2	52.5	

（2）材料质量要求

1）水泥：水泥应采用硅酸盐水泥或普通硅酸盐水泥，其强度等级不应小于42.5，不得使用过期水泥或受潮结块的水泥。

2）石英砂：石英砂分天然石英砂、人造石英砂和机制石英砂三种。人造石英砂和机制石英砂系将石英岩加以焙烧，经过人工或机械破碎，筛分而成。它们比天然石英砂质量好、纯净，而且二氧化硅的含量也较高，但价格较贵。

用于耐磨水泥石英砂浆地面的石英砂，其粒径应为中粗砂粒径，含泥量不应大于2%。

（3）施工操作要点

施工操作要点详见“5.1 水泥砂浆地面”中5.1.4 施工要点和技术措施一节内容。

2. 水泥钢（铁）屑砂浆面层

水泥钢（铁）屑砂浆耐磨地面面层系由水泥、钢（铁）屑和砂（普通砂或石英砂）加水拌制而成的砂浆铺设的地面面层，具有强度高、硬度大、良好的抗冲击性能和耐磨损性能，适用于工业厂房中有较强磨损作用的地段，如钢丝绳车间、履带起重机、拖拉机装配车间以及行驶铁轮车或拖运尖锐金属物件等的建筑地面工程。

（1）地面设计要点和构造做法

1）水泥钢（铁）屑砂浆耐磨地面的设计要点：

①水泥钢（铁）屑砂浆地面面层的配合比应通过试验确定。当采用振动法使其水泥钢（铁）屑拌合料密实时，其密度不应小于2000kg/m^3。

②水泥钢（铁）屑砂浆地面面层应铺设在水泥砂浆结合层上，面层的抗压强度不应小于40MPa，其水泥砂浆结合层体积比为1:2，强度等级不应小于M15。水泥砂浆结合层厚度不应小于20mm。

③水泥钢（铁）屑砂浆面层亦可设计成水泥钢（铁）屑面层，配合比应通过试验确定，以水泥浆能填满钢（铁）屑的空隙为准。

2）水泥钢（铁）屑砂浆耐磨地面的构造做法：

水泥钢（铁）屑砂浆耐磨地面的构造做法见图6-28。

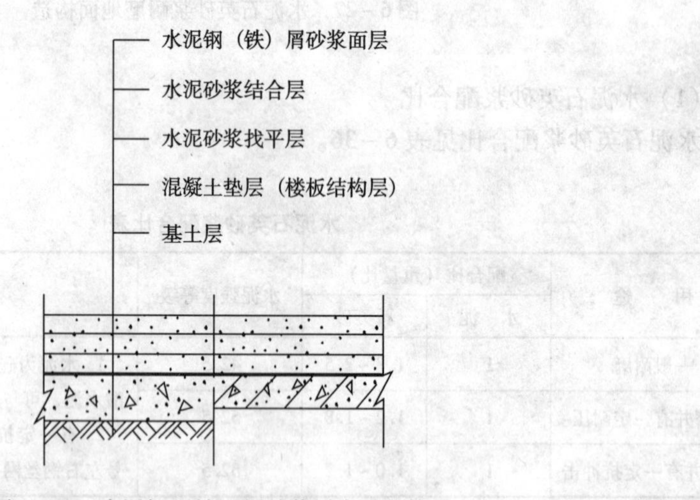

图6-28 水泥钢（铁）屑砂浆耐磨地面构造

（2）使用材料和质量要求

1）水泥：水泥应采用硅酸盐水泥或普通硅酸盐水泥，其强度等级不应小于42.5。过期的或受潮结块的水泥不得使用，不同品种、不同强度等级的水泥亦不得混合使用。

2）钢（铁）屑：钢（铁）屑应为经过磨碎的宽度在6mm以下的卷状钢刨屑或铸铁刨屑，其粒径为1~5mm，过大的颗粒和卷状螺旋应予破碎，过细的颗粒（1mm以下）应予筛去。钢（铁）屑中不得含有油质和其他杂质，使用前应先清除油脂杂质，然后用稀酸溶液除锈，再以清水冲洗后烘干待用。

3）砂：砂应采用普通砂或石英砂，粒径为中粗砂，质量应符合现行行业标准《普通混凝土用砂质量标准及检验方法》的规定。

4）水：普通饮用水。

（3）施工配比和施工工艺

1）水泥钢（铁）屑砂浆面层配合比应由试验确定，当无试验条件时，亦可参考表6－37配制。

2）水泥钢（铁）屑砂浆面层施工工艺流程示意图见图6－29。

耐磨钢（铁）屑砂浆配合比（重量比）参考表 **表6－37**

序 号	配合比（重量比）				密度（kg/m³）
	水 泥	砂	铸铁屑	钢 屑	
1	1	1	1		2860
2	1	1	2		3150
3	1	1	4		3420
4	1	2	3		2850
5	1	1		1	2960
6	1	0.8		1	2800
7	1	0.3		1.5	3520

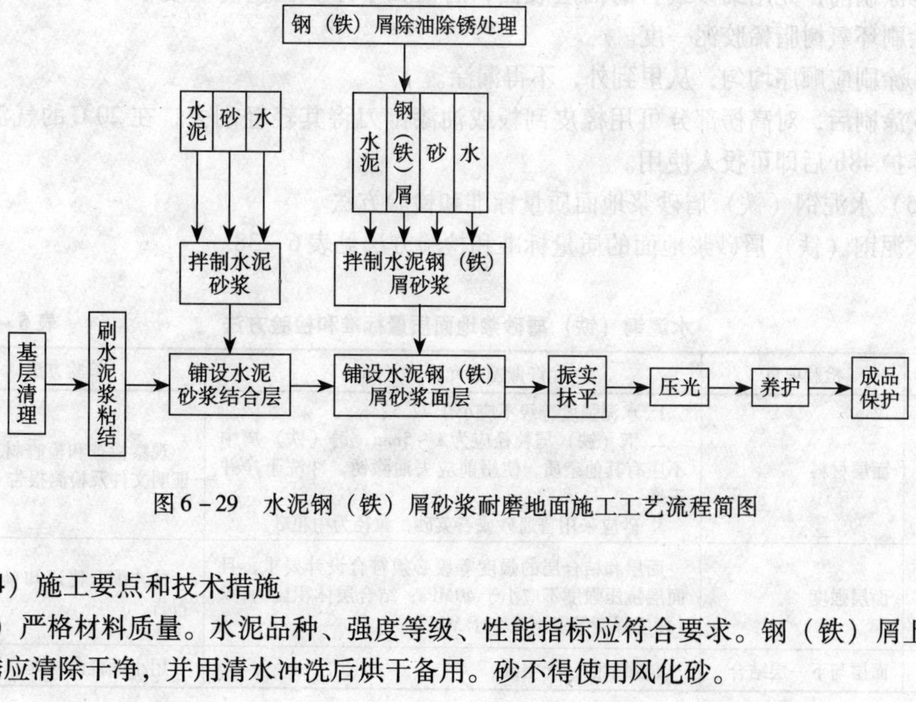

钢（铁）屑除油除锈处理

水泥 砂 水

水泥 钢（铁）屑 砂 水

拌制水泥砂浆

拌制水泥钢（铁）屑砂浆

基层清理 → 刷水泥浆粘结 → 铺设水泥砂浆结合层 → 铺设水泥钢（铁）屑砂浆面层 → 振实抹平 → 压光 → 养护 → 成品保护

图6－29 水泥钢（铁）屑砂浆耐磨地面施工工艺流程简图

（4）施工要点和技术措施

1）严格材料质量。水泥品种、强度等级、性能指标应符合要求。钢（铁）屑上的油污、锈应清除干净，并用清水冲洗后烘干备用。砂不得使用风化砂。

2）水泥钢（铁）屑砂浆应严格按试验确定的配合比进行配制，秤量正确。施工操作时，应先将水泥、钢（铁）屑、砂干拌均匀后，再加水拌合至颜色一致。拌合时宜掺加减水型外加剂，拌合料的稠度不应大于10mm。

3）水泥钢（铁）屑砂浆面层铺设前，应先铺设一层厚度不小于20mm的1:2水泥砂浆结合层。结合层铺设前，应先在基层（楼面）或垫层（底层地面）上刷一度水灰比为0.4的纯水泥浆粘结层，随刷浆随铺设结合层，使结合层与基层（或垫层）粘结牢固，防止空鼓。水泥砂浆结合层应按事先设置的塌饼标志铺设平整、拍打密实，用木抹子搓打出浆，在水泥初凝前铺设水泥钢（铁）屑砂浆面层。

由于水泥钢（铁）屑砂浆拌合料稠度较小，铺设后，宜用滚筒滚压密实。

4）水泥钢（铁）屑砂浆面层铺设后，应十分重视压光工作，全部压光工作应在水泥终凝前完成，要求达到表面平整、密实、光滑、无铁板印痕。应比一般水泥砂浆面多压1～2遍，主要作用是增强面层的密实度，以有效提高面层的强度和硬度，提高其耐磨性能和抗冲击性能。压光工作应掌握火候，严禁在水泥终凝后补洒水抹压。

5）重视养护工作。水泥钢（铁）屑砂浆面层铺设后，常温下24h后用草袋覆盖后洒水养护，养护期应为7～10d，养护期间禁止随意上人踩踏。

6）水泥钢（铁）屑砂浆地面严禁提前开放使用。必要时表面覆盖加强保护。

7）水泥钢（铁）屑砂浆面层如需进行表面处理时，可采用环氧树脂胶泥喷涂或涂刷，施工操作，应注意以下事项：

①表面处理，应待水泥钢（铁）屑砂浆面层基本干燥后进行。

②环氧树脂稀胶泥采用环氧树脂及固化剂和稀释剂配制而成，其配方可采用：环氧树脂:固化剂乙二胺:稀释剂丙酮=100:80:30。

③涂刷前，先用细砂纸打磨面层表面，后清扫干净。在室内温度不小于20℃的情况下，涂刷环氧树脂稀胶泥一度。

④涂刷应顺序均匀，从里到外，不得漏涂。

⑤涂刷后，对高楞部分可用橡皮刮板或油漆刮刀将其轻轻刮去，在20℃的气温条件下，养护48h后即可投入使用。

（5）水泥钢（铁）屑砂浆地面质量标准和检验方法

水泥钢（铁）屑砂浆地面的质量标准和检验方法见表6－38。

水泥钢（铁）屑砂浆地面质量标准和检验方法 **表6－38**

项	序	检验项目	允许偏差和允许值（mm）	检验方法
主控项目	1	面层材料	1. 水泥强度等级不应小于42.5； 2. 钢（铁）屑粒径应为1～5mm，钢（铁）屑中不应有其他杂质，使用前应去油除锈，冲洗干净并干燥； 3. 砂应采用普通砂或石英砂，粒径为中粗砂	观察检查和检查材质合格证明文件及检测报告
	2	面层强度	面层和结合层的强度等级必须符合设计要求，且面层抗压强度不应小于40MPa；结合层体积比为1:2（相应强度等级不应小于M15）	检查配合比通知单和检测报告
	3	面层与下一层结合	必须牢固，无空鼓	用小锤轻击检查

续表

项	序	检验项目	允许偏差和允许值（mm）	检验方法
一般项目	4	面层表面坡度	应符合设计要求	用坡度尺检查
	5	面层观感质量	不应有裂纹、脱皮、麻面等缺陷	观察检查
	6	踢脚线	与墙面结合应牢固，高度一致，出墙厚度均匀	
	7	表面平整度	4	用2m靠尺和楔形塞尺检查
	8	踢脚线上口平直	4	拉5m线和用钢尺检查
	9	缝格平直	3	

3. 钢纤维混凝土面层

钢纤维混凝土耐磨地面面层系在普通混凝土中掺入一定量的钢纤维配制而成的混凝土铺设的地面面层，地面设计中宜选择现浇整体式垫层兼面层的地面类型，也可在普通混凝土垫层上复合钢纤维混凝土面层，其面层厚度应大于或等于40mm。

（1）钢纤维混凝土具有四大特点：

1）耐磨性能高，比普通水泥地面的耐磨性能提高2~3倍；

2）抗裂性能好。钢纤维在面层混凝土中呈随机、不连续的三维均匀分布，其增强作用是三向的。同时，由于钢纤维与混凝土的粘锚作用，使地面混凝土板中内力会产生一定程度的重分布，有利于减少裂缝的产生；

3）弯曲韧性优良；

4）抗冲击性能特强。

（2）钢纤维混凝土地面面层适合于以下建筑地面的应用：

1）在机械磨损和冲击作用下，各类工业建筑地面，重型基础设施；

2）在热环境作用下，对抗裂性、抗剥蚀性和耐热循环性性能要求较高的地面；

3）对荷载超重型地面，当采用钢筋混凝土地面尚不能满足设计要求的地面；

4）其他有特殊要求需要采用钢纤维混凝土的情况。

（3）钢纤维的种类及材料性能：

钢纤维按其材料来源、制作方法等不同，有其不同的截面形状和材料性能，详见表6-39。

钢纤维的种类及材料性能　　表6-39

类　别	制作方法	截面形状	性　　能
钢丝钢纤维	钢丝截断法	圆形、钩形、波纹形	1. 与混凝土粘结力较小 2. 由于它的聚团性，施工现场增加分离混合装置 3. 抗弯拉力很少提高
钢皮钢纤维	薄板剪切法	方　形	1. 比钢丝钢纤容易与混凝土混合 2. 钢纤消耗大，有时仍需分离混合装置 3. 与水泥的粘结性能比钢丝纤好，但抗裂性提高不明显 4. 尽管有尾钩、波形，但抗弯拉力与钢丝钢纤类似

续表

类　别	制作方法	截面形状	性　能
熔炼钢纤维	由钢水制造的，钢纤被钢水中的转盘抛出，在空气中立即凝固而成	新月形	1. 这种制作方法不适用于普通碳素钢 2. 制造过程中会生锈，不能进一步用于混凝土施工
铣削钢纤维	钢纤铣削法。不用润滑剂和冷却液。直接把钢坯放在装有硬质合金的施转铣刀上加工	带三角的新月形，有一个粗糙的凹面，细长铰的径，两头有带钩的锚尾	1. 即使用最大的钢纤含量（650kg/m³），也不会给施工产生困难，不需使用分离装置，钢纤在混凝土中分布均匀，呈三维空间 2. 生产费用比以上三种型号要少25% 3. 与混凝土的粘结力相当大，提高了抗裂性，达到同样效果与上述三种钢纤相比，用量减少40%～50%，节约钢材方便施工 4. 自身强度高，抗拉强度大于700N/mm²

（4）钢纤维混凝土施工配合比：

钢纤维的施工配合比应通过试验确定，当无试验条件时，亦可参考表6－40、表6－41和表6－42进行配制。

钢纤维混凝土设计配合比参考表（一）　　表6－40

原材料	用　量（kg/m³）	原材料	用　量（kg/m³）
水　泥	297	石　子	837
粉煤灰	139	钢纤维	71～119
砂　子	848	水	142

注：本表为美国典型的设计配合比。

钢纤维混凝土施工配合比参考表（二）　　表6－41

粗骨料最大粒径	水灰比	砂率	钢纤维掺量	坍落度	混凝土用量（kg/m³）					
mm	%	%	%	cm	水	水泥	砂子	石子	外加剂	钢纤维
25	42	50	1.5	5	182	434	808	839	1.11	118
10	42	80	2.5	5	215	512	1116	231	1.28	196
9.5	40	70	1.3	3.8～7.6	155	384	842	366	1.68	100
10	53	72	1.4	7.5	207	393	1151	471	—	133

注：本表为日本在实际工程中常用的配合比。

钢纤维混凝土配合比参考表（三）　　表6－42

原材料	用　量（kg/m³）	材质要求	备　注
水	185	一般饮用水	抗压强度：44MPa
水　泥	430	425号以上普通水泥	抗折强度：18.6MPa
砂　子	787	中砂或中粗砂	
石　子	1045	规格5～12mm碎石	
钢纤维	150	普通碳素钢丝直径0.3～0.6mm，长20～40mm	
减水剂	0.25%	木质素磺酸钙，水泥用量比	

(5) 钢纤维混凝土主要物理力学性能见表6-43和表6-44示。

钢纤维混凝土的主要性能 表6-43

项目	与普通混凝土性能相比	备注
抗压强度	提高50%左右	各项指标均与钢纤维的品种和掺量有关。实际工程要以试验评定
抗拉强度	一般提高0.4~1倍	
抗弯强度	一般提高0.4~1倍	
抗冲击强度	提高8倍以上，最大20倍左右	
收缩率	减少50%左右	
耐磨性	改善，提高30%~100%	
冲击韧性	提高10~50倍	

钢纤维混凝土的物理力学性能参考表 表6-44

试件编号	水灰比 W/C	钢纤维掺量 V_f (%)	混凝土密度 (kg/m^3)	28d抗压强度 (MPa)	28d抗拉强度 (MPa)	28d抗弯强度 (MPa)	28d抗剪强度 (MPa)	弹性模量 1×10^4 (MPa)
1	0.45	0	2340	38.7	3.5	2.7	2.6	8.9
2	0.50	0	2325	35.2	3.2	2.5	2.5	—
3	0.45	0.5	2385	41.5	3.8	—	—	—
4	0.50	0.5	2370	37.2	3.5	—	—	—
5	0.45	1.0	2400	42.0	4.0	5.9	2.8	—
6	0.50	1.0	2375	38.8	3.6	5.3	2.6	—
7	0.45	1.5	2425	43.1	4.8	5.9	2.8	11.2
8	0.50	1.5	2390	39.5	4.3	5.0	2.6	10.8
9	0.45	2.0	2440	41.7	5.6	7.3	2.9	13.0
10	0.50	2.0	2420	39.0	5.2	6.0	2.6	12.1

注：试验用杭州东岳钢纤维厂生产的DGF-1型钢纤维。

(6) 钢纤维混凝土施工要点：

1) 钢纤维混凝土施工配合比应通过试配确定，或参照表6-40~表6-42进行配制。秤量应正确。宜使用强制式搅拌机进行搅拌，待水泥、石子、砂干料拌匀后再投入钢纤维继续搅拌均匀，然后加水及外加剂拌合，连续搅拌时间不应少于120s。

2) 水泥宜采用强度等级为42.5的硅酸盐水泥或普通硅酸盐水泥。集料最大粒径不宜大于15mm。宜适量加入粉煤灰。

3) 钢纤维混凝土铺设后，宜用平板振动器振实或用滚筒滚压至表面泛浆，待收水初凝时，先用木抹子搓打平整密实，在终凝前压光。压光后，钢纤维头不应有露出的痕迹。

4) 重视养护工作。面层铺设后，常温下24h后应作覆盖洒水养护。

4. 耐磨类地面涂料

化学工业的迅速发展，为建筑地面设计提供了品种繁多、用途广泛的化工材料，由于它们的性能和品质优异以及施工方便，被广泛用于工业与民用建筑的各种楼地面，最常见的有聚氨酯类地面涂料、聚酯树脂类地面涂料和环氧树脂类地面涂料等，这种地面面层不仅平整、光滑，而且具有良好的耐磨性能。这种地面涂料的主要技术性能，可参见本书“7　地面涂料”一章有关内容。

5. 保丽磨地面涂料

保丽磨地面涂料源于STONHAR公司提供的高品质（Polymer）地面涂料，目前我国国内已研制生产这种产品。

（1）概况

保丽磨地板的材料组成成分为环氧、碳化剂及微粒石英砂骨料等，按不同的用途对其进行改性、着色，生产各个层次的材料，用于打底层、填充料、防水膜、面层、面层涂料、面层漆料等，有十余个品种。用高品质的材料及高水准的施工技术，铺设在用机械方法平整清理过的混凝土或钢筋混凝土基层上，可用在各种各类要求不同的工业及民用建筑的地面工程上。

（2）产品类别与用途

保丽磨产品的类别与用途见表6－45。

保丽磨产品的类别与用途　　　　表6－45

地面类别	产品代号	用　　途
表面处理　防滑地板	HRI	厨房、面包厂、食品料理厂、超级市场工作区
	SLT	研究机构、学校、医院
	DEX	停车场、步行区、内外阳台、机器厂
耐磨、耐久装饰地板	GS	保健设施、动物实验室、厂房办公室、汽车展销处、研究发展中心
平滑密实，有光泽地板	CR	实验室、轻工业区、研究发展设备区、仓库、厂房办公室、无尘无菌室
	AT	控制静电区、无尘无菌室、电子产品装配区、资料处理和电脑设备区、电子厂房，包装及试验设备区
最坚固耐久的工业防护地板	GS	耐冲击、耐磨及化学制剂场所
	PT	性能用GS，专用于大面积施工场所
	HT	耐高温93℃及耐芳香族溶剂的地板
	FX	温差变化抵抗性最佳的地板
	AT	导静电地板
	LT	耐低温特强（2℃）的地板

（3）保丽磨地面涂料的技术性能

保丽磨地面涂料的技术性能见表6－46。

保丽磨地面涂料的技术性能指标 **表6-46**

技术指标 \ 产品代号	HRI	SLT	DEK	GS	CR	AT	GS	PT	HT	EX	AT	LT
压缩强度(d)(MPa)	69	62		41	60	54	69	62.7	79	42.7	62	62
抗拉强度 (MPa)	13.8	7.9	13.8	10.3	13.1	15.5	12	11.7	15.1	9.6	10.3	9.3
弹性强度 (MPa)	29.6	17.9		15.1	26.6	28.9	27.6	27.6	34.4	15.5	24.8	
弹性模量 (MPa)	13.8×10^3	3.4×10^3		2.9×10^3	3.6×10^3	2.6×10^3	13.8×10^3	8.5×10^3	11.7×10^3	14.7×10^3	7.6×10^3	9.0×10^3
硬度	85~90	80~85	88	85~90	80~85	90	85~90	85~90	87~90	85~90	85~90	85~90
粘结强度	>2.76	>2.76		>2.76	>2.76	>2.76	>2.76	>2.76	>2.76	>2.76	>2.76	>2.76
缺口	无缺口	无缺口	无缺口	无缺口	无缺口	无	无	无	无	无	无	无
耐磨性 gm	<0.1	<0.1	<0.01	<0.2	<0.1	0.1	0.1	0.2	0.18	0.1	0.1	0.1
摩擦系数	0.8~1.0	0.8~1.0			0.5	0.5	0.6	0.6	0.6	0.6	0.6	0.6
可燃性	自动熄灭	自动熄灭	自动熄灭	自动熄灭	自动熄灭	自动熄灭	自动熄灭	自动熄灭	自动熄灭	自动熄灭	自动熄灭	自动熄灭
热膨胀系数	3.5×10^{-5}	4.3×10^{-5}			5.3×10^{-5}	5.3×10^{-5}	3.5×10^{-5}	3.5×10^{-5}	2.0×10^{-5}	2.7×10^{-5}	3.5×10^{-5}	3.5×10^{-5}
吸水率 (%)	0.1	0.1		0.1	0.2	0.3	0.2	0.2	0.2	0.2	0.2	0.2
抗热限度(℃)	60	60	-40~82	60	60	60	60	60	93	60	60	60
硬化时间 6h	可踩脚	可踩脚		可踩踏	初凝		可踩踏					
18h	轻型行车			轻型行车	可踩踏	可踩踏	轻型行车	轻型行车	轻型行车	轻型行车	轻型行车	轻型行车
24h	正常使用		可踩脚	正常运作	轻型行车		正常运作					
48h			正常运作									

（4）保丽磨地面的构造及用料

保丽磨地面的构造及用料见表6-47。

保丽磨地面的构造及用料 **表6-47**

地板代号	面层厚度（mm）	构造层次及用料
HRI	5	·双元渗透性强的环氧打底层 ·含环氧树脂、硬化剂及石英砂细骨料的三元砂浆 ·双元环氧底涂 ·表面撒布晶亮的石英骨料 ·高性能双元透明环氧面漆
SLT	3	·双元环氧打底层 ·三元自流平环氧配方面层 ·撒布表面的晶亮石英骨料 ·透明环氧面漆
DEX	3	·具渗透性的打底层 ·三元专用底涂 ·介面涂料 ·三元专用中涂 ·撒布制造粗糙表面之石英砂 ·四元专用面涂（含颜料）
GS	4.8	·双元环氧树脂打底层 ·三元砂浆 ·双元透明的环氧面漆（使表面光泽）

续表

地板代号	面层厚度（mm）	构造层次及用料
CR	3	·双元环氧树脂打底层 ·含树脂、硬化剂、增塑剂及粉末骨料等自流平环氧树脂系统面层
AT	3	·双元导电性环氧打底层 ·消除静电用的接地导线 ·含良导电元素的环氧自流平面层
GS、PT、HT、FX、LT	6	·双元渗透性及容潮性的环氧树脂打底层 ·含环氧树脂、硬化剂及色素骨料的三元砂浆
AT	6	·双元渗透性及容潮性的环氧树脂打底 ·消除静电的导地线 ·含导电材料及色素骨料的三元砂浆 ·双元环氧树脂导电面漆

6.5.2 高强型耐磨地面

高强型耐磨地面的主要特征是：它的组成材料选用硬质骨料，如金属骨料、人工高温烧结矿物和硬质天然矿物等；在提高水泥石强度的同时改善水泥与骨料的粘结力；此外，通过混凝土外加剂、多品种级配和整体配合比、特定施工工艺等丰富的技术内涵。由此可见，高强型耐磨混凝土地面是集多项现代科技于一体，调动各种有利因素，达到高强、耐磨、抗渗、抗冲击、不易起尘的目的，从而可广泛用于各类工业厂房、仓库、停车场、及隧道、码头等地面及其修复工程。

高强型耐磨地面在世界各工业发展国家都有研究和应用，其中部分同类产品及其主要技术指标列于表6-48。

国内外部分同类耐磨地面主要技术指标对比情况 表6-48

资料来源	发表时间	主要技术指标		
		抗压（MPa）	抗折（MPa）	耐磨性（提高倍数）
中国工程建设国家标准规范重点科研项目（机械部第二设计院、上海建筑科学研究院）	1990年	93.0	>11.7	≥3
中国铁科院金化所金属骨料课题组	1989年	50	≥11.5	<0.1%（磨耗率）
美国 MASTER BDILDERS metallic aggregate sutface hardener	1988年	83.1		≥3
美国 GIPPORD HILL metallic floor hardner	1988年	91.0		3.5
德国工业标准 DIN 1100	1989年	≥80	≥10	
德国 KOKODUR Eartsoffc-ks	1990年	≥80	≥10	
前苏联国民经济成就展览	1988年	>30		
美国 W·R·GRACE	1991年			≥3

注：表列耐磨性绝对值，由于各试验方法不同而无从比较；提高倍数系指相对于基准普通混凝土而言。

1. 耐磨混凝土地面及其 HS 型耐磨面料

本资料介绍中国工程建设国家标准规范重点科研项目的研究成果和实践经验，1991 年 6 月通过技术鉴定，推广应用面积达数十万平方米。

耐磨混凝土地面系采用 HS 系列耐磨面料铺设在新拌混凝土基层上的复合整体面层。耐磨面料是以水泥和复合增强外加剂为胶结材料，以人造烧结矿物和（或）金属材料及天然硬质矿物材料一定大小颗粒组配为耐磨骨料组成。耐磨面层抗压强度超过 80MPa，抗折强度 10MPa，磨耗率仅为普通 C30 混凝土的 1/4～1/8。

本耐磨混凝土地面施工和耐磨面料的使用说明介绍如下。

（1）适用地面和质量要求

1）耐磨混凝土地面系采用 HS 系列耐磨面料铺设在新拌混凝土基层上经复合而成的整体面层，具有高耐磨、高强度、抗冲击、不起尘及各种油脂不易渗透等多种功能。

2）耐磨混凝土地面适用于经常承受机械磨损、重载车辆和硬质轮压作用以及使用要求不起尘的以混凝土为基层的各类地面。

3）HS 系列耐磨面料是由水泥、耐磨骨料和复合增加剂等材料组成，在使用前视基层混凝土干湿状况加水拌和均匀即可使用。

4）耐磨面料系工厂产品，其包装、运输、存放条件应参照水泥标准执行，现场存放期不宜超过 90d，发现结块不能使用。耐磨面料需经研制单位检验后出具合格证方可使用。

5）耐磨混凝土地面的施工除符合本说明外，尚应符合现行国家标准规范的有关规定。

（2）耐磨混凝土地面设计注意事项

1）地面结构设计应根据生产特征和使用要求确定。耐磨面料的选用可参照表 6－49。

耐磨面料选用表 表 6－49

代　号	骨料主成分	适用厚度	荷载特点
HS－1A	金属型	10mm 以下	有冲击荷载作用
HS－1B	金属型	10mm 以上	有冲击荷载作用
HS－2A	混合型	10mm 以下	
HS－2B	混合型	10mm 以上	

2）根据地面工程实际情况绘制建筑地面构造详图（参见表 6－50）和地面伸缩缝平面布置图。

耐磨混凝土地面建筑构造图例 表 6－50

编　号	名　称	构造简图	构造做法	厚度（mm）	备　　注
①$h=10$ ②$h=15$	耐磨混凝土		·耐磨混凝土面层，随捣随抹 ·C30 混凝土垫层 ·软弱地基铺卵石土或 40 大小碎石土，夯实或碾压 ·素土夯实	h D ≥100	用于新做地坪，垫层厚度 D 由个体设计确定
③$h=10$ ④$h=15$	彩色耐磨混凝土				

续表

编号	名称	构造简图	构造做法	厚度（mm）	备注
⑤$h=10$ ⑥$h=15$	耐磨混凝土		·耐磨混凝土面层，随捣随抹 ·C30 细石混凝土结合层（内配 $\phi 4@150\sim200$ 双向钢筋网） ·刷素水泥浆一道 ·混凝土垫层 ·素土夯实	h ≥50 D	用于翻建地坪原有地面翻建时，基层混凝土凿毛清洗干净后再做结合层
⑦$h=10$ ⑧$h=15$	彩色耐磨混凝土				
⑨$d=40$ ⑩$d=50$	耐磨混凝土		·耐磨混凝土面层，随捣随抹 ·结合层兼找平层，C30 细石混凝土（内配 $\phi 4@150\sim200$ 双向钢筋网）或结构整浇层 ·刷素水泥浆一道 ·钢筋混凝土楼板	10 d	用于楼层地面现浇楼板上增设结合层兼找平层，预制板上做结构整浇层
⑪$d=40$ ⑫$d=50$	彩色耐磨混凝土				

注：1. 表内为一般耐磨混凝土地面及楼面建筑构造图，个体设计时需另行绘制施工详图。

2. 本表根据耐磨混凝土地面试验研究项目和工程实践成果绘制。

3）基层混凝土在纵向设平头缝，纵缝间距宜采用 3～4m；横向设假缝，横缝间距宜采用 4～6m。假缝经锯割而成，并用 1∶2 膨胀砂浆勾缝。

4）底层地面的耐磨面层，可在混凝土（或钢筋混凝土）垫层浇筑时一次性连续施工，但必须符合耐磨面层施工工艺的要求（参见表 6－50 图①～④）。

5）底层地面的耐磨面层与垫层混凝土不能同时一次性连续施工时，耐磨面层的施工图设计应增加结合层（或称过渡层），参见表 6－50 图⑤～⑧。

6）现浇钢筋混凝土楼板上做耐磨面层时必须增设找平层；预制楼板应在浇筑结构整浇层时一次性连续施工耐磨面层。参见表 6－50 图⑨～⑫。

（3）耐磨混凝土地面施工注意事项

1）耐磨面料应符合设计要求，材料进场后应妥善保管，切实做到防水、防潮、防戳破。

2）耐磨面层厚度应符合设计要求，误差不大于 1mm。

3）施工前应根据场地条件制订出施工方案，并准备好施工机具。对于强制式砂浆搅拌机和圆盘式抹光机等专用机具，要指定专人操作和维护。

4）普通混凝土的强度等级、厚度、钢筋的配置，应符合设计要求。侧模宜采用型钢制作。

5）施工环境温度不低于 5℃。

6）耐磨面料铺筑时加水量的多少需视基层混凝土的干湿程度由专人负责合理调配，以利控制施工进度。

7）耐磨面料的铺摊必须按施工程序进行，摊铺整平后应先抹平压实边角部位，并在开始初凝收浆后进行最后一道抹光。

8）耐磨混凝土地面的施工方法和注意事项，可参照表 6－51 进行。

耐磨混凝土地面的施工方法 **表 6－51**

工序号	时间	操作内容	注意事项
1	0	浇筑基层混凝土，均匀密实，表面平整，3～4m 宽长条施工	1. 水泥用量不少于 300kg/m^3 2. 水灰比为 0.5 为宜 3. 保证边角震实，不漏震

续表

工序号	时间	操作内容	注意事项
2	紧接第一步	1. 视需要，增设周边钢筋补强边角 2. 沿周边约100mm宽带，手撒面料适当加厚，木蟹抹压妥当	认真做到，可避免产生边缘裂缝
3	0+1~2h	1. 圆盘抹光机提浆，并随时补料、整平 2. 铺摊耐磨面料	1. 基层已进入初凝，轻步脚印深约1~2mm时，可进行提浆补平 2. 根据基层干湿程度，调整面料干湿度 3. 注意气温和多风环境下会加速混凝土表面硬化
4	接第3步	1. 做好边角的抹平压光工作 2. 必要的加料补平 3. 静停	1. 必须保证边缘抹压密实 2. 若采用干撒面料，待湿润后可用抹光机抹光，但不宜过分抹压
5	接第3步+1~2h	1. 抹光机或铁板抹光 2. 铁板抹光有时需反复多次	面层开始初凝收浆后，进行最后一次铁板精抹
6	接第5步	养护不少于14d，28d后方可交付使用	可浇水、喷养护液或覆盖塑料薄膜

注：1. 面料应采用强制式搅拌机进行搅拌。
2. 本说明是基本的施工方法和步骤，根据现场情况，多少有些变化。

2. 混凝土耐磨性能的研究

(1) 普通混凝土地面的磨损机理

混凝土地面磨损三阶段：

第一阶段——起灰：表面水灰比相对较高的浮浆层很容易被磨去。起灰过后，骨料和水泥石暴露在表面。

第二阶段——凹凸不平：弱质的细骨料和水泥石相对比较容易磨去，剩下的硬骨料形成了凹凸不平的表面。

第三阶段——坑坑洼洼：在较大的机械辗磨力作用下，凸出的骨料不断地被磨损和被剥离，最后粗大的骨料亦被剥离，地面已无法正常使用。

(2) 耐磨面层的作用机理

混凝土地面磨损过程表明，水泥石的耐磨性、骨料的耐磨性和水泥骨料的粘结性，这三者构成了混凝土整体耐磨性。

耐磨面层工作机理在实验条件下揭示如下：

1) 提高水泥石的耐磨性

水泥石的耐磨性与水泥品种和水灰比有关。在同一种水泥中，水灰比起着决定性的作用。见表6-52。

水灰比对水泥净浆的磨耗值　　表6-52

水灰比 W/C	磨耗值（g/cm²）			备注
	500转	1000转	2000转	
0.417	0.86/100	1.71/100	2.57/100	
0.333	0.66/76.7	1.08/63.1	1.74/67.7	

续表

水灰比 W/C	磨耗值（g/cm²）			备　　注
	500 转	1000 转	2000 转	
0.288	0.62/72.0	1.03/60.2	1.65/64.2	加塑化剂 0.5%
0.257	0.46/53.5	0.99/57.8	1.50/58.4	加塑化剂 0.75%

2）提高骨料本身的耐磨性

材料的耐磨性与其硬度成对应关系。几种不同硬度的材料配以一定量的自然砂制成水泥砂浆面层，在自制设备磨损 45min 测得相对磨耗值，见表 6－53。

不同骨料的砂浆相对磨耗值　　**表 6－53**

水　泥（g）	自然砂（g）	铁　屑（g）	钢　渣（g）	刚玉砂（g）	大理石屑（g）	平均磨耗值（g/cm²）
100	250					0.082
100	100	320				0.042
100	100		160			0.046
100	100			200		0.048
100	100				150	0.110

3）水泥石与骨料粘结力之关系

在耐磨面层中，添加增加剂材料可提高面层强度和与骨料粘结力，见表 6－54。

增加剂对水泥－骨料粘结力的影响　　**表 6－54**

骨 料 材 料	界面粘结强度（MPa/百分比）	
	普　通　砂　浆	掺 增 强 剂 后
1	6.36/100	10.13/159
2	5.23/100	9.06/172
3	5.40/100	7.86/146
4	4.20/100	7.65/182

4）改善骨料级配与耐磨性关系

天然砂中含有一部分粉状物质和细颗粒以及骨料的粗细级配，都可能影响耐磨性。用同一种砂为原料，人工配制成不同细度模数，分别制成相同配比的水泥砂浆后测定磨耗量，见表 6－55。

砂的细度模数与水泥砂浆磨耗值 表6-55

砂的细度 M_x	平均磨耗值 (g/cm^2)	百 分 比 (%)	砂的细度 M_x	平均磨耗值 (g/cm^2)	百 分 比 (%)
2.0	0.070	100	3.7	0.028	40
2.7	0.035	50	$\phi>2.5$mm	0.035	50
3.1	0.039	56			

由此可见，作为骨料，颗粒偏大为好，但不宜过分。细颗粒含量过高则影响十分明显。

6.5.3 国外耐磨地面简介

1. 地面硬化装饰面材（日本）

(1) 概况

混凝土地面表面硬化装饰材料，是以耐磨性较好的特殊合金材料为主体，耐磨性强，不易产生有害灰尘，使作业环境干净、舒适。

基层混凝土初凝后即撒上面材，用木抹子搓打平整后用铁抹子压实压光。由于采用连续施工工艺，硬化后的面材与基层连成一片，形成坚固、耐磨的地面面层。

该地面具有耐磨、耐冲击、耐水、耐油、耐热、防滑、附着牢固等优点和经久耐用的效果。根据使用场所的不同要求，还可配制不同的色彩，因此被广泛用于仓库、停车场、商店及一般大楼的地面工程。

(2) 主要技术性能

1) 耐磨性：是普通水泥砂浆面层的四倍以上。

2) 耐冲击性：与一般砂浆、混凝土面层相比，表面抗压强度提高40%。

3) 不渗水性：是普通水泥砂浆的二倍多。

4) 不渗油性：是普通水泥砂浆的三倍多。

5) 防滑性：湿润时阻力系数大于0.3（基准点），具有同水泥砂浆地面一样的滑动阻力（不锈钢0.52，橡胶0.85，皮革0.62）。

6) 防火性能试验：合格。

7) 稳定的导电性：现场实测电阻值为$0.8\times10^6\sim1.0\times10^6\Omega$（一般混凝土为$2.5\times10^6\Omega$）。

8) 装饰性：具备五种基本色彩以及配套使用的彩色抛光剂和专用涂料。

9) 硬化后与地面基层连成整体，面材不会剥离。

(3) 施工方法

采用地面硬化装饰面材的基层（水泥砂浆或混凝土），其抗压强度值不宜低于30MPa。

1) 布料：当地面面层的水泥砂浆或混凝土浇筑抹平后，水泥处于初凝时，即可将硬化装饰面材（总量的2/3）进行布料。布料应均匀，宜用机械撒布。

2) 待面层材料稍吸水后，即可用木抹子搓打平整，并随即将余下的1/3作第二次布料，布料方向宜与第一次作垂直，并再次用木抹子搓打平整。两次布料的总厚度应符合设计要求，设计无具体要求时，通常采用6~10mm。

3）压实压光：待2～3h后（视施工时环境气温而定）用铁抹子或抹光机进行表面压实压光。表面压光工作应在水泥终凝前完成，掌握好“火候”，精心操作，直至表面无细孔隙、无抹痕。具体可参照“5.1　水泥砂浆地面”一节的内容要求。

4）养护：夏季24h、冬季48h后即应进行养护，养护应在湿润的环境中进行，养护时间不应少于7～10d（视当时气温环境而定）。

2. 水泥基涂层用硬质骨料（德国）

（1）概况

该硬质骨料是一种高硬度的天然和（或）人造的矿物材料的混合物，具有一定大小的颗粒，也可以是金属颗粒的混合物。它作为水泥基层上的面涂层材料，使混凝土基层的耐磨性能大为提高。

硬质材料的类别分为三类：

1）A类硬质材料（通常用的）：天然石料和（或）致密的渣粉，或是它们与M类硬质材料或KS类硬质材料的混合物。

2）M类硬质材料：金属。

3）KS类硬质材料：刚玉和硅碳化物。

（2）主要技术性能

1）一般要求：规定了材料中有害成分的含量；颗粒成分及其误差限值；材料密度误差保持在限定值的10%以内。

2）磨蚀程度和强度值，其检测数据应符合表6－56要求。

磨蚀程度和强度　　表6－56

硬质材料类别	磨蚀程度		弯拉强度	压力强度（N/mm^2）
	个别值	平均值	（N/mm^2）平均值	平均值
A类	≤5.5	≤5.0	≥10	≥80
M类	≤3.5	≤3.0	≥12	≥80
KS类	≤1.7	≤1.5	≥10	≥80

（3）适用地面

适用于工业建筑地面，以及在水泥基层上构筑耐磨面层的广泛场所。

3. 表面强化整体混凝土地面（前苏联）

（1）概况

强化层材料系采用金属粉（可以是铁屑、铁砂、铁鳞等材料来代替金属粉）、水泥和辅料的混合物。强化的方法是把金属粉与水泥的混合物用机械涂擦于新敷设的混凝土表面，形成表面强化的整体混凝土地面。

（2）主要技术性能

1）地面抗压强度不小于30MPa，与普通混凝土地面相比，可提高35%。

2）磨耗率不大于0.3g/cm^2，落尘减少到原来的1/3～1/10。

3）抗冲击性和抗油渗性能显著提高。

4）金属粉用量：5kg/m²。

（3）适用地面

表层强化地面适宜用于冶金联合企业的轧钢车间、重型机械厂的主要车间、机修厂、仓库、车库，以及其他对地面有很大静载或冲击荷载而又要求起砂、起尘少的场所。

4. 福士科（FOSROC）地面硬化剂

FOSROC 地面硬化剂，按规定的施工工艺正确施工后，可做成坚硬、耐磨损、耐用的工业建筑地面，最适用于交通繁重地区，例如工业厂房中的通道、装卸货台、道路和飞机库等，并具有耐油脂性能。这种地面的耐磨性能比普通混凝土地面可提高三倍以上。

（1）硬化面层材料品种

硬化面层材料品种主要有以下四个，统称为尼多弗罗型（NITOFLOR）硬化剂：

1）硬面层：具有坚硬、耐磨损、耐用，且不滑。

2）金属砂面层：骨料中 Al_2O_3 含量超过55%的金刚砂。

3）特殊金属合金面层：具有耐磨、耐冲击性能。

4）防护面层：具有防（导）静电的性能。

（2）主要技术性能

1）耐磨性能与普通混凝土相比，要提高三倍。

2）采用本产品处理的地面，具有耐磨、耐用、坚硬、防滑、耐油渗及防（导）静电等性能。

3）主要施工方法和操作要求，其布料、搓打、抹压以及养护等工序与前面介绍的几种硬化地面面层基本相似，这里不再重复。

4）面层硬化剂的用量，可参见表6－57。

面层硬化剂材料用量 表6－57

采用材料名称	使用条件	第一次用量（kg/m²）	需用总量（kg/m²）
尼多弗罗型	轻 型	1.5～2.0	3.0
地面硬化剂	中 型	2.5～3.0	5.0
	重 型	3.5～5.0	7.0

6.5.4 金属骨料应用情况

金属骨料在混凝土中的应用已有半个多世纪的历史，应用面也很广泛。将金属颗粒作为骨料，用在混凝土建设工程中，能够强化和韧化水泥面层，使面层的耐磨、耐冲击以及抗压、抗拉、抗折强度和抗开裂等物理力学性能大为提高。因此，金属颗粒水泥面层被广泛用于工业建筑中的电缆、钢丝绳车间、履带式拖拉机装配车间以及行驶铁轮车的车道地面或有坚硬物体冲击摩擦的地面。

1. 国内金属骨料的应用情况

50年代末，贵州铁合金厂曾采用金属骨料作料斗衬面，收到良好效果，料斗的耐磨性能大为提高，维修率下降。后在冶金矿山建设中被应用于矿石溜槽。水泥楼梯的防滑条也广泛采用水泥铁屑砂浆。

60年代，上海彭浦机械厂氧气站瓶罐贮运地面用粒径5~20mm的金属颗粒代替细石混凝土骨料，地面的使用寿命比细石混凝土提高20倍。

1965年我国颁布的《工业建筑地面设计规范》，明确规定了钢（铁）屑水泥地面的应用。

80年代中期，日本、香港均有金属骨料出售。

1987年，铁道部科学研究院金属化工研究所开展了NFJ型耐磨防锈金属骨料的研究和工程实践，1989年通过技术鉴定。与此同时，机械部第二设计研究院和上海市建筑科研所合作研究了耐磨面层和耐磨骨料，经过工程试点应用，于1991年通过技术鉴定，不到三年时间，使用面积已有20多万平方米。

2. 国外金属骨料的应用情况

20世纪60年代末，美国采用金属骨料混凝土修补溢洪道和消能池。

20世纪70年代，英国在厂房楼地面混凝土中，使用金属骨料作高耐磨饰面层。

1974年，德国将金属骨料用于公路路面。

20世纪80年代中期，日本、香港市场有金属骨料的产品出售，其中日本西松骨料于1984年在我国深圳联合汽车检测中心作耐磨地面使用。1986年广东浮法玻璃厂成品库耐磨地面（2万m^2）采用香港和宝公司提供的耐磨面层材料。

20世纪80年代后期，我国科技工作者借鉴国外经验，结合国内具体情况，对高性能耐磨混凝土地面进行了卓有成效的研究工作，取得了很好的成效，并相继在建设工程中得到实践应用。

6.6 保温地面

保温地面，是指需要进行热工性能设计、计算的建筑地面，它使地面保持适当的温度，满足使用要求，也是提高建筑物使用质量的一个重要组成部分。根据有关资料介绍，北方严寒地区及寒冷地区建筑物内部的热能损失，其中建筑地面的热能损失，排在门窗、外墙、屋顶之后，居第4位，约占整个建筑物热能损失的2%~5%。

6.6.1 保温地面的设计要点

1. 建筑地面的热工设计，应根据我国《民用建筑热工设计规范》规定，按建筑热工设计分区及设计要求进行。由于我国疆域广大，全国建筑热工设计共分严寒地区、寒冷地区、夏热冬冷地区、夏热冬暖地区和温和地区五个分区，具体区域见图6-30，各分区的热工设计要求见表6-58。

2. 建筑物的地面是和人体足部直接接触的一个分部项，俗话说“寒从脚上起”。如果地面在冬季时热能损失较大，地面表面温度过低，对人的身体、生活、学习和工作将会产生较大的影响。根据地面的吸热指数B值大小，地面热工性能分为三个类别，其建议地面材料和适用的建筑类型具体见表6-59。

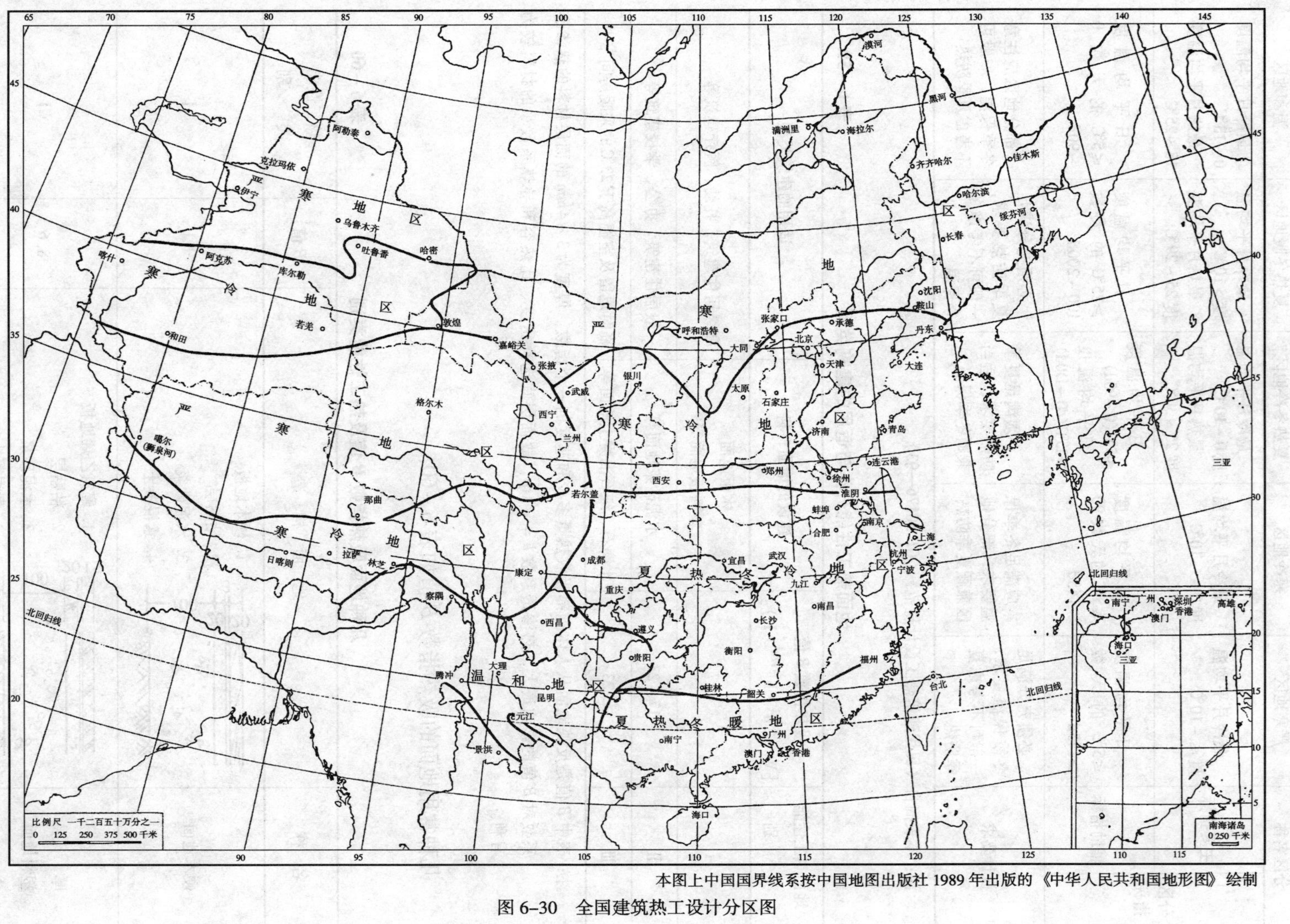

本图上中国国界线系按中国地图出版社 1989 年出版的《中华人民共和国地形图》绘制

图 6-30 全国建筑热工设计分区图

建筑热工设计分区及设计要求　　表 6-58

分区名称		严寒地区	寒冷地区	夏热冬冷地区	夏热冬暖地区	温和地区
分区指标	主要指标	最冷月平均温度≤-10℃	最冷月平均温度0~-10℃	最冷月平均温度0~10℃ 最热月平均温度25~30℃	最冷月平均温度>10℃ 最热月平均温度25~29℃	最冷月平均温度0~13℃ 最热月平均温度18~25℃
	辅助指标	日平均温度≤5℃的天数≥145d	日平均温度≤5℃的天数90~145d	日平均温度≤5℃(0~90d) 日平均温度≥25℃(40~110d)	日平均温度≥25℃的天数100~200d	日平均温度≤5℃的天数0~90d
设计要求		必须充分满足冬季保温要求，一般可不考虑夏季防热	应满足冬季保温要求，部分地区兼顾夏季防热	必须满足夏季防热要求，适当兼顾冬季保温	必须充分满足夏季防热要求，一般可不考虑冬季保温	部分地区应注意冬季保温，一般可不考虑夏季防热

注：本表摘自《民用建筑热工设计规范》(GB 50176—93)

地面热工性能分类与适用的建筑类型　　表 6-59

地面热工性能类别	吸热指数 B 值 [W/($m^2 \cdot h^{-1/2} \cdot K$)]	建议的地面材料	适用的建筑类型
Ⅰ	<17	木板地面 塑料板地面等	高级居住建筑，托幼、医疗建筑等
Ⅱ	17~23	水泥砂浆地面等	一般居住建筑，办公、学校建筑等
Ⅲ	>23	水磨石、细石混凝土地面等	临时逗留及室温高于23℃的采暖房间

注：表中 B 值是反映地面从人体脚部吸收热量多少和速度的一个指数。厚度为3~4mm的面层材料的热渗透系数对 B 值的影响最大，热渗透系数 $b=\sqrt{\lambda c \rho}$，故面层宜选择密度、比热容和导热系数小的材料较为有利。

几种常用地面的吸热指数 B 值如表6-60。

几种地面吸热指数 B 值及热工性能类别　　表 6-60

名　称	地　面　构　造	B 值	热工性能类别
硬木地面	1. 硬木地板 2. 粘贴层 3. 水泥砂浆 4. 素混凝土 (20, 3, 20, 100)	9.1	Ⅰ
厚层塑料地面	1. 聚氯乙烯地板 2. 粘贴层 3. 水泥砂浆 4. 素混凝土 (15, 3, 20, 100)	8.6	Ⅰ

续表

名 称	地 面 构 造	B值	热工性能类 别
薄 层塑料地面	3 20 100 1. 聚氯乙烯地面 2. 粘贴层 3. 水泥砂浆 4. 素混凝土	18.2	Ⅱ
轻骨料混凝土垫层水泥砂浆地 面	20 120 1. 水泥砂浆地面 2. 轻骨料混凝土 ($\rho_0<1500$)	20.5	Ⅱ
水泥砂浆地 面	20 100 1. 水泥砂浆地面 2. 素混凝土	23.3	Ⅲ
水磨石地 面	30 20 100 1. 水磨石地面 2. 水泥砂浆 3. 素混凝土	24.3	Ⅲ

3. 地面吸热指数 B 值的计算

地面吸热指数 B 值的计算，按《民用建筑热工设计规范》规定，应根据地面中影响吸热的界面位置，按下列几种情况进行计算：

（1）影响吸热的界面在最上一层内，即当：

$$\frac{\delta_1^2}{\alpha_1 \tau} \geqslant 3.0 \tag{6-3}$$

式中 δ_1——最上一层材料的厚度（m）；

α_1——最上一层材料的导温系数（m^2/h）；

τ——人脚与地面接触的时间，取0.2h。

这时，B 值可按下式计算：

$$B=b_1=\sqrt{\lambda_1 c_1 \rho_1} \tag{6-4}$$

式中 b_1——最上一层材料的热渗透系数，W/（$m^2 \cdot h^{-1/2} \cdot K$）；

λ_1——最上一层材料的导热系数，W/（m·K）；

c_1——最上一层材料的比热，W·h/（kg·K）；

ρ_1——最上一层材料的表观密度，kg/m^3。

（2）影响吸热的界面在第二层内，即当：

$$\frac{\delta_1^2}{\alpha_1 \tau}+\frac{\delta_2^2}{\alpha_2 \tau} \geqslant 3.0 \tag{6-5}$$

式中　δ_2——第二层材料的厚度（m）；

α_2——第二层材料的导温系数（m^2/h）。

这时，B 值可按下式计算：

$$B = b_1 \ (1 + K_{1,2}) \tag{6-6}$$

式中　$K_{1,2}$——第一、二两层地面吸热计算系数，根据 b_2/b_1 和 $\delta_1^2/(\alpha_1 \tau)$ 两值按规范中附表1查得；

b_2——第二层材料的热渗透系数，W/（$m^2 \cdot h^{-1/2} \cdot K$）。

（3）影响吸热的界面在第二层以下，即按（6－5）式求得的结果小于3.0，则影响吸热的界面位于第三层或更深处，此时可仿照（6－6）式求出 $B_{2,3}$ 或 $B_{3,4}$ 等，然后按顺序依次求出 $B_{1,2}$ 值，这时式中的 $K_{1,2}$ 值应根据 $\frac{B_{2,3}}{b_1}$ 和 $\frac{\delta_1^2}{\alpha_1 \tau}$ 值按规范中附表1查得。

4. 采暖房间地面保温措施的界限

（1）采暖房间的地面，一般不再需采取保温措施。

（2）采暖房间的地面，遇有下列情况之一者，地面应采取保温措施：

1）架空或悬挑部分直接对室外的楼层地面和对非采暖房间的楼层地面。

2）严寒地区采暖房间的底层地面，当建筑物周边无采暖通风管道时，在外墙内侧0.5～1.0m范围内应采取保温措施（铺设保温层等），其热阻不宜小于外墙的热阻值。

3）寒冷地区居住建筑不采暖地下室的上方地面。

4）严寒地区居住建筑底层周边附近的地面。

5. 不同地区采暖居住建筑地面部分传热系数限值，参见表6－61。

不同地区采暖居住建筑地面部分传热系数限值［W/（$m^2 \cdot K$）］　　表6－61

采暖期室外平均温度（℃）	代表性城市	地板		地面	
		接触室外空气地板	不采暖地下室上部地板	周边地面	非周边地面
2.0～1.0	郑州、洛阳、宝鸡、徐州	0.60	0.65	0.52	0.30
0.9～0.0	西安、拉萨、济南、青岛、安阳	0.60	0.65	0.52	0.30
-0.1～-1.0	石家庄、德州、晋城、天水	0.60	0.65	0.52	0.30
-1.1～-2.0	北京、天津、大连、阳泉、平凉	0.50	0.55	0.52	0.30
-2.1～-3.0	兰州、太原、唐山、阿坝、喀什	0.50	0.55	0.52	0.30
-3.1～-4.0	西宁、银川、丹东	0.50	0.55	0.52	0.30
-4.1～-5.0	张家口、鞍山、酒泉、伊宁、吐鲁番	0.50	0.55	0.52	0.30
-5.1～-6.0	沈阳、大同、本溪、阜新、哈密	0.40	0.55	0.30	0.30
-6.1～-7.0	呼和浩特、抚顺、大柴旦	0.40	0.55	0.30	0.30

续表

采暖期室外平均温度（℃）	代表性城市	地板		地面	
		接触室外空气地板	不采暖地下室上部地板	周边地面	非周边地面
-7.1～-8.0	延吉、通辽、通化、四平	0.40	0.55	0.30	0.30
-8.1～-9.0	长春、乌鲁木齐	0.30	0.50	0.30	0.30
-9.1～-10.0	哈尔滨、牡丹江、克拉玛依	0.30	0.50	0.30	0.30
-10.1～-11.0	佳木斯、安达、齐齐哈尔、富锦	0.30	0.50	0.30	0.30
-11.1～-12.0	海伦、博克图	0.25	0.45	0.30	0.30
-12.1～-14.5	伊春、呼玛、海拉尔、满洲里	0.25	0.45	0.30	0.30

注：表中周边地面一栏中0.52为位于建筑物周边的不带保温层的混凝土地面的传热系数；0.30为带保温层的混凝土地面的传热系数。非周边地面一栏中0.30为位于建筑物非周边的不带保温层的混凝土地面的传热系数。

6.6.2 保温地面常用的地面构造类型

1. 对于直接接触土壤的底层地面，常用的地面保温构造见图6－31。

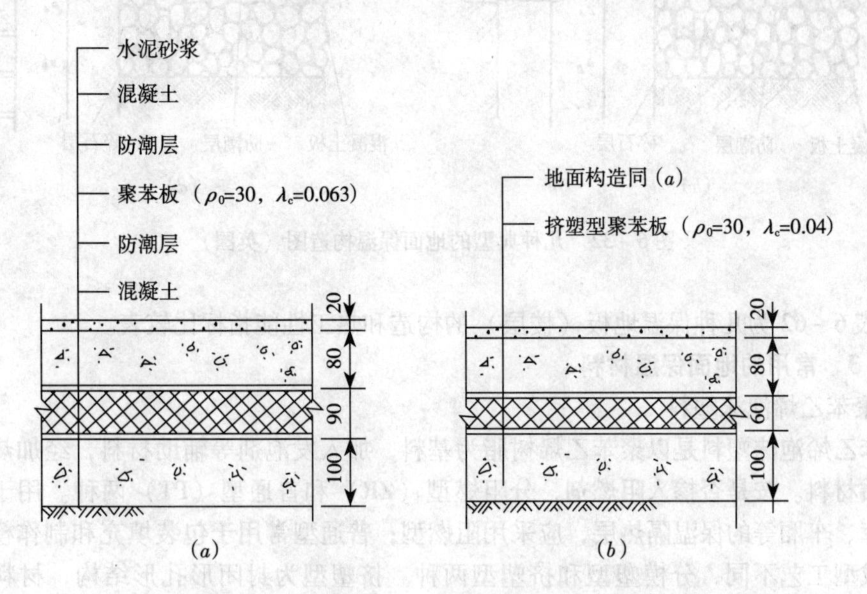

图6－31 地面保温构造

（a）普通聚苯板保温地面；（b）挤塑型聚苯板保温地面

2. 图6－32为国外几种典型的地面保温构造图。

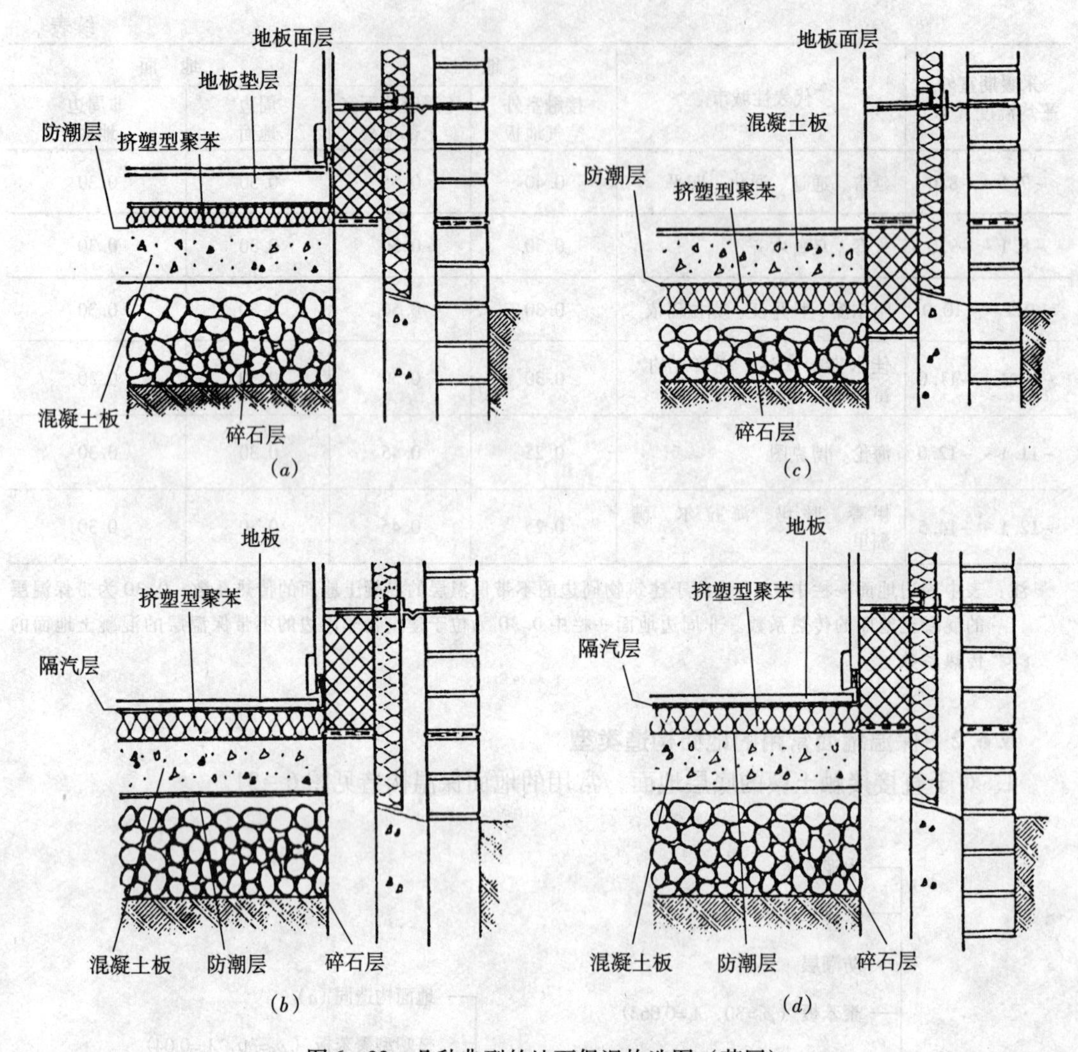

图 6－32 几种典型的地面保温构造图（英国）

3. 表 6－62 为几种保温地板（楼层）的构造和热工性能指标比较表。

6.6.3 常用的地面保温材料

1. 聚苯乙烯泡沫塑料

聚苯乙烯泡沫塑料是以聚苯乙烯树脂为基料，加入发泡剂等辅助材料，经加热发泡而成的轻质材料。按是否掺入阻燃剂，分阻燃型（ZR）和普通型（PT）两种。用于一般建筑、冷库、车厢等的保温隔热层，应采用阻燃型；普通型常用于包装填充和制作模型。按采用的成型工艺不同，分模塑型和挤塑型两种。挤塑型为封闭形孔形结构，材料强度较高，蒸汽渗透阻较大，长期在潮湿环境中使用不易受潮，适用于倒铺屋面、冷库围护结构、地面特别是大荷载地面的保温隔热层。挤塑型聚苯乙烯泡沫塑料价格较高，约为模塑型 2.5～3.0 倍，故一般建筑物的外墙和屋顶的保温隔热层仍采用模塑型。本节主要介绍的是模塑型聚苯乙烯泡沫塑料。

几种保温地板的热工性能指标 **表6－62**

编号	地板构造	保温层厚度 δ（mm）	地板总厚度（mm）	热 阻 R（$m^2 \cdot K/W$）	传热系数 K［$W/(m^2 \cdot K)$］
（1）	20；130；10；δ；10 水泥砂浆 钢筋混凝土圆孔板 粘结层 聚苯板（ρ_0=20，λ_c=0.05） 纤维增强层	60	230	1.44	0.63
		70	240	1.64	0.56
		80	250	1.84	0.50
		90	260	2.04	0.46
		100	270	2.24	0.42
		120	290	2.64	0.36
		140	310	3.04	0.31
		160	330	3.44	0.28
（2）	地板构造同（1） 地板为180mm厚 钢筋混凝土圆孔板	60	280	1.49	0.61
		70	290	1.69	0.54
		80	300	1.89	0.49
		90	310	2.09	0.45
		100	320	2.29	0.41
		120	340	2.69	0.35
		140	360	3.09	0.31
		160	380	3.49	0.27
（3）	地板构造同（1） 地板为110mm厚 钢筋混凝土板	60	210	1.39	0.65
		70	220	1.59	0.57
		80	230	1.79	0.52
		90	240	1.99	0.47
		100	250	2.19	0.43
		120	270	2.59	0.36
		140	290	2.99	0.32
		160	310	3.39	0.28

国标《隔热用聚苯乙烯泡沫塑料》（GB 10801—89）适用于模塑型聚苯乙烯泡沫塑料，并按用途将其分为三类：

第Ⅰ类　应用时不承受负荷，如作为屋顶、墙壁及其他隔热材料。

第Ⅱ类　承受有限负荷，如地板隔热等。

第Ⅲ类 承受较大载荷，如停车平台隔热等。

隔热用聚苯乙烯泡沫塑料的技术要求见表6－63、表6－64和表6－65。

厚度、长度、宽度及偏差要求（mm） **表6－63**

厚 度	偏 差	长度、宽度	偏 差
<50	±2	<1000	±5
50～75	±3	1000～2000	±8
>75～100	±4	>2000～4000	±10
>100	买卖双方决定	>4000	正偏差不限，－10

外 观 要 求 **表6－64**

项 目	要 求	
	普通型（PT）	阻燃型（ZR）
色 泽	白色	混有颜色的颗粒
外 形	基本平整，无明显膨胀和收缩变形	同左
熔 结	熔结良好，无明显掉粒	同左
杂 质	无明显油渍和杂质	不准有油渍和杂质

物理机械性能要求 **表6－65**

项 目			单 位	性能指标		
				Ⅰ	Ⅱ	Ⅲ
表观密度		不小于	kg/m³	15.0	20.0	30.0
压缩强度（在10%形变下的压缩应力）		不小于	kPa	60	100	150
导热系数		不大于	W/（m·K）	0.041	0.041	0.041
70℃48h后尺寸变化率		不大于	%	5	5	5
水蒸气渗透系数		不大于	ng/（Pa·m·s）	9.5	4.5	4.5
吸水率		不大于	%（V/V）	6	4	2
熔结性①	断裂弯曲负荷	不小于	N	15	25	35
	弯曲变形	不小于	mm	20	20	20
氧指数②		不小于	%	30	30	30

①断裂弯曲负荷或弯曲变形有一项能符合指标要求即为合格。

②普通型聚苯乙烯泡沫塑料板材不要求。

北京轻联塑料集团公司泡沫塑料厂（原北京市泡沫塑料厂）生产的泡沫塑料产品，在国内具有代表性，其产品主要品种、特点、用途、规格和技术性能见表6－66～表6－68。

产品主要品种、特点、用途、规格和技术性能 表6-66

品种	特点	用途	规格	技术性能
聚苯乙烯泡沫塑料（阻燃型）	在可发性聚苯乙烯珠粒中掺入阻燃剂，搅拌均匀，经加热预发后，在模具中加热成型。是一种闭孔型轻质绝热材料，具有质轻、阻燃、导热系数小、吸水率低、耐水、耐老化、耐低温、有一定强度、有韧性、易加工、价格适中等一系列优点	适用于一般建筑外墙、屋顶和地面等的绝热层，以及冷库建筑外墙、屋顶和地面等的绝热层；钢丝网架轻质板的夹芯层；彩色钢板轻质板的夹芯层；保温和冷藏车厢的绝热层等	密度：10、15、20、30、50kg/m³，且可根据用户需要而定 尺寸：长×宽×厚（mm） 7500×1500×50 1500×1000×50 2000×1000×（10～500） 6000×1250×（10～500）	技术性能见表6-67 最高使用温度不超过75℃
钢丝网架聚苯乙烯泡沫夹芯板（舒乐舍板）	由钢丝网架、聚苯乙烯泡沫塑料夹芯、水泥砂浆面层构成。表层可做喷涂、瓷砖等饰面。具有轻质、强度高耐火极限时间长、保温隔热性能好等优点	适用于高层建筑的轻质隔墙、围护墙、低层和多层建筑的外保温墙体、屋面和楼地面，特别适用于加层建筑的外墙和屋面	厚度和板面尺寸可根据用户需要而定	1. 夹芯板自重：未抹砂浆，3.9kg/m²；两侧抹25mm砂浆，110kg/m²，比120砖墙轻60%； 2. 承载力：厚110mm，高2.7m的夹芯板，中心轴向受压平均破坏载荷28t/m；横向荷载，跨度2.7m，允许外荷载170kg/m²； 3. 保温隔热性能：厚110mm的夹芯板，热阻值相当于120砖墙，140mm夹芯板，隔热性能相当于240砖墙
聚苯乙烯泡沫塑料（普通型）	不加阻燃剂，产品遇火能燃烧，并产生烟雾。其余优点同阻燃型	适用于包装填充、模型、舞台道具等制作	同阻燃型	见表6-67
彩色钢板聚苯乙烯泡沫夹芯板	上下两面为0.6mm厚彩色钢板、中间为阻燃型聚苯乙烯夹芯层，用特制胶粘结，具有自重轻、强度高、耐候、保温性能好、施工安装方便等优点	适用于工业和民用建筑，特别是大跨度和加层建筑的屋面和外墙；装配式冷库外墙、屋面和地面等	厚度：50、75、100、125、150、175、200、225、250mm 宽度：1000、1200mm 长度：可根据用户需要而定屋面板一般不超过6m	最高使用温度75℃
硬质聚氨酯泡沫塑料	由高官能聚醚多元醇和多次甲基多苯基多异氰酸酯，在催化剂、发泡剂、泡沫稳定剂等充分混合反应发泡而成。可采用灌注、模塑和喷涂等工艺制成板材	适用于建筑物空腔墙体灌注发泡、墙体和屋面喷涂发泡绝热层；复合板的夹芯层；工艺品、日用品制作等	密度和尺寸可根据用户需要而定	

续表

品 种	特 点	用 途	规 格	技 术 性 能
软质聚氨酯泡沫塑料	由聚醚多元醇、甲苯二异氰酸酯为主要原料，加入催化剂、发泡剂、表面活性剂等，在高速搅拌下混合而成。可生产宽2m、高1m，任意长度的泡沫块，然后根据需要切割成不同厚度的泡沫片材	适用于家具、床垫、汽车靠垫、座垫等	密度和尺寸可根据用户需要而定	见表6-68

聚苯乙烯泡沫塑料主要技术性能 表6-67

项 目		单 位	性 能 指 标				
密度		kg/m^3	10	15	20	30	50
压缩强度（在10%形变下的压缩应力）		kPa	30~80	60~120	100~170	150~240	240~500
导热系数		W/（m·K）	0.032~0.044	0.030~0.041	0.030~0.041	0.030~0.041	0.030~0.041
70℃48h后尺寸变化率≤		%	4	4	4	4	4
水蒸汽渗透系数≤		ng/（Pa. m. s）	8	7	4	4	4
吸水率≤		%（V/V）	4	4	3	2	2
熔结性	断裂弯曲负荷≥	N	15	20	25	35	60
	弯曲变形≥	mm	20	20	20	20	7
氧指数≥		%	30	30	30	30	30

注：1. 熔结性中，断裂弯曲负荷和弯曲变形只要求其中一项。

2. 普通型聚苯乙烯泡沫塑料对氧指数不作规定。

软质聚氨酯泡沫塑料主要技术性能 表6-68

项 目		单 位	性 能 指 标				
密度	≤	kg/m^3	38	42	32~46	45	26
拉伸强度	≥	kPa	100	90	100	70	100
断裂伸长率	≥	%	200	130	150	100	150
压缩50%的负荷	≥	kPa	1.7	2.5	4.0	4.5	3.0
回弹率	≥	%	30	35	40	35	35
压缩变形	≤	%	12	10	—	10	10
油中压缩变形	≤	%	—	—	10	—	—
静态上油	≥	mm	—	—	10	—	—
老化系数	≥		—	—	0.9	—	—
用 途			柔软型	通 用	油枕用	高负荷垫材	泡沫床垫

2. 水泥聚苯板及相关产品

水泥聚苯板是由聚苯乙烯泡沫塑料下脚料或废聚苯乙烯泡沫塑料经破碎而成的颗粒，加水泥、水、EC起泡剂和稳泡剂等材料，经搅拌、成型、养护而成的一种新型保温隔热材料，具有质轻、导热系数小、保温隔热性能好、有一定强度和韧性、耐水、难燃、施工方便、粘贴牢固、便于抹灰，价格较低等优点。水泥聚苯板适用于建筑物外墙、地面和屋顶的保温隔热层。

北京冶建新技术公司研制开发和生产的水泥聚苯板及相关产品的品种、特点、适用范围、施工方法和技术性能见表6-69。

水泥聚苯板的常用规格为长×宽×厚：900×600×50~90mm，也可制作长300~1200mm、宽300~600mm、厚30~150mm的板材或块材。

水泥聚苯板及相关产品的品种、特点、适用范围、施工方法和技术性能　表6-69

品种	特点	适用范围	施工方法	技术性能
水泥聚苯保温板	由废旧聚苯乙烯泡沫塑料或其下脚料破碎成的颗粒，加水泥、水、EC起泡剂和稳泡剂等制成，具有质轻，有一定强度和韧性、耐水、难燃、施工方便、粘贴牢固、便于抹灰、保温隔热性能好等优点	适用于节能建筑砖、混凝土等墙体的内、外保温和屋面、地面保温	基层平整，无浮灰。EC-6型胶与1:2的水泥细砂搅拌成粘稠状砂浆型粘结剂。在保温板成点状布粘结剂，然后粘贴在墙体上。粘结面积应大于40%。粘贴时应吊线并用靠尺找平。用EC-5型胶与水泥细砂调成胶浆，用此胶浆将玻纤网布满贴在粘贴好保温板的墙面上。最后做罩面及装饰层	干密度：280~330kg/m^3 抗压强度：>0.30MPa 抗弯强度：>0.15MPa 导热系数：0.09W/（m·K） 吸水率：<30% 软化系数：>0.90 抗冻性：冻融循环25次，合格 自然含水率：<15%
纤维增强聚苯外保温板	由EC聚合物砂浆、玻纤网布增强层、聚苯保温层、EC粘贴层构成的贴在墙体外侧的保温板，具有消除热桥、保护结构、增体减薄、增加使用面积、保温节能效果好等优点	适用于节能建筑砖、混凝土、轻质墙体的外保温	基层平整、清洁。聚苯板用EC-6型粘结剂粘贴在墙面上，聚苯板相互靠紧。聚苯板可满贴，也可花贴，粘贴面积不小于30%。上下板缝错缝搭接，墙角咬口错位。大面积施工应留分格缝、变形缝。聚苯板上面用EC-1表面处理剂铺贴玻纤网布。网布应满铺，搭接宽度50~100mm，贴好的网布应平整、无脱层和漏刷胶现象。表面抹EC聚合物砂浆，厚度3~5mm，压实找平。墙转角、门窗洞口等易破损部位可做两道玻纤增强层。外饰面可选用涂料、面砖等	聚苯板应采用自熄性的，表观密度不小于15kg/m^3，性能指标应符合《隔热用聚苯乙烯泡沫塑料》GB 10801的要求。 EC-6型粘结剂和EC-1型表面处理剂技术性能见本表

续表

品　种	特　点	适用范围	施工方法	技　术　性　能
EC－1型表面处理剂	这是一种高分子水泥系材料，能润湿并渗透基层表面，使之与新抹砂浆粘结牢固，避免砂浆层空鼓	适用于混凝土基层表面处理，以便抹水泥砂浆，修补混凝土缺陷；聚苯板、沥青防水层、钢丝网架夹芯板等抹灰前的表面处理	清扫表面浮灰。将EC－1型表面处理剂与水泥、细砂按重量比1∶1∶1拌合成浆，然后涂刷在基层表面，待表面见干后即可抹灰或打混凝土。吸水性强的基层，用水湿润后再涂刷此浆	表面处理后再抹砂浆的粘结强度： 混凝土表面0.12～0.15MPa； 加气混凝土表面0.14～0.16MPa； 聚苯板表面0.082～0.13MPa； 硅钙板表面0.48～0.56MPa
EC－5型聚合物砂浆	由EC－5型胶与水泥、砂子拌合而成的砂浆，具有韧性、粘结力、抗渗性好，无毒、不燃等优点	适用于水泥聚苯板表面粘贴玻纤网布和抹罩面层	将搅拌均匀的EC－5型胶加入到1∶2.5重量比的水泥细砂中，拌成适当稠度的砂浆即可使用。随拌随用，1h内用完。表面抹此砂浆应两次成活，总厚度6～8mm为宜	抗折强度：7.4MPa 抗压强度：22.2MPa 粘结强度：0.17MPa 抗渗性能：0.8～1.0MPa
EC－6型粘结剂	这是一种高分子水泥系材料，与水泥、砂子拌合使用，具有很高的粘结力，耐水、抗冻、施工性能好，无毒、不燃等优点	适用于在砖和混凝土墙面上粘贴水泥聚苯板或聚苯板	将搅拌均匀的EC－6型胶按胶∶水＝1∶1稀释，搅匀成胶水。用525号普硅水泥和细砂，按重量比1∶2干拌均匀，加入适量稀释好的胶水，拌合成粘稠状砂浆，随拌随用，1h内用完	抗折强度：7.0MPa 抗压强度：26.6MPa 拉伸粘结强度：＞1.10MPa 浸水粘结强度：＞0.85MPa
EC聚合物砂　浆	由聚合物乳液分散在水泥连续相中形成的高密度砂浆，具有良好的抗渗、抗裂、耐老化、耐酸碱性，固化后有一定弹性，对大部分材料有较强的粘结力	适用于混凝土缺陷的修补，浴室、卫生间、蓄水池的防水层，聚苯外保温墙体和聚苯保温顶棚表面的增强层	将EC胶和EC粉按重量比1∶4拌合使用。这时砂浆粘度较大，抹灰时抹刀要光洁，压光时间要适当	抗折强度：9.5MPa 抗压强度：24.0MPa 抗拉强度：4.8～5.0MPa 粘结强度：0.9～1.0MPa 吸水率：2.8% 抗渗性：0.6～1.4MPa 抗冻性：40次循环，无异常，抗压强度降低4%

水泥聚苯板产品质量较为稳定可靠，并具有搬运不易破损、施工方便、价格较低等优点，所以被广泛应用于节能建筑的外墙保温以及屋面和地面的保温隔热。

3. 膨胀珍珠岩制品

膨胀珍珠岩是以珍珠岩、松脂岩、黑曜岩矿石，经破碎、筛分、预热和在1260℃左右高温中悬浮瞬时急剧加热膨胀而成的多孔颗料状材料。膨胀珍珠岩制品是以膨胀珍珠岩作为骨料，水泥、水玻璃、沥青等作为胶结剂，必要时加入增强剂、憎水剂等添加剂加工制作而成的制品。适用于建筑物围护结构保温、隔热的膨胀珍珠岩制品主要有：水泥膨胀珍珠岩制品，沥青膨胀珍珠岩制品，乳化沥青膨胀珍珠岩制品，憎水膨胀珍珠岩制品，膨胀珍珠岩保温芯板等。

膨胀珍珠岩制品的共同技术要求见表6－70。

膨胀珍珠岩制品的物理性能指标 表6－70

标号		密度不大于（kg/m^3）	导热系数不大于（25±5℃）［W/（m·K）］	抗压强度不小于（MPa）	重量含水率不大于（%）
200	优等品	200	0.056	0.4	2
	合格品	200	0.060	0.3	5
250	优等品	250	0.064	0.5	2
	合格品	250	0.068	0.4	5
300	优等品	300	0.072	0.5	3
	合格品	300	0.076	0.4	5
350	优等品	350	0.080	0.5	4
	合格品	350	0.087	0.5	6

注：据国标《膨胀珍珠岩绝热制品》（GB 10303—87）。

6.6.4 保温地面的施工要点

1. 铺贴保温材料层的地面基层（含楼板底表面），表面必须平整、干燥。如需设置找平层的，找平层表面应用木抹子搓打密实、平整，待充分干燥后，再铺（贴）设保温材料层。

2. 采用的保温材料宜用阻燃型的，其密度应符合设计要求，板厚应均匀一致。铺（贴）设时板缝应错开。

3. 底层地面保温材料层的上、下面和楼层地面保温材料层的上面，应设置防潮层，防止保温材料层在施工中浸水受潮，因受潮后将降低保温效果。

4. 保温材料层应采用EC型胶粘剂或EC型砂浆作散点状粘结于基层表面。在地板上表面粘结时，其粘结面积应不小于板面积的15%；在地板下表面粘结时，其粘结面积应不小于板面积的50%。

5. 在保温材料层上面施工混凝土等面层时，应采取措施，防止损坏保温材料层及防潮层。

6. 保温地面还应十分重视门扇与地面间的密封处理，防止在门扇与地面交接的缝隙中散失热能。图6－33为门扇与地面交接处的几种密封处理方法。

6.6.5 质量标准和检验方法

1. 保温地面面层的质量指标，其主控项目和一般项目，应符合相应地面面层的质量标准，检验方法亦应相同。

2. 所用保温材料（含胶粘剂等）规格、品种应符合设计要求，其主要指标，如密度、导热系数、水蒸汽渗透系数、吸水率等指标，应有相应的出厂证明材料或检测报告。

3. 保温材料层的铺设应平整、紧密，板块缝隙应错开，表面设有纤维增强层的应粘结牢固。表面平整度用2m靠尺检查，不应超过5mm。

4. 保温材料层在施工中应严格防止浸水受潮，如有受潮，应采取吹（烘）干措施后，再施工上面结构层及面层。

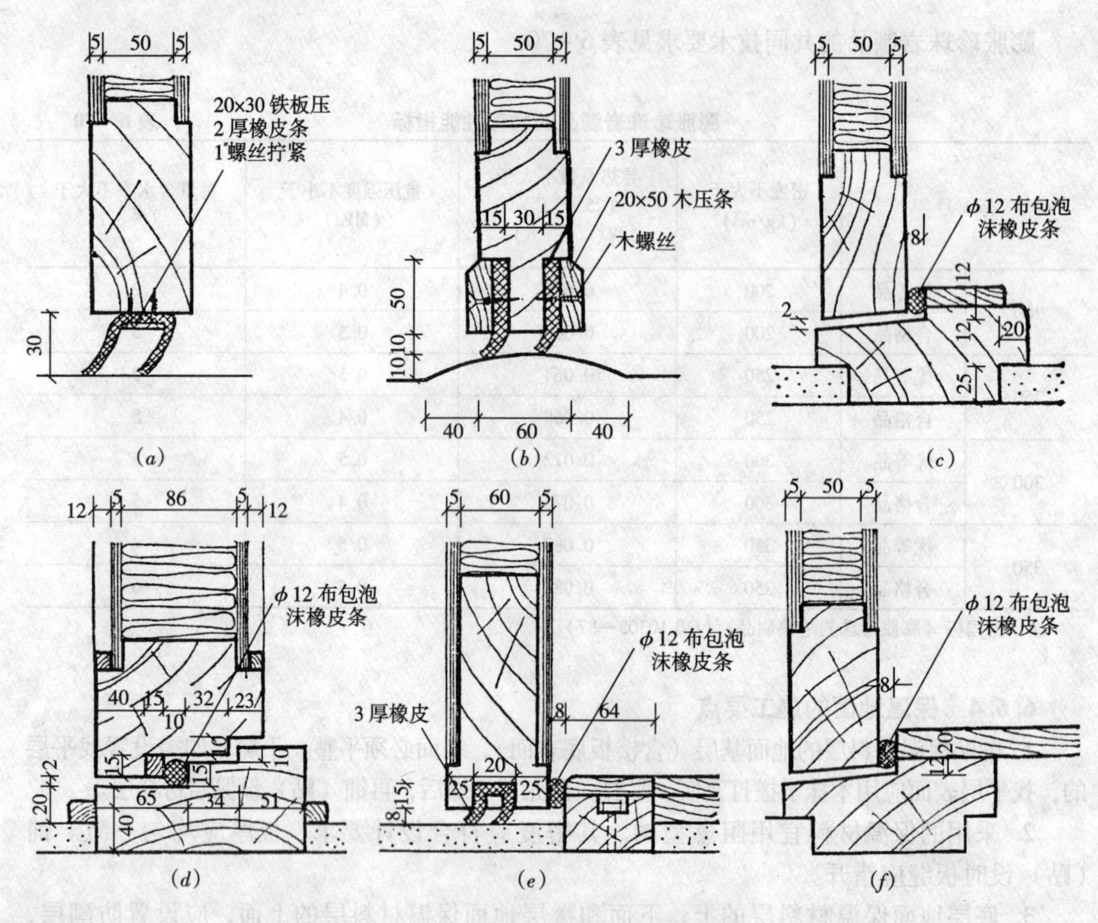

图 6－33　门扇与地面交接处的密封处理

(*a*) 不设门槛；(*b*)、(*c*)、(*d*) 设门槛；(*e*)、(*f*) 利用地面不同标高

6.7　低温热水地板辐射采暖地面

长期以来，我国传统的供热方式是以热电厂或中央锅炉房为热源，通过庞大的热网送至千家万户，而在各用户室内安装各种型号的散热器，以空气对流方式供暖。这种供热采暖系统存在着诸如耗能大、舒适性差、难以分户计量、占用房间使用面积等一些难以克服的问题。同时，由于集中供热方式都是采用计划经济体制下的包费制度，与市场经济体制相差甚远。因此，供热体制的改革、供热收费制度的改革势在必行。低温热水地板辐射采暖地面是对传统供热方式、供热体制的一种改革，也为分户采暖、分户收费方式提供了方便。

6.7.1　低温热水地板辐射采暖地面的特点

低温热水地板辐射采暖方式与传统的散热器采暖相比，有很多明显的优点：

1. 节约能源

低温热水地板辐射采暖设计温度比传统的对流式采暖的设计温度要低 2℃～4℃。而室内采暖设计温度每降低 1℃，可节约燃料 10%，因而具有可观的节能和经济效益。据国内外有关工程实践的经验证明，只要按16℃室温计算负荷设计的地面采暖系统，其室温效果可以与20℃计算室温设计的散热器采暖系统相当。

同时，地板采暖还符合国家提出的《新建集中供暖住宅分户热计量技术标准》要求，可分户热计量，一户一表。家中无人时，可停止供暖，人口少时，可在只有人活动的房间采暖，无人的房间关掉阀门，因此可有效地节约能源。

2. 提高舒适度

传统的散热器采暖，是通过室内空气的自然对流来加热房间内空气的。热空气从散热器处不断上升，置换温度较低的冷空气下降，冷空气再次被散热器加热，如此循环往复。通常情况下，房间内上部温度高，下部温度低，形成房间内温度上高下低的室温分布（亦称之为温度梯度）。如果要保持房间下部人们活动区域的舒适温度，上部空间的温度往往会偏高，这将造成一定的能源损失和经济浪费。

低温热水地板辐射采暖地面则将整个地面作为散热器，在地面结构层内铺设管道，通过往管道内注入60℃左右的低温热水加热地板混凝土，使地面成为低温辐射加热源，使室温保持在16℃～20℃。由于整个房间的地面均匀地辐射放热，使室温分布较均匀，并使地面温度（即人们活动区域）高于房间上部空气的温度，给人以脚暖头凉的清醒、舒适的感觉，符合人的生理调节特点，成为当今世界较为理想的室内采暖技术。

3. 室内清洁卫生

采用散热器供热，一般进水温度为95℃，出水温度在70℃以上。当温度达到80℃时，室内就会产生灰尘团，使散热器上方的墙面布满灰尘。而低温热水地面辐射采暖可消除灰尘团和浑浊空气的对流，给人以一个清醒、温暖和健康的室内环境。

4. 扩大了房间使用面积

散热器采暖通常需占用一定的室内使用面积（约2%），而地面辐射采暖，管道全部铺设于地面结构层中，其分水器亦放于暗柜中，因而家中可以从容地装饰和摆放家具。

5. 节约维修费用

采用的新型热水管材埋设于地面结构层中，没有接头，不会泄漏，使用寿命可达50年以上，可节约维修费用。

6. 减少楼层噪音

目前隔层楼板通常采用的是120～150mm的圆孔板或钢筋混凝土现浇板，隔音效果较差。采用低温地板辐射采暖后，将增加保温层，地面厚度一般增加80mm左右，提高了地面的隔音效果。

7. 适用面广

解决了大跨度和矮窗式建筑的采暖要求，尤其适用于饭店、展览馆、大型商场、娱乐场所等公共建筑，传统的对流式散热器很难满足其采暖要求，而低温地面辐射采暖能很好地解决这一难题。

当然，低温热水地面辐射采暖也存在缺点，主要是增加层高，每层约增高80mm左右，相应增加平方造价。

6.7.2 低温热水地板辐射采暖系统设计要点和地面构造

1. 设计要点

（1）低温热水地面辐射采暖系统是由加热器、管道泵、主干管、压力表、过滤器、阀门、分水器、集水器、温度表等组成，将采暖地面划分成一个个区域，每一个区域又可分成若干块。低温热水地面辐射采暖系统见图6－34。

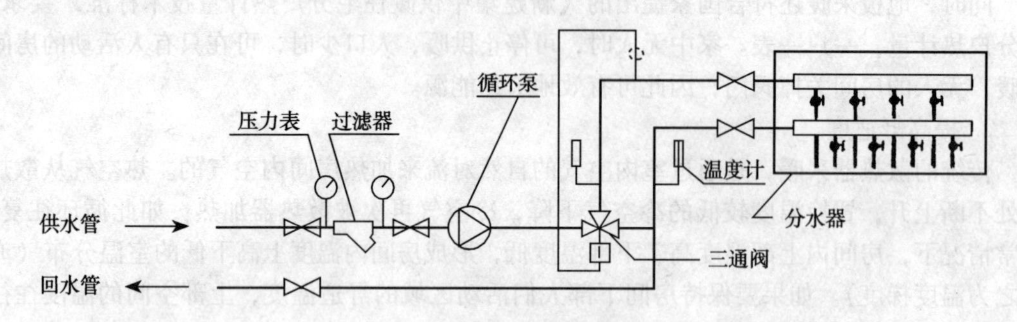

图6－34　低温热水地面辐射采暖系统图

（2）低温热水地面辐射供暖系统的供、回水温度应由计算确定，供水温度不应大于60℃。民用建筑供水温度宜采用35～50℃，供、回水温差不宜大于10℃。

（3）地表面平均温度计算值应符合表6－71的规定。

地表面平均温度（℃）　　表6－71

区域特征	适宜范围	最高限值
人员经常停留区	24～26	28
人员短期停留区	28～30	32
无人停留区	35～40	42

（4）地面辐射供暖系统热负荷，应按现行国家标准《采暖通风及空气调节设计规范》GB 50019的有关规定进行计算。室内计算温度的取值应比对流采暖系统的室内计算温度低2℃，或取对流采暖系统计算总热负荷的90%～95%。

计算地面辐射供暖系统热负荷时，可不考虑高度附加。

（5）局部地面辐射供暖系统的热负荷，可按整个房间全面辐射供暖所算得的热负荷乘以该区域面积与所在房间面积的比值和表6－72中所规定的附加系数确定。

局部辐射供暖系统热负荷的附加系数　　表6－72

供暖区面积与房间总面积比值	0.55	0.40	0.25
附加系数	1.30	1.35	1.50

（6）低温热水地面辐射供暖系统的工作压力，不应大于0.8MPa；当建筑物高度超过50m时，宜竖向分区设置。

（7）无论采用何种热源，低温热水地面辐射供暖热媒的温度、流量和资用压差等参数，都应同热源系统相匹配；热源系统应设置相应的控制装置。

（8）新建住宅低温热水地面辐射供暖系统，应设置分户热计量和温度控制装置。

分户热计量的低温热水地面辐射供暖系统应符合下列要求：

1）应采用共用立管的分户独立系统形式；

2）热量表前应设置过滤器；

3）供暖系统的水质应符合现行国家标准《工业锅炉水质》GB 1576 的规定；

4）共用立管和入户装置，宜设置在管道井内；管道井宜邻楼梯间或户外公共空间；

5）每一对共用立管在每层连接的户数不宜超过 3 户。

（9）低温热水地面辐射供暖系统室内温度控制，可根据需要选取下列任一种方式：

1）在加热管与分水器、集水器的接合处，分路设置调节性能好的阀门，通过手动调节来控制室内温度；

2）各个房间的加热管局部沿墙槽抬高至 1.4m，在加热管上装置自力式恒温控制阀，控制室温保持恒定；

3）在加热管与分水器、集水器的接合处，分路设置远传型自力式或电动式恒温控制阀，通过各房间内的温控器控制相应回路上的调节阀，控制室内温度保持恒定。调节阀也可内置于集水器中。采用电动控制时，房间温控器与分水器、集水器之间应预埋电线。

（10）各个环路加热管的进、出水口，应分别与分水器、集水器相连接。分水器、集水器内径不应小于总供、回水管内径，且分水器、集水器最大断面流速不宜大于 0.8m/s。每个分水器、集水器分支环路不宜多于 8 路。各路加热管的长度宜接近，并不宜超过 120m。每个分支环路供回水管上均应设置可关断阀门。

（11）在分水器之前的供水连接管道上，顺水流方向应安装阀门、过滤器、阀门及泄水管。在集水器之后的回水连接管上，应安装泄水管并加装平衡阀或其他可关断调节阀。对有热计量要求的系统应设置热计量装置。

（12）在分水器的总进水管与集水器的总出水管之间宜设置旁通管，旁通管上应设置阀门。

分水器、集水器上均应设置手动或自动排气阀。

（13）进深大于 6m 的房间，宜以距外墙 6m 为界分区，分别进行热负荷计算和管线布置。敷设加热管的建筑地面，不应计算地面的传热损失。

地面的固定设备和卫生洁具下，不应布置加热管。

（14）分户热计量的地面辐射供暖系统的热负荷计算，应考虑间歇供暖和户间传热等因素。

（15）地面辐射供暖工程施工图设计文件的内容和深度，应符合下列要求：

1）施工图设计文件应以施工图纸为主，包括图纸目录、设计说明、加热管平面布置图、温控装置布置图及分水器、集水器、地面构造示意图等内容。

2）设计说明中应详细说明供暖室内外计算温度、热源及热媒参数、加热管技术数据及规格；标明使用的具体条件如工作温度、工作压力以及绝热材料的导热系数、密度、规格及厚度等。

3）平面图中应绘出加热管的具体布置形式，标明敷设间距、加热管的管径、计算长度和伸缩缝要求等。

2. 地面构造

（1）低温热水地面辐射采暖地面的构造层次（以北京亚运会康乐宫室内游泳馆工程

为例）见表6-73。地面构造见图6-35。

低温热水地面辐射采暖地面构造层次　　表6-73

构造层次	分层做法
面层	10mm厚防滑地砖，用胶粘剂粘贴
找平层	15mm厚1:3水泥砂浆
垫层	60mm厚细石混凝土C20
钢筋网片	ϕ6钢筋网片点焊，纵横间距150mm×150mm
供热管道	ϕ20~25塑料管，壁厚2.5mm，用U型骑马钉固定
保温层	一层铝箔，30mm厚聚苯乙烯板
找平层	10~35mm水泥砂浆或细石混凝土
楼板	钢筋混凝土楼板

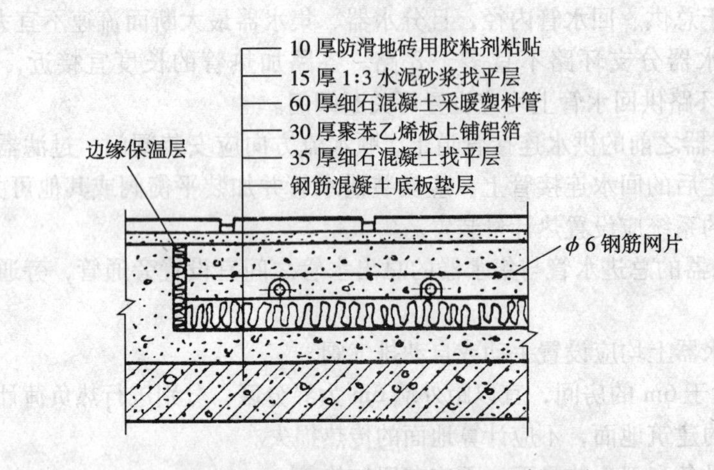

图6-35　低温热水地面辐射地面断面图

（2）与土相邻的地面，必须设绝热层，且绝热层下部必须设置防潮层。直接与室外空气相邻的楼板，必须设绝热层。

地面构造由楼板或与土相邻的地面、绝热层、加热管、填充层、找平层和面层组成，并应符合下列规定：

1）当工程允许地面按双向散热进行设计时，各楼层间的楼板上部可不设绝热层；

2）对卫生间、洗衣间、浴室和游泳馆等潮湿房间，在填充层上部应设置隔离层。

楼层地面和与土相邻地面的构造示意图见图6-36和图6-37。

（3）当面层采用带龙骨的架空木地板时，加热管应敷设在木地板与龙骨之间的绝热层上，可不设置豆（细）石混凝土填充层；绝热层与地板间净空不宜小于30mm。

（4）地面辐射供暖系统绝热层采用聚苯乙烯泡沫塑料板时，其厚度不应小于表6-74的规定值；采用其他绝热材料时，可根据热阻相当的原则确定厚度。

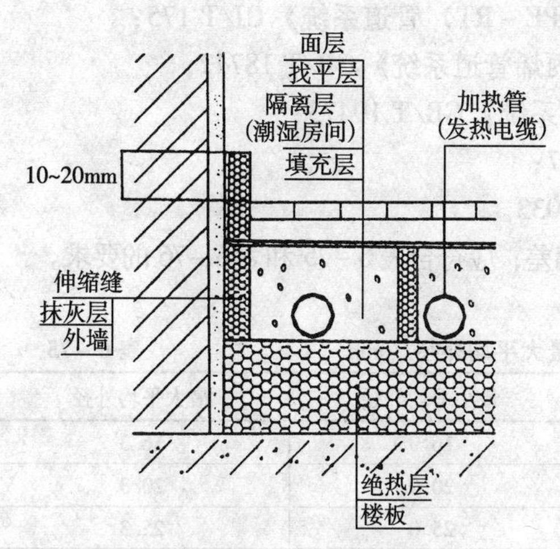

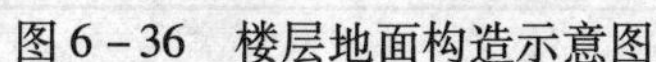
图6-36 楼层地面构造示意图

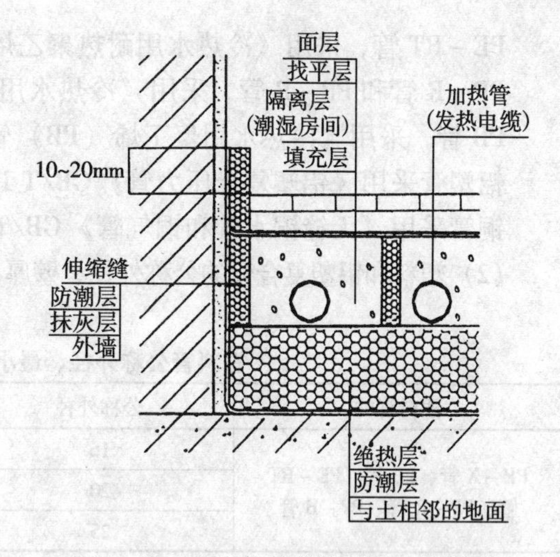

图6-37 与土相邻的地面构造示意图

聚苯乙烯泡沫塑料板绝热层厚度（mm） **表6-74**

楼层之间楼板上的绝热层	20
与土或不采暖房间相邻的地板上的绝热层	30
与室外空气相邻的地板上的绝热层	40

(5) 填充层（垫层）的材料宜采用C15豆（细）石混凝土，豆（细）石粒径宜为5~12mm。加热管的填充层厚度不宜小于50mm。当地面荷载大于20kN/m^{2}时，应会同结构设计人员采取加固措施。

(6) 地面面层材料应根据设计要求或使用需要采用，在水泥砂浆找平层上可铺设水泥砂浆、水磨石、混凝土、瓷砖、大理石、花岗石以及复合木地板、实木复合地板和耐热实木地板、地毯等面层材料。

面层宜采用热阻小于0.05m^2·K/W的材料。

6.7.3 使用材料和质量要求

低温热水地板辐射采暖地面最早问世于20世纪的30~40年代，当时采用的热水管道主要是钢管、铜管、陶瓷管等管材，由于管材难以弯曲，接头处易渗漏以及锈蚀等多种因素，使推广受到影响，发展很缓慢。直到20世纪80~90年代，一种耐高温、耐高压、抗老化、防锈蚀及有柔韧性的新型塑料管和复合铝塑管的出现，才迅速推动了低温热水地板辐射采暖地面的发展。

1. 地面辐射供暖管材：

(1) 目前常用的供暖管材有PE-X管（交联聚乙烯管）、PE-RT管（耐热聚乙烯管）、PP-R管（无规共聚聚丙烯管）、PP-B（嵌段共聚聚丙烯管）、XPAP管（铝塑复合管）和PB管（聚丁烯管）等，这些管材的共同特点是抗老化、耐腐蚀、承高压、不结垢、不渗漏、无环境污染、无水阻力及膨胀系数小，在50℃环境下使用年限可达50年。

供热管材应符合国家现行标准：

PE-X管，采用《冷热水用交联塑乙烯（PE-X）管道系统》GB/T 18992；

PE－RT管，采用《冷热水用耐热聚乙烯（PE－RT）管道系统》CJ/T 175；

PP－R管和PP－B管，采用《冷热水用聚丙烯管道系统》GB/T 18742；

PB管，采用《冷热水用聚丁烯（PB）管道系统》GB/T 19473；

铝塑管采用《铝塑复合压力管》GB/T 18997；

铜管采用《无缝铜水管和铜气管》GB/T 18033。

（2）塑料和铝塑复合管的公称外径、壁厚与偏差，应符合表6－75和表6－76的要求。

塑料管公称外径、最小与最大平均外径（mm）　　**表6－75**

塑料管材	公称外径	最小平均外径	最大平均外径
PE－X管、PB管、PE－RT管、PP－R管、PP－B管	16	16.0	16.3
	20	20.0	20.3
	25	25.0	25.3

铝塑复合管公称外径、壁厚与偏差（mm）　　**表6－76**

铝塑复合管	公称外径	公称外径偏差	参考内径	壁厚最小值	壁厚偏差
搭接焊	16	+0.3	12.1	1.7	+0.5
	20		15.7	1.9	
	25		19.9	2.3	
对接焊	16	+0.3	10.9	2.3	+0.5
	20		14.5	2.5	
	25（26）		18.5（19.5）	3.0	

（3）不论使用何种管材，其外壁标识应按相关管材标准执行，有阻氧层的加热管宜注明。管件和管材的内外壁应平整、光滑、无气泡、裂口、裂纹、脱皮和明显痕纹、凹陷；管件和管材的颜色应一致，无色泽不均匀及分解变色线。密度不小于0.94 g/cm^3。各种管材的物理力学性能见表6－77、表6－78和表6－79。

1）铝塑复合管的物理力学性能应符合表6－77的规定。

铝塑复合管的物理力学性能　　**表6－77**

公称直径（mm）	管环径向拉伸力（N）（HDPE、PEX）		静液压强度（MPa）		爆破压力（MPa）	
	搭接焊	对接焊	搭接焊（82℃ 10h）	对接焊（95℃ 1h）	搭接焊	对接焊
12	2100	—	2.72	—	7.0	—
16	2300	2400	2.72	2.42	6.0	8.0
20	2500	2600	2.72	2.42	5.0	7.0

注：1. 交联度要求：硅烷交联大于或等于65%，辐照交联大于或等于60%；

2. 热熔胶熔点大于或等于120℃；

3. 搭接焊铝层拉伸强度大于或等于100MPa，断裂伸长率大于或等于20%；对接焊铝层拉伸强度大于或等于80MPa，断裂伸长率应不小于22%；

4. 铝塑复合管层间粘合强度，按规定方法试验，层间不得出现分离和缝隙。

2）塑料加热管的物理力学性能应符合表6－78的规定。

塑料加热管的物理力学性能 **表6－78**

项　目	PE－X管	PE－RT管	PP－R管	PB管	PP－B管
20℃、1h液压试验环应力（MPa）	12.00	10.00	16.00	15.50	16.00
95℃、1h液压试验环应力（MPa）	4.80	—	—	—	—
95℃、22h液压试验环应力（MPa）	4.70	—	4.20	6.50	3.40
95℃、165h液压试验环应力（MPa）	4.60	3.55	3.80	6.20	3.00
95℃、1000h液压试验环应力（MPa）	4.40	3.50	3.50	6.00	2.60
110℃、8760h热稳定性试验环应力（MPa）	2.50	1.90	1.90	2.40	1.40
纵向尺寸收缩率（%）	≤3	<3	≤2	≤2	≤2
交联度（%）	见注	—	—	—	—
0℃耐冲击	—	—	破损率<试样的10%	—	破损率<试样的10%
管材与混配料熔体流动速率之差	—	变化率≤原料的30%（在190℃、2.16kg的条件下）	变化率≤原料的30%（在230℃、2.16kg的条件下）	≤0.3g/10min（在190℃、5kg的条件下）	变化率≤原料的30%（在230℃、2.16kg的条件下）

注：交联度要求：过氧化物交联大于或等于70%，硅烷交联大于或等于65%，辐照交联大于或等于60%，偶氮交联大于或等于60%。

3）铜管机械性能应符合表6－79的要求。

铜管机械性能要求 **表6－79**

状　态	公称外径（mm）	抗拉强度，σ_b（MPa）	伸长率不小于	
		不小于	δ_5（%）	δ_{10}（%）
硬态（Y）	≤100	315	—	—
	>100	295		
半硬态（Y_2）	≤54	250	30	25
软态（M）	≤35	205	40	35

（4）供热管材的生产企业应向设计、安装和建设单位提交下列文件：

1）国家授权机构提供的有效期内的符合相关标准要求的检验报告；

2）产品合格证；

3）有特殊要求的管材，厂家应提供相应说明书。

（5）选用低温热水系统的加热管材，应根据其工作温度、工作压力、使用寿命、施工和环保性能等因素，经综合考虑和技术经济比较后确定。

（6）与其他供暖系统共用同一集中热源的供水系统、且其他供暖系统采用钢制散热器等易腐蚀构件时，塑料管宜有阻氧层或在热水系统中添加除氧剂。

（7）分水器、集水器（含连接件等）的材料宜为铜质。分水器、集水器（含连接件等）的表观，内外表面应光洁，不得有裂纹、砂眼、冷隔、夹渣、凹凸不平等缺陷。表面电镀的连接件，色泽应均匀，镀层牢固，不得有脱镀的缺陷。

（8）金属连接件间的连接及过渡管件与金属连接件间的连接密封应符合国家现行标准《55°密封管螺纹》GB/T 7306 的规定。永久性的螺纹连接，可使厌氧胶密封粘接；可拆卸的螺纹连接，可使用不超过 0.25mm 总厚的密封材料密封连接。

铜制金属连接件与管材之间的连接结构形式宜为卡套式或卡压式夹紧结构。

连接件的物理力学性能，测试应采用管道系统适用性试验的方法，管道系统适用性试验条件及要求应符合管材国家现行标准的规定。

2. 绝热材料：

绝热材料应采用导热系数小、难燃或不燃，具有足够承载能力的材料，且不宜含有殖菌源，不得有散发异味及可能危害健康的挥发物。

地面辐射供暖工程中，采用较多的是聚苯乙烯泡沫塑料板块，其主要技术指标应符合表 6-80 的规定。

聚苯乙烯泡沫塑料主要技术指标　　表 6-80

项　　目	单　位	性能指标
表观密度	kg/m^3	≥20.0
压缩强度（即在10%形变下的压缩应力）	kPa	≥100
导热系数	W/m·K	≤0.041
吸水率（体积分数）	%（V/V）	≤4
尺寸稳定性	%	≤3
水蒸汽透过系数	ng/（Pa·m·s）	≤4.5
熔结性（弯曲变形）	mm	≥20
氧指数	%	≥30
燃烧分级	达到 B_2 级	

当采用其他绝热材料时，其技术指标应按表 6-80 的规定，选用同等效果绝热材料。

3. 无纺布基铝箔层。

4. 低碳钢筋（丝）网，直径 d=2.5～3.0mm，网格尺寸宜为 100mm×100mm。

5. 细（豆）石混凝土，强度等级不低于 C15，细石宜选用优质卵石，粒径不宜大于 12mm。

6. 地面面层材料：

供暖地面的面层材料，原则上讲水泥砂浆、水磨石、混凝土、地面面砖、大理石、花岗石以及木质类材料都可以使用，但从使用效果来讲，木质类材料面层更好一些。根据地面辐射采暖的特点，目前建材市场上已经有专门适合这种供热方式的耐（地）热木地板销售，这种耐（地）热木地板大多进口自日本或韩国，如日本的松下、韩国的万宝龙等。这种地板的特点是，地板厚度尺寸偏薄，宽度尺寸偏窄，含水率低，受热后热稳定性好，尺寸稳定，不容易变形，也有利于热交换和传导。

适宜于地面辐射采暖系统的木地板有以下几种：

（1）7~8mm 厚的强化木地板，用 2~3mm 的泡沫塑料垫层；

（2）8~12mm 厚的三层或多层实木复合地板，用 2~3mm 的泡沫塑料垫层；

（3）8mm 厚的拼花木地板，用 2~3mm 泡沫塑料垫层；

（4）10~12mm 厚的实木平口地板；

（5）长、宽、厚分别小于 600mm×60mm×15mm 的实木企口地板，或用 200mm×40mm×10mm 规格的地板，铺设成方形或人字形，使其热变形均匀。

使用木地板，特别是使用复合木地板时，需注意的是地板中含有的有害物质——甲醛，地面温度越高，甲醛释放量越大。而地面辐射采暖恰恰是烘烤地板，因此在选购木地板时，一定要选择甲醛含量小的木地板，以保证室内空气质量，保证身体健康。

6.7.4 施工要点和技术措施

1. 重视基层质量

铺设绝热保温层的基层表面应平整、干燥、无杂物。墙面根部应平直，且无积灰现象。

所有地面留洞应在填充层施工前完成。

2. 绝热保温层铺设

绝热保温层应铺设平整，相互间接合应严密。并用密封胶带粘贴牢固。在绝热保温层上敷设无纺布基铝箔层时，除将加热管固定在绝热层的塑料卡钉穿越外，不得有其他破损。

直接与土接触或有潮湿气体侵入的地面在铺设绝热保温层前，应先铺设一层防潮隔离层。

3. 加热管的敷设

（1）加热管的敷设方式：

加热管采取不同布置形式时，导致的地面温度分布是不同的。布管时，应按设计图纸规定，本着保证地面温度均匀的原则进行，宜将高温管段优先布置于外窗、外墙侧，使室内温度分布尽可能均匀。

加热管的布置常用方式有回折型（旋转型 ）或平行型（直列型），见图 6-38、图 6-39和图 6-40。

地面散热量的计算，都是建立在加热管间距均匀布置的基础上的。实际上房间的热损失，主要发生在与室外空气邻接的部位，如外墙、外窗、外门等处。为了使室内温度分布尽可能均匀，在邻近这些部位的区域如靠近外墙、外窗处，管间距可适当的缩小，而在其他区域则可以将管间距适当的放大，见图 6-41、图 6-42。为了使地面温度分布不会有过大的差异，最大间距不宜超过 300mm。

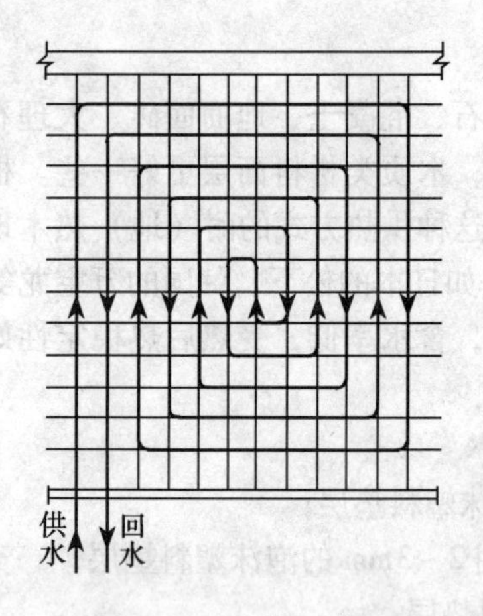

图 6－38　回折型布置

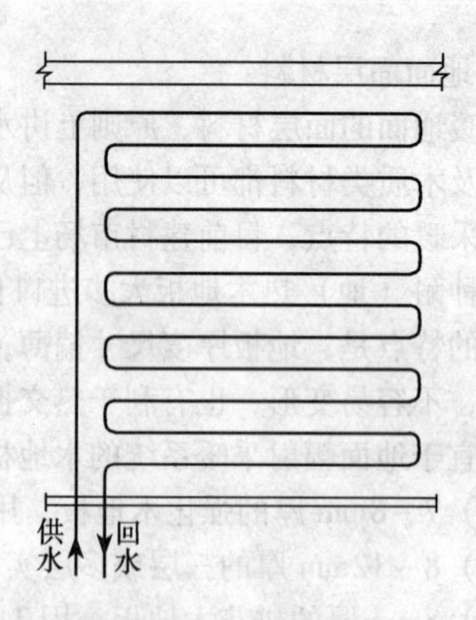

图 6－39　平行型布置

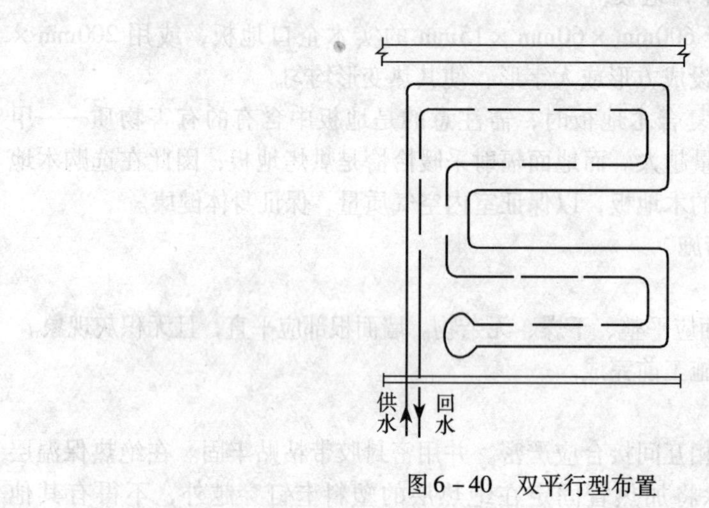

图 6－40　双平行型布置

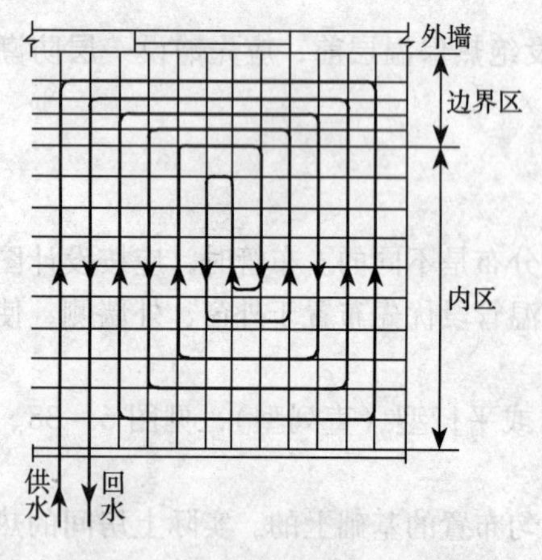

图 6－41　带有边界和内部地带的回折型布置

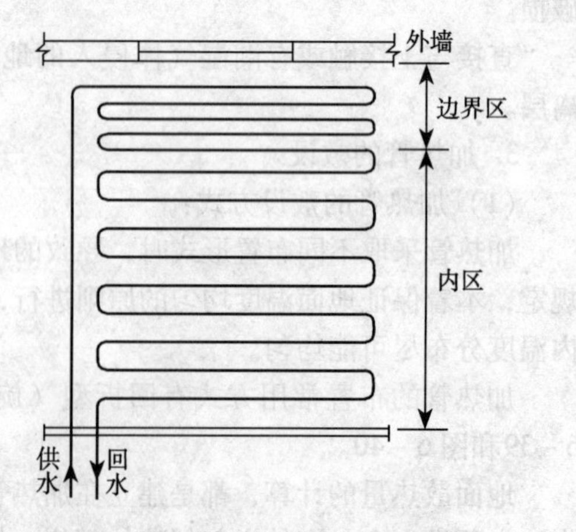

图 6－42　带有边界和内部地带的平行型布置

现场敷设后的热水管见图6-43、图6-44。

图6-43 地板内管道布置图

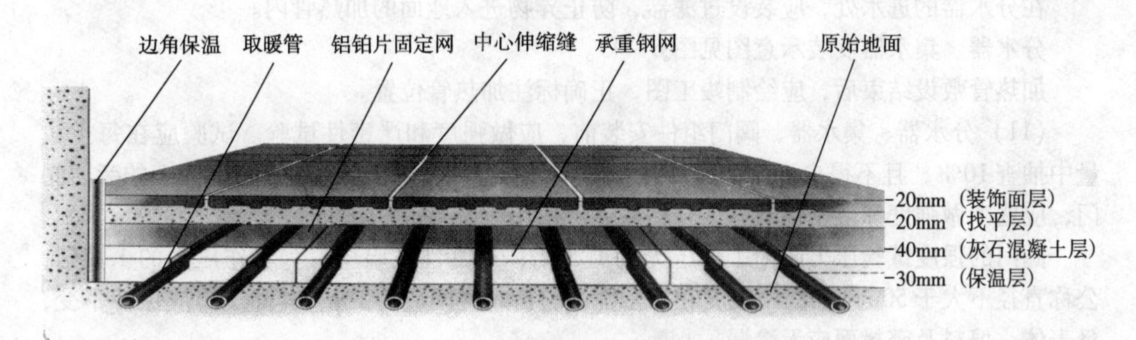

图6-44 地板内管道布置横剖面图

（2）加热管敷设前应核对所用管材的品种、规格等是否符合设计图纸要求，还应检查外观质量，管内部不得有杂质（物）。加热管应敷设平整，管间的安装误差不应大于

10mm。加热管安装间断或完毕时，敞口处应随时封堵。

(3) 塑料及铝塑复合加热管的弯曲半径不宜小于6倍加热管的外径，铜管的弯曲半径不宜小于5倍管外径。弯曲管道时，圆弧的顶部应加以限制，并用管卡进行固定，不得出现“死折”。

(4) 加热管切割应采用专用工具，切口应平整，断口面应垂直管轴线。

加热管道安装时应防止管道扭曲。埋入填充层内的加热管不应有接头。

(5) 加热管应设固定装置，常用的固定方法有：

1) 用固定卡将加热管直接固定在绝热保温层上或设有复合面层的绝热保温板上；

2) 用扎带将加热管固定在铺设于绝热层上的网格上；

3) 直接卡在铺设于绝热层表面的专用管架或管卡上；

4) 直接固定于绝热层表面凸起间形成的凹槽内。

加热管弯头两端宜设固定卡；加热管固定点的间距，直管段固定点间距宜为0.5～0.7m，弯曲管段固定点间距宜为0.2～0.3m。

(6) 在分水器、集水器附近以及其他局部加热管排列比较密集的部位，当管间距小于100mm时，加热管外部应采取设置柔性套管等措施。

进入卫生间以及经常有水房间地面的加热管，穿墙处应采取防水止漏措施。

(7) 加热管出地面至分水器、集水器连接处，弯管部分不宜露出地面装饰层。加热管出地面至分水器、集水器下部球阀接口之间的明装管段，外部应加装塑料套管。套管应高出装饰面150～200mm。

(8) 加热管与分水器、集水器连接，应采用卡套式、卡压式挤压夹紧连接；连接件材料宜为铜质；铜质连接件与PP-R或PP-B直接接触的表面必须镀镍。

(9) 加热管的环路布置不宜穿越填充层内的伸缩缝。必须穿越时，伸缩缝处应设长度不小于200mm的柔性套管，以确保加热管在填充层内发生热胀冷缩变化时的自由度。

(10) 分水器、集水器宜在开始铺设加热管之前进行安装。水平安装时，宜将分水器安装在上，集水器安装在下，中心距宜为200mm，集水器中心距地面不应小于300mm。

在分水器的进水处，应装设过滤器，防止异物进入地面的加热管内。

分水器、集水器安装示意图见图6-45。

加热管敷设结束后，应绘制竣工图，正确标注加热管位置。

(11) 分水器、集水器、阀门组件安装前，应做强度和严密性试验。试验应在每批数量中抽查10%，且不得少于一个。对安装在分水器进口、集水器出口及旁通管上的旁通阀门，应逐个做强度和严密性试验，合格后方可使用。

阀门的强度试验压力应为工作压力的1.5倍；严密性试验压力为工作压力的1.1倍，公称直径不大于50mm的阀门强度和严密性试验持续时间应为15s，其间压力应保持不变，且壳体、填料及密封面应无渗漏。

(12) 伸缩缝的设置应符合下列规定：

1) 在与内外墙、柱等垂直构件交接处应留不间断的伸缩缝，伸缩缝填充材料应采用搭接方式连接，搭接宽度不应小于10mm；伸缩缝填充材料与墙、柱应有可靠的固定措施，与地面绝热层连接应紧密，伸缩缝宽度不宜小于10mm。伸缩缝填充材料宜采用高发泡聚

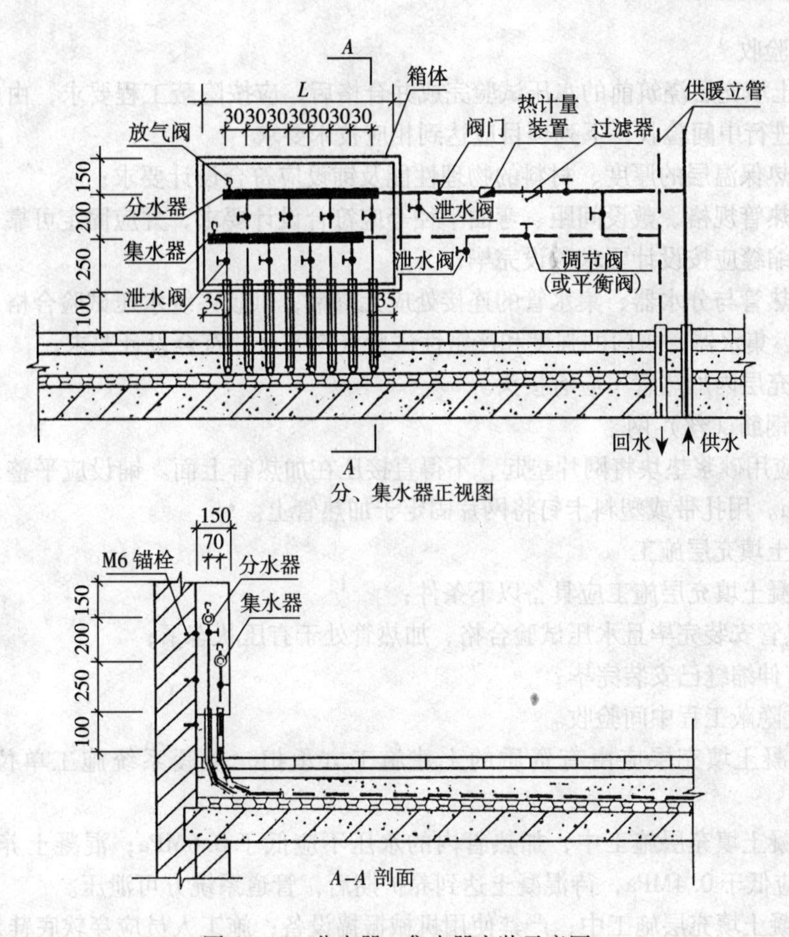

图 6－45 分水器、集水器安装示意图

乙烯泡沫塑料。

2）当地面面积超过 30m² 或边长超过 6m 时，应按不大于 6m 间距设置伸缩缝，伸缩缝宽度不应小于 8mm。伸缩缝宜采用高发泡聚乙烯泡沫塑料或满填弹性膨胀膏。

3）伸缩缝应以绝热层的上边缘做到填充层的上边缘。

4. 管道水压试验

(1) 加热管安装完毕，在浇筑混凝土填充层前以及填充层混凝土养护期满后，应进行两次水压试验。水压试验应以每组分水器、集水器为单位，逐个回路进行。

(2) 水压试验前应对加热管道系统进行冲洗。冲洗应在分水器、集水器以外主供、回水管道冲洗合格后再进行室内供暖系统的冲洗。

(3) 水压试验的压力应为工作压力的 1.5 倍，且不应小于 0.6MPa。在试验压力下，稳定 1h，其压力降不应大于 0.05MPa。

水压试验宜采用手动泵缓慢升压，升压过程中应随时观察与检查，不得有渗漏；不宜以气压试验代替水压试验。

(4) 在有冻结可能的情况下做水压试验时，应采取防冻措施，试压完成后应及时将管内的水吹净、吹干。

5. 中间验收

在混凝土填充层浇筑前的水压试验完成并合格后，应按隐蔽工程要求，由施工单位会同监理单位进行中间验收，下列项目应达到相应技术要求：

（1）绝热保温层的厚度、材料的物理性能及铺设应符合设计要求；

（2）加热管规格、敷设间距、弯曲半径等应符合设计要求，并应固定可靠；

（3）伸缩缝应按设计要求敷设完毕；

（4）加热管与分水器、集水管的连接处应无渗漏，供暖系统水压试验合格；

分水器、集水器、阀门的强度和严密性试验资料齐全并符合设计要求；

（5）填充层内加热管不应有接头。

6. 铺设钢筋（丝）网

铺设时应用砂浆垫块将网片垫起，不得直接压在加热管上面。铺设应平整，搭接接头不小于60mm。用扎带或塑料卡钉将网片固定于加热管上。

7. 混凝土填充层施工

（1）混凝土填充层施工应具备以下条件：

1）加热管安装完毕且水压试验合格、加热管处于有压状态下；

2）所有伸缩缝已安装完毕；

3）通过隐蔽工程中间验收。

（2）混凝土填充层应由有资质的土建施工方承担，供暖系统施工单位应予密切配合。

（3）混凝土填充层施工中，加热管内的水压不应低于0.6MPa；混凝土养护过程中，系统水压不应低于0.4MPa，待混凝土达到养护期后，管道系统方可泄压。

（4）混凝土填充层施工中，严禁使用机械振捣设备；施工人员应穿软底鞋，采用平头铁锹操作。严禁踩踏在加热管上进行操作，防止加热管受损坏。

（5）在加热管的铺设区内，严禁穿凿、钻孔或进行射钉作业。

（6）混凝土填充层施工完毕且养护期满后，管道系统应再做一次水压试验，验收并做好记录。

8. 水泥砂浆找平层

在混凝土填充层上应铺设厚度为15～20mm厚的1∶3水泥砂浆找平层，以确保面层铺设的平整度。

卫生间及经常有水的房间地面，在填充层上面应再做一层隔离层，见图6－46。

9. 面层施工

面层施工前，混凝土填充层应达到面层需要的干燥度。面层施工除应符合土建施工设计图纸的各项要求外，尚应注意下列事项：

（1）施工面层时，不得剔、凿、割、钻和钉填充层，不得向填充层内楔入任何物件；

（2）面层的施工，应在混凝土填充层达到要求强度后进行；

（3）石材、面砖在与外墙、柱等垂直构件交接处，应留10mm宽伸缩缝；木地板铺设时，应留不小于14mm的伸缩缝。伸缩缝应从填充层的上边缘做到高出装饰层上表面10～20mm，装饰层敷设完毕后，应裁去多余部分。伸缩缝填充材料宜采用高发泡聚乙烯泡沫塑料。

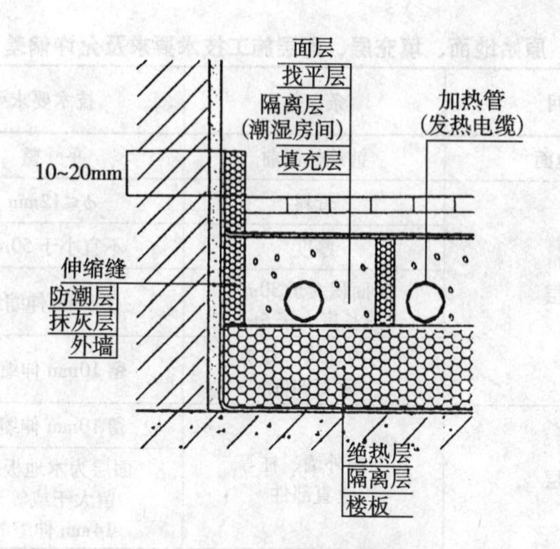

图6-46 卫生间地面构造

面砖、大理石、花岗石面层施工时，在伸缩缝处宜采用干贴方法施工。

(4) 以木质地板作面层时，木材应经干燥处理，并应在正常运行时的最高水温（亦即设计水温）保持24h以上，使其上面的混凝土填充层和水泥砂浆找平层内的水分充分蒸发后进行，尽量减少木地板在使用过程中吸湿膨胀变形因素。

铺设木地板的安装工人，应经过专门培训，掌握铺设方法和相应技巧。

铺设木地板前，应在地面上（即水泥砂浆找平层上）先铺设一层塑料布，以隔绝下面潮气，然后铺设木地板专用的泡沫塑料垫层，最后铺设面木地板。

踢脚板的铺设时间宜比木地板的铺设时间推迟48h，待地板胶完全干透后进行铺钉。

10. 调试和试运行

(1) 地面辐射供暖系统的运行调试，应在具备正常供暖的条件下进行。

未经调试和试运行，严禁投入运行使用。

(2) 地面辐射供暖系统的调试和试运行，应在施工完毕且混凝土填充层养护期满后，正式采暖运行前进行。

调试工作应由施工单位在建设单位配合下进行，并作好记录。

(3) 初始加热时，热水升温应平缓，供水温度应控制在比当时环境温度高10℃左右，且不应高于32℃，并应连续运行48h；以后每隔24h水温升高3℃，直至达到设计供水温度。在此温度下应对每组分水器、集水器连接的加热管逐路进行调节，直至达到设计要求。

(4) 地面辐射供暖系统的供暖效果，应以房间中央离地1.5m处黑球温度计指示的温度，作为评价和检测的依据。

6.7.5 质量标准和竣工验收

1. 质量标准

(1) 低温热水地板辐射采暖地面，其原始地面、填充层、面层施工技术要求及允许偏差见表6-81；管道安装工程施工技术要求及允许偏差见表6-82。

原始地面、填充层、面层施工技术要求及允许偏差 **表6-81**

序号	项 目	条 件	技术要求	允许偏差（mm）
1	原始地面	铺绝热层前	平 整	—
2	填充层	骨料	$\phi \leq 12$mm	-2
		厚度	不宜小于50mm	±4
		当面积大于30m^{2}或长度大于6m	留8mm伸缩缝	+2
		与内外墙、柱等垂直部件	留10mm伸缩缝	+2
3	面 层	与内外墙、柱等垂直部件	留10mm伸缩缝	+2
			面层为木地板时，留大于或等于14mm伸缩缝	+2

注：原始地面允许偏差应满足相应土建施工标准。

管道安装工程施工技术要求及允许偏差 **表6-82**

序号	项 目	条件	技术要求	允许偏差（mm）
1	绝热层	接合	无缝隙	—
		厚度	—	+10
2	加热管安装	间距	不宜大于300mm	±10
3	加热管弯曲半径	塑料管及铝塑管	不小于6倍管外径	-5
		铜管	不小于5倍管外径	-5
4	加热管固定点间距	直管	不大于700mm	±10
		弯管	不大于300mm	
5	分水器、集水器安装	垂直间距	200mm	±10

（2）各分项工程质量标准及检验方法：

1）加热管安装工程质量标准及检验方法见表6-83。

2）防潮层安装工程质量标准及检验方法见表6-84。

3）绝热层安装工程质量标准及检验方法见表6-85。

加热管安装工程质量标准及检验方法 **表6-83**

项目类别	项 次	项 目	质量要求或允许偏差（mm）	检验方法
主控项目	1	加热管材质、管外径壁厚	应符合设计要求和相应标准规定	观察检查、检查材质合格证明和检测报告
	2	加热管埋地部分	不允许有接头	观察检查及检查中间验收记录
	3	加热管弯曲表面质量	无裂纹、无硬折弯	观察检查
	4	加热管水压试验	应符合设计要求	检查试验记录

续表

项目类别	项次	项目		质量要求或允许偏差（mm）	检验方法
一般项目	5	管道安装间距		应≤300mm，允许偏差为±10	用尺量检查
	6	管道弯曲半径	塑料及铝塑管	大于或等于6倍管外径，允许偏差－5	用尺量检查
			铜管	大于或等于5倍管外径，允许偏差－5	用尺量检查
	7	管道固定点间距	直管	应≤0.7m，允许偏差±10	用尺量检查
			弯管	应≤0.3m，允许偏差±10	用尺量检查

防潮层安装工程质量标准及检验方法 **表6－84**

项目类别	项次	项目	质量要求或允许偏差（mm）	检验方法
主控项目	1	防潮层材料材质及性能参数	应符合设计要求及相应标准规定	观察检查，检查材质合格证明和检测报告
	2	塑料薄膜外观质量	外观质量完好	观察检查
一般项目	3	塑料薄膜搭接宽度	+10	用尺量检查
	4	塑料薄膜厚度0.5mm	+0.1	用尺量检查

绝热层安装工程质量标准及检验方法 **表6－85**

项目类别	项次	项目	质量要求或允许偏差（mm）	检验方法
主控项目	1	绝热材料材质及性能参数	应符合设计要求及相关标准规定	观察检查，检查材质合格证明和检测报告
	2	固定件设置情况	不得穿透绝热层	观察检查和用尺量检查
一般项目	3	绝热层厚度	允许偏差±5	用尺量检查
	4	绝热材料密度	允许偏差+5%	检查材质合格证书或进行复测检验
	5	绝热层接合情况	无缝隙	观察检查
	6	绝热层安装后的平整度	每米±5	用尺量检查

2. 竣工验收

低温热水地板辐射地面竣工验收应在施工安装单位自验合格的基础上，向监理（或建设）单位提出竣工验收报告。监理（或建设）单位根据现场施工情况和对竣工资料审查后，认为符合竣工验收条件时，由总监理工程师（或建设单位项目负责人）组织施工安装单位、设计单位、建设（或监理）单位等专业技术人员进行正式竣工验收。

参加质量验收的人员应具备相应的专业技术资格。

根据《建筑工程施工质量验收统一标准》（GB 50300—2001）对建筑工程分部工程、分项工程的划分规定，低温热水地板辐射地面可作为一个独立的子分部工程进行质量验收。主要验收内容如下：

（1）管道、分水器、集水器、阀门、配件、绝热材料等的质量；

（2）原始地面、填充层、面层等施工质量；

（3）管道、阀门等安装质量；

（4）隐蔽前、后水压试验情况（记录）；

（5）管路冲洗情况；

（6）系统试运行情况。

当验收符合下列规定时，可认定为合格，予以验收：

（1）地面工程所含分项工程质量均应验收合格；

（2）质量控制资料应完整；

（3）现场观感质量应符合要求。

6.8 低温发热电缆地面辐射采暖地面

低温发热电缆地面辐射供暖是地面采暖的另一种形式，它将发热电缆直接埋设在地面结构层中，利用电力加热地面垫层及面层而供暖。由于发热电缆直接发热传递热量，它集热源与终端设备为一体，因而具有明显的优势。此外，它和低温热水地面辐射供暖一样，具有诸多的优点和特点。

近年来，发热电缆地面辐射供暖应用技术，在北京地区逐步进行推行尝试，已有一批住宅小区大面积采用，并得到了住户和开发商的认可。2002 年 7 月，北京市还出台了电采暖可享受峰谷电价的用电优惠政策，使得发热电缆地面辐射供暖前景更为广阔。

6.8.1 发热电缆地面辐射采暖系统设计要点和地面构造

1. 设计要点

（1）低温发热电缆地面辐射供暖系统的热负荷计算、室内计算温度的取值以及局部地面辐射供暖系统的热负荷计算参见“6.7 低温热水地板辐射采暖地面”一节设计要点相应内容。

（2）地表面平均温度计算值应符合表 6 - 71 的规定。

（3）发热电缆布线间距应根据其线性功率和单位面积功率，按下式确定：

$$S=\frac{p_x}{q}\times 1000$$

式中 S——发热电缆布线间距（mm）；

p_x——发热电缆线性功率（W/m）；

q——单位面积安装功率（W/m^2）。

（4）在靠近外窗、外墙等局部热负荷较大区域，发热电缆应较密铺设。发热电缆之间的最大间距不宜超过 300mm，且不应小于 50mm；距离外墙内表面不得小于 100mm。

(5) 发热电缆的布置，可选择采用平行型（直列型）或回折型（旋转型），布置形式可参见图6-38~图6-42。设计平面图中应绘出加热电缆的具体布置形式。

发热电缆的布置应考虑地面家具的影响。地面的固定设备和卫生洁具下面不应布置发热电缆。

(6) 每个房间宜独立安装一根发热电缆，不同温度要求的房间不宜共用一根发热电缆；每个房间宜通过发热电缆温控器单独控制温度。

发热电缆温控器的工作电流不得超过其额定电流。

(7) 发热电缆地面辐射供暖系统采用温控器与接触器等其他控制设备结合的形式实现控制功能，按照感温对象的不同分为室温型、地温型和双温型三种，温控器的选用类型应符合以下要求：

1）高大房间、浴室、卫生间、游泳池等区域，应采用地温型温控器；

2）对需要同时控制室温和限制地表温度的场合应采用双温型温控器。

发热电缆温控器的选型应考虑使用环境的潮湿情况。

(8) 发热电缆温控器应设置在附近无散热体、周围无遮挡物、不受风直吹、不受阳光直晒、通风干燥、能正确反映室内温度位置，不宜设在外墙上，设置高度宜距地面1.4m。地温传感器不应被家具等覆盖或遮挡，宜布置在人员经常停留的位置。

(9) 发热电缆系统的供电方式，宜采用AC 220V供电。当进户回路负载超过12kW时，可采用AC 220V/380V三相四线制供电方式，多根发热电缆接入220V/380V三相系统时应使三相平衡。

发热电缆的线功率不宜大于20W/m。

(10) 配电箱应具有过流保护和漏电保护功能，每个供电回路应设带漏电保护装置的双极开关。

(11) 发热电缆地面辐射供暖系统的电气设计应符合国家现行标准《民用建筑电气设计规范》JGJ/T 16和《建筑电气工程施工质量验收规范》GB 50303中的有关规定。

(12) 发热电缆的接地线必须与电源的地线连接。

地温传感器穿线管应选用硬质套管。

(13) 供暖电耗要求单独计费时，发热电缆系统的电器回路宜单独设置。

2. 地面构造

(1) 发热电缆辐射供暖系统地面构造的隔离层、绝热层、填充层、找平层、面层等设置要求，可参见“6.7　低温热水地板辐射供暖地面”的有关规定以及图6-36、图6-37和图6-46。

(2) 当面层采用带龙骨的架空木地板时，发热电缆应敷设在木地板与龙骨之间的绝热层上，可不设置豆石混凝土填充层；发热电缆的线功率不宜大于10W/m；绝热层与地板间净空不宜小于30mm。

(3) 发热电缆地面辐射供暖系统的混凝土填充层厚度不宜小于35mm。

6.8.2　使用材料和质量要求

1. 发热电缆应经国家电线电缆质量监督检验部门检验合格，产品的电气安全性能、机械性能应符合表6-86的规定。

发热电缆的电气和机械性能要求 表 6-86

类别	检验项目	标准要求
标志	成品电缆表面标志 标志间距离	字迹清楚、容易辨认、耐擦 最大 500mm
电压试验 绝缘电阻	室温成品电缆电压试验（2.0kV/5min） 高温成品电缆电压试验（100℃，1.5kV/150min） 绝缘电阻（100℃）	不击穿 不击穿 最小 0.03MΩ·km
导体	导体电阻（20℃） 电阻温度系数	在标定值（Ω/m）的 +10% 和 -5% 之间 不为负数
成品性能试验	变形试验（300N，1.5kV/30s） 拉力试验 正反卷绕试验 低温冲击试验（-15℃） 屏蔽的耐穿透性	不击穿 最小 120N 不击穿 不开裂 试针推入绝缘需触及屏蔽
绝缘层	绝缘厚度 平均厚度 最薄处厚度	 最小 0.80mm 最小 0.72mm
	机械物理性能 老化前抗张强度 老化前断裂伸长率 空气箱老化（7×24h，135℃） 抗张强度变化率 断裂伸长率变化率 空气弹老化（40h，127℃） 抗张强度变化率 断裂伸长率变化率	 最小 4.2N/mm² 最小 200% 最大 ±30% 最大 ±30% 最大 ±30% 最大 ±30%
	非污染试验（7×24h，90℃） 抗张强度变化率 断裂伸长率变化率	 最大 ±30% 最大 ±30%
	热延伸（15min，250℃） 伸长率 永久伸长率	 最大 175% 最大 15%
	耐臭氧试验（臭氧浓度 0.025%～0.030%，24h）	不开裂
外护套	外护套厚度 平均厚度 最薄处厚度	 最小 0.8mm 最小 0.58mm
	机械物理性能 老化前抗张强度 老化前断裂伸长率 空气箱老化（10×24h，135℃） 老化后抗张强度 老化后断裂伸长率 抗张强度变化率 断裂伸长率变化率	 最小 15.0N/mm² 最小 150% 最小 15.0N/mm² 最小 150% 最大 ±25% 最大 ±25%

续表

类别	检验项目	标准要求
外护套	非污染试验（7×24h，90℃） 老化后抗张强度 老化后断裂伸长率 抗张强度变化率 断裂伸长率变化率	最小15.0N/mm² 最小150% 最小±25% 最小±25%
	失重试验（10×24h，115℃）	最大2.0mg/cm²
	抗开裂试验（1h，150℃）	不开裂
	90℃高温压力试验-变形率	最大50%
	低温卷绕试验（-15℃）	不开裂
	热稳定性（200℃）	最小180min

2. 发热电缆系统用的温控器是该系统的一个重要组成部分，其作用是调节温度、控制系统工作状态。它由控温和测温两部分组成，由生产厂家整体供应，其质量标准应符合国家现行标准《温度指示控制仪》JJG 874和《家用和类似用途电自动控制器 温度敏感控制器的特殊要求》GB 14536.10的规定。

发热电缆系统的温控器外观不应有划痕，标记应清晰，面板扣合应严密、开关应灵活自如，温度调节部件应使用正常。

3. 发热电缆热线部分的结构在径向上从里到外应由发热导线、绝缘层、接地屏蔽层和外护套等组成，其外径不宜小于6mm。

发热电缆的发热导体宜使用纯金属或金属合金材料。

发热电缆必须有接地屏蔽层。

4. 发热电缆的轴向上分别为发热用的热线和连接用的冷线，其冷热导线的接头应安全可靠，并应满足至少50年的非连续正常使用寿命。

发热电缆的型号和商标应有清晰标志，冷热线接头位置应有明显标志。

6.8.3 施工要点和技术措施

1. 发热电缆地面辐射供暖地面对基层质量、绝热保温层铺设以及填充层、面层施工的要求，参见“6.7 低温热水地面辐射供暖地面”一节的有关规定。

2. 发热电缆系统的安装：

（1）发热电缆应按照施工图纸标定的电缆间距和走向敷设，发热电缆应保持平直，电缆间距的安装误差不应大于10mm。发热电缆敷设前，应对照施工图纸核对发热电缆的型号，并应检查电缆的外观质量，测量其标称电阻和绝缘电阻，并做好记录。

（2）发热电缆出厂后严禁剪裁和拼接，有外伤或破损的发热电缆严禁敷设。

（3）发热电缆施工前，应确认电缆冷线预留管、温控器接线盒、地温传感器预留管、供暖配电箱等预留、预埋工作已完毕。

（4）电缆的弯曲半径不应小于生产企业规定的限值，且不得小于6倍电缆直径。

（5）发热电缆下应铺设钢丝网或金属固定带，发热电缆不得被压入绝缘材料中。

发热电缆应采用扎带固定在钢丝网上，或直接用金属固定带固定。

（6）发热电缆的热线部分严禁进入冷线预留管。

发热电缆的冷热线接头应设在填充层内。

（7）发热电缆间有交叉搭接时，严禁电缆通电。施工过程中，严禁操作人员踩踏发热电缆。

（8）发热电缆安装完毕后，应绘制竣工图，并应正确标注发热电缆敷设位置及地温传感器埋设地点。

（9）发热电缆安装完毕，应再次检测其标称电阻和绝缘电阻，并做好记录。

（10）发热电缆温控器的温度传感器安装应按生产企业相关技术要求进行。

发热电缆的温控器应水平安装，并应牢固固定，温控器应设在通风良好且不被风直吹处，也不得被家具遮挡，温控器的四周不得有热源体。

（11）发热电缆温控器安装时，应将发热电缆可靠接地。

（12）在填充层施工完毕后，还应对发热电缆进行一次标称电阻和绝缘电阻的检测，并做好记录。

3. 伸缩缝的设置，参见“6.7　低温热水地板辐射供暖地面”一节的有关规定。

4. 调试和试运行：

（1）发热电缆地面辐射供暖系统未经调试，严禁运行使用。调试工作应在具备供暖和供电的条件下进行。

（2）发热电缆地面辐射供暖系统的调试工作应由施工单位在建设单位的配合下进行。

调试和试运行工作，应在地面混凝土填充层养护期满后，正式采暖运行前进行。

（3）发热电缆地面辐射供暖系统初始通电加热时，应控制室温平缓上升，直至达到设计要求。

（4）发热电缆温控器的调试应按照不同型号温控器安装调试说明书进行。

（5）地面辐射供暖系统的供暖效果，应以房间中央离地1.5m处黑球温度计指示的温度，作为评价和检测的依据。

6.8.4　质量标准和竣工验收

1. 质量标准

（1）发热电缆地面辐射供暖系统对原始地面、填充层、面层施工技术要求及允许偏差见表6-81。

（2）发热电缆地面辐射供暖系统对防潮层、绝热保温层的质量要求见表6-84、表6-85。

（3）发热电缆地面辐射供暖系统对发热电缆的施工安装质量要求见表6-87。

发热电缆施工安装质量标准和检验方法　　**表6-87**

项目类别	项次	项目	质量要求或允许偏差（mm）	检验方法
主控项目	1	发热电缆的规格、型号、材质	应符合设计要求和相应标准规定	观察检查，检查材质合格证明和检测报告
	2	发热电缆外观质量	1. 商标标志清晰； 2. 冷热线接头位置有明显标志； 3. 无外伤和破损	观察检查
	3	发热电缆的温控器质量	外观不应有划痕，标记应清晰，面板扣合应紧密，开关灵活自如	观察及手动检查
	4	发热电缆环路质量	应无短路和断路现象	仪器测量检查

续表

项目类别	项次	项目	质量要求或允许偏差（mm）	检验方法
一般项目	5	发热电缆敷设质量	敷设应平直、间距误差应不大于10mm	观察及尺量检查
	6	发热电缆弯曲半径	不应小于6倍电缆直径	用尺量检查
	7	发热电缆固定情况	用扎带固定在钢丝网上或直接用金属固定带固定	观察检查

2. 竣工验收

发热电缆地面辐射供暖系统竣工验收应在施工单位自验合格的基础上，向监理（或建设）单位提出竣工验收报告。监理（或建设）单位根据现场施工情况和对竣工资料审查后，认为符合竣工验收条件时，由总监理工程师（或建设单位项目负责人）组织施工安装单位、设计单位、建设（或监理）单位等专业技术人员进行正式竣工验收。

参加质量验收的人员应具备相应的专业技术资格。

根据《建筑工程施工质量验收统一标准》（GB50300—2001）对建筑工程分部工程、分项工程的划分规定，发热电缆地面辐射供暖系统可作为一个独立的子分部工程进行质量验收。主要验收内容如下：

（1）发热电缆、温控器、绝热材料等的质量；

（2）原始地面、填充层、面层等施工质量；

（3）隐蔽前、后发热电缆标称电阻、绝缘电阻检测情况；

（4）发热电缆安装质量；

（5）系统试运行情况。

当验收符合下列规定时，可认定为合格，予以验收：

（1）地面工程所含分项工程质量均应验收合格；

（2）质量控制资料应完整；

（3）现场观感质量应符合要求。

6.9 防（导）静电地面

6.9.1 静电的概念和特点

1. 静电的概念

静电是物体表面过剩或不足的静止电荷，静电是一种电能，它留存于物体表面。静电是正电荷和负电荷在局部范围内失去平衡的结果，静电是通过电子或离子的转移形成的。

静电是一种自然现象，在日常生活、生产中会经常体验到静电的存在，如在夜间脱下合成纤维衣服时，在产生声响的同时，会有静电火花出现。静电与世上任何事物一样，具有两重性，既可被人们所利用，造福于人类，如利用其原理搞静电喷涂、静电植绒等，同时，静电又危害于人类，特别是在电子、石油化工、医疗等行业的影响，有目共睹。由于静电释放，会引起机械故障或引起误动作；由于静电放电会引起火灾事故；由于静电放电，损坏电子元器件、集成电路块等。

建筑物的楼地面，在使用过程中由于人体走动时鞋底与地板的摩擦以及其他等多种原因，常常带有一些静电荷，一般情况下，这种静电荷不会造成什么灾害。但有些建筑物（房间）的楼地面在带有静电荷后，若不给予及时释放，则在静电能量积蓄到一定程度时，会引起重大事故。国外曾有手术室在手术过程中麻醉气体爆炸、电算机房计算机动作错乱、音响设备出现杂音等事故发生。这些事故的产生都同地面上的静电有关。

2. 静电的特点

静电现象是电荷产生和消失过程中产生电现象的总称，它有以下几个特点：

（1）从防静电危害的角度来讲，当材料的体积电阻率超过 $1\times10^{10}\Omega\cdot m$ 时，材料耗散静电的能力将明显减弱。因此，以消除静电角度考虑，材料的体积电阻率不应高于 $10^{10}\Omega\cdot m$。

（2）在一般工业生产中，静电具有高电位、低电量 、小电流和作用时间短的特点。设备、工装或人体上的静电电位最高可达数万伏至数十万伏，在正常条件下，也能达到数百至数千伏，但所积的电量非常小，作用时间多为微秒级。

（3）受环境湿度的影响比较敏感，静电测量时，复现性差，瞬态现象多。

3. 建筑物室内静电的产生及消除

（1）室内静电的产生源

以电子工业生产为例，在其生产环境中存在着许多静电源，它们产生的方式各有特点，可归纳为如下几种：

1）人体静电。作为操作者的人体是最主要的静电源之一，人体静电是导致元器件击穿、损坏和电子设备运行产生干扰的主要原因。

2）摩擦起电。人体行动时，衣服间的摩擦、鞋子与绝缘地面间的摩擦，或脱衣服、袜子以及帽子、手套等的剥离也会引起静电的生成。

3）静电感应起电。人体系静电导体，当带电的物体靠近不带电的人体时，由于静电感应，人体上会出现电量相等、极性相反的感应电荷。

4）生产设备、工装引发的静电。

由于普通地面材料的电阻率较高，同时稳定性也差，难以泄漏人体、设备、工装上的静电而造成静电荷积累。表6－88为各种地面材料的泄漏电阻值。

各种地面材料的泄漏电阻（单位：Ω） **表6－88**

地面材料名称	泄漏电阻	地面材料名称	泄漏电阻
石	$10^4\sim10^9$	沥 青	$10^{11}\sim10^{13}$
混凝土（干燥）	$10^5\sim10^{10}$	普通 PVC 块状地板	$10^{12}\sim10^{15}$
一般涂料地面	$10^9\sim10^{12}$	防静电水磨石	$10^5\sim10^7$
橡 胶	$10^{10}\sim10^{13}$	导电性橡胶	$10^4\sim10^8$
木，木胶合板	$10^{10}\sim10^{13}$	防静电 PVC 塑料地板	$10^5\sim10^8$

（2）室内静电荷的预防和消除方法

1）对静电源采取技术措施，以减少静电荷的产生。例如在人体上可穿具有防静电功能的工作服、鞋袜、帽子、手套等；在工装、设备上可采用屏蔽、接地等方法或在工装、设备上的局部部位作防静电处理。

2）地面上铺贴或涂刷具有防静电功能的材料并接地。在墙面上涂刷防静电涂料并接地，这是目前预防静电产生的常用技术措施之一。

6.9.2 防（导）静电地面的设计要点

1. 防（导）静电地面的适用范围

能将楼地面上产生的静电及时释放的地面，称为防（导）静电地面，它适用于军工、民爆器材、石油、化工、电子等行业以及存在静电危害的一切场所，如易燃、易爆工房、库房、实验室、手术室、加油站、电子计算机房、宾馆、饭店等建筑物。

2. 防（导）静电地面的设计要点

（1）合理确定生产场所是否存在可点燃的介质，应掌握介质或混合物的最大能量。当存在两种以上可点燃物质时，则应按其一种或混合物的最小点火能量考虑作为设计依据。

（2）了解是否存在受静电电击易损的产品，如各种集成电路及其组成的微机、仪器、仪表等，并根据产品的性质、工艺过程及操作条件，确定最小击穿电压，做好工程设计，确保安全生产和合理的经济投资。

（3）了解人体在从事生产活动中起静电电压、起电能量、起电动作的速率、起静电的频数、周期，并掌握正常操作值和可能出现的最高极限值。

（4）人体积聚的最大静电能量，可按下式计算：

$$E_{max} = \frac{1}{2}CV_{max}^2$$

式中 C——人体对地的电容（F）；

V_{max}——测得的人体顶峰电压（V）。

1）应确保人体积聚的最大能量，小于生产现场易燃易爆物质的最小点火能量，越小越好。

2）人体带电电位越高，放电的可能性越大。若人体带电电位低于100V时，就不容易产生火花放电。

3）对于一些易被低于100V电压所击穿受损坏的敏感器件，要根据具体情况采取相应的其他措施。

（5）防（导）静电地面应有良好的接地系统，根据设计要求，在房屋基础施工时，就应埋设相应的接地装置，接地形式按不同的防静电要求而有不同。在房屋主体结构施工时，接地系统的导电装置应正确可靠的埋设于主体结构的墙或柱中，直至防静电房间四周地面标高以上。

一般情况下，人和大地之间可形成静电荷泄漏通路，人体积聚的静电荷通过防（导）静电鞋和地面各构造层泄漏于大地。

当地面各构造层中若有一层材料的电性能参数较高时，泄漏通路就会受到影响，当超过设计要求的范围时，就要采取接地措施。

防（导）静电地面接地措施的界限，系根据地面电阻值设计指标和环境的温湿度及基层条件而定，见表6－89。接地设计方案见表6－90。

接地措施的界限 **表 6－89**

地面电阻值指标（Ω）		场地环境条件	接地措施
底层地面	$<10^6$	室温正常、干燥季节基土体积电阻率 $<10^4\Omega\cdot m$	可不接地
	$<10^6$	室温经常 >30℃，有热力管道的地沟，土体积电阻率 $>1\times10^4\Omega\cdot m$	需有接地措施
楼层地面	$<10^6$	各个楼层	采用接地网带
	$\leqslant10^8$	二层楼	可不考虑接地
		三层楼及以上的地面	宜考虑接地

接地设计方案 **表 6－90**

地面类型	设计方案	备注
水泥类楼、地面和不发火花沥青类导静电地面	面层下面敷设接地金属网	一个接地网和接地带至少有两处与接地干线可靠地连接
导静电橡胶板及不饱和聚酯树脂和聚氨酯类导静电楼面	薄铜带接地	

接地设计应注意的事项：

1）设计选用材料时，必须结合生产实际，如在氮化铅生产工房，就不能采用铜作为接地材料。

2）防（导）静电地面的面层材料，必须具有不发火花的性能，材料的不发火花性应经试验确定。

3）防（导）静电橡胶板不应在遇油、酸、碱和高温环境中使用。如有机油进入的场所，可采用具有特殊用途的耐油防（导）静电橡胶板。

（6）设计防（导）静电地面时，应考虑影响地面电阻值的各种因素。

影响地面电阻值的主要因素是面层材料的体积电阻系数 ρ_V 值，对于不同的面层材料，影响地面电阻值的因素也不同。如水泥类面层的主要影响因素是地面的含水量，其影响情况见表 6－91。

水泥类地面含水量和体积电阻率（实测值） **表 6－91**

含水量（%）	<1	1～3	>3
体积电阻率 ρ_V（Ω·m）	$10^8\sim10^{10}$	$10^7\sim10^5$	$10^5\sim10^4$

对于黑色橡胶板、聚氨酯、沥青砂浆类防（导）静电地面，只要表面保持清洁、不受污染，其地面电阻值的变化一般不会超过一个数量级。这类地面材料主材中掺合了导电材料，因而具有比较均匀、稳定的导静电性能。此外，吸湿性小，有较好的防水性能。

对于浅色胶板和不饱和树脂类防（导）静电地面，这两类地面的电阻值，虽也受到空气中含湿量的影响，但比水泥类地面所受到的影响要小，其电阻值的稳定性不如黑色橡胶板、聚氨酯、沥青砂浆类。

（7）几种防（导）静电地面的性能与选择：

几种防（导）静电地面的性能与选择见表 6－92。

导（防）静电的性能与选择表 表6-92

分类名称	优 点	缺 点	技术性能	适用场所
导（防）静电橡胶板地面	1. 弹性好 2. 分别或同时具有耐酸、耐碱、耐热、耐油性能（只有黑色一种） 3. 导电橡胶板受环境温、湿度变化的影响较小 4. 浅色防静电橡胶板分单色和复合两种，具有颜色可选，分辨率好，外表美观	1. 导电橡胶板浮铺法施工，对于多粉尘、特别是易燃易爆的粉尘性的生产贮存场所，板缝和板下易积聚粉尘，必须经常冲洗，消除隐患（此时，应采用粘贴方式，并填缝） 2. 浅色防静电胶板的价格高于黑色胶板	1. 黑色导电橡胶板：$\rho_V=10^2\sim10^3\Omega\cdot m$ 2. 彩色防静电橡胶板：$\rho_V=10^4\sim10^6\Omega\cdot m$ 扯断力：≥8MPa 扯断伸长率≥350% 硬度（邵氏）60~75度 老化系数（70℃/72h）≥0.75 地面电阻值：$10^6\sim10^7\Omega$	1. 一些不能受摩擦、撞击的产品生产工房 2. 地面要求不起尘，便于清扫的洁净工房 3. 分别或同时具有耐酸、耐碱、耐热、耐油作用的工房 4. 基层电阻值在$10^4\sim10^6\Omega$ 5. 黑色橡胶板宜用于旧工房改造、生产线调整、尤其适用临时性浮铺场所 6. 彩色橡胶板广泛用于电子计算机房（站）、化工、电子、医药等行业
整体浇筑导静电混凝土地面	1. 采用分层设置整体浇筑施工工艺，地面的整体性能好，并兼顾了耐磨防尘、不发火，形成多功能导静电混凝土地面技术 2. 所选材料和施工工艺合理，静电泄导系统可靠 3. 综合技术指标稳定，达到国际先进 4. 有较完备的静电性能测试手段 5. 具有广泛的使用价值	现有的施工机械相对落后于工业发达国家	系统电阻： $5.0\times10^5\Omega\sim5.0\times10^8\Omega$ 摩擦起电电位：≤20V［测定条件：DC500V，T(20±2)℃，RH（60±8)%］导静电混凝土地面主要物理力学性能指标：抗压强度（28d）：40MPa~80MPa 抗折强度（28d)：5MPa~8MPa 不发火型试验：不发火型合格	1. 有控制静电放电要求的航天航空工业、通讯电子元器件生产厂车间、大型计算机房、通讯控制中心地面 2. 石化、火工、纺织等行业仓库地面 3. 高强型耐磨地面，适用于现代大型工业厂房，交通频繁的各类地面
一般水泥类导（防）静电地面	1. 所选用的面层骨料是不发生火花的骨料 2. 比橡胶板和沥青地面耐压、耐冲击、耐水泡、整体性好 3. 具有广泛的使用价值	比较坚硬、易起尘	地面电阻值大多数在$10^4\sim10^6\Omega$之间	不宜用于怕摩擦、怕撞击的产品生产工房、药剂生产工房、洁净工房
不发火花导静电沥青地面	1. 粘弹性能好、整铺性好、防水性能好 2. 具有稳定的导静电性能 3. 基本上不受环境温、湿的影响 4. 正常环境下使用，不发软，不脆裂 5. 具有一定的抗压强度，比橡胶地面耐压、耐冲击、整体性能好 6. 材料来源广，造价低	1. 颜色的选择性差，只有黑色 2. 施工的技术难度大	1. 体积电阻率：$\rho_V=10^3\sim10^6\Omega\cdot m$ 2. 20℃极限抗压强度：3.5MPa 40℃极限抗压强度：1.2MPa 3. 水稳性系数：0.94 4. 温度稳定系数：2.9 5. 地面的电阻值：$10^4\sim10^5\Omega$	作为防摩擦、防撞击、易坏产品，防火花、防静电引起灾、危害的一些生产工房及场所，如煤气站、弹药燃配、火工品，某些化工生产等场所的地面

续表

分类名称	优　点	缺　点	技术性能	适用场所
不饱和聚酯树脂防静电地面			材料： 1. 体积电阻率：ρ_V = $10^4 \sim 10^6\Omega \cdot m$ 2. 力学物理性能：抗拉强度：≥2.0MPa 抗压强度：≥15MPa 与水泥粘结强度：≥2.0MPa 延伸率：≥15% 3. 固化时间（室温）：4～8h 地面电阻值：$10^5 \sim 10^7\Omega$	
导（防）静电聚氨酯地面	1. 具有稳定的导（防）静电性能和良好力学物理性能 2. 耐磨性强、耐低温、耐老化、耐水、耐酸、耐碱性能 3. 具有广泛使用的弹性地面 4. 施工简便，流平性和整体性好		材料： 1. 体积电阻率 JAD－1 型 $10^3 \sim 5\times10^5\Omega \cdot m$ JAD－2 型 $5\times10^5 \sim 10^7\Omega \cdot m$ 2. 力学物理性能断裂强度：1.5～2.5MPa 断裂拉伸率：160%～200% 硬度（邵氏）：35～60 度 撕裂强度：1.0～2.0MPa 3. 初始固化时间：24h 电面电阻值： JAD－1 型 $3\times10^4 \sim 1\times10^6\Omega$ JDA－2 型 $10^5 \sim 10^8\Omega$	1. 适用于工房、实验室、宾馆、饭店的地面、台面桌面 2. 有耐水隔潮、耐油要求的地面 3. 洁净工房地面

注：1. 防静电橡胶分黑色与浅色，浅色又分单色和复合两种，复合系指下层是黑色导电胶板，上层是彩色。
2. 水泥类地面包括水泥砂浆、水磨石、细石混凝土及预制水磨石板等。
3. 整体浇筑导静电混凝土地面分为高强型、普通型、不发火型三种功能。

6.9.3　常用的防（导）静电地面类型

防（导）静电地面的类型较多，下面介绍几种常用的防（导）静电地面。

1. 防静电塑料地面

（1）塑料防静电技术

塑料是一种高分子化合物，绝大部分为绝缘体。由于塑料具有良好的加工性能和经济性。人们对它进行了较长时间的研究。开发出了以聚氯乙烯树脂为主体的塑料防静电技术。在防静电地面工程中，所使用的塑料，是通过一定的技术手段，将其改性，或掺入导电材料等，加工成贴面板或涂料，粘贴于地面或敷设于地面，与事先设置的接地系统相结合，形成一个导静电的网络，达到消除静电荷的目的。

目前，国内常用于防静电工程的塑料有：聚氯乙烯塑料，三聚氰胺塑料，聚氨酯塑料等。环氧树脂，不饱和聚酯树脂经过技术处理后，也可使用于防静电地面工程。

1）抗静电剂的应用

塑料的静电消除和预防方法很多，但使用较多的方法有两种，一是使用抗静电剂，二是在塑料加工时，添加导电材料，以使其电阻值降低，增加导电能力。

抗静电剂按其使用方法有外涂法和内加法两种方法。外涂法，即在制品表面涂敷一层抗静电剂，但其作用只能起到暂时的防静电功能。而内加法是将抗静电剂直接加入到原料内，混合搅匀，通过一定的工艺制成制品，这样抗静电剂就能均匀分布在整个制品中，因此防静电性能维持时间较长。

由于抗静电剂的亲水基因具有较强的吸湿性，故能在材料（制品）表面形成一层水分子的导电膜，使电阻下降而获得防静电功能，这就是抗静电剂的作用机理。

抗静电剂的加入，也增加了制品的滑腻感，降低了制品的摩擦系数，使电荷生成量减少，而使起电电压降低。

选择抗静电剂时，要求与塑料材料及助剂既有一定的相溶性，又具有一定的不相溶性，以保持表面的抗静电剂层受到破坏时，内部的又能及时向表面迁移，形成新的导静电膜。抗静电剂还应有一定的耐热性，在高温加工时，不分解、不变色或少变色。抗静电剂还应是无毒或低毒的。有明显改变塑料电阻的功能，使其防静电性能达到有关标准。

上海洗涤剂三厂生产的 SH—105 抗静电剂对 PVC 塑料的改性效果较好，能使电阻降低至 $1\times10^{6}\sim1\times10^{8}\Omega$ 的范围内。

2）固体导电材料的应用

常用的固体导电材料有粉状和纤维状的两类。目前国内用于防静电塑料贴面板的防静电材料主要为粉状，如导电炭黑，导电“颜料”（一种金属氧化物）等。纤维状材料，如碳纤维，不锈钢纤维等，主要用于纺织品类防静电制品的制作。

固体导电材料导静电的机理是，由于导电材料的加入，降低了材料的电阻值，当导电材料加到一定量后，导电材料接触点增加及包裹在导电材料上的膜减薄而使电阻下降至防静电的要求，从而具有防静电功能。

对固体导电材料的要求是，有一定的耐蚀性，表面积大，导电率高，质量轻容重小。导电炭黑和导电“颜料”是能满足上述条件的两种材料。此外，还要求价格低，来源广等。

（2）防静电塑料贴面板

防静电塑料贴面板按贴面板防静电性能的持久程度，可分为永久性防静电塑料贴面板和普通型防静电塑料贴面板两类。

按电阻大小来分，有导静电型和静电耗散型防静电贴面板两类。

按使用的主体材料来分，有 PVC 塑料防静电贴面板、三聚氰胺防静电贴面板及用于现场直接浇制的聚氨酯类地板等。

永久性防静电塑料贴面板，其防静电性能的延续时间与贴面板使用寿命相当，在延续期内，其防静电性能基本不变。

普通型防静电贴面板，即防静电性能使用的延续时间小于贴面板的使用寿命，在延续期内，防静电性能会逐渐变差。

导静电型防静电贴面板，导静电能力强，其电阻值低于 $1.0\times10^{6}\Omega$，该贴面板不适用 220V 和 380V 电压的高压场所。

耗散型防静电贴面板，是指电阻值为 $1.0\times10^{6}\sim1.0\times10^{9}\Omega$ 的贴面板。采用时，应以 $1.0\times10^{6}\sim1.0\times10^{7}$ 电阻值的贴面板为最佳选择。

1）三聚氰胺热固性防静电贴面板

三聚氰胺热固性防静电贴面板，它由纸浸渍酚醛树脂作为底层，由三聚氰胺树脂、装饰纸等作为面层（在其中加入防静电剂或固体导电材料）经热压成型而制成的防静电装饰板。它的特点是：

①装饰性好，花色多。它有布纹式、木纹式，有素色、彩色调等，色彩选择的余地大。

②价格较低。是所有防静电塑料贴面板中，价格较低的一种。

③板幅尺寸大，适用范围较广。

④有一定的耐腐蚀性。

⑤防静电性能一般。其普通型防静电贴面板的防静电性能持久性较差，电阻值也较差，易受环境湿度的影响，适宜使用在空气湿度较高的地区。

⑥贴面板层厚度薄，性较脆，易磨损，因此使用寿命较短。由于性脆，在搬运及裁割时应格外小心。

⑦本贴面板不宜用于楼地面的直接铺贴。

⑧在低湿地区应采用永久性防静电贴面板。

⑨可用于防静电家具的制作。用于活动地板面层的贴面板，应采用超耐磨型贴面板。

2）防静电 PVC 塑料贴面板。

本贴面板是采用聚氯乙烯树脂作为主体材料，加入助剂、填料、着色剂、抗静电剂或固体导电材料后，经过高温轧制、拉片、压光或轧光等工艺而制成的防静电的板材，它有永久型和普通型两类。本贴面板是目前国内使用量最大的一种防静电贴面板。

普通型防静电 PVC 塑料贴面板。

本贴面板是在生产过程中，将一定量的抗静电剂加入到物料中，经过一定的成型工艺而制成的防静电贴面板。它有如下特点：

①制作工艺较简单，价格亦较低廉。可用于地面铺贴和活动地板的制作。

②初期防静电性能较好。在一般情况下，其静电电压、半衰期等指标优于永久性防静电塑料贴面板。

③电阻稳定性较差。它会随环境湿度的变化而变化，在高湿和低湿环境中，所测电阻值会有 1 ~ 2 个数量级的差异。其抗静电性能的好坏，很大程度上取决于抗静电剂的性能。所以，选择合适的、性能优越的抗静电剂是其关键。同时，它会随使用时间的延续，其防静电性能会逐渐变差。这是由于贴面板在使用过程中的磨损、拖洗等因素，造成抗静电剂的逐渐损失，促使贴面板内部抗静电剂含量减少的缘故。

④有良好的耐腐蚀性和耐磨性。

⑤有一定的耐燃性能。在加工制作时，加入一定量的阻燃剂，使贴面板的耐燃等级达到相应的标准要求。

永久性防静电 PVC 塑料贴面板。

该贴面板是通过将导电材料和一定量的抗静电剂等加入到物料中，经过一定的成型工艺而制成的。按加入导电材料的不同，又可分为两类：

将纤维材料，如碳纤维、不锈钢纤维等加入树脂原料中进行混合、搅匀，经过塑炼、拉片、压光或轧光等工序而成的永久性防静电塑料贴面板。其特点是成型工艺简单，造价亦较低，但防静电性能数据离散性较大，有时会在一块贴面板上测量出几个不同的电阻值。这是由于纤维材料分散性差的缘故。同时，在使用中的磨耗，又促使其纤维材料逐渐显露，形成较差的外观，其耐污染性也会逐渐变差。目前这种贴面板的生产单位已较少，基本已被性能更好、方法更科学的网状永久性防静电塑料地板所取代。

网状永久性防静电 PVC 塑料贴面板。

本贴面板表面有围绕塑料粒子的线条组成的网络，该网络就是静电的泄漏网络。见图 6-47。

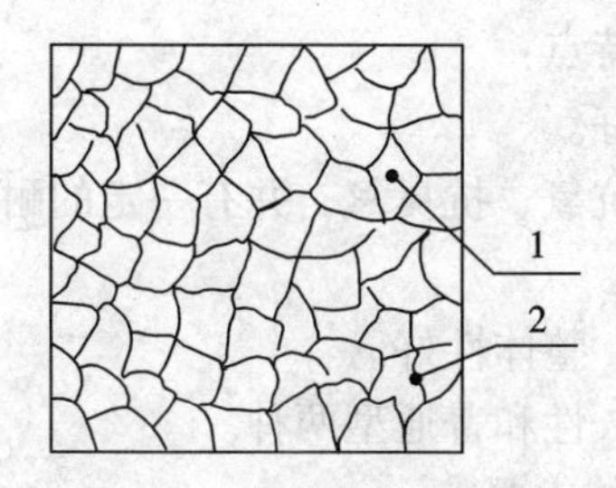

图 6-47 网状防静电 PVC 塑料贴面板

1—塑料粒子；2—导静电线条

该贴面板是利用高分子复合材料的非线性特性，针对不同场合、不同要求进行选择性设计。在技术上，是利用改变塑料粒子界面导电性能技术，使贴面板表面和体内形成相互贯通的永久性静电泄漏网络。本贴面板常用的导电材料有导电炭黑，导电颜料（一种金属氧化物）等粉状导电材料。本贴面板的主要特点是：

①电阻稳定性好，并具有可设计性。可根据用户要求，生产导静电型或静电耗散型的贴面板。它受环境湿度的影响小，它不受使用时间延续长短的影响，具有与贴面板相同的使用时间。

②有良好的装饰性。在造粒时，可根据要求任意着色。使用时，着色粒子可相互组合，形成色彩丰富多样的贴面板，供客户选用。导电材料如使用炭黑，则线条为黑色，若采用导电“颜料”，则制作的网络线条可用有机颜料进行着色，可获得不同色彩的线条。这种线条与普通粒子相互结合，则又可得到不同色彩的贴面板。

③有良好的耐磨性及难燃性，这与 PVC 树脂本身具有难燃性，同时与粒子配方有关。当加入一定量的阻燃剂，如三氧化二锑等，就能使贴面板的难燃性达到相应的标准要求。

④有良好的耐污染性，其中采用热压上光工艺的贴面板，其耐污性更佳。这是由于采用压光工艺的贴面板，表面光滑、致密的缘故。

用导电“颜料”制作的防静电 PVC 塑料贴面板，其电阻值指标略差于用导电炭黑制作线条的贴面板，但其体积电阻率仍能达到 $10^7\Omega$ 左右，表面电阻值也能在 $10^7\sim10^8\Omega$ 之间，仍能达到耗散型防静电指标的要求。由于它没有二次污染的问题，因此，此类贴面板更适合用于微电子企业的使用。当然，此类贴面板的材料成本较高，销售价格亦相应较贵，推广应用受到一定影响。

目前，生产网状永久性防静电 PVC 塑料贴面板的企业有江苏省常州新型建筑材料厂、常州市三井防静电器材厂和常州市丽辉防静电材料有限公司等。

本贴面板可直接用于防静电楼地面的铺贴，亦可制作成活动地板，还可用于墙裙的粘贴，以提高墙面的防静电能力。

3）防静电聚氨酯塑料地面

聚氨酯是含有氨基甲酸酯基聚合物的通称。用于防静电塑料地面的聚氨酯是一种双组分粘稠状的液体，其中A组分为聚氨酯预聚体，B组分为固化剂及导电材料或抗静电剂、填料、着色剂等，搅匀后，即可直接浇制在地面基层上，24h基本固化，一星期可充分固化。改变不同的配方，可制成不同性能和不同脚感的防静电塑料地面。

这种塑料地面有以下一些特点：

①坚韧、耐磨、低温挠性好。

②有良好的耐腐蚀性能。抗氧、抗臭氧，并有一定的耐油性和耐老化性能。

③粘结力强，强度亦较高。

④可在现场地面直接浇制，整体性好。

⑤防静电性能良好，有永久性和普通型两种。

(3) 防静电塑料贴面板的技术要求

1）三聚氰胺防静电贴面板产品的尺寸规格及偏差、外观质量和物理性能指标。

①三聚氰胺贴面板产品的幅面、厚度尺寸及偏差应符合表6-93的规定。

三聚氰胺贴面板幅面、厚度尺寸及偏差（mm） 表6-93

厚度		长度		宽度		方正度	最大翘曲度
基本尺寸	极限偏差	基本尺寸	极限偏差	基本尺寸	极限偏差		
0.8、1.0、1.2	±0.12	2135	+10 0	915	+10 0	两对角线长度之差不超过6	120
1.5、1.8、2.0	±0.15	2440		1220			

注：供需双方协议可生产其他厚度、幅面尺寸

②三聚氰胺贴面板产品的外观质量，在散射日光或日光灯下，照度在100±20lx，距离试件60cm斜向目测检查，产品外观质量要求应符合表6-94的规定。

三聚氰胺贴面板产品外观质量要求（mm） 表6-94

缺陷名称		允许极限
干、湿花		明显的不许有；不明显的不超过板面的5%
污斑	明显	直径在0.5~2，每平方米允许2个； 长度不大于5，宽度不大于0.5，每平方米允许2条
	不明显	允许平均直径小于3
压、划痕	压痕	直径不大于15，每平方米允许2个
	条状压痕	长度不超过200，宽度不超过2，每平方米允许1条
	线状压、划痕	长度20~50，宽度不大于0.3；每平方米允许3条；长度50~200，宽度不大于0.3，不得密集，损坏装饰层不许有
色泽不均		明显的不允许有
边缘缺陷		崩边宽度不大于2 毛边宽度不大于3

③三聚氰胺贴面板产品物理性能要求应符合表6－95的规定。

三聚氰胺贴面板物理性能表　　表6－95

序号	检验项目	性能	单位/最大或最小	指标
1	耐沸水煮性能	质量增加	%，最大	见GB/T7911—1999中图2
		厚度增加	%，最大	见GB/T7911—1999中图3
		外观	等级，不低于	2级（见GB/T17657—1999中4.4.3）
2	耐干热性能	外观光泽	等级，不低于	3级（见GB/T17657—1999中4.4.2）
		其他		2级（见GB/T17656—1999中4.4.2）
3	抗冲击性能	落球高度	cm，最小	100
		凹痕直径	mm，最大	10
4	防静电性能	表面电阻	Ω	$1.0\times10^5\sim1.0\times10^9$ Ω
		体积电阻	Ω	$1.0\times10^5\sim1.0\times10^8$ Ω
5	燃烧性能	—	不低于	FV－1
6	耐磨性能	耐磨	r，不低于	400
		高耐磨	r，不低于	1000
		超耐磨	r，不低于	3000
		磨耗值（100r）	g/cm^2，不大于	0.08
7	抗拉强度	—	MPa≥	60
8	耐老化	表面情况	—	无开裂
9	尺寸稳定性	尺寸变化	%，最大（L）	见GB/T7911—1999中图4
			%，最大（T）	

2）防静电PVC塑料贴面板产品的尺寸规格及偏差、外观质量要求和物理性能指标。

①防静电PVC塑料贴面板产品的幅面、厚度尺寸及偏差应符合表6－96的规定。

防静电PVC塑料贴面板幅面、厚度尺寸及偏差（mm）　　表6－96

厚度		长度		宽度		直角度
基本尺寸	极限偏差	基本尺寸	极限偏差	基本尺寸	极限偏差	
1.0、1.2、1.5	±0.1	300 500 600 800	±0.3	300 500 600 800	±0.3	角尺一边最大间隙在0.30下
2.0、2.5、3.0、3.5	±0.2					

注：经供需双方协议可生产其他厚度、幅面尺寸

②防静电PVC塑料贴面板产品的外观质量要求应符合表6－97的规定。

防静电 PVC 塑料贴面板外观质量要求　　表 6－97

缺陷种类	规定指标
缺口、龟裂、分层	不允许
凹凸不平、纹痕、光泽不匀、色调不匀、污染、伤痕、异物	不明显

③防静电 PVC 塑料贴面板产品的物理性能要求应符合表 6－98 的规定。

防静电 PVC 塑料贴面板物理性能表　　表 6－98

序　号	项　目	指　标
1	体积及表面电阻（Ω）	导静电型，$<1.0\times10^{6}$ 静电耗散型，$1.0\times10^{6}\sim1.0\times10^{9}$
2	加热质量损失率（%）	≤0.50
3	加热尺寸变化率（%）	≤0.20
4	凹陷度　（mm） 23℃ 45℃	 ≤0.30 ≤0.60
5	残余凹陷度（mm）	≤0.15
6	燃烧性能	FV－0
7	耐磨试验（1000r）（g/cm^{2}）	≤0.020

（4）防静电塑料贴面板的施工及验收

1）一般规定

该地面的施工内容，应包括如下几个内容：基层处理，接地系统的安装，胶粘剂配制，防静电 PVC 贴面板（以下简称贴面板）的铺贴，施工，测试及质量检验。

要求施工的现场温度在 10～30℃，相对湿度不得大于 80%，通风良好。应避免使用明火，室内其他工程施工已基本结束。

2）材料、设备和工具

施工用材料应符合下列要求：

①贴面板，应符合有关标准要求或合同文本的要求，贴面板应具有永久性防静电功能。其体积电阻及表面电阻，导静电型贴面板应低于 $1.0\times10^{6}\Omega$；静电耗散型的电阻值为 $1.0\times10^{6}\sim1.0\times10^{9}\Omega$。

贴面板应储存在通风干燥的仓库中。远离酸碱及其他腐蚀性物质。搬运时应轻装轻卸，严禁撞击及日晒雨淋。

②导电胶，应是非水溶性的。常规使用的是氯丁橡胶强力胶粘剂，以此作为主体材料，加入二甲苯等溶剂稀释，同时加入导电炭黑等导电材料，边加边搅拌，边用稀释剂调整其黏度，使其胶液具有可操作性，其电阻值可用万用电表测试，电阻值应小于 $1.0\times10^{4}\Omega$。

③塑料焊条。应采用色泽均匀，外径一致，柔性好的 PVC 塑料焊条，这种焊条应具有防静电功能，其电阻值应与贴面板的电阻值相当。

④导电地网用铜箔，厚度应不小于 0.05mm，宽度 20～30mm。

⑤双面胶带，宽度与铜箔相同。

⑥常用施工设备（含工具），应包括橡胶榔头，割刀，直尺，刮板，刷帚，打蜡机等及无缝地板施工用开槽机，塑料焊枪，铲刀等工具设备。

3）施工准备

①熟悉设计、施工图，并勘察施工现场，制定施工方案，并绘制地面接地系统图，接地端子图和地网布置图。

②准备各种施工材料，工具设备等。

③当面积大于140m^2 时，在正式施工前，应进行试验性铺贴。

④施工现场应符合下列要求：

a. 基层地面为水泥地面或磨石子地面时，应将地面上的杂物清除干净。地面应平整，用2m 直尺检查，间隙应小于2mm。若有凹凸不平或有裂痕处，必须补平。并用砂轮将凸出的毛刺或疙瘩磨平，大的疙瘩应铲平。地面应干燥，水泥地面应发白，坚硬不起砂，不起灰，不能有酥松的问题，达不到上述要求，必须铲除后重新用1∶3 水泥砂浆抹面。若为底层地面，应进行防水处理。

b. 基层地面为其他地面时，为本地板，瓷地砖，塑料贴面时，应将其拆除，并清理掉所有的残留物。

c. 施工现场应配备照明装置。

d. 确定接地端子位置，面积在 100m^2 以内，接地端子应不少于 1 个；面积每增加 100m^2，应增设接地端子 1 ~2 个。

e. 施工前应清扫基层地面，地面上不得留有浮尘等脏物。

4）施工

①寻找地面中心线，并画出中心十字线，然后再根据贴面板大小在纵横轴线上划垂直线。

②铺贴铜箔，根据以上所划线条，粘贴双面胶带，或涂刮氯丁橡胶型胶粘剂（地面和铜箔上均应刮胶），指干（即手指摸时不粘手）后，再铺贴铜箔，或直接铺贴在双面胶带上，在铜箔交接处，应用导电胶连接，铜箔间的电阻值应 $<10^5\Omega$。

③配制导电胶，前面已有说明，这里不再详细叙述。导电胶电阻值应小于 $1\times10^4\Omega$。可用普通电表测试。

④铺贴：

a. 首先在地面和贴面板上，均匀刮涂一层氯丁型胶粘剂，放置待指干再使用，胶粘剂的用量约 200g/m^2 左右。

b. 在铜箔的十字交接处或相当于贴面中心点的位置局部涂刷导电胶，在贴面板的中心位置也涂一层导电胶，其余部分则涂刮一层普通粘结剂。这个工作，应与地面及贴面板刮涂胶液要同时进行。

c. 待地面和贴面板背面粘结剂在似干非干的状态下，即指干，开始铺贴。铺贴时，首块贴面板的中心十字线应对准房间十字中心线进行粘贴，其余则以此为准向四周展开。边贴边用橡胶榔头敲击，使其粘结牢固，密实。直至整个地面铺设完毕。板与板之间，应有1mm 左右的间隙。

d. 所有贴面板在其中心（包括墙旁的非标准板）均有铜箔通过。

e. 施工过程中，应经常用兆欧表测试贴面板间的电阻值，检查其电阻是否符合设计要求。如有不通，应查出原因，重新铺贴或采取其他的一些补救措施。

f. 当铺贴到接地端子处时，应将连接接地的铜箔引出，用锡焊或压接的方法进行连接固定。

⑤无缝地板施工：

a. 沿地板接缝处，用开槽机开槽，槽宽4mm左右。要求槽线平直，无缺口等。

b. 用防静电PVC塑料焊条进行焊接。焊接速度均匀，待焊缝冷却后，用锋利的铲刀将焊条的凸出部分铲平。在焊接时应注意：不可划伤贴面板，焊枪行进速度要均匀，贴面板表面不能有焦化、变色、脱焊或未焊透及空洞等问题的出现。

c. 铺贴作业完成后，应将地面清理干净，并用防静电蜡上光。

5）测试与质量检验

①测量环境：温度应在15~30℃之间，相对湿度在75%以下。

②贴面板地面的表面电阻和系统电阻按以下方法进行测量：使用仪表可为直流500型兆欧表或100伏数字兆欧表。

首先将整个区域分割成2~4m^2的测量区域。随机抽取30%~50%的测量区域，将两电极分别置于贴面板的中间，并垫衬导电海绵，当然首先要将贴面板上的灰尘之类清除干净，以消除接触电阻，提高测量的正确性。在抽取的2~4m^2的区域内应测出4~8个数据，并作记录。

③质量评定方法，应按《逐批检查计数抽样程序及抽样表》GB2828进行。

④电性能应满足设计要求：

要求导静电型的，表面电阻和系统电阻应小于$1\times10^6\Omega$。

要求静电耗散型的，其表面电阻和系统电阻应在$1\times10^6\Omega\sim1\times10^9\Omega$之间。

外观性能应符合下列要求：

不得有鼓泡，分点，龟裂，无明显凹凸不平，脱壳，无明显划痕，色差等弊病。

有缝地板，相邻地板间的间隙不大于1mm，其接缝错位不大于2mm。同时无明显的施工污染。

（5）防静电聚氨酯自流平地面施工及验收

防静电聚氨酯自流平地面的施工内容，包括面层，导电找平层，导电封底层，导电地网，接地端子的施工，测试及质量检验。

其施工温度应在10~30℃间，相对湿度不得大于70%，通风应良好。

1）材料，设备与工具

①防静电聚氨酯自流平地面面层材料技术性能指标应符合表6-99的规定。

面层材料技术性能指标　　表6-99

名　称	固体含量（%）	磨耗值（g）	体积电阻（Ω）	表面干燥时间（h）	实体干燥时间（h）
指　标	≥48	≤0.005	$1.0\times10^5\sim1.0\times10^9$	≤2	≤24

注：表中“磨耗值”的检测条件：500g/1000r。

②防静电聚氨酯自流平地面找平材料技术性能指标应符合表6-100的规定。

找平层材料技术性能指标 表 6-100

名 称	拉伸强度（MPa）		硬度（邵氏 A 度）		伸长率（%）		阻燃性（级）	体积电阻（Ω）
	Ⅰ	Ⅱ	Ⅰ	Ⅱ	Ⅰ	Ⅱ		
指 标	≥0.8	≥1.0	50~70	80~95	≥90	≥20	Ⅰ	$1.0\times10^5\sim1.0\times10^9$

③防静电聚氨酯自流平地面封底层材料技术性能指标应符合表 6-101 的规定。

封底材料技术性能指标 表 6-101

名 称	固体含量（g）	体积电阻（Ω）	表面干燥时间（h）	实体干燥时间（h）
指 标	≥10	$1.0\times10^4\sim1.0\times10^6$	≤2	≤24

④防静电聚氨酯自流平地面施工用导电胶，可采用固体含量 100% 的双组分聚氨酯或环氧树脂导电胶，其体积电阻率应小于 $1.0\times10^4\Omega/cm^2$。

要实现上述指标，一般加入导电炭黑来实现。现以环氧树脂作为主体材料为例，首先将环氧树脂加热溶化，加入二丁酯增韧剂约 10%，然后加入溶剂，丙酮或无水酒精稀释，再加入导电炭黑，搅匀，用万用表检测。导电炭黑的加入量视电阻值达到上述要求为止。如果浓度太高，可继续增加溶剂的用量直至可操作为止。固化剂可采用无水乙二胺或 T31 潜伏型固化剂。前者性暴，难控制；后者容易控制。因此，笔者建议采用潜伏型类固化剂。

⑤施工材料和溶剂在贮存、使用过程中，不得与酸碱，水接触；严禁有明火或置于室外暴晒。

⑥常用施工设备（含工具）应包括低速带式搅拌机，刮板，消泡踏板，消泡毛刷（塑料刷），射钉枪，吸尘器，运料车及度量衡器等。其规格、性能和技术指标应符合施工工艺要求。

2）施工准备

施工前应做好下列准备工作：

①熟悉设计施工图，并勘察施工现场。

②制订施工方案，绘制防静电地面接地系统图，接地端子图和地网布置图。

③对进场材料的品种、规格和数量进行核查，分类存放。

④齐备施工用设备、机具和配备消防器材等。

⑤验证现场环境是否符合施工要求。

⑥随机提取适量封底层、找平层材料，按确定的施工工艺方案在现场实铺样板块，样板块面积 $1\sim2m^2$。

3）施工场地应符合下列要求

①室内装修工程已基本完工。

②当基层面层是水泥类面层时：

a. 表面应坚硬，干燥，发白，不得有酥松，粉化，脱壳，脱皮等问题。

b. 地面应平整。用 2m 长直尺检查，其空隙不得大于 3mm。如有裂缝、空鼓、凹凸不平等现象，应在施工前 1~2 天，采用耐水建筑胶配制的腻子修补处理。直至达到要求。

③当基层面层为水磨石、瓷地砖、木地板等板类面层时，可在原面层上施工，但必须对原有板面进行补平，板面上的缝隙应用腻子嵌平。当相邻两板面的高差大于1.5mm时，应用腻子填充刮平。同时，板面不得有松动、空鼓等问题。

④当基层为油漆、树脂等涂料地面，涂层不得有翘曲、脱皮等问题。如有上述情况，应将该部位的涂层清除并砂平，凹陷处用腻子补平，待腻子硬化后才可进行下一步作业。

⑤应将面层上的灰尘、油污、胶水、蜡等残留物清除干净。

⑥彻底清洁施工区内地面。用拧干拖把将其拖揩后备用。门、窗应紧闭。正式施工时，方可开启。

⑦在施工区内的门口、通道、分隔处应用3mm厚板条设置围挡，以阻止胶液外溢流淌。

⑧对施工区内的踢脚板、门底边、设备底脚等处应用胶带或钙基黄油涂复保护。

⑨施工通道等部位的墙裙等应加以保护，可用聚乙烯（PE）膜围挡。

4）施工

①安装接地端子：

a. 应根据施工图确定接地端子位置。

b. 应采用镀锌膨胀螺栓固定接地端子。

②铺设导电网络。可使用导电铜箔或导电金属丝制作导电网络。应根据不同场合，不同要求确定不同材质的导电网络。

a. 用宽15～20mm，厚0.05～0.08mm的铜箔，按6m×6m的网格铺设于基层地面。对小于6m×6m开间的地面，将铜箔条铺成十字形。其十字交叉是位于房间的中心，铜箔交叉处用锡焊接，铜箔与接地端子连结处用锡焊或用螺栓压接牢固。

b. 用导电胶将铜箔粘贴在基层地面上，铜箔粘贴要求平整，无皱折，牢固。可使用橡胶辊从铜箔条中心部位向两端碾展。

c. 用溶剂将铜箔上的浮胶清洗干净。

③铺设封底层的施工工艺：

a. 按表6－102要求配料，一次配料不得超过5kg。将料倒入搅拌机内搅拌均匀，然后用60～80目丝网过滤。

聚氨酯自流平地面封底层配料表　　**表6－102**

名　　称	配比（重量比）
聚氨酯涂料	100
固化剂	30～40
导电材料	20～40
稀释剂	0～30

注：聚氨酯涂料，指固体为50%的聚氨酯弹性涂料，宜采用醇类型或胺类型。

b. 用毛辊滚涂地面。每公斤料液涂铺5～7m²，要求涂铺均匀，不得漏涂。料液应现配现用。一次配料在20分钟内用完，距墙10cm处可不涂铺。

c. 待干后，检测封底层系统电阻，其电阻值应在$1.0\times10^4 \sim 1.0\times10^6\Omega$之间。合格后方可进行下道工序的施工。

④铺设找平层的施工工艺：

a. 按表6-103要求配料，一次配料量20~60kg。投料顺序为B组→A组→C组，依次投入搅拌机内。

b. 开动搅拌机，应先正向搅拌1min，后反向搅拌1.5min。

聚氨酯自流平地面找平层配料表 **表6-103**

名　称	配比（重量比）		备　注
A组	Ⅰ型	100	—
	Ⅱ型	100	—
B组	Ⅰ型	300	—
	Ⅱ型	200	—
C组	0.5~3.5		—
石英砂	适量		50~100目

注：表中“A组”指固体含量100%的聚氨酯树脂，“B组”为固化剂色浆，C组为复合催化剂及导电材料。为提高塑料面层的承载能力，可适量加入石英砂等填料，一般不宜采用。

c. 将搅拌好的料放入料桶内，用运料车迅速运到施工现场，运料时间不得超过5 min。

d. 找平层厚度根据设计要求，用特制的、可控制厚度的滚筒或刮板进行施工，作业应按先里后外，先复杂区域，后开阔区域的顺序进行，逐渐到达房间的出口处。最后施工人员退出房间完成剩余部分。要求在滚刮过程中，其走向要求一致，速度要均匀。两批料液衔接时间应小于15 min。

当施工面积大于$10m^2$时，可先将配好的料液按滚、刮走向，分点定量倒在基面上，数人同时滚、刮料液。运料桶内的料液应在10min内用完。

e. 刮、滚涂后，5min即可进行消泡操作。消泡宜用毛长80~100mm，宽200~300mm，把柄长500~600mm的聚丙烯塑料刷或鬃毛刷。操作时，施工人员应站在跳板上，来回刷扫地面。用力应均匀，走向应有规律，不可漏消。应在30min内完成消泡作业1~2遍。

f. 配料、搅拌、运料、滚、刮涂、消泡等作业应协调一致，配合有序，应在规定的时间内完成各项操作。

g. 找平层施工完成后，地面必须经养护后，（夏季48h，冬季72h为宜）方可进行下道作业。养护期间，应保持周围环境的清洁，严防脏物污染地面，严禁在地面上放置物品，严禁人员行走。在进行下道作业时，施工人员应穿软底鞋并套干净脚套。

⑤铺设面层的施工工艺：

a. 配料：按表6-104要求配料，并搅拌均匀，然后用100~120目铜网筛过滤，静置10~30min后使用，不同批次料液色彩应一致。

聚氨脂自流平地面导电面层配料表　　表 6－104

名　称	配合比（重量比）
导电涂料	100
稀释剂	适　量

b. 当要求面层为无色透明时，应采用滚涂作业。滚涂前应先用毛刷刷涂边缘区域。滚涂作业宜选用毛长 5～10mm，宽200～250mm 中高档马海毛毛辊，毛辊必需经脱毛处理后才可使用。在滚涂时，应面朝光线的方向进行。每升料液涂复 6～10m^2。根据要求，最好滚涂二次，第一次完成后，间隔 6～12h 再进行第二次作业。滚涂后，经 48h 的固化定型，方可进行下道作业。

c. 当面层为彩色调时，应采用刮涂作业。刮涂宜选用橡胶刃口刮板，橡胶刃口宽 200～500mm,厚 4～5mm，刃口呈圆弧状。施工时，应先将料液均匀地铺设在找平层上，根据刮涂方向，按每人 1. 0～1. 5m 的宽度刮涂，多人同时操作，交接处不得留有痕迹，每升料液涂布 2～5m^2，刮涂 1～2 遍，刮涂作业完成后应养护 7d 左右。

面层料液的颜色应与找平层料的颜色基本一致。

d. 防静电聚氨酯自流平地面的施工，每次配料必须一次用完，每天收工前应将配料器具清洗干净，可采用乙酸乙酯或二甲苯等作为清洗剂。

e. 面层施工完成后，应彻底清理现场。

清理时，工人应穿袜子或软底鞋操作。严禁无关人员踩踏地面。

将踢脚板等部位的保护胶条，钙基黄油和围挡清除干净。必要时，可用溶剂擦洗。

将混料、搅拌机、运料通道等场所清理干净。

⑥ 接地系统施工，按图纸进行。

5）测试与质量检验

①防静电聚氨酯自流平地面的检测仪器主要有：

a. 数字兆欧表，测试电压 100 伏，量程应大于 $1.0\times10^{3}\sim1.0\times10^{11}\Omega$；精度等级不得低于 2. 5 级。也可用直流 500 型兆欧表。

b. 电极，两只，ϕ50mm，0. 5kg 或 ϕ63mm，2. 5kg 两端光滑平整，最好能镀铬，用于表面电阻和系统电阻的测试。

c. 测量电极垫片。采用干燥导电海绵或导电橡胶制作，其体积电阻应不大于 $1.0\times10^{3}\Omega$。

d. 接地电阻测量仪，用于测量接地极与大地间的接地电阻。其量程和精度等级应满足测量要求。

e. 直尺，长度 2m，用于检查地板平整度。防静电性能的检测仪器应正确无误，在计量鉴定有效期内。

②防静电性能的检验应在地面施工结束后 2～3 个月进行。

③表面电阻及系统电阻检测：

测试温度在 15～30℃间；相对湿度 30%～75%之间，两电极间距 900mm，所测部位的灰尘、异物等应一并清除干净。必要时，可用中性洗涤剂清洗，24 小时后使用。严禁使用抗静电剂涂刷地面或防静电蜡涂刷后再测试。

系统电阻就是地面表面至接地端子间的电阻值。测试时，只要将一个电极放置在地面上，另一电极放置在接地端子上，中间垫衬导电海绵或导电橡胶进行测试。除以上规定外，应按 SJ/T10694 要求进行。质量评定方法按 GB2828 进行。

④防静电性能参数应符合下列指标：

系统电阻：$5.0\times10^{4}\sim1.0\times10^{9}\Omega$

表面电阻：$1.0\times10^{5}\sim1.0\times10^{10}\Omega$（两电极间距为 900～1000mm）。

系统接地电阻应满足设计要求。

⑤防静电聚氨酯自流平地面的机械性能必须符合表 6－105 规定。

防静电聚氨酯自流平地面机械性能指标 **表 6－105**

项目	指标		检验标准
	Ⅰ型	Ⅱ型	—
硬度（邵 A）（度）	55～75	85～95	GB531
拉伸强度（MPa）	≥0.8	≥1.0	GB10654
拉断伸长率（%）	≥90	≥20	GB10654
磨耗值（g）	＜0.005	＜0.005	GB1768
阻燃性（级）	Ⅰ	Ⅰ	GB/T14833 附录 E

注：表中“磨耗值”的技术检验条件是 500g/1000r。

⑥外观质量要求：表面应无裂纹，无分层，与基层粘合良好，不得有明显凹凸和鼓包，搭接缝要平直，无明显色差及气泡（距地面 1.5m 正视）

⑦地面的平整度，用 2m 钢直尺检查，间隙不得大于 2mm。

⑧地面的聚氨酯塑料厚度为 3mm，最薄处不得小于 2mm。

⑨经检测不合格的部分，必须进行修补，与原涂层应附着良好，外观一致，无明显色差。

⑩承接地面的检测单位，应由得到国家授权的具有出具相应测试报告资质的权威机构。

2. 防静电活动地板

防静电活动地板适用于防尘、防静电要求和管线敷设较集中的专业用房，如电子计算机房、通讯枢纽、电化教室、变电所控制室、程控交换机房以及卫星地面接收站等建筑地面工程。

防静电活动地板由金属支架（钢质或铝质）、横梁、地板块及缓冲垫组成。支架固定在地面上，相互间用横梁连接，在支架顶和横梁上安放橡胶缓冲垫，从而形成一个网架，在网架上安放地板块，同时与接地端子连接形成一个导静电的网络。图 6－48 为防静电活动地板面层的构造做法示意图。

防静电活动地板有承重型和复合型之分，其性能要求有所不同。如地板块的承重材料为金属类，则为承重型；如承重材料为木质类材料，则为复合板，承重能力较差，属轻型类。

（1）防静电活动地板块的类型

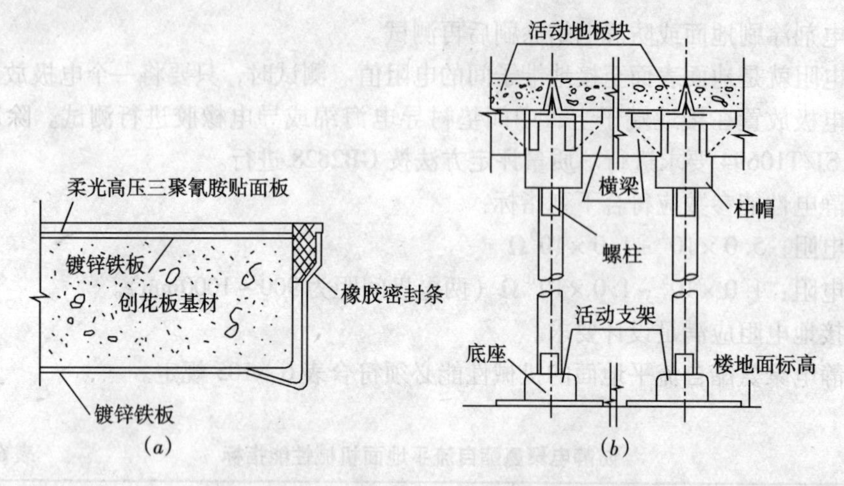

图6-48　防静电活动地板面层构造做法示意图

(a) 导静电活动地板块；(b) 活动地板面层安装图

①钢质活动地板块，构造情况见图6-49，一般由两层钢板组成，下层为用高延伸性钢板，经冲压加工成多个连续半球状作为底板，中间层用特制的平压刨花板或用泡沫混凝土，上层为钢薄平板，上下两层钢板焊接成整体，并进行防锈处理，在面上则粘贴防静电贴面板。在地板四周镶嵌防静电胶条。组装完毕后，必须测试贴面板与底面间的电阻值。

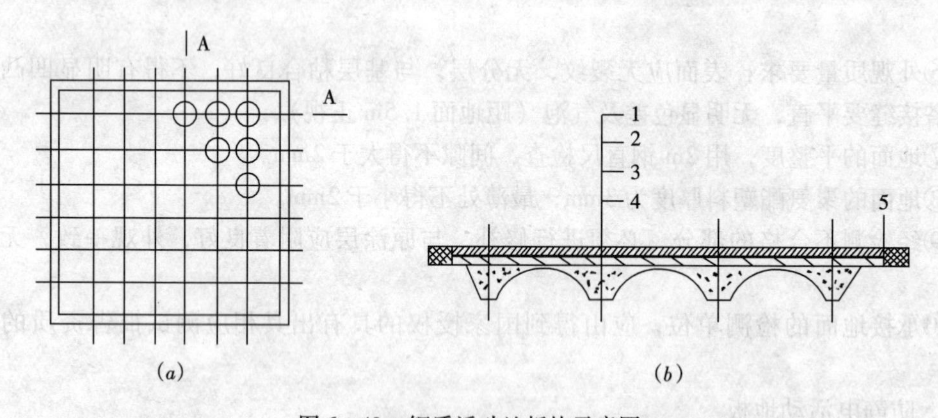

图6-49　钢质活动地板块示意图

(a) 平面图；(b) A-A剖面图

1—防静电贴面板；2—钢面板；3—泡沫混凝土；4—钢底板；5—导静电胶条

钢质活动地板的性能特点是，承载力强，刚度好，难燃，价格适中。不足之点是重量大，安装和制造时的劳动强度大，制作工艺较复杂，耐锈蚀性较差，适宜使用在比较干燥的场所。

②铝合金活动地板块，构造情况见图6-50，其承载力由铝合金底板承受，结构简单，制造工艺也简单，只需在板面上粘贴防静电贴面板，四周镶嵌防静电胶条就完成组装任务。每块地板块必须测试贴面表面至底面的电阻值，其值必须满足设计要求。

铝合金活动地板块的性能特点是，轻质高强，耐锈蚀，制作工艺简单，阻燃性好，使

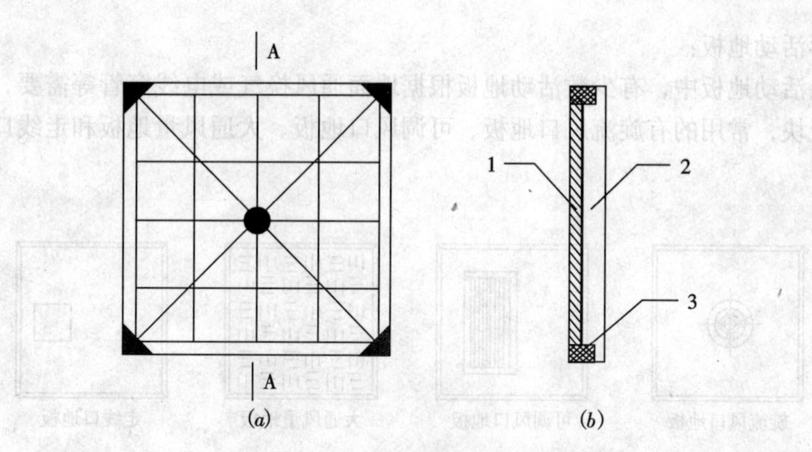

图 6－50 铝合金活动地板块示意图

（a）平面图；（b）A－A 剖面图

1—防静电贴面板；2—铝合金底板；3—导静电胶条

用寿命长，质量上佳。如用网状永久性防静电贴面板做其面层，从目前的技术水平来讲，应属最佳组合之列了。不足之点是成本较高，推广应用上受到一定的影响。

③木质类活动地板块（含复合地板块），构造情况见图 6－51。该地板块常用刨花板、中密度板等人造板作为承载层，用铝合金薄板或镀锌铁皮封盖底面，在四周用铝合金包边条和防静电胶条镶嵌粘贴（用导电胶），在板面上粘贴防静电贴面板。组装完成后，应进行防静电性能的测试，其值必须满足设计要求。

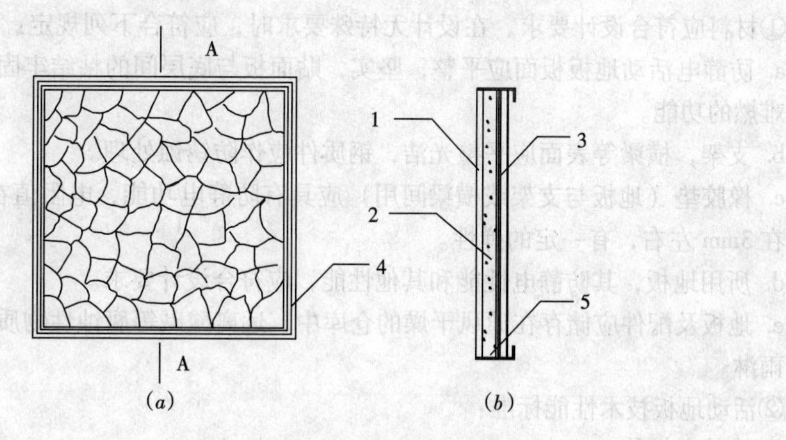

图 6－51 木质类活动地板块示意图

（a）平面图；（b）A—A 剖面图

1—防静电贴面板；2—人造木板；3—铝板或镀锌铁皮；4—导静电橡皮条；5—铝合金包边条

木质类活动地板的性能特点是，轻质，价格低廉，制作工艺简单，容易上马。不足之点是承载能力较差，刚度不足，防潮性能差，难燃性也较差，适用于板面荷载较小、比较干燥的环境中。由于制作工艺简单，目前生产制造单位较多，产品质量良莠不齐，因此，使用单位和监理部门应认真进行监督把关。

④异形活动地板：

防静电活动地板中，有少数活动地板根据地面通风换气或电线穿管等需要，设计成异形活动地板块，常用的有旋流风口地板、可调风口地板、大通风量地板和走线口地板，见图6－52。

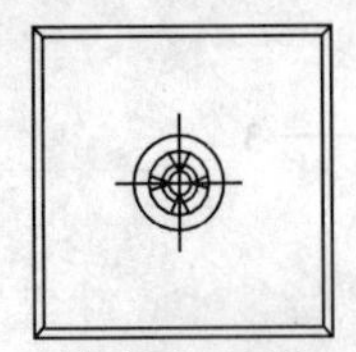
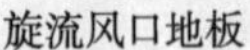

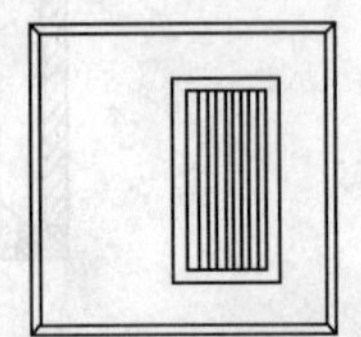

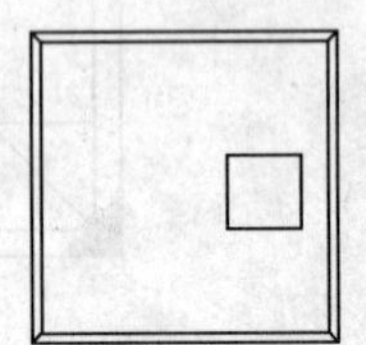

图6－52　异形活动地板块示意图

旋流风口地板：通风量37.5～$50m^3/h$；

可调风口地板：通风面积约$250cm^2$；

大通风量地板：通风面积约$1080cm^2$。

（2）防静电活动地板地面的施工及验收

防静电活动地板地面施工，应包括地面处理，安装活动地板，接地系统等的施工，测试及质量检验等。

现场施工温度应在10～35℃之间，相对湿度应小于80%，通风应良好。

1）材料，设备和工具

①材料应符合设计要求，在设计无特殊要求时，应符合下列规定：

a. 防静电活动地板板面应平整，坚实，贴面板与底层间的粘结牢固，并具有耐磨，防潮，难燃的功能。

b. 支架，横梁等表面应平整光洁，钢质件应作防锈蚀处理。

c. 橡胶垫（地板与支架或横梁间用）应具有防静电功能，电阻值在10^6～$10^7\Omega$之间，厚度在3mm左右，有一定的弹性。

d. 所用地板，其防静电性能和其他性能，应符合设计要求。

e. 地板及配件应储存在通风干燥的仓库中，远离酸碱等腐蚀性物质。严禁放置于室外日晒雨淋。

②活动地板技术性能标准：

a. 防静电性能：

按GB6650—86《计算机机房用活动地板技术条件》，其系统电阻按性能分为两级：

A级：1.0×10^5～$1.0\times10^8\Omega$

B级：1.0×10^5～$1.0\times10^{10}\Omega$

按《防静电活动地板通用规范》SJ/T10796要求，系统电阻值分为导静电型，其电阻值应小于$1\times10^6\Omega$，静电耗散型，系统电阻值为1.0×10^6～$1.0\times10^9\Omega$。

表面电阻值1.0×10^5～$1.0\times10^{10}\Omega$（测量电极的间距为900～1000mm）

按国际标准ISO2883要求，系统电阻值为：

$5.0\times10^4\sim1.0\times10^8\Omega$。

b. 活动地板幅面尺寸及公差：

活动地板幅面尺寸及公差见表6－106。

活动地板幅面尺寸及公差（mm） 表6－106

板幅		板厚		相邻板边	板面
基本尺寸	极限偏差	基本尺寸	极限偏差	不垂直度	不平度
500×500 600×600	±0.20	20，25 30，35	±0.20	<0.2mm	≤0.2mm

c. 活动地板的机械性能：

活动地板的机械性能应符合表6－107的规定。

活动地板机械性能表 表6－107

承重类型	均布荷载（kg/m²）	集中荷载（kg）	挠度
Q	>800	>200	中心集中荷载150kg，其挠曲量1.5mm以下
Z	>1600	>400	中心集中荷载300kg，其挠曲量2mm以下

其中：*Q*代表轻型地板，*Z*代表重型地板。

d. 支撑的承载能力应大于1000kg。

e. 地面表面应柔光，不打滑，耐污染。

③ 施工应具有的工具：

主要有，手提式电锯，吸盘器，钢直尺，水平尺，水平仪，清洗机，打蜡机及测试电阻的仪表及两相配套的两个电极等。

2）施工准备

施工前应作好如下准备工作：

①熟悉施工图纸，并勘察施工现场。

②制订施工方案，绘制防静电地面接地系统图，接地端子图和地网布置图。

③齐备各种施工材料，设备，工具等。

④彻底清除施工现场的尘土、杂物等影响工程的残留物，并用拧干的湿拖把拖揩地面。

⑤大于140m²（含140m²）的工程，应作样板铺设。

⑥施工场地应符合下列要求：

a. 基层地面无论是水泥地面、水磨石地面或其他材质地面，都应表面平整，坚硬结实、干燥、不起灰。如有裂缝、凹凸不平等必须修补。地面的水平高、低差不大于2/1000的范围。基层在安装活动地板前，应清扫干净。并根据需要，在其表面涂刷1~2遍清漆或防尘漆，涂刷后不允许有脱皮现象。

b. 对于新建项目，在土建施工时，应预设接地装置。工程面积在100m²以内的设一个接地端子，每增加100m²应增设1~2个接地端子。

对于老厂房改造项目，应根据实际情况按相同要求确定接地端子位置与数量。

c. 应在其他装饰工程基本完工后和安装于基层上的设备均已安装就绪以及其需埋设在地板下的管线也已铺设到位后，方可进行防静电活动地板的安装，不得上下交叉作业。

3）施工

①活动地板应从房间比较平直的一边墙面开始铺设。首先根据设计要求，在墙面设定高度基准线，并划水平线，然后在地面上按活动地板块的大小划出纵横基准线，并标明异形活动地板块及设备的预留部位等。

划线前，应做好活动地板数量的计算工作，应尽量使活动地板块数量成整块数。

a. 活动地板块数量 B，可按下式计算：

$$B=\frac{a}{A}\cdot\frac{b}{A}$$

或

$$B=x\cdot y$$

式中　B——活动地板块的数量（块）；

A——活动地板块的边长（m）；

a——房间的内壁长度尺寸（m）；

b——房间的内壁宽度尺寸（m）；

x——$x=a/A$（块）；

y——$y=b/A$（块）。

b. 可调支架数量 Z，可按下式计算：

$$Z=\left(\frac{a}{A}+1\right)\cdot\left(\frac{b}{A}+1\right)$$

或

$$Z=(x+1)\cdot(y+1)$$

式中　Z——可调支架的数量（个）；

a、b、A、x、y——同上。

c. 横梁数量 H，可按下式计算：

$$H=2\cdot\frac{a}{A}\cdot\frac{b}{A}+\frac{a}{A}+\frac{b}{A}$$

或

$$H=2\cdot x\cdot y+x+y$$

式中　H——横梁的数量（根）；

a、b、A、x、y——同上。

②安装支架。应从纵横基准线交叉处，安装支架支柱，用横梁连接各相邻支柱，组成支柱网架。要求水平。核验无误后，固定支柱底座，可用502胶水或聚氨酯胶粘剂粘结，也可用膨胀螺栓或水泥钉固定。如不采用上述办法固定底座，则需对支架作部分或全部支架安装斜撑。

③地板的铺设。

a. 铺设基准板。活动地板的铺设应在检查所敷设的管线检验合格后进行，并先在确定的基准线处用标准板（整板）开始铺设基准板。首先在支架上或横梁上安放橡胶垫，然后将整板铺设在支架上，其高度可用调节螺母进行调整，使地板高度与高度基准线高度相符合，并用水平尺调节其水平面使其板呈水平状态，后紧固支架，锁紧螺母。

b. 铺设正规板，以基准板为中心，向周边扩散铺设。铺设过程中应边铺设边调整支架高度，使相邻板面均保持水平后，逐块紧固支架锁紧螺母。

c. 铺设异形板。房间边缘尺寸或设备旁的地板不足整块时，可采用异形板铺设。异形板根据现场尺寸，用整板切割而成。在切割面应进行防锈或防潮处理后，再行铺设。

铺设异形板部分的地面，应配制相应的可调支架和横梁，其支撑方法有多种，见图6－53。

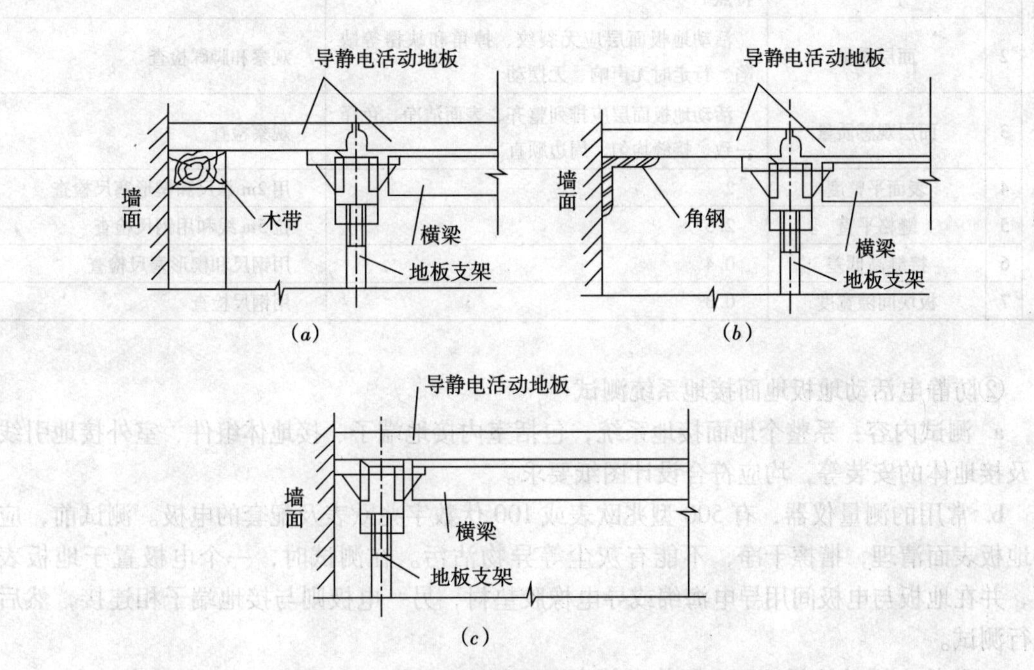

图6－53 异形活动地板面层铺设的支撑方法

(a) 墙面上钉木带；(b) 墙面上钉角钢；(c) 墙边直接用支架安装

当在墙面采用钉木带或角钢时，其在墙上的定位高度应与支架调整后的标高相同，以保证活动地板平面高度一致。铺设异形活动板前，应在木带及角钢与地板块接触的部分加设橡胶垫条，并应粘贴牢固。直接用支架安装时，宜将支架上托的四个定位销去掉三个，保留沿墙面的一个，使靠墙边的地板块越过支架能紧靠墙。在地板与墙边的接缝处，应根据缝的宽窄分别采用木条或泡沫塑料填嵌。

铺设完活动地板面层后，在上安装踢脚板。

d. 在活动地板上搁置设备或安装设备，其支点应尽量靠近支架。如重量超过活动地板额定承载力时，应在地板下增设支撑，以防变形。

e. 活动地板块的安装或开启，应使用吸板器或橡胶皮碗，并做到轻拿轻放，禁止采用铁器撬拨。

f. 活动地板铺设过程中，应随时测量地板表面至支架的电阻值或每块地板间的电阻值。其值应符合设计要求，如有问题，应查清原因，将其纠正。

4）防静电活动地板地面质量检验与测试

①防静电活动地板地面质量标准和检验方法

防静电活动地板地面的质量标准和检验方法见表 6－108。

防静电活动地板地面质量标准和检验方法　　表 6－108

项	序	检验项目	允许偏差和允许值（mm）	检验方法
主控项目	1	面层材料	面层材质必须符合设计要求，且应具有耐磨、防潮、阻燃、耐污染、耐老化和防静电等特点	观察检查和检查材质合格证明文件不检测报告
	2	面层质量	活动地板面层应无裂纹、掉角和缺楞等缺陷。行走时无声响、无摆动	观察和脚踩检查
一般项目	3	面层观感质量	活动地板面层应排列整齐、表面洁净、色泽一致、接缝均匀、周边顺直	观察检查
	4	表面平整度	2	用 2m 靠尺和楔形塞尺检查
	5	缝格平直	2.5	拉 5m 线和用钢尺检查
	6	接缝高低差	0.4	用钢尺和楔形塞尺检查
	7	板块间隙宽度	0.3	用钢尺检查

②防静电活动地板地面接地系统测试

a. 测试内容：系整个地面接地系统，包括室内接地端子、接地体组件、室外接地引线以及接地体的安装等，均应符合设计图纸要求。

b. 常用的测量仪器，有 500 型兆欧表或 100 伏数字兆欧表及配套的电极。测试前，应将地板表面清理，揩擦干净，不能有灰尘等异物沾污。在测试时，一个电极置于地板表面，并在地板与电极间用导电海绵或导电橡胶垫衬，另一电极则与接地端子相连接，然后进行测试。

c. 防静电活动地板地面电阻值应符合以下规定：

系统电阻。导静电型低于 $1.0\times10^{6}\Omega$。静电耗散型为 $1\times10^{6}\sim1\times10^{9}\Omega$。

表面电阻为 $1.0\times10^{5}\sim1.0\times10^{10}\Omega$。测试两电极距离为 900～1000mm。

d. 承接防静电活动地板的检测单位，应得到国家授权，具有出具相应测试报告资质的权威机构担任。

3. 防静电现浇水磨石地面

（1）一般规定

①防静电现浇水磨石地面施工内容应包括基层、接地系统、找平层、面层的施工、测试及质量检验。

②施工现场及环境应符合下列要求：

a. 楼、地面结构垫层高度和抗压强度符合设计要求，表面清洁、平整（要求在 2m 内高差小于 10mm）、湿润但无积水。

b. 按设计要求，需预装的水、暖、电管道及线缆和各种预埋件，均应预先安装完毕。无用孔、洞、缝隙等均已修补填平。地面结构钢筋不应裸露。

c. 施工现场环境温度不低于 5℃。

（2）材料、设备与工具

①防静电现浇水磨石地面所用材料应符合设计要求。设计无特殊规定时，应符合以下

要求：

a. 水泥：强度等级不小于42.5的硅酸盐水泥或矿渣水泥。彩色地面面层的水泥颜色采用白色或彩色。同一单项工程地面施工，应使用同一出厂批号的水泥。

b. 砂子：洁净，无杂质，粒径为粗中砂，含泥量不大于3%。

c. 石子：无风化坚硬石子（白云石、大理石等），大小均匀，色泽基本一致，其粒径规格4~12mm。可将大、中、小粒径的石子按一定比例混合使用。同一单项工程应采用同批次、同产地、同配比的石子，颜色、规格不同的石子应分类保管。

d. 分格条：可用玻璃条、铜条或塑料条。分格条的尺寸规格为宽3~5mm，高10~15mm（视石子粒径定），长度按分割块尺寸确定。

玻璃条：用普通平板玻璃裁制而成。

铜条：采用工字型铜条。使用前必须调直，铜条表面应作绝缘处理，绝缘材料的电阻值应不小于$1.0\times10^{12}\Omega$。

塑料条：用聚氯乙烯板材裁制而成。

e. 颜料：采用耐光、耐碱性好的颜料，其掺入量为水泥量的3%~6%。

f. 导电粉：采用无机材料构成的多组份复合导电粉。

g. 导电地网用钢筋：采用ϕ4~6mm钢筋，使用前必须张拉调直。

h. 草酸：浓度为5%~10%的水溶液，用于面层处理及去污。

i. 防静电地板蜡：体积电阻在$5.0\times10^{4}\sim1.0\times10^{9}\Omega$之间的专用防静电地板蜡。

j. 绝缘漆：B级，绝缘电阻值不小于$1.0\times10^{12}\Omega$。

②常用施工设备（含工具）应包括搅拌机、电焊机、磨石机、压辊、无齿锯、清洗抛光机、水平尺、手推车和木抹子等，其规格、性能和技术指标应符合施工工艺要求。

（3）施工准备

①施工前必须熟悉设计施工图并勘察施工现场。

②应根据设计施工图要求，标出防静电现浇水磨石地面作业层的标高。

③必须绘制出防静电地面接地系统图、接地端子图和地网布置图。

④应根据施工工艺要求齐备各种施工用材料、设备、工具，并摆放整齐，对有害和有污染的材料应设专人专室保管。

⑤ 施工现场应配备消防器材，并制定相应的消防措施，应有专人负责现场的消防工作。

⑥应指定有经验人员负责导电粉的配比，必须严格按配方比例配料。

⑦应根据设计要求，按《建筑地面工程施工质量验收规范》（GB50209—2002）的规定施工样块。

（4）施工

①清理基层：必须清除地面残留砂浆、结块，然后将面层打毛；基层地面如有空鼓、凹凸等情况应进行修补处理，然后清洁地面。

②涂覆绝缘漆：应将露出基层表面的金属（如钢筋、管道）涂绝缘漆两遍后凉干。

③敷设导电地网：应首先将经调直的钢筋彻底除锈，清洁表面，并按图纸尺寸下料。根据地网布置图将钢筋、接地端子（指安装在地面上的）敷设于已清洁干净的基层上。钢筋的交叉连接处应焊接牢固，地网与接地端子用焊接或压接法连结牢固。应根据接地系统图，在地网上焊接接地引下线。

导电地网施工完成后，应对其进行电性能检测。自身导电性能应良好，且与建筑物其他导体不得有短路现象。

④当施工接地引下线、地下接地体时，接地引下线的长度应尽量短，接地体的埋设应符合《电气装置安装工程接地装置施工及验收规范》GB50169 规定。接地引下线与导电地网和地下接地体的连接应牢固、可靠。

⑤防静电现浇水磨石地面宜单独接地，其系统接地电阻值应小于100Ω。若与其他系统共用接地装置时，必须按有关标准、规范执行，系统接地电阻值应满足其中最小电阻值的要求；与防雷接地系统共用时必须加设接地保护装置。

⑥施工找平层：应在已敷设好导电地网的基层上刷混凝土界面剂或用水湿润基层表面。宜使用1∶3 干性水泥砂浆（按水泥重量的配比掺入复合导电粉并搅拌均匀），覆盖于导电地网上。找平层厚度应在25～30mm之间。

⑦镶嵌分格条：采用铜分格条时，应首先检查铜条表面的绝缘层是否良好。敷设时不得交叉和连接，相邻处应有3mm 间距。分格条与导电地网及基层地面中的预埋管线间距不应小于10mm；特殊情况小于10mm 时，应进一步作绝缘处理（采用塑料或玻璃分割条不受此限制）。

当采用玻璃分格条时，施工中应防止其断裂、破碎。

⑧抹石子浆：应将复合导电粉与颜料按水泥重量配比混合均匀后加入石子浆中，然后搅拌均匀。石子颜色、品种、粒径及水泥的颜色应符合设计要求。抹浆厚度宜为15～20mm。抹后应用轧辊压实。

⑨磨光地面：应在石子浆已凝固、表面干燥后研磨地面。研磨不得少于三遍，两次研磨之间应补浆一遍，应使地面光滑、平整，不应有塄坎和孔、洞、缝隙。磨光后应进行地面保护。

⑩地面保护：宜在地面表面上加一层覆盖物，并派专人看管。如有损坏应按以上施工工艺要求及时修复。

⑪细磨出光作业：应在整体施工基本完成后进行细磨出光作业。应首先将5%～10%浓度的草酸溶液洒在地面上，然后用磨石机（金刚砂细度为280～320目）研磨地面，直至地面面层光亮、平整。细磨后在地面上应再洒一遍草酸溶液。

⑫打蜡抛光：细磨出光后的地面，经清洁干净后，应在其表面均匀地涂一 层防静电地板蜡，并作抛光处理。

⑬检测：施工过程中，每一道工序结束后，应进行质量检测，并应认真填写工序施工记录。未达到质量标准的不得进行下道作业。

（5）测试与质量检验

①常用检测器具：

a. 数字兆欧表：测试电压100V，量程应大于1.0×10^{3}～1.0×10^{11}Ω；精度等级不得低于2.5 级。

b. 电极：两只，铜质，表面应镀铬，圆柱型，ϕ63mm，2.5kg，与数字兆欧表配套使用，用于测试防静电地面的表面电阻与系统电阻。

c. 测量电极垫片：采用干燥导电海绵或导电橡胶，其体积电阻应不大于1.0×10^{3}Ω。

d. 接地电阻测量仪：用于测量接地极与大地间的接地电阻。其量程和精度等级必须满足测量要求。

e. 直尺：长度应为2m，用于检查地面平整度。

防静电性能检测所使用的器具均应在计量鉴定有效期内。

②防静电性能指标的检验应在地面施工结束2~3月后进行。

③表面电阻及系统电阻性能的检测，除按规范规定外，应符合《电子产品制造防静电系统测试方法》SJ/T10694要求；质量评定方法应按《逐批检查计数抽样程序及抽样表（适用连续批的检查）》GB2828规定执行。

④防静电性能参数应符合以下指标：

a. 系统电阻$5.0\times10^4\sim1.0\times10^9\Omega$；

b. 表面电阻$1.0\times10^5\sim1.0\times10^{10}\Omega$；两极间距900mm；

c. 系统接地电阻应满足设计要求。

⑤机械性能及外观检验应按《建筑地面工程施工质量验收规范》（GB50209—2002）要求执行。

⑥承接防静电现浇水磨石地面的检测单位，应由得到国家授权的具有出具相应测试报告资质的权威机构担任。

6.9.4 防（导）静电地面接地系统设置与施工中应注意的几个问题

1. 名词解释

（1）接地的定义：能够接受或供给大量电荷的物质，如大地，舰船，设备外壳等。

（2）接地电阻：接地体与大地之间的接触电阻。接地电阻的大小除了接地体与土壤接触面积大小、埋设深度及接触紧密程度有关外，还与埋设地点的土壤电阻有很大关系，一般用土壤电阻系数来表示。

（3）接地线：从接地体引出的连接线。

（4）接地体：与土壤直接接触的导电金属体。

2. 施工中应注意的几个问题

（1）接地装置的装设地点的选择

①接地装置应埋设在距建筑物3m以外的地方。

②应安装在土壤电阻系数低的地方，并应避免靠近有热源的地方，以免电阻率的增高。

③不应在垃圾、灰渣及对接地装置有腐蚀的土壤中埋设。

④当埋设在距建筑物入口或与人行道的距离小于3m时，应在接地装置上面铺设沥青层，厚度50~80mm。

⑤如铺设在腐蚀性较强的场所，应采用镀锌，镀锡等防腐蚀措施，或适当加大接地体所用材料的截面或使用含腐蚀强的金属材料。

⑥如必须铺设在土壤电阻率高的地方，可采用如加木炭屑，食盐和水等技术措施来降低土壤电阻率。

（2）接地线的铺设

①接地线的铺设，不应妨碍设备的拆除，检修。接地装置的埋入深度，一般距地面0.5~0.8m，并应埋在冻土层以下。

②埋设时，角钢下端要削尖。其规格应是L45×4，钢管的下端要加工成尖或将钢管打扁，垂直打入地下，扁钢或圆钢埋放地下，要立放。其扁钢厚度要求为4mm，其截面不

小于 48mm²；圆钢规格为 $\phi12$ 以上，钢管规格则为 $\phi48 \sim 60$，壁厚 4mm。

③所有连接部分，必须用电焊或气焊焊接固定，接触面一般不得小于 10cm²，不得用锡焊。

④埋入后接地体周围要回填新土并夯实，不得填入砖石，煤渣等。

⑤尽可能设立独立的静电入地装置，与防雷接地装置要相距 20m 以上的距离，防止影响，引起事故。

防静电地线必须是永久的。所有接头处，应焊接牢固。

6.9.5　防（导）静电地面工程验收及使用保养

1. 防（导）静电地面工程验收

（1）防静电地面，包括防静电聚氯乙烯塑料地面，防静电聚氨酯自流平地面，防静电活动地板地面和防静电水磨石地面等工程的验收，应根据施工文件、施工记录，质量检测报告等进行综合检查和评价。

（2）施工单位应提供下列文件：

①主要原材料产品合格证、复验报告等。

②防静电地面电性能指标检测报告。

③现场标高复测报告。

④防静电地面隐蔽工程验收报告。

⑤防静电地面施工记录，自检报告。

⑥防静电地面竣工图纸。

（3）参加验收单位：

①建设单位；

②检测机构；

③ 施工单位；

④ 设计单位和工程监理单位。

以上单位组成工程验收组，对整个工程进行验收，并应出具验收报告。

（4）工程验收时，一般不再进行性能检测。如验收组认为有必要对某些指标进行复检，应进行复检。

（5）工程验收合格后，即可交付使用。

2. 防静电地面的使用和保养

（1）要经常保持面层的清洁，可用吸尘器或湿拖布（不滴水）等清洁地面，若有污物时，可用中性洗涤剂润湿表面，再擦拭干净。

（2）使用中，严禁坚硬利器轧压、刮压地面，严禁高温物体（电烙铁、电炉等）和低温物体（干冰，液氮等）直接接触地面；应避免油类及有腐蚀性的化学物品污染地面。

（3）有棱角，坚硬底盘的仪器设备，不准在地面上拖移，不得在地面上放置起重的物件。

（4）带有橡胶垫，橡胶轮子的设备不应长期放置在防静电 PVC 塑料地面上与其直接接触，以防污染。

（5）拆装活动地板时，必须使用吸盘器，严禁使用其他工具撬，挖等。重物支承面较小时，应加垫衬。

（6）养护地面，宜采用防静电地板蜡或防静电液蜡进行涂刷或喷涂的方法进行上光。严禁使用普通地板蜡。常州市三井防静电器材厂生产防静电液蜡（电话为：0519－5210391），当然也可用普通地板蜡加入一定量的抗静电剂，搅匀后，涂擦在地板面上上光，但涂擦后的地板电阻值必须达到设计要求。

6.10 隔声地面

有些文娱活动用房为了保证室内音响效果，除在房间的顶棚、墙面采取隔声措施外，对地面亦采取了相应的隔声措施。有的则为了防止楼上、楼下房间的音响声音通过楼板传入室内而对地面采取隔声措施。

6.10.1 隔声地面的构造做法和隔声地面实例

隔声地面主要是采用适当增加地板结构层厚度、浮筑铺设隔声吸声材料，截断声音传递线路，从而达到隔声的效果。有的还将隔音材料从地面延伸铺设至墙面、顶棚，形成整体隔声效果。

图6－54所示为用沥青矿渣棉浮筑的隔声楼板结构示意图。图6－55为夹砂隔声楼板结构示意图。

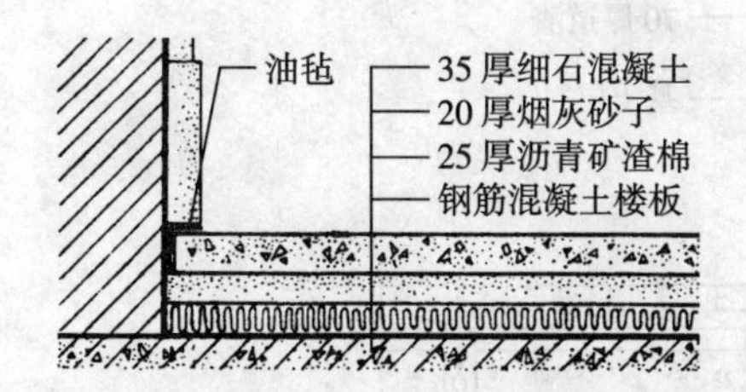

图6－54 用沥青矿渣棉浮筑的隔声楼板构造

注：1. 烟灰砂子层用3∶1（体积比）烟灰砂子干拌均匀，虚铺35厚，压实至20厚。
2. 粗砂含水率应≤4%～5%，烟灰含水率应≤3%～4%。
3. 沥青矿渣棉虚铺40厚，实压到25厚。
4. 沿墙油毡条待踢脚板做完将露出部分切除。

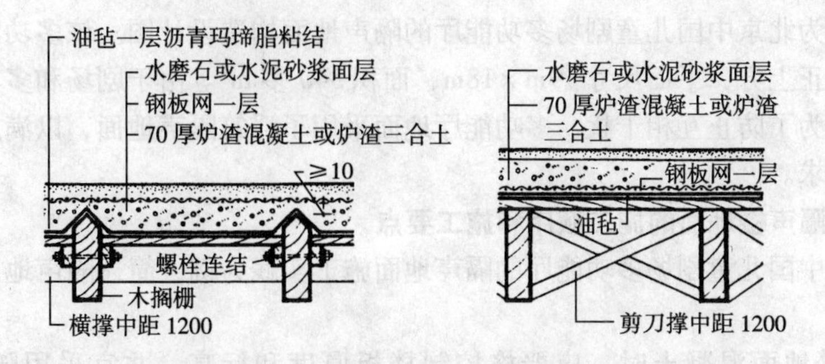

图6－55 夹砂隔声楼板构造

注：1. 夹砂隔声楼板适用于产木地区有一定防水或隔声要求的房间。
2. 夹砂隔声楼板宜设置简易排水地漏，以防积水。

用炉渣、炉渣混凝土或干砂等轻质多孔材料铺设于楼地面的结构层上，达到楼地面隔声、隔热的效果。据有关资料介绍，位于西亚地中海东岸的以色列，当地夏季气候炎热，对建筑物外墙和楼地面的隔温、隔热要求很高。以色列人利用当地丰富的黄砂资源，创造了所谓“楼、地面填砂法”的施工方法。到以色列人家做客，炎热的室外同清凉的室内仿佛是两个完全不同的世界，踏在地面的石材、面砖或瓷砖上，会使人感到十分清凉舒心，又会感到有木地板的弹性。即使楼上或楼下住户正举办着家庭舞会，室内也几乎听不到上面（或下面）楼板传来的声音。“楼、地面填砂法”既有很好的隔热效果，又有很好的隔声效果。

图 6－56 为某电视台演播大厅的隔声地面构造示意图。

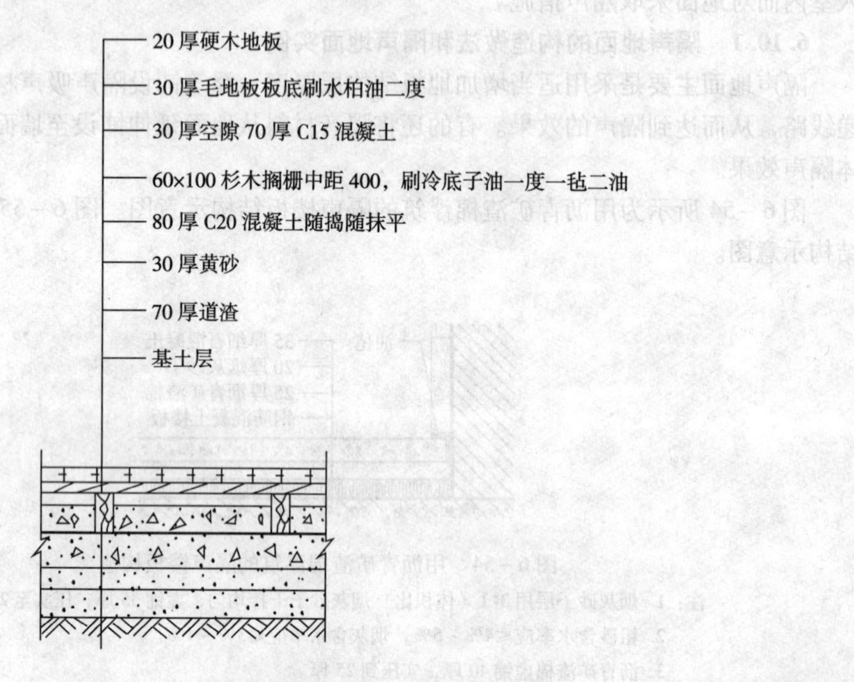

图 6－56　某电视演播大厅隔声地面构造示意图

图 6－57 为北京中国儿童剧场多功能厅的隔声地面构造设计图。该多功能厅位于新建剧场观众厅的正上方，平面尺寸 19m×18m，面积 340 多 m^2。由于剧场和多功能厅经常同时安排活动，为了防止互相干扰，多功能厅地面采用了浮筑隔声地面，以满足隔声和音响效果的特殊要求。

6.10.2　隔声楼地面的施工顺序和施工要点

现以北京中国儿童剧场多功能厅的隔声地面施工实践为例，简述隔声地面的操作顺序和施工要点。

1. 浇筑楼地面混凝土时，应严格控制楼板厚度和标高，并宜采用随捣随抹（适当撒些干拌水泥砂拌合物）的施工方法，在水泥初凝前，用木抹子搓打平整、密实，并在终凝前压光。地面硬化后应加强养护，防止表面层干燥太快，出现脱皮和收缩裂缝等弊病。

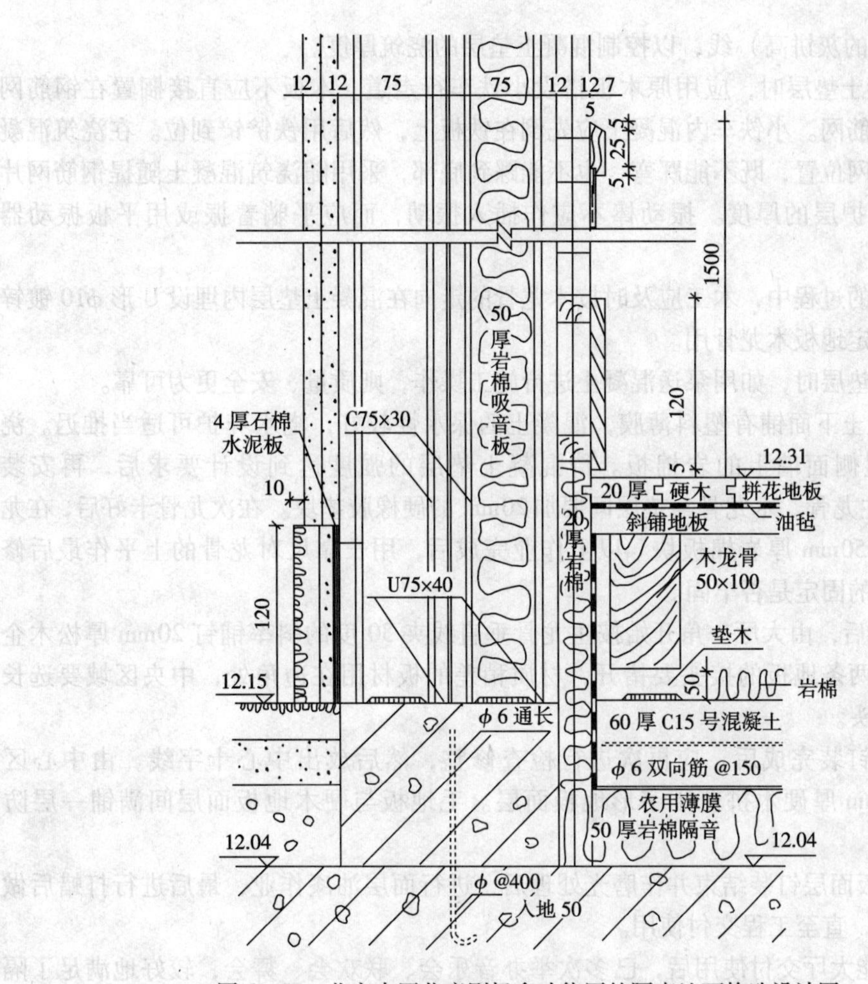

图6-57 北京中国儿童剧场多功能厅的隔声地面构造设计图

2. 铺设地面隔声用岩棉板块。应待地面养护结束，地面干透，表层颜色发白后进行。铺设前，应对楼面进行一次清理，剔凿不平之处，清扫楼面杂物，四周墙上弹出500mm线。

3. 隔声岩棉板块的铺设应从四周边开始，最后铺到中心，这样可减少与墙体岩棉的接缝。木工程采用的隔声岩棉板块尺寸，长×宽×厚=800mm×500mm×50mm。铺设时，光面朝上，毛面向下，使上表面平整，不易损坏上面的塑料薄膜。向下的毛面，又能较好的吸收下面观众厅演出时传来的音响声。

4. 满铺一层塑料薄膜，采用2m宽的整卷材，在一个幅宽内不宜有接缝。两块之间的搭接宽度为250mm，并用30mm宽的塑料胶带粘住接缝，以防垫层混凝土中的水分浸透到岩棉板中。薄膜在四周边卷起折上200mm高，钉在板墙内的岩棉板上。

5. 进行$\phi6$@150双向钢筋网的绑扎作业。操作时，要求轻拿轻放材料、工具。边绑扎，边用30mm×30mm×20mm的水泥砂浆块垫起。砂浆垫块间距以2m为准。绑扎钢筋的铁丝不宜过长，以防扎破塑料薄膜。

6. 钢筋绑扎完后，复核四周墙上的500mm控制线。然后在墙上弹出混凝土垫层的厚度（即地面中间的灰饼高）线，以控制混凝土垫层的浇筑厚度。

7. 浇筑混凝土垫层时，应用原木板搭设小铁车行走道，木板不应直接搁置在钢筋网上，防止压弯钢筋网。小铁车内混凝土应先倒在铁板上，然后用铁铲铲到位。在浇筑混凝土，应注意钢筋网位置，既不能踩弯，也不能踩到底部，采用随浇筑混凝土随提钢筋网片的做法，保证保护层的厚度。振动棒不应作插入振动，而应平躺着振或用平板振动器振实。

在顺序浇筑的过程中，木工应及时按木龙骨的走向在混凝土垫层内埋设U形$\phi10$镀锌定型埋件，作固定地板木龙骨用。

浇筑混凝土垫层时，如用泵送混凝土进行施工操作，则质量、安全更为可靠。

8. 由于混凝土下面铺有塑料薄膜，混凝土的保水性较好，浇水养护可适当推迟。浇水时应防止浸湿侧面墙上的岩棉板。待混凝土垫层的强度达到设计要求后，再安装50mm×100mm主龙骨。木龙骨与垫层间要加20mm的硬橡胶垫块。在次龙骨卡好后，在龙骨的间隙中嵌装50mm厚岩棉板块。以上作业完成后，用长靠尺对龙骨的上平作最后修整，并检查龙骨的固定是否牢固。

9. 一切无误后，由大厅一角开始按主龙骨垂直线夹30度的斜率铺钉20mm厚松木企口毛地板。相邻两条地板的接头要错开，材质稍差的板材用在边角处，中央区域要选长料，尽量减少接头。

10. 毛地板钉装完成后，应再次进行检查修整，然后放出中心十字线，由中心区向四周钉装20mm厚硬木拼花丁字形地板面层。毛地板与硬木地板面层间满铺一层防潮纸。

11. 硬木地板面层钉装结束并作磨光处理后，进行面层油漆作业，最后进行打蜡后做好产品保护工作，直至工程交付使用。

12. 该多功能大厅交付使用后，已多次举办音乐会、联欢会、舞会，较好地满足了隔声和音响等功能要求。

6.11 体育运动场地地面

体育运动场地地面，因使用功能不同而形式多样，构造层次差异也较大，但共同的特点是要求平整度要好、弹性好、防水好，雨天排水快，雨后不积水（室外运动场地地面）。而各种训练馆、比赛馆的室内运动场地地面，则要求平整度好、弹性好。对于木地板地面，还应有较好的耐磨性能和防滑性能。此外，地面构造应能适应运动场地面积大小变化而可拼合、可拆装的功能。

6.11.1 常用室外运动场地地面类型和施工要点

1. 常用室外运动场地的地面类型

（1）常用室外运动场地的地面类型有白灰黄土场地、细河砂场地、黄土场地、石屑场地和草皮场地等，其构造见图6-58~图6-62。

（2）各类场地的使用情况分析：

各类运动场地的使用情况分析见表6-109。

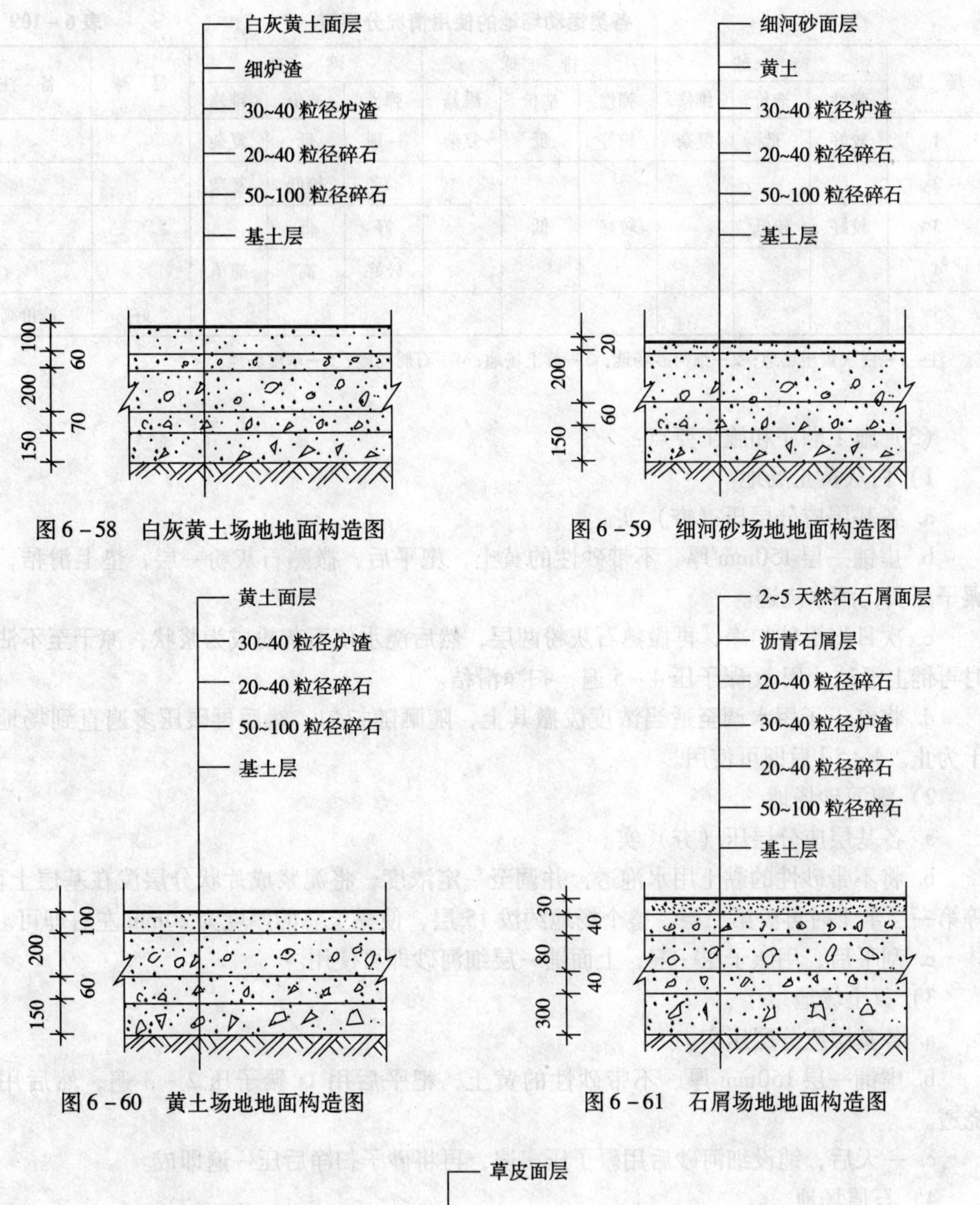

图 6-58 白灰黄土场地地面构造图

图 6-59 细河砂场地地面构造图

图 6-60 黄土场地地面构造图

图 6-61 石屑场地地面构造图

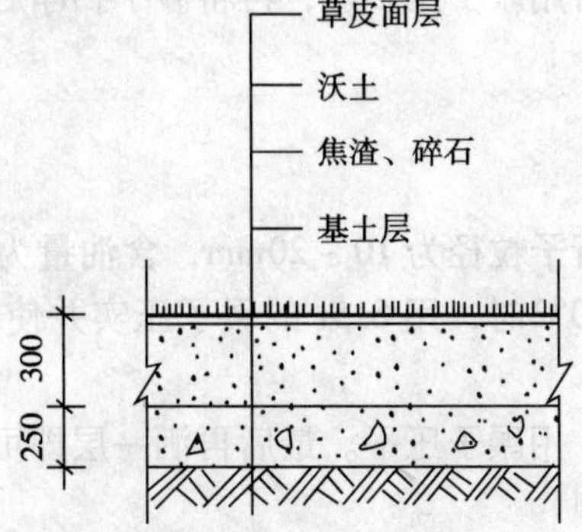

图 6-62 草皮场地地面构造图

各类运动场地的使用情况分析表　　表6-109

场地	篮球			排球			网球			足球	备注
	弹性	造价	维修	弹性	造价	维修	弹性	造价	维修		
1	较好	低	复杂	较好	低	复杂	一般	低	复杂		
2							好	较低	复杂		
3	较好	较低		较好	低		好	低			
4							较好	高	简单		
5										好	造价高

注：1—白灰黄土场地；2—细河砂场地；3—黄土场地；4—石屑场地；5—草皮场地。

（3）施工顺序和施工要点：

1）白灰黄土场地

a. 各基层应分层压（夯）实。

b. 虚铺一层150mm厚，不带砂性的黄土，耙平后，撒熟石灰粉一层，垫上滑秸，用碾子压实，洒水浇透。

c. 次日将滑秸扫净，再撒熟石灰粉两层，然后浇水使石灰粉成为浆状，凉干至不沾脚时再铺上滑秸，用1t碾子压4~5遍，扫净滑秸。

d. 将红土子用水调至适当浓度泼撒其上，随晒随扫匀，然后再碾压多遍直到场地渐干为止。4~5d后即可使用。

2）细河砂场地

a. 各基层应分层压（夯）实。

b. 将不带砂性的黏土用水泡透，并调至一定浓度，将泥浆成片状分层泼在基层上面，等第一层半干时再泼第二层，整个场地约泼15层，使黏土总的厚度为20mm左右即可。

c. 刮平后，用碾子压一遍，上面铺一层细河砂即可使用。

3）黄土场地

a. 各基层应分层压实。

b. 虚铺一层150mm厚、不带砂性的黄土，耙平后用1t碾子压2~3遍，然后用水浇透。

c. 一天后，铺设细河砂后用碾子压多遍，再将砂子扫净后压一遍即成。

4）石屑场地

a. 各基层应分层压实。

b. 浇热沥青一度。

c. 铺设沥青石屑面层。石子粒径为10~20mm，含油量为4%，油温100~200℃，搅拌均匀后铺设，待温度降到30℃时，用0.5t的碾子压实并使表面平整。然后再洒上一层乳化沥青，每m^2约洒1kg。

d. 铺设天然石屑小颗粒，用碾子压平。最后再洒一层即可完成。

2. 田径赛跑道的地面类型

（1）常用田径赛跑道的地面类型见图6-63~图6-67。

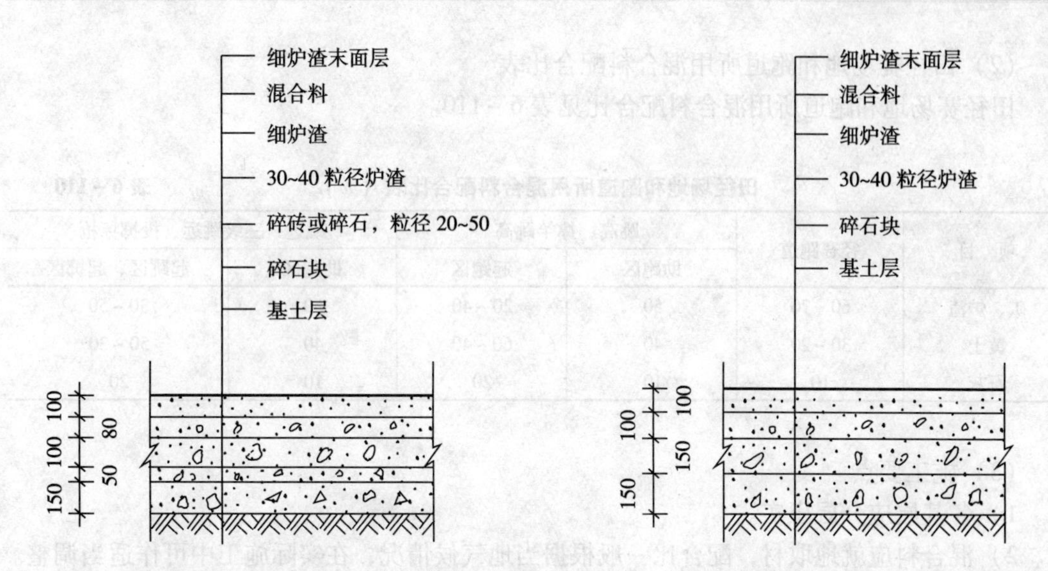

图 6－63 田径赛跑道地面构造 A（南京某体育场） 图 6－64 田径赛跑道地面构造 B（南宁某体育场）

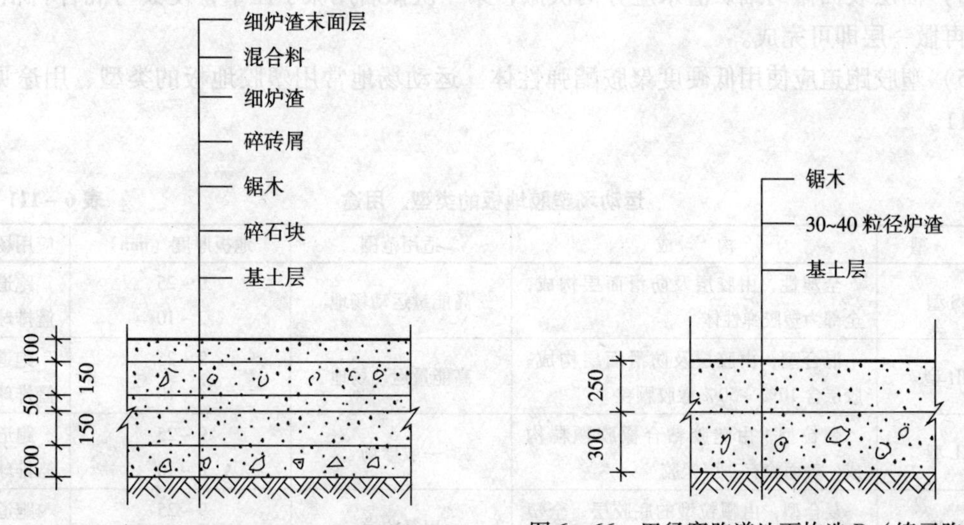

图 6－65 田径赛跑道地面构造 C（北京某体育场） 图 6－66 田径赛跑道地面构造 D（练习跑道）

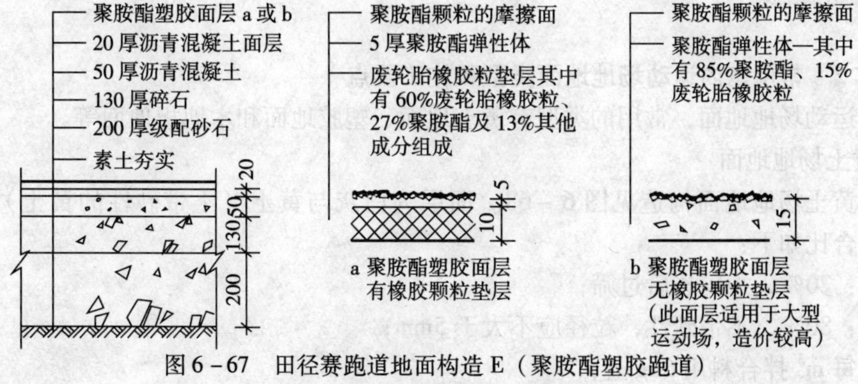

图 6－67 田径赛跑道地面构造 E（聚胺酯塑胶跑道）

注：施工方法采用场地现浇铺设。

(2) 田径赛场地和跑道所用混合料配合比表

田径赛场地和跑道所用混合料配合比见表6-110。

田径场地和跑道所用混合料配合比表（%） 表6-110

项目	径赛跑道	跳高、撑竿跳高		跳远、三级跳远、投掷标枪	
		助跑区	起跑区	助跑区	起跳区、起掷区
矿、炉渣	60~70	50	20~40	50	30~50
黄土	30~20	40	60~40	40	50~30
石灰	10	10	20	10	20

(3) 施工要点

1) 各基层应分层压实。

2) 混合料应就地取材，配合比一般根据当地气候情况，在实际施工中可作适当调整。

3) 混合料铺设应平整，压实过程中随时检查平整度和厚度。

4) 面层表面撒的细炉渣末应分两次撒，第一次撒后用碾子压平，使其与混合料粘合，最后再撒一层即可完成。

5) 塑胶跑道应使用低硬度聚胺酯弹性体。运动场地常用塑胶地板的类型、用途见表6-111。

运动场塑胶地板的类型、用途 表6-111

类型	构成	适用范围	地板厚度（mm）	应用场地
QS型	全塑性，由胶层及防滑面层构成，全部为塑胶弹性体	高能量运动场地	9~25 2~10	跑道 篮排球场
HH型	混合型，由胶层及防滑面层构成。胶层含10%~50%橡胶颗粒	高能量运动场地	9~25 4~10	跑道 篮排球场
KL型	颗粒型，由塑胶粘合橡胶颗粒构成，表面涂有一层橡胶	一般球场	9~25 8~10	跑道 篮排球场
FH型	复合型，由颗粒型的底胶层、全塑型的中胶层及防滑面层构成	田径跑道	9~25 8~10	跑道 篮排球场

注：保定合成橡胶厂生产。

6.11.2 常用室内运动场地地面类型和施工要点

室内运动场地地面，常用的类型有黄土地面、塑胶地面和木地板地面等。

1. 黄土场地地面

室内黄土场地地面构造见图6-68。面层为白灰与黄土（不带砂性的黄土）的拌合料。其配合比如下：

白灰：20%，须闷透后过筛；

黄土：80%，不带砂性，粒径应不大于5mm；

盐：每m^3拌合料用6kg盐；

水：适量，视黄土干湿程度而定。

拌合料应拌合均匀，摊铺平整后进行碾压至密实。碾压过程中如发现拌合料过干，可用喷水壶适量洒水后进行碾压。在高温季节或气候干燥环境中施工时，碾压结束后，面层还应作适当洒水养护，防止面层拌合料因失水过快造成裂缝等质量弊病。

2. 塑胶场地地面

室内塑胶场地地面构造见图6－69。与室外塑胶场地、跑道相比，其塑胶面层的厚度和组成成分略有变化，其余大致相同。塑胶地板的类型和用途参见表6－111示。

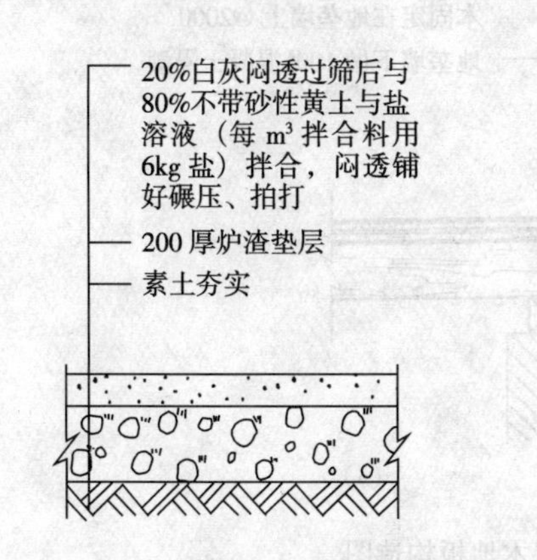

图6－68 室内黄土场地地面构造

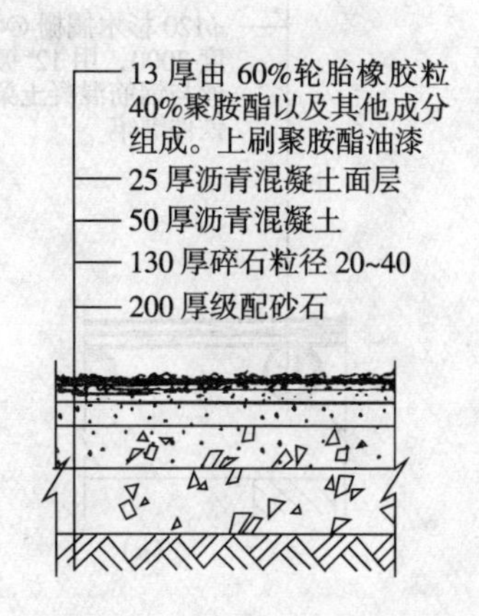

图6－69 室内塑胶场地地面构造

北京国际网球中心有12片网球比赛场地，选用日本美津浓产品作为地面面层弹塑性材料。这种地面具有弹性、防水性，平整度好，符合国际比赛场地要求。其地面构造层次见图6－70。

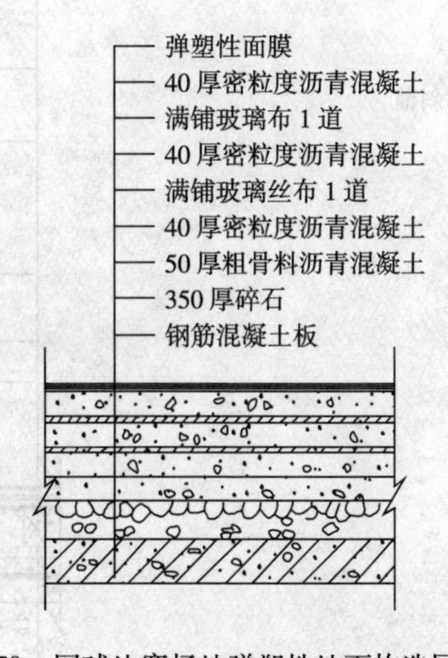

图6－70 网球比赛场地弹塑性地面构造层次示意

3. 架空搁栅双层木地板地面

此类架空搁栅双层木地板地面常用于普通的室内运动场地地面，如训练馆等，形式见

图6－71～图6－73。

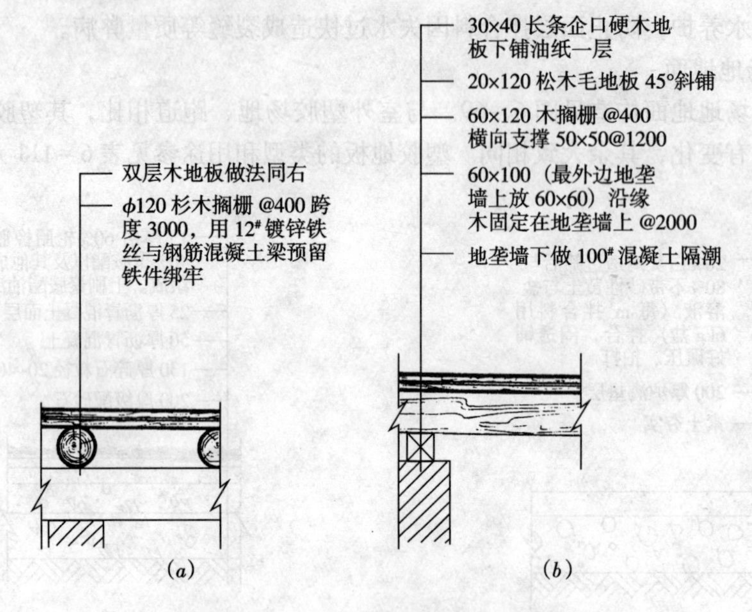

图6－71　架空搁栅双层木地板构造图

（a）圆木搁栅；（b）方木搁栅

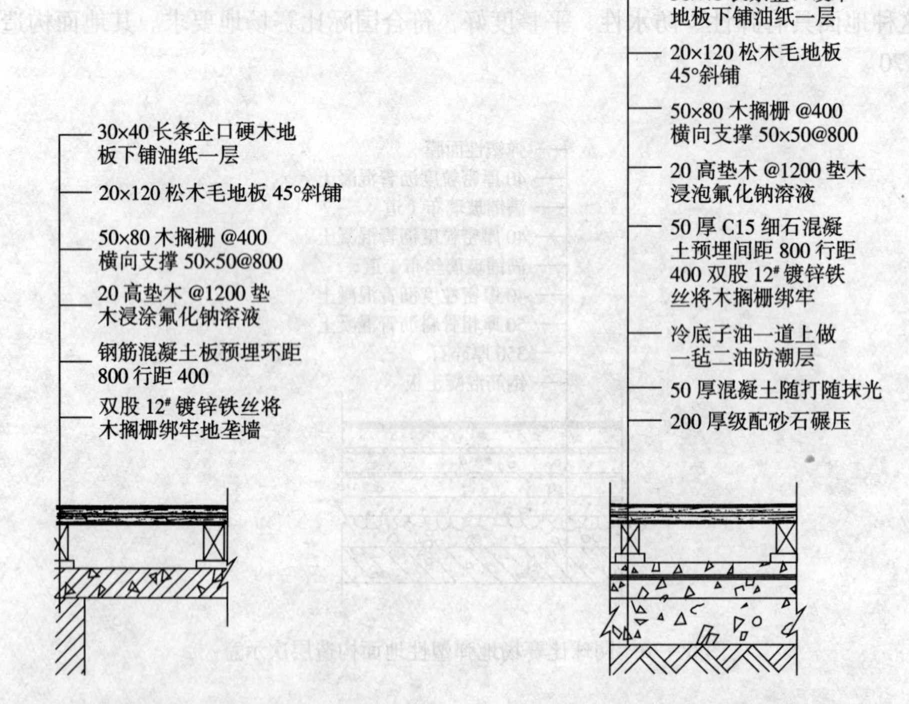

图6－72　架空混凝土板双层木地板构造图

图6－73　地面基层双层木地板构造图

木地板表面的油漆应选用耐磨性能较好的聚胺酯油漆。油漆内掺防滑剂，掺入量根据运动项目的不同要求，经试验确定，一般按重量比掺入40%左右。

木地板的弹性主要取决于木材品种、木板厚度、层数及木搁栅的断面和跨度，应根据运动项目的不同要求进行选择。

直接铺设于底层的架空木地板，其架空层下面应做C10～C15混凝土隔潮层或设置防潮层。木搁栅、垫木、支撑木以及木地板向下的一面应刷防腐剂。板下空间应有良好的通风条件。

4. 双层龙骨弹性木地板地面

这种木地板地面富有弹性，且坚固、坚硬、稳定，使用效果良好，符合国际性的比赛场地要求。

国家奥林匹克体育中心体育馆大厅比赛场地可进行各种球类比赛，地面做法选用丹麦产的双层龙骨弹性木地板；国家网球中心的壁球馆地面和北京清河二炮综合体育馆的球类馆地面，亦采用同类做法。现将构造设计和施工要点介绍如下。

(1) 双层龙骨弹性木地板的构造设计

双层龙骨弹性木地板的构造设计见表6－112。

双层龙骨弹性木地板构造层次 **表6－112**

构造层次	分层做法
面　层	3700mm×129mm×22mm木板（进口木板），榫接胶粘钉牢
填充料	50mm厚岩棉板块，填充龙骨之间
上层龙骨	70mm×35mm红、白松龙骨，中距为木板长的$\frac{1}{7}$～$\frac{1}{9}$，与底层龙骨之间垫十字橡胶软垫
底层龙骨	45mm×45mm红、白松龙骨，中距400～700mm，用塑料楔垫平
防潮层	0.15mm厚聚乙烯塑料薄膜
找平层	20mm厚1:3水泥砂浆找平
楼　板	钢筋混凝土楼板

(2) 双层龙骨弹性木地板的施工要点

1) 木地板安装应在屋面防水工程做完，水暖设备安装调试结束以及基层的埋件、孔洞均留设、调整完毕后进行。

2) 施工操作时最佳的环境湿度为50%。

3) 防潮层铺设应待找平层干燥后进行，塑料薄膜的搭接宽度不小于300mm，接缝处用30mm宽的胶带粘贴，无漏贴和损坏现象。

4) 底层龙骨四周应涂刷防腐剂，并应垫起距基层间留空隙30mm，用180mm×80mm×18mm的垫木（应涂刷防腐剂）与基层用射钉固定。在垫木上用一对特殊的空心塑料楔子，将龙骨垫平垫稳。龙骨的接头必须在塑料楔子上，对应楔子的龙骨下部锯出锯口。龙骨距墙间隙不小于30mm。

5) 上层龙骨的铺设应与底层龙骨相垂直安放，并安放十字橡胶垫。先用骑马钉将胶垫钉牢在底层龙骨上，然后铺设上层龙骨。上层龙骨在胶垫处应锯出锯口。上层龙骨的接头必须落在底层龙骨上，龙骨距墙间隙不小于30mm。

上层龙骨铺设后，应作水平度检查，在龙骨平整度符合要求后，将楔子与垫木、基层钉牢，最后用手提式汽枪将双层龙骨连同垫木一同钉牢。

6）双层龙骨安装完毕并检验符合要求后，在龙骨之间填塞50mm厚的岩棉板块，起隔潮、吸声等作用，由于它能吸收振动波，使地板各点的回弹力趋于一致。

7）铺设面层板前，应在龙骨上弹出中心线和若干条控制线，然后由中心向四周展开铺设，接头要错开，防止通缝。槽榫吻合，缝隙适宜，以专用藏头钉钉牢在上层龙骨上。

由于面层木板采用的是进口淡色山毛榉半成品，表面已作过涂料处理，铺设后不用刨光和其他饰面，即达到成品要求。如果面层木板采用非半成品，则铺设后应作磨光、油漆等处理。

5. 双层龙骨双层木地板地面

这种木地板地面采用双层龙骨、双层木板的做法，具有良好的弹性和吸声效果，常用于体育馆比赛场地的地面。北京市石景山体育馆比赛场地的木地板地面就是采用的本类型地面做法，现简要介绍如下。

（1）地面构造设计

本类型地面构造大致分为三部分，即底板部分、架空层部分和面层木地板部分。

1）底板部分

底板部分需设置防潮隔离层，具体构造做法见图6－74。

2）架空层部分

在底板之上与木板面层间即是地板的架空层。架空层净高1.5m。在底板上按2000mm的间距砌地垄墙，墙顶现浇钢筋混凝土压顶梁，放置预制钢筋混凝土板，板上再现浇钢筋混凝土整体层，然后在整体现浇层上做木地板面层。

3）面层木地板部分

面层木地板部分的构造层次见图6－75。先采用20mm厚双面刨光的松木毛地板作45度角（与龙骨夹角）斜向铺钉，然后用30mm厚双面刨光的企口木面板铺钉面层。

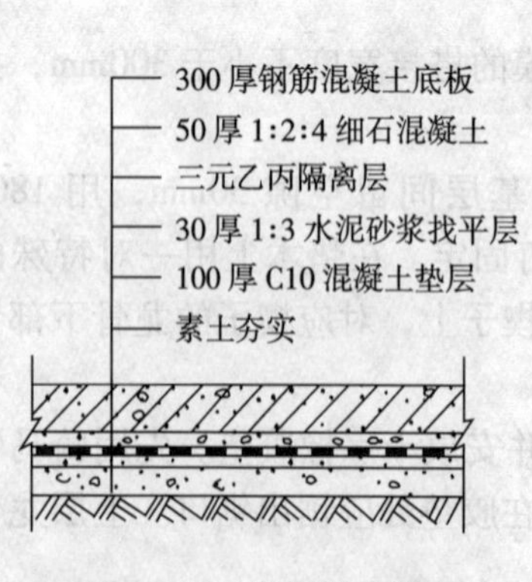

图6－74　底板部分做法

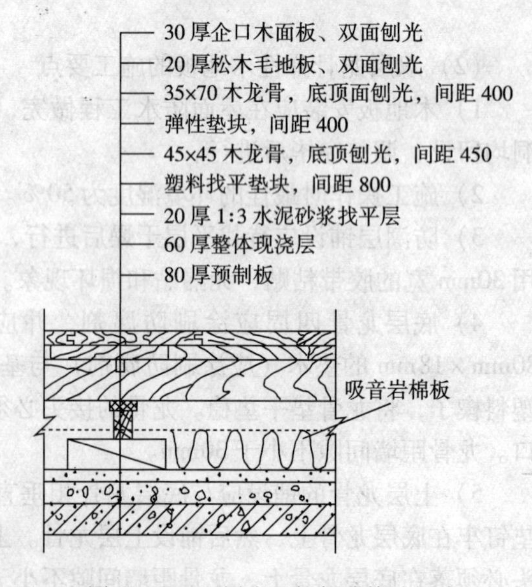

图6－75　面层木地板部分构造层次

（2）施工要点

1）基层填土应分层压实，密实度应达到设计要求。

2）防潮隔离层的铺设应待找平层干燥后进行，四周沿墙处，防潮隔离层应翻上200mm，用钉钉牢在墙上，最后用踢脚板盖住。

3）铺钉双层龙骨以及铺设吸音岩棉板等的作法，参照上面“双层龙骨弹性木地板地面”做法和要求。

6. 弹簧木地板地面

弹簧木地板地面适用于室内体育用房，如排练厅以及舞台等对地面弹性有特殊要求的场所，其构造特点是在地面的木搁栅下设置橡皮垫块、木弓、钢弓等措施，以增加木地板的弹性。实际施工中，以橡皮垫块使用较多。

（1）弹簧木地板地面类型

1）木搁栅下采用橡皮垫块的弹簧木地板，其地面构造形式见图6－76。

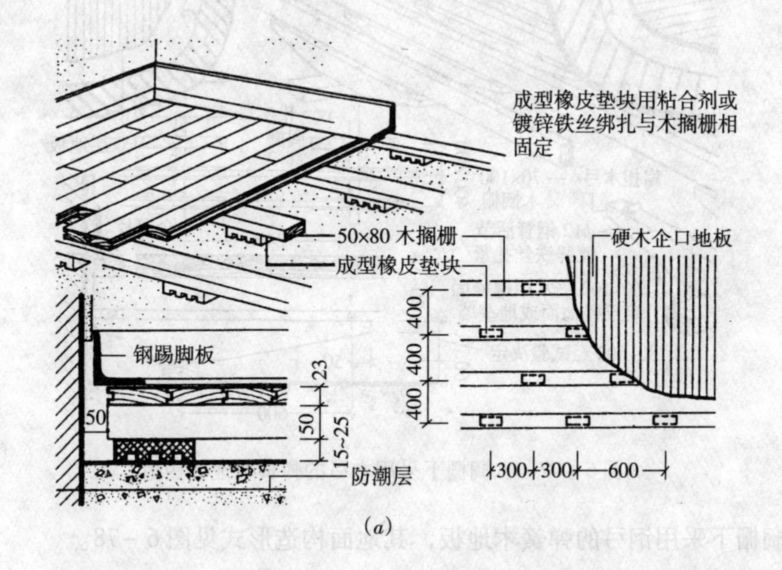

（*a*）

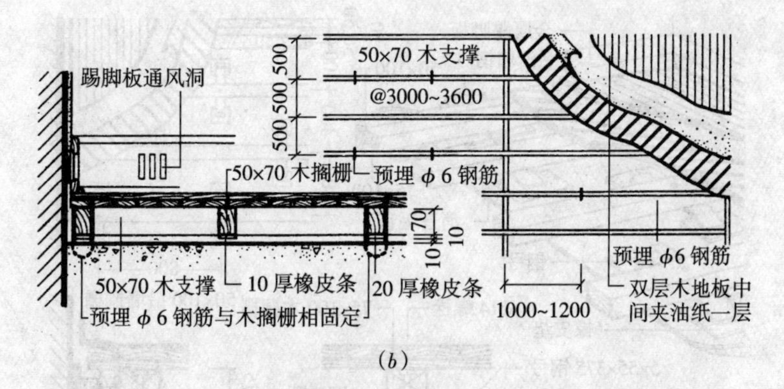

（*b*）

图6－76 木搁栅下采用橡皮垫块的弹簧木地板构造（一）

（*a*）成型橡皮垫块；（*b*）橡皮条（橡皮条与木搁栅粘结并用镀锌铁丝固定）

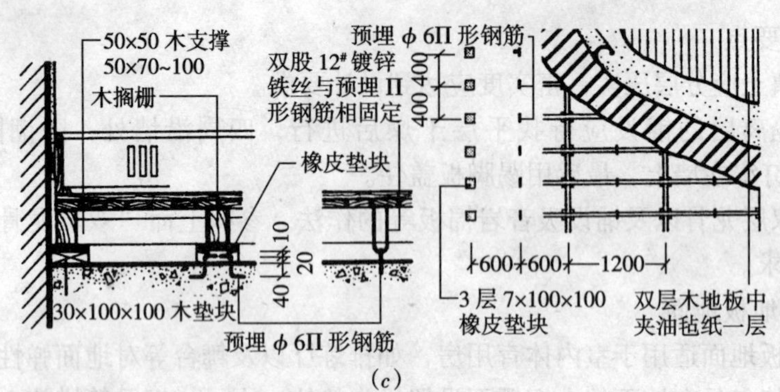

图 6-76　木搁栅下采用橡皮垫块的弹簧木地板构造（二）

（c）橡皮垫块（3~5 层）

2）木搁栅下采用木弓的弹簧木地板，其地面构造形式见图 6-77。

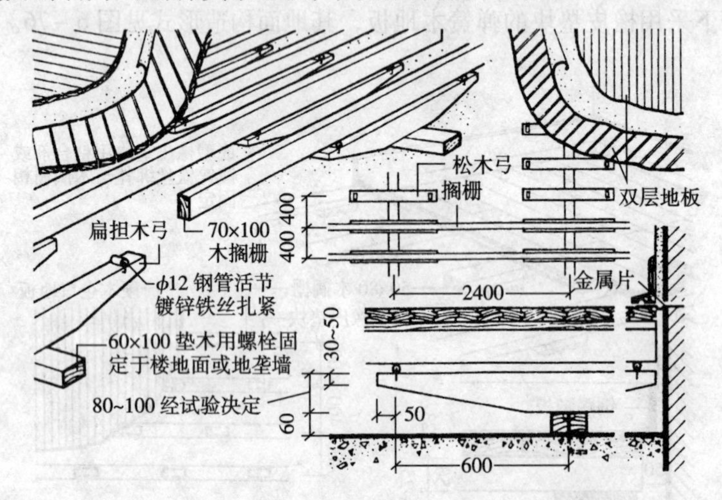

图 6-77　木搁栅下采用木弓的弹簧木地板构造

3）木搁栅下采用钢弓的弹簧木地板，其地面构造形式见图 6-78。

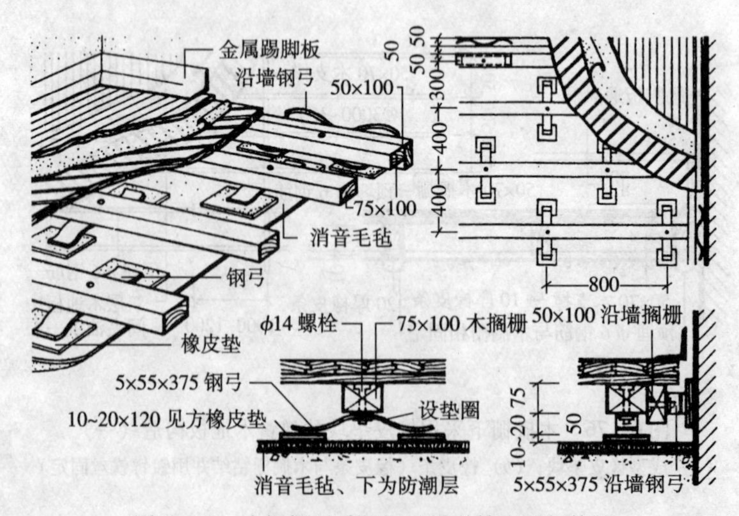

图 6-78　木搁栅下采用钢弓的弹簧木地板构造

（2）施工要点

1）设置于底层地面的弹簧木地板，其基层应分层压（夯）实，并设置防潮层，应有效隔绝地下潮湿气。

2）基层表面应设置一层60～100mm厚、强度等级为C20的混凝土结构层，随浇筑随手抹压，其表面应有相应的平整度和光洁度，并准确埋设固定搁栅的铁件。浇筑后应注意养护。

3）上部操作应待混凝土结构层充分干燥后进行。木搁栅、木弓和地板向下的一面应涂刷防腐剂；钢弓应涂刷防锈剂。

铺设木搁栅时，应弹线进行。成型橡皮垫块按设计位置、间距用胶粘剂粘贴于混凝土面上，亦可用事先埋设于混凝土中的铁丝或钢筋锚固件与木搁栅一起固定牢。

4）木搁栅铺设后，应作表面平整度检验，并作一次清扫。

5）面层双层木地板铺设按常规进行，四周与墙面之间应留出10～20mm的缝隙。

6）踢脚板上应留置通风洞，见图5－75。

7. 活动地板

活动地板大多用于多功能室内比赛场地。由于地面使用功能的不同，经常在场地面积大小或使用功能上进行更换，达到一地多用的目的。

（1）活动地板地面构造

活动地板的地面构造比较复杂，形式也多样，图6－79示为多功能活动地板变换示例图。图6－80为活动地板地下仓库示意图。图6－81为电动篮球架活动翻板示意图。

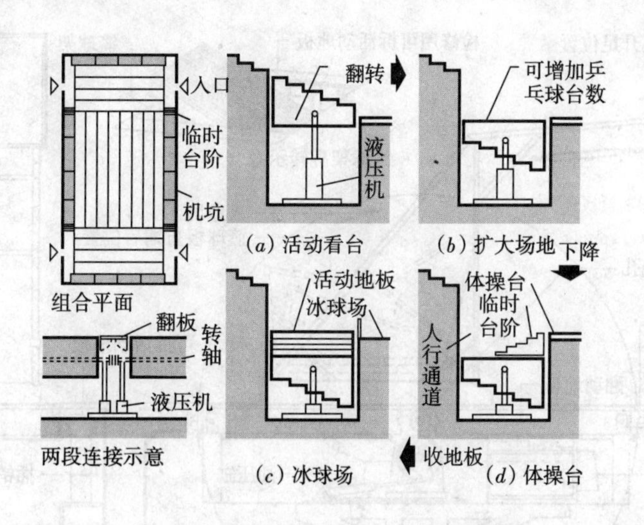

图6－79 多功能活动地板变换示例图

（2）活动地板设计施工要点

1）活动地板的拼缝应严密平整，比赛时运动员无显著不平的感觉。整体弹性要好。地面的抗压强度、抗冲击性能、抗挠曲变形性能要满足设计和使用要求。

2）活动地板的分块宜大，拼缝宜少。

3）活动地板贮运要轻便，应设地下板库。需要水平运输的活动地板，板下应有便于就位的滚珠。地下板库应有良好的防潮措施。

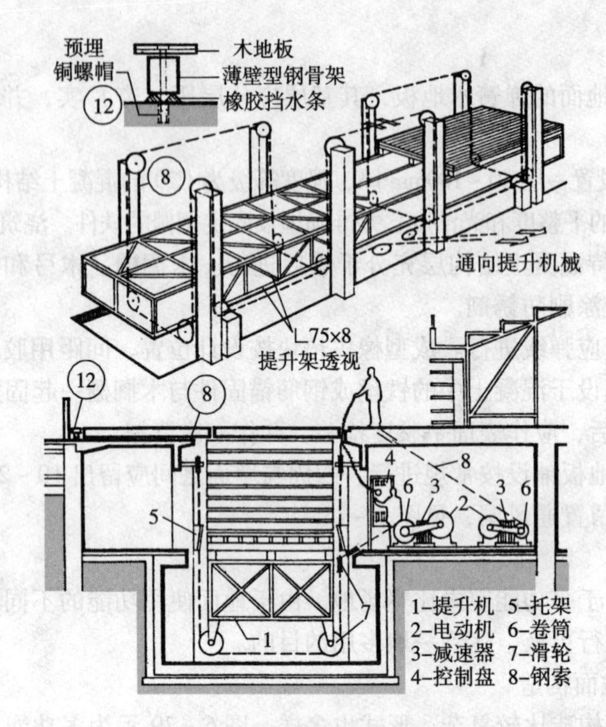

图 6－80 活动地板地下仓库示意图

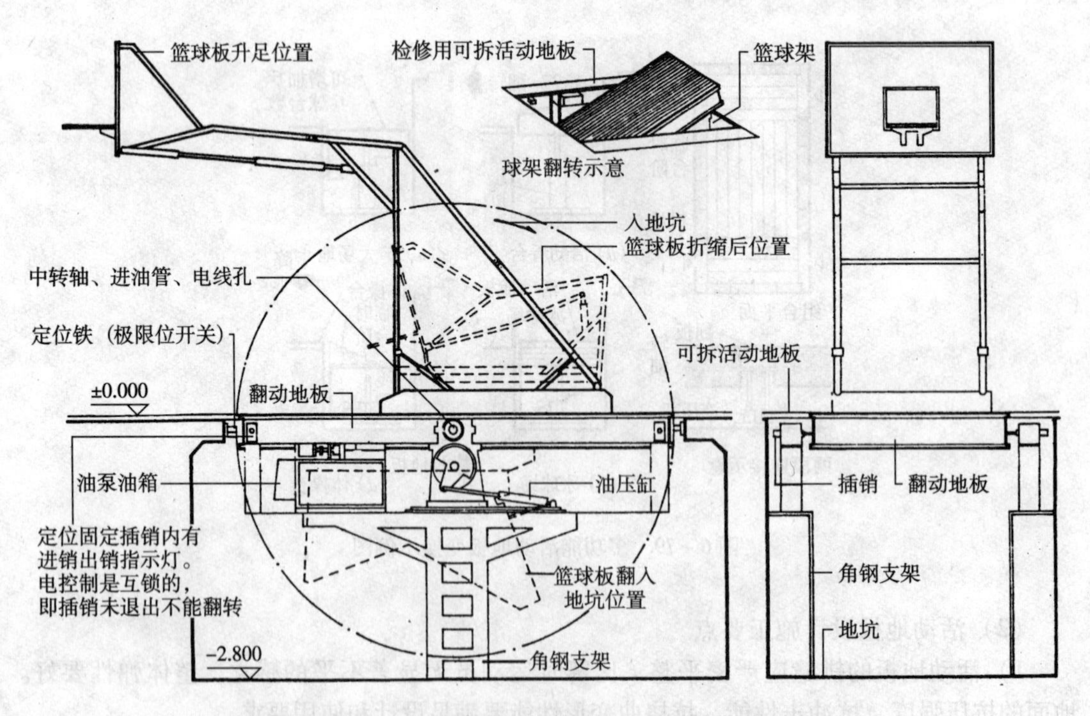

图 6－81 电动篮球架活动翻板示意图（上海）

4）活动地板板面如是木地板地面，宜采用长条形木地板，整体性好，弹性好。

5）木地板地面油漆时，应掺入防滑剂，其掺量应由试验确定。

8. 制冷和制热地板

有些冰上体育运动，如速滑比赛、冰球比赛、花样滑冰以及冰上舞蹈表演等，如在室内进行时，都采用人工滑冰场。人工滑冰场有专用冰场和多功能场地之分，前者专用性强，后者可与其他功能作场地变换。

有些寒冷地区的游泳馆，为保持比赛时一定的水温和室温，将游泳池底地面和室内地面设计成加热地面，通过加热排管，加热地面和池内水温。

(1) 制冷地面的构造

人工制冷地面的构造比较复杂，常用的冰场地面构造见图 6－82。

图 6－83 为哈尔滨某室外冰球场和速滑冰场地面构造图。

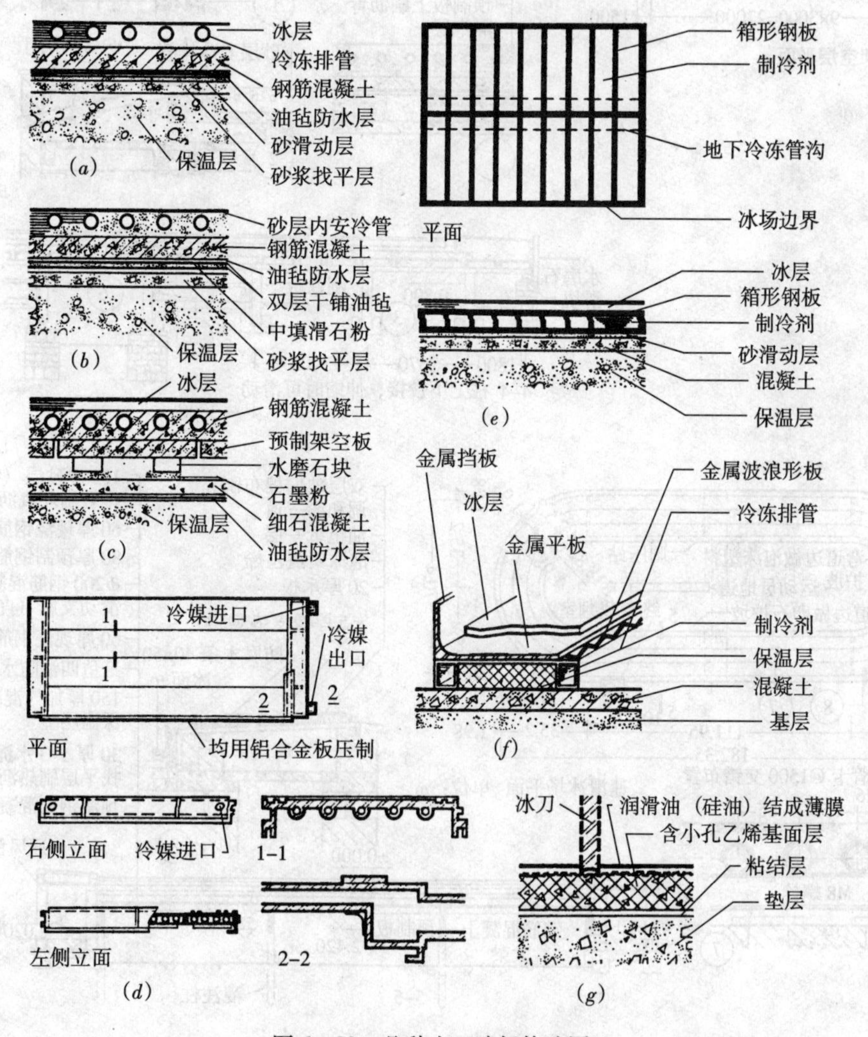

图 6－82 几种人工冰场构造图

(a) 排管冰场；(b) 填砂冰场；(c) 钢筋混凝土冰场；(d) 装卸式金属管组冰场；(e) 箱形钢板冰场；(f) 装卸式金属板冰场；(g) 化学合成冰场

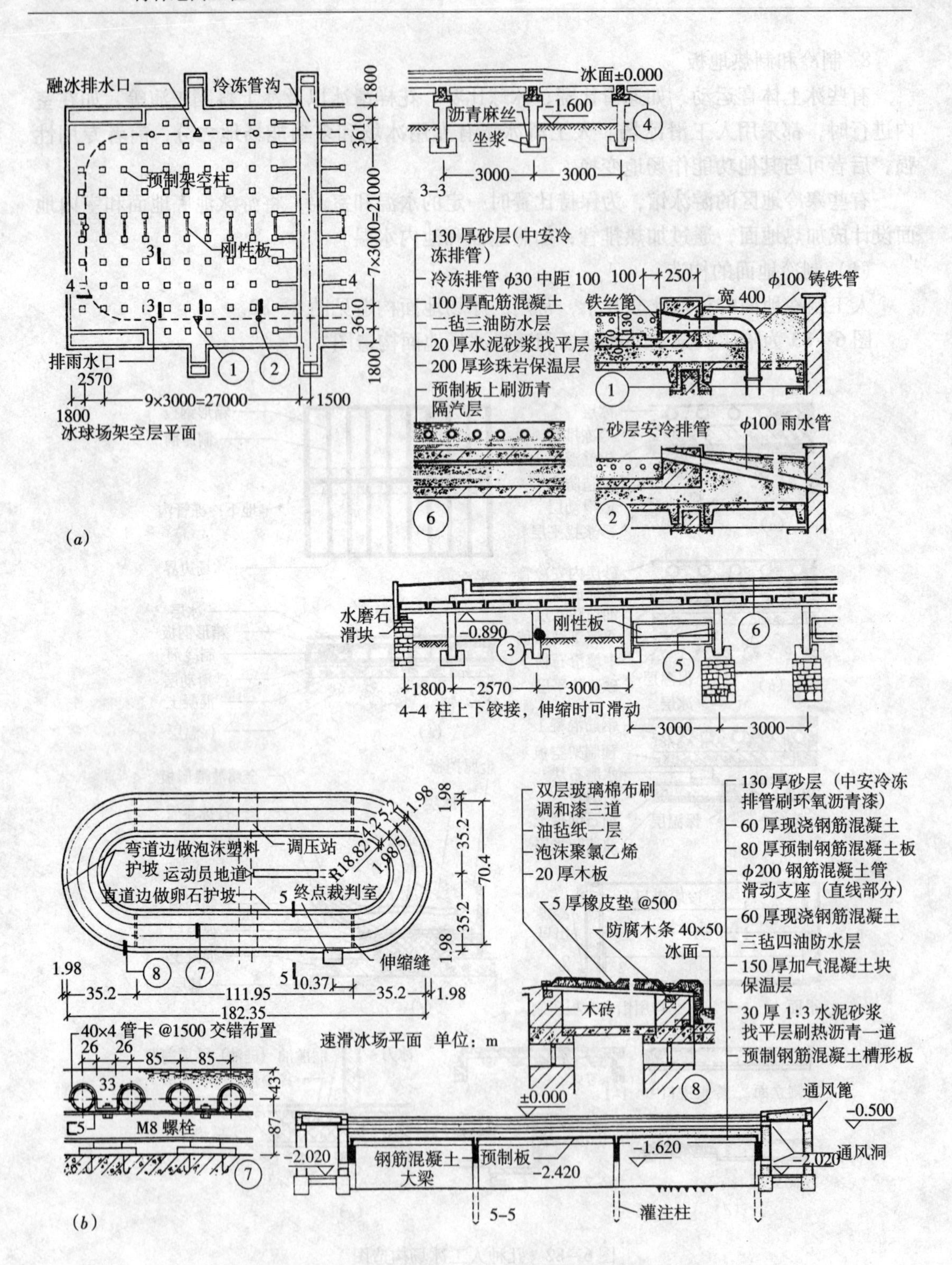

图 6-83　哈尔滨某室外冰球场和速滑冰场地面构造

(a) 室外冰球场实例（哈尔滨）；(b) 室外速滑冰场实例（哈尔滨）

（2）制热地面构造

制热地面常用于寒冷地区的室内游泳池地面，其构造亦比较复杂，其地面构造剖面见图6－84，与前面“6.7 低温热水地板辐射采暖地面”有很多相似之处，这里不再赘述。

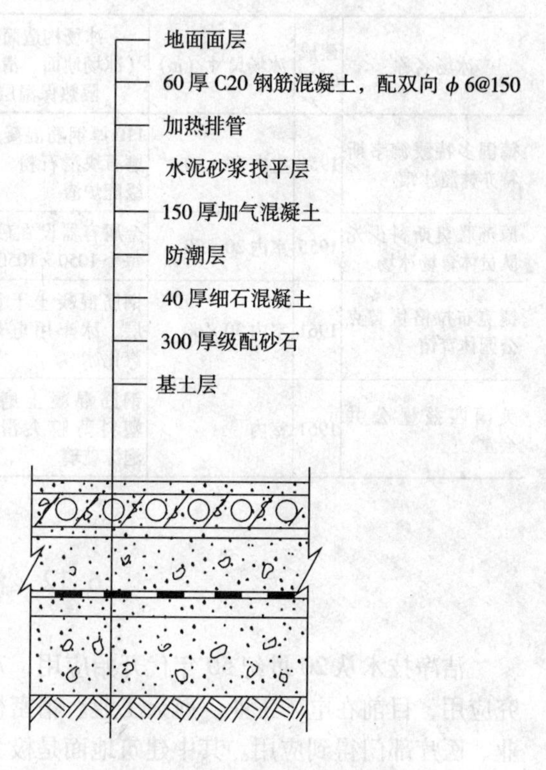

图6－84 制热地面构造

（3）设计施工要点

1）制冷地面应解决好基础冻胀、保温隔热、伸缩滑动、冷冻管敷设、冰场地面材料选择、冻融排水方式以及场地多功能使用等问题。

2）钢筋混凝土整体冰场，应考虑冰层冻融降、升温温差造成的胀缩所需的自由滑动层。

3）冷冻管沟可设在冰场下一侧、两侧或中部，应有事故排风设施。室外管沟应做通行式，以利维修。北方地区须妥然解决冻胀引起的侧向力。冷冻机房与冰场间距离，应符合安全规定。

（4）国内外人工滑冰场构造参考

国内外几个有名的人工滑冰场，其构造简介参见表6－113。

国内外人工滑冰场构造参考　　表6－113

冰场名称	建成时间	冰场尺寸（m）	冰场构造简介（冰场地面、滑动层、隔热保温层）	冷冻排管			制冷设备（单位：万大卡/h）	备注
				管　径	管中距	总用量(m)		
北京首都体育馆	1967	室内30×61	150厚钢筋混凝土、水磨石滑动层、500厚加气混凝土	38	89	22550纵向	扇形氨压缩机 3×44	
吉林省长春冰上运动场 速滑场 冰球场	1975	室外16.2×400 室外30×61	110厚砂层、30厚砂层、150厚沥青珍珠岩450厚级配毛石 120厚钢筋混凝土、30厚砂层、150厚沥青珍珠岩等	38×3.5 35×3	100 100	65700纵向 18170纵向	扇形氨压缩机 4×44	
黑龙江省哈尔滨文化公园冰上运动场 速滑场 冰球场	1976	室外14.4×400 室外30×61	130厚砂层、φ200钢筋混凝土管、150厚加气混凝土 100厚混凝土上铺排管、预制桩摆动、200厚珍珠岩	38×3 30	85 100	74000纵向 17104纵向	扇形氨压缩机 3×44 2×44	

续表

冰场名称	建成时间	冰场尺寸（m）	冰场构造简介（冰场地面、滑动层、隔热保温层）	冷冻排管			制冷设备（单位：万大卡/h）	备注
				管径	管中距	总用量（m）		
德国多特蒙德韦斯特亦林溜冰馆	1951	室内 30×60	110 厚钢筋混凝土、水磨石块滑石粉、450 厚级配炉渣	38	90	20000 横向	氯化钙溶液间接制冷	设空气幕
原苏联莫斯科少先队员体育场冰场	1955	室内 20×30	金属容器设在砂层上，每个 1050×10500×73				氨管氯化钙溶液间接制冷	无保温层
捷克布拉格伏契克公园体育馆	1961	室内 30×60	钢筋混凝土下设保温层、冰车用电热烧蒸汽化冰	25	55	32000 纵向	双缸氨压缩机 5×22.45	设空气幕
美国匹兹堡公共会堂	1961	室内	钢筋混凝土磨石面、塑料薄膜夹滑石粉、泡沫玻璃	32	102	10163 横向	3 气缸 R12 往复式氨压缩机	

6.12　洁净地面

洁净技术从 20 世纪 50 年代开始应用，70 年代得到迅速发展。我国从 60 年代开始研究应用，目前在电子工业、航天工业、精密机械、冶炼、轻化工业、食品工业以及医药工业、医疗部门得到应用。其中建筑地面是极为重要的一个部分。洁净地面就是装修的建筑地面具有较高清洁要求的地面。因为地面的洁净程度在相当程度上影响着产品的加工精度、设备的使用寿命和人们工作及日常活动的环境质量。采用洁净技术的建筑物，要求对空气中的灰尘含量加以控制，并分成若干等级。

6.12.1　空气洁净度、洁净地面及其对应要求

1. 空气洁净度分级

空气洁净度的分级情况见表 6－114。

空气洁净度分级　　**表 6－114**

等　级	每立方米（每升）空气中 ≥0.5μm 尘粒数	每立方米（每升）空气中 ≥0.5μm 尘粒数
100 级	≤35×100（3.5）	≤250（0.25）
1000 级	≤35×1000（35）	
10000 级	≤35×10000（350）	≤2500（2.5）
100000 级	≤35×100000（3500）	≤25000（25）

注：1. 对于空气洁净度为 100 级的洁净室内大于等于 5μm 尘粒的计数，应进行多次采样。当其多次出现时，方可认为该测试数值是可靠的。
2. 洁净室空气洁净度等级的检验，是在动态条件下按《洁净厂房设计规范》有关规定测试。

2. 洁净地面与空气洁净度

空气洁净度等级与洁净地面设计，除一般要求外，还有着相互对应要求，如表 6－115。

洁净地面与空气洁净度 表 6-115

洁净度等级	洁净地面设计技术要求	说明
100级 （垂直层流）	1. 采用格栅式通风地板，如铸铝通风地板、钢板焊接后电镀或涂塑通风地板 2. 通风地板不采用现浇水磨石，在水泥类地面上涂刷树脂类涂料或瓷砖面层	1. 铸铝通风地板和钢板焊接通风地板相比前者价格太贵，后者较廉，强度则后者不亚于前者 2. 塑料、铸铁等通风地板，前者较易变形、老化，后者有效通风面积较小。缺点较多，不宜采用 3. 金属材料此处一般不会生锈
100级 （水平层流） 1000级 10000级	1. 采用导静电塑料贴面面层、聚氨酯自流平面层 2. 导静电塑料贴面面层宜成卷或有较大块材铺贴，并用配套的静电胶粘合	1. 聚氨酯自流平面层，优点很多，且静积聚弱于聚氯乙烯塑料，可作为导静电的材料。要求：基层十分平整、干燥，漆膜成型时有毒，施工时注意通风良好 2. 软质或半硬质的聚氯乙烯板地面，静电积聚厉害，施工麻烦、易老化、损坏，缺点较多，不作推荐
10000级 100000级	采用现浇水磨石面层和水泥类基层上涂刷聚氨酯涂料和环氧涂料等树脂类面层	1. 对这类地面设计要求不高，但有一定要求。优先采用涂刷树脂类涂料 2. 现浇水磨石成本低，但脚感差 3. 现浇水磨石不宜用玻璃嵌条，但金属嵌条（铜、铝合金）对某些生产工艺（如荧光粉的生产）有害，就只好用玻璃嵌条了

6.12.2 洁净地面的设计要点

1. 地面装修材料应选择在温、湿度变化和振动等作用下，具有变形小、气密性好、不易开裂、不剥落、耐磨、表面光滑、不起尘、易清洁、不产生静电吸附等特性的面层材料。

2. 生物洁净建筑的地面应具有防霉菌和耐酸碱的性能。

3. 采用不燃、难燃或燃烧的材料时，不会产生有毒气体。

4. 避免眩光、光反射系数一般为0.15～0.35。

5. 富有弹性和较低的导热系数，具有舒适感。

6. 地面结构的整体性好，不易变形和裂缝。地面的构造和缝隙，应采取可靠的密封措施。

7. 常用的洁净地面的材料选择见表6-116。

洁净建筑地面材料选择 表 6-116

面层材料	洁净度等级				洁净区走道	人员净化区	附注
	100	1000	10000	100000			
现浇高级水磨石			√	√	√	√	①
聚氯乙烯塑料卷材		√	√	√	√	√	
半硬质聚氯乙烯塑料板			√	√	√	√	
聚氨基甲酸涂料	√	√	√				
环氧树脂砂浆胶泥	√	√	√				②
聚酯树脂砂浆胶泥	√	√	√				③

续表

面层材料	洁净度等级				洁净区走道	人员净化区	附注
	100	1000	10000	100000			
无缝塑料卷（板）材	√	√	√				
马赛克						√	
工程塑料、金属格栅	√						④

注：①嵌铜条，表面打蜡。
②耐腐蚀。
③耐腐蚀，耐氢氟酸。
④适用于垂直层流洁净室地面或回风地沟地板。

6.12.3 洁净地面常用的地面类型

1. 聚氨酯涂料地面

聚氨酯涂料地面的构造见图6－85。

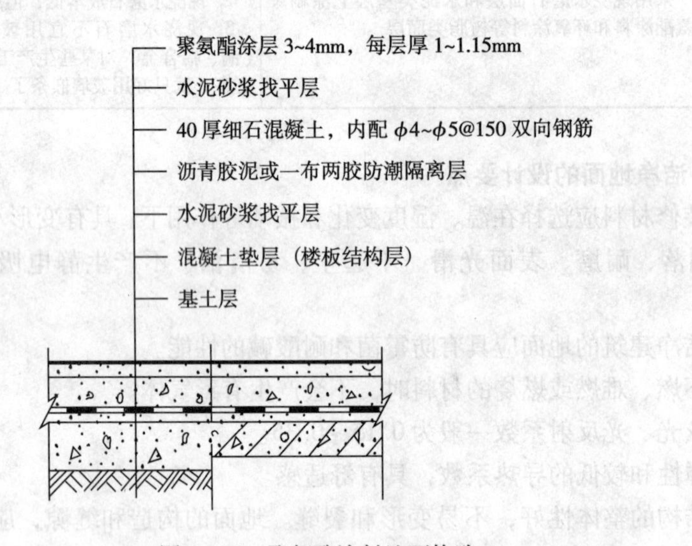

图6－85 聚氨酯涂料地面构造

聚氨酯地面涂料可在室温下干燥固化，无须加热加压，与金属、木材、玻璃、混凝土等均有良好的附着力，涂层不易变形，在－40～70℃范围内不碎裂，易于施工。

施工时按生产厂家提供的配方，将甲料（预聚体）和乙料（固化剂）混合，加入二甲苯搅拌，再加入高岭土等骨料，以不大于500r/min的速度用手提电动等机械搅拌约2～3min，使其均匀。

拌匀后的涂料倾倒在干燥、整洁、具有相应平整度的水泥砂浆基层上，然后刮平。夏季初凝约10～15min，其他季节略长。涂层通常有三层（即底层、中层和面层），各层厚度由设计确定。各层（尤其是面层）宜采用自流平方法施工，以保证表面平整。各层操作间隔时间一般为24h。

涂膜成型前含有较多的异氰酸酯，有毒，须有良好的通风措施。涂膜约经7d后才能终凝固化，交付使用。施工中切忌与水、酸、碱、醇接触，以免材料变质。

2. 环氧或聚酯树脂砂浆、胶泥地面

环氧或聚酯树脂砂浆、胶泥地面构造见图 6－86。

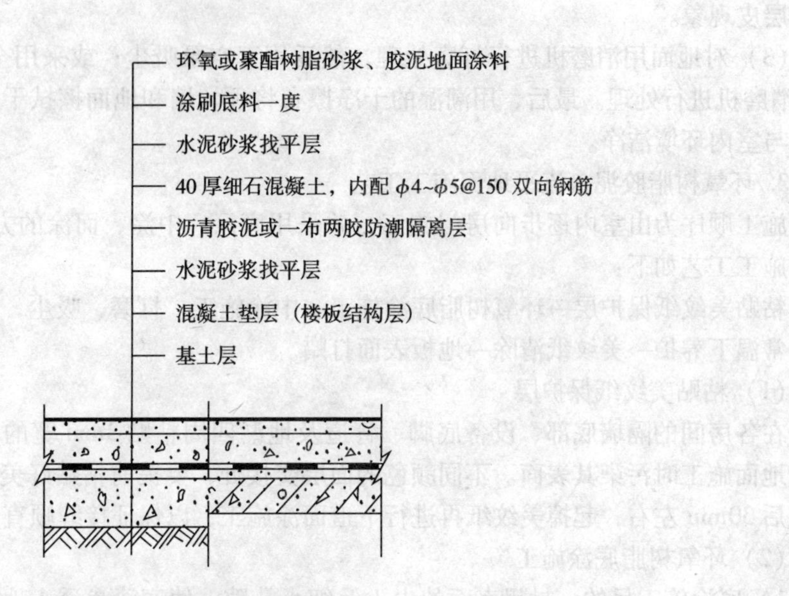

图 6－86 环氧或聚酯树脂砂浆、胶泥地面构造

环氧或聚酯树脂砂浆地面适用于需要耐腐蚀、经常受到较高强度的冲击或者受较强摩擦的部位。而胶泥地面则适用于需要耐腐蚀、特别是聚酯树脂胶泥地面适用于需要的氢氟酸腐蚀，但又不经常受到较大冲击与摩擦（损）的部位。

铺设环氧或聚酯树脂砂浆地面或胶泥地面的水泥砂浆或混凝土基层（包括找平层）应干燥，20mm 深度中含水率不应大于 6%。

施工环氧及聚酯树脂砂浆地面时，应在基层上先施工一层胶泥隔离层，即先涂一度底料，基本固化后，满刮厚度约 1mm 的树脂胶泥一层，并随即均匀稀撒一层粒径为 1.2～2.0mm 耐酸砂粒，待胶泥固化后，在其上摊铺树脂砂浆，随压随抹光。对环氧砂浆地面再满刮面层料一道，对聚酯砂浆地面，还需刷封面料一道。

环氧胶泥与聚酯胶泥地面宜采用自流平方法施工。应先在水泥砂浆或混凝土基层上涂打底料，然后用齿形刮板摊铺胶泥，最后刷面层料（环氧胶泥地面）或封面料（聚酯胶泥地面）一道。

※ ※

下面介绍一洁净室环氧树脂胶泥自流平地面施工实例。

1. 工程概况

本工程为生物工程实验室地面，680m^2，空气洁净度等级为 10000 级，全部采用环氧树脂胶泥自流平地面，总厚度为 4mm。2001 年施工，四年来无裂缝、起皮及腐蚀损坏等现象，使用效果良好。

2. 基层处理

（1）地面应平整、坚固、不起砂、无裂缝。否则应根据地面情况，将缺陷处清理干净，然后将搅拌均匀的环氧胶泥，用镘刀进行点批或面批补平。

（2）检查基层有无浮灰、油污，有则清除干净（油污用酒精清洗），否则施工后会形成两层皮现象。

（3）对地面用消磨机进行打磨处理，然后用真空泵吸尘；或采用全自动自吸尘 LZ—30S 消磨机进行处理。最后，用潮湿的干净擦布将顶、墙和地面擦拭干净，以确保基层的平整与室内环境洁净。

3. 环氧树脂胶泥自流平地面施工工艺

施工顺序为由室内逐步向房门施工，并采用底涂、中涂、面涂的方法分层进行施工。主要施工工艺如下：

粘贴美纹纸保护层→环氧树脂底涂施工→中涂施工，打磨，吸尘，场地清洁→面涂施工→常温下养护→美纹纸清除→地板表面打蜡。

（1）粘贴美纹纸保护层

在各房间的隔墙底部、设备底脚、管道及地漏四周粘贴 3mm 宽的美纹纸，防止环氧树脂地面施工时污染其表面。不同颜色的面层交接处，要提前粘贴好美纹纸，待面涂施工完成后 30min 左右，起掉美纹纸再进行下道面涂施工，以保证接缝顺直美观。

（2）环氧树脂底涂施工

1）底涂施工目的：封闭表面的尘土及细小孔隙，使底漆渗透入地面，提高底漆和地面间的附着力。

2）施工方法：将 30#底油开桶后搅拌均匀，在规定的使用时间内，用短毛辊子滚涂 1～2遍。滚涂时要做到薄而匀，完成后应具有较好的光泽，否则应进行补涂（无光泽的粗糙处影响粘结），用量约 2kg/m^2。

（3）环氧树脂中涂施工

1）目的：主要是为了保证面漆平整光亮，并和底涂一道防止地下潮气上浮。

2）施工方法：底涂施工完毕约 24h 后，进行中涂施工 。先将中涂主剂搅拌均匀，然后按比例（1:4）将硬化剂、主剂混合，并搅拌均匀，再加入 1～3 倍石英粉，充分搅拌均匀后，用平刮刀将地面抹刮平整。中涂厚度约 1mm，用量约 2kg/m^2。

（4）环氧树脂面涂施工

在中涂完成 24h 后（以中涂能上人为准），进行面涂。

1）底层处理：面层施工前，先用大型削磨机对地面进行打磨，以保证表面平整。边角处可用手提磨光机打磨，然后用吸尘器吸尘；最后用干净的布将墙、顶的灰尘擦拭干净。

2）调和面漆：配好颜色的环氧树脂 A 组分开桶后须先搅拌，然后按照使用比例（一般为 1:4 比例），将一定量的固化剂 B 组分倒入 A 组分中，用手提电动搅拌机搅拌三分钟至涂料均匀，要防止出现色差。最后将混合物料全部倒入另一个干净的容器中，再稍做搅拌。

3）施工方法：将充分搅拌均匀后的面漆倒在处理好的地面上，用大型锯齿刮刀进行大面积刮涂，厚度为 3mm，用量约 2.8kg/m^2。局部的墙角、拐角处，可用小型锯齿刮刀进行刮涂。刮涂时发现沙粒杂质等立即除去。必要时可在已刮完的涂层上用消泡滚筒进行消泡。成品要求平整、光洁、颜色一致，严防出现漏涂和厚薄不均匀等问题。完工后48h方可上人。

4. 施工后的成品保护

环氧树脂自流平地面施工完毕后，在养护期内应保持清洁，防止灰尘、杂物、水等污染，24h内严禁上人。固化的时间取决于环境的温度、湿度。在15~30℃一般10~20h可固化，5~15℃则需1~2d。为使其充分固化，达到最佳施工效果，使用前最少养护7d。

5. 施工注意事项

（1）施工现场应严禁烟火，并应有良好的通风换气条件。最佳施工温度为10~25℃。

（2）施工前把每个房间的所有送、回风口用干净塑料薄膜覆盖严密，防止施工时灰尘污染地面。施工前一天起，面层不能再沾水份。

（3）施工人员应穿特制钉鞋及防尘服施工，以防止沾染灰尘落入地坪，影响面涂质量。

※ ※

3. 聚氯乙烯软板地面

聚氯乙烯软板地面构造见图6-87。

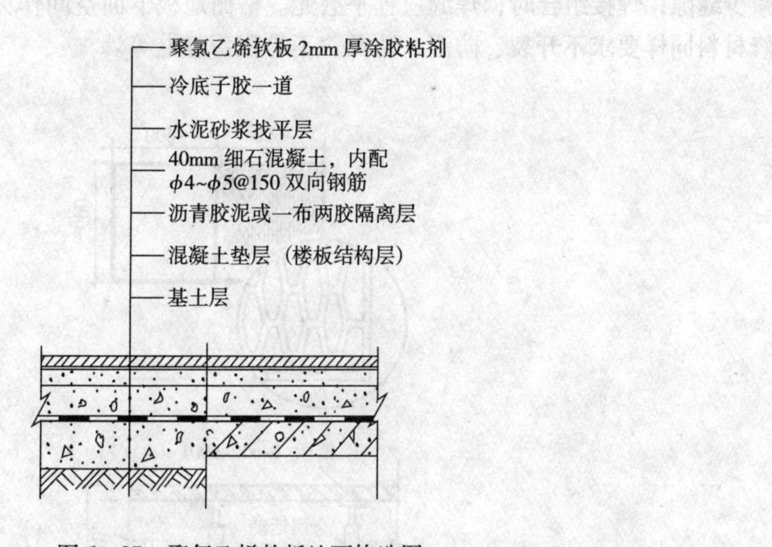

图6-87 聚氯乙烯软板地面构造图

聚氯乙烯软板地面适用于室内洁净等级要求较高的洁净建筑，具有表面光滑、不起尘、易清洗等特点。

铺贴时，要求基层平整、光洁、干燥。表面平整度用2m直尺检查，凹凸不大于2mm。基层表面的含水率不应大于8%。因软板大多为卷材，铺贴前须先行消除其成卷、储运中存在的内应力及除去表面蜡质，一般在裁割成板后，应置放在70~75℃的热水中浸泡10~20min，使板材完全舒展伸平，出水后用棉丝蘸丙酮：汽油=1∶8的混合液，在粘贴面轻轻揉擦，做表面脱脂除蜡处理，以保证粘贴质量。

聚氯乙烯软板粘贴时，胶粘层不应过厚，应控制在1mm左右为宜。粘贴时，要注意用橡胶辊从中心向四周将下方空气赶压净尽，达到全面积粘贴牢固。拼缝焊接前，应用特殊刀具（见图5－61示）将拼缝切成V形坡口。用热风焊枪焊接时，应掌握好焊枪喷嘴与地面的夹角、热空气的喷出温度以及热空气的压力值等参数。有关聚氯乙烯软板具体施工要求，详尽请见《5.8塑料板地面》一节内容。

4. 聚氯乙烯半硬质地面

这种地面是以聚氯乙烯、醋酸乙烯——氯乙烯共聚物等为主体，加入填充料和增塑剂制成的板材，常用于一般的洁净室。静电积蓄略低于聚氯乙烯软板，但板缝较多。施工中对基层的要求以及施工中的注意事项，与聚氯乙烯软板地面相同。当因胶层不平或脱胶等原因造成板边翘起时，可用电熨斗衬布加热予以平整。

5. 格栅地板

这种地板常用于垂直流洁净室内作回风口使用的地板，形式见图6－88。为满足承重、通风与过滤三方面功能要求，一般由栅板、活动支脚、初过滤器三部分组成。栅板材料有ABS工程塑料、钢材、铝材、铸铁等。目前，钢制栅板价格最低、制作容易，但钢栅板表面须刷涂料。活动支脚多为铝制品或钢制品，一般由底脚、螺杆与定位螺母、支承台板等组成。支承栅板的高度根据需要可以调整。当格栅地板为型材组装时，应注意接合严密并减少缝隙；焊接组合时，焊缝应锉平磨光。格栅地板下面空间作为回风静压箱，其表面装修材料同样要求不开裂、防湿、防霉、不易积蓄静电等。

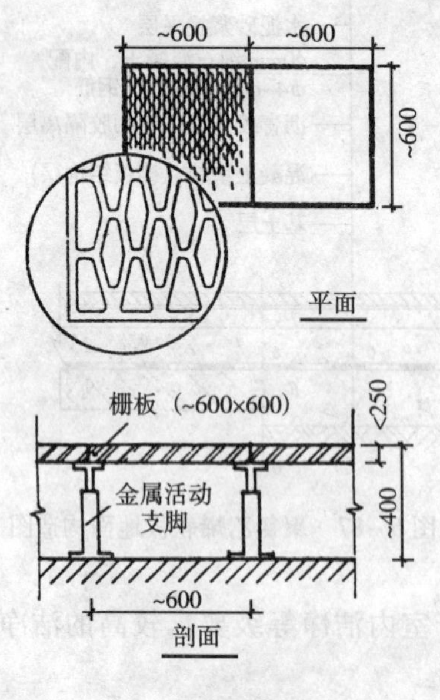

图6－88　格栅地板

6. 导静电地面

这是洁净建筑中需要进一步深入研究的课题。有关导静电地面，详尽请参见《6.9防（导）静电地面》一节内容。

洁净建筑中的楼地面，不论采用哪种地面形式，其地面与墙面交接的阴角应做成圆弧形，不易积尘，便于清洁。

6.13 防汞污染地面

在各种仪表工厂及灯泡、电子管等工厂中，有相当一部分车间在生产过程中应用金属汞材料，这些车间的地面设计，应能有效防止汞液溅落地面造成的汞污染毒害。

6.13.1 汞污染特点

金属汞在常温下为液体，由于其具有相对密度大、导电性好、沸点高等特点，被广泛地应用于工业和各种类型的实验装置和仪表。在生产和操作过程中，经常会发生汞液溅落在工作台上或地面上的情况，这种情况是很有害的，一方面使汞的流失造成浪费，另一方面汞渗透到地面材料的微孔隙中储存起来，成为面积很广的蒸发源，而汞是一种容易挥发的剧毒物质。汞在常温下可蒸发，并随温度升高而加剧。据有关资料记载，当室温从25℃上升到30℃时，汞的浓度将增加一倍。少量汞液掉在地上，在常温下通过紫外线和荧光屏可以观察到，它的蒸发同点燃的香烟冒烟的现象相类似。国家工业卫生规定，在车间空气中，金属汞的最高浓度不得超过0.01mg/m^3。金属汞蒸气主要是通过呼吸道及皮肤侵入人体形成慢性中毒，造成伤害，严重时可导致死亡。

由此可见，地面汞污染的特点有三个方面：

1. 当地面有缝隙时，溅落在地面上的汞极易形成小滴钻入缝隙中，成为日后的汞蒸发源。

2. 当地面有微小孔隙时，溅落在地面上的汞极易形成小滴钻入孔隙中，成为面很广的汞蒸发源。

3. 溅落地面上的汞液被鞋底或运输车辆的车轮摩擦时，随着表面积的加大而加快蒸发。

6.13.2 防汞污染地面的设计要点

防汞污染地面设计的关键是两条，一是选择合适的地面面层材料，减少和杜绝对汞液的吸附性；二是选择合理的地面构造形式。

防汞污染地面宜采用综合防治的设计方法，其要点如下：

1. 地面材料应选用不吸附或少吸附汞的材料，切忌地面材料表面粗糙。因为粗糙的地面表面容易吸附溅落流散在地面的汞微粒，形成汞蒸发源。前一时期，曾较多采用水磨石地面或木板油漆地面，但从实践使用情况看，也不太理想。由于水磨石地面的嵌条松动，常使缝内积汞。木板油漆面层也难免产生裂缝。为此，《建筑地面设计规范》推荐在混凝土面层或水泥砂浆面层上增设涂料面层（如过氯乙烯地面涂料等）或软质聚氯乙烯塑料板面层、环氧树脂玻璃钢面层等。这种面层表面光滑，毛孔少，易清洗，因而具有不吸附或少吸附汞的功能，能有效的防止汞污染。此外，涂料面层还具有一定的耐水、耐酸碱、耐氧化性能，对少量吸附便于清洗，价格便宜，施工操作方便等优点。

2. 严格防止地面开裂。底层地面首先应重视地面垫土层质量，防止因土层不均匀沉降而使地面产生裂缝。楼层地面最好采用现浇楼板，若采用预制楼板时，应增设钢筋混凝土整浇层，钢筋直径宜细、间距宜密，以防止面层开裂。

3. 应重视地面构造设计。地面应设有一定坡度，便于用水冲洗，一般为1%～2%较为合理。一面坡或两面坡均可，楼层的坡度宜向两边。地漏内应设集汞器，用水封住，便于回收。墙角和墙、柱与地面交接处最易积聚汞液，应设计成圆弧形，以便及时清洗排除。

4. 经常有人操作、又有大量汞流散到地面的情况，宜采取双层地面的构造形式，即上面采用格栅板地面，下层采用水封，如北京试剂厂水银电解车间便是一例，使用效果良好。

6.13.3 防汞污染常用的地面形式

常用的防汞污染地面的构造型式见图6－89。

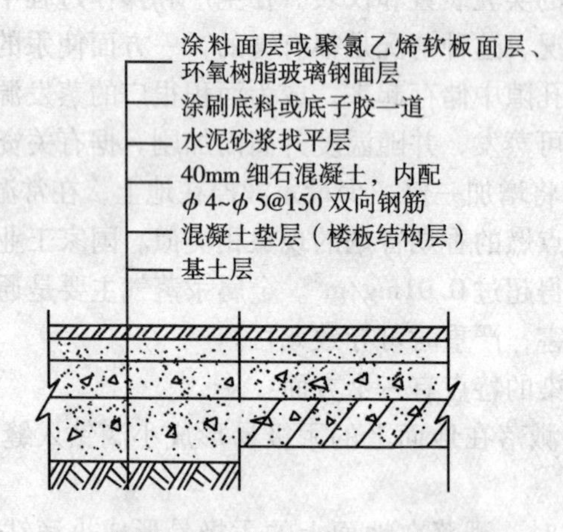

图6－89 防汞污染地面构造

6.13.4 防汞污染地面的施工要点

1. 底层地面应十分重视填土的夯实质量，填土应分层夯实，应达到设计所规定的密实度要求。

2. 底层地面的混凝土垫层，石子粒径宜为20~30mm，振捣应密实，表面呈富浆状态。待初凝时用木抹子搓打平整、密实，用铁抹子压实压光。

当场地土质较差，基础预计沉降量较大或其他因素易使地面开裂时，混凝土垫层内宜设置钢筋网，以提高地面的抗裂性能。

3. 楼面混凝土结构层浇筑时，在梁或墙上部楼板的负弯矩处，应设置防裂钢筋，如设计未考虑时，可按$l=800$mm、$\phi 6@150$设置。施工中，该钢筋网应正确置于表面层内，严禁踩入下部。

4. 混凝土垫层或结构层施工前，应按设计排水坡向做好地面灰饼，以确保排水坡度正确。

5. 涂刷面层涂料前，基层表面（20mm以内）含水率不应大于6%。如能掺加10%~20%的环氧改性过氯乙烯涂料面层，则能有效地改善其耐磨性能。

6. 若面层采用塑料板块或聚氯乙烯软板地面，其铺贴、焊缝等施工操作要求，详见前面《5.8 塑料板地面》一节内容。

7. 地面靠墙角、柱角处应做成小圆弧状，设置的排水沟，表面应光滑，坡度应正确，保证排水畅通。

8. 防汞污染地面质量标准和检验方法，参照前面相应各构造层的质量标准和检验方法。

6.14 防腐蚀地面

6.14.1 防腐蚀地面概述

在现代工业生产中，许多工厂和车间都需要使用或生产有强腐蚀性的酸、碱、盐类或有机溶剂等化工原料和产品，例如石油化工行业中的醋酸；轻纺化纤行业中的芒硝；氯碱行业中的氯气和盐酸；化肥行业中的尿素和农药；无机酸生产中的硫化氢和硫酸；冶炼行业中的电解液硫酸盐类；电镀行业中的电镀液铬酸；国防工业中的硝化纤维和硝酸，等等。此外，在这些工业生产过程中，还常有腐蚀性的废气、废液或废渣向外排放。这就使厂房建筑和生产设备经常受到侵蚀。

在这类厂房中我们常常会看到，钢筋混凝土楼地面坑坑洼洼；梁、柱的混凝土保护层剥落而露出钢筋；砖墙及抹面粉化酥松；钢铁件锈蚀；木构件朽烂；门窗东倒西歪等腐蚀损坏现象，通常称之为“建筑腐蚀”。

对于腐蚀性厂房的建筑地面，特别是楼面，一旦遭受腐蚀，将涉及结构安全，故对建筑地面应加强防腐蚀措施，做成防腐蚀地面。

酸、碱、盐和有机溶剂对建筑材料的腐蚀，按其性质可分为化学腐蚀、结晶腐蚀、电化学腐蚀和化学溶胀四种类型。

1. 化学腐蚀

建筑材料与酸性介质或碱性介质接触，起一定的化学变化而生成一种新的可溶性盐，从而失去自身的性能，这种现象就是化学腐蚀。例如，硝酸、硫酸、盐酸与普通水泥中的铝酸三钙、游离氢氧化钙起化学反应，生成硝酸钙、硫酸钙、氯化钙等可溶性盐；与普通黏土砖中的氧化铝作用，生成可溶性铝盐。氢氧化钠与普通水泥中的硅酸钙、铝酸钙作用，生成氢氧化钙、硅酸钠、铝酸钠；与普通烧结砖中的二氧化硅、氧化铝产生化学溶解作用，都是化学腐蚀。

2. 结晶腐蚀

液相或经潮解的固相腐蚀介质渗入多孔建筑材料中，在自然干燥条件下生成结晶型盐，同时体积膨胀，使材料本身产生内应力而造成物理性破坏的现象，就是结晶腐蚀。结晶腐蚀会使建筑材料出现层层脱皮、粉化、疏松、裂缝等毁损现象。

盐类腐蚀介质要比酸、碱介质容易产生结晶腐蚀，特别是当材料表面受到干湿交替作用时，带结晶水的盐类体积可增加几倍或十几倍，破坏就更为突出。

3. 电化学腐蚀

电化学腐蚀是金属腐蚀的一种型式。当金属材料与酸、碱、盐溶液等良好电解质接触时，便在金属表面形成电位差而产生电流，从而导致材料的腐蚀。这就是电化学腐蚀。其结果是钢材表面体积膨胀，强度降低，钢筋混凝土结构的保护层开裂、脱落而露筋。

4. 化学溶胀

有些有机建筑材料与有机溶剂接触后，会发生体积膨胀，变形，发软，溶解，强度急剧下降，直至彻底破坏。这就是化学溶胀。

沥青类有机材料遇上苯、丙酮、汽油；聚氯乙烯塑料板遇上甲苯、乙醚；合成树脂遇上丙酮等有机溶剂，均会发软溶解，遭受腐蚀。

根据建筑材料对腐蚀能力的评定，可分为耐、尚耐和不耐三种，其标准见表6－117。

常用建筑材料对主要腐蚀性介质在常温下的耐腐蚀能力见表6－118。

建筑材料耐腐蚀能力的评定标准　　表6－117

耐腐蚀能力		评定标准
第一种	耐	重量变化率为0~0.5，介质及试件表面无变化
第二种	尚　耐	重量变化率为0.5~1，介质及试件表面稍有变化
第三种	不　耐	重量变化率在1以上，介质及试件表面变化较大

常用建筑材料对主要腐蚀性介质在常温下的耐腐蚀能力（可耐浓度%）　　表6－118

介质名称＼材料名称	水泥砂浆与混凝土	木　材	碳　钢	花岗岩	耐酸陶瓷砖板	铸石制品	沥青类材料	水玻璃类材料	硫磺类材料	聚氯乙烯	环氧类材料	酚醛类材料	呋喃类材料	不饱和聚酯类材　料
硫　　酸	不耐	<5	>70	耐*	耐	耐	<60	耐	耐	<90	<60	<75	<80	<30
盐　　酸	不耐	<10	不耐	耐*	耐	耐	<25	耐	耐	耐	<30	耐	<30	<30
硝　　酸	不耐	不耐	75~95 尚耐	耐*	耐	耐	<30	耐	<40	<50	<2	<10	不耐	<5
醋　　酸	不耐	<90	<10 >90 耐	耐*	耐	耐	≤30	耐	<50	<80	<10	耐	<30	<50
铬　　酸	不耐	不耐	—	耐*	耐	耐	不耐	耐	<30	<35	<10	<40	<5	<5
磷　　酸	尚耐	<30	<70	耐	耐	耐	<60	耐	耐	中等浓度	<85	<70	<60	<50
氢 氟 酸	不耐	<10	>60	不耐	不耐	不耐	<5	不耐	<40	<60	不耐	<60	<40	不耐
氟 硅 酸	—	<10	—	不耐	<15	<15	<10	<15	<40	<30	耐	耐	耐	尚耐
氢氧化钠	<15	<5	耐	耐	耐	耐	<25	不耐	<1	<40	<50	不耐	<50	<5
碳 酸 钠	耐	<10	—	耐	耐	耐	耐	不耐	<10	—	<50	<50	<50	—
氨　　水	渗透	中等浓度	不耐	—	耐	耐	耐	—	<20	耐	耐	耐	耐	耐
硝 酸 铵	不耐	尚耐	—	耐	耐	耐	耐	耐	耐	耐	耐	耐	耐	耐
硫 酸 铵	不耐	耐	—	耐	耐	耐	耐	耐	耐	耐	耐	耐	耐	耐
氯 化 铵	不耐	耐	—	耐	耐	耐	—	—	耐	—	耐	耐	耐	耐
磷　　铵	不耐	—	—	耐	耐	耐	耐	—	耐	—	耐	耐	—	—
硫 酸 钠	不耐	尚耐	—	耐	耐	耐	—	耐	—	耐	耐	耐	—	—
氯 化 钠	耐	<25	尚耐	耐	耐	耐	耐	—	—	耐	耐	耐	耐	—
丙　　酮	渗透	—	—	耐	耐	耐	不耐	耐	不耐	不耐	耐	耐	耐	不耐
乙　　醇	渗透	—	—	耐	耐	耐	不耐	耐	耐	耐	耐	耐	耐	耐
苯	渗透	—	—	耐	耐	耐	不耐	耐	不耐	不耐	耐	耐	耐	不耐
汽　　油	渗透	—	—	耐	耐	耐	不耐	耐	—	耐	耐	耐	耐	耐

注：1. 凡表中有“＊”符号者表示可耐浓度须通过试验确定；

2. 凡耐碱类介质的水泥砂浆及混凝土均指耐碱水泥砂浆及耐碱混凝土而言；

3. 耐蚀性能评定标准见表6－117。

建筑楼地面防腐蚀工程，依所用防腐蚀材料及其施工方法的不同，可分为沥青类、水玻璃类、硫磺类、树脂类、聚氯乙烯塑料及涂料防腐蚀工程。

沥青类防腐蚀工程是用沥青配制的胶泥、砂浆和混凝土等材料去抵抗腐蚀介质的侵蚀。

这一类防腐蚀工程原材料价格低廉，施工操作方便，应用比较普遍，但耐候性差，温度敏感性大，容易老化、变形；能耐一定浓度的硫酸、盐酸、硝酸、氢氧化钠的腐蚀，但不耐大多数有机溶剂。

水玻璃类防腐蚀工程是用水玻璃配制的胶泥、砂浆和混凝土材料去抵抗酸性介质的侵蚀。

这类防腐蚀工程机械强度高，耐热性能好，原材料资源充沛，价格较低，在耐酸工程中应用很广；对超过一定浓度的硫酸、硝酸及浓盐酸等具有良好的耐酸稳定性，特别适合于耐高浓度的强氧化性酸，但不耐碱性介质腐蚀。

这类工程冬季施工时要求采暖，室外施工时要防晒、防雨，未经酸化处理前严忌遇水。

硫磺类防腐蚀工程是指用硫磺胶泥、砂浆、混凝土抵抗酸性介质的侵蚀。这类防腐蚀工程抗渗性好，硬化快，强度高，施工周期短，特别适合于抢修工程，但材料脆性大，耐火性差，浇注时收缩性大；对任意浓度的硫酸、盐酸均耐蚀，但不耐浓硝酸、强碱和苯、丙酮等溶剂。

树脂类防腐蚀工程是一项新兴的防腐蚀工程，是用各种不同的合成树脂配制的胶泥、砂浆和玻璃钢去抵抗腐蚀介质的侵蚀。随着我国合成树脂工业的发展，其应用范围日益扩大。这类防腐蚀工程耐酸性能优良，抗水性好、粘结强度高，但目前价格较高；对大多数中等浓度的酸、碱、盐类腐蚀介质均能耐蚀，但一般不适合于耐高浓度的强氧化性酸。树脂类防腐蚀材料初凝时间一般在30分钟左右，施工中必须随用随配，配料时要严格控制固化剂的加入量，施工结束后还要保持一定的养护期，让其充分固化。

聚氯乙烯塑料防腐蚀工程是利用聚氯乙烯塑料制品——板材和管材，用焊接、粘结或钉接方式做成防腐面层，以抵抗腐蚀介质的侵蚀。这类工程耐腐蚀性能好，材料重量轻，有足够的机械强度，施工方便，表面光滑、清洁、耐磨，有较高的弹塑性能，但受温度影响较大，随时间增长会逐步老化，不耐冲击。对一般中等浓度的酸、碱、盐类均耐蚀。

涂料防腐蚀工程是用各种耐腐蚀涂料成品涂装在遭受气相腐蚀、酸雾腐蚀及腐蚀性液体滴溅的各种建筑构配件的表面，以漆膜保护这些构件免受腐蚀介质的侵蚀。这类工程施工方便，不受被涂物形状及大小的限制。

6.14.2 防腐蚀地面的设计要点

1. 在建筑总平面设计时，应将产生腐蚀性介质的建筑布置于常年主导风向的下风向，避免对其他建筑物产生不利影响。个体建筑的朝向和方位应迎合常年主导风向，以使腐蚀性气体尽快扩散稀释，降低浓度。

2. 在车间内部布置上，要尽可能地缩小腐蚀性介质的侵袭范围，减少设防面积。防腐蚀地面与非防腐蚀地面之间应有明显的分界，通常采用凸出地面的挡水，其高度一般不小于150mm，挡水的做法参见图6-90。

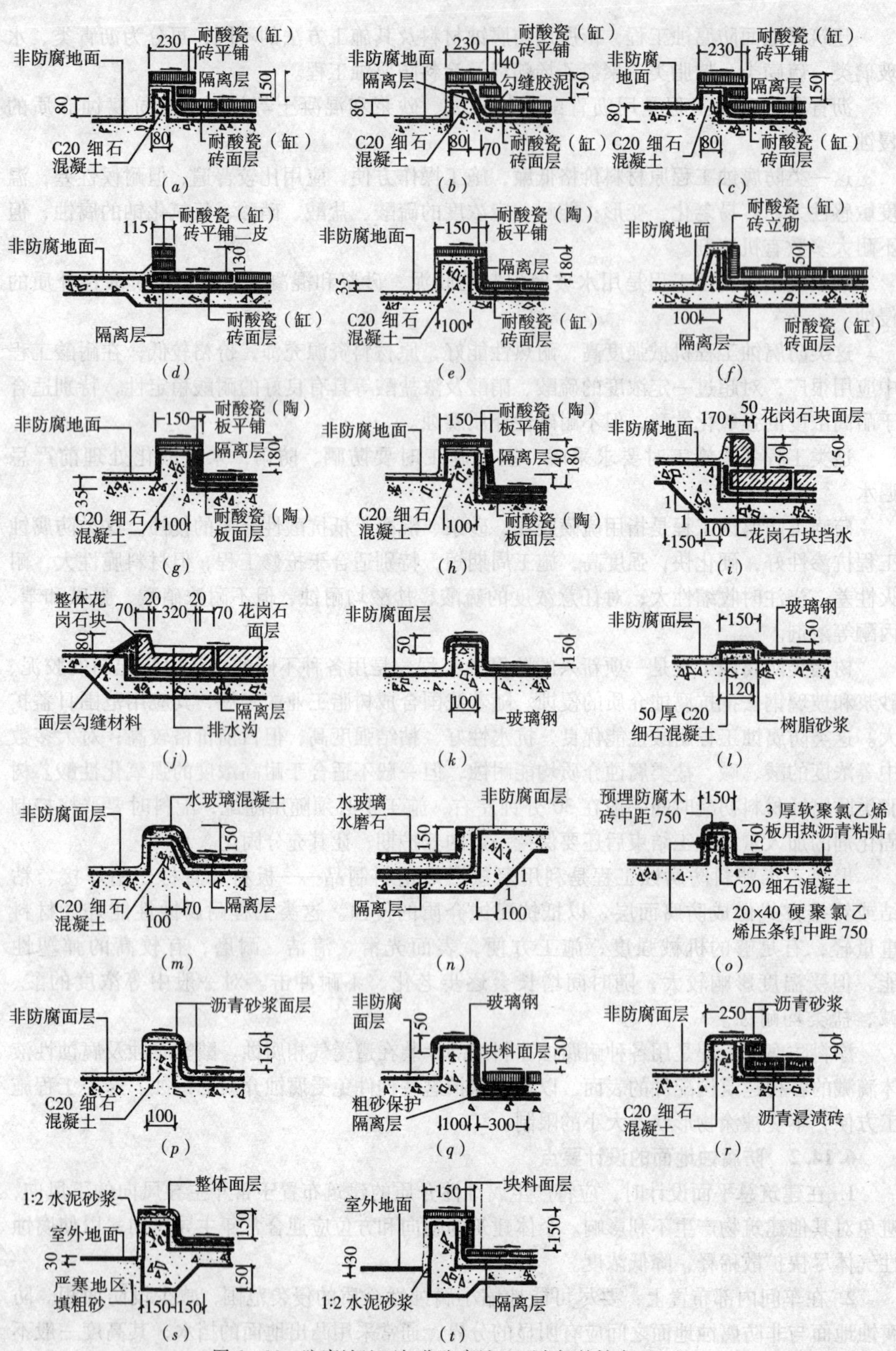

图 6-90 防腐蚀地面与非防腐蚀地面之间的挡水（一）

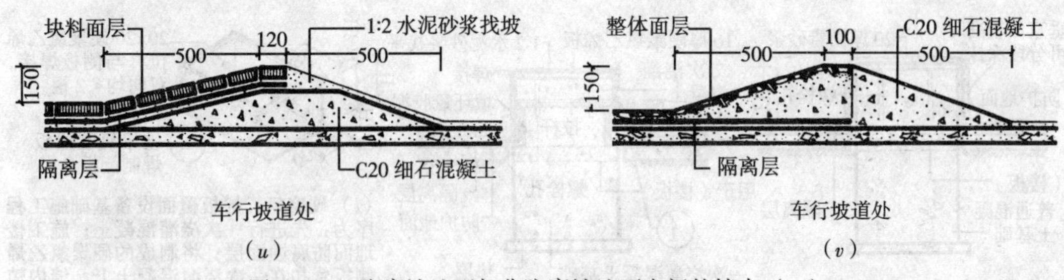

图 6－90 防腐蚀地面与非防腐蚀地面之间的挡水（二）

3. 防腐蚀的楼面结构设计，应考虑防腐蚀的安全储备，宜采用多道设防的地面构造。

4. 防腐蚀地面的边、角、洞口、设备基础、预埋螺栓及地漏等处，是防腐蚀的薄弱之处，应十分重视其构造设计，使地面的防腐蚀性能达到全面、可靠。

（1）地面设备基础处防腐蚀构造做法见图 6－91。

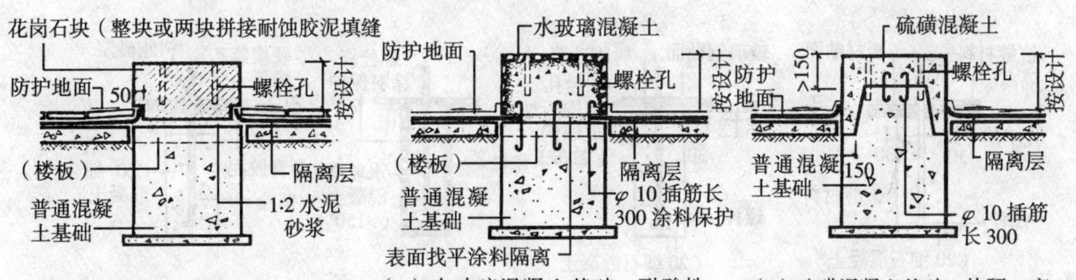

（a）花岗石块基础　耐蚀性、抗冲击性好，适用于泵类等检修频繁的设备

（b）水玻璃混凝土基础　耐酸性、整体性好。适用于酸性介质的泵类以及贮罐类设备

（c）硫磺混凝土基础　快硬、高强、耐蚀性、抗渗性好，体积较大时应分层浇筑

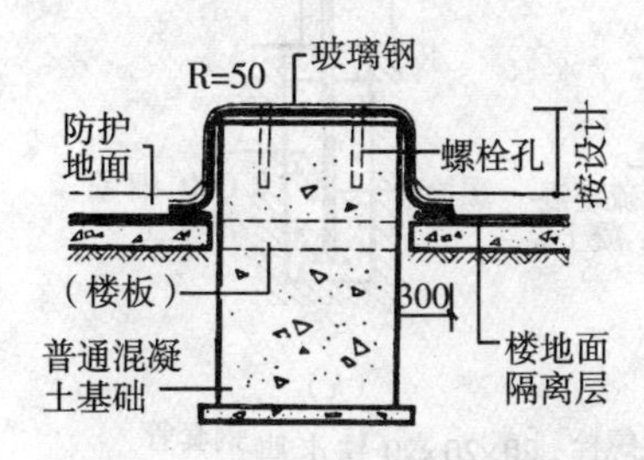

（d）玻璃钢基础　整体性、抗渗性好。易修补，不能接触明火。玻璃布层数一般为 2~4 层

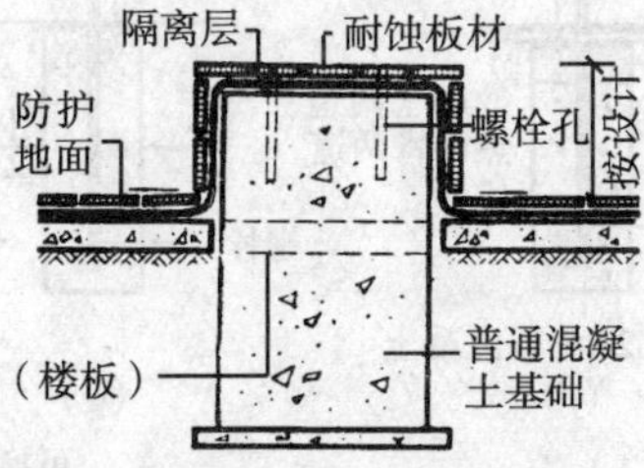

（e）板材贴面基础　表面光洁易冲洗，但板材易脱落损坏。砌筑勾缝胶泥参见楼地面

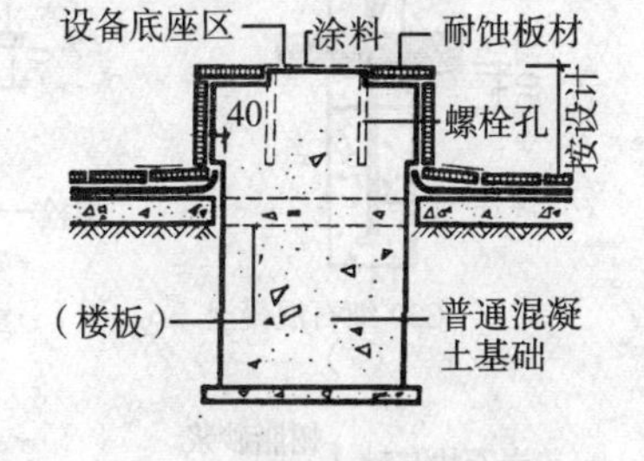

（f）部分板材贴面基础　改善板材易脱落损坏现象，适用于小型传动设备

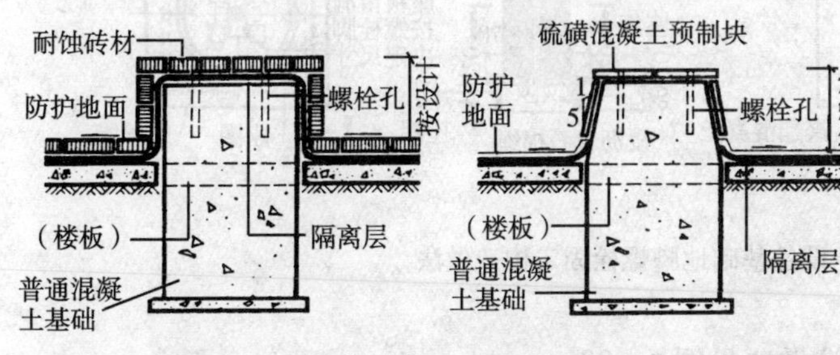

（g）砖材贴面基础　可采用耐酸瓷砖（缸砖）砌筑及勾缝胶泥参见楼地面

（h）硫磺混凝土预制块贴面基础　施工周期短但振动下易脱落，适用于贮槽类静止设备

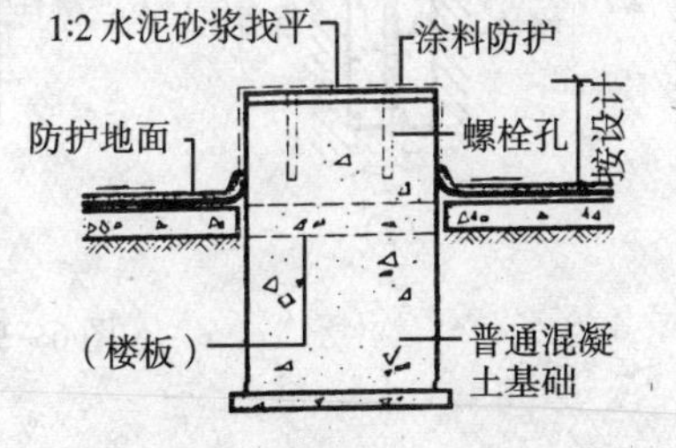

（i）涂料覆面基础　不耐磨，涂覆层数≮二底三面，用于滴漏、检修少的设备

图 6－91 地面设备基础处防腐蚀构造做法（一）

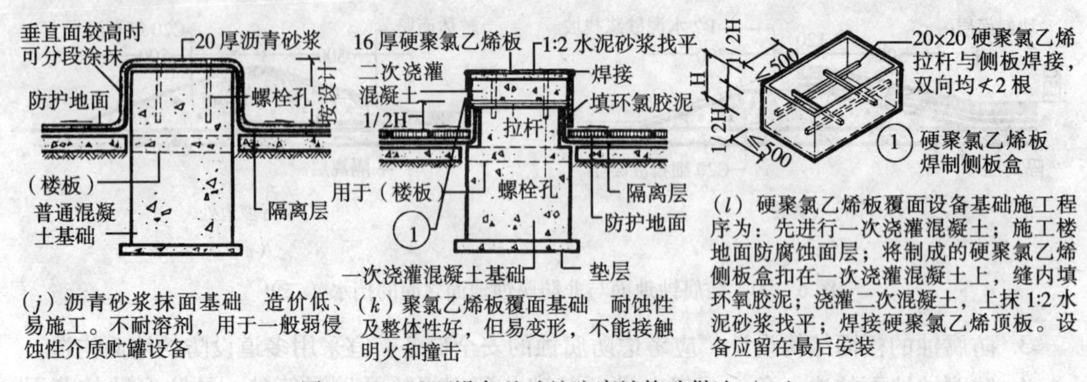

(j)沥青砂浆抹面基础　造价低、易施工。不耐溶剂,用于一般弱侵蚀性介质贮罐设备

(k)聚氯乙烯板覆面基础　耐蚀性及整体性好,但易变形,不能接触明火和撞击

(l)硬聚氯乙烯板覆面设备基础施工程序为:先进行一次浇灌混凝土;施工楼地面防腐蚀面层;将制成的硬聚氯乙烯侧板盒扣在一次浇灌混凝土上,缝内填环氧胶泥;浇灌二次混凝土,上抹1:2水泥砂浆找平;焊接硬聚氯乙烯顶板。设备应留在最后安装

图6-91　地面设备基础处防腐蚀构造做法(二)

(2)设备基础地脚螺栓固定做法见图6-92。

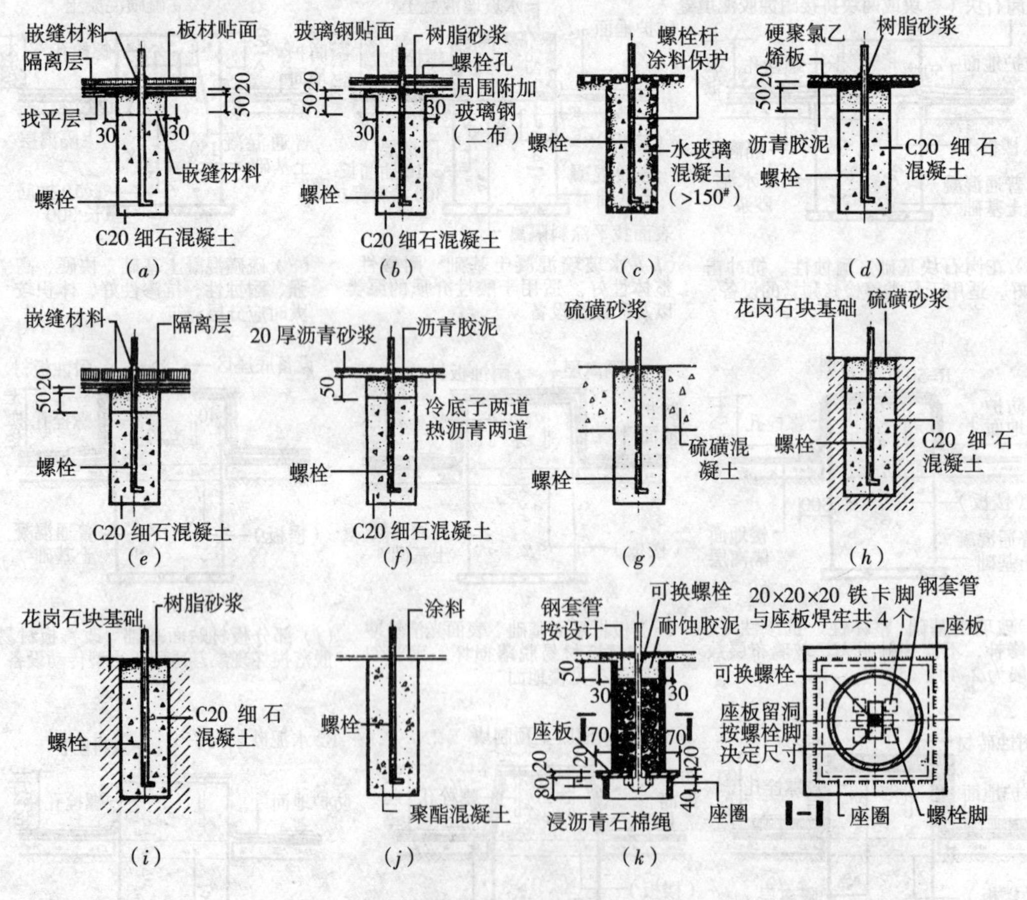

图6-92　设备基础地脚螺栓固定构造做法

(3)设备基础与地面连接处构造做法见图6-93。

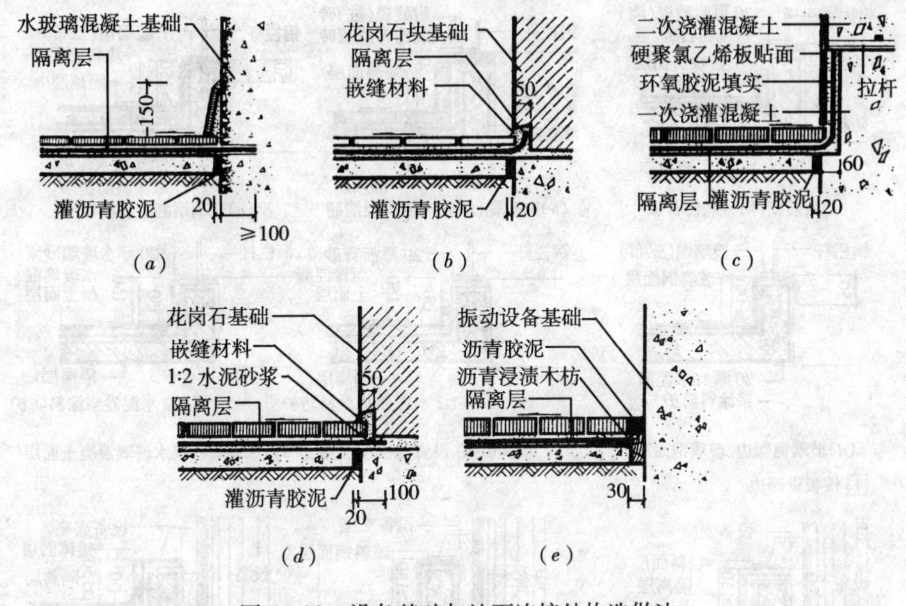

图 6－93　设备基础与地面连接处构造做法

(4) 管道穿越楼面时防腐蚀构造做法见图 6－94。

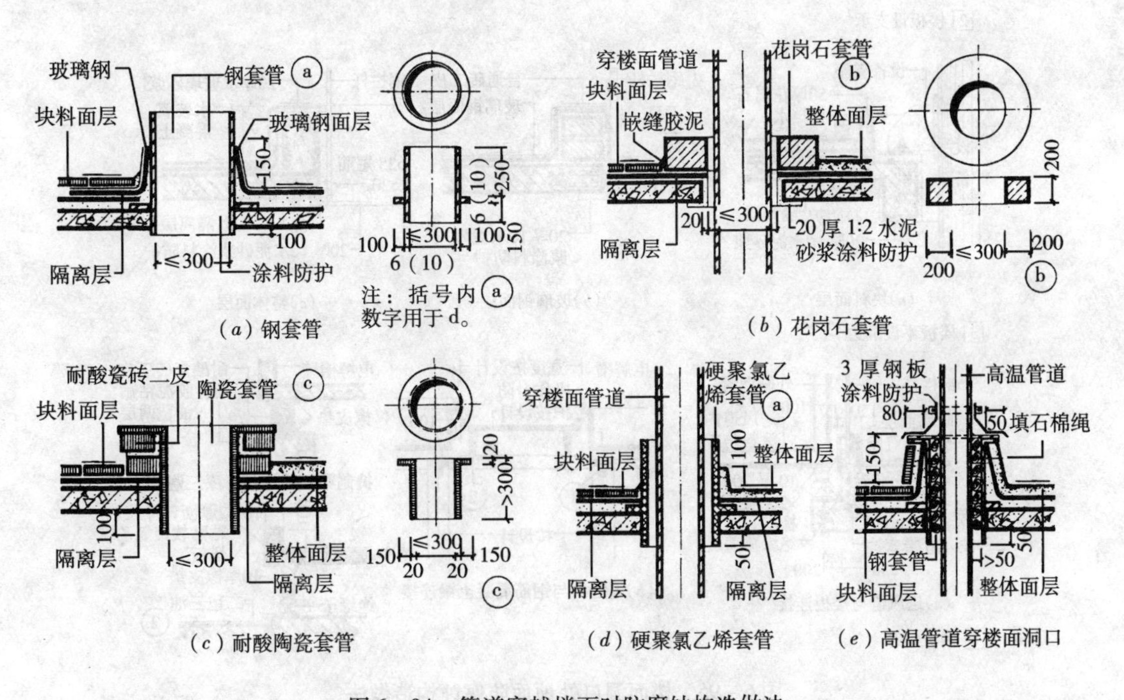

图 6－94　管道穿越楼面时防腐蚀构造做法

(5) 楼面洞口处地面防腐蚀构造做法见图 6－95。

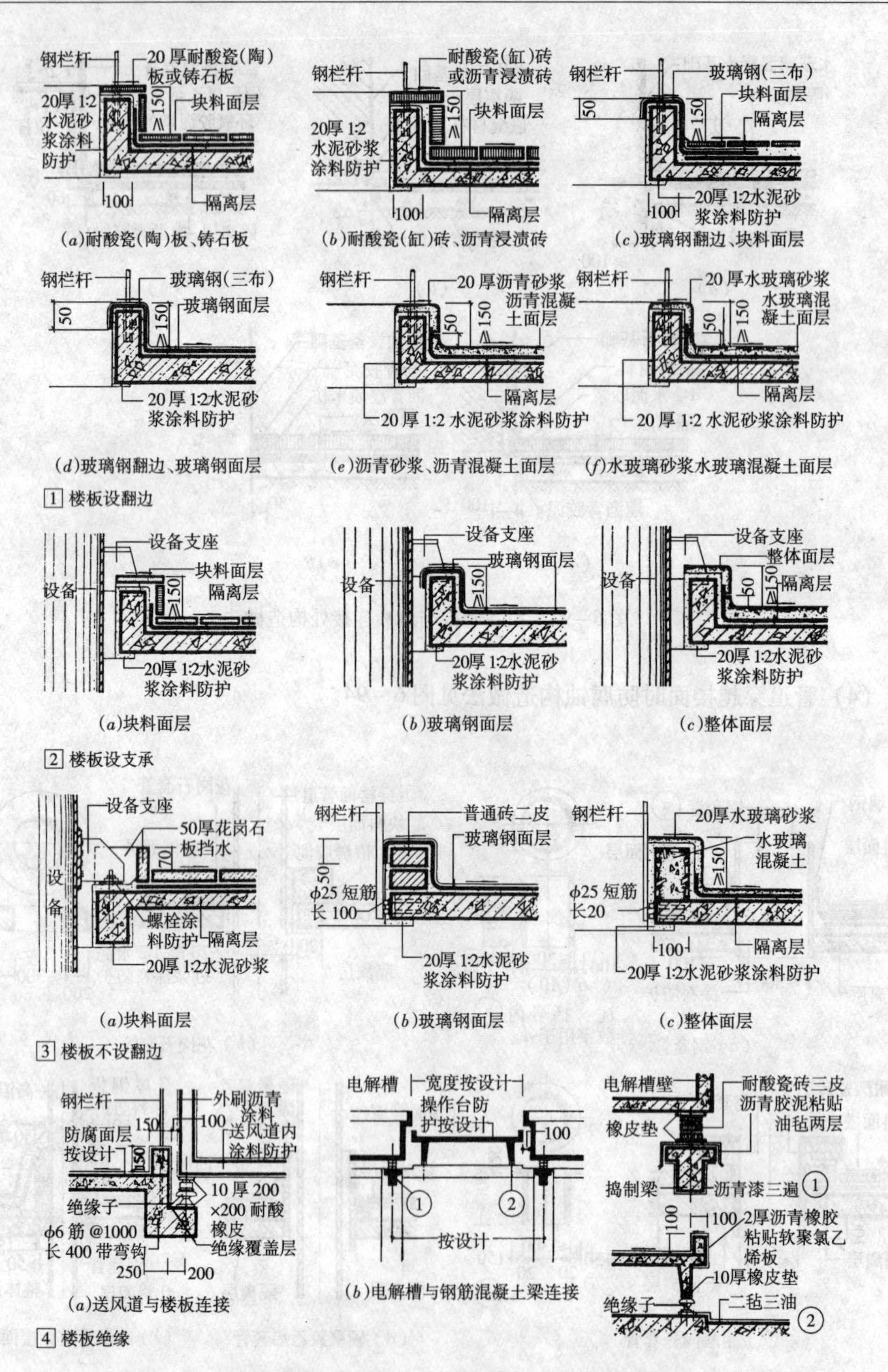

图6－95　楼面洞口处地面防腐蚀构造做法

注：1. 楼面洞口指穿过楼面防腐层的管道、套管及预留孔等。楼面洞口必须预留，严禁在防腐面层上任意凿打。

2. 楼面洞口均应设置泛水及翻边，以防止侵蚀性介质沿洞边下淌。洞口尺寸 <300 时，可采用预埋套管的做法，洞口尺寸 >300 时，采用翻边做法。洞口处设有钢栏杆时，应先预埋 φ25 钢套管，栏杆立杆插入套管焊接固定后，再行施工防腐面层。

3. 洞口翻边内壁的混凝土基层上均宜用水泥砂浆抹面，环氧涂料或其他耐腐蚀涂料涂刷二遍防护。

4. 管通穿过楼面洞口时，应考虑管道壁冷凝水下滴的影响。

（6）钢柱柱脚处地面防腐蚀构造做法见图6－96。

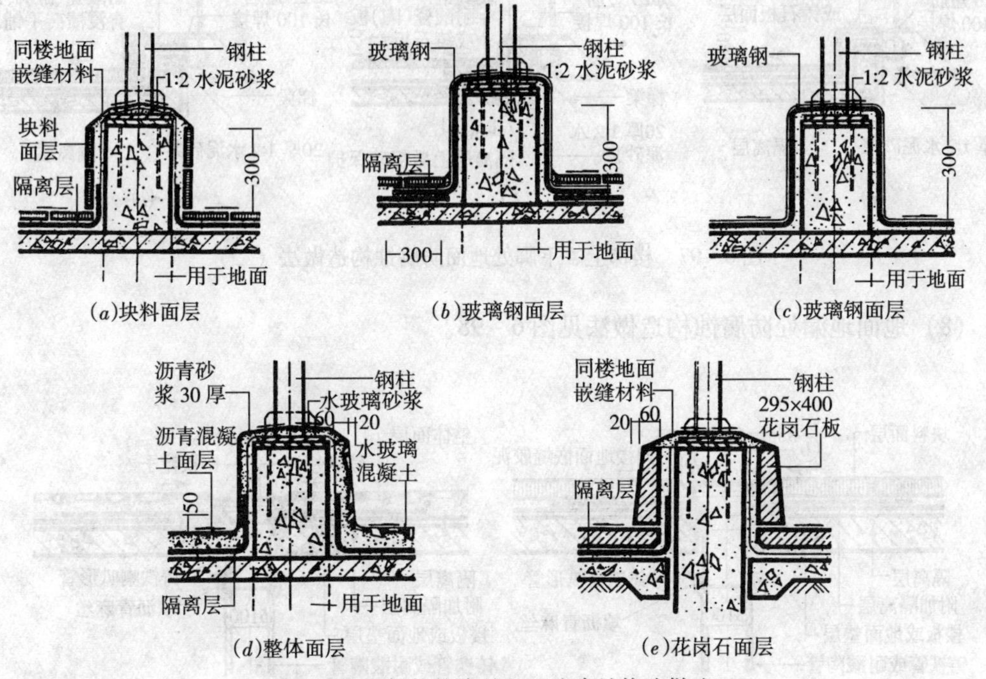

图6－96　钢柱柱脚处地面防腐蚀构造做法

（7）楼梯上、下脚处地面防腐蚀构造做法见图6－97。

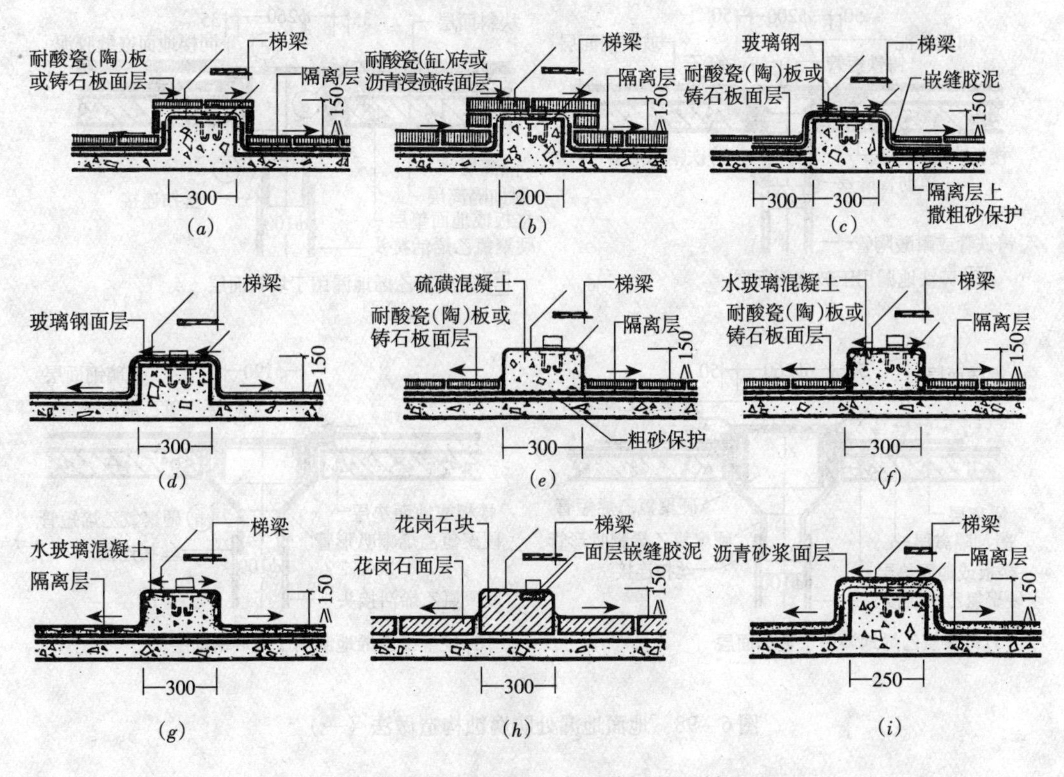

图6－97　楼梯上、下脚处地面防腐蚀构造做法（一）

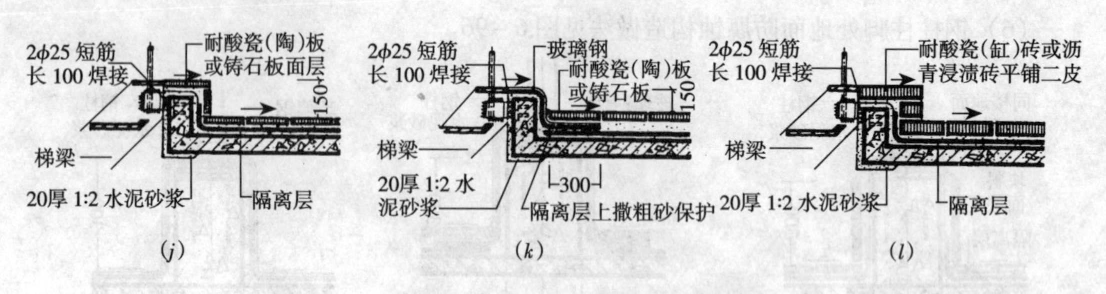

图 6－97　楼梯上、下脚处地面防腐蚀构造做法（二）

（8）地面地漏处防腐蚀构造做法见图 6－98。

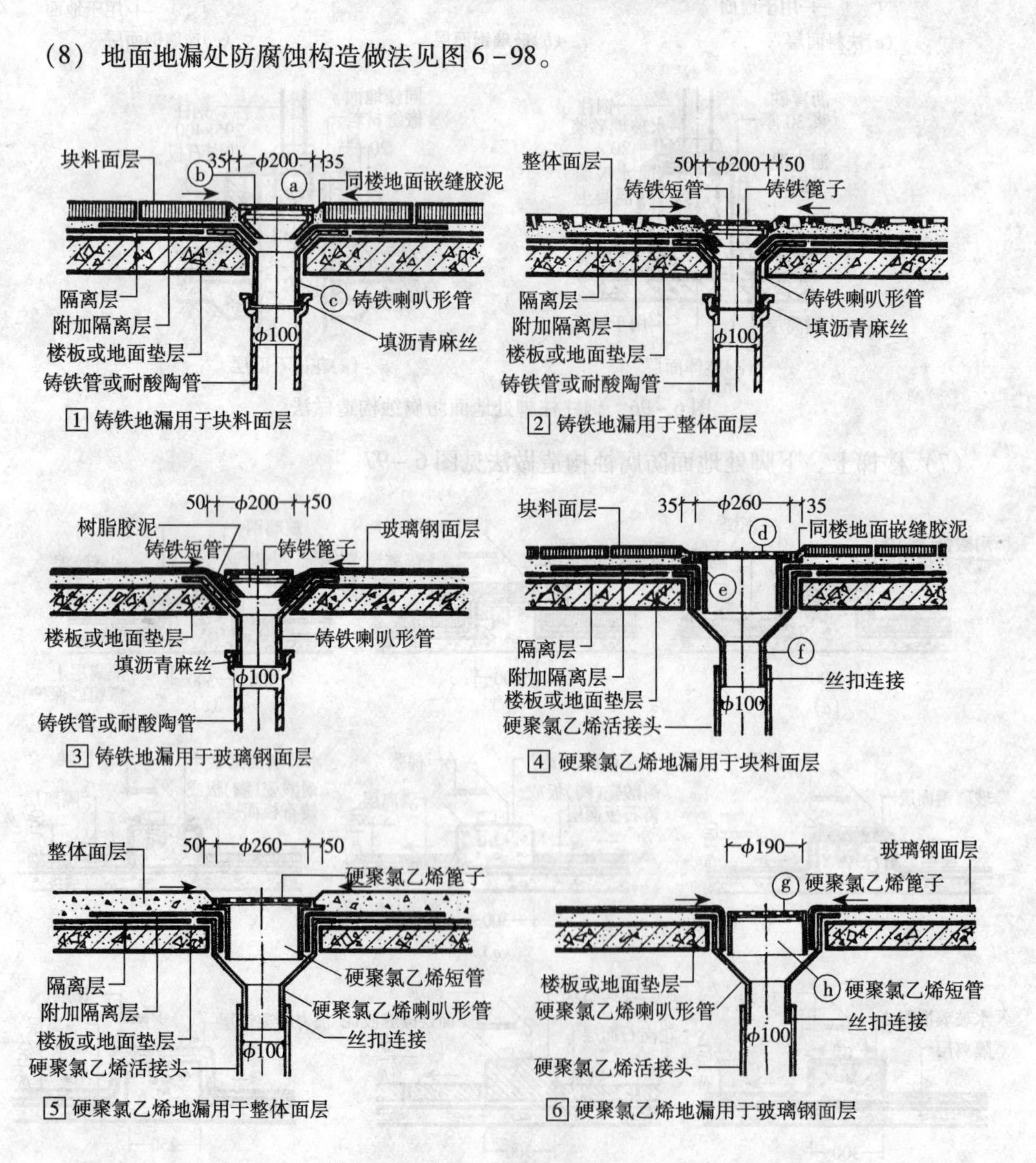

图 6－98　地面地漏处防腐蚀构造做法（一）

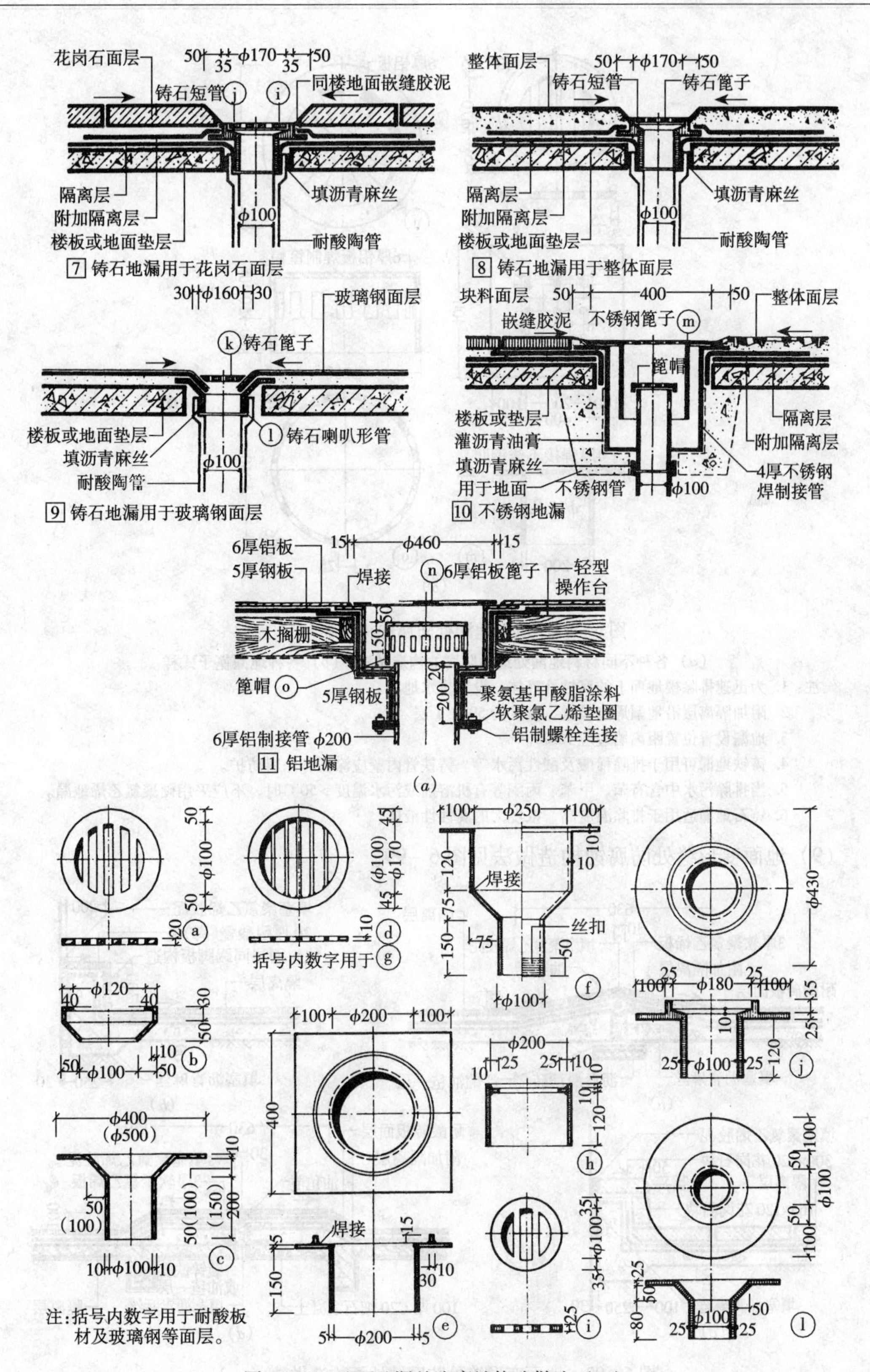

图 6-98 地面地漏处防腐蚀构造做法（二）

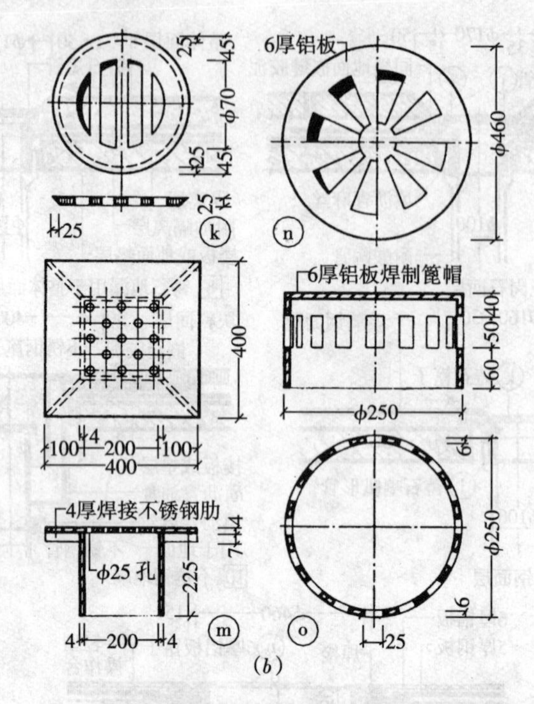

图6－98　地面地漏处防腐蚀构造做法（三）

（*a*）各种不同材料地漏处地面防腐蚀构造做法；（*b*）各种地漏箅子式样

注：1. 为迅速排除楼地面上的腐蚀性液体，设置排水地漏。
2. 附加隔离层沿地漏周边设置，宽度为500，1层。
3. 地漏设置位置距离墙边应≮500。
4. 铸铁地漏可用于排除稀酸及酸性污水等。铸铁管内壁应涂沥青涂料防护。
5. 当排除污水中含有苯、甲苯、丙酮等有机溶剂或污水温度＞50℃时，不应采用硬聚氯乙烯地漏。
6. 铸石地漏适用于排除温度高、浓度大的腐蚀性液体。

（9）地面变形缝处防腐蚀构造做法见图6－99。

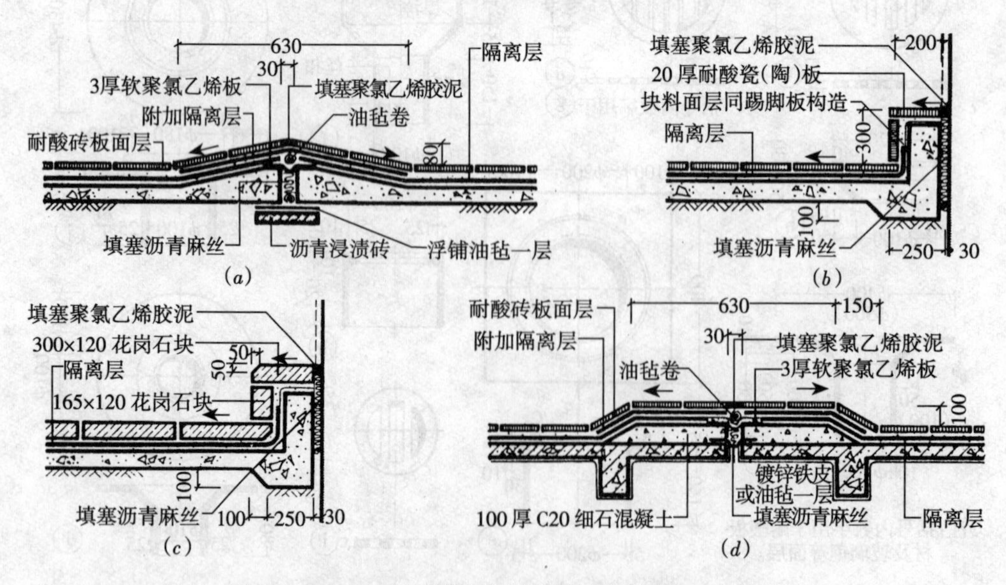

图6－99　地面变形缝处防腐蚀地面构造做法（一）

（*a*）、（*b*）、（*c*）一地面变形缝；（*d*）一楼面变形缝

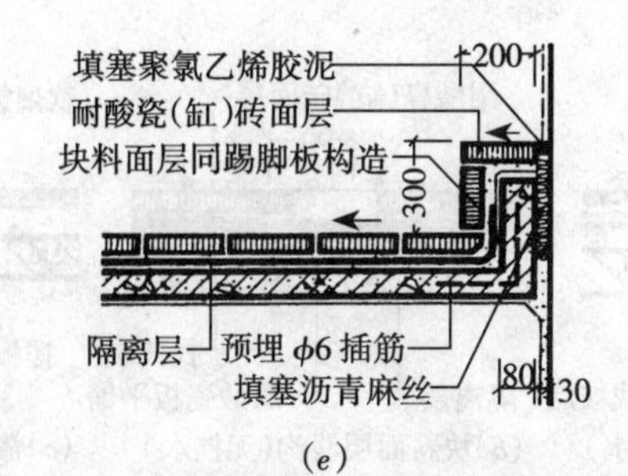

图 6－99 地面变形缝处防腐蚀地面构造做法（二）

(e) —楼面变形缝

(10) 地沟、地坑、楼面排水浅沟的防腐蚀构造做法见图 6－100。

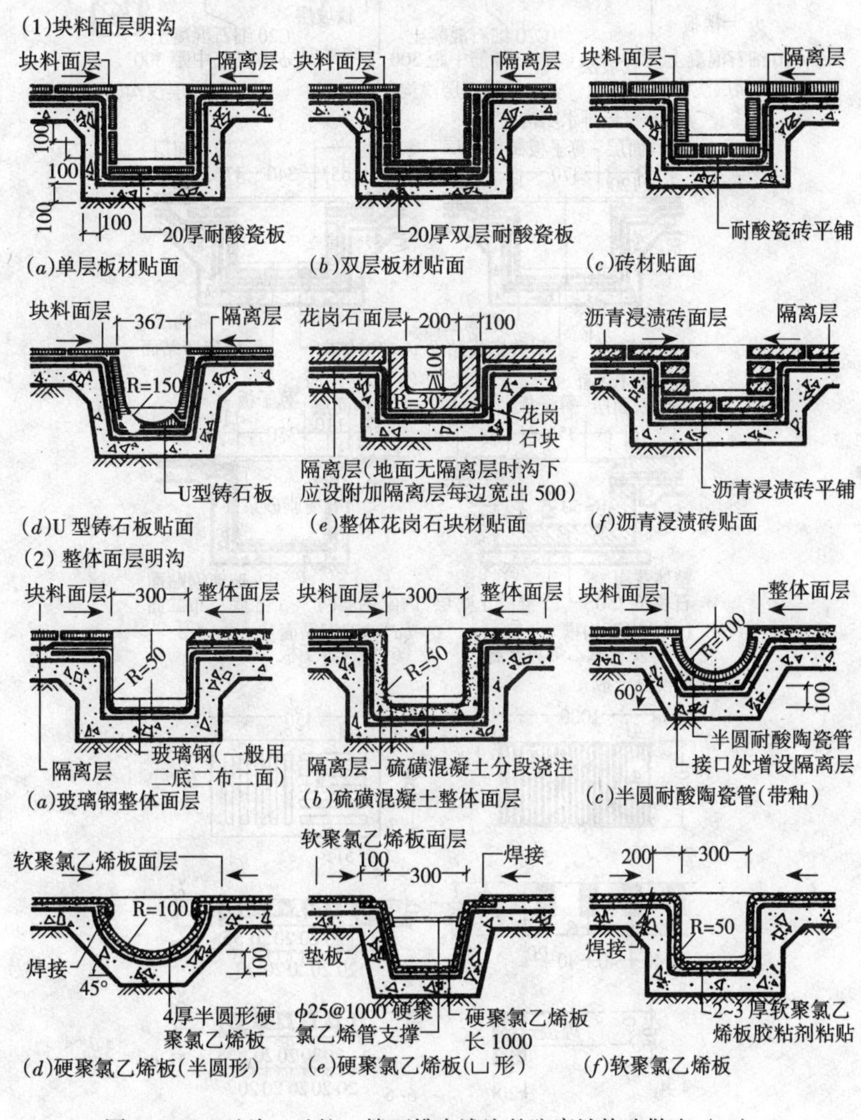

图 6－100 地沟、地坑、楼面排水浅沟的防腐蚀构造做法（一）

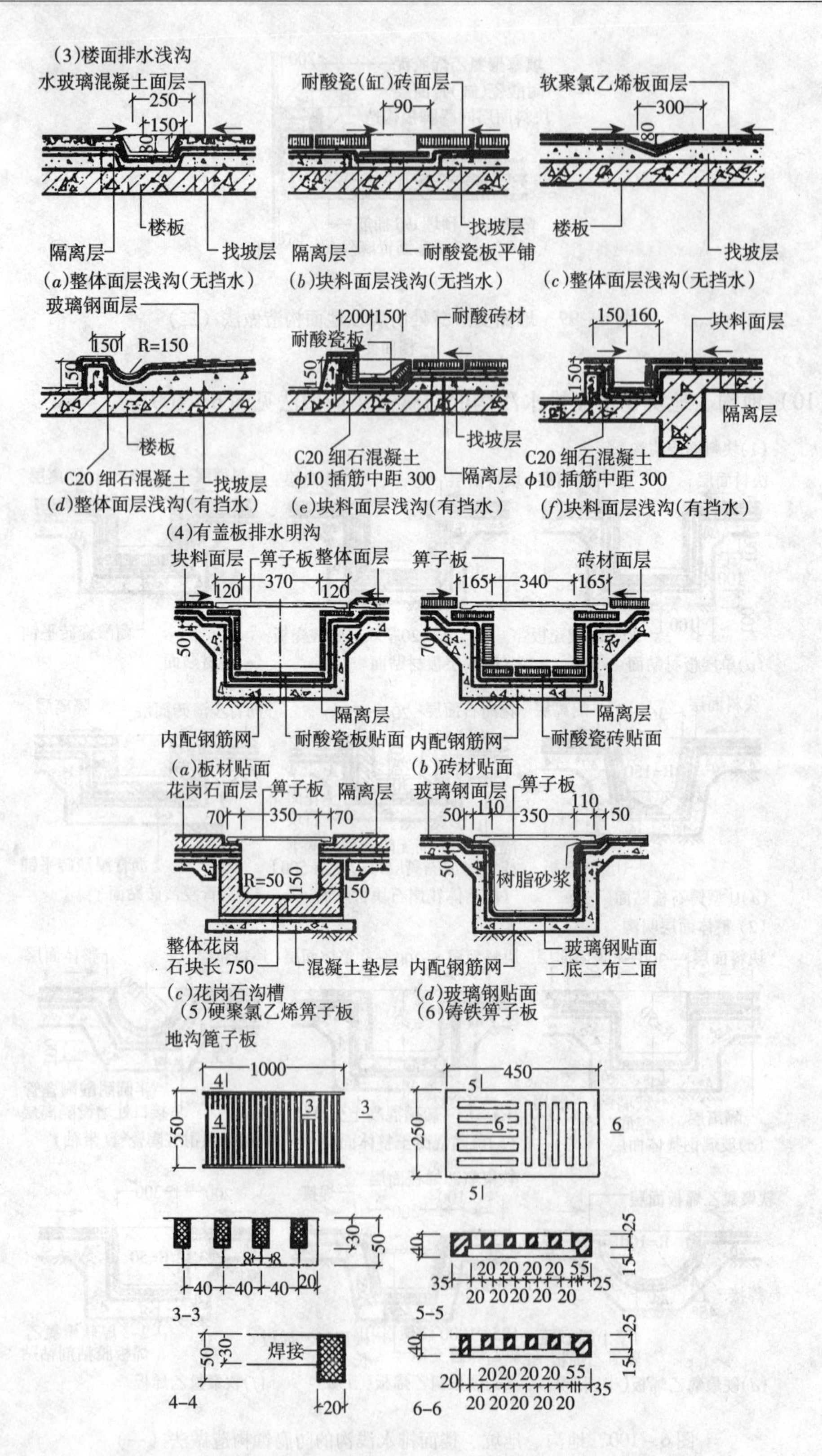

图 6－100　地沟、地坑、楼面排水浅沟的防腐蚀构造做法（二）

（11）踢脚板部位防腐蚀构造做法见图6－101。

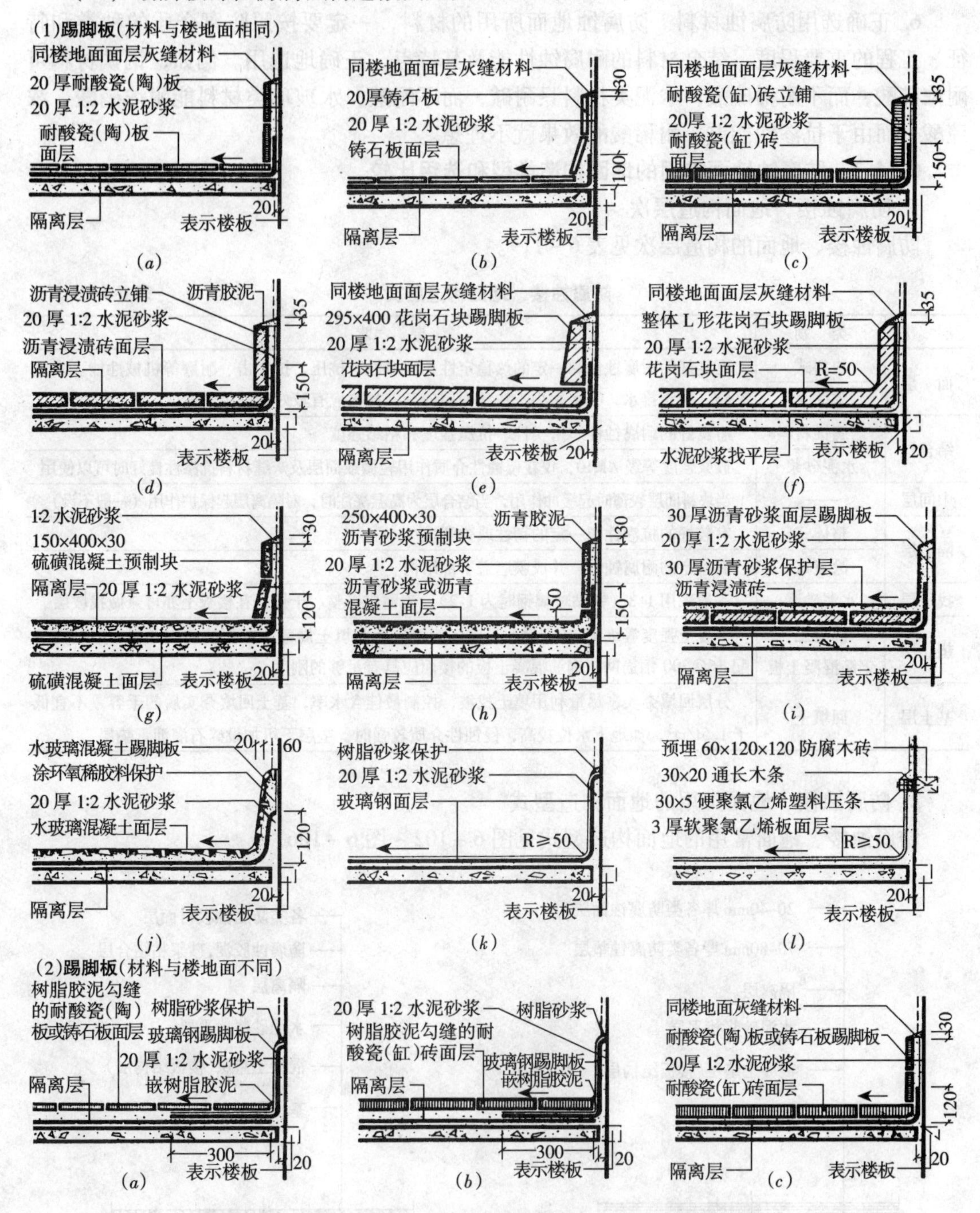

图6－101　踢脚板部位防腐蚀构造做法

注：1. 踢脚板的高度一般为300。
2. 楼地面无隔离层时，踢脚板处宜设附加隔离层，宽度一般为500。
3. 地面踢脚板下的基土层回填应控制沉陷，避免上部开裂损坏。
4. 踢脚板所用砖板材厚度可较楼地面减薄，但应加强与基层的粘结。
5. 玻璃钢踢脚板与沥青类隔离层搭接，宜在隔离层上撒粗砂保护，搭接宽度应≮300。

5. 防腐蚀地面应设置一定的排水坡度，楼面坡度不宜小于1%，地面坡度一般为2%～3%。

6. 正确选用防腐蚀材料。防腐蚀地面所用的材料，一定要按照防腐介质的种类和特征、工程的重要程度，结合材料的耐腐蚀性能及其特点，正确地选用。例如，钢铁材料可耐浓硫酸，而不耐稀硫酸；水泥类材料只耐碱，而不耐酸；水玻璃类材料能耐浓硝酸、浓硫酸，而由于抗渗性能差，耐稀酸的效果就不理想。

6.14.3　防腐蚀地面常用的地面构造类型和选用比较

1. 防腐蚀楼、地面构造层次

防腐蚀楼、地面的构造层次见表6－119。

防腐蚀楼、地面构造层次　　表6－119

层次	类别	要求
面层	块料式	有良好的耐腐蚀性和一定的热稳定性、抗渗性、抗压、抗冲击、耐磨等机械性能。表面平整，易于排水，吸水率小。块料面层的灰缝材料应有较好的粘结强度
	整体式	
结合层	耐腐蚀材料	有良好的耐腐蚀性、密实性、抗压强度和粘结强度
	水泥砂浆	砂浆强度等级≮M10，仅在侵蚀性介质作用轻微或面层及灰缝材料抗渗性良好时可以使用
中间层	——	当块料面层较薄时起缓冲作用，当结合层为高温浇注时，对隔离层起保护作用（一般不设）
隔离层	整体式	有较好的抗渗性和一定的韧性或弹塑性
	涂覆式	有一定的耐腐蚀性，并成膜遮盖下部结构
找平层	水泥砂浆	一般采用1:3（铺贴玻璃钢时为1:2），表面应平整、干燥。在楼板上亦可兼做找坡层
垫层	混凝土	混凝土强度等级≮C10，重要设防区为避免地基填土局部下沉而使垫层开裂，垫层内可配ϕ6@200钢筋网。钢筋混凝土板的楼面应具有足够的刚度
	钢筋混凝土板	
基土层	回填土	分层回填夯实，尽量利用填土找坡，控制最佳含水率，基土回填夯实后的干容重不宜低于1.5t/m^3，如地下水位较高，侵蚀性介质较强时，垫层下可加设碎石灌沥青垫层

2. 防腐蚀楼、地面常用的地面构造型式

防腐蚀楼、地面常用的地面构造型式见图6－102～图6－106。

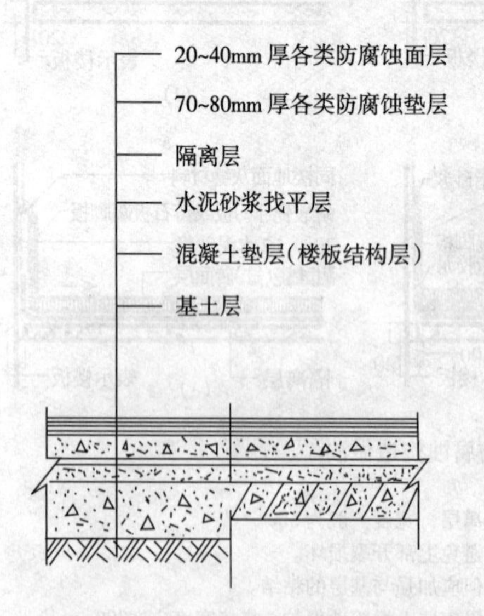

图6－102　整体型防腐蚀面层构造

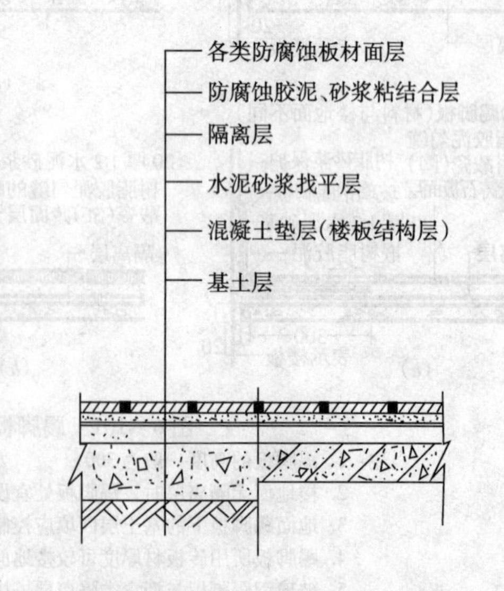

图6－103　板材型防腐蚀面层构造

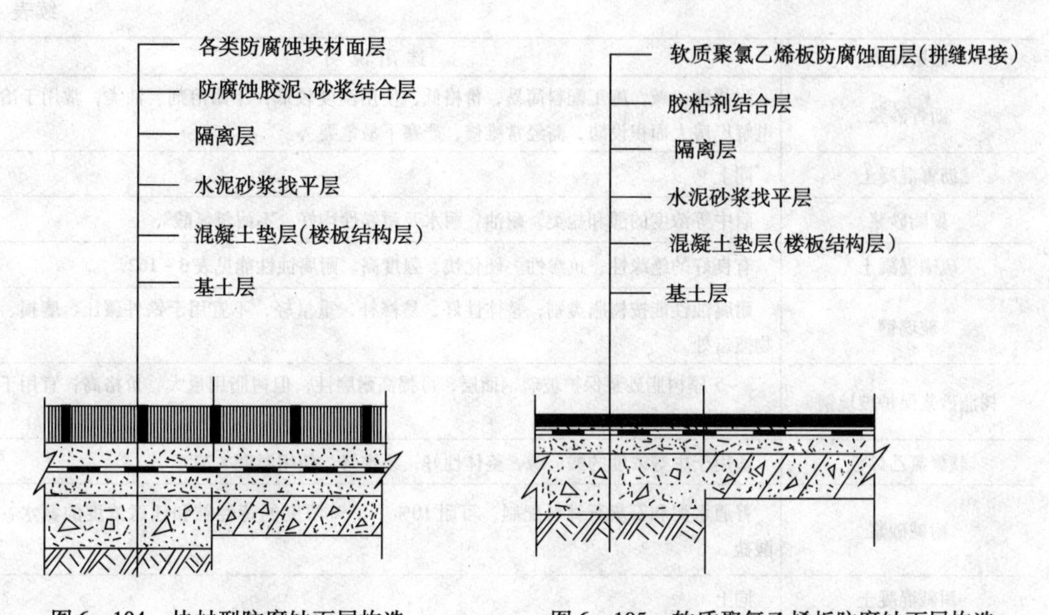

图 6－104 块材型防腐蚀面层构造

图 6－105 软质聚氯乙烯板防腐蚀面层构造

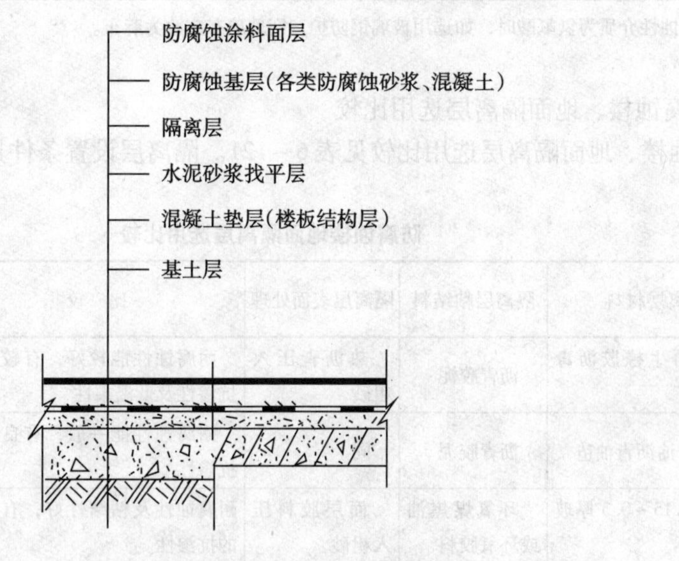

图 6－106 涂料型防腐蚀面层构造

3. 常用整体防腐蚀面层选用比较

常用整体防腐蚀面层选用比较见表 6－120。

常用整体防腐蚀面层选用比较 表 6－120

面层种类	选用说明
水玻璃混凝土	整体性及机械强度较高，材料易得，价格较低
水玻璃水磨石	略可提高表面密实性，骨料可采用安山岩、文石。用于腐蚀轻微处

续表

面层种类	选用说明
沥青砂浆	耐稀酸、碱，施工配料简易，价格低，使用温度较低，不耐溶剂、油类，常用于冶金电解厂房大面积设防，需经常维修，严寒下易龟裂
沥青混凝土	同上
聚酯砂浆	耐中等浓度的酸和盐类，耐油、耐水及耐候性均好，不耐氢氟酸
硫磺混凝土	有良好的绝缘性、抗渗性。硬化快、强度高。耐腐蚀性能见表6－162
玻璃钢	耐腐蚀性能按树脂类别，整体性好，易修补，重量轻，不宜用于铁件碾压、磨损、重物撞击处
树脂砂浆保护玻璃钢	3～5厚树脂砂浆保护玻璃钢面层，可提高耐磨性，但树脂用量大、价格高，宜用于局部设防
软聚氯乙烯板	适用于中等浓度的酸、碱，整体性好，易维修，使用温度≯70℃
耐碱砂浆	普通水泥和石灰石骨料配制，可耐10%～25%浓度的苛性碱和任意浓度的氨水、碳酸盐
耐碱混凝土	同上
沥青砂浆与沥青浸渍砖叠合	可提高沥青浸渍砖的整体性、抗渗性

注：当侵蚀性介质为氢氟酸时，如选用玻璃钢防护，则玻璃布应改为麻布。

4. 防腐蚀楼、地面隔离层选用比较

防腐蚀楼、地面隔离层选用比较见表6－121。隔离层设置条件见表6－122。

防腐蚀楼地面隔离层选用比较　　表6－121

类别	隔离层材料	隔离层粘结料	隔离层表面处理	比较	备注
整体式	一层再生橡胶沥青油毡	沥青胶泥	热沥青压入粗砂	耐腐蚀性能较好，有较好的抗渗性及低温柔性	能代替二层石油沥青油毡
整体式	二层石油沥青油毡	沥青胶泥	同上	耐腐蚀性能一般，有良好的抗渗性	油毡标号不低于350号
整体式	一层0.15～0.3厚玻璃布	环氧煤焦油或环氧胶料	面层胶料压入粗砂	耐腐蚀性及粘结性好，有良好的抗渗性	价格较高，常用做池槽的隔离层
整体式	一层沥青玻璃布油毡	沥青胶泥	热沥青压入粗砂	耐腐蚀性能较好，抗渗性、抗拉性好	能代替二层石油沥青油毡
整体式	一层1～2厚软聚氯乙烯板	沥青胶泥或沥青橡胶	板表面挫毛	耐腐蚀性能好，有良好的抗渗性	价格高，仅用于重点部位
涂覆式	聚氯乙烯稀胶泥刮涂2～3厚	—	—	刮涂成膜，粘结强度较高，弹塑性、耐蚀性好	找平层应予烤热，价格低
涂覆式	二遍热沥青胶泥3～4厚	—	压入粗砂	薄膜、耐蚀性一般，抗渗性较差	价格低，易变形开裂，轻腐蚀用
涂覆式	二遍底料二遍树脂涂料	—	撒粒砂	粘结强度高，耐蚀性好，抗渗性一般	价格较高，不常用

隔离层设置的条件 **表6-122**

介质及楼地面构造条件		要 求
酸性液体经常作用，有冲洗的楼地面		需要设置
酸性液体作用不多，地面面层及灰缝抗渗性较好，坡度较大无酸性液体积聚		可以不设
酸性液体作用轻微，且无冲洗		
碱类或盐类液体介质经常作用，有冲洗的楼地面		重要部位或楼面需设，次要部位或地面可不设
固体介质堆放	不会受到潮解时	可以不设
	易受潮解且侵蚀性强	需要设置

注：地面垫层为C10混凝土，厚度≈100。基土层宜用机械夯实。

5. 防腐蚀块料面层分类和性能比较

防腐蚀块料面层分类和性能比较见表6-123。常用块材的规格见表6-124。

防腐蚀块料面层各种块材分类和性能比较 **表6-123**

块材分类	耐腐蚀性	抗压强度	热稳定性	耐冲击性	吸水率	耐磨性	备 注
耐酸瓷砖	高	高	一般	好	小	好	自重较大、价格较高
花岗石块	高	高	较差	较好	小	好	自重较大、利用地方材料
缸 砖	一般	一般	好	好	较大	好	生产单位较少
耐酸瓷板	高	高	一般	较差	小	好	价格在板材类中较高
耐酸陶板	一般	一般	好	较差	较大	好	生产单位较少
铸石板	高	高	较差	差	小	好	性脆、色黑、面层滑
文石板	高	一般	一般	差	小	一般	产于山西五台山
沥青浸渍砖	较低	低	较差	一般	一般	差	制作方便、价格低
煤矸石砖	较低	较低	—	一般	较大	较差	利用煤矿废料生产

常用块材规格（mm） **表6-124**

块 料	规 格		
	长	宽	厚
耐酸瓷砖	230	113	65
耐酸瓷板	150	150	30，20*
	150	75	
铸石板	180	110	20
花岗石块	600	400	80~120（55）
文石板	可按设计要求的规格尺寸加工		

注：1. 括号中厚度用于楼面。

2. 耐酸陶板规格同耐酸瓷板。

3. 表中*表示设备荷载较大，且检修频繁处不宜选用。

6. 常用块料面层及灰缝材料的选用比较

常用块料面层及灰缝材料的选用比较见表6－125。

常用块料面层及灰缝材料的选用比较　　表6－125

块料种类	结合层 灰缝 材料	选用比较
耐酸砖板 耐酸石材	水玻璃胶泥	耐浓酸、强氧化酸及酸性盐，不耐碱及氢氟酸，耐温性较高，抗渗性较差，原材料来源广，施工及养护要求严格
耐酸砖板、石材 沥青浸渍砖	沥青胶泥	耐稀酸、碱。材料来源广，价格低。使用温度一般在50℃以内，不超过60℃。低温下易脆裂，重荷下易变形，易老化，不宜用于室外，不耐溶剂油类
耐酸砖板 耐酸石材	酚醛胶泥	耐盐酸、硫酸、醋酸性能好，耐铵盐及中等浓度的氢氟酸*，不耐碱，耐硝酸及强氧化酸较差，抗渗性好，但作为勾缝材料粘结性能差
耐酸砖板 耐酸石材	环氧胶泥	耐中等浓度的酸和碱及任意浓度的铵盐，耐硝酸性能较差，粘结强度高，抗渗性好，但价格较高。常可采用为勾缝材料或与酚醛、呋喃复合使用
耐酸砖板 耐酸石材	环氧煤焦油胶泥	耐中等浓度的酸和碱及任意浓度的铵盐，耐硝酸性能较差，粘结性能较高，抗渗性较好，价格较低
耐酸砖板 耐酸石材	硫磺胶泥	耐中等浓度的酸和各种铵盐，不耐碱。抗水抗渗性好，硬化快，强度高，制作简易，收缩较大，性脆，不宜用于温度>90℃及温度急变的部位

注：耐各种介质的允许浓度，应根据材料的耐蚀性能确定。*耐含氟酸的砖板为石墨砖板类碳质材料。
复合树脂胶泥本表未列入，可按复合树脂中主要树脂成分的性能为基点，并适当考虑次要树脂成分的改性作用。

7. 块料面层铺砌的构造尺寸

块料面层铺砌的构造尺寸见表6－126。

6.14.4　沥青类防腐蚀地面

沥青类防腐蚀地面是指以沥青为胶结材料，用于楼地面上的整体式或粘贴板、块材面层。它具有材料来源广、价格较低、施工和维修方便等优点，但在阳光下曝晒后易老化开裂，在高温烘烤下易变形发软，需进行经常性维修。

沥青类耐腐蚀材料的定义、用途及一般规定见表6－127。

沥青类材料的耐腐蚀性能（常温）见表6－128。

1. 原材料质量要求

（1）沥青

沥青是一种有机胶结料，具有良好的不透水性、耐化学稳定性，有很强的粘结力、塑性和一定的弹性，在常温下呈固体、半固体状态，颜色为灰亮褐色或黑色。

建筑防腐蚀工程中使用的沥青，主要是石油沥青和煤沥青。石油沥青的种类、标号和质量指标见表6－129，煤沥青的技术指标见表6－130。

块料面层铺砌的构造尺寸(mm) **表 6－126**

沥青胶泥铺砌

块材种类	结合层厚度			灰缝宽度	
	挤缝法灌缝法	刮浆铺贴法	分段浇灌法	挤缝、刮浆铺贴分段浇灌法	灌缝法
耐酸砖	3~5	5~7	6~8	3~5	6~8
耐酸板	3~5	5~7	6~8	2~3	5~7
沥青浸渍砖	4~6	6~8	8~10	4~6	8~10
天然石材	—	—	—	—	8~15

注:天然石材的结合层宜用沥青砂浆(沥青用量可达25%)厚度10~15。刮浆铺贴法用于立面块材铺贴

水玻璃胶泥及砂浆铺砌

块材种类	结合层厚度		灰缝宽度	
	水玻璃胶泥	水玻璃砂浆	水玻璃胶泥	水玻璃砂浆
耐酸砖 铸石板	5~7	6~8	3~5	4~6
耐酸板	5~7	6~8	2~3	4~6
天然石材	—	10~15	—	8~15

注:铺砌砖板宜采用揉挤法。铺砌天然石材应采用座浆填缝法

硫磺胶泥及砂浆铺砌

块材种类	结合层厚度	灰缝宽度
耐酸砖 耐酸板 铸石板	6~10	5~8
天然石材	10~15	8~15

注:均采用灌注法

树脂胶泥铺砌

块材种类	铺砌		勾缝	
	结合层厚	灰缝宽	缝宽	缝深
耐酸砖	4~6	2~4	6~8	15~20
耐酸板	4~6	2~3	6~8	10~12
铸石板	4~6	3~5	6~8	10~12
天然石材	—	—	8~15	15~20

注:块材铺砌应用揉挤法。勾缝必须将缝填满压实

水泥砂浆铺砌

块材种类	结合层厚度
耐酸板	10
耐酸砖	20
天然石材	20

注:配合用于其他胶泥勾缝处

沥青类耐腐蚀材料的定义、用途及一般规定 表6-127

项目		说明	附注
定义		凡以沥青为胶结料加入耐腐蚀粉料经加热熬制，或加入耐腐蚀粉料和骨料，经拌制而成的材料，称为沥青类耐腐蚀材料	沥青类耐腐蚀材料又名“以沥青为胶结剂的耐腐蚀材料”
品种	沥青胶泥	以沥青为胶结料加入粉料经加热熬制而成	
	沥青砂浆	以熬制好的沥青加入粉料及骨料中拌制而成	
	沥青混凝土	以熬制好的沥青加入粉料及骨料中拌制而成	
	碎石灌沥青	以热沥青或沥青胶泥灌入碎石层而成	
用途	沥青胶泥	铺砌块材面层，灌注管道接口	
	沥青砂浆	粘结耐腐蚀板材；楼地面、墙裙、踢脚板等面层；基础表面防腐层	
	沥青混凝土	铺筑耐腐蚀基础、楼地面防腐层及面层	
	碎石灌沥青	耐腐蚀基础或地面的垫层，室外耐酸堆场地面，贮槽底板垫层等	
一般规定		1. 不宜用于室外地面（要求不高的堆场地面可以使用） 2. 最高使用温度不高于60℃ 3. 施工环境温度不宜低于5℃，低于5℃时应采取加温措施 4. 在施工期间，严禁遇水 5. 沥青类防腐蚀工程在施工完2h后，即可交付使用	

沥青类材料的耐腐蚀性能表 表6-128

介质类别	介质名称	浓度（%）	耐蚀性能
酸类	硫酸	≤60	耐
	盐酸	≤25	耐
	硝酸	≤30	耐
	磷酸	≤60	耐
	醋酸	≤30	耐
	铬酸	—	不耐
	硼酸	任何浓度	耐
	脂肪酸	稀溶液	尚耐
	氢氟酸	≥25	不耐
	氟硅酸	≤10	耐
碱类	氢氧化钠	≤25	耐（用耐碱填料时）
盐类	硫酸氢钠	≤20	耐
	硫酸铵	任何浓度	耐
	硫酸铜	≤10	耐
	硫酸钠	任何浓度	耐
	硝酸铵	任何浓度	耐
	磷酸铵	任何浓度	耐
	氯化钠	任何浓度	耐
	次氯酸钠	—	耐
有机溶剂类	苯	—	不耐
	汽油	—	不耐（焦油沥青耐）
	二硫化碳	—	不耐
	四氯化碳	—	不耐
	酒精	—	不耐
	机油	—	不耐
	煤油、柴油	—	不耐

石油沥青的种类、标号和质量指标 表6-129

种类	标号	针入度（25℃，100g）（1/10mm）不小于	延度（25℃）（cm）不小于	软化点（环球法）（℃）不低于	溶解度（三氯甲烷，四氯化碳或苯）（%）不小于	闪点（开口）（℃）不低于	水分（%）不大于	灰分（%）不大于	蒸发损失（160℃，5h）（%）不大于	蒸发后针入度比（%）不小于
建筑石油沥青	30甲	21~40	3	70	99	230	痕迹	—	1	60
	30乙	21~40	3	60	99	230	痕迹	—	1	60
	10	5~20	1	95	99	230	痕迹	—	1	60
道路石油沥青	200	201~300	—	—	99	180	0.2	—	1	—
	180	161~200	100	25	99	200	0.2	—	1	60
	140	121~160	100	25	99	200	0.2	—	1	60
	100甲	81~120	80	40	99	200	0.2	—	1	60
	100乙	81~120	60	40	99	200	0.2	—	1	60
	60甲	41~80	60	45	98	230	痕迹	—	1	60
	60乙	41~80	40	45	98	230	痕迹	—	1	60
普通石油沥青	75	75	2.0	60	98	230	痕迹	—	—	—
	65	65	1.5	80	98	230	痕迹	—	—	—
	55	55	1.0	100	98	230	痕迹	—	—	—

注：1. 道路石油沥青和建筑石油沥青的标号是按其针入度划分的。

2. 普通石油沥青的标号是按其性质及用途划分的。

煤沥青的技术指标 表6-130

指标名称	低温沥青		中温沥青		高温沥青
	1号	2号	1号	2号	
软化点（℃）	35~45	46~75	80~90	75~95	95~120
甲苯不溶物含量（%）	—	—	15~25	不大于25	—
灰分（%）不大于	—	—	0.3	0.5	—
挥发分（%）	—	—	58~68	55~75	—
水分（%）	—	—	5.0	5.0	5.0
喹啉不溶物含量（%）不大于	—	—	10	—	—

注：1. 水分只作生产操作中控制指标，不作质量考核依据。

2. 落地2号中温沥青灰分允许不大于1%。1号中温沥青主要用于电极沥青。

（2）油毡

油毡是一种用沥青材料特制的卷材，在楼地面防腐蚀工程中主要用它作隔离层，借以保护地面结构免遭腐蚀介质的侵蚀。

沥青防水卷材的外观质量要求见表6-131。

石油沥青油毡的技术性能见表6-132。

煤沥青油毡的技术性能见表6-133。

高聚物改性沥青防水卷材主要质量指标见表6-134。

沥青防水卷材的外观质量要求　　表 6－131

项　目	外 观 质 量 要 求
孔洞、硌伤	不允许
露胎、涂盖不匀	不允许
折纹、折皱	距卷芯 1000mm 以外，长度不应大于 100mm
裂　纹	距卷芯 1000mm 以外，长度不应大于 10mm
裂口、缺边	边缘裂口小于 20mm，缺边长度小于 50mm，深度小于 20mm，每卷不超过 4 处
接　头	每卷不应超过一处

石油沥青油毡的技术性能　　表 6－132

指　标			200 号			350 号			500 号		
			合格	一等	优等	合格	一等	优等	合格	一等	优等
每卷重量(kg)不小于		粉毡	17.5			28.5			39.5		
		片毡	20.5			31.5			42.5		
幅度(mm)			915 或 1000								
每卷总面积(m^2)			20 ±0.3								
单位面积浸涂材料总量(g/m^2)不少于			600	700	800	1000	1050	1110	1400	1450	1500
不透水性	压力(MPa)不小于		0.05			0.10			0.15		
	保持时间(min)不小于		15	20	30	30	30	45	30	30	30
吸水率(真空法)不大于(%)		粉毡	1.0			1.0			1.5		
		片毡	3.0			3.0			3.5		
耐热度(℃)			85 ±2		90 ±2	85 ±2		90 ±2	85 ±2		90 ±2
			受热 2h 涂盖层应无滑动和集中性气泡								
拉力(N)(25 ±2)℃时纵向不小于			240	270		340	370		440	470	
柔　度			(18 ±2)℃		(18 ±2)℃	(16 ±2)℃	(14 ±2)℃	(18 ±2)℃		(14 ±2)℃	
			绕 ϕ20mm 圆棒或弯板　无裂纹					绕 ϕ25mm 圆棒或弯板　无裂纹			

煤沥青油毡的技术性能　　表 6－133

指　标			200 号	270 号		350 号	
			合格品	一等品	合格品	一等品	合格品
每卷重量（kg）不小于		粉毡	16.5	19.5		23.0	
		片毡	19.0	22.0		25.5	
幅度（mm）			915 和 1000				
每卷总面积（m^2）			20 ±0.3				
可溶物含量（g/m^2）不小于			450	560	510	660	600
不透水性	压力（MPa），不小于		0.05	0.05		0.10	
	保持时间（min）不小于		15	30	20	30	15
			不渗漏				
吸水率（常压法）(%) 不大于		粉毡	3.0				
		片毡	5.0				

续表

指 标	200号	270号		350号	
	合格品	一等品	合格品	一等品	合格品
耐热度（℃）	70±2	75±2	70±2	75±2	70±2
	受热2h涂盖层应无滑动和集中性气泡				
拉力（N）[（25±2℃时）] 纵向 不小于	250	330	300	380	350
柔度（℃），不大于	18	16	18	16	18
	绕 ϕ20mm 圆棒或弯板 无裂纹				

高聚物改性沥青防水卷材主要质量指标 表6-134

项 目		性能要求		
		聚酯毡胎体卷材	玻纤毡胎体卷材	聚乙烯膜胎体卷材
拉伸性能	拉力（N/50mm）	≥800（纵横向）	≥500（纵向） ≥300（横向）	≥140（纵向） ≥120（横向）
	最大拉力时延伸率（%）	≥40（纵横向）	—	≥250（纵横向）
低温柔度（℃）		≤-15		
		3mm厚，r=15mm；4mm厚，r=25mm；3s，弯180°，无裂纹		
不透水性		压力0.3MPa，保持时间30min，不透水		
断裂、皱折、孔洞、剥离		不允许		
边缘不整齐、砂砾不均匀		无明显差异		
胎体未浸透、露胎		不允许		
涂盖不均匀		不允许		

（3）粉料及粗细骨料

为了配制各种不同稠度要求的沥青类耐腐蚀材料，如沥青胶泥、沥青砂浆和沥青混凝土，需要在沥青中掺加不同粒径的填料。这些填料有花岗岩、石英岩、玄武岩、辉绿岩、石灰岩、白云岩、大理岩等的粉状填料、细骨料和粗骨料，以及用瓷砖、石墨碾成的瓷粉和石墨粉等。

表6-135为几种常用粉料的性能比较表。表6-136为粉料的主要技术指标。表6-137为粗细骨料的主要技术指标。

常用粉料的性能比较表 表6-135

项 目	辉绿岩粉	石英粉	瓷 粉	石墨粉	硫酸钡	石灰石粉
吸水性	低	较高	较高	低	低	低
收缩性	小	大	一般	小	小	一般
耐酸性	好	一般	好	好	好	不耐
耐碱性	耐	不耐	不耐	耐	耐	耐
耐氢氟酸性	不耐	不耐	不耐	耐	耐	不耐
耐磨性	好	一般	一般	较差	—	一般
耐热性	高	一般	一般	高	一般	一般
导热性	一般	一般	一般	好	—	一般
成 本	一般	低	较高	较高	高	低

粉料的主要技术指标　　**表 6－136**

项　目		指　标
耐酸率（%）		>95
含水率（%）		<1
细　度	1600 孔/cm^2 筛余（%）	<5
	4900 孔/cm^2 筛余（%）	15～30
亲水系数		1.1
石　棉	6～7 级石棉绒，也可采用长度 4～6mm 的玻璃纤维 用于酸性介质侵蚀时，宜用角闪石类石棉	

粗、细骨料的主要技术指标　　**表 6－137**

项　目	细骨料	粗骨料
耐酸率（%）	>95	>95
空隙率（%）	<40	<45
含水率（%）	不允许	不允许
含泥量（%）	<1	<1
浸酸安定性	合格	合格

（4）纤维填料

常用的纤维填料有石棉纤维和麻丝两种。石棉是一种纤维状结构的矿物，有角闪石棉和温石棉两种。角闪石棉含二氧化硅量高，耐酸性能较好，温石棉含二氧化硅量低，耐酸性差，而耐碱性好。石棉纤维填料一般采用 6～7 级角闪石棉或温石棉，当选用温石棉时，其酸溶率应小于 50%。麻丝是大麻、苎麻、亚麻等植物的茎皮纤维，耐酸碱性能均较良好。

石棉纤维仅在配制沥青胶泥时掺用作填料，借以增强胶泥的抗拉强度。

（5）石材

天然石材具有良好的耐腐蚀性能，但天然石材根据其矿物组成及致密程度，可分为耐酸和耐碱两种，其中氧化硅含量越高，则耐酸性越好，如花岗岩、石英岩、玄武岩、安山岩、文石等均为耐酸石材；而氧化钙、氧化镁含量越高，则耐碱性越好，如石灰岩、白云岩、大理岩等均为耐碱石材。有些耐酸石材，如花岗岩、玄武岩等，由于材质结晶致密，孔隙率小，耐碱性能亦较好。

2. 沥青胶泥、沥青砂浆、沥青混凝土和沥青浸渍砖等材料的配制

（1）沥青胶泥的施工配合比

应根据工程部位、使用温度和施工方法等因素不同而有所不同，参见表 6－138。

沥青胶泥的施工配合比和耐热性能 **表6-138**

组别	沥青软化点（℃）	配合比（质量比）			胶泥耐热性能（℃）		用途
		沥青	粉料（石英粉）	温石棉或6级石棉	软化点	耐热稳定性	
1	≥75	100	30	5	≥75	40	隔离层用
	≥90	100	30	5	≥95	50	
	≥110	100	30	5	≥110	60	
2	≥75	100	80	5	≥95	40	灌缝用
	≥90	100	80	5	≥110	50	
	≥110	100	80	5	≥115	60	
3	≥70	100	100	5	≥95	40	铺砌平面块材用
	≥90	100	100	10	≥120	60	
	≥110	100	100	5	≥120	70	
4	≥65	100	150	5	≥105	40	铺砌立面块材用
	≥75	100	150	5	≥110	50	
	≥90	100	150	10	≥125	60	
	≥110	100	150	5	≥135	70	
5	≥65	100	200	5	≥120	40	灌缝法施工时，铺砌平面结合层用
	≥75	100	200	5	≥145	50	
	≥90	100	200	10	≥145	60	
	≥110	100	200	5	≥145	70	

（2）沥青砂浆、沥青混凝土施工配合比

沥青砂浆、沥青混凝土施工配合比参见表6-139。

沥青砂浆、沥青混凝土用粘粉及骨料混合物的颗粒级配要求见表6-140。

沥青砂浆、沥青混凝土参考配合比 **表6-139**

种类	粉料骨料混合物	沥青（重量比）（%）
沥青砂浆	100	11~14
细粒式沥青混凝土	100	8~10
中粒式沥青混凝土	100	7~9

注：1. 为提高沥青砂浆抗裂性，可适当加入纤维状填料。

2. 沥青砂浆用于抹立面时，沥青用量可达25%。

3. 本表系采用平板振动器振实的沥青用量，采用碾压机或热滚筒压实时，沥青用量应适当减少。

4. 用平板振动器或热滚筒压实时宜采用30号沥青，采用碾压机施工时宜采用60号沥青。

粉料及骨料混合物的颗粒级配 **表6-140**

种类	混合物累计筛余（%）								
	25	15	5	2.5	1.25	0.63	0.315	0.16	0.08
沥青砂浆	—	—	0	20~38	33~57	45~71	55~80	63~86	70~90
细粒式沥青混凝土	—	0	22~37	37~60	47~70	55~78	65~85	70~88	75~90
中粒式沥青混凝土	0	10~20	30~50	43~67	52~75	60~82	68~87	72~90	77~92

(3) 沥青冷底子油配合比（重量比）

第一遍，建筑石油沥青与汽油之比为30:70；

第二遍，建筑石油沥青与汽油之比为50:50。

建筑石油沥青与煤油或轻柴油之比为40:60。

(4) 沥青浸渍砖

沥青浸渍砖又称沥青砖、黑砖，是用普通标准砖放入熔融的石油沥青或焦油沥青中熬煮而得。标准黏土砖的强度等级不宜偏高，其吸水率约10%左右，这种砖易于浸透沥青。沥青一般采用软化点60℃以下的道路石油沥青，或30乙建筑石油沥青。

熬制沥青浸渍砖有干法浸渍和湿法浸渍两种方法。

干法浸渍：先将砖块烘干，然后将砖放入熔融的沥青液中，升温浸煮。当采用石油沥青浸渍时，可升温至180~200℃。用煤沥青浸渍时，升温至170~190℃。熬制4~8h取出即可。沥青消耗量约为砖重的20%~30%。

湿法浸渍：先将砖浸于水中约10min，至无气泡逸出。然后将砖取出晾干3~5min，至不滴水为止。随即将其放入熔融的沥青液中熬煮2h左右即可取出待用。

湿法浸砖较干法浸砖的时间短、速度快、质量好。沥青液渗入砖中的深度以大于15mm者为合格，见图6-107。

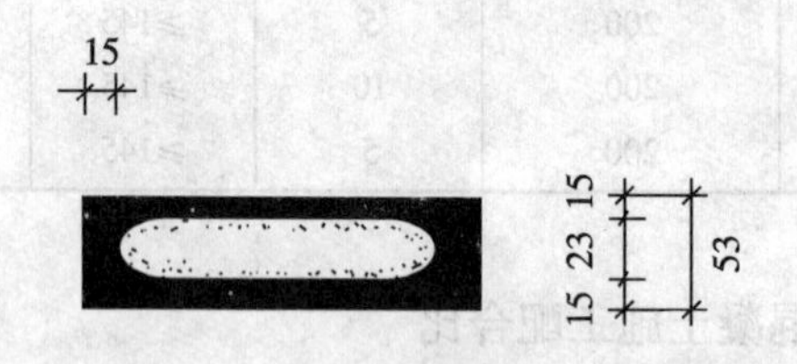

图6-107　沥青浸渍砖浸渍深度

3. 沥青类防腐蚀地面的构造类型

(1) 用沥青胶泥铺贴防腐蚀板材楼地面的构造做法见图6-108。

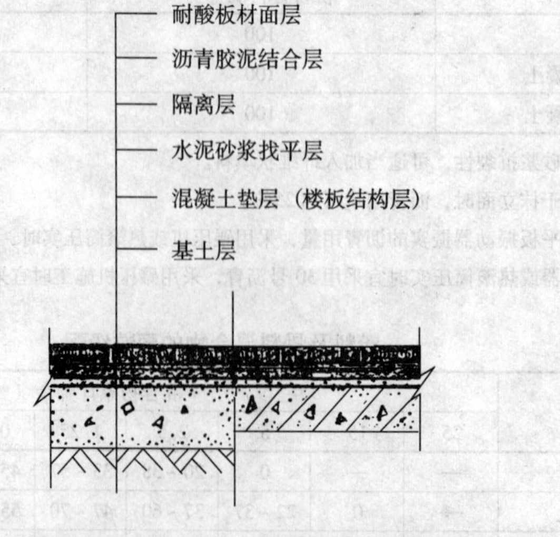

图6-108　用沥青胶泥铺贴防腐蚀板材楼地面构造做法

(2) 用沥青胶泥（砂浆）铺砌防腐蚀块材楼地面的构造做法见图6-109。

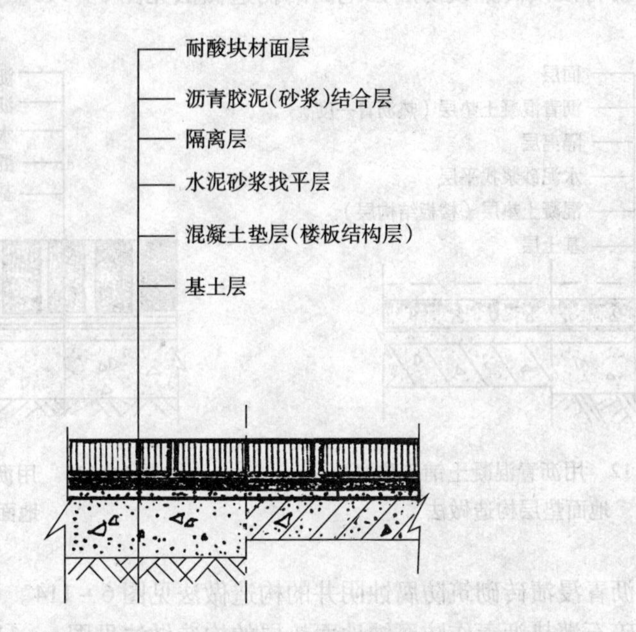

图6-109 用沥青胶泥（砂浆）铺砌防腐蚀块材楼地面构造做法

(3) 用沥青砂浆铺筑防腐蚀楼地面的构造做法见图6-110。

(4) 用沥青混凝土铺筑防腐蚀楼地面的构造做法见图6-111。

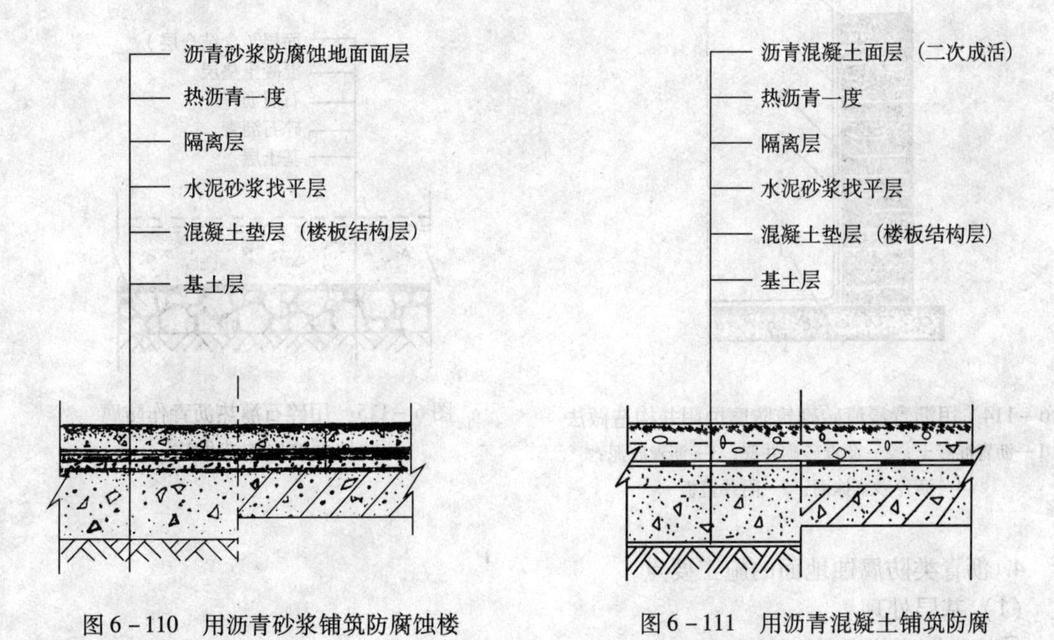

图6-110 用沥青砂浆铺筑防腐蚀楼地面构造做法

图6-111 用沥青混凝土铺筑防腐蚀楼地面构造做法

（5）用沥青混凝土铺筑防腐蚀地面垫层的构造做法见图6－112。

（6）用沥青浸渍砖铺设防腐蚀地面的构造做法见图6－113。

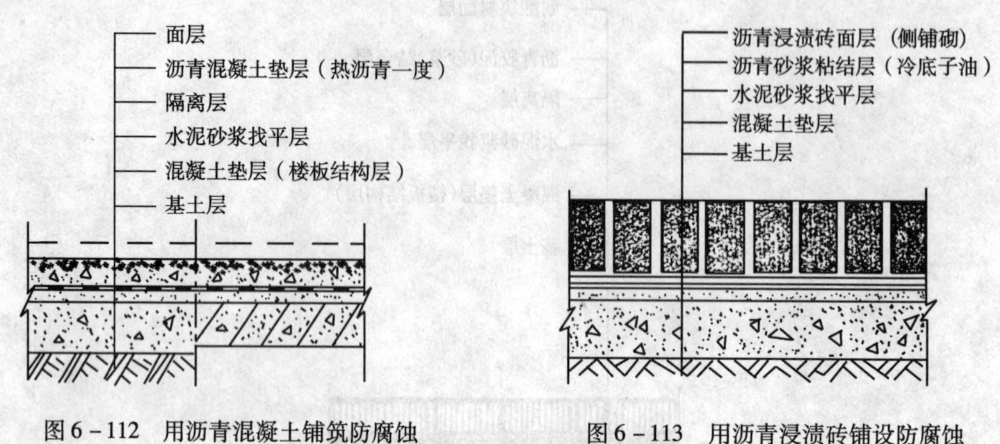

图6－112　用沥青混凝土铺筑防腐蚀地面垫层构造做法

图6－113　用沥青浸渍砖铺设防腐蚀地面构造做法

（7）用沥青浸渍砖砌筑防腐蚀阴井的构造做法见图6－114。

（8）用碎石灌热沥青作防腐蚀地面垫层的构造做法见图6－115。

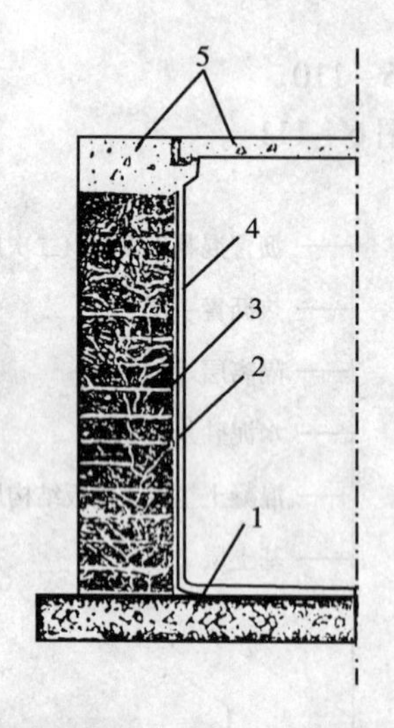

图6－114　用沥青浸渍砖砌筑防腐蚀阴井构造做法

1—沥青混凝土；2—沥青砖砌井壁；3—沥青胶泥；4—沥青砂浆抹面；5—阴井盖板

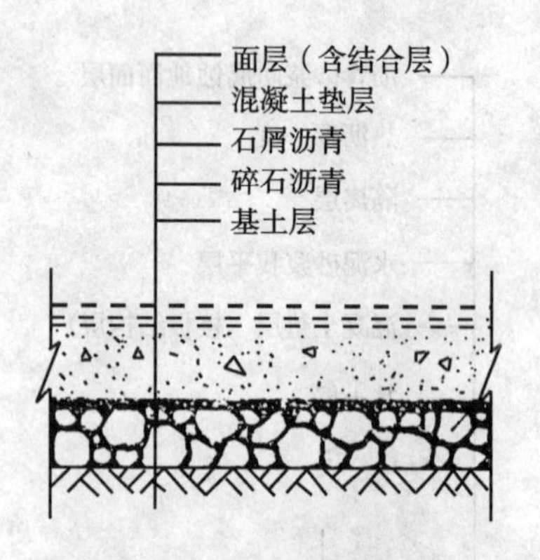

图6－115　用碎石灌热沥青作防腐蚀地面垫层构造做法

4. 沥青类防腐蚀地面的施工要点

（1）基层处理

①施工沥青类防腐蚀地面的混凝土基层，应坚固、密实、有足够的强度。表面应平整、清洁、干燥，没有起砂、起壳、裂缝、蜂窝麻面等现象。

②施工块材铺砌的防腐蚀地面，基层的阴阳角应做成直角，进行其他类型防腐蚀地面

施工的，基层的阴阳角处应做成斜面或圆角。

③施工前，应清理干净基层表面的浮灰、水泥渣及疏松部位。有污染的部位用溶剂擦净并晾干。

(2) 冷底子油的配制与涂刷

①冷底子油的作用

冷底子油是用石油沥青与溶剂汽油配制而成的一种稀释涂料，其作用是使水泥砂浆、混凝土基层通过冷底子油的过渡与防腐蚀构造层间取得良好的结合。

冷底子油一般涂刷两遍。第一遍的作用是使冷底子油掺入水泥砂浆、混凝土表面的细微孔洞，生根结牢；第二遍的作用则要在第一遍冷底子油层上生成一层均匀而又粘得很牢的薄膜，以增加冷底子油层的厚度，同时使其上的隔离层、构造层获得紧密粘结。

②冷底子油的施工配合比

如前所述，冷底子油常用的施工配合比（重量比）第一遍为：建筑石油沥青：溶剂汽油 =30:70，第二遍为：建筑石油沥青:溶剂汽油 =50:50。

③冷底子油的配制

冷底子油的配制方法有热调法和冷调法两种。

热调法：先将沥青打成碎块，加热熔化、脱水，直至沥青液不起泡沫为止，将它装入桶中，移至远离炉火的地方，冷却至80℃左右。随后分批缓缓加入溶剂汽油，随加随搅均匀。也可直接把沥青液用油壶缓缓注入装有溶剂汽油的桶中，边加入边搅匀。

冷调法：适用于小量调制。先将沥青打成5～10mm的小碎块，按重量配合比，逐渐加入装有溶剂汽油的桶中，不停地搅调，直至全部溶解为止。

④冷底子油的涂刷

涂刷前应先清扫基层，但切不可用水冲洗或用湿拖把擦净。基层应保持干燥，含水率应控制在6%左右。

涂刷冷底子油要用橡皮刷板、藤筋刷或油漆刷等工具蘸油后均匀涂刷，也可用油壶边浇边刷。涂刷要求薄而均匀，不得漏涂漏刷，且表面不允许存在麻点现象。也可用白灰喷浆机等喷雾工具喷涂，既省料，又省工。

第二遍冷底子油应待第一遍冷底子油干燥后立即进行涂刷。时间间隔一般为4～6h为宜，以用手指轻按第一遍冷底子油表面不留痕迹为度。

(3) 隔离层施工

①隔离层的作用和分类

隔离层是阻挡腐蚀介质侵蚀地面承重结构的第一道防线，也就是说，腐蚀性介质一旦穿透隔离层后，就要与钢筋混凝土结构直接发生化学破坏作用。

沥青类隔离层有两种，一种是涂抹式隔离层，另一种是卷材式隔离层。这两种隔离层均设在冷底子油层上，采用沥青稀胶泥涂刷或铺贴。

②沥青稀胶泥的施工配合比

用于隔离层的沥青稀胶泥的施工配合比（重量比），通常采用：建筑石油沥青:石英粉:6级石棉 =100:35:5。

③沥青稀胶泥的配制

将沥青打成碎块，加入铁锅中，用小火逐渐均匀加热，使其熔化。当熬煮温度从常温升至160～180℃期间，要经常搅拌，直至油层表面泡沫消失，沥青基本脱水完毕，即可灌入油壶中，供配制沥青稀胶泥用。

由于沥青稀胶泥中要掺加30%左右的填料（粉料及纤维填料），因此应将填料摊放在铁板上进行升温预热，或安置在烘箱内进行干燥预热，温度可控制在120℃左右，然后按施工配合比量，趁热将粉料和石棉纤维逐渐加入至熔融的沥青中，不断搅拌，直至均匀。若粉料和纤维填料在不预加热的情况下掺入，则沥青的熬煮温度宜提高至220℃左右。

分批使用沥青稀胶泥时，应先搅匀，后取用，以防粉料沉淀。熬好的沥青稀胶泥未用完前，不得加入新的沥青或粉料。

④涂抹式沥青隔离层的施工

涂抹式隔离层是用沥青稀胶泥或热沥青直接涂抹在冷底子油层上。涂抹层数，当设计无要求时，宜采用两层，总厚度为2～3mm。涂抹时要纵横交错进行。第二层施工需待第一层基本干燥后进行，一般间隔时间为2h。

沥青稀胶泥、热沥青的涂抹温度，采用建筑石油沥青时，不低于180℃；建筑石油沥青与普通石油沥青混用时，不低于200℃；采用普通石油沥青时，不低于220℃。

当隔离层上采用水玻璃类耐酸材料施工时，在第二层涂抹完毕后，应随即均匀稀撒预热过的耐酸砂粒，其粒径为2.5～5mm，并轻轻拍入粒径的1/3左右，以提高与上面构造层的粘合力。

隔离层铺设好后，应禁止随意上人踩踏。

⑤卷材式隔离层的施工

铺贴卷材式隔离层时，首先应将成卷的卷材摊开，按实际要求尺寸（包括搭接尺寸）裁剪好，并将表面的撒布物清除干净，注意不损伤卷材。然后将卷材按相反方向反卷起来待用。清除撒布物是为了使沥青稀胶泥或热沥青与卷材粘结牢固；反卷的作用是使卷材在铺贴时，克服原有的定向弯曲，保持平服而不起翘。

铺贴前，应在冷底子油层表面或前一层卷材面上弹出拟铺位置粉线，防止铺贴时歪斜、扭曲等现象发生。

卷材铺贴顺序应由低往高，先平面后立面。地面隔离层延续铺至墙面的高度为100～150mm。在拐角和穿过管道处，均应做成小圆角，并附加卷材一层。

上下两层卷材不应采用相互垂直的方向铺贴，以免十字交叉，引起叉缝处渗漏。宜采用鱼鳞式搭接，见图6－116。上下层卷材一般宜错位1/2幅宽。采用平层卷材隔离层时，每幅卷材长边和短边的搭接应不小于100mm。

卷材隔离层铺贴时，沥青稀胶泥的温度应不低于190℃，当施工环境温度低于5℃时，应采取措施提高温度后方可施工，以保卷材粘贴质量。

当隔离层上采用水玻璃类耐酸材料施工时，应在刚铺完的卷材层上浇铺一层沥青胶泥，并随即均匀稀撒预热过的耐酸粗砂粒，粒径2.5～5mm，并轻轻拍入粒径的1/3左右，以提高与上面构造层的粘合力。

卷材隔离层铺贴好后，应禁止随意上人踩踏。

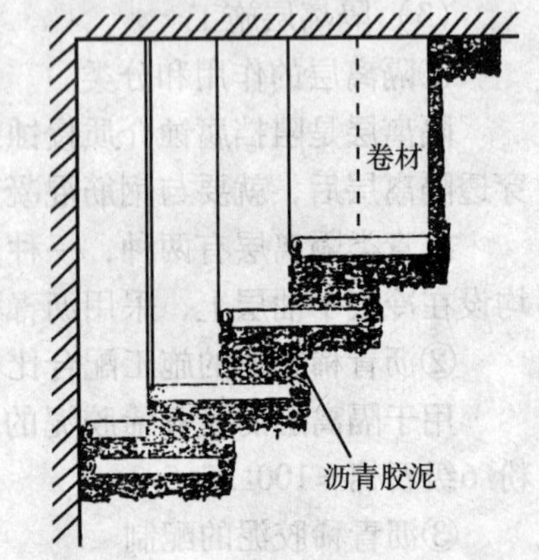

图6－116　卷材鱼鳞式铺贴

（4）沥青砂浆和沥青混凝土施工

①沥青砂浆和沥青混凝土地面整体性好，耐稀酸、抗水性能优良，常用来作防腐蚀楼、地面的面层或垫层，其构造做法见图6－102～图6－104。

②沥青砂浆和沥青混凝土具体施工配合比（重量比）如下：

沥青砂浆　沥青：粉料：细骨料：石棉绒＝10～25：22：78：0.5～1.2

沥青混凝土　沥青：粉料：骨料＝7～9：17：83

粉料及骨料混合物的颗粒级配要求见表6－140。当采用碾压机或热滚筒压实时，沥青用量可适当减少10%左右。

细粒式沥青混凝土骨料的最大粒径宜为15mm，中粒式沥青混凝土骨料的最大粒径宜为25mm。

③沥青砂浆或沥青混凝土地面面层摊铺前，应在已涂有沥青冷底子油的基层（水泥砂浆或混凝土）上先涂一层沥青稀胶泥（沥青：粉料＝100：30质量比）。

④沥青砂浆或沥青混凝土地面应严格掌握好沥青的熬煮温度、拌合料摊铺温度和压实温度。沥青熬煮温度控制在200～230℃（冬季宜取高值）。粉料及骨料混合均匀后，应放在铁板上用小火升温加热，或装在麻布袋中后放入烘箱（或烘房）中干燥预热，预热温度可控制在140℃左右。

沥青砂浆或沥青混凝土拌合料的摊铺温度应控制在160～180℃（冬季宜取高值），压实后的温度不宜低于110℃（冬季不低于100℃）。摊铺后用热滚筒或碾压机压实时，为防滚筒表面粘结，可涂刷防粘液（柴油：水＝1：2质量比）。

压实工作也可采用平板振动器，其振动频率为2900次/分，振幅0.5～1mm。墙脚等处，应采用热墩锤人工压实。

⑤沥青砂浆或沥青混凝土地面施工应尽量不留施工缝。如工程量大，需留施工缝时，应留成斜槎并拍实。继续施工时，应先清理斜槎面，扫去松动颗粒，然后覆盖沥青砂浆或沥青混凝土进行预热，预热后将覆盖层除去，涂一层热沥青或沥青稀胶泥后再继续施工，槎口接缝处应用热墩锤仔细拍实，并烙平至不留痕迹。分层施工时，上下层的施工缝位置应错开。

沥青砂浆和细粒式沥青混凝土每层压实厚度不宜超过30mm；中粒式沥青混凝土不宜超过60mm。虚铺厚度应经试压确定。用平板振动器时，一般为压实厚度的1.3倍。

⑥铺压完的沥青砂浆或沥青混凝土应与基层结合牢固，面层应密实、平整。如发现面层有裂缝、起鼓和脱层等现象，应先将缺陷处挖除，清理干净，用喷灯预热后，涂一层热沥青或沥青稀胶泥，然后用沥青砂浆或沥青混凝土趁热填补压实，并注意接缝处烙平不露痕迹。

⑦沥青砂浆或沥青混凝土面层表面平整度，用2m直尺检查，其凹凸不平之处应不大于4mm。

（5）沥青浸渍砖铺地施工

沥青浸渍砖铺砌地面，其构造做法见图6－113。其结合层用沥青胶泥或沥青砂浆，砖块间的粘结用沥青胶泥。结合层厚度和灰缝宽度见表6－126。

施工时砖块结合层及灰缝应饱满，粘结要牢固，表面应平整，相邻两块间的高度差不应大于2mm。用2m直尺检查，其凹凸度不应大于6mm。

（6）碎石灌热沥青地面垫层施工

碎石灌热沥青地面垫层，其构造做法见图6－115。

碎石层的碎石粒径一般为30～60mm，最大粒径不得超过实际铺设厚度的2/3。铺设要均匀，厚度要一致。所用石料应干燥清洁，并经拍实。

施工时，不得将热沥青直接浇灌在有明水或冻结的地基土壤上。热沥青遇水要引起沥青飞溅而发生事故。

施工前应将地基土壤保持一定的干燥程度，以增强碎石与沥青以及与基土层的粘结能力。

5. 沥青类防腐蚀地面工程质量标准及检验方法

（1）沥青胶泥质量标准及检验方法见表6－141。

沥青胶泥质量标准及检验方法　　表6－141

项次	项目	质量标准				检验方法
		使用部位最高温度（℃）				
		≤30	31～40	41～50	51～60	
1	热稳定性不低于（℃）	40	50	60	70	按施工规范指定的方法检验
2	浸酸后重量变化率（%）	±1				

注：用于立面铺砌或承受荷载的部位，耐热稳定性应按设计要求予以适当提高。

（2）沥青砂浆和沥青混凝土的质量标准及检验方法见表6－142。

沥青砂浆和沥青混凝土质量标准及检验方法　　表6－142

项次	项目		质量标准	检验方法
1	抗压强度（MPa）	20℃时不小于	3.0	按施工规范指定的方法检验
		50℃时不小于	1.0	
2	饱和吸水率（%），以体积计不大于		1.5	
3	浸酸安定性		合格	

注：涂抹立面的沥青砂浆，抗压强度可不受此限。

（3）沥青砂浆或卷材隔离层的质量标准及检验方法见表6－143。

沥青砂浆和卷材隔离层质量标准及检验方法　　表6－143

项次	项目		质量标准	检验方法
1	与基层粘接		牢固、无空数	观察、手触和敲击法检查
2	平面、转角及边沿		平整、无翘皮、无皱褶、封口严实	
3	卷材搭接	搭接长度（mm不小于）	100	尺量检查
		搭接处	粘接严实，无翘边	观察检查
4	平面延伸至立面高度（mm）不小于		150	尺量检查

6.14.5 水玻璃类防腐蚀地面

水玻璃类防腐蚀地面是指以水玻璃为胶结料，氟硅酸钠为固化剂，加入一定级配的耐酸粉料和粗、细骨料配制而成的耐酸水玻璃胶泥、水玻璃砂浆和水玻璃混凝土，其特点是耐酸性能好，机械强度高，资源丰富，价格较低；但抗渗性和耐水性能较差，抗稀酸的能力不太理想，且不耐碱。施工也较复杂，养护期较长。其中水玻璃胶泥和水玻璃砂浆常用于铺砌各种块材楼地面面层和贮槽衬里层；水玻璃混凝土常用于浇注楼、地面整体面层、设备基础及池槽体等防腐蚀工程。

水玻璃类耐酸材料的耐腐蚀性能见表6-144。

水玻璃类耐酸材料的耐腐蚀性能　表6-144

介质名称	浓度（%）	温度（℃）	耐腐蚀性
硫　酸	85~95	不　限	耐
硫　酸	50以下	不　限	较耐
硝　酸	40~98	不　限	耐
盐　酸	30以上	不　限	耐
盐　酸	<5	不　限	耐（渗透性大）
醋　酸	<10	不　限	较耐
铬　酸	60	不　限	耐
甲　酸	90	不　限	耐
次氯酸	10	不　限	耐
硼　酸	浓溶液	不　限	耐
氟硅酸	任　意	不　限	不耐
氢氟酸	任　意	不　限	不耐
氢氧化钠	任　意	不　限	不耐
磷　酸	>300℃时不耐		

1. 原材料质量要求

（1）水玻璃

水玻璃（又名泡花碱），系硅酸钠和硅酸钾的水溶液，也称“可溶性玻璃”，化学分子式为 $Na_2O \cdot nSiO_2$，是一种青灰色或黄灰色的透明黏稠液体，有钠水玻璃和钾水玻璃之分。钾水玻璃产量较少，外观为无色透明液体，价格较贵，通常以钠水玻璃使用较多。水玻璃的主要技术指标模数和密度见表6-145。水玻璃的化学成分见表6-146。

水玻璃技术指标　表6-145

项　目	技术指标	
	钠水玻璃	钾水玻璃
模数	2.6~2.9	2.6~2.9
密度（g/cm^3）	1.44~1.47	1.40~1.46

注：1. 液体内不得混入油类或杂物，必要时使用前应过滤。

2. 水玻璃模数或密度不符合本表要求时，应予调整。

水玻璃的化学成分（%） 表6-146

氧化硅	氧化钠	氧化铝 氧化铁	氧化钙	硫酸根	水
32.0~34.5	11.0~13.5	<0.25	<0.20	<0.18	57

水玻璃的模数与密度，与保证水玻璃耐腐蚀材料的施工质量关系极大。水玻璃密度大，表示固体含量多，含水量少，用以配制的水玻璃胶泥、水玻璃砂浆和水玻璃混凝土强度高，耐酸性能好，抗渗性能亦相应提高，凝结时间也较长，故一般选用密度较大的水玻璃。但当密度大于1.45时，材料粘度大，给拌制与施工带来困难，同时，材料的收缩变形也较大；当密度小于1.38时，则水玻璃材料中的水分含量过多，又会影响到工程质量，故一般都不会采用。

水玻璃的模数是指水玻璃成分中氧化硅含量与氧化钠含量的比值。模数越高，表示氧化硅含量越多，耐酸性就越好。模数低于2.6的水玻璃，耐酸性差，一般不予采用。

在实际施工中，当所购之水玻璃，其密度或模数不能满足上述指标要求时，应作调整，其调整方法如下：

1）钠水玻璃密度和模数调整方法

密度的调整法：

①钠水玻璃密度过小时，可将其加热脱水，进行调整。操作方法为在水玻璃液体中，插入一支比重计，然后加热升温至85~95℃进行脱水，就可逐步调整到所需范围的密度。

②水玻璃密度过大时，可在水玻璃液体中加入适量的清洁温水，并搅匀，亦用比重计测量调整至所需范围的密度。

模数的调整法：

a. 如钠水玻璃模数过低（小于2.6）时，可加入高模数的钠水玻璃进行调整。调整时，将两种模数的钠水玻璃在常温下进行混合，并不断搅拌直至均匀。

加入高模数钠水玻璃的重量按下式计算：

$$G=\frac{(M_2-M_1)\ G_1}{M-M_2}\times\frac{N_1}{N}$$

式中 G——加入高模数钠水玻璃的质量（g）；

G_1——低模数钠水玻璃的质量（g）；

M——加入高模数钠水玻璃的模数；

M_1——低模数钠水玻璃的模数；

M_2——要求调整需要的钠水玻璃模数；

N_1——低模数钠水玻璃的氧化钠含量（g）；

N——高模数钠水玻璃的氧化钠含量（g）。

b. 如钠水玻璃模数过高（大于2.9）时，可加入低模数钠水玻璃进行调整，调整方法同上。

2）钾水玻璃密度和模数调整方法

密度的调整法：

①当密度太大时，可采用加水稀释的方法降低密度，加水量可按下式计算：

$$加水量（kg）=D_0-D（D-1）\times G_0$$

式中 D_0——稀释前钾水玻璃的密度（g/cm^3）；

D——稀释后钾水玻璃的密度（g/cm^3）；

G_0——稀释前钾水玻璃的质量（kg）。

②当密度太小时，可采用加热蒸发的方法提高密度，其操作方法见上。

模数的调整法：

a. 加入硅胶粉将低模数调整成高模数。

调整时先将磨细的硅胶粉和水调成糊状，加入钾水玻璃中，然后逐渐加热溶解。硅胶粉的加入量按下式计算：

$$G=M_x-M/（M\times P）\times A\times G_1\times 100$$

式中 G——低模数钾水玻璃中应加入硅胶粉的质量（kg）；

M_x——调整后的钾水玻璃的模数；

M——低模数钾水玻璃的模数；

P——硅胶粉的纯度（%）；

A——低模数钾水玻璃中的二氧化硅含量（%）；

G_1——低模数钾水玻璃的质量（kg）。

b. 加入氧化钾将高模数调整为低模数。

调整时先将氧化钾配成氢氧化钾溶液，加入到高模数的水玻璃中，搅拌均匀即可。氧化钾的加入量可按下式计算：

$$G=M_1-M_x/（M_x\times P）\times B\times G_1\times 1.19\times 100$$

式中 G——高模数钾水玻璃中应加入氧化钾的质量（kg）；

M_1——高模数钾水玻璃的模数；

M_x——调整后钾水玻璃的模数；

B——高模数钾水玻璃中氧化钾的含量（%）；

G_1——高模数钾水玻璃的质量（kg）；

P——氧化钾的纯度（%）；

1.19——氧化钾换算成氢氧化钾的换算系数。

c. 采用高低模数的钾水玻璃相互调整。

调整时将两种不同模数的钾水玻璃混合，配制成所需的模数。调整时应按下式计算：

$$G_h=M_R-M_L/（M_H-M_R）\times N_L/N_h\times G_L$$

式中 G_h——应加入高模数钾水玻璃的质量（kg）；

M_R——需要调整后的钾水玻璃模数；

G_L——低模数钾水玻璃的质量（kg）；

M_H——高模数钾水玻璃的模数；

M_L——低模数钾水玻璃的模数；

N_h——高模数钾水玻璃中氧化钾含量（%）；

N_L——低模数钾水玻璃中氧化钾含量（%）。

在选择水玻璃密度、模数时，还应考虑地区、气候、温度、湿度等实际情况。在干燥地区或冬季施工，可适当提高模数，降低密度。模数控制在2.80～2.90，密度控制在1.30～1.40；在潮湿地区或夏季施工，可适当降低模数、提高密度。模数控制在2.50～2.60，密度控制在1.40～1.60。

目前，由水玻璃和一定量的密实剂配制成改性水玻璃溶液，专供配制密实性良好的水玻璃耐酸混凝土用。常用的密实剂有亚甲基二萘磺酸钠（NNO）、糠醇、六羟树脂（六甲氧甲基三聚氰胺）和木质素磺酸钙（木钙）等。在使用这些材料时，应充分了解其材料性能、掺量和操作要求，切忌盲目使用。

（2）氟硅酸钠

氟硅酸钠是一种白色浅灰或淡黄色的结晶状粉末，是水玻璃类耐酸材料的固化剂。建筑防腐蚀工程中一般采用工业品氟硅酸钠，它的纯度应大于95%，细度要求通过每平方厘米1600筛孔，含水量不大于1%。

氟硅酸钠的用量，一般为水玻璃用量的14%～18%，实际用量应根据水玻璃材料中氧化钠的含量多少按下式进行计算：

$$F=1.5\times\frac{G\times N_1}{N_2}$$

式中 F——氟硅酸钠的重量（克）；

G——水玻璃的重量（克）；

N_1——水玻璃中氧化钠的百分含量（%）；

N_2——氟硅酸钠的纯度（%）。

若氟硅酸钠的用量过多，硬化速度加快，以至无法满足施工操作时间的要求，同时耐酸性能显著下降；若氟硅酸钠的用量过少，硬化反应就不完全，存在着游离的水玻璃，即使养护时间一再延长，仍然不能固化，同时失去耐酸性能。所以，氟硅酸钠用量的严格控制是保证水玻璃类耐酸材料质量的关键。

水玻璃和氟硅酸钠的反应速度，受施工期间气温高低的影响极大。冬季气温低于10℃时，两者反应速度减慢，氟硅酸钠用量宜适当增加些，一般采用水玻璃量的18%～20%；盛夏气温高于30℃时，两者反应速度加快，氟硅酸钠用量宜减少些，一般采用水玻璃量的13%～14%。

氟硅酸钠在贮存期间若有受潮结块现象，在不高于60℃的温度下烘干，并研细过筛后，仍可继续使用。若烘干温度高于90℃时，氟硅酸钠会分解变质，不能使用。

钾水玻璃的固化剂一般为缩合磷酸铝，已掺入钾水玻璃胶泥、砂浆和混凝土混合料内。

（3）钠水玻璃材料的粉料和粗细骨料质量

1）粉料

钠水玻璃耐酸材料常用的粉料有石英粉、铸石粉、安山岩粉等，其技术指标见表6－147。

粉料技术指标 表6－147

项目		技术指标
耐酸度（%）不小于		95
含水率（%）不大于		0.5
细度	0.15mm 筛孔筛余量（%）不大于	5
	0.09mm 筛孔筛余量（%）	10～30

注：1. 石英粉因粒度过细，收缩率大，易产生裂缝，故不宜单独使用，可与等重量的铸石粉混合使用。
2. 现有商品供应的用于钾水玻璃的 KPI 粉料和用于钠水玻璃的 IGI 耐酸灰，耐酸性能均较好。

2）细骨料

常用的细骨料为石英砂，其技术指标见表6－148。

细骨料技术指标 表6－148

项目	技术指标
耐酸度（%）不小于	95
含水率（%）不大于	1
含泥量（%）不大于（用天然砂时）	1

3）粗骨料

常用的粗骨料有石英石、花岗石等，其技术指标见表6－149。

粗骨料技术指标 表6－149

项目	技术指标
耐酸度（%）不小于	95
含水率（%）不大于	0.5
吸水率（%）不大于	1.5
含泥量	不允许
浸酸安定性	合格

4）粗、细骨料的颗粒级配要求

当用钠水玻璃砂浆铺砌块材地面时，采用细骨料的粒径不大于1.25mm。钠水玻璃混凝土用粗、细骨料的颗粒级配要求见表6－150和表6－151。

钠水玻璃混凝土用细骨料级配要求 表6－150

筛孔（mm）	5	1.25	0.315	0.16
累计筛余量（%）	0～10	20～55	70～95	95～100

钠水玻璃混凝土用粗骨料级配要求 **表6-151**

筛孔（mm）	最大粒径	1/2最大粒径	5
累计筛余量（%）	0~5	30~60	90~100

注：粗骨料的最大粒径，应不大于结构断面最小尺寸的1/4。

2. 水玻璃胶泥、水玻璃砂浆和水玻璃混凝土的配制

（1）钠水玻璃类材料的施工配合比及配制工艺

1）钠水玻璃类材料的施工配合比，见表6-152。

钠水玻璃类材料的施工配合比 **表6-152**

材料名称			配合比（质量比）						
			钠水玻璃	氟硅酸钠	粉料、骨料				糠醇单体
					铸石粉	铸石粉:石英粉=1:1	细骨料	粗骨料	
钠水玻璃胶泥	普通型	1	100	15~18	250~270	—	—	—	—
		2	100	15~18	—	220~240	—	—	—
	密实型		100	15~18	250~270	—	—	—	3~5
钠水玻璃砂浆	普通型	1	100	15~17	200~220	—	250~270	—	—
		2	100	15~17	—	200~220	250~260	—	—
	密实型		100	15~17	200~220	—	250~270	—	3~5
钠水玻璃混凝土	普通型	1	100	15~16	200~220	—	230	320	—
		2	100	15~16	—	180~200	240~250	320~330	—
	密实型		100	15~16	180		250	320	3~5

注：氟硅酸钠用量计算公式：$G=1.5\times N_1\times N_2\times 100$。

式中 G——氟硅酸钠用量占钠水玻璃用量的百分率（%）；

N_1——钠水玻璃中含氧化钠的百分率（%）；

N_2——氟硅酸钠的纯度（%）。

2）钠水玻璃胶泥、砂浆的配制：

①机械搅拌：按施工配合比规定的秤量，将粉料、细骨料与固化剂加入搅拌机内，干拌均匀，然后逐渐加入定量的钠水玻璃湿拌，湿拌时间不应少于2min。当配制钠水玻璃胶泥时，不加入细骨料。

②人工搅拌：先将粉料和固化剂混合拌匀，并过筛两遍，然后加入细骨料干拌均匀，再逐渐加入钠水玻璃进行湿拌，直至均匀。当配制钠水玻璃胶泥时，不加入细骨料。

③当配制密实型钠水玻璃胶泥或砂浆时，可将钠水玻璃与外加剂一起加入，湿拌直至均匀。

3）钠水玻璃混凝土的配制：

①机械搅拌应采用强制式混凝土搅拌机，将细骨料、已混匀的粉料和固化剂、粗骨料加入搅拌机内干拌均匀，然后加入钠水玻璃湿拌，湿拌时间不宜少于3min。

②人工拌合，应先将粉料和固化剂混合过筛后，加入粗、细骨料干拌均匀，最后加入钠水玻璃湿拌，湿拌不应少于三次，直至拌匀。

③当配制密实型钠水玻璃混凝土时，可将钠水玻璃和外加剂一起加入，湿拌直至均匀。

4）拌制好的钠水玻璃胶泥、砂浆和混凝土内严禁加入任何物料，并必须在初凝前约30min内用完。

（2）钾水玻璃材料的施工配合比及配制工艺

1）钾水玻璃材料的施工配合比见表6－153。

钾水玻璃类材料的施工配合比　表6－153

材料名称	混合料最大粒径（mm）	配合比（质量比）			
		钾水玻璃	钾水玻璃胶泥混合料	钾水玻璃砂浆混合料	钾水玻璃混凝土混合料
钾水玻璃胶泥	0.45	100	220～270	—	—
钾水玻璃砂浆	1.25	100	—	300～390	—
	2.50	100	—	330～420	—
	5.00	100	—	390～500	—
钾水玻璃混凝土	12.50	100	—		450～600
	25.00	100	—		560～750
	40.00	100	—		680～810

注：1. 混合料已含有钾水玻璃的固化剂和其他外加剂。
2. 普通型钾水玻璃材料应采用普通型的混合料；密实型钾水玻璃材料应采用密实型的混合料。

2）配制钾水玻璃材料时，先将钾水玻璃混合料干拌均匀，然后加入钾水玻璃，搅拌直至均匀。

3）拌制好的钾水玻璃胶泥、砂浆、混凝土应在初凝前约30min内用完。

（3）水玻璃胶泥、砂浆、混凝土的质量要求

1）钠水玻璃制成品的技术指标：

钠水玻璃胶泥的技术指标见表6－154。

钠水玻璃胶泥技术指标　表6－154

项目		技术指标
凝结时间	初凝（min）不小于	45
	终凝（h）不大于	12
抗拉强度（MPa）不小于		2.5
浸酸安定性		合格
吸水率（%）不大于		15
与耐酸砖粘结强度（MPa）不小于		1.0

2）钠水玻璃砂浆、钠水玻璃混凝土和密实型钠水玻璃混凝土技术指标见表6－155。

钠水玻璃砂浆、钠水玻璃混凝土、密实型钠水玻璃混凝土技术指标　　表6－155

项　　目	指	标	
	钠水玻璃砂浆	钠水玻璃混凝土	密实型钠水玻璃混凝土
抗压强度（MPa）不小于	15	20	25
浸酸安定性	合格	合格	合格
抗渗强度（MPa）不小于	—	—	1.2

3）钾水玻璃制成品的技术指标：

钾水玻璃制成品的技术指标见表6－156。

钾水玻璃制成品技术指标　　表6－156

项　　目		密实型			普通型		
		胶泥	砂浆	混凝土	胶泥	砂浆	混凝土
初凝时间（min）不小于		4.5	—	—	45	—	
终凝时间（h）不大于		15	—	—	15	—	
抗压强度（MPa）不小于		—	25	25	—	20	20
抗拉强度（MPa）不小于		3	3	—	2.5	2.5	
与耐酸砖粘结强度（MPa）不小于		1.2	1.2	—	1.2	1.2	
抗渗等级（P）不小于		1.2	1.2	1.2	—	—	
吸水率（%）不大于		—			10		
浸酸安定性		合　格			合　格		
耐热极限温度（℃）	100～300	—			合　格		
	300～900	—			合　格		

注：1. 表中砂浆抗拉强度和粘结强度，仅用于最大粒径1.25mm的钾水玻璃砂浆。

2. 表中耐热极限温度，仅用于有耐热要求的防腐蚀工程。

3. 水玻璃类防腐蚀地面的构造类型

（1）用水玻璃胶泥铺贴防腐蚀耐酸板材楼地面的构造做法见图6－117。

（2）用水玻璃砂浆铺砌防腐蚀耐酸瓷砖楼地面的构造做法见图6－118。

（3）用水玻璃砂浆铺砌防腐蚀花岗岩石板楼地面的构造做法见图6－119。

（4）用水玻璃混凝土铺设整体防腐蚀楼地面的构造做法见图6－120。

（5）用水玻璃混凝土铺设耐酸池槽内衬和设备基础的构造做法见图6－121。

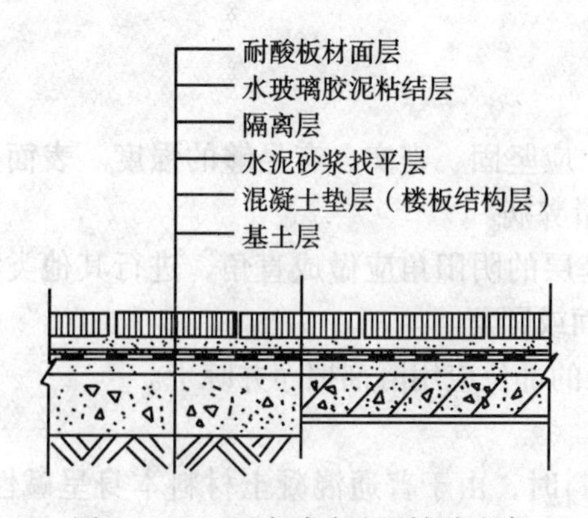

图 6-117 用水玻璃胶泥铺贴防腐蚀耐酸板材楼地面构造做法

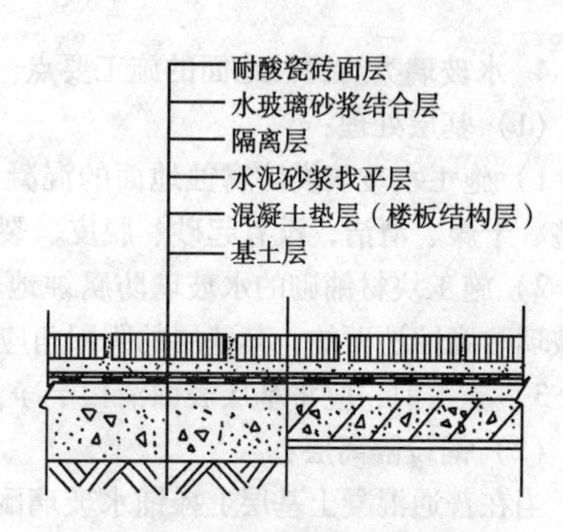

图 6-118 用水玻璃砂浆铺砌防腐蚀耐酸瓷砖楼地面构造做法

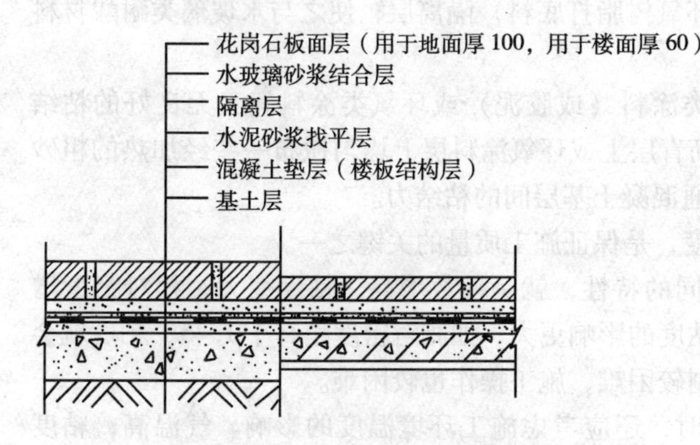

图 6-119 用水玻璃砂浆铺砌防腐蚀花岗岩石板楼地面构造做法

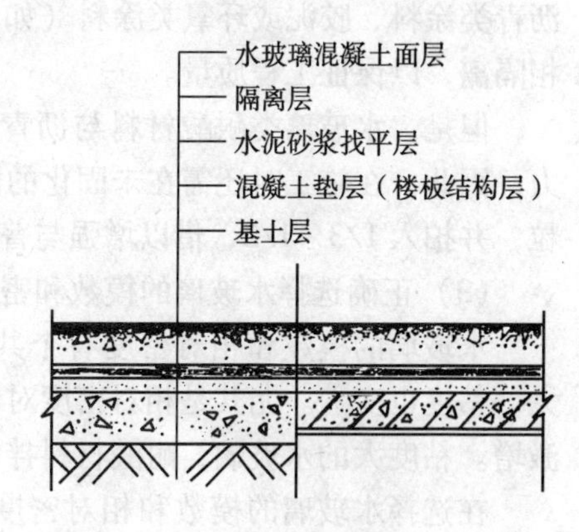

图 6-120 用水玻璃混凝土铺设整体防腐蚀楼地面构造做法

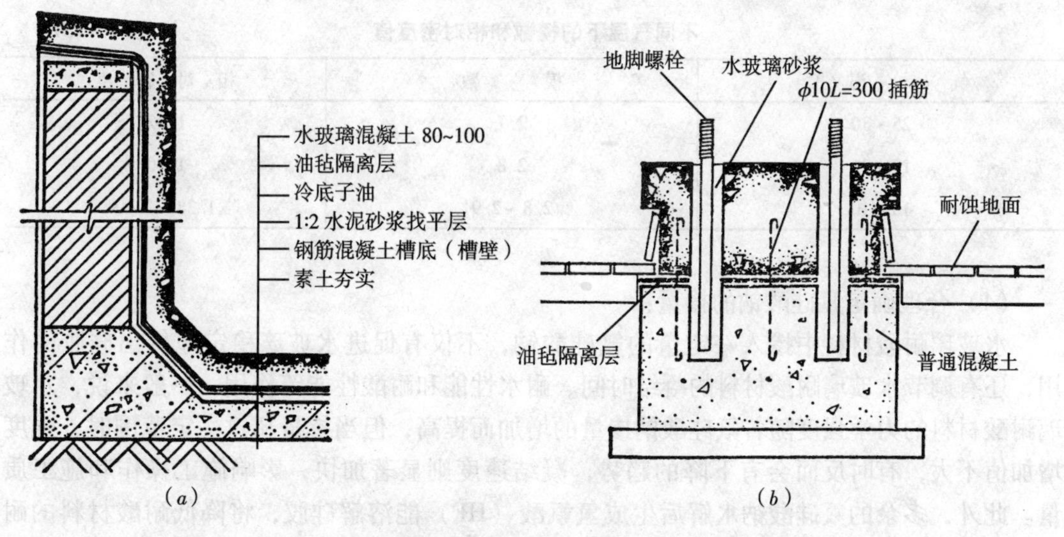

图 6-121 用水玻璃混凝土铺设耐酸池槽内衬和设备基础的构造做法

(a) 池槽内衬构造；(b) 设备基础构造

4. 水玻璃类防腐蚀地面的施工要点

（1）基层处理：

1）施工水玻璃类防腐蚀地面的混凝土基层，应坚固、密实、有足够的强度。表面应平整、干燥、清洁，没有起砂、脱皮、裂缝等质量弊病。

2）施工块材铺砌的水玻璃防腐蚀地面，其基层的阴阳角应做成直角，进行其他类型水玻璃防腐蚀地面的，其基层的阴阳角应做成斜面或圆角。

3）施工前，应将基层表面清扫干净，有污染的部位应用溶剂擦净并晾干。

（2）铺设隔离层：

当在普通混凝土基层上摊铺水玻璃耐腐蚀材料时，由于普通混凝土材料本身呈碱性，其中 OH（氢氧根）对水玻璃和氟硅酸钠反应后，生成的硅酸凝胶有较强的破坏作用，破坏水玻璃耐酸材料与基层的粘结力，在粘结面处形成酥松夹层，因此，必须在基层上设置沥青类涂料、胶泥或环氧类涂料（如环氧树脂打底料）隔离层，使之与水玻璃类耐酸材料相隔离，以保证工程质量。

但是，水玻璃类耐酸材料与沥青类涂料（或胶泥）或环氧类涂料间又无良好的粘结力，因此，在施工时还需在未固化的沥青层上或环氧涂料层上均匀撒布一些经加热的粗砂粒，并拍入 1/3 ~1/2，借以增强与普通混凝土基层间的粘结力。

（3）正确选择水玻璃的模数和密度，是保证施工质量的关键之一。

水玻璃的模数和相对密度有个共同的特性，就是模数增高，粘度变大；相对密度增大，粘度也变大。尤其是相对密度对粘度的影响更大，如相对密度稍高于 1.45，粘度就会激增。粘度大的水玻璃，耐酸材料拌制较困难，施工操作也较困难。

在选择水玻璃的模数和相对密度时，还应考虑施工环境温度的影响。气温高，粘度小，凝速快；气温低，粘度大，凝速慢。所以当气温高时可选择相对密度大、模数低的水玻璃；当气温低时，可选择相对密度小、模数高的水玻璃。具体选用可参见表 6 – 157。

不同气温下的模数和相对密度值 **表 6 – 157**

气　　温（℃）	模　　数	相 对 密 度
25 ~ 30	2.7	1.42
15 ~ 25	2.8	1.40
15 ~ 10	2.8 ~ 2.9	1.38 ~ 1.40

（4）合理确定氟硅酸钠的掺量：

水玻璃耐酸材料中掺入一定量的氟硅酸钠，不仅有促进水玻璃稳定地析出硅胶的作用，还有调节水玻璃耐酸材料的凝结时间、耐水性能和耐酸性能等作用。一般来说，水玻璃耐酸材料的力学强度随着氟硅酸钠掺量的增加而提高，但当掺量超过一定范围时，强度增加值不大，有时反而会有下降的趋势，凝结速度则显著加快，影响施工操作和施工质量。此外，多余的氟硅酸钠水解后生成氢氟酸（HF）能溶解硅胶，将降低耐酸材料的耐酸性能。如果氟硅酸钠的掺量偏少，则与水玻璃的反应就不能充分，多余的水玻璃因能溶于水，故也会影响材料的耐酸性能。此外，材料的凝结时间长，硬化也缓慢，强度也较低。

总之，氟硅酸钠的掺量过多或过少都将影响耐酸材料的质量。根据试验资料和施工实践经验，氟硅酸钠的掺量以水玻璃重量的15%为适宜。随着气温的变化，还应作适量的调整，调整的幅度可按表6－158进行。

氟硅酸钠掺量表 表6－158

施工温度（℃）	>25	15~25	8~15	备注
氟硅酸钠占水玻璃量（%）	13	15	17	氟硅酸钠纯度>95%

水玻璃耐酸材料配合比确定后，为了使氟硅酸钠与水玻璃充分反应，还应注意施工操作顺序，先把氟硅酸钠过筛，然后按比例与耐酸粉料干拌均匀（以看不见耐酸粉料中有白色的氟硅酸钠为准），再用大于80目/英寸筛过筛两遍后，就可以加入水玻璃湿拌了。

（5）水玻璃类防腐蚀工程施工环境温度宜为15~30℃，相对湿度不宜大于80%。原材料使用时的温度，钠水玻璃不宜低于15℃，钾水玻璃不宜低于20℃。

当施工环境温度高于30℃时，水玻璃的黏稠度显著增加，不易于施工。配制的水玻璃材料过早脱水硬化，反应不完全，质量指标低。反之，若施工环境温度过低（钠水玻璃低于10℃，钾水玻璃低于15℃），则水玻璃的黏度增大，亦不利于施工，质量指标亦低。

（6）铺砌耐酸砖、耐酸耐温砖和厚度不大于30mm的天然石材时，宜采用“揉挤法”；铺砌厚度大于30mm的天然石材和钾水玻璃混凝土预制块时，宜采用“坐浆法”施工做灌缝处理。结合层厚度和灰缝宽度参见表6－126。

（7）受液态介质作用的部位，应选用密实型钾水玻璃砂浆。钾水玻璃砂浆整体面层宜分格或分段施工。在一个区段内的水玻璃整体面层，宜一次抹压完成。面层厚度不大于30mm时，宜选用混合料最大粒径为2.5mm的钾水玻璃砂浆；面层厚度大于30mm时，宜选用混合料最大粒径为5mm的钾水玻璃砂浆。

（8）抹压钾水玻璃砂浆时，不宜往返进行，平面部位应按同一方向抹压平整；立面部位应由下往上抹压平整。每层抹压后，当表面不粘抹具时，可轻拍轻压，但不得出现褶皱和裂纹。

（9）浇筑水玻璃混凝土地面时，应在初凝前振捣至泛浆排除气泡为止。并应随时控制好平整度和坡度。平整度采用2m直尺检查，允许空隙不应大于4mm；坡度其允许偏差为坡长的±0.2%，最大偏差值不大于30mm。

（10）水玻璃混凝土整体地面应分格施工。分格缝间距不宜大于3m，缝宽宜为12~16mm。当用于有隔离层地面时，分格缝内可用同型号的水玻璃砂浆填实；当用于无隔离层的密实型地面时，分格缝内应用弹性防腐蚀胶泥填实。

当需要留施工缝时，施工缝应留成斜槎，在继续浇筑前，应将接缝处打毛并清理干净，薄涂一层水玻璃胶泥，待稍干时再继续进行浇筑。

（11）水玻璃耐酸地面的养护。水玻璃耐酸地面施工完成后，应在空气中进行养护，保证水玻璃与氟硅酸钠拌合物固化反应的正常进行。养护期间严禁与水或蒸汽接触，也不应在烈日下暴晒和受大风劲吹。水玻璃耐酸材料的养护期参见表6-159。

水玻璃类材料的养护期 表6-159

材料名称		养护期（d）不小于			
		10~15℃	16~20℃	21~30℃	31~35℃
钠水玻璃材料		12	9	6	3
钾水玻璃材料	普通型	—	14	8	6
	密实型	—	28	15	8

（12）认真做好酸化处理：

酸化处理，是水玻璃耐酸材料施工中必不可少的一道重要的施工工序。

当水玻璃和氟硅酸钠混合后，即发生化学反应，生成的凝固体的主要成分是硅酸凝胶[Si（OH)$_4$]，它是一种高分子氧化物和无定形硅胶，具有良好的抗酸、吸水性能和极强的膨胀性能，它能充满混凝土的孔隙，增大其密实性，因而使混凝土的抗渗性能大大提高。

由于水玻璃和氟硅酸钠之间的化学反应过程是比较复杂的，它受水玻璃模数、相对密度、氟硅酸钠的掺量、细度以及反应温度等一系列因素的影响，所以水玻璃和氟硅酸钠之间的化学反应不可能得到完全的反应，一般的反应率仅达到70%~80%左在。

水玻璃耐酸材料施工完成后，即在空气中进行养护，促使硅酸凝胶脱水缩聚，逐步硬化。施工环境最适宜的反应硬化温度是15~30℃。

混合物中未经反应的水玻璃，对硬化物来说，是一种极其有害的东西，因为它能溶于水，故常常成为材料耐水性不够的原因。

养护完成后的酸化处理，其作用就是用酸性溶液，将耐酸砂浆或耐酸混凝土表面中未参与化学反应的水玻璃分解为硅酸凝胶，以进一步提高耐酸砂浆或耐酸混凝土的密度、抗渗性和抗压强度，从而提高抗稀酸和抗水能力。

若施工后不进行酸化处理或处理不当，则由于硅酸凝胶能部分地溶于水，所以往往会在使用过程中在水和稀酸的作用下，会发生表面发酥、起毛、表面层被溶解等现象。

酸化处理经常采用的是中等浓度的酸溶液，如40%~60%的硫酸溶液、15%~25%的盐酸溶液或40%的硝酸溶液。一般常用的是硫酸溶液，因为盐酸和硝酸在施工中会冒烟，在无妥善劳动保护时，会影响工人健康。

酸化处理通常采用油漆刷子蘸上酸液后均匀地涂刷在地面上或耐酸地砖的砖缝胶泥上，一般为3~4遍，前后间隔约24h，每遍应待上一遍处理后的白色结晶物（钠盐）析出，并清除干净后，再进行下一遍的刷洗。

酸化处理时，操作人员应穿戴乳胶手套、长统胶鞋和防毒口罩。

如地面将来操作的介质为浓酸时，亦可不进行酸化处理，直接投入使用。因为浓酸不但不破坏耐酸砂浆和耐酸混凝土，而是相反，能提高耐酸砂浆和耐酸混凝土的酸安定性和强度。有条件的设备（如小设备），在使用前可放入酸液中洗煮，通入蒸汽加热（40~60℃），经6~10h后，用水清洗后即可使用。

5. 水玻璃类防腐蚀地面工程质量标准和检验方法

（1）水玻璃砂浆、混凝土工程质量标准及检验方法见表6－160。

水玻璃砂浆、混凝土工程质量标准及检验方法 表6－160

项次	项目	质量标准	检验方法
1	基层和层间粘结	应牢固，无脱层	用敲击法检查
2	外观	应光滑、无裂纹、脱皮、起砂或未硬化现象	外观检查
3	表面平整度	不大于4mm	用2m靠尺和楔形塞尺检查
4	表面坡度	应符合设计要求，误差不大于坡长±0.2%，最大偏差值不大于30mm	拉线和尺量检查
		能顺利排水	泼水试验

（2）水玻璃胶泥或砂浆铺砌块材工程质量标准及检验方法见表6－161。

水玻璃胶泥、砂浆铺砌块材工程质量标准及检验方法 表6－161

项次	项目		质量标准	检验方法
1	构造要求	阴角处	立面块材应压平面块材	外观检查及检查隐蔽工程纪录
		阳角处	平面块材应压立面块材	
		平面铺砌	不宜出现十字通缝	
		多层块材铺砌	不得出现重叠缝	
2	基层和层间粘结		应牢固，无脱层	用敲击法检查
3	灰缝		表面平整光滑，灰缝饱满密实，无裂缝、松动起鼓现象，与块材粘结牢固	外观检查
4	表面平整度	耐酸瓷砖、缸砖、耐酸瓷板、陶板、铸石板	不大于4mm	用2m靠尺和楔形塞尺检查
		块石	不大于8mm	
5	相邻块材之间高差	耐酸瓷砖、瓷板，缸砖，陶板、铸石板	不大于1.5mm	用水平尺、量尺检查
		块石	不大于3mm	
6	坡度		应符合设计要求，误差不大于坡长±0.2%，最大偏差值不大于30mm	拉线和尺量检查
			能顺利排水	泼水试验

6.14.6 硫磺类防腐蚀地面

硫磺类耐酸材料包括硫磺胶泥、硫磺砂浆及硫磺混凝土。硫磺胶泥和硫磺砂浆是由硫磺、耐酸粉料、耐酸细骨料和增韧剂按一定比例配合，经加热熬制而成的一种热塑性材料。这类材料可事先制成预制块，使用前再次加热熔化，即可浇注施工，冷却后即坚硬如石，能与钢铁、耐酸砖板、混凝土等材料表面紧密结合；硫磺混凝土是将再次加热熔融的硫磺胶泥或硫磺砂浆浇注在耐酸粗骨料中，冷却后即成整体性的块材。

硫磺胶泥、硫磺砂浆常用来砌筑耐酸砖板楼地面（或灌缝），铺贴板型耐酸瓷砖墙裙、踢脚板，浇灌耐酸陶管下水管道的接缝，以及铺覆设备基础面层；硫磺混凝土则可用来浇捣整体防腐蚀地面、设备基础、贮槽等。

硫磺类耐酸材料具有优良的耐蚀性能，常温下能耐大多数无机酸和有机酸，对有机溶剂及盐类也有一定的耐蚀能力，当采用石墨粉等碳质填料时，还可耐氢氟酸和氟硅酸。同时，还具有防水、抗渗、快硬、高强度等物理机械性能。硫磺类材料经浇注成型后，不须任何养护，即可投入使用，特别适用于遭受腐蚀破坏了的建筑物、构筑物的抢修工程。硫磺类材料原材料易取，价格低廉，施工又较简便。

硫磺类材料的耐腐蚀性能见表6－162。

硫磺类材料的耐腐蚀性能表 **表6－162**

介质类别	介质名称	浓度（%）	耐蚀性能
酸类	硫酸	≤98	耐
	盐酸	—	耐
	硝酸	≤40	耐
	磷酸	—	耐
	醋酸	≤50	耐
	铬酸	≤25	耐
	硼酸	—	耐
	草酸	—	耐
	氟硅酸	≤40	耐（碳质填料时）
	氢氟酸	≤40	耐（碳质填料时）
碱类	氢氧化钠	—	不耐
	碳酸钠	≤10	耐
盐类	氯化铵	—	耐
	硫酸铵	—	耐
	硝酸铵	—	耐
溶剂类	丙酮	—	耐
	乙醇	—	耐
	汽油	—	耐

1. 原材料质量要求

（1）硫磺

硫磺是一种淡黄或姜黄色粉状、块状固体，是硫磺胶泥、硫磺砂浆的胶结材料。密度约1.959，要求纯度高，杂质少，含硫量不应小于94%，含水率不应大于1%。硫磺应采用工业品。

由于含硫量大的硫磺产量少、成本高、供应较紧张，因此，在实际设计和施工中，应根据使用部位的重要程度和耐蚀情况，可选用纯度稍低的硫磺，但其中所含的杂质应是耐腐蚀的，它的耐酸率应不低于一般耐酸粉料的耐酸率。

（2）增韧剂

硫磺胶泥、硫磺砂浆是热塑冷固性材料，其中存在着斜方硫和单斜硫，当加热熔融而冷却后，硫磺由液态变为固态，单斜硫即转变为斜方硫，此时物料将脆化，体积收缩约

12%。加入增韧剂后，可以阻止硫的再结晶而降低脆性，并提高粘结强度约4倍，耐热稳定性将提高6倍以上。

目前，我国常用的增韧剂有聚硫橡胶和聚氯乙烯两种，其中以聚硫橡胶较为理想。聚硫橡胶由多硫化钙与甲醛聚合而成，为黄绿色固体；聚氯乙烯为工业成品，呈白色粉状，一般市场均可购得，要求干燥、纯净，不得含有杂质。

聚硫橡胶价格虽然比聚氯乙烯稍高，但用量仅为硫磺用量的1%～2%。聚氯乙烯作增韧剂，材料的脆性和收缩率偏大，易产生裂缝等弊病，因此，重要工程部位及室外露天防腐工程中，以采用聚硫橡胶增韧剂为宜。

聚硫橡胶和聚氯乙烯的主要性能比较见表6－163。

聚硫橡胶和聚氯乙烯性能比较 **表6－163**

项　目	聚硫橡胶	聚氯乙烯
加热分解温度（℃）	180	140～160
硫磺胶泥最高使用温度（℃）	92～94	60
耐老化性	耐氧、臭氧及射线性好	较差
耐强氧化性酸	较好	较差
耐有机溶剂	较好	较差
收缩及脆性	较小	较大

（3）粉料和粗细骨料

硫磺胶泥常用的粉料有石英粉、辉绿岩粉、瓷粉、石墨粉等。石英粉货源较广，价格也便宜，但吸水率较高，且在熬制温度（130℃左右）的影响下产生收缩，会相应地使硫磺胶泥的收缩值增大，对高浓度强氧化性酸（如50%以上硝酸等）的耐腐蚀性能变差。因此，在实际施工中，往往将石英粉和辉绿岩粉各半混合使用或全部使用辉绿岩粉，以减少硫磺胶泥的收缩值，提高硫磺胶泥的质量。

粉料的耐酸率不应小于95%，含水率不应大于0.5%，细度要求1600孔/cm^2筛余量不应大于5%，4900孔/cm^2筛余量为10%～30%。

硫磺砂浆所用之砂，可选用石英砂，粒径宜为0.5～1.0mm。耐酸率不应小于95%，含水率不应大于0.5%，含泥量不应大于1%。砂粒粒径过大，易使硫磺砂浆产生沉淀而出现分层现象。

硫磺混凝土所用之粗骨料宜采用碎石，不得含有泥土，应清洗干燥后使用。耐酸率不应小于95%，浸酸安定性应合格。粒径要求，20～40mm的含量不应小于85%，10～20mm的含量不应大于15%。

2. 硫磺胶泥、硫磺砂浆的配制

（1）硫磺胶泥、砂浆的施工配合比：

硫磺胶泥、砂浆的施工配合比参见表6－164。

硫磺胶泥、砂浆的施工配合比表　　**表 6-164**

材料名称		配合比（重量比）						
		硫磺	硅质粉料	碳质粉料	细骨料	石棉绒	聚硫橡胶	聚氯乙烯
硫磺胶泥	(1)	58~60	38~40	—	—	1	1~2	—
	(2)	70~72	—	26~28	—	1	1~2	—
	(1)	58~60	35~37	—	—	1	—	3~5
	(2)	68~70	—	25~27	—	1	—	3~5
硫磺砂浆		50	17~18	—	30	1	2~3	—

注：1. 硅质粉料为石英粉、辉绿岩粉、铸石粉等，亦可石英粉与辉绿岩粉混合使用。
2. 碳质粉料为石墨粉（用于耐氢氟酸工程）。

（2）硫磺胶泥、砂浆的熬制程序：

硫磺胶泥、砂浆的熬制程序见图 6-122。

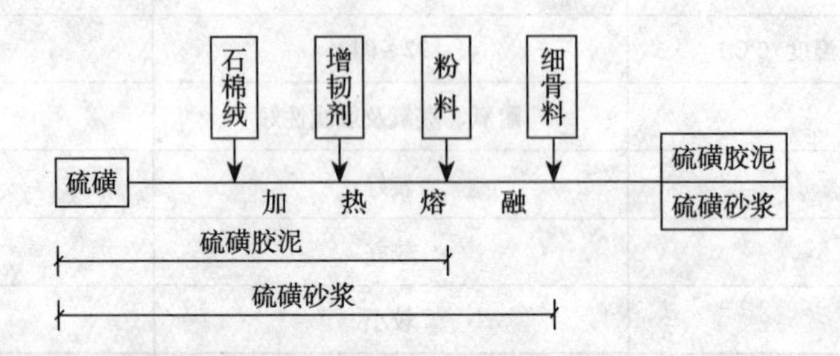

图 6-122　硫磺胶泥、砂浆熬制程序示意图

熬制时具体操作要求如下：

按施工配合比要求，确定好秤量，先将硫磺（若块状硫磺应先打成小块）放入干净的铁锅内，用柴、煤、煤气等热源小火加温熔化，并不停地搅拌，温度控制在 130~140℃（用 300℃温度表经常测出加热温度）。将硫磺全部熔化，升温至 150℃脱水，然后先加入石棉绒，搅拌均匀。再将切成小块的聚硫橡胶慢慢地撒入锅中继续搅拌，保持温度在 140~170℃范围内恒温脱水。若用聚氯乙烯增韧剂，则保持温度不应超过 160℃，以防聚氯乙烯过热分解而失效。然后将经过预先烘干的辉绿岩粉或辉绿岩粉与石英粉混合填料均匀地撒入熔融的硫磺液中，并不停地进行搅拌，控制温度不超过 180℃。当液面无气泡时，表示脱水已尽，将温度可降至 130℃左右，经取样检验合格后，方可交付使用或冷却后备用。

取样时，将硫磺胶泥浇入“8”字模中，凝固后观其表面，如收缩正常，无膨胀起鼓现象，即将“8”字形试块从中间打断，若其断面致密，肉眼可见小孔不多于 5 个，即可认为合格。若发现膨胀起鼓和断面不致密，可继续延长一些熬制时间，直到合格为止。

刚熬制好的硫磺胶泥还可注入模内成型，冷固后贮存备用。需要使用时，只要将固体硫磺胶泥再次加热熔化即可。

熬制时间的长短，与所用填料的干燥程度、纯度和增韧剂种类有关，一般情况下，每锅胶泥需熬5~8h。

硫磺砂浆的熬制和配料顺序，基本上与硫磺胶泥相同，不同之处是最后还要掺加细骨料。加入细骨料后的熬制温度，仍应控制在180℃以内。

硫磺胶泥、砂浆熬制时会产生有毒气体，室外熬制时，熬锅地点应设在下风向；室内熬制时，锅上应设有局部通风排气装置。

（3）硫磺胶泥、砂浆的主要技术指标参见表6－165。

硫磺胶泥、砂浆的主要技术指标　表6－165

项目		聚硫橡胶增韧剂		聚氯乙烯增韧剂
		胶泥	砂浆	胶泥
抗拉强度（MPa）不小于		4.0	3.5	6.55
与瓷板粘结强度（MPa）不小于		1.3	1.3	1.45
急冷急热残余抗拉强度（MPa）不小于		2.0	—	1.48
分层度		—	0.7~1.3	—
浸酸后	抗拉强度降低率（%）不大于	20	20	20
	重量变化率（%）	±1	±1	－0.05

注：硫磺混凝土的抗压强度等级不应小于40MPa，抗折强度等级不应小于4MPa。

3. 硫磺类防腐蚀地面常用的地面构造类型

硫磺胶泥、砂浆在建筑防腐蚀地面工程中，常与耐酸砖、板和岩石铸板等防腐蚀面层材料结合作耐酸防腐蚀楼地面、踢脚线、墙裙以及设备基础预埋螺栓、覆面用，也可制成硫磺混凝土预制块作整体面层用。

（1）用硫磺胶泥、砂浆浇筑的耐酸砖板楼地面的构造做法见图6－123。

（2）用硫磺胶泥、砂浆浇筑的预埋螺栓孔的构造做法见图6－124。

（3）用硫磺混凝土预制块铺筑的地面构造做法见图6－125。

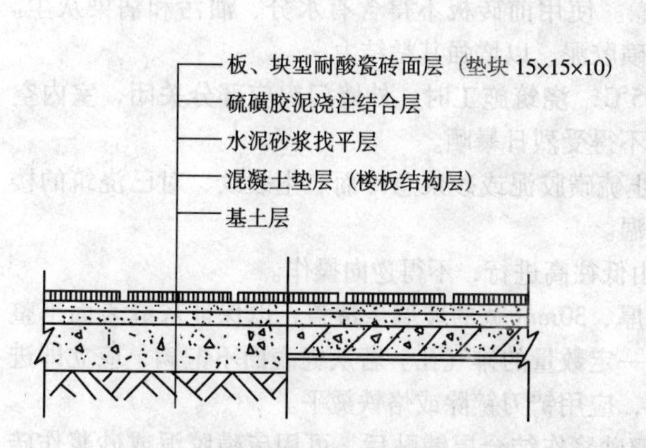

图6－123　用硫磺胶泥、砂浆浇筑耐酸砖、板楼地面构造做法

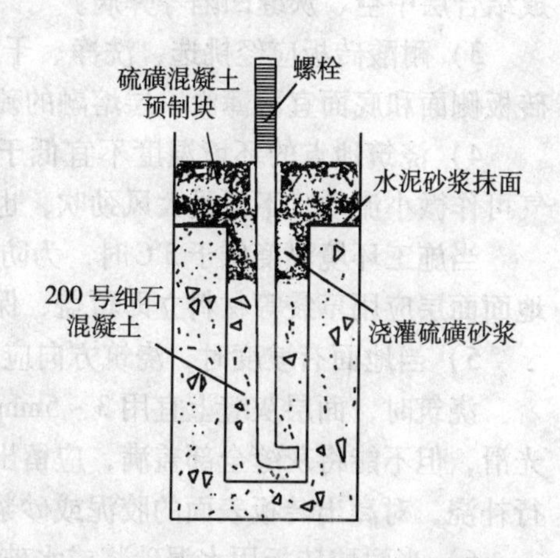

图6－124　用硫磺胶泥、砂浆浇筑预埋螺栓孔构造做法

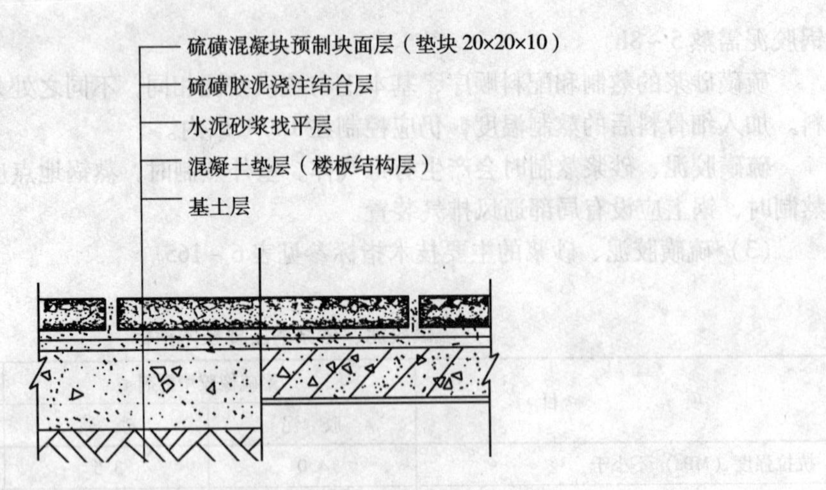

图 6－125　用硫磺混凝土预制块铺筑楼地面构造做法

4. 硫磺类防腐蚀楼地面的施工要点

（1）基层处理

用硫磺胶泥、砂浆浇筑耐酸砖板楼地面时，水泥砂浆或混凝土基层必须坚固、密实、平整、干燥。表面的浮灰尘土应清理干净，并不得受潮遇水，如有油迹污染时，应用溶剂擦净并晾干。

（2）耐酸砖板楼地面的浇筑

1）用硫磺胶泥、砂浆浇筑耐酸砖板楼地面应分块浇筑。每次浇筑面积以 $1m^2$ 左右为宜。浇筑面积过大时，结合层胶泥难以渗入彻底，易造成结合层空鼓不实。每块浇筑面积上宜设 2～4 个浇注点和 2 个排气孔。两浇注点距离不宜太远，一般应小于 600mm。每块浇筑时，几个浇注点必须同时连续进行，直至全部灌满。

2）硫磺胶泥的熬制温度应升温至 160～170℃恒温脱水，然后降温至 140±5℃使用。此时的胶泥、砂浆的流动度最佳，施工操作也最方便。低于 135℃时，流动性减弱，会造成结合层中空、灰缝凹陷等弊病。

3）耐酸砖板应经挑选、洗净、干燥。使用前砖板不得含有水分、油污和沾染灰尘。砖板侧面和底面宜薄薄涂一层熔融的硫磺胶泥，以增强其粘结力。

4）浇筑地点的环境温度不宜低于 5℃. 浇筑施工时，外墙门窗应部分关闭，室内空气可作微小流动，不得受大风劲吹，也不得受烈日暴晒。

当施工环境温度低于 5℃时，为防止硫磺胶泥或砂浆急冷而产生裂纹，对已浇筑的楼地面面层应用草袋等材料立即覆盖、保温。

5）当地面有坡度时，浇筑方向应由低往高进行，不得逆向操作。

浇筑时，面层灰缝上宜用 3～5mm 厚、30mm 宽的玻璃条覆盖，以保证灰缝表面平整光滑，但不能将灰缝全部盖满，应留出一定数量的排气孔。若灰缝表面不饱满，应立即进行补浇，对高出砖板表面的胶泥或砂浆，应用铲刀铲除或烙铁烫平。

6）当耐酸砖板用水泥砂浆或水玻璃砂浆作结合层铺贴后，可用硫磺胶泥或砂浆作砖板间垂直缝的浇筑。施工前，应先将缝内垃圾尘土用毛刷、“皮老虎”或压缩空气清理干净，并用喷灯将缝稍稍预热，然后将熔融的硫磺胶泥或砂浆沿着坡度方向由低处往高处移动浇筑，灌缝高度应略高于砖板表面，使之冷却收缩后仍保持饱满。对于表面过高处，可在完全冷却前用铲刀铲平。

（3）耐酸瓷板踢脚板（墙裙）浇筑

板型耐酸瓷板（砖）踢脚板，一般按设计高度制成预制块，一次浇筑铺贴。铺贴时，瓷板（砖）内侧按设计要求尺寸留出结合层厚度，外侧用木板支撑牢固，然后将熔融的硫磺胶泥沿墙面缓缓注入，直至灌满。

墙裙高在60mm以内时，可一次浇筑。如墙裙高度为900mm时，预制块高度宜取450mm，分两层两次浇筑铺贴。

（4）硫磺混凝土楼地面施工

硫磺混凝土楼地面是将熔融的硫磺砂浆浇筑在耐酸粗骨料中形成的一种整体的腐蚀地面。硫磺混凝土也常用于设备基础、贮槽衬里使用。

硫磺混凝土中硫磺砂浆与耐酸粗骨料的比例通常为：

硫磺砂浆:耐酸粗骨料 =40 ~50:50 ~60

硫磺混凝土楼地面的施工方法，可分为现场浇筑和预制块铺砌两种。

1）现浇硫磺混凝土地面施工

①硫磺混凝土整体地面，应分块进行，每块面积以2 ~4m^2为宜，待一块浇灌完毕并冷固收缩后（一般为2h），再浇筑相邻块。施工中也可跳花形浇筑，以加快施工进度。每一分块四周应用木制模板控制好平面尺寸和标高，模板面应平整、光滑、洁净、干燥，并薄薄涂一层润滑油。

②耐酸粗骨料应浮铺在干燥、洁净的水泥砂浆或混凝土基层上，并应作预热处理（浇筑时的温度为40 ~60℃）。粗骨料的铺设厚度应比面层设计厚度低5 ~10mm。

浮铺粗骨料时，应每隔400 ~500mm设置浇筑孔，可用直径50mm的钢管留置在粗骨料中，浇筑硫磺砂浆前将其轻轻拔出，浇筑孔不得塌陷和堵塞。

③浇筑硫磺砂浆操作时，操作人员不得直接踩踏在粗骨料层面上，应搭设脚手板腾空进行。每一分块浇筑时，几个浇筑孔应同时进行，直至浇至地面设计标高为止。浇筑时，应随时注意表面平整度。地面平整度要求为用2m直尺检查时，其允许空隙不应大于6mm。如有明显高低不平处，应趁热用铲刀铲平或用烙铁烫平。

④硫磺砂浆浇筑时的温度应控制在140 ~160℃，当温度低于140℃时，由于流动度差而易造成浇筑不实的弊病。

⑤当硫磺混凝土地面设计厚度超过400mm时，应分层浇筑。浇筑下面一层时，不必十分平整，并应露出粗骨料粒径的1/3 ~1/2，以便与上一层硫磺混凝土作良好结合。

上下层的浇筑孔应作错开处理。

2）硫磺混凝土预制块地面施工

当硫磺混凝土地面铺设面积较大时，可先将硫磺混凝土制成预制块，先平铺在水泥砂浆或混凝土基层上（基层应坚固、密实、洁净、干燥、平整），然后在预制块间灌以硫磺胶泥或硫磺砂浆而成（参见图6 -125）。

①制作预制块：先根据设计需要的尺寸和形状做好定型的活动式模板，将活动式模板放置在平整的钢底板上，模板及钢底板表面薄薄涂一层矿物油脱模剂，然后在底板上浇铺一层厚度约3mm的硫磺胶泥，作为预制块的面层，接着浮铺干燥并经预热过的粗骨料

（温度在40～60℃），按规定厚度将粗骨料铺至模板口平，同时留好浇筑孔，随后将熔融的硫磺砂浆从浇筑孔内缓缓灌入，直至砂浆与模板口平为止。冷却后即可拆模。所制成的预制块底面十分平整，使用时将底面向上作面层用。

②铺设硫磺混凝土预制块时，下面应用预先制成的硫磺胶泥垫块垫平，垫块尺寸约15～20mm×15～20mm×8～10mm。铺设后用熔融的硫磺胶泥或砂浆灌入灌实。也可用普通水泥砂浆粘贴预制块，再用硫磺胶泥或砂浆作灌缝处理。

③采用硫磺混凝土预制块铺设地面，表面平整、光滑、美观、接缝少、施工速度快，质量也容易保证。

（5）设备基础预埋螺栓孔灌筑

硫磺胶泥可作为正确固定设备基础底脚螺栓的耐腐蚀材料。螺栓孔灌浆前，应先将孔内清理干净，用压缩空气吹去尘土，然后按规定尺寸将螺栓正确定位，临时固定。浇灌时，将熔融的硫磺胶泥沿孔口边缘缓缓注入孔中，直至灌满。若硫磺胶泥冷却后呈现凹缩现象，可二次补浇灌满。灌浆2h后可即进行设备安装。

若在预埋螺栓根部接焊一钢件，则在通电后会因电阻作用而产生较高的温度，使硫磺胶泥迅速熔化，便于取出已埋的螺栓。因此，采用硫磺胶泥灌浆，对检修和更换底脚螺栓较为方便。

5. 硫磺类防腐蚀楼地面质量标准和检验方法

（1）硫磺胶泥、硫磺砂浆和硫磺混凝土的主要质量标准见表6－165，检验方法按施工规范指定的方法检验。

（2）硫磺胶泥、硫磺砂浆灌筑耐酸块材的结合层厚度和灰缝宽度标准见表6－126，检验方法用尺测量。

6.14.7　树脂类防腐蚀地面

树脂类防腐蚀材料包括各种不同的树脂胶泥、树脂砂浆和玻璃钢。

树脂胶泥、树脂砂浆是以合成树脂为粘结料，加入稀释剂、固化剂、粉料、细骨料以及增韧剂配制，经常温或适当升温养护而成的一种不溶不熔的防腐蚀工程材料。树脂胶泥、树脂砂浆的品种很多，目前国内在建筑防腐蚀工程中使用的树脂胶泥有环氧胶泥、酚醛胶泥、环氧酚醛胶泥、环氧呋喃胶泥、环氧煤焦油胶泥和不饱和聚酯胶泥等，树脂砂浆有环氧砂浆、环氧煤焦油砂浆和不饱和聚酯砂浆等。

树脂玻璃钢是以合成树脂为粘结料，加入稀释剂、固化剂和粉料等配成胶料，与玻璃纤维或其制品复合制成的一种增强塑料。树脂玻璃钢在建筑防腐蚀工程应用较广，常用的有环氧玻璃钢、酚醛玻璃钢、环氧酚醛玻璃钢、环氧呋喃玻璃钢、环氧煤焦油玻璃钢和聚酯玻璃钢等。

树脂胶泥、树脂砂浆、树脂玻璃钢的耐腐蚀性能主要取决于所用树脂本身的耐蚀性。环氧胶泥、砂浆和玻璃钢的性能比较全面，既能耐酸又可耐碱，有优良的物理力学性能，又有较高的粘结强度；酚醛胶泥、玻璃钢耐酸性好，但不能耐碱，材性较脆，粘结强度比不上环氧类材料；不饱和聚酯胶泥、砂浆和玻璃钢能耐包括氢氟酸在内的酸、碱和盐类的侵蚀，需耐氢氟酸时，其填料应改用硫酸钡，玻璃布应改用涤纶布；若制成品厚度大于5mm以上时，收缩值增大，易产生龟裂等弊病。

由于用单一品种树脂配制的树脂胶泥、砂浆、玻璃钢总存在着某些不足之处，因此，在实际施工中，往往采用两种不同树脂复合的改性树脂，如环氧酚醛、环氧呋喃等。环氧树脂与酚醛树脂混溶可提高耐酸率，减小单一酚醛的脆性；环氧树脂与呋喃树脂混溶能提高和改善耐酸、碱性能和物理力学性能，特别适用于有酸碱交替腐蚀的地面，且价格较廉。

树脂胶泥、砂浆一般作为天然石材、耐酸瓷砖板、耐酸陶板、岩石铸板的铺砌和嵌缝材料，树脂玻璃钢作为整体面层、隔离层材料用于楼地面、踢脚板、设备基础、地沟、贮槽等防腐蚀工程。

树脂类材料的耐腐蚀性能参见表6－166。

树脂类材料耐腐蚀性能表 **表6－166**

介质名称		环氧	酚醛	环氧酚醛	环氧呋喃	聚酯	环氧煤焦油
		可耐浓度（%）					
酸类	硫酸	<60	<75	<70	<70	<30	<50
	盐酸	<30	任何浓度	<36	<30	<30	<30
	硝酸	<2	<10	<10	<10	<5	<10
	醋酸	<10	任何浓度	<20	<10	<50	<20
	磷酸	<85	<70	—	—	50	—
	铬酸	<10	<40	<20	<20	<5	<10
	氟硅酸	耐	耐	耐	耐	尚耐	—
	氢氟酸	不耐	<60	<5	不耐	<40 尚耐	不耐
碱类	氢氧化钠	<50	不耐	<50	耐	<5	耐
	碳酸钠	<50	<50	<50	耐	耐	耐
盐类	硫酸铵	耐	耐	耐	耐	耐	耐
	硝酸铵	耐	耐	耐	耐	耐	耐
	氯化铵	耐	耐	耐	耐	耐	耐
溶剂类	丙酮	不耐	耐*	不耐	不耐	不耐	不耐
	乙醇	耐	耐	尚耐	尚耐	耐	不耐
	汽油	耐	耐	尚耐	耐	耐	尚耐
	苯	耐	耐	尚耐	不耐	尚耐	不耐

*需表面热处理后才能耐腐蚀。

1. 原材料质量要求

（1）一般规定

1）树脂类防腐蚀地面使用的材料，均属化学反应型，各反应组分加入量的不同，对材料的耐蚀效果有明显的影响，同时，也影响到施工工艺和物理力学性能，必须计量正确。有配制要求的，应进行试配，确定的配合比，应满足施工规范规定的范围。

2）施工现场采购的全部材料，必须具有产品质量证明文件，其主要内容为：

①产品质量合格证及材料检测报告；

②质量技术指标及检测方法；

③复验报告或技术鉴定文件。

3）建筑防腐蚀工程现场使用的材料，必须符合下列规定：

①需要现场配制使用的材料，必须经试验确定。经试验确定的配合比，不得任意改变。

②树脂、固化剂、稀释剂等材料应密闭贮存在阴凉、干燥通风处，并应防火。玻璃纤维布（毡）、粉料等材料均应防潮贮存。

③环氧树脂的固化剂，应优选用低毒固化剂，对潮湿基层可采用湿固化型环氧树脂固化剂。

④乙烯基酯树脂和不饱和聚酯树脂，常温固化使用的固化剂应包括引发剂和促进剂。

（2）常用树脂材料

1）环氧树脂

环氧树脂是一种应用普遍的合成树脂。环氧树脂通常指分子中含有两个或两个以上环氧基团的有机高分子化合物。由于活性环氧基的存在，它可与多种类型固化剂发生反应而形成不溶、不熔的体型高分子化合物呈网状结构。它具有优良的粘结性能，较好的耐热和耐腐蚀性能，固化收缩率低以及工艺性能良好等优点。主要适用于腐蚀性不太强的介质，耐碱性能较突出，也能耐一般酸（除氢氟酸）的腐蚀。

环氧树脂的主要特点是：粘接强度高，收缩率低，常温固化的树脂使用温度不超过80℃。

常用的产品E—44（6101）、E—42（634）和E—51（618）的主要技术指标见表6－167。

环氧树脂的主要技术指标　　　　**表6－167**

项目＼名称	指标		
	EPO1451—310（E—44）	EPO1551—310（E—42）	EPO1441—310（E—51）
外　观	淡黄色至棕黄色粘厚透明液体		
分子量	350～450	430～600	350～400
环氧当量（g/Eq）	210～240	230～270	184～200
有机氯（当量/100g）	≤0.02	≤0.001	≤0.02
无机氯（当量/100g）	≤0.01	≤0.001	≤0.001
挥发分（%）	≤1	≤1	≤2
软化点（℃）	10～20	21～27	—

2）不饱和聚酯树脂

不饱和聚酯树脂是由不饱和二元酸或酸酐、饱和二元酸或酸酐、二元醇进行缩聚而成的。它是制造纤维增强树脂材料的一种重要树脂，依合成原理不同，不饱和聚酯树脂可分为四大类，即：双酚A型不饱和聚酯树脂、二甲苯型不饱和聚酯树脂、间苯型不饱和聚酯树脂和邻苯型不饱和聚酯树脂。因为它可在过氧化物引发下，进行室温接触成型，工艺简单，并可制造较大型构件。

不饱和聚酯树脂具有如下特性：

①工艺性能良好是最突出的优点。经苯乙烯稀释后，具有适宜的黏度，可以在室温下固化，常压下成型。颜色浅，易制造浅色或彩色制品。

②固化过程中没有挥发物逸出，固化后的树脂综合性能良好。抗老化性能、电性能均较好。

③品种多，可适应耐蚀、耐光、耐水、低收缩、自熄等不同需要而灵活使用。

④耐腐蚀性能突出。常温下对非氧化性无机酸和有机酸、酸性盐和中性盐溶液以及极性溶液、碱等都较稳定，但对碱、酮、苯、氯化烃、二硫化碳及热酸耐蚀效果差或不耐腐蚀。

⑤固化时体积收缩较大（一般为5%～12%）。耐热性能方面，通用型不饱和聚酯树脂在50℃以上时，其机械强度下降较多，耐热型不饱和聚酯树脂只能在120℃以下使用。绝大多数聚酯树脂的热变形温度都在60～80℃，成型过程中气味较大。

用于防腐蚀工程的不饱和聚酯树脂其主要技术指标见表6－168。

不饱和聚酯树脂的技术指标　　表6－168

项　目	允　许　范　围	
外　观	应无异状	
黏　度（25℃）	指定值	±30%
固体含量（%）		±3.0
凝胶时间（25℃）		±30%
酸　值		±4.0
储存期	阴凉避光处20 ℃以下不少于180d，30 ℃以下不少于90d	

注：一种牌号树脂的技术指标只允许有一个指定值。

3）乙烯基酯树脂

乙烯基酯指的是分子两端含有乙烯基团，中间骨架为环氧树脂的一类不饱和聚酯。它们是由不饱和有机一元羧酸（最常用的为丙烯酸和甲基丙烯酸）和环氧树脂进行开环酯化反应而得，故也可称为不饱和酸环氧酯。

工程实践证明，乙烯基酯是综合性能非常优越的一类高度耐腐蚀材料，它综合了环氧树脂和不饱和聚酯树脂的优点，树脂固化产物的性能类似于环氧树脂，比不饱和聚酯树脂好得多。这类树脂突出的优点在于：良好的耐蚀性和良好的韧性、对玻璃纤维的浸润性。

乙烯基酯树脂的品种包括：环氧甲基丙烯酸型、异氰酸酯改性环氧丙烯酸型、酚醛环氧甲基丙烯酸型等，乙烯基酯树脂的技术指标见表6－169。

乙烯基酯树脂的技术指标　　表6－169

项　目	允　许　范　围	
外　观	应无异状	
黏　度（25℃）	指定值	±30%
固体含量（%）		±3.0
凝胶时间（25℃）		±30%
酸　值		±4.0
储存期	阴凉避光处，25 ℃以下不少于90d	

注：一个牌号树脂的相关技术指标只允许有一个指定值。

4）呋喃树脂

呋喃树脂是以糠醛为基本原料制成的一类聚合物的总称。呋喃树脂具有突出的耐酸、碱性和耐溶剂性，并能在酸碱交替介质中使用，耐热性能亦好等优点。同时，材料来源广泛，生产工艺简单，贮存期长。呋喃树脂也有明显的缺点，如脆性大，产品易裂、粘结性差（尤其对无孔基层）和施工工艺不良等，这在很大程度上限制了其使用范围。由于合成技术和催化剂应用技术的发展，大大拓宽了呋喃树脂的应用领域。

呋喃树脂包括糠醇糠醛型、糠酮糠醛型，其外观为棕黑色，其技术指标见表6－170。

常用呋喃树脂的技术指标　　　　**表6－170**

项　　目	指　　标	
	糠醇糠醛	糠酮糠醛型
固体含量（%）		≥42
黏度（涂－4黏度计25℃，S）	20～30	50～80
储存期	常温下一年	

5）酚醛树脂

酚醛树脂是由酚类化合物和醛类化合物经缩聚反应制得的合成树脂。热固性酚醛树脂具有良好的综合性能，用途广泛。在酚醛树脂中加入固化剂，即可在室温固化，固化时间随固化剂酸度的增高而缩短。酚醛树脂能耐强酸，但不耐碱。酚醛树脂固化后，一般可在120℃下使用，具有良好的耐热性能。其耐热性能优于环氧树脂和大部分不饱和聚酯树脂。酚醛树脂的缺点是固化时的体积收缩率较大，与玻璃纤维的粘结性较差，固化产物较脆，延伸率低。

常用酚醛树脂的外观宜为浅黄色或棕红色粘稠液体，其技术指标见表6－171。

酚醛树脂的技术指标　　　　**表6－171**

项　　目	指　　标	项　　目	指　　标
游离酚含量（%）	<10	储存期	常温下不超过1个月；当采用冷藏法或加入10%的苯甲醇时，不宜超过3个月
游离醛含量（%）	<2		
含水率（%）	<12		
黏度（落球黏度计25℃，S）	45～65		

（3）常用固化剂

不同的树脂材料应选用不同的固化剂。

环氧树脂常用的固化剂为胺类、酸酐类、树脂类化合物等几个品种。其中胺类化合物最为常用，它又可以分为脂肪胺、芳香胺及改性胺等几类。由于乙二胺、间苯二胺、苯二甲胺、聚酰胺、二乙烯三胺等化合物的毒性、气味较大，因此，逐步被无毒、低毒的新型固化剂（如T31、C20等）替代。采用这类固化剂对潮湿基层也可以固化。

环氧树脂常用固化剂的主要技术指标见表6－172。

环氧树脂常用固化剂的主要技术指标　表6-172

项目＼名称	T31	C20	乙二胺
外观（液体）	透明棕色黏稠	透明浅棕色	无色透明
胺值（KOH mg/g）	460~480	>450	纯度>90%
黏度（Pa·S或S）	1.10~1.30Pa·S	120~140（涂-4）S	含水率<1%
相对密度	1.08~1.09	1.10	—
LD_{50}（mg/kg）	7852±1122	1150	620

不饱和聚酯树脂习惯将固化剂和催化剂总称为引发剂，一般为过氧化物（有机物）、氢过氧化物。由于纯粹有机过氧化物贮存的不稳定性，通常与惰性稀释剂，如邻苯二甲酸二丁酯等混入配制，以利于贮存和运输。引发剂和促进剂的质量指标见表6-173。

不饱和聚酯树脂引发剂和促进剂的质量指标　表6-173

名称		指标
引发剂	过氧化甲乙酮二甲酯溶液	1. 活性氧含量为8.9%~9.1% 2. 常温下为无色透明液体 3. 过氧化甲乙酮与邻苯二甲酸二丁酯之比为1:1
	过氧化环已酮二丁酯糊	1. 活性氧含量为5.5% 2. 过氧化环已酮与邻苯二甲酸二丁酯之比为1:1 3. 常温下为白色糊状物
	过氧化二苯甲酰二丁酯糊	1. 过氧化二苯甲酰与邻苯二甲酸二丁酯之比为1:1 2. 活性氧含量为3.2%~3.3% 3. 常温下为白色糊状物
促进剂	钴盐的苯乙烯液	1. 钴含量为≥0.6% 2. 常温下为紫色液体
	N·N—二甲基苯胺苯乙烯液	1. N·N—二甲基苯胺与苯乙烯之比为1:9 2. 常温下为棕色透明液体

乙烯基酯树脂常用的引发剂，同不饱和聚酯树脂。

呋喃树脂采用的是酸性固化剂，固化反应非常激烈，因此，在固化剂用量及施工操作上应严加注意。

糠醇糠醛型呋喃树脂采用已混入粉料内的氨基磺酸类固化剂。

糠酮糠醛型呋喃树脂使用苯磺酸类固化剂。

酚醛树脂常用的固化剂，应优先选用低毒的萘磺酸类固化剂；也可选用苯磺酰氯等固化剂。

（4）稀释剂

掺加稀释剂的作用是降低树脂的黏度，润湿和调匀细粉骨料，便于施工操作。

稀释剂分活性稀释剂和非活性稀释剂两大类。活性稀释剂能直接参与树脂、固化剂反应，它挥发量少，掺用后能降低成本收缩率，且不易形成气泡和针孔，但价格贵，成本高，常用的活性稀释剂有环氧丙烷丁基醚、环氧丙烷苯基醚、多缩水甘油醚。非活性稀释剂不参与树脂、固化剂反应，仅与树脂、固化剂机械混溶，在固化过程中，绝大部分要挥发，成品收缩率高，易形成气泡和针孔，但价格低，成本廉，常用的非活性稀释剂如乙醇、丙酮、环己酮、二甲苯、正丁醇等。

呋喃树脂通常采用非活性稀释剂，或采用两种非活性稀释剂的混合物。

酚醛树脂的稀释剂常用无水乙醇，当树脂黏度大而欲加快溶解时，可用丙酮，亦可两者混合。

丙酮、二甲苯、甲苯、苯乙烯均为有毒液体，具有挥发性气味，施工中应切实做好防护工作。

（5）增韧剂

使用增韧剂可改善环氧树脂固化后的韧性，提高抗弯、抗剪和抗冲击强度，还可降低树脂黏度，增加其流动性和混合性。

增韧剂的掺加，仅是机械混合，不参与化学反应，所以又称为非活性增韧剂。常用的增韧剂有邻苯二甲酸二丁酯、芳烷基醚等，其主要技术指标及特征见表6－174。

主要增韧剂的技术指标及特征　　表6－174

项目 \ 名称	邻苯二甲酸二丁酯	芳烷基醚
外观	无色透明液体	淡黄至棕色黏性透明液体
相对密度	1.05	1.06～1.10
沸点（℃）	355	（不挥发物≥93%）
熔点（℃）	－35	—
活性氧含量（%）	—	10%～14%
分子量	278.35	400左右
黏度（Pa·S）		0.15～0.25
酸值（KOH mg/g）		≤0.15
用量（%）	10～20	10～15

呋喃树脂和酚醛树脂亦常采用邻苯二甲酸二丁酯、芳烷基醚及桐油钙松香等增韧剂，加入量约为树脂重量的10%左右。桐油钙松香又名胶泥改进剂，是一种灰色黏稠液体，常用于呋喃树脂和酚醛树脂配制胶泥时使用，它可以减小胶泥的脆性，提高其粘结性，起非活性增韧剂的作用。加入桐油钙松香后的胶泥，粘结强度可提高10%左右，耐酸性并不降低，唯有对溶剂的耐蚀能力有所下降。

桐油钙松香市场上有成品供应。

（6）填充料

粉料、细骨料、粗骨料及玻璃鳞片可以统称为填充料。加入适当的填充料，可以降低制品的成本，改善其性能，如提高密实度，增强粘结力，减小脆性和降低热膨胀系数等。

1）粉料

常用的粉料为石英粉，此外还有石墨粉、辉绿岩粉、云母粉、滑石粉等，粉料的技术性能指标见表6－175。

粉料的主要技术指标 **表6－175**

项目		要求
耐酸度（%）≮		95
含水率（%）≯		0.5
细度	0.15mm筛孔筛余量（%）	≯5
	0.09mm筛孔筛余量（%）	10～30

注：1. 如用酸性固化剂时，粉料耐酸度不小于98%，无铁质杂物。
2. 如含水率过大，使用前应加热脱水。

耐氢氟酸的介质可选用硫酸钡粉或重晶石粉，为改善其脆性，可混合使用硫酸钡和石墨粉（1∶1）。为增强密实度，提高粘结强度和降低收缩率，可混合使用石英粉和硅石粉（4∶1）。

以硫酸乙酯作固化剂的树脂类材料，其粉料不宜选用铸石粉，不饱和聚酯树脂类材料的粉料不应选用石墨粉。

几种常用的粉料性能见表6－176。

几种常用粉料的性能比较 **表6－176**

性能＼材料	玻璃鳞片	碳酸钙	辉绿岩粉	云母粉	石英粉	滑石粉	石墨粉	重晶石粉
相对密度	2.50～2.65	2.60～2.75	1.60～1.70	2.70～3.02	2.50～2.65	2.70～2.85	2.10～2.15	4.30～4.50
耐酸性	好	不耐	好	好	较好	不耐	好	好
耐氢氟酸性	不耐	不耐	不耐	不耐	不耐	不耐	好	好
耐碱性	一般	好	好	一般	一般	好	好	好
耐热性	一般	一般	好	好	一般	一般	好	好
导热性	一般	一般	一般	好	一般	一般	高	一般
吸水性	较高	高	一般	高	较高	高	低	较高
耐磨强度	高	一般	高	好	一般	一般	低	高
收缩率	小	小	小	小	大	小	小	中
价格	很高	一般	一般	一般	低	低	较高	中

2）细（粗）骨料

配制树脂砂浆用的细（粗）骨料通常采用石英砂，其主要技术指标详见“水玻璃类防腐蚀地面”一节内容。

3）玻璃鳞片

用玻璃鳞片增强的树脂系统，具有耐腐蚀性强、耐磨及抗渗漏性、物理机械性能良好以及施工简便等特点。玻璃鳞片增强树脂防腐蚀材料是一种玻璃薄片（薄片像鱼鳞，故称鳞片）和耐蚀树脂的混合物，具有良好的分散性能和抗渗效果以及机械强度。

玻璃鳞片胶泥用树脂宜选用乙烯基酯树脂、环氧树脂和不饱和聚酯树脂。树脂的质量应符合表6－167、表6－168和表6－169的规定。玻璃鳞片宜选用中碱型，片径筛分合格率应大于92%，其质量指标应符合表6－177的规定。

中碱玻璃鳞片的质量指标 表6－177

项目	指标
外观	无色透明的薄片，没有结块和混有其他杂质
厚度（μm）	<40
片径（mm）	0.63～2.0
含水率（%）	<0.05
耐酸度（%）	>98

（7）增强纤维材料

纤维增强树脂材料，其增强纤维主要采用玻璃纤维及其制品，按接触的化学介质及其性能、工艺条件不同，也常选用棉、麻纤维或合成纤维及其制品。

1）玻璃纤维布

防腐蚀地面工程中应用较多的是中碱无捻平纹方格布，特殊情况也选用无捻布，其性能指标见表6－178和表6－179。

无碱无捻玻璃纤维布的规格及物理机械性能 表6－178

制品代号（牌号）	原纱号数×股数（公制支数/股数）		单纤维直径（μm）	厚度（mm）	宽度（cm）	重量（g/m^2）	密度（根/cm）	
	经纱	纬纱					经纱	纬纱
EWR200（无碱无捻布—200）	24×7（41.6/7）	24×5（41.6/5）	8	0.23±0.02	90.0±1.5 100.0±1.5	180±20	6.0±0.5	6.0±0.5
EWR220（无碱无捻布—220）	24×6（41.6/6）	（24×4）×2（41.6/4）×2	8	0.22±0.02	90.0±1.5 100.0±1.5	200±20	6.0±0.5	5.0±0.5
EWR400（无碱无捻布—400）	24×20（41.6/20）	（24×10）×2（41.6/10）×2	8	0.40±0.04	90.0±1.5 100.0±1.5	370±40	4.0±0.3	8.5±0.3

中碱无捻玻璃纤维布的规格及物理机械性能 表6－179

制品代号（牌号）	原纱号数×股数（支数/股数）		单纤维公称直径（μm）		厚度（mm）	宽度（cm）	重量（g/m^2）	密度（根/cm）	
	经纱	纬纱	经纱	纬纱				经纱	纬纱
CWR240（中碱无捻布—240）	48×3（20.8/3）	（48/3）×2（20.8/3）×2	11	11	0.240±1.025	90.0±1.5 100.0±1.5	190±20	6.0±0.5	3.8±0.3
CWR400（中碱无捻布—400）	24×20（41.6/20）	（24/10）×2（41.6/10）×2	8	8	0.400±0.040	90.0±1.5 100.0±1.5	370±40	4.0±0.3	3.5±0.3
CWR400（中碱无捻布—400）	48×10（20.8/100）	（48/6）×2（20.8/6）×2	11	11	0.400±0.040	90.0±1.5 100.0±1.5	400±40	4.0±0.3	3.5±0.3

2）玻璃纤维毡

用于防腐蚀地面工程的玻璃纤维毡，主要有短切毡和表面毡，其基本特点为：

短切毡：由长度50~70mm不规则分布的短切纤维粘结而成。胶粘剂常用不饱和聚酯、乙烯基酯树脂，也有用机缝的方法使其具有一定强度。它覆盖性好，无定向性，价格便宜，所以用途较广。不仅适用于手糊成型，也可用于模压及各种连续预浸渍工艺。

表面毡：用胶粘剂将定长的玻璃纤维随机、均匀铺放后粘结成毡，厚度约0.3~0.4mm，主要用于手糊成型制品表面，使制品表面光滑，而且树脂含量较高，防止胶衣层产生微细裂纹，有助于遮住下面的玻璃纤维纹路。同时，还使表面具有一定弹性，改善其抗冲击性、耐磨性、耐老化性和耐腐蚀性。

耐腐蚀玻璃钢的富树脂面层结构一般都用表面毡片作增强材料，其树脂含量可达80%~90%。表面毡有E玻璃纤维（无碱）和C玻璃纤维（耐酸）两种，其规格性能见表6-180。

表面毡的种类、性能与用途 **表6-180**

表面毡牌号	制品规格					特点	用途
	玻璃种类	厚度（mm）	单位质量（g/m^2）	宽（mm）	长度（m）		
CFN08	耐酸玻璃	0.08	15	1000	60	耐酸性好	化工地面、贮槽等
16	耐酸玻璃	0.16	20	1000	60		
24	耐酸玻璃	0.24	33	1000	60		
EFN22	无碱玻璃	0.22	30	1000	60		一般用途

3）棉纤维

棉纤维有许多褶皱，有利于树脂吸附，与树脂浸润型良好，粘结强度高，故亦作为增强材料用。它有纱布、棉布两类，前者经酒精脱脂后常用于玻璃钢衬里的底层使用。脱脂纱布衬里与基体的粘结强度高于玻璃纤维，能防止树脂层的开裂，降低固化收缩率，故近年亦有用于耐腐蚀涂料的增强层使用。

由于棉纤维的抗拉强度和弹性模量低于玻纤，因此不适用于承载力大的玻璃钢地面工程及部件。棉纤维的耐酸性能亦低于玻纤，故在玻璃钢制品中，常用于底层衬里。

棉纤维的物理机械性能见表6-181。

棉纤维的性能 **表6-181**

序号	项目	性能	序号	项目	性能
1	拉伸模量（MPa）	641~1048	3	断裂伸长率（%）	7.8
2	弹性模量（MPa）	9800~11760	4	伸长率可延伸部分（%）	2~3

4）合成纤维

用作增强材料的合成纤维主要有聚酯纤维、涤纶纤维及织物、聚丙烯腈纤维、改性丙烯酸纤维等有机纤维薄纱。在耐腐蚀增强塑料领域，均被作为防腐蚀富树脂的增强材料。

它与合成树脂有较高的黏附性和浸润性，制品表面非常光滑、耐磨、抗刮削。合成树脂薄纱可以防止树脂热应力和热变形所导致的开裂，提高防腐蚀面层的抗渗能力。芳酰胺纤维是新近开发的一类新型合成纤维，密度低，强度和弹性模量都很高，热稳定性好，在高温下不熔融软化，可代替玻璃纤维和棉纤维。

①聚酯纤维

聚酯纤维俗称涤纶纤维，学名为聚对苯二甲酸乙二酯纤维，由对苯二甲酸或对苯二甲酸二甲酯与乙二醇缩聚而成。密度约 1.38g/cm^3，纤维软化点 238～249℃，熔点 255～260℃。其耐盐酸性能优于玻璃纤维，但耐硫酸性能较差，可用于氢氟酸或含氟介质。

②聚丙烯纤维

俗称丙纶纤维，学名等规聚丙烯纤维，由丙烯聚合而成。纤维的软化点为 140～165℃，熔点为 160～177℃。耐蚀性能优良，可耐除氯磺酸、浓硝酸及某些氧化剂之外的任何酸、碱介质。

2. 树脂类的腐蚀地面材料的配制

(1) 环氧树脂类材料的配合比和配制方法

1) 材料的参考配合比

环氧树脂材料在不同的使用范围，针对不同的使用对象，采用的构造具有很大的区别，各个构造层所用材料配合比见表 6－182。

环氧类材料的施工配合比（重量比）　　　　**表 6－182**

材料名称		环氧树脂	稀释剂	低毒固化剂	乙二胺	矿物颜料	耐酸粉料	石英粉
封底料		100	40～60	15～20	(6～8)	—	—	—
修补料		100	10～20	15～20	(6～8)	—	150～200	
树脂胶料	铺衬与面层胶料	100	10～20	15～20	(6～8)	0～2	—	—
	胶料					—	—	—
胶泥	砌筑或勾缝料	100	10～20	15～20	(6～8)	—	150～200	—
稀胶泥	灌缝或地面面层料	100	10～20	15～20	(6～8)	0～2	100～150	
砂浆	面层或砌筑料	100	10～20	15～20	(6～8)	0～2	150～200	300～400
	石材灌浆料	100	10～20	15～20	(6～8)	—	100～150	150～200

注：1. 除低毒固化剂和乙二胺外，还可用其他胺类固化剂，但应优先选用低毒固化剂，用量应按供货商提供的比例或经试验确定。

2. 当采用乙二胺时，为降低毒性可将配合比所用乙二胺预先配制成乙二胺丙酮溶液（1:1）。

3. 当使用活性稀释剂时，固化剂的用量应适当增加，其配合比应按供货商提供的比例或经试验确定。

4. 本表以环氧树脂 EPO 1451—310 举例。

2) 材料的配制工艺

①环氧树脂胶料的配制

将稀释剂和环氧树脂按需要量称取后加入容器内，搅拌均匀后待用。当施工环境温度低于 15℃时，树脂稠度增大，对调制带来不利，可将环氧树脂适当加热至 40～50℃，使之成为易流动状，然后加入稀释剂搅拌均匀后，冷却到室温待用。

使用时称取定量树脂，加入固化剂搅拌均匀即制成环氧树脂胶料。配制玻璃钢封底料时，可在加入固化剂前再加一些稀释剂。当施工环境温度大于20℃时，因树脂稠度较稀，也可不加稀释剂。

②环氧树脂胶泥的配制

称取一定数量的环氧树脂胶料，搅拌均匀后加入粉料，再搅拌均匀即可制成环氧树脂胶泥。

③环氧树脂砂浆的配制

称取一定数量的环氧树脂胶料，搅拌均匀后按一定级配比例加入细、粗骨料，再进行搅拌，就配制成环氧树脂砂浆。

④注意事项

树脂和固化剂的反应是放热反应，每次配制量不宜过大，应依施工进度而定，随配随用，在初凝期（一般为30～45min）内用完。

固化剂要逐渐倾入，不断搅拌，如发现胶液温度过高，可将配料桶放入冷水器中冷却，防止局部过热固化。

使用固体固化剂时，应先进行粉碎，与粉料混匀或用溶剂溶解后备用。当选用毒性较大的乙二胺固化剂时，可将乙二胺与丙酮（1∶1）预先配成溶液后使用。

（2）乙烯基酯树脂和不饱和聚酯树脂的配合比和配制方法

1）材料的参考配合比

不饱和聚酯树脂中，由于材料品种不同，选用的固化剂、促进剂配套体系有一定差别，产品的性能也有些区别，应根据生产厂家提供的配方选择。参考配合比见表6－183。

乙烯基酯树脂和不饱和聚酯树脂材料的施工配合比（重量比） 表6－183

材料名称		树脂	引发剂	促进剂	苯乙烯	矿物颜料	苯乙烯石蜡液	粉料		细骨料	
								耐酸粉	硫酸钡粉	石英粉	重晶石砂
封底料		100	2～4	0.5～4	0～15	—	—	—	—	—	—
修补料					—	—	—	200～350	(400～500)	—	—
树脂胶料	铺衬与面层胶料	100	2～4	0.5～4	—	0～2	—	0～15	—	—	—
	封面料				—	0～2	3～5	—	—	—	—
	胶　料				—	—	—	—	—	—	—
胶泥	砌筑或勾缝料	100	2～4	0.5～4	—	—	—	200～300	(250～350)	—	—
稀胶泥	灌缝或地面面层料	100	2～4	0.5～4	—	0～2	—	120～200	—	—	—
砂浆	面层或砌筑料	100	2～4	0.5～4	—	0～2	—	150～200	(350～400)	300～450	(600～750)
	石材灌浆料	100	2～4	0.5～4	—	—	—	120～150	—	150～180	—

注：1. 表中括号内的数据用于耐含氟类介质工程。

2. 过氧化苯甲酰二丁酯糊引发剂与N、N二甲基苯胺苯乙烯液促进剂配套；过氧化环已铜二丁酯糊、过氧化甲乙酮引发剂与钻盐（含钻0.6%）的苯乙烯液促进剂配套。

3. 苯乙烯石蜡液的配合比为苯乙烯∶石蜡＝100∶5；配制时，先将石蜡削成碎片，加入苯乙烯中，用水浴法加至60℃，待石蜡完全溶解后冷却至常温。苯乙烯石蜡液应使用在最后一遍封面料中。

2）材料的配制工艺

①不饱和聚酯树脂胶料的配制

将不饱和聚酯树脂按需要量称取后放入容器内，按比例加入促进剂，搅拌均匀后，再加入引发剂继续进行搅拌，搅拌均匀后即制成不饱和聚酯树脂胶料，当配制封底料时，可先在树脂中加入稀释剂，再按上述步骤操作。

②不饱和聚酯树脂胶泥的配制

称取定量已配好的不饱和聚酯树脂胶料，按比例加入粉料，进行搅拌，就配制成胶泥。配制罩面层用料时，应少加或不加粉料。需做彩色面层时，再在面层胶泥料中加入一定量的无机颜料、染料，但不能加入对树脂有阻聚作用的颜料、染料。

③不饱和聚酯树脂砂浆的配制

称取定量已配好的不饱和聚酯树脂胶料，随即倒入已经按比例称量拌匀的砂、粉混合料中，经充分搅拌均匀，就配制成砂浆。

④注意事项

树脂和引发剂等的反应是放热反应，每次配制量应依施工进度而定，随配随用，在初凝期（一般30~45min）内用完。施工过程中发现有凝聚、结块等现象时，应不得继续使用。

树脂胶泥、树脂砂浆的配制宜用机械搅拌，当用量不大时，可用人工搅拌，但必须充分拌匀。

配制材料，严禁将引发剂和促进剂直接混合，加料顺序参见胶料的配制、引发剂和促进剂的用量应视施工环境温度、湿度、工作特点及原材料等进行调整。施工前应做现场小试，并应保存样块待查。

3）乙烯基酯树脂类胶料、胶泥和砂浆的配制

乙烯基酯树脂胶料、胶泥和砂浆的配制工艺均同于不饱和聚酯树脂。

（3）呋喃树脂类材料的配合比和配制方法

1）材料的参考配合比

常用呋喃树脂类材料的配合比参见表6－184。

呋喃树脂类材料的施工配合比（重量比） **表6－184**

材料名称		糠醇糠醛树脂	糠酮糠醛树脂	糠醇糠醛树脂玻璃钢粉	糠醇糠醛树脂胶泥粉	苯磺酸型固化剂	耐酸粉料	石英砂
封底料		同环氧树脂或乙烯基酯树脂、不饱和聚酯树脂封底料						
修补料		同环氧树脂或乙烯基酯树脂、不饱和聚酯树脂修补料						
树脂胶泥	铺衬与面层胶料	100	—	40~50	—	—	—	—
		—	100	—	—	12~18	—	—
胶泥	灌缝	100	—	—	250~300	—	—	—
		—	100	—	—	12~18	100~150	—
	砌筑或勾缝	100	—	—	250~400	—	—	—
		—	100	—	—	12~18	200~400	—
砂浆料		100	—	—	250	—	—	250~300
		—	100	—	—	12~18	150~200	350~450

注：糠醇糠醛树脂玻璃钢粉和胶泥粉内已含有酸性固化剂。

2）材料的配制工艺

①将糠醇糠醛树脂按比例与糠醇糠醛树脂的玻璃钢粉混合，搅拌均匀，即制成玻璃钢胶料。

②将糠醇糠醛树脂按比例与糠醇糠醛树脂的胶泥粉混合，搅拌均匀，即制成胶泥料。

③将糠醇糠醛树脂按比例与糠醇糠醛树脂的胶泥粉、细骨料混合，搅拌均匀，即制成砂浆料。

④将糠酮糠醛树脂与苯磺酸类固化剂混合，搅拌均匀，即制成树脂胶料。

⑤在配制成的糠酮糠醛树脂胶料中加入粉料，搅拌均匀，即制成树脂胶泥料。

⑥在配制成的糠酮糠醛树脂胶料中加入粉料和细骨料，搅拌均匀，即制成树脂砂浆料。

⑦注意事项：

树脂和固化剂的作用是放热反应，因此，胶液不宜配制量过大，否则不易散热。每次配制量应根据施工进度，随配随用，在初凝期（一般为30～45min）内用完。使用过程中须随时搅拌，以防沉淀。

（4）酚醛树脂类材料的配合比和配制方法

1）材料的参考配合比

酚醛树脂不能配制砂浆，常用树脂胶泥做防腐蚀材料，其配合比参见表6－185。

酚醛树脂类材料的施工配合比（重量比） 表6－185

材料名称		酚醛树脂	稀释剂	低毒酸性固化剂	苯磺酰氯	耐酸粉料
封底料		同环氧树脂或乙烯基酯树脂、不饱和聚酯树脂封底料				
修补料		同环氧树脂或乙烯基酯树脂、不饱和聚酯树脂修补料				
树脂胶料	铺衬与面层胶料	100	0～15	6～10	（8～10）	—
胶泥	砌筑与勾缝	100	0～15	6～10	（8～10）	150～200
稀胶泥	灌缝料	100	0～15	6～10	（8～10）	100～150

2）材料的配制工艺

①称取定量的酚醛树脂，加入稀释剂搅拌均匀，再加入固化剂搅拌均匀，即制成树脂胶料。

②在配制成的树脂胶料中，加入粉料搅拌均匀，即制成树脂胶泥料。

③配制胶泥时，不宜加入稀释剂。

（5）树脂类耐腐蚀材料制品的技术性能指标

1）树脂类材料制成品的种类

树脂类材料制成品包括：树脂胶泥、树脂砂浆、树脂玻璃鳞片和玻璃钢，其相应的技术性能指标主要包括：胶泥与各种不同类型材料的粘结强度、胶泥及砂浆的收缩率和抗压强度、树脂类材料的抗拉强度和使用温度范围等。

2）制成品的质量指标参见表6－186。

树脂类材料的物理力学性能 **表6－186**

项目		环氧类材料	环氧煤焦油类（1:1）	酚醛类材料	不饱和聚酯类材料				乙烯基酯类材料	呋喃类材料	
					双酚A型	邻苯型	间苯型	二甲苯型		糠醇糠醛类	糠酮糠醛类
抗压强度（MPa）不小于	胶泥	80	20	70	70	80	80	80	80	70	70
	砂浆	70	20	—	70	70	70	70	70	60	60
抗拉强度（MPa）不小于	胶泥	9	5	6	9	9	9	9	9	6	6
	砂浆	7	4	—	7	7	7	7	7	6	6
	玻璃钢	100	60	60	100	90	90	100	100	80	—
胶泥粘结强度（MPa）不小于	与耐酸砖	3	3	1	2.5	1.5	1.5	3	2.5	1.5	1.5
	与花岗石	2.5	2.5	2.0	2.5	2.5	2.5	2.5	2.5	1.5	1.5
	与水泥基层	2.0	1.5	—	1.5	1.5	1.5	1.5	1.5	—	—
	与钢铁基层	1	2	—	2	2	2	2	2	—	—
收缩率不大于（%）	胶泥	0.2	0.2	0.5	0.9	0.9	0.9	0.4	0.8	0.4	0.4
	砂浆	0.2	—	—	0.7	0.7	0.7	0.3	0.6	0.3	0.3
胶泥使用温度（℃）不大于		80	60	120	100	60	100	—	—	140	140

注：1. 当采用石英粉、石英砂时，玻璃钢的密度为1.6～1.8g/cm³，砂浆的密度为2.2～2.4g/cm³；
2. 各种树脂胶泥、玻璃钢的吸水率不大于0.2%，砂浆的吸水率不大于0.5%；
3. 表中使用温度是指无腐蚀条件下的温度；
4. 乙烯基酯树脂胶泥的使用温度与品种有关，为65～85℃；
5. 表中均为常温固化材料的物理力学性能数据。

3. 树脂类耐腐蚀地面常用的地面构造类型

树脂类胶泥作为结合层材料或嵌缝材料，常与板型耐酸瓷砖结合，组成坚固、耐久的、耐腐蚀层，应用于楼地面面层、踢脚板、墙裙、设备基础覆面，以及排放侵蚀性污水的明沟、贮存化学介质的贮槽等；树脂类砂浆常与砖型耐酸瓷砖、花岗石结合，作为地坪面层及贮槽衬里用；树脂类玻璃钢能组成一整体无缝的、薄而高强的耐腐蚀面层，可用于楼地面、墙裙、设备基础及沟槽，并可在各种建筑构配件的复杂表面上随意铺贴。在重要工程中，为确保建筑结构的安全，常采用树脂类玻璃钢作隔离层。

（1）用树脂类胶泥铺砌板型耐酸瓷砖楼地面的构造做法，见图6－126。

（2）用树脂类砂浆铺砌标型耐酸瓷砖楼地面的构造做法，见图6－127。

（3）用树脂类玻璃钢铺贴的楼地面面层的构造做法，见图6－128。

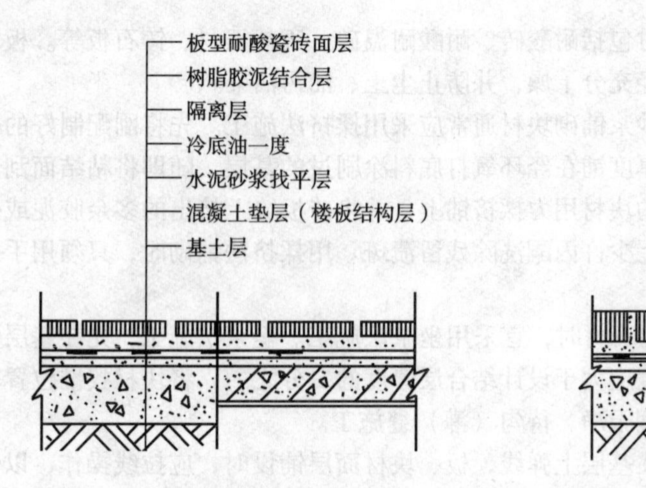

图6-126 用树脂胶泥铺砌的板型耐酸瓷砖楼地面构造做法

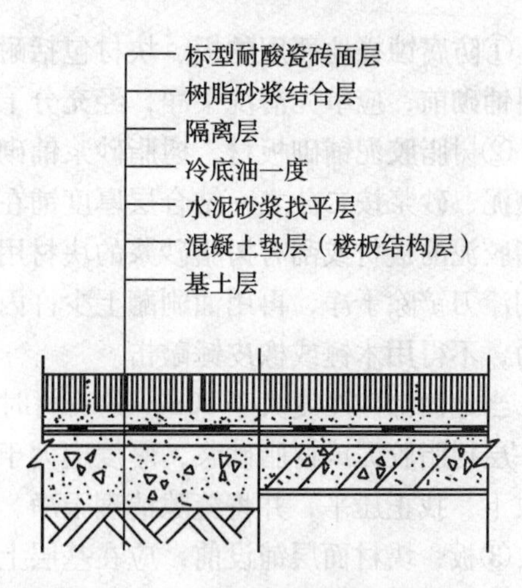

图6-127 用树脂砂浆铺砌标型耐酸瓷砖楼地面构造做法

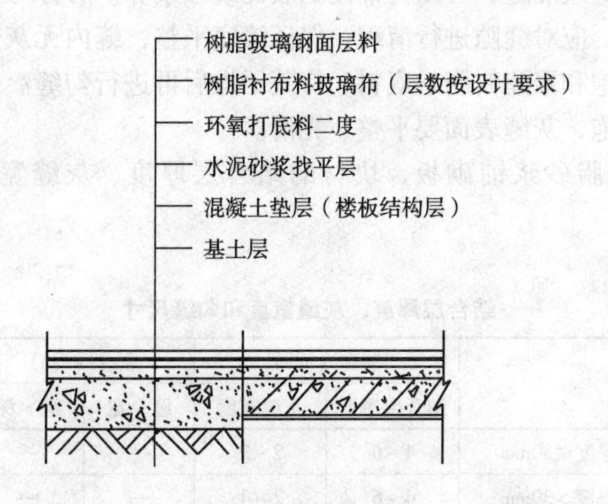

图6-128 用树脂玻璃钢铺贴楼地面构造做法

4. 树脂类防腐蚀楼地面的施工要点

（1）基层处理

当在水泥砂浆、普通混凝土基层上用树脂类防腐蚀胶泥、砂浆铺砌块材面层，或用树脂稀胶泥、树脂砂浆铺筑整体面层时，其水泥砂浆或混凝土基层必须坚固、密实、干燥、平整。表面的浮灰、尘土应清理干净，并不得受潮遇水，如有油迹等污染时，应用溶剂擦净并晾干。

由于水泥砂浆、混凝土呈碱性，所以在基层表面要先涂一遍环氧打底料将基层与树脂胶泥（或砂浆）加以隔离，以免两者产生化学反应，降低粘结强度，甚至使面层产生分离脱壳。当采用酚醛胶泥时，其固化剂属酸性介质，基层表面必须涂刷二遍环氧打底料，并待其干燥后，再进行上部面层结构施工。打底料涂刷要均匀，不得有漏涂现象。

（2）树脂胶泥、树脂砂浆铺砌板、块材以及树脂胶泥勾缝、灌缝施工要点

1）铺砌板、块材

①防腐蚀楼地面用的板、块材包括耐酸砖、耐酸耐温砖、天然石材、铸石板等。板块材料铺砌前，应事先清洗干净，经充分干燥，并防止尘土、油污沾染。

②树脂胶泥铺砌板材、树脂砂浆铺砌块材通常应采用揉挤法施工。先将刚配制好的树脂胶泥、砂浆按二分之一结合层厚度铺在经环氧打底料涂刷过的基层，随即将粘结面刮有树脂胶泥的板材或刮有树脂砂浆的块材用力揉挤铺上，并将砖板缝上挤出的多余胶泥或砂浆用漆刀铲除干净，再用油刷蘸上少许丙酮洗除残留渍斑。用揉挤法铺砌时，只须用手指用力，不得用木锤或橡皮锤敲击。

当地面铺砌厚度大于30mm的石材时，宜采用坐浆法施工。坐浆法施工，先在基层铺上一层树脂胶泥或树脂砂浆，厚度应大于设计结合层厚度的二分之一，将块材找准位置轻轻放下，找正压平，并将缝隙清理干净，待勾（灌）缝施工。

③板、块材面层铺设前，应在基层上弹线，板、块材面层铺设时，应拉线操作，以保证板块缝隙的平直度。

2）块材勾缝与灌缝

①块材缝隙的勾缝或灌缝，必须待铺砌的胶泥或砂浆养护后方可进行。

②勾缝或灌缝前，应对缝隙进行清理，保证缝底平整，缝内无灰尘油垢等，然后在缝内涂刷一遍环氧或不饱和聚酯树脂封底料，待其干燥后再进行勾缝。勾缝胶泥要饱满、密实，不得有空隙、气泡，灰缝表面要平整、光滑。

③树脂胶泥、树脂砂浆铺砌板、块材的结合层厚度、灰缝宽度和勾缝尺寸见表6－187。

结合层厚度、灰缝宽度和勾缝尺寸 **表6－187**

块材种类		铺砌（mm）		灌缝（mm）		勾缝（mm）	
		结合层厚度	灰缝宽度	缝宽	缝深	缝宽	缝深
耐酸砖、耐酸耐温砖	厚度≤30mm	4～6	2～3	—	—	6～8	10～15
	厚度＞30mm	4～6	2～4	—	—	6～8	15～20
天然石材	厚度≤30mm	6～8	3～6	8～12	15～20	8～12	15～20
	厚度＞30mm	10～15	6～12	8～15	灌满	—	—

树脂胶泥的常温养护期、热处理温度及时间，参照表6－188和表6－189。

（3）树脂胶泥、树脂砂浆整体面层施工要点

在没有重载、强冲和运输车辆进出等情况下，选用树脂胶泥、树脂砂浆作整体防腐蚀楼地面面层是比较适合的，它具有以下几方面特点：

1）与块材防腐蚀面层比较，自重轻，减少结构承重荷载，综合造价小于块材面层。

2）选用树脂余地较大，特别是不饱和聚酯树脂和乙烯基酯树脂的选用，提高了地面的耐腐蚀等级。

3）整体无缝的构造，随意调配的色彩，不仅便于清洗，而且有较好的装饰效果。

4）抗渗、耐磨及承受冲击能力高，体现出较好的机械强度。

5）耐腐蚀范围广，除耐一般酸、碱、盐等介质外，还可以耐部分有机溶剂、强氧化

性介质。

树脂胶泥、树脂砂浆整体面层施工步骤：

不饱和聚酯树脂及乙烯基酯树脂砂浆面层，一般设置在不饱和聚酯树脂及乙烯基酯树脂玻璃钢隔离层上，厚度为4～6mm。面层与隔离层的施工间隔时间一般≥24h。施工时，每次拌制量不宜过多，一般以5kg左右为宜。施工步骤为：

①在隔离层上应先刷一层胶料（其配比同玻璃钢面层料），涂刷要薄而均匀。

②随即在其上面铺放树脂砂浆，随摊铺随揉压平整，并使表面出浆，然后一次抹平压光。抹压应在砂浆胶凝前完成，已胶凝的砂浆不得再使用。

③施工缝应留成整齐的斜槎，继续施工前，应将斜槎清理干净，涂一层胶料，然后继续摊铺。

④抹平压光后的砂浆面层经自然固化后，表面涂第一层封面料，待其固化后，再涂第二层封面料。

⑤采用彩色面层时，可添加颜料，并控制掺入量，最好将一个区域的用料一次拌好。当大面积施工时，应采取措施尽力减小色差，例如面层胶料由生产单位直接配制成有色料等等。

不饱和聚酯树脂及乙烯基酯树脂砂浆整体面层施工中应注意以下要点：

①隔离层的设置。工程实践证明，在不饱和聚酯树脂和乙烯基酯树脂砂浆整体面层下设置1～2层玻璃钢隔离层，实际使用效果比没有隔离层的效果要好得多，因为玻璃钢隔离层起到了第二道防线的作用。

②涂刷胶料工序。在玻璃钢隔离层（或基层）上摊铺树脂砂浆前，应涂刷一层胶料，它是保证树脂砂浆与玻璃钢（或基层）粘结良好，防止砂浆与玻璃钢隔离层（或基层）之间脱壳的主要措施之一。胶料涂刷应薄而匀，不得漏涂。

③重视凝胶试验。树脂砂浆凝胶的速度快慢与施工工期，施工质量等都有很大关系。凝胶时间太快，不仅造成来不及施工而浪费材料，还会造成树脂砂浆因收缩应力集中而产生裂缝或起壳现象。反之，若凝胶时间太慢，则会延长施工工期和养护期，同时，树脂砂浆的强度也编低。因此，大面积施工前，先做凝胶时间试验是十分必要的。

④选择合理的骨料和粉料级配。合理选择树脂砂浆的骨料与粉料级配，是保证面层施工质量的又一重要措施。如果粒径大于2mm的粗骨料太多，而细骨料、粉料用量偏少，则砂浆的空隙率将偏大，密实性较差，且易使树脂胶料向底部沉降，使树脂砂浆强度降低，抗渗性能亦相应降低。如果细骨料、粉料用量偏大，这种级配的砂浆虽然提高了密实性，增强表面的美观性，但随之带来的问题是易出现裂缝或不规则的短小微裂缝。因此，施工前，应合理选择粗、细骨料和粉料之间的级配是十分重要的。

⑤配料应正确，混合搅拌应均匀，防止局部固化不良。树脂砂浆的配料应正确，混合时搅拌应均匀，特别是过氧苯甲酰二丁酯等糊状固化剂应在树脂中充分混合均匀。同时，粗、细骨料和粉料中的含水率不应过大。

⑥掌握好封面稀胶泥料的涂刷时间。试验表明，树脂砂浆整体面层施工后经养护2～3d，树脂砂浆的收缩率才能基本趋于稳定。所以面层上稀胶泥封面料的涂刷时间，至少应在养护3昼夜后进行，如果急于在刚做好的树脂砂浆层上进行稀胶泥罩面施工，则胶泥固化时产生的收缩应力能使砂浆面层产生短小微裂缝，尽管这种微裂不会影响工程使用。

另外，罩面用稀胶泥的厚度不宜大于0.5mm。如果设计要求超过1mm时，则应分2～3次抹刮。罩面稀胶泥的粉料宜选用辉绿岩粉，因为它比石英粉有较小的收缩率，但辉绿岩粉价格较贵，且面层不易着色。当防腐蚀面层用于碱性介质时，选用辉绿岩粉将比石英粉有更好的耐碱性。

⑦当在踢脚、墙裙等立面部为粉抹树脂砂浆时，常常发生砂浆下滑现象。因此，立面用的树脂砂浆应调整粗细骨料的比例，以细骨料（40～70目）和粉料为主，不用或少用粗骨料，使砂浆密度下降。由于细骨料和粉料的比表面积比粗骨料大，拌合在树脂中相互间的接触面增大，黏性也增大，可以防止立面砂浆的下滑。当立面层砂浆厚度超过3mm时，宜分层抹压。另外，立面用的树脂砂浆应适当增加固化剂用量，还可添加适量的热塑性树脂（如聚氯乙烯、聚丙烯、聚乙烯等），以防止和减少粉刷层产生微细裂缝。

(4）树脂玻璃钢的施工要点

树脂玻璃钢通常直接铺贴在混凝土、钢筋混凝土或水泥砂浆基层上，以形成一道薄而坚硬的整体面层。它施工速度较快，周期短，从施工开始到启用，一般仅需7～10d。

1）基层要求

①基层应平整、干燥、清洁、无油污。有关水泥砂浆、混凝土基层的质量要求，详见本节《基层处理》部分内容。

②铺贴树脂玻璃钢前，应对基层作封底处理，用毛刷或滚筒蘸封底胶料后进行二次涂刷，期间应自然固化24h以上。二次涂刷总厚度不应超过0.4mm，不得有流淌、气泡等。涂刷第一遍封底胶料时，胶料中应掺入适量的稀释剂，以便胶液较好较快的渗入到基层中去。

③当基层表面或层面间有凹陷不平整处时，应用刮刀嵌刮胶泥，予以修补填平。修补的胶泥不应太厚，否则会出现龟裂。

2）施工要点

①认真裁剪玻璃纤维布。玻璃钢铺贴前，应按实际需用尺寸，进行量体裁布。裁剪玻璃纤维布要在清洁干净的场地上进行，并应考虑搭接长度（至少100mm）要求。裁剪好的玻璃纤维布不得折叠，以免产生皱纹，铺贴后褶皱处容易产生脱层。为便于施工，裁剪好的玻璃纤维布，可按施工先后次序用圆管或硬纸筒卷好待用。裁剪好的材料应保持不受潮湿，不沾染油污。

②玻璃纤维布的经纬向强度不同，应注意使玻璃纤维布纵横向交替铺贴。对特定方向要求强度较高的部位，则可使用单向布增强。

③玻璃纤维布的粘贴顺序，一般应与泛水方向相反，先沟道、孔洞、设备基础等，后地面、墙裙、踢脚等。其搭接应顺物料流动方向，搭接宽度一般不小于50mm，各层的搭接缝应互相错开。铺贴时，玻璃纤维布不应拉得太紧，达到基本平衡即可，见图6－129。

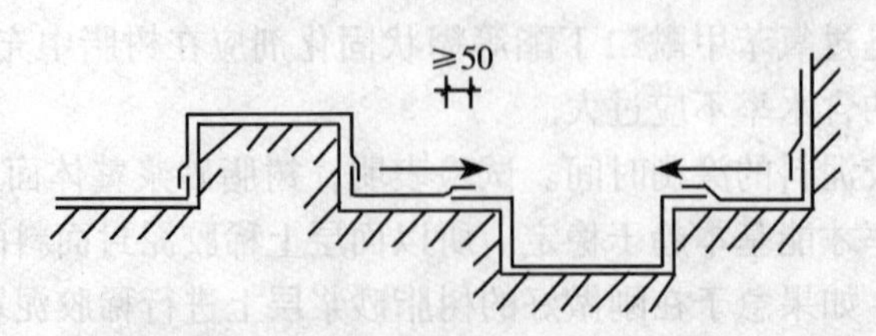

图6－129　玻璃纤维布粘贴顺序示意图

④树脂玻璃钢地面的铺贴，一般均采用手糊法施工。手糊法施工分间断法和连续法两种方法。间断法施工易保证质量，但耗料量多，施工不当会出现分层现象。连续法施工速度快，省工又省料，但操作技术水平要熟练。实际施工中，应根据施工条件和需求选用。如施工面积较大，便于流水作业，防污染的条件较好，宜采用间断法，否则，宜采用连续法。环氧树脂、呋喃树脂、酚醛树脂等，应采用间断法施工。

连续法施工：用毛刷或滚筒蘸上胶料后纵横各刷一遍后，随即粘贴第一层玻璃纤维布，并用刮板或毛刷将玻璃纤维布贴紧压实，也可用辊子反复滚压使充分渗透胶料，并挤出气泡和多余的胶料。待检查修补合格后，不等胶料固化，即按同样方法连续粘贴，直至达到设计要求的层数和厚度。玻璃纤维布一般系用鱼鳞式搭接法，见图6-130。

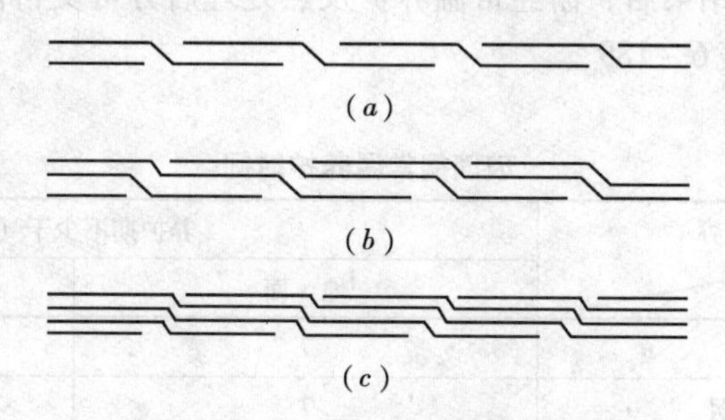

图6-130 玻璃纤维布连续法铺贴示意图
(a) 二层布粘贴法；(b) 三层布粘贴法；(c) 四层布粘贴法

间断法施工：贴第一层玻璃纤维布的方法同上。贴好后再在布上涂刷胶料一层，待其初步固化、不粘手时（一般须自然固化24h），再铺贴第二层，依次类推，直至完成所需的层数和厚度。在铺贴每层时，都需进行质量检查，清除毛刺、突边和较大气泡等缺陷并修理平整。

酚醛树脂玻璃钢必须采用间断法施工，主要因为酚醛树脂黏度大，粘结性较差，固化过程中，产生的小分子和溶剂要挥发的原因。

⑤当采用乙烯基酯树脂和不饱和聚酯树脂制作玻璃钢整体面层时，应在涂刷最后一遍面层胶料中添加苯乙烯石蜡溶液，以隔离空气，防止树脂表面发黏。须注意的是，前面一遍的面料中，不得含有苯乙烯石蜡液，否则，最后一遍面料涂上后的粘结力非常差，易造成脱层。

在立面或斜面铺贴树脂玻璃钢时，由于树脂自重及黏度小，往往造成树脂胶料流挂现象，此时在胶料中可加入1%～3%的轻质二氧化硅（俗称“气相白炭黑”），以使胶料具有良好的触变性能。

⑥地面与墙、柱立面交界的阴阳角处，玻璃钢面层与立面基层成为点线接触，玻璃钢面层脆性大，韧性差，固化后稍一受力，即有可能被破坏，因此，应处理成斜面或圆弧面（如玻璃钢上面采用块材铺砌，则应处理成直角），使玻璃钢与基层形成平稳过渡的面接触。同时在转角处应增加1～2层玻璃纤维布。

在阴阳角处铺贴玻璃钢时，由于不处于同一平面上，铺贴的玻璃纤维布在树脂未固化前有回缩作用而造成气泡，因此可在衬布树脂胶料中加入适量粉料，以增强树脂黏性，起到压住玻璃布、消除气泡的作用。

⑦当玻璃钢作为隔离层使用时，在做完最后一层玻璃纤维布后，表面应稀撒一层砂粒，以利于树脂砂浆整体面层或铺砌块材的施工。

⑧在转角处、管道、孔洞、预埋件及设备基础周围，应将玻璃纤维布剪开铺贴，并可多铺贴 1～2 层，以予增强。

⑨涂刷面层胶料。树脂玻璃钢的面层胶料应具有良好的耐磨性和耐腐蚀性，表面要光洁，一般应在贴完最后一层玻璃纤维布后的第二天涂刷第一遍面层胶料，干燥后再涂刷第二遍面层胶料。当以玻璃钢为隔离层时，其上采用树脂胶泥或树脂砂浆材料施工时，可不涂刷面层胶料。

⑩树脂玻璃钢施工结束后，需经常温养护及热处理后方可交付使用。养护时间和热处理要求见表 6－188 和表 6－189 。

玻璃钢常温养护时间　　　　表 6－188

内容 名称	养护期不少于（d）	
	地面	贮槽
环氧玻璃钢	7	15
不饱和聚酯玻璃钢	7	15
乙烯基酯玻璃钢	7	15
呋喃玻璃钢	7	20
酚醛玻璃钢	10	25

注：1. 常温养护温度不低于 20℃。
2. 养护时严禁明火、蒸气、水及日晒。
3. 当玻璃钢于贮槽时，宜进行热处理。

玻璃钢热处理温度及时间　　　　表 6－189

内容 名称	常温养护时间（h）	热处理温度及时间（h）								
		常温～40℃	40℃	40～60℃	60℃	60～80℃	80℃	80～100℃	100℃	降到常温自然冷却速度约 15℃/h
环氧玻璃钢	24	1	4	2	4	2	6	—	—	
呋喃玻璃钢	24	1	4	2	4	2	8	2	8	
酚醛玻璃钢	24	1	4	2	4	2	8	2	8	

注：热处理升温速度一般为 10℃/h，严禁骤热升降温度。表面受热应均匀，防止局部过热。

（5）安全防护

1）树脂类防腐蚀工程中的许多原材料，如苯类、乙二胺、酸类等，都具有程度不同的毒性和刺激性，使用时或配制时要有良好的通风。

操作人员应在施工前进行体格检查，患有气管炎、心脏病、肝炎、高血压者以及对某些物质有过敏反应者均不得参加施工。

研磨、筛分、搅拌粉状填料最好在密封箱内进行，操作人员应戴防护口罩、防护眼镜、手套、工作服等防护用品，工作完毕应冲洗、淋浴。

2）施工过程中不慎与腐蚀性或刺激性物质接触后，要立即用水或乙醇冲洗。采用毒性较大的材料施工时，应适当增加操作人员的工间休息。施工前应制定有效的安全、防护措施，并应遵照安全技术及劳动保护制度执行。

3）在配制、使用乙醇、苯、丙酮等易燃材料的施工现场，应严禁烟火，并应备置消防器材，还应有适当的通风。

4）配硫酸时应将酸注入水中，禁止将水注入酸中。在配料现场应备有10%碱液和纯碱液，以备中和洒出的酸液之用。

配制硫酸乙酯时，应将硫酸慢慢注入乙醇中，并充分搅拌，温度不可超过60℃，以防止酸雾飞出。配制量较大时应设有间接冷却装置（如循环水浴）。

为防止与有害物质接触，一般可戴乳胶手套。

5. 树脂类防腐蚀楼地面的质量标准和检验方法

（1）树脂类材料的物理力学性能指标应满足表6－186的要求，其检验方法按施工规范指定的方法进行检验。

（2）树脂胶泥、树脂砂浆铺砌板、块材的结合层厚度、灰缝宽度和勾（灌）缝尺寸应按表6－187的规定进行，其检验方法用外观检查和尺量检查。

（3）树脂玻璃钢地面的质量标准和检验方法见表6－190。

树脂玻璃钢地面质量标准及检验方法 **表6－190**

项次	项目	质量标准	检验方法
1	外观	应平整，色泽均匀，无未浸透胶料的玻璃纤维布及树脂硬化不完全现象	外观检查
2	基层与层间粘结	应牢固，无空鼓、起壳，层间无气泡、起鼓、褶皱	外观检查和敲击法检查
3	表面平整度	面层厚度大于5mm时，允许空隙不应大于4mm，面层厚度小于5mm时，允许空隙不应大于2mm	用2m靠尺和楔形塞尺检查
4	地面坡度	应符合设计要求，误差不大于坡度的±0.2%，最大偏差不大于30mm	拉线和尺量检查
		能顺利将水排除	泼水试验

6.14.8 聚氯乙烯塑料板防腐蚀地面

聚氯乙烯塑料是在聚氯乙烯树脂中加入增塑剂、稳定剂、润滑剂、填料、颜料等加工而成的一种热塑性塑料，根据原材料配方的不同，可生产成硬质聚氯乙烯塑料板材（或管材）及软质聚氯乙烯塑料板材（或管材）两种。由于它具有良好的防腐蚀性能和加工性能，因此在建筑防腐蚀工程上（特别是地面工程）得到广泛的应用。

聚氯乙烯塑料板防腐蚀地面，是用聚氯乙烯塑料硬质（或软质）板材用胶粘剂铺贴于水泥砂浆、混凝土或其他基层面上，并用聚氯乙烯焊条焊接拼缝而成的防腐蚀地面。

聚氯乙烯塑料板材除用于地面工程外，还常用于池、槽内衬及排水管材等，其中硬质聚氯乙烯板产量大、价格低，软质聚氯乙烯板的耐候性稍差，易老化。

硬质聚氯乙烯塑料的耐腐蚀性能参见表6－191；软质聚氯乙烯塑料的耐腐蚀性能参见表6－192。

硬质聚氯乙烯塑料的耐腐蚀性能表　　　　表 6-191

介质类别	介质名称	浓度（%）	耐蚀性能
酸类	硫酸	<90	耐
	硫酸	>90	不耐
	盐酸	<35	耐
	硝酸	<50	耐
	醋酸	<30	耐
	铬酸	35	耐
	磷酸	100	耐
	草酸	任意浓度	耐
	脂肪酸	—	不耐
	氢氟酸	60	耐
	氟硅酸	<32	耐
碱类	氢氧化钠	<50	耐
盐类	硫酸氢钠	任意浓度	耐
	硝酸钠	任意浓度	耐
溶剂类	甲醇	—	耐
	甲醛	40	耐
	乙醇	—	耐
	甲苯	—	不耐
	乙醚	—	不耐

软质聚氯乙烯塑料的耐腐蚀性能表　　　　表 6-192

介质类别	介质名称	浓度（%）	耐蚀性能
酸类	硫酸	<50	耐
	盐酸	<35	耐
	硝酸	<10	耐
	醋酸	<30	耐
	磷酸	90	耐
	氟硅酸	<20	耐
碱类	氢氧化钠	<35	耐
盐类	硫酸钠	10	耐

1. 原材料质量要求

（1）硬质聚氯乙烯塑料板材的质量要求

①板材的外观质量要求见表 6-193。

硬质聚氯乙烯板材的外观质量　　　　表 6-193

项目	质量要求		
	优等品	一等品	合格品
色差	无	不明显	轻微
斑点	不允许	不明显	轻微
凹凸	无	明显	轻微

续表

项　目	质量要求		
	优等品	一等品	合格品
板边	四边应成直线，四角应成直角，板边偏离真正直角边的距离在距角顶1m处不得超过8mm	四边应成直线，四角应成直角，板边偏离真正直角边的距离在距角顶1m处不得超过10mm	
边陷	板材边缘不得有深度大于3mm的缺口	板材边缘不得有深度大于5mm的缺口	
不平整	不允许		
裂　纹	不允许		
毛　泡	不允许		
杂质和黑点	无明显杂质及分散不良的辅料		

②板材的质量指标见表6－194。

硬质聚氯乙烯板材的质量指标　　表6－194

项　　目	指　标	
	A　类	B　类
相对密度（g/cm^3）	1.38～1.60	
拉伸强度（纵、横向）（MPa）	≥49.0	≥45.0
冲击强度（缺口、平面、侧面）（kg/m^2）	≥3.2	≥3.0
热变形温度（℃）	≥73.0	≥65.0
加热尺寸变化率（纵、横向）（%）	±3.0	
整体性	无裂缝	
燃烧性能	1	
腐蚀度〔(60±2)℃，5h〕(g/m^2)	—	—
40% NaOH 溶液	±1.0	
40% HNO_3 溶液	±1.0	
30% H_2SO_4 溶液	±1.0	
35% HCl 溶液	±2.0	
10% NaCl 溶液	±1.5	
水	±1.5	

③板材尺寸的极限偏差值见表6－195。

硬质聚氯乙烯板材尺寸的极限偏差　　表6－195

项　目	公称尺寸（mm）	极限偏差（%）	极限偏差（mm）
厚　度（*d*）	2≤d＜20	±10	
	20≤d≤50	±7	—
宽　度（*b*）	b≥700	—	+15 0
长　度（*L*）	l≤1600	—	+15 0

(2) 软质聚氯乙烯塑料板材的质量要求

1) 板材的外观质量要求:

①表面光滑平整,无裂缝、无气泡、无明显杂质和未分散的铺料。直径 2~3mm 的凹陷,每 m^2 不应超过 5 个。

②色泽基本均匀一致,允许有手感不明显的波纹、挂料线和斑点,边缘整齐。

2) 软质聚氯乙烯板材的质量指标见表 6-196。

软质聚氯乙烯塑料板材的质量指标 **表 6-196**

项目	指标
相对密度(g/cm^3)	1.38~1.60
拉伸强度(纵、横向)(MPa)	≥14
断裂拉伸率(纵、横向)(%)	≥200
邵氏硬度	75~85
加热损失率(%)	≤10
腐蚀度(g/m^2)	—
(40±1)%氢氧化钠	±1.0 之间
(35±1)%盐酸	±6.0 之间
(40±1)%硝酸	±6.0 之间
(30±1)%硫酸	±1.0 之间

3) 软质聚氯乙烯塑料板材的规格及尺寸公差见表 6-197。

软质聚氯乙烯塑料板材的规格及尺寸公差(mm) **表 6-197**

厚度	厚度公差	宽度公差	厚度	厚度公差	宽度公差
1	±0.2	±15	6	±0.5	±15
2	±0.2	±15	7	±0.5	±15
3	±0.3	±15	8	±0.5	±15
4	±0.4	±15	9	±0.5	±15
5	±0.5	±15	10	±0.5	±15

注:软板每段长度,应等于或大于 2m。

(3) 胶粘剂

聚氯乙烯塑料板材防腐蚀地面常用的胶粘剂有氯丁酚醛粘结剂、氯丁橡胶粘结剂、沥青橡胶粘结剂和过氯乙烯粘结剂等品种。

氯丁酚醛粘结剂系由氯丁橡胶与叔丁酚甲醛树脂溶于醋酸乙酯,再加汽油稀释而成的混合液。它又名 FN—303 胶、88 号胶、熊猫牌 303 树脂、熊猫 202 胶以及 F—234 胶等。市场上有成品供应。

氯丁橡胶粘结剂系由氯丁橡胶溶于醋酸乙酯,再加汽油、苯、丙酮等稀释的粘稠液体，目前无成品供应，需自行配制。

沥青橡胶粘结剂是以石油沥青和生橡胶为主，加入硫磺及填料，用汽油稀释的黏稠液体。亦需自行配制，无成品供应。

过氯乙烯粘结剂是以过氯乙烯树脂溶解于各种溶剂中配成的黏稠胶液，通常随配随用，其成品又名601塑料粘结剂。

几种粘结剂的基本性能比较见表6－198。

几种粘结剂的基本性能比较 **表6－198**

粘结剂名称	粘结强度（kg/cm^2）	每m^2耗用量（kg）
氯丁酚醛粘结剂	13	0.8
氯丁橡胶粘结剂	7	0.6
沥青橡胶粘结剂	3	0.5～1.2
过氯乙烯粘结剂	10①	0.2～0.3

①：用过氯乙烯粘结剂粘结后需加压成型。

氯丁粘结剂的质量指标见表6－199。

氯丁粘结剂的质量指标 **表6－199**

项目	指标
外观	米黄色黏稠液体
固体含量（%）	≥25
黏度（25℃，Pa·S）	2～3
使用温度（℃）	≤110

聚异氰酸酯常与氯丁粘结剂配合，用于聚氯乙烯塑料板材的粘贴，其质量指标见表6－200。

聚异氰酸酯质量指标 **表6－200**

项目	指标
外观	紫红色或红色液体
NOO含量（%）	20±1
不溶物含量（%）	≤0.1

超过保质期或超过生产期三个月的粘结剂，应作取样检验，合格后方可使用。

（4）焊条

聚氯乙烯焊条应与焊件的材质相同，焊条表面应平整光洁，无折瘤、折痕、气泡和杂质，颜色应均匀一致。焊条直径与被焊材料厚度有关，可参考表6－201。

焊条选择　　表 6－201

焊件厚度（mm）	2～5	5.5～15	16 以上
焊条直径（mm）	2～2.5	2.6～3	3～4

2. 聚氯乙烯塑料板材防腐蚀地面构造类型

聚氯乙烯塑料板材防腐蚀地面大多应用厚度为 3～5mm 的成卷的软质塑料板铺贴于水泥砂浆、混凝土、钢板上或木板上，其构造做法见图 6－131。

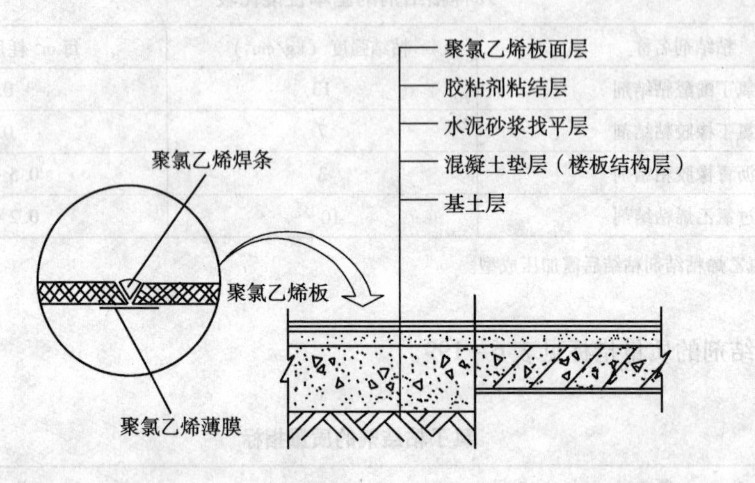

图 6－131　聚氯乙烯塑料板防腐蚀地面构造

聚氯乙烯塑料板也常用作设备基础覆盖层，以保护设备基础免遭腐蚀侵害，其常用做法见图 6－132。此外，聚氯乙烯塑料板还常用于各种池、槽的内衬，施工方便，防腐效果好。铺贴构造见图 6－133。用于覆盖设备基础和池、槽内衬的塑料板大多采用硬质的。

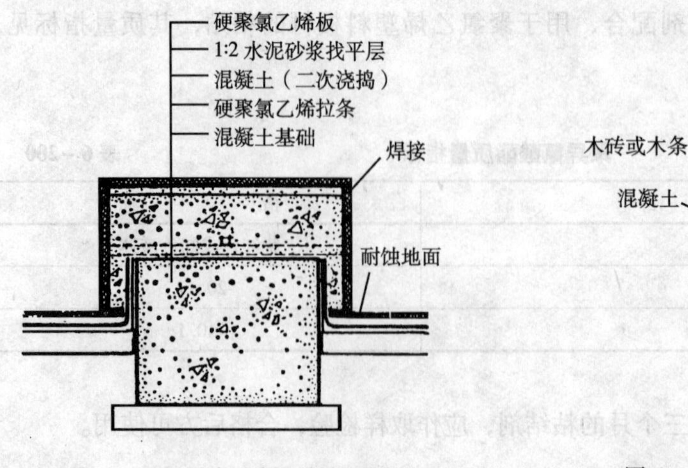

图 6－132　聚氯乙烯塑料板覆盖设备基础构造

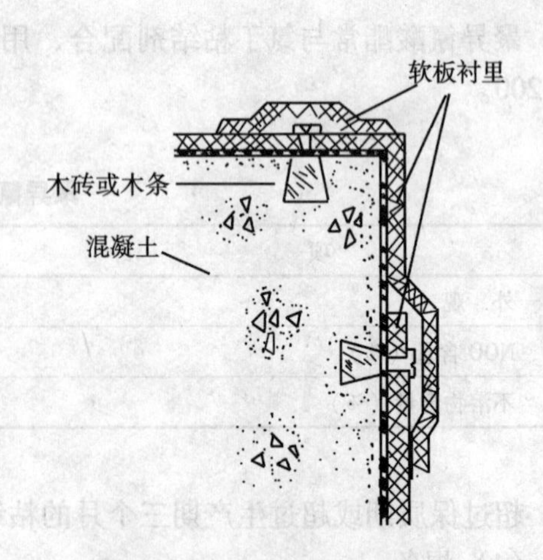

图 6－133　聚氯乙烯塑料板作池、槽内衬构造

楼面上的腐蚀性废水，常利用地面坡度引到地漏排出，除铸铁、陶瓷、玻璃钢、不锈钢地漏外，硬质聚氯乙烯地漏是一种比较受欢迎的地漏，它质轻、易加工，施工安装方便，耐腐蚀性能良好，其构造做法图6－134。

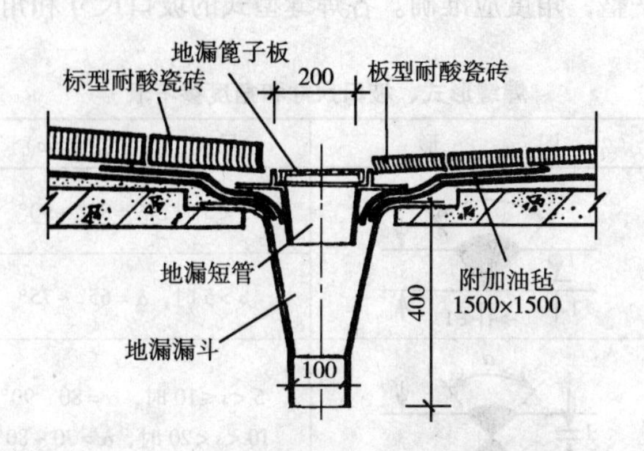

图6－134 聚氯乙烯地漏与楼板的连接构造

3. 聚氯乙烯塑料板材防腐蚀地面的施工要点

（1）基层处理

1）铺贴聚氯乙烯塑料板材防腐蚀地面的基层，应按设计要求的排水坡方向，用1∶2水泥砂浆正确找坡抹平压光。地面与墙面、柱等交接处的阴角、阳角，应用水泥砂浆抹成半径不小于50mm的圆角或45°斜角，以利于板材的铺贴。

2）铺贴面层板材，基层表面应达到平（即平整）、干（即干燥）、洁（即清洁）和滑（即光滑）四个字的要求，详细请见《5.8 塑料板地面》一节内容。

（2）材料准备

1）板材进场后，应贮存在通风良好的仓库内，并按其规格和类别分别堆放。勿使表面受到损伤或冲击。板材远离热源应不小于1m，贮存温度不宜大于30℃。凡是在低于0℃环境中贮存的板材，使用前应在室温下保持24h。

板材的贮存期，自生产日起，硬板不宜超过2年，软板不宜超过1年。

2）软板应在使用前24h把卷打开放平，解除包装应力，并放进温度为75℃左右的热水中浸泡10～20min，然后取出晾干，粘贴面用棉丝蘸丙酮∶汽油＝1∶8的混合液进行轻轻揉擦，作表面去污脱脂除蜡处理，以利于保证粘贴质量。

热水浸泡工作虽很简单，但操作应十分细微，首先温度不能过高或过低。若浸泡温度过高，板材将加速老化而增加硬度；浸泡温度过低，则浸泡效果就差。其次浸泡时间要一致，若浸泡时间长短不一，则会使板材的软硬程度不同，对下一步的粘贴、焊接等都会产生不良的影响，故浸泡工作应由专人负责。为了掌握好最佳浸泡时间，应先做小块试验取得经验，切忌盲目施工。

3）浸泡过的聚氯乙烯塑料板材应放入施工环境室内作划线、锯切、坡口等施工操作。

（3）划线、锯切、坡口

1）划线：应在平整、清洁的操作台上进行，尺寸要准确。排料应合理紧凑，尽量减少边角废料，但也要便于锯切。划线尺寸应考虑锯带宽度。

2）锯切：划线完毕的板材，可用圆盘锯、带锯或手工锯进行锯切，机械传动锯切时要控制锯切速度和方向，手工锯切时要注意用力均匀。

3）刨坡口：板材与板材或板材与管材的焊接处需要刨成坡口，按焊缝的尺寸要求划线刨出坡口。坡口应平整，角度应准确。各焊缝型式的坡口尺寸和角度参见表6－202。

焊缝形式、坡口尺寸和角度参考表　　表6－202

焊接型式	焊缝名称	图　形	尺　寸（mm）	使用说明
对接	V形对接焊缝	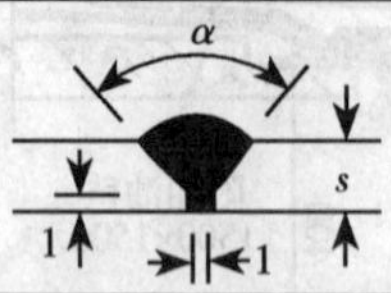	$s \leq 5$ 时，$\alpha = 80° \sim 90°$	适用于 $s \leq 5$ 板
			$s > 5$ 时，$\alpha = 65° \sim 75°$	适用于 $s > 5$ 板
	X形对接焊缝	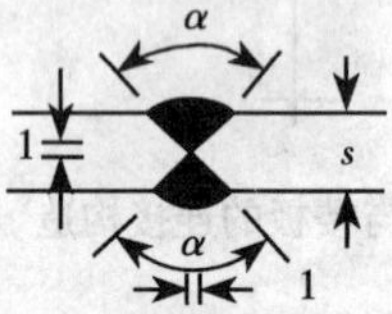	$5 < s \leq 10$ 时，$\alpha = 80 \sim 90°$ $10 < s < 20$ 时，$\alpha = 70 \sim 80°$ $s \geq 20$ 时，$\alpha = 65 \sim 70°$	适用于 $s > 5$ 板
搭接	搭接焊缝	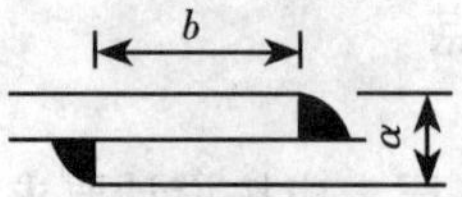	$b \geq 3a$	适用于非主要焊缝
T字连接	V形T字焊缝	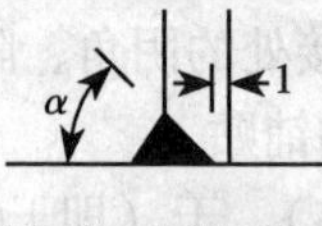	$\alpha = 45° \sim 55°$	适用于垂直焊缝
角接	V形角焊缝	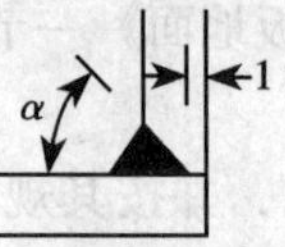	$\alpha = 45° \sim 55°$	适用于只能单面焊
		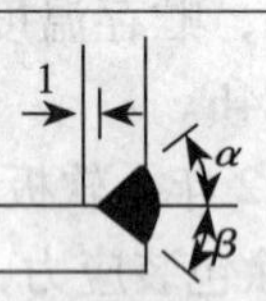	$\alpha = \beta = 35° \sim 45°$	适用于 $s \leq 10$ 板
角接	X形角焊缝	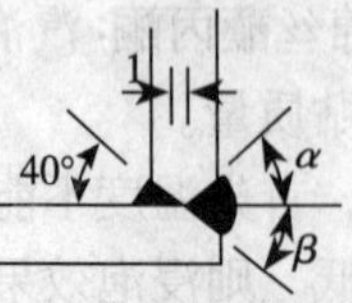	$\alpha = \beta = 35° \sim 45°$	适用于 $s > 10$ 板

（4）板材粘贴

1）采用粘贴法铺设板材常用于软质聚氯乙烯塑料板。有满涂粘结剂和局部涂刷粘结剂两种方法。粘结剂应尽量采用成品材料，当采用氯丁粘结剂与聚异氰酯调配使用时，其比例可按100∶7～10，甲苯适量。配制时应充分搅拌，并在2h内用完。

2）在基层上和塑料板上涂刷粘结剂时，两者的涂刷方向应纵横交错，涂刷应薄而匀，不得漏涂，待粘结剂不粘手时进行铺贴。

3）铺贴时，应找正位置后一次铺放，不应多次拉扯。铺贴后，可用辊子滚压或用橡皮锤轻击的方法赶出其中气泡，接缝处必须压合密实，不得出现剥离或翘角等缺陷。

4）铺贴后应进行养护，养护时间按所用粘结剂的固化期而定。硬化前不应使用或扰动。为保证粘结质量，在阴、阳角处可用沙袋加压。

5）当施工环境温度偏低时（≤5℃），可采用室内加温的方法促凝，以缩短硬化时间。

6）塑料踢脚板及阴、阳角处的做法参见图5~64、图5~65和图5~66。

（5）拼缝焊接

1）拼缝的焊接工作应在粘结剂充分硬化后进行。如在粘结剂硬化前施焊，则粘结剂受热膨胀，易使焊缝两侧的边缘造成空鼓。

2）地面板材焊缝V形槽的切割工作，不宜事先切割好，宜在粘结剂充分硬化后焊缝焊接前进行。一方面保持焊缝清洁，免受被污物弄脏，另一方面可使V形槽的切割做到平直、深浅一致。

V形槽切割时，可用图5~61的V形缝切割刀进行，根据调整好的切刀深度、角度，一边靠住靠尺，用力均匀的向前切割。由于焊接时，焊枪是等速前进的，如果V形槽切割马虎，弯曲不直或深浅不一，则焊接后，焊缝在外形美观和内在质量上都会受到很大影响。

3）焊接施工时，应掌握好焊接温度和焊枪的前进速度。由于聚氯乙烯在180℃以上温度下就会处于粘流状态，稍加用力即可彼此粘结，所以焊接温度宜控制在180~250℃之间，焊枪出口温度控制在200~260°之间。对厚度较厚的板材，焊接温度可适当提高。对操作技术不熟练的焊工，焊接温度可稍低一点，焊接速度可适当慢一点；对焊接操作熟练的焊工，则焊接温度可高一点，速度可快一点，但要防止将焊缝产生烘焦现象。施焊前，应作小块焊接试验，取得经验后再全面展开焊接工作，切忌盲目施工。

焊接施工时，有关焊枪的倾角、焊条的夹角以及焊件、焊枪、焊条三者的位置等具体要求，请见《5.8 塑料板地面》一节内容。

4）焊缝焊接后的切削修正工作应精心操作，应在焊缝完全冷却后进行，严格防止焊缝尚热时进行切削修正工作，否则易产生焊缝下凹现象（见图5-67）。

5）烧焦或焊接不牢的焊缝应切除后重新补焊。

4. 聚氯乙烯塑料板材防腐蚀地面的质量要求和检验方法

聚氯乙烯塑料板材防腐蚀地面的质量要求和检验方法见表6-203。

塑料板材防腐蚀地面质量要求和检验方法　　表6-203

项次	检验项目	质量要求	检验方法
1	塑料板外表面	平整、光滑、无裂纹、无皱纹及孔眼，色泽一致	外观检查
2	板材截面	无杂质气泡，厚薄一致	切开观察
3	焊条外表面	光滑、无裂纹及皱纹，粗细一致	外观检查
4	焊条截面	质匀，无孔眼、杂物、气泡	切开观察
5	焊条抗拉强度（MPa）	不小于11	查试验记录
6	焊条180°弯曲（15℃）	无裂纹	试验观察

续表

项次	检验项目	质量要求	检验方法
7	地面表面质量	平整、光滑、无隆起、皱纹、无翘边和鼓泡、拼缝横竖顺直	外观查看
8	地面表面平整度	不大于2mm	用2m靠尺和楔形塞尺检查
9	相邻板块高差	相邻板块拼缝高差应不大于0.5mm	用尺量检查
10	粘贴脱胶现象	1. 3mm厚板材的脱胶处不得大于$20cm^2$ 2. 0.5~1mm厚板材的脱胶处不得大于$9cm^2$ 3. 各脱胶处间距不得小于50cm	用锤敲击法估计（原设计为局部粘贴的不在此限）
11	焊缝外表面	平整、光滑，无焦化变色，无斑点、焊瘤、起鳞，无缝隙，凹凸不大于±0.6mm	外观检查，缝隙用20倍放大镜观察，凹凸误差用塞尺检查
12	焊缝牢固度	用焊枪吹烤不应开裂，拉扯焊条不应轻易脱落。焊条排列必须紧密，不得有空隙。接头必须错开，距离一般在100mm以上	用焊枪吹烤检查，外观查看
13	焊缝强度（焊缝系数）	不小于60%，一般应在75%	做焊件材料和焊件试件拉伸试验求得

6.14.9 块材防腐蚀地面

块材防腐蚀地面是以各类防腐蚀胶泥或砂浆为胶结材料，铺砌各种防腐蚀块材。根据不同的耐腐蚀要求，进行胶泥和耐腐蚀砖板的选择。

块材防腐蚀地面具有良好的耐蚀性、耐热性和机械强度，材料来源广，施工工艺较简单，不足之处是整体性差，接缝多，接缝易出现质量问题，使用维护不当时易渗漏。

块材防腐蚀地面所用的胶泥和砂浆，其性能指标、配制方法、配比要求，前面几节已有详细论述，本节主要对各类耐腐蚀块材作一介绍。

1. 耐腐蚀块材的规格和质量要求

(1) 耐酸砖和耐酸耐温砖

耐酸砖的主要成分是二氧化硅，它具有很高的耐酸性能。由于耐酸砖结构致密，吸水率小，所以可耐酸、碱、盐类介质的腐蚀，但不耐含氟酸和熔融碱的腐蚀。耐酸砖和耐酸耐温砖的物理化学性能、规格及质量要求分别见表6-204~表6-211。

耐酸砖的物理化学性能　　表6-204

项目	要求			
	Z—1	Z—2	Z—3	Z—4
吸水率A（%）	0.2≤A<0.5	0.5≤A<2.0	2.0≤A<4.0	4.0≤A<5.0
弯曲强度（MPa）	≥58.8	≥39.2	≥29.4	≥19.6
耐酸度（%）	≥99.8	≥99.8	≥99.8	≥99.7
耐急冷急热性（℃）	温差100	温差100	温差130	温差150
	试验一次后，试样不得有裂纹、剥落等破损现象			

耐酸砖的规格 **表 6-205**

砖的形状及名称	规格（mm）			
	长（a）	宽（b）	厚（h）	厚（h_1）
标形砖	230	113	65	—
			40	—
			30	—
侧面楔形砖	230	113	65	55
			65	45
			55	45
			65	35
端面楔形砖	230	113	65	55
			65	45
			55	45
			65	35
平板形砖	150	150	15~30	—
	150	75	15~30	—
	100	100	10~20	—
	100	50	10~20	—
	125	125	15	—

耐酸砖的外观质量 **表 6-206**

缺陷类别	质量要求（mm）	
	优等品	合格品
裂纹	工作面：不允许 非工作面：宽不大于 0.25，长 5~15，允许 2 条	工作面：宽不大于 0.25，长 5~15，允许一条 非工作面：宽不大于 0.5，长 5~20，允许 2 条
磕碰	工作面：伸入工作面 1~2；砖厚小于 20 时，深不大于 3；砖厚 20~30 时，深入不大于 5；砖厚大于 30 时，深不大于 10 的磕碰允许 2 处，总长不大于 35 非工作面：深 2~4，长不大于 35，允许 3 处	工作面：伸入工作面 1~4，砖厚小于 20 时，深不大于 5；砖厚 20~30 时，深不大于 8；砖厚大于 30 时，深不大于 10 的磕碰允许 2 处，总长不大于 40 非工作面：深 2~5，长不大于 40，允许 4 处
疵点	工作面：最大 1~2，允许 3 个 非工作面：最大 1~3，每面允许 3 个	工作面：最大 2~4，允许 3 个 非工作面：最大 3~6，每面允许 4 个
开裂	不允许	不允许
缺釉	总面积不大于 100mm^2，每处不大于 30mm^2	总面积不大于 200mm^2，每处不大于 50mm^2
釉裂	不允许	不允许
桔裂	不允许	不超过釉面面积的 1/4
干釉	不允许	不严重

耐酸砖的尺寸偏差及变形（mm）　　表 6－207

<table>
<tr><th rowspan="2" colspan="2">项　　目</th><th colspan="2">允许偏差</th></tr>
<tr><th>优等品</th><th>合格品</th></tr>
<tr><td rowspan="4">尺寸偏差</td><td>尺寸≤30mm</td><td>±1</td><td>±2</td></tr>
<tr><td>30＜尺寸≤150mm</td><td>±2</td><td>±3</td></tr>
<tr><td>150＜尺寸≤230mm</td><td>±3</td><td>±4</td></tr>
<tr><td>尺寸＞230mm</td><td colspan="2">供需双方协商</td></tr>
<tr><td rowspan="3">变形：翘曲、大小头</td><td>尺寸≤150mm</td><td>≤2</td><td>≤2.5</td></tr>
<tr><td>150＜尺寸≤230mm</td><td>≤2.5</td><td>≤3</td></tr>
<tr><td>尺寸＞230mm</td><td colspan="2">供需双方协商</td></tr>
</table>

耐酸耐温砖的物理化学性能　　表 6－208

<table>
<tr><th rowspan="2">项　　目</th><th colspan="2">性　能　要　求</th></tr>
<tr><th>NSW1 类</th><th>NSW2 类</th></tr>
<tr><td>吸水率（%）</td><td>≤5.0</td><td>5.0～8.0</td></tr>
<tr><td>耐酸度（%）≥</td><td>99.7</td><td>99.7</td></tr>
<tr><td>压缩强度（MPa）≥</td><td>80</td><td>60</td></tr>
<tr><td rowspan="2">耐急冷急热性</td><td>试验温差 200℃</td><td>试验温差 250℃</td></tr>
<tr><td colspan="2">试验 1 次后，试样不得有新生裂纹和破损剥落</td></tr>
</table>

耐酸耐温砖的规格　　表 6－209

<table>
<tr><th rowspan="2">砖的形状及名称</th><th colspan="4">规　格（mm）</th></tr>
<tr><th>长（a）</th><th>宽（b）</th><th>厚（s）</th><th>厚（s_1）</th></tr>
<tr><td rowspan="3">标形砖</td><td rowspan="3">230</td><td rowspan="3">113</td><td>65</td><td rowspan="3"></td></tr>
<tr><td>40</td></tr>
<tr><td>30</td></tr>
<tr><td rowspan="3">侧面楔形砖</td><td rowspan="3">230</td><td rowspan="3">113</td><td rowspan="3">65</td><td>55</td></tr>
<tr><td>45</td></tr>
<tr><td>35</td></tr>
<tr><td rowspan="10">平板形砖</td><td>200</td><td>200</td><td>50</td><td rowspan="10"></td></tr>
<tr><td>200</td><td>200</td><td>25</td></tr>
<tr><td>200</td><td>100</td><td>50</td></tr>
<tr><td>200</td><td>100</td><td>25</td></tr>
<tr><td>150</td><td>150</td><td>50</td></tr>
<tr><td>150</td><td>150</td><td>25</td></tr>
<tr><td>150</td><td>75</td><td>25</td></tr>
<tr><td>120</td><td>120</td><td>50</td></tr>
<tr><td>100</td><td>100</td><td>50</td></tr>
<tr><td>100</td><td>100</td><td>25</td></tr>
</table>

耐酸耐温砖外观质量 **表6-210**

缺陷类别		质量要求（mm）		
		优等品	一级品	合格品
裂纹	工作面	长3~5，允许3条	长3~5，允许5条	长5~10，允许3条
	非工作面	长2~10，允许3条	长5~10，允许3条	长5~15，允许3条
磕碰	工作面	伸入工作面1~2，深不大于3，总长不大于30	伸入工作面1~3，深不大于5，总长不大于30	伸入工作面1~4，深不大于8，总长不大于40
	非工作面	长5~10，允许3处	长5~20，允许5处	长10~20，允许5处
穿透性裂纹		不允许		
疵点	工作面	最大尺寸1~2，允许2个	最大尺寸1~3，允许3个	最大尺寸2~3，允许3个
	非工作面	最大尺寸1~3，每面允许3个	最大尺寸2~3，每面允许3个	最大尺寸2~4，每面允许4个
缺釉		不允许	总面积不大于1cm^2	总面积不大于2cm^2
釉裂			不允许	不明显
桔釉、干釉			不明显	不严重

注：缺陷不允许集中，10cm^2 正方形内不得多于5处。

耐酸耐温砖的尺寸偏差及变形 **表6-211**

项目		允许偏差（mm）		
		优等品	一级品	合格品
尺寸偏差	尺寸小于30mm	±1	±1	±2
	尺寸30~150mm	±1.5	±2	±3
	尺寸大于150mm	±2	±3	±4
变形	翘曲	1.5	2	2.5
	大小头			

（2）天然石材

天然石材包括由各种岩石直接加工而成的石材和制品。根据天然石材的化学组成及结构致密程度分为耐酸和耐碱两大类，其中二氧化硅含量不低于55%者耐酸，含量越高越耐酸；氧化镁、氧化钙越高者越耐碱。有些石料虽然二氧化硅含量很高，但由于它具有结构致密、表观密度大、孔隙率小的优点，亦可作耐碱材料使用。

1）各种耐酸碱石材的组成、性能及质量要求见表6-212和表6-213。

各种耐酸、碱石材的组成及性能 **表6-212**

性能	花岗岩	石英岩	石灰岩	安山岩	文岩
组成	长石、石英及少量云母等组成的火成岩	石英颗粒被二氧化硅胶结而成的变质岩	次生沉积岩（水成岩）	长石（斜长石）及少量石英、云母组成的火成岩	由二氧化硅等主要矿物组成

续表

性能		花岗岩	石英岩	石灰岩	安山岩	文岩
颜色		呈灰、蓝、或浅红色	呈白、淡黄或浅红色	呈灰、白、黄褐或黑褐色	呈灰、深灰色	呈灰白或肉红色
特性		强度高，抗冻性好，热稳定性差	强度高，耐火性好，硬度大，难于加工	热稳定性好，硬度较小	热稳定性好，硬度较小，加工比较容易	构造层理呈薄片状，质软易加工
主要成分		SiO_2：70%～75%	SiO_2：90%以上	CaO：50%～60%	SiO_2：61%～65%	SiO_2：60%以上
密度（g/cm^3）		2.5～2.7	2.5～2.8	—	2.7	2.8～2.9
抗压强度（MPa）		110～250	200～400	22～140	200	50～100
耐酸（常温）	硫酸（%）	耐	耐	不耐	耐	耐
	盐酸（%）	耐	耐	不耐	耐	耐
	硝酸（%）	耐	耐	不耐	耐	耐
耐碱		耐	耐	耐	较耐	不耐

各种耐酸碱石材表面的外观质量要求　　表6－213

名称		质量要求	用途
豆光面	中豆光	要求边、角、面基本上平整，以便砌缝坐浆；表面凿点间距在12～15mm左右，凹凸高低相差不超过8mm	用于地面板的底面
	细豆光	要求凿点细密、均匀、整齐、平直，凿点间距在6mm左右，表面平坦度在300mm直尺下，低凹处不超过3mm，从正面直观不见有凹窟，其面、边、角平直方整，不能有掉棱、缺角和扭曲	用于楼、地面板的正面和侧面
剁斧面		细剁斧加工，表面粗糙，具有规则的条状斧纹，平整度允许公差3.0mm	用于楼、地面板的正面
机刨面		经机械加工，表面平整，有相互平行的机械刨纹，平整度允许3.0mm	用于楼、地面板的正面

2）耐酸石材的加工规格及允许偏差见表6－214。

耐酸石材加工规格及允许偏差（mm）　　表6－214

加工形式	规格	允许偏差	
		正面和侧面	背面
手工加工或机械刨光	600×400×（80～100） 400×300×（50～60）	±3	±8
机械切割	300×200×（20～30）	±2	

3）铸石制品：

铸石是用天然岩石或工业废渣为原料加入一定的附加剂（如角闪石、白云石、萤石等）和结晶剂（如铬铁矿、钛铁矿等）经熔化、浇铸、结晶、退火等工序制成的一种非金属耐腐蚀材料。制品有平面板、弧面板、管材等。我国目前生产铸石的主要原料是辉绿岩、玄武岩，少部分采用页岩，工业废渣如冶金废渣、化工废渣及煤矿石等。

铸石板的主要化学成分见表6-215。

铸石板的主要化学成分 **表6-215**

化学成分	SiO_2	Al_2O_3	Fe_2O_3	CaO	MgO	Ti_2O	K_2O+Na_2O
含量（%）	47~52	15~20	14~17	8~11	6~8	1~1.7	3~4

铸石板的 SiO_2 含量并不高，但由于它经过高温熔融，结晶后形成了结构致密和均匀的普通辉绿岩晶体；同时，又由于铸石与酸、碱作用后，表面会逐步形成一层硅的铝化合物薄膜，当这层薄膜达到一定厚度后，即在铸石表面与酸、碱介质之间形成了一层保护膜，最后使介质的化学腐蚀趋于零，这是铸石能够高度耐腐蚀的主要原因。

铸石板除了氢氟酸、含氟介质、热磷酸、熔融碱外，对各种酸、碱、盐类及各种有机介质都是耐蚀的。

铸石板的强度和硬度都高，耐磨性好，孔隙率小，介质难以渗透。缺点是脆性较大，不耐冲击，传热系数小，热稳定性差，不能用于有温度剧变的场合。

铸石板因为太硬，难以在现场加工，结构复杂部位应选用异形铸石板。铸石制品的物理化学指标及尺寸允许偏差分别见表6-216及表6-217。

铸石制品物理、化学性能 **表6-216**

项目				指标	
				平面板	弧面板
磨耗量（g/cm^2）			≤	0.09	0.12
耐急冷急热性	水浴法：20~70℃反复一次 气浴法：室温~室温以上175℃反复一次	试样合格块数/试样块数	≥	36/50	31/50
冲击韧性（kJ/m^2）			≥	1.57	1.37
弯曲强度（MPa）				63.7	58.8
压缩强度（MPa）				588	
耐酸、碱度（%）	硫酸（密度1.84g/cm^3）			99.0	
	硫酸溶液〔20%（m/m）〕			96.0	
	氢氧化钠溶液〔20%（m/m）〕			98.0	

铸石板的尺寸允许偏差（mm） **表6-217**

项目		允许偏差
长（包括宽、对边距、直径、弦等）*A*	≤250	+3 -4
	>250	±4
厚度 *δ*	<25	±4
	≥25	±5

2. 块材防腐蚀地面的施工要点

（1）块材防腐蚀地面的施工环境温度宜为15～30℃，相对温度不宜大于80%。当施工环境不能满足上述要求时，应采取相应技术措施进行适当调整，以保证砌筑胶泥或砂浆有一个良好凝结硬化和养护的过程。

（2）块材防腐蚀地面砌筑所用的胶泥或砂浆的配合比和质量指标，应符合本章6.14.4、6.14.5、6.14.6和6.14.7各节相应内容的要求。

（3）根据不同的腐蚀性介质和使用环境，应挑选不同的块材铺设地面面层。

面层材料进场后应认真进行质量检查，对块材材料的外观质量，可按本节表6－206、表6－207、表6－209、表6－210、表6－211、表6－214和表6－217进行挑选。根据材料性能、特点分别堆放，并采取相应的防雨、防潮和防火等措施。必要时，对产品的物理化学性能应作抽样复试。

（4）块材材料铺筑前，应清洗干净，并烘干备用。

（5）块材防腐蚀地面铺筑前，应对基层或隔离层进行质量检查，合格后方可进行施工。

（6）块材材料铺筑前应作预排，对尺寸不合整块的，应对块材进行切割加工，不能用石子、胶泥等填塞。

（7）块材防腐蚀地面的铺筑顺序应由低往高，先地沟、后地面、再踢脚墙裙等立面。

平面铺筑块材时，不宜出现十字通缝，应错缝排列，一般以横向为连续缝，纵向为错缝。对多层地面铺筑时，上下层之间也应错缝，这样不仅可以提高地面结构强度，还可以增加防渗透能力。对于立面铺砌块材，横向应为连续缝，竖向应为错开缝。

铺筑（砌）平面和立面交角时，阴角处立面块材应压住平面块材；阳角处，则应平面块材压住立面块材。铺筑一层以上块材时，阴阳角的立面和平面块材应互相交错，不宜出现重叠缝。见图6－135。

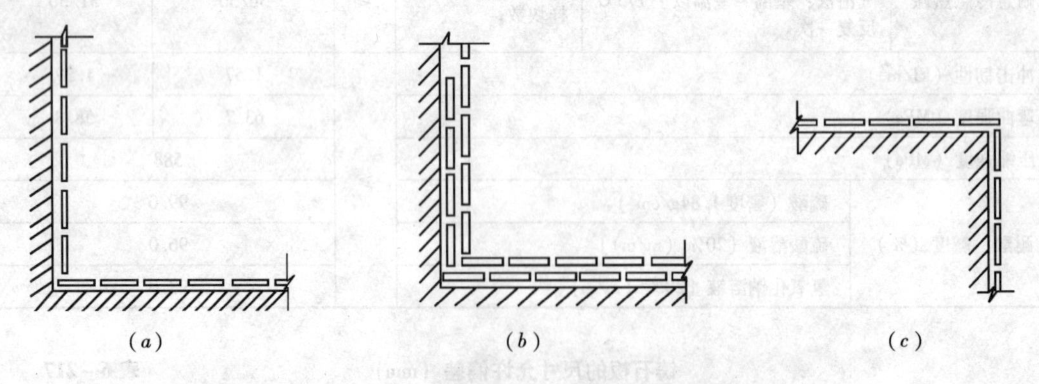

(*a*)　(*b*)　(*c*)

图6－135　阴阳角处块材错缝叠砌示意图

(*a*) 阴角单层块材；(*b*) 阴角双层块材；(*c*) 阳角单层块材

（8）块材防腐蚀地面的胶泥缝分为挤缝和勾缝两种形式。挤缝又称“揉挤法”，是指块材铺筑时，先在铺筑的基体表面按二分之一结合层厚度涂抹胶泥，然后在块材铺筑面涂抹胶泥，中部胶泥涂量应高于边部，然后将块材按压在铺筑位置，用力揉挤，使块材与基层之间和块材与块材之间挤满胶泥。揉挤时只能用手挤压，不应用木锤敲打。揉挤出块材的胶泥应及时用刮刀刮去。操作时应带线控制，注意保证结合层的厚度和胶泥缝的宽度和平直度。

勾缝是指先采用抗渗性稍差、成本较低的胶泥（一般用水玻璃胶泥）做结合层铺砌块材，而块材四周的缝用抗渗性、抗腐性较好的树脂胶泥填满的操作方法。为了保证块材间缝的尺寸，通常在铺砌块材时，缝内预埋等宽的木条或硬聚氯乙烯板条，在块材结合层硬化后取出预埋条，清理干净缝后，先用环氧树脂打底料涂刷一遍，待打底层固化后将树脂胶泥填入缝内，用与缝等宽的灰刀将胶泥用力压实压平，不得存在空隙。对于用水玻璃胶泥做结合层的，在用环氧树脂打底料涂刷前，应对水玻璃胶泥进行酸化处理。

3. 块材防腐蚀地面质量要求和检验方法

块材防腐蚀地面质量要求和检验方法见表6－218。

块材防腐蚀地面质量要求和检验方法 **表6－218**

项　次	检验项目	质量要求	检验方法
1	面层材料	块材的品种、规格、等级应符合设计及规范的要求	观察检查和检查材质合格证明文件及检测报告
2	面层与基层结合	结合应牢固，不得有松动、裂纹、起泡等现象	观察检查和用小锤敲击检查
3	灰缝结合情况	灰缝应饱满密实、粘结牢固，不应有十字缝、多层块材不得出现重叠缝，缝格应平、直	观察检查
4	面层质量 表面平整度	耐酸砖、耐酸耐温砖、铸石板面层≯4mm 机械切割天然石材面层（厚度≤30mm）≯4mm 人工加工或机械刨光天然石材的面层（厚度＞30mm）≯6mm	用2m靠尺和楔形塞尺检查
5	面层相邻块材 间高差	耐酸砖、耐酸耐温砖、铸石板面层≯1mm 机械切割天然石材面层（厚度≤30mm）≯2mm 人工加工或机械刨光天然石材的面层（厚度＞30mm）≯3mm	用2m靠尺和楔形塞尺检查
6	面层坡度	应符合设计要求，允许偏差为边长的0.2%，最大偏差值不得大于30mm，水应能顺利排除	尺量及泼水试验

6.14.10 聚合物水泥砂浆防腐蚀地面

聚合物水泥砂浆防腐蚀地面所用的材料主要有氯丁胶乳水泥砂浆和聚丙烯酸酯乳液水泥砂浆。这类材料的特点是粘结力强，可在潮湿的基层上施工，能耐稀酸、中等浓度以下的氢氧化钠和盐类介质的腐蚀。

氯丁胶乳水泥砂浆和聚丙烯酸酯乳液水泥砂浆除用于防腐蚀整体地面面层外，也常用作块材面层的胶结材料之用。

1. 原材料质量要求

聚合物水泥砂浆防腐蚀地面所用的原材料应具有出厂合格证或检验资料，对原材料的质量有怀疑时，应作抽检复验。

（1）水泥

1）氯丁胶乳水泥砂浆应采用强度等级不低于32.5MPa的硅酸盐水泥或普通硅酸盐水泥。

2）聚丙烯酸酯乳液水泥砂浆宜采用强度等级不低于42.5MPa的硅酸盐水泥或普通硅酸盐水泥。

3）硅酸盐水泥和普通硅酸盐水泥的质量应符合现行国家标准《硅酸盐水泥、普通硅酸盐水泥》的规定。

（2）细骨料

拌制聚合物水泥砂浆的细骨料应采用石英砂或河砂。细骨料的质量和颗粒级配要求见表6－219和表6－220。

细骨料的质量 **表6－219**

项 目	含泥量（%）	云母含量（%）	硫化物含量（%）	有机物含量
指 标	≤3	≤1	≤1	浅于标准色（如深于标准色，应配成砂浆进行强度对比试验，抗压强度比不应低于0.95）

细骨料的颗粒级配 **表6－220**

筛孔（mm）	5.0	2.5	1.25	0.63	0.315	0.16
筛余量（%）	0	0～25	10～50	41～70	70～92	90～100

注：细骨料的最大粒径不宜超过涂刷厚度或灰缝宽度的1/3。

（3）阳离子氯丁胶乳和聚丙烯酸酯乳液

1）氯丁胶乳和聚丙烯酸酯乳液的质量要求见表6－221。

氯丁胶乳和酸酯乳液的质量要求 **表6－221**

项 目	阳离子氯丁胶乳	聚丙烯酸酯乳液
外 观	乳白色无沉淀的均匀乳液	
黏 度	10～55（25℃，Pa·S）	11.5～12.5（涂4杯，S）
总固物含量（%）	≥47	39～41
密度（g/cm³）不小于	1.080	1.056
贮存稳定性	5～40℃，三个月无明显沉淀	

2）阳离子氯丁胶乳与硅酸盐水泥拌合时，应加入稳定剂、消泡剂及pH值调节剂等助剂。稳定剂宜采用月桂醇与环氧乙醇与环氧乙烷缩合物、烷基酚与环氧乙烷缩合物或十六烷基三甲基氯化铵等乳化剂；消泡剂宜采用有机硅类消泡剂；pH值调节剂宜采用氨水、氢氧化钠或氢氧化镁等。

3）阳离子氯丁胶液助剂的质量：

①拌制好的水泥砂浆应具有良好的和易性，并不应有大量气泡。

②助剂应使胶乳由酸性变为碱性，在拌剂砂浆中不应出现胶乳破坏现象。

4）聚丙烯酸酯乳液配制丙乳砂浆时不需分加助剂。

（4）聚合物水泥砂浆制成品的质量

聚合物水泥砂浆制成品经过养护后的质量应符合表6－222的要求。

聚合物水泥砂浆制成品质量 表 6-222

项　　目	氯丁砂浆	丙乳砂浆
抗压强度（MPa）	≥30	≥30
抗折强度（MPa）	≥3.0	≥4.5
与水泥砂浆粘结强度（MPa）	≥1.2	≥1.2
抗渗等级（P）	≥1.6	≥1.5
吸水率（%）	≤4.0	≤5.5
初凝时间（min）	>45	
终凝时间（h）	<12	

2. 聚合物防腐蚀水泥砂浆的施工配合比及配制工艺

（1）聚合物防腐蚀水泥砂浆的施工配合比见表 6-223 示。

聚合物水泥砂浆配合比（重量比） 表 6-223

项　　目	氯丁砂浆	氯丁净浆	丙乳砂浆	丙乳净浆
水　泥	100	100~200	100	100~200
砂　子	100~200	—	100~200	—
氯丁胶泥	38~50	38~50	—	—
聚丙烯酸酯乳液	—	—	25~38	50~100
稳定性	0.6~1.0	0.6~2.0	—	—
消泡剂	0.6~0.8	0.3~1.2	—	—
pH 值调节剂	适　量	适　量	—	—
水	适　量	适　量	适　量	—

注：1. 表中聚丙烯酸酯乳液的固体含量按 40% 计，在乳液中已含有消泡剂、稳定剂，凡不符合以上条件时，应经过试验后确定配合比。
2. 氯丁胶乳的固体含量按 50% 计，当采用其他含量的氯丁胶乳时，可按含量比例换算。

（2）聚合物水泥砂浆的配制：

1）氯丁砂浆配制时，应按确定的施工配合比称取定量的氯丁胶乳，加入稳定剂、消泡剂及 pH 值调节剂，并加入适量水分，充分搅拌均匀后，倒入预先拌合均匀的水泥和砂的混合物中。搅拌时，不宜剧烈搅动。拌匀后不宜再反复搅拌和加水。配制好的氯丁砂浆应在 1h 内用完。

2）丙乳砂浆配制时，应先将水泥和砂干拌均匀，再倒入聚丙烯酸酯乳液和试拌时确定的水量，充分搅拌均匀。配制好的丙乳砂浆应在 30~45min 内用完。

3）拌制好的聚合物水泥砂浆应在初凝前用完，如发现有凝胶、结块现象时，不得再使用。拌制好的聚合物水泥砂浆应有良好的和易性，水灰比宜根据现场试验资料确定。每次的拌合量应与地面施工能力相匹配。

4）聚合物水泥砂浆宜采用人工拌合。当采用机械搅拌时，应采用立式往复式搅拌机。

3. 聚合物防腐蚀水泥砂浆地面的施工要点

(1) 材料准备:

1) 原材料进场后应放在防雨的干燥库房内，水泥、胶乳、乳液以及各类助剂应分别堆放，避免暴晒和杂物污染，冬季应采取防冻措施。

2) 胶乳、乳液的贮存温度一般为5~30℃。贮存超过6个月的产品，应经质量复检合格后方可使用。

(2) 施工环境:

聚合物水泥砂浆的施工环境温度宜为10~35℃，当施工环境温度低于5℃时，应采取加热保温措施。不宜在大风、雨天或阳光直射的高温环境中施工。

(3) 基层处理:

1) 施工前应用清水冲洗基层并保持湿润状态，施工时基层表面不得有积水。

2) 铺设聚合物水泥砂浆前，应先在基层上涂刷一层薄而均匀的氯丁胶乳水泥浆或聚丙烯酸酯乳液水泥浆，以增强面层砂浆与基层的粘结力。施工时应边涂刷边摊铺聚合物水泥砂浆，切忌水泥浆涂刷面积太大造成风干现象，这样不但不能增加粘结能力，反而起相反作用。

(4) 聚合物水泥砂浆地面一次施工面积不宜过大，应分条或分块错开施工，每块面积不宜大于12m^2，条宽不宜大于1.5m，用木条或聚氯乙烯条分隔施工，待砂浆面层初凝后，即可取出留缝条，并在24h后进行补缝。补缝或分段错开的施工间隔时间不应小于24h。分层施工时，留缝位置应相互错开。

(5) 聚合物水泥砂浆摊铺完毕后应立即进行压抹，掌握好抹压时间，宜一次抹平，不宜反复抹压。遇有气泡时应刺破压紧，表面应密实。

当面层厚度大于10mm时，应分层施工，分层抹面厚度宜为5~10mm，待前一层干至不粘手时方可进行下一层施工。

(6) 聚合物水泥砂浆抹面后，表面干至不粘手时即可进行养护。养护时间：当潮湿养护时，不少于7d，当自然养护时，不少于21d。

聚合物水泥砂浆面层施工12~24h后，宜在面层上涂刷一层水泥净浆，以提高面层的表面强度。

(7) 用聚合物水泥砂浆铺砌耐酸砖块材面层时，应预先用水将块材浸泡2h后，取出擦干水迹即可铺砌。

聚合物水泥砂浆铺砌块材时的结合层厚度、灰缝宽度可参见表6-224。

结合层厚度和灰缝宽度 (mm) **表6-224**

块材种类		结合层厚度	灰缝宽度
耐酸砖、耐酸耐温砖		4~6	4~6
天然石材	厚度≤30mm	6~8	6~8
	厚度>30mm	10~15	8~15

(8) 用聚合物水泥砂浆铺砌耐酸砖等块材时应采用揉挤法；铺砌厚度大于或等于

60mm 的天然石材时，可采用坐浆法。

铺砌块材，应在基层上边涂刷净浆料边铺砌，以增强块材与基层的粘结力。块材的结合层及灰缝应密实、饱满，并应采取防止块材滑动的措施。

(9) 在踢脚、墙裙等立面上铺砌块材时，连续铺砌的高度应与胶泥、砂浆的硬化时间相适应，防止块材受压产生变形。

(10) 铺砌块材时，灰缝应填满压实，灰缝的表面应平整光滑，块材表面多余的砂浆应清理干净。

(11) 施工中使用的机具必须及时清洗，对于未硬化的聚合物水泥砂浆，可用清水清洗，对于已硬化的聚合物砂浆，可采用石脑油和甲苯的混合溶剂进行浸泡软化后再行铲除。

4. 聚合物水泥砂浆防腐蚀地面的质量要求和检验方法

聚合物水泥砂浆防腐蚀地面的质量要求和检验方法见表 6－225。

聚合物水泥砂浆防腐蚀地面质量要求和检验方法　　表 6－225

项 次	检验项目	质量要求	检验方法
1	面层质量	面层与基层应粘结牢固，表面平整，无裂缝、起壳等缺陷	观察检查和用小锤敲击检查
2	面层厚度	应符合设计要求	对水泥砂浆和混凝土基层，每 50m² 抽查一处，进行破坏性凿开后测定厚度；对金属基层，用测厚仪测定厚度 对不合格处及在检查中破坏的部位必须全部修补好后进行重新检测，直至合格
3	整体面层平整度	允许空隙不应大于 5mm	用 2m 靠尺和楔形塞尺检查
4	整体面层坡度	不应大于坡长的 ±0.2%，最大偏差值不得大于 30mm	泼水试验，水能顺利排除

注：块材面层的平整度和坡度的质量要求与检验方法见《6.14.9 块材防腐蚀地面》一节内容。

6.14.11 涂料防腐蚀地面

涂料防腐蚀地面是用防腐蚀涂料涂刷于地面基层（水泥砂浆、混凝土、木质基层、钢基层或其他材料基层）表面，形成一层连续完整的固体膜状物，厚度一般在 100～300 微米左右，用于抵抗大气中酸、碱、盐雾及介质的侵蚀破坏。涂料的耐蚀程度主要取决于涂料本身的耐腐蚀性能，同时，还取决于涂料与基层材料的附着力。附着力越大，物理机械性能和耐腐蚀性能越好，所起的防护性能也越好，使用的寿命也越长。

防腐蚀地面涂料请详见本书第 7 章《7. 地面涂料》有关内容。

6.14.12 防腐蚀地面施工的安全防护措施

防腐蚀工程所用的一些原材料具有毒性，在工程施工中或养护、固化过程中要散发一定量的有害气体，对施工操作人员有直接或间接的危害。为保护施工正常进行，保障施工人员的身心健康，采取必要的安全防护措施是重要的。

1. 防腐安全教育与防护措施

初次担任防腐蚀工程施工的人员，要了解各种原材料性能及其化学反应机理的知识，了解发生事故的可能性及处置方法。因此，对施工操作人员要事先进行防腐安全教育，经考核合格后，方准参加施工。

参加有害有毒物料施工的人员要配备必要的劳动保护用品，如乳胶手套、滤毒口罩、防护眼镜、防毒面具等。在熔融间苯二胺、配制乙二胺丙酮溶液等毒性较强的物料时，一定要戴上防毒面具、滤毒口罩；配制树脂类防腐蚀材料时，一定要戴乳胶手套。

在修复被腐蚀损坏了的楼地面、地沟、贮槽等工程前，要查清腐蚀介质，关闭各种管线的阀门，并将残存介质进行彻底清洗，为修缮施工创造条件。

当施工操作人员的头部、手或皮肤溅着腐蚀性物料如熔融沥青、硫磺，二乙胺，硫酸乙酯等时，要及时用水冲洗，并进行治疗；当手上沾有树脂胶料时，可用棉纱或蘸有少量丙酮、乙醇的棉纱团擦去，然后再用肥皂洗净。

在拆卸或检修管道时，操作人员的头部位置一般不要低于检修部位，以防止残余物料飞溅而伤害人体。

施工操作人员每日工作完毕后必须淋浴，并将吸附有害气体、液体的工作服与其他服装分开收藏，以防污染扩大。

2. 用电安全措施

施工现场的照明灯具必须系牢并带有灯罩和钢保护圈。在贮槽工程内施工时，安全照明灯电源电压应在36伏以下，并严禁碰撞。

电气设备的开关和传动装置应尽量采用低压防爆型。当采用220伏电源时，一定要接好地线，启用前由电工检查，防止触电。

聚氯乙烯塑料焊接操作时，应尽量防止焊枪金属部分与人体各部接触，并经常检查有无漏电现象，必要时可改用36伏低压焊枪操作。

3. 送风与排风安全措施

防腐蚀工程中用的大多数材料，如沥青胶泥、树脂胶泥、树脂玻璃钢及涂料等，往往需要掺加汽油、丙酮、乙醇、二甲苯、甲苯、苯乙烯等有机溶剂稀释。这些有机化学介质在配料、调制以及砌筑、铺衬、粉面、涂刷等施工过程中，都要散发到厂房或贮槽空间，当其达到一定浓度时，即对操作人员身体有害；若遇明火，还会引起火灾和爆炸。为不使这类溶剂在厂房空间内达到易燃易爆的极限浓度，就一定要保证施工现场有良好的通风。

在大型有盖贮槽中施工时，应在贮槽上设置两个或两个以上的人孔或透气孔，并在人孔处安置临时风机，加强槽内送风。无送风装置时，一般不允许进行施工。当槽深在2米以上时，应在人孔口设置人员出入的扶梯，扶梯应用软梯、木梯或竹梯，不允许采用铁梯。扶梯应挂放在牢固可靠的支架上。

4. 防火、防爆安全措施

凡参加施工操作的人员都要熟悉所用易燃易爆物质的种类和特性，掌握产生爆炸、燃烧的客观规律。

施工现场不允许堆放过多量的易燃易爆危险品，要每日按实领用，放置在背阳的阴凉地方，避免曝晒。用剩的应当天退回仓库保存。

施工现场需备有四氯化碳、泡沫灭火器或其他消防器材，并严禁烟火。

硫磺类材料在加热熔融过程中，极易溢出，着火燃烧。遇此情况，应立即撤火降温，加盖湿麻袋布，隔绝空气灭火。

涂料工程在施工过程中，要挥发出易燃易爆的蒸气，当其与空气混合，并达到一定浓度后，就成为爆炸性气味。一旦触及火种，就会引起燃烧或爆炸。对此，应利用自然通风条件来降低积聚浓度。

易燃蒸气或液体根据闪点分为二级：

第一级　闪点在28℃以下，这类溶剂具有高度挥发性和燃烧性，如常用的汽油、丙酮、乙醇、苯等属于第一级，在室温条件下就可形成爆炸混合气体；

第二级　闪点在28～45℃之间，易燃性较第一级溶剂差，如煤油等石油溶剂、松节油等。

常用溶剂的闪点和爆炸极限见表6-226。

常用溶剂的闪点和爆炸极限　　**表6-226**

名　　称	闪点（℃）	自燃点（℃）	爆炸极限（体积百分数）	
			下　限	上　限
丙　酮	-20		2.55	12.8
乙　醇	14	421	2.3	9.5
汽　油	10	268	—	—
苯	8	580	1.5	8.0
甲　苯	3～7	553	1.2	6.5
醋酸乙酯	3	484	2.3	11.4
石油溶剂	28	—	—	—
焦油系溶剂	21	—	—	—
松节油	30～32	—	0.05克/升	—

5. 防尘安全措施

各种胶泥所用的粉状填料，如69号耐酸灰、辉绿岩粉、瓷粉、石英粉等，在混合、过筛、配料过程中，由于扰动，免不了要向周围空气中扩散飞扬。这些粉状填料的化学成分中含有二氧化硅，在空气中的浓度不允许超过每立方米2毫克，因此，要求施工操作人员戴好防尘口罩，防尘口罩的滤纸要定期更换。

用手提砂轮整修工程缺陷，或用敲击法加工砖板时，由于粉尘、碎块要伤害操作人员的眼睛，因此，操作时必须戴好防护眼镜。

6. 防毒安全措施

施工用的大多数溶剂，对人体中枢神经系统有严重刺激和破坏作用，接触后易使人头晕、抽筋，严重者会造成瞳孔放大、昏迷。当空气中含量超过一定程度，虽一时不会使操作人员急性中毒，但可引起头痛、恶心和胸部紧张，长期接触可引起食欲减退、损坏造血器官，从而造成慢性中毒。

酚醛树脂未硬化前为剧毒品，内含15%左右的游离酚，入口即可中毒。同时酚醛树脂和呋喃树脂对某些人可产生皮肤过敏，严重者会引起神经性皮炎。

生漆、漆酚树脂毒性较大，凡接触过敏的人员不能参加施工操作。

聚氨基甲酸酯涂料含有毒性的游离异氰酸基，可引起慢性中毒。

水玻璃类材料中的粉状氟硅酸钠为剧毒品，严禁落入人口、伤口内。

酚醛树脂用的固化剂苯磺酰氯液体，蒸发后吸入人体呼吸道，对粘膜组织有强烈刺激性，危害很大。

溶剂汽油和丙酮均可使操作人员引起慢性中毒。

要防止中毒事故发生，施工现场除了具备良好的自然通风条件外，还应设置机械通风装置，使空气畅通，使有害气体含量小于允许含量极限。空气中有毒物料允许最大浓度见表6-227。

空气中有毒物料最大允许浓度表　　表6-227

名　　称	最大允许浓度（毫克/立方米）
苯	50
甲　苯	100
乙　醇	1500
丙　酮	400
醋酸乙酯	200
醋酸丁酯	200
甲　醇	50
松节油	300
溶剂汽油	100

施工操作人员要穿戴好工作服、防护眼镜、滤毒口罩、乳胶手套等防护用具。必要时面部、手部涂覆防护油膏。施工有毒材料的防腐蚀工程时，操作人员应每隔二小时轮换休息10~20分钟，到空气新鲜的地方去调节换气，实践证明，这样可防止和减少中毒现象的发生。

6.14.13 防腐蚀地面质量通病和防治措施

1. 沥青胶泥隔离层或沥青胶泥卷材隔离层产生脱层、空鼓、渗漏。

（1）现象

敲击时有空响声，表面出现鼓泡，用手揿压能感到隔离层与基层脱开，呈两层皮。泼水试验时发现渗漏

（2）原因分析

1）基层质量不好。如表面有起砂、脱皮，强度不够；或表面凹凸较大，或含水率偏高，或污物未清理干净等，都会影响粘结力。

2）隔离层施工前，未涂刷冷底子油或涂刷不均匀，也影响粘结力。

3）胶泥配置不当，如沥青和粉料等脱水未净，粉料未经预热处理，配料时拌合不均匀等。

4）涂抹沥青胶泥隔离层时，没有分层施工，一次涂抹过厚。

5）拌制胶泥的温度控制不当，过高和过低都会影响施工质量。

6）卷材表面未清理干净，铺贴时搭接宽度或搭接长度不够，接缝处粘结不牢等。

7）泛水、穿墙管、孔洞、阴阳角等部位处理不当，卷材铺贴得不严密。

8）施工安排不当，隔离层施工结束后又进行剔凿或受到碰撞损伤，隔离层的整体性遭到破坏。

9）建筑结构或结构与设备之间相对变形，将隔离层拉裂，造成渗漏。

（3）预防措施

1）施工前应认真检查基层质量。表面应平整、洁净，不得有起砂、脱皮等现象。表面凹凸不平时，应用水泥砂浆或腻子找平。基层应干燥，含水率不应大于6%。

2）配制稀沥青胶泥时，所有使用的原材料都应作脱水处理，粉状等填充料要作预热处理，拌料应均匀拌透。

3）冷底子油的涂刷应均匀满涂，使其渗入到基层内部，起到提高粘结力作用。

4）严格掌握沥青胶泥的施工温度，建筑石油沥青胶泥施工温度不低于190℃；建筑沥青与普通石油沥青混合胶泥的施工温度不低于220℃；普通石油沥青胶泥施工温度不低于240℃。当环境温度低于5℃时，应适当提高施工温度。

5）当沥青隔离层上做水玻璃防腐蚀层时，在做完隔离层后，应即在表面刮一道稀胶泥，并随即稀撒经预热的粒径为2.5～5mm的耐酸砂粒，砂粒压入胶泥层深度为1.5～2.5mm。

6）卷材使用前应认真清理表面的云母粉、滑石粉等隔离物。

7）抹压沥青胶泥隔离层时应分层施工，一般采用三层做法，总厚度为6～8mm。

8）对于管道、孔洞、泛水及阴阳角处的基层，应做成适当的圆角或斜面，使隔离层铺贴平服，粘结牢固。

9）对基层结构易变形的部位，应增做附加卷材层，并宜采用延伸性较大的卷材。

10）铺贴卷材隔离层时，纵、横向搭接宽度应按规定要求进行。

11）安排、协调好各工种、工序之间的施工，避免在铺设好的隔离层上剔凿打洞，损坏隔离层的整体性。

（4）治理方法

1）对脱层、空鼓的沥青胶泥隔离层，可用预热到200℃左右的刀切除，然后分层抹压新的沥青胶泥修复，最后用热烙铁烫平压光表面。

2）对脱层、空鼓的卷材隔离层，切开后浇入新的沥青稀胶泥，然后用力挤压，将胶泥挤出，把卷材粘贴好，切口封严，上面再增贴一道附加卷材封住。

2. 沥青砂浆或沥青混凝土层脱层、表面松散、裂缝或发软

（1）现象

与基层粘结不牢，用脚踏或手摁有弹性感，表面粗糙、松散、骨料之间粘结不牢，表面有明显裂缝，有的表面发软。

（2）原因分析

1）基层质量差。水泥砂浆或混凝土基层表面强度不足，有起砂脱皮现象，或含水率较大，影响粘结质量。

2）铺设沥青砂浆或沥青混凝土前未涂刷沥青冷底子油或涂刷不均匀。

3）材料配比不当，骨料级配不好。沥青用量过少时，易使表面粗糙、松散、裂缝；沥青用量过多时，又易使表面层发软。

4）材料拌制温度、摊铺温度偏低，不易压实、烫平。同时，拌制和摊铺温度也不宜

过高，否则沥青易老化脱落。

5）铺料太厚，亦不易压实。易形成表面发软、裂缝或内部有蜂窝。

6）基层变形或施工缝接槎处理不当，使面层开裂。

（3）预防措施

1）施工前应严格检查基层质量，不合格时不能勉强施工，应采取措施，合格后方可施工。

2）按规定在施工前应涂刷冷底子油，并应涂刷均匀。

3）施工前，应根据所用材料作级配试验和配合比设计。施工时，严格按配合比施工和按规范规定操作。

4）沥青砂浆和沥青混凝土摊铺完毕、开始压实时的温度不应低于150℃，压实完毕时的温度不应低于110℃。材料铺平以后，先用木抹搓揉拍打，再用热磙或振动器压实，最后将表面烫平。烙铁要随时加热，以保证烫平效果。但烙铁温度也不能过高，要防止沥青碳化产生麻面或表面缺少沥青的光面。有条件时，最好使用压路机压实。

5）沥青砂浆或细粒式沥青混凝土每层摊铺厚度不宜超过30mm，中粒式沥青混凝土不宜超过60mm。

6）重视施工缝的接槎处理。冷接槎时，应用喷灯烘烤，铲成斜坡，随后用热材料覆盖预热，预热后涂刷一层热沥青，再摊铺同类热材料，并蹾实、烫平。

7）对易发生变形的部位或施工面积较大易产生温度裂缝的工程，可采取预留变形缝的作法，必要时应增做延伸率较大的卷材隔离层。

（4）治理方法

1）如上述质量缺陷仅局部发生，则将缺陷部位挖除，清理干净，预热后刷一道热沥青，然后用同类材料铺设、蹾实、烫平。

2）若质量缺陷普遍发生，则应全面铲除后重新铺设。若地面标高许可，亦可在原摊铺层上重新铺设一层，空鼓部位应作上述修补后再行铺设。

3. 水玻璃材料凝结硬化过快或过慢，强度低、耐酸性能差

（1）现象

1）施工中水玻璃材料拌合后凝结很快，有的甚至拌合中就开始硬化，来不及施工。

2）有的水玻璃拌合料施工后，十多个小时仍不能正常硬化，硬化后的材料强度达不到规定要求，耐腐蚀性能差。

（2）原因分析

1）施工环境温度的影响。水玻璃材料与固化剂氟硅酸钠的化学反应对温度非常敏感。当施工温度高，特别是在30℃以上时，反应速度会加快，短时间内就能硬化；反之，当温度低时，如在10℃或更低时，反应速度就比较缓慢，甚至出现十几个小时都不能硬化，硬化后材料的力学性能和耐腐蚀性能也明显较差。

2）使用的水玻璃质量差。水玻璃模数偏高或偏低。模数偏高，如大于2.9，水玻璃拌合料的凝结硬化速度就加快；反之模数过低，如低于2.5时，凝结硬化速度就较缓慢。此外，水玻璃的密度过大或过小，或水玻璃中有效物质含量低，也会影响水玻璃凝结硬化的速度。

3）氟硅酸钠用量偏多或偏少。氟硅酸钠用量偏多，凝结硬化速度就加快；反之，如用量偏少，则凝结硬化速度就较慢。

4）使用的粗细骨料质量差，含水率大，耐酸率低。粗细骨料级配不好，水玻璃胶凝材料及硬化剂与粉料、粗细骨料混合后拌和不均匀，致使硬化后，强度低，耐酸性能差。

5）水玻璃材料施工后养护不好。或温度过低，或湿度过大，或与水蒸汽接触，或养护时间不够等。

6）酸化处理不当。如使用酸的浓度低，或酸化处理次数不够，或处理时间过早。钾水玻璃材料的酸化处理比钠水玻璃材料更严格，一旦处理不当，就会影响施工质量。

（3）预防措施

1）根据施工季节、施工环境温度、湿度等实际情况，严格按技术要求选用原材料，并对原材料质量认真进行检验。

2）施工前，应根据所选用的原材料，进行配合比设计试验。施工现场对由试验确定的配合比不得随意改变，也不能任意变更材料，特别要防止往水玻璃内任意加水。当水玻璃的模数和密度不能满足施工要求时，应按《6.14.5 水玻璃类防腐蚀地面》有关内容进行作调整处理。

3）水玻璃类防腐蚀地面的施工环境温度宜为15~30℃，相对湿度不宜大于80%。原材料使用时的温度，钠水玻璃不应低于15℃，钾水玻璃不应低于20℃。当施工环境温度过高或过低时，应采用加热保温或降温等措施，以保证正常施工和良好的凝结硬化条件。若需调整施工配合比时，必须经试验确定。

4）合理确定固化剂氟硅酸钠的掺量。水玻璃材料中掺入一定量的氟硅酸钠，不仅有促进水玻璃稳定地析出硅胶的作用，还有调节水玻璃耐酸材料的凝结时间、耐水性能、耐酸性能和物理力学性能。但若掺量过多，凝结时间过快，则又会增加水玻璃材料的收缩应力，易产生裂缝等弊病。合理掺量宜在15%左右，并随气温变化还应作适当调整，具体可参见表6-142。施工时，将氟硅酸钠预先与粉料混匀，再与粗细骨料混合均匀，最后将水玻璃掺入混合料中拌匀待用。

5）重视粗细骨料的质量和合理级配。粗细骨料、粉料应有良好的耐酸性能，合理的级配指标，并严格控制粗细骨料的含水率，拌合时应充分拌透拌匀，使水玻璃充分润湿粉料和粗细骨料的表面，不应有干粉和未拌匀的粗细骨料存在。

6）重视水玻璃材料的养护工作。水玻璃材料施工完成后，应在空气中进行养护。养护期间严禁与水、蒸汽接触，严禁在烈日下暴晒和受大风劲吹。水玻璃材料的养护时间与环境温度的高低有关，具体可参见表6-159。

7）认真做好酸化处理工作。酸化处理是水玻璃耐酸材料施工中必不可少的一道重要工序。

由于水玻璃与固化剂氟硅酸钠之间的化学反应过程是比较复杂的，它受水玻璃模数、相对密度、氟硅酸钠的掺量、细度以及环境温度等一系列因素的影响，两者之间的化学反应不可能得到完全反应，一般反应率在70%~80%之间。

混合物中未经反应的水玻璃，是一种极其有害的东西，因为它能溶于水，故常常成为水玻璃材料耐酸性能、耐水性能不够的原因。

养护后的酸化处理，其作用就是用酸性溶液将混合物中未参与化学反应的水玻璃分解为硅酸凝胶，以进一步提高水玻璃材料的密实性，提高其抗压强度、抗水性能和耐酸能力。酸化处理的有关要求可参见《6.14.5 水玻璃类防腐蚀地面》一节内容。

(4) 治理方法

1) 施工中如发现凝结速度过快，应立即停止施工，找出和弄清其原因后，再继续施工。

2) 施工后如发现局部地面有质量问题，铲除后可作局部修补处理。处理时，注意接槎处质量，尽量消除明显的接槎痕迹。

3) 如施工后发现大面积地面有质量缺陷，应作返工重做。重新施工时，应注意基层表面清理干净，检查隔离层是否破坏，如有破坏，应一起重做。

4. 水玻璃整体地面层产生起壳、脱层、裂缝

(1) 现象

水玻璃砂浆抹面层或水玻璃混凝土面层地面敲击时有空响声，面层与基层粘结不良，每隔一定距离出现有规则或无规则裂缝。

(2) 原因分析

1) 基层质量差。如水泥砂浆或混凝土表面有起砂、脱皮现象，强度低；或基层表面不干净，有浮灰、油渍；或含水率偏高，影响面层与基层的粘结力。

2) 水泥类基层上未设置隔离层。特别是施工不久的水泥类基层，表面呈较强的碱性，基中 OH（氢氧根）对水玻璃和氟硅酸钠反应后，生成的硅酸凝胶有较强的破坏作用，也破坏水玻璃耐酸材料与基层的粘结力，在粘结面处形成酥松夹层，从而使地面面层出现空鼓、脱层、裂缝等弊病。

3) 设置的隔离层存在质量缺陷。或者隔离层与基层粘结不牢；或者隔离层表面有浮灰、油渍及污垢未清除干净；或表面未作撒砂处理，使表面呈光滑状态。

4) 水玻璃材料或配比不当。或拌合不匀。如水玻璃材料模数过高，或氟硅酸钠掺量过多，则凝结硬化过程中内部凝聚收缩应力增大，当其收缩力大于与基层的粘结力时，即会产生收缩裂缝，及至造成起壳、脱层等质量弊病。

5) 当水玻璃整体面层施工面积较大，又未设置相应的收缩缝时，面层易产生裂缝。

6) 施工后养护不当。或阳光直射暴晒，或大风（穿堂风）劲吹，造成局部温差过大而造成裂缝。

(3) 预防措施

1) 重视基层质量。施工水玻璃材料整体面层时，基层表面应达到平整、清洁、干燥等要求，并有相应的强度。表面如有脱皮、起砂、裂缝等缺陷的，应作相应处理。

2) 设置隔离层。在水泥砂浆或混凝土基层上设置沥青胶泥、沥青卷材或树脂玻璃钢隔离层。在隔离层的上表面，还应稀撒粒径 2.5 ~5mm 的耐酸砂粒（用于沥青胶泥、沥青卷材隔离层时，砂粒应作预热。用于树脂玻璃钢隔离层时，砂粉粒径宜为 1mm 左右。）

3) 重视原材料质量，重视施工配合比。施工配合比应在施工前由试验确定，施工中不应随意更动。施工时，应拌和均匀，注意操作方法，掌握好最佳的压光时间。

4) 水玻璃混凝土整体地面应分格施工，分格缝间距不宜大于 3m，缝宽宜为 12 ~16mm。缝内应用同型号的水玻璃砂浆或弹性防腐蚀胶泥填实。

对于施工中途留置的施工缝，应作斜槎，接槎时应先打毛并清理干净后先涂刷一薄层水玻璃稀胶泥，待稍干时再继续浇筑，并注意接槎质量。

5) 在一些建筑结构易变形、易产生裂缝的部位，应设置变形缝，并增强隔离层处理。

6）水玻璃材料施工后应注意养护，防止阳光直射暴晒或大风劲吹。

（4）治理方法

1）对局部不明显或轻微的缺陷，可不作处理。

2）对局部明显脱层、空鼓和裂缝的缺陷，可用砂轮沿缺陷周边作切割，并修成斜面，注意尽量不损伤隔离层。切割后须清理干净，表面先涂刷一薄层水玻璃稀胶泥，然后用水玻璃砂浆或混凝土修复，接槎处应抹压平整，最后作酸化处理后再使用。

3）对起壳、脱层、裂缝严重的，应作返工重做。在铲除施工中若影响到隔离层质量的，应连隔离层一起返工重做。

5. 水玻璃地面表面粗糙、起皮、起砂

（1）现象

地面表面粗糙，用脚搓动时有粉或砂粒脱落。

（2）原因分析

1）水玻璃模数低、密度小，产生的硅酸凝胶少，强度不够。

2）硬化剂氟硅酸钠的用量偏少，使水玻璃拌合料的粘合力差、强度低。

3）施工环境温度低，水玻璃与硬化剂氟硅酸钠的反应速度慢且反应不充分。

4）粉料细度不够，材料拌合不均匀，面层铺设后表面出现泌水玻璃现象（相当于水泥混凝土的泌水现象）。在面层水玻璃量相对增加而硬化剂氟硅酸钠的量相对不足的情况下，使面层呈现一层结构薄弱层，使用后极易损坏。

5）未进行酸化处理。表面残留的水玻璃未充分分解，遇水或受潮时，碱性物析出，表面就会粉化起砂。或酸化处理浓度不够，酸化处理的次数不够，或酸化处时间过早。

（3）预防措施

1）根据施工环境温度、湿度等实际情况，严格按技术要求选用原材料，特别是水玻璃材料的模数、密度等指标。

2）施工前应先经试验，确定合理的施工配合比。确定合理的硬化剂氟硅酸钠的掺量。施工中不应任意改变。

3）重视粉料、粗细骨料的原材料质量和颗粒级配。施工时拌合应均匀，使水玻璃充分润湿粉料和粗细骨料。

4）当施工环境温度过低时（如低于10℃时），应采取必要的加热保温措施，保证水玻璃与硬化剂氟硅酸钠之间有个良好的化学反应和凝结硬化条件。

5）地面铺设并养护结束后，应认真进行酸化处理，并按规定注意用酸的浓度和酸化处理的次数。

（4）治理方法

1）如施工过程正常，仅地面表面层酸化处理不够或在养护期间遇水等原因造成表面粗糙、起皮、起砂现象时，可将有缺陷的部位凿除，露出坚硬层，清理干净后，先涂刷一道水玻璃稀胶泥，再用水玻璃砂浆修补，抹压平整后进行养护，最后作酸化处理。

2）如大面积质量问题或因材料质量问题造成面层质量缺陷，则应作返工重做。

6. 硫磺混凝土脱层、裂缝或浇筑不实

（1）现象

硫磺混凝土浇筑冷却凝固后有空隙，敲击时有空响声，有的有明显的裂缝。

（2）原因分析

1）一次浇筑的厚度过厚，预留的浇筑孔堵塞，造成浇入的硫磺胶泥或砂浆流淌不畅，内部脱层不密实。

2）施工环境温度偏低，材料预热温度不够，使硫磺胶泥或砂浆流淌缓慢，造成内部不够密实。施工后又未采取覆盖保温措施，冷却过快，凝固收缩，表面易产生裂缝。

3）浇注面积偏大，施工组织不好，段、块划分不明确，浇注次序紊乱，有漏浇、浇筑不连续等现象，造成局部不密实。

4）使用石子粒径偏小，铺设后空隙率不够，影响浇筑质量。或石子表面不干净、含水率偏大，影响粘结质量，造成脱层、空鼓等质量弊病。

（3）预防措施

1）用于硫磺混凝土的石子，其粒径宜为20～40mm，其中粒径为10～20mm的石子含量不应多于15%，石子铺设时为空铺不夯击，使石子层有适当的空隙率，保证硫磺胶泥或砂浆浇筑时流淌通畅。石子使用前应洗净、烘干并预热至60℃左右。石子的铺设高度应比地面设计标高低20mm左右。

2）每层的浇筑厚度不宜大于400mm，浇筑孔的孔距一般为400～500mm。用直径约50mm的钢管埋入石子中，拔出钢管后形成浇筑孔。施工中应保护好浇筑孔，防止塌坍。

3）大面积施工时，应分块进行浇筑，每块面积可取2～4m^2。浇筑时，在该块的各浇筑孔应同时进行，不要中断，直到全部浇完，使表面均匀露出石子层，最后用硫磺胶泥或砂浆找平抹面，压实压光。

4）硫磺为热施工材料，对温度要求很高，胶泥或砂浆浇筑时的温度应在140～160℃之间，温度若低于140℃，由于流动度差而易造成浇不实。

5）每块（段）浇筑完成后，应进行覆盖保温，特别是冬季施工时，更要重视，使其缓缓冷却。一般冷却在2h左右，待其冷固收缩定型后，再浇筑相邻块段，也可分块交叉间隔施工。

6）分块段浇筑时，模板应支撑牢固，表面平整，接缝严密，表面薄涂一层脱模剂。

（4）治理方法

若发现脱层、裂缝或空隙时，可随时剔开补浇，然后将修补部分烫平。

7. 硫磺胶泥或砂浆浇筑的块材地面粘结不牢，浇筑层不实，有脱层、气泡现象

（1）现象

敲击表面时有空响声，块材粘结不牢，有松动或脱落现象，灰缝表面不时有大气泡。

（2）原因分析

1）基层质量较差。如强度不够，或表面有浮灰、油污未清理干净；或基层含水率偏高，当高温硫磺胶泥或砂浆浇筑时，使水分气化，影响粘结，造成脱落，并产生大量气泡。

2）硫磺胶泥或砂浆的熬制质量较差。如材料含水率较大，熬制时间不够，水分不能完全脱出，材料内部气体不能完全排出。又如熬制过程中搅拌不够，使增韧剂与硫磺没有充分熔合反应。再如熬制温度掌握不好，一旦熬制温度过高，如超过170℃时，增韧剂会分解并失去应有效力。

3）块材粘结面有污物，或铺放时结合层灰缝局部太小，硫磺材料浇筑时，材料流动受阻，空气排出不畅，容易造成不密实，粘结不牢，并伴有气泡等。

4）浇筑孔间距偏大，或中途有浇筑停顿现象，使结合层与灰缝难以形成整体作用。

（3）预防措施

1）切实保证基层质量。基层表面应平整、干燥、洁净，无浮灰或污物。设有隔离层的，应检查隔离层与基层的粘结情况，确认粘结良好后再铺设块材进行浇筑施工。

2）块材使用前应清洗干净、晾干并烘干，保持表面干燥。粘结面可先薄涂一层硫磺稀胶泥，以提高粘结力。

3）熬制硫磺胶泥或砂浆的粉料、骨料必须烘干后使用。硫磺材料的熬制温度应控制在160~170℃，并作恒温脱水。浇筑时的温度宜为140±5℃。出锅前应作温度测定和质量检查。当施工环境温度低于5℃时，施工时外墙门窗应关闭，室内空气可作微小流动，不得受大风劲吹，也不得受烈日暴晒。

4）有条件时，硫磺胶泥或砂浆可集中生产，先浇筑成预制块，贮存备用。施工时加热熔化后即可使用，这样质量较有保证。为提高硫磺材料预制块使用时的流动度，二次熔化时可增加5%~10%的硫磺。

5）要合理布置好浇筑孔和排气孔。施工中应连续浇筑，中途不应停顿。

（4）治理方法

有脱层或粘结不牢的，可将块材撬开，铲掉结合层，清理干净后，用耐酸垫片垫好，重新浇筑。重新浇筑时，要注意在结合层和灰缝间留出排气孔，这样易于气体排出，使浇筑层密实，粘结牢固。

8. 玻璃钢胶料施工中硬化过快或硬化过慢甚至不硬化

（1）现象

有时玻璃钢胶料调好后，瞬间发热，温度很快升高并凝结成蜂窝状固体，使施工无法进行。有时玻璃钢胶料调好并涂刷后，数小时或更长时间不硬化，表面手摸时有粘手现象。

（2）原因分析

1）树脂与固化剂的化学反应是放热反应，对温度比较敏感，适宜的施工温度为15~25℃。当施工环境温度过高时，树脂的凝固反应会很快，并伴随放出大量热量。反之，如果施工环境温度偏低，如低于10℃时，树脂与固化剂的化学反应就比较迟缓，凝结硬化时间延长，有时表面结膜，而内部树脂仍然黏稠。

2）固化剂用量不当。固化剂用量过多时，树脂与固化剂的化学反应会加快，瞬间骤然升温，树脂迅速凝结硬化。如固化剂用量过少或使用过期变质的固化剂时，则树脂又不能充分反应，使胶料凝结硬化缓慢，甚至较长时间不凝结硬化。

3）一次拌制胶料量过多。特别是在温度偏高的情况下配制量过多时，树脂的放热反应使温度升高，又进一步促使反应加速，出现爆聚式反应，温度可升至100℃以上，使施工产生困难。

4）配制不饱和聚酯树脂胶料时，其引发剂和促进剂不配套使用，或用量不准，影响胶料的正常凝结硬化。有时在配制不饱和聚酯树脂或乙烯基酯树脂胶料时，使用了有阻聚作用的粉料，也会造成胶料硬化变慢甚至不硬化。

5）有些黏度大的树脂，配制胶料时搅拌比较困难，若固化剂投入后不能充分搅拌均匀时，会造成局部不硬化或局部早硬化的现象。

（3）预防措施

1）重视树脂胶料的施工环境温度，在高于25℃和低于10℃的情况下施工时，应采取相应的降温或加热保温措施，使胶料有个正常的化学反应和凝结硬化的环境。

2）重视原材料质量检验工作。避免使用质量性能差或过期变质的材料。对贮存时间较长的材料，应作取样复试，合格后方可使用。

3）正式施工前，应作试验确定施工配合比，实际施工中，应严格按照试验确定的配合比施工，并按规范要求的施工和投料顺序操作。

4）配制不饱和聚酯树脂和乙烯基酯树脂胶料时，不能使用有阻聚作用的粉状填料。

5）一次胶泥量不宜拌制过多，大面积施工时，宜先将树脂用稀释剂调成黏度适当的树脂液备用。用时取适量树脂液，按比例加入固化剂和粉料，混合拌匀后即可使用。防止在现场临时调制树脂液，加固化剂，再加粉料等，容易发生混料差错和不匀问题。

施工现场应备有冷水桶。配制胶料时一旦发现温度骤然升高时，可速将配料桶放入冷水桶中冷却降温，并同时搅拌，以防树脂爆聚。

6）若施工配合比正确，因施工环境温度偏低而胶料硬化缓慢时，可在使用环烷酸钴为促进剂的胶料中，滴加数滴二甲基苯胺，能调节树脂的硬化速度，不影响胶料质量。

（4）治理方法

若出现硬化过快或硬化过慢现象时，应停止施工，查找原因。如属环境温度偏高或偏低时，应采取降温或加热保温措施；如属原材料质量问题，应更换或调整原材料；如仅是局部质量问题，应对局部有缺陷的部位铲除重做，如大面积出现质量问题，应作返工重做。

9. 树脂胶泥、砂浆整体面层色泽不匀、脱层、裂缝、表面粗糙、发黏。

（1）现象

树脂整体面层色泽不均匀，敲击时有空响声，有明显的可见裂缝，严重时整体面层有成块剥落。面层外观质量粗糙不平，表面发黏。

（2）原因分析

1）水泥砂浆或混凝土基层表面质量差、强度低，表面的浮灰、油污等未清理干净，或表层含水率偏高，或受潮遇水等原因造成粘结质量差。

2）树脂材料在硬化过程中的收缩而引起脱层、起壳或裂缝。树脂材料中，胶泥的收缩性大于砂浆的收缩性，其中不饱和聚酯树脂的收缩性最大，一般为5%～12%。

3）树脂材料的施工厚度偏大，本身产生的收缩应力大。所以施工层厚度越大越容易产生裂缝、起壳和脱层等质量弊病。

4）树脂材料中加入彩色颜料时，搅拌不够，分散不均匀或树脂材料涂抹层厚薄不均匀而造成面层色泽不匀。

5）空气对不饱和聚酯树脂和乙烯基酯树脂有阻聚作用，会使树脂材料涂层表面硬化不完全而出现粗糙、发黏现象。

（3）预防措施

1）做好基层处理，保证基层质量。水泥基层表面应坚固、密实、洁净、干燥、平整。

2）涂刷环氧打底料隔离层，将基层与树脂材料层加以隔离。当采用酚醛胶泥时，其固化剂属酸性介质，基层表面必须涂刷二遍环氧打底料，并应涂刷均匀。

3）应尽量采用硬化时收缩率小、粘结力强的并具有一定弹性的改性树脂。

4）铺设树脂胶泥和砂浆整体面层时，厚度不宜太厚，树脂胶泥厚度宜为2~4mm，树脂砂浆厚度不大于7mm。铺设后注意压实抹光。

5）当树脂材料中掺加彩色颜料时，一定要充分搅拌均匀，色泽一致。最好将树脂先调制成色浆后进行配料。

6）为防止空气对不饱和聚酯树脂和乙烯基酯树脂产生阻聚作用，施工时可使用含有石蜡的胶料作罩面处理。一般将石蜡配成苯乙烯溶液加入到胶料中，当树脂硬化前，石蜡可浮在表面起隔绝空气的作用，使树脂硬化正常。

（4）治理方法

当质量缺陷仅在局部发生时，可将局部位置切除后进行修补，并注意接槎处的处理质量。若出现大面积质量缺陷时，应作彻底返工重做。

10. 呋喃树脂混凝土整体面层裂缝、脱落

（1）现象

敲击整体树脂混凝土地面面层有明显的空响声，表面有可见裂缝。

（2）原因分析

1）水泥基层质量差，表面层强度低，有起砂脱皮弊病，或有浮灰、污垢未清理干净，或表层含水率偏大，影响和降低了粘结力。

呋喃树脂混凝土整体面层下一般设有玻璃钢隔离层，若玻璃钢隔离层表面光滑或有油污等有害物质时，也会影响树脂混凝土的粘结，造成脱层、起壳等质量缺陷。

2）树脂混凝土本身的硬化收缩性原因造成裂缝和脱层。呋喃树脂混凝土的线收缩率虽比树脂胶泥和砂浆要小，但仍有一定的收缩值，故当施工面积较大时，如不采取相应措施，是很容易出现裂缝或裂缝与脱层、起壳同时出现。

3）初次施工呋喃树脂混凝土，缺少施工经验，又不做施工配合比试验和小样试验，直接照有关资料施工，容易发生质量事故。

（3）预防措施

1）初次施工呋喃树脂混凝土时，应对施工人员进行业务知识培训，熟悉情况后再进行施工。

2）重视水泥基层质量。基层表面应坚固、密实、洁净、干燥、平整。

3）认真检查树脂玻璃钢质量，如表面很光滑时，可在表面涂刷一层树脂胶料，并稀撒细砂，以增加粘结力。

4）当施工面积较大时，可分块进行施工，留出分割缝，待树脂混凝土早期收缩完成后（一般需5~7d），再对分割缝进行填补。填补时先在缝内两侧涂刷接浆料，然后用树脂砂浆或细石混凝土将分割缝填实、修整好表面。

5）注意施工环境温度。当施工环境温度较高时，呋喃树脂混凝土易发生速硬和爆聚，当混凝土厚度较大时，更易发生。若施工环境温度过低，则混凝土的和易性下降，不易振实，同时会延长硬化时间。

（4）治理方法

若整体地面面层仅有轻微裂缝、脱层，可不作处理。对较大的裂缝，可将缝隙适当扩大后，参照分割缝处理方法将裂缝修补填实抹平。若大面积的出现空壳，脱层和裂缝，则应返工重做。

6.15　工业厂房中其他特种地面

6.15.1　屏蔽工段（车间）地面

有些工业厂房车间内设有高频淬火热处理工段，对加工零件（如轴、齿轮等）进行表面处理（即表面淬火），以提高硬磨度。在加热淬火过程中，高频电炉会产生强大的电磁波，会影响周围仪器仪表、设备（特别是电子仪器、仪表）的使用，对人体也有损害。为了对干扰进行有效的抑制，对干扰源需采取屏蔽措施，这样的房间称为屏蔽室。

在医疗建筑中，有些电疗设备（仪器）在使用过程中也会产生对人体有害的电磁波。而有些医疗仪器（如心电图、脑电图测定等）又要防止外界电磁波对它的干扰影响。对上述两种类型的医疗设备（仪器）建筑，也需采用屏蔽处理。

1. 屏蔽室的构造要求

屏蔽室不仅对墙面、天棚提出了屏蔽要求，而且对地面也提出了相应的屏蔽要求。

图6－136为某一医院耳科隔声测听室——屏蔽室的平面和剖面图，图6－137为剖面构造图，沿室内墙面、地面、顶棚以及门、窗连续满铺镀锌铁丝网，构成封闭的六面屏蔽整体。

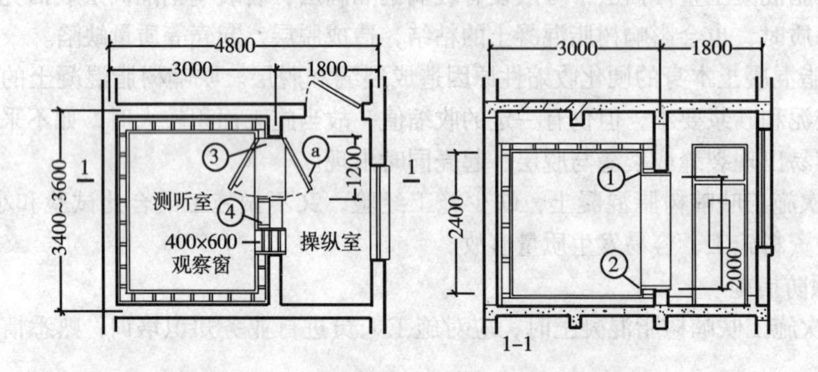

图6－136　某耳科隔声测听室屏蔽室平面和剖面图

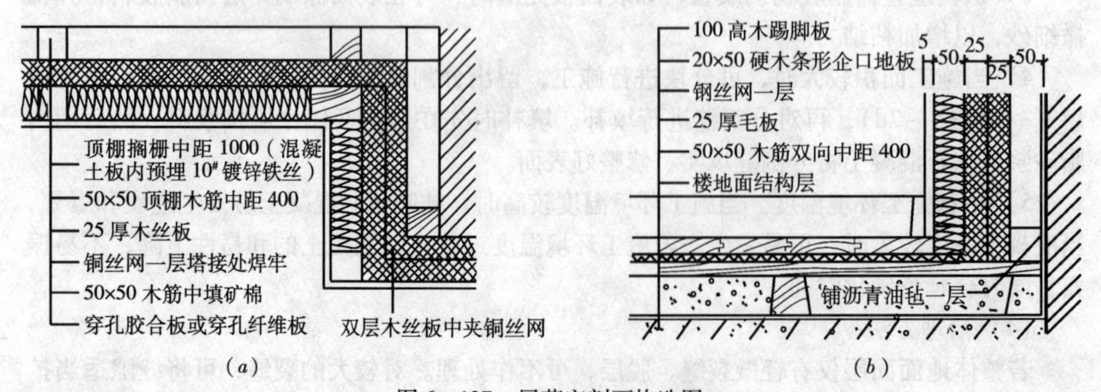

(a)　　(b)

图6－137　屏蔽室剖面构造图

(a) 天棚；(b) 地面

图6－138为地面地沟、管沟处屏蔽构造图。

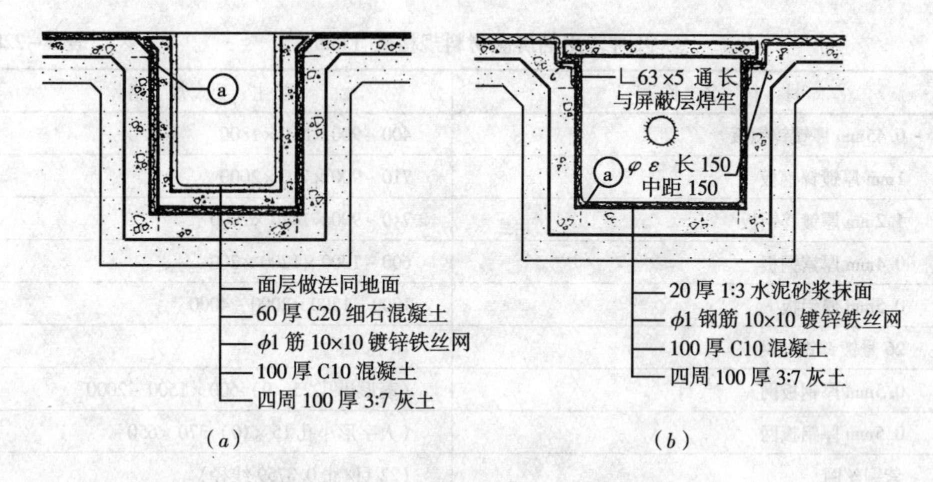

图6－138 地面地沟、管沟处屏蔽构造图

(a) 排水明沟；(b) 管沟

图6－139为门的下槛与地面连接处和门的上槛与顶棚连接处的屏蔽构造图。

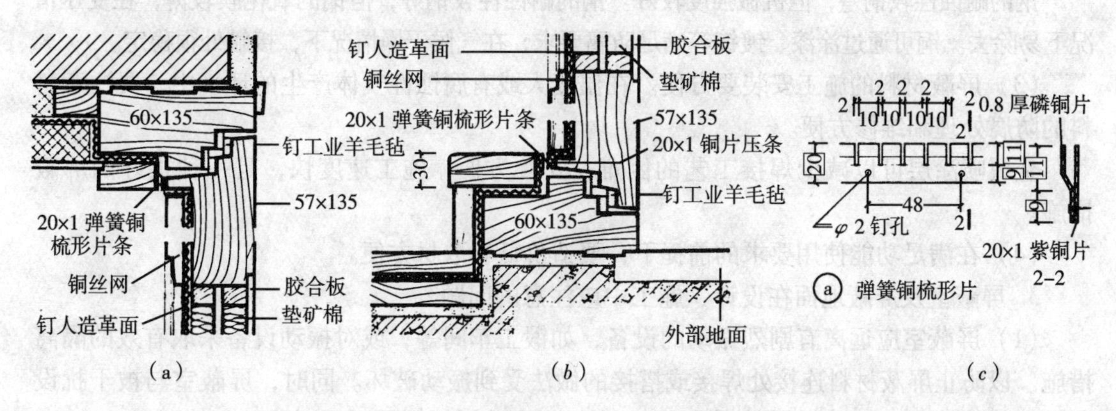

图6－139 门的下槛与地面连接处和门的上槛与顶棚连接处的屏蔽构造图

(a) 门的上槛与顶棚连接处；(b) 门的下槛与地面连接处；(c) 弹簧铜梳形片

2. 屏蔽材料的选择

(1) 屏蔽材料首先应具有一定的屏蔽衰减值。电磁屏蔽是由吸收和反射两种衰减所组成的，其总屏蔽效能决定于吸收和反射衰减之和，见图6－140。E_0、E_{01}、E_{02}的值越大，屏蔽的效能就越好。由试验资料可知，铜的反射衰减大，而铁的吸收衰减大，因此，铜和铁的总屏蔽效能都较大，这就是在屏蔽设计中广泛采用铜和铁的原因。

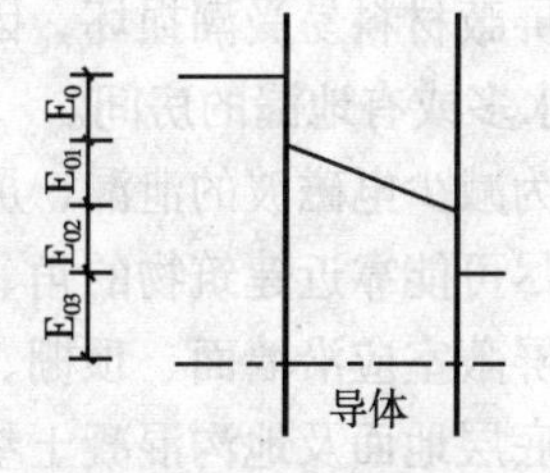

图6－140 电磁屏蔽的能量衰减图

E_0—第一介面的反射衰减；E_{01}—材料的吸收衰减；E_{02}—第二介面的反射衰减；E_{03}—透过屏蔽层的能量

几种常用的屏蔽材料见表6－228。

几种常用的屏蔽材料规格表（mm）　　表6－228

材料名称	主要规格
0.45mm厚镀锌钢板	400～900×510×1800
1mm厚镀锌钢板	710～900×710×2000
1.2mm厚镀锌钢板	710～900×1420×2000
0.4mm厚紫铜板	600～1000×1200×200
0.5mm厚铝板	1000～1500×2000～4000
26号镀锌铁丝网	16孔/寸
0.5mm厚钢板网	（菱形小孔25×9）600×1500～2000
0.5mm厚铝板网	（人字形小孔15×10）370×650
紫铜丝网	（22目/寸0.3759线径）
紫铜喷涂层	0.2厚

（2）屏蔽材料应具有良好的耐蚀性及机械强度

钢的耐蚀性较铜差，但机械强度较好。铜的耐蚀性较钢好，但铜的氧化膜较薄，在受压情况下易除去。铜可通过涂漆、镀锌等满足防腐要求，在气候干燥情况下，接触处很稳定。

（3）屏蔽材料的施工安装要方便。在温度大或有腐蚀性气体产生的环境中，要注意材料的防腐处理和维修方便。

金属喷涂层可以减少焊接工艺的困难，安装方便，施工速度快，是一种很好的屏蔽措施。

（4）在满足功能使用要求的前提下，要造价低和取材方便。

3. 屏蔽室及屏蔽地面在设计、施工中应注意的问题

（1）屏蔽室应远离有剧烈振动的设备，如锻工车间等，或对振动设备采取有效的隔离措施。以防止屏蔽材料连接处焊接或搭接的做法受到振动破坏。同时，屏蔽室与被干扰设备亦应保持较大距离，以利于将室外的干扰强度抑制在允许限度之内。

（2）屏蔽室尽可能设于底层。因为地面层对电磁波有较好的吸收作用，可大大减少辐射电磁波的强度，屏蔽层的结构处理也较简单。此外，接地引入线较短，可降低接地电阻。

（3）屏蔽材料易受潮损坏，因此，屏蔽室应避免和潮湿房间相邻，尤其不要在它上面设有地面水多或有地漏的房间。

（4）为减少电磁波的泄漏，屏蔽室不应设置在有变形缝或有较多管线穿越的部位。

（5）尽可能靠近建筑物的角、边布置。

（6）屏蔽室应沿墙面、顶棚、地面、门、窗形成连续、封闭的六面屏蔽整体。

（7）底层地面及地沟混凝土垫层下部及四周，应设置防潮层，用以加强防潮，保护屏蔽材料不受腐蚀。

（8）如室内有设备基础，应该在基础面及四周围做屏蔽铁丝网，并做好防潮层和保护层。

(9) 在地面及地沟混凝土垫层施工时，应埋设绑扎屏蔽材料网用的预埋件，中距500mm双向。

(10) 屏蔽材料施工前应进行检查，如有浮锈、油污者均应清除干净。

(11) 如有管道穿越地面时，管道周围与屏蔽材料网应作可靠焊接。

6.15.2 焊接装配工段地面

金属结构车间的焊接装配工段，有大量的手工电弧焊操作和气割（焊）操作，这些工段的地面有相应要求。对主要采用手工电弧焊的焊接工段的混凝土地面内，宜埋设相应的扁钢或角钢，形成连接一体的地线回路。有些外廓尺寸较大，形状复杂的产品，焊接装配时，需要在厂房地面上树立临时支架或支撑，也需要在地面中埋设型钢，使临时支架或支撑焊接其上加以固定。图6－141为装配焊接工段地面型钢埋设简图。型钢通常以2m～6m的间距布置成井字形，用锚固筋与地面锚牢。

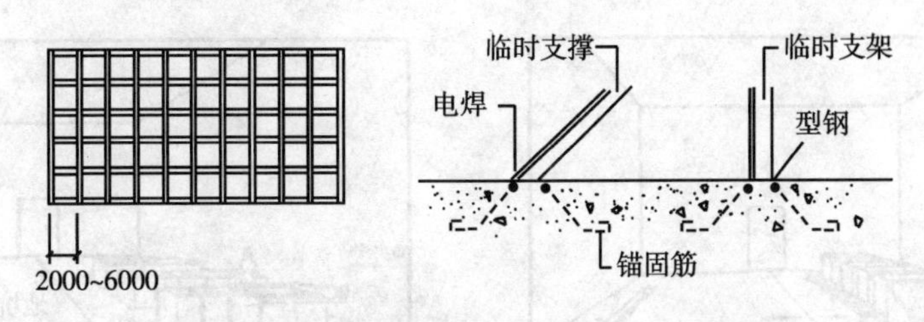

图6－141 装配焊接工段地面埋设的型钢简图

装配焊接工段地面宜采用混凝土地面或混凝土垫层兼面层的做法，混凝土强度等级不应低于C20，表面应压实抹平。

气割（焊）工段地面可采用素土夯实地面，既经济又实用。同时对车间内的噪音控制也有好处。与其邻接的混凝土地面，宜采取边角处加固的做法，见图6－142。

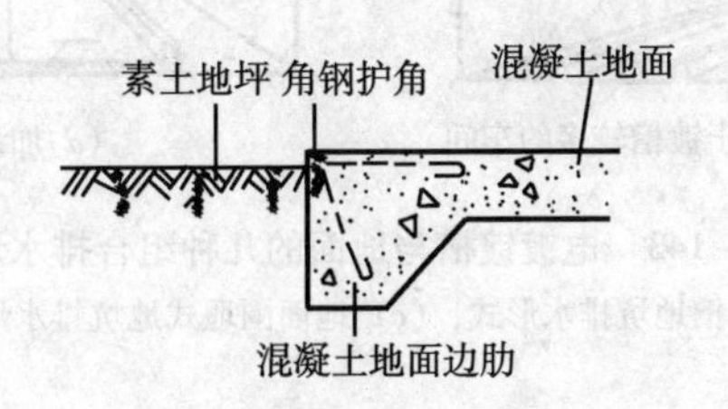

图6－142 地面邻接处的边角加固处理

6.15.3 电镀车间地面

电镀车间通常有以下一些特点：厂房规模不是很大，但室内管线和地面地沟、地坑较多，腐蚀性介质贯穿于生产的全过程，车间内温湿度变化大、状况差，对通风要求较高。

就地面而言，经常与腐蚀性液态介质接触，不仅需要有良好的防腐蚀功能，还应有将腐蚀性介质（废液）及时汇集、排放的功能。

1. 电镀车间地面的设计要点

(1) 电镀车间地面应采用防腐蚀地面。面层下应设置耐蚀性和不透水的隔离层。地面应设置一定的坡度，视排除液体的流量和稠度而定，通常为1%～3%。根据不同的电解溶液，选择相应的耐腐蚀地面面层材料。面层应平整、防滑。

（2）合理选择电镀镀槽与地面的组合排水形式。电镀镀槽设置在地面上，其组合排水形式的不同，对地面的影响也相差很大。图6－143所示为电镀镀槽与地面的几种组合排水形式。图6－143（*a*）所示为电镀镀槽设置于地面上，地面设置排水坡和集水沟，废水沿地面排向水沟，废水影响面积较大，设置不很合理，是最早设计的镀槽与地面的组合形式。图6－143（*b*）所示为地面下沉，设置承槽地坑的形式，废水在坑沟中流动和集中，影响范围小，设置较合理，但地面有高低，施工较复杂。图6－143（*c*）所示为在地面上设置围堰的形式，将腐蚀性介质限制在围堰范围内，与承槽地坑的形式相似，适用于镀槽较多的车间。图6－143（*d*）为在楼面上增设一个托盘，电镀镀槽设置在托盘内，与图6－143（*c*）相似，适用于改建工程。

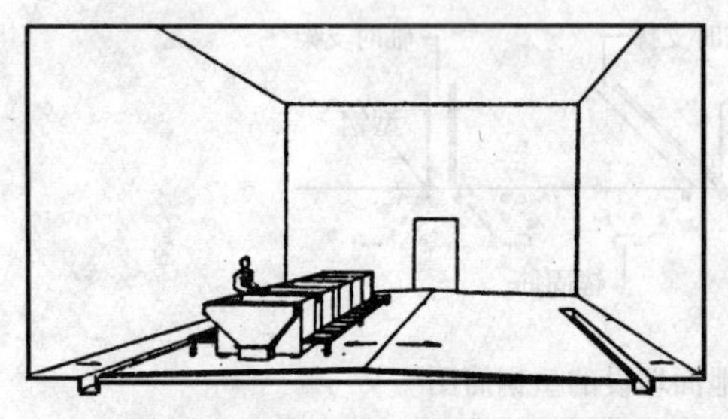

（*a*）地面设置排水坡和集水沟，废水影响面积较大，不合理　（*b*）承槽地坑、废水在坑沟中流动，影响范围局限，较好

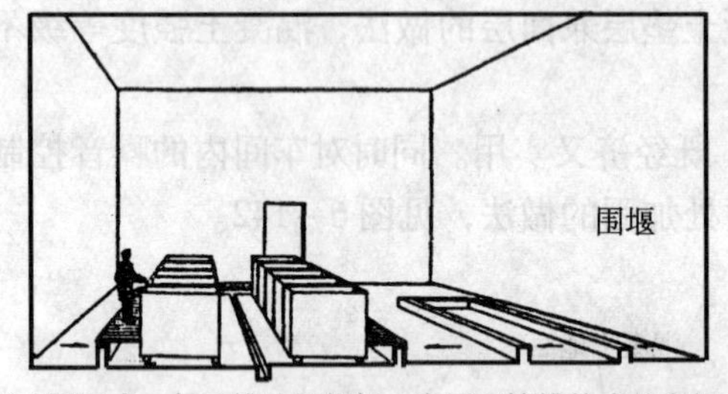

（*c*）围堰式，与承槽地坑相似，应用于镀槽较多的车间

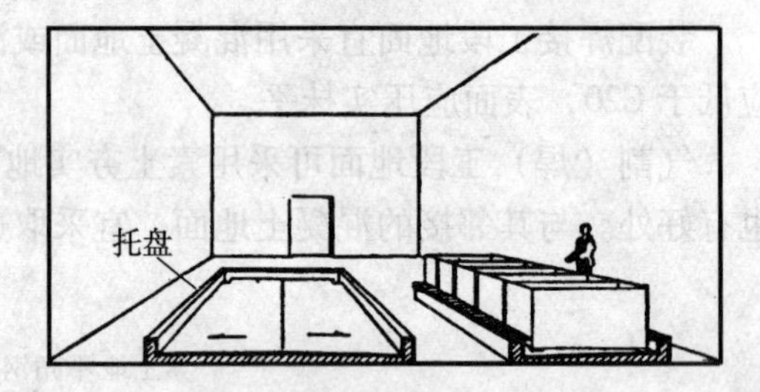

（*d*）加设托盘，适用于改建工程

图6－143　电镀镀槽与地面的几种组合排水形式

（*a*）地面排水形式；（*b*）地面承槽地坑排水形式；（*c*）地面围堰式地坑排水形式；（*d*）地面加托盘排水形式

（3）在地面平面设计上处理好排水设施——地坑、地沟、地面排水坡、地漏和集水井等。实践经验证明，处理好地面排水设施和合理选择地面防腐蚀材料，具有同样重要的作用。如能将电镀废液控制在最小的范围内，并能及时地排向污水处理系统，保证地面经常处于干燥状态，即使用普通混凝土或水磨石地面，亦能保证地面长期使用。

（4）重视排水地沟的设计。地面的排水地沟是汇集地面废水后，将流向集水井或废水处理设施。沟底的坡度要大于或等于0.5‰～1%。为了防止氰化物扩散，含氰废水的排水沟与含酸废水的排水沟应当分设。

排水地沟有明设与暗设两种，明设易于检查情况，暗设应预留检查清理的孔道。与厂房通道交叉处的明沟需加设盖板。地沟的两侧易受腐蚀性液体和机械力的作用，应作加强处理。

地沟的材料和构造形式，应根据地沟长度、废水性质、废水流量、材料供应及施工条件等因素确定。如经常与较强腐蚀性废液接触的，可采用花岗石、瓷砖等板、块材砌筑的地沟。考虑到耐腐蚀性能及施工方便，可采用双层沟底做法（仅限瓷砖板、块材铺设的地沟），用结合层找坡，见图6－144。对于承受一般腐蚀性废液的地沟，可采用单层沟底或用半圆形沟管。

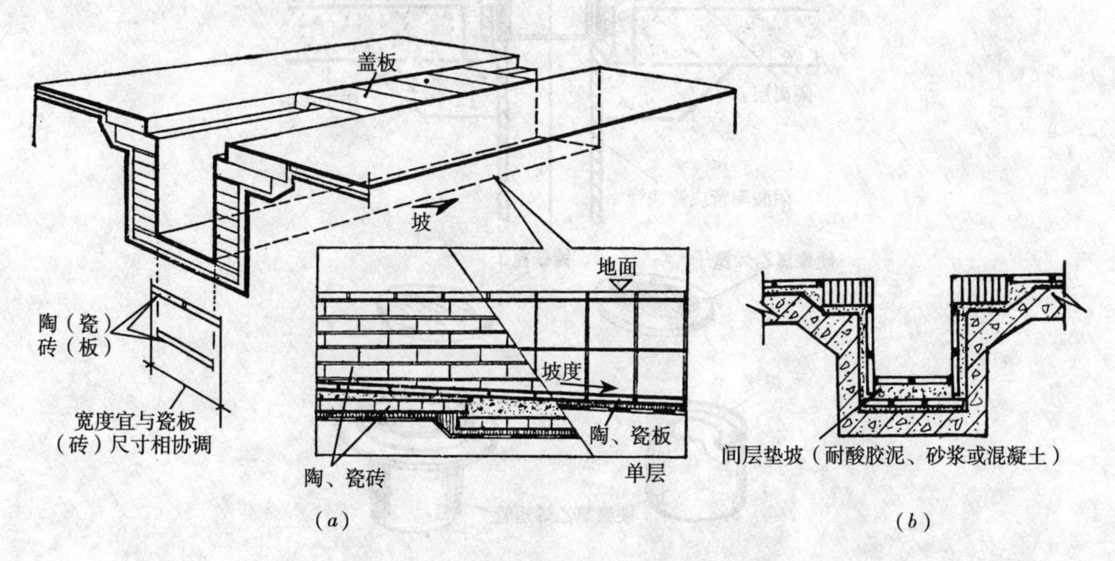

图6－144 排水地沟沟底双层做法示意图

（a）透视图；（b）剖面图

图6－145 为几种常用的排水地沟构造形式。

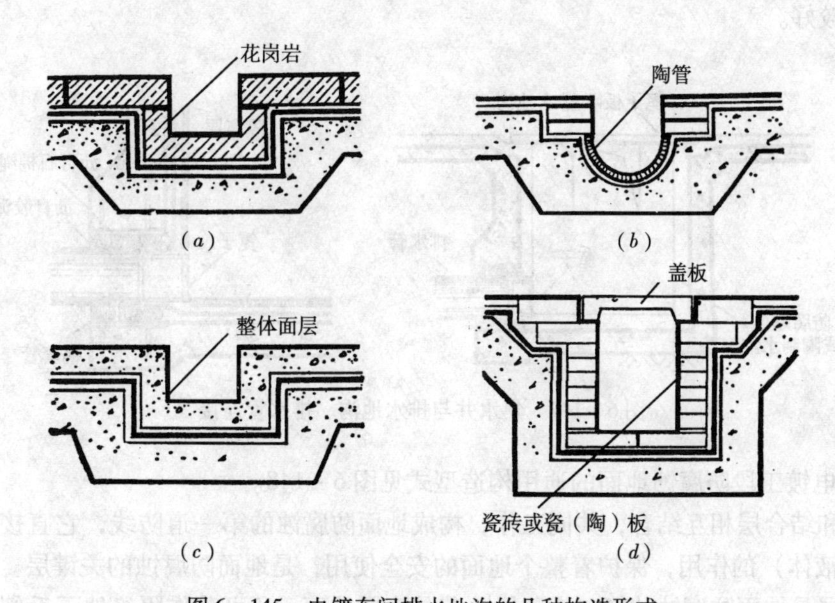

图6－145 电镀车间排水地沟的几种构造形式

（a）花岗岩石板地沟；（b）半圆形陶管地沟；（c）整体面层地沟；（d）有盖板的地沟

图 6－146 为地漏构造图。

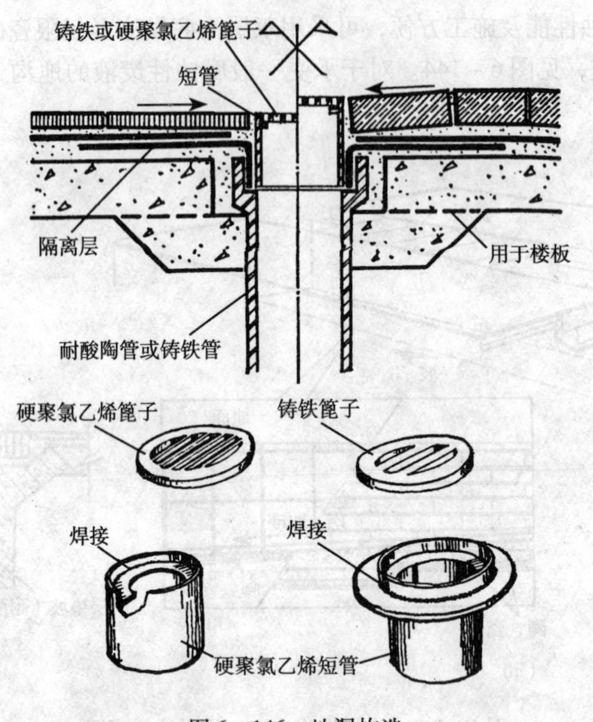

图 6－146 地漏构造

图 6－147 为集水井与排水管的连接示意图。集水井是经常受液态介质腐蚀的结构，应认真做好防腐处理，接头要严密。也有用特制的陶制水缸作集水井使用，整体性强，耐腐蚀效果较好。

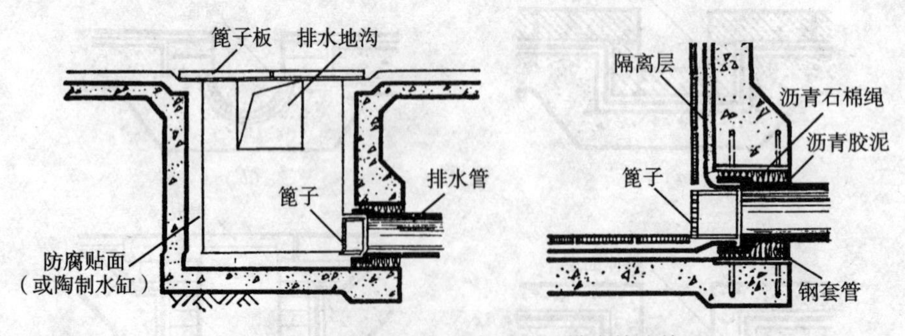

图 6－147 集水井与排水地沟、排水管连接

（5）电镀工段防腐蚀地面的通用构造型式见图 6－148。

面层和结合层相互结合，共同工作，构成地面防腐蚀的第一道防线，它直接承受腐蚀性介质（液体）的作用，保护着整个地面的安全使用，是地面防腐蚀的关键层。

隔离层是地面防腐蚀的第二道防线，若是底层地面，还可兼作隔绝地下毛细水的防潮隔离层。

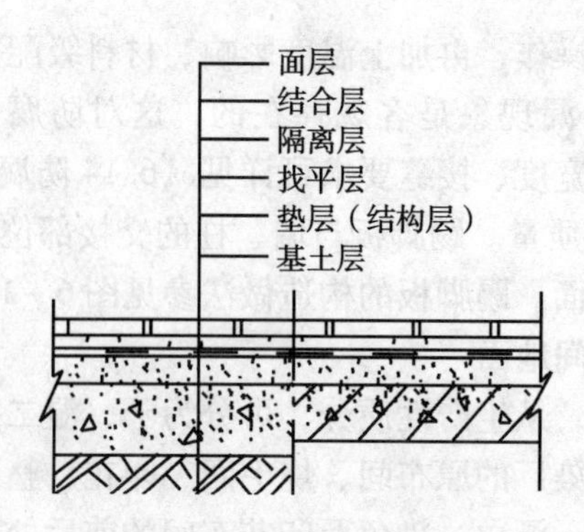

图 6-148 电镀工段防腐蚀地面通用构造型式

垫层与地基与普通地面作用相同，但用于电镀车间防腐蚀地面的垫层要求作刚性垫层，并且刚度要好。

2. 电镀工段（车间），防腐蚀地面施工应注意的问题

（1）地沟两侧和地坑四周应作加强处理。在地沟两侧和地坑四周与地面的交接处，不仅腐蚀性介质（液体）的侵蚀机会较多，而且也是经常受到各种机械力撞击的地方，如果照一般地面做法来处理，就容易损坏，成为地面防腐蚀的一个薄弱部位，故边角处应作加强处理。图 6-149 为地沟边角处两种不同的做法。

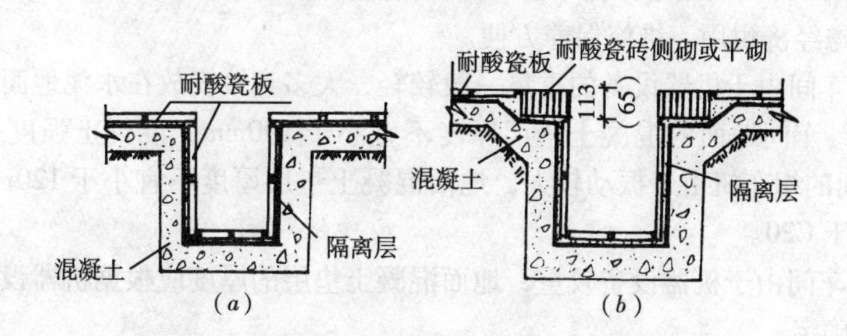

图 6-149 地沟边角处两种不同的做法

（a）地沟两侧不采取加强措施的做法；（b）地沟两侧采取加强措施的做法

（2）地面排水地沟的设置位置不应靠近墙、柱等主要结构部位，而应尽量远离墙、柱等主要结构部位，以免对主要建筑结构造成腐蚀伤害，见图 6-150。

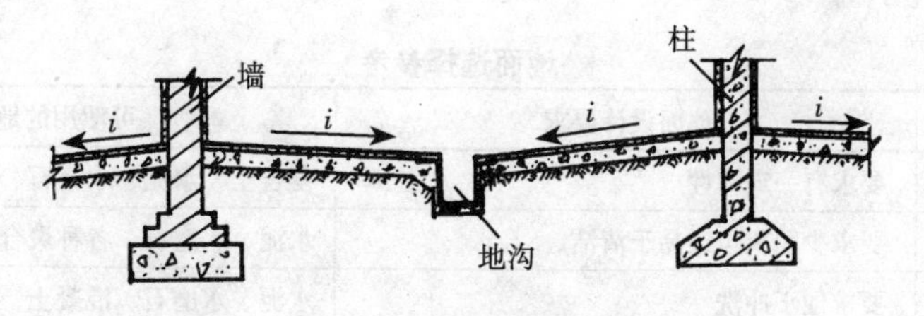

图 6-150 排水地沟背向车间的墙、柱

（3）用板、块材铺设地面面层时，应特别注意接缝质量。接缝，是板、块材地面中的

一个薄弱部位，由于是手工操作，再加上温度影响、材料级配等多方面的原因，接缝处往往难以绝对的密实，存在渗漏现象是客观存在的，这对防腐蚀地面来讲往往是致命的。板、块材防腐蚀地面的接缝宽度、接缝要求可详见《6.14 防腐蚀地面》一节内容。

（4）重视踢脚板的施工质量。踢脚板与墙、柱的交接部位是地面的又一薄弱部位，它既保护了地面，又保护了墙面。踢脚板的构造做法参见图 6－101。

6.15.4 纺织、印染车间地面

纺织、印染车间的地面，从生产性质分，可分为干、湿二类车间。前者如清棉、梳并粗、细纱、织布等车间和印染厂的原布间、烧毛间、印花、整装车间及纺织、印染各类仓库附属建筑等。后者如浆纱、漂白、染色及印花车间的前后处理部分等。

1. 纺织、印染车间地面设计要求

（1）干车间在生产过程中，其纤维容易产生尘埃，因此，要求地面应平整、光洁，要求具有不吸尘的性能。操作弄地面要求具有一定的弹性，并要防滑且易于清洁，在车辆和人行走时，磨损要小，尘埃要少。

（2）湿车间的地面除须防水外，有的还须具有一定的抗蚀性能。并注意以下二点：

1）地面应设有一定的坡度。非腐蚀性液体地面坡度可小些（1%～2%），有腐蚀性液体的地面坡度可大些（2%～3%）。

2）地面必须考虑防滑。地面表面应平整，但宜适当粗糙。

（3）由于纺织、印染车间面积大，地面对整个建筑物造价的影响较大，因此，地面材料的选用要考虑经济耐用、维修保养方便。

（4）纺织车间由于机器设备的重量一般较轻，大多直接安放在水泥地面上，不单独做设备基础。纺纱车间地面的混凝土垫层厚度不宜小于 100mm，混凝土强度等级不宜小于 C15。织布车间的织布机由于振动较大，地面混凝土垫层厚度不宜小于 120mm，混凝土强度等级不宜小于 C20。

（5）印染车间由于机器设备较重，地面混凝土垫层的厚度应根据机器设备的重量及尺寸由设计计算确定。

（6）纺织、印染车间根据生产需要和工艺要求，在车间内及至地面上设有许多管道和地沟，为使这些管道、地沟布置合理，必须重视管沟的综合设计。

2. 纺织、印染厂车间适应选用的地面类型

（1）根据纺织、印染厂各车间的性质、生产特点、生产条件以及劳动保护等要求，可参考表 6－229 选择地面材料形式。

地面选择参考　　表 6－229

车间名称	地面设计要求	可使用的地面形式
工人操作弄	要求有一定弹性	菱苦土、水泥、水磨石、各种聚合材料
干燥车间	要求少积灰尘，易于清洁	水泥、水磨石、各种聚合材料、菱苦土
湿车间	要求便于冲洗	水泥、水磨石、混凝土
有酸、碱腐蚀车间	要求防腐蚀	缸砖、各种聚合材料、沥青（用于废水热度不高地段）
车间通道	要求一定的耐磨性	水磨石、水泥、混凝土

（2）地面上地沟设置要点：

1）地面上管、沟线路的布置首先应服从工艺生产的需要，因此，在布置管、沟时，应先布置与工艺生产有关的管、沟道，然后再布置其他管、沟道。

2）管、沟道宜布置在车间走道和操作弄下面，尽可能避开机器基础，特殊情况下必须在机器下通过时，则沟盖板的厚度应加厚，满足机器重量要求。

3）尽量减少管、沟线路的长度和深度，减少管、沟数量，节约工程费用。特别在地下水位较高地区，管、沟埋设不宜过深。

4）一般旱沟可沿墙布置，可利用墙壁作沟帮的一面，以节约材料和造价。

5）当较深的管、沟通过基础时，为了不影响基础的安全，基础应作局部加深。

6）在布置管、沟道时，应尽量避免过于复杂的交叉，并尽可能一沟多用，这样既减少交叉，又可节省费用。

7）旱沟应作防水处理。地下水位较低时，沟内可做防水砂浆抹面。

有的湿沟有大量的废水排出，有的还有一定的腐蚀性溶液，这些管、沟应作防渗漏处理。有腐蚀性溶液排放的，应作防腐蚀处理。一般的应在沟内用防水砂浆抹面。

6.15.5 铸造车间地面

铸造车间，俗称翻砂车间，它的生产工艺方式主要是将熔融的金属液体注入铸型模中而获得铸件，为机械加工部门提供毛坯产品。生产过程中产生的高温、高粉尘、地面堆载重以及有害气体等，将对地面产生较大的影响。

由于铸造车间各工段的生产情况和使用功能的不同，对地面的要求也各异。例如熔化、浇注等热工段，要求耐热、耐冲击；机械造型、型芯工段要求易清洁；试验室要求清洁；露天库要求耐冲击和雨天无泥泞等。选择地面材料时，除应满足各种不同的功能要求外，还应尽量因地制宜、就地取材，选用比较经济耐用的材料。

1. 铸造车间常用地面材料类型

铸造车间各工段常用的地面材料选择见表 6-230。

铸造车间各工段常用地面材料参考　　表 6-230

工段名称	地面材料		对地面要求
	手工造型或小批生产车间	机械化车间	
熔化、浇筑	素土	混凝土、素土	耐热、耐冲击（炉前一般铺钢板或块石）
造型、型芯	素土、废砂	混凝土	机械化车间要求易清洁
砂处理	混凝土	混凝土	易清扫
清理	素土	素土、混凝土	耐冲击
炉料库	素土	素土、块石	耐冲击
造型材料库	素土、混凝土	混凝土	易清扫
露天库	炉渣、碎石	炉渣、碎石	承受静荷载及冲击，雨天无泥泞
辅助工段（机修、木模库、芯骨、鼓风机室，准备等）	混凝土	混凝土	易清扫
仪表、试验室、控制室等	水泥砂浆	水泥砂浆、水磨石	要求清洁
有色金属	混凝土、素土	混凝土	易清扫、耐冲击
通道	混凝土	混凝土	易清扫

2. 铸造车间地面设计施工中应注意的问题

（1）铸造车间有较多而复杂的重大设备基础、地坑、地沟等，应注意它们与厂房柱基础的关系。一般情况下，设备基础不允许压在厂房柱基础上，较深的设备基础和地坑，应与柱基保持一定的距离，或将柱基加深。在这些设备基础开挖施工时，要特别注意对厂房柱基础的影响。

（2）对生产过程中产生高温的深地坑，要严格做好防水处理。铸造车间内的高温地坑有浇筑坑、钢锭坑、出钢（铁）坑以及保温坑、熔炉基础等，这些高温坑内如有积水，在遇到1600多度的钢水或1350多度的铁水时，坑内积水就会骤然气化，体积突然膨胀而产生爆炸事故，不但影响生产，还将危及操作工人的生命安全，故必须严格做好防水工作。当地下水位较高时，一般在钢筋混凝土地坑内设置钢板防水箱内衬防水，地下水位较低时，可采用防水混凝土防水，但应采取隔热措施，使坑内壁温度控制在100℃以下。

6.15.6　锻造车间地面

锻造车间亦称锻工车间，它的生产工艺方式是将金属材料加热，然后放在锻造设备上施加外力（锤打或加压），使它塑性变形而获得所要求的形状和尺寸。

锻造车间的设备重而大，管道亦多（有动力和非动力蒸汽、煤气、压缩空气、电力、上下水、通风及高压水管、油管、烟道等），生产过程中产生的高温、振动等特点，不仅对本建筑的地面产生较大的影响，而且也会影响其他建筑物的使用，特别对精密仪表工段和精密仪器的使用影响较大。

1. 锻造车间地面类型的选择

锻造车间各工段由于生产上的不同特点，对地面也提出了不同的要求。如锻造工段，地面经常受到重大的冲击及高温作用，地面宜采用抗冲击、韧性较好的块材面层，并用柔性结合层作为弹性垫层以便修理，或用柔性地面（如素土）。锻锤、水压机周围、及其加热炉炉口处，长期承受冲击，须采取加强措施。热处理工段要能耐高温；酸洗工段要求耐腐蚀；水压机的高压水泵房，则要求不起尘等。

锻造车间地面类型的选择可参考表6－231。

锻造车间地面类型选择参考　　表6－231

工段名称	地面面层材料		备　注
	较高标准	一般标准	
锻造工段	块石，细石混凝土，铸铁板	素土	在炉前局部地带宜铺块石，粗石或铁板
水压机工段	块石、混凝土	素土、混凝土	
热处理工段	块石、细石混凝土	素土、混凝土、水泥砂浆	耐高温
酸洗工段	耐酸陶板	沥青混凝土、沥青砂浆	
高压水泵房	水磨石、陶板	细石混凝土、水泥砂浆	
模具库		素土、混凝土	
机修	细石混凝土、水磨石	细石混凝土、混凝土	
金属材料库		素土、混凝土	

2. 锻造车间地面设计施工中应注意的问题

锻锤的锤头冲击引起锤基产生脉冲性的振动，将对本身建筑及周围建筑结构、邻近的机器仪表以及工人的操作条件和健康等，均会产生不利的影响，因此，减小锤基振动，控制锤基的振幅和加速度，使其越小越好，这是地面设计中应重视的问题。

（1）锻造车间的位置应在厂房的总平面设计中予以充分考虑。它与相关工段、车间的平面水平距离应符合表6－232的要求。

防振间距参考表（m） **表6－232**

锻锤吨位（吨）	设备及建筑物名称				
	理化室和计量室	精密机床	一般机床	铸工造型工段	居住用房
<1	60～100	50～80	30～50	30～50	50～80
1～2	100～150	80～120	40～60	50～70	80～120
3～5	150～250	100～200	50～70	60～80	100～200
≥10	400～600	300～500	100～200	150～200	300～500

注：实际使用时，应结合实际情况确定防振间距，此表仅参考数值。

（2）在控制锻锤的振幅方面，可采用以下几种方法：

1）适当加大锤基底面积或加大锤基深度，两者以后者较为有利，可避免与厂房基础互相干扰，且基础振动频率较低。但当地基不好时，则宜加大锤基基底面积。

2）增加锤基质量，亦可减小锤基振幅。

3）在软土层上设置锤基时，或锤基位置受到限制不能扩大时，可采用桩基代替天然地基或用矽化法处理地基，增加地基的刚度以减小锤基振幅。

4）把锤基本身设计成具有“弹性衬垫”作用的结构形式，如采用薄壳结构形式的锤基，见图6－151（*a*）。由于壳面弹性较好，又能与土胎共同工作，吸收部分冲击能量，能有效地减小锤基的振幅。

5）锤基基础设置减振器（如弹簧减振器、橡胶衬垫等），以控制和减小振幅，见图6－151（*b*）。

（3）锤基周围地面上或锻造车间外围地面上设置隔振沟，使来自振源的振波在防振沟处加快衰减。

6.15.7 金工装配车间地面

金工装配车间有时也称机械加工装配车间，它的生产工艺方式是通过各种机床设备对金属材料、铸件、锻件进行机械加工（车、洗、刨、镗、磨、钻等）与装配，制造生产各种产品，是机械制造工厂主要的生产车间之一。

1. 金工装配车间地面设计要求

由于金工装配车间各工段的使用功能不同，对地面的要求差异也较大。金工车间的地面设计应考虑机床设备多和要求各异的特点。同时，为了适应工艺改革，还应考虑时常调整机械设备位置或调整整个生产线的需要。根据车床型号、重量、加工精度等情况，可将

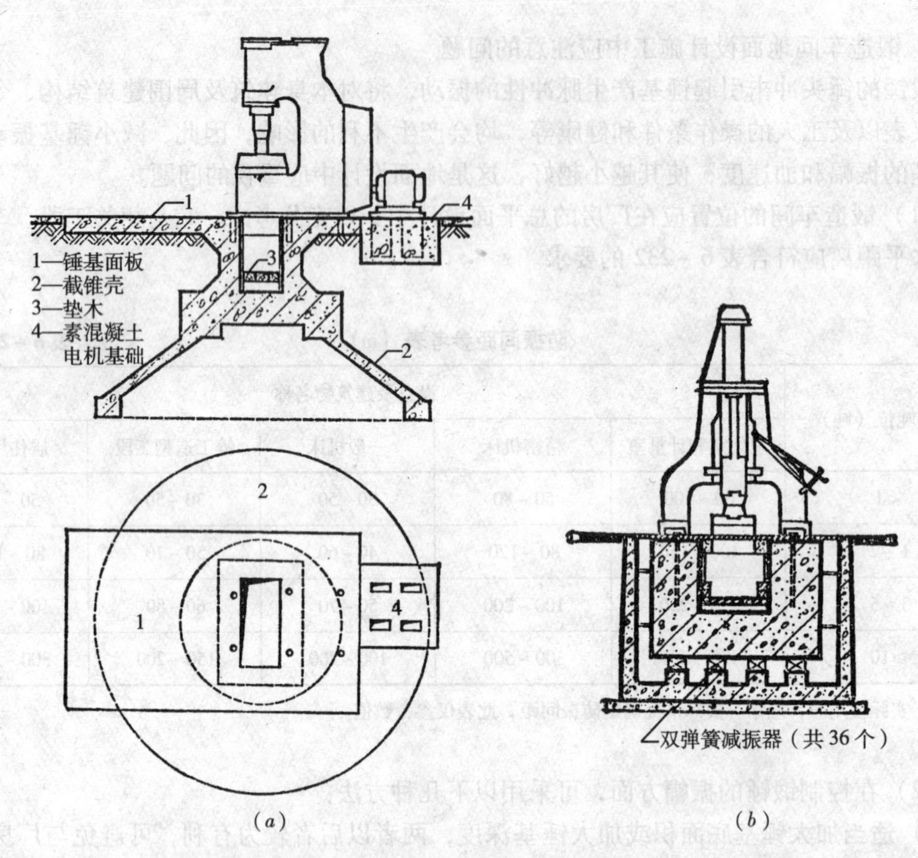

图6-151 锻锤锤基的减振措施

（a）采用薄壳结构形式的锤基图；（b）设置减振器图

地面分成直接将机床安放在地面上和安装在单独基础上的不同区段。此外，还应考虑以下特殊情况需要：

（1）当车间（或工段）有恒温要求时，除了重视围护结构的热工要求外，其地面应选用暖性地面材料，即导热系数小的材料，如木地板、塑料板地面等，并重视门、窗的密封性能。

（2）当车间主要用于机床加工，地面上容易被溅落各种油料时，宜设计成防油渗地面。

（3）当车间（或某个工段）有高频淬火设备时，地面应和其他围护结构一样，做好电磁波屏蔽处理。

（4）当车间地面经常受到车辆（汽车或电瓶车等）行驶或有尖锐金属物件磨损时，其地面应做耐磨地面。

（5）对于有精密机床或有精密仪器仪表的车间、工段，其地面应做好防振设计。

2. 金工装配车间常用的地面类型

金工装配车间常用的地面类型有混凝土、细石混凝土、水磨石、水泥砂浆、木地板、塑料板地面以及有特殊要求的保温地面、防油渗地面、电磁波屏蔽地面、耐磨地面、防静电地面等。

3. 金工装配车间地面上机床设置情况

（1）中小型普通机床重量≤10 吨，具有刚性或中等刚性机床，其比例 $l/H<10$ 时（l—机床长度，H—机床床身截面高度），加工精度要求一般的，通常将机床直接安装在混凝土地面上。混凝土垫层厚度不宜小于 120mm，混凝土强度等级不应小于 C20。

（2）大型机床其重量≤30 吨，不符合前项规定者，应安装在单独的基础上，亦可安装在局部加厚的混凝土地面上。

（3）重型机床应安装在单独的基础上。

（4）精密机床的加工精度要求较高，为防止外界振动的影响，应安装在单独基础上，并且还应设有防振设施。

4. 金工装配车间地面的防振措施

有些精密机床工段或精密仪表工段，由于精密机床加工的产品精度要求较高以及精密仪表测试的精度要求较高，其地面结构上，应有防止振动的措施，以防止从外界地面传来的冲击、高频振动等影响，保证机床的加工精度和仪表的测试精度。

常用的防振措施有以下几个方面：

（1）在工厂总平面布置设计时，应将精密机床（或仪表）车间远离锻造车间，并对锻锤锤基采取一定的减振措施。

（2）精密机床的基础应与有桁车运行的车间柱子基础脱开。

（3）在精密机床或精密仪表车间地面四周设置防振缝（亦叫防振沟），与地面隔离，缝中（或沟内）填以沥青麻丝等弹性材料，缝宽 200～300mm，缝深与机床基础相平或略深一些（深 300～500mm），缝口上面用木板铺设，与车间地面相平，防振缝的构造见图 6－152。

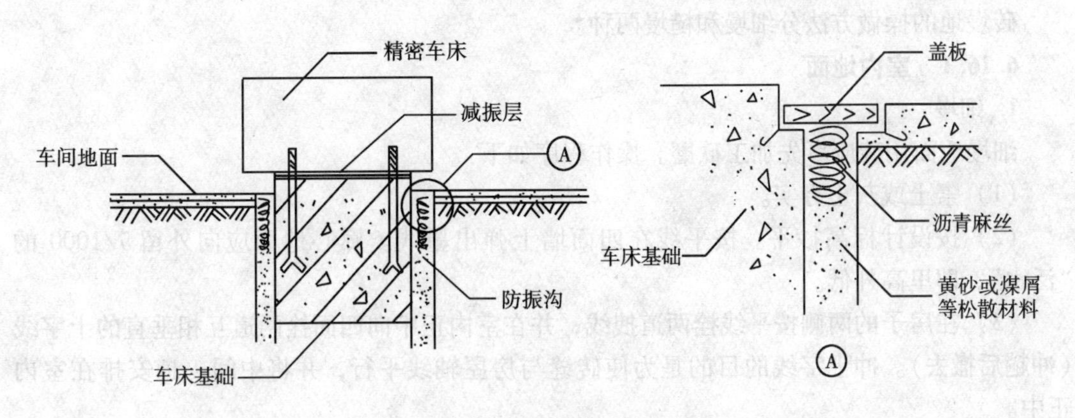

图 6－152　地面防振缝构造示意图

有的在精密机床（或仪表）车间外面，在迎向锻锤振波方向的地面上，设置一道防振沟，中间填放砂子、碎煤渣等松散材料，也能消除锻锤方向传来的振波影响。

（4）要求特别高的精密设备，还可在基础底面上采取防振措施，如装设防振台座或减振器等，以消除从地面传来的振动影响。

6.16 古建筑地面

古建筑室内地面及室外散水、甬路等，一般都采用砖墁地面的形式。宫殿的甬路有用条石铺墁的，叫做“御路”。地面用砖可分为方砖和条砖两大类。方砖中有一种叫“金砖”的，为淋浆焙烧而成，规格也较大，常在宫殿庙宇的正殿中使用。地面的缝子形式有：十字缝；拐子锦；褥子面；人字纹；丹墀（柳叶斜栽）；套八方等，见图6－153。

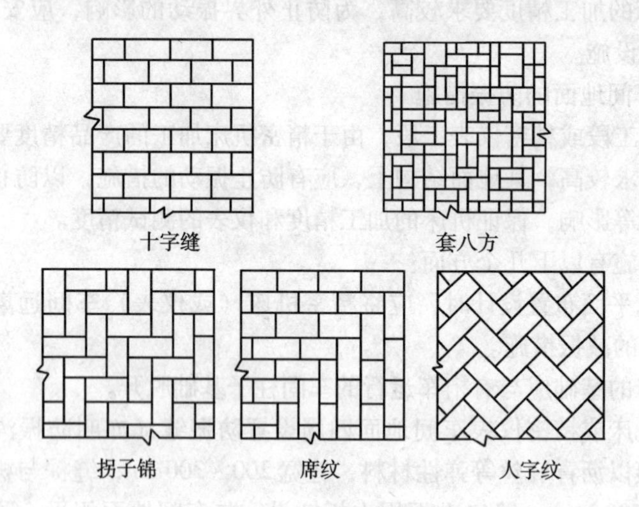

图6－153 地面缝子种类

砖墁地的操做方法分细墁和糙墁两种。

6.16.1 室内地面

1. 细墁

细墁地面用砖应事先加工砍磨。操作程序如下：

（1）素土或灰土夯实。

（2）按设计标高抄平。按平线在四面墙上弹出墨线。廊心地面应向外留7/1000的“泛水”，即里高外低。

（3）在房子的两侧按平线拴两道拽线，并在室内正中向四面拴两道互相垂直的十字线（冲趟后撤去）。冲十字线的目的是为使砖缝与房屋轴线平行，并将中间一趟安排在室内正中。

（4）计算砖的趟数和每趟的块数，趟数应为单数，中间一趟应在室内正中。如有破活必须打“找”时，应安排到里面和两端，就是说，门口附近，必须都是整砖。

（5）在靠近两端拽线的地方各墁一趟砖，叫做“冲趟”。

冲趟后开始墁地。墁砖铺泥要稍硬，白灰与黄土的比为3∶7。砖缝用灰叫做“油灰”。油灰的材料是面粉、细白灰粉（要过绢箩）、烟子、桐油按1∶4∶0.5∶6搅拌均匀。烟子事先要用熔化了的胶水搅成膏状。墁地的工具有木宝剑、蹾锤、瓦刀、油灰槽、浆壶、麻刷子等。墁地程序如下：

1）样趟　在两道拽线间拴一道卧线，以卧线为标准铺泥墁砖。墁完后用蹾锤轻轻拍打。砖的平顺与否，与泥的接触严实与否，砖缝的严密与否，都要在拍打时找好。

2）揭趟　将墁好的砖揭下来，并逐块记上号码，以便按原有位置对号入座。然后在泥上泼洒白灰浆即“坐浆”，并用麻刷沾水将砖的两肋里楞刷湿。也可以用“打浆窝”的作法代替“坐浆”。具体做法是用浆壶将浆浇在泥（或沙）上的低洼部分。

3）上缝　用木剑在砖的里口抹上油灰，按原有位置墁好，并用蹾锤轻轻拍打。缝子要严。砖要平、直顺。

4）铲齿缝　用竹片将面上多余的油灰铲除，然后用磨头将砖与砖之间凸起的部分磨平。

5）刹趟　以卧线为标准，检查砖楞，如有多出，要用磨头磨平。

以后每一行都要如此操做，全屋墁好后，还要做如下工作：

1）打点　砖面上如有残缺或砂眼，要用砖药打点齐整（砖药配方为：七成白灰，三成砖面，少许青灰加水调匀）。

2）墁水活并擦净　将地面重新检查一下，如有局部凸凹不平，用磨头沾水磨平。并将地面全部擦拭干净。

3）攒生　待地面干透后用生桐油在地面上反复涂抹或浸泡。如系重要建筑，可采用“攒生泼墨”法。具体做法见金砖墁地。

2. 糙墁

糙墁地面所用的砖是未经加工的砖。其操做方法与细墁地面大致相同。但不抹油灰，也不攒生桐油，最后要用白灰砂子（1:3）将砖缝守严扫净。

3. 金砖墁地

金砖墁地的操做方法大致和细墁地面相同。不同的是：（1）金砖墁地不用泥，而要用干砂或纯白灰。（2）如果用干砂铺墁，每行刹趟后要用灰“抹线”，即用灰把砂层封住。（3）在“攒生”之前要用黑矾水涂抹地面。黑矾水的制做方法是：把10份黑烟子用酒或胶水化开后与1份黑矾混合。将红木刨花与水一起煮熬，待水变色后将刨花除净。然后把黑烟子和黑矾倒入红木水中一起煮熬直至变为深黑色为止。趁热把制成的黑矾水泼洒在地面上（分两次泼）。然后用生桐油浸泡地面。此种作法叫做“攒生泼墨”法。金砖墁地在泼墨后也可不攒生而采用烫蜡的方法，即将四川白蜡熔化在地面上，然后用竹片把蜡铲掉，并用软布将地擦亮。

宫殿式建筑的地面中有一种“五音石”（即“花石板”）地面。由石工按金砖规格砍制，由瓦工铺墁。铺墁方法同金砖墁地一样。但五音石地面只烫蜡而不泼墨也不攒生。

6.16.2　室外地面

1. 散水

散水是在屋檐、台基旁，沿前后檐（有时连山墙）墁砖，用来保护地基不受雨水浸蚀。散水的宽度应根据出檐的远近来定。就是说，从屋檐流下的水一定要砸在散水上。散水要有泛水，外口不应低于室外地平，里棱应与土衬金边同高。散水的缝子形式除了可以参照室内地面缝子形式外，还可以做成一品书和联环锦的形式，见图6－154。无论何种形式，外口一律要先“栽”一行“牙子砖”，见图6－154。栽牙子砖之前，应先算出散水砖所占的尺寸。散水铺墁方法同室内墁砖（窝角、出角、攒角分缝，见图6－154）。

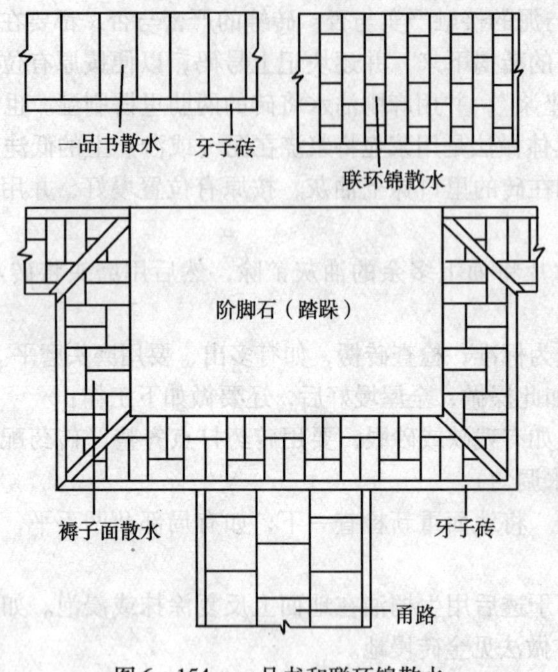

图6－154　一品书和联环锦散水

2. 甬路

甬路是庭院中的主要交通线，一般都用方砖铺墁，甬路砖的趟数应为单数，先按中线和砖趟所占的尺寸裁好牙子砖，然后墁中间一趟砖（交叉甬路的中线交叉点应为一块方砖的中心点），再墁两边的方砖。御路应先栽牙子石，牙子石外侧应墁散水，见图6－155。

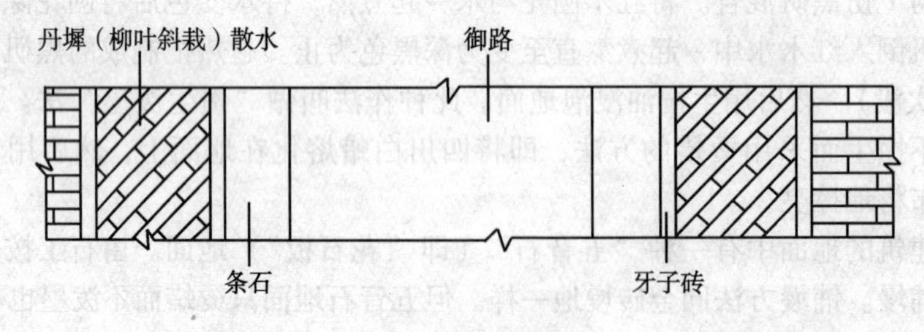

图6－155　御路

甬路的宽窄按其所处位置的重要性决定。最重要的甬路砖的趟数应最多，然后依次递减。砖的趟数一般为一、三、五、七、九趟。甬路可以做成中间高，两边低，牙子砖更低的圆拱形，以利排水。无论散水还是甬路，都应考虑到全院的水流方向。

大式甬路的交叉比较简单，一般都是先将主要的（趟数多的）甬路墁好，再从旁边开始墁。因此砖比较好摆（图6－156），大式甬路的牙子多为石头牙子。

小式甬路交叉分缝比较复杂，常见的缝子形式有龟背锦和筛子底两种，见图6－157。

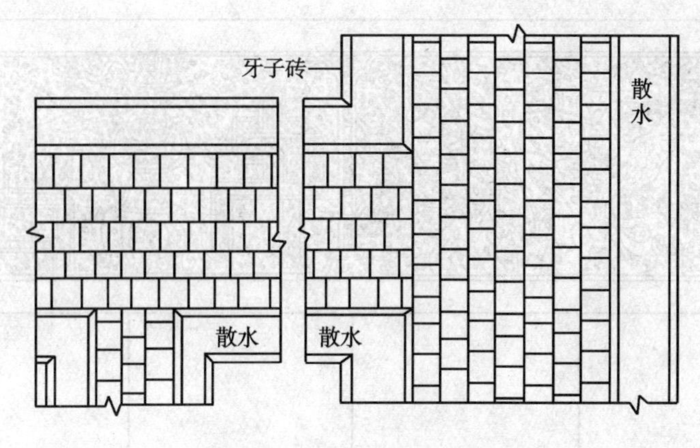

图 6-156 大式交叉甬路

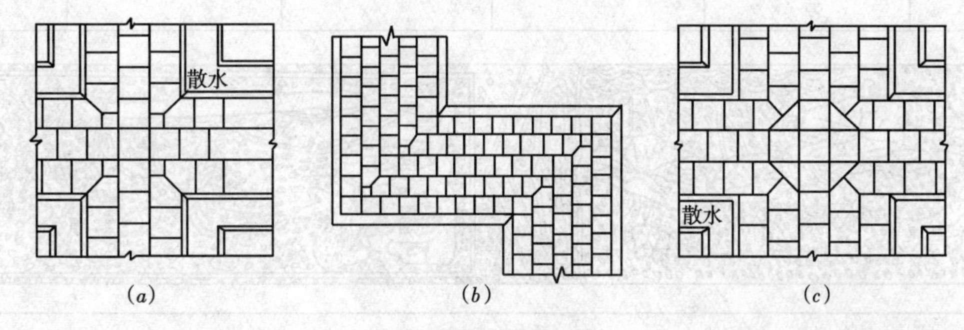

图 6-157 小式甬路

(a) 三趟交叉筛子底十字甬路；(b) 五趟交叉筛子底交叉甬路；(c) 三、五交叉龟背锦十字甬路

3. 雕花甬路

雕花甬路是指甬路两旁的散水墁有经过雕刻带有花饰的方砖，或是镶有由瓦片组成的图案。有些则用什色石砾摆成各种图案，见图 6-158。雕花甬路常用在宫廷园林中。

(1) 雕花甬路的作法

雕花甬路有三种作法，即方砖雕刻、瓦条集锦和花石子作法。

1) 方砖雕刻法　先设计好图案，然后在每块方砖上分别雕刻，雕刻的手法可用浅浮雕和平雕手法。雕刻的题材可自由选择，一般常取材于山水花草、人物故事、飞禽走兽等等。雕刻完毕后按设计要求将砖墁好，然后在花饰空白的地方抹上油灰（或水泥），油灰上码放小石砾。最后用生灰粉面将表面的油灰揉搓守扫干净。

2) 瓦条集锦法　将甬路墁好并栽好散水牙子砖后，在散水位置上抹一层掺灰泥，然后在抹平了的泥地上按设计要求画出图案，将若干个瓦条依照图案中的线条磨好。如果个别细部不宜用瓦条磨出（如鸟的头部等），可用砖雕刻后代替，然后用油灰粘在图案线条的位置上，用这许许多多的瓦条集锦成图案。瓦条之间的空当摆满石砾，下面也用油灰粘好，最后用生灰面揉擦干净。

3) 花石子甬路　花石子甬路作法与瓦条集锦法大致相同。不同的是用石砾代替瓦条摆成图案。图案以外的部分，用其他颜色的石砾码置。由于石砾较难加工，所以花石子甬路的图案不应过于复杂。

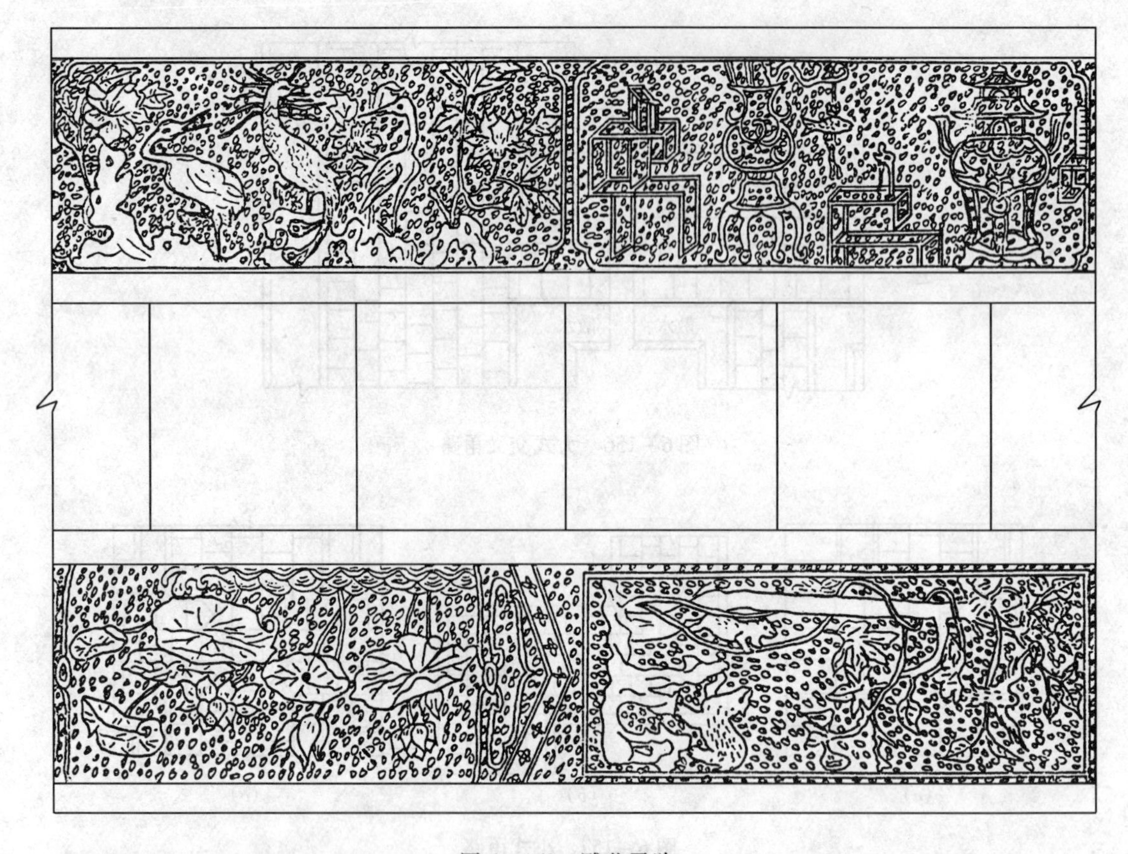

图 6－158 雕花甬路

(2) 雕花甬路的整修

先用白纸和墨水将原有图案摹拓出来。把需修复的地方挖去，然后根据挖去部分的大小，仿照摹拓下来的形象用瓦条、砖或石砾按照前面介绍的制做和安装方法重新做好。如果局部磨损得比较严重，应按摹拓出的形象的轮廓将细部重新勾画清楚，然后制做。如果花饰已残缺，则可根据周围的图案自行设计图案，修配完整。

4. 海墁

庭院中除了甬路之外，其他地方也都墁砖的作法叫做海墁。海墁应考虑到全院的排水问题，古代习惯是让水往东南方向流（如地势特殊，应根据自然地势决定）。要做到雨过天晴，即雨停之后，院内雨水也基本排出了。一般情况下，排水沟眼应安排在东南角。水流如遇房屋，应在房屋下面砌成暗沟，以沟通内、外院的水流。如院子较大，也可以在西南角再砌一个沟眼。

海墁应在甬路墁完之后进行。靠近甬路的地方，应以牙子砖为高低标准。海墁一般都用条砖，并要“竖墁甬路横墁地”，就是说，条砖应东西方向顺放。如有破活，应安排到院内最不注目的地方。海墁一般都是粗墁。

因为室外地面比室内容易受到雨水的侵蚀和重物的冲压，所以基础必须用灰土夯实，找平。宫殿式建筑院内往往墁三层到十几层（单数）砖做为垫层，垫层应立置和平置相间进行。在修缮中，只要能保证质量，完全可以不按原层数做。宫殿式建筑的院内可用条石海墁。

6.16.3 砖墁地的拆揭及整修

砖地拆揭之前要先按砖趟编号。拆揭时要注意不要碰坏楞角，如有不全，要按旧砖尺寸重新砍制。可用的砖要将砖底和砖肋上的灰泥铲净，如发现砖下垫层下沉必须夯实。如果局部下沉或苏碱或残缺，应及时整修。揭墁时必须重新铺泥、揭趟和坐浆，绝不可以干墁（金砖除外）。新墁的砖要用蹾锤以四周旧砖为准找好平整并使缝子合适（松紧程度要同原地面）。如新砖细墁，最后要攒生桐油；全部旧砖揭墁或旧砖替换，不攒生桐油。如果地面较好，不需要做较大的整修，而建筑本身又有文物价值，需加以保养时，可用大量生桐油浸泡地面，然后将表面的桐油铲去，最后也可在砖地表面再涂一层蜡。

室外地面如不是处在重要位置，其全部揭墁可用现代水泥砖代替或抹水泥地面按要求划出缝子来做为临时修缮措施。

6.16.4 古建筑地面的防潮

古建筑地面的防潮详见6.2防潮地面一节内容。

7 地面涂料

7.1 地面涂料的种类

建筑室内地面的基层为水泥砂浆、木地板及塑料地板等材料。在这些基层上面涂刷各种涂料后，具有保护和装饰两种功能。可使地面与内墙面及顶棚协调配合，创造出一个优美舒适的生活或工作环境。

地面涂料大体可分为三大类：

1. 水泥砂浆地面涂料；
2. 木地板地面涂料；
3. 塑料地板地面涂料。

上述三大类地面涂料根据涂料性质不同，又可细分成若干种类，见图 7－1。

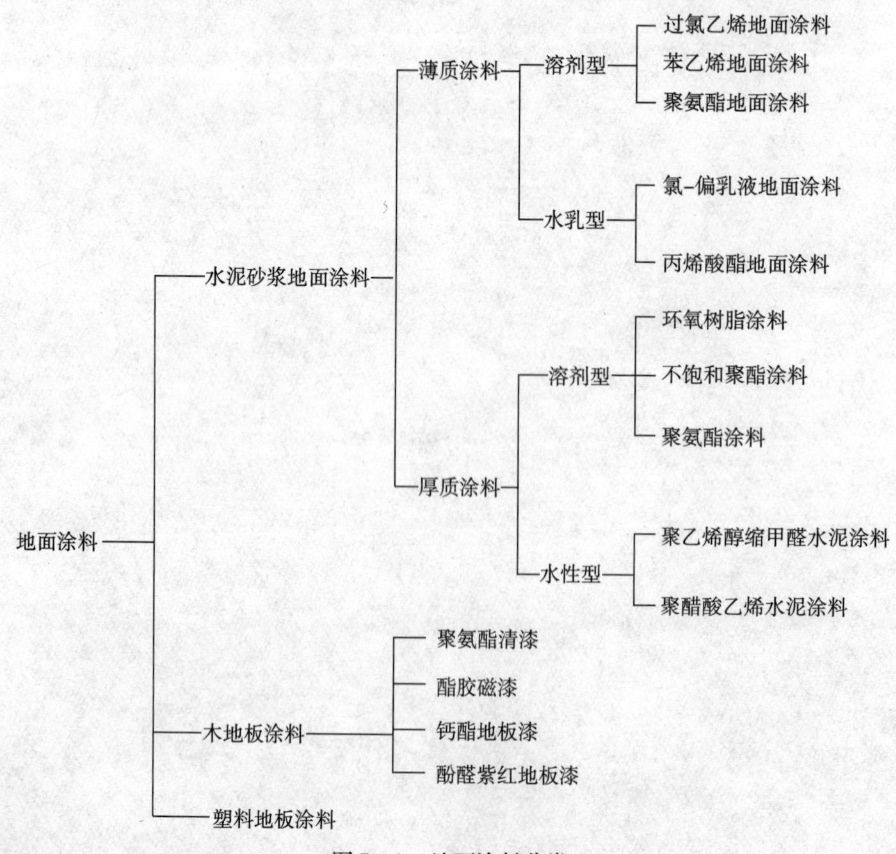

图 7－1　地面涂料分类

7.2 地面涂料的功能

地面涂料担负着保护地面性能和装饰地面的两种主要功能，因此要求各种地面涂料应具有下列各种性能：

1. 具有良好的耐磨性能

由于建筑室内地面是人们经常行走、活动频繁的地方，既易磨损又容易弄脏，因此良好的耐磨性能是地面涂料一个非常重要的技术指标。

2. 具有良好的耐碱性能

由于水泥砂浆地面基层，常常带有碱性，因此要求地面涂料具有良好的耐碱性能。

3. 具有良好的耐水性及耐湿刷性能

在日常工作和生活中，人们为了保持室内地面洁净，经常用湿布擦洗地面，因此地面涂料应具有良好的耐水性及耐湿刷性能。

4. 具有良好的耐冲击性能

人们在日常生活中，经常会发生重物掉在地面上的情况，因此要求地面涂料应具有良好的耐冲击性能，保证地面涂料在重物冲击下不开裂、不脱落。

5. 重涂容易、施工方便

尤其对于那些人流较大的地面，受磨损和污染比较快，建筑室内地面需要定期重涂更新。因此，地面涂料应能满足重涂容易、施工方便的要求。

6. 价格合理

由于地面涂料大量用于普通民用生活住宅的室内建筑地面装饰，应尽量采用一些资源丰富，价格低廉的原料配制地面涂料。

7.3 地面涂料的技术指标

目前，地面涂料的技术指标可参见表7－1。

地面涂料的技术指标 **表7－1**

项目	指标	项目	指标
涂层颜色、外观	涂膜平整，与样板相比，颜色差异很小	耐磨性（Taber型）	<0.01
粘结强度（MPa）	>2.0	耐热性（100±2℃，4h）	不起泡、不开裂
耐水性（23±2℃，浸7d）	无异常	耐冲击性（N·cm）	>400
耐洗刷性	>1000次	耐日用化学品沾污性	良好
耐碱性（23±2℃，48h）	无异常	耐灼烧性（烟头自燃时）	不起泡、不变形、不变色

7.4 振利牌地面涂料

振利牌地面涂料系北京振利高新技术公司产品。该公司位于北京市丰台经济开发区内，是一家集科研、生产、销售、技术服务及工程装饰为一体的股份合作企业，是生产建筑装饰涂料、特殊功能性涂料和新型节能建材产品的专业性公司。

7.4.1　环氧地面涂料

1. 产品编号 ZL—D8057（A. B）

2. 产品简介

环氧地面涂料是由环氧树脂、颜料、助剂精心制作而成。其特点是具有优异的耐酸、耐碱、防水、防磕碰、不燃、自流平等性能。

本产品是专为食品厂、制药厂等工厂的车间、仓库地面、墙面的要求设计的，并具有无菌、防尘、防滑、无接缝、耐腐蚀等性能，符合国际卫生标准的要求，同时还适用于医院、电子工业、学校、宾馆等地面、墙面的装饰。

3. 技术指标（见表 7－2）。

环氧地面涂料技术指标　　表 7－2

项　　目	指　　标	实　测　值
外观	均匀浆状物	合格
干燥时间（表干，h）	≤4	3
（实干，h）	≤24	18
固含量（%）	≥50	54
硬度（邵氏）	≥80	85
光泽（%）	≥70	75
耐水（96h）	无异常	合格
耐强酸（浓盐酸，48h）	无异常	合格
耐强碱（40%碱液，48h）	无异常	合格

4. 施工要点

（1）基层应平整、密实、干燥、无浮灰。

（2）涂刷专用封闭底漆 1～2 遍。

（3）刷涂或刮涂本产品 2～3 遍，待头一遍表干后，再进行第二遍施工。

（4）按 A∶B＝4∶1 的比例现用现配，配合后应在 8h 内用完。若料太稠，应用专门稀释剂调稀。

（5）参考价（批发价）：33.6 元/kg。A∶25kg/桶（铁）、B∶10kg/桶（铁）。

5. 贮存运输

（1）贮存于通风、干燥处，温度＜40℃。贮存期为 12 个月。

（2）本品按危险品运输。

7.4.2　彩色聚氨酯地面涂料

1. 产品编号　ZL—D8058（A. B）

2. 产品简介

彩色聚氨酯地面涂料为双组分溶剂地面涂料，其特点是耐磨、耐酸、耐碱、涂层光亮丰满，适用于食品、医药、化工等工厂的车间和仓库的地面防腐，同时也适用于学校、医院、家庭等场所的地面装饰。

3. 技术指标

彩色聚氨酯地面涂料的产品技术指标见表7-3。

彩色聚氨酯地面涂料技术指标 **表7-3**

项目	指标	实测值
外观	均匀浆状物	合格
固体含量（%）	>90	95
干燥时间（表干，h）	≤4	2
（实干，h）	≤18	12
遮盖力（g/m^2）	≤200	180
抗拉强度（MPa）	>1.65	2.0
伸长率（%）	>300	350
低温柔韧性	-20℃，10mm	合格
硬度（邵氏）	>50	55
细度（μm）	<30	20
耐酸（24h）	无异常	合格
耐碱（24h）	无异常	合格
光泽（%）	≥70	75

4. 施工要点

（1）基层必须平整、干燥、密实、无浮灰。

（2）涂刷界面剂1~2遍。

（3）涂刷本产品2~3遍，头遍未完全干燥前便可施工第二遍。

（4）A、B两组份按1∶1.5调配均匀后静置10min即可使用。现用现配，配好的料应在8h内用完。

（5）料太稠应用专用稀释剂调稀。本产品不可混配其他品种涂料。

（6）湿度大的环境不宜施工。

（7）参考用量：1~2kg/m^2。

（8）参考价（批发价）：36元/kg。A：16kg/桶（铁），B：24kg/桶（铁）。

5. 贮存运输

（1）本产品在40℃以下的环境中，贮存期为6个月。

（2）本产品按危险品运输。

7.5 银塔牌地面涂料

银塔牌地面涂料系天津开发区银塔实业有限公司的产品，该公司还生产其他种类的建筑涂料。银塔牌地面涂料有下列两种：

7.5.1 银塔牌地面涂料系列

1. 产品简介

该产品系以氯乙烯与偏氯乙烯共聚组成的水乳性涂料，包括170地面涂料和177清乳液两种材料。其特点是无毒无味无溶剂挥发造成的污染，且耐水、耐磨、涂层快干、不燃，有一定的光洁度、美观大方、操作施工简单。广泛用于宾馆、商店、医院、学校、剧场及民用住宅等建筑装饰，在水泥砂浆地面上涂刷可获得良好的效果。

2. 技术指标（见表7-4）。

银塔牌地面涂料技术指标 **表7-4**

项目	指标	项目	指标
涂料颜色	铁红、铁棕、橘红、绿色	贮存期	6个月
固体含量（%）	≥45	耐磨性	≤0.006g/cm^2（往复式耐磨1000次重量磨损）
细度（μm）	≤70	耐水性	浸泡30天无变化
最低成膜温度（℃）	5	耐热性	100℃以下无变化
表干时间（h）	≤1	耐日用化学品污染	良好

3. 施工要点

（1）首先清除水泥地面油渍污垢，用水拖净。

（2）地面一般要求满刮两遍腻子，凹凸处事先用腻子和水泥抹平。干燥后（2h~4h）用细砂纸磨平，扫去浮灰，再用干净抹布轻轻抹去余灰。

（3）腻子配比：

水：1~2kg。

水泥：14~15kg，32.5级硅酸盐水泥，过100目筛。

108胶：7~8kg。

按上述比例调成浆液，可满刮15m^2（两遍），但不宜刮凹凸不平或起砂严重的地面。

（4）将170地面涂料搅拌均匀后用油刷刷2~3遍，每遍干后再刷下一遍，涂层不宜过厚。

（5）最后用177清乳液罩光1~2遍。

4. 注意事项

（1）涂料保存温度为0℃以上，施工温度不得低于5℃。

（2）涂料中不得加水、有机溶剂、石灰水等，以防涂料变质。

（3）涂刷170涂料和177清乳液时要刷得薄一些，如发现小泡再用排笔轻轻抹去，否则影响装饰效果。

（4）177清乳液涂刷时呈乳白色，干后透明无色。

（5）施工完毕，所有工具、容器必须及时清洗干净。

（6）涂层干后打蜡更好。

5. 涂刷用量

170 涂料：5～6m²/kg（2～3 遍）。

177 清乳液：10～15m²/kg（1～2 遍）。

7.5.2　SP—001 丙烯酸弹性防滑乳胶地面漆

1. 产品代号：SP—001

2. 产品简介

该产品是由水、助剂、颜填料，加入特制防滑材料调制而成的。其特点是无毒、无味、无污染，涂刷后的涂膜具有一定的弹性，并有良好的防滑作用。该产品漆膜光泽柔和、附着力强、坚固持久、耐水、耐碱、耐污染，是室内外地面水泥基材理想的地面涂料。

3. 技术指标（见表 7－5）

SP—001 丙烯酸弹性防滑乳胶地面漆技术指标　　　　**表 7－5**

项　目	指　标	项　目	指　标
容器中状态	无硬块，搅拌后呈均匀状态	干燥时间≯，表干（h）	2
pH 值	8.5～9.5	实干（h）	24
涂刷面积≮（m²/kg）	2～3	耐水性（96h） 耐碱性（72h）	漆膜不起泡、不脱粉、不脱落 漆膜不起泡、不脱粉、不脱落
密度（g/cm³）	3.0	耐涮洗性	4000 次

4. 施工要点

（1）使用前将涂料充分搅拌均匀，以免影响涂膜质量。

（2）地面应无浮尘、无裂纹、无松动物，先涂一道封闭底漆。新抹地面要求其含水率在 10% 以下，pH 值在 10 以下。

（3）喷涂一道 SP—001 丙烯酸弹性防滑乳胶地面漆（若用于室外，加涂一道罩面漆）。

（4）在施工过程中，严禁混入有机溶剂或其他溶剂型涂料。

（5）施工黏度，可由施工部门结合施工要求，用自来水稀释。

（6）施工温度要求在 5℃以上。在 25℃温度下实干时间为 24h。

（7）施工用具用完后应及时用自来水清洗。

5. 贮存及运输

（1）产品贮存时应保持通风、干燥、防止日光照射。贮藏温度不低于 0℃。

（2）产品在运输过程中，应防止雨淋、暴晒，并且应符合运输部门有关规定。

（3）自生产之日起，产品有效贮存期为 6 个月。

7.6　尼佳德牌地面涂料

尼佳德牌地面涂料系美国琼・布莱尔公司下属尼佳德公司的产品，其产品遍布欧洲、美洲和亚洲，中国总代理是北京特利尔科贸有限公司。

尼佳德牌地面涂料分为三大系统，即装饰性地面涂料系统、防化学品腐蚀地面涂料系统和防静电地面涂料系统。本书仅介绍前两种地面涂料系统，如需防静电地面涂料系统有关资料，可直接向北京特利尔科贸有限公司索取。

7.6.1　装饰性地面涂料

1. 产品简介

装饰性地面涂料有三种：彩片地面涂料、彩砂地面涂料和仿大理石地面涂料，共有五种涂料颜色供用户选择。装饰性地面涂料具有重量轻、防霉、防腐、耐磨、耐候、易施工、易维护等特点。本产品适用于高档宾馆、室内大厅等地面，不仅具有大理石的效果，其抗压强度优于普通大理石。

2. 技术指标

系统涂膜固化后性能表见表7-6。

装饰性地面涂料技术指标　　表7-6

项　目	测试方法	测试结果		
		彩片地面涂料	彩砂地面涂料	仿大理石地面涂料
抗压强度	ASTM D695	80MPa	163.19MPa	75.8MPa
抗冲击力	MIL-D-3134 章节4，7，3	通过10.7m/kg	通过10.7m/kg	通过10.7m/kg
泰伯磨耗度	ASTM D4060	89.1mg 损失/1000r，1000g负载，CS-17磨轮	25mg损失/1000r，1000g负载，CS-17磨轮	25mg 损失/1000r，1000g负载，CS-17磨轮
对混凝土的附着力	ACI 403	使混凝土破裂	使混凝土破裂	使混凝土破裂
断裂时的张力	ASTM D638	57.1MPa	25.2MPa	25.2MPa
致断延伸率	ASTM D638	14%	10%	10%
抗弯强度	ASTM D790 过程B	71.9MPa	21.7MPa	21.7MPa
弯曲模量	ASTM D790	2778.8MPa	392.4MPa	392.4MPa
肖氏D型硬度计所测硬度	ASTM D2240	82.5	78.5	78.5
吸水率（24h）	ASTM D570	0.13%	1%	0.2
防毒菌性能	MIL-F-52505	在TT-P-34条件下，无菌生成	在TT-P-34条件下，无菌生成	在TT-P-34条件下，无菌生成

注：ASTM——指美国材料实验协会；MIL——美国军用规格；ACI——美国混凝土学会；TT-P——指美国联邦油漆规格。

3. 施工说明

（1）施工用料

底漆：采用尼佳德地面用底漆70700/70701或70714/70715。

中间层：采用尼佳德地面用涂料70734/70735（有色）（彩片涂料）；70714/70715（彩片涂料）；70714/70715与石英砂按1∶3.5~4.5的比例涂于底漆表面（仿大理石）

骨料：采用尼佳德地面用彩片或经允可的彩片。

面层：采用尼佳德地面用面层涂料 70734/70735（透明）。

密封胶：采用尼佳德密封胶 70991。

（2）基层处理

1）对混凝土表面的总体要求

新建筑物：

①绝热混凝土中烧蛭石、蛭石、珍珠岩等材料的表面决不能直接使用尼佳德地面涂料。

②混凝土表面的最小抗压强度必须满足各地面系统所要求的最小抗压强度。

③表面养护首选水，也可使用硅酸钠型养护剂。禁止使用氯化橡胶、蜡或树脂为基本成分的养护剂。

④结构混凝土养护期必须满 28d 后才可涂覆。

⑤施工前混凝土表面不能受到油、焦油、沥青或润滑酯等物质的污染。

改造建筑物：

除了上述对新建筑物的要求外，还须特别强调的是施工前原有混凝土地面必须干燥、无起皮、脱落的混凝土存在。

2）混凝土表面的预处理

混凝土表面的预处理方法有三种，即打磨处理、酸洗处理、抛丸处理，用户可根据实际情况选择其中任何一种方式或几种组合方式。

①打磨处理

此种方式的特点是处理量适中，对基层损害不大，基层表面平整度好，施工工期短，后处理简单。特别适用于对基层表面平整度要求高及混凝土表面浮浆少的建筑，但不适用对膨胀混凝土的表面处理。

②酸洗处理

此种方式的特点是处理量适中，对基层损害不大，施工简单、后处理简单，但处理后为基层平整度一般。适用于膨胀混凝土和对基层表面平整度要求不高的建筑、屋面及露天场地施工。

酸洗方法：首先将基层表面清理干净，如有灰尘会浪费酸液。其次，配制 10% ~15% 的盐酸溶液，注意一定将浓酸倒入水中，严禁把水倒入浓盐酸中配制溶液，最后以 $3.7m^2$/加仑（1 美加仑 =3.78532L）的剂量均匀地洒在混凝土表面，伴随着起泡（酸与表面的碱发生反应），用尼龙或塑料硬毛刷用力擦拭（注意：再洒新酸液之间，不要让余下的废酸弄湿未酸洗的表面）。一旦停止起泡，应立即用大量的水冲洗，不要让酸液沾污已冲洗过的地面。

③抛丸处理

此种方式的特点是处理量大，可清除混凝土基层表面存在的所有污渍。适用于基层表面情况极恶劣、表面粗糙度很大的基层。由于抛丸处理方法处理量大，会造成混凝土表面的粗糙度增大，因此通常与打磨、酸洗等处理方法配套使用。要正确使用抛丸设备，否则会在混凝土内形成“细孔”，使涂覆后涂膜出现鼓泡、起皮现象，易损坏混凝土的完整性，此方法不适用于膨胀混凝土的表面处理。

3）混凝土表面的修补

①伸缩缝的修补

用聚氨酯密封胶70991对伸缩缝进行修补。修补方法如下：用聚氨酯密封胶70991，先把伸缩缝填平后，继续涂覆在伸缩缝两侧各约3cm～5cm范围内的混凝土表面。涂完聚氨酯密封胶的部分表面不允许有细孔，24h后加涂两层地面涂料（与系统所用材质相同）完全覆盖住聚氨酯密封胶（涂料干膜厚750μm）。

②裂缝（非移动缝）的修补

用韧性环氧涂料70718/70719对裂缝进行修补。方法如下：用韧性环氧涂料70718/70719先把小裂缝填平后，继续涂覆在小裂缝两侧各约3cm～5cm的混凝土表面。涂完韧性环氧涂料70718/70719部分表面不允许有细孔，24h后加涂一层地面涂料（与系统所用材质相同）完全覆盖住韧性环氧涂料70718/70719（涂料干膜厚350μm）。

③小裂缝的修补

用韧性环氧涂料70718/70719对小裂缝进行修补。方法如下：用韧性环氧涂料70718/70719先把小裂缝填平后，继续涂覆在小裂缝两侧各约3cm～5cm的范围内的混凝土表面。涂完韧性环氧涂料70718/70719的部分表面不允许有细孔。施工时直接用涂料补充。

④凹陷处的修补

小凹陷处可直接用涂料填充。大凹陷处，用70714/70715混合100目的石英砂进行修补，比例1:1.5（视情况而定）或用打磨设备稍微处理。

注意：以上修补区域一定要做到干净、干燥、无灰尘、无易脱落混凝土、无油、润滑酯、焦油、沥青等物质，方可进行施工。

基础表面处理所用的设备有水平尺、地面打磨机（配用吸尘器）、钢丝刷、喷壶、配液桶、尼龙或塑料硬毛刷、水枪、抛丸机、气泵等。涂覆工具有手枪式搅拌器、大型搅拌器、配料桶、橡胶刮板、滚子、伸缩杆、抹子、布料斗、抹平机，无气喷涂设备及施工用钉鞋。

（3）溶剂使用说明

1）溶剂品种（表7－7）

溶剂品种 表7－7

产品编号	清洗剂	稀释材料
942/188	酒精	不推荐
79020/79906	JB21064稀释剂	JB21064稀释剂
70700/70701	JB21064稀释剂	JB21064稀释剂
70714/70715	JB21064稀释剂	不推荐
70734/70735	JB21064稀释剂	不推荐
70810/7951	JB21064稀释剂	不推荐
70805/7952	JB21064稀释剂	不推荐
70718/70719	JB21064稀释剂	不推荐
聚丙烯"C"	50/50混合MIBK和二甲苯	50/50混合MIBK和二甲苯

2）溶剂（稀释剂）使用说明

①应使用工业（级）溶剂。

②溶剂中应无水，否则会影响涂膜的固化。

③如需稀释，溶剂加入量不能超过总体积的15%，过量的溶剂会影响涂层的使用性能。

④不能使用醇类溶剂，因为醇的存在会影响聚氨酯的固化。

3）单组分聚氨酯涂料的混合说明

①在涂料混合前，使用者需参看标签和使用说明。

②混合时间：半品脱容量（1品脱=0.473165L）约55s，1加仑容量（1加仑=3.78532L）约1min左右；5加仑容量大约3min~5min；55加仑容量为5min~10min。

③如需添加促凝剂（固化剂），应先将单组分聚氨酯涂料和固化剂分别被混合，然后将已混合的固化剂缓慢倒入单组分聚氨酯涂料中继续混合。5加仑的容量混合至少5~10min，55加仑混合20min。混合时间取决于温度情况，如温度低应适当延长搅拌时间。

④混合搅拌时，应注意采用中低速搅拌器，如果混合速度过快，会在涂料中产生气泡，这种气泡在应用中会形成涂膜的凸泡。搅拌后应静置5min左右再施工。

⑤只能在涂料混合后，才能对涂料进行稀释。

4）双组分聚氨酯和环氧树脂的混合说明

①在涂料混合前，使用者应遵守标签或使用说明书提到的混合比例。合适的混合比对涂层的最佳性能和外观效果的体现是十分重要的。应特别注意混合后的最长保留时间。

②应先将两种组分分别进行预混合后再共混，注意有颜色的组分应延长预混时间。最好将已预混的无色的组分加入有颜色的组分混合。

③两种组分共混时间应至少3min~5min，以便两种组分混合均匀并有助于涂膜的固化。

④混合搅拌时，应注意采用中低速搅拌器，如果混合速度过快，会在涂料中产生气泡，这种气泡在应用中会形成涂膜的凸泡。搅拌后静置5min左右再施工。

⑤只能在涂料混合后，才能对涂料进行稀释。

⑥特殊情况，使用复合喷涂设备，应先将有颜色部分混合均匀。注意如需稀释，应在喷涂前将两种组分均匀稀释（注意不能改变原有成分的混合比例）。

（4）涂覆过程

1）底漆。采用尼佳德地面用底漆70700/70701或70714/70715涂于基础表面，每加仑$25m^2$，在涂刷8h后进行中间层的施工。

2）中间层。采用尼佳德地面用涂料70734/70735（有色）涂于底漆表面，每加仑$9.3m^2$，在涂膜未干时撒以选定的彩片，每公斤抛撒$2m^2$~$10m^2$。

3）面层。采用尼佳德地面用面层涂料70734/70735（透明）。在中间层涂完12h待涂膜干燥后，清除表面多余的彩片，并对表面稍做处理后，在其上以$9.3m^2$/加仑~$19m^2$/加仑用量涂覆，并用带刺的滚子清除涂膜中的气泡。

底漆、中间层、面层等三层总厚度约1mm左右。施工时如温度达不到24℃，湿度不足50%应适当延长干燥时间。养生48h后方可上人，完全养护7d后交付使用。

（5）注意事项

1）施工时，基层温度不能低于5℃。基层含水率<8%。下雨前4h内及大风天不宜施工。

2）应在空气流通的环境下施工，现场严禁明火及吸烟。

7.6.2 尼佳德牌防腐蚀地面涂料

1. 尼佳德轻载防化学品腐蚀地面涂料系统

（1）简介

该产品属氨基甲酸酯面层涂料，它有极强的抗化学品腐蚀、耐磨、耐候、防霉特性，还有易施工、易维护、无接缝、无色差等优点。适用于实验室、化工厂、制药厂等需防化学品腐蚀的轻载地面。使用期至少在15年以上。

（2）技术指标（表7-8）。

尼佳德轻载防化学品腐蚀地面涂料技术指标　　表7-8

项　目	标　准	测　试　结　果
抗压强度	D—412	352kg/cm^2
抗冲击力	MIL D 3134	通过10.7m/kg
泰伯磨损度	ASTM D 4060	25mg损失/1000r CS—17车轮，1000g负载
对混凝土的粘结力	ACL 403	使混凝土破裂
抗拉强度	ASTM 638	257kg/cm^2
致断伸长度	ASTM D 638	10%
抗弯强度	ASTM D 790	221kg/cm^2
弯曲模量	ASTM D 790	4001kg/cm^2
D型肖压计所测硬度	ASTM D 2240	95
吸水性（24h）	ASTM D 570	0.2%
抗真菌/细菌性能	MIL-F-52505	在TT-P-34条件下无菌生长

注：ASTM：指美国材料实验协会
ACL：指美国混凝土学会
MIL：指美国军用规格
TT-P：指美国联邦油漆规格

（3）施工要点

1）施工所需的材料

①底漆。采用尼佳德地面用底漆70700/70701或70714/70715；

②中间层。采用尼佳德地面漆70714/70715；

③骨料。采用尼佳德地面用骨料或经许可使用的石英砂；

④面层。采用尼佳德地面用面层涂料70810/7951；

⑤密封胶。采用尼佳德密封胶70991。

2）基层处理

①基层表面应干燥、密实、干净且无脊状尖锐突起，清除所有现存松散的混凝土，检查混凝土的表面情况可通过锤子敲打进行检测，在涂刷前一定要将所有与基层分离的部分清除掉，以保证混凝土基层的致密。

②基层表面必须干燥才可以进行修补与涂刷，不能对湿的或受潮的表面进行施工，如不确定，用仪器测量。施工时，基层的含水率须小于8%，特殊情况必须施工时，其含水

率也必须小于10%。

③基层表面的修补一定要注意水平，否则基层表面需二次处理。

④酸洗时，配制酸液的顺序一定要将浓酸倒入水中稀释，严禁将水倒入酸中稀释，且酸液勿直接接触皮肤和眼睛。

3）涂覆过程

①底漆。采用尼佳德地面用底漆 70700/70701 或 70714/70715 涂于基层表面，每加仑 $25m^2$，在涂刷后 8h 进行中间层的施工。

②中间层。采用尼佳德地面用涂料 70714/70715 涂于底漆表面，每加仑 $15m^2$，如须防滑，在中间层涂膜未干前撒石英砂（20～40 目）$1kg/m^2$。

③面层。采用尼佳德地面用面层涂料 70810/7951，在中间层涂完 12h 待涂膜干燥后，涂于中间层表面，每加仑 $25m^2$，并用带刺的滚子清除涂膜中的汽泡。三层总厚度约 0.5～1mm 左右。

4）注意事项

①如温度达不到 24℃，湿度不足 50% 应适当延长干燥时间。

②养护 48h 后方可上人，完全养护 7d 后才可使用。

③施工完毕后，所用器具要及时清洗干净。

2. 播撒式重载防化学品腐蚀地面涂料系统

（1）简介

该产品特性见本节 1.（1）。重载地面涂料系统适用于化工厂、制药厂及其他防化学品腐蚀的厂房、库房、机库等。使用期至少在 15 年以上。

（2）技术指标（表 7－9）。

播撒式重载防化学品腐蚀地面涂料技术指标 表 7－9

性能	试验方法	结果
抗压强度	ASTM D 695	$1664kg/cm^2$
抗冲击力	MIL D 3134	通过 10.7m/kg
泰伯磨损度	ASTM D 4060	小于 25mg 损失/1000r CS—17 车轮，1000g 负载
对混凝土的粘合力	ACL 403	使混凝土破裂
抗拉强度（断裂时）	ASTM D 638	$257kg/cm^2$
致断伸长度	ASTM D 638	10%
抗弯强度	ASTM D 790	$221kg/cm^2$
弯曲模量	ASTM D790	$4001kg/cm^2$
D 型肖氏计所测硬度	ASTM D 2240	78.5
吸水性（24h）	ASTM D 570	0.2%
抗真菌/细菌性能	MIL－F－52505	在 TT－P－34 条件下，无菌生长

注：同表 7－8。

（3）施工要点

1）施工所需的材料

底漆。采用尼佳德地面用底漆 70700/70701 或 70714/70715。

中间层。采用尼佳德地面用涂料 70714/70715。

骨料。采用尼佳德地面用彩砂或经许可的彩砂。

面层。采用尼佳德地面用面层涂料 70810/7951 或 70714/70715。

密封胶。采用尼佳德密封胶 70991。

2）基层处理

与本节 1.（3）相同。

3）涂覆过程

①底漆。采用尼佳德地面用底漆 70700/70701 或 70714/70715 涂于基础表面，每加仑 $25m^2$，在涂刷后 8h 进行中间层的施工。

②中间层。采用尼佳德地面用涂料 70714/70715，涂于底漆表面，每加仑 $3.1m^2$ ~ $4.65m^2$，在涂膜未干时撒已选好的彩砂 $5kg/m^2$ ~ $10kg/m^2$。

③面层。采用尼佳德地面用面层涂料 70810/7951，在中间层涂完 12h 待涂膜干燥后，清除表面多余的石英砂，对表面稍做处理，然后涂于中间层表面，每加仑 $26m^2$，并用带刺的滚子清除涂膜中的气泡。第一面层涂完 24h 后，再涂第二面层（用量 $26m^2$/加仑），如在室内面层可采用 70714/70715 替代。三层总厚度约 1.5 ~3mm 左右。

4）注意事项

①如温度达不到 24℃，湿度不足 50% 应适当延长干燥时间。

②养护 48h 后方可上人，完全养护 7d 后才能使用。

③施工完毕后应立即清洗工具。

3. 尼佳德自平式重载防化学品腐蚀地面涂料系统

（1）简介

该产品特性见本节 1.（1）。该涂料系统适用于化工厂、制药厂及其他防化学品腐蚀的厂房、库房、机库等，使用期至少 15 年以上。

（2）技术指标（表 7－10）。

尼佳德自平式重载防化学品腐蚀地面涂料技术指标　　表 7－10

性　能	试　验　方　法	测　试　结　果
抗压强度	ASTM D 695	$1664kg/cm^2$
抗冲击力	MIL D 3134	通过 10.7m/kg
泰伯磨损度	ASTM D 4060	小于 25mg 损失/1000r CS—17 车轮，1000 克负载
对混凝土的粘结力	ACI 403	使混凝土破裂
抗拉强度（断裂时）	ASTM D 638	$257kg/cm^2$
致断伸长度	ASTM D 638	25.1%
抗弯强度	ASTM D 790	$221kg/cm^2$
弯曲模量	ASTM D 790	$4001kg/cm^2$
口型肖氏计所测硬度	ASTM D 2240	78.5
吸水性（2.4h）	ASTM D 570	0.2%
抗真菌/细菌性能	MIL－P－52505	在 TT－P－34 条件下，无菌生长

注：同表 7－8。

(3) 施工要点

1) 施工所需的材料:

底漆。采用尼佳德地面用底漆 70700/70701 或 70714/70715。

中间层。采用尼佳德地面用涂料 70714/70715。

骨料。采用尼佳德地面用彩砂或经许可的彩砂(100~150 目)。

面层。采用尼佳德地面用面层涂料 70810/7951 或 70714/70715。

密封胶。采用尼佳德密封胶 70991。

2) 基层处理:

①基层表面应干燥、密实、干净且无脊状尖锐突起,清除所有现存松散的混凝土,检查暴露混凝土表面的分离情况,可通过锤子敲打来进行检测,在涂刷前一定要将所有与基层分离的部分完全清除掉,以保证混凝土基层的致密。

②不能对湿的或受潮的表面进行施工,如不确定用仪器测量后再施工。基层的含水量须小于 8%,特殊情况下急须施工,其含水量也必须小于 10%。

③如基层表面须要修补,注意修补的部分与基层表面一定要水平,否则基层表面需二次处理。

④如须酸洗,配制酸溶液时,一定要将浓酸倒入水中稀释,严禁将水倒入浓酸中,切勿使酸液直接接触皮肤和眼睛。

3) 涂覆过程:

①先涂底漆。采用尼佳德地面用底漆 70700/70701 或 70714/70715 涂于基层表面(用量 $25m^2$/加仑)在涂刷后 8h 进行中间层的施工。

②涂刷中间层。采用尼佳德地面用涂料,70714/70715 与石英砂比例为 1:1.5 将混合料按每加仑 $1.5m^2 \sim 5m^2$ 用带齿的橡胶刮板均匀涂于底漆表面,并用带刺的滚子将涂料中的气泡带出。

③涂刷面层。采用尼佳德地面用面层涂料 70810/7951,在中间层涂完 12h 待涂膜干燥后涂中间层表面,并用带刺的滚子清除涂膜中的气泡,第一面层涂完 24h 后。涂第二遍面层(用量 $26m^2$/加仑),如需防滑可在第一道面层涂膜未干时撒 40 目的石英砂 $1kg/m^2$,如在室内,面层可采用 70714/70715 替代。三层总厚度约 1.5~3mm 左右。

4) 注意。如温度达不到 24℃,湿度不足 50% 应适当延长干燥时间,养生 48h 后方可上人,完全养护 7d 后才能使用。

5) 施工完毕要立即清洗施工用的工器具。

4. 尼佳德抹平式重载防化学品腐蚀地面涂料系统

(1) 简介

特性见本节 1.(1)。它适用于化学品库、药品库、停机房、机库等地面,也适于车辆制造厂、机动车维修中心、化工厂的生产车间、制药厂的生产车间、食品厂的生产车间、食品厂的库房、粮食库等。使用期至少在 15 年以上。

(2) 技术指标(表 7-11)

尼佳德抹平式重载防化学品腐蚀地面涂料技术指标　　表7－11

性　能	试验方法	测试结果	性　能	试验方法	测试结果
抗压强度	ASTM D 695	773kg/cm^2	致断伸长度	ASTM D 638	10%
抗冲击力	MIL D 3134	通过10.7m/kg	抗弯强度	ASTM D 790	221kg/cm^2
泰伯磨损度	ASTM D 4060	小于25mg损失/1000r	弯曲模量	ASTM D 790	4001kg/cm^2
		CS—17车轮，1000g负载	D型肖氏计所测硬度	ASTM D 2240	95
对混凝土的粘结力	ACI 403	使混凝土破裂	吸水性（24h）	ASTM D 570	0.2%
抗拉强度	ASTM D 638	257kg/cm^2	抗真菌/细菌性能	MIL－P－52505	在TT－P－34条件下无菌生长

注：同表7－8。

（3）施工要点

1）施工用的材料：

底漆。采用尼佳德地面用底漆70714/70715。

中间层。采用尼佳德地面用涂料70714/70715。

骨料。采用尼佳德地面用彩砂或经许可使用的彩砂（直径在20μm～5mm）。

面层。采用尼佳德地面用面层涂料70810/7951。

密封胶。采用尼佳德密封胶70991。

2）基层处理：

参见本节1.（3）处理方法。

3）涂覆过程：

①涂底漆。采用尼佳德地面用底漆70714/70715涂于基础表面，25m^2/加仑，在涂刷后8h进行中间层的施工。

②涂中间层。采用尼佳德地面用涂料70714/70715与石英砂按1∶3.5～4.5的比例涂于底漆表面，用量为每加仑混合料涂0.7m^2～1.5m^2。

③涂面层。采用尼佳德地面用面层涂料70714/70715，在中间层涂完12h待涂层干燥后再涂中间层表面，用量为每加仑4.65m^2（视情况而定），并用带刺的滚子清除涂膜中的气泡。间隔24h涂第二遍面层，采用70810/7951，用量为每加仑26m^2。三层总厚度约3～6mm左右。

4）注意：如温度达不到24℃，湿度不足50%应适当延长干燥时间，养生48h后方可上人，完全养护7d后才可使用。

7.7　冠星牌地面涂料

冠星牌高级水晶耐磨地板清漆。品种有单组分水晶耐磨地板清漆和双组分水晶耐磨地板清漆（甲组）两种。

1. 产品简介

该系列水晶地板漆均为方便型产品，特为室内及居住住宅设计，施工极为简单。其特点是清亮透明、无杂色、无泛黄现象。由于清澈度好，涂装出来的地板更能体现原木材的天然本色，踩上去冰凉爽滑，脚感舒适。同一般聚酯地板漆相比，本系列产品优势在于：硬度高、极耐磨、耐化学性，更亮更丰满，脚感更舒适。

2. 技术指标

温度：25℃；

表干时间：30min；

实干时间：24h。

3. 施工工序

（1）用透明腻子修补缝隙⟶打磨⟶封固漆$\xrightarrow[\text{打磨}]{\text{120号}}$刷第一次水晶耐磨地板清漆$\xrightarrow{\text{干后}}$刷第二道水晶耐磨地板清漆。

（2）使用配比

单组分：直接手扫

双组分：甲组分∶稀释剂 =1∶1（同等混合后使用）。

（3）注意事项

1）为达到最优涂装效果，应将地板毛刺、杂质打磨干净，清除油污。

2）应选用配套的 PU—809（封闭漆）作底层，封闭面层为水晶地板漆，每间地板一次性刷涂完毕效果为好。

3）双组分水晶耐磨地板清漆，应选用配套的固化剂。

7.8 正伟牌地板漆

1. 产品介绍

正伟牌地板漆有正伟高级耐磨水晶地板漆和正伟高级耐磨亚光地板漆两种。

2. 技术性能

（1）耐磨性

硬度高达 3H，因其有良好的耐磨性，使用周期更长，不经打蜡即可保持优雅的外观。

（2）耐候性

因其具有优良的附着力和强度，良好的韧性，绝不会因气候变化使其开裂剥落。

（3）耐磨蚀性

具有优良的抗化学品性能，污渍无法渗透油漆表面。

（4）优雅美观

使用正伟牌水晶地板漆，其光泽度高，漆膜丰满，更显富丽堂皇。而正伟亚光地板漆，光泽柔和，显现自然本色，使环境温馨舒适，令人神清气爽。

（5）良好的施工性能

采用德国贝克曼涂料研究中心之独特工艺和配方，单组分潮气固化型，不用配料，开罐即可使用。更因独特的配方使施工时间大为缩短。

（6）环保健康

地板漆采用低污配方，不含重金属，不使用有毒、带刺激性气味之原料，使地板对人体绝无有害成分。

3. 施工程序

（1）清理地板表面，用粗砂纸（300#）打磨（干磨），磨后吸尘，保持地板干燥。

（2）均匀涂刷第一遍漆，防尘待干（25℃，RH70%，2h 即干）。

（3）用较细砂纸（400#～600#）打磨、吸尘。

（4）均匀涂刷第二遍漆，防尘待干。

（5）细砂打磨后吸尘。

（6）均匀涂刷第三遍漆，防尘，48h 后即可使用。

（7）冬期施工时，涂层干的稍慢，可适当增温、增湿，切忌将水珠滴落涂层上。

（8）漆桶一经打开，应尽快用完以防变质。

7.9　格瑞牌地面涂料

美国格瑞涂料公司是一家具有 50 多年历史的涂料商，公司总部设在北美的亚里桑那州。该公司有先进的科研机构和庞大的生产基地，主要产品包括建筑用涂料、工业用漆、飞机漆、地板漆等七大类，数百个品种可满足用户的各种特殊要求。

格瑞公司委托中国北京华通装饰装潢公司为中国大陆的销售总代理。

1. 格瑞弹性丙烯酸地板平台乳胶漆

（1）产品介绍

格瑞低光泽地板平台乳胶漆具有极好的耐摩擦性和抗候性，格瑞弹性丙烯酸由高品级的弹性树脂组成，具有更好的强度和挠度，本产品适用于室外阳台、木材、室外金属平台、沥青、混凝土平台及地板表面。

（2）技术性能（表 7－12）

（3）施工要点

1）格瑞弹性丙烯酸地板平台乳胶漆在多数情况下使用原装浓度，必要时也可用水稀释。

2）基层表面必须清洁，没有油脂、白粉、灰尘及其他污物、松动或脱落的漆片必须用砂擦磨、打磨、水洗或用砂纸打磨等三种方法去除。

3）不能冷冻，避免吸入，使用前要阅读有关安全说明书。

格瑞弹性丙烯酸地板平台乳胶漆技术指标　　表 7－12

项　目	指　标	项　目	指　标
光度	5～10（60 度标准）	24℃时的干燥时间	
颜色	各种色调	首涂	30min
固体量（重量）	73%～75%	重涂	5h～6h
理论覆盖率	350～400ft^2/gal	溶煤	弹性混合物
干膜厚度	1.5μm		

注：1 平方英尺＝9.2903×10^{-2}m^2

1gal（美加仑）＝3.78532L

2. 格瑞网球场地漆

（1）产品简介

格瑞网球场地漆的特点是弹性好，低光泽，具有极好的抗摩擦性能及抗候性。由于本产品含有高品质的弹性树脂成分，强度高、弹性好，可用于混凝土等多种基层表面。本产品经橡胶化处理，抗伸缩性好。适用于网球场地、篮球场、混凝土场地等。

（2）技术指标（表7-13）

格瑞网球场地漆技术指标　　表7-13

项　目	指　标	项　目	指　标
颜色	各种色调	24℃时的干燥时间	
固体量（重量）	59%～63%	首涂	30min
理论覆盖率	350～400ft^2/gal	重涂	5～6h
干膜厚度	1.5μm、350ft^2/gal	载体系统	弹性化合物

注：1平方英尺 = $9.2903\times10^{-2}m^2$
1gal（美加仑）=3.78532L

（3）施工要点

1）格瑞网球场地漆在多数情况下使用原装浓度，根据需要以水稀释，为了防滑可加入砂砾。

2）基层表面必须清洁，没有油脂、白粉、灰尘及其他污物，松动或脱落的漆片必须用砂纸打磨、水冲等方法除去。

7.10 特种耐磨漆及罩光漆

1. 特种耐磨漆

（1）产品简介

特种耐磨漆系由一种特殊高分子材料，加入溶剂、助剂、颜料等配制而成。本产品具有很好的耐磨性、附着力，耐水、耐腐蚀性能好，漆膜坚韧、光亮、色泽丰满。适用于宾馆、剧院、医院、学校、办公室、宿舍等建筑的地面涂料。

（2）技术指标（表7-14）

特种耐磨漆技术指标　　表7-14

项　目		指　标
漆膜外观		光亮、平整
干燥时间（23℃±1℃）（h）	表干	<2
	实干	4～8
与混凝土粘结强度（MPa）		>2.5
附着力（%）		100
柔韧性（mm）		1
冲击强度（N·cm）		500
耐磨性（g/m^2）		0.001
抗渗透性（MPa）		>1.2

续表

项　目		指　标
耐蚀性	0.5mol H_2SO_4	耐
	1 mol NaOH	耐
	机油	耐
	煤油	耐
	200#汽油	耐

(3) 施工要点

1) 基层表面要求平整、牢固、无灰尘、无油污、含水率10%以下。水泥基层和木地板，要用腻子刮平、磨光。

2) A、B两组份按规定掺配、搅拌均匀。开封过的涂料尽量当天用完，用剩的涂料不能与未用过的涂料合并保存。涂料太稠，可加入适量的稀释剂。涂料不得与水、酸、碱、油等物接触，避免引起变质、凝固。

3) 涂刷时，每层不宜太厚，太厚易鼓泡，影响涂膜质量。

4) 涂刷间隔时间：室温25℃以上时，间隔5~10h后再刷第二道；室温25℃以下时，每日刷一道。为确保每道涂膜间的粘结性，间隔时间不宜过长。

5) 施工机具工具，用过后用溶剂洗净，决不能放入水中浸泡后再用。

(4) 贮存

涂料要密封贮存在阴凉、通风、干燥的环境中。

2. 特种耐磨罩光漆

(1) 产品简介

特种耐磨罩光漆的漆膜坚韧、色泽光亮，具有优良的耐磨、耐水、耐化学药品腐蚀及溶剂性，是一种很好的防护装饰性涂料。此种涂料可作为木地板、水泥地面、钢结构操作平台、船舶甲板等的防腐装饰涂料。此种涂料为单组份型。

(2) 技术指标（表7-15）

特种耐磨罩光漆技术指标　　**表7-15**

项　目		指　标
漆膜外观		光亮、平整
干燥时间（23℃±1℃）(h)	表干	<3~5
	实干	<5~8
黏度（23℃±1℃）(s)		25~30
柔韧性（mm）		1
冲击强度（N·cm）		500
耐磨性（mg）		<3
附着力（划圈）(级)		1
与混凝土粘结强度（MPa）		>2.5
耐水性（常温浸0.5年）		漆膜外观不变
耐蚀性	0.5mol 浓度 H_2SO_4 1 mol 浓度 NaOH 3% HCl 机油、煤油 200#汽油	耐

(3) 施工要点

1) 基层为金属材料，施工前应清除尘埃、锈、油污等杂质，表面无水。基层为水泥砂浆、木材，应清除浮灰、杂质、含水率<10%。

2) 本罩光漆适用涂刷于环氧树脂漆、聚酯漆和酚醛漆上，能起罩光、耐磨、耐水作用。

3) 涂刷时涂层不宜太厚，以防起泡而影响涂膜质量。罩光清漆一般涂刷2~3道，涂刷一道每公斤涂料可涂刷$8m^2$。25℃以上的室温时，隔5h~10h后再涂刷第二道；25℃以下时，每日涂一道，每道间隔时间不宜太长，以免影响层间的结合。

4) 清漆太稠时，可加入适量稀释剂调稀。

5) 施工过程中，清漆不能与水、酸、碱、油等物质接触，否则会引起变质、凝固。

(4) 贮存

清漆应密封在容器中，贮存在阴凉、干燥通风处，防止漏气、渗水。用剩下的清漆不能与未用的漆合并保存。

7.11 多功能聚氨酯弹性地面涂料

1. 产品简介

聚氨酯弹性地面涂料为双组分型，甲组分是多异氰酸酯与多羟基聚醚树脂在反应釜中制得的预聚物，固体含量100%；乙组分可以是单一固化剂，也可以由固化剂、溶剂、助剂、颜料、填料等组成的混合物，视需要而定。此种地面涂料适用于不同材质的基层和多种用途的地面。

2. 技术性能

(1) 力学性能（表7-16）

聚氨酯弹性地面涂料力学性能 **表7-16**

类别	抗拉强度（MPa）	耐撕力（N/cm）	伸长率（%）	适用范围
1	3.4~4.5	100~200	200~300	办公室、会议室、试验室、厕浴间等地面
2	4.6~7.0	210~350	100~200	除上述外，可适用于不常搬运重物的厂房、车间
3	15~25	500~1000	200~300	除上述外，可适用于常搬运重物的厂房、车间

(2) 耐磨性

进行阿克隆磨耗试验，其磨耗量（$cm^3/1.61km$）为0.108~0.160，对照试验的石棉橡胶板磨耗量为1.8。

(3) 粘结性能

聚氨酯弹性地面涂料与水泥砂浆、硬质木材、硬质聚氯乙烯塑料等都有很高的粘结力（表7-17）。

聚氨酯弹性地面涂料的粘结力　　表 7－17

材料	水泥砂浆	硬质木材	硬木条	硬质 PVC 塑料	4mm 厚软 PVC	0.1mm 厚白铁皮
粘结力（MPa）	4.0	4.4	—	3.5	—	—
剪切强度（MPa）	—	—	6.6	—	0.96	21.31
说明	对粘砂浆块断	对粘开胶	搭接木条断	对粘塑料断	搭接塑料断	搭接铁皮断

（4）耐水性

浸水 7d 吸水率为 1.61%～3.95%，浸水 40d，未水解，发粘，但机械性能下降较多，有一定耐水能力。但长期浸水或潮湿的部位应用时应添加耐水材料补强。

（5）耐油性能

在煤油、20#机油和航空汽油中分别泡 90d 的三组试件，颜色和外观均无变化。在煤油中的试件吸油率为 1.64%～7.41%，所以可作为机械加工车间的耐油地面使用。

（6）耐酸碱腐蚀性能

在浓度为 10% 的 HCl、H_2SO_4 和 KOH 中浸泡的三组试件，浸泡 90d 后，在 KOH 中浸泡的颜色与外观均无变化；在酸中浸泡的有发花现象，系氧化铁分解之故。

（7）耐低温性

在 −30℃下仍有弹性。

（8）耐老化性

经 576h 老化试验，掺防老剂的试件，强度变化很小，但颜色有些发旧。

从上述试验结果可知，多功能聚氨酯弹性地面涂料，具有很多优良的性能，可以用于很多别的材料无法满足要求的地面。

3. 施工要点

（1）地面构造有三种形式

1）在基层上涂刷 1.3～2mm 厚的聚氨酯弹性地面涂料。

2）在基层上涂刷 2～3 道聚氨酯弹性地面涂料。

3）在基层上先用带色的聚合物水泥砂浆打底，干燥磨平后涂刷 2～3 道聚氨酯弹性地面清漆。

（2）对地面基层要求

地面基层要平整、清洁、干燥（含水率 <8%）。对于做完未满 3 个月的新抹水泥砂浆地面，应用 1% HCl 溶液进行酸洗，次日用清水拖擦地面，干燥 3d～4d 后才能涂布施工。

（3）材料及调配

1）材料：聚氨酯弹性地面清漆（固体含量 70%）、地面清漆固化液。甲料（聚氨酯预聚体，固体含量 100%）；乙料（固化剂，颜色均匀的膏体）；二甲苯（稀释剂）；醋酸乙酯（溶剂）。

2）调配：配合比：底漆为清漆∶溶剂＝50∶50；光漆为清漆∶固化液＝100∶26～30。色漆

为清漆 + 色浆 + 促固液 = 1 + 0.06 + 0.26；底胶面漆为甲料∶乙料∶促固液∶溶剂 = 1∶1∶0.26 ~ 0.30∶0.1。

（4）施工顺序

基层清理⟶酸洗⟶清水洗⟶干燥⟶涂底漆⟶修补基层腻子⟶刮底胶⟶刮面胶⟶刷罩面漆。掺入固化剂（液）配好的料，应在2h内用完。

（5）用胶量

底漆 0.1kg/m²，底胶 0.7kg/m² ~ 0.9kg/m²，面胶 0.6kg/m² ~ 0.8kg/m²，面漆 0.17kg/m² ~ 0.2kg/m²。

光用聚合物砂浆打底的做法，用胶量少些。

（6）施工要求

一次连续涂布面积不应超过100m²；一次连续涂布长度不应超过50m；一次涂布的厚度不要超过1mm。

大面积基层，应采取分段分块流水施工，以免产生厚薄不均、开裂、收缩等缺陷。

（7）注意事项

保持通风、注意防火和劳动保护。

7.12 8202—2 苯丙水泥地板漆

8202—2 苯丙水泥地板漆是江苏省苏州造漆厂产品。

1. 产品简介。

8202—2 苯丙水泥地板漆是以苯乙烯、丙烯酸酯、丙烯酸共聚乳液为主要成膜物质，加入颜料、助剂配制而成的一种水性涂料。适用于混凝土及水泥地板涂装。

2. 技术指标（见表7－18示）

8202—2 苯丙水泥地板漆技术指标　　表7－18

项目		指标	项目	指标
黏度（S）		20 ~ 60	冲击强度（N·cm）	>500
干燥时间（h）	表干	<2	硬度	≥0.4
	实干	<24		
遮盖力（g/cm³）		<90	耐水性（23℃ ±1℃，96h）	不起泡，不脱落，允许稍有变色
柔韧性（mm）		<1	耐碱性（饱和 $Ca(OH)_2$ 溶液浸96h）	不起泡，不脱落，允许稍有变色

3. 施工要点

（1）基层不平处，可用该厂生产的8201乳液加填料、水调成腻子修补。腻子配方（重量比）：8201乳液7，老粉70，5%羧甲基纤维15，水8。腻子刮平后进行砂光，除去浮灰后涂刷。

（2）使用前将原漆进行搅拌均匀。一般涂刷两道，每道间隔不小于4h，涂料耗量8m²/kg。

（3）施工温度 >0℃。

（4）如涂料太稠不易涂刷，可加少量自来水稀释，搅均后再用。

（5）不得与有机溶剂、油性漆及其他涂料混用。

（6）施工结束或间隙时，所用的施工工具应放入水中，否则漆膜干后不易清洗。

7.13　RT—170 地面涂料

RT—170 地面涂料系天津市建筑涂料厂、上海天原化工厂产品。

1. 产品简介

RT—170 地面涂料是以氯乙烯 - 偏氯乙稀共聚乳液为主要成膜物质配制而成的水性地面涂料，可用于水泥砂浆地面或木地板。该涂料包括 170 地面涂料、176 防水乳液和 177 清乳液三种材料。RT—176 防水乳液，具有较高的粘结强度和抗水耐压性能，作为配制修补腻子用。RT—170 是主涂料，其性能见表 7 - 19。RT—177 清乳液是水溶性乳白色共聚液，用作罩面涂料，涂膜干燥后，无色透明、光亮。

2. 技术指标（表 7 - 19）

RT—170 地面涂料技术指标　　表 7 - 19

项　目	指　标	项　目	指　标
固体含量（%）	≥45	涂膜外观	光洁、色泽均匀
细度（μm）	≤70	耐磨性（g/cm^2）（往复式耐磨 1000 次）	≤0.006
最低成膜温度（℃）	5	耐日用化学品沾污性	良好
表干时间（h）	≤1	耐水性（浸泡 30d）	无变化
涂料颜色	铁红、桔红、铁棕	耐热性（100℃以下）	无变化
贮存稳定性	0.5 年	燃烧性	自熄

3. 施工要点

（1）清除水泥（或木地板）地面的油渍污垢，用湿布擦净。

（2）用腻子和水泥修补凹凸处与裂缝，用腻子满刮两遍，经 2h ~ 4h 干燥后用细砂纸磨平，扫去浮灰，并用湿布轻轻抹去余灰。

（3）腻子的配合比

1）RT—176 防水乳液 1 ~ 2kg。

2）水泥 5kg，用 42.5 级硅酸盐水泥，过 100 目筛。

3）108 胶，约 1.5kg。

用上述配合比做成的腻子，调成糊状，可刷 $100m^2$ 地面（一遍）。不宜用于修补凹凸处或起砂严重的地面。

（4）将 RT—170 地面涂料搅拌均匀后，涂刷三遍，每遍间隔 1h ~ 2h，涂层不宜过厚。最后用 RT—177 清乳液罩光 1 ~ 2 遍，要刷薄一些，若发现气泡用排笔轻轻抹去。

涂料用量：RT—170 地面涂料，$5m^2/kg$ ~ $6m^2/kg$（三遍），RT—176 防水乳液 $10m^2/kg$（一遍），RT—177 清乳液 $10m^2/kg$ ~ $15m^2/kg$（1 ~ 2 遍）。

（5）涂料贮存在 0℃以上，施工温度 >10℃。

7.14 立邦牌地面涂料

1. 立邦 ZKE 地面涂料

(1) 简介

立邦 ZKE 地面涂料是双组分环氧树脂涂料，它坚固耐用，耐擦洗、耐磨，能承受轻型运输车辆，能抗酸碱等化学品的腐蚀，对水泥地面有较强的附着力。适用于工业厂房、超市的水泥地面的防护。

(2) 技术性能（表 7－20）

立邦 ZKE 地面涂料技术性能　　表 7－20

项　目	底　漆	面　漆
耗漆量（kg/m^2）	0.15～0.20 干膜厚 50μm	0.40～0.45 干膜厚度 30μm
稀释	不需稀释	ZKE 地面涂料稀释到 5%～10%
重涂时间	4h～24h	4h～24h
使用时间（主剂与固化剂混合后 30℃）	应在 8h 内用完	应在 45min 内使用
包装	主剂 16kg＋固化剂 2.3kg	主剂 22kg＋固化剂 2.9kg
配比	主剂：固化剂＝7：1	主剂：固化剂＝7.6：1

(3) 施工说明

1) 地面应平整干燥，施工前应除去表面松动的灰砂、浮土、油渍以及水等其他附着物。

2) 表面处理干净后涂底漆（ZKE 地面涂料底漆一道），使用量为 $0.15kg/m^2$～$0.2kg/m^2$。重涂时间为 4h～24h。

3) 涂面漆（ZKE 地面漆料）一道使用量为 $0.4kg/m^2$～$0.45kg/m^2$ 重涂时间为 4h～24h。如有需要 ZKE 地面涂料可用立邦稀释剂 5%～10% 稀释之。

4) 涂装场所的气温若低于 10℃，相对湿度大于 85%，应避免施工。

5) 涂装后的漆膜养护时间为 7d（25℃）。

6) 涂装场所应通风良好，并严禁烟火。

2. 立邦“美丽美”木质清漆

(1) 简介

立邦美丽美木质清漆为酸固化的氨基醇酸清漆（即水晶地板漆），是一种坚固耐用的地板漆。它表面光滑，能防尘、防污，具有不变黄的特点，而且经济耐用。由于它性能好，外表美观，又非常坚固耐磨，已逐渐被广泛地用作木材表面的保护面漆。主要用来装饰木材表面如：地板、门、扶手、栅杆、实验室工作台、家具、厨柜、桌子等。

(2) 技术性能（表 7－21）

立邦“美丽美”木质清漆技术性能　　表 7－21

项　目	指　标	项　目	指　标
光泽	有光漆：编号 1200；亚光漆：编号 1250	干燥时间	表干：1h（15℃）
固含量	48.0±2.0%（体积）	重涂时间	24h（15℃）
相对密度	0.98±0.02	耗漆量	理论值：$16.0m^2/L$（干膜厚 30μm）
闪燃点	清漆：29℃；硬化剂：11.7℃		

（3）施工要点

1）用砂纸磨平表面，清除表面污物、灰尘和不牢固的物质，如果使用了修补裂缝的填料，彻底干燥后用砂纸磨平，木材应当是自然干燥的，湿度不能超过10%，不要使用漆片（虫胶），以防底层开裂。

2）立邦美丽美水晶地板漆是一种双组分的产品，在使用之前一定要按照规定的比例把清漆和固化剂混合并搅拌均匀，它们混合的比例：10分清漆∶1分固化剂（体积）

3）稀释是在加入了固化剂之后进行，稀释时，要用立邦美丽美专用稀释剂。

刷涂——20%（最大）；

辊涂——20%（最大）；

喷涂——10%～30%。

若为有气喷涂：输送压力：0.4MPa

喷嘴尺寸：1.3mm

稀释：10%～20%

（4）施工注意事项

1）该涂料含有挥发性易燃熔剂，在施工过程中确保通风，场地无明火，不可直接接触皮肤和吸入雾气，要有防护措施。加入固化剂应在塑料容器中进行混合，避免接触以下物质：碱性物质、油脂、含碳酸钙、瓷土、氧化锌和立德粉（锌钡白）等材料。

2）施工完毕立即用立邦美丽美专用稀释剂将工具清洗干净。

7.15　长门牌地面涂料

长门牌涂料是由昌盛化工（香港）有限公司的全资子公司东莞昌盛化工有限公司生产的产品，有内墙涂料、外墙涂料及地面涂料等。

1. 长门M500地床防水漆

（1）产品简介

长门M500地床防水漆为聚氨酯类，加入颜填料、助剂而配制。它的涂膜坚固，附着力强，耐磨损、耐腐蚀、双向防水性能优异，施工方便、干燥迅速，多用于水泥或混凝土地面的防护性封底，配合M501及M525环氧地面涂料使用。

（2）技术指标（表7－22）

长门M500地床防水漆技术指标　　　　表7－22

项　目	指　标	项　目	指　标
颜色	无色透明	涂漆量	理论值：10.0m^2/L
固含量	30%以上	稀释剂	S005水晶地板漆天舒水
干燥时间	指触干：30min，实干：5h	稀释剂用量	0～15%
重涂时间	间隔8h以上，再涂之前需打磨		

（3）施工注意

1）施工前必须将表面的灰尘、油脂及其他附着物清除干净。

2）施工方法可采用刷涂或滚涂。根据具体条件可以用 S005 水晶地板漆天舒水稀释，稀释用量在 0～15% 范围。

3）避免在温度低于 8℃、相对湿度高于 85% 的环境下施工。

4）如果需要涂两遍，应在第一遍完全干燥后，用 400 号砂纸轻轻打磨表面后再涂。

5）未用完的油漆要尽可能将容器封严，以防变质。

2. 长门 M501 环氧树脂封底漆

（1）产品简介

长门 M501 为双组分环氧树脂封闭底漆，它能渗入基础内部，大大提高了面漆的附着力和使用寿命，防止表面因粗糙、多孔而对面漆过分吸收，使涂料更易施工并有效阻止内部的各种物质等渗出表面，保证面漆牢固，不脱落，施工方便，干燥迅速，对基础表面的疏松部分有很强的加固作用。它适用于室内外的石灰、水泥、混凝土、砖墙、石材及木材表面。

（2）技术指标（表 7－23）

长门 M501 环氧树脂封底漆技术指标 **表 7－23**

项　目	指　标	项　目	指　标
颜色	透明	涂漆量	理论值 7.0m²/L
光泽	平光	稀释剂	S004 环氧天舒水
比重	0.90	稀释剂用量	5%～15%
固含量	30%	重涂时间	间隔 8h 以上
干燥时间	指干：2h，硬干：7d		

（3）施工要点

1）表面处理要干净、无杂质及油污，其表面的含水量小于 12%，施工条件要在 10℃以上，表面要坚实无松动或浮土。

2）主剂与硬比剂重量比为 9:1。

3）施工方法采用刷涂、喷涂皆可。根据实际条件可用 S004 环氧天舒水稀释，刷涂用 5%，有气喷涂可稀释至 15%，无气喷涂用 5%。

3. 长门 M525 环氧树脂地床涂料

（1）简介

长门 M525 为双组份环氧树脂地面涂料，其中掺混矽砂。它的涂层坚韧，具有很强的防滑、防静电功能、耐酸碱腐蚀、耐油性物质浸蚀，流平性好，表面平整美观，有一定厚度，附着力强，不脱落，耐各种设备、车辆及机械的长期磨损。适用于船舶甲板，工厂车间、停车场、仓库、机房、商场、学校等的水泥或混凝土地面。

（2）技术参数指标（表 7－24）

长门 M525 环氧树脂地床涂料技术指标　表 7-24

项　目	指　标	项　目	指　标
颜色	共有 5 种基本色	干燥时间	指干 2h 以内，实干：24h 以内
光泽	有光而粗糙	重涂时间	8h ~ 5d，完全硬化需 7d
相对密度	1.38kg（混合物）	膜厚	干膜：90M（3.6mil）湿膜：150M（4.0mil）
固含量	约 60%	稀释剂及用量	S004 环氧稀释剂，用量：0 ~ 5%
闪点	20℃	涂漆量（理论值）	0.150L/m²、200g/m²
黏度（25℃）	65 ± 5KU		

（3）施工要点

1）地面必须清洁无杂物、油污，要完全干燥后再进行施工。尽量避免在阴雨或天气潮湿时施工。

2）主剂与硬化剂的混合比例为 87∶13（重量比），按比例混合均匀后方可使用，混合物可用时间 8h。

3）施工方法采用刷涂，可用 S004 环氧稀释剂稀释之，用量为 0 ~ 5%。

4）若在室内施工或在密闭的船舱内，一定要有良好的通风条件。

5）正常情况下至少可贮存一年，应存放于通风凉爽干燥处。不可有明火。

4. 长门牌水晶地板漆

（1）产品编号

M668（高光），M669（半亚光），M668HK（中等级高光），M669HK（特级半亚光）

（2）产品简介

本系列产品是以聚氨酯合成树脂为主要成分，配合特殊添加剂精制而成。性能优异，涂膜坚固保光性良好，耐磨损耐腐蚀，快干，附着力优异，与一般木地板的附着力极强。

（3）技术指标（表 7-25）

长门牌水晶地板漆技术指标　表 7-25

项　目	指　标	项　目	指　标
光泽	M668/M668HK（高光）≥80° M669/M669HK（半亚光）= 50° ± 5°	硬度	3H
		漆膜厚度	约 70μm（共三层）
干燥时间	温度 25℃，湿度 60% 第一度 3h，第二度 5h，第三度 24h	老化性	室内使用可达 10 年
		理论涂布量	6m²/L（共三层）

（4）施工要点

1）被涂物表面的油脂、灰尘及其他附着物必须清除干净才可施工。

2）使用前先将 M668HK，M669HK 用 S005HK 水晶地板漆用天舒水稀释，比例为：

M668HK∶天舒水 = 1∶1

M669HK∶天舒水 = 2∶1

兑稀搅拌均匀后方可施工。

3）施工的方法可用刷涂也可用喷涂，涂刷第一道之后，要待干透后，应用 400 号砂纸轻轻打磨表面，然后清理干净才涂下一道。

4）剩余涂料，罐盖要封严密，以防变质。

7.16 爱普诗牌地面涂料

1. 爱普诗水性木器透明底漆

（1）简介

爱普诗 ID1000 水性木器透明底漆是一种高固含、快干、无毒、无刺激性气味、不燃烧、无损健康的环保型水性透明底漆，用于木器涂装，透明度高，易打磨，填充封闭性较好，可减少面漆施工遍数，从而获得适宜的漆膜丰满度。主要用于室内木器涂装，典型用途如家庭装修、古董家私、星级宾馆装饰、酒店家私。

（2）技术指标（表 7-26）

爱普诗牌地面涂料技术指标 **表 7-26**

项　目	指　标	项　目	指　标
干燥时间（25℃）	表干：20min，实干：2h~3h	稀释剂及用量	清水，用量：0~10%，黏度可适当调整
重涂时间	2h~3h	理论涂布量	$12m^2/L$（单层）

（3）施工要点

1）底材应打磨平整，无浮尘、无油污和其他杂质，应干燥清洁。

2）由于 ID1000 的快干，故不适合喷涂（会出现阻塞喷嘴现象），施工应采用刷涂方法（顺木纹方向涂饰）。

3）可用清水稀释，用量在 0~10%，也可根据需要在施工现场将黏度调整。不稀释直接使用效果更佳。

4）根据要求不同可刷透明底漆 2~3 道，首道底漆可用较粗砂纸（如 320#）打磨，最后一道底漆须用 600#和 800#打磨平滑，每一道均应干燥后打磨，然后再涂下一道。一次性涂刷不宜太厚，否则可能会出现流挂、桔皮、气泡、慢干等现象。

5）涂料不可与皮肤直接接触，施工时要做好防护，不要溅入眼睛，最好戴上防护眼镜。

6）使用过的工具要及时清洗，避免涂料干燥后清除困难，造成下次使用时因混入残留的硬块使涂膜出现颗粒或其他弊病。

7）存放于阴凉干爽处，严防霜冻。一般情况，保质期为一年。

2. 爱普诗 ID4000 系列水性木地板漆

（1）产品编号

ID4000 亮光地板漆，ID4300 亚光地板漆

（2）简介

该系列产品是采用特殊的合成工艺生产的一种高素质、无毒无刺激性气味、不燃烧的健康环保型水性地板漆，与 ID100 防刮剂配合能形成高耐水性、坚韧耐磨的漆膜，并具有一定的“呼吸”功能，主要适用于室内木器涂装，典型用途如家庭、星级宾馆、娱乐场所之木地板装修。

（3）技术指标（表7-27）

爱普诗 ID4000 系列水性木地板漆技术指标　　表7-27

项　目	指　标	项　目	指　标
干燥时间（25℃）	表干：30min，实干：2h~3h	稀释剂及用量	清水，用量：0~5%根据现场施工，黏度适当调整
重涂时间	2h~3h	理论覆盖量	$12m^2/L$（单层）

（4）施工要点

1）底材应打磨平整，无浮灰、无油污、干燥清洁。

2）用清水稀释用量为0~5%，搅拌均匀，根据现场施工情况适当调整黏度。建议涂刷时不稀释而直接使用，效果更佳。

3）施工温度应大于8℃，并保持良好通风条件以利于干燥。

4）先涂刷 ID1000 水性透明底漆2~3道，最后一道底漆用800#砂纸打磨后再涂面漆，按要求不同可刷1~3道，面漆打磨需用1000#砂纸。最后一道地板漆须加 ID100 防刮剂。配比为 ID4000（或 ID4300）：ID100=100:1.5（重量比）。ID4000 与 ID100 混合后有效期为16h。注意 ID4000 与 ID100 混合后未用完的涂料不能倒回涂料罐中；一次性涂刷不宜太厚，否则可能会出现流挂、桔皮、气泡、慢干等现象；一定要干后打磨，然后再涂底漆，这样可得到较好的层间附着力。

5）施工完毕要立即清洗工具，避免残余涂料干后清除困难，造成下次使用时的困难。

6）使用涂料时要做好防护，避免直接触及皮肤。

7）存放阴凉干爽处，严防霜冻。

7.17　金莱牌地面涂料

1. 金莱牌 THS—1 环氧聚氨酯地板漆

（1）产品简介

金莱牌 THS—1 环氧聚氨酯地板漆是由环氧树脂、固化剂、稀释剂、助剂组成的双罐型涂料。它的漆膜坚韧耐磨、耐擦洗、耐碱、耐酸、耐有机溶剂。适用于各类水泥地面、磨石地面、瓷砖、马赛克、木地板等的装饰与保护。

（2）技术指标（表7-28）

金莱牌 THS—1 环氧聚氨酯地板漆技术指标　　表7-28

项　目	指　标	项　目	指　标
漆膜外观	平整、光滑	耐沸水煮（1h）	不起泡、不脱落
黏度（s）	30~60（涂4杯25℃）	耐水性（浸96h）	不起泡、不脱落
干燥时间（h）	表干：1h，实干：24h	耐碱性（72h）	10% NaOH 溶液浸泡，不起泡，不脱落
硬度	2H	耐酸性（92h）	5% H_2SO_4 溶液浸泡，不起泡，不脱落
固含量	>90		

(3) 施工要点

1) 底材必须清洁、无油污、无灰尘、无其他杂质、无水分。

2) 用油性腻子填平底材，待干后打磨平整后待涂。

3) 涂料按甲组分: 乙组分: 稀释剂 = 2:1:0.4 混合均匀后，静置 15min ~ 20min，采用刷涂、喷涂方法施工皆可，建议漆膜厚度为 60μm ~ 80μm，使用量约为 $100g/m^2$ 涂两遍。

4) 涂料应存放在阴凉、通风、远离火源处，应避免在日光下直晒。

5) 贮存期为一年，过期产品经过检验合格仍可使用。

2. 森得牌地板漆

森得牌地板漆有两种产品：森得牌 SD99 高级水晶地板漆及 SD99F 高级亚光地板漆。

(1) 产品简介

该产品是单组分潮气固化型树脂，它们的漆膜耐热、耐腐蚀、耐磨性极佳，手感细腻、保光性好，流平性好，漆膜丰满，施工方便，不易起泡，亚光度均匀，高贵典雅。用于室内高档木质地板、门、装饰板等的涂装。

(2) 技术指标（表 7 - 29）

森得牌地板漆技术指标 表 7 - 29

项 目	指 标	项 目	指 标
颜色	亮光 <1，亚光：浊白	重涂时间	2h
黏度（30℃）s	15 ~ 20	光泽（60°）	亮光 >90%，亚光 <30%
固含量（%）	亮光 >38，亚光 >30	硬度	>2H
耗漆量	亮光 $10m^2/kg$，亚光 $8m^2/kg$	附着力（划格法）	5B
干燥时间	指干：20min，实干：24h		

(3) 施工要点

1) 涂饰前应将被处理的表面清理干净，保持干燥。

2) 建议配套使用森得牌透明木器底漆，以增加丰满度和降低成本，每道涂膜干透后用 400# 砂纸磨平，清除浮灰即可涂刷下一道。

3) 施工时绝对避免与水、醇、酸类溶剂接触，否则易引起漆膜起皮，泛白。

4) 施工环境高温时，适量加入森得牌 SD8 聚酯天舒水稀释，每道涂刷不宜过厚，以免影响干燥速度。

5) 开启后的油漆应在 6h 内尽快用完或及时将漆罐密封，严禁空气中的湿气或杂质混入，导致固化。

6) 存放于阴凉干爽处，要远离火源，施工时要通风，接触皮肤要立即清洗。

7.18 紫荆花牌地面涂料

1. 紫荆花水晶地板漆

(1) 产品编号 6099A

紫荆花水晶地板漆为单组分聚氨酯树脂，这是一种以空气中的湿气为硬化剂的湿气固化型聚酯涂料，它具有高光泽、高硬度、漆膜丰满、耐高温、耐磨性极强，适用于木质地板、门、窗、装饰板的涂装，也可作金属、水泥制品的表面罩光漆用。

（2）技术指标（表7－30）

紫荆花水晶地板漆技术指标 表7－30

项目	指标	项目	指标
光泽	全光	重涂时间	2h～3h
固体分	47%	理论耗漆量	$4m^2/L$（60μm 干膜厚度计算）
干燥时间	指干：20min，实干：24h	稀释剂	无需稀释

（3）施工要点

1）将地板表面处理干净，有小孔裂缝处，建议用紫荆花牌透明腻子填平（可刮涂或刷涂），以降低成本增加丰满度，2h后用400#砂纸轻轻打磨平滑即可涂第一道。

2）第一道和第二道干燥后，每道之间用600#砂纸轻轻打磨掉表面灰尘后再涂刷第三道，效果极佳。

3）刷完第三道后，应及时关闭门窗，尽量避免灰尘进入，24h干硬后，即可投入使用。

4）底材应完全干燥清洁，施工时绝对避免与水、醇、酸等溶剂接触，否则易引起漆膜起皮、泛白。

5）每一道涂刷不宜过厚，应单方向缓慢涂刷，以免影响干燥速度产生气泡。

6）涂料用后要及时将漆盖密封盖严，严禁空气中的湿气或杂质混入，造成涂料固化而浪费。

2. 紫荆花聚酯水晶地板漆

（1）产品编号 J5628/407B

该产品为聚氨酯树脂/异氰酸树脂，它是一种双组分的聚酯油漆，具有高光泽、高硬度、漆膜亮丽丰满，耐溶剂、耐酸碱、附着力极好等特点。它适用于木质地板、门、装饰板的涂装，也可作金属、水泥制品的表面罩光漆用。

（2）技术指标（表7－31）

紫荆花聚酯水晶地板漆技术指标 表7－31

项目	指标	项目	指标
光泽	全光（亦可代配指定光泽）	理论耗漆量	$6m^2/L$～$8m^2/L$（50～60μm 干膜厚度）
固体份	45%	稀释剂比例	主料（J5628）：固化剂（407B）＝1:1
干燥时间（25℃）	指干：30min，实干：24h		

（3）施工要点

1）将地板表面处理干净 。小孔裂缝处建议用紫荆花牌透明腻子填平（可刮涂或刷涂），2h后用400号的砂纸轻磨平滑，即可涂刷第一道。

2）第一道和第二道干燥后，每道之间用600#砂纸轻磨掉表面不平处，再涂第三道，效果极佳。

3）刷完第三道后，应立即关闭门窗，尽量避免灰尘进入，24h 硬干后即可投入使用。

4）底材应绝对清洁，施工时绝对避免与水、醇、酸类溶剂接触，否则易引起漆膜起皮，泛白。

5）按比例配好的涂料，要充分搅拌均匀，静置 20min 后使用，并要在 8h 内用完，否则易固化报废。

6）应计划好漆料以达到现用现配，减少浪费。

7）施工时采用刷涂或喷涂。若使用压缩空气泵，压缩气需先用过滤器净化，每道工序涂的不能过厚，以免影响干燥速度。

7.19 建筑涂料的施工环境

建筑涂料的施工环境系指施工时周围环境的气象条件（温度、湿度、风、雨、阳光）及卫生状况而言。施工环境对涂料的干燥、成膜、黏度、涂层的质量都有很大影响。

1. 温度

一般建筑涂料的技术性能指标是在室温为 23℃ ±2℃、相对湿度为 60% ~70% 条件下测定的。各种不同的建筑涂料都有其最佳的成膜条件，例如合成树脂乳胶漆通常最低成膜温度大于 5℃。因此，对于溶剂型涂料宜在 5℃ ~30℃ 的温度条件下施工，水乳型涂料宜在 10℃ ~35℃ 条件下进行施工。

2. 湿度

建筑涂料适宜的施工湿度为 60% ~70%。在降雨之前空气相对湿度较大时应停止施工。对于某些乳液涂料，例如氯乙烯 - 偏氯乙烯共聚乳液地面罩面漆，在相对湿度大于 85% 的情况下进行施工，其质量则不易保证。反之，当空气十分干燥时，对于溶剂型涂料，其溶剂挥发过快，尤其对于水乳型涂料干燥太快，将会使这些涂料的结膜不完全，影响其施工质量。

3. 阳光

建筑涂料在贮存和运输过程中要防止暴晒，在施工过程中要防止阳光直射。尤其在炎热高温的夏季，阳光直射下的被涂饰的基层表面温度过高，脱水或脱溶剂速度过快，将会产生成膜不良的结果，严重影响涂层的质量。对于室内地面涂料的施工，则可避免阳光、大风的影响。

因此，当施工现场周围环境的温度低于 5℃、雨天、浓雾及 4 级以上大风时不宜施工。

7.20 涂料施工的安全防护

涂料施工时应注意防火、防止中毒、防止有害灰尘吸入、高空作业的劳动保护等安全防护措施。

1. 防火

（1）涂料施工现场要严格遵守防火制度，严禁吸烟、远离火源、通风要良好。如在通风不畅地点施工时，必须安置通风设备。

（2）擦洗涂料用的废布、绵纱、纸屑等废物，应随时清理倒掉，以免发生自燃。

（3）使用汽油、脱漆剂清除旧膜时应首先切断电源。严禁吸烟，周围不得堆积易燃物。

（4）涂料贮存库房必须远离或隔绝火源，并有专人负责消防工作，备好干粉式灭火器。

（5）使用喷灯时加油不能过满，打气不应过足，使用时间不要过长，点火时喷嘴不准对着人体。用喷灯喷除旧膜时、通风要好、防火设施要齐全，喷灯火焰及受热件要避免靠近涂料存储场地。

（6）常用的灭火方法：

1）木材、纸、布、垃圾等固体燃料着火燃烧时，应用水扑灭。

2）液体燃料或气体燃料（如油、涂料溶剂等）起火燃烧时，应用泡沫、粉末或气体灭火，使材料隔绝氧气的供应以达到灭火。

3）电气设备（电机、电线、开关）发生的火焰，可用非导电灭火材料隔离灭火。

2. 防毒

（1）苯中毒。涂料中苯的蒸气经过人的呼吸道吸入人体后将会引起多种危害。在神经方面会引起头昏、头痛、记忆力减退、乏力、失眠等症状。在造血方面先是白血球减少，继而血小板和红细胞降低，还能引起皮肤干燥、瘙痒、发红。热苯可引起皮肤起水泡及脱脂性皮炎。

（2）铅中毒。涂料中的铅蒸气通过人体呼吸道吸入肺内，也可从口腔随饮食进入胃中，还可从皮肤破伤处进入血液中。铅中毒将引起食欲不振、体重下降、脸色苍白、肚痛、头痛、关节痛等。其预防措施有：用偏硼酸钡、云母氧化铁、铁红、铝粉或铝红等防锈漆代替红丹防锈漆。如必须用红丹防锈漆，应加强施工现场通风，饭前洗手，睡前淋浴。

（3）刺激性气味（如氯气）中毒，对眼、呼吸道黏膜、皮肤均有损害。

预防措施为：加强个人保护，加强通风，尽可能降低施工现场周围空气中有害物气体的浓度，使之降低到允许浓度之下。

（4）汽油中毒。汽油由呼吸道、皮肤和消化道进入人体而引起汽油中毒。在超过允许浓度的汽油环境中长期工作会使神经系统和造血系统受到损害、皮肤接触汽油可产生皮炎、湿疹和皮肤干燥。

预防措施。改善操作环境，加强通风。在高浓度环境中工作应戴防毒面具，手上可涂保护性糊剂。

（5）甲苯、二甲苯、甲醇中毒。采用甲苯、二甲苯作为溶剂施工时，它们对皮肤有刺激性，一次大量吸入可能有麻醉性。预防方法同苯。

甲醇作为溶剂使用时，由呼吸道吸入大量甲醇蒸气，会出现头昏、头痛、喉痛、干咳、失眠、视力模糊等中毒症状。

预防措施。容器要密闭、操作场所要通风良好。

3. 防灰尘

有害灰尘对人体呼吸器官有严重危害。例如吸入石棉能引起肺病；吸入大量含硅的灰尘对肺有严重危害，并会伤害眼睛；吸入过量的任何种类木材粉尘都会危害人体的呼吸器官；吸入塑料粉尘也能伤害肺部和其他器官。症状为流眼泪、流鼻涕、咽喉发炎、头痛、眩晕、咳嗽、肺炎、支气管炎及引发其他病症。

预防措施。戴眼镜、眼睛防护罩、戴口罩、必要时使用呼吸器等。

4. 遵守安全规章制度

1）施工前必须检查施工环境的安全状况，确认为安全后才能进入现场施工。

2）进入施工现场必须戴好安全帽，从事高空作业时系好安全带。不许穿拖鞋、高跟鞋或赤脚进入现场作业。

3）严禁在易燃、易爆物品附近吸烟、点火。不准在砖垛旁或其他危险处休息。

4）不准乘升降台、井字架等起重设备上下。

5）严禁随意玩弄现场的机电设备。

6）工作中要集中精力，严禁与他人闲谈、打闹和嬉戏，严禁酒后操作。

7）工作中禁止擅自挪动或乱拆安全防护设施，严禁相互打赌逞强、冒险作业等。

8）严禁从高处往下扔材料、工具等。

9）施工人员严格遵守劳动法、严格遵守工厂安全卫生规程、建筑安装工程安全技术规程、工人职员伤亡事故报告规程三大规定。

7.21　基层处理

被涂饰的建筑物体如钢筋混凝土、水泥砂浆、石膏板、砖等均称为基层。基层的平整度、含水率、表面沾污的清除、孔洞的填补修平的好坏都将影响建筑涂料施工的质量。因此，在涂抹前应进行基层处理。

1. 混凝土基层

（1）现浇混凝土基层的特征

1）表面平整度。一般要求错位在3mm以下，表面精度以5mm为限。若超过此范围则需进行打磨使之平滑。

2）碱性。现浇混凝土的pH值可高达12.5左右，随着水分的蒸发，其碱性将从表面逐渐降低，一般在pH值小于8后才施工。

3）含水率。一般现浇混凝土的含水率在15%左右，随着材料龄期的增长含水率将下降。待含水率小于8%时才能进行涂料施工。溶剂型涂料要求小于6%，水乳型涂料可适当高些。通常水乳型外墙涂料的施工需在混凝土浇灌后夏季两周（14d），冬季三至四周后进行。

4）表面沾污。基层表面常因混凝土浇灌时所用的模具的脱膜剂而被沾污。胶合板模板常用石蜡类材料作脱膜剂，钢制模板常用油质材料作脱膜剂。基层表面被沾污，将会使涂料粘附不好。因此必须彻底除污。

（2）预制混凝土基层的特征

1）表面损伤。预制混凝土板材料在吊装、运输及现场堆放过程中，易产生裂缝、边角破损现象，需修补后再进行施工。

2）表面沾污。在工厂预制时，混凝土表面有游离石灰等物质的浮浆皮及油性脱模剂沾污的油污时，将影响涂料施工效果，必须清除。

（3）加气混凝土板基层的特征

加气混凝土板的质地较松，强度也比较低；在运输及安装时容易产生边角破损及开裂等现象。在板材连接缝部分由于挠曲造成接缝不平，可将凸出部分剔除，低凹处用专用修补灰浆补抹平整。

2. 水泥砂浆基层

在钢筋混凝土、混凝土砌块、金属丝网、水泥刨花板等表面上涂抹水泥砂浆作成水泥砂浆基层，其厚度为10~30mm。在此基层上涂饰涂料时应注意基层表面的碱性、含水率、裂缝、空鼓及其他污染物，如有此种现象应加以清除、补平。

3. 石棉板、胶合板等基层

石棉板、胶合板等基层，应检查其是否有破裂、缺损现象，如有此种现象应进行修补。钢结构基层应去污除锈。

4. 石灰浆基层

石灰浆基层的碱性很强，表面易产生裂缝、浮灰。必须铲除浮灰，满批腻子才能涂饰涂料。

5. 基层处理方法

基层处理的目的是对被涂饰物表面进行全面检查及修整，以达到平整、坚实、无浮灰、无油污的标准，保证涂料施工的质量要求。

(1) 表面凹凸处理

表面凸出部分用磨光机研磨平整，凹下部分用掺合成树脂乳液水泥砂浆或水泥系基层处理涂料嵌填补平。

对于稍大的裂缝，可填充密封防水材料，表面用合成树脂或聚合物水泥砂浆腻子抹平，硬化后再打磨平整。

(2) 气泡砂孔

将直径大于3mm的气孔，可用掺合成树脂乳液水泥砂浆或水泥系基层处理涂料将气孔全部嵌填。对于直径小于3mm的气孔，用水泥系基层处理涂料或合成树脂乳液腻子进行处理。表面尚须打磨平整。

(3) 粘附物清理

基层的硬化不良或分离脱壳部分及表面的"白霜"与其他粉末状粘附物，可用钢丝刷、毛刷、电吸尘器等工具除去。对焊接时的喷溅物、砂浆溅物可用刮刀或打磨机除去。

对于锈斑或霉斑，可分别用化学除锈剂除去锈斑，用化学去霉剂清洗霉斑。

(4) 含水率过高

基层含水率超过10%，则会影响涂膜质量，含水率可用砂浆水分仪测定。需待基层含水率降低、充分干燥后再进行涂料施工。对于水乳型外墙涂料的施工需在混凝土浇灌后夏季两周、冬季三~四周后进行。

7.22 建筑涂料施工的机具

1. 涂刷工具

常用的涂刷工具有：油漆刷、排笔、漆刷、棕刷、底纹笔、油画笔、毛笔等。

(1) 油漆刷

油漆刷是刷涂法的主要工具。依据油漆刷外形不同，有圆形、扁形和歪脖形三种；依据制作材料不同，有硬毛刷和软毛刷两种。硬毛刷是用猪鬃制做的，软毛刷常用狼毫或羊毛制做。

油漆刷的规格是按刷毛的宽度不同分为 12mm（$\frac{1}{2}$英寸）、19mm（$\frac{3}{4}$英寸）、25mm（1 英寸）、38mm（1 $\frac{1}{2}$英寸）、50mm（2 英寸）、65mm（2 $\frac{1}{2}$英寸）、75mm（3 英寸）、100mm（4 英寸）等。

选择油漆刷时，首先应依据被涂饰物体的形状、大小，并依据油漆刷本身应以鬃厚、口齐、根硬、头软但不松散脱毛为原则来选择。例如 15～25mm 的油漆刷，主要用于涂刷小型物体或不易涂刷的部位；38mm 的油漆刷用于涂刷钢窗；50mm 油漆刷则用于涂刷木制门窗或一般家具的框架；65mm 油漆刷用于涂刷木门、钢门的外表面以及各种物体的表面；76mm、100mm 油漆刷主要用于涂刷抹灰面、地面等面积的部位。

使用油漆刷时，一般采用直握法，即用手握紧油漆刷，操作时依靠手腕来回转动进行刷漆。刷漆时，油漆刷应首先蘸少许涂料，刷毛浸入油漆的部分为毛长的 1/2～1/3 左右。蘸完漆先轻轻地将油漆刷在桶内壁来回各拍打一下，把蘸起的油漆都集中到刷毛的头部，然后即可进行涂刷施工。

油漆刷需经常维护，新购置的油漆刷在使用前要用 1 $\frac{1}{2}$号砂布摩擦刷毛头部，把刷毛磨顺使其柔软，防止其掉毛和留下刷痕。使用新油漆刷时，涂料应该稀一些，刷毛短时则应该使油漆稠些才便于施工。油漆刷用完后，油漆工具必须用溶剂或清水洗净、晾干，并用塑料薄膜包好保存。若短时间中断使用，应将油漆刷的刷毛部分垂直悬挂在溶剂或清水中，既不要让刷毛露出液面，又不要使刷毛直接触及容器底部，以免刷毛变硬变弯曲。若因维护不善使油漆刷的刷毛变硬时，需将油漆刷浸入脱漆剂或强溶剂中，待漆膜松散后用铲刀刮去漆皮。油漆刷的形状见图 7－2。

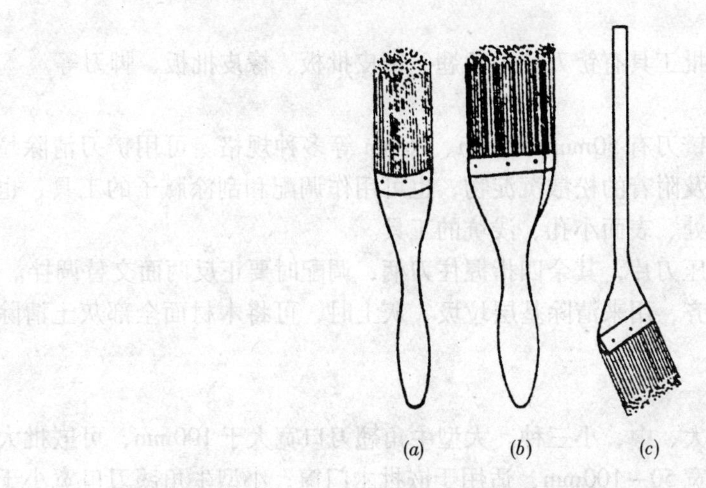

图 7－2 油漆刷

（a）圆形刷；（b）扁形刷；（c）歪脖形刷

(2) 排笔

排笔是由许多支细竹管羊毛笔排列连接而制成的，排笔有4～25管多种规格。其中4管、8管排笔多用于涂刷虫胶清漆、硝基清漆、丙稀酸清漆和水色等黏度较小的涂料，10管以上的排笔主要用于抹灰面。

使用排笔操作时，用右手紧握竹排的右角，用手腕转动来适应排笔的移动。施涂时要顺着木纹方向按程序依次进行，刷完一个表面再刷下一个表面。排笔在桶内蘸浆或蘸漆时，应略为松开大拇指将排笔轻轻甩动，使羊毛头部向下，刷毛全部侵入涂料中，多蘸些涂料后在容器内壁轻轻拍打几下后，令涂料集中在羊毛的顶部即可进行涂刷。

新购置的排笔常有脱毛现象，使用前应去掉松毛。其方法是一手握住笔管、另一支手轻轻拍打排笔，其松毛则自行脱落。排笔蓬松可用剪刀剪齐。用完的排笔，首先用手指夹紧笔毛去掉多余的漆液，并将笔毛捋直擦干，以防弯曲，再将笔平放好，使用时用溶剂浸泡使之溶开。

用于施涂丙稀酸清漆或聚氨酯清漆后的排笔，首先用手除去排笔上多余的涂料，再分别用二甲苯或醋酸丁酯清洗、晾干，再浸入虫胶清漆中整理后备用。

(3) 漆刷

漆刷又名国漆刷，是用牛尾梳制成的。该漆刷属于大型刷，其刷纹较粗适用于刷涂大漆。用头发制成的漆刷属小型刷，刷纹较细，适用于描绘字画。

(4) 棕刷

棕刷是用棕树上的棕皮编织成的刷子，主要用于维修房屋时刷底漆，也用来刷浆糊和掸灰尘。

(5) 底纹笔、油画笔、毛笔

底纹笔是以薄木板和羊毛制成的，用于涂刷各种广告颜料和书写墨汁字体，亦可刷涂底色和虫胶清漆用。

油画笔、毛笔均为美术工作者用工具，可以替小型油漆刷。

2. 嵌批工具

建筑涂料施工中常用的嵌批工具有铲刀、牛角翘、钢皮批板、橡皮批板、脚刀等。

(1) 铲刀

铲刀又称油灰刀，常用的铲刀有50mm、63mm、76mm等多种规格。可用铲刀清除垃圾、灰土、旧壁纸、旧漆膜以及附着的松散沉淀物，也可用作调配和刮涂腻子的工具，也可作填嵌木材表面纹理疏松之处、表面小孔、浅坑的工具。

用铲刀调配腻子时食指紧压刀片，其余四指握住刀柄，调配时要正反两面交替调拌。

将铲刀刀口磨快、两角磨齐，用来清除基层垃圾、灰土时，可将木材面全部灰土清除干净而不损木质。

(2) 牛角翘

牛角翘又称牛角刮刀，分大、中、小三种。大型牛角翘刀口宽大于100mm，可嵌批大平面的物件；中型牛角翘刀口宽50～100mm，适用于嵌批木门窗；小型牛角翘刀口宽小于50mm，适用于嵌批小平面的物件。

新购置的牛角翘，先用玻璃将牛角翘两边角刮薄，然后在磨刀石上将牛角翘刀口磨平、磨薄、磨齐才可投入使用。

用牛角翘嵌腻子时用大拇指、中指和食指握紧、握稳，操作时靠手腕的动作达到批刮自如，一般只准1~2个来回，且不能顺着一个方向刮，只有来回刮才能将洞眼全部嵌满填实。当批刮腻子时，用大拇指和其他四指满把抓住牛角翘。批刮木门窗、家具时可把腻子满涂在物面上，再用牛角翘收刮干净。

(3) 钢皮批板（钢皮刮板）

常用的钢皮批板的规格为0.2~0.5mm×110mm×150mm，该工具用于批刮大平面物件和抹灰面。

(4) 橡皮批板（橡皮刮板）

一般为自制品，形状、尺寸根据工程需要而定。

(5) 脚刀（剔脚刀）

脚刀用于将虫胶腻子填嵌到木器表面的洞眼、钉眼、虫眼，或用于剔除木器线脚处的腻子残余物等。

3. 除锈工具

常用的除锈工具有铲刀、弯头刮刀、钢丝刷、锉刀等。

铲刀（又称油灰刀)、弯头刮刀、钢丝刷都是用于清除金属表面上的锈皮、氧化层。锉刀用于锉除金属表面上的焊渣及焊接飞溅物。此外，砂轮、尖头锄头也可用作除锈工具。

4. 辊具

辊具是滚涂施工方法必不可少的工具。一般分为滚涂工艺用辊具和艺术滚涂用辊具两种。(见图7-3)

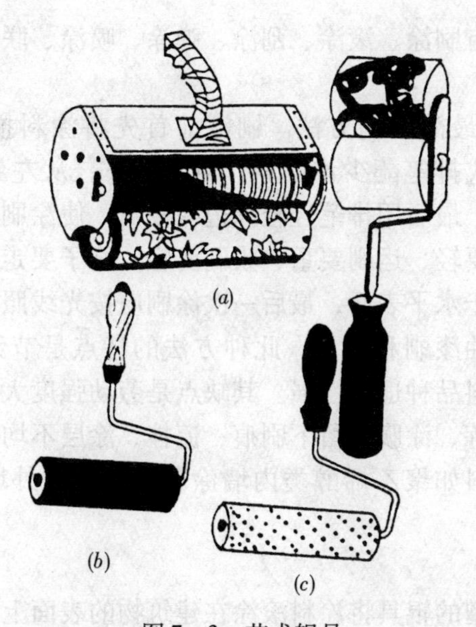

图7-3 艺术辊具

(a) 橡胶滚花辊具；(b) 硬橡皮辊具；(c) 泡沫塑料辊具

一般滚涂用的辊子具有外径为45mm，长约200mm的空心圆柱，其表层是用羊毛或合成纤维做的多孔吸附材料所制成。施工时常用羊毛辊具蘸上涂料，滚涂到涂层上可形成均匀涂层，其施工效率高，可代替刷涂。

艺术辊具可在内墙上滚印出多种花图案。常用的艺术辊具根据所用材料不同分为橡胶滚花辊具、泡沫塑料辊具、硬橡皮辊具。橡胶滚花辊具的外形尺寸：长×宽×高为200mm×170mm×130mm，辊筒直径为50mm。边角小滚花辊具的外形尺寸为3mm×70mm×5.5mm。

橡胶滚花辊具分为双辊筒式和三辊筒式两种。主要由盛涂料的料斗、带柄壳体和辊筒组成。双辊筒式中一个辊是硬质塑料上料辊筒，另一辊是橡胶图案辊筒。三辊筒式则增加一个引料辊筒。

操作时是将涂料装入料斗中，沿内墙抹灰面滚动辊具即在墙上滚印出所选定的图案花饰。操作时应从左至右、从上到下，着落的位置要保持同一花纹点，滚动时手要平稳、拉直、一滚到底。

5. 喷涂机

常用的喷涂机有喷浆机、喷漆枪、斗式喷枪、空气压缩机和高压无气喷涂机等。

（1）喷浆机

分水推式喷浆机和电动喷浆机两种。喷浆机主要用于喷石灰浆、大白浆。

（2）喷漆枪

喷漆枪是喷涂涂料的一种机具。常用的喷漆枪种类有吸上式喷枪、压下式喷枪、借压力供漆的喷枪和无雾喷枪等。目前比较普遍用的喷枪是吸上喷枪，有PQ－1型（对嘴式）和PQ－2型（扁嘴式）。

7.23 建筑涂料的施工方法

建筑涂料的施工方法有刷涂、滚涂、刮涂、弹涂、喷涂、联合施工法等。

1. 刷涂

刷涂法是目前常用的最简单的方法。刷涂前首先将涂料搅拌均匀，使其黏度稠到30s～80s范围内，用漆刷或排笔蘸少许涂料，自上而下，从左到右、先里后外、先斜后直、先难后易，纵横涂刷，最后用排笔轻轻抹边缘棱角，使涂刷面上形成一层均匀、平整光亮的涂膜。操作时起刷要轻、运刷要重、收刷要轻、刷子要走平。对于垂直表面，最后一次涂刷要自上而下，对于水平表面，最后一次涂刷应按光线照射方向进行。

刷涂法所用的工具为油漆刷和排笔。此种方法的特点是节约涂料、工具简单且易掌握，施工灵活性强，对涂料品种适应性强。其缺点是劳动强度大、生产效率低、对快干性涂料不适应。如操作不熟练、涂膜会留下刷痕、流挂、涂层不均匀。

适用此种刷涂法的涂料如聚乙烯醇类内墙涂料、各种内外墙用的乳胶漆、溶剂性涂料、硅酸盐无机涂料等。

2. 滚涂

滚涂法是使用不同类型的辊具将涂料滚涂在建筑物的表面上。使用各种不同的辊具滚涂，可以达成各式各样的装饰效果。

滚涂法所用的辊具有一般辊具和艺术辊具两种。一般滚涂适用于薄质涂料，适用于工程中的低挡涂料或作为中高档涂料施工中的第一道涂饰。艺术滚涂可用不同形式的辊具，可在墙面上印上各种艺术图案花纹，或形成具有立体质感的凹凸花纹。

适用此种施工方法的涂料有内墙滚花涂料、内外墙厚质涂料，如合成树脂乳胶厚质涂料、无机厚质涂料、聚合物水泥厚质涂料。

3. 刮涂

刮涂施工方法常用于地面涂料的施工。此种方法是使用刮刀将涂料厚浆均匀地批刮到地面上，形成厚1~2mm的涂层。

适用刮涂施工方法的涂料有聚合物水泥厚质地面涂料及合成树脂厚质地面涂料。施工中也可用刮刀或记号笔刻画席纹或仿木纹等各种花纹，增强地面涂料的装饰效果。

4. 弹涂

弹涂是将各种颜色的厚质涂料用弹涂机弹射到墙面上，以形成具有立体感的彩色、点状涂层。此种方法形成的各种色点相互交错、相互衬托，可达到干粘石、水刷石的装饰效果，适用弹涂施工方法的涂料是内外墙的厚质涂料。施工时，可采用手动或电动弹涂机，将涂料弹射到墙上，用于外墙装饰时色点宜大，用于室内装饰时色点宜小。

5. 喷涂

喷涂施工方法为空气喷涂法。

空气喷涂是建筑涂料施工中普遍、常用的一种方法。此种方法的工作原理是：用空气压缩机出来的压缩空气将漆液从贮罐中吸上来，通过喷漆枪的喷嘴喷成雾状液，均匀地喷涂到涂刷物体表面上。喷涂法的优点是涂膜厚度均匀、光滑平整、施工效率高，缺点是必须分几次喷涂才能获得一定厚度，同时飞散在空气中的溶剂对人体有害，必须具备良好通风的条件才可以施工。

为了获得良好的涂膜质量，施工前应根据涂料的种类、空气压力、被涂物面积大小以及物面的状态来调涂料的黏度，具体要求如下：

涂料的黏度：15s~25s；

喷枪的喷嘴前空气压力：0.3MPa~0.5MPa；

喷出漆流的方向：垂直于被涂物表面；

喷漆速度：10m/min~12m/min。

操作时，每一喷涂幅度的边缘，应叠在已经喷好幅度的1/3~1/2处。

一般喷涂常用的工具是普通喷漆枪和电动无气喷涂机。适用的涂料有各种乳胶漆、水性薄质涂料、溶剂性涂料。砂壁状喷涂常用工具是手提式喷枪。适用的涂料有乙-丙彩砂涂料、苯-丙彩砂涂料等，其涂层形式为砂壁状。厚质涂料喷涂常用的工具为手提式喷枪及手提式双喷枪。适用的涂料有聚合物水泥系涂料、水乳型涂料、合成树脂乳液厚质涂料。

6. 联合施工法

在建筑涂料实际施工过程中，不限于采用某种固定方法，而采取各种施工方法相组合的联合施工法。例如用排笔刷涂打底漆、喷涂中间层厚质涂料，使用硬橡皮辊具滚压，用羊毛辊具滚涂罩面涂料，用此种联合施工方法可制得质感很强的凹凸彩色复层涂层。

7.24 涂料施工质量通病及防治

1. 脱皮

脱皮又称开裂、卷皮。

（1）产生脱皮的原因：基层原有松散物质没有除净、基层含水率高，过于潮湿、腻子配合不佳粘结强度低或涂层过厚。

（2）防治措施：

1）用扫帚或毛刷清理基层表面。如基层表面污垢、油渍严重，可用清洗剂彻底洗净。

2）严格控制基层的含水率。一般木材表面、混凝土及抹灰面的表面含水率应小于10%，金属面不能含水珠和湿气。如达到此种要求，也需待干燥后方可施工。干燥时间，在正常情况下（温度为10℃～30℃），抹灰面需10d，现浇混凝土需20d，同时避免在湿度大的季节施工。

3）搞好腻子的配合比：大白粉腻子的配合比一般为108胶：大白粉（碳酸钙）：水＝1:8:4，如胶凝材料比例过低，则无法保证其粘结性能。

4）减小涂层厚度

减小涂层厚度，可避免因自重过大引起坠落。原则上水性涂料厚度不超过0.5mm，乳液型涂料不超过3mm，溶剂型涂料不超过1mm。

2. 流坠

流坠又称流淌、流挂、泪垂。

（1）产生流坠的原因

1）施工表面太光滑。稀释水过量造成涂料黏度太低，涂膜又太厚。

2）施工现场空气湿度过大（相对湿度在80%以上），涂料干燥较慢而在成膜过程中凝聚起来。

3）基层表面处理不彻底，存在油污、蜡等污物，或基层含水率大。

4）喷涂施工中喷涂压力大小不均，喷枪与施涂面距离不一致。

（2）防治措施

1）基层处理要干净，含水率应符合规定。最好用细砂纸打磨基体增加附着力。

2）稀释水应按比例加入，避免过度稀释。

3）油刷应勤蘸油、少蘸油；喷涂时应调整喷嘴孔径。

4）调整空气压缩机，使其压力保持在0.4～0.6MPa，喷嘴与施涂面距离应控制到足以消除此项疵病，并应均匀移动。

3. 皱纹

皱纹又称皱皮。

（1）涂膜上产生皱纹的原因

1）一次装饰过厚，表面收缩造成皱纹。

2）底漆未干透即涂第二层漆。

3）干燥时环境温度过高或暴晒所致。

（2）防治措施

1）每一道涂料施工时要薄涂、均匀。

2）待底漆干透后再涂第二道涂料。

3）适量增加稀释水使涂料易涂。

4）高温、暴晒及寒冷、大风天气不宜涂刷涂料。

4. 粉化

粉化又称脱粉、掉粉。

(1) 涂膜产生粉化的原因

1) 施工环境及底层温度低，成膜不好。

2) 稀释水过量。

3) 涂料树脂的耐候性差。

(2) 防治措施

1) 施工环境温度低于8℃不宜施工。

2) 将粉化物清除干净。

3) 稀释水用量要适宜。

5. 裂纹

裂纹是指已固化的涂膜上产生细小裂纹。

(1) 产生裂纹的原因

1) 涂层过厚、表干未实干。

2) 漆膜干后硬度过高、柔韧性差。

3) 混色涂料在使用前未搅拌均匀。

4) 面层涂料中的挥发成分太多，影响成膜的结合力。

5) 涂膜干后硬度过高，柔韧性较差。

(2) 防治措施

1) 应选择柔韧性较好的面层涂料。

2) 施工中每层涂料要薄涂、均匀。

3) 施工前将涂料搅拌均匀。

4) 面层涂料的挥发成分不宜过多。

6. 起泡

涂膜在干燥过程中或高温高湿条件下，表面出现不规则的突起物。

(1) 产生起泡的原因

1) 未将附着力差的底漆清除干净。

2) 混凝土、水泥抹面、木材等基面含水率过高。

3) 喷涂时压缩空气中含有水分。

4) 施工环境温度过高或日光强烈照射使底层涂料未干透，遇雨水后又涂上新涂料，底层涂料干结时产生气体将面层涂膜顶起。

(2) 防治措施

1) 应在基层充分干燥后再进行涂饰。

2) 在潮湿处选用耐水涂料。

3) 喷涂前检修油水分离器，防止水汽混入。

4) 应在底层涂料完全干透并表面水分除净后再涂面层涂料。

7. 失光

失光又称倒光，是指涂膜形成后表面无光或光泽不足，或有一层白色雾状物凝聚在涂膜表面上。

(1) 产生失光的原因

1）涂刷时空气湿度过大或有水汽凝聚。

2）喷涂时压缩空气中含有水分。

3）木材基层含有吸水的碱性植物胶，金属表面有油渍，喷涂硝基漆后产生白雾。

（2）防治措施

1）严寒、阴雨天气或潮湿环境不宜施工。

2）检修油水分离器，防止压缩空气中水分存在。

3）木材、金属表面应干净、干燥，不得有油渍、污物。

4）出现倒光，可薄涂一层有防潮剂的涂料。

8. 发笑

又称笑纹、收缩。是指涂料在被涂刷物上收缩、形成斑点，如同水洒在蜡纸上一样，出现不规则大小圈，甚至会露出底层。

（1）产生涂膜发笑疵病的原因

1）基层表面有油垢、蜡质、潮气等，基体表面有残留的酸、碱溶液。

2）基面上太光滑或在光泽太高的底漆上涂罩光漆。

3）涂料的黏度小，涂膜太薄。

4）喷涂时混入油或水。

（2）防治措施

1）基层表面上的油垢、污渍、蜡质、潮气、残酸、残碱应清除干净。

2）施涂面不宜太光滑。高光泽的底漆干燥后，用砂纸打磨后再涂罩光漆。

3）加强检修油水分离器，使压缩空气中不含油和水。

4）调整涂料的黏度，适当选用黏度较大的涂料。

9. 发花

发花是指涂料在施涂及干燥过程中，颜色及色调出现一些不均匀的现象。

（1）产生涂膜发花的原因

1）含有多种颜料的复色涂料中，各种颜料的密度相差太大。

2）油漆刷的毛太粗、太硬，使用涂料时未将已沉淀的颜料搅拌均匀。

（2）防治措施

1）在密度差异很大的复合涂料的生产和施工中可适量加入甲基硅油。

2）选用软毛油漆刷，涂刷时加强搅拌。

3）产生发花时，可用性能优良的涂料补涂一道。

10. 泛白

又称发白。各种挥发性涂料在施工及干燥过程中出现涂膜浑浊、光泽减退甚至发白。

（1）产生泛白的原因

1）施工环境空气潮湿（相对湿度大于80%），稀释水蒸发慢而在涂膜中凝聚起来。

2）在喷涂过程中，油水分离器失效而把水分带进涂料中。

3）虫胶清漆及乙烯树脂类涂料若含有大量低沸点溶剂，不但发白，还可能产生针孔及细裂纹现象。

4）基层潮湿及墙体中的盐分析出。基层中可溶成份的溶液随着水分渗到漆膜表面析出白色物质或析出的物质与空气中 CO_2 等起化学反应生成难溶的硬化的表面物质。

(2) 防治措施

1) 喷涂前应检修油水分离器。

2) 在涂料中加入适量防潮剂，或在虫胶清漆中加入少量的松香。

3) 基层应干燥，避免在大雨天施工。

4) 虫胶清漆涂膜泛白，可用棉团蘸稀虫胶清漆擦涂泛白处使之复原。泛白严重时，应铲掉涂层重新施涂。

11. 刷痕

又称刷纹。是指在刷涂过程中，依靠涂料自身的表面张力不能消除，油刷在施工过程中留下的痕迹。

(1) 产生刷痕的原因

1) 基层的疤痕、毛刺等缺陷修补欠佳。

2) 毛刷的质量不佳、过硬或陈旧。

3) 涂料拌制过稀、遮盖力差。

(2) 防治措施

1) 在基层上统一抹一层腻子。

2) 选用质地较好的毛刷或喷枪施工。

3) 涂料稀释要适宜，要有较好的稠度，每次喷涂量要适宜，防止流坠透底。

12. 涂膜粗糙

指涂膜上出现颗粒状的凸起物，形成痱子，分布在整体或局部表面上。

(1) 产生涂膜粗糙的原因

1) 涂料在生产过程中研磨不够，颜料过粗，用油不足。

2) 搅拌不均匀。

3) 基层不光滑，不洁净有灰尘、砂粒，或施工现场不洁净，有灰尘、砂粒落入涂料中。

(2) 防治措施

1) 选用优良的涂料。

2) 涂料必须搅拌均匀，去掉杂物。

3) 大风沙天气不宜施工。

4) 基层不平处满批腻子并用砂纸打磨，擦去粉尘后再进行施工。

13. 回黏

又称发黏、慢干或不干。

(1) 产生涂膜回黏的原因

1) 基层面不洁净、有油、盐、蜡等物，如木材面上有脂肪酸、松脂，钢铁表面上有油脂未能清除干净。

2) 在氧化型的底漆未干前就进行第二道刷涂。

3) 涂膜太厚，施工后又在烈日下暴晒。

4) 涂料中混入半干性或不干性油，使用了高沸点溶剂。

(2) 防治措施

1) 应在头遍涂料彻底干燥后再涂第二遍涂料。每遍涂膜不宜过厚，要薄涂、均匀。

2）合理选用涂料和溶剂。

3）施工时应采取措施，防止冰冻、雨淋。

14. 咬色

又称渗色、渗透、洇色。是指面层涂料把底层涂料膜软化或溶解，使底层涂料的颜色渗透到面层涂料中来，造成色泽不一致。

（1）产生咬色的原因

1）基层底漆太稀未完全干燥、涂膜不牢固。面涂料内的稀释剂溶解性强而催化底涂膜产生咬色。

2）底涂料中含有溶解性较强的染料、沥青或酚油。

3）旧涂膜中有品红等油溶性的颜料或油渗性很强的有机颜料。

4）涂膜被水泥砂浆中的碱腐蚀。

（2）防治措施

1）基层处理时要彻底清洁干净，并应在松脂、沥青面上涂一遍虫胶清漆封闭。

2）选择合适的涂料。

3）咬色严重时应重涂。

15. 咬底

咬底是指面层涂料把底层涂料的涂膜软化、膨胀、咬起的现象。

（1）产生咬底的原因

1）在一般底层涂料上涂刷强溶剂型面层涂料造成咬底。

2）底层涂料未完全干燥时就涂第二道涂料。

（2）防治措施

1）各种牌号的底层涂料（底漆）和面层涂料（面漆）应配套选用。

2）应待底层涂料完全干透后再涂面层涂料。

3）发生咬底时应全部铲除干净后重涂。

7.25　地面涂料部分生产单位及通讯地址

地面涂料生产单位及通讯地址　　表 7－32

品　牌	生产单位	通讯地址（邮编）
振利牌	北京振利高新技术公司	北京丰台西局西街乙 88 号（100073）
银塔牌	天津开发区银塔实业有限公司	天津市河西区体院北道（300060）
尼佳德版立邦漆	北京市特利尔科贸有限公司	北京市西城区北新华街甲 47 号（100031）
冠星牌	广东增城市冠星发展有限公司	广东省增城市东桥东路 57 号（511300）
正伟牌	深圳正伟化工有限公司	深圳市西丽塘朗工业区 B15 栋
格瑞牌	北京市华通装饰装璜公司	北京海淀区学院路 38 号（100083）

8 楼梯、台阶、坡道、散水及明沟

8.1 楼 梯

楼梯是建筑（构筑）物上下楼层之间的交通要道，又是人流的疏散设施，通常由楼梯梯段、平台、栏杆和扶手等组成。楼梯应具有结构坚固、防火、防滑等特性。本节所涉及的内容主要是楼梯踏级面层施工中的有关事项，不含楼梯结构部分施工内容。

8.1.1 楼梯结构形式和设计要点

1. 楼梯的结构形式

楼梯的结构形式很多，主要有梁式、板式、悬挑式、悬挂式等几种。

（1）梁式楼梯。见图8-1（*a*），由梯梁承重，材料较省，自重较轻，适用于楼层高度及荷载都比较大的楼梯。当梁与板分开制作时，可采用预制钢筋混凝土、钢、木或组合材料等结构。当梁与踏板结合成整体时，只用于现浇钢筋混凝土结构。

（2）板式楼梯。见图8-1（*b*）。由板承重，除搁板外，钢材和混凝土用量都比较多，自重也比较大，一般用于楼层高度不大的预制或现浇钢筋混凝土楼梯。

（3）悬挑式楼梯。见图8-1（*c*）。由踏板悬挑自承重，占用室内空间少，适用于居住建筑或附属楼梯。踏板可用钢筋混凝土、金属、木材或组合材料等制作。

（4）悬挂式楼梯。见图8-1（*d*）。踏板用金属拉杆悬挂在上部结构上，金属连接件较多，安装要求较高，踏板可用钢筋混凝土、金属、木材或组合材料等。

2. 楼梯的地面类型

楼梯踏级面层的类型，通常与建筑楼地面面层的类型相同或相近。其中主楼梯踏级面层用料质量往往相同或高于楼地面面层的用料质量，而副楼梯踏级面层的用料质量则常常低于楼地面面层的用料质量。楼梯踏级面层用料使用较多的有水泥砂浆、现制或预制小磨石、大理石或花岗石板、木板、塑料板及地毯等。

3. 楼梯的设计要点

楼梯在建筑设计中形式多样，是建筑师精心设计之点，特别是公共建筑，楼梯的平面设计和立面造型常成为建筑艺术的点精之作。楼梯以及踏级面层的设计应注意以下几点：

（1）层数较多的主要楼梯，不宜做成圆弧形旋转楼梯。行人在上、下行动中易产生头晕症状而造成意外。

（2）人流较多的主要楼梯或儿童用房的楼梯，踏级不应做成透空式（指仅有踏脚板，没有踢脚板）的踏级，防止产生意外伤害。

（3）公共的或儿童用房的楼梯，栏杆不应做成易攀登的形式，防止儿童攀登玩耍而产生意外伤害。垂直杆件间的净距不应小于110mm。

（4）不设防滑条的踏级面层，应用防滑材料做成。

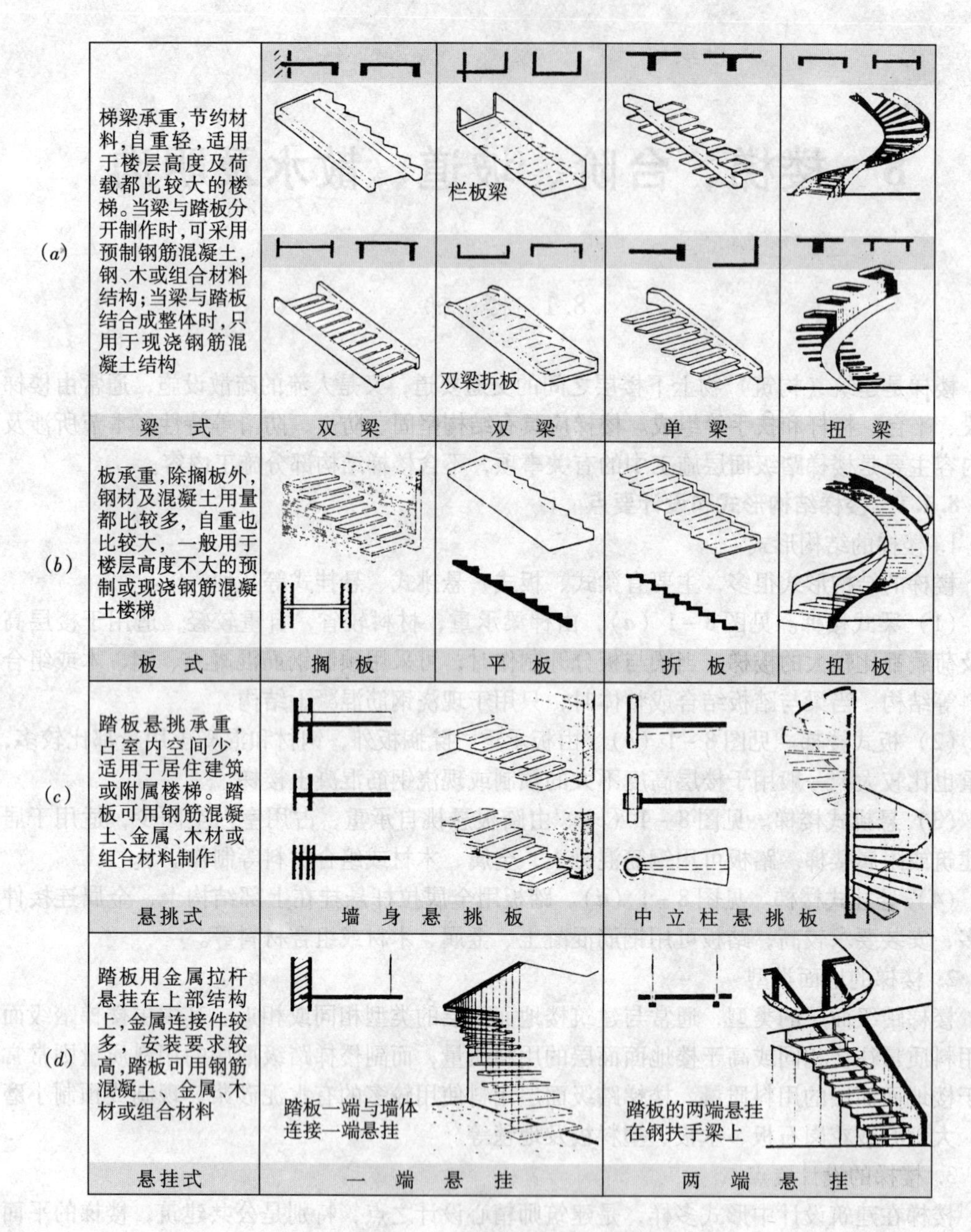

图8－1　楼梯的结构形式

(*a*) 梁式楼梯；(*b*) 板式楼梯；(*c*) 悬挑式楼梯；(*d*) 悬挂式楼梯

(5) 楼梯用水清洗时，应有防止污水漫流的遮挡设施，以免损害或影响其他部位的施工质量。

(6) 楼梯的坡度，通常以踏级的高、宽比来表示，比较适宜的坡度为1:2。使用人数较少的辅助性楼梯坡度可陡一些，为老、弱、病人和儿童使用的楼梯，坡度应缓一些。楼梯踏步的最小宽度和最大高度见表8－1。

楼梯踏步最小宽度和最大高度　　表 8－1

楼 梯 类 别	最小宽度（mm）	最大高度（mm）
住宅公用楼梯	250	180
幼儿园、小学校等楼梯	260	160
电影院、剧场、体育馆、商场、医院、疗养院等楼梯	280	160
其他建筑物楼梯	260	170
专用服务楼梯、住宅户内楼梯	220	200

注：无中柱螺旋楼梯和弧形楼梯离内侧扶手 0.25m 处的踏级宽度不应小于 0.22m。

8.1.2　使用材料和质量要求

楼梯踏级面层所用材料的质量要求，请参见相应地面面层的材料品种和质量要求。

8.1.3　楼梯踏级面层施工准备和施工要点

1. 施工准备

（1）楼面、平台及踏级面层的装饰材料已经明确，即楼面、平台及踏级面层的装饰厚度已经确定。

（2）室内天棚、墙面、地面等粉刷（装饰）分项工程已经完成，大部分需经楼梯运输的材料已经基本结束。

（3）栏杆已固定或预埋件已设置完成。

2. 施工要点

（1）认真学习、详细弄清施工图纸上楼面、平台和楼梯踏级的建筑标高和结构标高尺寸。

建筑标高＝结构标高＋面层粉刷厚度。当面层材料品种不同时，应特别注意高度差。

（2）弹好踏级分步控制线。在踏级面层施工前，应根据楼面和平台的建筑设计标高（应是楼面和平台地面材料铺设后的建筑标高），定出梯段上下两个踏级的阳角点，并以此两点为依据，在楼梯侧面墙上（当独立楼梯不靠墙时，应用木板做成侧板）弹出一斜线，并根据梯段踏级数作出等分点，此线即为楼梯踏级分步控制线，见图 8－2。各等分点即为每个踏级的阳角控制点，由此进行踏级面层（踏脚面和踢脚面）的施工操作，就能做到每个踏级的宽度和高度一致，不仅楼梯踏板的外形美观，行人上下也较舒服。

楼梯踏级分步控制线亦可在楼梯的侧面墙上，根据踏级的级宽和级高尺寸，用弹纵、横十字线的办法确定，见图 8－2。

（3）修凿梯段踏级尺寸。根据踏级分步控制线的各阳角点，对各踏级的级高和级宽进行修凿，并留出粉刷（装饰）厚度，以使粉刷（装饰）后，做到级高和级宽尺寸一致。

（4）抹底灰。认真抹好底灰，使面层（踏脚面和踢脚面）铺设时厚薄一致，是保证楼梯踏级施工质量的基本之点。

抹底灰前，应将修凿过的踏级基面用清水湿润，并用水灰比为 0.5 的水泥浆涂刷一道，随即抹底灰，以保证底灰与踏级基面粘结牢固。当底灰尺寸较厚时，应作分层抹压，每层厚度以 10～15mm 为宜。

（5）当踏级面层为水泥砂浆或现制水磨石面层时，铺设面层应由上而下的逐级进行。

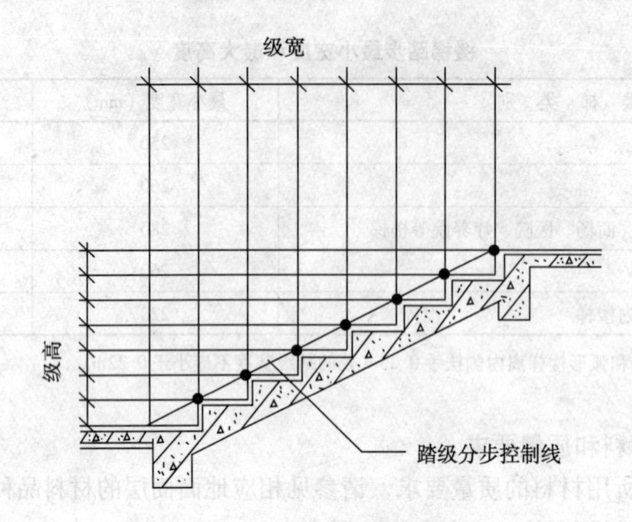

图 8－2　踏级分步控制线

在具体每个踏级施工时，应先抹立面（踢脚面），后抹平面（踏脚面），这样顺序施工的踏级，踏脚面盖住踢脚面，结合较好，不易产生裂缝。铺设面层时，并注意应使每个踏级的阳角落在踏级分步控制线的等分点上。

抹立面时，用靠尺压在踏级平面上，按立面厚度留出灰口尺寸，依着靠尺用木抹子搓压平整。然后把靠尺紧贴立面并撑牢，同样留出灰口尺寸后铺设面层。压光时应注意阴阳角处用专用抹子捋光，做出适当的棱角，抹灰程序见图 8－3。

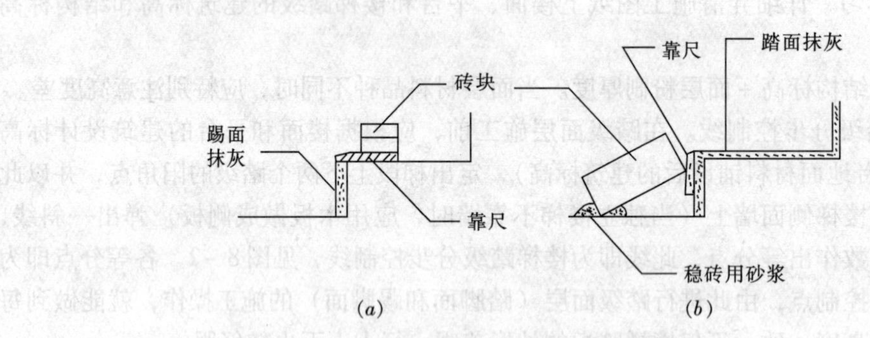

图 8－3　楼梯踏级面层铺设方法和步骤

(*a*) 先抹踢面灰；(*b*) 后抹踏面灰

当水泥砂浆或水磨石面层压实压光并终凝后，应及时做好养护工作，未达到相应强度前，不准行人上下。

(6) 当踏级面层为木板或预制水泥板、水磨石板、花岗石板、大理石板时，铺设的顺序应由下往上逐级铺设，并应结合牢固。铺设方法和步骤见图 8－4。

(7) 防滑条设置。为了使行人上下安全，楼梯踏级通常都设置防滑条。防滑条的种类很多，常用的有铜条、铜条板、铸铁、水泥金刚砂、硬橡皮条等，具体形式见图 8－5。

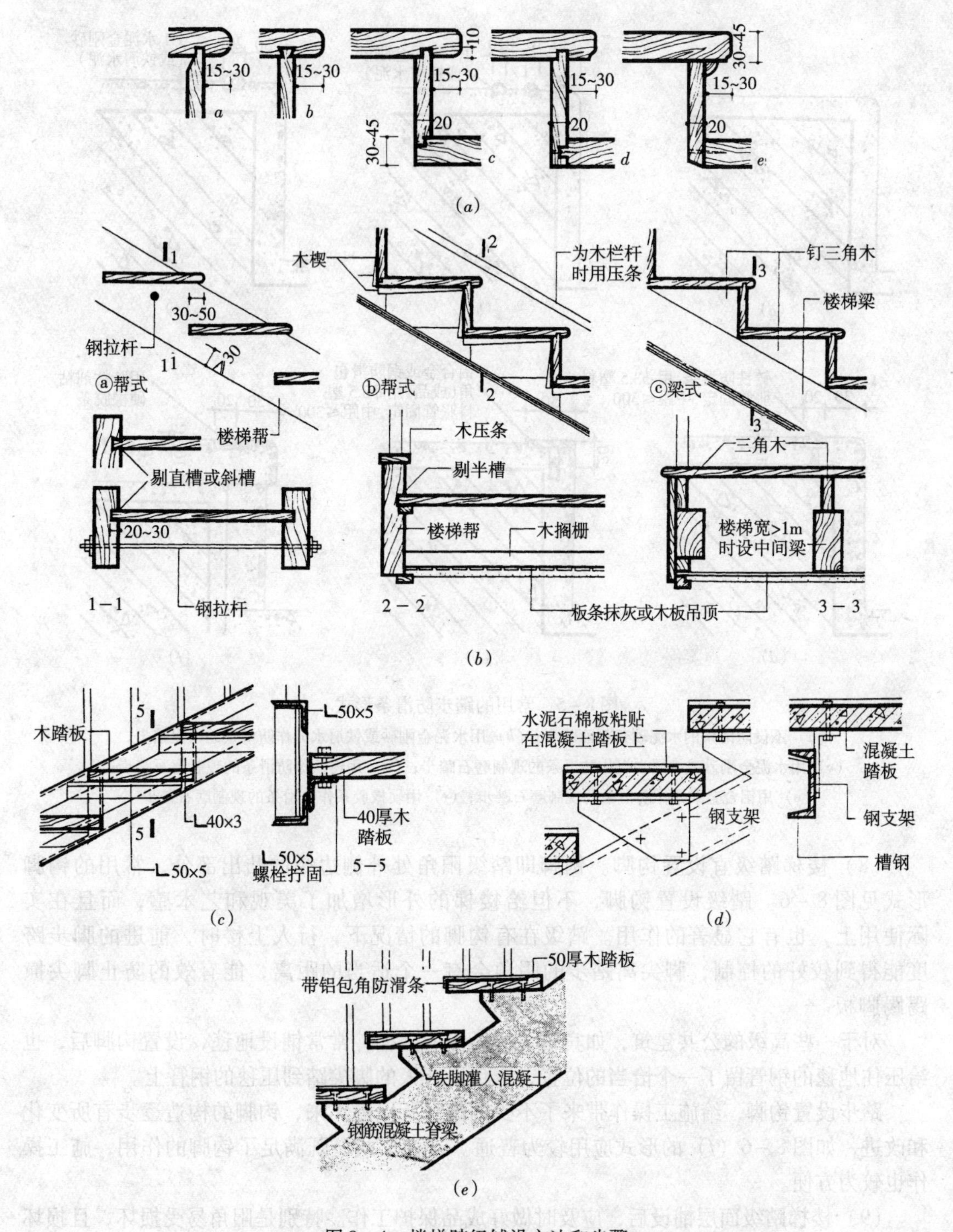

图8-4 楼梯踏级铺设方法和步骤

(a) 木踏板连接方法；(b) 木楼梯铺设方法；(c) 钢木组合楼梯铺设方法；
(d) 钢、混凝土组合楼梯铺设方法；(e) 混凝土、木组合楼梯铺设方法

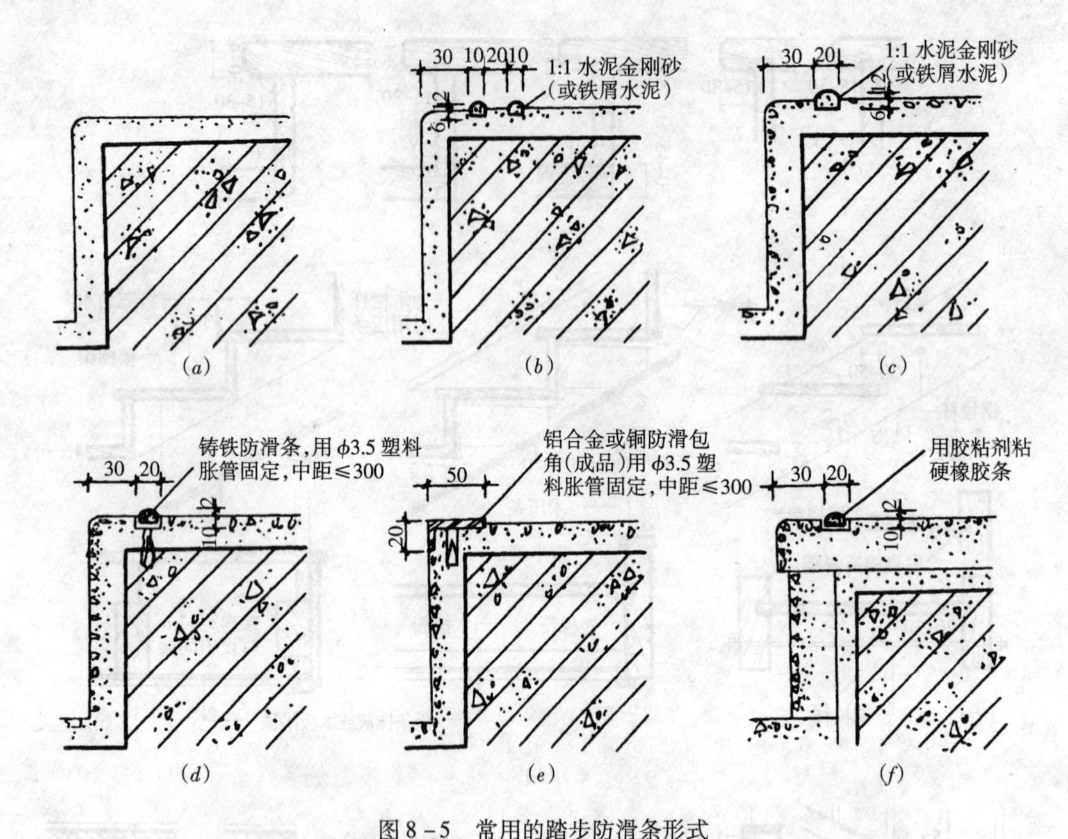

图 8－5　常用的踏步防滑条形式

（*a*）不设防滑条的水泥砂浆粉面踏步；（*b*）用水泥金刚砂或铁屑水泥作防滑条的水泥踏步；
（*c*）用水泥金刚砂或铁屑水泥作防滑条的现制磨石踏步；（*d*）用铸铁作防滑条的现制磨石踏步；
（*e*）用铝合金或铜作防滑条的现制磨石踏步；（*f*）用硬橡胶条作防滑条的现制磨石踏步

（8）楼梯踏级宜设置钩脚。钩脚即踏级阳角处外侧边缘的凸出部分，常用的钩脚形式见图 8－6。踏级设置钩脚，不但给楼梯的外形增加了美观和艺术感，而且在实际使用上，也有它显著的作用。踏级在有钩脚的情况下，行人上楼时，前进的脚步跨度能得到较好的控制，脚尖离踏步的阴角会有一个适当的距离，能有效的防止脚尖撞踢踢脚板。

对于一些高级的公共建筑，如宾馆、机场等的楼梯，常常铺设地毯，设置钩脚后，也给压住地毯的钢管留了一个恰当的位置，避免了行人的脚尖踏到压毯的钢管上。

踏步设置钩脚，给施工操作带来了不少困难。所以近年来，钩脚的构造逐步有所变化和改进，如图 8－6（*f*）的形式应用较为普通。这种形式，既满足了钩脚的作用，施工操作也较为方便。

（9）楼梯踏级面层铺设后，应及时做好成品保护工作。特别是阳角易受损坏，且损坏后修补较困难，可用木板做成折角包住阳角，两侧用上下通长的木条拉结好，防止碰撞损坏。

8.1.4　质量标准和检验方法

楼梯踏级的质量标准和检验方法见表 8－2。

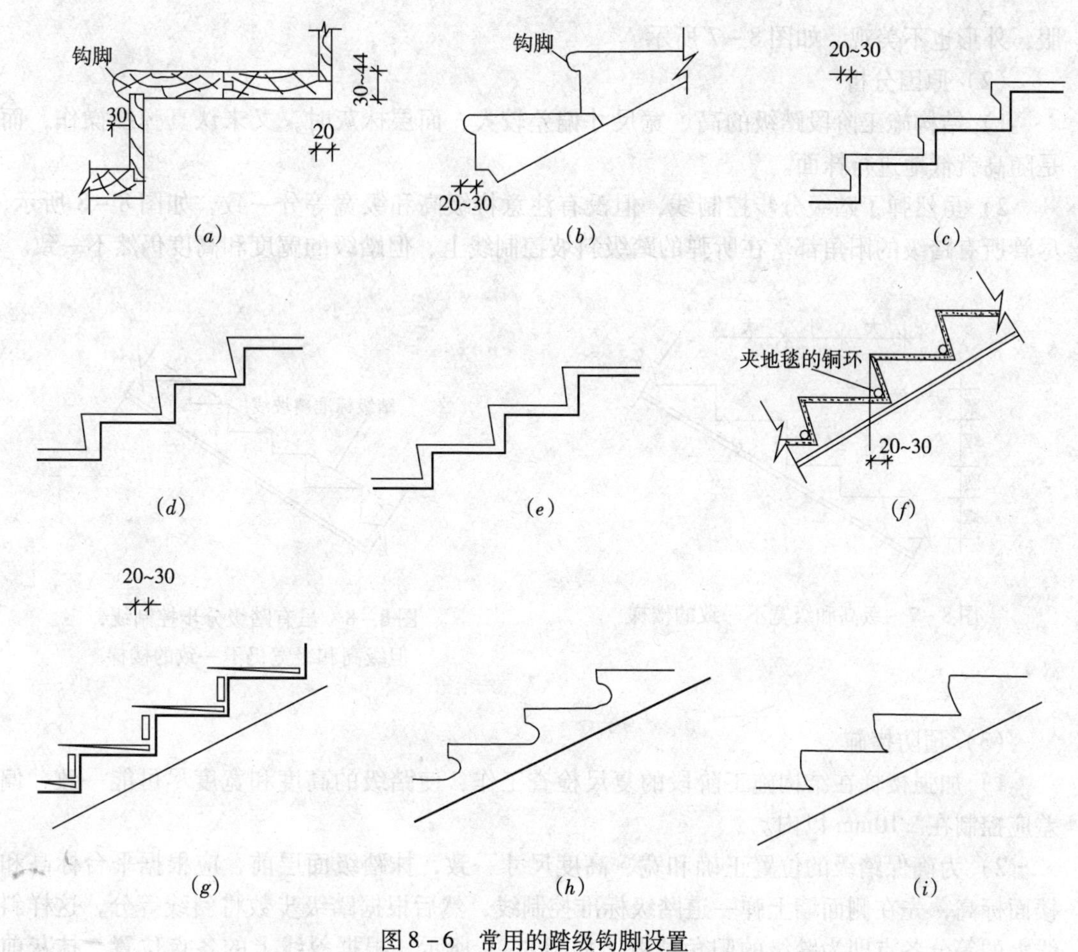

图 8－6 常用的踏级钩脚设置

楼梯踏级的质量标准及检验方法 **表 8－2**

项目类别	项次	项　目	质量要求或允许偏差（mm）	检 验 方 法
主控项目	1	面层与基层结合情况	结合牢固，不应有裂缝、空鼓或松动等现象	观察和用小锤轻击检查
一般项目	2	表面质量情况	应密实、压光，不应有起砂、脱皮等缺陷。防滑条应顺直，位置正确，高度和宽度尺寸一致，踏级阳角成一直线钩脚设置正确	观察和拉线检查
	3	踏级宽度和高度对设计偏差值	10	用钢尺检查
	4	踏级两端宽度差	10	
	5	相邻两步的高差值	10	

8.1.5 质量通病和防治措施

1. 踏级宽度和高度不一

(1) 现象

楼梯的踏级宽度和高度不一致，使行人上下时出现一脚高、一脚低的情况，既不舒服，外形也不美观，如图8－7所示。

（2）原因分析

1）结构施工阶段踏级的高、宽尺寸偏差较大，面层抹灰时，又未认真弹线操作，而是随高就低地进行抹面。

2）虽然弹了踏级分步控制线，但没有注意将级高和级宽等分一致，如图8－8所示，尽管所有踏级的阳角都落在所弹的踏级斜坡控制线上，但踏级的宽度和高度仍然不一致。

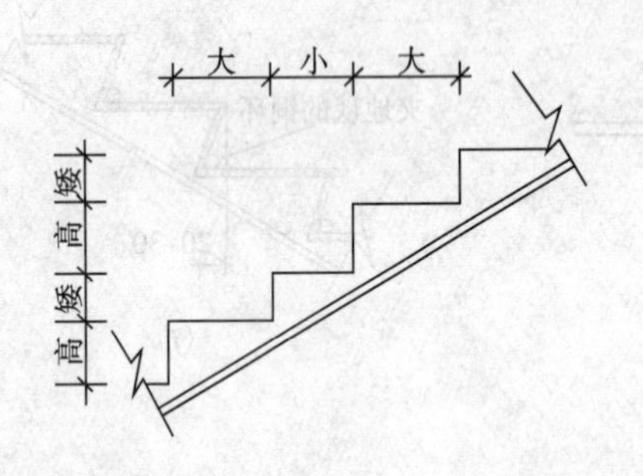

图8－7　级高和级宽不一致的楼梯

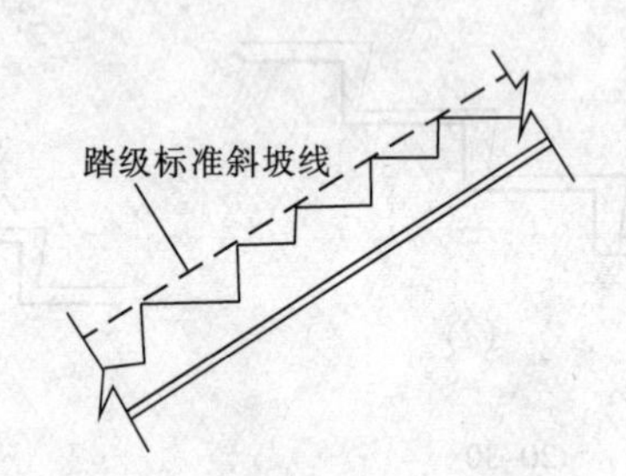

图8－8　虽有踏级分步控制线，但级高和级宽仍不一致的楼梯

（3）预防措施

1）加强楼梯在结构施工阶段的复尺检查工作，使踏级的高度和宽度尽可能一致，偏差应控制在±10mm以内。

2）为确保踏级的位置正确和宽、高度尺寸一致，抹踏级面层前，应根据平台标高和楼面标高，先在侧面墙上弹一道踏级标准控制线，然后根据踏级步数将斜线等分，这样斜线上的等分各点即为踏级的阳角位置，如图8－9所示。根据斜线上的各点位置，抹灰前应对踏级进行恰当的錾凿。图中粗线即为粉面完成后的踏级外形线。

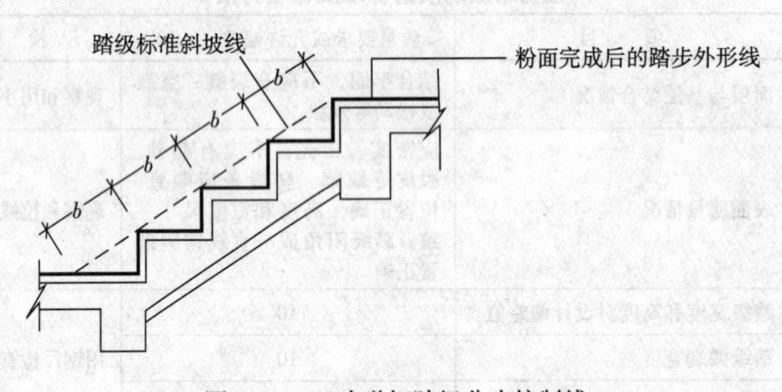

图8－9　正确弹好踏级分步控制线

3）对于不靠墙的独立楼梯，如无法弹线，可在抹面前，在两边上下拉线进行抹面操作，必要时可用木板做出样板，以确保踏级高、宽度尺寸一致。

（4）治理方法

对于踏级高度和宽度偏差较大的，或外观质量要求较高的楼梯，应作返修处理，将面层錾凿后，按本条预防措施中2）、3）项要求及2.“踏级阳角处裂缝、脱落”预防措施中各项要求重新抹面。

2. 踏级阳角处裂缝、脱落

（1）现象

踏级在阳角处裂缝或剥落，有的在踏级平面上出现通长裂缝，然后沿阳角上下逐步剥落，如图8－10所示。既影响使用，又影响美观。

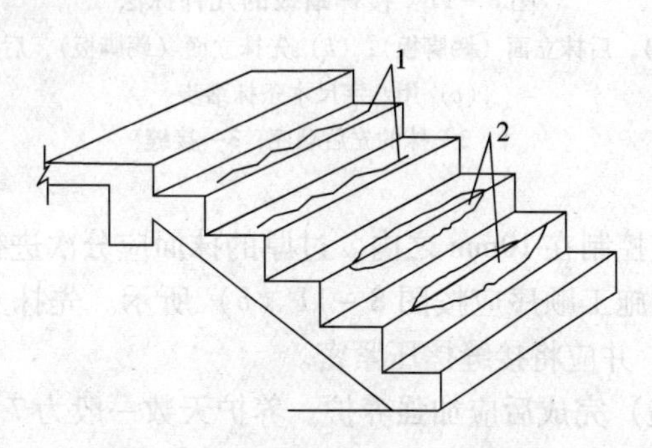

图8－10 楼梯踏级裂缝、剥落示意

1—踏板裂缝；2—阳角剥落

（2）原因分析

1）踏级抹面（或抹底灰糙时），基层比较干燥，致使粉面（或底灰糙）砂浆失水过快，既影响抹面（或底灰糙）砂浆的强度增长，又降低了与基层的粘结，造成日后裂缝、空鼓、剥落。

2）基层清理不干净，表面有浮灰等杂物起了隔离作用，降低了粘结力。

3）抹面砂浆过稀，抹在踢脚板部位的砂浆在自重作用下产生向下滑坠的现象，特别是一次粉抹过厚时，这种情况更易发生。这种极微小的向下滑动，用肉眼不易观察到，但却大大削弱了与基层的粘结效果，成为裂缝、空鼓和脱落的潜在隐患。

4）抹面操作顺序不当，如图8－11（*a*）所示。若先抹平面（踏脚板），后抹立面（踢脚板），则平、立面的结合不易紧密牢固，往往存在一条垂直的施工缝隙，经频繁走动，就容易造成阳角裂缝、脱落等质量缺陷。

有的用八字尺木条抹楼梯踏级，虽然操作工序是先抹立面，后抹平面，但平、立面的接缝呈斜向，并在踏级阳角处闭合，如图8－11（*c*）所示。这种接缝也容易使踏级阳角处产生裂缝和脱落。

5）踏级抹面后养护不够或不养护，或者开放交通过早，造成裂缝、掉角、脱落等。

（3）预防措施

1）踏级抹面（或抹底灰糙）前，应将基层清理干净，并充分洒水湿润，最好提前1d进行洒水湿润。

2）抹前应先刷一度素水泥浆结合层，水灰比应控制在0.4～0.5之间，并严格做到随刷随抹。

3）水泥砂浆稠度应控制在35mm左右。

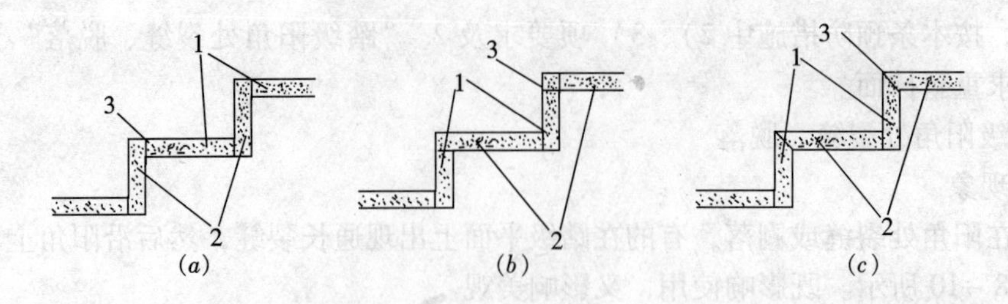

图8－11　楼梯踏级的几种抹法

（a）先抹平面（踏脚板），后抹立面（踢脚板）；（b）先抹立面（踢脚板），后抹平面（踏脚板）；

（c）用八字尺木条抹踏步

1、2—抹的先后顺序；3—接缝

4）一次抹灰厚度应控制在10mm之内。过厚的抹面应分次进行操作。

5）踏级平、立面的施工顺序应按图8－11（b）所示。先抹立面，后抹平面，使平、立面的接缝在水平方向，并应将接缝搓压紧密。

6）抹面（或底灰糙）完成后应加强养护。养护天数一般为7～14d，养护期间应禁止行人上下。

7）踏级粉面层时，在阳角处增设护角钢筋，如图8－12所示。

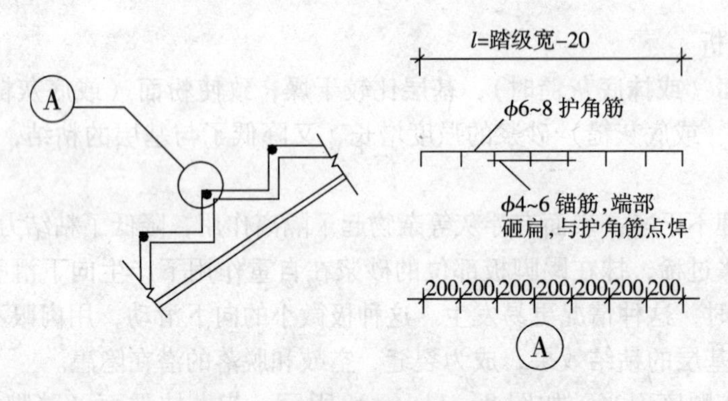

图8－12　踏级阳角护角钢筋示意

8）从开放交通到正式验收前，应做好楼梯踏级保护工作，可用木板或角铁置于踏级阳角处，以防止踏级阳角被碰撞损坏。

（4）治理方法

当裂缝或脱落比较严重而影响行人交通，或外观质量要求较高时，应做返修处理，返修时，应将踏级抹面凿去，然后按本条“预防措施”中所提各点要求重新抹面。

3. 踏级踢脚板外倾

（1）现象

踏级踢脚板如图8－13所示，外形不美观，行人上下时，脚尖容易撞到踢脚板上。

（2）原因分析

1）结构施工阶段几何尺寸不正确，模板胀模造成踢脚板外倾。

2）抹面施工时，不注意认真修正，操作马虎，检查不严。

（3）预防措施

1）加强结构施工阶段的检查复尺工作，特别应防止模板胀模造成踢脚板外倾。

2）有的楼梯采用踢脚板向内倾斜的方法，代替踏级的钩脚，既增加了美观，又可在阴角处设置压地毯的铜环，如图 8－14 所示。这时踏级阴角应比阳角凹进 20～30mm，这在立模和抹面施工中都应明确交底，勤检查，保证尺寸正确。

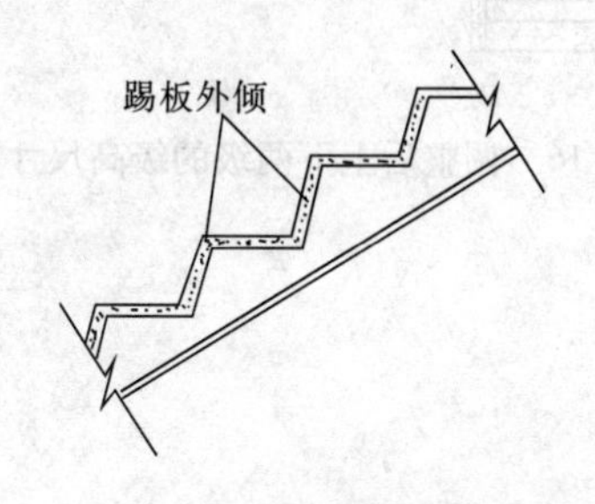

图 8－13 踏级踢板外倾示意

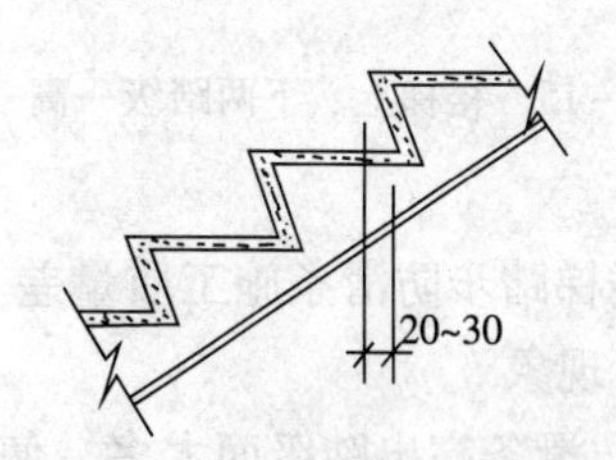

图 8－14 踏级踢板内倾示意

（4）治理方法

对于踢脚板外倾较大，或外观质量要求较高，或是影响地毯压条设置时，应做返修处理。将踏级抹面凿去，并将踢脚板部位凿至设计所需的位置，然后按 2. “踏级阳角处裂缝、脱落”中预防措施各点要求进行施工。

4. 楼梯起步踏级和最终踏级高度不一致

（1）现象

楼梯梯段的起步踏级与最终踏级的高度不一致，行人上下行走时的脚感很不舒服。

（2）原因分析

这种情况常发生在楼梯踏级面层的材料品种与厚度和楼面面层的材料品种与厚度不一致时。在主体结构施工阶段，楼梯踏级的宽度和高度一般是一致的，加上楼梯抹灰前弹好标准斜坡线后，就能做到踏级的宽度和高度尺寸一致。但当楼梯踏级面层材料品种与厚度和楼面面层材料的品种与厚度不一致时，就会使楼梯的起步踏级高度偏小，而最终一级的踏级高度偏大，见图 8－15。例如楼梯踏级标准高度为 150mm，踏级面层为 1∶2 水泥砂浆，厚度 20mm；而楼面为花岗岩面层，铺设厚度为 40mm，则楼梯起步踏级竣工后级高成为 130mm，而最终踏级竣工后级高成为 170mm。

（3）预防措施

图纸会审时，应弄清楚楼梯面层和楼面面层材料的品种和厚度要求，当面层材料的品种和厚度不同时，在主体结构施工阶段就要注意调整楼梯起步踏级和最终踏级的级高尺寸，以使面层完成后，整个梯段踏级的级高尺寸取得一致。如图 8－16 所示，如果在主体结构施工阶段，木工立模板时，将起步踏级的级高调整到 170mm，最终踏级的级高调整到 130mm，则面层完成后，整个楼梯梯段的级高尺寸就可完全一致。

（4）治理方法

将楼梯段上水泥砂浆面层凿毛后进行调整，如图 8－16 所示，每个踏级上加抹 20mm 厚水泥砂浆，最终全梯段踏级尺寸（高度）可完全一致。

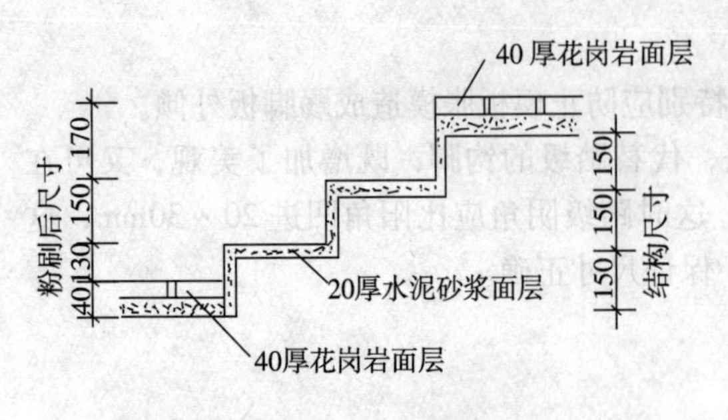

图8-15　楼梯上、下两踏级一高一低

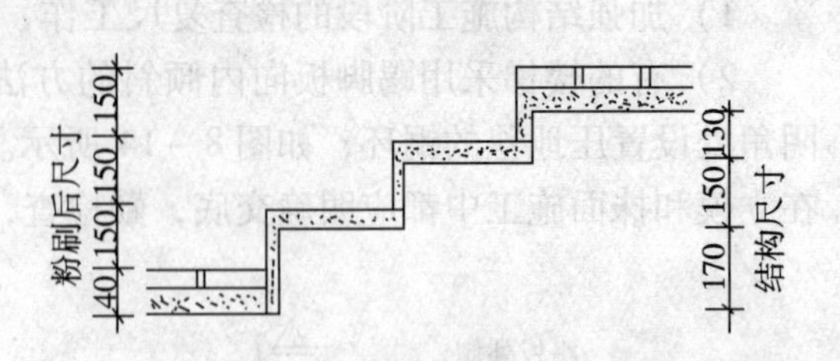

图8-16　调整后上下两级的级高尺寸一致

5. 楼梯踏步防滑条施工质量差

（1）现象

1）防滑条高出踏级面太多，使行人有硌脚的感觉。

2）防滑条高出踏级面太少，起不到防滑作用。

3）防滑条翘起或脱落。

（2）原因分析

1）施工交底不清，施工操作人员按习惯做法操作，施工中未能及时检查发现问题。

2）采用钢屑水泥防滑条时，事先埋设在面层内的木条深度较浅，为使防滑条铺设有一定厚度，盲目增加高度。采用铜条作防滑条时，锯缝的缝隙较浅，铺设后铜条高出踏级面太多。

3）铺设防滑条时，预留的槽内未认真清理，抹面不细致，使防滑条粘结不牢而松动翘起或脱落。

4）防滑条铺设后，上人过早，反复踩踏而使防滑条松动、翘起甚至脱落。

（3）预防措施

1）施工前应将防滑条的操作要求向施工操作人员进行认真交底。防滑条离踏级边以30mm为宜，钢屑水泥防滑条宽度宜为20～25mm，用圆阳角抹子将圆捋实。防滑条高出踏级面以3mm为宜。

2）施工中应精心操作，缝隙内应清洗干净，并刷水泥浆（用于钢屑水泥防滑条）后再行铺设防滑条。施工中应认真检查，发现问题，及时解决。

3）防滑条施工完成后，应做好成品保护，不应过早上人踩踏，防止造成松动、翘起或脱落。

（4）治理方法

过高的防滑条可用粗砂轮进行打磨，适当降低高度。松动、翘起或脱落的防滑条，应重新粘结或修补更换。

8.2　台　阶

由于室内地面一般都高出室外地面，因此在房屋的入口处要做台阶，以沟通室内外地面。当室内楼地面存在不同标高时，亦常用台阶作过渡。

8.2.1 台阶的构造形式和设计要点

1. 台阶的构造形式

台阶的常用构造形式见图 8－17。有砖砌台阶、混凝土台阶、石砌台阶和架空台阶等。

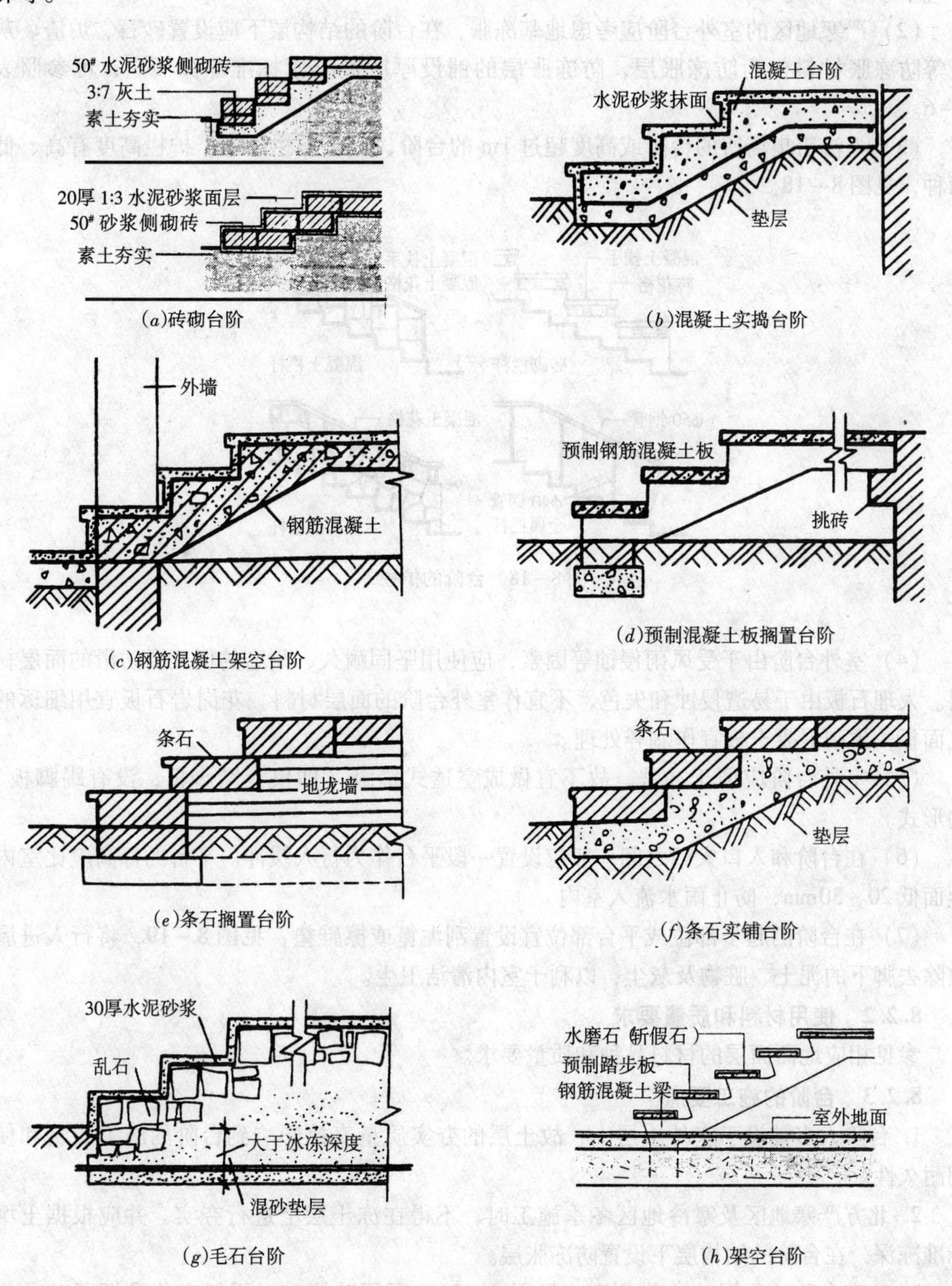

图 8－17 常用台阶的构造形式

2. 台阶的设计要点

（1）台阶踏级的高度和宽度应根据不同的使用要求确定。台阶坡度一般应比楼梯坡度要平缓些，踏级高度宜用100~150mm，不宜大于150mm，踏级宽度宜用300~350mm，不宜小于300mm。

（2）严寒地区的室外台阶应考虑地基冻胀，在台阶的结构层下应设置砂石、炉渣、灰土等防冻胀材料作为防冻胀层，防冻胀层的铺设厚度视土壤标准冻深而定，可参照表2-6。

（3）人流密集场所的台阶或高度超过1m的台阶，宜有护栏设施。护栏高度有高、低两种，见图8-18。

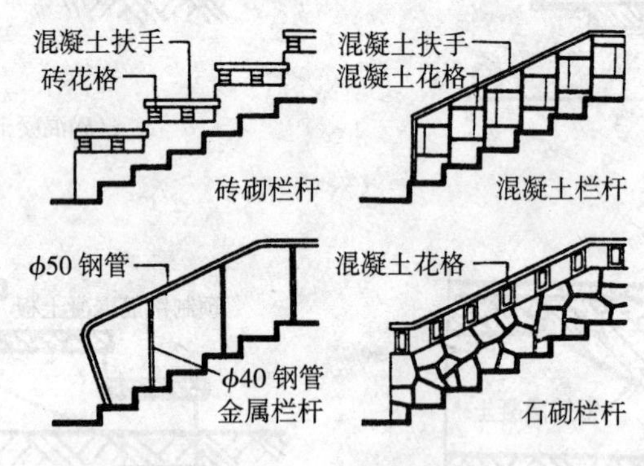

图8-18　台阶的护栏

（4）室外台阶由于受风雨侵蚀等因素，应使用坚固耐久、耐磨的但又要防滑的面层材料。大理石板由于易遭侵蚀和失色，不宜作室外台阶的面层材料。花岗岩石板宜用细琢的毛面板，预制混凝土板宜作剁斧处理。

（5）室外台阶应便于冲洗，故不宜做成空透式踏级（即仅有踏脚板，没有踢脚板）的形式。

（6）在台阶和入口大门之间一般应设置一段平台作为行人缓冲。平台的标高应比室内地面低20~30mm，防止雨水流入室内。

（7）在台阶的起步部位或平台部位宜设置刮泥篦或擦鞋垫，见图8-19，将行人进屋前除去脚下的泥土、脏物及灰尘，以利于室内清洁卫生。

8.2.2　使用材料和质量要求

参见相应地面面层的材料品种和质量要求。

8.2.3　台阶的施工要点

1. 台阶大多铺设于室外土层上，故土层的夯实质量直接影响到台阶的施工质量和使用耐久性。

2. 北方严寒地区及寒冷地区冬季施工时，不得在冻土层上进行夯实。并应根据土壤标准冻深，在台阶的结构层下设置防冻胀层。

3. 砖砌台阶的顶层砖应作侧砌，见图8-20。顶层砖侧砌，不仅充分发挥了砖的抗弯、抗剪强度，而且也提高了整个砖砌台阶的强度。同时，顶层砖侧砌，还增加了砌体纵

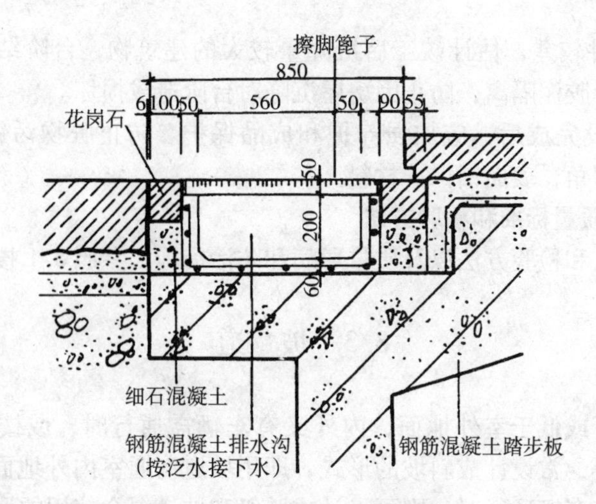

图 8-19　花岗石台阶的擦脚篦

横两个方向的灰缝数量，增加抹面砂浆与砖的粘结力，阻止和减少抹面砂浆的裂缝、脱壳等质量缺陷。

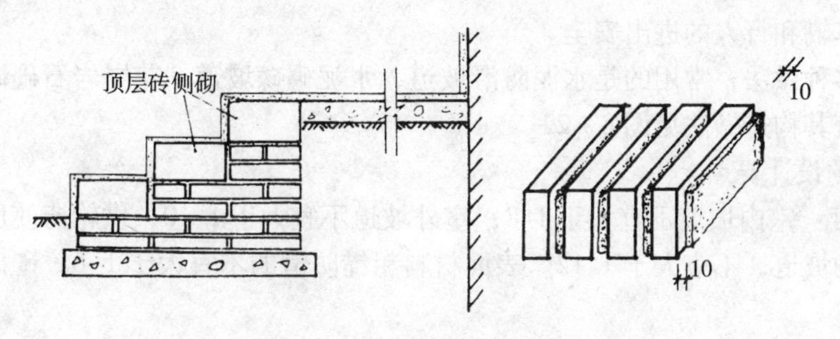

图 8-20　砖砌台阶构造

4. 铺设花岗石等板块踏级台阶时，宜设置镀锌钢筋勾，以增加踏级的整体坚固性。镀锌钢筋勾见图 8-21。

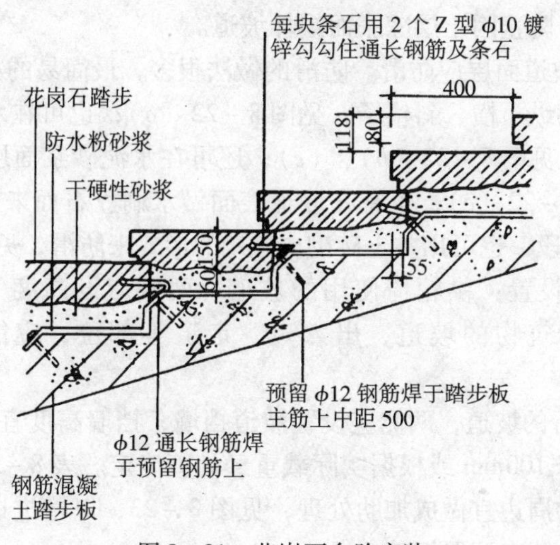

图 8-21　花岗石台阶安装

5. 对于地质条件较差，估计竣工后沉降量较大的建筑物，台阶结构宜与建筑物结构体分离，中间以沥青胶泥隔离，防止因房屋沉降对台阶造成损坏。

6. 台阶踏级铺设完成后，应加强养护和成品保护。防止脏物污染面层和损坏边角，必要时用木板包护阳角，表面铺保护材料。

8.2.4 台阶的质量标准和检验方法

台阶的质量标准和检验方法以及质量通病和防治措施，参照8.1楼梯一节相应内容。

8.3 坡 道

当室内地面高于或低于室外地面，内外又有车辆需通行时，或楼层间需有车辆上下时，如医院病房区等，常设计成斜坡的形式，即用坡道沟通室内外地面或楼层间地面。当既有行人通行，又有车辆通行时，则可设计成踏级和坡道混合使用的形式，见文前彩图。

8.3.1 坡道的构造形式和设计要点

1. 坡道的构造形式

坡道的构造形式比较简单，实际上是地面的倾斜形式。不同的是坡道有一定的防滑要求，以保证车辆和行人的进出安全。

坡道有多种做法，常用的是水泥防滑坡道，水泥礓礤坡道、花岗岩石礓礤坡道、水刷豆石坡道等，其构造做法见图8－22。

2. 坡道的设计要点

（1）坡度：室内坡道不宜大于1∶8；室外坡道不宜大于1∶10；供轮椅使用的坡道或表面材料光滑的坡道，不应大于1∶12。表面材料粗糙防滑的不宜大于1∶6；礓礤坡道不宜大于1∶4。

（2）平台设置：室内坡道投影长度超过15m时，宜设置休息平台，平台宽度应根据车辆能活动转弯或轮椅、病床所需尺寸和缓冲空间而定。室外坡道的平台应适合通行的车辆。

（3）防冻胀层设置：北方寒冷地区的室外坡道、其结构层下面应设置天然砂石、煤渣、灰土等防冻胀层，防止因土层冻胀而损坏坡道。

（4）防滑要求：坡道面层应防滑。防滑的做法很多，最简易的如在水泥砂浆面层上用细麻绳划有一定深度的纵、横、斜格子，见图8－22（*a*）；也可在水泥砂浆面层上做成各种礓礤形式进行防滑，见图8－22（*b*）、（*e*）；还可在水泥砂浆面层上设置水泥铁屑砂浆防滑条和做法，见图8－22（*c*）；也有在坡道表面做水刷豆石面来进行防滑，见图8－22（*d*）；在磨损不大的地段，也可用黏土砖砌成礓礤的形式来防滑，见图8－22（*f*）。

（5）护拦和扶手设置：供轮椅使用的坡道，两侧应设高度为650mm的扶手。医院、疗养院等主要建筑物的坡道、出入口、走道等部位，应能满足轮椅使用者的要求。

（6）有机动车通行的坡道，两侧应设置坡道挡墙，挡墙高度宜为300～500mm。其混凝土垫层厚度不宜小于100mm或根据实际载重经计算确定。表8－3为大门坡道混凝土垫层厚度参考表。坡道的周边宜做成加肋处理，见图8－23，以增进边角处的强度和提高整体承载能力。必要时在肋内配置钢筋。

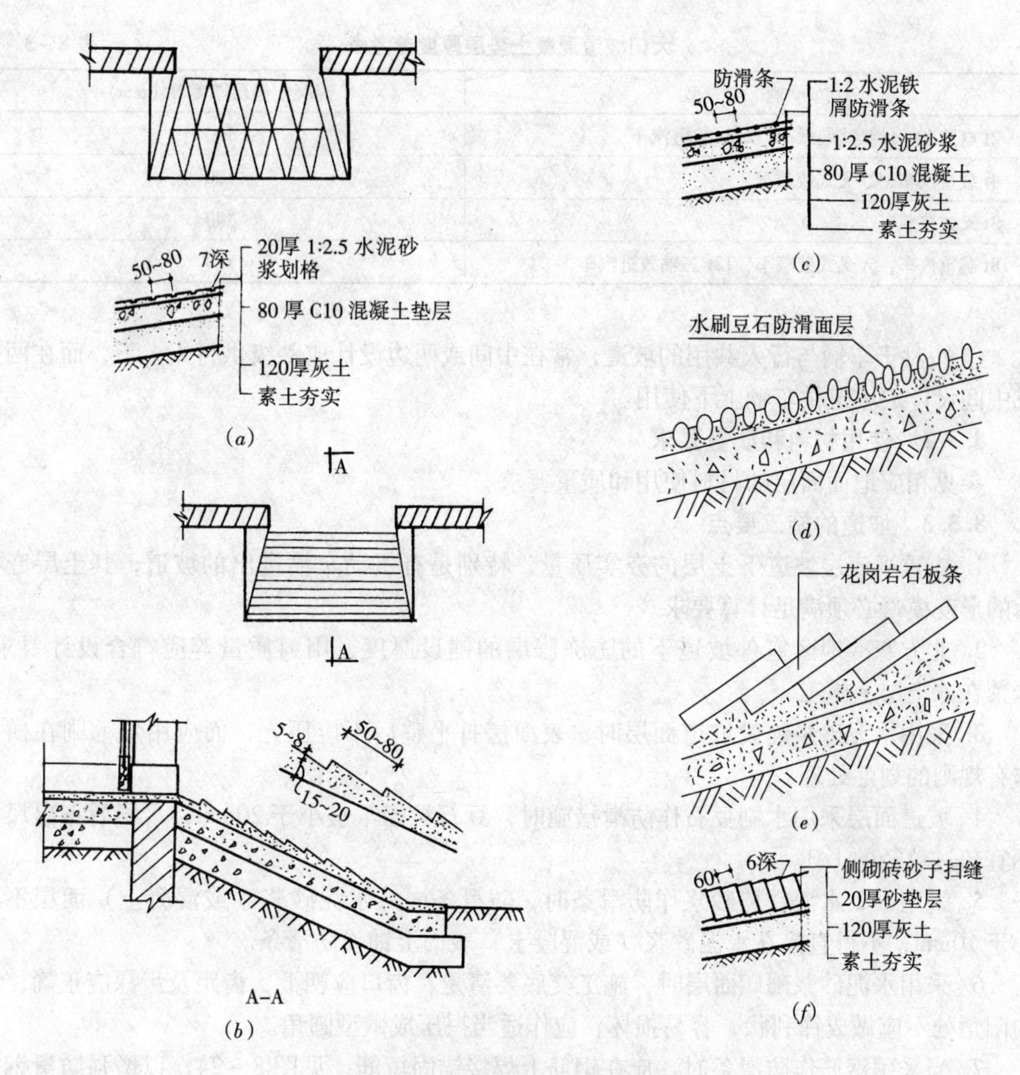

图 8－22 坡道的几种常用做法

(a) 水泥砂浆面层打防滑格子的坡道;
(b) 水泥砂浆面层做礓礤的坡道;
(c) 设置 1:2 水泥铁屑防滑条的坡道;
(d) 表面做水刷豆石的坡道;
(e) 用花岗岩石板铺设的礓礤坡道(北京火车站出口通道);
(f) 用粘土砖作礓礤的坡道

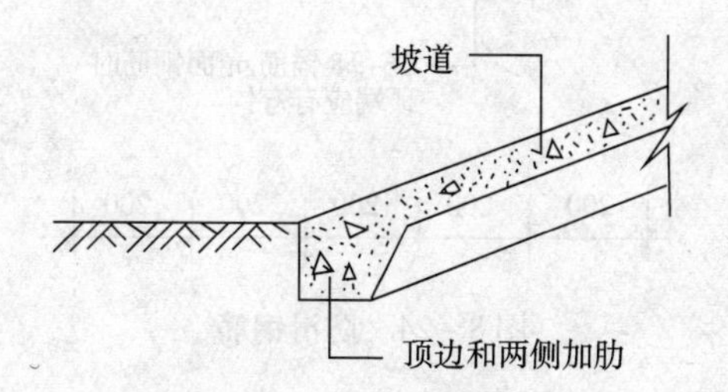

图 8－23 坡道周边的加肋处理做法

大门坡道混凝土垫层厚度参考表 表8-3

车 辆 类 型	混凝土垫层厚度D（mm）
2t电瓶车，1t叉式装载车，2.5t载重汽车	100
4t载重汽车，2t叉式装载车	120
3t叉式装载车	140
8t载重汽车，5t叉式装载车，12t三轴载重汽车	180

（7）对于车辆与行人共用的坡道，常在中间或两边设计成踏级供行人上下，而在两边或中间设计成坡道供车辆上下使用。

8.3.2 使用材料和质量要求

参见相应地面面层的材料使用和质量要求。

8.3.3 坡道的施工要点

1. 应重视底层坡道下土层的夯实质量，特别是有机动车辆进出的坡道，其土层夯实后的形变模量必须满足计算要求。

2. 北方寒冷地区室外坡道下的防冻胀层的铺设厚度、用料质量等应符合设计要求。严禁在冻土层上施工。

3. 采用水泥砂浆铺设坡道面层时，表面搓打平整后不应压光，而应用短毛刷在横向作有规则的划毛处理。

4. 坡道面层采用水刷豆石作防滑措施时，豆石粒径不宜小于20mm，水刷后露出尺寸不宜超过粒径的1/3。

5. 采用1:2水泥铁屑砂浆作防滑条时，防滑条嵌入水泥砂浆（或混凝土）面层不应小于10mm，不得直接在水泥砂浆（或混凝土）表面上铺设防滑条。

6. 采用水泥砂浆礓礤面层时，施工交底要清楚，齿口应朝上，齿距及齿深应正确，齿的阳角处不应做成锋利状，容易损坏，应作适当捋压成微型圆角。

7. 当采用钢筋作防滑条时，应在钢筋上焊接锚固短筋，见图8-24，以增强防滑钢筋的嵌固效果。锚固短筋应用螺纹钢筋，如用光面钢筋时，端部应设弯钩。锚固短筋嵌入面层的厚度不宜小于25mm。防滑钢筋直径的一半嵌入面层砂浆或混凝土内。

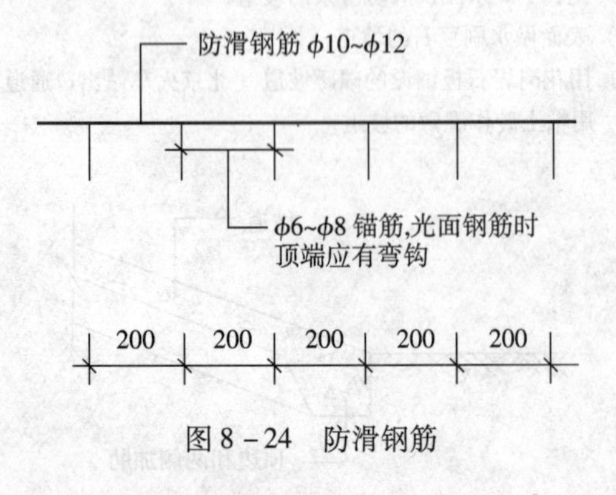

图8-24 防滑钢筋

8. 当地质条件较差，估计竣工后建筑物沉降量较大时，坡道应与建筑物结构体作隔离处理，中间填嵌沥青胶泥等弹性材料，以防止建筑物沉降而影响坡道质量。

9. 坡道面层铺设完成后，应及时做好养护和成品保护工作，防止行人和车辆过早使用，造成损坏。

8.3.4 坡道的质量标准和检验方法

坡道的质量标准和检验方法以及质量通病和防治措施，参见5. 常用地面工程一章相应内容要求。

8.4 散水与明沟

散水和明沟设置于建筑物外围地面的四周，和外墙下部的勒脚一起，对墙脚和墙基起着保护作用，使屋檐掉落的雨水和地面上的雨水及时排除，防止墙脚和基础受水浸泡。

散水和明沟通常单独设置，但也常常联合设置。

8.4.1 散水与明沟的构造形式和设计要点

1. 构造形式

（1）散水的常用构造形式见图8－25。

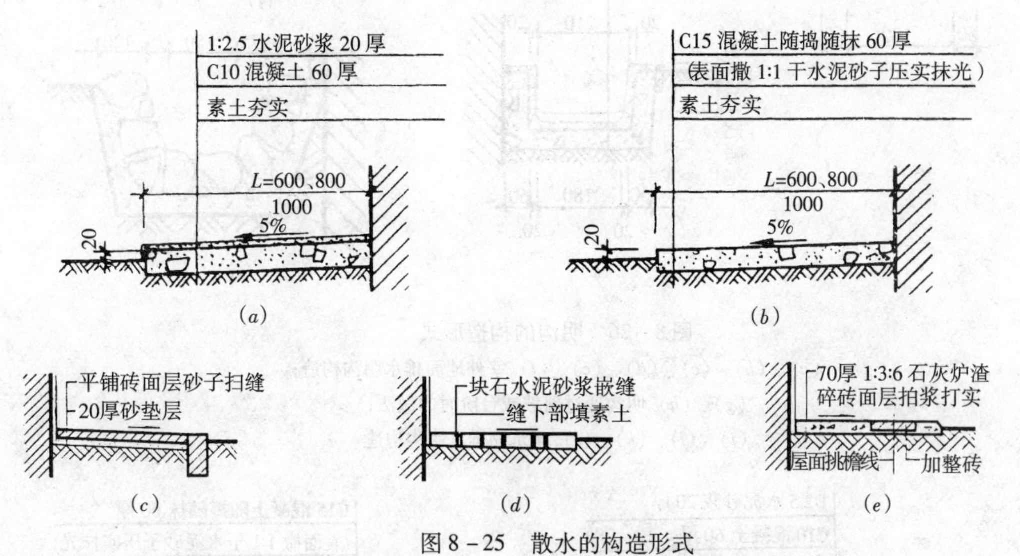

图8－25 散水的构造形式

（*a*）水泥砂浆面层；（*b*）混凝土随捣随抹；（*c*）平铺砖砂子扫缝；（*d*）块石水泥砂浆嵌缝；（*e*）石灰、炉渣、碎砖拍浆打实

（2）明沟的常用构造形式见图8－26。

（3）散水带明沟的构造形式见图8－27。

2. 设计要点

（1）散水的宽度：根据土壤性质、气候条件、建筑物的高度以及屋面排水型式而定，一般为600～1000mm。当屋面排水为无组织型式时，散水的宽度可按檐口的出檐宽度加200～300mm，使雨水自由滴落时落在散水上。

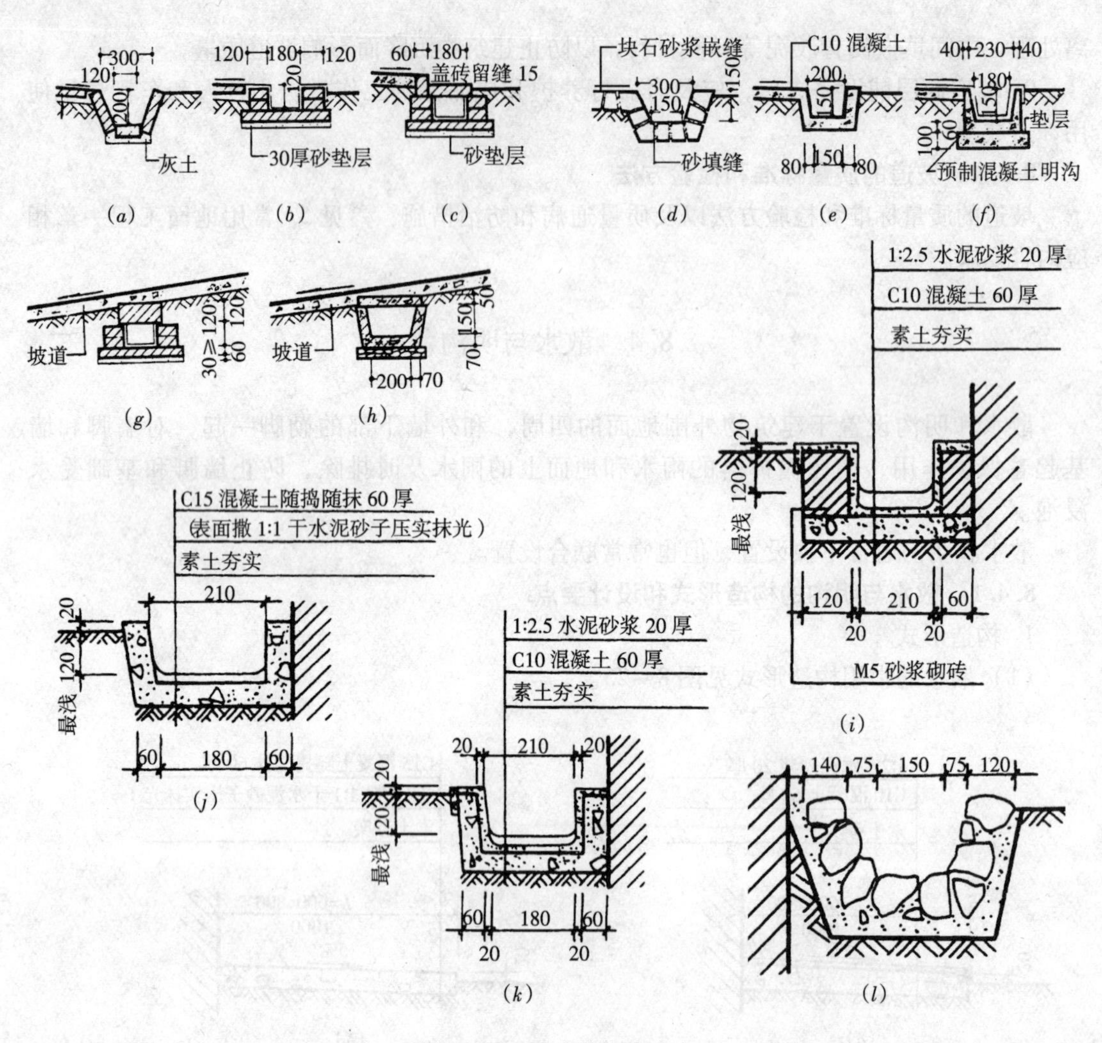

图 8－26　明沟的构造形式

(a)、(b)、(c)、(d)、(e)、(f) 室外地面排水明沟构造；

(g)、(h) 明沟通过斜坡或台阶时的做法；

(i)、(j)、(k)、(l) 建筑物排水明沟构造

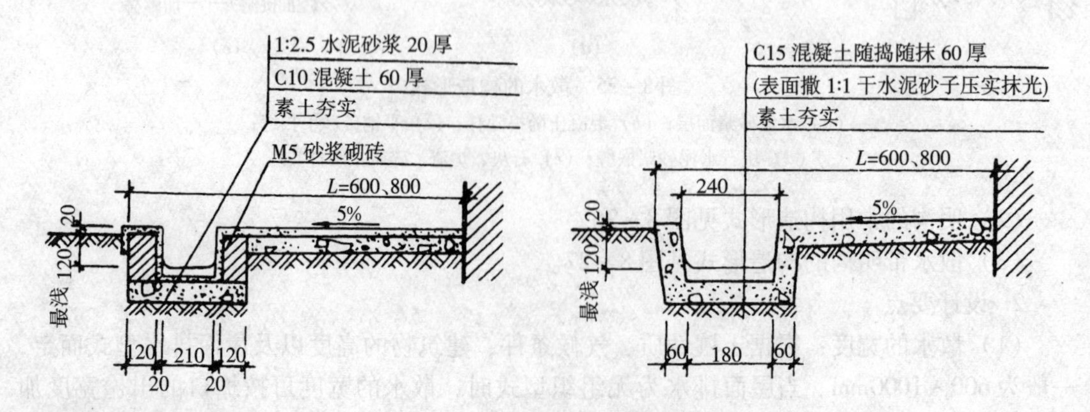

图 8－27　散水带明沟的构造形式

（2）明沟的宽度：当屋面排水采用有组织型式时，大多单独设置明沟，明沟位置通常靠墙设置。明沟的宽度根据最大降雨量和屋面承水面积大小来确定，一般在200～300mm。

（3）散水的坡度：散水的横向坡度（含散水带明沟的横向坡度）宜为3%～5%。明沟的纵向坡度宜为0.5%～1%以使排水通畅。

需要指出一点的是，屋面排水能否通畅、及时，应综合考虑屋面排水口的设置、落水管的数量、直径、明沟的排水能力以及明沟与地下排水管网（音井和排水管）的衔接，只有上下协调一致，才能使排水通畅、及时。

（4）伸缩缝设置：混凝土散水应分块铺筑，每10m应设置一分格缝，房屋转角处应按45°设置分格缝。分格缝宽15～20mm，散水与墙身之间也应设置15～20mm的缝隙，所有分格缝和缝隙应用沥青胶泥等柔性密封材料填嵌。

（5）湿陷性黄土地区的散水应以不透水性材料做成，散水宽不宜小于1000mm，其外缘应超出建筑物基础200mm。散水下做150mm厚灰土垫层，或300mm厚夯土垫层，垫层宽度超出散水外缘500mm。

（6）严寒地区的散水下应设置厚度不小于300mm的砂石等材料做成的防冻胀垫层。

8.4.2 使用材料和质量要求

散水和明沟的使用材料和质量要求，参见相应地面面层的材料使用和质量要求。

8.4.3 散水和明沟的施工要点

1. 应重视散水及明沟下填土的夯实质量，夯实范围应超出散水（或明沟）外缘500mm。并将土层夯实成所需的纵、横向坡度。

2. 严寒地区根据土壤标准冻结深度，按设计要求铺设防冻胀材料。

3. 采用平铺砖块，上抹水泥砂浆面层的散水，铺放水泥砂浆前，应将砖块充分湿润，以增强砂浆与砖块的粘结力。

4. 明沟在纵向应有不小于0.5%的排水坡度。在明沟通往排水管井的下水口，应设有带洞的铸铁盖板或混凝土盖板，防止杂物进入排水管井。

5. 散水和明沟施工完成后，应及时做好养护和成品保护工作。

8.4.4 散水和明沟的质量标准和检验方法

参见5. 常用地面工程一章相应内容要求。

8.4.5 质量通病和防治措施

散水和明沟的常见质量通病是裂缝、沉陷和倒坡灌水。

1. 现象

散水及明沟横向或纵向出现裂缝；与墙身交接的阴角处出现裂缝；随着建筑物沉降，出现倒坡，往墙基灌水。

2. 原因分析

（1）墙基坑内回填土没有认真进行夯实，建筑物竣工后，回填土逐渐下沉，造成散水及明沟裂缝。

（2）散水和明沟与墙身紧贴，没有留缝，建筑物沉降量大，把散水和明沟带着下沉，造成裂缝、沉陷和倒坡灌水。

（3）平铺砖后抹水泥砂浆面层的散水，砖块湿润不够；混凝土散水施工时，基土层偏干，使混凝土失水较快，若施工后养护跟不上，极易产生干缩裂缝。

(4) 散水整块铺设，没有按规范规定留置一定的伸缩缝（分格缝）。

(5) 散水横向坡度偏小，墙基稍有下沉，就有可能造成倒坡灌水。

(6) 严寒地区散水和明沟下没有按规定设置防冻胀层，冬季冻胀产生裂缝。

3. 预防措施

(1) 重视墙基回填土的夯实质量。回填时应分层夯实。基土的夯实范围应超出散水（或明沟）外缘500mm。寒冷地区应按规定在散水和明沟下设置砂石、炉渣、灰土等防冻胀层。

(2) 散水与明沟应分块铺设，每块长度按规范规定不应超过10m，分格缝宽15～20mm。散水与明沟和墙基也应设置15～20mm宽的缝隙，缝中用沥青胶泥等柔性密封材料填嵌。

(3) 用平铺砖块后抹水泥砂浆做散水时，抹水泥砂浆前，应对砖块做好湿润工作，以增强砂浆与砖块的粘结力。铺设混凝土散水时，基土层表面应作洒水湿润，防止混凝土铺设后失水过快。

散水面层铺设并终凝后，应及时做养护工作。

(4) 散水的横向坡度应正确。当预计建筑物基础沉降量较大时，横向坡度不宜小于5%。

4. 治理方法

(1) 若裂缝沉陷不严重，且已稳定，可作适当修补处理。表面裂缝可用纯水泥浆或水泥砂浆嵌补，墙基裂缝可用沥青胶泥等柔性密封材料嵌补。修补工作应精心操作，将裂缝修凿整齐，先用清水湿润，并刷浆后再用水泥浆嵌补。嵌补后及时做好覆盖养护工作。嵌补沥青胶泥的缝应保持清洁、干燥。

(2) 若裂缝、沉陷、倒坡灌水现象严重，应作返工处理。返工时，按上述预防措施进行施工操作。

9　地面镶边和变形缝

9.1　地面镶边

由于建筑物不同房间（部位）使用要求和功能的不同，常采用不同的地面面层，如走廊等公用部位，大多采用坚硬耐磨的水泥砂浆、水磨石、陶瓷地砖以及花岗岩、大理石板等硬性地面面层，而办公用房、卧室等房间内则大多采用木地板、塑料地板等软性地面。不同的地面，按规范要求应设置镶边。设置镶边，主要有以下两方面的作用：

第一，是不同地面类型的分界标志，在地面外形上起有美观作用。

第二，对地面的边角起有保护作用。前面已作过阐述，地面的边、角部位，是受力的薄弱部位，也是易损坏的部位，而镶边大多采用较坚硬的材料做成，所以设置镶边后，对地面是个很好的保护。

建筑楼地面的镶边设置，应符合设计要求，当设计无具体要求时，可按下列要求设置：

1. 在有强烈机械作用下的水泥类整体面层与其他类型的面层邻接处，应设置金属镶边构件。最常用的做法是设置镶边角钢，见图 9－1。中间水泥类面层为车间车道，车辆进行频繁，而两边为其他地面面层类型。

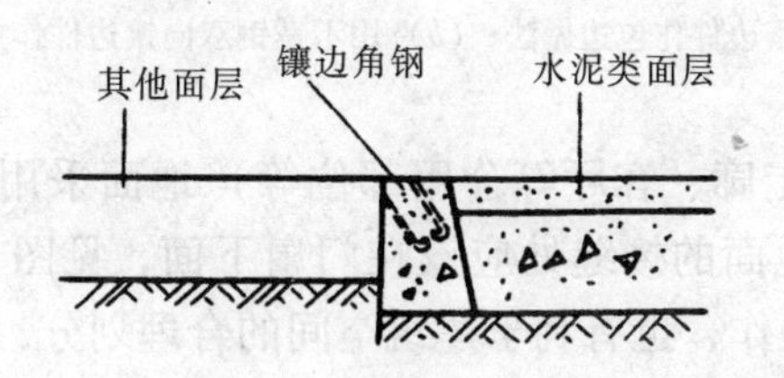

图 9－1　地面镶边角钢

2. 整体菱苦土面层与其他面层邻接处，应设置较硬质的镶边木条，见图 9－2。

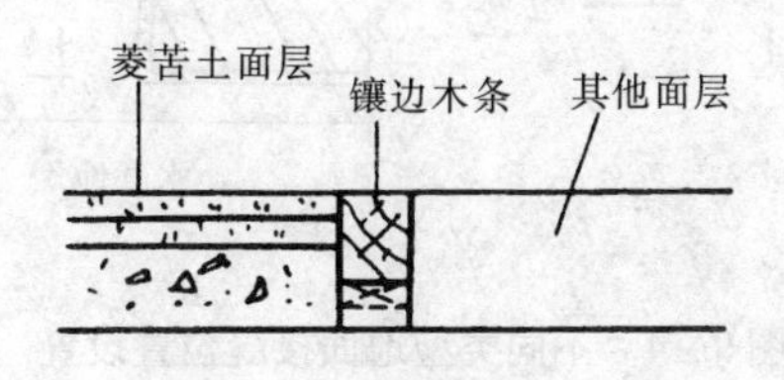

图 9－2　地面镶边木条

3. 当采用水磨石整体面层，与其他类型的面层相邻接时，应用同类材料的水磨石分格条镶边。分格条的镶设应与水磨石地面分格条做法相同。

4. 在条石面层和砖面层与其他类型面层相邻接时，应用顶铺的条石或地砖镶边。

5. 在木地板、拼花地板、塑料地板等面层相邻接时，一般应采用同类材料镶边。

6. 在地面面层与管沟、孔洞、检查井等邻接处，应设置镶边。镶边材料应与管沟、孔洞、检查井等所用材料相同或相近，必要时，镶边应作加强处理，见图6－141（*b*）。

7. 当在水泥类地面面层上局部增设木地板、强化木地板面层时，其边缘应用不锈钢镶边件包边。当木地板面层需作纵横向铺设时，应用双向不锈钢镶边件作接缝处理，见图9－3。

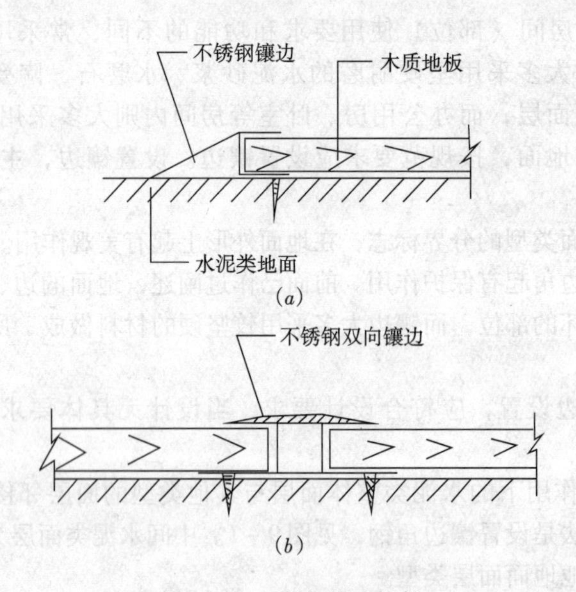

图9－3　不锈钢镶边构件

（*a*）用不锈钢镶边件作包边做法；（*b*）用不锈钢双向镶边件作接缝处理

8. 当室内与室外（如走廊、客厅等公用部位等）地面采用不同类型时，除做好镶边设置外，还应注意其不同地面的接缝处应设在门扇下面，见图9－4。接缝设置在门扇下面，既有利于地面的施工操作，也有利于建筑空间的合理划分，增加房间内、外的美观。

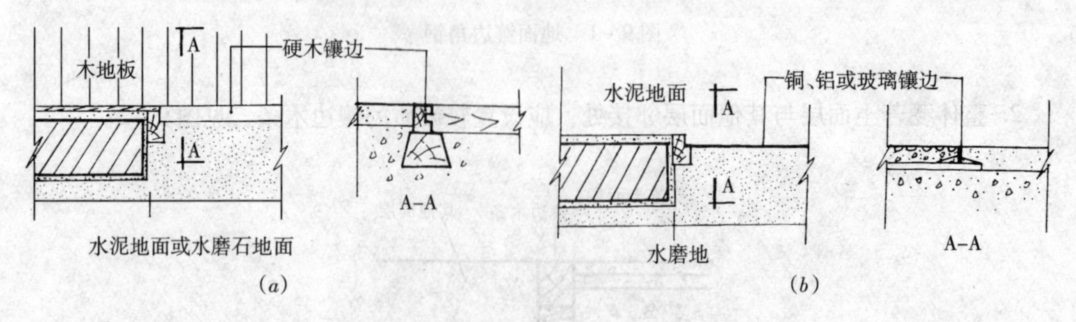

图9－4　不同类型地面接缝位置设置

（*a*）木地板与水泥或水磨石地面的接缝构造；（*b*）水泥地面与水磨石地面的接缝构造

9. 地面的镶边构件，通常在地面面层铺设前装饰好。埋设在混凝土地面中的角钢镶边内侧应焊 $\phi8$ 的带钩钢筋，事先固定在模板上，以保证镶边位置设置正确。

9.2 地面变形缝

为防止建筑物在外部因素（如地震、温度变化等）影响下产生变形、开裂而导致建筑结构的损坏，常在楼地面、墙面、屋面、顶棚等部位人为的设置分隔缝，即变形缝。变形缝分三种类型，即抗震缝、沉降缝和伸缩缝。

抗震缝：为了防止由于地震的影响，导致结构的破坏而设置的构造缝。抗震缝一般从基础以上开始设置。

沉降缝：为了防止建（构）筑物由于各部位不均匀沉降，导致结构的破坏而设置的构造缝。沉降缝一般从基础开始设置。

伸缩缝：为了防止由于外界温度的变化，导致结构体膨胀或收缩对结构产生破坏而设置的构造缝。伸缩缝一般也从基础以上开始设置。

9.2.1 地面变形缝的构造类型和设计要点

1. 变形缝的构造类型

建筑地面的变形缝构造做法很多，应按照建筑物的使用情况、变形缝的位置、缝的宽度以及楼地面面层做法等综合考虑进行构造设计。楼地面变形缝传统的做法见图 9－5 和图 9－6。这种地面变形缝构造比较简单，用料比较粗糙，外形欠美观。随着变形缝构造设计要求的逐步完善和新材料的不断应用，变形缝的构造设计和材料使用也发生一些变化，见图 9－7、图 9－8、图 9－9 和图 9－10。

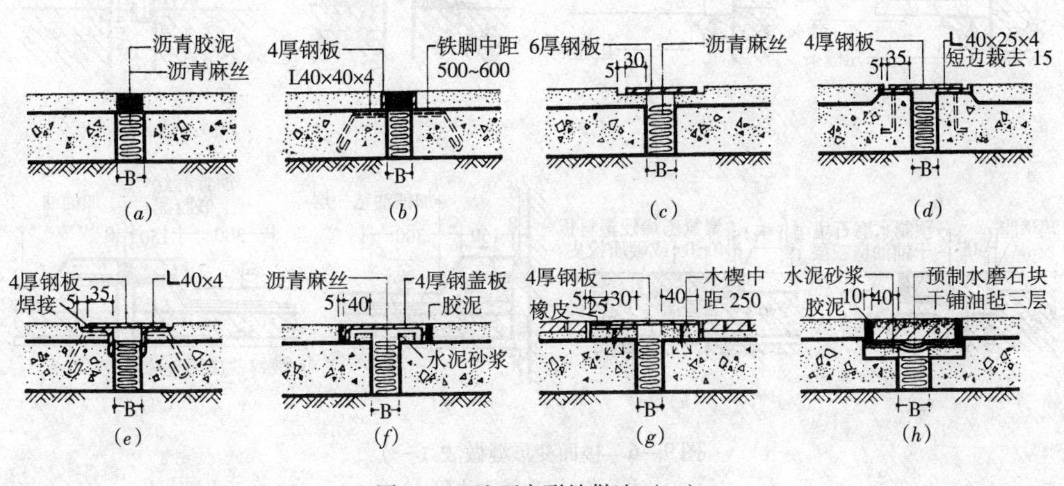

图 9－5 地面变形缝做法（一）

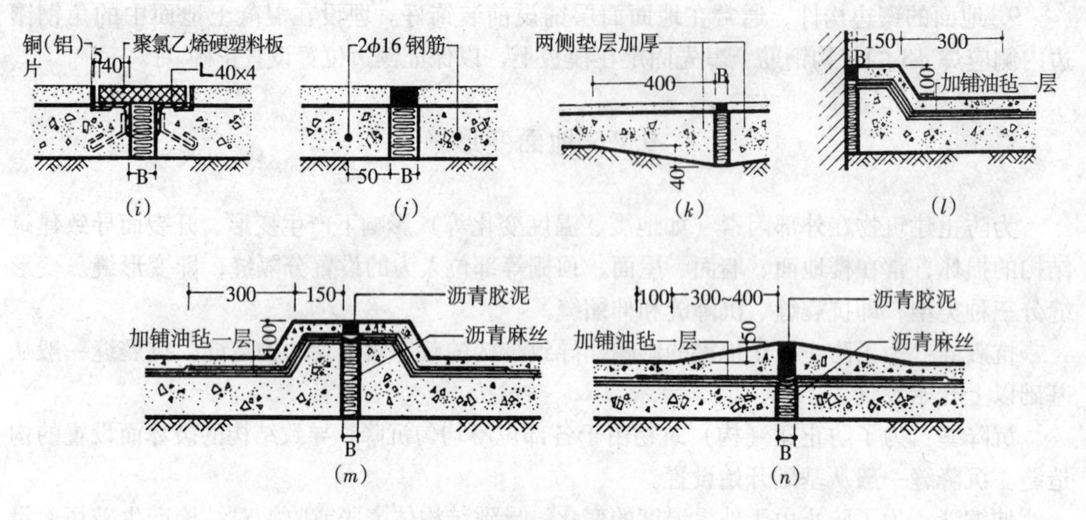

图 9-5　地面变形缝做法（二）

注：(l)、(m)、(n) 有防水层

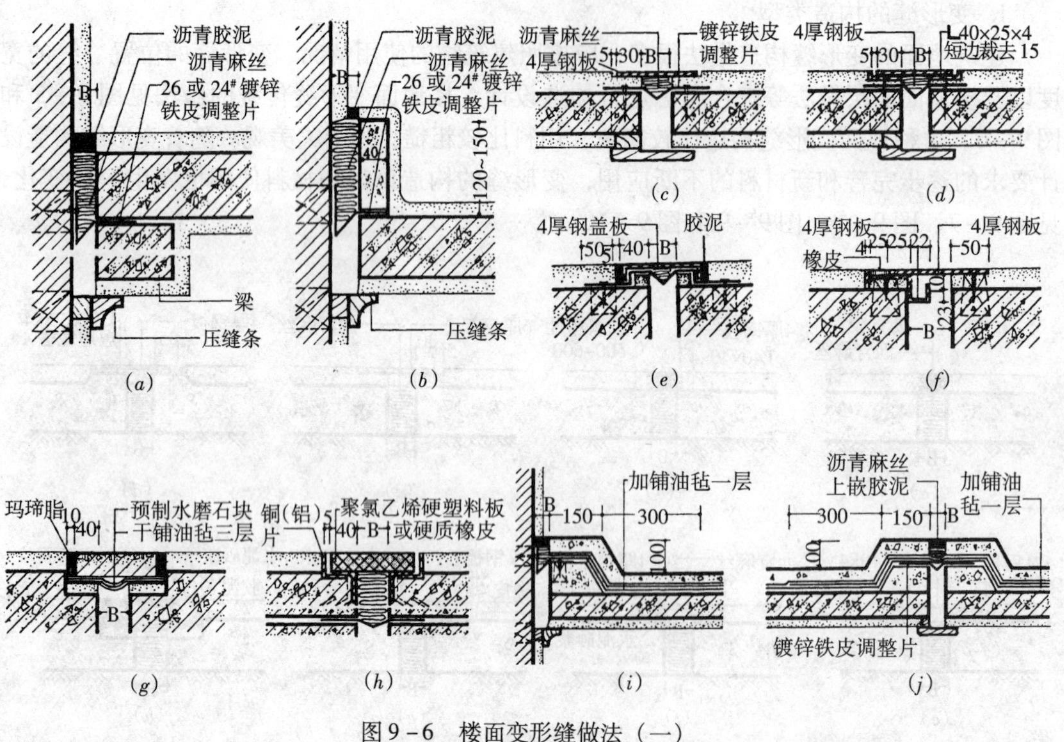

图 9-6　楼面变形缝做法（一）

注：(i)、(j) 有防水层

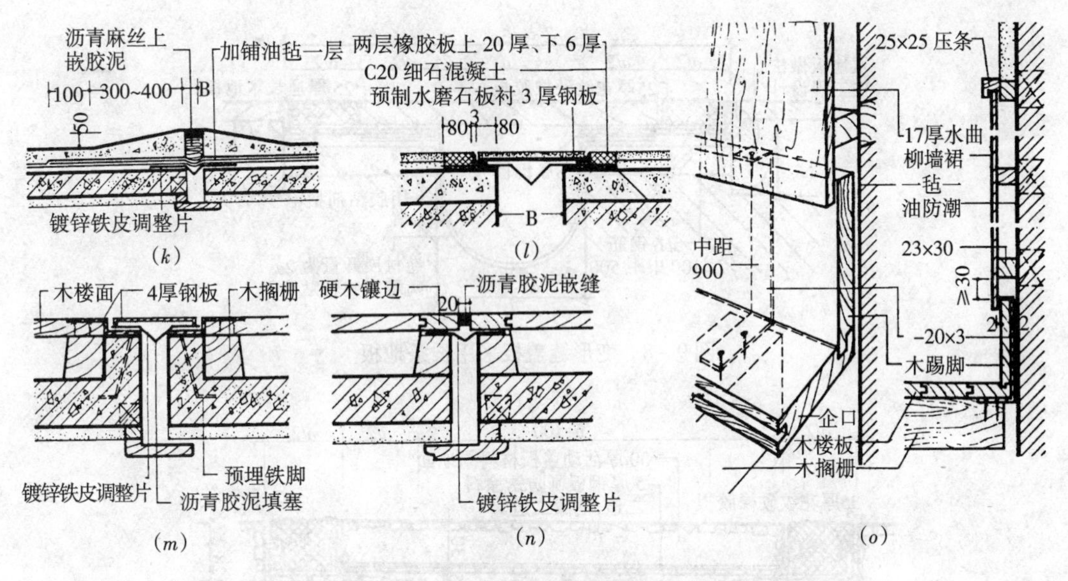

图9-6 楼面变形缝做法（二）

注：(k) 有防水层；(l) 抗震缝

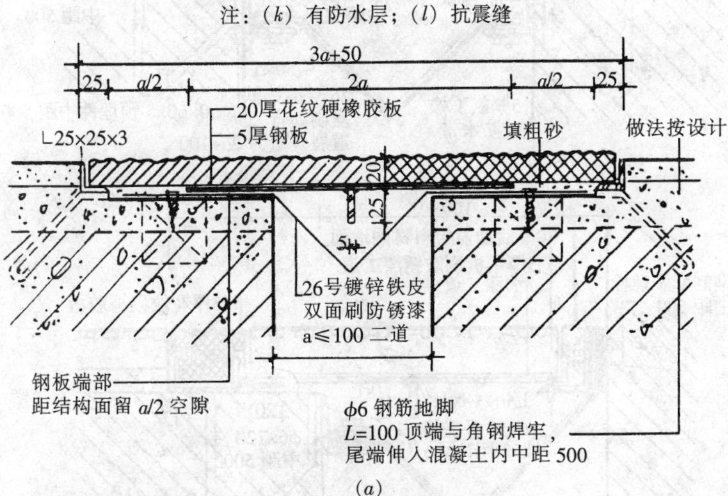

(a)

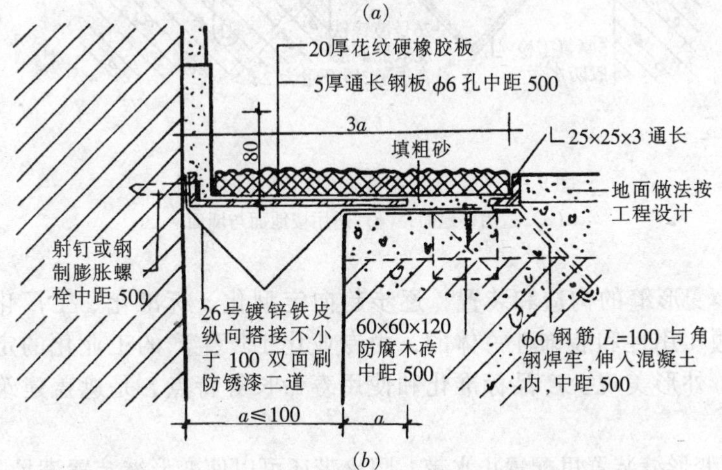

(b)

图9-7 变形缝盖板采用花纹硬胶板

(a) 适用楼地面；(b) 适用楼地面与墙面

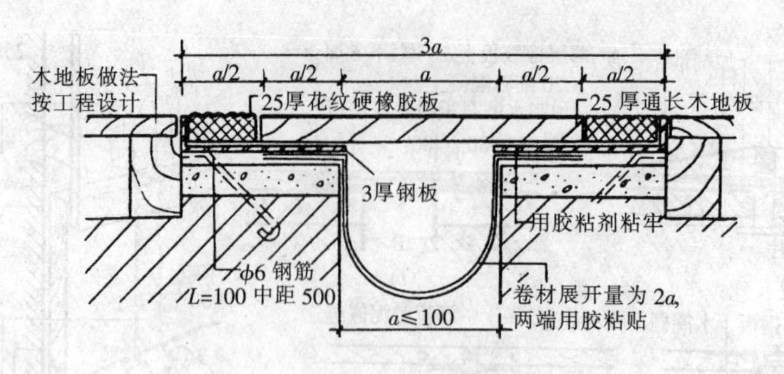

图 9－8 变形缝盖板采用长条地板

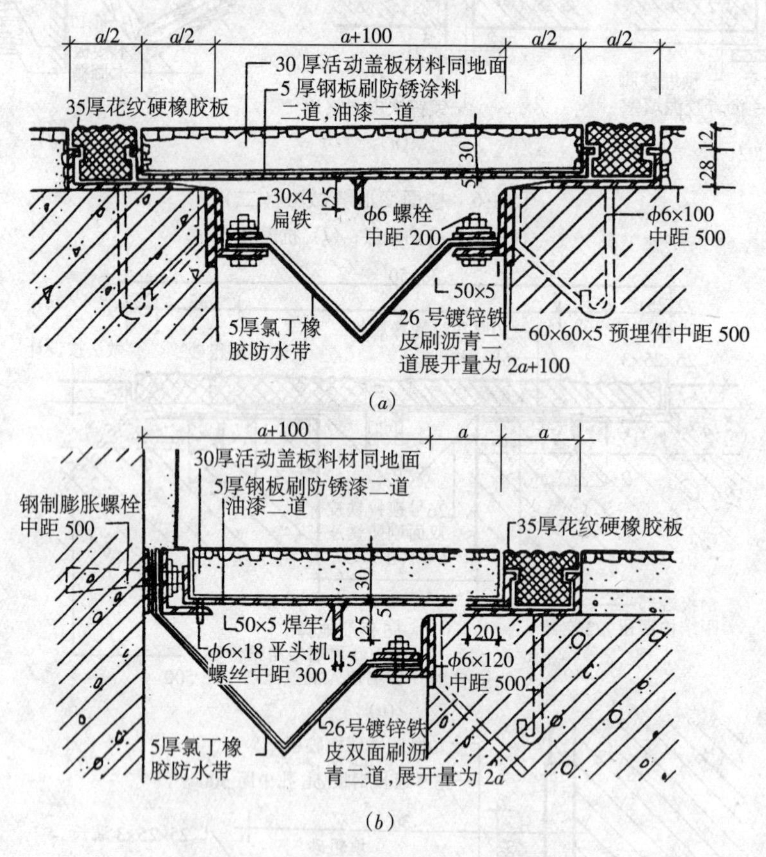

图 9－9 变形缝盖板采用相邻地面材料

（a）适用楼地面；（b）适用楼地面与墙面

近几年来，变形缝的构造和装置，逐步趋向定型化、标准化、工厂化。变形缝的构造装置成为融实用性和装饰性一体的，由专业化工厂生产的工业化的定型产品，它具有做工精细、外形美观、产品标准化和使用寿命长等特点，是遮盖建筑变形缝的理想建筑配件。

如果在建筑变形缝装置里配置止水带、阻火带还可以使变形缝装置满足防水、防火等设计要求。止水带采用厚 1.5mm 的三元乙丙橡胶片材，能够长期在阳光、潮湿、寒冷的

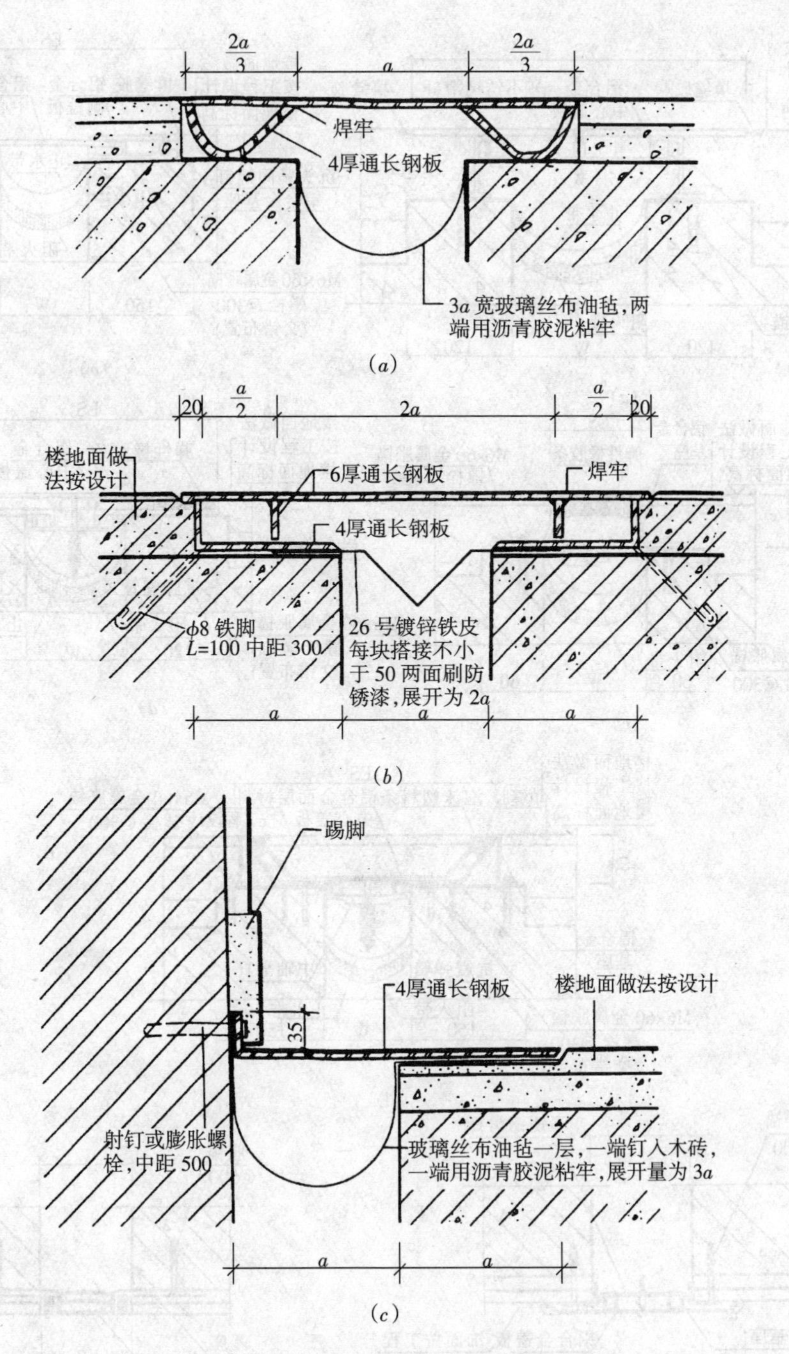

图 9－10　变形缝盖板用 4～6mm 厚钢板

(a)、(b) 适用楼地面；(c) 适用楼地面与墙面

自然环境下使用。阻火带是由两层不锈钢衬板中间夹硅酸铝耐火纤维毡共同组成的专用配件，阻火带的两侧与建筑物主体结构固定。阻火带可以满足 1h～4h 不同耐火极限的要求。变形缝的各种构造型式见图 9－11。

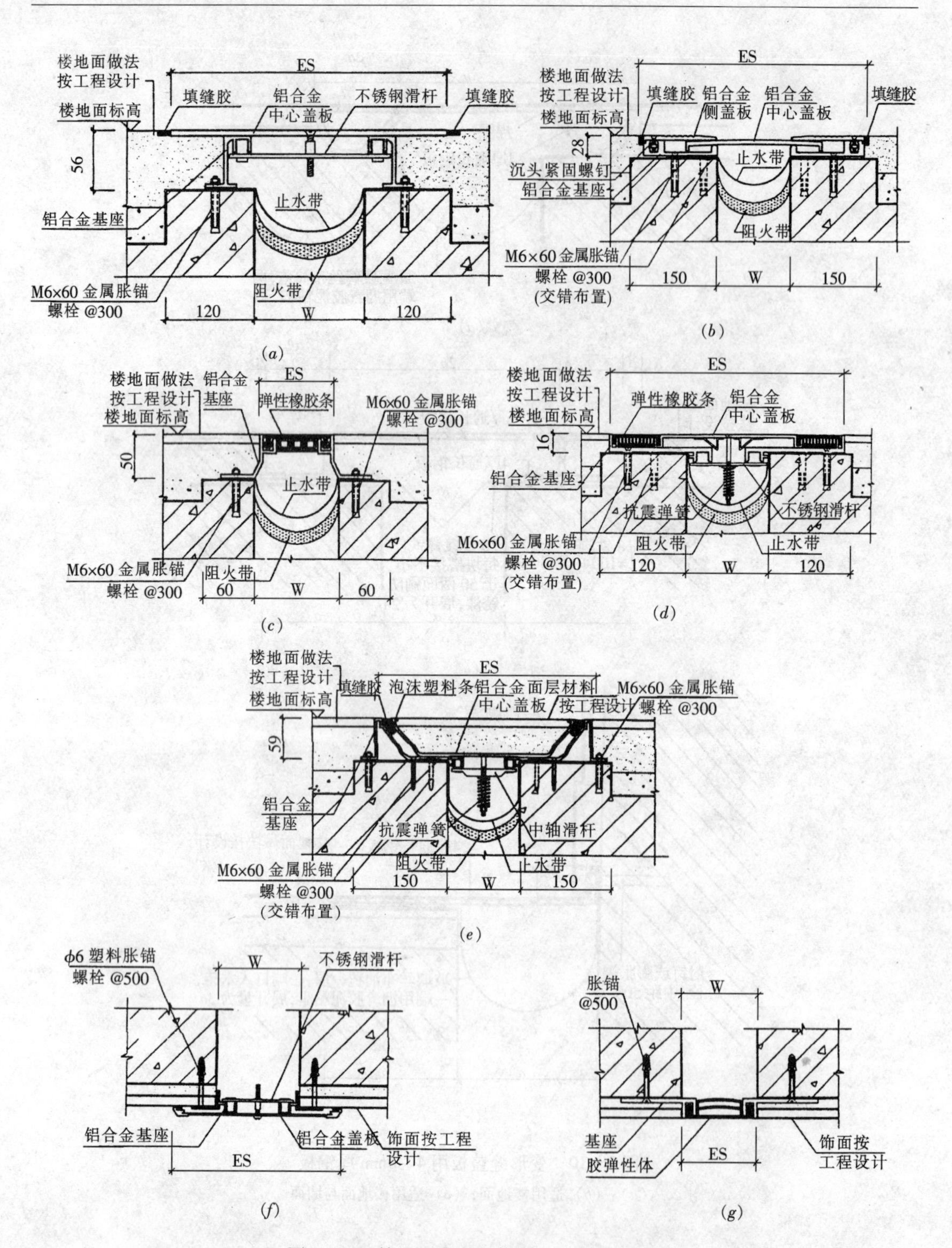

图 9-11 楼地面变形缝装置的工厂化产品

(*a*) 金属盖板型楼地面变形缝构造；(*b*) 金属卡锁型楼地面变形缝构造；(*c*) 单列嵌平型楼地面变形缝构造；(*d*) 双列嵌平型变形缝构造；(*e*) 抗震型楼地面变形缝构造；(*f*) 金属卡锁型顶棚变形缝构造；(*g*) 单列嵌平型顶棚变形缝构造

此外，还有专门用于楼地面变形缝装置的嵌缝条，这种楼地面嵌缝条是由金属板与弹性橡胶条组成的建筑配件。它除了具有抗温度变形的功能外，还具有良好的装饰效果。它的高度可按石材与结合层的厚度确定，一般为30mm，缝宽可根据装饰的设计要求确定，一般为7mm~40mm。图9-12为两种不同构造的楼地面嵌缝条。

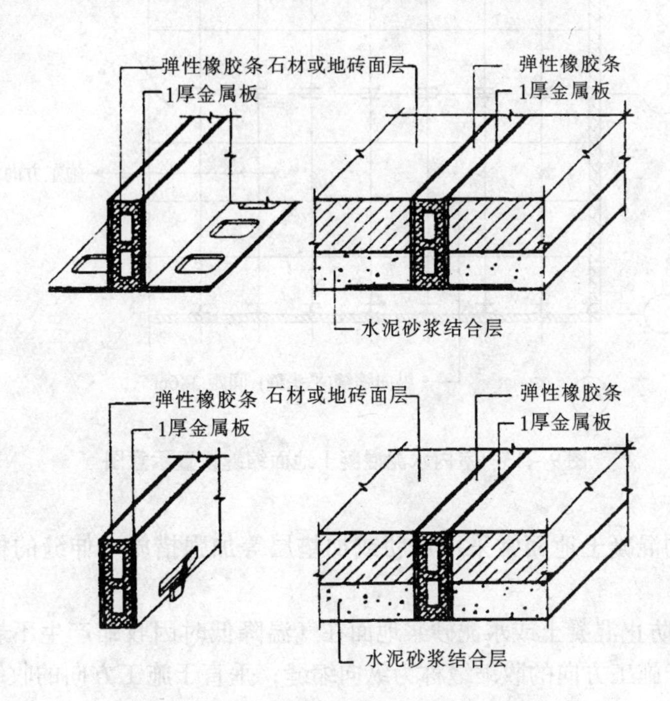

图9-12 楼地面变形缝嵌缝条及构造

2. 变形缝的设计要求

（1）楼地面的变形缝（抗震缝、沉降缝、伸缩缝）一般应与建筑物的变形缝位置相一致。

（2）楼地面的变形缝，除横向缩缝（俗称假缝）外，通常应贯通楼地面的各构造层，缝的宽度不应小于20mm。

（3）地面与振动较大的设备（与锻锤、破碎机以及有曲柄连杆的机器等）基础之间应设变形缝。

（4）地面上局部地段的堆放荷载与相邻地段的荷载差别悬殊时，应设变形缝。

（5）地面变形缝不得穿过设备的底面。

（6）室外水泥混凝土地面工程应设置伸缩缝。室内水泥混凝土地面一般只设置纵向和横向缩缝，不设置伸缝。

室外水泥混凝土地面伸缩缝设置示意图参见图5-19；室内水泥混凝土地面缩缝设置示意图见图9-13。

1）伸缝：为防止水泥混凝土地面在气温升高时由于材料的膨胀性产生挤碎或隆起而设置的伸胀缝。平行于施工方向的伸胀缝称纵向伸缝；垂直于施工方向的伸胀缝称横向伸缝。伸缝间距一般为30m，缝宽20~30mm，上下贯通，缝内填沥青类材料等弹性嵌缝材

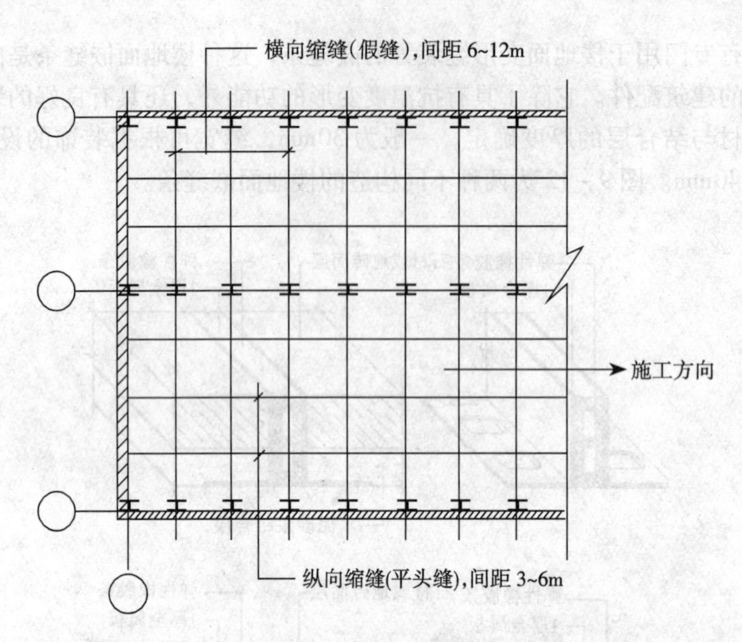

图 9－13　室内水泥混凝土地面缩缝设置示意图

料。沿伸缝两侧的混凝土地面常采用加肋或加垫层等加强措施，伸缝的构造形式参见图 5－20。

2）缩缝：为防止混凝土或水泥砂浆地面在气温降低时因收缩产生不规则裂缝而设置的收缩缝。平行于施工方向的收缩缝称为纵向缩缝；垂直于施工方向的收缩缝称为横向缩缝。纵向缩缝的间距一般为 3～6m，施工气温较高时，宜采用 3m。纵向缩缝一般采用平头缝或企口缝，施工时缝隙要求紧贴，中间不放置任何隔离材料。横向缩缝的间距一般为 6～12m，施工气温较高时，宜采用 6m。横向缩缝一般采用假缝，缝深一般为地面厚度的 1/3，大多在地面做好后用无齿锯切割而成。假缝内填水泥砂浆。缩缝的平面设置见图 9－13，缩缝的构造形式参见图 5－21。

（7）当室内气温长期处于 0℃以下的房间，其地面混凝土垫层应设置伸缩缝。

（8）底层水泥混凝土地面的伸缝下部，应填嵌 20～30mm 深的沥青胶泥以作防潮处理。

楼层变形缝如结构层贯通时，缝的下部（即顶棚面）应作遮挡处理。

（9）寒冷地区采暖楼层地面设有变形缝的，若下面一层为非采暖房间（如通道、车库或其他非采暖房间）时，变形缝内应做好相应的保温隔热措施，防止变形缝内产生结露、霉变等现象。

9.2.2　变形缝的施工要点

1. 地面变形缝位置、构造形式等应严格按设计要求进行施工。

2. 地面变形缝内不应有建筑垃圾等杂物，变形缝的盖板和底板不得作两边固定，应有相对移动的自由。

3. 对于有水冲洗的楼地面，变形缝的两边（侧）应作好防漏水处理。当变形缝下面房间经常有蒸汽产生时，缝的底板应作好防蒸汽渗透处理，防止对缝内材料造成受潮霉变或锈蚀。

4. 对于水泥混凝土地面的缩缝——平头缝和企口缝的缝间，不得放置任何隔离材料，浇筑时应相互紧贴。

5. 对于靠墙设置的变形缝，盖缝材料应固定在墙的一侧，固定应牢固。墙的踢脚板不应将固定件封死，以便对变形缝进行检查、检修。

10 住宅区及庭院的道路和地面

住宅区的道路和地面主要是为居住区居民提供方便的交通和室外活动的场所，地面、道路、绿化、小品等构成了优美的居住环境，各种休闲广场、小公园、小花园以及各种文化、娱乐设施又为居民提供了丰富的业余文化、娱乐生活，其中道路和地面工程的质量倍受广大居民关注。

庭院道路和地面主要用于私人住宅庭院内的路面（又称甬路）和地面，用以创造优美、舒适的生活环境，给人以美的享受。

10.1 住宅区和庭院道路

住宅区道路按使用功能不同可分为车行道路和人行道路两类，前者适用于汽车通行，与城市道路相连接，通达建筑物的各个安全出口及建筑物周围应留的空地；后者仅适用于居民休闲、散步等活动。

10.1.1 住宅区和庭院道路的设计要点

1. 道路宽度：

考虑机动车与自行车共用的道路宽度不应小于4m，双车道不应小于7m；消防车用的道路宽度不应小于3.5m；人行道的宽度不应小于1.5m。

2. 道路与建筑物的间距：

住宅区内车行道路边缘至相邻有出入口的建筑物外墙的距离不应小于3m。

3. 道路的坡度：

车行道路的纵向坡度一般不应大于8%；沥青路面的纵向坡度不宜大于6%；个别路段最大不应大于11%，其长度不应超过80m，路面应有防滑措施。道路横坡宜为1.5%～2.5%，以使路面上的雨水能及时向两旁排泄。

4. 回车空地：

住宅区道路除主干道路应作循环通道外，还存在大量的尽端式车行路，长度超过35m的尽端式车行路应设回车场。供消防车使用的回车场不应小于12m×12m，大型消防车的回车场不应小于15m×15m。

5. 路面排水：

路面应能及时排除雨水。雨水口的形式、数量应根据汇水面积、流量、道路纵坡等参数确定。

6. 管线布置：

住宅区道路的路宽一般不大，但地下管线较多，如上水、污水、雨水、煤气、供热、供电、通讯等，管线布置应作综合设计，并一次考虑到位。如一次不能全部施工，也应留好铺设位置。

7. 人行通道应设路肩、路牙，与绿化地（带）有明确的分隔界限。

8. 室外整体混凝土路面，由于受气温变化影响较大，混凝土路面板体会产生明显的热胀冷缩现象，温差的变化常造成路面板体断裂和拱胀，因此，必须按规定设置伸、缩缝。伸缩缝设置的间距、形式要求参见9.2　地面变形缝一节内容。

9. 允许载重汽车通行的住宅区整体混凝土路面，由于轮压荷载较大，为防止在伸缝处造成局部损坏，宜在伸缝处设置金属传力杆。当车辆轮压施荷于伸缝一侧时，通过传力杆，能迅速将轮压荷载传递至另一侧，使伸缝两侧的路面板体共同承受荷载，避免因局部轮压过大而造成损坏，保证路面的正常工作。传力杆设置的平面和剖面情况参见图5－26。

10. 住宅区整体混凝土路面，由于受热胀冷缩等因素的影响，路面混凝土板体的板边和板角常常产生翘起和损坏，因此，宜在板边设置加肋或加筋的加强措施，在角隅设置斜向加筋措施。加肋和加筋的做法参见图5－25。交通量小的地段一般不要求设置边缘和角隅钢筋。

11. 住宅区道路的车行道路与人行道路以及车行道路的行走路线、车辆类型等应有明显的标志，防止车辆扰民和保证行人安全。

12. 住宅区内的室外停车场，宜采用承重空心混凝土块铺设，中间种植易长绿草成绿色场地，以增加绿化气氛，不宜采用整浇式混凝土场地。

13. 住宅区车行道旁的人行道宜用彩色水泥地面砖铺设，以美化居住环境。

14. 人行道路和庭院道路除了实用性外，还有一定的艺术特性和观赏特性，是居住环境艺术的重要组成部分，应作精心设计。常用的路面材料和铺筑形式见图10－1。常用的路牙（亦称道牙）铺筑形式见图10－2。

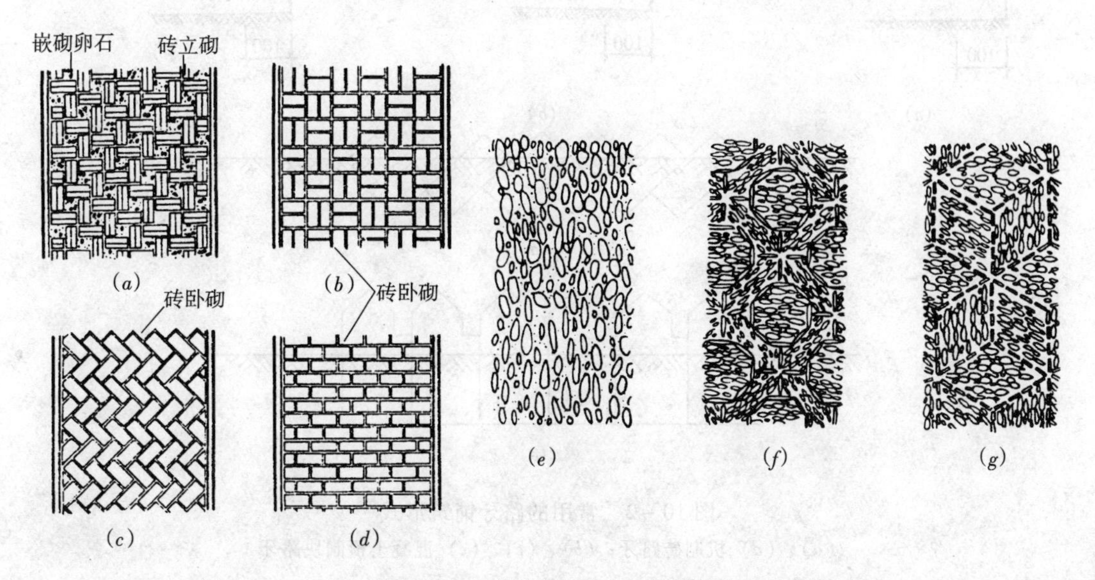

图10－1　人行道路和庭院道路常用的几种铺筑形式示意图（一）

(a)、(b)、(c)、(d) 用机制砖铺设的道路；

(e)、(f)、(g) 用卵石嵌砌的道路

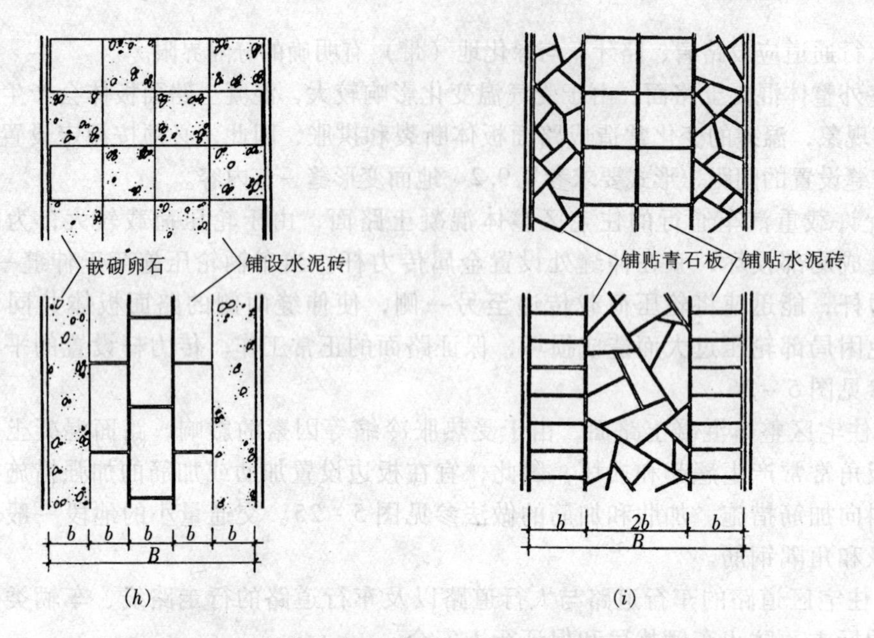

图 10－1　人行道路和庭院道路常用的几种铺筑形式示意图（二）

（*h*）用水泥砖和嵌砌卵石铺设的道路；（*i*）用水泥砖和青石板碎块铺设的道路

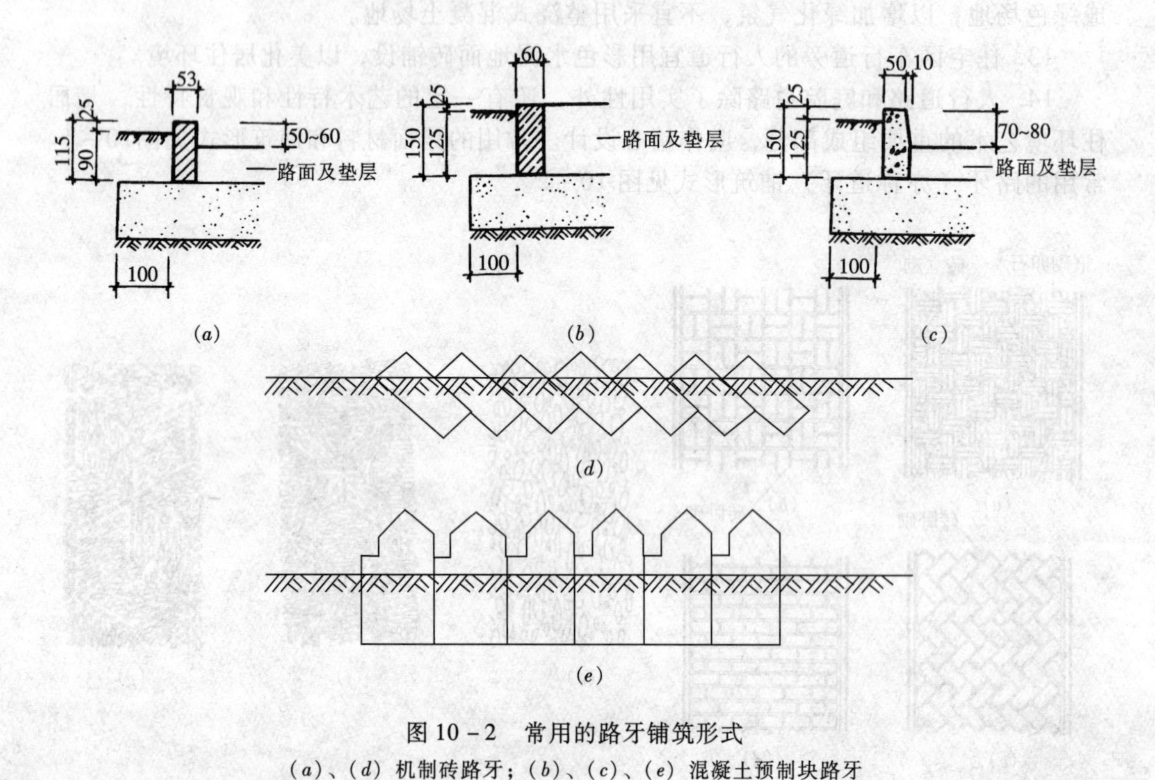

图 10－2　常用的路牙铺筑形式

（*a*）、（*d*）机制砖路牙；（*b*）、（*c*）、（*e*）混凝土预制块路牙

10.1.2　住宅区和庭院道路的施工要点

1. 重视路基夯实质量。特别是填土量大或填土层厚度不一致的路基以及在管沟、

音井等部位的填土质量。填土量大、填土层厚度大的应分层进行夯填，管沟、音井等边角部位，应用人工加强夯实。路基的夯实范围应超出路面结构层边缘500mm。

2. 整体混凝土路面，拌制混凝土时应严格控制水灰比。铺设后宜采用全幅振捣夯进行振平、振实，全幅振捣夯移动速度应均匀一致，同一位置停留时间不宜超过10s，以表面出浆、停止泛气泡为宜。欠振和过振都会影响路面面层质量。

对于在板边和角隅加设的增强钢筋，应注意摆放位置正确。板边钢筋应设置在下部，角隅钢筋应设置在上部。

3. 混凝土路面振实振平后，宜采用真空泵吸水膜进行表面均匀吸水，增加表面层密实度和强度。

面层的抹压工作宜用机械搓打抹压，以减少表层毛孔和提高密实程度。路面表面不应压光，在机械搓打抹压后，接近水泥初凝时，用钢丝刷沿横坡方向轻轻刷出纹理，纹理深度宜0.6~0.8mm，使路面有一个适当的粗糙度，以便行车安全。

4. 加强养护是保证混凝土路面质量的一个重要措施。特别是在烈日下或大风天施工，在面层施工结束后，应及时用塑料薄膜、苫布等材料覆盖养护，使混凝土有个良好的凝结硬化条件。养护期间，禁止通行和堆放物料，并注意不得有水浸泡路基。

5. 混凝土路面开放交通时间：

行人通行：待混凝土强度等级达到设计要求的40%时，一般约3d后可准予行人通行；

轻型车辆：待混凝土强度等级达到设计要求的90%时，允许三轮卡车和小轿车等通行；

载重车辆：应在混凝土强度等级达到设计要求的100%后准予通行。如路面设计对车辆载重等级有限量要求时，应按限量载重准予通行。

6. 当道路用沥青混凝土铺设时，宜采用石油沥青（建筑石油沥青和道路石油沥青）作胶结材料。施工中应控制好配合比和拌合料温度，到工地检测时（深100mm处）的温度宜为130℃~150℃。因住宅区道路宽度一般不大，宜作全幅摊铺，尽量避免纵向接茬，保持横向齐头顺序进行。边摊铺边用3m直尺检查摊平后的平整度，以保证压实后的路面平整度要求。

沥青混凝土路面的碾压温度应控制在110℃~120℃，碾压终了的温度不宜低于70℃。当混合料处于合适的碾压温度时，颗粒间的粘结力较小，易于重新排列，碾压可达到良好的效果。碾压温度过低，混合料颗粒移动较困难，不易压实；碾压温度若过高，则颗粒之间的粘结力又太低，碾压时易产生裂纹和推挤现象。

碾压工作应遵照先轻后重的原则进行，即先用6~8t的轻型压路机碾压，后用10~12t的压路机碾压。

认真做好接茬工作，是沥青混凝土路面施工的一个重要之点，一般采用“直茬热接”的方法，接茬处应平整、无明显痕迹，与附近路面粗细一致。

7. 采用水泥（混凝土）预制块（如彩色水泥砖、异型混凝土连锁砌块等）铺设人行道路时，应挑选色泽一致、边角方正的预制块。铺设前应进行适当湿润，以保证与结合层砂浆粘结牢固。铺设时，应带线操作，结合层砂浆应摊铺均匀，板面标高一致，缝格顺直均匀。待结合层砂浆凝固后，用水泥砂浆进行细致灌缝，使预制混凝土块粘结成整体。

8. 庭院甬路主要满足行人休闲、散步和观赏之用，应按设计图案正确选用面层材料。采用卵石嵌砌时，卵石的粒径应大小一致，卵石嵌入水泥砂浆或混凝土的深度不应小于卵石粒径的2/3，嵌入后应拍平拍实，使卵石稳固。

采用预制水泥（混凝土）板、花岗石板作间隔铺设时，其间距应适当，兼顾成人和小孩、老人之通用。花岗岩石板应作机刨成粗纹状，增加防滑效果。

10.2 住宅区和庭院地面

住宅区和庭院的很多室外地面与路面是连接的，是路面的延伸部分。很多地面只供行人使用，禁止车辆通行，因此，其地面构造与人行道路相类似。

10.2.1 住宅区和庭院地面的设计要点

1. 室外整浇混凝土地面，由于受气温变化影响较大，地面的热胀冷缩现象较为明显，应设置相应的伸缩缝。伸缩缝的间距、形式、要求请参见9.2 地面变形缝一节内容。

2. 室外整浇混凝土地面，其四周边、角亦应采取相应的加肋或加筋措施。加肋或加筋的构造做法参见图5－25。

3. 允许汽车、特别是载重汽车通行的室外整浇混凝土地面，其伸缝部位亦宜设置金属传力杆，传力杆的设置平面和构造做法参见图5－26。

4. 室外整浇混凝土地面，面层宜采用随浇筑混凝土，随进行抹面的设计方案（抹面时，可适当均匀撒一薄层干拌的1:1～1:2水泥砂混合料），不宜再另设水泥砂浆面层，以防止面层产生起壳、裂缝等质量弊病。

5. 室外地面标高应比周围地面高出100～150mm，表面应设有0.3%～1%的排水坡度，场地四周宜作有组织排水，保证雨水及时排至城市排水系统。如场地四周不能作有组织排水时，地面基土层夯实的范围应比地面结构层超出800～1000mm（有组织排水时应超出500～800mm）。

6. 若住宅区室外设有水磨石溜冰场地面时，因溜冰运动的特殊需要，混凝土垫层不宜设置伸缝，只宜设置缩缝。混凝土垫层内应设置防裂钢筋网片，直径宜细，间距宜密，位置应在垫层的上层部位。

水磨石面层的嵌缝条应用铜条，面层不宜作方形分块，而应采用环形设置，使嵌条方向与溜冰的环向运动相一致，既能减少溜冰时冰鞋与嵌条垂直相交的现象，避免和减少冰鞋对嵌条的撞击和损伤，又符合溜冰运动者的心理要求。

7. 住宅区和庭院地面除满足平整、防滑、不起尘等要求外，还应选择理想的面层材料，使其具有一定的艺术性和观赏性，用以创造优美的生活环境。地面面层的种类很多，常用的见图10－3。

10.2.2 住宅区和庭院地面的施工要点

1. 重视地面下基土层的夯（压）实质量，特别是填土层较厚和填土量较大的地面，一定要分层夯（压），夯（压）实范围应比地面结构层外缘超出500～1000mm。

2. 当混凝土地面面层内设置防裂钢筋网片时，钢筋网片不应过早地放入，防止

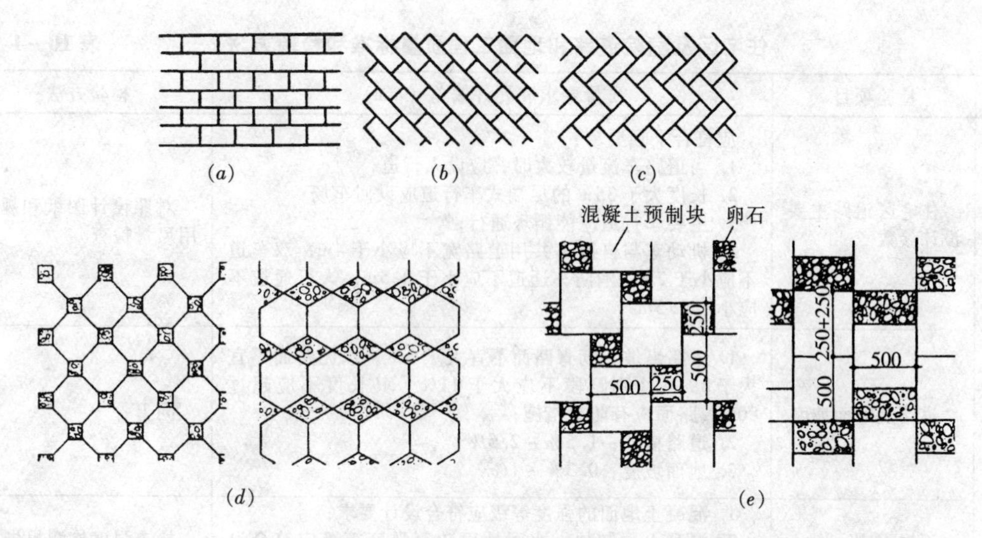

图 10-3 住宅区和庭院常用的几种地面形式

(a)、(b)、(c) 用机制砖铺设的地面；(d) 用六角形水泥预制块和小卵石块铺设的地面；(e) 用方形水泥预制块和小卵石块铺设的地面

踩到下面，应先铺筑一定厚度的混凝土面层材料，厚度宜比钢筋网设置位置高出20mm左右，待用平板振动器将混凝土大致振平后，再放上钢筋网片，继续铺设混凝土达到规定厚度，振平后搓打密实。这样做能保证钢筋网片的位置正确，防裂效果良好。

3. 夏季高温天气施工室外混凝土地面时，不宜在烈日下进行，宜在傍晚和夜间进行，以防止混凝土失水过快而产生塑性收缩裂缝。压实抹平后，应及时遮盖养护，防止太阳照射地面。

4. 当采用混凝土预制块、水泥地面砖等铺设地面时，铺设前应进行湿润，以保证和结合层砂浆粘结牢固。铺设时应带线操作，结合层砂浆应摊铺均匀，板面高度一致，缝格顺直，使完成后的地面具有相应的艺术效果。

5. 采用花岗岩板块铺设地面时，为增加防滑效果，花岗岩板块表面应作机刨处理。铺设时，板块间应作宽缝（8~10mm）铺设，不应作密缝紧贴铺设，以防夏季高温季节受热膨胀而拱起。

6. 采用碎拼花岗岩板块铺设地面时，碎块的大小应基本一致，色彩应间隔匀称，缝隙成不规则的自然状，缝宽宜为20~30mm，用水泥砂浆或水刷豆石铺嵌。

7. 当用水泥地面砖、机制砖等地面材料铺设于砂结合层上时，砂结合层应压实洒水，并用刮尺刮平。铺设时挂线找直，砖块铺设平服。缝隙宽度宜为5~8mm且均匀一致。最后用中砂灌缝，或用1:1~1:2干拌水泥砂灌缝（用扫帚扫入缝中），随后洒水养护。养护期间禁止上人走动（指用水泥砂灌缝者）。

10.3 质量标准和检验方法

住宅区及庭院道路和地面的质量标准和检验方法见表10-1。

住宅区及庭院道路和地面工程质量标准和检验方法　　**表 10－1**

<table>
<tr><th>项次</th><th colspan="2">检验项目</th><th colspan="3">质量要求和允许偏差（mm）</th><th>检验方法</th></tr>
<tr><td>1</td><td colspan="2">住宅区道路主要设计参数</td><td colspan="3">应符合下列要求：
1. 当道路车流量较大时，应设人行道；
2. 长度大于35m的尽端式车行道应设回车场；
3. 主要车行道应能循环通行；
4. 机动车与自行车共用道路宽不应小于4m；双车道不应小于7m；消防车通道不应小于3.5m；人行通道不应小于1.5m</td><td>对照设计图纸和规范用尺量检查</td></tr>
<tr><td>2</td><td colspan="2">道路及地面坡度</td><td colspan="3">1. 道路纵坡：沥青路面不宜大于6%，水泥路面不宜大于8%，个别路段不应大于11%，其长度不应超过80m，路面应有防滑措施；
2. 道路横坡：1.5%～2.5%；
3. 地面坡度：0.3%～1%</td><td>同上</td></tr>
<tr><td>3</td><td colspan="2">面层强度</td><td colspan="3">1. 混凝土地面的强度等级应符合设计要求；
2. 混凝土预制块、水泥地面砖等强度等级应符合设计要求</td><td>检查强度检测报告</td></tr>
<tr><td>4</td><td colspan="2">混凝土路（地）面伸缩缝设置</td><td colspan="3">伸缩缝的数量、位置、形式等应符合设计和规范要求</td><td>对照设计图纸和规范观察检查</td></tr>
<tr><td>5</td><td colspan="2">面层与基层结合情况</td><td colspan="3">应牢固、无空鼓、裂缝</td><td>观察和用小锤轻击检查</td></tr>
<tr><td>6</td><td colspan="2">面层外观质量</td><td colspan="3">表面平整、图案清晰、色泽一致、接缝顺直。混凝土和沥青面层应无裂缝、脱皮、起砂和明显接槎痕迹等</td><td>观察检查</td></tr>
<tr><td>7</td><td colspan="2">路缘石及道牙设置</td><td colspan="3">用料及规格尺寸应正确</td><td>用尺量及观察检查</td></tr>
<tr><td rowspan="6">8</td><td>序</td><td>项　目</td><td>混凝土路面</td><td>预制混凝土块路面</td><td>沥青混凝土路面</td><td></td></tr>
<tr><td>1</td><td>宽　度</td><td>±50</td><td>—</td><td>±50</td><td>尺量检查</td></tr>
<tr><td>2</td><td>厚　度</td><td>±10</td><td>—</td><td>±5</td><td>尺量检查</td></tr>
<tr><td>3</td><td>横　坡</td><td>0.15/100</td><td>0.2/100</td><td>0.35/100</td><td>用坡度尺检查</td></tr>
<tr><td>4</td><td>表面平整度</td><td>7</td><td>7</td><td>7</td><td>用2m靠尺和楔形塞尺检查</td></tr>
<tr><td>5</td><td>接缝高低差</td><td>—</td><td>2</td><td>—</td><td>用直尺和楔形塞尺检查</td></tr>
</table>

10.4　质量通病和防治措施

1. 混凝土路（地）面在伸缝处损坏

（1）现象

混凝土路（地）面在伸缝处局部拱起或挤坏。

（2）原因分析

1）伸缝内存在混凝土或石子等硬物阻塞，当混凝土板体受热产生伸胀时受阻，最终造成板体拱起或局部挤碎。

2）面层伸缝位置与混凝土垫层伸缝位置不一致，上下不贯通。

3）伸缝设置间距超过规定限值，温度伸胀应力较大。

(3) 预防措施

严格按设计要求和规范规定设置伸缩缝，伸缝应从混凝土垫层开始上下贯通，彻底断开。伸缝内灌沥青胶泥等弹性材料时，应清理干净。

(4) 治理方法

局部拱起和挤碎处应用切割机切割整齐后，用高一强度等级的混凝土修补。修补时注意接缝处衔接质量。修补后将伸缝内清理干净，再灌沥青胶泥等弹性材料。

如因伸缝上下不贯通或是伸缝间距过长造成的质量问题的，切割时应将混凝土垫层一起切割成缝。伸缝间距过长的，中间应切割增加伸缝。

2. 混凝土路（地）面边角处损坏

(1) 现象

混凝土路（地）面边角处出现裂缝、起翘、损坏等现象。

(2) 原因分析

1) 混凝土路（地）面基土层碾压质量差，压实密度不符合设计要求，或压实宽度不够，影响边缘的路（地）面结构。

2) 混凝土路（地）面边角处未作加肋或加筋等加强处理。

3) 路（地）面上局部超载引起边角损坏。

(3) 预防措施

1) 重视基土层的碾压质量，基土密实度应符合设计要求。碾压宽度应超出路（地）面边缘 500 ~ 1000mm，并有一定排水坡度。

2) 混凝土路（地）面边角处是承载力的薄弱部位，宜作加肋或加筋处理。

3) 混凝土路（地）面应有明显的车辆限载标志。

(4) 治理方法

1) 将损坏部分凿除后加以修复。修复时认真处理好新、老混凝土的衔接，并加强养护。

2) 修复处的土层作适当压实处理，并做好排水工作，防止边角处产生积水。

3. 混凝土路（地）面雨后积水

(1) 现象

混凝土路（地）面出现局部坑洼不平，雨后出现积水现象。

(2) 原因分析

1) 局部基土碾压质量较差，使用后产生局部路（地）面沉降，造成雨后积水。

2) 混凝土路（地）面排水坡度小或没有坡度，局部沉降后产生积水。

(3) 预防措施

1) 基土碾压密实度应达到设计要求，并符合相应坡度要求。

2) 施工前应设立标高标志，路（地）面有合理的排水坡度。

(4) 治理方法

积水严重的混凝土路（地）面处，凿毛后可用细石混凝土加设一层，并将坡度找正确。施工后应加强养护，保证新、旧混凝土结合牢固。

4. 混凝土预制块路（地）面平整度差、松动、缝格不顺直

(1) 现象

铺设后的混凝土预制块路（地）面平整度差，有松动现象，缝格不顺直。

（2）原因分析

1）面层下基土碾压不实，基土表面平整度差。

2）铺设后灌缝不密实，或开放行人、交通过早，造成路（地）面预制块松动。

3）铺设时不带线操作，灌（扫）缝不认真。

4）铺设于砂垫层上预制连锁砌块，铺设后未经碾压机（滚）再次进行碾压密实。

（3）预防措施

1）重视基土层的碾压质量，密实度和表面平整度应达到设计要求。

2）铺设时应带线操作，严格控制板面平整和缝格顺直。铺设后认真做好灌（扫）缝工作。用预制连锁块铺砌的路（地）面，铺好后应用碾压机（滚）再碾压一次，发现松动或不平处及时进行处理。

3）铺设完成后，应按强度要求开放行人和交通。

（4）治理方法

对松动、凹凸不平以及缝格不顺直部分的板块撬起后重新铺设。重新铺设后做好养护工作，待结合层强度达到规定要求后再开放行人和交通。铺设于砂垫层上和用砂子灌缝的不受上述限制。

5. 沥青混凝土路（地）面产生裂缝、泛油、波浪等现象

（1）现象

沥青混凝土路（地）面铺设后出现波浪形以及纵横向裂缝或出现网裂和龟裂现象。夏季高温季节出现泛油现象，造成行人和行车困难。

（2）原因分析

1）沥青混凝土拌合料中，沥青含量偏多，沥青稠度偏低。

2）沥青拌合料碾压时温度偏高，使颗粒间粘结力降低，碾压时产生推挤现象而造成裂纹和波浪形。

3）碾压时未按“先轻后重”的碾压顺序进行，直接用大吨位辗压机碾压，易造成波浪形。

4）沥青拌合料的级配不当，粉细料偏多，易造成裂缝。

（3）预防措施

1）按沥青混凝土配合比正确进行配料，沥青含量、沥青稠度应适中。

2）控制碾压时温度。沥青混凝土送到工地时的温度宜为130℃~150℃，碾压时温度宜为110℃~120℃，碾压终了的温度不宜低于70℃。

3）碾压顺序切实按照“先轻后重”的原则，不应一步到位。

（4）治理方法

裂缝较小的，可采用将裂缝喷热后灌热沥青封闭。较大的裂缝以及泛油、波浪较严重的，应作返工重做。修补时应注意接茬质量，应用热墩烫平整。

6. 沥青混凝土路（地）面接茬粗糙

（1）现象

接茬粗糙，高低不平，有明显接痕。

（2）原因分析

思想不重视，操作马虎，未按“直茬热接”的方法操作，茬口处未作预热处理。

（3）预防措施

接茬处应划线后用镐刨成斜面状，先用热沥青拌合料在茬口处铺设一条宽厚约各为150mm的预热带，约5min后铲除换上新的热沥青拌合料，经3min后摊平成所需的厚度，然后用热墩烫平压实，使接茬处与附近面层粗细一致，平整、无明显痕迹。

（4）治理方法

将粗糙、高低不平的接茬处面层凿掉，按上面预防措施做法，认真细致的进行修补，直到接茬处达到平整、无明显痕迹。

11 地面工程安全施工

安全生产是党和国家保护劳动人民的一项重要政策，是社会主义企业管理的基本原则之一。其基本任务是正确贯彻“安全为了生产，生产必须安全”及预防为主的方针。施工现场应建立安全生产责任制，加强安全教育，开展安全检查，重视安全技术工作，以全面完成工程建设任务。安全工作搞得好，职工情绪稳定，精力旺盛，生产效率提高，经济发展，企业才能长盛不衰。

11.1 楼地面工程安全生产特点

1. 思想上容易忽视安全生产

楼地面施工处于主体结构工程完成后的装饰施工阶段，危险的高空作业大量减少，脚手架逐步往下拆除。楼地面施工又在各楼层的室内地面上进行操作，安全生产的思想容易被松下劲来。有的人则误认为“大江大河（指室外高空作业）都过来了，小河小沟还会翻船吗?”楼地面在室内作业不会有什么安全事故发生的。从而滋长了松劲麻痹大意思想，给安全事故首先从思想上留下了隐患。

2. 安全生产制度开始松懈

主体工程施工时，脚手高一层，安全紧一分。每天晨会制度，每周例会制度，每月安全生产检查总结制度……总之，对安全生产比较重视，安全生产这根弦绷得比较紧。而进行楼地面施工时，则往往会议减少了，安全生产不再逢会必讲了，安全检查没有了，违章作业也出现了，事故隐患和事故苗子出现了。

3. 安全检查人员开始转移

在安全生产松劲麻痹思想支配下，楼地面工程施工时，安全监督和检查人员往往逐步往下一个主体结构工程施工的工地上转移。因为主体结构工程施工时，高空作业多，又大多是露天作业，甚至主体交叉施工，安全生产的危险性确实比在室内施工、又是平地施工的楼地面工程要大得多，因此增加安全生产的监督力度，是完全应该的。但这不等于说楼地面工程施工时就没有安全生产危险性了，很多在室内和平地施工时发生的安全事故正是在安全监督管理出现真空状态、思想松劲麻痹的情况下产生的。

11.2 楼地面工程安全生产重点

如上所述，应该说，楼地面工程施工阶段的安全生产环境，与主体结构工程施工阶段相比，要宽松得多，但绝不是没有安全隐患可言。楼地面施工阶段的安全生产，其重点应是下列几个方面：

1. “四口”防护方面的隐患

在建筑物主体结构封顶后进入装饰装修阶段，对楼梯口、电梯口、各种预留洞口以及通道口等“四口”部位，对原有的安全防护设施往往要作一次变动、调整，如在变动和调整过程中一旦稍有疏忽，就会埋伏高空坠落的安全隐患。

2. 安全用电方面的隐患

楼地面工程施工阶段，施工用电还比较多。拌制砂浆、混凝土要用搅拌机械；材料上下运输要用垂直运输机械；地面铺设要用摊铺、压光、磨光、切割机械等；铺设木地板要用盘锯、电刨、电钻等机械……这些机械，有的在室外露天使用，有的在室内使用。有的机械是主体结构施工阶段留下来的，如搅拌机械、垂直运输机械等，经过漫长的主体结构施工阶段后，电线老化、开关脱落、防雨遮盖损坏等等，都会给后续施工留下安全隐患。室内施工的机械，往往电线随地拖拉，随时受到行人、小铁车辆、重物的踩踏、滚压和砸碰，电线容易损坏、裸露，因此，安全施工用电应成为楼地面施工阶段的安全重点。

3. 机械伤害方面的隐患

随着施工机械化水平的不断提高，机械伤害事故也相应有所上升。如上所说，楼地面施工阶段，使用机械的品种、数量还比较多，但在安全生产松劲麻痹思想的支配下，对机械的使用制度、对机械的安全防护、对机械的完好和安全运行、对操作工人的思想教育和自身防护等等，都会有所放松，机械的伤害事故也就会随之发生。

4. 防火、防毒、防爆方面的隐患

楼地面工程施工中，操作人员经常会接触到有刺激性气味以及有毒性的建筑材料，还有的建筑材料是易燃、易爆的。这些材料有的对人体皮肤产生伤害，有的对人体呼吸系统、神经系统以及内脏器官造成伤害。因此，做好防火、防毒、防爆是楼地面施工阶段安全生产的又一重点。

5. 操作人员自身防护方面的隐患

由于楼地面工程施工大多是在室内进行，施工操作人员自身的安全防护意识极容易淡薄，不戴安全帽进入施工现场；不戴防护镜进行斩凿和切割；不穿胶鞋或不戴防护手套进行磨石机操作；不戴口罩、不戴手套等进行有毒材料的施工操作以及夏天高温季节赤膊、赤脚进行施工操作等，这些都会给安全生产带来严重隐患。

11.3 楼地面工程安全施工要点

1. 安全生产思想教育不能放松

针对楼地面工程施工大多在室内（大多数）施工、平地操作的特点，安全生产教育的重点应是防止松劲麻痹思想，有针对性的指出楼地面工程施工中安全生产的特点、重点和难点，要反复宣传和强调“安全与守则同行，事故与麻痹共生”的安全警句，要大力宣传“隐患险于明火，防范胜于救灾，责任重于泰山”的安全思想准则，使施工操作人员始终绷紧安全生产这根弦。

2. 安全生产责任制要落到实处

楼地面工程施工阶段也要明确安全生产责任制，工地项目经理、各施工队组的队组长都是不同层面的安全生产第一责任人。要建立安全生产责任人考核制度，安全事故责任人追究制度，真正把安全生产责任制落到实处，念好安全“三字经”。

（1）每项工作抓好“三件事”：1）开工前抓好安全工作的布置和交流；2）施工过程中抓好现场安全情况检查督促；3）完工后抓好完全生产经验（或教训）总结。

（2）每天抓好“三件事”：1）班前抓好安全讲话；2）班中抓好安全巡视；3）交接班抓好安全总结。

（3）每月抓好“三件事”：1）制订好每月安全工作计划；2）抓好每月安全工作检查、评比；3）抓好每月安全工作总结、表彰。

3. 切实抓好现场安全生产管理

针对楼地面工程施工安全生产的重点隐患，切实抓好现场安全施工管理。

（1）加强“四口”防护，防止高空坠落事故。对楼梯口、电梯口、各种预留洞口及通道口部位，必须设置护栏或盖板，设置警示牌。1.5m×1.5m 以下的洞口，宜设置盖板；1.5m×1.5m 以上的洞口，四周应设防护栏，中间应挂安全网。电梯井口应设高度不低于 1.2m 的防护门，电梯井内每 4 层设一道安全网。楼梯踏级及休息平台部位，在安装正式栏杆前，应该设牢固的防护栏杆或用立挂式安全网做防护。

（2）加强用电管理，防止产生触电事故

临时用电的配电箱、电闸箱应完整、坚固，并设有漏电保护装置。室外配电箱和电闸箱应有良好的防雨、防水设施。箱电布置应符合规定，损坏的元件应及时更换，安装或拆除用电设备应由专业人员处理。室内电线不应随地拖放。在有高温、导电灰尘或灯具离地高度低于 2.4m 等场所的照明，电源电压应不大于 36V，在潮湿和易触及带电体场所的照明电源，电压应为 24V，在特别潮湿的场所，电源电压不应超过 12V。手把灯的电源线不应使用塑料线。

严格执行一机一闸，电器设备外壳应做好保护接地或保护接零工作。

（3）加强机械管理，防止机械伤害事故

提高机械设备的完好率，严禁机械带病运转。位于室外的机电设备应设防雨罩或防雨棚。机械的传动部分应有牢固的防护罩。电刨应有可靠的安全挡板。砂轮应使用单向开关，并装设不小于 180 度的防护罩。使用磨石子机时，胶皮线应架空绑牢，不得在水中拖拽。

机械设备必须专人负责，操作人员必须熟悉机械性能，非机械操作人员不得随意动用。操作人员工作时，要扎紧袖口，理好衣角，扣好衣扣。女同志必须带好工作帽，长发不得外露。

对进行瓷砌切割、大理石、花岗岩板材切割、打洞等操作人员，应带好绝缘手套、防护风镜和口罩。

（4）加强危险品和有毒物品的管理和使用，防止产生中毒事故和火灾事故。

在进行地面油漆及防腐蚀地面施工时，对易燃易爆的危险品及有毒材料应单独设置危险品临时仓库，由专人保管，并做好发放登记工作。施工操作时，应严格按规范或规程规定的程序进行，操作人员应穿好工作服，戴好手套、防护眼镜和滤毒口罩。当配制毒性较强的溶液类材料时，应带好防毒面具，手上戴乳胶手套。当操作人员的头部、手或其他部位皮肤被溅着腐蚀材料时，应及时用清水清洗，严重的应及时进行治疗。

危险品库及易燃易爆材料施工现场应杜绝明火，不准吸烟人进入施工现场。配备好灭火器及砂箱等灭火设备。

(5) 冬季施工水泥类地面采用煤炉进行室内加温时，应进行有组织排放烟气，防止施工操作人员煤气中毒。

(6) 夏季高温季节进行室外地面施工时，应做防暑降温工作，调整好作息时间，严禁赤膊、赤脚等进行施工操作。

(7) 进行楼地面清理工作时，严禁将杂物和垃圾随意从窗口向外抛掷，应通过楼梯或垂直运输设备向下运输。

当发生伤亡事故或未遂事故后，应及时抢救伤员并向上报告，同时做好现场保护工作。严禁隐瞒事故和破坏现场。接受事故调查人员调查，应实事求是的如实反映情况，达到弄清事故产生原因，总结应吸取的教训，做好事故防范工作。

附　　录

附录一　民用建筑地面使用功能一览表

民用建筑地面使用功能一览表

建筑类型	建筑物名称	主要使用房间	主要使用功能要求
居住建筑	住宅、宿舍	卧室、起居室 厨房 卫生间	不起尘、易清洁（隔声） 易清洗、抗粘污 易冲洗、防滑、防水
	旅　　馆	客房 卫生间	不起尘、易清洁（隔声） 易清洗、抗粘污
教育建筑	幼儿园、托儿所	卧室、活动室	软性、防滑、易清洁
	学校（大学及中小学）	普通教育 一般实验室	不起尘、易清扫 易清洗
办公建筑	办公室、银行	办公室间 计算机房	不起尘、易清洁 易清洁、防静电
文化建筑	影剧院、会堂	观演厅	易清洁、防滑、耐磨
	博物馆、展览馆、档案馆	陈列室 馆藏区	易清洁、防滑、耐磨 不起尘、易清洁、防潮
	图书馆	阅览室、目录厅 书库	软性、易清洁 不起尘，易清洁
体育建筑	体育馆、比赛馆、练习馆	观众厅 比赛场地	易清扫、防滑、耐磨 弹性、不起尘、防滑
医院建筑	医院疗养院	病　房 手术室 化验室 放射室 儿科病房 光疗、电疗室 中药房	易清洁、免积灰、不起尘 耐洗刷（地漏）屏蔽境地 易清洗 绝缘性（木地板、橡皮、塑料、软木） 软性、易清洁 宜用绝缘 防潮、防虫、易清洁
百 货 店		营业厅 一般库房	耐磨、不起尘、易清扫 易清洁、不起尘、防潮
饮食建筑	食堂、餐厅	餐　　厅	易清洗、抗粘污
		厨　　房	易洗刷、抗粘污、防滑

续表

建筑类型	建筑物名称	主要使用房间	主要使用功能要求
交通建筑	汽车站 火车站 港口客运站 航空港	候车室 候车室 候船室 候机厅	耐磨、易清扫、防滑
服务行业	菜场	营业厅、仓库	易清洗、防滑、耐磨
	书店	营业厅、仓库	易清洁、不起尘、防滑
	中西药店	店堂、仓库	易清洁、防潮、防虫、不起尘、免积灰
	粮店	店堂、仓库	易清扫、防潮、不积灰、不起尘
	浴室	澡堂	防水、防滑、易冲洗
	理发、美容	理发厅、美容室	易清洁、不起尘
	食品店	营业厅、仓库	易清洁、防潮
	洗染店	营业厅	易清洁、不起尘、防虫
		工场	防滑、防水、易冲洗

附录二 机械工业地面使用功能一览表

机械工业地面使用功能一览表

项目	名称	对地面的要求	地面名称		备注
			一般的	较高的	
铸工车间	金属材料库、露天仓库		矿渣、碎石	混凝土	露天仓库一般不用混凝土地面
	造型材料库、砂准备、砂处理、制蕊、模型库、机修等工段	一般清洁要求	混凝土		
	熔化、浇注工段	耐高温、冲压	块石	缸砖	炉子附近可铺铸铁板
	造型工段	易清扫（指小件造型）	混凝土		大件造型工段可用型砂地面
	清理工段	耐热、抗冲击	块石	混凝土	
	热处理工段		混凝土	缸砖	
锻工车间	锻锤工段	耐热性、抗冲击性	黏土、块石	铸铁板	铸铁板用于重型锻锤车间，一般使用一年后铺砌
	水压机工段	耐热、抗冲击	混凝土 块石	高强混凝土	
	热处理工段	耐热性	混凝土 块石	缸砖	炉子区铺铸铁板
	炉子工段	耐热性	混凝土 块石		
	酸洗工段	耐酸性 18% 耐热性达 70℃ 地面坡度≥1%	浸渍	树脂砂浆	通道处铺金属板
	切料工段金属库	抗冲击性、耐油性	黏土	块石	
	锻锤及机修工段		混凝土		
	水泵房		混凝土、 水泥砂浆	水磨石	
金工装配生产车间	机械加工	易清扫、修复	混凝土、 细石混凝土	高强耐磨混凝土	①楼面采用防油混凝土、耐磨防油混凝土 ②有条件时用耐磨涂料
	精密机床间或研磨间	清洁、有弹性	水磨石	木地板	有条件时用耐磨涂料
	部装、总装、检验（试车）	清洁、耐油	混凝土、 细石混凝土	水磨石、 陶板	有条件时用耐磨耐油涂料
	油漆装箱	清洁、耐油	混凝土、 水泥石屑	细石混凝土	有条件时可用耐磨混凝土

续表

项目	名　　称	对地面的要求	地面名称		备　　注
			一般的	较高的	
金工装配辅助部门	机修站磨刀间				
	变电所、电工间油漆调配室		水泥砂浆	混凝土	
	毛坯材料库、中间仓库、半成品库	耐冲击	混凝土		
	工具分发室、量具室、检定站	清洁	水泥砂浆	木地板	
	计量室	清洁、弹性	木地板		
冲压、冷作、焊接车间	冲压、机加工、备料焊接、成品检验、修理站、废料处理，工具室、乙炔发生间、备品库、冲压模库、成品库、辅助材料库	易清扫、耐用	混凝土 水泥砂浆	耐磨混凝土	冲压、焊接、机加工可采用较高的标准，经久耐用
	装配工段、油漆库、油料库、水泵房	清洁易清扫耐久性	混凝土 水泥砂浆	水磨石	油漆库，可采用陶板
	酸洗间		混凝土	陶板	
热处理车间	预先热处理	耐烧红的工作落在地上，耐辐射热及重物冲压	混凝土、块石	耐热混凝土、铸铁板	荷载来自锻铸件堆积
	零件和工具热处理	耐油、耐烧红之盛器、放于地上，易冲洗	混凝土、水磨石		
	氰化间	清洁、易冲洗	水磨石	磁砖	
	酸洗车间	耐酸、耐碱、耐水	水磨石、磁砖	树脂砂浆	
	喷砂间	易清洁	混凝土		
	高周波淬火机房	清洁易清扫、不起尘	水磨石、磁砖		
	锻模热处理工段		混凝土	铁板 缸砖	
油漆车间	油漆工段	清洁、易清扫	水泥砂浆、混凝土	水磨石	按酸碱溶液沉度，另见防腐蚀地面
	预处理工段	耐酸、耐碱			
工业辅助建筑地面	乙炔气体发生间	受冲击时不发生火花	不发火花混凝土地面		
	空气压缩站	避免起尘、易清扫	水泥石屑（压光）	水磨石、耐磨涂料	站内设置地沟以敷设油水管道
	锅炉房	避免设台阶，标高与室外地面接近，以便出灰进煤，水泵基础周围应做水沟，地面做1%坡度	细石混凝土	铁屑水泥	人工加煤的炉前部分，宜采用耐磨混凝土地面

续表

项目	名 称	对地面的要求	地面名称		备 注
			一般的	较高的	
工业辅助建筑地面	水泵房	室内地面标高比泵轴标高低 500mm；地面式泵房地面标高一般比室外地坪高 100 ~ 200mm 地面材料不应起砂，坡度 1%	水泥砂浆、混凝土、随捣随抹光，压光		
	汽车库	坡度向外倾斜≥1%	炉渣	混凝土	公共停车库应耐磨，光而不滑，不起尘，宜采用耐磨不起尘混凝土地面
中心试验室（可供学校、科研部门实验室参考）	X 光结构分析，操纵室 X 光透视室 电子显微镜室 热工仪表校正室、实验室 光谱试样校正室 看谱、摄谱、测谱室 天平室 精密仪器贮藏室	防尘、防潮、清洁、防汞、防霉、防振	水磨石、涂料地面	木板 电子显微镜室可用地毯	电子显微镜室，X 光机室，要求高时需防静电，绝缘、有汞滴落时，做防汞污染地面
	酸洗、磨光、抛光室 化学分析室 电镀、腐蚀实验室 酸类贮藏室	防酸腐蚀	水磨石 涂料地面	耐酸瓷（陶）板	化学分析室有汞滴落时做防汞地面和防潮
	钢中气体测定，定氢实验室 铸工实验室 金属物理实验室 磁力探伤室	防尘	水磨石	涂料地面	
	γ 射线室 热处理实验室 铸工实验室 机工间 热处理焊接室 机械性能，蠕变实验室	不起尘	压光水泥砂浆	水磨石	机械性能实验室应不潮湿，不结露
	油燃料实验室	防油、防火	水磨石	防油混凝土	
工业辅助建筑地面	消防站		混凝土地面		①应向大厅出车方向有 1% ~2% 坡度 ②门前地坪应有 2% ~3% 坡向车行道的坡度
	氢氧站：电解间 净化间 氢气加压间 氢气充瓶间	防爆	压光水泥地面 沥青砂浆	水磨石	地面材料应经不发火花检验确定
	氢氧站：氧气加压站 氧气充瓶间 空实瓶间	防火	高标号混凝土	铁屑水泥高强耐磨混凝土	

续表

项目	名称		对地面的要求		地面名称		备　注
					一般的	较高的	
工业辅助建筑地面	自动电话间		均布荷载	集中荷			①本表适用于用量不超过900门的自动电话站 ②各室均要求防尘防潮
		自动机件室	4.5kN/m^2		地面涂料	塑料地板	
		测量室（配线架室）	3.5kN/m^2	4.5kN		塑料地板	
		转接台室	3.5kN/m^2			水磨石及塑料地板	
		电力室	5.0kN/m^2			水磨石	
		蓄电池室	6.0kN/m^2		耐腐蚀涂料	耐酸地砖	

附录三 地面面层特征表

地面面层特征表

序号	面层名称		燃烧性	容许受热温度（℃）	起尘性	耐磨性	容许冲击力①（N）	消声度	光滑度	感热性	耐水性	透水性	耐油性（矿物油、煤油、汽油）	耐酸性	耐碱性	导电性	发火花性
	面层材料	结合层及填缝材料															
1	2		3	4	5	6	7	8	9	10	11	12	13	14	15	16	17
1	素土		不燃	1400	大	弱	不限制	无噪声	不滑	冷	不耐水	透水	耐油	不耐酸	不耐碱	导电	不发火花⑤
2	矿渣		不燃	1400	大	中	不限制	稍有噪声	不滑	半暖	稍耐水	透水	耐油	不耐酸	不耐碱	导电	发火花
3	碎石		不燃	1400	大	中	不限制	稍有噪声	不滑	冷	耐水	透水	耐油	不耐酸	不耐碱	导电	发火花
4	沥青碎石		难燃	50	一般	中	50	稍有噪声	不滑	冷	耐水	不透水	不耐油②	耐酸⑧	耐碱⑨	稍导电	发火花④⑥
5	灰土		不燃	100	大	中	30	稍有噪声	不滑	冷	稍耐水	稍透水	耐油	不耐酸	稍耐碱	导电	不发火花⑤
6	石灰三合土		不燃	100	大	中	30	稍有噪声	不滑	冷	稍耐水	透水	耐油	不耐酸	稍耐碱	导电	发火花
7	混凝土		不燃	100	一般	强	100	有噪声	不滑	冷	耐水	稍透水	耐油	不耐酸	耐碱⑩	导电	⑥
8	水泥砂浆		不燃	100	一般	中	30	有噪声	不滑	冷	耐水	稍透水	耐油	不耐酸	耐碱⑩	导电	⑥
9	水磨石		不燃	100	小	强	50	有噪声	擦腊时或潮湿时滑	冷	耐水	稍透水	耐油	不耐酸	耐碱⑩	导电	⑥
10	铁屑水泥		不燃	100	小	极强	100	有噪声	不滑	冷	耐水	稍透水	耐油	不耐酸	耐碱⑩	导电	发火花
11	水玻璃混凝土		不燃	100	一般	中	100	有噪声	不滑	冷	稍耐水	稍透水	耐油	耐酸	不耐碱	导电	发火花
12	沥青混凝土		难燃	50	一般	中	50	稍有噪声	不滑	冷	耐水	不透水	不耐油	耐酸⑨	耐碱⑨	③、④	发火花④⑥
13	沥青砂浆		难燃	50	一般	中	30	稍有噪声	不滑	冷	耐水	不透水	不耐油	耐酸⑨	耐碱⑨	③、④	发火花④⑥
14	粗石	砂（煤碴）	不燃	500	大	强	1000	有噪声	不滑	冷	耐水	透水	耐油	不耐酸	不耐碱	导电	发火花

续表

序号	面层名称		燃烧性	容许受热温度（℃）	起尘性	耐磨性	容许冲击力①（N）	消声度	光滑度	感热性	耐水性	透水性	耐油性（矿物油、煤油、汽油）	耐酸性	耐碱性	导电性	发火花性
	面层材料	结合层及填缝材料															
1	2		3	4	5	6	7	8	9	10	11	12	13	14	15	16	17
15	块石	砂（煤碴）	不燃	500	大	强	500	有噪声	不滑	冷	耐水	透水	耐油	不耐酸	不耐碱	导电	发火花
16		水泥砂浆	不燃	100	一般	强	500	有噪声	不滑	冷	耐水	稍透水	耐油	不耐酸	耐碱⑩	导电	发火花
17	缸砖（侧铺）	砂（煤碴）	不燃	500	一般	强	100	有噪声	不滑	冷	耐水	透水	耐油	不耐酸	不耐碱	导电	发火花
18		水泥砂浆	不燃	100	小	强	100	有噪声	不滑	冷	耐水	稍透水	耐油	不耐酸		导电	发火花
19		沥青胶泥	难燃	50	小	强	100	有噪声	不滑	冷	耐水	不透水	不耐油	耐酸⑨	耐碱⑨	③④⑧	发火花
20		耐酸胶泥或耐酸砂浆	不燃	100	小	强	100	有噪声	不滑	冷	稍耐水	稍透水	耐油	耐酸	不耐碱	导电	发火花
21	缸砖（平铺）	水泥砂浆	不燃	100	小	强	50	有噪声	不滑	冷	耐水	稍透水	耐油	不耐酸	耐碱⑩	导电	发火花
22		沥青胶泥	难燃	50	小	强	50	有噪声	不滑	冷	耐水	不透水	不耐油	耐酸⑨	耐碱⑨	③④⑧	发火花
23		耐酸胶泥或耐酸砂浆	不燃	100	小	强	50	有噪声	不滑	冷	稍耐水	稍透水	耐油	耐酸	不耐碱	导电	发火花
24	普通粘土砖（侧铺）	砂（煤碴）	不燃	300	大	中	30	有噪声	不滑	冷	耐水	透水	耐油	不耐酸	不耐碱	导电	发火花
25	普通粘土砖（平铺）	砂（煤碴）	不燃	300	大	中	不宜撞击	有噪声	不滑	冷	耐水	透水	耐油	不耐酸	不耐碱	导电	发火花
26	耐酸砖	沥青胶泥	难燃	50	小	强	50	有噪声	潮湿时滑	冷	耐水	不透水	不耐油	耐酸⑨	耐碱⑨	③④⑧	发火花
27		耐酸胶泥或耐酸砂浆	不燃	100	小	强	50	有噪声	潮湿时滑	冷	稍耐水	稍透水	耐油	耐酸	不耐碱	导电	发火花
28	混凝土板	砂（煤碴）	不燃	100	大	强	50	有噪声	不滑	冷	耐水	透水	耐油	不耐酸	不耐碱	导电	⑥

续表

序号	面层名称		燃烧性	容许受热温度（℃）	起尘性	耐磨性	容许冲击力①（N）	消声度	光滑度	感热性	耐水性	透水性	耐油性（矿物油、煤油、汽油）	耐酸性	耐碱性	导电性	发火花性
	面层材料	结合层及填缝材料															
1	2		3	4	5	6	7	8	9	10	11	12	13	14	15	16	17
29	混凝土板	水泥砂浆	不燃	100	一般	强	50	有噪声	不滑	冷	耐水	稍透水	耐油	不耐酸	耐碱⑩	导电	⑥
30	水泥砂浆板		不燃	100	一般	中	不宜撞击	有噪声	不滑	冷	耐水	稍透水	耐油	不耐酸	耐碱⑩	导电	⑥
31	水磨石板		不燃	100	小	强	不宜撞击	有噪声	擦蜡时或潮湿时滑	冷	耐水	稍透水	耐油	不耐酸	耐碱⑩	导电	⑥
32	陶瓷锦砖（马赛克）		不燃	106	小	强	不宜撞击	有噪声	不滑	冷	耐水	稍透水	耐油	不耐酸	耐碱⑩	导电	发火花
33	陶（瓷）板	水泥砂浆	不燃	100	小	强	不宜撞击	有噪声	潮湿时滑	冷	耐水	稍耐水	耐油	不耐酸	耐碱⑩	导电	发火花
34		沥青胶泥	难燃	50	小	强	不宜撞击	有噪声	潮湿时滑	冷	耐水	不耐水	不耐油	耐酸⑨	耐碱⑨	③④⑧	发火花
35	陶（瓷）板	耐酸胶泥或耐酸砂浆	不燃	100	小	强	不宜撞击	有噪声	潮湿时滑	冷	稍耐水	稍耐水	耐油	耐酸	不耐碱	导电	发火花
36	耐酸陶（瓷）板	沥青胶泥	难燃	50	小	强	不宜撞击	有噪声	潮湿时滑	冷	耐水	不耐水	不耐油	耐酸⑨	耐碱⑨	③④⑧	发火花
37		耐酸胶泥或耐酸砂浆	不燃	100	小	强	不宜撞击	有噪声	潮湿时滑	冷	稍耐水	稍耐水	耐油	耐酸	不耐碱	导电	发火花
38	铸石板	沥青胶泥	难燃	50	小	强	不宜撞击	有噪声	潮湿时滑	冷	耐水	不耐水	不耐油	耐酸⑨	耐碱⑨	③④	发火花
39		耐酸胶泥或耐酸砂浆	不燃	100	小	强	不宜撞击	有噪声	潮湿时滑	冷	稍耐水	稍透水	耐油	耐酸	不耐碱	导电	发火花

续表

序号	面层名称		燃烧性	容许受热温度（℃）	起尘性	耐磨性	容许冲击力①（N）	消声度	光滑度	感热性	耐水性	透水性	耐油性（矿物油、煤油、汽油）	耐酸性	耐碱性	导电性	发火花性
	面层材料	结合层及填缝材料															
1	2		3	4	5	6	7	8	9	10	11	12	13	14	15	16	17
40	天然石板	沥青胶泥	难燃	50	小	强	50	有噪声	不滑	冷	耐水	不透水	不耐油	耐酸⑨	耐碱⑨	③④	④⑥
41		耐酸胶泥或耐酸砂浆	不燃	100	小	强	50	有噪声	不滑	冷	稍耐水	稍透水	耐油	耐酸	不耐碱	导电	发火花
42	沥青砂浆板	沥青胶泥	难燃	50	一般	中	不宜撞击	稍有噪声	不滑	冷	耐水	不透水	不耐油	耐酸⑨	耐碱⑨	③④	④⑥
43	铸铁板	砂（炉碴）	不燃	1400	一般	极强	100	有噪声	网纹板不滑	冷	耐水	透水	耐油	不耐酸	不耐碱	导电	发火花
44	木板（空铺）		燃烧	50	一般	中	50	稍有噪声	不滑	暖	不耐水	透水	耐油	不耐酸	不耐碱	不导电	不发火花⑦
45	拼花木板（实铺）		难燃	50	小	中	不宜撞击	无噪声	不滑	暖	不耐水	透水	不耐油②	不耐酸	不耐碱	不导电	不发火花
46	塑料板（水泥砂浆找平层）		难燃	50	小	中	不宜撞击	无噪声	不滑	半暖	耐水	不透水	不耐油	耐酸	耐碱	不导电	不发火花
47	塑料板（保温砂浆找平层）		难燃	50	小	中	不宜撞击	无噪声	不滑	暖	耐水	不透水	不耐油	耐酸	耐碱	不导电	不发火花

①本栏系指从1m高处有坚硬物体下坠时地面容许承受的冲击力，如系在固定地点坠落（曲孔、槽、安装孔等处坠落等）硬物，其容许冲击力应按表列数值减少2/3；自2m高处坠落，其容许冲击力应减少1/2；自0.5m高处坠落，其容许冲击力可增加50%。

②面层、结合层和嵌缝材料采用易溶于有机溶液溶解的石油沥青材料时是不耐油的，采用焦油沥青材料时可耐煤油、汽油以外的其他矿物油。

③面层、结合层、嵌缝材料或骨料采用辉绿岩、大理石等不导电石料者是不导电的（绝缘性能必须经试验确定）。

④面层、结合层和嵌缝材料中掺6级或7级石棉、纤维时，是不导电的和不发火花的。

⑤颗粒直径不超过2mm的土是不发火花的。

⑥面层、填缝材料和骨料采用经试验确定不发火花的石灰石、大理石等石料时是不发火花的。

⑦结合用的钉子不得外露。

⑧板、块材面层材料的绝缘性能必须经试验确定。

⑨采用耐酸骨料的石油沥青类面层，在常温下能耐浓度50%以下的硫酸，20%以下的盐酸，10%以下的硝酸等。采用耐碱骨料（石灰岩、白云岩）或其他致密的骨料（辉绿岩、花岗岩等）的沥青类面层，在常温下可耐浓度20%以下的苛性碱溶液的作用。不适用于有苯、汽油、二硫化碳等有机溶剂的作用。

⑩密实的普通混凝土、水磨石和水泥砂浆等面层，在常温下能耐浓度小于12%的苛性碱溶液的作用。采用耐碱混凝土、耐碱砂浆和耐碱水磨石面层，应提高面层和灰缝的密实度，常温下耐浓度20%以下的苛性碱溶液和温度高于40℃，浓度小于12%的苛性碱溶液。

注：本表摘自《工业建筑地面设计规范》（原一机部1965年颁布本），有一定的参考价值，故列入本附录。

附录四 地面材料性能及适用范围参考表

地面材料性能及适用范围参考表

分类	名称		性能	适用范围
水泥类整体面层	混凝土（垫层兼面层）		强度等级大于等于C20、耐压、耐水、不滑、易清扫、易沾污、起尘	一般生产车间和辅助建筑，一般车行道和仓贮地面
	细石混凝土		一般强度等级为C30、耐压、起尘少、耐水、不滑、易清扫	同混凝土地面，有一定清洁要求的地面
	水泥砂浆		常用1:2～2.5、耐压、耐水、易清扫、不滑、冲击性能差	同细石混凝土
	水泥石屑		具有水泥砂浆的良好性能、无水泥砂浆常见的裂缝和起尘现象	具有一定清洁要求的工业与民用建筑地面
	水磨石		易清扫、平整光洁、不起尘、不耐冲击和强烈磨损	具有较高清洁要求的工业与民用建筑
	铁（钢）屑水泥（传统材料）		具有较好的耐磨性能和一定的耐久性和抗冲击性、不易起尘	可用于行驶铁轮子车、和拖拉金属物件的生产使用场所
	防油混凝土		强度等级大于等于C30、防渗透，但要有适当的防裂措施	生产过程中有油直接作用的楼层地面和需防油的底层地面
	耐热混凝土		耐灼热物件或高温500～800℃，耐压、易清扫	有灼热物件接触或受高温影响温度为600～800℃的生产使用地段
	耐磨混凝土（水泥耐磨骨料）		高强、耐磨、耐冲击、各种油脂不易渗入、不起尘、整体性能，经久耐用，多种颜色	各类机械工厂、仓库、停车道、交通频繁地段和有强烈磨损的各种场所
	不发火花地面		骨料为不发火花的细石混凝土、水泥石屑、水磨石	散发较空气重的可燃气体、可燃蒸汽的甲类厂房以及粉尘纤维爆炸危险的乙类厂房的地面
石材地面	花岗石	天然花岗石	强度高、抗腐性好、耐磨、耐压	永久性纪念建筑、高级装修、室外交通频繁的地段
		人造花岗石	耐磨、平整光洁、不起尘、易清洁、色泽多样	
	大理石	天然大理石	色泽鲜艳、光泽度好、花纹美观、强度高	宾馆、剧场、车站等高级建筑室内地面
		人造大理石		
	水磨石	彩色水磨石	耐磨、平整光洁、不起尘、易清洁	一般大型公共建筑的门厅、休息厅以及有洁净要求的房间地面
		普通水磨石		一般走廊、教室等交通频繁及有洁净要求的地面
塑料地板	聚乙烯树脂塑料地板 聚乙烯-醋酸乙烯塑料地板 聚乙烯树脂塑料地板 聚丙烯树脂塑料地板 导静电塑料地板		行走舒适、耐磨、耐腐蚀、隔声、防潮、表面美观、装饰效果好、施工和清洗方便、重量轻和价格低	公共建筑、实验室、住宅等各种建筑的室内地面铺设
				计算机房、程控机房、精密仪器仪表间

续表

分类	名称		性能	适用范围
陶瓷地面	铺地砖		易清洗、耐磨、防潮、耐压、质坚、体轻	适用于交通频繁地面、楼梯、厨房、浴室、室外地面
	陶瓷锦砖（马赛克）		质坚、经久耐用、色泽多样、耐酸碱、不透水、易清洗	适用于厨房、盥洗室、卫生间、浴室地面
地面砖	彩色水磨石花砖		耐磨、经济、美观、光亮、施工快	会客室、走廊、大厅等交通量大、有一定清洁要求的地面
	彩色混凝土花砖			
	水泥花砖			
木地面	单层木地面		易清洁、抗重压、耐烟烫（复）耐化学试剂污染（复）	适用于会议室、办公室、高洁度实验室、中高档旅馆及住宅
	双层木地面		富有弹性、易清洁、不起尘	体育训练、练习场地、舞厅及中、高档旅馆及住宅
	活动木地面		易清洁、不起尘	程控机房、电算机房、试验室、控制室、调度室、广播室地面
	弹性木地面		弹性、易清洁、不起尘	体育比赛、训练、练习场地地面
铺地材料	油地毡		具有一定弹性、良好的耐磨性	幼儿园、老年公寓用房地面
	橡胶地毡		较高的弹性、保温性、隔绝撞击性和绝缘性	
	聚氯乙烯	卷　材	轻质、耐油、耐磨、耐腐蚀、防火、隔声、隔热、尺寸稳定、耐久	公共民用建筑、住宅，一般实验室、办公室、新用水泥地面装饰地面
		石棉地砖	表面光洁、色泽鲜艳、质轻、耐磨、弹性强、不助燃、自熄、耐腐	
		多填充料地砖	耐磨、耐污染、收缩率小、耐火	
		再生地板	防潮、隔音、有弹性、行走舒适、经济	
涂料	水溶性高分子聚合物（777型）		无毒、不燃、经济、安全、涂层干燥快、施工简便、光洁美观、经久耐用	公共民用建筑、住宅、一般实验室、办公室、新旧水泥地面装饰地面
	聚醋酸乙烯酯（HC—1）		无毒、不燃、干燥快、粘结力强、耐磨、有弹性感、装饰效果好	特别适用于水泥旧地坪翻修，可代替部分水磨石和塑料地面
	苯丙地面涂料		无毒、不燃、耐酸碱、耐冲洗、涂层干燥快、美观光洁、粘结性强	各种公共建筑和民用住宅地面
	聚乙烯醇缩丁醛		成膜性好、粘结力强、漆膜柔韧、无反射光	
	氯-偏共聚乳液地面		无味、快干、不燃、易施工、涂层坚牢光洁、防潮、防霉、耐磨、耐酸碱	部队、宾馆、住宅、机关、学校、商店、仓库、工矿企业及公共场所

续表

分类	名 称	性 能	适用范围
涂料	聚氨酯类	优良的防腐性和电绝缘性，较高弹度和弹性，耐磨、美观、易清扫、自然性不变色	会议室、图书馆作弹性装饰地面
	环氧树脂	耐磨性、粘结力强、干燥快、表面光洁、防尘	宾馆、招待所、医院、旅社、办公室、住宅的地面
	过氯乙烯	耐老化、防水、干燥快、抗冲击、硬度、附着力强、耐磨性、无毒	住宅、物理实验室等水泥地面装饰
	酚醛树脂	漆膜坚硬，防潮耐磨（木地板）	
	木屑隔凉地面涂料	粘结性能好、耐洗刷、耐酸碱、耐磨、不起砂、不脱皮、防水隔凉、美观、富有一定弹性	住宅居室、旅馆、招待所、宾馆、办公室、一般试验室、托儿所等建筑的新旧水泥地面的涂布装饰，可制成多种图案的花式
	装饰纸涂塑地面	光洁美观、耐磨、木纹清晰、色泽明亮、有真木纹地板的观感	较高级的住宅、办公楼等新建工程，也可用于旧地面的改造
	导（防）静电地面涂料	体质轻、层薄、耐磨、不燃、附着力强、有一定弹性、施工工艺简单，装饰效果好	电子计算机房、精密仪器车间以及要求洁净的厂房地面涂刷

附录五　地面使用功能及适用面层参考表

地面使用功能及适用面层参考表

序号	生产操作特征	使用要求	推荐面层	可用面层	举　例	备　注
1	一般生产操作，人行及手推胶轮车行驶	不滑 不易起尘 便于清扫	混凝土 细石混凝土 水泥砂浆	石屑水泥 水磨石 沥青混凝土	一般生产车间及辅助房屋	
2	行驶汽车、电瓶车、叉车装卸车，中度磨损	耐压 中等耐磨	混凝土、耐磨混凝土、细石混凝土	块石 沥青混凝土	车行通道及仓贮地段等	
3	行驶履带式车辆及金属轮小车，拖拉尖锐物体，滚动小型金属件	耐压 强耐磨 耐中等撞击	钢屑水泥 高标号混凝土 块石、耐磨混凝土	钢格栅加强混凝土铸铁板	车行通道、履带式车辆装配车间，电缆及钢绳车间等	混凝土强度等级不低于C25
4	坚硬重物经常撞击，堆放铁块、钢锭、砂箱等重物	具有强抗撞击能力，耐压	素土 碎石 矿渣	块石 高强度等级混凝土块	铸工造型、落砂、备料、锻造、冲压、金属结构车间、配煤、筛焦车间、铣水包和秤量车修理、废钢处理、落锤车间、水泥原料及研磨车间等	
5	灼热物件接触或高温作业	耐热 不软化 不开裂	素土 矿渣 铸铣板	耐热混凝土 块石 黏土砖	铸工熔炼、浇铸、热处理、锻造、炼钢混铣炉，均热炉车间、轧钢、热钢坯库、玻璃熔炼工段等	应根据受热温度选用面层材料，块材用砂垫层
6	有水或非腐蚀性液体浸湿	受浸湿后不膨胀不溶解	混凝土 水泥砂浆 水磨石	陶瓷板材 石屑水泥 沥青砂浆	选矿、水力冲洗、水泵房、车辆冲洗、鱼肉及乳品加工、屠宰、洗毛车间、准备车间、浆纱工部、造纸车间等	防渗要求高时可设防渗隔离层
7	有中性植物油、矿物油或其他乳浊液作用	不溶解 防滑 易清扫	混凝土 水泥砂浆 水磨石 细石混凝土	陶板 石屑水泥	油料库、油压机工段、润滑细站、沥青制造车间、制腊车间、榨油车间	必要时采取防滑措施
8	机床上楼	楼面防油渗	防油混凝土 防油砂浆	水磨石 细石混凝土 聚合物水泥砂浆	多层机加工厂房	必要时可设防油渗隔离层
9	散发较空气重的可燃气体，可燃蒸汽的甲类厂房及有粉尘、纤维爆炸危险的乙类厂房	地面应不发生火花	细石混凝土 水磨石 石屑水泥	沥青砂浆 木板、塑料板 塑料	乙炔站、精苯、钾钠加工、精馏车间、爆炸材料库、农药合成、化学清洗、植物油浸蚀、铝、镁粉、煤粉、面粉碾磨、亚麻厂除尘、过滤器室等	骨料应为不发生火花者

续表

序号	生产操作特征	使用要求	推荐面层	可用面层	举 例	备 注
10	防止精致物件坠落损伤，操作者长时间行走劳动保护	应具有弹性 行走舒适	塑料板 木板 涂料	沥青砂浆 地毯	精密仪器仪表装配、量具刃具车间、计量室、电线拉细工段等	
11	清洁要求较高	平整光滑、不起尘易清扫	水磨石 涂料 塑料板	陶瓷板材 木板	仪器仪表装配、光学精密机械、电磁操纵室、计量室、纺纱车间、织布车间、恒温室、控制室	
12	高清洁度	平整、致密 不起尘，不积尘 易清洗	塑料板 金属格栅（盖板） 涂料	水磨石 树脂砂浆 树脂胶泥	微型轴承、人造卫星、陀罗仪、集成电路、无菌室、彩色显像管、计算机、印刷制版、制药、液氧系统，食品包装	
13	防静电	不易带电 导电	防静电涂料 防静电塑料板 防静电活动地板		洁净厂房，电子计算机房精密仪器仪表车间、防爆车间	
14	贮存不能受潮材料的库房	防水 防潮	沥青砂浆 沥青混凝土	混凝土 水泥砂浆	耐火材料库、棉丝织品库、电气、电讯器材仓库、纸品仓库、水泥仓库、电石库、火柴卷烟成品库	
15	行走气垫运输设备	平整致密、不起尘 无坡度	树脂砂浆 水磨石 涂料		运输通道	
16	地下电缆、管线复杂，利用地面送回风	架空地板 表面平整、可调高度 强度大	活动地板		电子计算机主机房、试验室、控制室、调度室、广播室、自动化办公室	
17	不导电地面	面层应为电绝缘材料	沥青混凝土 塑料板	辉绿岩石板	电解车间等	
18	有汞滴落	防汞渗透、扩散、吸附	涂料 塑料板		仪表厂灌汞间等	
19	季节性冰冻地区非采暖房间	防冻胀	碎石 矿渣 预制混凝土板	混凝土		必须采用整体混凝土地面时，其下应设防冻胀层
20	一般非生产建筑	平整、不易起尘 易清扫	水泥砂浆 石屑水泥	水磨石、铺地砖（板） 涂料	办公室、设计室、生活间	
21	有水作用	防水 易清洗	水磨石 陶瓷板材	水泥砂浆 混凝土	浴室、厕所	必要时可设防水隔离层

附录六　楼地面工程量计算规则及计价参考表

一、工程量计算规则

1. 地面垫层按室内主墙间净面积乘以设计厚度以立方米计算，应扣除凸出地面的构筑物、设备基础、室内铁道、地沟等所占体积，不扣除柱、垛、间壁墙、附墙烟囱及面积在 $0.3m^2$ 以内孔洞所占体积，但门洞、空圈、暖气包槽、壁龛的开口部分亦不增加。

2. 整体面层、找平层均按主墙间净空面积以平方米计算，应扣除凸出地面建筑物、设备基础、地沟等所占面积，不扣除柱、垛、间壁墙、附墙烟囱及面积在 $0.3m^2$ 以内的孔洞所占面积，但门洞、空圈、暖气包槽、壁龛的开口部分亦不增加。看台台阶、阶梯教室地面整体面层按展开后的净面积计算。

3. 地板及块料面层，按图示尺寸实铺面积以平方米计算，应扣除凸出地面的构筑物、设备基础、柱、间壁墙等不做面层的部分，$0.3m^2$ 以内的孔洞面积不扣除。门洞、空圈、暖气包槽、壁龛的开口部分的工程量另增并入相应的面层内计算。

4. 楼梯整体面层按楼梯的水平投影面积以平方米计算，包括踏步、踢脚板、中间休息平台、踢脚线、梯板侧面及堵头。楼梯井宽在200mm 以内者不扣除，超过200mm 者，应扣除其面积，楼梯间与走廊连接的，应算至楼梯梁的外侧。

5. 楼梯块料面层、按展开实铺面积以平方米计算，踏步板、踢脚板、休息平台、踢脚线、堵头工程量应合并计算。

6. 台阶（包括踏步及最上一步踏步口外延 300mm）整体面层按水平投影面积以平方米计算；块料面层，按展开（包括两侧）实铺面积以平方米计算。

7. 水泥砂浆、水磨石踢脚线按延长米计算。其洞口、门口长度不予扣除，但洞口、门口、垛、附墙烟囱等侧壁也不增加；块料面层踢脚线，按图示尺寸以实贴延长米计算，门洞扣除，侧壁另加。

8. 多色简单、复杂图案镶贴花岗岩、大理石，按镶贴图案的矩形面积计算。成品拼花石材铺贴按设计图案的面积计算。计算简单、复杂图案之外的面积，扣除简单、复杂图案面积时，也按矩形面积扣除。

9. 楼地面铺设木地板、地毯以实铺面积计算。楼梯地毯压棍安装以套计算。

10. 其他：

（1）栏杆、扶手、扶手下托板均按扶手的延长米计算，楼梯踏步部分的栏杆与扶手应按水平投影长度乘系数 1.18。

（2）斜坡、散水、蹉蹉均按水平投影面积以平方米计算，明沟与散水连在一起，明沟按宽 300mm 计算，其余为散水，散水、明沟应分开计算。散水、明沟应扣除踏步、斜坡、花台等的长度。

（3）明沟按图示尺寸以延长米计算。

（4）地面、石材面嵌金属和楼梯防滑条均按延长米计算。

注：计价参考表摘自《江苏省建筑与装饰工程计价表》

二、计价参考表

1. 垫层

工作内容：拌和、铺设、找平、夯实。

计量单位：m^3

项目			单位	单价	灰土				砂		1:1 砂石	
					3:7		2:8					
					数量	合价	数量	合价	数量	合价	数量	合价
综合单价			元		87.33		79.25		74.82		85.46	
其中		人工费	元		20.02		20.02		10.40		16.90	
其中		材料费	元		58.57		50.49		59.25		60.98	
其中		机械费	元		0.97		0.97		0.97		0.97	
其中		管理费	元		5.25		5.25		2.84		4.47	
其中		利 润	元		2.52		2.52		1.36		2.14	
二类工			工日	26.00	0.77	20.02	0.77	20.02	0.40	10.40	0.65	16.90
材料	014014	灰土 3:7	m^3	57.44	1.01	58.01						
材料	014013	灰土 2:8	m^3	49.44			1.01	49.93				
材料	101010	砂（黄砂）	t	33.00					1.77	58.41	0.98	32.34
材料	102042	碎石 5 ~40mm	t	35.10							0.80	28.08
材料	613206	水	m^3	2.80	0.20	0.56	0.20	0.56	0.30	0.84	0.20	0.56
机械	01068	电动夯实机（打夯）	台班	24.16	0.04	0.97	0.04	0.97	0.04	0.97	0.04	0.97

注：1. 压路机碾压时，每 m^3 相应的垫层材料乘以 1.15，人工乘系数 0.9，增加光轮压路机 8t 0.022 台班，扣除电动打夯机。

2. 在原土上需打底夯者应另按土方工程中的打底夯定额执行。

工作内容：1. 拌和、铺设、找平、夯实。

2. 调制砂浆、灌缝。

计量单位：m^3

项目			单位	单价	毛石				碎砖			
					干铺		灌浆		干铺		灌浆	
					数量	合价	数量	合价	数量	合价	数量	合价
综合单价			元		93.08		128.68		65.67		97.06	
其中	人工费		元		15.86		25.48		13.78		20.54	
	材料费		元		70.02		89.41		45.46		64.63	
	机械费		元		0.97		3.18		0.97		3.13	
	管理费		元		4.21		7.17		3.69		5.92	
	利　润		元		2.02		3.44		1.77		2.84	
二类工			工日	26.00	0.61	15.86	0.98	25.48	0.53	13.78	0.79	20.54
材料	102042	碎石 5～40mm	t	35.10	0.20	7.02						
	201043	碎砖	t	27.55					1.65	45.46	1.65	45.46
	102019	毛石	t	31.50	2.00	63.00	2.00	63.00				
	012005	混合砂浆 M25	m^3	121.54			0.215	26.13			0.152	18.47
	613206	水	m^3	2.80			0.10	0.28			0.25	0.70
机械	01068	电动夯实机(打夯)	台班	24.16	0.04	0.97	0.04	0.97	0.04	0.97	0.04	0.97
	06016	灰浆拌和机 200L	台班	51.43			0.043	2.21			0.042	2.16

注：同前。

工作内容：1. 铺设、找平、夯实。

2. 混凝土搅拌、捣固、养护。

计量单位：m^3

项目			单位	单价	碎石干铺		道碴干铺		现浇混凝土			
									不分格		分格	
					数量	合价	数量	合价	数量	合价	数量	合价
综合单价			元		82.53		81.10		213.08		227.42	
其中		人工费	元		14.56		21.58		35.36		39.52	
		材料费	元		61.26		50.20		158.69		167.33	
		机械费	元		0.97		0.97		4.34		4.34	
		管理费	元		3.88		5.64		9.93		10.97	
		利 润	元		1.86		2.71		4.76		5.26	
二类工			工日	26.00	0.56	14.56	0.83	21.58	1.36	35.36	1.52	39.52
材料	102042	碎石 5～40mm	t	35.10	1.65	57.92						
	102011	道碴 40～80mm	t	28.40			1.65	46.86				
	001012	现浇 C10 混凝土	m^3	155.26					1.01	156.81	1.01	156.81
	102040	碎石 5～16mm	t	27.80	0.12	3.34	0.12	3.34				
	001013	现浇 C15 混凝土	m^3	157.94					(1.01)	(159.52)	(1.01)	(159.52)
	001014	现浇 C20 混凝土	m^3	177.41					(1.01)	(179.18)	(1.01)	(179.18)
	613206	水	m^3	2.80					0.67	1.88	0.67	1.88
	401035	周转木材	m^3	1249.00							0.006	7.49
	511533	铁钉	kg	3.60							0.32	1.15
机械	01068	电动夯实机（打夯）	台班	24.16	0.04	0.97	0.04	0.97				
	13072	混凝土搅拌机 400L	台班	83.39					0.039	3.25	0.039	3.25
	15003	混凝土振动器（平板式）	台班	14.00					0.078	1.09	0.078	1.09

注：1. 设计碎石干铺需灌砂浆时另增人工 0.25 工日，砂浆 0.32m^3，水 0.3m^3，灰浆搅拌机 200L 0.064 台班，同时扣除定额中碎石 5～16mm 0.12t，碎石 5～40mm 0.04t。

2. 同前。

2. 找平层

工作内容：清理基层、调运砂浆、抹平、压实。

计量单位：10m²

项目			单位	单价	水泥砂浆（厚20mm）					
					混凝土或硬基层上		在填充材料上		厚度每增（减）5mm	
					数量	合价	数量	合价	数量	合价
综合单价			元		63.54		79.71		14.68	
其中	人工费		元		18.20		22.88		3.64	
	材料费		元		35.78		44.77		8.99	
	机械费		元		2.06		2.62		0.51	
	管理费		元		5.07		6.38		1.04	
	利润		元		2.43		3.06		0.50	
二类工			工日	26.00	0.70	18.20	0.88	22.88	0.14	3.64
材料	013005	水泥砂浆1:3	m^3	176.30	0.202	35.61	0.253	44.60	0.051	8.99
	613206	水	m^3	2.80	0.06	0.17	0.06	0.17		
机械	06016	灰浆拌和机200L	台班	51.43	0.04	2.06	0.051	2.62	0.01	0.51

工作内容：1. 细石混凝土搅拌、捣平、压实、养护。

2. 清理基层、熬沥青砂浆、捣平、压实。

计量单位：$10m^2$

项目			单位	单价	细石混凝土				沥青砂浆			
					厚40mm		厚度每增（减）5mm		厚20mm		厚度每增（减）5mm	
					数量	合价	数量	合价	数量	合价	数量	合价
综合单价			元		106.78		12.28		257.59		60.52	
其中	人工费		元		22.88		2.08		33.54		8.32	
其中	材料费		元		71.62		8.98		211.64		49.12	
其中	机械费		元		2.78		0.33					
其中	管理费		元		6.42		0.60		8.39		2.08	
其中	利　润		元		3.08		0.29		4.02		1.00	
二类工			工日	26.00	0.88	22.88	0.08	2.08	1.29	33.54	0.32	8.32
材料	001001	现浇C20混凝土	m^3	174.50	0.404	70.50	0.051	8.90				
材料	014008	沥青砂浆1:2:6	m^3	847.78					0.202	171.25	0.051	43.24
材料	613206	水	m^3	2.80	0.40	1.12	0.03	0.08				
材料	014011	冷底子油30:70	100kg	356.37					0.048	17.11		
材料	407012	木柴	kg	0.35					20.60	7.21	5.20	1.82
材料	613145	煤	kg	0.39					41.20	16.07	10.40	4.06
机械	13072	混凝土搅拌机400L	台班	83.39	0.025	2.08	0.003	0.25				
机械	15003	混凝土振动器（平板式）	台班	14.00	0.05	0.70	0.006	0.08				

注：细石混凝土中设计有钢筋者，按第四章相应项目执行。

3. 整体面层

工作内容：清理基层、调运砂浆、抹面、压光、养护。

计量单位：10m²

项目			单位	单价	水泥砂浆							
					楼地面				楼梯		台阶	
					厚20mm		厚度每增（减）5mm		10m² 水平投影面积			
					数量	合价	数量	合价	数量	合价	数量	合价
综合单价			元		80.63		16.52		322.09		180.19	
其中	人工费		元		24.70		3.64		173.16		73.06	
	材料费		元		43.97		10.83		79.57		75.52	
	机械费		元		2.06		0.51		3.86		3.34	
	管理费		元		6.69		1.04		44.26		19.10	
	利　润		元		3.21		0.50		21.24		9.17	
二类工			工日	26.00	0.95	24.70	0.14	3.64	6.66	173.16	2.81	73.06
材料	013003	水泥砂浆 1:2	m³	212.43	0.202	42.91	0.051	10.83	0.339	72.01	0.324	68.83
	013005	水泥砂浆 1:3	m³	176.30					0.034	5.99		
	608049	草袋子 1m×0.7m	m²	1.43							3.58	5.12
	613206	水	m³	2.80	0.38	1.06			0.56	1.57	0.56	1.57
机械	06016	灰浆拌和机 200L	台班	51.43	0.04	2.06	0.01	0.51	0.075	3.86	0.065	3.34

注：1. 螺旋形、圆弧形楼梯按楼梯定额执行，人工乘系数 1.20，其他不变。

2. 阶梯教室、看台台阶按楼地面定额执行，人工乘系数 1.60，其他不变。

3. 拱形楼板上表面粉面按地面相应定额人工乘系数 2。

工作内容：同前。

计量单位：10m²

<table>
<tr><td colspan="3" rowspan="3">项 目</td><td rowspan="3">单位</td><td rowspan="3">单价</td><td colspan="4">水泥砂浆</td><td colspan="4">无砂面层</td></tr>
<tr><td colspan="2">加浆抹光随捣随抹厚5mm</td><td colspan="2">踢脚线
10m</td><td colspan="2">厚30mm</td><td colspan="2">厚度每增（减）5mm</td></tr>
<tr><td>数量</td><td>合价</td><td>数量</td><td>合价</td><td>数量</td><td>合价</td><td>数量</td><td>合价</td></tr>
<tr><td colspan="3">综合单价</td><td>元</td><td></td><td colspan="2">38.19</td><td colspan="2">25.07</td><td colspan="2">120.99</td><td colspan="2">18.73</td></tr>
<tr><td rowspan="5">其中</td><td colspan="2">人工费</td><td>元</td><td></td><td colspan="2">17.16</td><td colspan="2">12.48</td><td colspan="2">26.26</td><td colspan="2">3.64</td></tr>
<tr><td colspan="2">材料费</td><td>元</td><td></td><td colspan="2">13.98</td><td colspan="2">7.41</td><td colspan="2">80.71</td><td colspan="2">13.04</td></tr>
<tr><td colspan="2">机械费</td><td>元</td><td></td><td colspan="2">0.51</td><td colspan="2">0.41</td><td colspan="2">3.14</td><td colspan="2">0.51</td></tr>
<tr><td colspan="2">管理费</td><td>元</td><td></td><td colspan="2">4.42</td><td colspan="2">3.22</td><td colspan="2">7.35</td><td colspan="2">1.04</td></tr>
<tr><td colspan="2">利 润</td><td>元</td><td></td><td colspan="2">2.12</td><td colspan="2">1.55</td><td colspan="2">3.53</td><td colspan="2">0.50</td></tr>
<tr><td colspan="3">二类工</td><td>工日</td><td>26.00</td><td>0.66</td><td>17.16</td><td>0.48</td><td>12.48</td><td>1.01</td><td>26.26</td><td>0.14</td><td>3.64</td></tr>
<tr><td rowspan="6">材料</td><td>013001</td><td>水泥砂浆 1:1</td><td>m³</td><td>253.31</td><td>0.051</td><td>12.92</td><td></td><td></td><td></td><td></td><td></td><td></td></tr>
<tr><td>013003</td><td>水泥砂浆 1:2</td><td>m³</td><td>212.43</td><td></td><td></td><td>0.015</td><td>3.19</td><td></td><td></td><td></td><td></td></tr>
<tr><td>301023</td><td>水泥 32.5 级</td><td>kg</td><td>0.28</td><td></td><td></td><td></td><td></td><td>248.00</td><td>69.44</td><td>41.00</td><td>11.48</td></tr>
<tr><td>013005</td><td>水泥砂浆 1:3</td><td>m³</td><td>176.30</td><td></td><td></td><td>0.023</td><td>4.05</td><td></td><td></td><td></td><td></td></tr>
<tr><td>101015</td><td>石屑（米砂）</td><td>t</td><td>22.30</td><td></td><td></td><td></td><td></td><td>0.42</td><td>9.37</td><td>0.07</td><td>1.56</td></tr>
<tr><td>613206</td><td>水</td><td>m³</td><td>2.80</td><td>0.38</td><td>1.06</td><td>0.06</td><td>0.17</td><td>0.68</td><td>1.90</td><td></td><td></td></tr>
<tr><td>机械</td><td>06016</td><td>灰浆拌和机 200L</td><td>台班</td><td>51.43</td><td>0.01</td><td>0.51</td><td>0.008</td><td>0.41</td><td>0.061</td><td>3.14</td><td>0.01</td><td>0.51</td></tr>
</table>

注：1. 踢脚线高度按 15cm 计算，如高度不同时，材料按比例换算，其他不变。

2. 同前。

工作内容：调制底、面层砂浆、找平、抹面、嵌条、磨光、补砂眼、理光、上草酸、打蜡、擦光。彩色镜面水磨石还包括油石抛光。

计量单位：$10m^2$

项目			单位	单价	水磨石楼地面成品厚							
					白石子浆不嵌条		白石子浆嵌条		彩色石子浆嵌条		彩色镜面	
					15mm + 2mm（磨耗）						20mm + 4.5mm（磨耗）	
					数量	合价	数量	合价	数量	合价	数量	合价
综合单价			元		342.42		378.92		471.28		754.19	
其中	人工费		元		122.72		143.52		160.68		220.48	
	材料费		元		140.49		148.50		217.35		361.59	
	机械费		元		24.67		24.67		24.67		66.09	
	管理费		元		36.85		42.05		46.34		71.64	
	利润		元		17.69		20.18		22.24		34.39	
二类工			工日	26.00	4.72	122.72	5.52	143.52	6.18	160.68	8.48	220.48
材料	013005	水泥砂浆 1∶3	m^3	176.30	0.202	35.61	0.202	35.61	0.202	35.61	0.202	35.61
	013040	水泥白石子浆 1∶2	m^3	345.64	0.173	59.80	0.173	59.80				
	013048	白水泥加氧化铁红彩色石子浆 1∶2	m^3	709.22					0.173	122.70	0.249	176.60
	013075	素水泥浆	m^3	426.22	0.01	4.26	0.01	4.26				
	609107	氧化铁红	kg	4.37					0.30	1.31	0.43	1.88
	208004	金刚石（三角形）75mm×75mm×50mm	块	9.50	3.00	28.50	3.00	28.50	3.00	28.50	4.50	42.75
	208005	金刚石 200mm×75mm×50mm	块	13.02	0.30	3.91	0.30	3.91	0.30	3.91	0.50	6.51
	613028	草酸	kg	4.75	0.10	0.48	0.10	0.48	0.10	0.48	0.10	0.48
	206002	玻璃 3mm	m^2	18.20			0.44	8.01	0.44	8.01	0.44	8.01
	613256	硬白蜡	kg	3.33	0.27	0.90	0.27	0.90	0.27	0.90	0.27	0.90
	603026	煤油	kg	4.00	0.40	1.60	0.40	1.60	0.40	1.60	0.40	1.60
	603045	油漆溶剂油	kg	3.33	0.05	0.17	0.05	0.17	0.05	0.17	0.05	0.17
	601125	清油	kg	10.64	0.05	0.53	0.05	0.53	0.05	0.53	0.05	0.53
	608110	棉纱头	kg	6.00	0.11	0.66	0.11	0.66	0.11	0.66	0.11	0.66
	613206	水	m^3	2.80	0.56	1.57	0.56	1.57	0.56	1.57	0.89	2.49
	208020	油石	块	9.31							6.30	58.65
	013076	白水泥浆	m^3	890.02					0.01	8.90	0.025	22.25
		其他材料费	元			2.50		2.50		2.50		2.50
机械	06016	灰浆拌和机 200L	台班	51.43	0.075	3.86	0.075	3.86	0.075	3.86	0.09	4.63
	12019	平面磨石机功率 3kW	台班	21.91	0.95	20.81	0.95	20.81	0.95	20.81	2.805	61.46

注：1. 彩色镜面磨石系指高级水磨石，除质量要求达到规范要求外，其操作工序一般应按“五浆五磨”研磨、七道“抛光”工序施工。

2. 水磨石包括找平层砂浆在内，面层厚度设计与定额不符时，水泥石子浆每增减 1mm 增减 $0.01m^3$，其余不变。

3. 水磨石面层嵌条采用金属嵌条时，取消玻璃数量，金属嵌条另列项目计算。

4. 彩色水磨石已按氧化铁红颜料编制，如采用氧化铁黄或氧化铬绿彩色石子浆，颜料单价应调整。

5. 阶梯教室、看台台阶水磨石按 12～30 子目执行，人工乘系数 2.2，磨石机乘系数 0.4，其他不变。

工作内容：清理基层、调制石子浆、找平、抹面、磨光、补砂眼、理光、上草酸、打蜡、擦光、嵌条、调色。

计量单位：10m² 水平投影面积

项 目			单位	单价	水磨石							
					踢脚线		楼梯				台阶	
					10m		白石子浆		彩色石子浆			
					数量	合价	数量	合价	数量	合价	数量	合价
	综合单价		元		98.42		936.39		1045.90		719.67	
其中	人工费		元		60.06		542.36		542.36		395.72	
	材料费		元		15.57		186.09		295.60		170.76	
	机械费		元		0.41		5.30		5.30		4.94	
	管理费		元		15.12		136.92		136.92		100.17	
	利 润		元		7.26		65.72		65.72		48.08	
	二类工		工日	26.00	2.31	60.06	20.86	542.36	20.86	542.36	15.22	395.72
材料	013040	水泥白石子浆 1:2	m³	345.64	0.018	6.22	0.275	95.05			0.257	88.83
	013048	白水泥加氧化铁红彩色石子浆 1:2	m³	709.22					0.275	195.04		
	013005	水泥砂浆 1:3	m³	176.30	0.023	4.05	0.24	42.31	0.24	42.31	0.224	39.49
	609107	氧化铁红	kg	4.37					0.48	2.10		
	208005	金刚石 200mm × 75mm × 50mm	块	13.02	0.30	3.91	2.46	32.03	2.46	32.03	1.80	23.44
	613028	草酸	kg	4.75	0.02	0.10	0.17	0.81	0.17	0.81	0.15	0.71
	613256	硬白蜡	kg	3.33	0.04	0.13	0.44	1.47	0.44	1.47	0.39	1.30
	603026	煤油	kg	4.00	0.06	0.24	0.66	2.64	0.66	2.64	0.59	2.36
	608110	棉纱头	kg	6.00	0.03	0.18	0.21	1.26	0.21	1.26	0.16	0.96
	603045	油漆溶剂油	kg	3.33	0.01	0.03	0.08	0.27	0.08	0.27	0.08	0.27
	601125	清油	kg	10.64	0.01	0.11	0.08	0.85	0.08	0.85	0.08	0.85
	608049	草袋子 1m × 0.7m	m²	1.43							3.58	5.12
	013075	素水泥浆	m³	426.22	0.001	0.43	0.016	6.82			0.012	5.11
	013076	白水泥浆	m³	890.02					0.016	14.24		
	613206	水	m³	2.80	0.06	0.17	0.92	2.58	0.92	2.58	0.83	2.32
机械	06016	灰浆拌和机 200L	台班	51.43	0.008	0.41	0.103	5.30	0.103	5.30	0.096	4.94

注：1. 设计嵌金属条应另列项目计算。

2. 螺旋形、圆弧形楼梯人工乘系数 1.20，其他不变。

工作内容：清理基层、调运砂浆、抹面。

计量单位：$10m^2$

项目			单位	单价	水泥豆石浆				钢屑水泥砂浆面层		菱苦土面层	
					楼地面厚度				厚 20mm		厚 mm 底 15 面 10	
					15mm		每增减 5mm					
					数量	合价	数量	合价	数量	合价	数量	合价
综合单价				元	125.15		25.20		395.29		992.41	
其中	人工费			元	46.54		3.64		53.30		47.32	
其中	材料费			元	59.21		19.51		319.38		927.58	
其中	机械费			元	1.59		0.51		2.11			
其中	管理费			元	12.03		1.04		13.85		11.83	
其中	利　润			元	5.78		0.50		6.65		5.68	
二类工			工日	26.00	1.79	46.54	0.14	3.64	2.05	53.30	1.82	47.32
材料	013081	水泥豆石浆 1∶1.25	m^3	382.59	0.152	58.15	0.051	19.51				
材料	015013	钢屑砂浆 1∶0.3∶1.5∶3.121	m^3	1569.48					0.202	317.03		
材料	304001	菱苦土	kg	0.36							125.20	45.07
材料	613206	水	m^3	2.80	0.38	1.06			0.84	2.35		
材料	613133	氯化镁	kg	9.00							90.90	818.10
材料	101022	中砂	t	38.00							0.08	3.04
材料	407007	锯（木）屑	m^3	10.45							0.26	2.72
材料	609078	色粉	kg	6.46							7.60	49.10
材料	613256	硬白蜡	kg	3.33							0.27	0.90
材料	603026	煤油	kg	4.00							0.40	1.60
材料	603045	油漆溶剂油	kg	3.33							0.20	0.67
材料	601125	清油	kg	10.64							0.60	6.38
机械	06016	灰浆拌和机 200L	台班	51.43	0.031	1.59	0.01	0.51	0.041	2.11		

工作内容：基层清理、分层涂刷、加填料、打磨两遍。

计量单位：10m²

项目			单位	单价	环氧地坪				抗静电地坪	
					四遍		每增、减一遍			
					数量	合价	数量	合价	数量	合价
综合单价			元		361.25		49.79		338.27	
其中	人工费		元		13.52		1.04		17.94	
	材料费		元		326.56		45.10		306.64	
	机械费		元		11.80		2.38		5.15	
	管理费		元		6.33		0.86		5.77	
	利润		元		3.04		0.41		2.77	
二类工			工日	26.00	0.52	13.52	0.04	1.04	0.69	17.94
材料	601045	封闭层环氧底漆	kg	12.50	1.40	17.50			1.40	17.50
	601067	环氧清漆	kg	24.70	11.50	284.05	1.80	44.46	11.50	284.05
	101016	石英粉	kg	0.11	4.80	0.53			4.80	0.53
	101018	石英粉300目	kg	0.11	12.20	1.34			12.20	1.34
	609096	稀释剂	kg	7.13	0.33	2.35	0.09	0.64	0.25	1.78
	609078	色粉	kg	6.46	0.50	3.23				
	510330	铜丝	kg	22.80					0.063	1.44
	608069	钢纸磨片	片	6.78	2.50	16.95				
	608144	砂纸	张	1.02	0.60	0.61				
机械	10012	电动空气压缩机 $1m^3/min$	台班	79.27	0.07	5.55	0.03	2.38	0.065	5.15
		其他机械费	元			6.25				

4. 块料面层

（1）大理石

工作内容：清理基层、找平、局部锯板磨边、贴成品大理石、净面、调制水泥砂浆、撒素水泥浆。

计量单位：10m²

项目			单位	单价	大理石					
					干硬性水泥砂浆					
					楼地面		楼梯		台阶	
					数量	合价	数量	合价	数量	合价
综合单价			元		1766.02		1928.34		1824.27	
其中		人工费	元		111.72		190.96		147.84	
其中		材料费	元		1605.96		1654.91		1609.91	
其中		机械费	元		5.11		8.62		8.62	
其中		管理费	元		29.21		49.90		39.12	
其中		利　润	元		14.02		23.95		18.78	
一类工			工日	28.00	3.99	111.72	6.82	190.96	5.28	147.84
材料	104001	大理石综合	m^2	150.00	10.20	1530.00	10.50	1575.00	10.20	1530.00
材料	301023	水泥 32.5 级	kg	0.28	45.97	12.87	45.97	12.87	45.97	12.87
材料	013006	干硬性水泥砂浆	m^3	162.16	0.303	49.13	0.303	49.13	0.303	49.13
材料	301002	白水泥	kg	0.58	1.00	0.58	1.00	0.58	1.00	0.58
材料	608110	棉纱头	kg	6.00	0.10	0.60	0.10	0.60	0.10	0.60
材料	407007	锯（木）屑	m^3	10.45	0.06	0.63	0.06	0.63	0.06	0.63
材料	510165	合金钢切割锯片	片	61.75	0.035	2.16	0.099	6.11	0.099	6.11
材料	613206	水	m^3	2.80	0.26	0.73	0.26	0.73	0.26	0.73
材料	013075	素水泥浆	m^3	426.22	0.01	4.26	0.01	4.26	0.01	4.26
材料		其他材料费	元			5.00		5.00		5.00
机械	06016	灰浆拌和机 200L	台班	51.43	0.061	3.14	0.061	3.14	0.061	3.14
机械	13090	石料切割机	台班	14.04	0.14	1.97	0.39	5.48	0.39	5.48

注：设计弧形贴面时，其弧形部分的石材损耗可按实调整，并按弧形图示长度每 10m 另外增加：切割人工 0.6 工日，合金钢切割锯片 0.14 片，石料切割机 0.60 台班。

工作内容：清理基层、锯板磨边、贴大理石、擦缝、清理净面、调制水泥浆、刷素水泥浆。

计量单位：$10m^2$

项目			单位	单价	大理石					
					楼地面		楼梯		台阶	
					水泥砂浆					
					数量	合价	数量	合价	数量	合价
综合单价			元		1759.37		1921.68		1823.74	
其中	人工费		元		111.72		190.96		152.32	
	材料费		元		1600.09		1649.04		1604.04	
	机械费		元		4.54		8.05		8.05	
	管理费		元		29.07		49.75		40.09	
	利润		元		13.95		23.88		19.24	
一类工			工日	28.00	3.99	111.72	6.82	190.96	5.44	152.32
材料	104001	大理石综合	m^2	150.00	10.20	1530.00	10.50	1575.00	10.20	1530.00
	013001	水泥砂浆 1:1	m^3	253.31	0.081	20.52	0.081	20.52	0.081	20.52
	013005	水泥砂浆 1:3	m^3	176.30	0.202	35.61	0.202	35.61	0.202	35.61
	013075	素水泥浆	m^3	426.22	0.01	4.26	0.01	4.26	0.01	4.26
	301002	白水泥	kg	0.58	1.00	0.58	1.00	0.58	1.00	0.58
	608110	棉纱头	kg	6.00	0.10	0.60	0.10	0.60	0.10	0.60
	407007	锯（木）屑	m^3	10.45	0.06	0.63	0.06	0.63	0.06	0.63
	510165	合金钢切割锯片	片	61.75	0.035	2.16	0.099	6.11	0.099	6.11
	613206	水	m^3	2.80	0.26	0.73	0.26	0.73	0.26	0.73
		其他材料费	元			5.00		5.00		5.00
机械	06016	灰浆拌和机 200L	台班	51.43	0.05	2.57	0.05	2.57	0.05	2.57
	13090	石料切割机	台班	14.04	0.14	1.97	0.39	5.48	0.39	5.48

注：同前。

工作内容：清理基层、锯板磨细、贴大理石、擦缝、清理净面、调制水泥浆、粘结剂、刷素水泥浆。

项目			单位	单价	大理石踢脚线				大理石楼地面	
					水泥砂浆		干粉型粘结剂			
					10m				$10m^2$	
					数量	合价	数量	合价	数量	合价
综合单价			元		268.30		283.32		1827.00	
其中	人工费		元		21.28		21.28		115.92	
	材料费		元		238.39		253.41		1663.09	
	机械费		元		0.55		0.55		3.72	
	管理费		元		5.46		5.46		29.91	
	利　润		元		2.62		2.62		14.36	
一类工			工日	28.00	0.76	21.28	0.76	21.28	4.14	115.92
材料	104001	大理石综合	m^2	150.00	1.53	229.50	1.53	229.50	10.20	1530.00
	013003	水泥砂浆 1:2	m^3	212.43	0.03	6.37	0.03	6.37		
	013005	水泥砂浆 1:3	m^3	176.30					0.202	35.61
	013077	801 胶素水泥浆	m^3	468.22	0.002	0.94				
	609042	干粉型粘结剂	kg	1.52			10.50	15.96	60.00	91.20
	301002	白水泥	kg	0.58	0.40	0.23	0.40	0.23	2.00	1.16
	608110	棉纱头	kg	6.00	0.015	0.09	0.015	0.09	0.10	0.60
	407007	锯（木）屑	m^3	10.45	0.009	0.09	0.009	0.09	0.06	0.63
	510165	合金钢切割锯片	片	61.75	0.005	0.31	0.005	0.31	0.035	2.16
	613206	水	m^3	2.80	0.04	0.11	0.04	0.11	0.26	0.73
		其他材料费	元			0.75		0.75		1.00
机械	06016	灰浆拌和机 200L	台班	51.43	0.005	0.26	0.005	0.26	0.034	1.75
	13090	石料切割机	台班	14.04	0.021	0.29	0.021	0.29	0.14	1.97

注：同前。

(2) 花岗石

工作内容：清理基层、锯板磨边、贴花岗石、擦缝、清理净面、调制水泥浆、胶粘剂、刷素水泥浆。

计量单位：10m²

项目			单位	单价	花岗石					
					干硬性水泥砂浆					
					楼地面		楼梯		台阶	
					数量	合价	数量	合价	数量	合价
综合单价			元		2795.81		2995.84		2846.81	
其中	人工费		元		118.16		201.88		147.84	
	材料费		元		2626.39		2705.96		2630.96	
	机械费		元		5.50		9.71		9.71	
	管理费		元		30.92		52.90		39.39	
	利润		元		14.84		25.39		18.91	
一类工			工日	28.00	4.22	118.16	7.21	201.88	5.28	147.84
材料	104017	花岗石综合	m²	250.00	10.20	2550.00	10.50	2625.00	10.20	2550.00
	301023	水泥32.5级	kg	0.28	45.97	12.87	45.97	12.87	45.97	12.87
	013006	干硬性水泥砂浆	m³	162.16	0.303	49.13	0.303	49.13	0.303	49.13
	301002	白水泥	kg	0.58	1.00	0.58	1.00	0.58	1.00	0.58
	608110	棉纱头	kg	6.00	0.10	0.60	0.10	0.60	0.10	0.60
	407007	锯（木）屑	m³	10.45	0.06	0.63	0.06	0.63	0.06	0.63
	510165	合金钢切割锯片	片	61.75	0.042	2.59	0.116	7.16	0.116	7.16
	013075	素水泥浆	m³	426.22	0.01	4.26	0.01	4.26	0.01	4.26
	613206	水	m³	2.80	0.26	0.73	0.26	0.73	0.26	0.73
		其他材料费	元			5.00		5.00		5.00
机械	06016	灰浆拌和机200L	台班	51.43	0.061	3.14	0.061	3.14	0.061	3.14
	13090	石料切割机	台班	14.04	0.168	2.36	0.468	6.57	0.468	6.57

注：同前。

工作内容：同前。

计量单位：$10m^2$

项目			单位	单价	花岗石					
					楼地面		楼梯		台阶	
					水泥砂浆					
					数量	合价	数量	合价	数量	合价
综合单价				元	2789.19		2989.42		2840.38	
其中	人工费			元	118.16		201.88		147.84	
	材料费			元	2620.52		2700.28		2625.28	
	机械费			元	4.96		9.17		9.17	
	管理费			元	30.78		52.76		39.25	
	利　润			元	14.77		25.33		18.84	
一类工			工日	28.00	4.22	118.16	7.21	201.88	5.28	147.84
材料	104017	花岗石综合	m^2	250.00	10.20	2550.00	10.50	2625.00	10.20	2550.00
	013001	水泥砂浆 1:1	m^3	253.31	0.081	20.52	0.081	20.52	0.081	20.52
	013005	水泥砂浆 1:3	m^3	176.30	0.202	35.61	0.202	35.61	0.202	35.61
	013075	素水泥浆	m^3	426.22	0.01	4.26	0.01	4.26	0.01	4.26
	301002	白水泥	kg	0.58	1.00	0.58	1.00	0.58	1.00	0.58
	608110	棉纱头	kg	6.00	0.10	0.60	0.10	0.60	0.10	0.60
	407007	锯（木）屑	m^3	10.45	0.06	0.63	0.06	0.63	0.06	0.63
	510165	合金钢切割锯片	片	61.75	0.042	2.59	0.119	7.35	0.119	7.35
	613206	水	m^3	2.80	0.26	0.73	0.26	0.73	0.26	0.73
		其他材料费	元			5.00		5.00		5.00
机械	06016	灰浆拌和机 200L	台班	51.43	0.05	2.57	0.05	2.57	0.05	2.57
	13090	石料切割机	台班	14.04	0.17	2.39	0.47	6.60	0.47	6.60

注：当地面遇到弧形贴面时，其弧形部分的石材损耗可按实调整，并按弧形图示尺寸每 10m 另外增加：切割人工 0.60 工日，合金钢切割锯片 0.14 片，石料切割机 0.60 台班。

工作内容：1. 清理基层、锯板磨边、贴花岗岩、擦缝、清理净面。
2. 调制水泥砂浆、刷素水泥浆。

		项目	单位	单价	花岗石					
					踢脚线				楼地面	
					水泥砂浆		干粉型粘结剂			
					10m				10m²	
					数量	合价	数量	合价	数量	合价
		综合单价		元	423.45		435.34		2860.63	
其中		人工费		元	21.28		21.28		122.64	
		材料费		元	393.41		405.39		2687.52	
		机械费		元	0.65		0.58		3.72	
		管理费		元	5.48		5.47		31.59	
		利润		元	2.63		2.62		15.16	
		一类工	工日	28.00	0.76	21.28	0.76	21.28	4.38	122.64
材料	104017	花岗石综合	m²	250.00	1.53	382.50	1.53	382.50	10.20	2550.00
	013001	水泥砂浆 1∶1	m³	253.31	0.012	3.04				
	013005	水泥砂浆 1∶3	m³	176.30	0.03	5.29	0.03	5.29	0.202	35.61
	609042	干粉型粘结剂	kg	1.52			10.50	15.96	60.00	91.20
	013077	801 胶素水泥浆	m³	468.22	0.002	0.94				
	301002	白水泥	kg	0.58	0.40	0.23	0.40	0.23	2.00	1.16
	608110	棉纱头	kg	6.00	0.015	0.09	0.015	0.09	0.10	0.60
	407007	锯（木）屑	m³	10.45	0.009	0.09	0.009	0.09	0.06	0.63
	510165	合金钢切割锯片	片	61.75	0.006	0.37	0.006	0.37	0.042	2.59
	613206	水	m³	2.80	0.04	0.11	0.04	0.11	0.26	0.73
		其他材料费	元			0.75		0.75		5.00
机械	06016	灰浆拌和机 200L	台班	51.43	0.007	0.36	0.005	0.26	0.034	1.75
	13090	石料切割机	台班	14.04	0.021	0.29	0.023	0.32	0.14	1.97

（3）大理石、花岗石多色简单图案镶贴

工作内容：1. 调制水泥砂浆、刷素水泥浆。

2. 清理基层、放样、预拼、锯板磨边、镶贴、擦缝、清理表面。

计量单位：10m²

项目			单位	单价	大理石				花岗岩			
					水泥砂浆		干粉型粘结剂		水泥砂浆		干粉型粘结剂	
					数量	合价	数量	合价	数量	合价	数量	合价
综合单价			元		1975.94		2051.96		3093.63		3170.03	
其中		人工费	元		156.80		162.96		164.64		171.08	
		材料费	元		1738.37		1805.95		2841.46		2909.04	
		机械费	元		16.61		16.61		19.42		19.42	
		管理费	元		43.35		44.89		46.02		47.63	
		利　润	元		20.81		21.55		22.09		22.86	
一类工			工日	28.00	5.60	156.80	5.82	162.96	5.88	164.64	6.11	171.08
材料	104001	大理石综合	m²	150.00	11.00	1650.00	11.00	1650.00				
	104017	花岗石综合	m²	250.00					11.00	2750.00	11.00	2750.00
	013001	水泥砂浆 1:1	m³	253.31	0.081	20.52			0.081	20.52		
	013005	水泥砂浆 1:3	m³	176.30	0.202	35.61	0.202	35.61	0.202	35.61	0.202	35.61
	609042	干粉型粘结剂	kg	1.52			60.00	91.20			60.00	91.20
	013075	素水泥浆	m³	426.22	0.01	4.26			0.01	4.26		
	301002	白水泥	kg	0.58	1.00	0.58	3.00	1.74	1.00	0.58	3.00	1.74
	608110	棉纱头	kg	6.00	0.10	0.60	0.10	0.60	0.10	0.60	0.10	0.60
	407007	锯（木）屑	m³	10.45	0.06	0.63	0.06	0.63	0.06	0.63	0.06	0.63
	510165	合金钢切割锯片	片	61.75	0.25	15.44	0.25	15.44	0.30	18.53	0.30	18.53
	613206	水	m³	2.80	0.26	0.73	0.26	0.73	0.26	0.73	0.26	0.73
		其他材料费	元			10.00		10.00		10.00		10.00
机械	06016	灰浆拌和机 200L	台班	51.43	0.05	2.57	0.05	2.57	0.05	2.57	0.05	2.57
	13090	石料切割机	台班	14.04	1.00	14.04	1.00	14.04	1.20	16.85	1.20	16.85

注：多色复杂图案（弧线型）镶贴时，其人工乘系数 1.20，其弧形部分的石材损耗可按实调整。

工作内容：清理调制水泥砂浆、刷素水泥浆、贴面层、补缝、清理净面。

计量单位：10m²

项目			单位	单价	拼碎块料				拼花大理石花岗石成品安装	
					大理石、花岗石				水泥砂浆	
					干硬性水泥砂浆		水泥砂浆			
					数量	合价	数量	合价	数量	合价
综合单价			元		584.04		514.55		10536.10	
其中		人工费	元		157.92		157.92		135.52	
		材料费	元		363.18		293.76		10346.92	
		机械费	元		3.29		3.24		2.57	
		管理费	元		40.30		40.29		34.52	
		利 润	元		19.35		19.34		16.57	
一类工			工日	28.00	5.64	157.92	5.64	157.92	4.84	135.52
材料	104033	碎花岗石板综合	m²	28.50	9.60	273.60				
	104032	碎大理石板	m²	23.75			9.60	228.00		
	106006	国产石材拼花综合	m²	1008.00					10.20	10281.60
	013003	水泥砂浆 1:2	m³	212.43	0.303	64.37				
	013005	水泥砂浆 1:3	m³	176.30			0.303	53.42	0.202	35.61
	013003	水泥砂浆 1:2	m³	212.43	0.012	2.55	0.012	2.55		
	013001	水泥砂浆 1:1	m³	253.31					0.081	20.52
	608110	棉纱头	kg	6.00	0.20	1.20	0.20	1.20	0.10	0.60
	013075	素水泥浆	m³	426.22	0.01	4.26	0.01	4.26	0.01	4.26
	301023	水泥 32.5 级	kg	0.28	45.97	12.87				
	613206	水	m³	2.80	0.26	0.73	0.26	0.73	0.26	0.73
		其他材料费	元			3.60		3.60		3.60
机械	06016	灰浆拌和机 200L	台班	51.43	0.064	3.29	0.063	3.24	0.05	2.57

工作内容：清理基层、贴花岗石、修整、清理净面、调制水泥砂浆或粘结剂。

计量单位：10m²

项目			单位	单价	花岗石地面、台阶（金山石）					
					干硬性水泥砂浆		水泥砂浆		干粉型粘结剂	
					数量	合价	数量	合价	数量	合价
综合单价			元		2301.60		2293.80		2360.68	
其中		人工费	元		208.88		208.88		209.72	
		材料费	元		2011.42		2004.12		2070.54	
		机械费	元		2.93		2.57		2.06	
		管理费	元		52.95		52.86		52.95	
		利　润	元		25.42		25.37		25.41	
一类工			工日	28.00	7.46	208.88	7.46	208.88	7.49	209.72
材料	104013	花岗石地坪石 600mm×400mm×120mm	m²	190.00	10.20	1938.00	10.20	1938.00	10.20	1938.00
	013003	水泥砂浆 1:2	m³	212.43	0.202	42.91				
	013001	水泥砂浆 1:1	m³	253.31	0.081	20.52	0.081	20.52		
	013005	水泥砂浆 1:3	m³	176.30			0.202	35.61	0.202	35.61
	609042	干粉型粘结剂	kg	1.52					60.00	91.20
	013075	素水泥浆	m³	426.22	0.01	4.26	0.01	4.26		
	613206	水	m³	2.80	0.26	0.73	0.26	0.73	0.26	0.73
		其他材料费	元			5.00		5.00		5.00
机械	06016	灰浆拌和机 200L	台班	51.43	0.057	2.93	0.05	2.57	0.04	2.06

注：花岗石地面以成品镶贴为准。若为现场五面剁斧，底面斩凿，现场加工后镶贴，人工乘系数1.65，其他不变。

(4) 缸砖

工作内容：清理基层、锯板磨边、贴块料擦缝、清理净面、调制水泥砂浆及粘结剂。

计量单位：10m²

项目			单位	单价	勾缝		不勾缝		勾缝		不勾缝	
					水泥砂浆				干粉型粘结剂			
					数量	合价	数量	合价	数量	合价	数量	合价
综合单价			元		353.81		341.85		435.51		399.60	
其中	人工费		元		85.68		65.52		91.28		72.52	
	材料费		元		230.73		246.84		305.46		295.00	
	机械费		元		4.16		3.83		3.65		3.83	
	管理费		元		22.46		17.34		23.73		19.09	
	利润		元		10.78		8.32		11.39		9.16	
一类工			工日	28.00	3.06	85.68	2.34	65.52	3.26	91.28	2.59	72.52
材料	204035	红缸砖 152mm × 152mm	块	0.43	398.00	171.14	443.00	190.49	398.00	171.14	443.00	190.49
	013001	水泥砂浆 1:1	m³	253.31	0.065	16.47	0.051	12.92				
	013005	水泥砂浆 1:3	m³	176.30	0.202	35.61	0.202	35.61	0.202	35.61	0.202	35.61
	609042	干粉型粘结剂	kg	1.52					60.00	91.20	40.00	60.80
	608110	棉纱头	kg	6.00	0.20	1.20	0.10	0.60	0.20	1.20	0.10	0.60
	510165	合金钢切割锯片	片	61.75	0.032	1.98	0.032	1.98	0.032	1.98	0.032	1.98
	407007	锯（木）屑	m³	10.45			0.06	0.63			0.06	0.63
	301023	水泥 32.5 级	kg	0.28			1.00	0.28			2.00	0.56
	613206	水	m³	2.80	0.26	0.73	0.26	0.73	0.26	0.73	0.26	0.73
		其他材料费	元			3.60		3.60		3.60		3.60
机械	06016	灰浆拌和机 200L	台班	51.43	0.05	2.57	0.04	2.06	0.04	2.06	0.04	2.06
	13090	石料切割机	台班	14.04	0.113	1.59	0.126	1.77	0.113	1.59	0.126	1.77

注：贴勾缝 100×100 缸砖，人工乘系数 1.43，缸砖改为 843 块，1:1 水泥砂浆改为 0.074m³，贴不勾缝 100×100 缸砖，人工乘系数 1.43，缸砖改为 981 块。

工作内容：清理基层、锯板磨边、贴缸砖、清理净面、调制水泥砂浆。

计量单位：$10m^2$

项目			单位	单价	楼梯不勾缝		台阶勾缝		零星装饰	
					水泥砂浆				水泥砂浆勾缝	
					数量	合价	数量	合价	数量	合价
综合单价			元		443.69		374.13		426.24	
其中	人工费		元		123.20		81.76		128.52	
	材料费		元		265.36		252.57		238.76	
	机械费		元		6.97		6.97		8.33	
	管理费		元		32.54		22.18		34.21	
	利润		元		15.62		10.65		16.42	
一类工			工日	28.00	4.40	123.20	2.92	81.76	4.59	128.52
材料	204035	红缸砖 152mm×152mm	块	0.43	467.00	200.81	429.00	184.47	429.00	184.47
	013001	水泥砂浆 1:1	m^3	253.31	0.051	12.92	0.065	16.47		
	013003	水泥砂浆 1:2	m^3	212.43					0.01	2.12
	013005	水泥砂浆 1:3	m^3	176.30	0.202	35.61	0.202	35.61	0.202	35.61
	013077	801 胶素水泥浆	m^3	468.22	0.01	4.68	0.01	4.68		
	301023	水泥 32.5 级	kg	0.28	1.00	0.28	1.00	0.28	1.10	0.31
	608110	棉纱头	kg	6.00	0.10	0.60	0.10	0.60	0.20	1.20
	407007	锯（木）屑	m^3	10.45	0.06	0.63	0.06	0.63	0.067	0.70
	510165	合金钢切割锯片	片	61.75	0.089	5.50	0.089	5.50	0.143	8.83
	613206	水	m^3	2.80	0.26	0.73	0.26	0.73	0.289	0.81
		其他材料费	元			3.60		3.60		4.71
机械	06016	灰浆拌和机 200L	台班	51.43	0.04	2.06	0.04	2.06	0.022	1.13
	13090	石料切割机	台班	14.04	0.35	4.91	0.35	4.91	0.513	7.20

工作内容：清理基层、锯板磨边、贴缸砖、清理净面、调制水泥砂浆或粘结剂。

计量单位：10m²

项目			单位	单价	踢脚线			
					干粉型粘结剂		水泥砂浆	
					数量	合价	数量	合价
综合单价			元		87.92		75.56	
其中	人工费		元		29.40		26.32	
	材料费		元		46.84		38.64	
	机械费		元		0.58		0.63	
	管理费		元		7.50		6.74	
	利 润		元		3.60		3.23	
一类工			工日	28.00	1.05	29.40	0.94	26.32
材料	204035	红缸砖 152mm×152mm	块	0.43	70.00	30.10	68.00	29.24
	609042	干粉型粘结剂	kg	1.52	6.75	10.26		
	013001	水泥砂浆 1:1	m³	253.31			0.008	2.03
	013005	水泥砂浆 1:3	m³	176.30	0.03	5.29	0.03	5.29
	301023	水泥 32.5 级	kg	0.28	0.40	0.11	0.20	0.06
	013077	801 胶素水泥浆	m³	468.22			0.002	0.94
	608110	棉纱头	kg	6.00	0.015	0.09	0.015	0.09
	407007	锯（木）屑	m³	10.45	0.009	0.09	0.009	0.09
	510165	合金钢切割锯片	片	61.75	0.004	0.25	0.004	0.25
	613206	水	m³	2.80	0.04	0.11	0.04	0.11
		其他材料费	元			0.54		0.54
机械	06016	灰浆拌和机 200L	台班	51.43	0.006	0.31	0.007	0.36
	13090	石料切割机	台班	14.04	0.019	0.27	0.019	0.27

（5）陶瓷锦砖（马赛克）

工作内容：1. 调制水泥砂浆或粘结剂。

2. 清理基层、刷素水泥浆、贴陶瓷锦砖、擦缝、清理净面。

计量单位：10m²

项　目			单位	单价	楼地面			
					水泥砂浆		干粉型粘结剂	
					数量	合价	数量	合价
综合单价			元		428.60		497.82	
其中	人工费		元		129.92		135.52	
	材料费		元		247.58		309.76	
	机械费		元		2.21		1.75	
	管理费		元		33.03		34.32	
	利　润		元		15.86		16.47	
一类工			工日	28.00	4.64	129.92	4.84	135.52
材料	205001	玻璃锦砖	m²	18.00	10.45	188.10	10.15	182.70
	013001	水泥砂浆 1∶1	m³	253.31	0.051	12.92		
	013005	水泥砂浆 1∶3	m³	176.30	0.202	35.61	0.202	35.61
	609042	干粉型粘结剂	kg	1.52			55.00	83.60
	013075	素水泥浆	m³	426.22	0.01	4.26		
	301002	白水泥	kg	0.58	2.00	1.16	4.00	2.32
	608110	棉纱头	kg	6.00	0.20	1.20	0.20	1.20
	613206	水	m³	2.80	0.26	0.73	0.26	0.73
		其他材料费	元			3.60		3.60
机械	06016	灰浆拌和机 200L	台班	51.43	0.043	2.21	0.034	1.75

工作内容：同前

项目			单位	单价	台阶		踢脚线			
					水泥砂浆				干粉型粘结剂	
					$10m^2$		10m			
					数量	合价	数量	合价	数量	合价
综合单价			元		486.95		68.64		79.53	
其中		人工费	元		170.24		24.36		24.36	
		材料费	元		250.70		34.91		45.80	
		机械费	元		2.21		0.26		0.26	
		管理费	元		43.11		6.16		6.16	
		利润	元		20.69		2.95		2.95	
一类工			工日	28.00	6.08	170.24	0.87	24.36	0.87	24.36
材料	205001	玻璃锦砖	m^2	18.00	10.60	190.80	1.523	27.41	1.523	27.41
	013001	水泥砂浆 1∶1	m^3	253.31	0.051	12.92	0.008	2.03		
	013005	水泥砂浆 1∶3	m^3	176.30	0.202	35.61	0.02	3.53	0.02	3.53
	609042	干粉型粘结剂	kg	1.52					9.00	13.68
	013077	801 胶素水泥浆	m^3	468.22	0.01	4.68	0.02	0.94		
	301002	白水泥	kg	0.58	2.00	1.16	0.30	0.17	0.60	0.35
	608110	棉纱头	kg	6.00	0.20	1.20	0.03	0.18	0.03	0.18
	613206	水	m^3	2.80	0.26	0.73	0.04	0.11	0.04	0.11
		其他材料费	元			3.60		0.54		0.54
机械	06016	灰浆拌和机 200L	台班	51.43	0.043	2.21	0.005	0.26	0.005	0.26

（6）凹凸假麻石块

工作内容：清理基层、调制水泥砂浆、刷素水泥浆、贴块料、清理净面。

计量单位：10m²

项目			单位	单价	楼地面		楼梯		台阶	
					数量	合价	数量	合价	数量	合价
综合单价			元		530.78		641.66		568.00	
其中	人工费		元		87.36		164.92		111.16	
	材料费		元		405.11		408.69		408.69	
	机械费		元		4.37		5.13		5.13	
	管理费		元		22.93		42.51		29.07	
	利　润		元		11.01		20.41		13.95	
一类工			工日	28.00	3.12	87.36	5.89	164.92	3.97	111.16
材料	103003	凹凸假麻石块（釉面）	百块	66.00	5.10	336.60	5.10	336.60	5.10	336.60
	013001	水泥砂浆 1∶1	m³	253.31	0.081	20.52	0.081	20.52	0.081	20.52
	013005	水泥砂浆 1∶3	m³	176.30	0.202	35.61	0.202	35.61	0.202	35.61
	608110	棉纱头	kg	6.00	0.10	0.60	0.10	0.60	0.10	0.60
	407007	锯（木）屑	m³	10.45	0.06	0.63	0.06	0.63	0.06	0.63
	301002	白水泥	kg	0.58	1.00	0.58	1.00	0.58	1.00	0.58
	510165	合金钢切割锯片	片	61.75	0.032	1.98	0.09	5.56	0.09	5.56
	013075	素水泥浆	m³	426.22	0.01	4.26	0.01	4.26	0.01	4.26
	613206	水	m³	2.80	0.26	0.73	0.26	0.73	0.26	0.73
		其他材料费	元			3.60		3.60		3.60
机械	06016	灰浆拌和机 200L	台班	51.43	0.05	2.57	0.05	2.57	0.05	2.57
	13090	石料切割机	台班	14.04	0.128	1.80	0.182	2.56	0.182	2.56

（7）地砖

工作内容：1. 清理基层、锯板磨细、贴地砖、擦缝、清理净面。

2. 调制水泥砂浆、刷素水泥浆、调制粘结剂。

计量单位：$10m^2$

项目			单位	单价	楼地面							
					300mm×300mm				400mm×400mm			
					水泥砂浆		干粉型粘结剂		水泥砂浆		干粉型粘结剂	
					数量	合价	数量	合价	数量	合价	数量	合价
综合单价			元		490.68		548.48		391.21		446.71	
其中		人工费	元		117.04		125.44		93.52		100.24	
		材料费	元		326.72		373.01		259.98		306.27	
		机械费	元		2.64		2.64		2.27		2.27	
		管理费	元		29.92		32.02		23.95		25.63	
		利润	元		14.36		15.37		11.49		12.30	
一类工			工日	28.00	4.18	117.04	4.48	125.44	3.34	93.52	3.58	100.24
材料	204054	同质地砖 300mm×300mm	块	2.35	114.00	267.90	114.00	267.90				
	204055	同质地砖 400mm×400mm	块	3.15					64.00	201.60	64.00	201.60
	013003	水泥砂浆 1∶2	m^3	212.43	0.051	10.83			0.051	10.83		
	013005	水泥砂浆 1∶3	m^3	176.30	0.202	35.61	0.202	35.61	0.202	35.61	0.202	35.61
	609042	干粉型粘结剂	kg	1.52			40.00	60.80			40.00	60.80
	013075	素水泥浆	m^3	426.22	0.01	4.26			0.01	4.26		
	301002	白水泥	kg	0.58	1.00	0.58	2.00	1.16	1.00	0.58	2.00	1.16
	608110	棉纱头	kg	6.00	0.10	0.60	0.10	0.60	0.10	0.60	0.10	0.60
	407007	锯（木）屑	m^3	10.45	0.06	0.63	0.06	0.63	0.06	0.63	0.06	0.63
	510165	合金钢切割锯片	片	61.75	0.032	1.98	0.032	1.98	0.025	1.54	0.025	1.54
	613206	水	m^3	2.80	0.26	0.73	0.26	0.73	0.26	0.73	0.26	0.73
		其他材料费	元			3.60		3.60		3.60		3.60
机械	06016	灰浆拌和机 200L	台班	51.43	0.017	0.87	0.017	0.87	0.017	0.87	0.017	0.87
	13090	石料切割机	台班	14.04	0.126	1.77	0.126	1.77	0.10	1.40	0.10	1.40

注：1. 当地面遇到弧形墙面时，其弧形部分的地砖损耗可按实调整，并按弧形图示尺寸每10m增加切贴人工0.3工日。

2. 地砖规格不同按设计用量加2%损耗进行调整。

3. 镜面同质地砖执行本定额：地砖单价换算，其他不变。

4. 地砖结合层若用干硬性水泥砂浆，取消子目中1∶2及1∶3水泥砂浆，另增32.5水泥45.97kg，干硬性水泥砂浆$0.303m^3$。

工作内容：清理基层、锯板磨细、贴地砖、擦缝、清理净面、调制水泥砂浆、刷素水泥砂浆、调制粘结剂。

计量单位：10m²

项目			单位	单价	楼地面							
					600mm×600mm				800mm×800mm			
					水泥砂浆		干粉型粘结剂		水泥砂浆		干粉型粘结剂	
					数量	合价	数量	合价	数量	合价	数量	合价
综合单价			元		414.98		470.10		395.05		450.17	
其中	人工费		元		98.84		105.28		102.76		109.20	
	材料费		元		276.46		322.75		251.16		297.45	
	机械费		元		2.27		2.27		2.27		2.27	
	管理费		元		25.28		26.89		26.26		27.87	
	利　润		元		12.13		12.91		12.60		13.38	
一类工			工日	28.00	3.53	98.84	3.76	105.28	3.67	102.76	3.90	109.20
材料	204056	同质地砖600mm×600mm	块	7.52	29.00	218.08	29.00	218.08				
	204057	同质地砖800mm×800mm	块	11.34					17.00	192.78	17.00	192.78
	013003	水泥砂浆 1:2	m³	212.43	0.051	10.83			0.051	10.83		
	013005	水泥砂浆 1:3	m³	176.30	0.202	35.61	0.202	35.61	0.202	35.61	0.202	35.61
	609042	干粉型粘结剂	kg	1.52			40.00	60.80			40.00	60.80
	013075	素水泥浆	m³	426.22	0.01	4.26			0.01	4.26		
	301002	白水泥	kg	0.58	1.00	0.58	2.00	1.16	1.00	0.58	2.00	1.16
	608110	棉纱头	kg	6.00	0.10	0.60	0.10	0.60	0.10	0.60	0.10	0.60
	407007	锯（木）屑	m³	10.45	0.06	0.63	0.06	0.63	0.06	0.63	0.06	0.63
	510165	合金钢切割锯片	片	61.75	0.025	1.54	0.025	1.54	0.025	1.54	0.025	1.54
	613206	水	m³	2.80	0.26	0.73	0.26	0.73	0.26	0.73	0.26	0.73
		其他材料费	元			3.60		3.60		3.60		3.60
机械	06016	灰浆拌和机 200L	台班	51.43	0.017	0.87	0.017	0.87	0.017	0.87	0.017	0.87
	13090	石料切割机	台班	14.04	0.10	1.40	0.10	1.40	0.10	1.40	0.10	1.40

注：同前。

工作内容：清理基层、锯板磨细、贴镜面同质砖、擦缝、清理净面、调制水泥砂浆、刷素水泥浆、调制粘结剂。

计量单位：$10m^2$

		项目	单位	单价	楼地面			
					多色简单图案镶贴			
					水泥砂浆		干粉型粘结剂	
					数量	合价	数量	合价
		综合单价	元		596.94		660.49	
其中		人工费	元		175.56		188.16	
		材料费	元		350.42		396.71	
		机械费	元		4.38		4.38	
		管理费	元		44.99		48.14	
		利润	元		21.59		23.10	
		一类工	工日	28.00	6.27	175.56	6.72	188.16
材料	204054	同质地砖 300mm×300mm	块	2.35	123.00	289.05	123.00	289.05
	013003	水泥砂浆 1:2	m^3	212.43	0.051	10.83		
	013005	水泥砂浆 1:3	m^3	176.30	0.202	35.61	0.202	35.61
	609042	干粉型粘结剂	kg	1.52			40.00	60.80
	013075	素水泥浆	m^3	426.22	0.01	4.26		
	301002	白水泥	kg	0.58	2.00	1.16	3.00	1.74
	608110	棉纱头	kg	6.00	0.10	0.60	0.10	0.60
	407007	锯（木）屑	m^3	10.45	0.06	0.63	0.06	0.63
	510165	合金钢切割锯片	片	61.75	0.064	3.95	0.064	3.95
	613206	水	m^3	2.80	0.26	0.73	0.26	0.73
		其他材料费	元			3.60		3.60
机械	06016	灰浆拌和机 200L	台班	51.43	0.017	0.87	0.017	0.87
	13090	石料切割机	台班	14.04	0.25	3.51	0.25	3.51

注：1. 设计地砖规格与定额不同时，按比例调整用量。

2. 多色复杂图案（弧线型）镶贴，人工乘系数 1.2，其弧形部分的地砖损耗可按实调整。

工作内容：清理基层、锯板磨边、贴同质地砖、擦缝、清理净面、调制水泥砂浆或粘结剂。

项目			单位	单价	楼梯		台阶		踢脚线			
					水泥砂浆						干粉型粘结剂	
					10m²				10m			
					数量	合价	数量	合价	数量	合价	数量	合价
综合单价			元		776.85		584.42		92.61		102.89	
其中		人工费	元		303.24		171.36		30.52		33.88	
		材料费	元		349.10		337.35		49.93		55.67	
		机械费	元		8.98		8.98		0.63		0.58	
		管理费	元		78.06		45.09		7.79		8.62	
		利　润	元		37.47		21.64		3.74		4.14	
一类工			工日	28.00	10.83	303.24	6.12	171.36	1.09	30.52	1.21	33.88
材料	204054	同质地砖 300mm×300mm	块	2.35	122.00	286.70	117.00	274.95	17.00	39.95	17.00	39.95
	013003	水泥砂浆 1:2	m³	212.43	0.051	10.83	0.051	10.83	0.008	1.70		
	013005	水泥砂浆 1:3	m³	176.30	0.202	35.61	0.202	35.61	0.03	5.29	0.03	5.29
	609042	干粉型粘结剂	kg	1.52							6.00	9.12
	013075	素水泥浆	m³	426.22	0.01	4.26	0.01	4.26	0.002	0.85		
	301002	白水泥	kg	0.58	1.00	0.58	1.00	0.58	0.20	0.12	0.40	0.23
	608110	棉纱头	kg	6.00	0.10	0.60	0.10	0.60	0.015	0.09	0.015	0.09
	407007	锯（木）屑	m³	10.45	0.06	0.63	0.06	0.63	0.009	0.09	0.009	0.09
	013077	801 胶素水泥浆	m³	468.22					0.002	0.94		
	510165	合金钢切割锯片	片	61.75	0.09	5.56	0.09	5.56	0.004	0.25	0.004	0.25
	613206	水	m³	2.80	0.26	0.73	0.26	0.73	0.04	0.11	0.04	0.11
		其他材料费	元			3.60		3.60		0.54		0.54
机械	06016	灰浆拌和机 200L	台班	51.43	0.078	4.01	0.078	4.01	0.007	0.36	0.006	0.31
	13090	石料切割机	台班	14.04	0.354	4.97	0.354	4.97	0.019	0.27	0.019	0.27

注：设计地砖规格与定额不同时，按比例调整用量。

(8) 塑料、橡胶板

工作内容：清理基层、刮腻子、涂刷粘结剂、贴面层、净面。

计量单位：10m²

项目			单位	单价	楼地面							
					橡胶板		塑料板		塑料卷材		PVC 真石地板	
					数量	合价	数量	合价	数量	合价	数量	合价
综合单价			元		307.85		287.52		282.31		1092.67	
其中	人工费		元		30.94		69.68		34.84		69.68	
	材料费		元		265.46		192.06		234.58		997.21	
	机械费		元									
	管理费		元		7.74		17.42		8.71		17.42	
	利润		元		3.71		8.36		4.18		8.36	
二类工			工日	26.00	1.19	30.94	2.68	69.68	1.34	34.84	2.68	69.68
材料	606136	橡胶板	m^2	19.00	10.20	193.80						
	605166	塑料地板砖 303mm×303mm	m^2	12.73			10.20	129.85				
	605236	塑料卷材 $\delta=1.5$	m^2	15.67					11.00	172.37		
	605031	PVC 真石地板 $\delta=2$	m^2	85.00							11.00	935.00
	609085	塑胶地板粘结剂	kg	12.30	5.46	67.16	4.50	55.35	4.50	55.35	4.50	55.35
	613196	上光蜡	kg	10.26			0.23	2.36	0.23	2.36	0.23	2.36
		其他材料费	元			4.50		4.50		4.50		4.50

(9) 玻璃地面

工作内容：清理基层、镶贴玻璃、打胶固定、净面。

计量单位：$10m^2$

项目			单位	单价	镭射玻璃 5+5				夹层玻璃 5+5			
					楼地面		零星项目		楼地面		零星项目	
					数量	合价	数量	合价	数量	合价	数量	合价
综合单价			元		3385.32		3741.08		1355.52		1492.38	
其中		人工费	元		66.64		73.36		66.64		73.36	
		材料费	元		3294.02		3640.58		1264.22		1391.88	
		机械费	元									
		管理费	元		16.66		18.34		16.66		18.34	
		利 润	元		8.00		8.80		8.00		8.80	
一类工			工日	28.00	2.38	66.64	2.62	73.36	2.38	66.64	2.62	73.36
材料	206035	镭射玻璃地面(5+5)	m^2	309.00	10.20	3151.80	11.30	3491.70				
	206045	平夹层玻璃 $\delta=5+5$	m^2	110.00					10.20	1122.00	11.30	1243.00
	610028	玻璃胶 300ml	支	13.87	9.68	134.26	10.16	140.92	9.68	134.26	10.16	140.92
	013075	素水泥浆	m^3	426.22	0.01	4.26	0.01	4.26	0.01	4.26	0.01	4.26
	608110	棉纱头	kg	6.00	0.20	1.20	0.20	1.20	0.20	1.20	0.20	1.20
		其他材料费	元			2.50		2.50		2.50		2.50

（10）镶嵌铜条

工作内容：清理、调查、切割、镶嵌、固定。

计量单位：10m

项目			单位	单价	切割石材面		石材板缝		水磨石	
					嵌铜条					
					数量	合价	数量	合价	数量	合价
综合单价			元		70.72		85.91		39.82	
其中		人工费	元		16.80		2.24		1.96	
		材料费	元		37.08		82.84		37.13	
		机械费	元		7.75					
		管理费	元		6.14		0.56		0.49	
		利　润	元		2.95		0.27		0.24	
一类工			工日	28.00	0.60	16.80	0.08	2.24	0.07	1.96
材料	513189	踏步铜嵌条4mm×6mm	m	2.80	10.20	28.56				
	513238	铜嵌条4mm×10mm	m	8.08			10.20	82.42		
	513237	铜嵌条2mm×15mm	m	3.50					10.60	37.10
	510165	合金钢切割锯片	片	61.75	0.138	8.52				
	013003	水泥砂浆1:2	m^3	212.43			0.002	0.42		
	510124	镀锌铁丝12#	kg	3.65					0.007	0.03
机械	13090	石料切割机	台班	14.04	0.552	7.75				

注：1. 楼梯、台阶、地面上切割石材面嵌铜条均执行本定额。

2. 嵌入的铜条规格不符，单价应换算。

3. 切割石材面嵌弧形铜条，人工、合金钢切割锯片、石料切割机乘系数1.20。

工作内容：防滑铜条包括钻眼、打木楔、安装；金刚砂、缸砖包括搅拌砂浆、敷设。

计量单位：10m

项目			单位	单价	踏步面上嵌（钉）							
					防滑铜条		金刚砂防滑条		缸砖防滑条		青铜板（直角）	
					数量	合价	数量	合价	数量	合价	数量	合价
综合单价			元		280.39		42.15		108.32		448.20	
其中		人工费	元		17.94		6.24		10.92		19.24	
		材料费	元		252.32		33.60		93.22		418.35	
		机械费	元		2.55				0.10		2.55	
		管理费	元		5.12		1.56		2.76		5.45	
		利　润	元		2.46		0.75		1.32		2.61	
二类工			工日	26.00	0.69	17.94	0.24	6.24	0.42	10.92	0.74	19.24
材料	513061	防滑铜条（用于楼梯踏步上）3×40×1	m	23.94	10.20	244.19						
	101007	金刚砂	kg	7.60			4.29	32.60				
	204033	缸砖防滑条宽65mm	m	8.60					10.60	91.16		
	501120	直角青铜板5×50	m	38.70							10.60	410.22
	605310	塑料胀管铜螺丝	百套	17.10	0.42	7.18					0.42	7.18
	013003	水泥砂浆1:2	m^3	212.43					0.007	1.49		
	510168	合金钢钻头一字型	个	19.00	0.05	0.95					0.05	0.95
	013075	素水泥浆	m^3	426.22					0.001	0.43		
	608110	棉纱头	kg	6.00					0.01	0.06		
	613206	水	m^3	2.80					0.03	0.08		
		其他材料费	元					1.00				
机械	06016	灰浆拌和机200L	台班	51.43					0.002	0.10		
	13091	电钻	台班	8.14	0.313	2.55					0.303	2.55

注：金刚砂防滑条以单线为准，双线单价乘2.0；陶瓷锦砖、阳角缸砖防滑条均套用缸砖防滑条定额，陶瓷锦砖防滑条增加陶瓷锦砖0.41m^2（二块陶瓷锦砖），宽度不同，陶瓷锦砖按比例换算；设计贴角缸砖防滑条（150mm×65mm）每10m增加角缸砖68块；取消152mm×152mm缸砖勾缝者49块，不勾缝者55块。

（11）镶贴面酸洗、打蜡

工作内容：清理表面、上草酸、打蜡、抛光。

计量单位：$10m^2$

项目			单位	单价	块料面层酸洗打蜡			
					楼地面		楼梯台阶	
					数量	合价	数量	合价
综合单价				元	22.73		31.09	
其中	人工费			元	13.44		19.32	
	材料费			元	4.32		4.62	
	机械费			元				
	管理费			元	3.36		4.83	
	利润			元	1.61		2.32	
一类工			工日	28.00	0.48	13.44	0.69	19.32
材料	613028	草酸	kg	4.75	0.10	0.48	0.10	0.48
	613256	硬白蜡	kg	3.33	0.265	0.88	0.265	0.88
	603026	煤油	kg	4.00	0.40	1.60	0.40	1.60
	603038	松节油	kg	3.80	0.053	0.20	0.053	0.20
	601125	清油	kg	10.64	0.053	0.56	0.053	0.56
	608110	棉纱头	kg	6.00	0.10	0.60	0.15	0.90

5. 木地板、栏杆、扶手

（1）木地板

工作内容：埋铁件、龙骨、横撑制作、安装、铺油毡、刷防腐油等。

计量单位：10m²

项目			单位	单价	铺设木楞		铺设木楞水泥砂浆1:3坞龙骨		铺设木楞及毛地板		铺设木楞及毛地板水泥砂浆1:3坞龙骨	
					数量	合价	数量	合价	数量	合价	数量	合价
综合单价			元		266.69		366.02		872.95		972.28	
其中	人工费		元		17.36		37.24		33.88		53.76	
	材料费		元		222.73		287.78		800.23		865.28	
	机械费		元		14.73		19.87		19.20		24.34	
	管理费		元		8.02		14.28		13.27		19.53	
	利　润		元		3.85		6.85		6.37		9.37	
一类工			工日	28.00	0.62	17.36	1.33	37.24	1.21	33.88	1.92	53.76
材料	401029	普通成材	m³	1599.00	0.135	215.87	0.135	215.87	0.135	215.87	0.135	215.87
	611001	防腐油	kg	1.71	2.84	4.86	2.84	4.86	2.84	4.86	2.84	4.86
	405076	毛地板 $\delta=25$mm	m²	55.00					10.50	577.50	10.50	577.50
	013005	水泥砂浆 1:3	m³	176.30			0.368	64.88			0.368	64.88
	613206	水	m³	2.80			0.06	0.17			0.06	0.17
		其他材料费	元			2.00		2.00		2.00		2.00
机械	07012	木工圆锯机 Φ500mm	台班	24.28	0.01	0.24	0.01	0.24	0.078	1.89	0.078	1.89
	06016	灰浆拌和机 200L	台班	51.43			0.10	5.14			0.10	5.14
		其他机械费	元			14.49		14.49		17.31		17.31

注：1. 楞木按苏 J9501－19/3，其中：楞木 0.082m³，横撑 0.033m³，木垫块 0.02m³（预埋铁丝土建单位已埋入）。设计与定额不符，按比例调整用量，不设木垫块应扣除。

2. 木楞与混凝土楼板用膨胀螺栓连接，按设计用量另增膨胀螺栓、电锤 0.4 台班。

3. 坞龙骨水泥砂浆厚度为 50mm，设计与定额不符，砂浆用量按比例调整。

工作内容：清理基层、刷胶铺设地板、打磨刨光、净面。

计量单位：10m²

项目			单位	单价	硬木地板						复合木地板悬浮安装	
					平口		企口		免刨免漆地板			
					数量	合价	数量	合价	数量	合价	数量	合价
综合单价			元		876.12		1316.06		2362.43		1166.36	
其中	人工费		元		105.28		119.84		127.68		104.44	
	材料费		元		728.88		1148.88		2184.51		1020.27	
	机械费		元		2.19		2.19		2.19		2.19	
	管理费		元		26.87		30.51		32.47		26.66	
	利润		元		12.90		14.64		15.58		12.80	
一类工			工日	28.00	3.76	105.28	4.28	119.84	4.56	127.68	3.73	104.44
材料	405117	条形平口硬木地板	m^2	68.00	10.50	714.00						
	405082	免刨硬木企口木地板	m^2	108.00			10.50	1134.00				
	405081	免刨免漆实木地板	m^2	198.37					10.50	2082.89		
	405014	复合地板1818mm×303mm×8mm	m^2	89.00							10.50	934.50
	510103	地板钉40	kg	9.00	1.587	14.28	1.587	14.28	1.587	14.28		
	609021	YJ-Ⅲ粘结剂	kg	11.50					7.00	80.50	3.50	40.25
	613045	地板水胶粉	kg	3.90					1.60	6.24	0.80	3.12
	605069	复合地板泡沫垫	m^2	3.80							11.00	41.80
	608110	棉纱头	kg	6.00	0.10	0.60	0.10	0.60	0.10	0.60	0.10	0.60
机械	07012	木工圆锯机Φ500mm	台班	24.28	0.09	2.19	0.09	2.19	0.09	2.19	0.09	2.19

注：木地板悬浮安装是在毛地板或水泥砂浆基层上拼装。

工作内容：同前。

计量单位：10m²

项目			单位	单价	硬木拼花地板							
					粘贴在水泥面上				粘贴在毛地板上			
					平口		企口		平口		企口	
					数量	合价	数量	合价	数量	合价	数量	合价
综合单价			元		615.58		1492.02		628.40		1504.84	
其中	人工费		元		167.72		194.32		167.72		194.32	
其中	材料费		元		382.80		1222.80		395.62		1235.62	
其中	机械费		元		2.19		2.19		2.19		2.19	
其中	管理费		元		42.48		49.13		42.48		49.13	
其中	利润		元		20.39		23.58		20.39		23.58	
一类工			工日	28.00	5.99	167.72	6.94	194.32	5.99	167.72	6.94	194.32
材料	405124	席纹地板（平口硬木地板条）	m^2	28.00	10.50	294.00			10.50	294.00		
材料	405082	免刨硬木企口木地板	m^2	108.00			10.50	1134.00			10.50	1134.00
材料	609021	YJ-Ⅲ粘结剂	kg	11.50	7.00	80.50	7.00	80.50	7.00	80.50	7.00	80.50
材料	613045	地板水胶粉	kg	3.90	1.60	6.24	1.60	6.24	1.60	6.24	1.60	6.24
材料	608110	棉纱头	kg	6.00	0.10	0.60	0.10	0.60	0.10	0.60	0.10	0.60
材料	510103	地板钉40	kg	9.00					1.587	14.28	1.587	14.28
材料	613206	水	m^3	2.80	0.52	1.46	0.52	1.46				
机械	07012	木工圆锯机 Φ500mm	台班	24.28	0.09	2.19	0.09	2.19	0.09	2.19	0.09	2.19

注：拼花包括方格、人字形等在内。

工作内容：清理基层、刷胶铺设、刨平打磨、净面。

计量单位：$10m^2$

项目			单位	单价	硬木地板砖		旧木地板上机械磨光	
					数量	合价	数量	合价
综合单价			元		1224.39		48.43	
其中	人工费		元		89.60		13.44	
	材料费		元		1101.64		15.00	
	机械费		元				10.96	
	管理费		元		22.40		6.10	
	利润		元		10.75		2.93	
一类工			工日	28.00	3.20	89.60	0.48	13.44
材料	405131	硬木地板砖	m^2	103.55	10.20	1056.21		
	609021	YJ-Ⅲ粘结剂	kg	11.50	3.50	40.25		
	613045	地板水胶粉	kg	3.90	0.80	3.12		
	608110	棉纱头	kg	6.00	0.10	0.60		
	613206	水	m^3	2.80	0.52	1.46		
		其他材料费	元					15.00
机械	12019	电动打磨机	台班	21.91			0.50	10.96

（2）硬木踢脚线

工作内容：下料、制作、垫木安置、安装、清理。

计量单位：100m

项目			单位	单价	硬木		衬板上贴切片板	
					踢脚线			
					制作安装			
					数量	合价	数量	合价
综合单价			元		1165.41		1234.39	
其中	人工费		元		136.64		199.64	
	材料费		元		962.73		945.40	
	机械费		元		11.30		11.30	
	管理费		元		36.99		52.74	
	利　润		元		17.75		25.31	
一类工			工日	28.00	4.88	136.64	7.13	199.64
材料	401031	硬木成材	m^3	2449.00	0.33	808.17		
	401029	普通成材	m^3	1599.00	0.09	143.91	0.09	143.91
	611001	防腐油	kg	1.71	3.68	6.29	3.68	6.29
	403017	细木工板 $\delta=12$mm	m^2	28.09			15.75	442.42
	511533	铁钉	kg	3.60	1.21	4.36	1.21	4.36
	403022	普通切片三夹板	m^2	10.55			15.75	166.16
	613225	万能胶	kg	14.92			3.00	44.76
	405047	红松阴角线 15mm×15mm	m	1.25			110.00	137.50
机械	07012	木工圆锯机 Φ500mm	台班	24.28	0.10	2.43	0.10	2.43
	07018	木工压刨床（单面）600mm	台班	34.57	0.17	5.88	0.17	5.88
	07024	木工裁口机（多面）400mm	台班	37.36	0.08	2.99	0.08	2.99

注：1. 踢脚线按 150×20 毛料计算，设计断面不同，材积按比例换算。

2. 设计踢脚线安装在墙面木龙骨上时，应扣除木砖成材 0.091m^3。

（3）抗静电活动地板

工作内容：清理基层、定位、安装支架横梁地板、净面。

计量单位：$10m^2$

项目			单位	单价	活动地板					
					木质		铝质		钢质	
					数量	合价	数量	合价	数量	合价
综合单价			元		2640.26		4821.04		3734.31	
其中	人工费		元		169.68		169.68		203.84	
	材料费		元		2407.80		4581.73		3448.20	
	机械费		元				5.00		5.00	
	管理费		元		42.42		43.67		52.21	
	利润		元		20.36		20.96		25.06	
一类工			工日	28.00	6.06	169.68	6.06	169.68	7.28	203.84
材料	405007	防火抗静电地板	m^2	236.00	10.20	2407.20				
	503192	铝合金抗静电活动地板	m^2	449.13			10.20	4581.13		
	508115	抗静电全钢活动地板	m^2	338.00					10.20	3447.60
	608110	棉纱头	kg	6.00	0.10	0.60	0.10	0.60	0.10	0.60
机械		其他机械费	元					5.00		5.00

(4) 地毯

工作内容：1. 地毯放样、剪裁、清理基层、钉压条、刷胶；

2. 地毯拼接、铺毯、修边、清扫地毯。

计量单位：10m²

项目			单位	单价	楼地面							
					固定				不固定		方块地毯	
					单层		双层					
					数量	合价	数量	合价	数量	合价	数量	合价
综合单价			元		441.77		570.34		397.56		835.85	
其中		人工费	元		50.96		76.72		40.88		40.04	
其中		材料费	元		369.21		462.49		338.81		781.00	
其中		机械费	元		2.00		2.00		2.00			
其中		管理费	元		13.24		19.68		10.72		10.01	
其中		利　润	元		6.36		9.45		5.15		4.80	
一类工			工日	28.00	1.82	50.96	2.74	76.72	1.46	40.88	1.43	40.04
材料	608012	丙纶簇绒地毯	m²	28.30	11.00	311.30	11.00	311.30	11.00	311.30		
材料	608066	方块圈绒地毯 500mm×500mm	m²	71.00							11.00	781.00
材料	405084	木刺条	m	1.80	12.20	21.96	12.20	21.96				
材料	613046	地毯衬垫25m²/卷	m²	8.48			11.00	93.28				
材料	613047	地毯烫带 0.1×20m/卷	m	3.27	7.50	24.53	7.50	24.53	7.50	24.53		
材料	613225	万能胶	kg	14.92	0.20	2.98	0.20	2.98	0.20	2.98		
材料	511213	钢钉	kg	6.37	0.62	3.95	0.62	3.95				
材料	513170	铝合金收口条	m	4.49	1.00	4.49	1.00	4.49				
机械		其他机械费	元			2.00		2.00		2.00		

注：1. 标准客房铺设地毯设计不拼接时，定额中地毯应按房间主墙间净面积调整含量，其他不变。

2. 地毯分色，镶边分别套用定额子目，人工乘1.10系数。

3. 设计不用铝收口条者，应扣除铝收口条及钢钉，其他不变。

工作内容：1. 清理基层表面、地毯放样、剪裁、拼接、钉压条、刷胶、铺毯修边、清扫地毯。

2. 打眼、下楔、安装固定。

计量单位：10m²

项目			单位	单价	楼梯铺地毯						楼梯地毯	
					满铺				不满铺		压棍安装	
					带胶垫		不带胶垫		实铺面积		10套	
					数量	合价	数量	合价	数量	合价	数量	合价
综合单价			元		533.13		431.56		460.58		338.12	
其中		人工费	元		84.56		57.40		57.40		33.32	
		材料费	元		414.54		350.18		378.05		292.47	
		机械费	元		2.00		2.00		2.84			
		管理费	元		21.64		14.85		15.06		8.33	
		利润	元		10.39		7.13		7.23		4.00	
一类工			工日	28.00	3.02	84.56	2.05	57.40	2.05	57.40	1.19	33.32
材料	608012	丙纶簇绒地毯	m²	28.30	11.00	311.30	11.00	311.30	11.00	311.30		
	513014	不锈钢压棍	m	27.00							10.50	283.50
	613046	地毯衬垫25m²/卷	m²	8.48	7.59	64.36						
	511421	木螺钉	百只	5.50							0.84	4.62
	405084	木刺条	m	1.80	13.05	23.49	13.05	23.49	2.40	4.32		
	608110	棉纱头	kg	6.00							0.10	0.60
	513170	铝合金收口条	m	4.49	1.00	4.49	1.00	4.49	1.20	5.39		
	511213	钢钉	kg	6.37	0.18	1.15	0.18	1.15	0.256	1.63		
	613225	万能胶	kg	14.92	0.20	2.98	0.20	2.98	3.10	46.25		
	613047	地毯烫带0.1×20m/卷	m	3.27	2.07	6.77	2.07	6.77	2.80	9.16		
		其他材料费	元									3.75
机械		其他机械费	元			2.00		2.00		2.84		

注：1. 地毯分色，镶边分别套用定额子目，人工乘1.10系数。

2. 设计不用铝收口条者，应扣除铝收口条及钢钉，其他不变。

3. 压棍、材料不同应换算。

4. 楼梯地毯压铜防滑板按镶嵌铜条有关项目执行。

（5）栏杆、扶手

工作内容：放样、下料、铆接、玻璃安装、打磨、清理净面。

计量单位：10m

项目			单位	单价	铝合金扁管扶手							
					有机玻璃		浮法玻璃				铝合金	
					半玻栏板				全玻栏板		栏杆	
					数量	合价	数量	合价	数量	合价	数量	合价
综合单价			元		1757.04		1149.58		1462.56		1035.31	
其中		人工费	元		381.92		302.12		302.12		195.72	
其中		材料费	元		1197.19		699.06		1012.04		730.56	
其中		机械费	元		26.73		26.73		26.73		26.73	
其中		管理费	元		102.16		82.21		82.21		55.61	
其中		利　润	元		49.04		39.46		39.46		26.69	
一类工			工日	28.00	13.64	381.92	10.79	302.12	10.79	302.12	6.99	195.72
材料	504227	铝合金扁管 100mm × 44mm × 1.8mm	kg	21.04	14.681	308.89	14.681	308.89	14.681	308.89	14.681	308.89
材料	504231	铝合金方管 25mm × 25mm × 1.2mm	kg	21.04	2.574	54.16	2.574	54.16	2.917	61.37	0.444	9.34
材料	501096	铝合金 U 型 8mm × 13mm × 1.2mm	kg	21.00	0.353	7.41	0.353	7.41	0.353	7.41		
材料	504229	铝合金方管 20mm × 20mm	kg	21.04							17.24	362.73
材料	501095	铝合金 L 型 30mm × 12mm × 1mm	kg	21.00	0.055	1.16	0.055	1.16	0.055	1.16		
材料	504130	方管	kg	3.25	16.00	52.00	16.00	52.00	16.00	52.00		
材料	511576	自攻螺钉 M4 × 15mm	百只	2.38							0.50	1.19
材料	206052	有机玻璃 6mm	m^2	120.00	6.37	764.40						
材料	206019	浮法白片玻璃 $\delta=8$	m^2	41.80			6.37	266.27				
材料	206020	浮法白片玻璃 $\delta=10$	m^2	63.00					8.24	519.12		
材料	511475	膨胀螺栓 M8 × 80	套	0.95							40.00	38.00
材料	511379	铝拉铆钉 LD－1	百个	3.33	1.88	6.26	1.88	6.26	1.88	6.26	1.98	6.59
材料	511213	钢钉	kg	6.37							0.60	3.82
材料	610028	玻璃胶 300ml	支	13.87	0.21	2.91	0.21	2.91	3.91	54.23		
材料	401029	普通成材	m^3	1599.00					0.001	1.60		
机械	07072	管子切断机 $\Phi150$mm	台班	38.19	0.70	26.73	0.70	26.73	0.70	26.73	0.70	26.73

注：铝合金板材、玻璃的含量按设计用量调整。

工作内容：放样、下料、焊接、玻璃安装、打磨抛光。

计量单位：10m

项目			单位	单价	不锈钢管扶手							
					半玻栏板				全玻栏板			
					有机玻璃		浮法玻璃		钢化玻璃		浮法玻璃	
					数量	合价	数量	合价	数量	合价	数量	合价
综合单价				元	2498.10		2205.86		2813.17		2429.71	
其中		人工费		元	380.52		380.52		300.72		300.72	
		材料费		元	1724.43		1432.19		2148.83		1765.37	
		机械费		元	184.20		184.20		184.20		184.20	
		管理费		元	141.18		141.18		121.23		121.23	
		利　润		元	67.77		67.77		58.19		58.19	
一类工			工日	28.00	13.59	380.52	13.59	380.52	10.74	300.72	10.74	300.72
材料	504209	镜面不锈钢管 Φ76.2×1.5	m	62.41	10.60	661.55	10.60	661.55	10.60	661.55	10.60	661.55
	504199	镜面不锈钢管 Φ31.8×1.2	m	20.72	10.29	213.21	10.29	213.21	10.29	213.21	10.29	213.21
	206052	有机玻璃 6mm	m^2	120.00	5.78	693.60						
	206020	浮法白片玻璃 δ=10	m^2	63.00			6.37	401.31				
	206026	钢化玻璃 δ=10mm	m^2	115.60					9.24	1068.14		
	206021	浮法白片玻璃 δ=12	m^2	74.10							9.24	684.68
	510020	不锈钢U型卡3mm	只	0.36	34.94	12.58	34.98	12.59	34.98	12.59	34.98	12.59
	511030	不锈钢六角螺栓 M6×35	套	0.94	34.94	32.84	34.98	32.88	34.98	32.88	34.98	32.88
	610028	玻璃胶 300ml	支	13.87	0.21	2.91	0.21	2.91	3.57	49.52	3.57	49.52
	608110	棉纱头	kg	6.00	0.20	1.20	0.20	1.20	0.20	1.20	0.20	1.20
	509003	不锈钢焊丝 1Cr18Ni9Ti	kg	47.70	0.53	25.28	0.53	25.28	0.53	25.28	0.53	25.28
	613242	氩气	m^3	8.84	1.49	13.17	1.49	13.17	1.49	13.17	1.49	13.17
	513252	钨棒	kg	380.00	0.03	11.40	0.03	11.40	0.03	11.40	0.03	11.40
	508009	不锈钢盖 Φ63	只	4.20	11.54	48.47	11.54	48.47	11.54	48.47	11.54	48.47
	612008	环氧树脂 618	kg	27.40	0.30	8.22	0.30	8.22	0.30	8.22	0.30	8.22
	401029	普通成材	m^3	1599.00					0.002	3.20	0.002	3.20
机械	15008	抛光机	台班	12.00	1.09	13.08	1.09	13.08	1.09	13.08	1.09	13.08
	09013	氩弧焊机 500A	台班	132.47	1.09	144.39	1.09	144.39	1.09	144.39	1.09	144.39
	07072	管子切断机 Φ150mm	台班	38.19	0.70	26.73	0.70	26.73	0.70	26.73	0.70	26.73

注：1. 铜管扶手按不锈钢管扶手相应定额执行，价格换算其他不变。

2. 弧弯玻璃栏板按相应定额执行，玻璃价格换算，其他不变。

3. 不锈钢管，玻璃含量按设计用量调整。

工作内容：放样、下料、焊接、玻璃安装、打磨抛光。

计量单位：10m

项目			单位	单价	不锈钢管栏杆				半玻栏板	
					不锈钢管扶手		木扶手制作安装			
					数量	合价	数量	合价	数量	合价
综合单价			元		3452.41		3105.66		2142.35	
其中		人工费	元		194.32		212.80		380.52	
其中		材料费	元		2997.94		2632.14		1361.88	
其中		机械费	元		137.41		132.83		189.17	
其中		管理费	元		82.93		86.41		142.42	
其中		利　润	元		39.81		41.48		68.36	
一类工			工日	28.00	6.94	194.32	7.60	212.80	13.59	380.52
材料	504209	镜面不锈钢管 Φ76.2×1.5	m	62.41	10.60	661.55				
材料	504199	镜面不锈钢管 Φ31.8×1.2	m	20.72	56.93	1179.59	56.93	1179.59	10.29	213.21
材料	509003	不锈钢焊丝 1Cr18Ni9Ti	kg	47.70	1.43	68.21	1.43	68.21	0.53	25.28
材料	613242	氩气	m^3	8.84	4.03	35.63	4.03	35.63	1.49	13.17
材料	513252	钨棒	kg	380.00	0.58	220.40	0.58	220.40	0.03	11.40
材料	508009	不锈钢盖 Φ63	只	4.20	57.71	242.38	57.71	242.38	11.54	48.47
材料	504206	镜面不锈钢管 Φ63.5×1.5	m	51.80	10.60	549.08	10.60	549.08		
材料	612008	环氧树脂 618	kg	27.40	1.50	41.10	1.50	41.10	0.30	8.22
材料	501009	扁钢 -30×4~50×5	kg	3.00			19.80	59.40	19.80	59.40
材料	401031	硬木成材	m^3	2449.00			0.095	232.66	0.095	232.66
材料	206020	浮法白片玻璃 $\delta=10$	m^2	63.00					11.00	693.00
材料	511421	木螺钉	百只	5.50			0.67	3.69	0.67	3.69
材料	510020	不锈钢 U 型卡 3mm	只	0.36					37.90	13.64
材料	405132	硬木扶手（成品）	m	64.88			(10.60)	(687.73)	(10.60)	(687.73)
材料	511030	不锈钢六角螺栓 M6×35	套	0.94					37.90	35.63
材料	610028	玻璃胶 300ml	支	13.87					0.21	2.91
材料	608110	棉纱头	kg	6.00					0.20	1.20
机械	15008	抛光机	台班	12.00	0.70	8.40	0.70	8.40	1.09	13.08
机械	09013	氩弧焊机 500A	台班	132.47	0.70	92.73	0.70	92.73	1.09	144.39
机械	07072	管子切断机 Φ150mm	台班	38.19	0.95	36.28	0.83	31.70	0.83	31.70

注：1. 铜管扶手按不锈钢扶手相应定额执行，价格换算其他不变。

2. 弧弯玻璃栏板按相应定额执行，玻璃价格换算，其他不变。

3. 不锈钢管，玻璃含量按设计用量调整。

4. 设计成品木扶手安装，每 10m 扣除制作人工 2.85 工日，定额中硬木成材扣除，按括号内的价格换算。

5. 硬木扶手制作按苏 J9505⑦/22（净料 150×50，扁铁按 40×3）编制的，弯头材积已包括在内（损耗为 12%）。设计断面不符，材积按比例换算。扁铁可调整（设计用量加 6% 损耗）。

工作内容：放样、下料、焊接、安装、玻璃安装、弯头制作安装、清理净面。

计量单位：10m

项目			单位	单价	型钢栏杆					
					不锈钢管扶手		木扶手制作安装		塑料扶手	
					数量	合价	数量	合价	数量	合价
综合单价			元		1534.74		1132.32		781.93	
其中	人工费		元		179.76		228.20		75.60	
	材料费		元		981.98		543.07		401.74	
	机械费		元		223.71		201.91		201.91	
	管理费		元		100.87		107.53		69.38	
	利润		元		48.42		51.61		33.30	
一类工			工日	28.00	6.42	179.76	8.15	228.20	2.70	75.60
材料	504209	镜面不锈钢管 Φ76.2×1.5	m	62.41	10.60	661.55				
	401031	硬木成材	m^3	2449.00			0.095	232.66		
	504199	镜面不锈钢管 Φ31.8×1.2	m	20.72	3.03	62.78				
	509003	不锈钢焊丝 1Cr18Ni9Ti	kg	47.70	0.12	5.72				
	613242	氩气	m^3	8.84	0.34	3.01				
	511421	木螺钉	百只	5.50			1.04	5.72	1.04	5.72
	513252	钨棒	kg	380.00	0.01	3.80				
	605172	塑料扶手	m	8.50					10.60	90.10
	501009	扁钢 -30×4~50×5	kg	3.00	34.72	104.16	47.80	143.40	47.80	143.40
	405132	硬木扶手（成品）	m	64.88			(10.60)	(687.73)		
	605169	塑料堵头	个	1.43					0.29	0.41
	502112	圆钢 ϕ15~24	kg	2.80	46.91	131.35	54.39	152.29	54.39	152.29
	605307	塑料粘结剂	kg	8.17					0.10	0.82
	509006	电焊条	kg	3.60	2.67	9.61	2.50	9.00	2.50	9.00
机械	13096	交流电焊机 30KVA	台班	111.25	1.53	170.21	1.53	170.21	1.53	170.21
	07072	管子切断机 Φ150mm	台班	38.19	0.95	36.28	0.83	31.70	0.83	31.70
	09013	氩弧焊机 500A	台班	132.47	0.13	17.22				

注：1. 铜管扶手按不锈钢定额执行，管材价格换算，其他不变。

2. 同前。

工作内容：扶手、弯头、制作、铸铁花栏板、车木栏杆安装。

计量单位：10m

项目			单位	单价	木栏杆		铸铁花栏杆		车木栏杆	
					木扶手					
					制作安装				安装	
					数量	合价	数量	合价	数量	合价
综合单价				元	1230.60		1467.00		2092.00	
其中	人工费			元	270.20		228.20		93.24	
其中	材料费			元	860.43		921.18		1964.26	
其中	机械费			元			170.21			
其中	管理费			元	67.55		99.60		23.31	
其中	利润			元	32.42		47.81		11.19	
一类工			工日	28.00	9.65	270.20	8.15	228.20	3.33	93.24
材料	401031	硬木成材	m^3	2449.00	0.35	857.15	0.095	232.66		
材料	511533	铁钉	kg	3.60	0.62	2.23			0.62	2.23
材料	405132	硬木扶手（成品）	m	64.88			(10.60)	(687.73)	10.60	687.73
材料	405067	柳桉车木立杆 45mm×45mm	m	39.50					32.029	1265.15
材料	613106	聚醋酸乙烯乳液	kg	5.23	0.20	1.05			0.20	1.05
材料	508239	铸铁花片	m^2	160.70			2.806	450.92		
材料	501009	扁钢-30×4~50×5	kg	3.00			1.47	4.41	1.47	4.41
材料	511421	木螺钉	百只	5.50			0.67	3.69	0.67	3.69
材料	504368	方形空心钢管 25×25×1.5	kg	3.25			12.239	39.78		
材料	504216	矩形空心钢管 50×25×3	kg	3.25			55.607	180.72		
材料	509006	电焊条	kg	3.60			2.50	9.00		
机械	13096	交流电焊机 30KVA	台班	111.25			1.53	170.21		

注：1. 木栏杆每10m用量按0.12m^3，木扶手每10m包括弯头按0.09m^3计算，设计用量不符，含量调整，不用硬木，单价换算。

2. 设计成品木扶手安装，每10m扣除人工2.85工日（制作），定额中硬木成材扣除，按括号内的价格换算。

3. 铸铁花片含量与设计不符应调整。

工作内容：制作、安装、支托冷弯、打洞堵混凝土。

计量单位：10m

项目			单位	单价	靠墙扶手					
					不锈钢管		铝合金		不锈钢支托成品木扶手安装	
					数量	合价	数量	合价	数量	合价
综合单价			元		870.72		651.06		837.69	
其中		人工费	元		193.20		97.72		97.72	
		材料费	元		571.48		497.37		669.26	
		机械费	元		25.22		14.46		25.22	
		管理费	元		54.61		28.05		30.74	
		利润	元		26.21		13.46		14.75	
一类工			工日	28.00	6.90	193.20	3.49	97.72	3.49	97.72
材料	504205	镜面不锈钢管 Φ63.5×1.2	m	41.54	10.60	440.32				
	504227	铝合金扁管 100×41×1.8mm	kg	21.04			14.68	308.87		
	504199	镜面不锈钢管 Φ31.8×1.2	m	20.72	3.03	62.78			3.03	62.78
	504232	铝合金方管 25×25×2	kg	21.04			1.20	25.25		
	511029	不锈钢六角螺栓 M5×30	套	0.68	11.00	7.48			11.00	7.48
	506030	镀锌法兰盘 Φ50mm	只	14.25			11.11	158.32		
	508009	不锈钢盖 Φ63	只	4.20	11.10	46.62			11.10	46.62
	405068	柳桉扶手 50mm×80mm	m	50.00					10.60	530.00
	001001	现浇 C20 混凝土	m^3	174.50	0.01	1.75	0.01	1.75	0.01	1.75
	509026	铝焊丝丝 301Φ3.0~4.0	kg	41.42			0.04	1.66		
	501009	扁钢 -30×4~50×5	kg	3.00					1.47	4.41
	509003	不锈钢焊丝 1Cr18Ni9Ti	kg	47.70	0.12	5.72			0.12	5.72
	509018	焊药	kg	38.00			0.04	1.52		
	613242	氩气	m^3	8.84	0.34	3.01			0.34	3.01
	513252	钨棒	kg	380.00	0.01	3.80			0.01	3.80
	511421	木螺钉	百只	5.50					0.67	3.69
机械	09013	氩弧焊机 500A	台班	132.47	0.13	17.22			0.13	17.22
	13096	交流电焊机 30KVA	台班	111.25			0.13	14.46		
		其他机械费	元			8.00				8.00

注：铜管扶手按不锈钢扶手定额执行，钢管价格换算，其他不变。

工作内容：同前。

计量单位：10m

项目			单位	单价	靠墙扶手			
					硬木		塑料	
					数量	合价	数量	合价
综合单价			元		521.20		412.38	
其中		人工费	元		97.72		85.12	
		材料费	元		372.08		280.52	
		机械费	元		11.13		11.13	
		管理费	元		27.21		24.06	
		利　润	元		13.06		11.55	
一类工			工日	28.00	3.49	97.72	3.04	85.12
材料	401031	硬木成材	m^3	2449.00	0.073	178.78		
	504049	镀锌钢管 DN25	kg	3.42	7.08	24.21		
	511176	镀锌螺丝（栓）	百只	4.75	0.11	0.52	0.11	0.52
	506030	镀锌法兰盘 Φ50mm	只	14.25	11.11	158.32	11.11	158.32
	001001	现浇 C20 混凝土	m^3	174.50	0.01	1.75	0.01	1.75
	509006	电焊条	kg	3.60	0.11	0.40	0.11	0.40
	501009	扁钢 -30×4~50×5	kg	3.00	1.47	4.41	1.47	4.41
	605175	塑料扶手	m	8.50			10.60	90.10
	511421	木螺钉	百只	5.50	0.67	3.69	0.67	3.69
	605169	塑料堵头	个	1.43			0.27	0.39
	405132	硬木扶手（成品）	m	64.88	(10.60)	(687.73)		
	502112	圆钢 Φ15~24	kg	2.80			7.48	20.94
机械	13096	交流电焊机 30KVA	台班	111.25	0.10	11.13	0.10	11.13

注：木扶手按 125×55 编制，设计与定额不符，按比例换算。设计用成品木扶手安装，每 10m 扣除人工 2.85 工日（制作），定额中硬木成材扣除，按括号中的价格计算。

6. 散水、斜坡、明沟

工作内容：1. 门坡：填或挖土、夯底、铺垫层。

2. 浇捣混凝土。

3. 调制砂浆、抹面。

计量单位：10m² 水平投影面积

项目			单位	单价	混凝土散水		大门混凝土斜坡		水泥砂浆蹉蹉做在地面混凝土斜坡或钢筋混凝土斜坡上	
					数量	合价	数量	合价	数量	合价
综合单价			元		276.50		382.33		170.64	
其中		人工费	元		63.70		72.80		70.20	
其中		材料费	元		181.48		273.65		70.59	
其中		机械费	元		5.66		6.53		2.83	
其中		管理费	元		17.34		19.83		18.26	
其中		利 润	元		8.32		9.52		8.76	
二类工			工日	26.00	2.45	63.70	2.80	72.80	2.70	70.20
材料	001013	现浇 C15 混凝土	m³	157.94	0.66	104.24	0.82	129.51		
材料	013003	水泥砂浆 1:2	m³	212.43	0.202	42.91	0.205	43.55	0.273	57.99
材料	401035	周转木材	m³	1249.00					0.003	3.75
材料	102042	碎石 5~40mm	t	35.10			2.51	88.10		
材料	013075	素水泥浆	m³	426.22					0.01	4.26
材料	102011	道碴 40~80mm	t	28.40	1.13	32.09				
材料	102040	碎石 5~16mm	t	27.80			0.23	6.39		
材料	608049	草袋子 1×0.7m	m²	1.43			2.45	3.50	2.45	3.50
材料	20-1	模板	10m²	246.73	(0.069)	(17.02)	(0.069)	(17.02)		
材料	613206	水	m³	2.80	0.80	2.24	0.93	2.60	0.39	1.09
机械	13072	混凝土搅拌机 400L	台班	83.39	0.026	2.17	0.032	2.67		
机械	06016	灰浆拌和机 200L	台班	51.43	0.04	2.06	0.042	2.16	0.055	2.83
机械	01068	电动夯实机（打夯）	台班	24.16	0.029	0.70	0.033	0.80		
机械	15003	混凝土震动器（平板式）	台班	14.00	0.052	0.73	0.064	0.90		

注：混凝土散水、混凝土斜坡是按苏 J9508 图集编制，采用其他图集时，材料可以调整，其他不变。大门斜坡抹灰设计蹉蹉者，另增 1:2 水泥砂浆 0.068m³，人工 1.75 工日，拌和机 0.01 台班。

工作内容：1. 挖、运土、夯底、铺垫层。

2. 浇捣混凝土。

3. 调制砂浆、砌砖、抹面。

计量单位：10m

项目			单位	单价	明沟					
					混凝土		标准砖		八五砖	
					数量	合价	数量	合价	数量	合价
综合单价			元		199.08		315.60		334.08	
其中	人工费		元		67.34		94.12		96.46	
	材料费		元		100.43		178.39		193.67	
	机械费		元		4.67		6.03		6.03	
	管理费		元		18.00		25.04		25.62	
	利　润		元		8.64		12.02		12.30	
二类工			工日	26.00	2.59	67.34	3.62	94.12	3.71	96.46
材料	001013	现浇 C15 混凝土	m^3	157.94	0.46	72.65	0.438	69.18	0.438	69.18
	201008	标准砖 240×115×53mm	百块	21.42			2.11	45.20		
	201007	八五砖 216×105×43mm	百块	19.50					3.02	58.89
	013003	水泥砂浆 1:2	m^3	212.43	0.12	25.49	0.168	35.69	0.168	35.69
	001001	现浇 C20 混凝土	m^3	174.50			0.09	15.71	0.09	15.71
	012002	水泥砂浆 M5	m^3	122.78			0.089	10.93	0.102	12.52
	608049	草袋子 1×0.7m	m^2	1.43	1.21	1.73				
	20-1	模板	$10m^2$	246.73	(0.031)	(7.65)				
	613206	水	m^3	2.80	0.20	0.56	0.60	1.68	0.60	1.68
机械	13072	混凝土搅拌机 400L	台班	83.39	0.038	3.17	0.036	3.00	0.036	3.00
	06016	灰浆拌和机 200L	台班	51.43	0.024	1.23	0.034	1.75	0.034	1.75
	01068	电动夯实机（打夯）	台班	24.16	0.011	0.27	0.011	0.27	0.011	0.27
	15003	混凝土震动器（平板式）	台班	14.00			0.072	1.01	0.072	1.01

注：1. 混凝土明沟是按苏 J9508 图集编制的，采用其他图集时，材料可以调整，其他不变。

2. 散水带明沟者，散水、明沟应分别套用。明沟带混凝土预制盖板，其盖板应另行计算（明沟排水口处有沟头者，沟头另计）。

主要参考文献

1 中华人民共和国国家标准．建筑地面工程施工质量验收规范（GB50209—2002）．北京：中国计划出版社，2002
2 中华人民共和国机械工业部主编．建筑地面设计规范（GB50037－96）．北京：中国计划出版社，1996
3 建筑施工手册（第四版）编写组．建筑施工手册 3．第四版．北京：中国建筑工业出版社，2003
4 国家基本建设委员会建筑科学研究院主编．建筑设计资料集（3）．北京：中国建筑工业出版社，1990
5 彭圣浩主编．建筑工程质量通病防治手册．第三版．北京：中国建筑工业出版社，2002
6 熊杰民　陆文英主编．建筑地面设计与施工手册．北京：中国建筑工业出版社，1999
7 吕凤举　吕品琦编著．建筑地面工程手册．北京：中国建筑工业出版社，1998
8 邓学才编著．地面工程（第二版）．北京：中国建筑工业出版社，1997
9 单层厂房建筑设计编写组．单层厂房建筑设计．北京：中国建筑工业出版社，1978
10 刘家梁著．建筑防腐蚀施工．北京：中国建筑工业出版社，1983
11 扬善勤编著．民用建筑节能设计手册．北京：中国建筑工业出版社，1997
12 文化部文物保护科研所主编．中国古建筑修缮技术．北京：中国建筑工业出版社，1983
13 牟忠富　孙志刚．大面积混凝土楼地面一次性抹光施工．建筑技术．2003（9）
14 阚新华等．大面积超厚混凝土地坪原浆压光一次成型施工．建筑技术．2004（9）
15 孙加银　孙钜中．温度收缩与大面积整体地面施工．建筑技术．2001（9）
16 陆玲娣．干硬性水泥砂浆地面．建筑技术．1984（8）
17 邓学才．提高水泥地面质量的体会．建筑技术．1977（4）
18 邓学才．预制板楼地面裂缝原因分析和防治措施．建筑技术．1981（8）、（9）
19 邓学才．矿渣硅酸盐水泥用于楼地面水泥砂浆面层的探讨．建筑技术．1984（8）
20 邓学才．室外水磨石溜冰场地面施工．建筑技术．1985（1）
21 倪良炳．水磨石地面软磨法开磨强度的试验及应用．建筑技术．1984（8）
22 尹华柱等．仿天然石水磨石地面施工技术．建筑技术．2004（9）
23 金泽文等．水磨石地面抛光施工工法．建筑技术．2004（9）
24 归树茂．菱苦土地面施工的几个技术问题．建筑技术．1984（8）
25 葛新文等．大面积木地板施工．建筑技术．2003（9）
26 顾富才．薄型拼木地板粘贴施工．建筑技术．1984（8）
27 朱孔扬．聚氯乙烯软塑料板地面施工．建筑技术．1984（8）
28 王朝熙．软塑料板楼地面面层施工．建筑技术．1987（4）
29 马铮．PVC 塑胶地板面层的施工技术．建筑技术．2004（9）
30 陈修华　薛桂暖．PVC 卷材胶地板楼（地）面施工．建筑技术．2002（9）
31 徐发生．现浇无缝塑料地面施工．建筑技术．1984（8）
32 陈站华．运动场地的塑胶地面结构设计．建筑技术．2001（9）
33 黄明树　袁承斌．塑胶跑道田径场的设计与施工．建筑技术．2002（9）

34 范洪秋．硬质纤维板地面施工．建筑技术．1984（8）
35 邓学才．防潮地面施工．建筑技术．1986（11）
36 李景荣．石油沥青混凝土地面施工．建筑技术．1984（8）
37 刘进贤．不发火膨胀珍珠岩颗粒水泥砂浆地面．建筑技术．1984（8）
38 沈义．花岗岩地面施工操作方法探讨．建筑技术．1984（8）
39 曹建亚．天安门广场大面积花岗岩铺装技术．建筑技术．2000（9）
40 罗文军．浮筑楼板隔声地面施工技术．建筑技术．1999（9）
41 王耕．中国儿童剧场多功能厅浮筑地面施工．建筑技术．1995（9）
42 杜任龙．上海中国钟厂大楼防油地坪施工．建筑技术．1987（4）
43 刘宏斌．抗渗耐油地坪作法探讨．建筑技术．1995（9）
44 徐兰洲．树脂无缝整体地面．建筑技术．1984（8）
45 黄文海．活动地板在建筑工程中的应用．建筑技术．1987（4）
46 孙青山．大面积混凝土耐磨地面一次成型施工．建筑技术．2003（9）
47 史启明．纺纱厂地面硬化剂施工及大地面平整度控制．建筑技术．2004（9）
48 陈世鸣　刘欣．冷拔型钢纤维增强混凝土在地面工程中的应用．建筑技术．2001（9）
49 孙福红　王玉生．耐磨地面裂缝空鼓原因及修补办法．建筑技术．2002（9）
50 朱德本．洁净建筑地面装修应用技术．建筑技术．1995（9）
51 王幼行．洁净车间建筑室内装修技术实例．建筑技术．2001（9）
52 王幼行．人造丝生产车间防腐蚀地面施工技术．建筑技术．1996（4）
53 马振志．耐酸楼地面设计中的几个问题．建筑技术．1995（9）
54 余永甫．丙烯酸地面乳液（液体地板蜡）的合成及应用．建筑技术．1994（9）
55 苑金生．地面自流平材料的发展动向．建筑技术．1998（7）
56 沈先锋．环氧自流平楼面施工技术要点．建筑技术．2003（9）
57 李斌．环氧自流平地面在大型电子厂房中的应用．建筑技术．2004（9）
58 徐飞　徐怀华．自流平地面在印钞厂厂房迁建工程中的应用．建筑技术．2004（9）
59 骆祥平　刘斌．低温地板辐射采暖系统在工程中的应用．建筑施工．2003（3）
60 徐广福编译．混凝土砌块在路、地面工程中的应用．建筑技术．1987（4）
61 邹泓荣．公共场所建筑地面的调研和讨论．建筑技术．1998（7）
62 邹泓荣．楼地面及墙面面层大面积隆起原因及防治措施．建筑技术．1995（9）
63 李正刚　张树君．谈谈变形缝装置．建筑知识．2005（1）
64 张玉坤．木地板的变形原因及控制措施．建筑技术．1995（9）
65 胡志有．采用滚压工艺施工现制水磨石的一些问题．建筑技术．1995（9）
66 郎桂林主编．江苏省建筑与装饰工程计价表．北京：知识产权出版社，2004
67 中华人民共和国行业标准《地面辐射供暖技术规程》（JGJ142—2004）．北京：中国建筑工业出版社，2004
68 安素琴主编．建筑装饰材料．北京：知识产权出版社，2000